編輯大意

一、本書依據民國108年教育部實施之十二年國民基本教育技術型高級中等學校電機與電子群「基本電學」及「基本電學實習」課程綱要編寫而成。本書全一冊，內容適用於電機與電子群資訊科、電子科、電機科、控制科、冷凍空調科的學生升學輔導之用。

二、本書特色：

◎ **題目嚴謹**：本書嚴選收集民國65年至100年間較具代表性的歷屆試題（不標註年份）及100年過後的經典歷屆試題（標註年份），其中歷屆試題佔全書比例之40%，其餘60%為自編統測變化題。

◎ **引導題型**：本書部分為自編試題，因此在每一章節題目順序的排列，採用題題相扣的螺旋設計原則，題目或是觀念由淺入深，適合初學者或是提升程度的同學使用。

◎ **題目創新**：章末自編『模擬演練』及『情境素養題』試題，適時結合全國模擬考及統測的命題趨勢，讓試題更具靈活性以及思考性。

◎ **題目分類**：將部分題型分類為思考題、創意題及特殊題。其中，『思考題』為較深入之觀念或是計算；『創意題』為較新穎之題型或是未來統測題型；『特殊題』為較冷門之題型，雖冷門但對於高分群的同學往往是決定性的一題。

◎ **觀念銜接**：本書融入高職數學與物理的部分課程內容，使學生在學習基本電學時更有熟悉感與邏輯性。

◎ **重點整理**：本書各章節彙整的重點以表格呈現，並且跨章節整理具相關性的內容，使同學們在學習上更有系統性。

◎ **觀念辨正**：學好基本電學首重觀念，本書以每章節較具代表性的觀念或是陷阱題以是非題呈現，讓同學在學習基本電學時打好基礎。

◎ **補充知識**：適時補充較快速的解法或是解題技巧，使同學在學習基本電學時更能駕輕就熟。

◎ **影音解題**：本書在進階題、實習專區與模擬演練的大部分題目，置入影音解題，提供學習者參考解題過程或釐清觀念。

三、本書內含「基本電學實習」課程重點，並收錄統測專二的歷屆試題於相關章節的『實習專區』以供練習。

四、本書並於書末提供技專校院入學測驗中心公告之跨領域（專業科目一）素養導向題示例，供學生練習跨領域連結之題型。

　　本書係筆者利用課餘時間執筆力求完美而成，雖經筆者與審校老師們多次校閱，難免還有缺漏誤植與疏忽之處，懇請各位先進不吝指正，感恩！

高偉　謹識

「基本電學實習」課程重點的相關章節對照表

「基本電學實習」課綱主題	對應本書相關章節
A. 工場安全衛生及電源使用安全	第13章： 13-1 工業安全及衛生 13-2 消防安全的認識 13-3 電源與電線過載實作
B. 常用家電量測	第14章： 14-1 低功率電烙鐵、量測電表、電源供應器之使用 14-2 電阻之識別及量測 14-3 交直流電壓及電流之量測
C. 直流電路實作	第3、4章： 3-1 串聯電路 3-2 克希荷夫電壓定律（KVL） 3-3 並聯電路 3-4 克希荷夫電流定律（KCL） 3-5 惠斯登電橋（Wheatstone bridge） 4-4 重疊定理 4-5 戴維寧等效定理（端點電壓等效）及多重戴維寧等效 4-6 諾頓定理 4-7 最大功率轉移定理
D. 電子儀表之使用	第15章： 15-1 電感電容電阻表之使用 15-2 電感器、電容器之識別及量測 15-3 信號產生器、示波器之使用
E. 直流暫態	第7章： 7-1 電容器與電感器的充電瞬間與穩態 7-2 電容器與電感器的暫態
F. 交流電路	第9、10、11章： 9-1 純電阻（R）、純電感（L）與純電容（C）交流電路 9-2 RL交流串聯電路與RC交流串聯電路 9-3 RLC交流串聯電路 9-4 RL交流並聯電路與RC交流並聯電路 9-5 RLC交流並聯電路 10-2 視在功率（S）、平均功率（P）與虛功率（Q） 11-1 串聯諧振電路 11-2 並聯諧振電路
G. 常用家用電器之檢修	第16章： 16-1 照明燈具之認識、安裝及檢修 16-2 電熱器具之認識、安裝及檢修 16-3 旋轉類器具之認識、安裝及檢修

114年統一入學測驗
基本電學（含實習）試題分析

一、出題範圍

電機類、資電類的專業科目(一)考試為同一份試題，共50題，其中基本電學及基本電學實習的部分佔25題。出題比重較高的章節為**CH4直流網路分析**（4題）、**CH3串並聯電路**（3題）、**CH9基本交流電路**（3題），其他章節則各有1～2題的命題。

二、題型及難易度分析

本屆考試的題目**難易度適中，大多為計算題型**；少數幾題**靈活變化**，如第5、7、9、18、23題，須小心面對才易取分。雖說題目新穎，但在本書中皆可找到相關題型，只要熟讀內容、熟記公式、靈活運用，即可順利求得解答取得高分。

三、配分比例

章節	單元名稱	題數	114年統測試題題次	比例
CH1	電學基本概念	1	1	4%
CH2	電阻	1	2	4%
CH3	串並聯電路	3	3, 4, 20	12%
CH4	直流網路分析	4	5, 6, 7, 21	16%
CH5	電容及靜電	1	8	4%
CH6	電感及電磁	1	9	4%
CH7	直流暫態	2	10, 23	8%
CH8	交流電	2	11, 12	8%
CH9	基本交流電路	3	13, 14, 24	12%
CH10	交流電功率	1	15	4%
CH11	諧振電路	2	16, 17	8%
CH12	交流電源	1	18	4%
CH13	工業安全衛生及電源使用安全	1	19	4%
CH14	常用家電量測	0		0%
CH15	電子儀表之使用	1	22	4%
CH16	常用家用電器之檢修	1	25	4%
合計		25		100%

CHAPTER 1 電學基本概念

- 1-1 電的特性 1-2
- 1-2 單位系統、符號與次冪 1-4
- 1-3 能量 1-7
- 1-4 電荷與電流 1-9
- 1-5 電壓 1-12
- 1-6 功率與電度 1-14
- 1-7 效率與電池容量 1-17

CHAPTER 2 電阻

- 2-1 電阻與電導 2-2
- 2-2 英制長度與截面積 2-5
- 2-3 電阻與溫度的關係 2-6
- 2-4 色碼電阻、歐姆定律與電功率的關係 2-10
- 2-5 焦耳定律 2-13

CHAPTER 3 串並聯電路

- 3-1 串聯電路 3-2
- 3-2 克希荷夫電壓定律（KVL） 3-7
- 3-3 並聯電路 3-9
- 3-4 克希荷夫電流定律（KCL） 3-14
- 3-5 惠斯登電橋（Wheatstone bridge） 3-17
- 3-6 Y ↔ Δ 轉換 3-20
- ※3-7 特殊電阻網路的解題技巧（補充教材） 3-23

CHAPTER 4 直流網路分析

- 4-1 接地法以及節點電壓法（含超節點） 4-2
- 4-2 Bus Bar（公共排法）以及密爾門定理 4-8
- 4-3 迴路電流法（含超網目）及迴路電流進階解法 4-12
- 4-4 重疊定理 4-16
- 4-5 戴維寧等效定理（端點電壓等效）及多重戴維寧等效 4-19
- 4-6 諾頓定理 4-24
- 4-7 最大功率轉移定理 4-29

CHAPTER 5 電容及靜電

- 5-1 電容器及電容量（含電荷守恆定律） 5-2
- 5-2 電容器的串聯（含電容器的電壓平衡） 5-7
- 5-3 電容器的並聯（含 Y-Δ 轉換及特殊電容網路） 5-11
- 5-4 電力線、電場、庫倫靜電定律 5-15
- 5-5 電場強度 E 與電通密度 D 5-19
- 5-6 電位能、電位與電位梯度（介質強度） 5-22

CHAPTER 6 電感及電磁

- 6-1 磁場特性、庫倫磁力定律與磁場強度 6-2
- 6-2 磁通量、磁通密度、磁阻與磁動勢 6-6
- 6-3 電磁效應 6-10
- 6-4 電感器、自感量及互感量 6-16
- 6-5 電感器的串並聯電路以及電感器的儲能 6-19

CHAPTER 7 直流暫態
- 7-1 電容器與電感器的充電瞬間與穩態　7-2
- 7-2 電容器與電感器的暫態　7-6

CHAPTER 8 交流電
- 8-1 向量運算　8-2
- 8-2 交流電　8-5

CHAPTER 9 基本交流電路
- 9-1 純電阻（R）、純電感（L）與純電容（C）交流電路　9-2
- 9-2 RL 交流串聯電路與 RC 交流串聯電路　9-5
- 9-3 RLC 交流串聯電路　9-9
- 9-4 RL 交流並聯電路與 RC 交流並聯電路　9-13
- 9-5 RLC 交流並聯電路　9-18

CHAPTER 10 交流電功率
- 10-1 瞬間功率　10-2
- 10-2 視在功率（S）、平均功率（P）與虛功率（Q）　10-6
- 10-3 功率因數的改善　10-11

CHAPTER 11 諧振電路
- 11-1 串聯諧振電路　11-2
- 11-2 並聯諧振電路　11-6

CHAPTER 12 交流電源
- 12-1 單相二線制與單相三線制　12-2
- 12-2 三相電源及三相電路　12-4
- 12-3 三相電功率的測量　12-11
- 12-4 電源使用安全　12-13

CHAPTER 13 工業安全衛生及電源使用安全
- 13-1 工業安全及衛生　13-2
- 13-2 消防安全的認識　13-4
- 13-3 電源與電線過載實作　13-6

CHAPTER 14 常用家電量測
- 14-1 低功率電烙鐵、量測電表、電源供應器之使用　14-2
- 14-2 電阻之識別及量測　14-6
- 14-3 交直流電壓及直流電流之量測　14-8

CHAPTER 15 電子儀表之使用
- 15-1 電感電容電阻表之使用　15-2
- 15-2 電感器、電容器之識別及量測　15-3
- 15-3 信號產生器、示波器之使用　15-5

CHAPTER 16 常用家用電器之檢修
- 16-1 照明燈具之認識、安裝及檢修　16-2
- 16-2 電熱器具之認識、安裝及檢修　16-12
- 16-3 旋轉類器具之認識、安裝及檢修　16-17

基本電學含實習絕殺講義（全）

編　著　者	高偉
出　版　者	旗立資訊股份有限公司
住　　　址	台北市忠孝東路一段83號
電　　　話	(02)2322-4846
傳　　　真	(02)2322-4852
劃 撥 帳 號	18784411
帳　　　戶	旗立資訊股份有限公司
網　　　址	https://www.fisp.com.tw
電 子 郵 件	school@mail.fisp.com.tw
出 版 日 期	2021 / 4月初版
	2025 / 5月五版
I　S　B　N	978-986-385-399-2

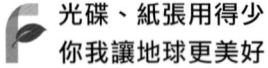

光碟、紙張用得少
你我讓地球更美好

Printed in Taiwan

※著作權所有，翻印必究

※本書如有缺頁或裝訂錯誤，請寄回更換

大專院校訂購旗立叢書，請與總經銷
旗標科技股份有限公司聯絡：
住址：台北市杭州南路一段15-1號19樓
電話：(02)2396-3257
傳真：(02)2321-2545

國家圖書館出版品預行編目資料

基本電學含實習絕殺講義/高偉編著. -- 五版. --
　臺北市 : 旗立資訊股份有限公司, 2025.05
　　面；　公分
　ISBN 978-986-385-399-2 (平裝)

1.CST: 電學 2.CST: 工業教育 3.CST: 技職教育

528.8352　　　　　　　　　　　　114005648

CHAPTER 1 電學基本概念

本章學習重點

節名	常考重點	
1-1　電的特性	• 主層與副層 • 電子帶電量	★★★☆☆
1-2　單位系統、符號與次冪	• 次冪的轉換	★★★★☆
1-3　能量	• 電子伏特與焦耳	★★★★★
1-4　電荷與電流	• 電荷量與電流的計算	★★★★★
1-5　電壓	• 電壓、電壓降與電壓升	★★★★★
1-6　功率與電度	• 電費的計算	★★★☆☆
1-7　效率與電池容量	• 效率與電池容量的計算	★★★★★

統測命題分析

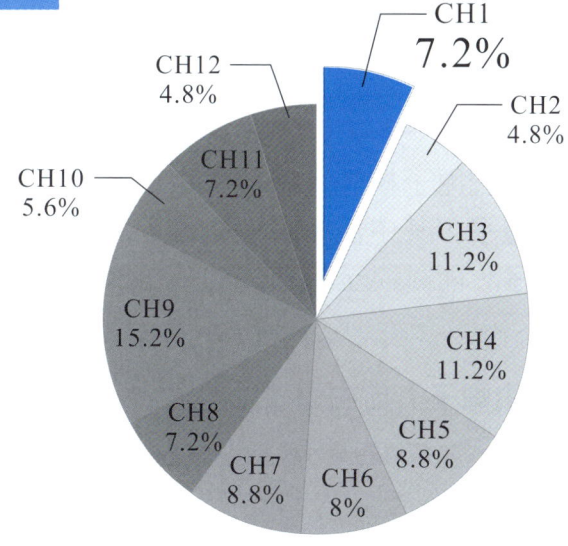

影音解題連結

1-1 電的特性

一 原子結構

原子（不帶電）包括：
1. 原子核（帶正電） { (1) 中子（不帶電) (2) 質子（帶正電）
2. 電子（帶負電）

	電子	質子	中子
質量	9.107×10^{-31} kg（公斤）	1.6729×10^{-27} kg（公斤）	1.6751×10^{-27} kg（公斤）
電性（量）	-1.6×10^{-19} C（庫倫）	$+1.6 \times 10^{-19}$ C（庫倫）	0
直徑	10^{-15} m（公尺）	2.8×10^{-15} m（公尺）	2.8×10^{-15} m（公尺）

1. 質子質量≒中子質量≒**1840倍**之電子質量。
2. 原子量≒質量數≒(質子量＋中子量)，（原子量通常表示質子及中子的質量和，而電子的質量太小可忽視不計）；原子序＝電子數＝質子數。
3. 電子與質子所帶的電量相等但電性相反。

二 電子軌道

1. 主層的分布：依能量大小的不同由內至外依序為，**K、L、M、N、O、P、Q共七層**，按照$2n^2$排列（其中n為層數）。

   口訣
   由國王（King）到皇后（Queen）。

2. 副層的分布：依照各軌道可容納的電子數目為$4n-2$（其中n為層數）。

副層	s層	p層	d層	f層
最大電子數目	2	6	10	14

3. 依照包利不相容原理及構築法則：電子軌道排序如右（由內而外按照箭頭方向依序排列）。

4. 電子軌道上的電子（負電）受原子核內質子（正電）的吸引，環繞運行於原子核外，將此軌道上所有的電子均稱為**束縛電子**，其中僅將電子軌道上最外層的電子稱為**價電子**，而跳脫至軌道外的電子稱為**自由電子**。

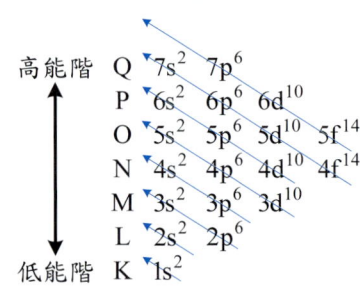

5. 價電子 —吸收能量→ 自由電子；自由電子 —釋放能量→ 價電子。

   註：各軌道間的能量差稱之為能階，其單位為電子伏特（eV）。

三 離子與物體的電性（價電子學說）

1. 中性原子失去一個或數個電子稱之為正離子，正離子帶正電。
2. 中性原子得到一個或數個電子稱之為負離子，負離子帶負電。
3. 價電子學說：價電子數（電子軌道最外層的電子數）$\begin{cases} >4個的物體稱為絕緣體 \\ =4個的物體稱為半導體 \\ <4個的物體稱為導體 \end{cases}$
4. 八隅體學說：當價電子數為8個時此時狀態最穩定，稱此元素為**惰性元素**。

觀念是非辨正

1. （×）原子不帶電，表示原子為零電荷。

2. （○）電子軌道最外層的電子能隙大於最內層的電子能隙。

概念釐清

原子不帶電原因為具有等量的質子數與電子數，因此正確的說法為『淨電荷為零』，而非零電荷。

老師教

1. 原子中帶正電的粒子稱之為何？

   解 質子

2. 電子軌道中第L層所包含的最大電子數為多少個？

   解 按照$2n^2$排列，L層為第2層，因此最大電子數為$2 \times 2^2 = 8$個電子

3. 電子軌道中的副層 s 層，最多可容納多少個電子？

   解 $4 \times 1 - 2 = 2$個

學生做

1. 原子中帶負電的粒子稱之為何？

   解

2. 電子軌道中第M層所包含的最大電量為何？

   解

3. 電子軌道中的副層 d 層，最多可容納多少個電子？

   解

ABCD 立即練習

(　)1. 某原子失去一個電子後，帶電性為何？
(A)正電　(B)負電　(C)電中性　(D)不帶電

(　)2. 某物質的原子序為14，則該物質可能為何？
(A)導體　(B)絕緣體　(C)半導體　(D)超導體

(　)3. 一個原子得到電子後，其游離後將成為
(A)不帶電
(B)帶正電的離子
(C)帶負電的離子
(D)所帶的電性無法判斷

(　)4. 某中性元素最外層為N層，其N層分佈的電子數為2，關於該元素的敘述何者錯誤？
(A)該元素為導體
(B)該元素的電子數總共為30個
(C)該元素的原子序為30
(D)該元素的質子數總共為32個

(　)5. 電子的帶電量為何？
(A)6.25×10^{-18}庫倫
(B)1.6×10^{-19}庫倫
(C)-1.6×10^{-19}庫倫
(D)-6.25×10^{-18}庫倫

1-2　單位系統、符號與次冪

1. 現今各國之間較常使用的單位系統有：**MKS制**、**CGS制**、**FPS制**。

單位系統	長度	質量	時間
MKS制	公尺、米（m）	公斤（kg）	秒（s）
CGS制	公分、厘米（cm）	公克（g）	秒（s）
FPS制	英呎（ft）	磅（ℓb）	秒（s）

2. 目前科學界以MKS制為基準，並且加入其他的單位訂立國際單位系統，簡稱**SI**。SI單位制的基本單位共7個，其物理量（單位名稱）如下：長度（公尺）、質量（公斤）、時間（秒）、電流（安培）、溫度（克氏溫度）、物質量（莫耳）以及光度（燭光）。

註：導出單位（Derived Unit）是由SI制的7個標準單位之間相乘或相除轉換後的單位。

3. 符號與次冪：

中文名稱	英文全名	符號	10的乘冪
兆	Tera	T	10^{12}
十億	Giga	G	10^{9}
百萬	Mega	M	10^{6}
仟	kilo	k	10^{3}
百	hecto	h	10^{2}
十	deca	da	10^{1}
分	deci	d	10^{-1}
厘	centi	c	10^{-2}
毫	milli	m	10^{-3}
微	micro	μ	10^{-6}
奈、毫微	nano	n	10^{-9}
皮、微微	pico	p	10^{-12}

註：數學計算式：(1) $a^n \times a^m = a^{n+m}$ (2) $\dfrac{a^n}{a^m} = a^{n-m}$ (3) $a^{-m} = \dfrac{1}{a^m}$。

 **觀念是非辨正**

1. (○) MKS制、CGS制與FPS制中的時間皆以秒（s）為單位。
2. (○) 次冪中的相對應英文符號其目的為簡化太大或太小的數字。

 **概念釐清**

如1000000Ω在數值表示上太大，因此以科學記號次冪$10^6 Ω$來表示，也可以用符號1MΩ來表示，來簡化數值。

老師教

1. 磅、公分、呎、公尺這4個中，哪一個是MKS制的基本單位？

解 公尺

 **學生做**

1. 磅、公分、呎、公尺這4個中，哪一個是CGS制的基本單位？

解

2. 電阻值30000Ω，等於多少kΩ？

解 $30000 = X \cdot 10^3 \Rightarrow X = 30$（係數）
因此為30kΩ

2. 電容量0.00000001法拉（F），等於多少微法拉（μF）？

解

3. 公斤、公分、呎、磅這四者中，何者是SI單位制的單位？

解 公斤

3. 公尺／秒、公斤-米、燭光、公斤／立方公尺，這4者中，何者不是導出單位？

解

4. 磁通量0.000002韋伯（Wb），等於多少微韋伯（μWb）以及毫微韋伯（mμWb）？

解 0.000002韋伯 = X · 微韋伯 $\Rightarrow$ X = 2
因此為2μWb
0.000002韋伯 = X · 毫微韋伯 $\Rightarrow$ X = 2000
因此為2000mμWb

4. 電壓30000000V，等於多少百萬伏特（MV）以及十億伏特（GV）？

解

ABCD 立即練習

(　　)1. 下列哪一個符號表示百萬分之一或是10^{-6}？
(A)M　(B)K　(C)n　(D)μ

(　　)2. 電感值中，20mH的m是代表
(A)10^{-2}　(B)10^{-3}　(C)10^{-6}　(D)10^{-9}

(　　)3. 某電阻之電阻值標示為10GΩ，若將換算為mΩ，應為多少？
(A)10^{-6}mΩ　(B)10^{-5}mΩ　(C)10^{13}mΩ　(D)10^{12}mΩ
[統測]

(　　)4. 若將奈米（nano meter）為長度計算單位，則170公分為多少奈米？
(A)1.7G　(B)1.7M　(C)1.7k　(D)1.7
[統測]

1-3　能量

1. 能量：物質作功的能力稱為能量，其單位為焦耳（Joule，簡稱J），能量依照不同形式可區分為熱能、光能、**動能**、**重力位能**、**電能**等。

2. 作功：對物體施予一作用力F，物體沿作用力方向產生位移d，將作用力F與位移d的乘積稱之為功，其單位為焦耳（Joule，簡稱J）。

公式	單位 名稱	MKS制	CGS制
$W = F \cdot d = \dfrac{1}{2} \cdot m \cdot v^2$	W：功	焦耳（J）	爾格（erg）
	F：作用力	牛頓（Nt）	達因（dyne）
	d：位移距離	公尺（m）	公分（cm）
	m：質量	公斤（kg）	公克（g）
	v：速率	公尺/秒（m/s）	公分/秒（cm/s）

註：1焦耳 = 10^7爾格；1牛頓 = 10^5達因。

3. 重力位能：係指物體因為大質量物體的萬有引力而具有的位能，其大小與其到大質量的距離有關。其單位為焦耳（Joule，簡稱J）。

公式	單位 名稱	MKS制	CGS制
$U = m \cdot g \cdot H$	U：功	焦耳（J）	爾格（erg）
	m：質量	公斤（kg）	公克（g）
	g：重力加速度	公尺/秒^2（m/s^2）	公分/秒^2（cm/s^2）
	H：高度	公尺（m）	公分（cm）

4. 電能：單位電荷通過一電位差所作之功，即電荷Q與電位差ΔV兩者之乘積，其單位為焦耳（Joule，簡稱J）。

公式	單位 名稱	MKS制	CGS制
$W = Q \cdot \Delta V$	W：功	焦耳（J）	爾格（erg）
	Q：電荷量	庫倫（C）	靜電庫倫（statC）
	ΔV：電位差	伏特（V）	靜電伏特（statV）

註1：1庫倫（C）= 3×10^9靜電庫倫（statC）；1伏特（V）= $\dfrac{1}{300}$靜電伏特（statV）。

註2：一般電學中常見**功的單位**有：焦耳、爾格、瓦特-秒、仟瓦-小時、電子伏特（eV）、庫倫-伏特等。

觀念是非辨正

1. （○）功的單位為焦耳。
2. （×）1個電子通過1伏特的電位差稱為1焦耳。

概念釐清

1個電子通過1伏特的電位差稱為1電子伏特eV。

老師教

1. 1個電子伏特等於多少焦耳？

解 1個電子帶電量為1.6×10^{-19}庫倫
$W = Q \cdot V = 1.6 \times 10^{-19} \times 1$
$= 1.6 \times 10^{-19}$焦耳（J）

2. 一般能隙或是能階是以何者為單位？

解 電子伏特

3. 將2庫倫的正電荷通過10V的電位差，作功多少焦耳？

解 $W = Q \cdot V = 2 \times 10 = 20$焦耳（J）

4. 10公斤的水距離地面10公尺，則水的位能為多少焦耳？

解 $U = m \cdot g \cdot H = 10 \times 9.8 \times 10$
$= 980$焦耳（J）

學生做

1. 1焦耳等於多少電子伏特（eV）？

解

2. 在電子伏特、焦耳、爾格、瓦特這4者中，何者不是功的單位？

解

3. 將某電荷通過2V的電位差，作功10焦耳，試求該電荷為多少庫倫？

解

4. 將5公斤的鐵塊，移動2公尺則動能為多少焦耳？

解

ABCD 立即練習

( )1. 下列何者不是能量的單位？ (A)焦耳 (B)電子伏特 (C)靜伏 (D)爾格

( )2. 1焦耳（J）等於多少爾格（erg）？ (A)3×10^9 (B)3×10^{-9} (C)10^7 (D)10^{-7}

( )3. 16μ焦耳（J）相當於多少電子伏特（eV）？
(A)10^{14} (B)10^{-14} (C)10^{12} (D)10^{-12}

( )4. 6.25T電子伏特（eV）相當於多少焦耳（J）？
(A)1μJ (B)10μJ (C)1MJ (D)10MJ

( )5. 0.24電子伏特的能量可以使3.2×10^{-21}庫倫的電荷克服多少伏特的電位差？
(A)2V (B)4V (C)8V (D)12V

( )6. 下列何者為電能的單位？
(A)毫安小時（mAh） (B)焦耳（J） (C)瓦特（W） (D)馬力（hp） [106年統測]

1-4 電荷與電流

1. 電量：帶電物體內所包含的電荷數量稱為電量。

公式	單位 名稱	MKS制
$Q=n\cdot e\cdot v\cdot A\cdot t$	Q：電量	庫倫（C）
	n：電子密度	個／立方公尺（個/m³）
	e：電子帶電量	1.6×10^{-19}庫倫（C）
	v：電子漂移速度	公尺／秒（m/s）
	A：導體截面積	平方公尺（m²）
	t：時間	秒（s）

註1：(1) 1平方公釐 = 1平方毫米（mm²）= 10^{-6}平方公尺（m²）
　　 (2) 1平方公分 = 1平方厘米（mm²）（cm²）= 10^{-4}平方公尺（m²）

註2：電子密度（n）、電子漂移速度（v）與導體截面積（A）三者的長度單位在計算時需統一為MKS制。

2. 電流：單位時間內通過某截面積的電量。

公式	單位 名稱	MKS制
$I = \dfrac{Q}{t}$; $(Q = I \cdot t)$	I：電流	安培（A）
	Q：電荷	庫倫（C）
	t：時間	秒（s）

註1：$Q = n \cdot e \cdot v \cdot A \cdot t = I \cdot t \Rightarrow$ 因此$I = n \cdot e \cdot v \cdot A$。

註2：在半導體中電子移動後留下來的空缺稱為電洞，其中電子帶負電而電洞帶正電（電中性守恆，兩者帶電量相等而電性相反），且電子流動方向與電洞流動方向相反。

觀念是非辨正

1. （×）電流方向係指電子移動的方向。

2. （×）電子在導體中移動的速率約與光速相等。

概念釐清

電流方向一般係指正電荷或電洞的移動方向，電子移動的方向稱之為「電子流」。

電流是以光速的速度在傳遞電能；但實際上電子在導體中移動的速率卻是極慢，約10^{-5}m/s而已。

老師教

1. 某金屬導線之截面積為$0.25 m^2$，導線中的電子密度為10^{20}個/m^3，電流為10A，試求電子在導線中之平均速率為何？

解 $I = n \cdot e \cdot v \cdot A$
$\Rightarrow 10 = 10^{20} \times 1.6 \times 10^{-19} \times v \times 0.25$
$v = \dfrac{10}{10^{20} \times 1.6 \times 10^{-19} \times 0.25} = 2.5 m/s$

2. 有一導線流通4mA之電流，則5秒內通過的電荷數為何？

解 $Q = I \cdot t = 0.004 \times 5 = 0.02C = 20mC$

學生做

1. 某金屬導線之截面積為$0.5 cm^2$，導線中的電子密度為2×10^{25}個/m^3，電子在導線中移動的平均速度為2cm/s，試求該導線的平均電流為多少安培？

解

2. 有一導線流通200μA之電流，則在1小時內通過的電荷數為何？

解

3. 導線內20秒通過300庫倫的電量，則導線中的電流為多少安培？

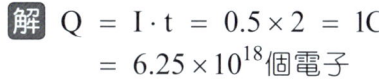 $I = \dfrac{Q}{t} = \dfrac{300}{20} = 15A$

3. 導線內2分鐘通過1.8×10^{10}靜電庫倫的電量，則導線中的電流為多少安培？

4. 有一導線流通0.5A之電流，則2秒內通過的電子數目為何？

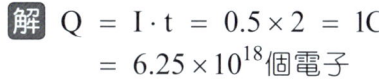 $Q = I \cdot t = 0.5 \times 2 = 1C$
= 6.25×10^{18}個電子

4. 有一導線流通1mA之電流，則1分鐘內通過的電子數目為何？

ABCD 立即練習

( )1. 下列何者為電量的單位？
(A)電子伏特　(B)爾格　(C)仟瓦小時　(D)安培小時

( )2. 有一條導線電流為20mA，則每分鐘通過的電子數為何？
(A)3.75×10^{18}　(B)5.25×10^{18}　(C)7.5×10^{18}　(D)3.75×10^{19}

( )3. 某導線平均25μs通過10^8個電子，試求該導線的平均電流為何？
(A)0.32μA　(B)0.32A　(C)0.64μA　(D)0.64A

( )4. 收音機天線接收到訊號後產生5μA的電流，則天線中每秒有多少個電子流動？
(A)3.125×10^{14}　(B)3.125×10^{13}　(C)3.125×10^{12}　(D)3.125×10^{11}

( )5. 若蓄電池的充電電流為2A且連續充電2小時，則充電的總電荷量為何？
(A)40×10^3庫倫　(B)36×10^3庫倫　(C)14.4×10^3庫倫　(D)4×10^3庫倫　[103年統測]

( )6. 有一銅導線的截面積為0.1平方公分，導線內的電流值為16毫安培，已知銅的電子密度為10^{29}個自由電子／立方公尺，則電子在導線中的平均速度為何？
(A)10^{-3}公尺／秒　(B)10^{-5}公尺／秒　(C)10^{-7}公尺／秒　(D)10^{-9}公尺／秒　[110年統測]

1-5 電壓

1. 應電勢、反電勢、電壓降、電壓升、端電壓、電位與電位差的單位皆為伏特（V）。

2. 驅使電荷移動時作功的驅動力稱為電動勢（emf），符號為 E。

3. **零電位：以大地為基準（接地點）稱為零電位**，任一點與接地點相較之下的電位稱為絕對電位，**比零電位要高稱為高電位（正電位），比零電位要低稱為低電位（負電位）**。電流的流動方向由高電位流往低電位，如同水流。

> 口訣
> 水往低處流。

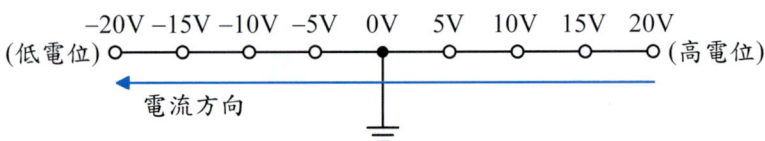

4. 電壓升：**電流由元件的正端（＋）流出，負端（－）流入，稱此元件為電壓升元件**，電路中的**電壓源與電流源不一定為電壓升元件**，而**電壓升元件提供功率**。

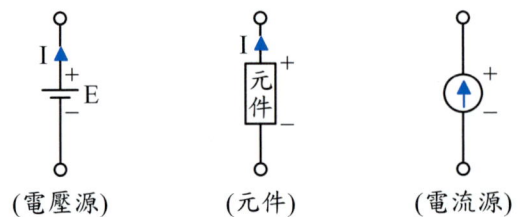

(電壓源)　(元件)　(電流源)

5. 電壓降：**電流由元件的正端（＋）流入，負端（－）流出，稱此元件為電壓降元件**，其中**電阻（或電導）必為電壓降元件**，而**電壓降元件消耗功率**。

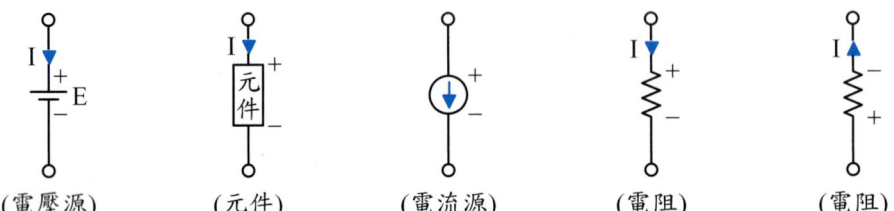

(電壓源)　(元件)　(電流源)　(電阻)　(電阻)

6. 端電壓：電路中任一元件兩端之電位差稱為端電壓。

端電壓：$\begin{cases} V_{AB} = (V_A - V_B) > 0 \\ V_{BA} = (V_B - V_A) < 0 \end{cases}$

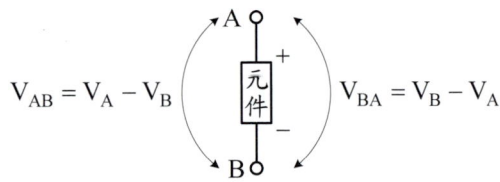

$V_{AB} = V_A - V_B$　　$V_{BA} = V_B - V_A$

7. 電位差：將帶電量 Q 的電荷由 B 點（電位 V_B）移至 A 點（電位 V_A）所作之功為 W_{AB}：（於第五章電容及靜電再詳細說明）

$W = Q \cdot V \Rightarrow W_{AB} = Q \times V_{AB}$

$\Rightarrow$ **電位差** $V_{AB} = V_A - V_B = \dfrac{W_{AB}}{Q} = -V_{BA}$

觀念是非辨正

1. (○) 零電位點位置改變，其他各點的電位隨之改變。
2. (×) 零電位點的位置改變，則電路中任意兩端點的電位差隨之改變。

概念釐清

若零電位的位置改變，各點的電位改變，但任意兩端點的電位差不變。

老師教

1. 某電路中，若A點的電位為70V，B點的電位為30V，則兩點的電位差V_{AB}為多少？

解 $V_{AB} = V_A - V_B = 70V - 30V = 40V$

2. 將電量2庫倫的正電荷由B點移至A點，作功40焦耳，若A點的電位為30V，則B點的電位為多少伏特？

解 $W_{AB} = Q \times V_{AB}$
$\Rightarrow 40 = 2 \times (30 - V_B)$
$\Rightarrow V_B = 10V$

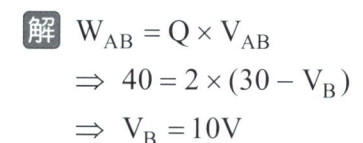

學生做

1. 某電路中，若C點的電位為20V，D點的電位為10V，則兩點的電位差V_{DC}為多少？

解

2. 將電量3庫倫的正電荷由C點移至D點，作功60焦耳，若C點的電位為−50V，則D點的電位為多少伏特？

解

立即練習

( )1. 已知B點電位為−10V，且$V_{AB} = 8V$、$V_{CA} = 20V$，則C點電位為何？
(A)18V　(B)20V　(C)22V　(D)−20V

( )2. 將一個10^{-2}庫倫之正電荷，自無窮遠處移至電場A點，若其作功10焦耳，則A點電位為多少？　(A)1伏特　(B)10伏特　(C)100伏特　(D)1000伏特　[統測]

( )3. 下列何者的單位不是伏特？　(A)電壓　(B)電動勢　(C)電荷　(D)電位差　[統測]

1-6 功率與電度

一 功率

1. 定義：單位時間內所作之功稱為功率。

公式	單位 名稱	MKS制
$P = \dfrac{W}{t}$	P：電功率	瓦特（W）
	W：電能	焦耳（J）、瓦特・秒（W・s）
	t：時間	秒（s）

2. 因 $P = \dfrac{W}{t} = \dfrac{Q \cdot V}{t}$（且 $Q = I \cdot t$）$\Rightarrow P = \dfrac{I \cdot t \cdot V}{t} = I \cdot V$

   （此電壓V與電流I的乘積即為瓦特）

3. 英制單位（FPS）中功率的單位為馬力（HP）：

   1馬力 = 746瓦特 $\cong \dfrac{3}{4}$ 千瓦 = 550呎・磅／秒

   註：電能的符號為W，而電功率的單位瓦特也是以（W）表示，兩者符號相同但意義不同。

二 電度

1. 電力公司計算用電量的單位以**度電**表示。

2. 根據 $W = P \cdot t$，1度電的定義為：**1小時消耗1000瓦的電功率稱為1度電。**

   （其中電功率的表示式：$P = VI = I^2 R = \dfrac{V^2}{R}$）

3. 1度電 = 1仟瓦・小時（英文簡寫kWH）
   = 1000(瓦特) × 60(分) × 60(秒) = 3.6×10^6 焦耳（J）

4. { 電力公司計算電能的單位以仟瓦・小時（kWH）為單位
     小電能一般使用電子伏特（eV）為計算單位

5. 電費的計算區分為三種題型：

   (1) **傳統電費題型**：

   ◎ 總度數：A電器（kW）的使用時數（小時）＋B電器（kW）的使用時數（小時）＋C電器……

   ◎ 總費用：總度數 × 每度電費（有些題型需再加上基本費率）

(2) **累計電費題型**：

◎ 累計度數 = $\dfrac{總度數}{2}$

◎ 總費用：

$2 \times A_1 \times B_1 + 2 \times A_2 \times B_2 + 2 \times A_3 \times B_3 + \cdots\cdots$

區間度數（每月）	每度費用
A_1（度）	B_1元
A_2（度）	B_2元
A_3（度）	B_3元

(3) **儉約電費題型**：選擇較節省電費的燈泡或比較差異性。

觀念是非辨正

1. (×) 電力公司計算電能的單位一般為焦耳（J）。
2. (×) 電能與電功率兩者的單位皆為瓦特。

概念釐清

焦耳的單位太大，一般以電度（kWH）為計算標準。

電能（W）的單位為焦耳（J）；
電功率（P）的單位為瓦特（W）。

老師教

1. 20W的白熾燈，每天使用8小時，若每個月以30天計算，則該白熾燈每個月耗電多少度？

解 每個月總度數 $= \dfrac{20}{1000} \times 8 \times 30 = 4.8$度

2. 禰豆子家中在夏季的每日用電為：400W的電視機使用2小時、500W的洗衣機使用1小時，1500W的冷氣使用8小時，若每月以30天計算，每度電為3元，則每個月總電費為多少元？

解 每日度數 $= \dfrac{400}{1000} \times 2 + \dfrac{500}{1000} \times 1 + \dfrac{1500}{1000} \times 8$
　　　　　$= 13.3$度
總度數 $= 13.3 \times 30 = 399$度
1個月電費為$399 \times 3 = 1197$元

學生做

1. 80W的省電燈泡，每天使用30分鐘，若每個月以30天計算，則該燈泡每個月耗電多少度？

解

2. 炭治郎家中的每日用電為：300W的電視機使用2小時、450W的洗衣機使用40分鐘，80W的燈泡8支使用8小時，若每月以30天計算，每度電為2.5元，則每個月總電費約為多少元？

解

3. 下表為電力公司用電度數價格表，若索隆家中（五、六月）電費帳單用電度數為402度，試問應繳電費為多少元？

用電度數（每月）	元／度
100度以下	2元
101度-200度	2.5元
201度-300度	3元

3. 下表為電力公司用電度數價格表，若魯夫家中（二、三月）電費帳單用電度數為640度，試問應繳電費為多少元？

用電度數（每月）	元／度
100度以下	2元
101度-200度	2.5元
201度-300度	3元
301度-400度	3.5元

解 $\dfrac{402}{2} = 201$ 度電／月

$100 \times 2 \times 2 + 100 \times 2.5 \times 2 + 1 \times 3 \times 2 = 906$ 元

解

ABCD 立即練習

( )1. 某燈泡在10秒內消耗了6000焦耳的能量，則此燈泡所消耗的電功率為多少瓦特？
(A)60W　(B)600W　(C)6000W　(D)60000W

( )2. 電鍋功率為500瓦特，在20分鐘內消耗了多少焦耳的能量？
(A)$0.6 \times 10^3 J$　(B)$0.6 \times 10^4 J$　(C)$0.6 \times 10^5 J$　(D)$0.6 \times 10^6 J$

( )3. 有一電池之電位差為4V，供電2秒內做功32焦耳，則此電池提供多少電流？
(A)2A　(B)4A　(C)8A　(D)12A

( )4. 1度電相當於多少焦耳（J）？
(A)$6.25 \times 10^{18} J$　(B)$1.6 \times 10^{-19} J$　(C)$3.2 \times 10^6 J$　(D)$3.6 \times 10^6 J$

( )5. 有一電熱器之規格為220V、2200W，今接於額定電壓使用，則下列敘述何者正確？
(A)使用時，電阻10Ω
(B)使用時，電流為20A
(C)使用5小時，耗電10度
(D)相同電壓下換成4400W的電熱絲，將增加使用電度

( )6. 下列與電相關的敘述，何者錯誤？
(A)使電荷移動而做功之動力稱為電動勢
(B)導體中電子流動的方向就是傳統之電流的反方向
(C)1度電相當於1千瓦之電功率
(D)同性電荷相斥、異性電荷相吸
[統測]

( )7. 有一電器使用100伏特的電壓，在5秒內消耗2000焦耳的電能，若此電器連續使用10小時，則消耗多少度電？　(A)1度　(B)2度　(C)3度　(D)4度
[統測]

1-7 效率與電池容量

一 效率

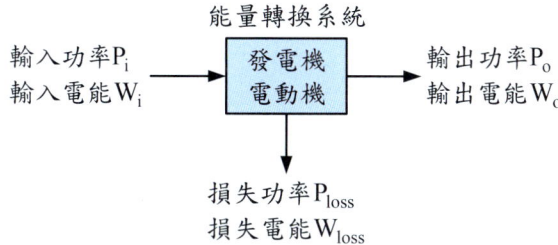

1. 效率公式的各種表示式：

   (1) $\eta\% = \dfrac{P_o}{P_i} \times 100\% = \dfrac{P_i - P_{loss}}{P_i} \times 100\% = \dfrac{P_o}{P_o + P_{loss}} \times 100\% = \dfrac{P_i - P_{loss}}{P_o + P_{loss}} \times 100\%$

   (2) $\eta\% = \dfrac{W_o}{W_i} \times 100\% = \dfrac{W_i - W_{loss}}{W_i} \times 100\% = \dfrac{W_o}{W_o + W_{loss}} \times 100\% = \dfrac{W_i - W_{loss}}{W_o + W_{loss}} \times 100\%$

   註：實際系統必有損失，因此效率必小於1。

2. 發電機的公定效率

   $\eta\% = \begin{cases} \dfrac{\text{輸出功率}P_o}{\text{輸出功率}P_o + \text{損失功率}P_{loss}} \times 100\% \\ \dfrac{\text{輸出電能}W_o}{\text{輸出電能}W_o + \text{損失電能}W_{loss}} \times 100\% \end{cases}$ （以輸出功率或電能為主）

3. 電動機的公定效率

   $\eta\% = \begin{cases} \dfrac{\text{輸入功率}P_i - \text{損失功率}P_{loss}}{\text{輸入功率}P_i} \times 100\% \\ \dfrac{\text{輸入電能}W_i - \text{損失電能}W_{loss}}{\text{輸入電能}W_i} \times 100\% \end{cases}$ （以輸入功率或電能為主）

4. 串級系統：

   串級系統總效率 $\eta_T = \eta_1 \times \eta_2 \times \eta_3 \times \cdots\cdots \times \eta_n$（**若並聯運轉** $\eta = \dfrac{\Sigma P_o}{\Sigma P_i} \times 100\%$）

   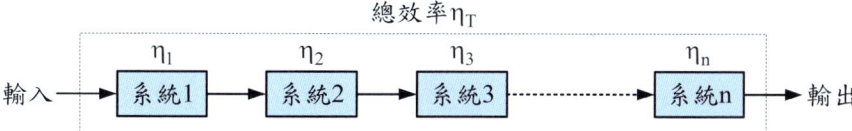

   註：串級系統，其總效率為各子系統效率的乘積，且串級總效率必小於各子系統的效率。

二 電池容量

1. **電池容量以安培-小時表示**，符號為AH（其中A為電流的單位，H表示時間的單位），而一般手機電池的容量以mAH毫安培·小時表示（其中m表示毫）。

 觀念是非辨正

1. （○）輸入功率必定大於輸出功率。
2. （×）系統中損失的功率即為能量轉換中消失的功率。

 概念釐清

能量不可能消失，根據能量守恆定理，能量在不同形式中轉換。

老師教

1. 有一台1馬力之直流電動機，若損失為254瓦特（W），則效率為多少？

 1馬力 = 746瓦特（輸出功率）

$$\eta\% = \frac{P_o}{P_o + P_{loss}} \times 100\%$$

$$= \frac{746}{746 + 254} \times 100\% = 74.6\%$$

2. 一效率為80%的馬達，其工作電壓為100伏特，工作電流為10A，若連續工作10小時，請問<u>浪費</u>幾度電？

 $\eta\% = \frac{P_i - P_{loss}}{P_i} \times 100\%$

$$\Rightarrow 80\% = \frac{100 \times 10 - P_{loss}}{100 \times 10} \times 100\%$$

P_{loss} = 200W（損失即為浪費）

浪費度數 $= \frac{200}{1000} \times 10 = 2$度

學生做

1. 有一台250V/10A之直流電動機，若損失為500W，則該電機效率為何？

解

2. 一效率為80%的電動機，其工作電壓為100伏特，工作電流為10A，工作5小時，另一部850W的發電機效率為85%，工作8小時，若每度電費3元，請問以上兩部設備共計<u>浪費</u>多少元？

解

3. 有一系統是由3個子系統串聯組合而成，設子系統之效率分別為50%、70%、80%，則此系統之總效率為多少？

解 總效率 η_T = 50% × 70% × 80%
= 0.5 × 0.7 × 0.8
= 0.28 = 28%

3. 若是有3個系統串聯，系統效率各為50%、60%、80%，若輸入能量為300J，則輸出能量為多少？

解

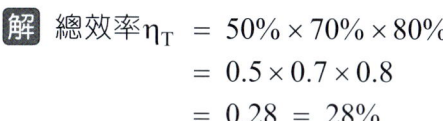 立即練習

( )1. 1焦耳的能量為何？
(A)1仟瓦小時　(B)1瓦特‧小時　(C)1瓦特‧秒　(D)1安培‧秒

( )2. 1000瓦特約為　(A)$\frac{3}{4}$馬力　(B)$\frac{2}{3}$馬力　(C)$\frac{4}{3}$馬力　(D)$\frac{3}{2}$馬力

( )3. 輸出為10馬力的直流電動機，若自電源取入10000瓦特之電功率，則效率為何？
(A)65%　(B)74.6%　(C)78.5%　(D)87.9%

( )4. 以一只12V、80AH的蓄電池，供應一只12瓦特的燈泡，最多可以點多少小時？
(A)80小時　(B)40小時　(C)20小時　(D)10小時

( )5. 有一抽水馬達輸入功率為500瓦特，若其效率為80%，求其損失為多少？
(A)100瓦特　(B)200瓦特　(C)400瓦特　(D)500瓦特　　　　　　　　　　[統測]

( )6. 一個額定12V、50AH的汽車蓄電池，理想情況下，充滿電後蓄電池儲存之能量為多少焦耳？　(A)2.16×10^{-6}　(B)2.16×10^{6}　(C)0.6×10^{-3}　(D)0.6×10^{3}　[統測]

( )7. 某系統的輸出功率為20kW，效率為0.8，若連續使用10小時，則系統的輸入能量為何？　(A)250kWH　(B)200kWH　(C)180kWH　(D)160 kWH　　[103年統測]

綜合練習

基礎題

1-1 ( ) 1. 半導體原子結構中，最外層軌道上的電子數
(A)等於8個　(B)多於4個　(C)少於4個　(D)等於4個

( ) 2. 1庫倫有多少個電子
(A)6.25×10^{-18}個　(B)1.6×10^{-19}個　(C)1.6×10^{19}個　(D)6.25×10^{18}個

1-2 ( ) 3. $\dfrac{3m - 600\mu}{10G} = ?$　(A)24p　(B)2.4p　(C)0.24p　(D)0.024p

( ) 4. 1奈秒（ns）等於　(A)100ps　(B)1000ms　(C)10^{-3}ms　(D)$10^{-3}\mu$s　　[技專]

( ) 5. 有一電容器的容值為10nF，其中英文字母n代表的數值是
(A)10^{-3}　(B)10^{-6}　(C)10^{-9}　(D)10^{-12}　　[統測]

1-3 ( ) 6. 1庫倫等於多少靜電庫倫？　(A)3×10^{9}　(B)3×10^{-9}　(C)10^{7}　(D)10^{-7}

( ) 7. 將3庫倫的正電荷由A點移至B點，需作功3焦耳，則A與B兩點間的電位差為多少？　(A)−2伏特　(B)1伏特　(C)2伏特　(D)9伏特　　[統測]

( ) 8. 在一均勻電場中，將一基本電荷由a點移至b點需作功為2電子伏特（eV），若a點電位為2.5V，則b點電位為何？　(A)1.5V　(B)3V　(C)4.5V　(D)6V　　[108年統測]

1-4 ( ) 9. 某蓄電池內部電量原蓄有200庫倫，以5分鐘的時間將其充電至800庫倫，則其平均充電電流大小為何？　(A)8A　(B)6A　(C)4A　(D)2A　　[102年統測]

1-6 ( ) 10. P = 10W的意義為何？
(A)電能10焦耳　(B)電能10瓦特　(C)電功率10瓦特　(D)電功率10焦耳

( ) 11. 瓦特‧小時為下列何者的單位？　(A)能量　(B)電流　(C)功率　(D)電量

( ) 12. 一具4kW、4人份之儲熱式電熱水器，每日熱水器所需平均加熱時間為30分鐘。若電力公司電費為每度2.3元，則每人份每月（30日）平均之熱水器電費為何？
(A)138.0元　(B)57.5元　(C)34.5元　(D)30.7元　　[統測]

( ) 13. 假設台電一度電收費5元，學校甲教室有100W電燈12顆，500W電風扇6台，3kW空調機1台。每天電燈及風扇使用8小時，空調機每天使用4小時。請問一個月（30天）的電費為何？
(A)1368元　(B)2450元　(C)5880元　(D)6840元　　[統測]

( ) 14. 某地有一部額定800kW的風力發電機及一套額定400kW的太陽能發電設備，若風力發電機平均每日以額定容量運轉8小時，而太陽能設備平均每日以額定容量發電4小時。假設1度電的經濟效益為5元，每月平均運轉24天，則每月可獲得的經濟效益為多少元？　(A)40,000　(B)96,000　(C)260,000　(D)960,000　　[105年統測]

1-7 ( ) 15. 效率必定　(A)大於1　(B)可能大於1　(C)小於1　(D)等於0

( ) 16. 電池的容量即電池所能供應之
(A)電壓與電流的乘積　　　　(B)電壓與時間的乘積
(C)電流與時間的乘積　　　　(D)電流平方與時間的乘積

( )17. 某手機待機消耗功率為0.036W，其電池額定3.6V，900mAH；理想情況下若電池充飽電，則可待機多少小時？ (A)90 (B)70 (C)50 (D)30 [統測]

( )18. 某一110V馬達驅動機械負載，若轉速穩定於2800rpm，輸出功率為1Hp，且消耗電流為9A，此時該馬達的效率最接近下列何者？
(A)90% (B)85% (C)80% (D)75% [統測]

進階題

1-1 ( )19. 關於電子的敘述下列何者錯誤？
(A)電子軌道外最外層的電子可稱為束縛電子
(B)電子軌道最外層的電子數可以用來判別物體的電性
(C)價電子吸收能量後成為自由電子
(D)價電子不帶電而自由電子帶負電

( )20. 有一物質其原子序為32，則下列敘述何者正確？
(A)其價電子（valence electron）數為3個
(B)其L層電子軌道總帶電量約為-1.28×10^{-18}庫倫
(C)當環境溫度升高時，此物質的電性可能變為絕緣體
(D)其原子核的總帶電量約為5.1×10^{-19}庫倫 [109年統測]

1-3 ( )21. 一導體之電位為30伏特，如將900靜庫之電荷由地面移至該導體上，則所需之功為
(A)30爾格 (B)60爾格 (C)90爾格 (D)900爾格

( )22. 將6.4微微庫倫的正電荷通過2mV的電位差，需作功多少電子伏特（eV）？
(A)8k(eV) (B)80k(eV) (C)6k(eV) (D)60k(eV)

( )23. 一個10kg重的物體移動1m所消耗的功，可以讓一個2庫侖的電荷通過多少伏特的電位差？ (A)9.8V (B)10V (C)49V (D)98V

( )24. 在一均勻電場中，將一單位正電荷由無窮遠處移到B點，所需能量為3.2電子伏特（eV），再將此電荷由B點移到A點需作功3.2×10^{-19}焦耳，則下列何者正確？
(A)B、A兩點的電位差$V_{BA} = -2$ V
(B)A、B兩點的電位差$V_{AB} = 4$ V
(C)A點的電位$V_A = 2$ V
(D)B點的電位$V_B = -2$ V [109年統測]

1-4 ( )25. 在一條半導體材質的導線上每一毫秒中有1.25×10^{16}個電子向左移動，同時也有1.25×10^{16}個電洞向右移動，則該導線上所流過的電流大小及方向為何？
(A)4A（向右） (B)4A（向左）
(C)4mA（向右） (D)4mA（向左）

1-6 ( )26. 一台同步電動機損失能量2.88×10^7焦耳，已知每度電費2.5元，則該電動機浪費多少元？ (A)10元 (B)20元 (C)30元 (D)40元

( )27. 已知家庭用電每月的基本度數為40度，不超過40度以40度計算，且需加收基本電費88元。若超過40度則每度加收2.5元。今有一電熱器1200瓦特（W），每天使用10小時，試問一個月後（以30天計算），應付電費？
(A)88元 (B)188元 (C)888元 (D)988元

( )28. 一只省電燈泡15W、300元,可用6000小時;相同亮度下需用一個白熾燈泡60W、20元,可用1000小時。若維持同樣亮度需求,比較6000小時之總支出費用(含燈泡費用)以每度電2.6元計算,則:
(A)省電燈泡較貴622元
(B)白熾燈泡較貴622元
(C)省電燈泡較便宜522元
(D)白熾燈泡較便宜522元 [技專]

( )29. 某裝置的電源電池1.5V,可使用能量為5400J。該裝置之工作與待機模式所需電流分別為19mA與200μA,若設定每小時工作10分鐘,待機50分鐘,則該裝置約可使用多少小時? (A)150 (B)200 (C)300 (D)350 [104年統測]

( )30. 在一均勻電場中,若要在0.05秒內將一基本電荷由a點等速移至b點,其中a點電位為10V,b點電位為20V,且a、b相距5公分,則所需之力和功率各為何?
(A)1.6牛頓,1.6瓦特
(B)1.6×10^{-19}牛頓,1.6×10^{-19}瓦特
(C)3.2牛頓,3.2瓦特
(D)3.2×10^{-17}牛頓,3.2×10^{-17}瓦特 [108年統測]

1-7 ( )31. 某手機的電池容量為3200mAh,只考慮手機使用在待機及通話情況下,待機時消耗電力的電流為10mA,通話時消耗電力的電流為200mA。若電池充飽後至電力消耗完畢期間,手機的總通話時間為10小時,則理想上總待機時間應為多少小時?
(A)96 (B)120 (C)144 (D)168 [107年統測]

( )32. 有一部額定輸出為10kW的抽水馬達,每月僅滿載運轉20天,滿載運轉效率為80%。若每度電費為4元,每月因滿載運轉效率問題所造成的損失電費為1200元,試求抽水馬達於滿載運轉期間,每天平均使用多少小時?
(A)10 (B)7 (C)6 (D)5 [107年統測]

( )33. 有一部200V效率為80%的電動機在5秒內輸出2500焦耳的能量,則輸入電流為多少安培? (A)3.125A (B)3.1A (C)2.5A (D)2A

最近統測試題

( )34. 如圖(1)所示,下列敘述何者正確?
(A)當c點接地時,$V_{ae} = 4V$
(B)當c點接地時,$V_{ac} = -4V$
(C)當b點接地時,$V_{ae} = 4V$
(D)當d點接地時,$V_{ae} = -4V$ [1-5][110年統測]

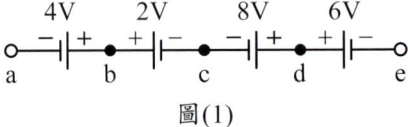

圖(1)

模擬演練

（ 💡 思考題、🔷 創意題、✳ 特殊題）
（ ▶ 表示提供影音解題）

💡 ( )1. 下列那些選項，是能量的單位？
①瓦特‧分　②呎‧磅　③庫倫‧法拉　④電子伏特　⑤馬力
(A)①③⑤　(B)①②④　(C)①④⑤　(D)②③④

▶🔷 ( )2. 有關各種單位的敘述，下列何者錯誤？
(A)歐尼爾的垂直彈跳高度可達85公分相當於85厘米
(B)杜蘭特體重110公斤相當於110仟克
(C)柯瑞的無解三分球最遠有效射程可達20公尺，相當於2k毫米
(D)布萊恩身高198公分相當於1.98G奈米

▶💡 ( )3. 有甲、乙、丙三款亮度相同的燈泡：
甲：省電燈泡，規格25W、售價400元、耐用壽命8000小時
乙：白熾燈泡，規格60W、售價50元、耐用壽命2000小時
丙：LED燈，規格35W、售價500元、耐用壽命10000小時
假設台電收費標準是每度電2.5元，若小明想就此三款燈泡在相同亮度需求上，以連續使用10000小時之總支出費用（含購置燈泡費用）作比較，則下列敘述何者正確？
(A)省電燈泡較白熾燈泡節省350元
(B)白熾燈泡較LED燈泡貴500元
(C)LED燈泡較省電燈泡節省50元
(D)選擇省電燈泡最省錢

▶💡 ( )4. 有甲、乙、丙3個系統，其效率（即輸出與輸入功率之比）分別為X、Y及0.9；若甲和丙兩系統串接，其總輸入及總輸出分別為500瓦特及315瓦特，若乙和丙兩系統串接，其總輸入及總輸出分別為600瓦特及432瓦特。若甲和乙兩系統串接，其總輸出為448瓦特，試問其總輸入功率為多少？
(A)700W　(B)800W　(C)900W　(D)1000W

▶ ( )5. 有兩條導線材質相同，A導線線徑為6mm，B導線線徑為4mm，串聯後接上電源通以相同的電流，則兩條導線的電子移動速度$V_A : V_B$為？
(A)9：4　(B)4：9　(C)1：1　(D)不一定

▶ ( )6. 如圖(1)所示，則關於元件1的敘述下列何者正確？
(A)電壓升元件：消耗20W　(B)電壓升元件：提供20W
(C)電壓降元件：消耗20W　(D)電壓降元件：提供20W

▶ ( )7. 如圖(2)所示，則關於元件1的敘述下列何者正確？
(A)電壓升元件：消耗8W　(B)電壓升元件：提供8W
(C)電壓降元件：消耗8W　(D)電壓降元件：提供8W

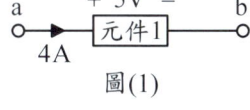

▶💡 ( )8. 圖(3)中若$V_a = -15V$，$V_f = 10V$，則下列敘述何者錯誤？
(A)$V_1 = 19V$　(B)$V_2 = 30V$　(C)$V_{ea} = 45V$　(D)$|V_2| - |V_1| = 21V$

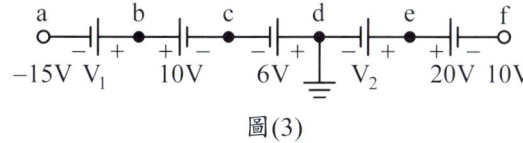

圖(3)

( )9. 如圖(4)所示，下列敘述中何者是錯誤的？
①電壓降元件有3個
②產生順時針方向1A的電流
③每分鐘通過a點的電子數為順時針流動3.75×10^{20}個電子
④電壓源2V每小時消耗2度電
(A)①③　(B)②④　(C)③④　(D)②③

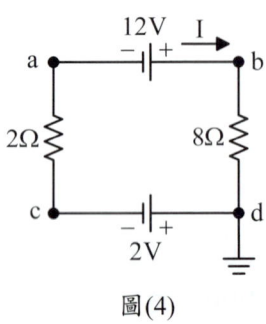

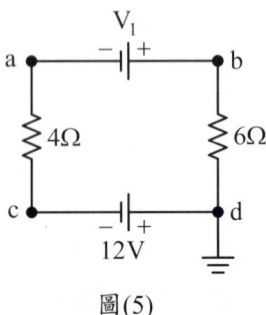

圖(4)　　　　　　　　　　　圖(5)

( )10. 如圖(5)所示，若b點的電位$V_b = -12V$，下列敘述中何者是正確的？
①電流方向為逆時針2A　　　③電位差$V_{ab} = -8V$
②a點的電位$V_a = 4V$　　　　④電壓源$V_1 = -8V$
(A)①③　(B)②④　(C)①④　(D)②③

情境素養題

（ ▶ 表示提供影音解題）

▲ 閱讀下文，回答第1～3題

有兩款種類的燈泡，其規格如下表所示。假設台電每度電收費3元，若魯夫考量將白熾燈泡更換為LED燈泡，試問：

種類	單價	額定功率	使用壽命
白熾燈泡	40元	50W	1000小時
LED燈泡	300元	20W	8000小時

( )1. LED燈泡較白熾燈泡，每1000小時所節省的『電費』為何？
(A)40元　(B)50元　(C)60元　(D)90元

( )2. 第幾個小時開始LED燈泡會較白熾燈泡划算？（需考慮購置燈泡的成本）
(A)1998小時　(B)2000小時　(C)2001小時　(D)2004小時

( )3. 承第2題所示，此時白熾燈泡已經使用了幾顆燈泡？
(A)2顆　(B)3顆　(C)4顆　(D)5顆

▲ 閱讀下文，回答第4～5題

娜美響應政府節能減碳的政策，於是汰換家中老舊耗電的電冰箱，更換具有節能標章的電冰箱。假設新購買的電冰箱外節能標章如下圖所示，試問：

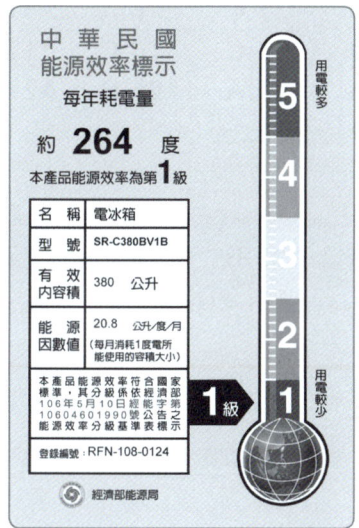

( )4. 倘若每度電為3元，則該電冰箱每個月的電費可估略估算約為？
(A)66元　(B)87元　(C)90元　(D)95元

( )5. 能量因數值20.8的意義為？
(A)每天消耗一度電，所能使用的容積大小
(B)每週消耗一度電，所能使用的容積大小
(C)每月消耗一度電，所能使用的容積大小
(D)每年消耗一度電，所能使用的容積大小

基本電學含實習 絕殺講義

解 答
(*表示附有詳解)

1-1立即練習
1.A　*2.C　3.C　*4.D　5.C

1-2立即練習
1.D　2.B　*3.C　*4.A

1-3立即練習
1.C　2.C　*3.A　*4.A　*5.D　6.B

1-4立即練習
*1.D　*2.C　*3.C　*4.B　*5.C　*6.C

1-5立即練習
*1.A　*2.D　3.C

1-6立即練習
*1.B　*2.D　*3.B　4.D　*5.D　6.C　*7.D

1-7立即練習
1.C　2.C　3.B　*4.A　*5.A　*6.B　*7.A

綜合練習
1.D　*2.D　*3.C　*4.D　5.C　6.A　*7.B　*8.C　*9.D　10.C
11.A　*12.C　*13.D　*14.D　15.C　16.C　*17.A　*18.D　*19.D　*20.B
*21.C　*22.B　*23.C　*24.A　*25.A　*26.B　*27.C　*28.C　*29.C　*30.D
*31.B　*32.C　*33.A　*34.D

模擬演練
*1.B　*2.C　*3.C　*4.B　*5.B　*6.C　*7.B　*8.D　*9.C　*10.C

情境素養題
*1.D　*2.C　*3.B　*4.A　5.C

CHAPTER 2 電阻

本章學習重點

節名	常考重點	
2-1 電阻與電導	• 電阻與電導的計算	★★★★☆
2-2 英制長度與截面積	• 英制長度與截面積的換算	★☆☆☆☆
2-3 電阻與溫度的關係	• 電阻溫度係數與電阻的計算	★★☆☆☆
2-4 色碼電阻、歐姆定律與電功率的關係	• 色碼電阻的判斷 • 歐姆定律的計算 • 電功率的計算	★★★★★
2-5 焦耳定律	• 焦耳定律的計算	★★★★☆

統測命題分析

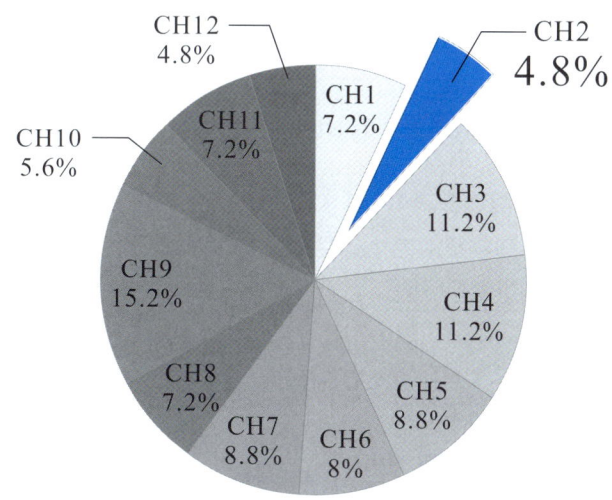

影音解題連結

2-1 電阻與電導

1. 電阻：定義為電荷在物體移動時所遇到的阻力，以R表示，單位為歐姆（Ω）。

2. 在溫度固定的情況下，電阻$R = \rho \dfrac{\ell}{A}$。電阻值R的大小與導體的有效長度ℓ成正比，與電流通過的導體截面積A成反比。

公式	單位\名稱	MKS制	CGS制	FPS制
$R = \rho \dfrac{\ell}{A}$	R：電阻值	歐姆（Ω）	歐姆（Ω）	歐姆（Ω）
	ρ：電阻係數（又稱電阻率）	$\Omega \cdot m$	$\Omega \cdot cm$	$\Omega \cdot \dfrac{C.M.}{ft}$
	ℓ：導體長度	公尺（m）	公分（cm）	呎（ft）
	A：截面積	平方公尺（m^2）	平方公分（cm^2）	圓密爾（C.M.）

註1：1碼（yd）= 3呎（ft）；1呎（ft）= 12吋（in）；1吋（in）= 2.54公分（cm）。

註2：1公釐 = 1毫米 = 0.1公分（臺灣地區普遍使用的是公釐，而在中國大陸則是使用毫米，兩者所代表的長度是完全相同的）。

註3：電阻拉長N倍，電阻變為原來的N^2倍。

註4：將導線的直徑變為原來的$\dfrac{1}{N}$倍，在體積固定的情況下，電阻變為原來的N^4倍。

註5：圓密爾以cmil或是C.M.簡稱。

3. 電導：電阻的倒數，以G表示，單位為姆歐（℧）或西門斯（S）。

公式	單位\名稱	MKS制	CGS制	FPS制
$G = \sigma \dfrac{A}{\ell}$	G：電導值	姆歐（℧）	姆歐（℧）	姆歐（℧）
	σ：電導率	$S \cdot m^{-1}$	$S \cdot cm^{-1}$	$S \cdot \dfrac{ft}{C.M.}$
	ℓ：導體長度	公尺（m）	公分（cm）	呎（ft）
	A：截面積	平方公尺（m^2）	平方公分（cm^2）	圓密爾（C.M.）

註1：電導係數$\sigma = \dfrac{1}{電阻係數\rho}$（兩者互為倒數）；電導係數又稱電導率。

註2：標準軟銅在20°C的電阻係數為$1.724 \times 10^{-8} \Omega \cdot m$，其導電率訂為100%。

註3：為方便計算不同材質的導電能力，以百分比導電率表示：

$\sigma\% = \begin{cases} (1) \dfrac{標準軟銅之電阻係數}{其他材質之電阻係數} \times 100\% \\ (2) \dfrac{其他材質之電導係數}{標準軟銅之電導係數} \times 100\% \end{cases}$ （在相同材質比較下計算，兩者答案相同）。

註4：金、銀、銅、鐵、鋁的導電率大小：$\sigma_{銀} > \sigma_{銅} > \sigma_{金} > \sigma_{鋁} > \sigma_{鐵}$。

電阻

觀念是非辨正

1. （×）銅的導電率為100%。
2. （×）相同材質下，電阻愈大其電阻係數也愈大。

概念釐清

導電率訂為100%的材質係指『標準軟銅』。

在相同溫度下，任何材質的電阻係數恆為定值。

老師教

1. 導線長40公尺，截面積為0.05平方公尺，電阻係數為0.004Ω·m，則電阻為多少歐姆（Ω）？

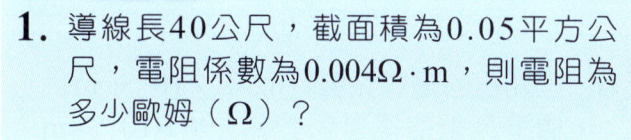

解 $R = \rho \dfrac{\ell}{A} = 0.004 \times \dfrac{40}{0.05} = 3.2\Omega$

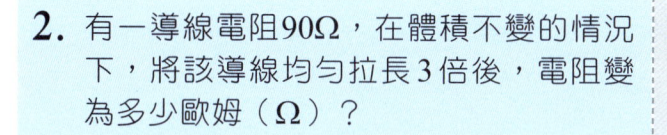

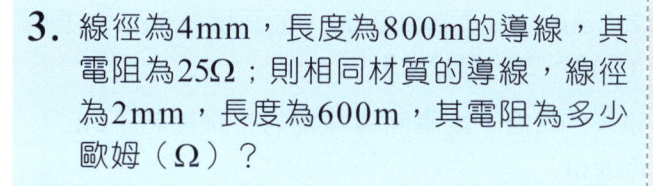

2. 有一導線電阻90Ω，在體積不變的情況下，將該導線均勻拉長3倍後，電阻變為多少歐姆（Ω）？

解 電阻拉長3倍，電阻變為3^2倍，因此電阻變為$90 \times 9 = 810\Omega$

3. 線徑為4mm，長度為800m的導線，其電阻為25Ω；則相同材質的導線，線徑為2mm，長度為600m，其電阻為多少歐姆（Ω）？

解 $\rho \dfrac{800}{2 \times 2 \times \pi} : \rho \dfrac{600}{1 \times 1 \times \pi} = 25 : R \Rightarrow R = 75\Omega$

4. 有一個電阻為8Ω，其電導G為多少姆歐（℧）？

解 $G = \dfrac{1}{R} = \dfrac{1}{8} = 0.125\text{℧}$

學生做

1. 導線長60公分，截面積為8×10^{-6}平方公尺，電阻係數為0.025Ω·cm，則電阻為多少歐姆（Ω）？

解

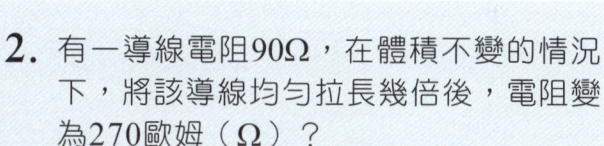

2. 有一導線電阻90Ω，在體積不變的情況下，將該導線均勻拉長幾倍後，電阻變為270歐姆（Ω）？

解

3. 線徑為6mm，長度為500m的導線，其電阻為60Ω；則相同材質的導線，線徑為4mm，長度為300m，其電阻為多少歐姆（Ω）？

解

4. 有一個電阻為0.25Ω，其電導G為多少西門子（S）？

解

5. 導線長為5m，截面積為10cm²，電導係數為$2 \times 10^3 \text{S} \cdot \text{m}^{-1}$，則電導為多少姆歐（℧）？

解 $G = \sigma \dfrac{A}{\ell} = 2 \times 10^3 \times \dfrac{10 \times 10^{-4}}{5} = 0.4 ℧$

5. 導線長為0.2m，截面積為0.4cm²，電導係數為$5 \times 10^2 \text{S} \cdot \text{cm}^{-1}$，則電導為多少姆歐（℧）？

解

6. 已知鋁的電阻係數為$2.826 \times 10^{-8} \Omega \cdot \text{m}$，標準軟銅的電阻係數為$1.724 \times 10^{-8} \Omega \cdot \text{m}$，則鋁的百分比導電率為多少？

解 $\dfrac{1.724 \times 10^{-8}}{2.826 \times 10^{-8}} \times 100\% \cong 61\%$

6. 已知銀的電導係數為$6.301 \times 10^7 \text{S} \cdot \text{m}^{-1}$，標準軟銅的電導係數為$5.96 \times 10^7 \text{S} \cdot \text{m}^{-1}$，則銀的百分比導電率為多少？

解

立即練習

( )1. A、B兩導線以同材料製成，A之長度為B之3倍，A之直徑為B之一半，若$R_A = 150\Omega$，則R_B為　(A)200Ω　(B)50Ω　(C)25Ω　(D)12.5Ω

( )2. A、B兩銅條，A長為300cm、截面積為2cm²，B長為500cm、截面積為5cm²，則電阻比$R_A : R_B$為　(A)1：2　(B)2：1　(C)3：2　(D)2：3

( )3. 一金屬導線長20cm，若欲使電阻增為原來的4倍，則應將導線均勻拉長為若干cm？
(A)15cm　(B)30cm　(C)40cm　(D)60cm

( )4. 將2個等重量的標準軟銅，製成長度分別為2L跟3L的均勻導線，則兩者的電阻比為何？　(A)2：3　(B)3：2　(C)4：9　(D)9：4

( )5. 將電導為10℧的導線，將導線均勻拉長$\sqrt{5}$倍，則電阻變為多少歐姆（Ω）？
(A)50Ω　(B)$10\sqrt{5}\Omega$　(C)0.5Ω　(D)0.1Ω

( )6. 有一根長10cm的導體，電阻為100Ω，將導線均勻拉長至25公分，該導體的電阻變為多少歐姆（Ω）？　(A)625Ω　(B)600Ω　(C)565Ω　(D)425Ω

2-2　英制長度與截面積

1. 英制導線**直徑的長度單位為密爾**（mil），其中 **1密爾（mil）** = $\frac{1}{1000}$吋（in）。
2. 英制導線截面積的單位為：
   $\begin{cases}(1) \ \textbf{圓密爾（C.M.）} \Rightarrow 1圓密爾表示直徑為1密爾的圓面積 \\ (2) \ \textbf{平方密爾（mil}^2\textbf{）} \Rightarrow 1平方密爾表示邊長為1密爾的正方形\end{cases}$

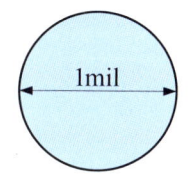

1mil（圓密爾）　　　1mil（平方密爾）

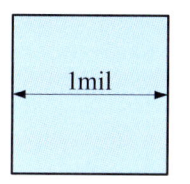

3. 相關關係式：$\begin{cases}(1) \ \textbf{直徑為D密爾（mil）} \Rightarrow \textbf{面積為D}^2\textbf{圓密爾（C.M.）} \\ (2) \ 1圓密爾（C.M.）= \frac{\pi}{4}平方密爾（mil^2） \\ (3) \ 1圓密爾（C.M.）< 1平方密爾（mil^2）\end{cases}$

觀念是非辨正

1. （○）直徑為0.001吋的圓面積稱為1圓密爾。
2. （○）邊長為0.001吋的正方形面積稱為1平方密爾。

概念釐清

老師教

1. 直徑為0.002吋的圓形導線，其截面積為多少圓密爾？

解 0.002吋＝2密爾
$A = D^2 = 2^2 = 4$圓密爾（C.M.）

學生做

1. 直徑為0.004吋的圓形導線，其截面積為多少圓密爾？

解

2. 導線的截面積為3600圓密爾（C.M.），則導線的直徑為多少吋？

解 $\sqrt{3600} = 60$ 密爾（mil）

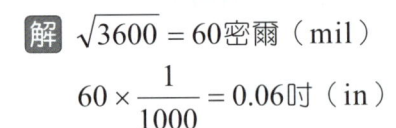

$60 \times \dfrac{1}{1000} = 0.06$ 吋（in）

2. 導線的截面積為900圓密爾（C.M.），則導線的直徑為多少吋？

解

ABCD 立即練習

(　)1. 一圓形導線線徑為D密爾，則截面積為多少圓密爾（C.M.）？
   (A)D^2　(B)$\dfrac{\pi}{4}D^2$　(C)$\dfrac{4}{\pi}D^2$　(D)$\dfrac{D^2}{4}$

(　)2. 導線的截面積為40圓密爾（C.M.）相當於多少平方密爾（mil²）？
   (A)10　(B)40　(C)10π　(D)$\dfrac{160}{\pi}$

(　)3. 某圓型導線的電阻係數為$0.02\Omega \cdot$ C.M./ft，導線長度5呎（ft），截面積為0.1圓密爾（C.M.），則該導線的電阻為多少歐姆（Ω）？
   (A)1Ω　(B)2Ω　(C)3Ω　(D)4Ω

2-3　電阻與溫度的關係

1. 物質的溫度特性：

   (1) 溫度上升電阻增加，稱此物質為正電阻溫度係數（PTC）的材質。

   (2) 溫度上升電阻減少，稱此物質為負電阻溫度係數（NTC）的材質。

   註：(1) 正電阻溫度係數的材質：金屬、敏阻器及高摻雜濃度的半導體。
   　　(2) 負電阻溫度係數的材質：絕緣體、熱阻器及一般半導體。

2. 電阻溫度係數α：溫度每升高1°C的電阻變化量（即為直線斜率m）對原來電阻的比值。

正電阻溫度係數	負電阻溫度係數
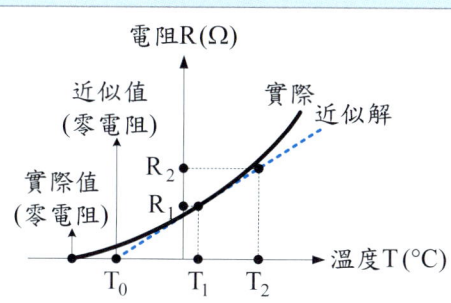 （電阻R對溫度T的曲線圖，溫度上升電阻增加）	（電阻R對溫度T的曲線圖，溫度上升電阻減小）
1. 溫度T上升電阻R增加	1. 溫度T上升電阻R減小
2. 電阻溫度係數 $\alpha = \dfrac{\Delta R}{\Delta T} \cdot \dfrac{1}{R_1} = \dfrac{R_2 - R_1}{T_2 - T_1} \times \dfrac{1}{R_1}$ （其中 $\dfrac{R_2 - R_1}{T_2 - T_1} = \dfrac{\Delta y}{\Delta x}$ = 斜率m ⇒ 正值） (1) 溫度變化 ⇒ 直線斜率不變 (2) 溫度T↑電阻R↑電阻溫度係數α↓ (3) 斜率不變因此：$\alpha_1 R_1 = \alpha_2 R_2 = \cdots = \alpha_n R_n$	2. 電阻溫度係數 $\alpha = \dfrac{\Delta R}{\Delta T} \cdot \dfrac{1}{R_1} = \dfrac{R_2 - R_1}{T_2 - T_1} \times \dfrac{1}{R_1}$ （其中 $\dfrac{R_2 - R_1}{T_2 - T_1} = \dfrac{\Delta y}{\Delta x}$ = 斜率m ⇒ 負值） (1) 溫度變化 ⇒ 直線斜率不變 (2) 溫度T↑電阻R↓電阻溫度係數|α|↑ (3) 斜率不變因此：$\alpha_1 R_1 = \alpha_2 R_2 = \cdots = \alpha_n R_n$
3. 電阻值公式： ∵ $\alpha_1 = \dfrac{R_2 - R_1}{T_2 - T_1} \times \dfrac{1}{R_1}$，整理後可得： $R_2 = R_1 \times [1 + \alpha_1 \times (T_2 - T_1)]$	3. 電阻值公式： ∵ $\alpha_1 = \dfrac{R_2 - R_1}{T_2 - T_1} \times \dfrac{1}{R_1}$，整理後可得： $R_2 = R_1 \times [1 + \alpha_1 \times (T_2 - T_1)]$
4. 零電阻溫度T_0與0°C電阻溫度係數α_0： ∵ $T_0 = -\dfrac{1}{\alpha_0}$ ⇒ $\alpha_1 = \dfrac{1}{\|T_0\| + T_1}$; $\alpha_2 = \dfrac{1}{\|T_0\| + T_2}$ ∴ $\alpha_n = +\dfrac{1}{\|T_0\| + T_n}$ （α>0表示斜率為+）	4. 零電阻溫度T_0與0°C電阻溫度係數α_0： ∵ $T_0 = +\dfrac{1}{\|\alpha_0\|}$ ⇒ $\alpha_1 = -\dfrac{1}{T_0 - T_1}$; $\alpha_2 = -\dfrac{1}{T_0 - T_2}$ ∴ $\alpha_n = -\dfrac{1}{T_0 - T_n}$ （α<0表示斜率為−）
5. 三角形比例推移：$\dfrac{R_2}{R_1} = \dfrac{\|T_0\| + T_2}{\|T_0\| + T_1}$	5. 三角形比例推移：$\dfrac{R_2}{R_1} = \dfrac{T_0 - T_2}{T_0 - T_1}$

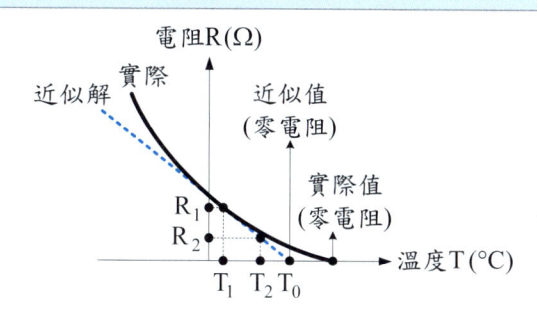

註1：電阻係數的單位為$\Omega \cdot m$或$\Omega \cdot cm$；電阻溫度係數的單位為1/°C。

註2：
(1) 正電阻溫度係數的直線斜截式(y = m·x + b) ⇒ $R = m \cdot T + R_0$
(2) 負電阻溫度係數的直線斜截式(y = m·x + b) ⇒ $R = m \cdot T + R_0$
m：為直線的斜率
R_0：為0°C的電阻值

註3：絕對零度是熱力學的最低溫度為−273.15°C，又稱此溫度為K（克氏溫度）。

註4：負電阻器是以錳鎳銅等金屬氧化物採陶瓷工藝製作，溫度範圍−270°C～2300°C。

註5：銅線（導線、電動機）的計算式：$\dfrac{R_2}{R_1} = \dfrac{234.5 + T_2}{234.5 + T_1}$ （銅導體推論絕對溫度為−234.5°C）。

觀念是非辨正

1. (×) 敏阻器（PTC）的電阻與電阻溫度係數，兩者皆隨溫度增加而增加。
2. (○) 熱阻器（NTC）的電阻與電阻溫度係數，兩者皆隨溫度增加而減小。

概念釐清

敏阻器為正電阻溫度係數，電阻隨溫度增加而增加，但電阻溫度係數隨之減小。

熱阻器為負電阻溫度係數，電阻隨溫度增加而減小，但電阻溫度係數隨之減少。

老師教

1. 銅、雲母、石英與半導體，哪個元件為正電阻溫度係數？

   解 銅為金屬（正電阻溫度係數）。

2. 某材質在10°C電阻為8Ω，在20°C時電阻12Ω，則在30°C電阻為何？

   解 運用直線兩點式（斜率相同）
   $$m = \frac{12-8}{20-10} = \frac{R-12}{30-20} \Rightarrow R = 16Ω$$

3. 某正電阻溫度係數的材質，其零電阻溫度為 −100°C，則在40°C的電阻溫度係數 $α_{40}$ 為何？

   解 $α_{40} = \dfrac{1}{|T_0|+40} = \dfrac{1}{|-100|+40} = \dfrac{1}{140}$

學生做

1. 銅、絕緣體、鋁與銀，哪個元件為負電阻溫度係數？

   解

2. 某材質在10°C電阻為12Ω，在20°C時電阻8Ω，則在30°C電阻為何？

   解

3. 某負電阻溫度係數的材質，其零電阻溫度為80°C，則在40°C的電阻溫度係數 $α_{40}$ 為何？

   解

4. 某電動機使用前溫度為25°C測得電阻5Ω，使用後測得電阻為6Ω，則使用後的溫度為多少？

解 $\dfrac{6}{5} = \dfrac{234.5 + T}{234.5 + 25} \Rightarrow T = 76.9°C$

4. 熱阻器使用後溫度為70°C測得電阻10Ω，使用前測得電阻為12Ω，則使用前的溫度為多少？（若零電阻溫度為80°C）

解

ABCD 立即練習

(　　)1. 關於正電阻溫度係數的電阻值與溫度係數，下列敘述何者正確？
(A)電阻隨溫度增加而增加，電阻溫度係數隨溫度增加而減小
(B)電阻隨溫度增加而減小，電阻溫度係數隨溫度增加而增加
(C)兩者皆隨溫度增加而增加
(D)兩者皆隨溫度增加而減小

(　　)2. 電阻器在25°C時的電阻溫度係數為0.005/°C，則該電阻的零電阻溫度為多少？
(A)200°C　(B)175°C　(C)–200°C　(D)–175°C

(　　)3. 某導線在25°C時為0.4Ω，在75°C時為0.45Ω，求此導線在25°C時的電阻溫度係數為多少？　(A)0.0045　(B)0.004　(C)0.003　(D)0.0025

(　　)4. 一直流馬達，在周圍溫度為35.5°C下運轉，其電阻由90Ω升至98Ω，則其溫度升高
(A)12°C　(B)18°C　(C)24°C　(D)36°C

(　　)5. 某導線在20°C時為15Ω，在50°C時為12Ω，求此導線在20°C時的電阻溫度係數為多少？　(A)$-\dfrac{1}{100}$　(B)$-\dfrac{1}{150}$　(C)$\dfrac{1}{100}$　(D)$\dfrac{1}{150}$

2-4 色碼電阻、歐姆定律與電功率的關係

1. 色碼電阻：

	四色環（色碼電阻）	五色環（色碼電阻）
	數值 數值 冪次 誤差 A B C D	數值 數值 數值 冪次 誤差 A B C D E
	電阻值 $R = AB \times 10^C \pm D\%$	電阻值 $R = ABC \times 10^D \pm E\%$

顏色	數值（有效數值） 四色環（A, B） 五色環（A, B, C）	冪次 四色環（C） 五色環（D）	誤差 四色環（D） 五色環（E）
黑	0	10^0	
棕	1	10^1	$\pm 1\%$
紅	2	10^2	$\pm 2\%$
橙	3	10^3	$\pm 3\%$
黃	4	10^4	$\pm 4\%$
綠	5	10^5	$\pm 0.5\%$
藍	6	10^6	$\pm 0.25\%$
紫	7	10^7	$\pm 0.1\%$
灰	8	10^8	$\pm 0.05\%$
白	9	10^9	
金		10^{-1}	$\pm 5\%$
銀		10^{-2}	$\pm 10\%$
無色			$\pm 20\%$

註1：電阻值為 $R \pm \varepsilon\% \Rightarrow \begin{cases} R_{max} = R \times (1+\varepsilon\%) \\ R_{min} = R \times (1-\varepsilon\%) \end{cases}$（ε：誤差百分比）。

註2：電阻器種類：
(1) A類電阻器：為對數型電阻器 → 旋轉角度和電阻呈對數關係。
(2) B類電阻器：為一般型電阻器 → 旋轉角度和電阻呈線數關係。
(3) C類電阻器：為逆對數型電阻器 → 旋轉角度和電阻呈逆對數關係。

註3：光敏電阻（cds）：當光線愈強則電阻愈小。

2. 歐姆定律：

公式	名稱 單位	MKS制
$R = \dfrac{V}{I}$	V：電壓	伏特（V）
	I：電流	安培（A）
	R：電阻	歐姆（Ω）

3. 電功率 P 的計算：

$$P = V \cdot I \Rightarrow \begin{cases} (1)\ I = \dfrac{V}{R}\ (\text{代入電功率 }P) \Rightarrow P = \dfrac{V^2}{R} \\ (2)\ V = IR\ (\text{代入電功率 }P) \Rightarrow P = I^2 \times R \end{cases}$$

註1：相關數學計算式（乘法）：
$$\begin{cases} (1)\ (A \pm B\%) \times (C \pm D\%) \cong A \cdot C \pm (B+D)\%\ (\text{近似值}) \\ (2)\ (A \pm B\%)^2 \times (C \pm D\%) \cong A^2 \cdot C \pm (2B+D)\%\ (\text{近似值}) \end{cases}$$

註2：相關數學計算式（除法）：
$$\begin{cases} (1)\ \dfrac{(A \pm B\%)}{(C \pm D\%)} \cong \dfrac{A}{C} \pm (B+D)\%\ (\text{近似值}) \\ (2)\ \dfrac{(A \pm B\%)^2}{(C \pm D\%)} \cong \dfrac{A^2}{C} \pm (2B+D)\%\ (\text{近似值}) \end{cases}$$

觀念是非辨正

1. （ × ）色碼電阻的冪次愈大，則誤差環的誤差百分比愈大。
2. （ ○ ）色碼電阻的尺寸大小（體積）與額定功率（瓦特數）成正比。

概念釐清

色碼電阻的色環數值或冪次值兩者皆與誤差值無關。

老師教

1. 色碼電阻的色環為紅黃黃金，則電阻值為何？

解 $24 \times 10^4 \pm 5\% = 240\text{k}\Omega \pm 5\%$

學生做

1. 色碼電阻的色環為棕黑金銀，則電阻值為何？

解

2. 色碼電阻的色環為棕黑紅銀，則電阻的最大值為何？	**2.** 色碼電阻的色環為橙棕黑金，則電阻的最小值為何？
解 $10 \times 10^2 \pm 10\% = 1k\Omega \pm 10\%$ $R_{max} = 1000 \times (1 + 10\%) = 1100\Omega$	**解**
3. 某電源電壓範圍為12V±5%，電流範圍為10A±2%，試求功率範圍約為何？	**3.** 某電阻兩端的電壓範圍為36V±4.5%，電流範圍為4A±1.5%，試求該電阻約為何？
解 $P = VI = (12 \pm 5\%)(10 \pm 2\%)$ $P = VI \cong 120W \pm 7\%$	**解**
4. 有一個色碼電阻色環為棕黑紅銀，通過電阻的電流為5A±2%，試求功率約為何？	**4.** 有一個色碼電阻色環為棕黑金金，電阻的端電壓為10V±2%，試求功率約為何？
解 $P = I^2R = (5 \pm 2\%)^2 \cdot (1k \pm 10\%)$ $P \cong 25000W \pm 14\%$	**解**

ABCD 立即練習

( )1. 一碳質色碼電阻依次為紅黑金，若在該電阻兩端加上電壓3V，則通過電阻的電流範圍為何？
(A)1.2A ≤ I ≤ 1.75A　　　　　　(B)1.5A ≤ I ≤ 1.85A
(C)1.25A ≤ I ≤ 1.875A　　　　　(D)1.45A ≤ I ≤ 1.825A

( )2. 一碳質色碼電阻依次為橙黑金，若在該電阻兩端加上電壓1.2V，則該電阻值產生的最大功率為何？　(A)0.8W　(B)0.6W　(C)0.4W　(D)0.2W

( )3. 額定為110V、100W之白熾燈泡，其電阻為多少Ω？
(A)1.1Ω　(B)11000Ω　(C)12100Ω　(D)121Ω

( )4. 某一電阻為1kΩ，額定功率為0.2W，則其所能承受的最大額定電流為下列何者？（$\sqrt{2} = 1.414$）　(A)1.414mA　(B)2.828mA　(C)14.14mA　(D)28.28mA　[統測]

( )5. 有一額定為220V、4000W之電熱器線，若將這電熱器線的長度剪去$\frac{1}{5}$後，接到110V之電源上，則其消耗功率為何？
(A)800W　(B)1250W　(C)2000W　(D)4000W
[103年統測]

2-5 焦耳定律

1. 焦耳定律：電流通過導體時產生的熱量H，與在該導體所產生的電功率P與時間t的乘積成正比。

   公式：H＝P·t （單位：焦耳）

2. 熱量單位除了使用焦耳外，一般習慣以卡（cal）為單位。讓重量為1公克（g）的水升高攝氏1°C所需的熱量稱之為1卡（cal）。

   公式：$H = 0.24P \cdot t = 0.24V \cdot I \cdot t = 0.24 \cdot I^2 \cdot R \cdot t = 0.24 \cdot \dfrac{V^2}{R} \cdot t$（單位：卡）

3. 欲使比熱為s、質量為m的物質，溫度升高攝氏T°C，所需的熱量為H：

   公式：H＝m·s·ΔT（單位：卡）

公式	單位\名稱	公制	英制
H＝m·s·ΔT	m：質量	公克（g）	磅（lb）
	s：比熱	卡／克·度（cal/g·°C）	BTU／磅·度（BTU/lb·°F）
	ΔT：溫度變化量	度（°C）	度（°F）

註1：1焦耳（J）＝0.24卡（cal）；1卡（cal）＝4.2焦耳（J）。

註2：1磅水升高1°F所需的熱量稱為1BTU，1BTU ＝ 252卡 ＝ 1055焦耳 ＝ 778呎·磅。

註3：華氏溫度（°F）＝$\dfrac{9}{5}$×攝氏溫度（°C）＋32；克（凱）氏溫度（K）＝273＋攝氏溫度（°C）。

觀念是非辨正

1. （×）同質量的不同物質，上升相同的溫度時所需的熱量相同。
2. （○）加熱時間愈長，吸收熱量愈多。

概念釐清

不同物質的比熱不同，因此所需熱量不同。

老師教

1. 質量為10公克的水，由攝氏溫度10度上升至40度，所需要的熱量為多少？（水的比熱為1）

   解 H ＝ m·s·ΔT
   ＝ 10×1×(40－10) ＝ 300卡

學生做

1. 質量為1公斤的水，由攝氏溫度25度上升至60度，所需要的熱量為多少？（水的比熱為1）

   解

2. 在5Ω電阻通過20安培的電流10秒鐘，所需的熱量為何？

解 $H = 0.24I^2Rt$
$= 0.24 \times 20^2 \times 5 \times 10 = 4800$卡

2. 在8Ω電阻外加10V的電壓2分鐘，所需的熱量為何？

解

3. 使用2500W的電熱水器，將5kg的水由20°C加熱至74°C，需要幾分鐘？

解 $H = 0.24P \cdot t = m \cdot s \cdot \Delta T$
$0.24 \times 2500 \times t = 5000 \times 1 \times (74 - 20)$
$t = 450$秒 $= 7.5$分鐘

3. 使用效率為80%的2000W電熱水器，將960g的水由25°C加熱至60°C，需要幾秒鐘？

解

ABCD 立即練習

( ) 1. 將電熱絲接電源200V後置於水中，使得2.4公斤的水在20分鐘內由20°C上升至70°C，則電熱絲的電阻為多少歐姆（Ω）？
(A)36Ω (B)48Ω (C)96Ω (D)112Ω

( ) 2. 有一具效率為85%且容量為54公斤的熱水器，欲在30分鐘內水溫由15°C上升至49°C，則熱水器的電功率該選用幾瓦特？
(A)2500W (B)5000W (C)7500W (D)8500W

( ) 3. 1BTU的熱量約為多少卡（cal）？
(A)252卡 (B)250卡 (C)320卡 (D)450卡

( ) 4. 1度電約為多少BTU？
(A)3000BTU (B)3412BTU (C)3578BTU (D)3765BTU

綜合練習

基礎題

2-1
( ) 1. 已知某導線在20°C時的電阻係數$1.68 \times 10^{-7} \Omega \cdot m$，若此導線的截面積為6平方毫米，長度為10公里，則其電阻值為何？
(A)2.8Ω　(B)28Ω　(C)280Ω　(D)320Ω

( ) 2. 物質的電阻係數ρ愈小，其導電性愈
(A)大　(B)小　(C)一樣　(D)無關

( ) 3. 下列何者的導電率最高？　(A)銀　(B)金　(C)鐵　(D)鋁

( ) 4. 下列何種金屬材料的百分率電導係數為100%？
(A)鋁　(B)金　(C)銀　(D)標準軟銅

( ) 5. 導體之電阻值與
(A)長度及截面積成正比
(B)長度成正比，截面積成反比
(C)長度成反比，截面積成正比
(D)與截面積以及長度兩者皆無關

( ) 6. 有一導線的電阻值為2.5Ω，在體積不變之條件下將它均勻拉長，使其長度變為原來之1.2倍，則導線拉長後之電阻值為何？
(A)3.0Ω　(B)3.6Ω　(C)4.2Ω　(D)4.8Ω [統測]

( ) 7. 以相同材料製作之a、b兩導線，已知a的截面積為b的2倍，a的長度為b的4倍，則a導線與b導線電阻值之比為何？
(A)2：1　(B)4：1　(C)1：2　(D)1：4 [統測]

( ) 8. 將100V電壓加至某電阻線上，通過之電流為16A，今若將此電阻線均勻拉長，使長度變為原來的2倍，而接至相同的電壓，則通過之電流會變為多少？
(A)4A　(B)6A　(C)8A　(D)10A [102年統測]

( ) 9. 將長度為100公尺且電阻為1Ω的某金屬導體，在維持體積不變情況下，均勻拉長後的電阻變為9Ω，則拉長後該金屬導體長度為多少公尺？
(A)200　(B)300　(C)600　(D)900 [104年統測]

2-3
( ) 10. 有一條特殊材質的導線在0°C的電阻溫度係數為0.002（1/°C），且電阻為20Ω，試求在溫度為80°C的電阻為何？
(A)23.2Ω　(B)24.8Ω　(C)26.5Ω　(D)27.8Ω

( ) 11. 影響導體電阻大小的因素，除了導體長度及截面積外，尚有那些因素？
(A)溫度及電導係數　　　　(B)電壓及電導係數
(C)材料及電流　　　　　　(D)溫度及電流 [統測]

( ) 12. 下列敘述何者正確？
(A)卡為熱量之單位，1卡熱量約等於1焦耳之能量
(B)導電率與電導係數成反比
(C)導體之電導值與導體之截面積成反比
(D)負電阻溫度係數表示溫度下降電阻值升高 [統測]

2-4 ( )13. 一般標示5條色碼的電阻中，下列何種資料是無法從色碼中獲取的？
(A)誤差值　(B)額定功率　(C)10的冪次方　(D)百位、十位與個位數值

( )14. 一碳質色碼電阻依次為黃黑金，則該電阻值為何？
(A)40Ω±5%　(B)4Ω±20%　(C)4Ω±25%　(D)5Ω±5%

( )15. 某電阻接於2伏特直流電，共消耗0.5W，則該電阻色碼可能為何？
(A)黑灰銀金　(B)灰黑銀金　(C)灰黑金金　(D)灰黑黑金

( )16. 在歐姆定律V-I特性曲線中，以V為橫軸，I為縱軸，其斜率是表示？
(A)功率　(B)電流　(C)電壓　(D)電導

( )17. 有一個額定功率為200V/1200W的電熱絲，減去2/5後再將電源改接為80V，則電熱絲的消耗的功率為何？
(A)400W　(B)360W　(C)320W　(D)270W

( )18. 有一家用110伏特、60瓦特的燈泡，接於110伏特的交流電源，求流過燈泡的電流為多少？
(A)60mA　(B)545mA　(C)1833mA　(D)6600mA　　　　　　　　　　　　　　　　[統測]

( )19. 小新幫媽媽修理電熱爐，不慎將其內部的電熱線剪掉一部分，變成原來的四分之三；若此電熱爐在原額定電壓下使用，將會發生何種情況？
(A)功率減少　(B)電流減少　(C)電阻增加　(D)發熱量增加　　　　　　　　　　[統測]

( )20. 將60kΩ及30kΩ的電阻器並聯在一起，其總電阻可用下列哪一種色碼排列之電阻來替代？　(A)紅黑橙金　(B)紅棕黃金　(C)白黑橙金　(D)白棕黃金　　　　　[105年統測]

( )21. 有一0.15A的電流流過一色碼電阻，跨在此色碼電阻兩端的電壓為1.5V，則此電阻由左至右之色碼可能為何？
(A)紫藍黑金　(B)紫藍棕金　(C)棕黑棕銀　(D)棕黑黑銀　　　　　　　　　　[106年統測]

2-5 ( )22. 今將100Ω的電熱絲通以2.5A的電流，放入溫度為35°C的水中，結果在10分鐘內水溫上升至85°C，則水的質量為多少？
(A)900g　(B)1200g　(C)1500g　(D)1800g

( )23. 有一1kW的電熱水器，內裝有10公升的水，加熱10分鐘，求水溫上升多少？
(A)6.2°C　(B)10.6°C　(C)14.4°C　(D)18.9°C　　　　　　　　　　　　　　　　[統測]

( )24. 有一內裝10公升水之電熱水器，額定規格為100V/10A，水溫為10°C，若以額定送電加熱60分鐘後，則水溫變為幾°C和消耗多少度電？
(A)96.4°C，1度電　　　　　　　　　　(B)96.4°C，5度電
(C)86.4°C，5度電　　　　　　　　　　(D)86.4°C，1度電　　　　　　　　　　[108年統測]

進階題

2-1 ( )25. 一金屬導線的線徑為2cm，若欲使電阻增為原來的4倍，則在保持體積不變的情況下應該如何處置？
(A)將導線拉長直到線徑為$\sqrt{2}$cm
(B)將導線拉長直到線徑為$\sqrt{3}$cm
(C)將導線拉長直到線徑為1cm
(D)將導線拉長直到線徑為$\sqrt{5}$cm

( )26. 有一長度ℓ的可塑性均勻（homogeneous）導體，電阻值為R，設導體總體積不變下，將該導體均勻拉長為2ℓ，再將之切成等長兩段，並予以並聯，若新電阻值為Q，則R：Q為　(A)1：2　(B)1：4　(C)2：1　(D)1：1

( )27. 如圖(1)所示為某金屬材料的電阻器，此材料的百分率電導係數為43.1%，則此材料消耗的功率為何？（註：標準軟銅的電阻係數為$1.724\times 10^{-8}\Omega\cdot m$）
(A)2.5W　(B)5W　(C)10W　(D)12W

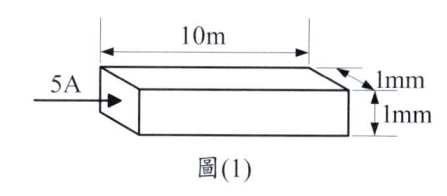

圖(1)

( )28. 某直徑為1.6mm單芯線的配線迴路，其線路電壓降為6%；若將導線換成相同材質的2.0mm單芯線後，其線路電壓降約為多少？
(A)3.8%　(B)4.8%　(C)5.8%　(D)6.8% [統測]

2-3 ( )29. 某導線在35°C的電阻溫度係數為$-0.025/°C$，電阻為10Ω；在65°C時的電阻溫度係數為$-0.1/°C$，則此時電阻為多少歐姆（Ω）？
(A)2.5Ω　(B)3.5Ω　(C)4.5Ω　(D)6.5Ω

2-4 ( )30. 用於室內配線之銅導線，在室溫$t_1°C$下，長為ℓ米、直徑為D毫米、電阻係數為$\rho\Omega\cdot m$、推論絕對溫度為$-234.5°C$，下列敘述何者正確？
(A)其等效電阻值為$\dfrac{4\rho\ell}{\pi D^2}\Omega$
(B)若導線被剪掉四分之一長度，則其等效電阻值變為$\dfrac{\rho\ell}{\pi D^2}k\Omega$
(C)若導線被均勻拉長為原來的N倍（體積不變），則其等效電阻值變為$\dfrac{N^3\rho\ell}{\pi D^2}k\Omega$
(D)若室溫上升為$t_2°C$，則其等效電阻值變為$\dfrac{4\rho\ell(1+\dfrac{t_2}{234.5})}{\pi D^2(1+\dfrac{t_1}{234.5})}M\Omega$ [109年統測]

2-5 ( )31. 額定為200V/2000W之均勻電熱線，平均剪成3段後再並接於50V的電源，則其總消耗功率為何？　(A)667W　(B)875W　(C)1125W　(D)1350W [統測]

( )32. 將5000公克且比熱為$0.1cal/g\cdot°C$的鐵塊由25°C加熱至65°C後，立即放入溫度為10°C重量為2公升的水中，則水溫增加多少度？（若忽略熱損失因素）
(A)10°C　(B)20°C　(C)30°C　(D)40°C

( )33. 電熱器的電熱絲為110Ω，接於220V電源，浸入200公克47.5°C的水中，盛水容器每秒散熱0.6卡，需加熱多久時間才能使水的溫度上升至100°C？
(A)50秒 (B)100秒 (C)150秒 (D)200秒

最近統測試題

( )34. 有一電阻器在30°C時其電阻值為3Ω，在150°C時其電阻值為6Ω，則此電阻器在30°C時之溫度係數為何？
(A)$(\frac{1}{120})°C^{-1}$ (B)$(\frac{1}{90})°C^{-1}$ (C)$(\frac{1}{60})°C^{-1}$ (D)$(\frac{1}{30})°C^{-1}$
[2-3][110年統測]

( )35. 有一額定為直流120V，600W的電熱線，若修剪掉$\frac{1}{3}$長度並將剩下的$\frac{2}{3}$長度兩端接於48V直流電壓，則剩下$\frac{2}{3}$長度的電熱線消耗功率為何？
(A)80W (B)100W (C)144W (D)173W
[2-4][111年統測]

( )36. 如圖(2)所示電路，五色碼電阻色環依序讀取為「棕棕黑橙綠」，安培計Ⓐ的讀值約為何？ (A)1A (B)100mA (C)1mA (D)0.01mA
[2-4][111年統測]

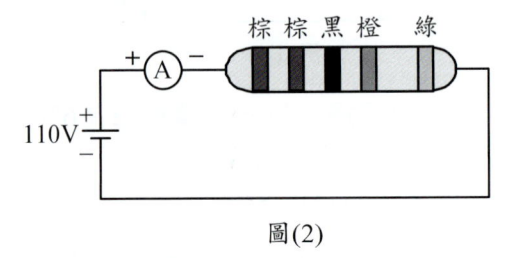

圖(2)

模擬演練

( )1. 圖(1)中導體A、B為同材質、同尺寸的兩導體若a＞b＞c，且外加相同電壓則：
(A)$I_A > I_B$ (B)$I_A < I_B$ (C)$I_A = I_B$ (D)不一定

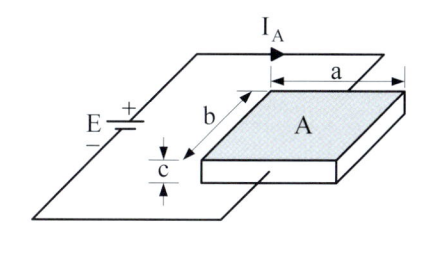

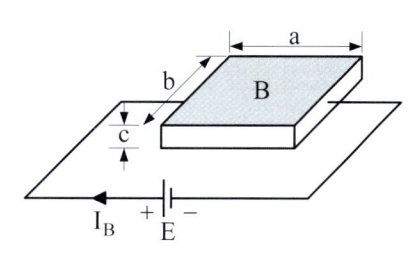

圖(1)

( )2. 同一材料製成二導線，甲導線長750m、直徑4mm；乙導線長450m、直徑2mm。下列何者有最大的電阻值？
(A)40°C的甲導線 (B)40°C的乙導線
(C)25°C的甲導線 (D)25°C的乙導線

( )3. A導線截面積為$4mm^2$，B導線為$2mm^2$，若A、B兩導線在2分鐘內同時通過6.25×10^{18}個電子，則I_A與I_B的關係為何？
(A)$3I_A = I_B$ (B)$2I_A = 3I_B$ (C)$I_A = I_B$ (D)$I_A = 2I_B$

( )4. 假設有一電燈工廠在製作規格100V/100W電燈泡時，燈泡中所使用之燈絲長2cm，若工場想使用相同材質之燈絲製作規格200V/250W之燈泡，則此燈泡中所使用之燈絲長為何？ (A)3.2cm (B)4cm (C)6.4cm (D)8cm

( )5. 某配電系統使用2.0mm線徑之導線，在工作電流15A情況下，有0.6W的線路損失，試問若將工作電流提高至9A，線路損失不變且供電距離固定的情況下，則應改用下列何種線徑之導線？ (A)1.2mm (B)1.6mm (C)2.0mm (D)3.5mm

( )6. 銅線在40°C時，電阻為R_1，電阻溫度係數為α_1；若將溫度降低為-30°C，電阻為R_2，電阻溫度係數為α_2，則下列何者正確？
(A)$R_1 > R_2$且$\alpha_1 > \alpha_2$ (B)$R_1 > R_2$且$\alpha_2 < 0$
(C)$R_1 > R_2$且$\alpha_1 < \alpha_2$ (D)$R_1 < R_2$且$\alpha_1 > \alpha_2$

( )7. 某電阻器隨溫度改變，其電阻與溫度的變化特性曲線如圖(2)所示，則下列敘述何者正確？
①零電阻溫度$T_0 = 113K$
②在0°C的電阻為1.8Ω
③直線方程式$R = 0.01T + 2$
④華氏溫度176°F的電阻溫度係數為$\frac{1}{260}$ (1/°C)
(A)①② (B)①④ (C)③④ (D)②④

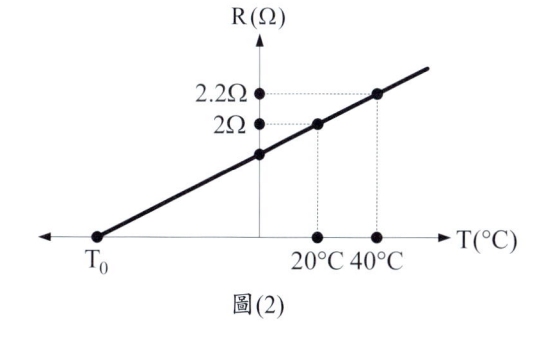

圖(2)

( )8. 某電阻器隨溫度改變，其電阻與溫度的變化特性曲線如圖(3)所示，則下列敘述何者正確？
①零電阻溫度$T_0 = 480°C$
②在0°C的電阻為5.88Ω
③直線方程式$R = -0.012T + 5.88$
④10°C時的電阻溫度係數為$-\dfrac{1}{470}$（1/°C）
(A)①②　(B)①④　(C)③④　(D)②③

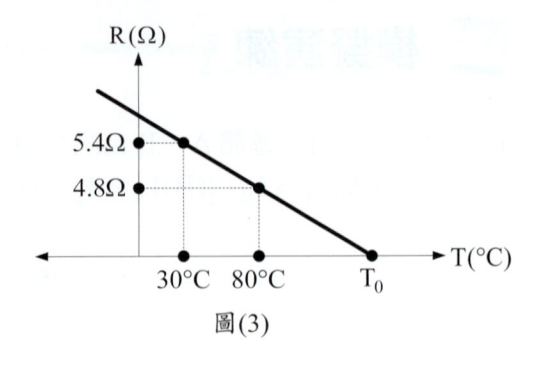

( )9. 200伏特，200W的燈泡，0°C時電阻為12.5Ω；若0°C時燈絲的$\alpha_0 = 6 \times 10^{-3}$，則工作時的燈絲溫度為多少度？
(A)100°C　(B)1000°C　(C)1500°C　(D)2500°C

( )10. 一碳質色碼電阻依序為棕黑黑，若在該電阻兩端加上電壓2.4V，則通過電阻的電流不可能為何？　(A)230mA　(B)265mA　(C)289mA　(D)325mA

情境素養題

▲ 閱讀下文，回答第1～2題

娜美有四種相同線徑與截面積的導線，想要測試不同電阻係數的導線對於燈泡亮度之影響，電阻係數如下表所示，試問：

導線	電阻係數
甲導線	$1.59 \times 10^{-8} \Omega \cdot m$
乙導線	$1 \times 10^{-8} \Omega \cdot m$
丙導線	$1.7 \times 10^{-8} \Omega \cdot m$
丁導線	$5.6 \times 10^{-8} \Omega \cdot m$

( )1. 如圖(1)所示，導線使用何種材質之導線，燈泡最亮？
(A)甲導線 (B)乙導線 (C)丙導線 (D)丁導線

( )2. 承上題所示，導線使用何種材質之導線，燈泡最暗？
(A)甲導線 (B)乙導線 (C)丙導線 (D)丁導線

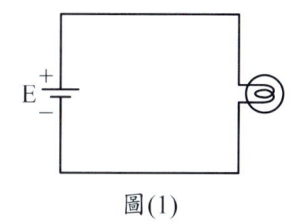

▲ 閱讀下文，回答第3題

近日天龍國發生一連串的爆炸事件，毛利小五郎判斷犯案者為非電群的學生，於是順手拿了三個相同線徑但不同長度的導線，接線如圖(2)所示，並請最有可能的四名嫌疑犯（魯夫、佐助、飛影以及禰豆子）來進行判斷，試問：

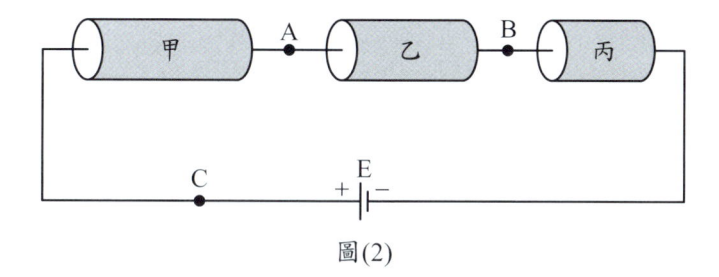

( )3. 若甲、乙、丙三個材質相同，何者的觀念錯誤（嫌疑最大）？
(A)魯夫：『甲導線的發熱量最大』
(B)佐助：『丙導線的電阻最小』
(C)飛影：『通過A點的電荷量，大於通過B點的電荷量』
(D)禰豆子：『將乙導線均勻拉長，則通過C點的電流會減少』

基本電學含實習　絕殺講義

解　答

（＊表示附有詳解）

2-1立即練習
＊1.D　＊2.C　＊3.C　＊4.C　＊5.C　＊6.A

2-2立即練習
1.A　＊2.C　＊3.A

2-3立即練習
1.A　＊2.D　＊3.D　＊4.C　＊5.B

2-4立即練習
＊1.C　＊2.B　＊3.D　＊4.C　＊5.B

2-5立即練習
＊1.C　＊2.B　3.A　＊4.B

綜合練習
＊1.C　2.A　3.A　4.D　5.B　＊6.B　＊7.A　＊8.A　＊9.B　＊10.A
11.A　12.D　13.B　＊14.B　＊15.C　＊16.D　＊17.C　＊18.B　19.D　＊20.A
＊21.D　＊22.D　＊23.C　＊24.A　＊25.A　＊26.D　＊27.C　＊28.A　＊29.A　＊30.D
＊31.C　＊32.A　＊33.B　＊34.A　＊35.C　＊36.C

模擬演練
＊1.A　＊2.B　＊3.C　＊4.A　＊5.A　6.C　＊7.D　＊8.B　＊9.D　＊10.D

情境素養題
＊1.B　＊2.D　＊3.C

CHAPTER 3 串並聯電路

本章學習重點

節名	常考重點	
3-1 串聯電路 含實習	• 串聯電路的特性與分壓定則 • 串聯電路的應用	★★★★☆
3-2 克希荷夫電壓定律（KVL）含實習	• 克希荷夫電壓定律（KVL）	★★★★★
3-3 並聯電路 含實習	• 串聯電路的特性與分流定則 • 並聯電路的應用	★★★★☆
3-4 克希荷夫電流定律（KCL）含實習	• 克希荷夫電流定律（KCL）	★★★★★
3-5 惠斯登電橋（Wheatstone bridge）含實習	• 平衡條件及處理方式	★★★★★
3-6 Y ↔ △ 轉換	• 轉換方式及使用時機	★★★★★
※3-7 特殊電阻網路的解題技巧（補充教材）	• 無限電阻網路	★★★★☆

統測命題分析

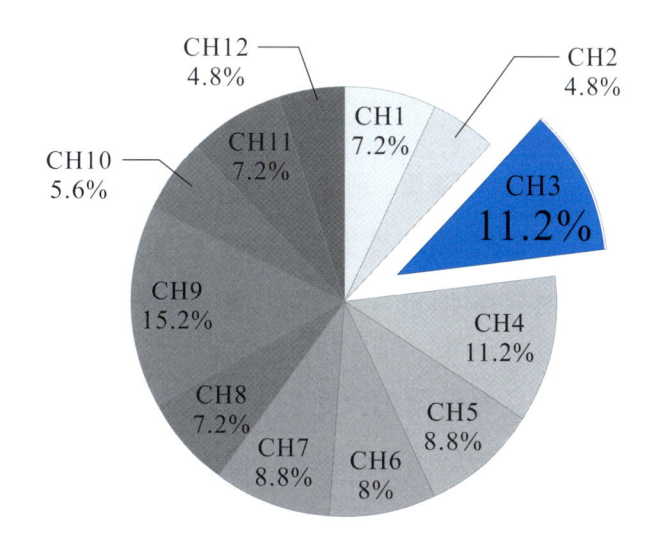

- CH1 7.2%
- CH2 4.8%
- CH3 11.2%
- CH4 11.2%
- CH5 8.8%
- CH6 8%
- CH7 8.8%
- CH8 7.2%
- CH9 15.2%
- CH10 5.6%
- CH11 7.2%
- CH12 4.8%

影音解題連結

3-1 串聯電路

➲ 本節包含實習主題「電阻串並聯電路」相關重點

1. 特性：所有元件頭尾相接形成單一電流的迴路，因此**流過每個元件的電流都相同**。

2. 相關計算：

    (1) 總電阻 $R_T = R_1 + R_2 + R_3 + R_4 + \cdots + R_n$（**加法**）

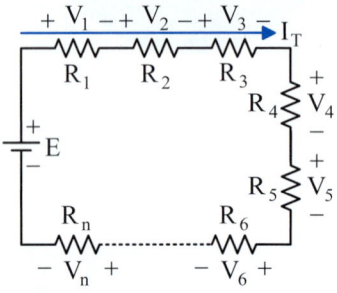

    (2) 總電流 $I_T = \dfrac{E}{R_T}$

    (3) 電壓性質：$\begin{cases} \text{電壓升元件：} E \\ \text{電壓降元件：電阻} R_1 ; R_2 ; R_3 \cdots R_n \end{cases}$

    $E = V_1 + V_2 + V_3 + \cdots + V_n$
    $\Rightarrow E = I_T \cdot R_1 + I_T \cdot R_2 + I_T \cdot R_3 + \cdots + I_T \cdot R_n = I_T \times R_T$

    (4) 功率性質：$\begin{cases} \text{提供功率的元件（電壓升元件）：} E \\ \text{消耗功率的元件（電壓降元件）：電阻} R_1 ; R_2 ; R_3 \cdots R_n \end{cases}$

    $P_T = P_1 + P_2 + P_3 + \cdots + P_n$
    $\Rightarrow E \cdot I_T = I_T^2 \cdot R_1 + I_T^2 \cdot R_2 + I_T^2 \cdot R_3 + \cdots + I_T^2 \cdot R_n = (I_T)^2 \times R_T$

3. 分壓定則：（串聯電路中通過每個元件的電流相同，因此**電阻愈大分得的電壓愈大**）

$$\begin{cases} V_1 = I_T \times R_1 = \dfrac{V}{R_1 + R_2 + R_3 + \cdots + R_n} \times R_1 = V \times \dfrac{R_1}{R_T} \\ V_2 = I_T \times R_2 = \dfrac{V}{R_1 + R_2 + R_3 + \cdots + R_n} \times R_2 = V \times \dfrac{R_2}{R_T} \\ V_n = I_T \times R_n = \dfrac{V}{R_1 + R_2 + R_3 + \cdots + R_n} \times R_n = V \times \dfrac{R_n}{R_T} \end{cases}$$

4. 串聯電路的應用：

    (1) 串聯耐壓題型：多個燈泡、電阻、電壓錶等元件的串聯，選擇額定電流較小的元件為基準電流，以避免其他元件燒燬。

    > 註：兩個相同規格的燈泡，可串接於2倍的額定電壓；兩個相同額定電壓的燈泡，但功率不同，若串接於2倍的額定電壓，則較小瓦特數（內阻較大）的燈泡會燒燬。

    (2) 電壓錶（伏特錶）的相關規格與擴增：

    ◎ **靈敏度**：指儀錶的指針指到滿刻度時所需之最小輸入量，或輸出響應對輸入待測量的比值，對三用電錶而言指的是每伏特電壓的內阻Ω/V（Sensitivity），**數值愈大愈好**。

    > 註：靈敏度的單位為Ω/V；其中靈敏度與滿刻度電壓（或檔位）的乘積，即為伏特錶的內阻。

◎ 等級：電壓錶測量的精密等級分為0.1級（±0.1%），0.2級（±0.2%），0.5級（±0.5%），1級（±1%），1.5級（±1.5%），2.5級（±2.5%），5級（±5%），共7個等級。其中0.1級的精密等級最好，而5級的精密度最差。

◎ 伏特錶的擴增：在電壓錶串聯一個大電阻（r＜R），該電阻R稱為倍增電阻（倍增器）。

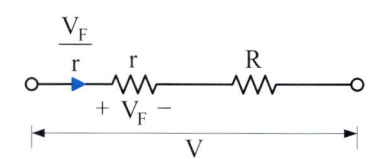

題型一 若伏特錶內阻為r，滿刻度電壓為V_F，欲擴增量測範圍至V，則需串聯多少電阻R？

(1) **公式解**：$R = (\dfrac{V}{V_F} - 1) \times r$　　(2) **圖解**：串聯電流相同 $\dfrac{V - V_F}{R} = \dfrac{V_F}{r}$

題型二 若伏特錶內阻為r，滿刻度電壓為V_F，若串聯電阻R後，可量測電壓範圍可至V？

(1) **公式解**：$V = (\dfrac{R}{r} + 1) \times V_F$　　(2) **圖解**：串聯電流相同 $\dfrac{V - V_F}{R} = \dfrac{V_F}{r}$

註：理想電壓源內阻r = 0Ω；理想電壓錶內阻r = ∞Ω。

觀念是非辨正

1. （○）串聯電路中的電阻愈大，總電流愈小。

2. （○）串聯電路中總電阻R_T必定大於迴路中的任一電阻。

概念釐清

$I_T = \dfrac{E}{R_T} \Rightarrow R_T \uparrow I_T \downarrow$，但每個電阻通過的電流相同。

老師教

1. 求下圖中 (1)總電阻R_T (2)總電流I_T (3)電壓V_1以及V_2 (4)電壓源提供的功率為何？

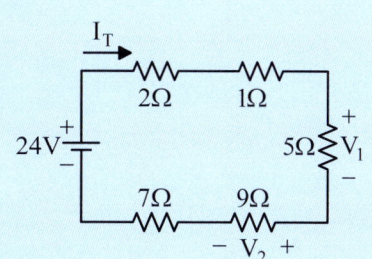

學生做

1. 求下圖中 (1)總電阻R_T (2)總電流I_T (3)電壓V_1以及V_2 (4)電阻2Ω消耗的功率為何？

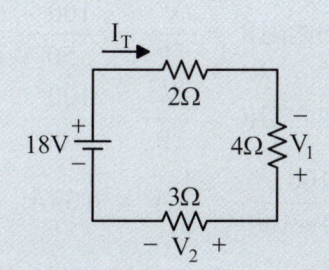

解 (1) 總電阻 $R_T = 2+1+5+9+7 = 24\Omega$

(2) 總電流 $I_T = \dfrac{E}{R_T} = \dfrac{24}{24} = 1A$

(3) $\begin{cases} V_1 = 1 \times 5 = 5V \\ V_2 = 1 \times 9 = 9V \end{cases}$

(4) 電壓源提供 $P_T = E \times I_T = 24 \times 1 = 24W$

---

2. 求下圖中 (1)總電阻R_T (2)總電流I_T (3)V_b、V_c、V_{ad}、V_1各為何？

2. 求下圖中已知$V_d = 8V$，試求 (1)總電流I_T (2)總電阻R_T (3)電阻 R (4)V_b、V_{ad}各為何？

解

(1) 總電阻 $R_T = 2+1+2+4 = 9\Omega$

(2) 總電流 $I_T = -\dfrac{27}{9} = -3A$
（與標示方向相反）

(3) $\begin{cases} 電位V_b = 6+3 = 9V \\ 電位V_c = -12+(-6) = -18V \\ 電位差V_{ad} = V_a - V_d \\ \qquad\qquad = 6-(-12) = 18V \\ 電壓降V_1 = -12V（與標示方向相反） \end{cases}$

解

---

3. 甲燈泡額定電壓100V，瓦特數50W，乙燈泡額定電壓100V，瓦特數100W，今將二燈泡串聯於100V之電源，則甲和乙燈泡分別消耗多少瓦特？

3. A燈泡為110伏特，100瓦特；B燈泡為110伏特，40瓦特，兩個串聯後接於220伏特之電源，其結果為何？

解 甲燈泡的內阻 $R = \dfrac{V^2}{P} = \dfrac{100^2}{50} = 200\Omega$

乙燈泡的內阻 $R = \dfrac{V^2}{P} = \dfrac{100^2}{100} = 100\Omega$

$I = \dfrac{100}{200+100} = \dfrac{1}{3}A \cong 0.33A$

$P_甲 = I^2R = 0.33^2 \times 200 = 21.78W$

$P_乙 = I^2R = 0.33^2 \times 100 = 10.89W$

解

4. 內阻各為20kΩ及25kΩ的200V伏特計串聯後可測量的最高電壓為多少伏特？

解 $I = \dfrac{200}{20k\Omega} = 10mA$；$I = \dfrac{200}{25k\Omega} = 8mA$

以最小額定電流的伏特計為基準，因此
$V = 8mA \times (20k\Omega + 25k\Omega) = 360V$

4. 50V、200kΩ與90V、450kΩ之伏特計串聯後，最高可測量至多少伏特？

解

5. 將3W、40kΩ之電阻器與6W、50kΩ之電阻器串聯後，其等值功率及電阻值各為多少？

解 $P = I^2R$
$\Rightarrow I^2 = \dfrac{3}{40k} = 0.075m$（以此為主）

$P = I^2R \Rightarrow I^2 = \dfrac{6}{50k} = 0.12m$

$P = I^2R$
$\Rightarrow P = 0.075m(A)^2 \times 90k\Omega = 6.75W$

規格為90kΩ / 6.75W

5. 將9W、75kΩ之電阻器與2W、25kΩ之電阻器串聯後，其等值功率及電阻值各為多少？

解

6. 如下圖所示，電壓錶靈敏度為1kΩ/V，且置於DC50V檔位測量，則電壓錶之指示值為多少伏特？

6. 如下圖所示，電壓錶靈敏度為20kΩ/V，且置於DC10V檔位測量，則電壓錶之指示值為多少伏特？

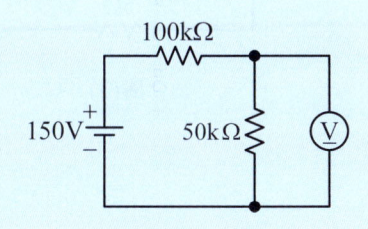

解 電壓錶內阻為1kΩ/V × 50V = 50kΩ

電流 $I = \dfrac{150}{100k + (50k // 50k)} = 1.2mA$

電壓錶讀值 $V = 1.2m \times (50k // 50k) = 30V$

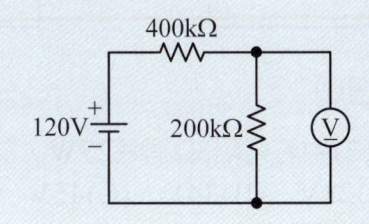

解

7. 內阻50kΩ之150V電壓錶，擬將測試電壓擴展至750V，則需串聯的電阻值為何？

解 $R = (\frac{V}{V_F} - 1) \times r = (\frac{750}{150} - 1) \times 50k\Omega$
    $= 200k\Omega$

7. 內阻25kΩ之250V電壓錶，擬將測試電壓擴展至1000V，則需串聯的電阻值為何？

解

8. 伏特錶內阻為35kΩ，滿刻度電壓為90V，若串聯140kΩ，可量測電壓範圍可至多少伏特？

解 $V = (\frac{R}{r} + 1) \times V_F = (\frac{140k\Omega}{35k\Omega} + 1) \times 90V$
    $= 450V$

8. 伏特錶內阻為15kΩ，滿刻度電壓為60V，若串聯75kΩ，可量測電壓範圍可至多少伏特？

解

ABCD 立即練習

(　)1. 試求圖(1)中的電流I與電源電壓E分別為何？
       (A)2A、28V　(B)2A、34V　(C)3A、28V　(D)3A、34V

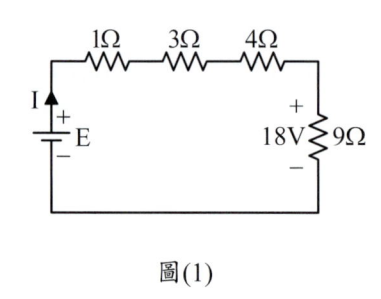

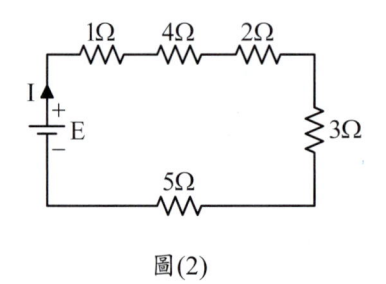

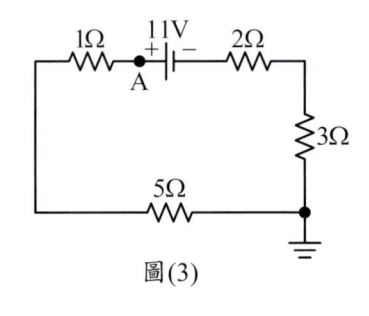

圖(1)　　　　　　　　圖(2)　　　　　　　　圖(3)

(　)2. 圖(2)中若電阻3Ω消耗27W，試求電源電壓E為何？
       (A)28V　(B)34V　(C)45V　(D)50V

(　)3. 試求圖(3)中A點的電位為何？　(A)1V　(B)2V　(C)4V　(D)6V

(　)4. 四個燈泡50V/25W、90V/50W、100V/10W、220V/80W，則那一個內阻比較大？
       (A)50V/25W　(B)90V/50W　(C)100V/10W　(D)220V/80W

(　)5. 三個電阻器2Ω/5W、2Ω/3W以及2Ω/6W串聯時，其所容許之最大電壓為
       (A)$2\sqrt{3}$V　(B)$5\sqrt{3}$V　(C)$3\sqrt{6}$V　(D)$6\sqrt{6}$V

(　)6. R_1和R_2之電阻值比為4：7，把它們串聯於一固定電壓上，R_1的端電壓為10V，R_2的端電壓為多少伏特？　(A)17.5V　(B)22.5V　(C)27.5V　(D)32.5V

(　　)7. R_1和R_2之電阻值比為1：4，把它們串聯於一固定電壓上，R_1之電壓為10V，R_2所消耗之功率為25W，則R_2為　(A)16Ω　(B)32Ω　(C)64Ω　(D)128Ω

(　　)8. R_1和R_2之電阻值比為3：2，把它們串聯於一固定電壓上，R_1之電壓為15V，R_2所消耗之功率為30W，則R_1為　(A)1Ω　(B)3Ω　(C)5Ω　(D)7Ω

(　　)9. 如圖(4)所示之電路，則a、b二點間之電位差為何？
(A)9V
(B)18V
(C)20V
(D)23V

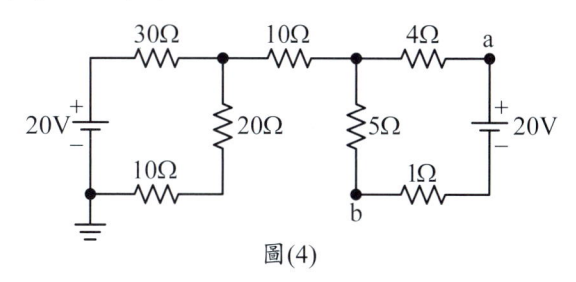

圖(4)

(　　)10. 某一包含R_1、R_2、R_3、R_4四個電阻及直流電壓V_S之串聯電路，已知電阻比$R_1：R_2：R_3：R_4$＝1：2：3：4，若最大的電阻為8Ω且其消耗之功率為200W，則電壓源V_S之電壓為何？
(A)50V　(B)100V　(C)150V　(D)200V

[統測]

3-2　克希荷夫電壓定律（KVL）

➲ 本節包含實習主題「電阻串並聯電路」相關重點

1. 任何一個封閉迴路電壓升的總和等於電壓降的總和（∑電壓升＝∑電壓降）。
2. 電壓升或電壓降的迴圈方向可以任意假設，只要符合克希荷夫電壓定律（KVL）即可。

觀念是非辨正

1. （×）在克希荷夫電壓定律（KVL）中，無論假設的迴圈方向為何，電阻必為電壓降元件。
2. （×）在克希荷夫電壓定律（KVL）中，電流迴路的假設路徑可交叉重疊。

概念釐清

須依假設的迴路方向而定，電阻不一定為電壓降元件。

電流的迴路路徑可以順時針或是逆時針假設，但路徑不可重疊或是交叉。

老師教

1. 試求下圖中的V_A以及V_B分別為多少伏特？

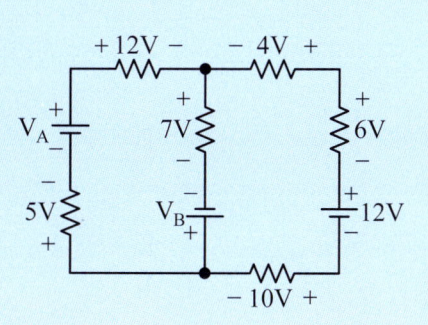

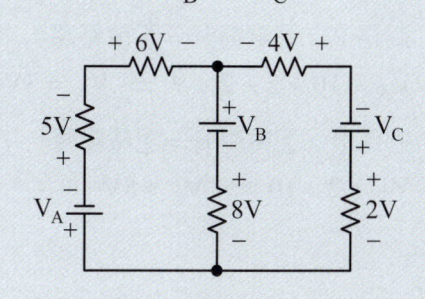

學生做

1. 試求下圖中的V_A、V_B以及V_C分別為多少伏特？（若$V_B=4V_C$）

解

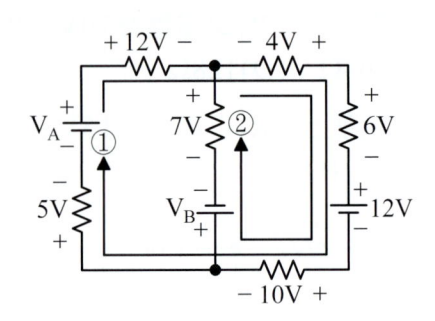

(1) 迴路①：∑電壓升 = ∑電壓降
   $V_A + 4 = 12 + 6 + 12 + 10 + 5$
   ⇒ $V_A = 41V$

(2) 迴路②：∑電壓升 = ∑電壓降
   $7 + 4 = 6 + 12 + 10 + V_B$
   ⇒ $V_B = -17V$

2. 試求下圖中的V_A、V_B以及V_C分別為多少伏特？

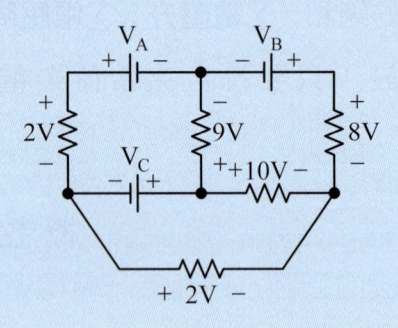

2. 試求下圖中的V_A、V_B、V_C以及V_D分別為多少伏特？

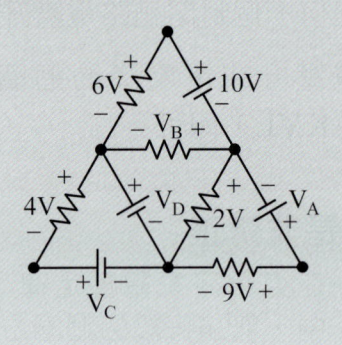

解

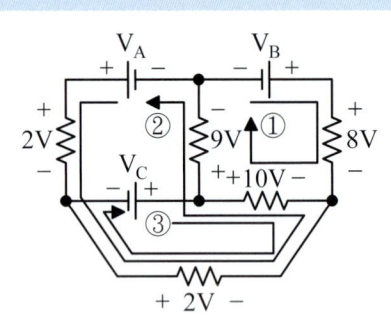

(1) 迴路①：∑電壓升 = ∑電壓降
   $V_B + 10 = 8 + 9$ ⇒ $V_B = 7V$

(2) 迴路②：∑電壓升 = ∑電壓降
   $V_A + 10 = 2 + 2 + 9$ ⇒ $V_A = 3V$

(3) 迴路③：∑電壓升 = ∑電壓降
   $V_C + 2 = 10$ ⇒ $V_C = 8V$

解

ABCD 立即練習

(　　)1. 圖(1)中的電流I為何？　(A)0.25A　(B)0.45A　(C)0.75A　(D)−0.75A

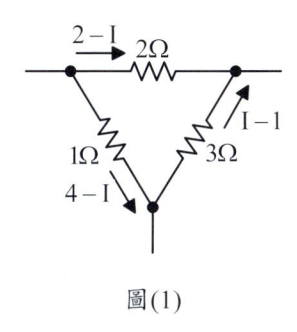

圖(1)

(　　)2. 如圖(2)所示之電路，電壓V_A與V_B分別為何？
(A)$V_A = 4V$，$V_B = 10V$ 　　(B)$V_A = 4V$，$V_B = 12V$
(C)$V_A = 6V$，$V_B = 8V$ 　　(D)$V_A = 6V$，$V_B = 10V$ [統測]

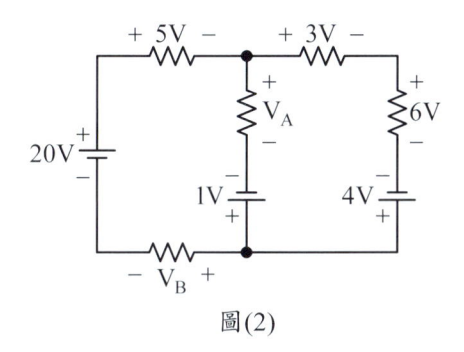

圖(2)

3-3　並聯電路

⊃ 本節包含實習主題「電阻串並聯電路」相關重點

1. 特性：節點數為2的電路，因此**所有元件的端電壓都相同**。

2. 相關計算：

   (1) 總電阻$R_T = R_1 // R_2 // R_3 // \cdots\cdots // R_n$（//為並聯符號）

   (2) 總電流$I_T = \dfrac{E}{R_T} = I_1 + I_2 + I_3 + \cdots\cdots + I_n$

   (3) 電壓性質：$\begin{cases} 電壓升元件：E \\ 電壓降元件：電阻R_1；R_2；R_3\cdots\cdots R_n \end{cases}$

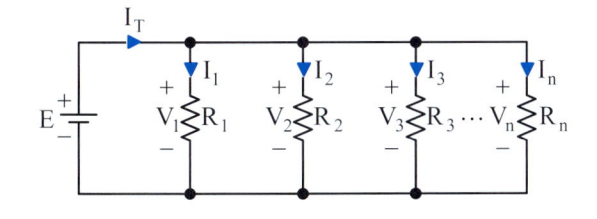

(4) 功率性質：$\begin{cases} 提供功率的元件（電壓升元件）：E \\ 消耗功率的元件（電壓降元件）：電阻R_1；R_2；R_3……R_n \end{cases}$

$$P_T = P_1 + P_2 + P_3 + \cdots\cdots + P_n \Rightarrow E \cdot I_T = \frac{E^2}{R_1} + \frac{E^2}{R_2} + \frac{E^2}{R_3} + \cdots\cdots + \frac{E^2}{R_n} = \frac{E^2}{R_T}$$

註1：兩個電阻的並聯：總電阻$R_T = R_1 // R_2 = \frac{R_1 \times R_2}{R_1 + R_2}$（不可用於三個電阻以上）。

口訣 — 積/和

註2：三個電阻以上的並聯算法：（以下兩個方法皆適用於兩個電阻的並聯）

(1) 總電阻$R_T = \dfrac{1}{\dfrac{1}{R_1} + \dfrac{1}{R_2} + \dfrac{1}{R_3} + \cdots\cdots + \dfrac{1}{R_n}}$（總電阻$R_T$必小於任一個電阻$R_1……R_n$）

(2) 總電阻$R_T = \dfrac{[R_1, R_2, R_3, \cdots R_n]}{\dfrac{[R_1, R_2, R_3, \cdots R_n]}{R_1} + \dfrac{[R_1, R_2, R_3, \cdots R_n]}{R_2} + \cdots\cdots + \dfrac{[R_1, R_2, R_3, \cdots R_n]}{R_n}}$

（其中[ ]符號為取$[R_1, R_2, R_3, \cdots R_n]$的最小公倍數）

3. 分流定則：（並聯電路中每個元件的端電壓相同，因此**電阻愈大分得的電流愈小**）

$$\begin{cases} I_1 = \dfrac{E}{R_1} = I_T \times \dfrac{(R_2 // R_3 // R_4 // \cdots\cdots // R_n)}{R_1 + (R_2 // R_3 // R_4 // \cdots\cdots // R_n)} \\ I_2 = \dfrac{E}{R_2} = I_T \times \dfrac{(R_1 // R_3 // R_4 // \cdots\cdots // R_n)}{R_2 + (R_1 // R_3 // R_4 // \cdots\cdots // R_n)} \\ I_3 = \dfrac{E}{R_3} = I_T \times \dfrac{(R_1 // R_2 // R_4 // \cdots\cdots // R_n)}{R_3 + (R_1 // R_2 // R_4 // \cdots\cdots // R_n)} \end{cases}$$

技巧：將多個電阻化成兩個電阻，對待測的電阻進行分流。

4. 並聯電路的應用：

(1) 並聯耐流題型：多個電阻、電流錶等元件的並聯，**選擇額定電壓較小的元件為基準電壓，避免其他元件燒燬。**

(2) 電流（安培）錶的擴增：**電流錶兩端並聯一個小電阻（R＜r），該電阻R稱為分流電阻。**

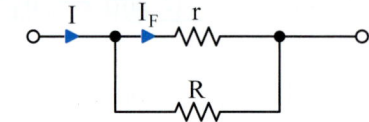

題型一 若安培錶內阻為r，滿刻度電流為I_F，若並聯一電阻R，可使電流量測範圍擴增至I，則I為何？

(1) **公式解**：$I = I_F \times (1 + \dfrac{r}{R})$ (2) **圖解**：電壓相同$(I - I_F) \times R = I_F \times r$

題型二 若安培錶內阻為r，滿刻度電流為I_F，若欲使量測範圍擴增至I，則需並聯的電阻值R為何？

(1) **公式解**：$R = (\dfrac{I_F}{I - I_F}) \times r$ (2) **圖解**：電壓相同$(I - I_F) \times R = I_F \times r$

註1：理想電流源內阻$r = \infty \Omega$；理想電流錶內阻$r = 0\Omega$。

註2：電流錶測量的精密等級分類（由0.1級至5級共分為7級）與電壓錶的誤差相同。

註3：電流錶的最大量測值 = $\dfrac{1}{靈敏度}$。

註4：**串並聯混合型電路的分析技巧**：$\begin{cases} (1) 電流相同 \Rightarrow 串聯 \\ (2) 電壓相同 \Rightarrow 並聯 \end{cases}$

串並聯電路

觀念是非辨正

1. (✗) 並聯電路中的任一電阻逐漸加，電源電壓愈大。
2. (○) 並聯電路中總電阻R_T必定小於迴路中的任一電阻。

概念釐清

並聯電路中每一個元件的端電壓相同，電源電壓不變。

老師教

1. 電阻6Ω與3Ω兩個並聯，總電阻為多少歐姆？

解 $R_T = 6 // 3 = \dfrac{6 \times 3}{6 + 3} = 2Ω$

2. 電阻108Ω、54Ω以及36Ω三個並聯，總電阻為多少歐姆？

解一 $R_T = \dfrac{1}{\dfrac{1}{108} + \dfrac{1}{54} + \dfrac{1}{36}} = 18Ω$

解二 最小公倍數[108, 54, 36] = 216

$R_T = \dfrac{216}{\dfrac{216}{108} + \dfrac{216}{54} + \dfrac{216}{36}} = 18Ω$

3. 如下圖所示，試求電流I_1、I_2以及I_3？

$I_T = 18A$，12Ω、24Ω、8Ω 並聯

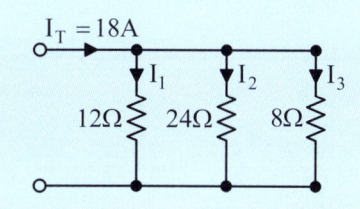

解 運用分流定則

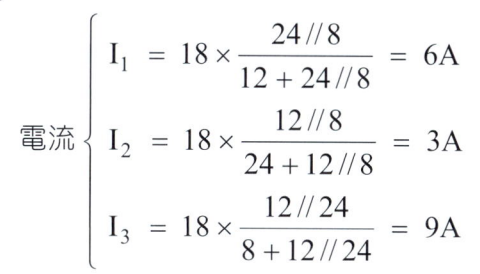

電流 $\begin{cases} I_1 = 18 \times \dfrac{24 // 8}{12 + 24 // 8} = 6A \\ I_2 = 18 \times \dfrac{12 // 8}{24 + 12 // 8} = 3A \\ I_3 = 18 \times \dfrac{12 // 24}{8 + 12 // 24} = 9A \end{cases}$

學生做

1. 電阻24Ω與8Ω兩個並聯，總電阻為多少歐姆？

解

2. 電阻72Ω、54Ω、27Ω以及24Ω四個並聯，總電阻為多少歐姆？

解

3. 如下圖所示，試求電流I_1、I_2以及I_3？

$I_T = 21A$，15Ω、30Ω、10Ω 並聯

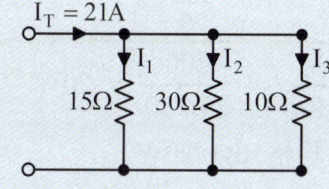

解

4. 如下圖所示，試求 (1)總電阻R_T (2)總電流I_T (3)電流I_1、I_2以及I_3 (4)電源提供功率P (5)總消耗功率P_{loss}

[電路圖：18V 電源並聯 18Ω、6Ω、3Ω]

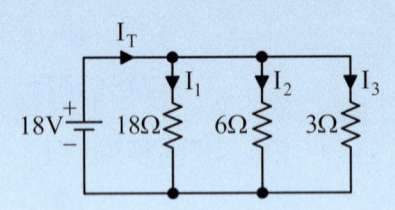

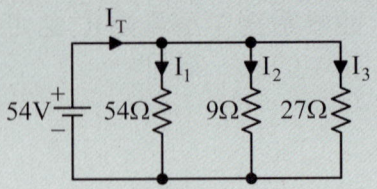

解 (1) 總電阻$R_T = \dfrac{18}{1+3+6} = 1.8Ω$

(2) 總電流$I_T = \dfrac{E}{R_T} = \dfrac{18}{1.8} = 10A$

(3) 電流 $\begin{cases} I_1 = \dfrac{E}{R_1} = \dfrac{18}{18} = 1A \\ I_2 = \dfrac{E}{R_2} = \dfrac{18}{6} = 3A \Rightarrow 和為10A \\ I_3 = \dfrac{E}{R_3} = \dfrac{18}{3} = 6A \end{cases}$

(4) 電源提供功率$P = E \cdot I_T = 18 \times 10 = 180W$

(5) 總消耗功率$P_{loss} = 10^2 \times 1.8 = 180W$

4. 如下圖所示，試求 (1)總電阻R_T (2)總電流I_T (3)電流I_1、I_2以及I_3 (4)電源提供功率P (5)總消耗功率P_{loss}

[電路圖：54V 電源並聯 54Ω、9Ω、27Ω]

解

---

5. 將20Ω/40W與20Ω/10W兩個電阻並聯後相當於何種規格的電阻？

解 $P = \dfrac{V^2}{R} \Rightarrow 40 = \dfrac{V^2}{20} \Rightarrow V^2 = 800$

$P = \dfrac{V^2}{R} \Rightarrow 10 = \dfrac{V^2}{20} \Rightarrow V^2 = 200$（以此為主）

$P_T = \dfrac{V^2}{R_T} = \dfrac{200}{20 // 20} = 20W$

相當於規格10Ω/20W

5. 將15Ω/30W與30Ω/40W兩個電阻並聯後相當於何種規格的電阻？

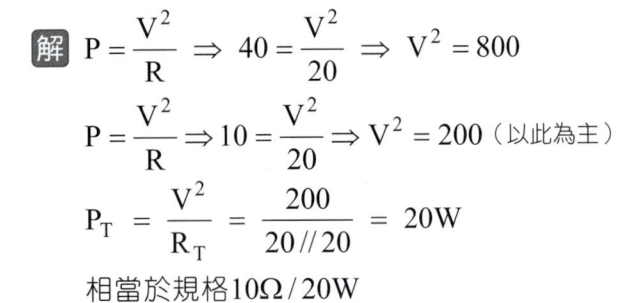

解

---

6. 若安培錶內阻為5Ω，滿刻度電流為30mA，若並聯一電阻0.5Ω，可使電流量測範圍擴增至多少安培？

解 $I = I_F \times (1 + \dfrac{r}{R}) = 30mA \times (1 + \dfrac{5}{0.5})$

$= 330mA$

6. 若安培錶內阻為20Ω，滿刻度電流為50mA，若並聯一電阻0.5Ω，可使電流量測範圍擴增至多少安培？

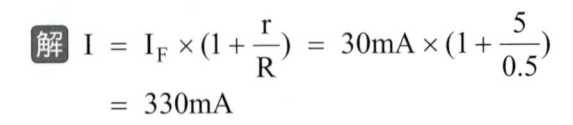

解

串並聯電路

7. 若安培錶內阻為1Ω，滿刻度電流為20mA，若欲使量測範圍擴增至120mA，則需並聯的電阻值為何？

解 $R = (\dfrac{I_F}{I - I_F}) \times r = (\dfrac{20mA}{120mA - 20mA}) \times 1$
$= 0.2\Omega$

7. 若安培錶內阻為0.9Ω，滿刻度電流為40mA，若欲使量測範圍擴增至160mA，則需並聯的電阻值為何？

解

8. 若兩個電流錶的內阻分別為30Ω以及20Ω，最大量測電流分別為2A以及4A，則將兩個電流錶並聯後的最大量測電流為多少安培？

解 先計算兩電錶之額定電壓值
$V_1 = I_1 \times R_1 = 2 \times 30 = 60V$（以此為主）
$V_2 = I_2 \times R_2 = 4 \times 20 = 80V$
$\therefore I = \dfrac{V}{R} = \dfrac{V}{R_1 // R_2} = \dfrac{60}{30 // 20} = 5A$

8. 若兩個電流錶的內阻分別為50Ω以及40Ω，最大量測電流分別為3A以及4A，則將兩個電流錶並聯後的最大量測電流為多少安培？

解

ABCD 立即練習

( ) 1. 如圖(1)所示，試求總電阻R_T以及電流I_1分別為多少？
(A)1.2Ω；10A　(B)2.4Ω；5A　(C)1.2Ω；6A　(D)2.4Ω；6A

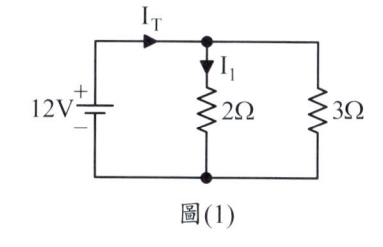

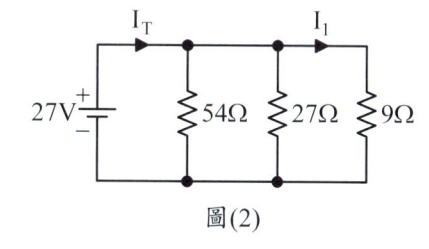

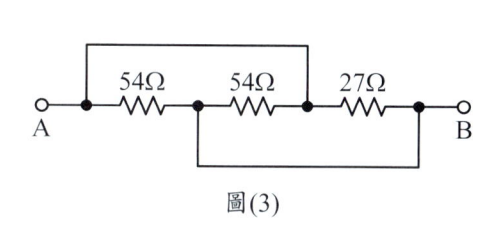

圖(1)　　圖(2)　　圖(3)

( ) 2. 如圖(2)所示，試求總電阻R_T以及電流I_1分別為多少？
(A)6Ω；3A　　　　(B)6Ω；5A
(C)9Ω；3A　　　　(D)9Ω；6A

( ) 3. 如圖(3)所示，試求總電阻R_{AB}為多少歐姆？
(A)27Ω　(B)13.5Ω　(C)6.5Ω　(D)3.5Ω

( ) 4. 如圖(4)所示，試求電源電壓E_s為多少伏特？
(A)10V　(B)8V　(C)6V　(D)4V

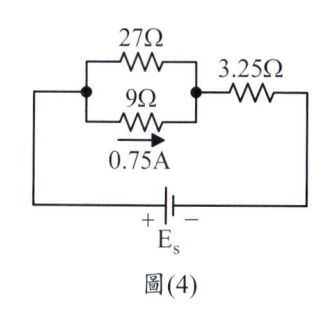

圖(4)

(　　)5. 如圖(5)所示，試求通過6Ω的電流為多少安培？
　　　　(A)$\frac{1}{5}$A　(B)$\frac{1}{6}$A　(C)$\frac{1}{7}$A　(D)$\frac{1}{8}$A

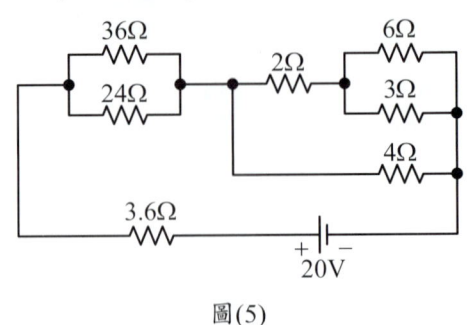

圖(5)

(　　)6. 將30Ω／40W、60Ω／10W與20Ω／20W三個電阻並聯後相當於何種規格的電阻？
　　　　(A)10Ω／40W　　　　(B)20Ω／40W
　　　　(C)10Ω／30W　　　　(D)20Ω／30W

(　　)7. 將60Ω／20W、30Ω／30W與20Ω／50W三個電阻並聯後，最大可外加多少伏特的電壓？　(A)10V　(B)20V　(C)30V　(D)40V

(　　)8. 電流錶中的分流電阻器愈小，則可測量的範圍
　　　　(A)愈大　(B)愈小　(C)一樣　(D)不一定

(　　)9. 如圖(6)所示，試求等效電阻R_{ab}為何？
　　　　(A)1Ω　(B)2Ω　(C)3Ω　(D)4Ω

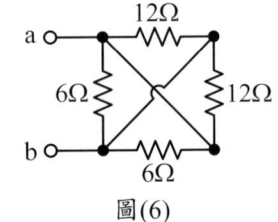

圖(6)

3-4　克希荷夫電流定律（KCL）

◆ 本節包含實習主題「電阻串並聯電路」相關重點

1. 流入電路上任一點的電流總和等於流出該點的電流總和（**∑流入 = ∑流出**）。
2. 流入電路上任一網目的電流總和等於流出該網目的電流總和。
3. 電流方向可以任意假設流入或流出，只要符合克希荷夫電流定律（KCL）即可。
4. **通常克希荷夫電流定律（KCL）會搭配克希荷夫電壓定律（KVL）求解。**

觀念是非辨正

1. （×）克希荷夫電流定律（KCL）不適合用於交流電路的分析。
2. （×）克希荷夫電流定律（KCL）的電流方向係指電子的流動方向。

概念釐清

克希荷夫電流定律（KCL）在直流（代數和）與交流（相量和）電路中均適用。

電流方向係指傳統電流方向（電洞流的方向）。

串並聯電路

老師教

1. 下圖中的電流 I 為何？

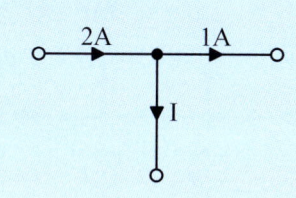

解 ∑流入 = ∑流出（同一節點）
$2 = 1 + I \Rightarrow I = 1A$

2. 下圖中的電流 I 為何？

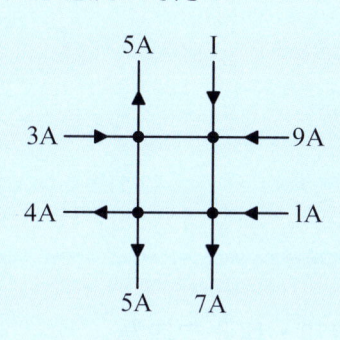

解 ∑流入 = ∑流出（同一網目）
$I + 3 + 1 + 9 = 5 + 4 + 5 + 7 \Rightarrow I = 8A$

3. 下圖中的電流 I 為何？

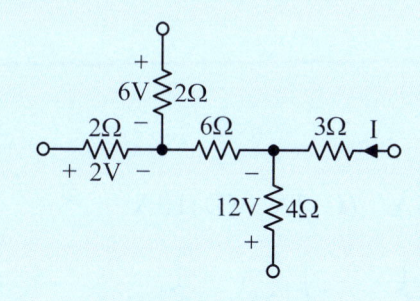

解 ∑流入 = ∑流出
$\dfrac{6}{2} + \dfrac{2}{2} + \dfrac{12}{4} + I = 0 \Rightarrow I = -7A$

學生做

1. 下圖中的電流 I 為何？

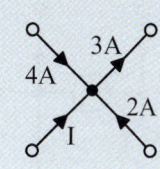

解

2. 下圖中的電流 I 為何？

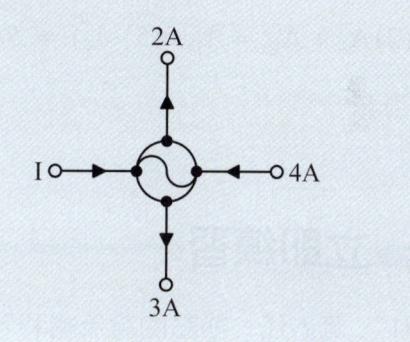

解

3. 下圖中的電流 I 為何？

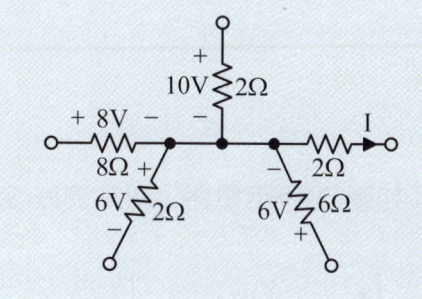

解

4. 求電流錶 $A_1 + A_2$ 為何？

4. 求電流錶 $A_1 + A_2$ 為何？

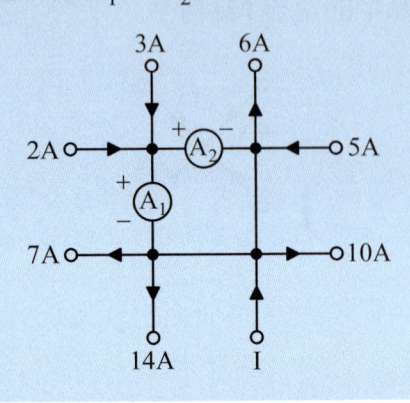

解 無中生有法（電流錶為電壓降元件）
(1) 假設電流錶 A_2 由左向右的電流為 I_1，則流經電流錶 A_1 的電流向下 $5 - I_1$
(2) $A_1 + A_2 = I_1 + (5 - I_1) = 5A$

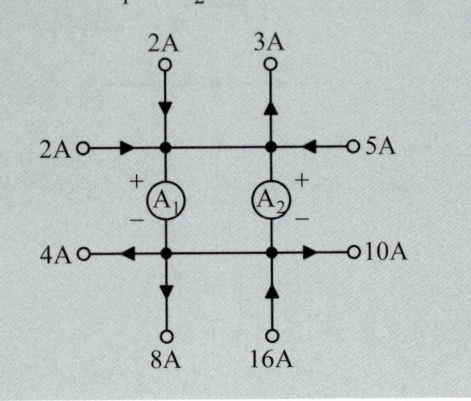

解

ABCD 立即練習

( )1. 流入任一節點的電流總和等於流出該節點的電流總和，稱此定律為
(A)克希荷夫電壓定律　(B)克希荷夫電流定律　(C)歐姆定律　(D)焦耳定律

( )2. 如圖(1)所示，試求電阻 R_1 為多少歐姆？　(A)1Ω　(B)2Ω　(C)3Ω　(D)4Ω

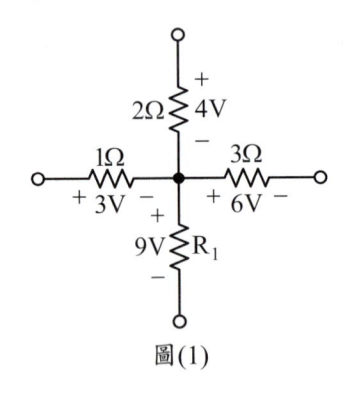

圖(1)

( )3. 如圖(2)所示電路，求電流 $I = ?$　(A)3A　(B)5A　(C)7A　(D)10A　[統測]

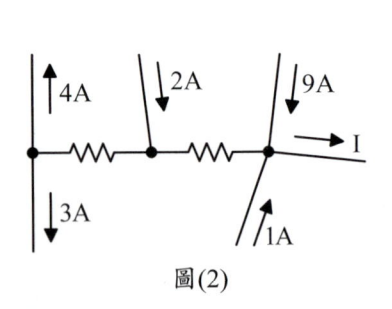

圖(2)

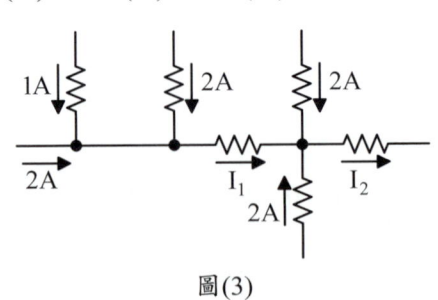

圖(3)

( )4. 如圖(3)所示電路，則電流 I_2 為多少？　(A)6A　(B)8A　(C)9A　(D)10A　[統測]

3-5 惠斯登電橋（Wheatstone bridge）

➲ 本節包含實習主題「惠斯登電橋」相關重點

1. 當 $R_1 \times R_4 = R_2 \times R_3$ 時，該電路稱為『惠斯登電橋』，則電阻 R 可以開路或是短路，此法又稱等電位法。

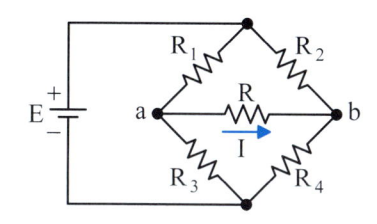

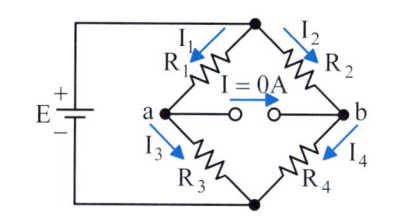

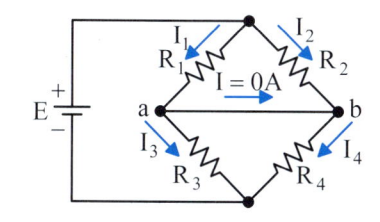

2. 當 $R_1 \times R_4 = R_2 \times R_3$：
   $\begin{cases} (1) & 電阻 R 開路：總電阻 R_T = (R_1 + R_3) // (R_2 + R_4) \\ (2) & 電阻 R 短路：總電阻 R_T = (R_1 // R_2) + (R_3 // R_4) \end{cases}$ ⇒ 答案相同

3. 當 $R_1 \times R_4 = R_2 \times R_3$ 則：$\begin{cases} (1) & V_a = V_b（等電位）\\ (2) & I_1 = I_3 且 I_2 = I_4 \\ (3) & I = 0\,A \end{cases}$

觀念是非辨正

1. （○）惠斯登電橋一般使用於未知電阻的測量。
2. （✕）惠斯登電橋的測量範圍一般為 $10\mu\Omega \sim 1\Omega$。

概念釐清

非常細微電阻 $10\mu\Omega \sim 1\Omega$ 的測量一般採用凱爾文電橋（又稱湯姆生電橋）；而 $1\Omega \sim 10M\Omega$ 電阻的測量一般採用惠斯登電橋。

老師教

1. 試求下圖中
   (1)總電阻 R_T　(2)總電流 I_T　(3)電流 I

   （24V 電源，6Ω、9Ω、12Ω、2Ω、3Ω 電路）

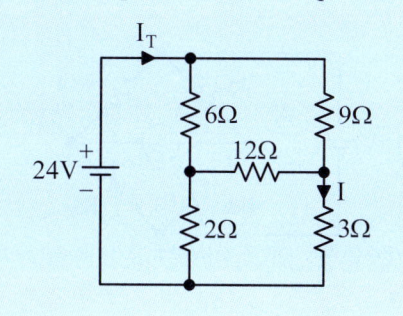

學生做

1. 試求下圖中
   (1)總電阻 R_T　(2)總電流 I_T　(3)電流 I

   （18V 電源，6Ω、18Ω、13Ω、2Ω、6Ω 電路）

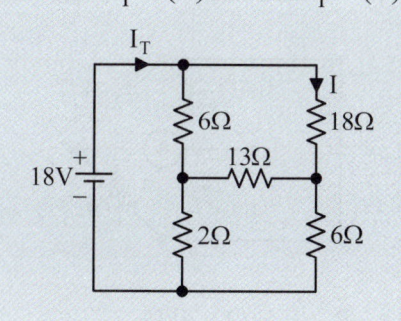

解 (1) 總電阻 $R_T = \begin{cases} (6//9) + (2//3) = 4.8Ω \\ (6+2)//(9+3) = 4.8Ω \end{cases}$

(2) 總電流 $I_T = \dfrac{E}{R_T} = \dfrac{24}{4.8} = 5A$

(3) 電流 $I = 5 \times \dfrac{2}{2+3} = 2A$（分流定則）

---

2. 試求下圖中
(1)總電阻R_T　(2)總電流I_T　(3)電流 I

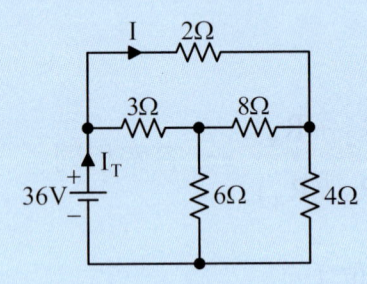

解 電路重整如下：

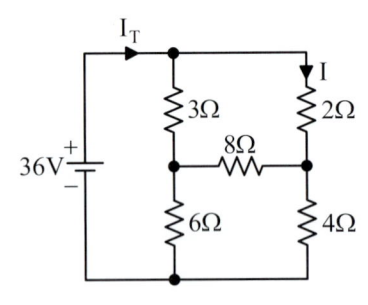

(1) 總電阻 $R_T = \begin{cases} (3//2) + (6//4) = 3.6Ω \\ (3+6)//(2+4) = 3.6Ω \end{cases}$

(2) 總電流 $I_T = \dfrac{E}{R_T} = \dfrac{36}{3.6} = 10A$

(3) 電流 $I = 10 \times \dfrac{3}{2+3} = 6A$（分流定則）

---

3. 將R_X調整為多少歐姆，可使檢流計電流為0？

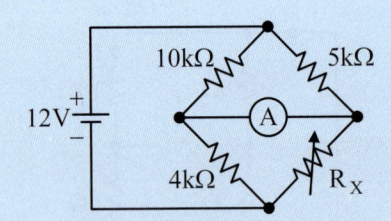

解 $10kΩ \times R_X = 5kΩ \times 4kΩ$
$R_X = 2kΩ$

---

2. 試求下圖中
(1)總電阻R_T　(2)總電流I_T　(3)電流 I

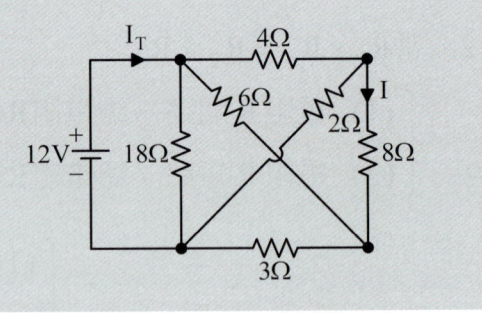

解

---

3. 將R_X調整為多少歐姆，可使檢流計電流為0？

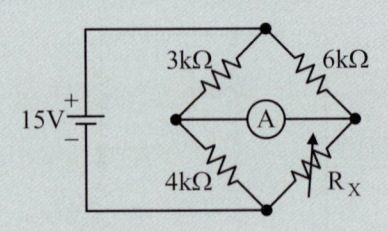

解

ABCD 立即練習

(　　)1. 如圖(1)所示，試求電流I_1以及I_2分別為多少安培？
(A)1A；0.4A　(B)0.4A；1A　(C)1A；1A　(D)0.4A；0.4A

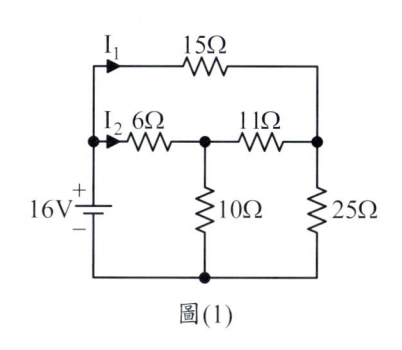

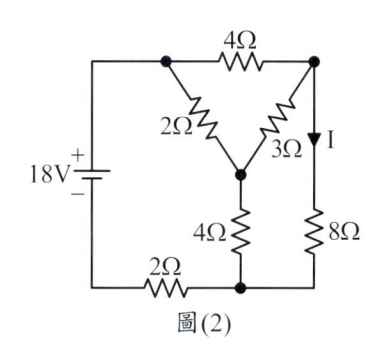

圖(1)

圖(2)

(　　)2. 如圖(2)所示，試求電流I為多少安培？　(A)4A　(B)3A　(C)2A　(D)1A

(　　)3. 如圖(3)所示電路，則a、b兩端間之等效電阻為多少？
(A)9Ω　(B)15Ω　(C)22.5Ω　(D)37.5Ω　　[統測]

圖(3)

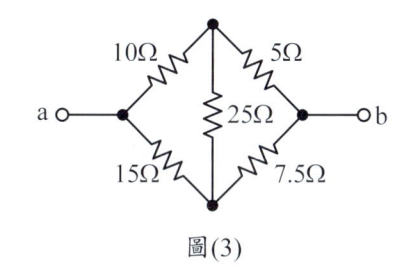

(　　)4. 如圖(4)所示之電路，電流I為何？　(A)2A　(B)3A　(C)4A　(D)5A　　[統測]

圖(4)

圖(5)

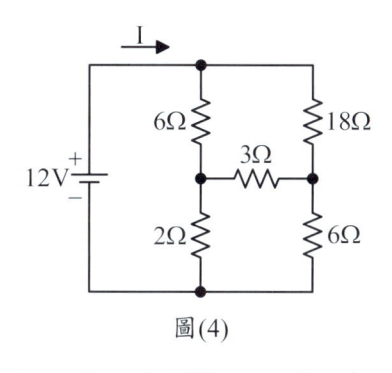

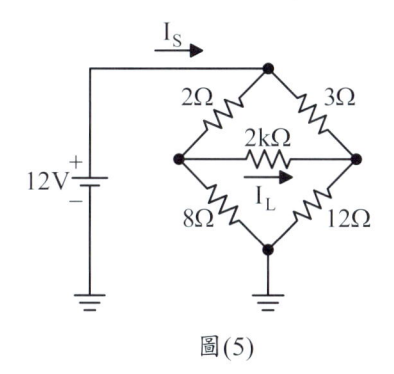

(　　)5. 如圖(5)所示之電路中，求I_S與I_L分別為何？
(A)$I_S = 2A$，$I_L = 0A$
(B)$I_S = 1A$，$I_L = 0A$
(C)$I_S = 2A$，$I_L = 6mA$
(D)$I_S = 1A$，$I_L = 6mA$　　[統測]

3-6　Y↔△ 轉換

1. 當電路中無法判斷是串聯或是並聯電路時，可運用Y↔△互換為簡單的串並聯電路。

2. Y型又稱為T型或星型；△型又稱為π型或是環型。

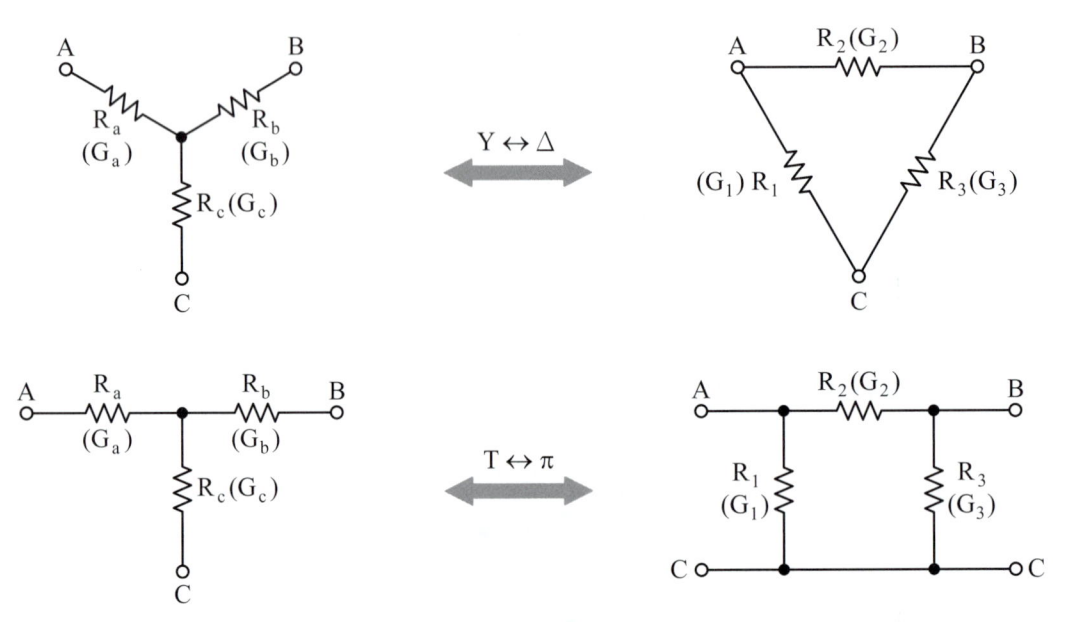

3. Y(T) → △(π)公式：

   口訣
   兩電阻乘積之和
   對邊

$$電阻值 R：\begin{cases} R_1 = \dfrac{R_a \times R_b + R_b \times R_c + R_c \times R_a}{R_b} \\ R_2 = \dfrac{R_a \times R_b + R_b \times R_c + R_c \times R_a}{R_c} \\ R_3 = \dfrac{R_a \times R_b + R_b \times R_c + R_c \times R_a}{R_a} \end{cases}$$

$$電導值 G：\begin{cases} G_1 = \dfrac{G_a \times G_c}{G_a + G_b + G_c} \\ G_2 = \dfrac{G_a \times G_b}{G_a + G_b + G_c} \\ G_3 = \dfrac{G_b \times G_c}{G_a + G_b + G_c} \end{cases}$$

4. △(π) → Y(T)公式：

   口訣
   兩相鄰電阻乘積　　(積)
   三電阻之和　　　　(和)

$$電阻值 R：\begin{cases} R_a = \dfrac{R_1 \times R_2}{R_1 + R_2 + R_3} \\ R_b = \dfrac{R_2 \times R_3}{R_1 + R_2 + R_3} \\ R_c = \dfrac{R_1 \times R_3}{R_1 + R_2 + R_3} \end{cases}$$

$$電導值 G：\begin{cases} G_a = \dfrac{G_1 \times G_2 + G_2 \times G_3 + G_3 \times G_1}{G_3} \\ G_b = \dfrac{G_1 \times G_2 + G_2 \times G_3 + G_3 \times G_1}{G_1} \\ G_c = \dfrac{G_1 \times G_2 + G_2 \times G_3 + G_3 \times G_1}{G_2} \end{cases}$$

觀念是非辨正

1. （○）相同電路中 Y ↔ Δ 互換前後的各端點電壓不變。
2. （×）Δ 轉換為 Y 型，其轉換後 Y 型的每一個電阻皆比 Δ 型的每一個電阻小。

概念釐清

此電路的端點特性稱為端點電壓等效定理（第四章再詳加介紹）。

Y 型的每一個電阻轉換後不一定皆比 Δ 型的每一個電阻小。

老師教

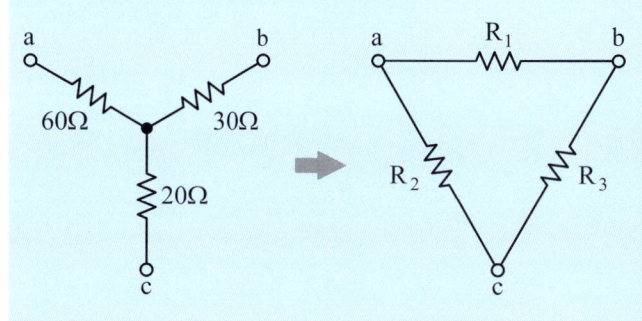

1. 下圖中，等效電阻 R_1、R_2 以及 R_3 分別為何？

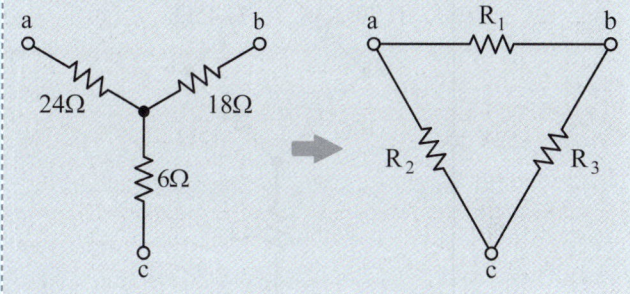

解
$$\begin{cases} R_1 = \dfrac{60 \times 30 + 30 \times 20 + 20 \times 60}{20} = 180\Omega \\ R_2 = \dfrac{60 \times 30 + 30 \times 20 + 20 \times 60}{30} = 120\Omega \\ R_3 = \dfrac{60 \times 30 + 30 \times 20 + 20 \times 60}{60} = 60\Omega \end{cases}$$

2. 下圖中，等效電阻 R_1、R_2 以及 R_3 分別為何？

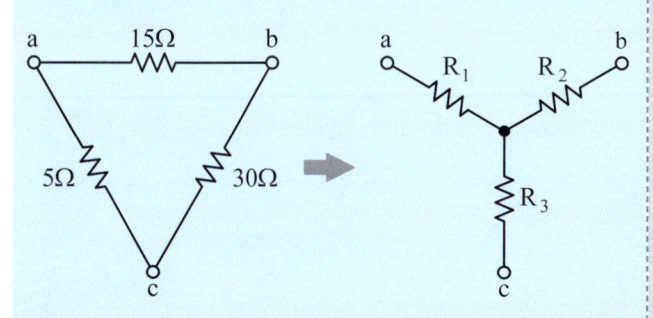

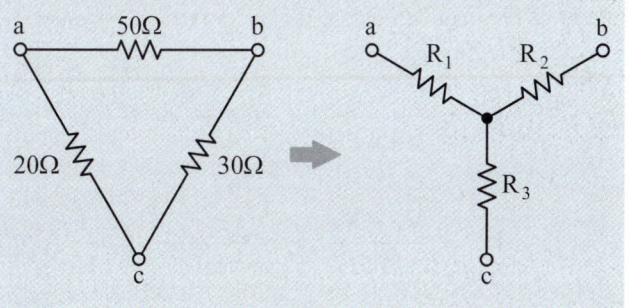

解
$$\begin{cases} R_1 = \dfrac{5 \times 15}{5 + 15 + 30} = 1.5\Omega \\ R_2 = \dfrac{15 \times 30}{5 + 15 + 30} = 9\Omega \\ R_3 = \dfrac{5 \times 30}{5 + 15 + 30} = 3\Omega \end{cases}$$

學生做

1. 下圖中，等效電阻 R_1、R_2 以及 R_3 分別為何？

解

2. 下圖中，等效電阻 R_1、R_2 以及 R_3 分別為何？

解

3. 求下圖中 (1)總電阻R_T (2)總電流I_T (3)支路電流I_1、I_2、I_3分別為多少安培？

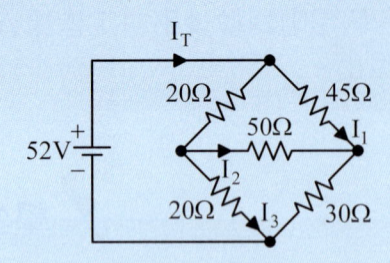

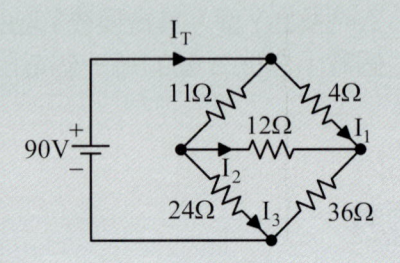

解

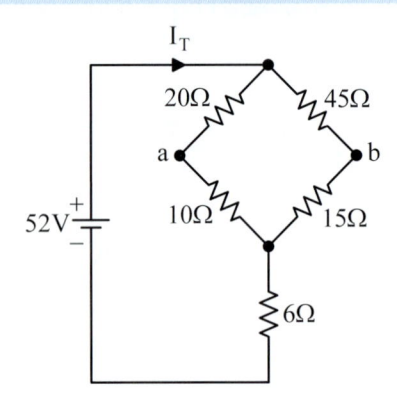

(1) 總電阻$R_T = (20+10)//(45+15) + 6$
$= 26\Omega$

(2) 總電流$I_T = \dfrac{V_T}{R_T} = \dfrac{52}{26} = 2A$

(3) $V_a = V_T - I_{20\Omega} \times 20\Omega$
$= 52 - \dfrac{4}{3} \times 20 = \dfrac{76}{3}V$

$V_b = V_T - I_{45\Omega} \times 45\Omega$
$= 52 - \dfrac{2}{3} \times 45 = 22V$

$I_1 = \dfrac{V_T - V_b}{45\Omega} = \dfrac{52-22}{45} = \dfrac{2}{3}A$

$I_2 = \dfrac{V_a - V_b}{50\Omega} = \dfrac{(\dfrac{76}{3} - 22)}{50} = \dfrac{1}{15}A$

$I_3 = \dfrac{V_a}{20\Omega} = \dfrac{\dfrac{76}{3}}{20} = \dfrac{19}{15}A$

3. 求下圖中 (1)總電阻R_T (2)總電流I_T (3)支路電流I_1、I_2、I_3分別為多少安培？

解

ABCD 立即練習

( ) 1. 求圖(1)中的總電阻R_T？　(A)18Ω　(B)21Ω　(C)24Ω　(D)30Ω

圖(1)　　　圖(2)　　　圖(3)

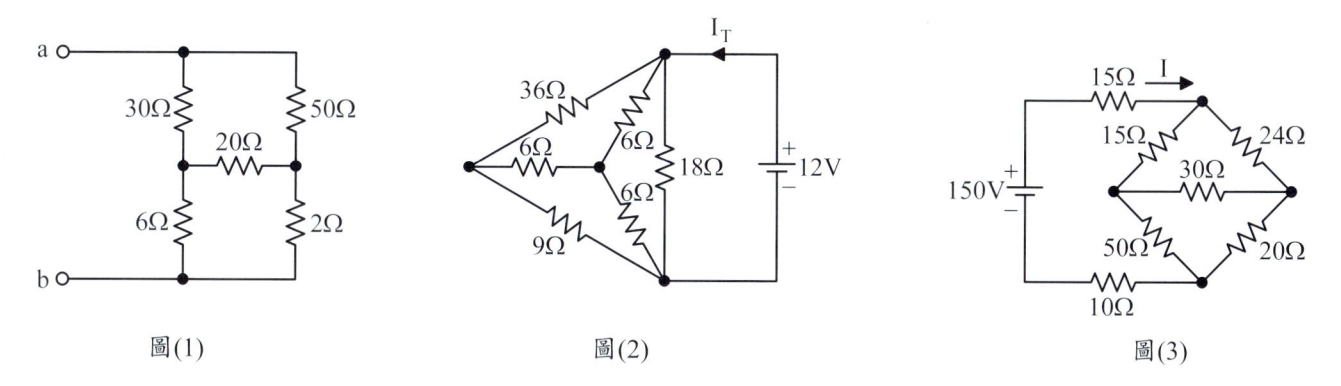

( ) 2. 試求圖(2)中，電流I_T為多少安培？　(A)1A　(B)2A　(C)3A　(D)4A

( ) 3. 如圖(3)所示之電路，電流I為何？　(A)15A　(B)10A　(C)6A　(D)3A　[103年統測]

※3-7　特殊電阻網路的解題技巧（補充教材）

1. 無窮電阻網路：
   - (1) **無窮串並聯電阻**
   - (2) **無窮等比數列（收斂型）**
   - (3) **無窮等差數列（收斂型）**

(1) 無窮串並聯電阻：運用$\infty \cong \infty - 1$的關係

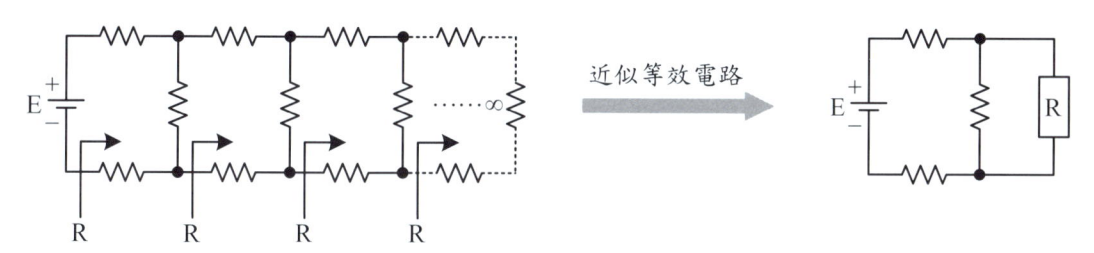

近似等效電路

(2) 無窮等比數列：運用**無窮等比級數和**S_n**的公式**$S_n = \dfrac{a_1}{1-r}$
   - (1) a_1：首項
   - (2) r：公比

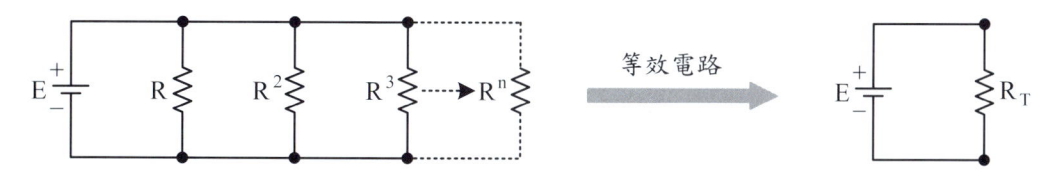

等效電路

(3) 無窮等差數列：運用等差級數的公式（於第四章的**Bus bar公共排法**再介紹）

2. 對稱電阻網路（惠斯登電橋的延伸觀念）：
$$\begin{cases}(1) & 拓樸法 \\ (2) & 中垂線法 \\ (3) & 水平線法 \\ (4) & 全對稱法\end{cases}$$

(1) 拓樸法（形勢幾何法）：將複雜電路重新繪製成較簡單的幾何電路圖。

(2) 中垂線法：運用惠斯登電橋平衡時，電阻開路的特性，因此**中垂線法又稱開路法**。

◎ 條件：先連接a, b兩點形成一條直線，貫穿且垂直該直線的線段稱為中垂線，在**中垂線兩側的電阻網路必對稱，稱此種解題技巧為『中垂線法』**。

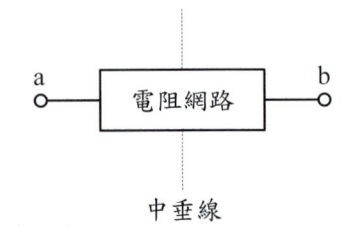

◎ 技巧：

① 中垂線上元件的處理：**（可砍）**

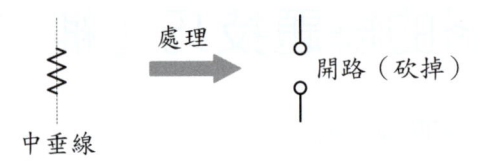

② 非中垂線上元件的處理：**（不可砍）**

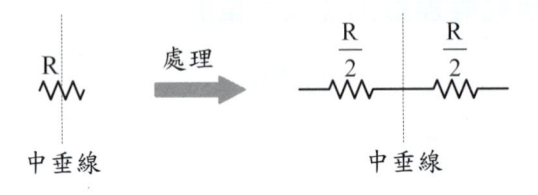

③ 中垂線上接點的處理：**（沿著中垂線的線上將接點分開（開路））**

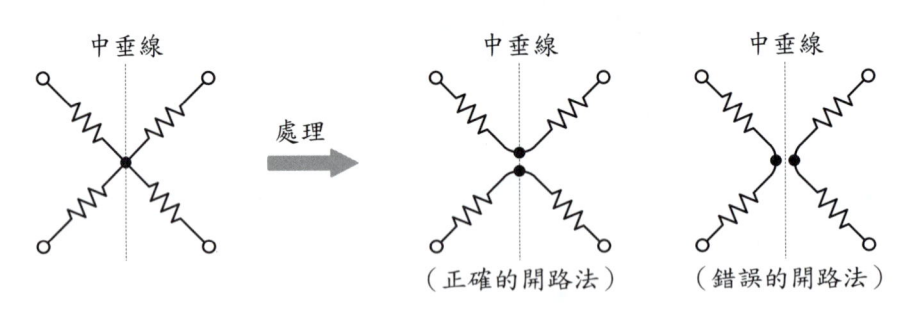

(3) 水平線法：運用惠斯登電橋平衡時，電阻短路的特性，因此**水平線法又稱短路法**。

◎ 條件：先連接a, b兩點形成一條直線，重疊該直線的線段稱為水平線，在**水平線兩側的電阻網路必對稱**，稱此種解題技巧為『水平線法』。

◎ 技巧：

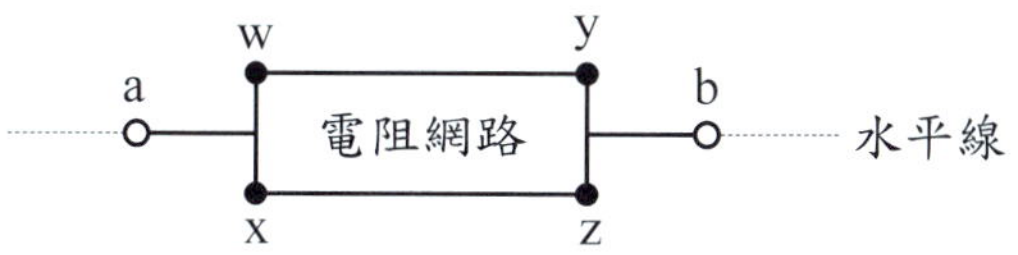

```
        w         y
a ○─────┤電阻網路├─────○ b ········ 水平線
        x         z
```

① **水平線上的元件保留，不可砍。**

② 水平線兩側的對應點為等電位點：
$$\begin{cases} V_w = V_x \Rightarrow 將 w 與 x 兩點短接 \\ V_y = V_z \Rightarrow 將 y 與 z 兩點短接 \end{cases} \Rightarrow 相當於將電路對折$$

(4) 全對稱法：先連接a, b兩點形成一條直線，若中垂線與水平線皆可適用時，則所有與中垂線平行的**平行線上的元件皆可移除（開路），接點皆可分離（開路）**。

註1：正立方體若每邊電阻為R，則**相鄰兩點的等效電阻為$\frac{7}{12}$R，對角點的等效電阻為$\frac{10}{12}$R**。

註2：數學方程式$ax^2 + bx + c = 0 \Rightarrow x = \frac{-b \pm \sqrt{b^2 - 4ac}}{2a}$。

觀念是非辨正

1. （○）中垂線法與水平線法均是利用惠斯登電橋平衡的原理。
2. （✗）所有等位點的元件皆以開路處理。

概念釐清

不一定，需視何種解題技巧。

老師教

1. 求電阻R_{ab}為何？

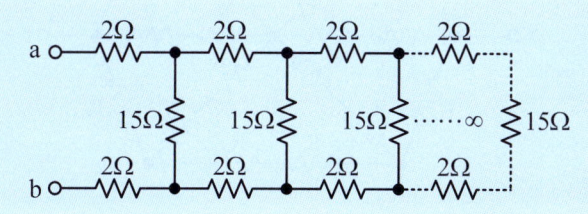

```
a ○─2Ω─•─2Ω─•─2Ω─•─2Ω─┐
        │    │    │        │
       15Ω  15Ω  15Ω ···∞  15Ω
        │    │    │        │
b ○─2Ω─•─2Ω─•─2Ω─•─2Ω─┘
```

學生做

1. 求電阻R_{ab}為何？

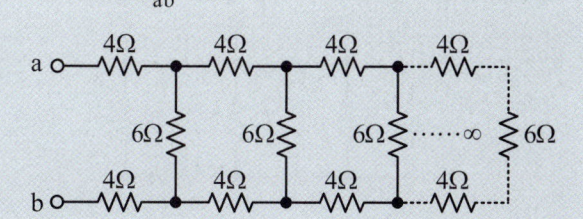

```
a ○─4Ω─•─4Ω─•─4Ω─•─4Ω─┐
        │    │    │        │
       6Ω   6Ω   6Ω ···∞   6Ω
        │    │    │        │
b ○─4Ω─•─4Ω─•─4Ω─•─4Ω─┘
```

解 將電路簡化如下：

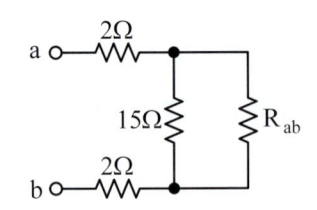

$$R_{ab} = 4 + (15 // R_{ab})$$
$$R_{ab}^2 - 4R_{ab} - 60 = 0$$
$$\Rightarrow (R_{ab} + 6)(R_{ab} - 10) = 0$$
$$R_{ab} = -6\Omega（不合）或 10\Omega$$
因此 $R_{ab} = 10\Omega$

解

---

2. 求電阻 R_{ab} 為何？

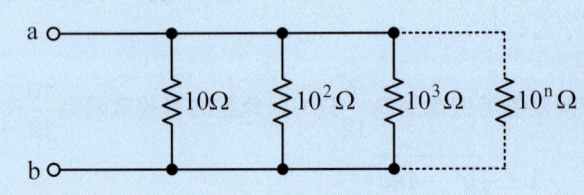

解 $R_{ab} = \dfrac{1}{\dfrac{1}{10} + \dfrac{1}{100} + \dfrac{1}{1000} + \cdots + \dfrac{1}{10^n}}$

$= \dfrac{1}{\dfrac{1}{9}} = 9\Omega$

（分母的和運用無窮等比級數和的公式）

2. 求電阻 R_{ab} 為何？

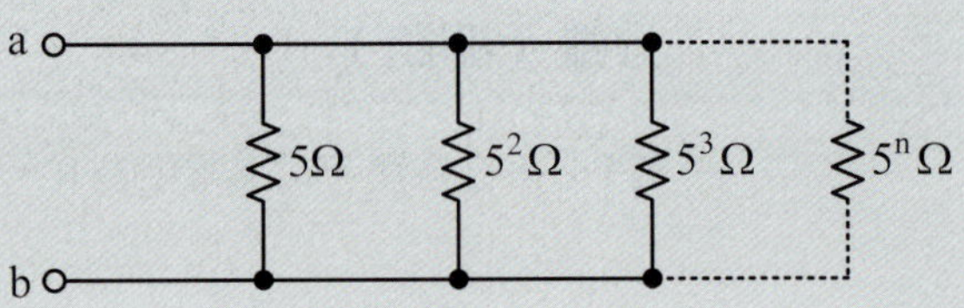

解

---

3. 若電阻 $R = 15\Omega$，求 R_{ab} 為何？

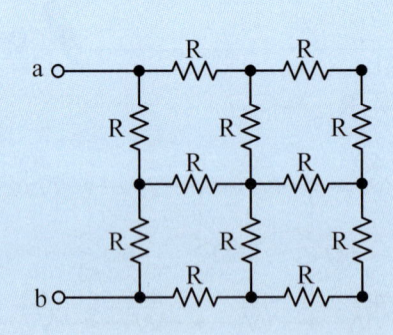

3. 若電阻 $R = 17\Omega$，求 R_{ab} 為何？

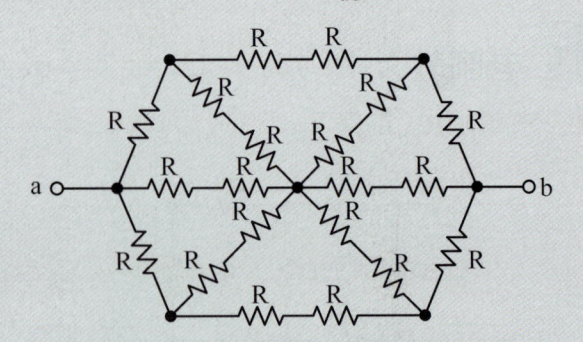

解 中垂線上電阻皆砍掉（開路）

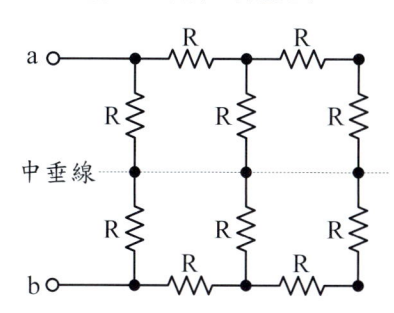

$R_{ab} = (60 // 30 + 30) // 30 = 18.75\Omega$

---

4. 求R_{ab}為何？

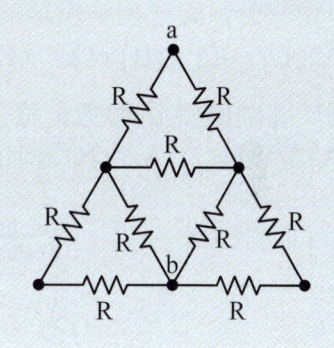

解 水平線兩側的對稱點短接（對折）

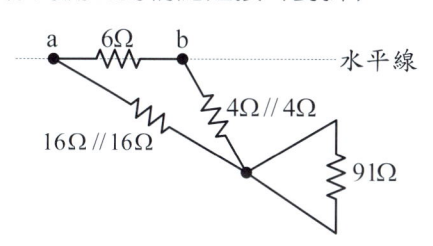

$R_{ab} = [(16 // 16) + (4 // 4)] // 6 = 3.75\Omega$

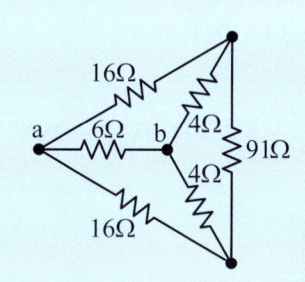

4. 若每邊電阻皆為6Ω，求R_{ab}為何？

解

ABCD 立即練習

( )1. 求圖(1)中若$R_{ab} = 2\Omega$，試求電阻R為何？　(A)3Ω　(B)4Ω　(C)5Ω　(D)6Ω

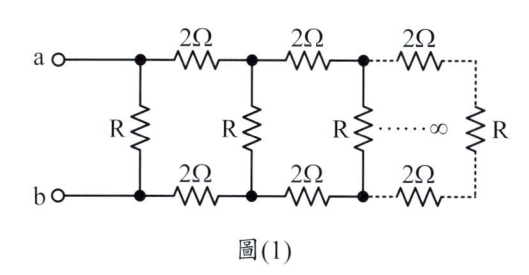

圖(1)

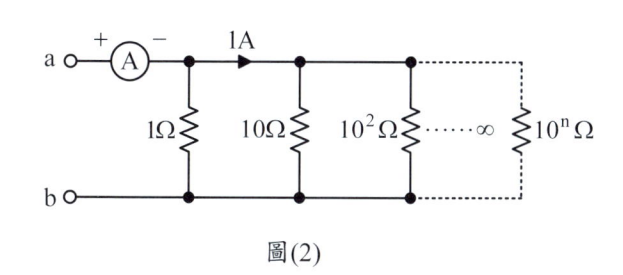

圖(2)

( )2. 如圖(2)所示，試問電流錶指示為多少安培？　(A)8A　(B)9A　(C)10A　(D)11A

綜合練習

基礎題

3-1 ( )1. 三個電阻串聯後接上一電壓源 E，若電阻比 $R_1:R_2:R_3=1:2:3$ 則電阻上的功率比 $P_1:P_2:P_3$ 應為多少？　(A)1：2：3　(B)3：2：1　(C)1：4：9　(D)9：4：1

( )2. 在串聯電路中，電阻愈小所消耗的功率？
(A)愈大　(B)愈小　(C)一樣大　(D)不一定

( )3. 將規格相同200W、110V兩個燈泡串聯使用，接於110V電源，則每個燈泡消耗功率為　(A)200W　(B)100W　(C)50W　(D)25W

( )4. 一電壓源輸出開路時，輸出端電壓為24V，接上18Ω之負載電阻時，負載的端電壓下降為21.6V，此電壓源之內阻為　(A)1Ω　(B)2Ω　(C)3Ω　(D)4Ω

( )5. 理想電壓源與理想電壓錶的內阻分別為？
(A)0Ω、0Ω　(B)∞Ω、∞Ω　(C)0Ω、∞Ω　(D)∞Ω、0Ω

( )6. 關於圖(1)中下列何者正確？
(A)電流I = 2.5A　(B)電阻5Ω消耗120W　(C)V_{ae} = 8V　(D)V_{db} = 39V

圖(1)

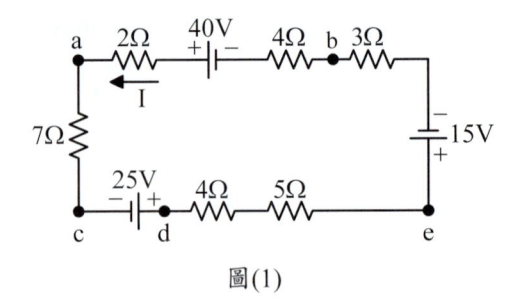

( )7. 使用一個150V，1級電壓錶，測某負載電阻時指示100V，則此負載之實際電壓範圍為？　(A)100V±0.15V　(B)100V±1V　(C)100V±1.5V　(D)100V±0.1V

( )8. 有4個電池串聯，電池之電勢分別為1.3V、3.3V、2.9V、2.5V；內阻分別為0.3Ω、0.2Ω、0.35Ω、0.15Ω，而負載為3Ω，則負載電流為多少安培？
(A)0.5　(B)1.5　(C)2.5　(D)3.5

( )9. 兩個未知電阻 $R_1:R_2=3:1$，若串聯接上40V的電壓源後，測得總電阻消耗800W，則電源電流為何？　(A)10A　(B)20A　(C)30A　(D)40A

( )10. 承上題，電阻R_1為多少歐姆？　(A)0.5Ω　(B)1Ω　(C)1.5Ω　(D)2Ω

( )11. 承上題，電阻R_2為多少歐姆？　(A)0.5Ω　(B)1Ω　(C)1.5Ω　(D)2Ω

( )12. 設兩電阻R_1與R_2串聯接於300V電源，若R_1消耗功率50W，R_2為250W，則R_1及R_2之值為　(A)50Ω、250Ω　(B)250Ω、50Ω　(C)150Ω、150Ω　(D)120Ω、180Ω

( )13. 圖(2)中電壓源24V以及48V分別提供或消耗多少功率？
(A)24V提供24W；48V提供48W
(B)24V消耗24W；48V消耗48W
(C)24V消耗48W；48V提供96W
(D)24V提供48W；48V消耗96W

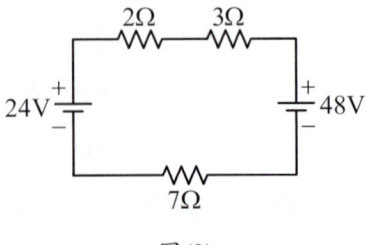

圖(2)

( )14. 圖(3)中$10\sqrt{3}\Omega$所消耗的電功率是$5\sqrt{6}\Omega$所消耗電功率的幾倍？ (A)1.732 (B)1.414 (C)0.707 (D)0.636

( )15. 電壓錶中的倍增（擴增）電阻器愈大，則可測量的範圍 (A)愈大 (B)愈小 (C)一樣 (D)不一定

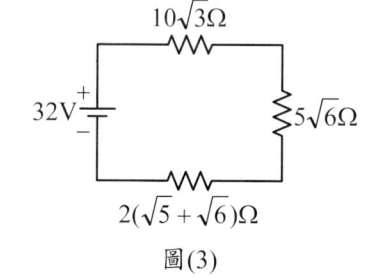

( )16. 電壓錶宜與待測元件 (A)串聯 (B)並聯 (C)皆可 (D)視負載大小而定

( )17. 一個規格為100Ω、100W的電熱器，與另一個規格為100Ω、400W的電熱器串聯之後，再接上電源，若不使此兩電熱器中之任何一個之消耗功率超過其規格，則電源之最高電壓為何？ (A)500V (B)400V (C)300V (D)200V [統測]

( )18. 將規格為100V/40W與100V/60W的兩個相同材質的電燈泡串聯接於110V電源，試問那個電燈泡會較亮？
(A)40W的電燈泡較亮 (B)60W的電燈泡較亮
(C)兩個電燈泡一樣亮 (D)兩個電燈泡都不亮 [統測]

( )19. 兩個規格分別為1Ω/1W及2Ω/4W的電阻器串聯後，相當於幾歐姆幾瓦的電阻器？
(A)3Ω/5W (B)3Ω/4W (C)3Ω/3W (D)2Ω/3W [統測]

( )20. 有甲、乙兩個燈泡，額定電壓均是110V，甲燈泡額定功率100W，乙燈泡額定功率10W；今將兩燈泡串聯後，接在220V的電源上，則下列何種情況最可能發生？
(A)甲燈泡先燒壞
(B)乙燈泡先燒壞
(C)甲、乙兩燈泡同時燒壞
(D)甲、乙兩燈泡可正常使用，都不會燒壞 [統測]

( )21. 將規格為100V/40W與100V/80W的兩個燈泡串接於120V電源，則這兩個燈泡總消耗功率約為何？ (A)72W (B)58W (C)38W (D)27W [統測]

( )22. 如圖(4)所示之電路，求V_1及V_2分別為何？
(A)$V_1=30V$，$V_2=20V$
(B)$V_1=20V$，$V_2=30V$
(C)$V_1=18V$，$V_2=12V$
(D)$V_1=12V$，$V_2=18V$ [統測]

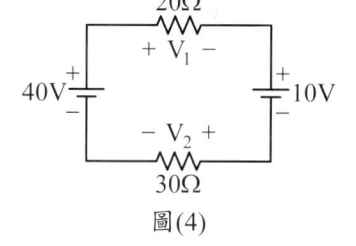

( )23. 1.5V乾電池式手電筒，使用過後手電筒漸漸變暗，取出電池以電表量測電池之開路端電壓為1.48V（新電池為1.5V）。造成手電筒漸漸變暗之最可能原因為何？
(A)乾電池之等效串聯內阻漸漸變大
(B)乾電池之等效串聯內阻漸漸變小，等效電壓不變
(C)乾電池之等效並聯內阻漸漸變大
(D)乾電池之等效串聯內阻與等效電壓均變小 [統測]

( )24. 兩電燈泡B1與B2之規格如圖(5)所示，若該二燈泡之材質相同，則串聯時，下列敘述何者正確？
(A)B1較亮，流經B1的電流為2.4A
(B)B2較亮，流經B2的電流為2.4A
(C)B1較亮，流經B1的電流為0.2A
(D)B2較亮，流經B2的電流為0.2A [統測]

( )25. 如圖(6)所示之電路中，若V_1為6V，則4Ω電阻所消耗之功率為何？
(A)0.1W (B)0.5W (C)1W (D)5W [統測]

圖(6)

圖(7)

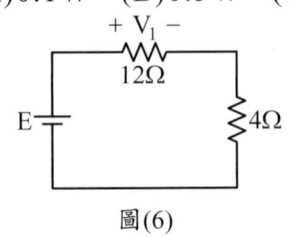

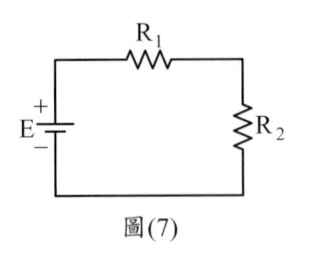

( )26. 如圖(7)所示，若$R_1 = 4R_2$，已知R_2消耗功率為10W、R_1兩端之電壓降為40V，則E之值為何？ (A)50V (B)60V (C)70V (D)80V [102年統測]

( )27. 將電阻值分別為2Ω、3Ω及4Ω的三個電阻串聯後，接於E伏特的直流電源，若2Ω電阻消耗功率為18W，則E值為何？ (A)18 (B)27 (C)32 (D)36 [104年統測]

( )28. 有額定分別為110V/100W及110V/50W之兩個電熱器，串聯接於110V電源上，則下列敘述何者正確？
(A)110V/100W電熱器的消耗功率比110V/50W電熱器大
(B)110V/100W電熱器的消耗功率比110V/50W電熱器小
(C)110V/100W和110V/50W電熱器消耗功率一樣大
(D)110V/100W或110V/50W電熱器會超過額定功率 [106年統測]

3-3 ( )29. 有一條均勻之長導線，電阻為2Ω，從中剪斷成兩截等長導線再將之並聯使用，並通過2A之電流，則此並聯後組成的導線將消耗多少功率？
(A)2W (B)4W (C)6W (D)8W [107年統測]

( )30. 如圖(8)所示，試求總電阻R_{ab}為多少歐姆？
(A)18Ω (B)20Ω (C)23Ω (D)25Ω

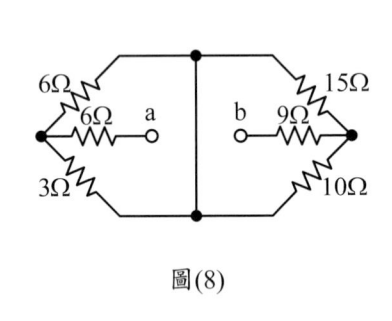

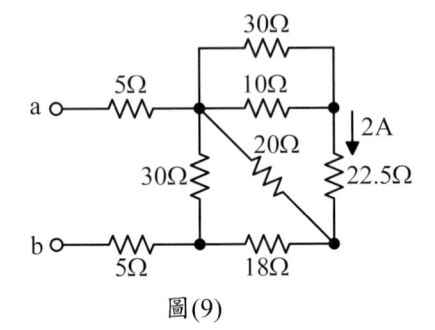

圖(8)

圖(9)

( )31. 如圖(9)所示，試求總電阻R_{ab}為多少歐姆？ (A)55Ω (B)50Ω (C)40Ω (D)25Ω

( )32. 承上題，試求E_{ab}為多少伏特？ (A)300V (B)250V (C)150V (D)100V

( )33. 有n個完全相同的電阻值皆為R，並聯後的總電阻R_T為何？
(A)n·R倍 (B)n^2·R倍 (C)$\frac{R}{n}$倍 (D)$\frac{R}{n^2}$倍

( )34. 如圖(10)所示，若電流錶滿刻度電流為1mA且內阻為1Ω，當並聯一個0.01Ω的分流電阻後，電流錶之最大量測範圍為多少安培？
(A)98mA (B)99mA (C)100mA (D)101mA

圖(10)

( )35. 如圖(11)所示為多範圍電流錶，若電流錶滿刻度電流為10mA且內阻為90Ω，欲使電流錶分別量測50mA及100mA，則R_1及R_2各約為多少？
(A)22.5Ω、10Ω (B)10Ω、22.5Ω
(C)20Ω、25Ω (D)25Ω、20Ω

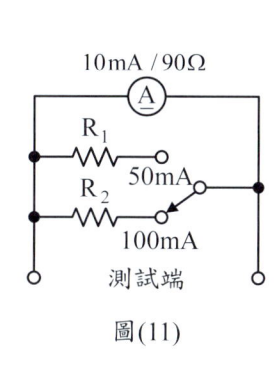

圖(11)

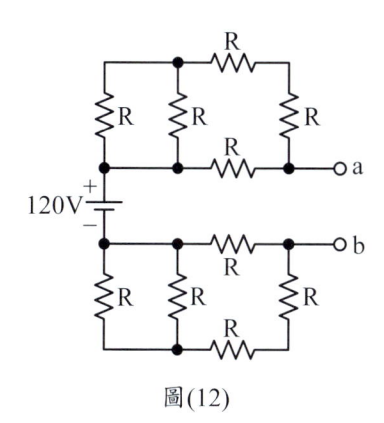

圖(12)

( )36. 如圖(12)所示，試求等效電阻R_{ab}為何？
(A)$\frac{10}{7}R$ (B)$\frac{5}{7}R$ (C)$\frac{2}{7}R$ (D)$\frac{5}{14}R$

( )37. 承上題，試求電壓E_{ab}為何？
(A)30V (B)60V (C)90V (D)120V

( )38. 電流錶宜與待測元件 (A)串聯 (B)並聯 (C)皆可 (D)視負載大小而定

( )39. 有三個電阻並聯的電路，其電阻值分別為5Ω、10Ω、20Ω，如果流經20Ω電阻的電流為1A，則此電路總電流為多少？ (A)3A (B)5A (C)7A (D)9A [統測]

( )40. 如圖(13)所示電路，求a、b兩端的等效電阻R_{ab}=？
(A)3Ω (B)6Ω (C)9Ω (D)12Ω [統測]

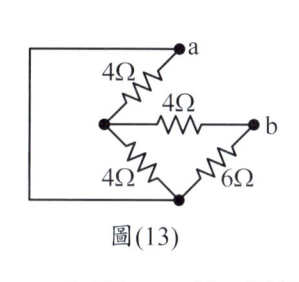

圖(13)

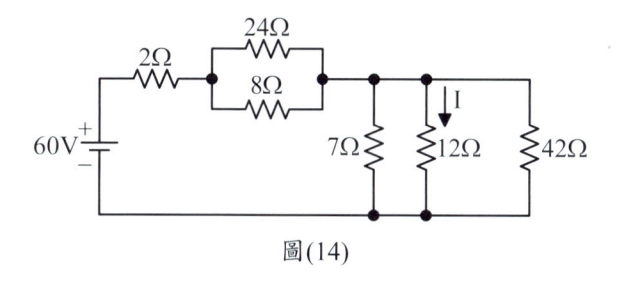

圖(14)

( )41 如圖(14)所示電路，則電流I約為多少？
(A)5A (B)3.25A (C)2.5A (D)1.67A [統測]

( )42. 如圖(15)所示電路，若電流I為2A，則電源電壓E為多少？
(A)10V (B)14V (C)16V (D)18V [統測]

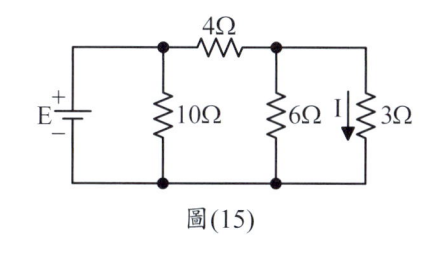

圖(15)

( )43. 如圖(16)所示之電路，若$V_1 = 4$伏特，$I = 7$安培，則電阻R為何？
(A)4Ω　(B)5Ω　(C)8Ω　(D)10Ω　　　　　　　　　　　　　　　　　　　　[統測]

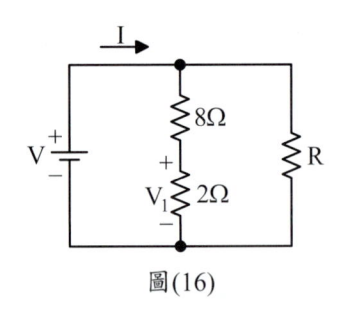

圖(16)

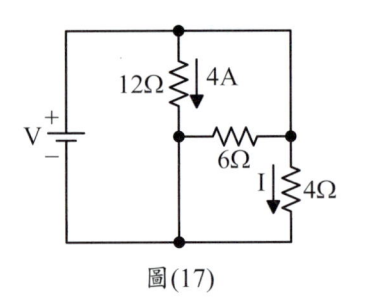

圖(17)

( )44. 如圖(17)所示之電路，電流I的大小為何？
(A)6A　(B)9A　(C)12A　(D)15A　　　　　　　　　　　　　　　　　　　　[統測]

( )45. 如圖(18)所示之電路，R_1、R_2、R_3所消耗之功率比值依序為何？
(A)1：2：3　(B)1：4：9　(C)3：2：1　(D)6：3：2　　　　　　　　　　　　　[統測]

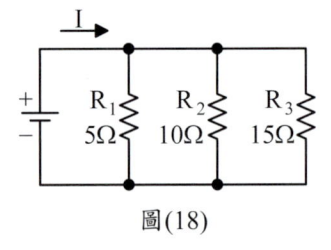

圖(18)

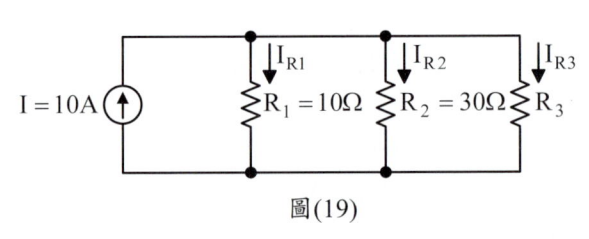

圖(19)

( )46. 如圖(19)所示之電路，已知$I = 10A$及$I_{R2} = \dfrac{5}{3}A$，則R_3為何？
(A)7.5Ω　(B)10.0Ω　(C)12.5Ω　(D)15.0Ω　　　　　　　　　　　　　　　　[統測]

( )47. 三個電阻並聯，其電阻值分別2Ω、6Ω、8Ω，已知流經6Ω電阻的電流為2A，則流經2Ω電阻的電流為何？　(A)2A　(B)4A　(C)6A　(D)8A　　　　　　　　　　[統測]

( )48. 如圖(20)所示之電路，若$R_1 = 6Ω$、$R_2 = 4Ω$及$R_3 = 4Ω$，則電流I_1及I_2分別為何？
(A)$I_1 = 6A$，$I_2 = 9A$　　　　　　(B)$I_1 = 9A$，$I_2 = 7.5A$
(C)$I_1 = 12A$，$I_2 = 6A$　　　　　 (D)$I_1 = 18A$，$I_2 = 3A$　　　　　　　[103年統測]

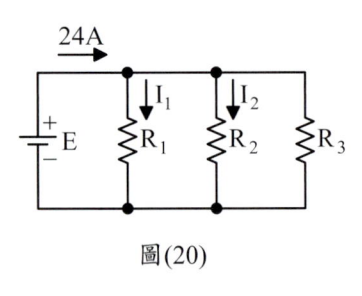

圖(20)

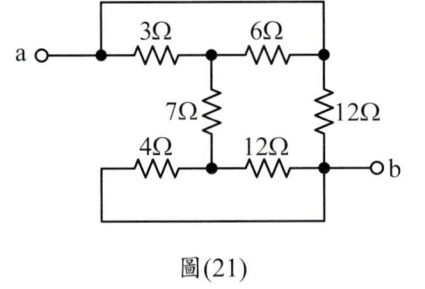

圖(21)

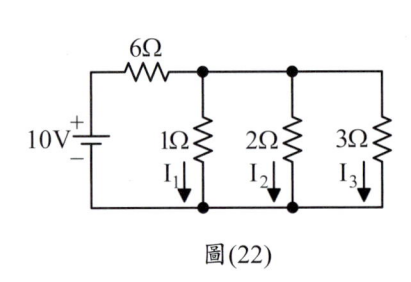

圖(22)

( )49. 如圖(21)所示之電路，試求a、b兩端的等效電阻R_{ab}為何？
(A)3Ω　(B)4Ω　(C)6Ω　(D)12Ω　　　　　　　　　　　　　　　　　　　[105年統測]

( )50. 如圖(22)所示，三個電流大小之比例為$I_1 : I_2 : I_3 =$
(A)1：2：3　　　　　　　　　　(B)3：2：1
(C)1：1：1　　　　　　　　　　(D)6：3：2　　　　　　　　　　　　　　　[106年統測]

3-4 ( )51. 如圖(23)所示，試求電流I為多少安培？ (A)3A (B)−3A (C)2A (D)−2A

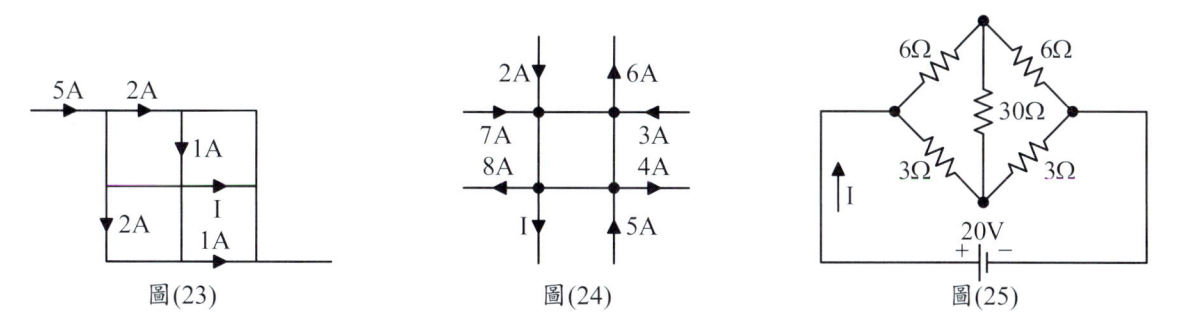

圖(23)　　圖(24)　　圖(25)

( )52. 如圖(24)所示電路，則電流I為多少？ (A)−2A (B)−1A (C)0A (D)1A　[統測]

3-5 ( )53. 如圖(25)所示電路，電流I之值為何？ (A)2A (B)3A (C)4A (D)5A　[統測]

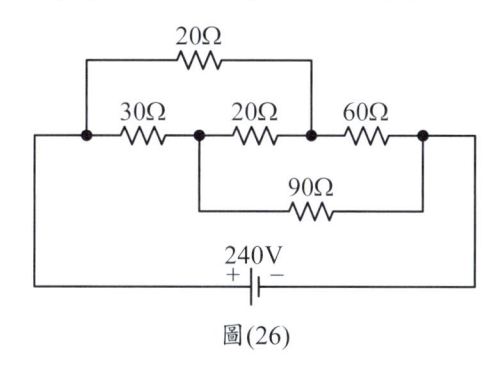

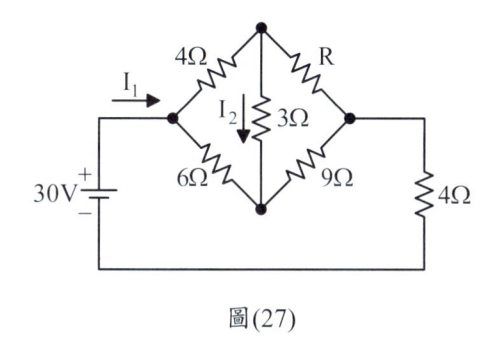

( )54. 如圖(26)所示，電路中之30Ω處所消耗之功率為何？
(A)100W (B)120W (C)140W (D)160W　[102年統測]

圖(26)　　圖(27)

( )55. 如圖(27)所示之電路，若$I_2 = 0A$，則R與I_1分別為何？
(A)$R = 3\Omega$，$I_1 = 5A$　　　(B)$R = 3\Omega$，$I_1 = 4A$
(C)$R = 6\Omega$，$I_1 = 3A$　　　(D)$R = 6\Omega$，$I_1 = 2A$　[104年統測]

( )56. 如圖(28)所示，若E = 120V，則開關S在開啟與閉合不同狀態下之I分別為何？
(A)5A；20A (B)5A；25A (C)6A；20A (D)6A；25A　[106年統測]

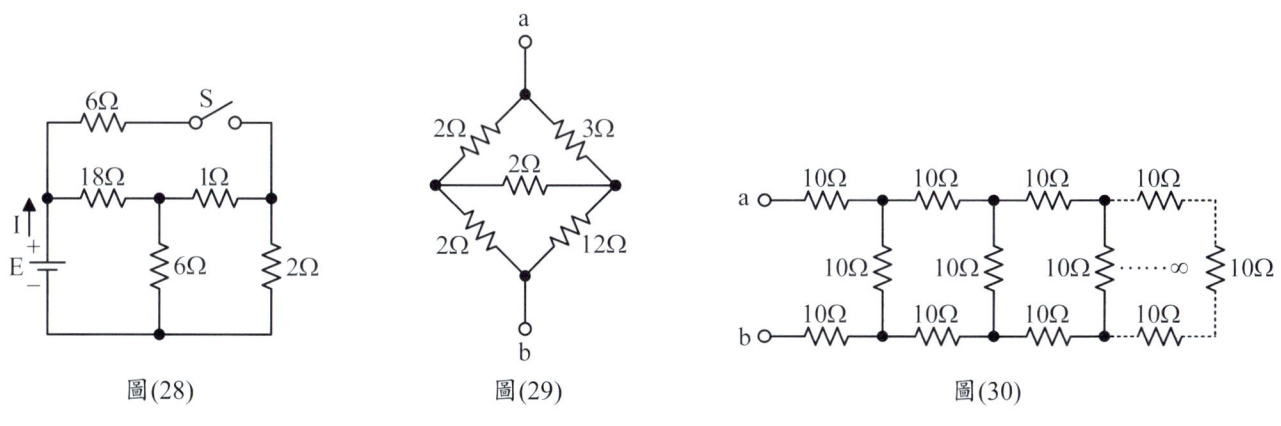

圖(28)　　圖(29)　　圖(30)

3-6 ( )57. 如圖(29)所示電路，求ab兩端的等效電阻$R_{ab} = ?$
(A)12Ω (B)9Ω (C)6Ω (D)3Ω　[統測]

3-7 ( )58. 求圖(30)中$R_{ab} = ?$ (A)$10 - 10\sqrt{3}\,\Omega$ (B)$10 + 10\sqrt{3}\,\Omega$ (C)$5 - 5\sqrt{3}\,\Omega$ (D)$5 + 5\sqrt{3}\,\Omega$

進階題

3-1 ( )59. 如圖(31)所示，兩個伏特錶的靈敏度以及滿刻度分別為60kΩ/V，150V以及80kΩ/V，200V，將兩個串聯後可以外加的最大電壓為多少伏特？
(A)312.5V　(B)275.5V　(C)225.5V　(D)205.5V

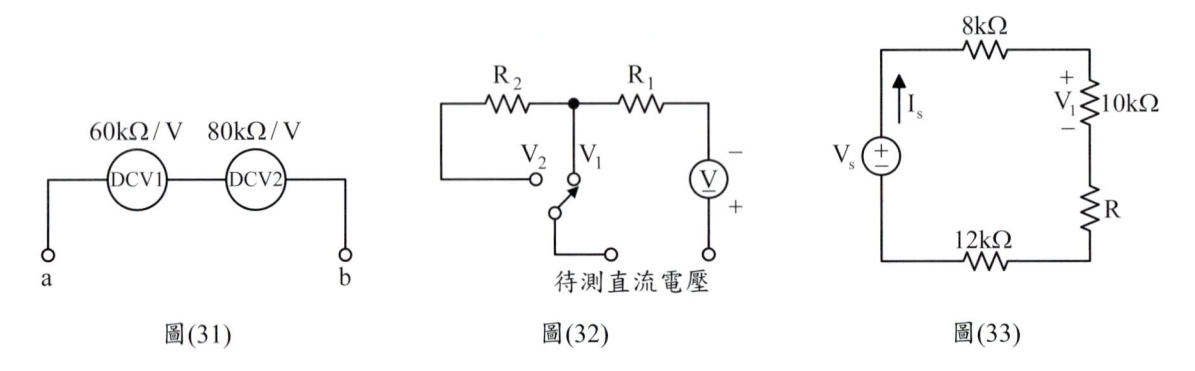

圖(31)　　　圖(32)　　　圖(33)

( )60. 如圖(32)所示，為一多範圍直流電壓錶電路，若直流電壓錶滿刻度I_m為1mA，內阻r_m為1kΩ，則將檔位切至V_1待測電壓範圍可達50V，切至V_2待測電壓範圍可達100V，試求電阻R_1及R_2分別為多少？
(A)$R_1 = 1kΩ$；$R_2 = 50kΩ$　　　(B)$R_1 = 49kΩ$；$R_2 = 50kΩ$
(C)$R_1 = 50kΩ$；$R_2 = 50kΩ$　　　(D)$R_1 = 50kΩ$；$R_2 = 49kΩ$

( )61. 如圖(33)所示電路，若電源V_s提供40mW功率，且$V_1 = 0.25V_s$，則下列何者正確？
(A)$I_s = 2\ mA$　(B)$V_s = 20\ V$　(C)$R = 10\ kΩ$　(D)R消耗20mW功率

3-2 ( )62. 圖(34)中的電流I為何？　(A)1A　(B)2A　(C)3A　(D)4A

( )63. 承上題，電壓V_1為何？　(A)5V　(B)6V　(C)−8V　(D)8V

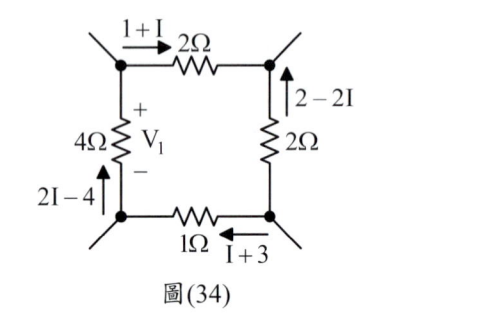

圖(34) 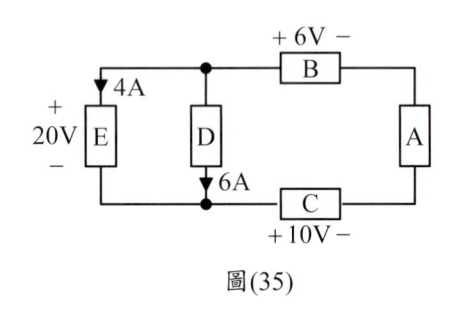　　　圖(35)

( )64. 如圖(35)所示電路，若A、B、C、D、E為理想的電路元件，則下列敘述何者正確？
(A)元件A供應280W功率　　　(B)元件B消耗60W功率
(C)電路元件總供應功率為300W　(D)電路元件總消耗功率為270W
[109年統測]

3-3 ( )65. 如圖(36)所示，試求總電阻R_{ab}為多少歐姆？
(A)4Ω　(B)3Ω　(C)2Ω　(D)1Ω

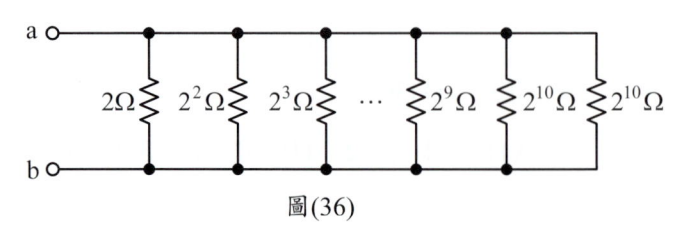

圖(36)

( )66. 如圖(37)所示，試求總電阻R_{ab}為多少歐姆？ (A)2Ω (B)3Ω (C)4Ω (D)5Ω

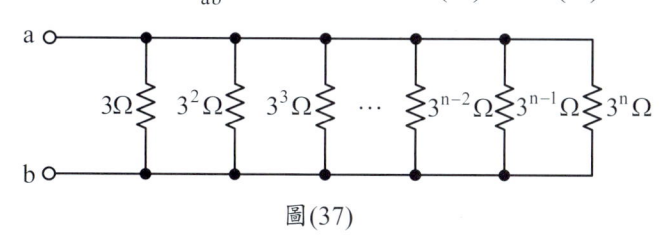

圖(37)

( )67. 如圖(38)所示之電路，試問哪些開關需閉合，才可使規格為12V/24W之電阻性負載符合額定功率？
(A)S_1、S_2、S_3 (B)S_2、S_3、S_4 (C)S_1、S_3、S_4 (D)S_1、S_2、S_4 [107年統測]

( )68. 如圖(38)所示之電路，試問哪些開關需閉合，才可使電流$I = 1.8$ A？
(A)S_1、S_2、S_3 (B)S_2、S_3、S_4 (C)S_1、S_3、S_4 (D)S_1、S_2、S_4 [107年統測]

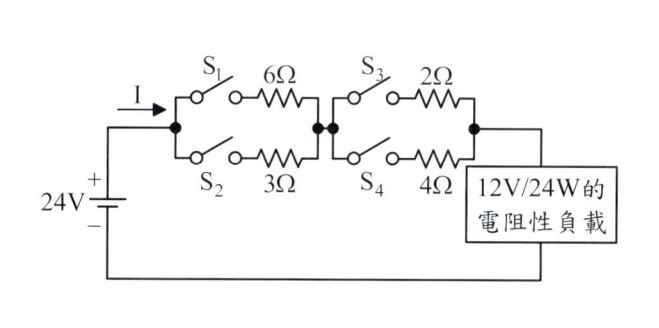

圖(38)

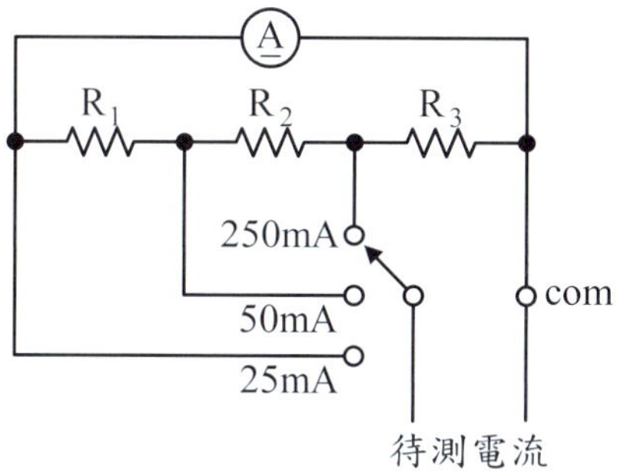

圖(39)

( )69. 如圖(39)所示為多範圍電流錶，若電流錶滿刻度電流為5mA且內阻為40Ω，欲使電流錶分別量測25mA、50mA以及250mA，則R_1、R_2以及R_3分別為多少？
(A)1Ω、5Ω、4Ω (B)3Ω、4Ω、2Ω (C)5Ω、4Ω、1Ω (D)5Ω、4Ω、2Ω

( )70. 如圖(40)所示，試求等效電阻R_{ab}為何？ (A)6Ω (B)5Ω (C)4Ω (D)3Ω

圖(40)

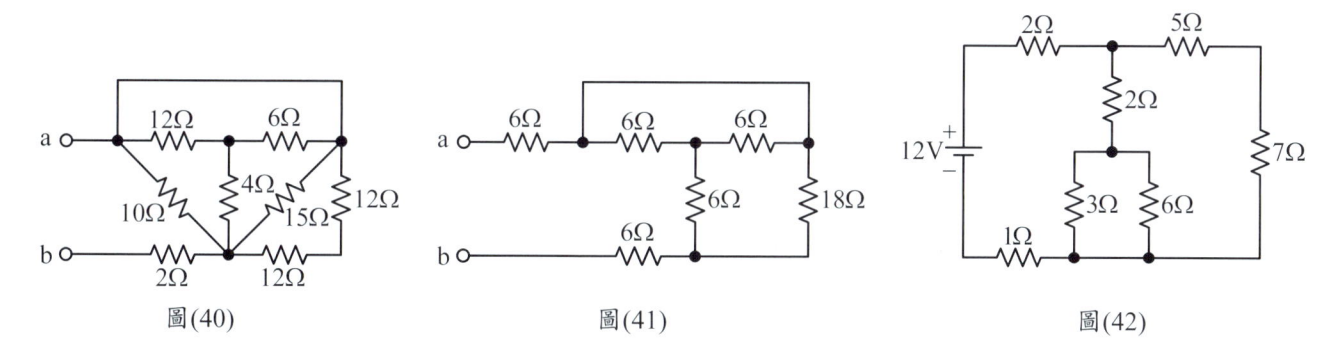

圖(41)

圖(42)

( )71. 如圖(41)所示，試求等效電阻R_{ab}為何？ (A)6Ω (B)12Ω (C)18Ω (D)24Ω

( )72. 如圖(42)所示之電路，則6Ω電阻消耗之功率為何？
(A)1.5W (B)2.5W (C)4.5W (D)6W [統測]

( )73. 如圖(43)所示，電路中之I值為何？
(A)8A
(B)6A
(C)2A
(D)0A [102年統測]

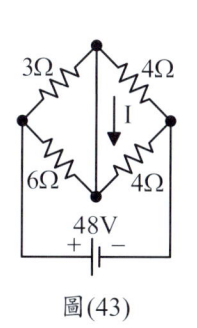

圖(43)

基本電學含實習　絕殺講義

( )74. 如圖(44)所示之電路，則E和I之值各為何？
(A)36V，54A　(B)36V，36A　(C)54V，54A　(D)54V，36A
[108年統測]

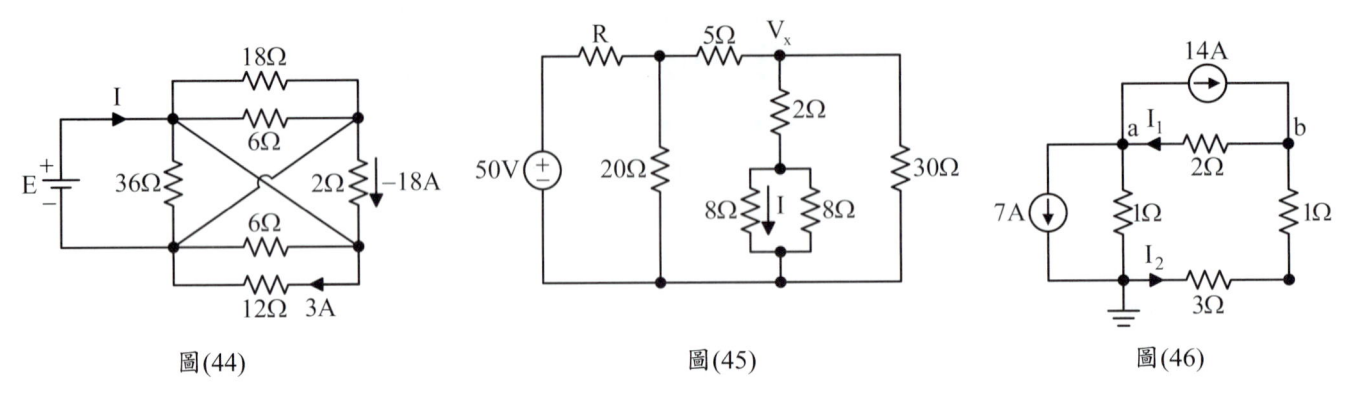

圖(44)　　　圖(45)　　　圖(46)

( )75. 如圖(45)所示電路，20Ω電阻消耗20W功率，下列何者正確？
(A)5Ω電阻消耗10W功率　(B)$V_x = 12\,V$　(C)$I = 1\,A$　(D)$R = 10\,\Omega$
[109年統測]

( )76. 如圖(46)所示，則下列敘述何者錯誤？
(A)$I_1 = 11A$　(B)$I_2 = -3A$　(C)$V_a = -10V$　(D)$V_b = 8V$

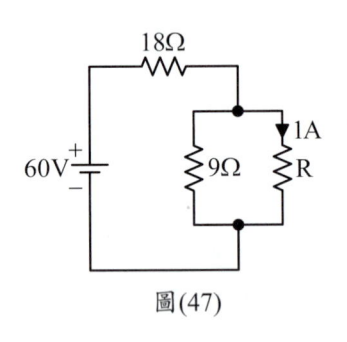

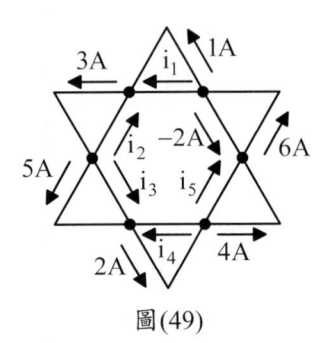

( )77. 如圖(47)所示電路，求電阻R = ？　(A)4Ω　(B)6Ω　(C)9Ω　(D)14Ω
[統測]

圖(47)　　　圖(48)　　　圖(49)

( )78. 如圖(48)所示之電路，當電壓$V_1 = 10V$時，則電流I約為多少安培？
(A)1　(B)5　(C)8　(D)10
[104年統測]

( )79. 如圖(49)所示，試求i_1、i_2、i_3及i_4的電流為何？
(A)$i_1 = 6A$；$i_2 = -5A$；$i_3 = 3A$；$i_4 = -6A$
(B)$i_1 = 6A$；$i_2 = 5A$；$i_3 = -7A$；$i_4 = -4A$
(C)$i_1 = 7A$；$i_2 = 5A$；$i_3 = -3A$；$i_4 = -6A$
(D)$i_1 = 7A$；$i_2 = -5A$；$i_3 = 3A$；$i_4 = -6A$
[105年統測]

( )80. 如圖(50)所示，試求電流I_1以及I_2分別為多少安培？
(A)1.2A；1.8A　(B)1.8A；1.2A　(C)1A、2A　(D)2A、1A

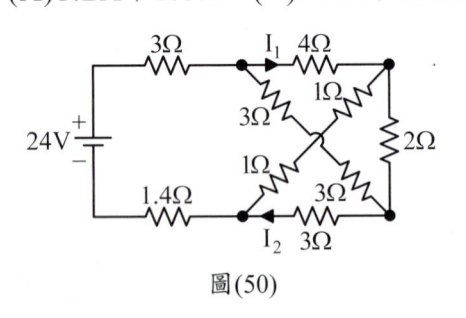

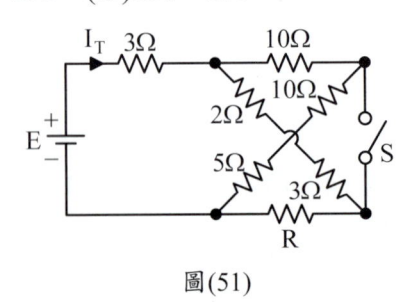

圖(50)　　　圖(51)

( )81. 如圖(51)所示，開關S打開或閉合，總電流I_T恆定不變，則電阻R為多少歐姆？
(A)12Ω　(B)7.5Ω　(C)6Ω　(D)3Ω

3-36

串並聯電路 CH 3

( )82. 如圖(52)所示，若每邊電阻皆為R，試求R_{cd}為何？
(A)0.5R (B)R
(C)0.75R (D)1.5R

( )83. 承上題，試求R_{ab}為何？
(A)0.5R (B)R
(C)0.75R (D)1.5R

圖(52)

( )84. 如圖(53)所示之電路，試求電源電壓E為何？
(A)9V (B)12V (C)15V (D)18V

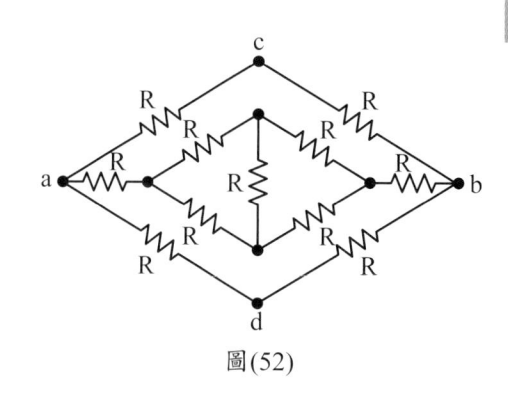

[107年統測]

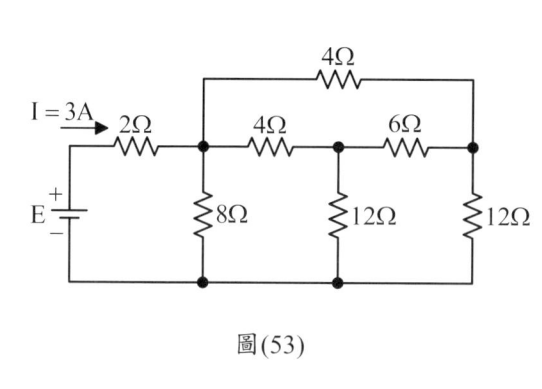

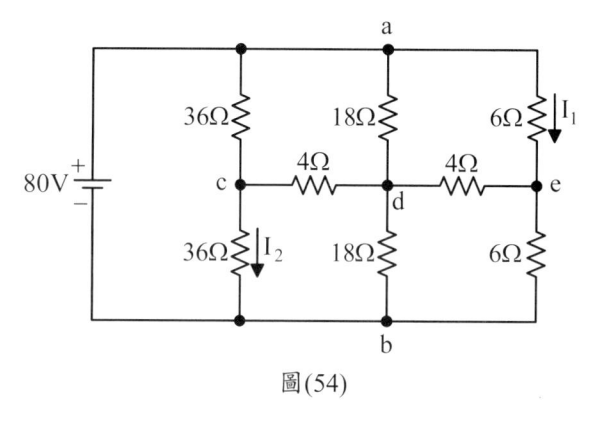

圖(53)

圖(54)

( )85. 如圖(54)所示之電路，則I_1與I_2之關係為何？
(A)$I_1 = 12I_2$ (B)$I_1 = 6I_2$ (C)$I_1 = 3I_2$ (D)$I_1 = I_2$

( )86. 求圖(55)中R_{ab}=？ (A)5Ω (B)7Ω (C)9Ω (D)10Ω

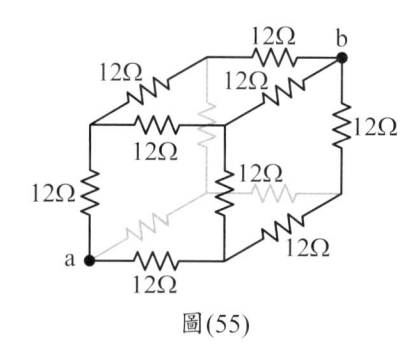

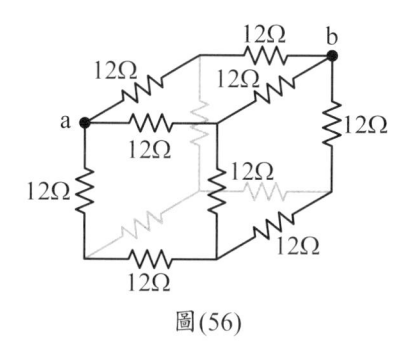

圖(55)

圖(56)

( )87. 求圖(56)中R_{ab}=？ (A)5Ω (B)7Ω (C)9Ω (D)10Ω

( )88. 如圖(57)所示電路，求R_{eq}為多少？
(A)$\sqrt{3}R\Omega$ (B)$(1+\sqrt{3})R\Omega$ (C)$\sqrt{2}R\Omega$ (D)$(1+\sqrt{2})R\Omega$

[109年統測]

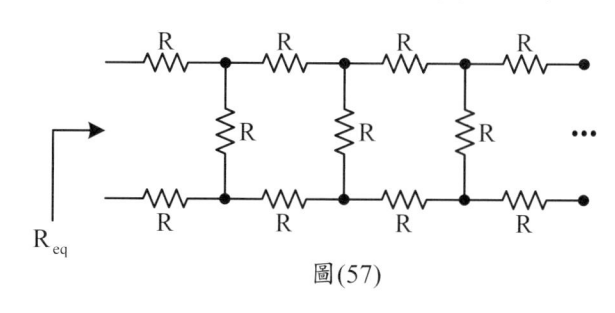

圖(57)

最近統測試題

( )89. 如圖(58)所示，$R_1=8\Omega$、$R_2=2\Omega$、$R_3=8\Omega$、$R_4=4\Omega$、$R_5=4\Omega$、$R_6=16\Omega$，則電流I為何？ (A)8A (B)6A (C)4A (D)2A   [3-6][110年統測]

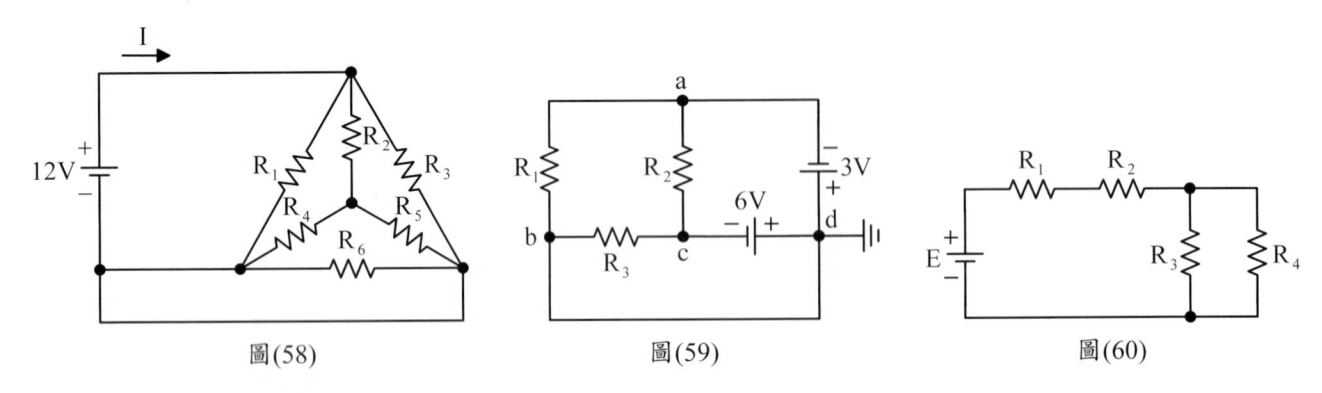

圖(58)　　圖(59)　　圖(60)

( )90. 如圖(59)所示，$R_1=1k\Omega$，$R_2=3k\Omega$，$R_3=6k\Omega$，d點接地，下列何者正確？
(A)$V_{ab} > V_{bc}$ (B)$V_{ab} > V_{ac}$ (C)$V_{bc} > V_{ac}$ (D)$V_{ca} > V_{ba}$ [3-3][111年統測]

( )91. 如圖(60)所示，若已知$R_1=20\Omega$，R_1消耗功率為180W，R_2消耗功率為360W，$R_3=60\Omega$，R_3消耗功率為60W，則下列何者正確？
(A)$E=120$ V，$R_4=60\Omega$　　　　(B)$E=120$ V，$R_4=30\Omega$
(C)$E=240$ V，$R_4=60\Omega$　　　　(D)$E=240$ V，$R_4=30\Omega$ [3-3][111年統測]

( )92. 如圖(61)所示電路，電流I為何？ (A)0.5A (B)1A (C)1.5A (D)2A   [3-6][111年統測]

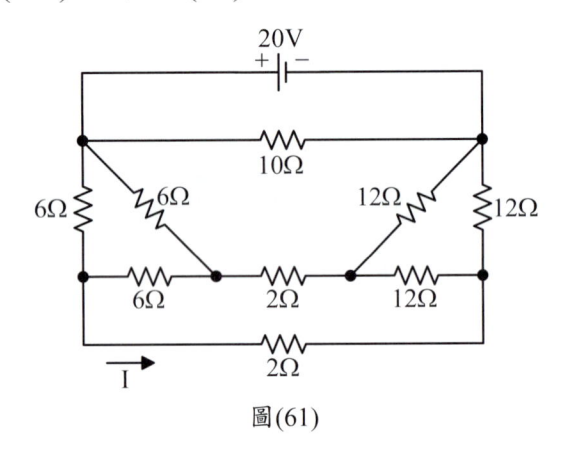

圖(61) 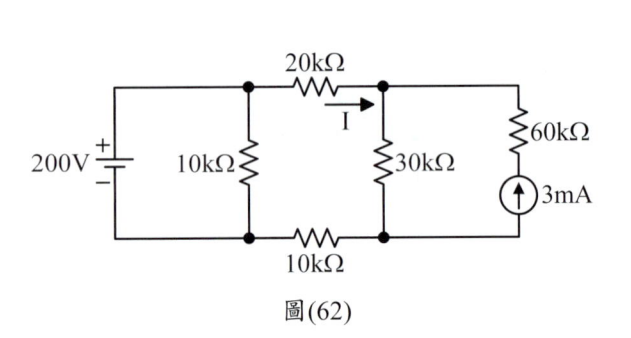　　圖(62)

( )93. 如圖(62)所示電路，電流I約為何？
(A)0.1mA (B)0.9mA (C)1.8mA (D)3.6mA   [3-4][111年統測]

( )94. 如圖(63)所示為惠斯登電橋等效電路，R_x為待測電阻，若檢流計 Ⓖ 電流I_G為零，則下列何者正確？
(A)$R_x = 20$ kΩ
(B)$R_x = 200$ kΩ
(C)$I_1 = I_2$
(D)$I_1 = I_4$ [3-5][111年統測]

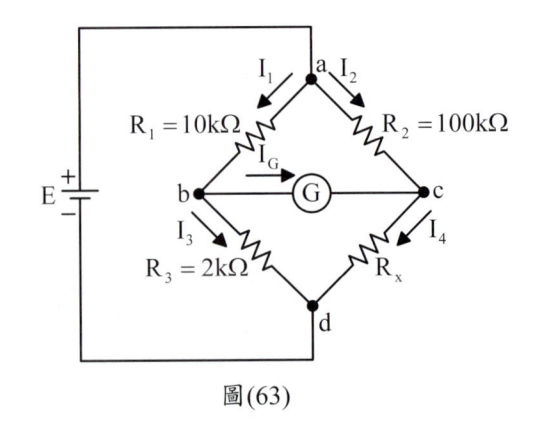

圖(63)

3-38

實習專區

( ) 1. 如圖(1)所示之電路,用一理想電壓表作電壓量測,開關S打開時電壓表指示3V,當開關S閉合時電壓表指示2V,則電阻R = ?
(A)0.5Ω (B)1.5Ω (C)2.5Ω (D)5Ω [電機統測]

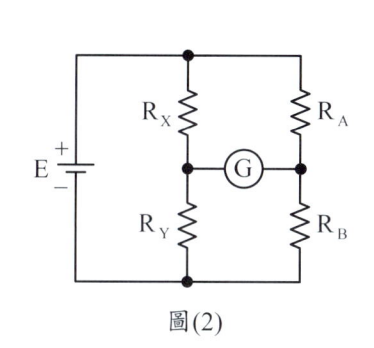

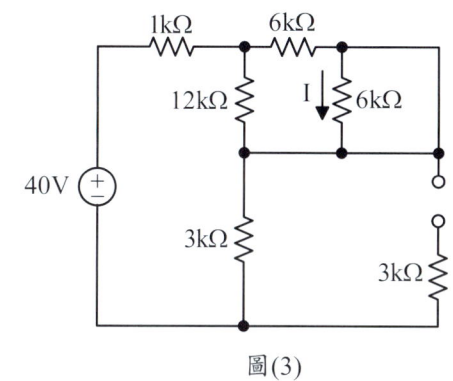

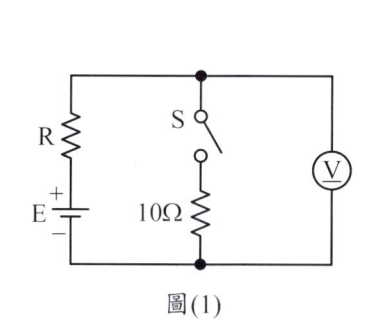

( ) 2. 惠斯登電橋如圖(2)所示,若$R_A = 20kΩ$、$R_B = 100kΩ$,當電橋平衡時$R_Y = 4R_A$,求R_X之值為何? (A)16kΩ (B)20kΩ (C)40kΩ (D)50kΩ [電子統測]

( ) 3. 如圖(3)所示之直流電路,請問電流I值為何?
(A)3.33mA (B)2.5mA (C)1.67mA (D)0mA [電機統測]

( ) 4. 如圖(4)所示電路,AB兩端電壓值為何?
(A)2V
(B)4V
(C)6V
(D)9V [102年電機統測]

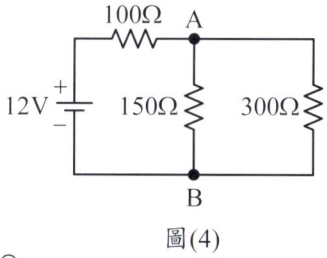

( ) 5. 如圖(5)所示電路,其中G為檢測用電流計,則電流I之值為何?
(A)8mA (B)6mA (C)4mA (D)3mA [102年電機統測]

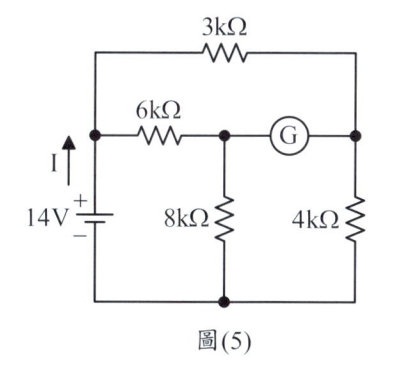

圖(5) 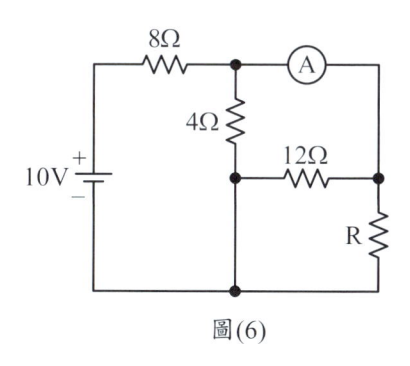　　圖(6) 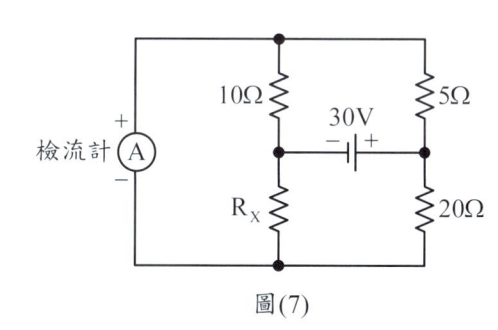　　圖(7)

( ) 6. 如圖(6)所示之電路,其中Ⓐ為理想的直流電流表,若Ⓐ讀值為0.5A,則R值應為何? (A)12Ω (B)10Ω (C)8Ω (D)6Ω [103年電機統測]

( ) 7. 如圖(7)所示之電路,則下列敘述何者錯誤?
(A)若$R_x = 20Ω$時,檢流計改為直流電壓表時其讀值為5V(量測極性與檢流計相同)
(B)若$R_x = 40Ω$時,檢流計改為直流電壓表時其讀值為0V(量測極性與檢流計相同)
(C)若$R_x = 20Ω$時,檢流計的電流讀值為3A
(D)若$R_x = 40Ω$時,檢流計的電流讀值為0A [104年電機統測]

( )8. 直流電壓源 E 與 4Ω、6Ω 及 8Ω 三個電阻串聯，三用電表量測 8Ω 電阻的電壓 12V，則直流電壓源 E 的電壓值為何？　(A)9V　(B)12V　(C)15V　(D)27V
[105年電機統測]

( )9. 如圖(8)所示之電路，其中 V_M 為理想直流電壓表，A_M 為理想直流電流表，若 A_M 讀值為 1A，則下列敘述何者正確？
(A)R = 8Ω，電壓表讀值為 8V
(B)R = 8Ω，電壓表讀值為 4V
(C)R = 4Ω，電壓表讀值為 8V
(D)R = 4Ω，電壓表讀值為 4V
[106年電機統測]

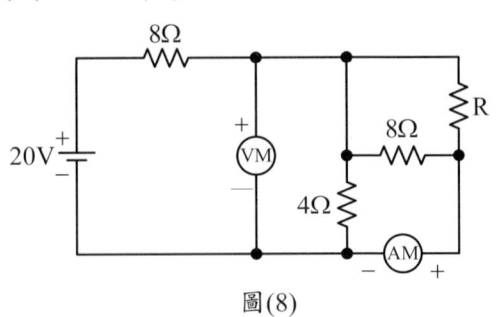

圖(8)

( )10. 有一電阻為 5Ω 的導線，若將其均勻拉長使長度變為原來的 3 倍，則拉長後導線電阻值為何？　(A)60Ω　(B)45Ω　(C)15Ω　(D)1.7Ω
[107年電機統測]

( )11. 如圖(9)所示之電路，若電流表流過的電流值為 0 安培，則 R 值為何？
(A)175kΩ　(B)17.5kΩ　(C)1.75kΩ　(D)17.5Ω
[107年電機統測]

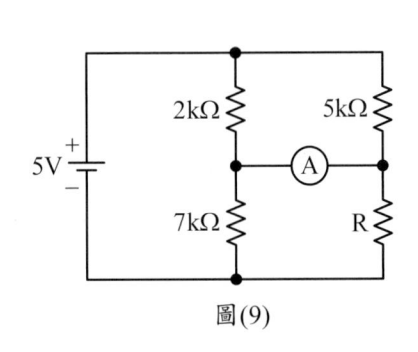

圖(9)

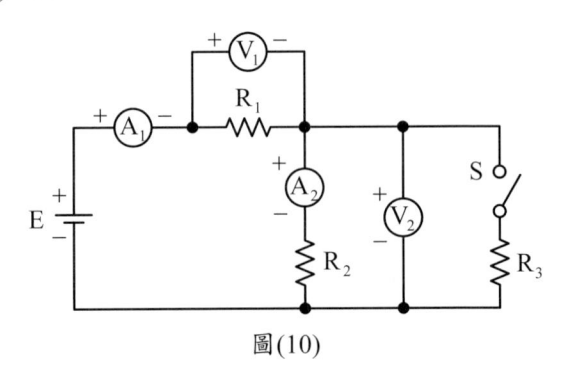

圖(10)

( )12. 如圖(10)所示之實驗電路，其中 A_1 及 A_2 為電流表，V_1 及 V_2 為電壓表，且各有其指示值。當開關 S 閉合，各電表有新的指示值（與開關閉合前的指示值不同），則各電表指示值在開關閉合前後的變化如何？
(A)V_1 的指示值變小
(B)V_2 的指示值變大
(C)A_1 的指示值變小
(D)A_2 的指示值變小
[108年電機統測]

( )13. 有色碼為棕黑紅金電阻 6 個，將其中 3 個並聯成電阻 A，其中 2 個並聯成電阻 B，剩下 1 個為電阻 C，則電阻 A、B、C 串聯之電阻值約為多少？
(A)143Ω　(B)183Ω　(C)1430Ω　(D)1830Ω
[110年電機統測]

( )14. 如圖(11)電路，G 為檢流計，V = 12V、$R_1 = 100Ω$、$R_2 = 200Ω$，當 R_3、R_4、R_5 各為多少時 G 之讀值為零？
(A)$R_3 = 100Ω$、$R_4 = 200Ω$、$R_5 = 1kΩ$
(B)$R_3 = 200Ω$、$R_4 = 100Ω$、$R_5 = 1kΩ$
(C)$R_3 = 300Ω$、$R_4 = 400Ω$、$R_5 = 0Ω$
(D)$R_3 = 400Ω$、$R_4 = 300Ω$、$R_5 = 0Ω$
[110年電機統測]

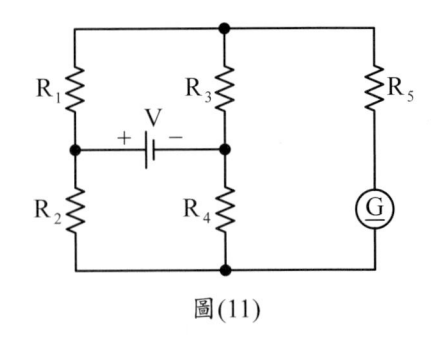

圖(11)

模擬演練

(💡思考題、◆創意題、✿特殊題)
(▶表示提供影音解題)

( ) 1. 如圖(1)所示電路，若 $R_{ab} = 18\Omega$，試求電阻 R 為多少歐姆？
(A) 0.6Ω (B) 3Ω (C) 5Ω (D) 6Ω

圖(1)

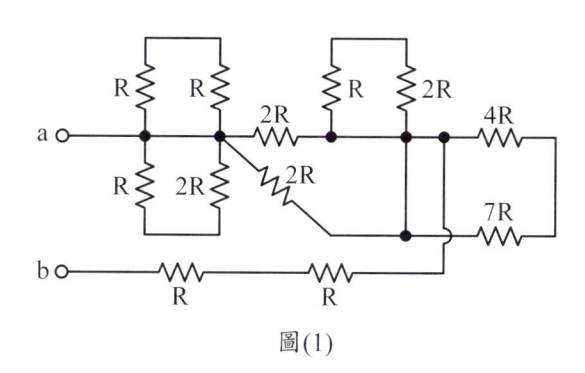

( ) 2. 如圖(2)所示電路，若 $V_1 = 2V$，則下列敘述何者正確？
① $V_2 = -2V$
② 線路電流方向為 $d \to c \to b \to a$ 逆時針流動 1 安培
③ 電阻 $R_1 = 2\Omega$
④ a 點每分鐘通過電荷 1 庫倫
⑤ 元件一提供功率 8 瓦特
(A) ①②④ (B) ①③⑤ (C) ②④⑤ (D) ①②③

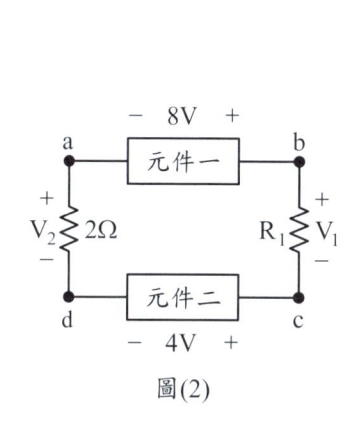

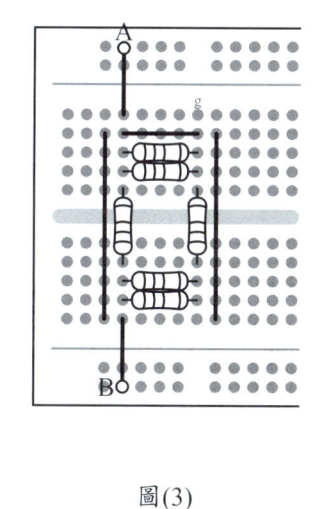

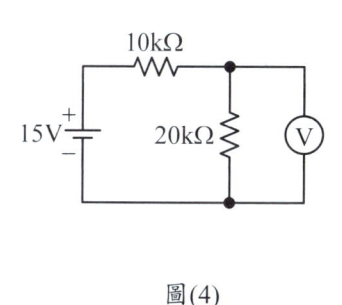

圖(2)　　圖(3)　　圖(4)

( ) 3. 如圖(3)所示電路，娜美以指針式三用電錶的歐姆檔 R×1k 的檔位在 AB 兩端點進行測量，若每個電阻值皆相同且指針指示在 9 的位置，試求每一個電阻的色碼較可能為何？　(A) 棕綠黃銀　(B) 白黑橙金　(C) 棕綠橙金　(D) 白黑紅金

( ) 4. 如圖(4)所示，魯夫在進行直流電路實驗時，若將日式指針式三用電錶的檔位切至 DCV10V 的位置而指針指示在 9.6 的位置，試求該電壓錶的靈敏度為何？
(A) $12k\Omega/V$ (B) $14k\Omega/V$ (C) $16k\Omega/V$ (D) $18k\Omega/V$

( ) 5. 如圖(5)所示，若所有元件皆具理想特性，試求電流表 A_1 以及 A_2 的讀值分別為多少安培？
(A) 2A、2A
(B) 2A、0A
(C) 0A、2A
(D) 0A、0A

圖(5)

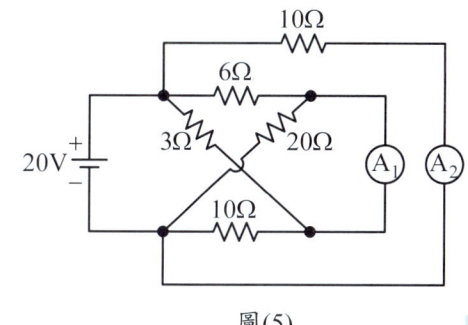

基本電學含實習 絕殺講義

( )6. 如圖(6)所示，下列敘述何者正確？
①$I_1 = -1A$ ②$I_2 = -3A$ ③$I_3 = 4A$ ④$I_4 = 4A$ ⑤$R = 24\Omega$
(A)②④⑤ (B)①③⑤ (C)②③⑤ (D)①②④

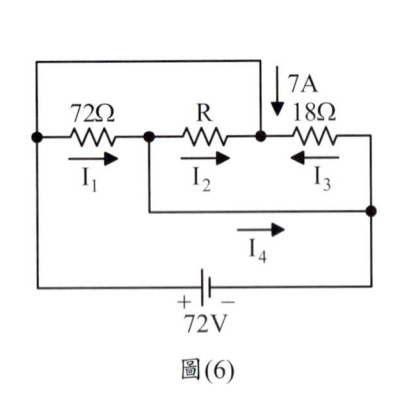

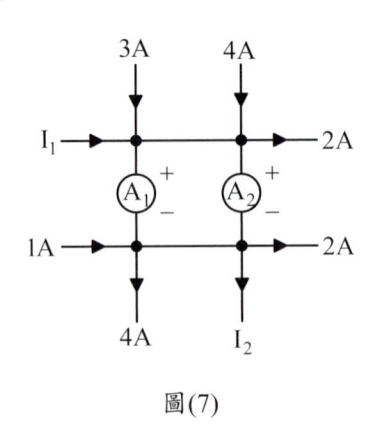

圖(6)

圖(7)

( )7. 如圖(7)所示電路，已知電流表$A_1 + A_2 = 8A$，試求$I_1 + I_2$為何？
(A)2A (B)4A (C)6A (D)8A

( )8. 如圖(8)所示電路，已知電阻R_1消耗功率12瓦特，試求電壓V_2的值為多少伏特？
(A)10V (B)11V (C)12V (D)−5V

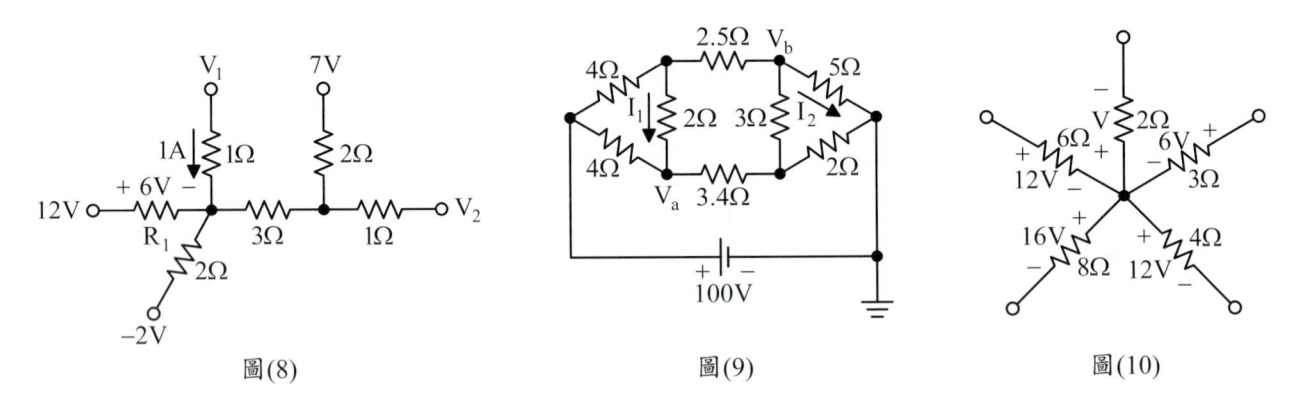

圖(8)

圖(9)

圖(10)

( )9. 如圖(9)所示，則下列敘述何者正確？
①$V_a = 60V$ ②$V_b = 30V$ ③$I_1 = 0A$ ④$I_2 = 6A$
(A)①③ (B)①④ (C)②③ (D)②④

( )10. 如圖(10)所示，電壓V為多少伏特？
(A)1V (B)−1V (C)2V (D)−2V

CH 3 串並聯電路

情境素養題

（▶表示提供影音解題）

▲ 閱讀下文，回答第1～2題

魯夫運用4個電阻值相同的電阻器、電池與燈泡完成圖(1)接線，試問：

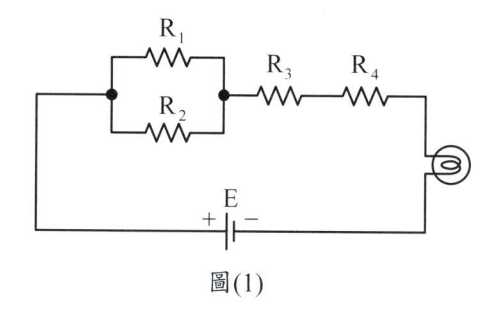

圖(1)

( )1. 將哪個電阻拔除會造成燈泡熄滅？ (A)R_1 (B)R_2 (C)R_3 (D)以上皆是

( )2. 將電阻R_1拔除會造成燈泡？ (A)亮度變暗 (B)亮度變亮 (C)亮度不變 (D)熄滅

▲ 閱讀下文，回答第3～4題

佐助在進行麵包板試驗時，以相同電阻值R，接成圖(2)的四種電阻電路，試問：

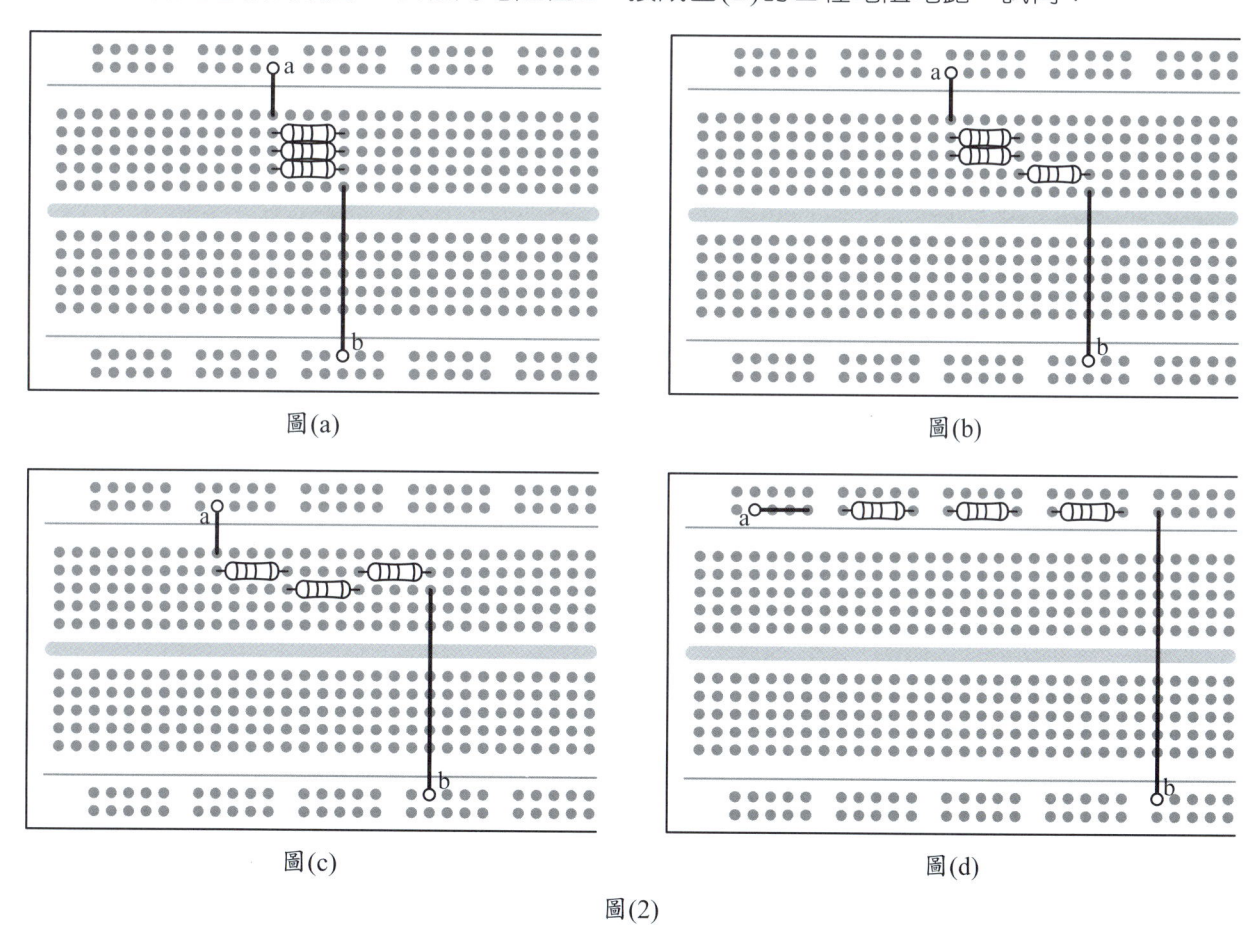

圖(a)　　　　　　　　　　　　圖(b)

圖(c)　　　　　　　　　　　　圖(d)

圖(2)

( )3. 哪個電路的總電阻R_{ab}最小？ (A)圖(a) (B)圖(b) (C)圖(c) (D)圖(d)

( )4. 哪個電路的總電阻R_{ab}最大？ (A)圖(a) (B)圖(b) (C)圖(c) (D)圖(d)

解 答

（*表示附有詳解）

3-1 立即練習
*1.B　*2.C　*3.D　4.C　*5.C　*6.A　*7.C　*8.C　*9.B　*10.B

3-2 立即練習
*1.C　*2.D

3-3 立即練習
1.C　2.A　*3.B　4.A　5.B　6.A　7.C　8.A　*9.B

3-4 立即練習
1.B　2.C　3.B　4.C

3-5 立即練習
1.B　*2.D　3.A　4.A　5.A

3-6 立即練習
1.B　*2.B　3.D

3-7 立即練習
1.A　2.C

綜合練習
1.A　2.B　*3.C　*4.B　5.C　*6.D　*7.C　*8.C　9.B　*10.C
*11.A　*12.A　13.C　*14.B　15.A　16.B　*17.D　18.A　*19.C　*20.B
*21.C　*22.D　23.A　*24.C　*25.C　*26.A　27.B　*28.B　*29.A　*30.C
*31.D　*32.B　33.C　34.D　*35.A　*36.A　*37.D　38.A　39.C　40.A
41.D　42.D　*43.A　*44.C　45.D　*46.D　47.C　*48.A　*49.C　*50.D
51.A　52.B　53.D　*54.B　*55.C　*56.C　57.D　58.B　*59.A　*60.B
*61.C　*62.A　*63.D　*64.C　65.D　*66.A　*67.D　*68.C　*69.C　*70.B
*71.C　*72.A　73.C　*74.B　*75.D　*76.D　*77.D　*78.B　79.D　*80.B
*81.B　82.B　83.C　*84.D　*85.B　*86.D　*87.C　*88.B　*89.B　*90.C
*91.D　*92.B　*93.C　94.A

實習專區
*1.D　*2.A　*3.D　*4.C　*5.D　*6.D　*7.C　*8.D　*9.B　*10.B
*11.B　12.D　*13.D　*14.A

模擬演練
*1.D　2.B　*3.C　*4.C　*5.C　*6.A　*7.C　8.B　*9.A　10.D

情境素養題
*1.C　*2.A　*3.D　4.C

CHAPTER 4 直流網路分析

本章學習重點

節名	常考重點	
4-1 接地法以及節點電壓法（含超節點）	• 電位的判斷 • 節點電壓法	★★★★★
4-2 Bus Bar（公共排法）以及密爾門定理	• 密爾門定理的列式	★★★☆☆
4-3 迴路電流法（含超網目）及迴路電流進階解法	• 迴路電流法的列式	★★★★★
4-4 重疊定理 含實習	• 重疊定理的使用步驟	★★★★★
4-5 戴維寧等效定理（端點電壓等效）及多重戴維寧等效 含實習	• 戴維寧等效定理的解題步驟 • 端點電壓等效的計算	★★★★★
4-6 諾頓定理 含實習	• 諾頓定理的解題步驟	★★★☆☆
4-7 最大功率轉移定理 含實習	• 最大功率轉移定理的計算	★★★★★

統測命題分析

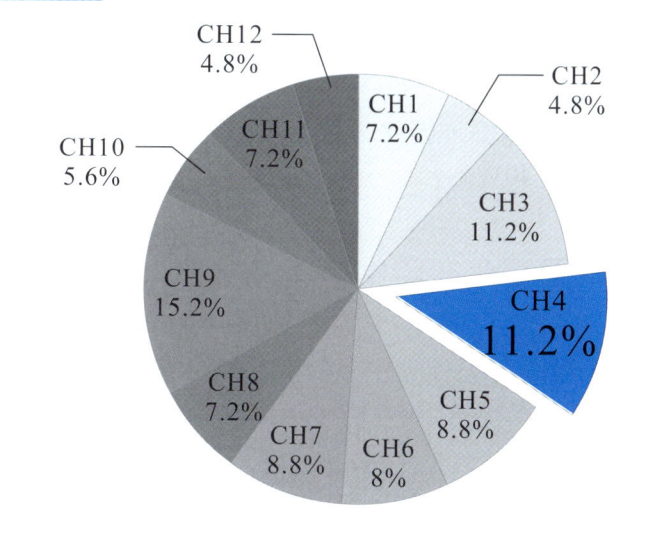

- CH1 7.2%
- CH2 4.8%
- CH3 11.2%
- CH4 11.2%
- CH5 8.8%
- CH6 8%
- CH7 8.8%
- CH8 7.2%
- CH9 15.2%
- CH10 5.6%
- CH11 7.2%
- CH12 4.8%

影音解題連結

4-1 接地法以及節點電壓法（含超節點）

一 接地法

1. 在沒有接地點的電路中，可以任意假設適當的接地點以快速求解。
2. 較適用於電壓源較多的電路中。
3. **接地點僅為相對的參考點（參考電位0V）。**
4. 接地點改變，僅會造成電路系統中各元件兩端的『**相對電位**』改變。

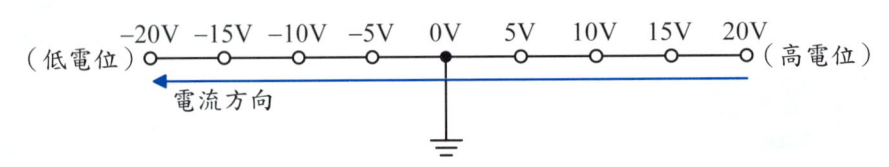

```
（低電位）  −20V −15V −10V −5V  0V  5V  10V 15V 20V  （高電位）
           ○────○────○────○────●────○────○────○────○
                        ←────────────
                          電流方向
```

觀念是非辨正

1. （○）接地點改變，則電路元件任一端的電壓隨之改變。
2. （×）電路中的接地點位置改變，則通過任一元件的電流大小與方向隨之改變。

概念釐清

電路中接地點位置改變，則通過任一元件的電流大小與方向不變，且任一元件的兩端電位差亦保持不變。

老師教

1. 試求下圖中電壓源的輸出功率為何？

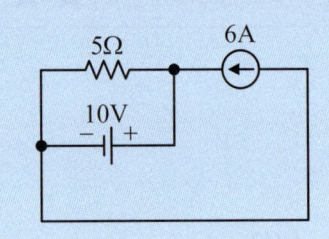

解 運用接地法可得相對的參考點電壓，因此電壓源消耗功率 $P = 10 \times 4 = 40W$

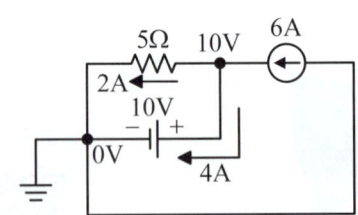

學生做

1. 試求下圖中的電流I為多少安培？

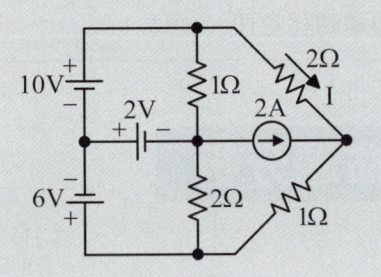

解

2. 如圖所示電路，試求15V的電壓源所供應的電功率為何？

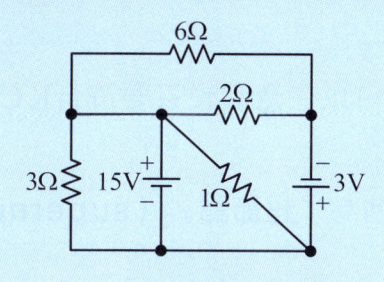

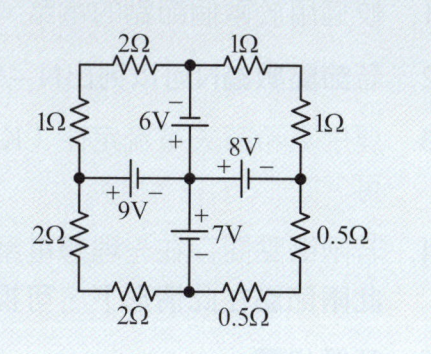

解 15V流出32A，因此提供480W

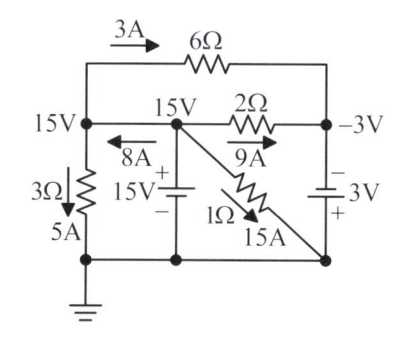

2. 試求電壓源7V提供或是消耗多少瓦特？

解

AB_CD_ 立即練習

( ) 1. 如圖(1)之直流電路，求其中12V電源供給之電功率 P = ？
   (A)180W　(B)168W　(C)156W　(D)144W　　[統測]

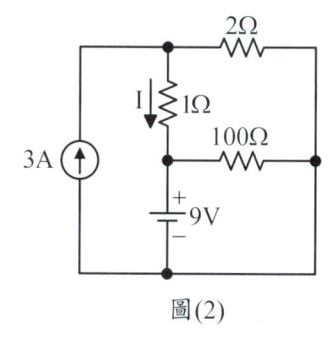

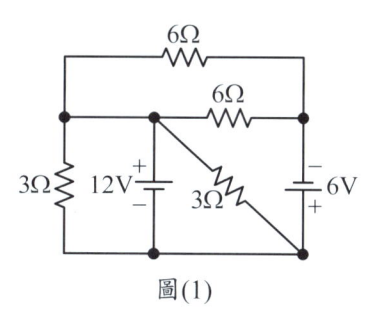

( ) 2. 如圖(2)之直流電路，求其電流 I = ？　(A)3A　(B)−3A　(C)1A　(D)−1A　[統測]

( ) 3. 如圖(3)所示之電路，則流經5Ω電阻之電流與其所消耗之功率各為何？
   (A)4A，80W
   (B)6A，180W
   (C)10A，500W
   (D)14A，980W　　[統測]

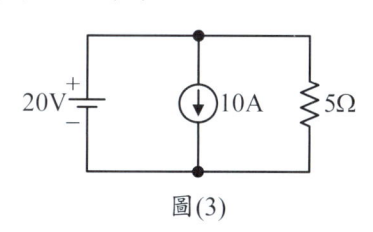

二 節點電壓法及超節點

1. 較適用於兩個節點的電路。

2. **若節點數為N可以列出N－1個電流方程式**。

3. 運用克希荷夫電流定律（KCL）。電流方向可以任意假設只要符合KCL定律即可。

4. 若兩節點間存在一理想電壓源，則此稱兩節點為**『超節點』（supernode），此兩節點在此情形下，可視為單一節點**。

5. 解題步驟：

   (1) 設立接地點

   (2) 設立未知電壓 V

   (3) 列出KCL方程式

   (4) 求解電壓 V

補充知識

取代法

1. 電壓源並聯任何元件（以電壓源取代）

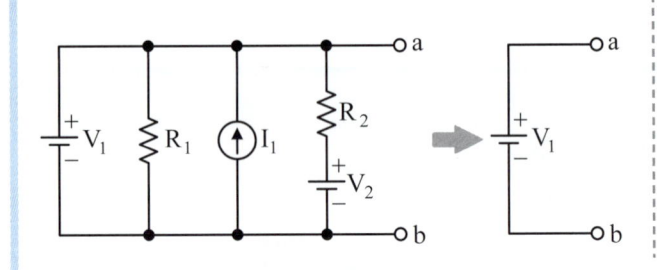

2. 電流源串聯任何元件（以電流源取代）

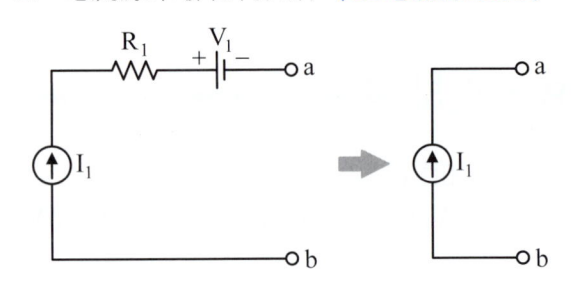

觀念是非辨正

1. （○）節點電壓法的解題步驟首先需設立參考點（接地點）。

2. （×）當超節點的條件成立時，需在兩節點設立兩個未知電壓。

概念釐清

超節點視為單一節點，設立一個未知數即可。

老師教

1. 試求通過電阻10Ω的電流為何？

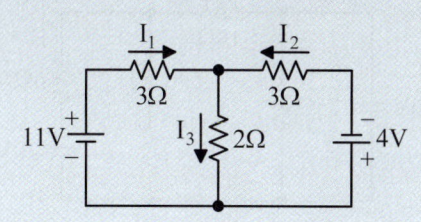

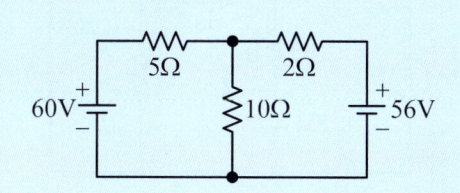

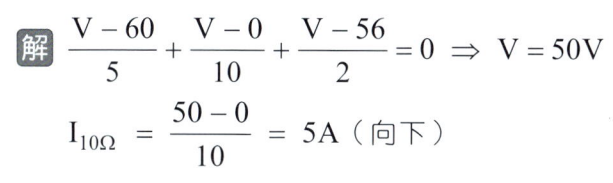

解　$\dfrac{V-60}{5} + \dfrac{V-0}{10} + \dfrac{V-56}{2} = 0 \Rightarrow V = 50V$

$I_{10\Omega} = \dfrac{50-0}{10} = 5A$（向下）

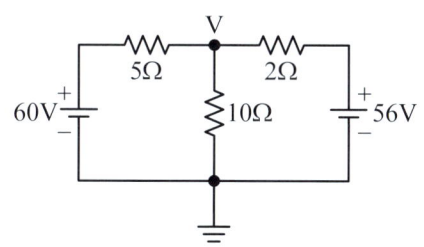

2. 試求電流 I_1、I_2、I_3 分別為何？

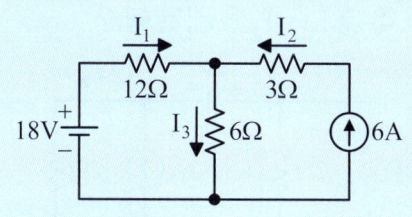

解　$\dfrac{V-18}{12} + \dfrac{V-0}{6} = 6 \Rightarrow V = 30$ 伏特（V）

$I_1 = \dfrac{18-30}{12} = -1A$；$I_2 = 6A$；

$I_3 = \dfrac{30-0}{6} = 5A$

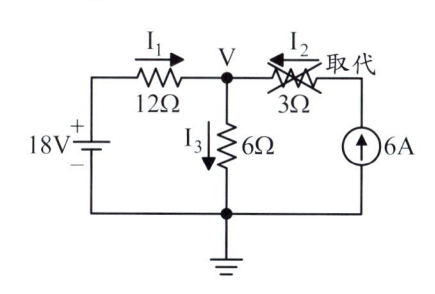

學生做

1. 試求電流 I_1、I_2、I_3 分別為何？

解

2. 試求電流 I_1、I_2、I_3 分別為何？

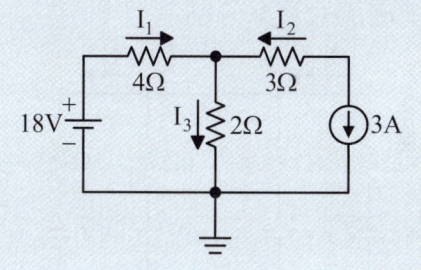

解

3. 試求電流 I_1、I_2 分別為何？

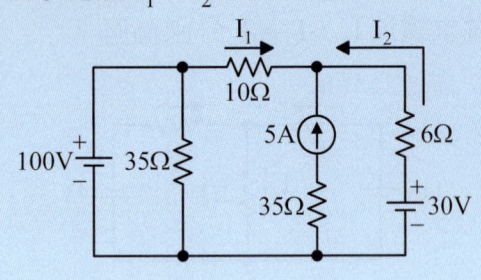

3. 試求電流 I_1、I_2 分別為何？

解 $\dfrac{V-100}{10}+\dfrac{V-30}{6}=5 \Rightarrow V=75$ 伏特（V）

$I_1=\dfrac{100-75}{10}=2.5\text{A}$; $I_2=\dfrac{30-75}{6}=-7.5\text{A}$

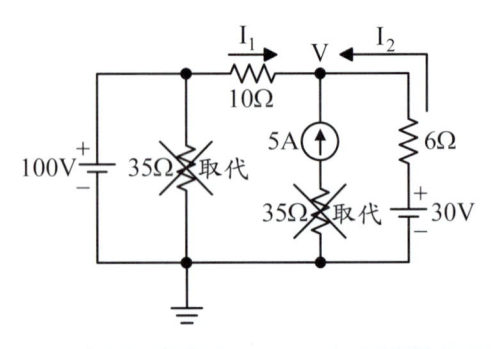

解

4. 試求電流 I_1 及 I_2 分別為何？

4. 試求電流 I_1、I_2 分別為何？

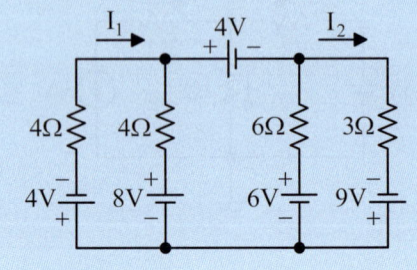

解 超節點題型

$\dfrac{V-(-9)}{3}+\dfrac{V-6}{6}+\dfrac{V+4-8}{4}+\dfrac{V+4-(-4)}{4}=0$

$V=-3\text{V}$; $\begin{cases} I_1 = -\dfrac{1-(-4)}{4} = -1.25\text{A} \\ I_2 = \dfrac{-3-(-9)}{3} = 2\text{A} \end{cases}$

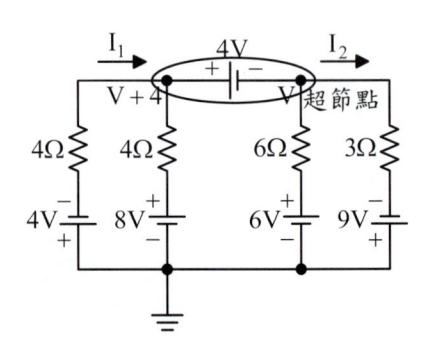

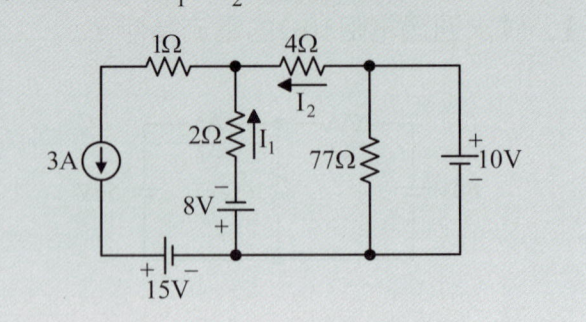

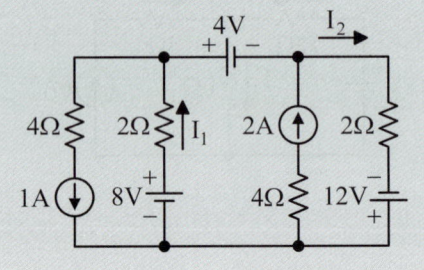

解

立即練習

( )1. 如圖(1)所示，試求通過電阻6Ω的電流為何？　(A)2A　(B)$\frac{4}{3}$A　(C)5A　(D)$\frac{8}{3}$A

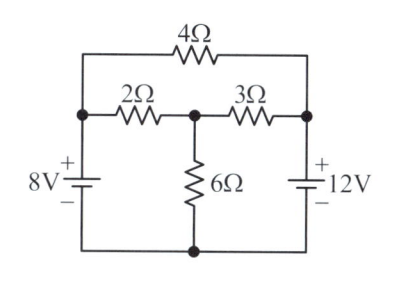

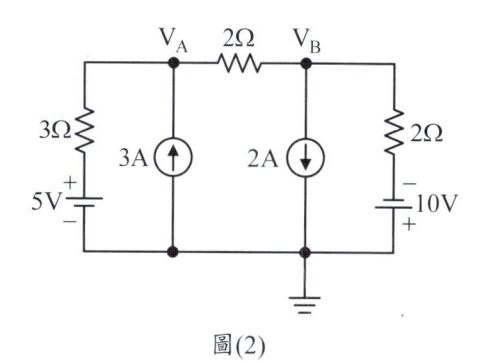

圖(1)　　　圖(2)

( )2. 試求圖(2)節點電壓V_A以及V_B分別為何？
(A)$V_A = 2V$；$V_B = -6V$
(B)$V_A = -2V$；$V_B = -6V$
(C)$V_A = 4V$；$V_B = 6V$
(D)$V_A = 6V$；$V_B = -8V$

( )3. 關於節點電壓法，下列何者錯誤？
(A)N個節點可列出N個方程式
(B)各支路電流方向可任意假設
(C)運用克希荷夫電流定律（KCL）與歐姆定律，將各支路電流方程式列出
(D)超節點可以視為單一節點

( )4. 如圖(3)所示之電路中，電流I_1及I_2分別為何？
(A)$I_1 = 8A$，$I_2 = -1A$
(B)$I_1 = -8A$，$I_2 = 1A$
(C)$I_1 = -4A$，$I_2 = 5A$
(D)$I_1 = 4A$，$I_2 = -5A$　[統測]

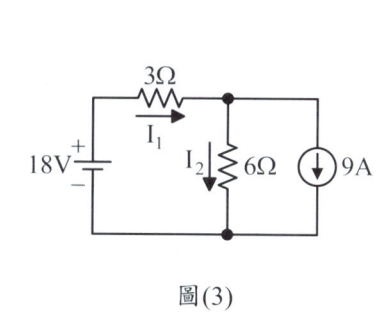

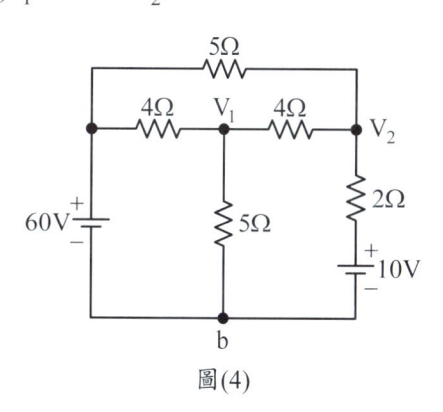

圖(3)　　　圖(4)

( )5. 如圖(4)所示之電路，若b為參考節點，則下列節點方程式組何者正確？
(A)$\begin{cases} 0.7V_1 - 0.25V_2 = 15 \\ -0.25V_1 + 0.95V_2 = 17 \end{cases}$
(B)$\begin{cases} 0.7V_1 + 0.25V_2 = 15 \\ 0.25V_1 + 0.95V_2 = 17 \end{cases}$
(C)$\begin{cases} 0.25V_1 - 0.7V_2 = 15 \\ -0.95V_1 + 0.25V_2 = 17 \end{cases}$
(D)$\begin{cases} 0.7V_1 - 0.25V_2 = 17 \\ -0.25V_1 + 0.95V_2 = 15 \end{cases}$　[104年統測]

4-2 Bus Bar（公共排法）以及密爾門定理

一 Bus Bar（公共排法）

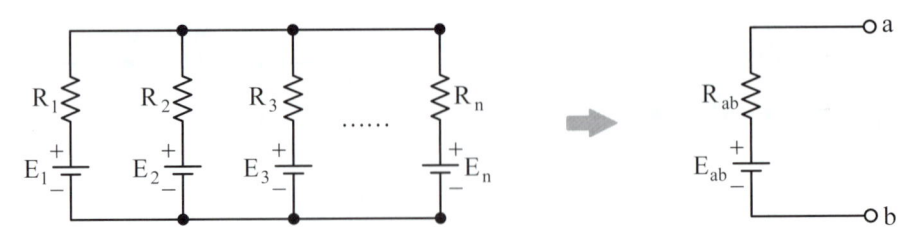

1. 電阻相同且電壓相同

$$\begin{cases} R_1 = R_2 = R_3 = \cdots = R_n = R \\ E_1 = E_2 = E_3 = \cdots = E_n = E \end{cases} \Rightarrow \begin{cases} R_{ab} = \dfrac{R}{n} \\ E_{ab} = E \end{cases}$$

2. 電阻不同但電壓相同

$$\begin{cases} R_1 \neq R_2 \neq R_3 \neq \cdots \neq R_n \\ E_1 = E_2 = E_3 = \cdots = E_n = E \end{cases} \Rightarrow \begin{cases} R_{ab} = R_1 // R_2 // R_3 // \cdots // R_n \\ E_{ab} = E \end{cases}$$

3. 電阻相同但電壓不同

$$\begin{cases} R_1 = R_2 = R_3 = \cdots = R_n = R \\ E_1 \neq E_2 \neq E_3 \neq \cdots \neq E_n \end{cases} \Rightarrow \begin{cases} R_{ab} = \dfrac{R}{n} \\ E_{ab} = \dfrac{E_1 + E_2 + E_3 + \cdots + E_n}{n} \end{cases} \text{（n：支路數）}$$

4. 電阻不同且電壓不同

$$\begin{cases} R_1 \neq R_2 \neq R_3 \neq \cdots \neq R_n \\ E_1 \neq E_2 \neq E_3 \neq \cdots \neq E_n \end{cases} \Rightarrow \text{密爾門定理}$$

二 密爾門定理

1. 一般較適用於節點數為2的電路。

2. 為節點電壓法的進階解法（可以使用節點電壓法必然可以使用密爾門定理）。

3. 將**電壓源 → 電流源 → 電壓源**。

4. 化簡後的等效電路為一個電壓源串聯一個電阻（相當於戴維寧等效電路）。

◎ **基本型電路：（電阻不同且電壓不同）**

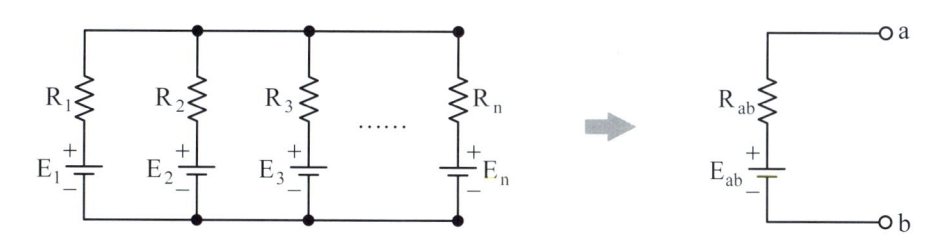

(1) 等效電壓 $E_{ab} = \dfrac{\dfrac{E_1}{R_1} + \dfrac{E_2}{R_2} + \dfrac{E_3}{R_3} + \cdots\cdots + \dfrac{E_n}{R_n}}{\dfrac{1}{R_1} + \dfrac{1}{R_2} + \dfrac{1}{R_3} + \cdots\cdots + \dfrac{1}{R_n}}$

※分子運算式為諾頓等效電流源

(2) 等效電阻 $R_{ab} = R_1 // R_2 // R_3 // \cdots\cdots // R_n$

◎ **複雜型電路：**

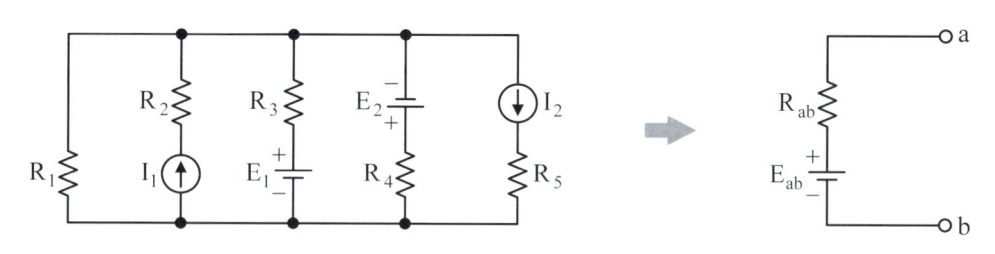

(1) 等效電壓 $E_{ab} = \dfrac{I_1 + \dfrac{E_1}{R_3} + \dfrac{-E_2}{R_4} + (-I_2)}{\dfrac{1}{R_1} + \dfrac{1}{R_3} + \dfrac{1}{R_4}}$

（一般習慣假設電流向上流出為正（＋）號）

(2) 等效電阻 $R_{ab} = R_1 // R_3 // R_4$
（電阻 R_2 以及電阻 R_5 被電流源取代，因電流源內阻∞）

觀念是非辨正

1. （×）密爾門定理的等效電壓僅適用於節點數為2的電路。
2. （○）密爾門等效電路相當於戴維寧等效電路。

概念釐清

只要符合密爾門定理的相關電路亦適用。

老師教

1. 試求等效電壓 E_{ab} 以及 R_{ab} 為何？

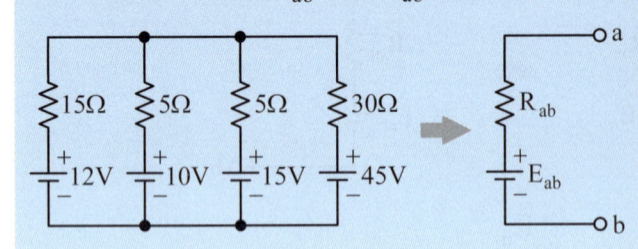

解 $E_{ab} = \dfrac{\dfrac{12}{15}+\dfrac{10}{5}+\dfrac{15}{5}+\dfrac{45}{30}}{\dfrac{1}{15}+\dfrac{1}{5}+\dfrac{1}{5}+\dfrac{1}{30}} = 14.6V$

$R_{ab} = 15 // 5 // 5 // 30 = 2\Omega$

2. 試求等效電壓 E_{ab} 以及 R_{ab} 為何？

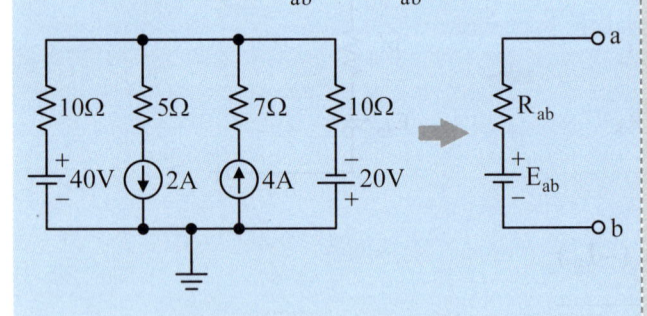

解 $E_{ab} = \dfrac{\dfrac{40}{10}+(-2)+(4)+\dfrac{-20}{10}}{\dfrac{1}{10}+\dfrac{1}{10}} = 20V$

$R_{ab} = 10 // 10 = 5\Omega$

3. 試求 E_{ab} 為何？

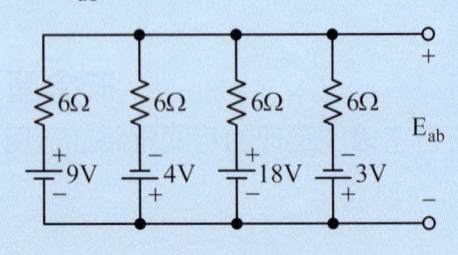

解 依據 Bus Bar 公共排法可以列出

$E_{ab} = \dfrac{9-4+18-3}{4} = \dfrac{20}{4} = 5V$（支路數為4）

學生做

1. 試求等效電壓 E_{ab} 以及 R_{ab} 為何？

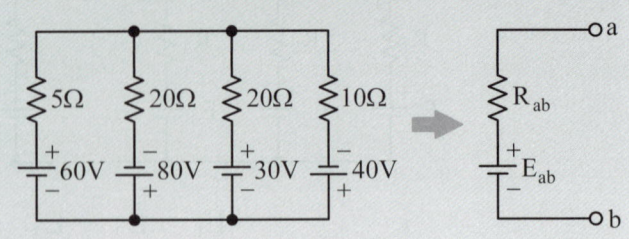

解

2. 試求等效電壓 E_{ab} 以及 R_{ab} 為何？

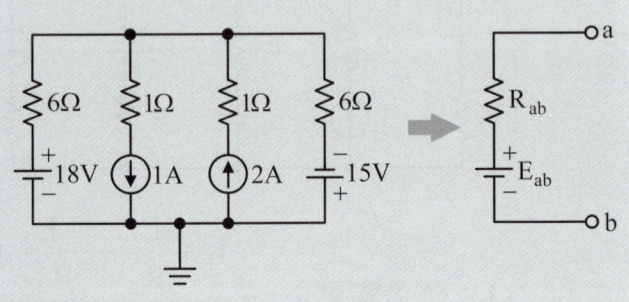

解

3. 試求 E_{ab} 為何？

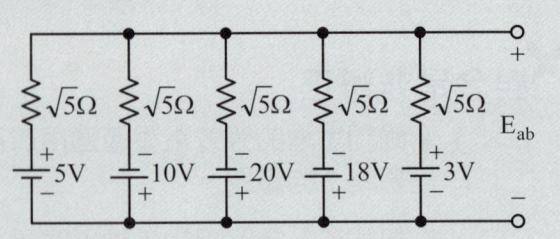

解

立即練習

( ) 1. 如圖(1)所示電路，試求 V_X 為多少伏特？ (A)2V (B)4V (C)6V (D)8V

圖(1)

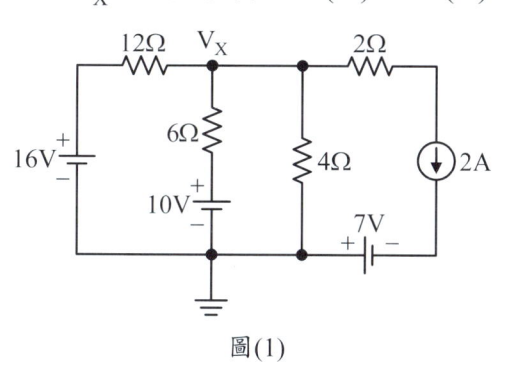

( ) 2. 如圖(2)，試求 V_o 為多少伏特？ (A)1.2V (B)1.5V (C)1.8V (D)2V

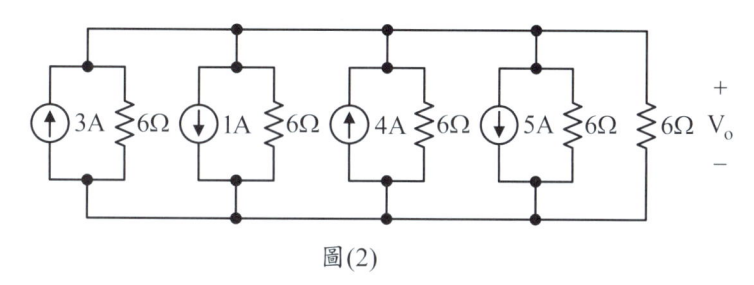

圖(2)

( ) 3. 如圖(3)，下列敘述何者錯誤？
(A) $I_1 = 0A$
(B) $I_2 = 4A$
(C) $V_X = 60V$
(D) 60V的電壓源不消耗也不提供功率

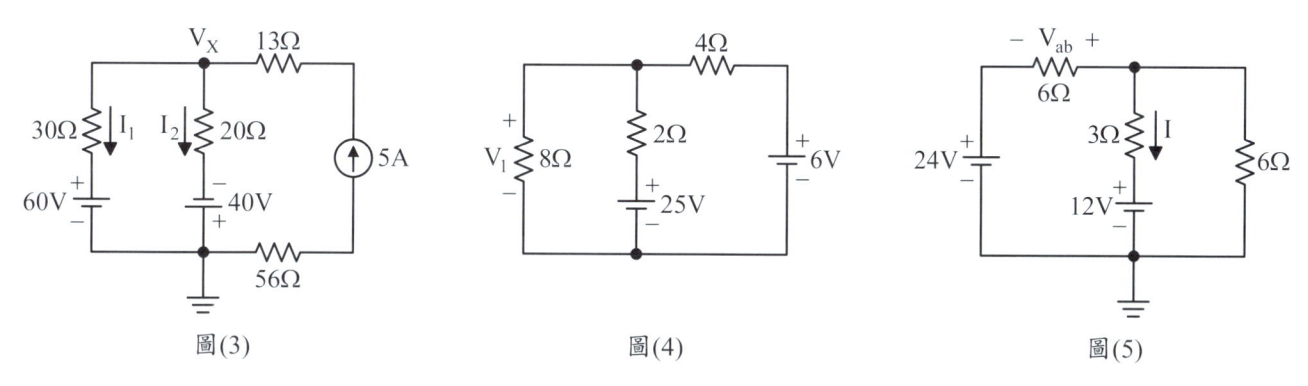

圖(3)　　　圖(4)　　　圖(5)

( ) 4. 如圖(4)所示電路，則電壓 V_1 為多少？
(A)16V (B)18V (C)20V (D)22V

[95年統測]

( ) 5. 如圖(5)所示之電路中，電壓 V_{ab} 與電流 I 分別為何？
(A) $V_{ab} = -12V$, $I = 1A$
(B) $V_{ab} = 12V$, $I = 1A$
(C) $V_{ab} = -12V$, $I = 0A$
(D) $V_{ab} = 12V$, $I = 0A$

[統測]

4-3 迴路電流法（含超網目）及迴路電流進階解法

1. 較適用於獨立迴路數少於獨立節點數的電路。
2. **n個迴路可以列出n個迴路電流方程式。**
3. 運用克希荷夫電壓定律（KVL）。
4. 迴路中的電流方向可以任意假設，只要符合克希荷夫電壓定律（KVL）即可。
5. **兩個迴路（網目）中存在一理想電流源，稱此網目為超網目（supermesh）。**

迴路電流法進階解法（快速列出迴路方程式）	
1. 兩迴路電流假設同一方向：	2. 兩迴路電流假設不同方向：
$\begin{cases} I_1 迴路：a_{11} \times I_1 + a_{12} \times I_2 = E_X \\ I_2 迴路：a_{21} \times I_1 + a_{22} \times I_2 = E_Y \end{cases}$	$\begin{cases} I_1 迴路：a_{11} \times I_1 + a_{12} \times I_2 = E_X \\ I_2 迴路：a_{21} \times I_1 + a_{22} \times I_2 = E_Y \end{cases}$
$\Rightarrow \begin{cases} a_{11}：I_1 迴路電阻和 \\ a_{12}：I_1 對 I_2 交集電阻和 \\ a_{21}：I_2 對 I_1 交集電阻和 \\ a_{22}：I_2 迴路電阻和 \\ E_X：I_1 迴路電壓總和 \\ E_Y：I_2 迴路電壓總和 \end{cases}$	$\Rightarrow \begin{cases} a_{11}：I_1 迴路電阻和 \\ a_{12}：I_1 對 I_2 交集電阻和 \\ a_{21}：I_2 對 I_1 交集電阻和 \\ a_{22}：I_2 迴路電阻和 \\ E_X：I_1 迴路電壓總和 \\ E_Y：I_2 迴路電壓總和 \end{cases}$
◎ 快速列出方程式：（n個迴路方法相同） $\begin{cases} I_1：(R_1+R_2+R_3) \times I_1 - R_3 \times I_2 = E_1 - E_2 \\ I_2：-R_3 \times I_1 + (R_3+R_4+R_5) \times I_2 = E_2 + E_3 \end{cases}$	◎ 快速列出方程式：（n個迴路方法相同） $\begin{cases} I_1：(R_1+R_2+R_3) \times I_1 + R_3 \times I_2 = E_1 - E_2 \\ I_2：R_3 \times I_1 + (R_3+R_4+R_5) \times I_2 = -(E_2+E_3) \end{cases}$
◎ 技巧： 交集的電阻若兩電流方向相反，則迴路方程式的係數 a_{12} 以及 a_{21} 為負號『－』	◎ 技巧： 交集的電阻若兩電流方向相同，則迴路方程式的係數 a_{12} 以及 a_{21} 為正號『＋』

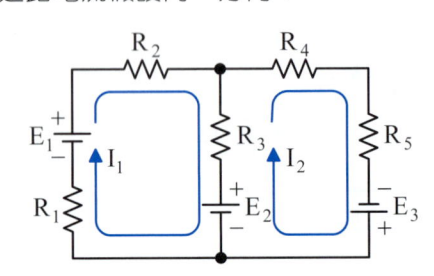

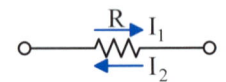

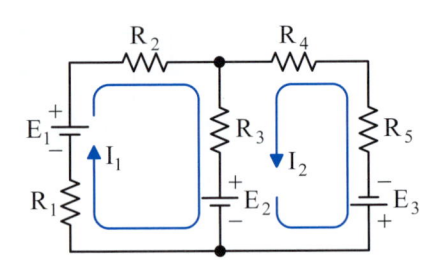

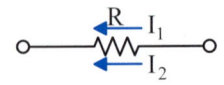

觀念是非辨正

1. (○) 迴路電流法的電流方向可以任意假設。
2. (×) 兩個迴路（網目）中存在一理想電流源，需列出兩個迴路方程式。

概念釐清

超網目可將兩個網目合併為一個網目，只需列出一個迴路電流方程式。

老師教

1. 列出電流 I_1 以及電流 I_2 的迴路方程式？

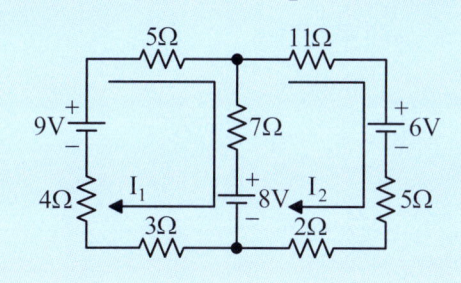

解 $\begin{cases} I_1 : (5+7+3+4)I_1 - 7I_2 = 9-8 \\ I_2 : -7I_1 + (7+11+5+2)I_2 = 8-6 \end{cases}$

$\Rightarrow \begin{cases} 19I_1 - 7I_2 = 1 \\ -7I_1 + 25I_2 = 2 \end{cases}$

2. 列出電流 I_1 以及電流 I_2 的迴路方程式？

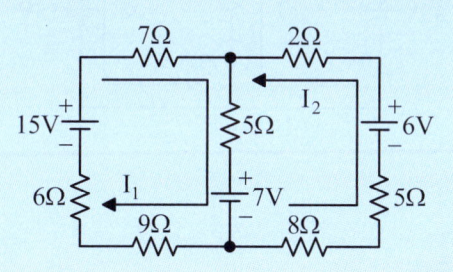

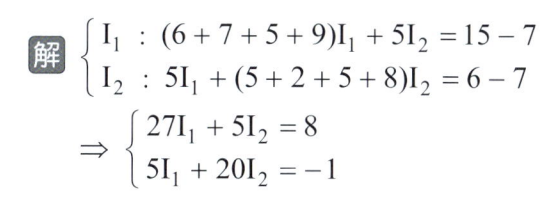

解 $\begin{cases} I_1 : (6+7+5+9)I_1 + 5I_2 = 15-7 \\ I_2 : 5I_1 + (5+2+5+8)I_2 = 6-7 \end{cases}$

$\Rightarrow \begin{cases} 27I_1 + 5I_2 = 8 \\ 5I_1 + 20I_2 = -1 \end{cases}$

學生做

1. 列出電流 I_1 以及電流 I_2 的迴路方程式？

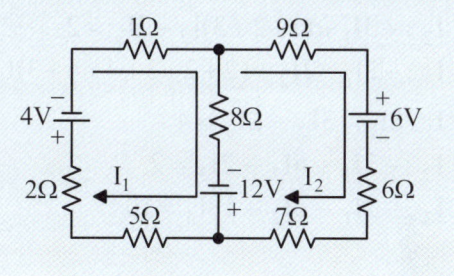

解

2. 列出電流 I_1 以及電流 I_2 的迴路方程式？

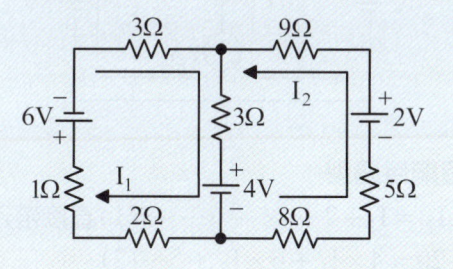

解

3. 列出所有電流的迴路方程式？

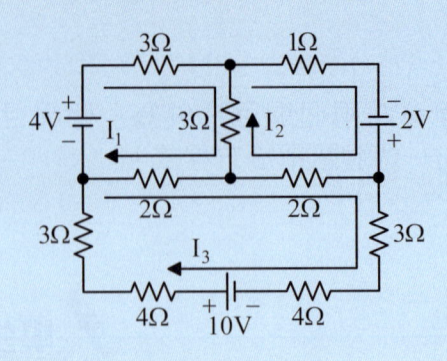

解
$$\begin{cases} I_1:(3+3+2)I_1-3I_2-2I_3=4 \\ I_2:-3I_1+(1+2+3)I_2-2I_3=2 \\ I_3:-2I_1-2I_2+(2+2+3+4+4+3)I_3=10 \end{cases}$$

$$\begin{cases} I_1:8I_1-3I_2-2I_3=4 \\ I_2:-3I_1+6I_2-2I_3=2 \\ I_3:-2I_1-2I_2+18I_3=10 \end{cases}$$

3. 列出所有電流的迴路方程式？

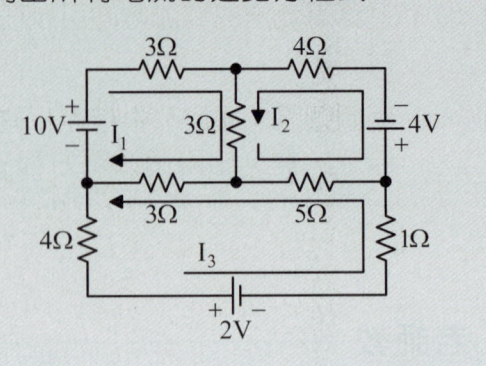

解

4. 求電流 I_1 以及 I_2？

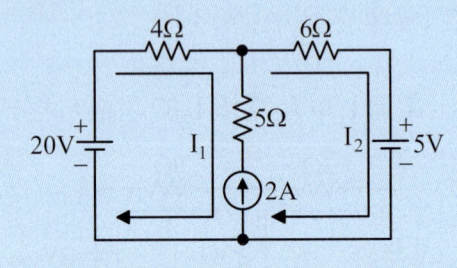

解 超網目題型

$$\begin{cases} I_2=I_1+2 \cdots\cdots(1)\text{直接帶入}(2) \\ 20=4\times I_1+6\times I_2+5\cdots(2) \end{cases}$$

$$\Rightarrow \begin{cases} I_1=0.3A \\ I_2=2.3A \end{cases}$$

4. 求電流 I_1 以及 I_2？

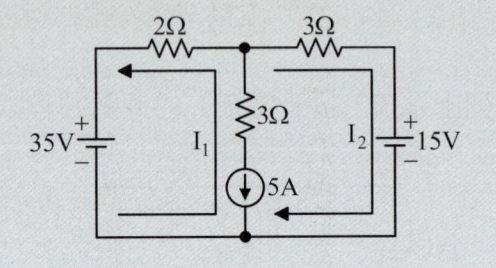

解

ABCD 立即練習

( )1. 如圖(1)所示的電流 I_2 為多少安培？ (A)1A (B)2A (C)3A (D)4A

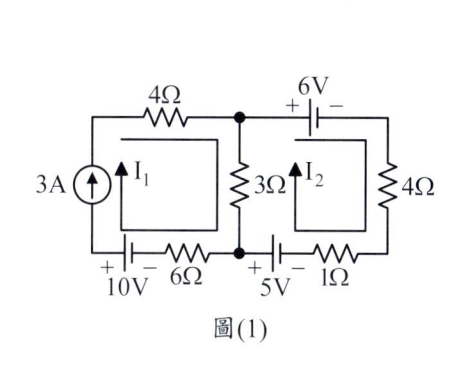

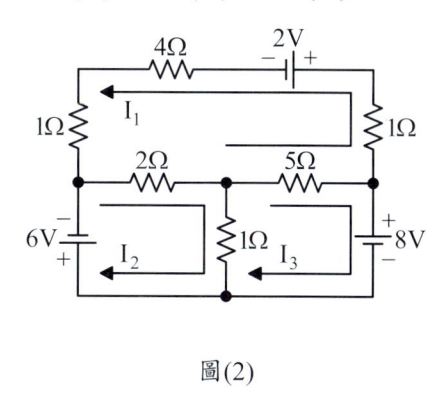

( )2. 如圖(2)所示，以迴路分析法所列出之方程式如下，若
$$\begin{cases} I_1 : a_{11} \times I_1 + a_{12} \times I_2 + a_{13} \times I_3 = 2 \\ I_2 : a_{21} \times I_1 + a_{22} \times I_2 + a_{23} \times I_3 = 6 \\ I_3 : a_{31} \times I_1 + a_{32} \times I_2 + a_{33} \times I_3 = -8 \end{cases}$$ ，試求 $a_{11} + a_{22} + a_{33} = ?$

(A)−10 (B)−22 (C)10 (D)22

( )3. 如圖(3)之直流電路，以迴路分析法所列出之方程式如下：
$a_{11}I_1 + a_{12}I_2 + a_{13}I_3 = 15$、$a_{21}I_1 + a_{22}I_2 + a_{23}I_3 = 10$、$a_{31}I_1 + a_{32}I_2 + a_{33}I_3 = -10$，
則 $a_{11} + a_{22} + a_{33} = ?$ (A)41 (B)40 (C)61 (D)60　[統測]

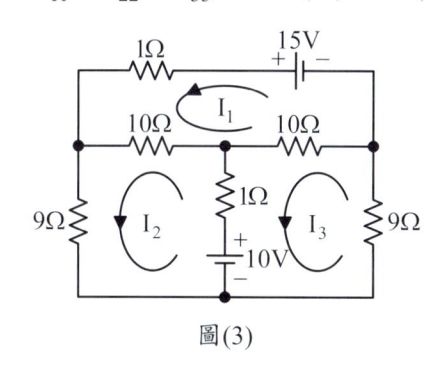

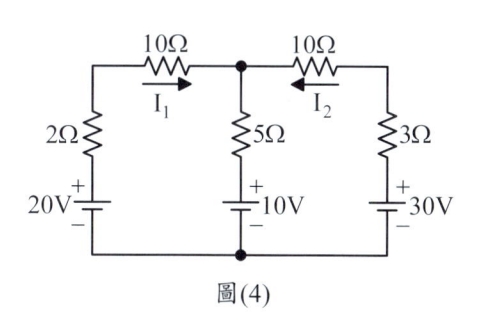

( )4. 如圖(4)所示之電路，下列迴路方程式組何者正確？

(A) $\begin{cases} 17I_1 + 5I_2 = 10 \\ 5I_1 + 18I_2 = 20 \end{cases}$　　(B) $\begin{cases} 17I_1 - 5I_2 = 10 \\ 5I_1 + 18I_2 = 20 \end{cases}$

(C) $\begin{cases} 15I_1 + 5I_2 = 10 \\ 5I_1 + 13I_2 = 20 \end{cases}$　　(D) $\begin{cases} 17I_1 + 5I_2 = 20 \\ 5I_1 + 18I_2 = 30 \end{cases}$　　[103年統測]

4-4 重疊定理

➲ 本節包含實習主題「重疊定理」相關重點

1. 定義：有數個獨立電源共構於同一線性電路中，其任一支路的電流或任一元件之電壓為每一獨立電源單獨作用時，流過該支路的電流或任一元件端電壓的代數和。

2. 處理步驟：
   - (1) 電壓源短路（內阻為0），電流源開路（內阻為∞）。
   - (2) 每次僅單獨考慮一個電壓源或是電流源。
   - (3) 將每一電源的電壓值或是電流值在待測元件上合成（重疊）。

觀念是非辨正

1. （×）重疊定理可適用於電壓、電流以及功率的合成。
2. （×）重疊定理僅可適用於不含內阻的電源來進行計算。

概念釐清

功率為非線性關係（I^2或是V^2），因此不適用於重疊定理。

含內阻或不含內阻的電源計算與分析方法（步驟）完全相同。

老師教

1. 如下圖所示，試求電流I為多少安培？

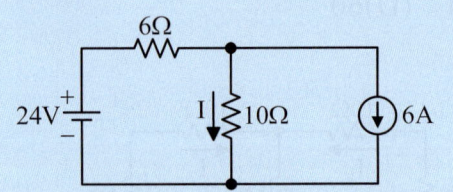

解 (1) 考慮電壓源：（電流源開路）

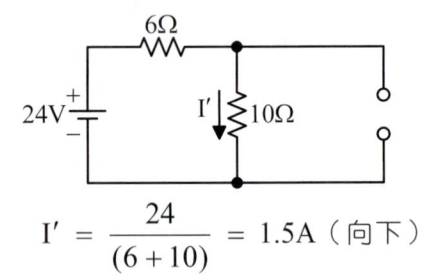

$$I' = \frac{24}{(6+10)} = 1.5A（向下）$$

(2) 考慮電流源：（電壓源短路）

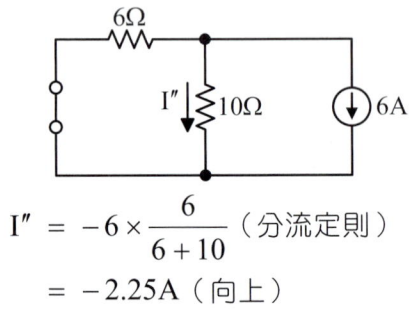

$$I'' = -6 \times \frac{6}{6+10}（分流定則）$$
$$= -2.25A（向上）$$

(3) 重疊：
$$I = I' + I'' = 1.5 - 2.25 = -0.75A（向上）$$

學生做

1. 如下圖所示，試求電流I為多少安培？

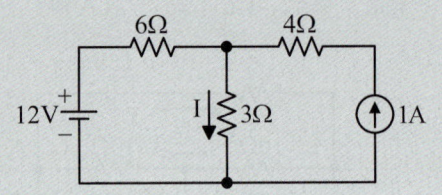

解

CH 4 直流網路分析

2. 如下圖所示，試求電壓V_1為多少？

2. 如下圖所示，試求電壓V_1為多少？

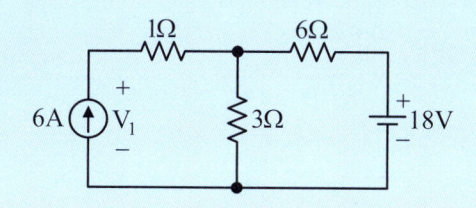

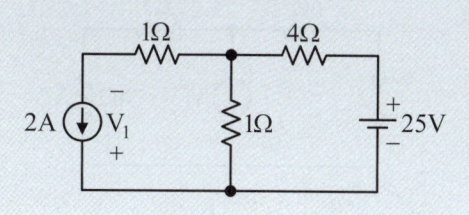

解 (1) 考慮電壓源：（電流源開路）

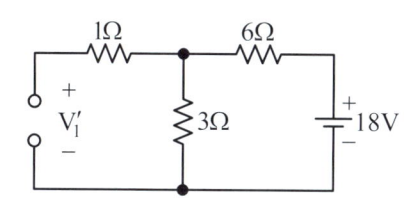

$$V_1' = 18 \times \frac{3}{6+3}（分壓定則）= 6V$$

(2) 考慮電流源：（電壓源短路）

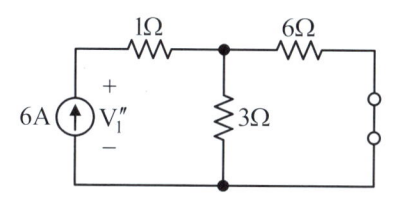

$$V_1'' = 6 \times (1 + 6 // 3) = 18V$$

(3) 重疊：$V_1 = V_1' + V_1'' = 6 + 18 = 24V$

解

3. 如下圖所示，試求電壓V_o的表示式？

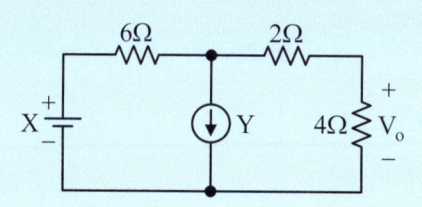

3. 如下圖所示，試求電壓V_o的表示式？

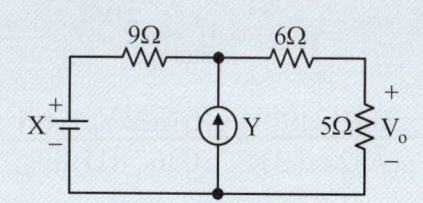

解 (1) 考慮電壓源：（電流源開路）

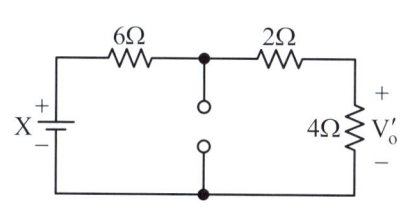

$$V_o' = X \times \frac{4}{6+2+4}（分壓定則）= \frac{1}{3}X$$

解

4-17

(2) 考慮電流源：（電壓源短路）

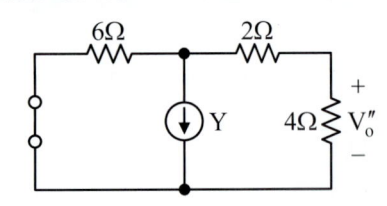

$$V_o'' = -Y \times \frac{6}{(2+4)+6}（分流定則）\times 4$$
$$= -2Y$$

(3) 重疊：$V_o = V_o' + V_o'' = \frac{1}{3}X - 2Y$

ABCD 立即練習

(　)1. 圖(1)中，試求電壓 V_o？
(A)$-8V$　(B)$-15V$　(C)$-20V$　(D)$-25V$

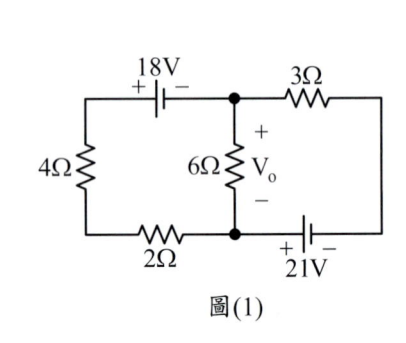

圖(1)

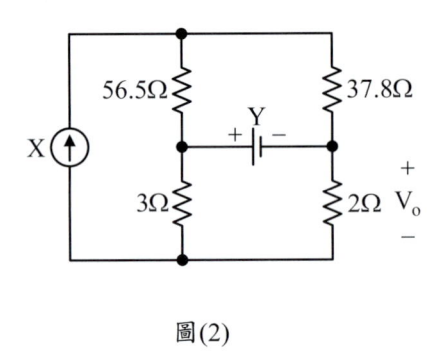

圖(2)

(　)2. 如圖(2)所示，若電壓 $V_o = aX + bY$，求 $5a + 5b$？
(A)2　(B)4　(C)6　(D)8

(　)3. 如圖(3)所示電路，求流經2Ω電阻的電流I為多少？
(A)8A　(B)4A　(C)2A　(D)1A　　[統測]

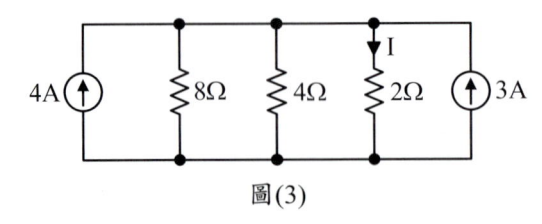

圖(3)

4-5 戴維寧等效定理（端點電壓等效）及多重戴維寧等效

➲ 本節包含實習主題「戴維寧及諾頓定理」相關重點

1. 定義：任一線性電路，均可以用一等效電壓源（E_{th}）串聯一等效電阻（R_{th}）來代替。

2. 解題步驟：

   (1) 移除待測元件：在待測元件的兩端取 a、b 兩點。

   (2) 戴維寧等效電阻 R_{th}：**所有電壓源（內阻為0）短路；所有電流源（內阻為 ∞）開路**，求從 a、b 兩點間看入之等效電阻。

   (3) 戴維寧等效電壓 E_{th}（$E_{th} = V_a - V_b$）：求待測元件 a、b 兩端點之『開路電壓』。開路電壓的計算可運用分壓（分流）定則、接地法、節點電壓法、密爾門定理……等各種方法。

   (4) 將等效電壓 E_{th} 串聯等效電阻 R_{th}，即為戴維寧等效電路（電壓源電路）。

   (5) 端點電壓等效：$\begin{cases} V_a = V'_a \\ V_b = V'_b \end{cases}$

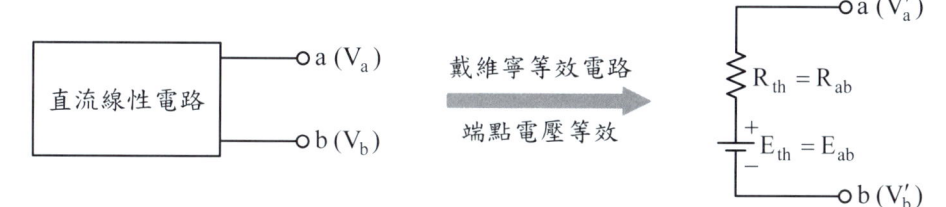

補充知識

端點電壓等效以及多重戴維寧等效電路

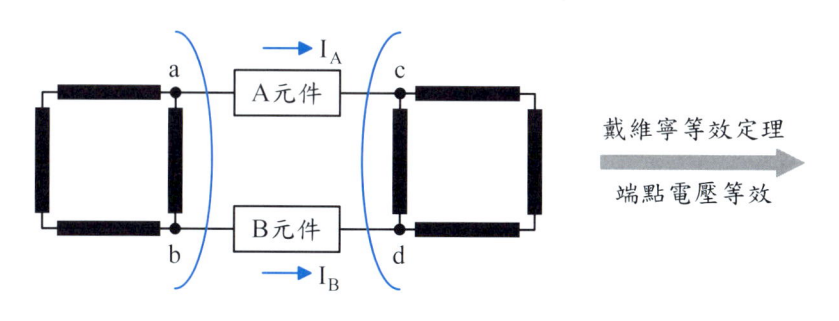

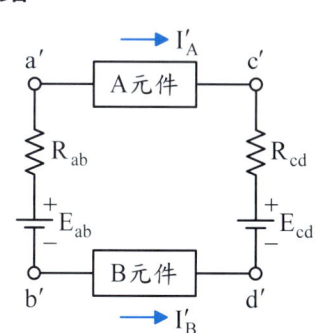

1. 任何直流線性網路可以在任意元件兩端點取戴維寧等效電路。

2. 端點電壓等效：等效電路的端點電壓與原電路的端點電壓必等值。

   端點電壓等效：$\begin{cases} V_a = V'_a \\ V_b = V'_b \\ V_c = V'_c \\ V_d = V'_d \end{cases}$；而轉換前後的電流：$\begin{cases} I_A = I'_A \\ I_B = I'_B \end{cases}$

3. Y ↔ △ 轉換、密爾門定理、星網轉換……等各端點亦符合端點電壓等效定理。

觀念是非辨正

1. （ ✕ ）戴維寧等效電路僅適用於直流線性電路的分析。
2. （ ○ ）戴維寧等效電路為一端點等效電壓源串聯一個等效電阻。

概念釐清

交直流皆適用。

老師教

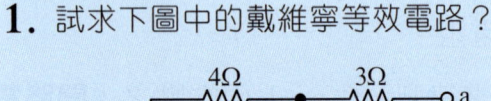

1. 試求下圖中的戴維寧等效電路？

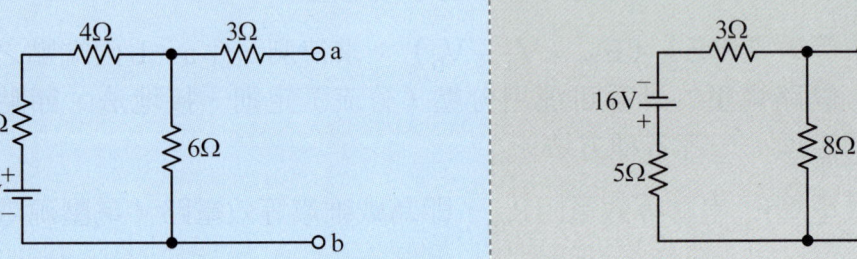

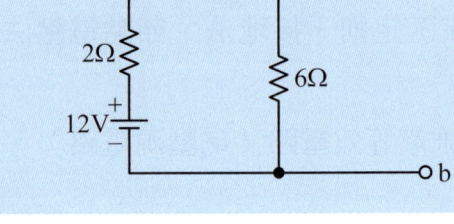

解 (1) 求戴維寧等效電阻R_{th}：（電壓源短路）

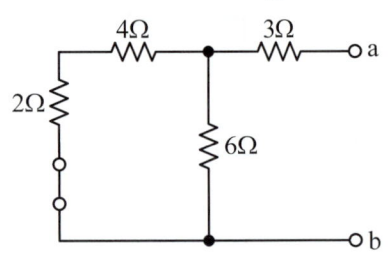

$R_{th} = 3 + [(4+2)//6] = 6\Omega$

(2) 求戴維寧等效電壓E_{th}：（求開路電壓）

$E_{ab} = 12 \times \dfrac{6}{2+4+6}$（分壓定則）

$= 6V$

(3) 戴維寧等效電路如下：

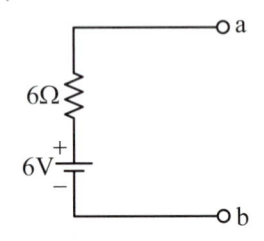

學生做

1. 試求下圖中的戴維寧等效電路？

解

2. 試求下圖中的戴維寧等效電路？

2. 試求下圖中的戴維寧等效電路？

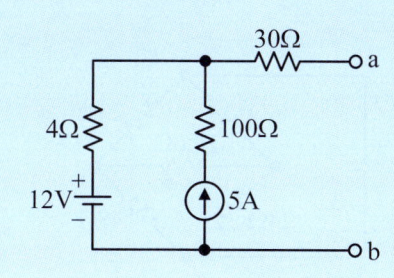

解 (1) 求戴維寧等效電阻R_{th}：$\begin{cases} 電壓源短路 \\ 電流源開路 \end{cases}$

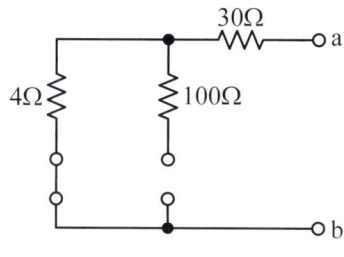

$R_{th} = 30 + 4 = 34\Omega$

(2) 求戴維寧等效電壓E_{th}：（求開路電壓）

運用**密爾門定理**：

$$E_{ab} = \frac{5 + \frac{12}{4}}{\frac{1}{4}} = 32V$$

(3) 戴維寧等效電路如下：

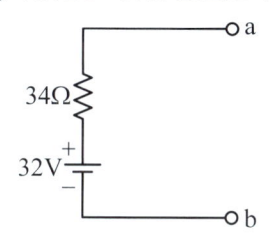

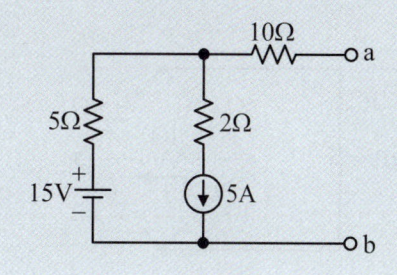

解

3. 試求下圖中通過電阻1Ω的電流為何？

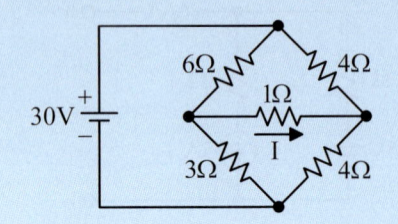

3. 試求下圖中通過電阻17.6Ω的電流為何？

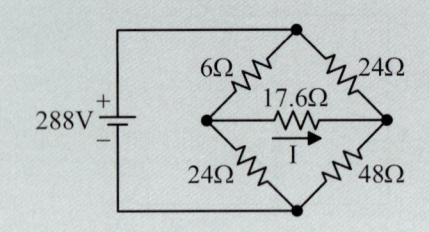

解 對待測元件取a, b兩點

(1) 求戴維寧等效電阻R_{th}：（電壓源短路）

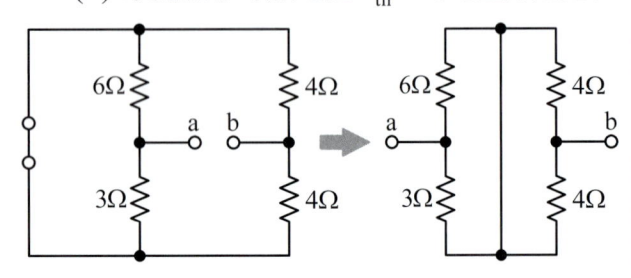

$$R_{th} = (6//3) + (4//4) = 4Ω$$

(2) 求戴維寧等效電壓E_{th}：（求開路電壓）

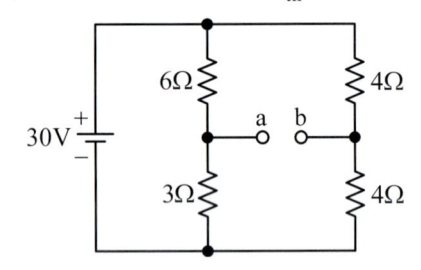

$$E_{ab} = 30 \times \frac{3}{6+3} \text{（分壓）}$$
$$\quad\quad - 30 \times \frac{4}{4+4} \text{（分壓）}$$
$$= -5V$$

(3) 戴維寧等效電路如下：

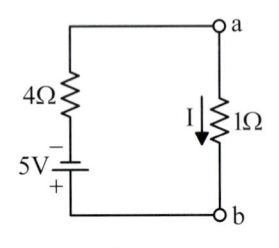

$$I = \frac{-5}{4+1} = -1A$$

（實際方向與標示方向相反）

解

立即練習

( )1. 試求圖(1)中的戴維寧等效電壓E_{th}以及等效電阻R_{th}分別為何？
(A)$E_{th} = 10V$；$R_{th} = 16\Omega$　　(B)$E_{th} = 10V$；$R_{th} = 1.6\Omega$
(C)$E_{th} = 9V$；$R_{th} = 2\Omega$　　(D)$E_{th} = 9V$；$R_{th} = 1\Omega$

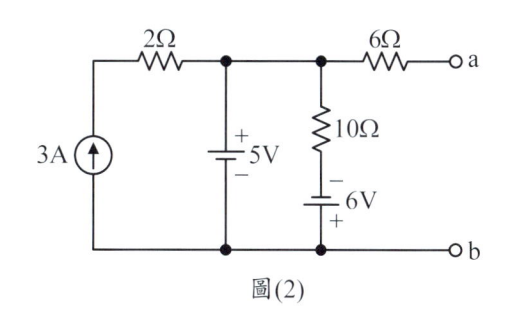

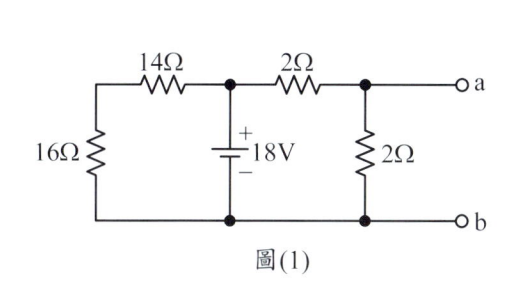

( )2. 試求圖(2)中的戴維寧等效電壓E_{th}以及等效電阻R_{th}分別為何？
(A)$E_{th} = 10V$；$R_{th} = 6\Omega$　　(B)$E_{th} = -10V$；$R_{th} = 12\Omega$
(C)$E_{th} = 5V$；$R_{th} = 12\Omega$　　(D)$E_{th} = 5V$；$R_{th} = 6\Omega$

( )3. 下列關於基本電路定理的敘述，何者正確？
(A)在應用重疊定理時，移去的電壓源兩端以開路取代
(B)根據戴維寧定理，可將一複雜的網路以一個等效電壓源及一個等效電阻串聯來取代
(C)節點電壓法是應用克希荷夫電壓定律，求出每個節點電壓
(D)迴路分析法是應用克希荷夫電流定律，求出每個迴路電流 [統測]

( )4. 如圖(3)所示之電路，(b)圖為(a)圖之戴維寧等效電路，則(b)圖之E_{th}及R_{th}為何？
(A)$E_{th} = 12V$，$R_{th} = 4\Omega$　　(B)$E_{th} = 24V$，$R_{th} = 4\Omega$
(C)$E_{th} = 12V$，$R_{th} = 8\Omega$　　(D)$E_{th} = 24V$，$R_{th} = 8\Omega$ [統測]

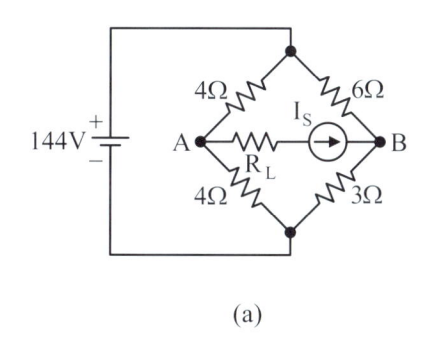

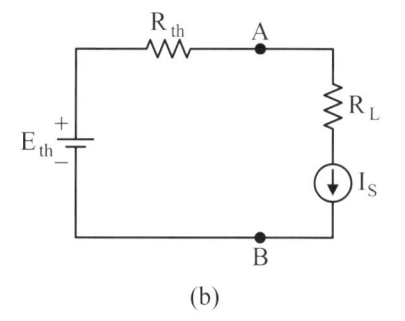

( )5. 如圖(4)所示，其中圖B為圖A之等效電路，則E_{th}及R_{th}分別為何？
(A)$E_{th} = 120V$，$R_{th} = 12\Omega$　　(B)$E_{th} = 90V$，$R_{th} = 12\Omega$
(C)$E_{th} = 20V$，$R_{th} = 2\Omega$　　(D)$E_{th} = 10V$，$R_{th} = 2\Omega$ [106年統測]

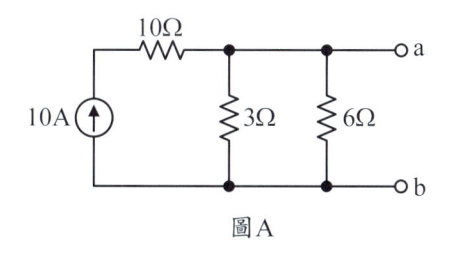

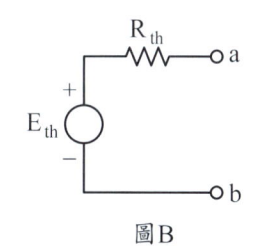

4-6 諾頓定理

➲ 本節包含實習主題「戴維寧及諾頓定理」相關重點

1. 定義：任一線性電路，均可以用一等效電流源（I_N）並聯一等效電阻（R_N）來代替。

2. 解題步驟：

    (1) 移除待測元件：在待測元件的兩端取 a、b 兩點。

    (2) 諾頓等效電阻 R_N：所有電壓源短路；所有電流源開路，求從 a、b 兩點間看入之等效電阻。

    (3) 諾頓等效電流 I_N（$I_N = I_{ab}$）：在 a、b 兩端點加上一條短路線，求 a、b 兩端點之『**短路電流**』，計算可運用分壓（分流）定則、接地法、節點電壓法、密爾門定理……等各種方法。

    (4) 將等效電流 I_N 並聯等效電阻 R_N 即為**諾頓等效電路（電流源電路）**。

補充知識

電壓源與電流源的互換

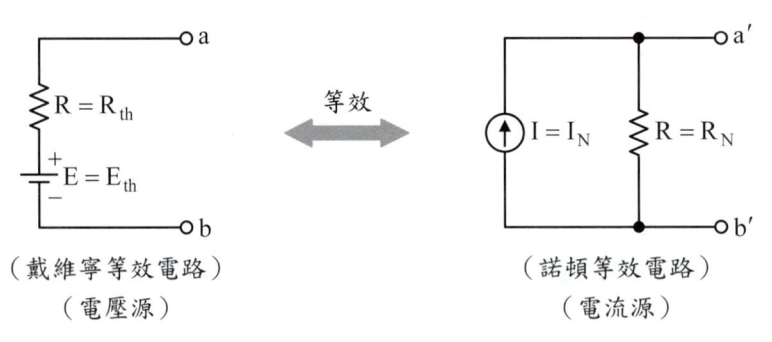

（戴維寧等效電路）（電壓源） 等效 （諾頓等效電路）（電流源）

1. 端點電壓等效：$\begin{cases} V_a = V_a' \\ V_b = V_b' \end{cases}$

2. 等效電路中的關係式：$\begin{cases} 電壓源\ E = I \times R \\ 電流源\ I = \dfrac{E}{R} \end{cases}$ ⇒ 兩者電阻皆相同

觀念是非辨正

1. (○) 諾頓等效電路與戴維寧等效電路兩者可以互相轉換。

2. (○) 題目中雖求諾頓等效電路，但可先求戴維寧等效電路後再轉換為諾頓等效電路，結果必相同。

概念釐清

相當於將電壓源電路再轉換為電流源電路。

老師教

1. 試求下圖中的諾頓等效電路？

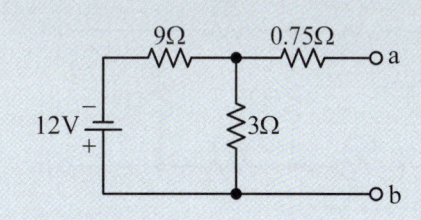

解 (1) 諾頓等效電阻 R_N：（電壓源短路）

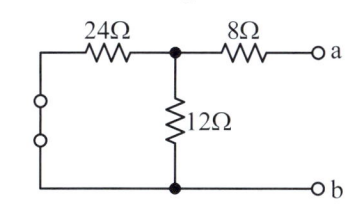

$R_N = 24 // 12 + 8 = 16\Omega$

(2) 諾頓等效電流 I_N：

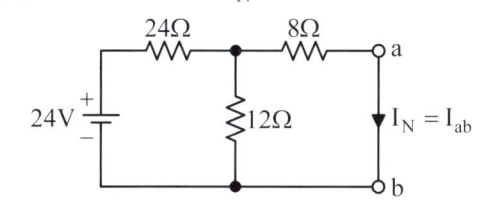

$I_N = \dfrac{24}{8//12 + 24} \times \dfrac{12}{12 + 8}$（分流定則）

$= 0.5A$

(3) 諾頓等效電路：

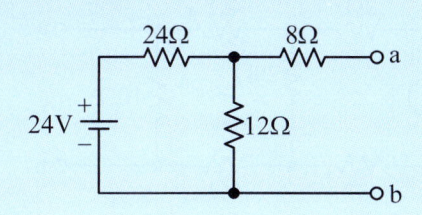

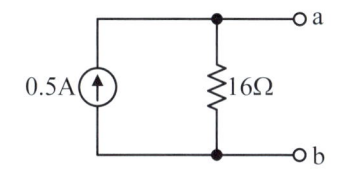

學生做

1. 試求下圖中的諾頓等效電路？

解

2. 試求下圖中的諾頓等效電路？

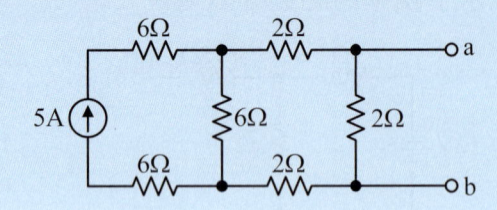

解 (1) 諾頓等效電阻 R_N：（電流源開路）

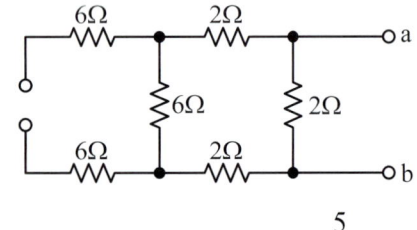

$$R_N = (2+6+2)//2 = \frac{5}{3}\Omega$$

(2) 諾頓等效電流 I_N：

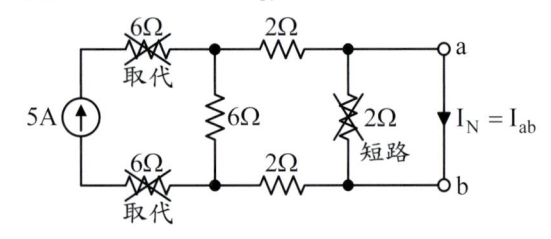

$$I_N = I_{ab}$$
$$= 5 \times \frac{6}{6+(2+2)} \text{（分流定則）}$$
$$= 3A$$

(3) 諾頓等效電路：（電流源電路）

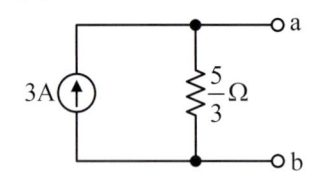

2. 試求下圖中的諾頓等效電路？

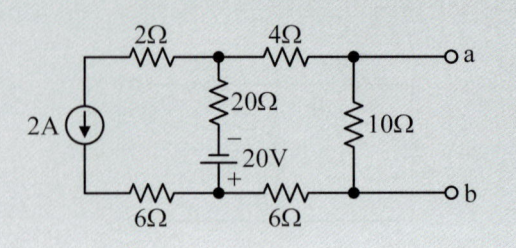

解

直流網路分析

3. 將戴維寧電路轉換為諾頓電路。

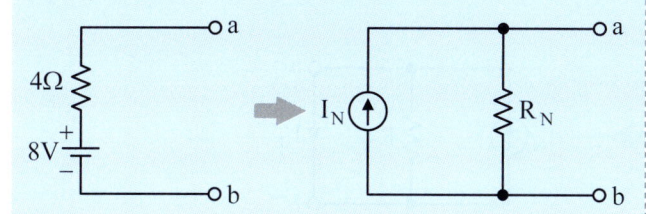

解 (1) $R_N = R_{th} = 4\Omega$

(2) $I_N = \dfrac{E_{th}}{R_{th}} = \dfrac{8}{4} = 2A$

3. 將戴維寧電路轉換為諾頓電路。

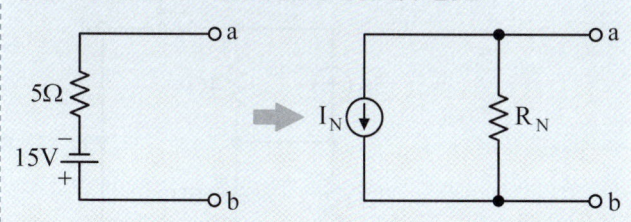

解

4. 將諾頓電路轉換為戴維寧電路。

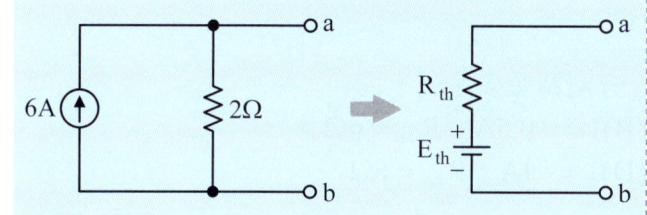

解 (1) $R_{th} = R_N = 2\Omega$

(2) $E_{th} = I_N \times R_N = 6 \times 2 = 12V$

4. 將諾頓電路轉換為戴維寧電路。

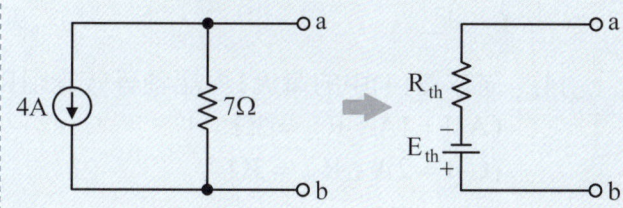

解

ABCD 立即練習

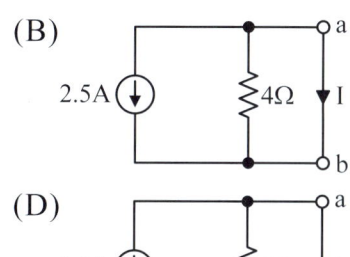

(　)1. 圖(1)中諾頓等效電路為何？
(A) 2.5A↑ 4Ω I
(B) 2.5A↓ 4Ω I
(C) 1.5A↑ 4Ω I
(D) 1.5A↓ 4Ω I

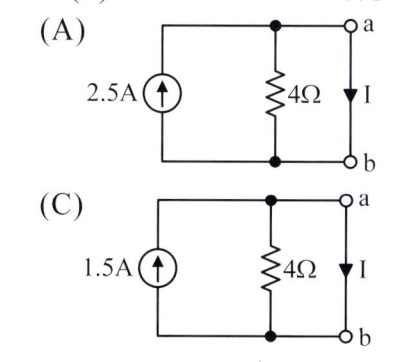

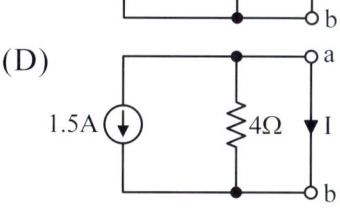

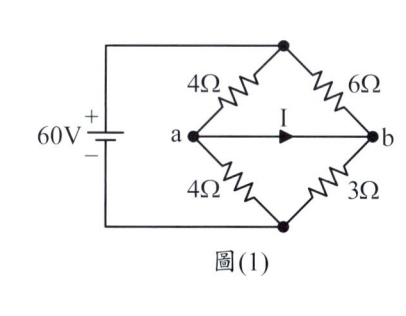

圖(1)

(　　)2. 圖(2)中的電流 I_{ab} 為多少安培？　(A)2A　(B)3A　(C)4A　(D)5A

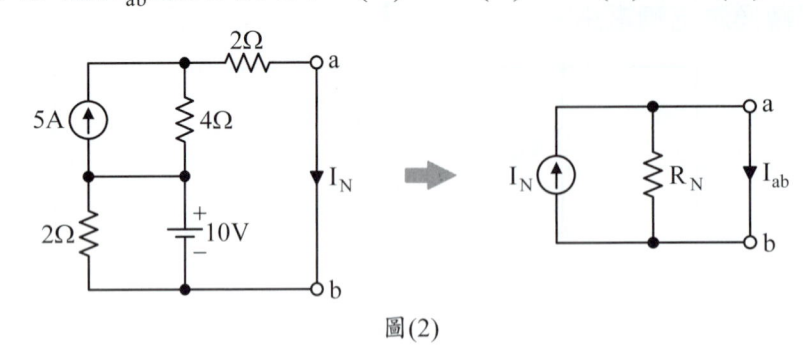

圖(2)

(　　)3. 圖(3)中的電流 I 為多少安培？　(A)7A　(B)6A　(C)5A　(D)4A

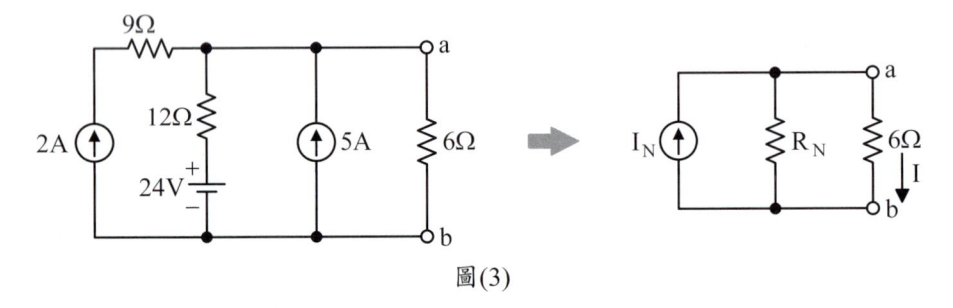

圖(3)

(　　)4. 試求圖(4)中的電流 I 與諾頓等效電阻 R_N 分別為多少？
(A)$I = 1A$；$R_N = 3\Omega$　　　　　(B)$I = -0.5A$；$R_N = 6\Omega$
(C)$I = 2A$；$R_N = 3\Omega$　　　　　(D)$I = -1A$；$R_N = 6\Omega$

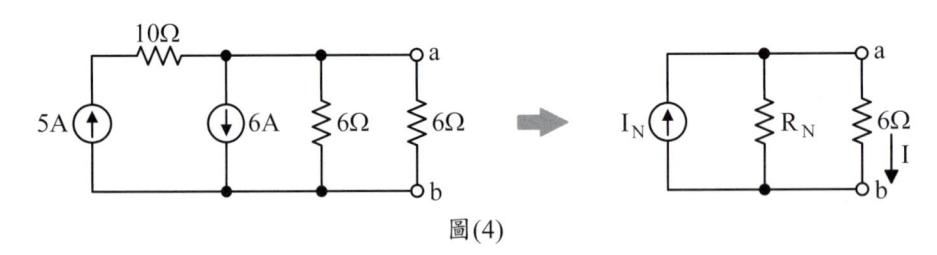

圖(4)

(　　)5. 圖(5)中通過諾頓等效電阻的電流為6A，則需將負載電阻 R_L 調整為多少？
(A)1Ω　(B)1.5Ω　(C)2.5Ω　(D)3Ω

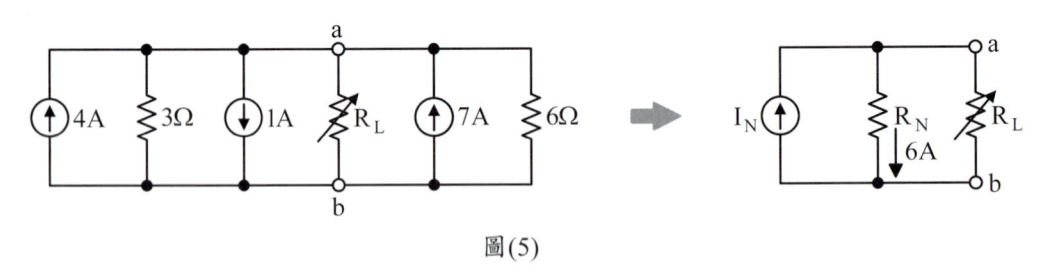

圖(5)

(　　)6. 如圖(6)所示，則 a、b 兩端看入之諾頓等效電流 I_N 及等效電阻 R_N 分別為何？
(A)7A、2Ω　(B)6A、3Ω　(C)8A、4Ω　(D)9A、5Ω
[110年統測]

圖(6)

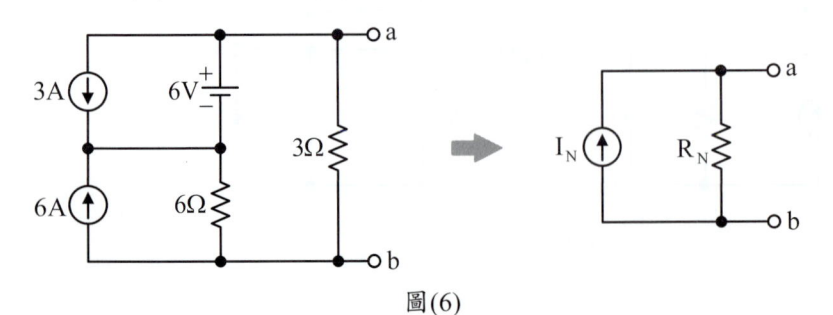

4-7 最大功率轉移定理 ⊃ 本節包含實習主題「最大功率轉移定理」相關重點

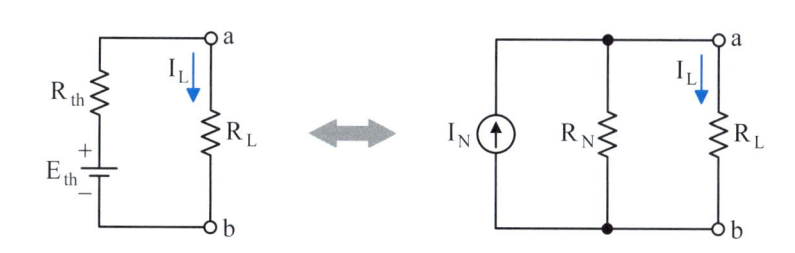

1. 當 $R_L = R_{th}$ 或是 $R_L = R_N$ 時可以獲得最大功率轉移，此時負載電阻 R_L 所獲得的功率最大，最大功率 $P_{L(max)} = \begin{cases} \text{戴維寧等效電路} \Rightarrow \dfrac{E_{th}^2}{4R_{th}} \\ \text{諾頓等效電路} \Rightarrow \dfrac{I_N^2}{4} \cdot R_N \end{cases}$；此時效率為50％。

2. 這個理論產生了**最大功率傳輸，但不是最高效率傳輸**。

註：最大功率轉移定理又稱賈可比法則（Jacobi's law）。

🧩 補充知識

最大功率轉移的公式推導

※偏微分求極值：

$P_L = I_L^2 R_L = (\dfrac{E_{th}}{R_{th} + R_L})^2 \cdot R_L$

其中：（ $P_L \to$ Y軸（應變數）； $R_L \to$ X軸（自變數））

$\dfrac{\partial P_L}{\partial R_L} = E_{th}^2 \times \left[\dfrac{(R_{th} + R_L)^2 - 2 \cdot R_L \cdot (R_{th} + R_L)}{(R_{th} + R_L)^4}\right]$（偏微分）

$E_{th}^2 \times \dfrac{R_{th} + R_L - 2R_L}{(R_{th} + R_L)^3} = 0$（斜率 m = 0 時有極值產生）

$R_{th} + R_L - 2R_L = 0 \Rightarrow R_L = R_{th}$ 代入 P_L 可得

最大功率 $P_{L(max)} = \dfrac{E_{th}^2}{4R_{th}}$。（條件：$R_L = R_{th}$）

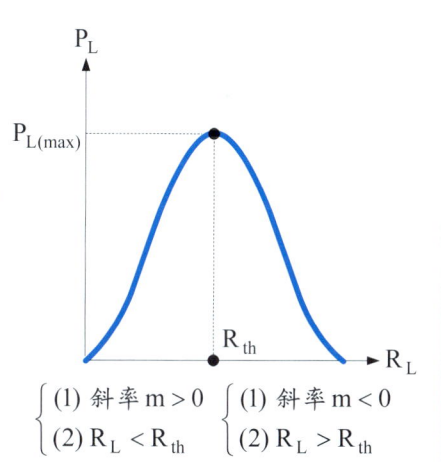

$\begin{cases} (1) \text{ 斜率 } m > 0 \\ (2) R_L < R_{th} \end{cases}$ $\begin{cases} (1) \text{ 斜率 } m < 0 \\ (2) R_L > R_{th} \end{cases}$

⭕❌ 觀念是非辨正

1. （ ✗ ）負載有最大功率轉移時，此時的系統效率最高。

2. （ ○ ）直流電路中產生最大功率轉移時的負載電阻 R_L 等於戴維寧等效電阻 R_{th}。

❓ 概念釐清

產生最大功率轉移時的效率為50％。

老師教

1. 下圖中將可變電阻 R_L 調整為多少歐姆時負載有最大功率轉移？其最大功率為何？

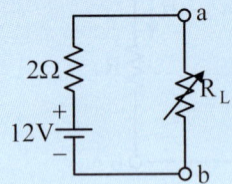

解 (1) $R_L = 2\Omega$

(2) $P_{L(max)} = (\dfrac{12}{2+2})^2 \times 2 = 18W$

2. 下圖中將可變電阻 R_L 調整為多少歐姆時負載有最大功率轉移？其最大功率為何？

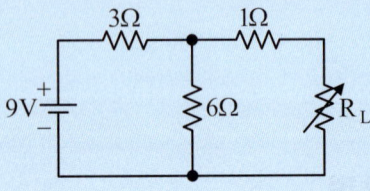

解 (1) 化簡為戴維寧等效電路

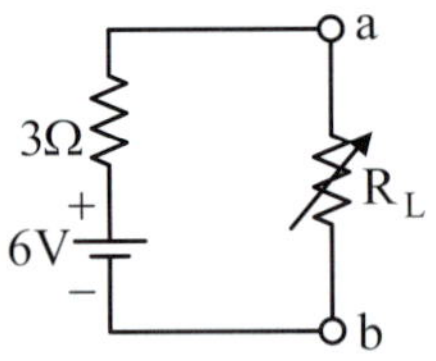

(2) $R_L = 3\Omega$

(3) $P_{L(max)} = (\dfrac{6}{3+3})^2 \times 3 = 3W$

3. 試求可變電阻 R_L 的最大功率為何？

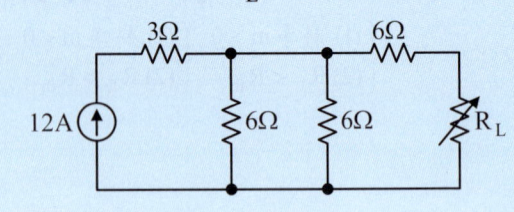

解 (1) 化簡為諾頓等效電路

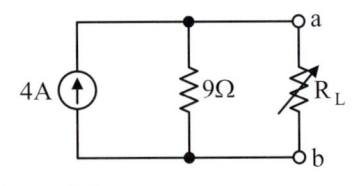

(2) $R_L = 9\Omega$

(3) $P_{L(max)} = (4 \times \dfrac{9}{9+9})^2 \times 9 = 36W$

學生做

1. 下圖中將可變電阻 R_L 調整為多少歐姆時負載有最大功率轉移？其最大功率為何？

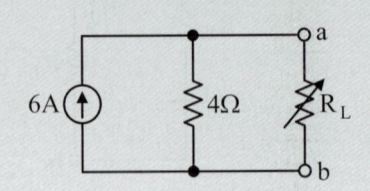

解

2. 下圖中將可變電阻 R_L 調整為多少歐姆時負載有最大功率轉移？其最大功率為何？

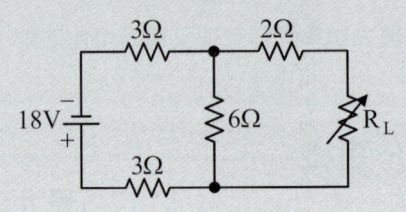

解

3. 試求可變電阻 R_L 的最大功率為何？

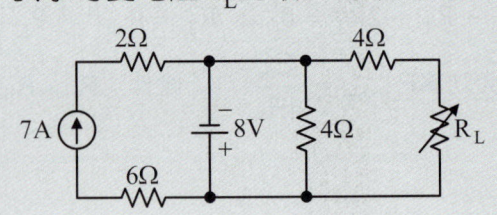

解

立即練習

( ) 1. 圖(1)中將可變電阻R_L調整為多少時,可獲得最大功率轉移?
(A)2Ω (B)3Ω (C)4Ω (D)5Ω

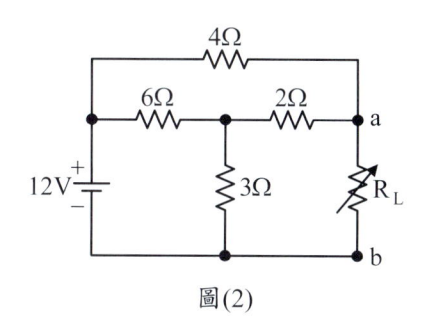

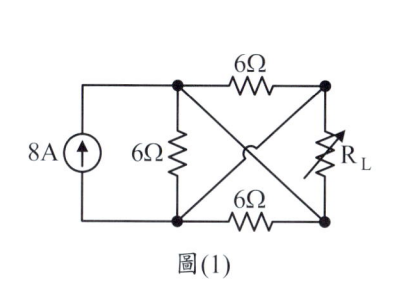

( ) 2. 圖(2)中將可變電阻R_L調整為多少時,可獲得最大功率轉移?
(A)2Ω (B)3Ω (C)4Ω (D)5Ω

( ) 3. 圖(3)中將可變電阻R_L調整為多少時,可獲得最大功率轉移?
(A)12Ω (B)11Ω (C)10Ω (D)9Ω

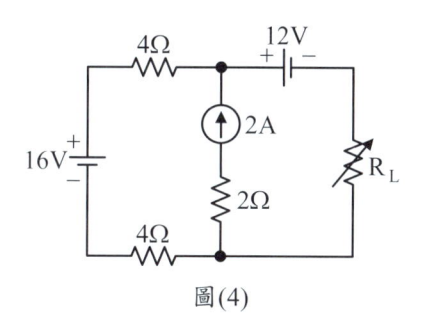

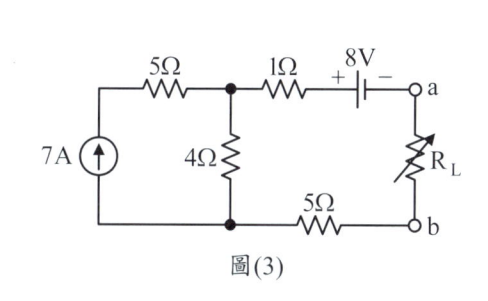

( ) 4. 如圖(4)所示,試求負載電阻R_L所獲得之最大功率為何?
(A)36W (B)25W (C)12.5W (D)6.25W

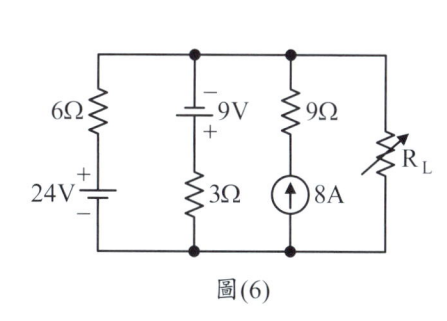

( ) 5. 如圖(5)所示,試求負載電阻R_L所獲得之最大功率為何?
(A)45W (B)32.5W (C)30W (D)22.5W

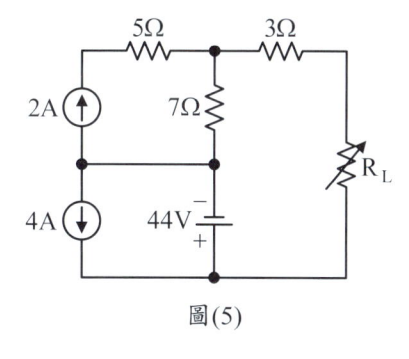

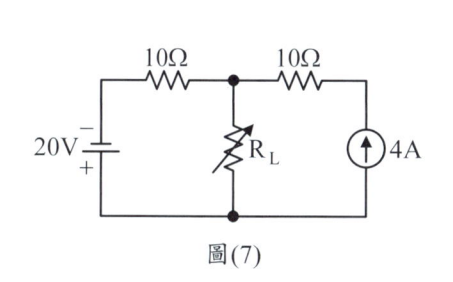

( ) 6. 如圖(6)所示,試求負載電阻R_L所獲得之最大功率為何?
(A)40.5W (B)42.5W (C)45.8W (D)51.2W

( ) 7. 如圖(7)所示,試求負載電阻R_L所獲得之最大功率為何?
(A)6W (B)8W (C)10W (D)12W

綜合練習

基礎題

4-1 ( )1. 如圖(1)所示，求 V 為多少？ (A)4V (B)6V (C)8V (D)10V

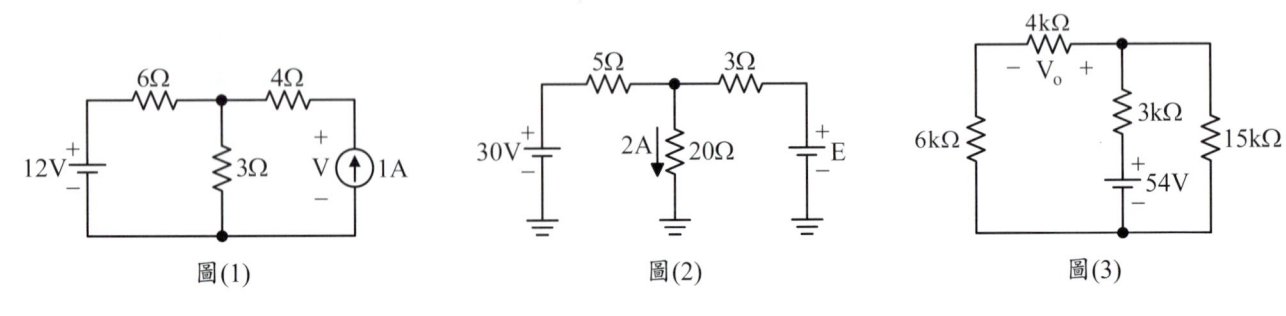

圖(1)　　圖(2)　　圖(3)

( )2. 如圖(2)所示，電壓 E =？ (A)44V (B)48V (C)52V (D)56A

( )3. 如圖(3)所示，求電壓 V_o =？
(A)14.4V (B)24.4V (C)34.4V (D)44.4V　　[統測]

( )4. 如圖(4)所示電路節點 V_1 及 V_2 的電壓值，各為多少伏特？
(A)$V_1 = 6$，$V_2 = 4$　　(B)$V_1 = 6$，$V_2 = 10$
(C)$V_1 = 7$，$V_2 = 4$　　(D)$V_1 = 7$，$V_2 = 10$　　[統測]

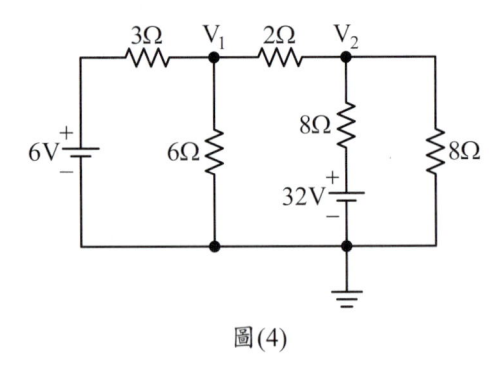

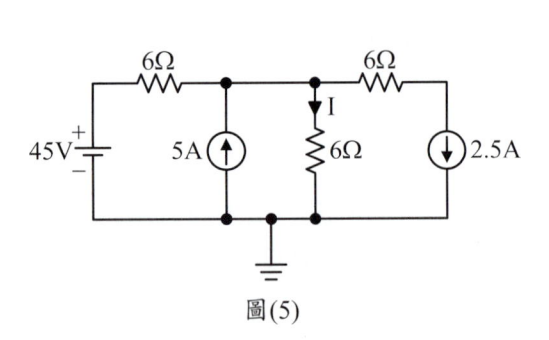

圖(4)　　圖(5)

( )5. 如圖(5)所示之電路，電流 I 為何？ (A)1.5A (B)3A (C)5A (D)6A　　[統測]

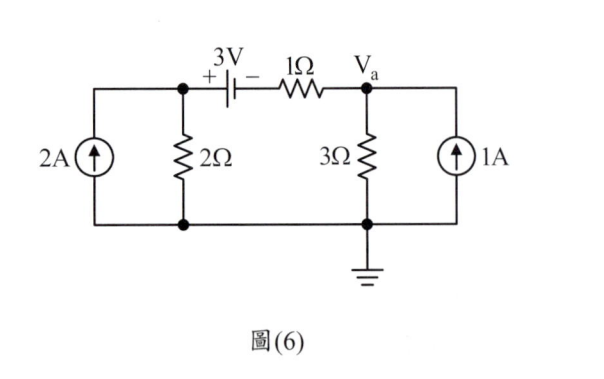

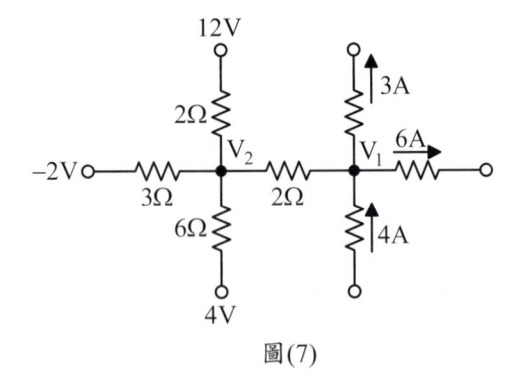

( )6. 如圖(6)所示之電路，試求節點電壓 V_a 為何？
(A)1V (B)2V (C)3V (D)6V　　[105年統測]

圖(6)　　圖(7)

( )7. 如圖(7)所示，試求節點電壓 V_1 為何？
(A)−9V (B)−6V (C)1V (D)11V　　[105年統測]

4-2 ( )8. 如圖(8)，下列敘述何者錯誤？
(A)$I_1 = 8A$　(B)$I_2 = 2A$　(C)$V_X = 24V$　(D)$I_3 = 4A$

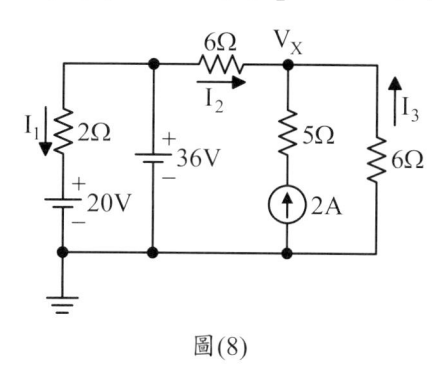

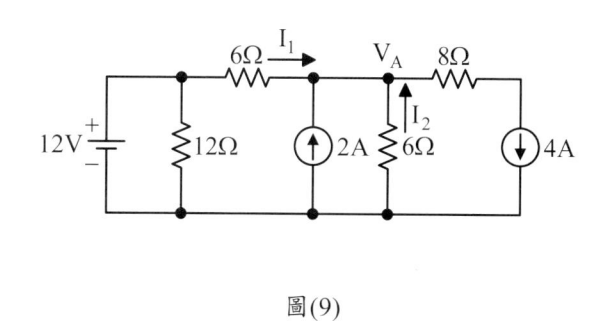

圖(8)　　　圖(9)

( )9. 如圖(9)所示之電路，I_1與I_2各為何？
(A)$I_1 = -2A$，$I_2 = 1A$　　(B)$I_1 = -2A$，$I_2 = -1A$
(C)$I_1 = 2A$，$I_2 = 4A$　　(D)$I_1 = 2A$，$I_2 = 0A$ [統測]

4-3 ( )10. 如圖(10)所示的迴路電流方程式為何？

(A)$\begin{cases} I_1 : 13I_1 - 5I_2 = 10 \\ I_2 : -5I_1 + 13I_2 = 0 \end{cases}$　　(B)$\begin{cases} I_1 : 13I_1 - 5I_2 = 15 \\ I_2 : -5I_1 + 13I_2 = 3 \end{cases}$

(C)$\begin{cases} I_1 = 5A \\ I_2 = 3A \end{cases}$　　(D)$\begin{cases} I_1 = 8A \\ I_2 = 2A \end{cases}$

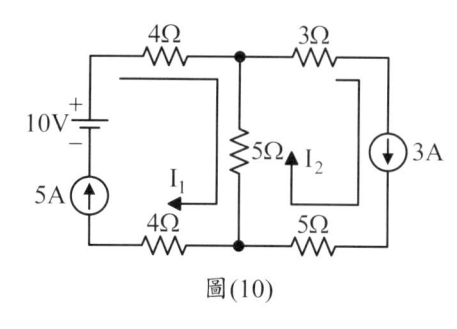

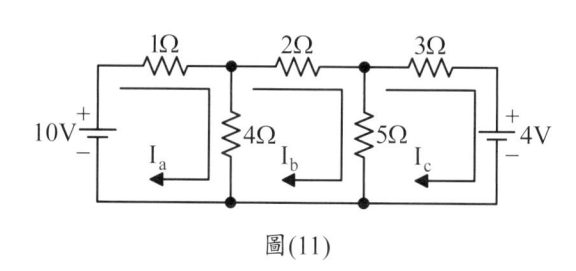

圖(10)　　　圖(11)

( )11. 圖(11)中，所列出迴路電流方程式，則下列選項何者錯誤？
(A)I_a迴路：$5I_a - 4I_b = 10$
(B)I_b迴路：$4I_a + 11I_b - 5I_c = 0$
(C)I_c迴路：$-5I_b + 8I_c = -4$
(D)迴路電流主要是依據KVL列出方程式

( )12. 如圖(12)所示之電路，迴路電流（loop current）I_b為何？
(A)2A　(B)1A　(C)−1A　(D)−2A [統測]

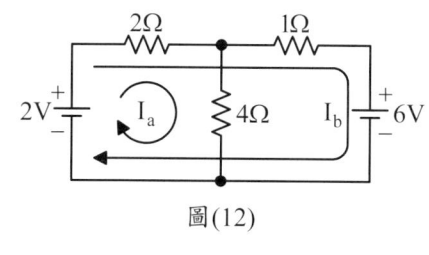

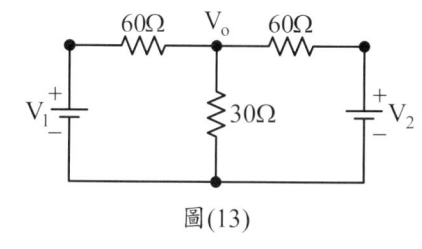

圖(12)　　　圖(13)

4-4 ( )13. 如圖(13)所示，若$V_o = a \cdot V_1 + b \cdot V_2$，求$4a + 4b$？
(A)2　(B)4　(C)6　(D)8

( )14. 某信號傳輸電路如圖(14)所示，其輸入電壓（V_1及V_2）與輸出電壓（V_o）關係表示為 $V_o = aV_1 + bV_2$，則
(A)$a = 1/8$　(B)$b = 1/4$　(C)$a + b = 3/4$　(D)$a + b = 3/8$　　[統測]

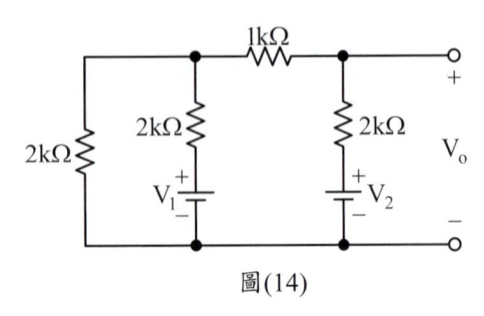

圖(14)

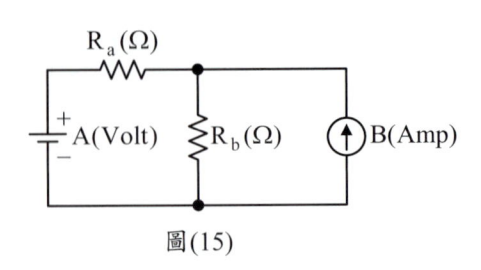

圖(15)

( )15. 如圖(15)所示之電路，左側獨立電壓源為 A 伏特，右側獨立電流源為 B 安培，則流經 R_b 電阻之電流安培數為何？
(A)$\dfrac{A + R_b B}{R_a + R_b}$　(B)$\dfrac{A + R_a B}{R_a + R_b}$　(C)$\dfrac{R_a A + B}{R_a + R_b}$　(D)$\dfrac{R_b A + B}{R_a + R_b}$　　[統測]

4-5

( )16. 試求圖(16)中的戴維寧等效電壓E_{th}以及等效電阻R_{th}分別為何？
(A)$E_{th} = 20V$；$R_{th} = 5\Omega$
(B)$E_{th} = 16V$；$R_{th} = 5\Omega$
(C)$E_{th} = 12V$；$R_{th} = 5\Omega$
(D)$E_{th} = 20V$；$R_{th} = 15\Omega$

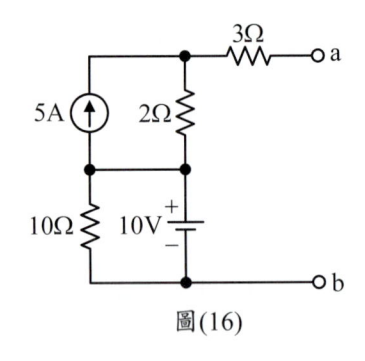

圖(16)

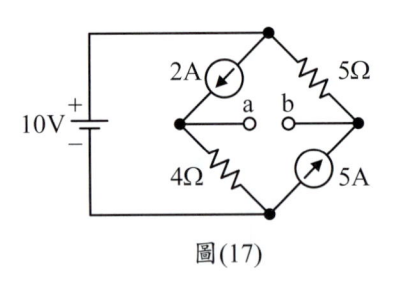

圖(17)

( )17. 試求圖(17)中的戴維寧等效電壓E_{th}以及等效電阻R_{th}分別為何？
(A)$E_{th} = 27V$；$R_{th} = 9\Omega$
(B)$E_{th} = -27V$；$R_{th} = 9\Omega$
(C)$E_{th} = 42V$；$R_{th} = 5\Omega$
(D)$E_{th} = -42V$；$R_{th} = 5\Omega$

( )18. 試求圖(18)中的戴維寧等效電壓E_{th}以及等效電阻R_{th}分別為何？
(A)$E_{th} = -19V$；$R_{th} = 14\Omega$
(B)$E_{th} = -19V$；$R_{th} = 12\Omega$
(C)$E_{th} = 15V$；$R_{th} = 14\Omega$
(D)$E_{th} = 15V$；$R_{th} = 12\Omega$

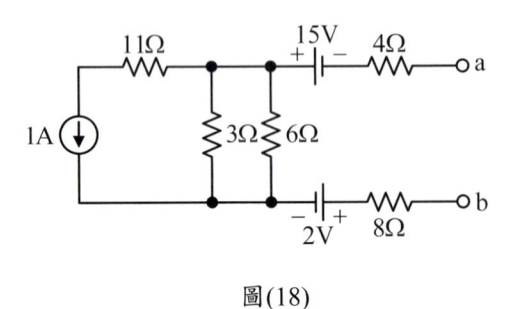

圖(18)

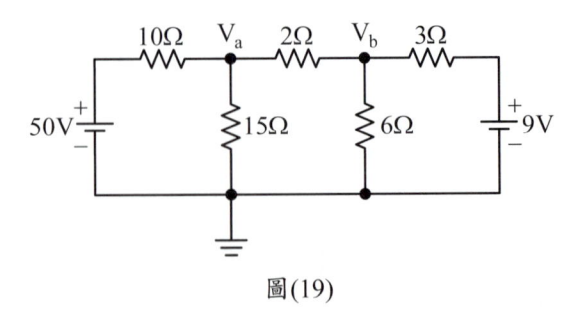

圖(19)

( )19. 如圖(19)所示，試求圖中的電壓V_a以及V_b分別為多少伏特？
(A)$V_a = 15.6V$；$V_b = 10.8V$
(B)$V_a = 10.8V$；$V_b = 6V$
(C)$V_a = 12.8V$；$V_b = 8.8V$
(D)$V_a = 7.6V$；$V_b = 2.8V$

直流網路分析

( )20. 如圖(20)所示，試求通過3Ω的電流為多少安培？
(A)4A (B)4.6A (C)5A (D)5.2A

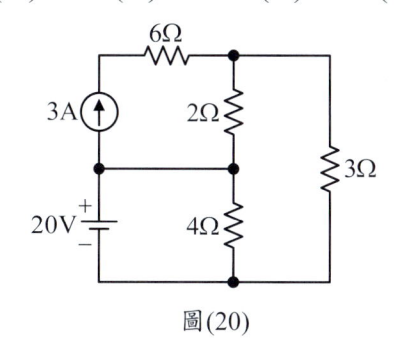

圖(20)

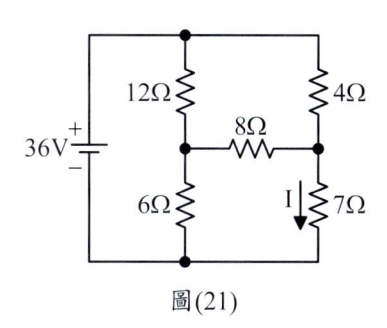

圖(21)

( )21. 如圖(21)所示，試求通過電阻7Ω的電流為何？ (A)1A (B)2A (C)3A (D)4A

( )22. 若電路中無相依電源，於應用戴維寧定理求戴維寧等效電阻時，須將電路中之電源如何處理？
(A)電壓源開路、電流源短路
(B)電壓源開路、電流源開路
(C)電壓源短路、電流源短路
(D)電壓源短路、電流源開路 [統測]

( )23. 如圖(22)所示之電路，a、b兩端由箭頭方向看入之戴維寧等效電壓E_{th}與等效電阻R_{th}各為何？
(A)$E_{th} = 12V$，$R_{th} = 3\Omega$
(B)$E_{th} = 12V$，$R_{th} = 4.5\Omega$
(C)$E_{th} = 15V$，$R_{th} = 3\Omega$
(D)$E_{th} = 15V$，$R_{th} = 4.5\Omega$ [統測]

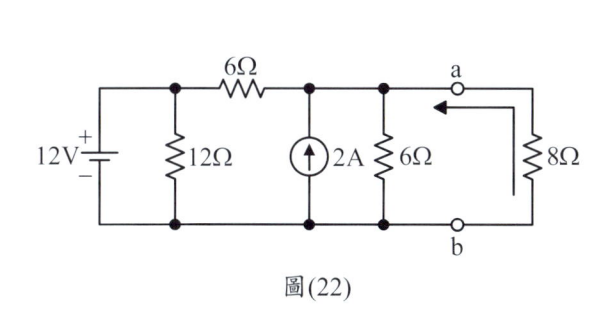

圖(22)

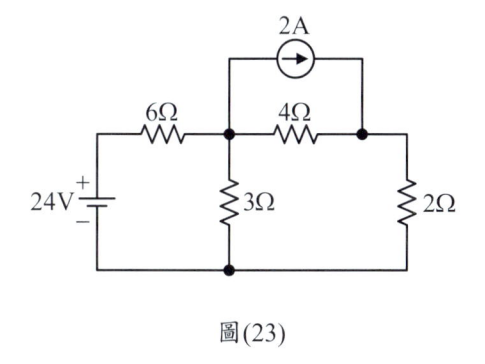

圖(23)

( )24. 如圖(23)所示，電路中2Ω處所消耗之功率為何？
(A)8W (B)16W (C)24W (D)32W [102年統測]

( )25. 如圖(24)所示之電路，a、b兩端的戴維寧等效電壓V_{TH}及等效電阻R_{TH}分別為何？
(A)$V_{TH} = 16V$，$R_{TH} = 19\Omega$
(B)$V_{TH} = 24V$，$R_{TH} = 4\Omega$
(C)$V_{TH} = 8V$，$R_{TH} = 5\Omega$
(D)$V_{TH} = 16V$，$R_{TH} = 5\Omega$ [103年統測]

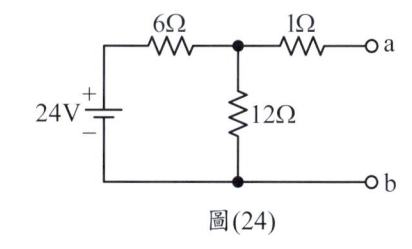

圖(24)

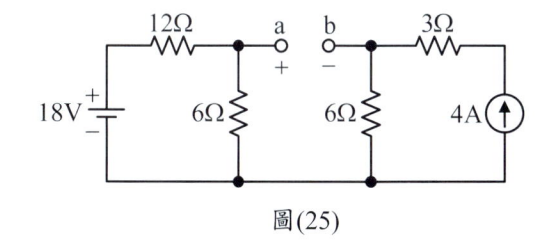

圖(25)

( )26. 如圖(25)所示之電路，則由a、b兩端看入之戴維寧等效電路之電壓E_{th}和電阻R_{th}各為何？
(A)$E_{th} = -18V$，$R_{th} = 10\Omega$
(B)$E_{th} = 24V$，$R_{th} = 10\Omega$
(C)$E_{th} = -18V$，$R_{th} = 24\Omega$
(D)$E_{th} = 24V$，$R_{th} = 24\Omega$ [108年統測]

4-6

( )27. 圖(26)中的電流I為多少安培？ (A)0A (B)1A (C)2A (D)3A

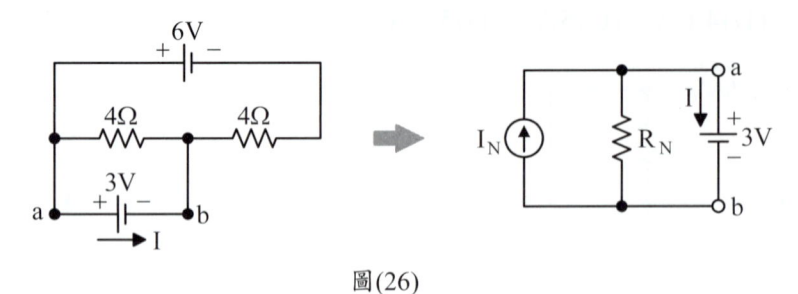

圖(26)

( )28. 試求圖(27)中的諾頓等效電阻R_N與電流I分別為多少？
(A)$I = 12A$；$R_N = \infty$ (B)$I = -12A$；$R_N = \infty$
(C)$I = -12A$；$R_N = \frac{18}{11}\Omega$ (D)$I = 12A$；$R_N = \frac{18}{11}\Omega$

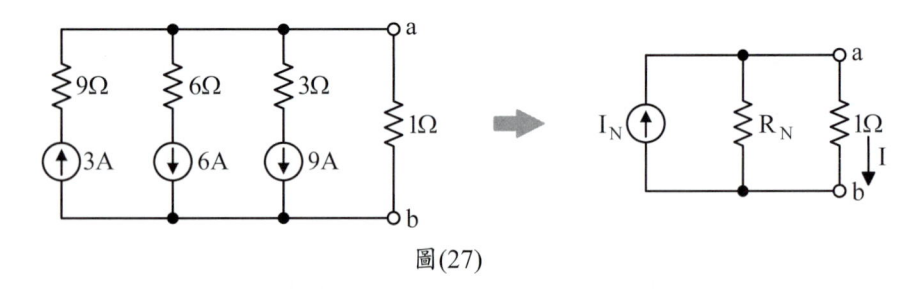

圖(27)

( )29. 試求圖(28)中的電流I與諾頓等效電阻R_N分別為多少？
(A)$I = 1A$；$R_N = 1\Omega$ (B)$I = 2A$；$R_N = 1\Omega$
(C)$I = 3A$；$R_N = 1\Omega$ (D)$I = 3A$；$R_N = 0.5\Omega$

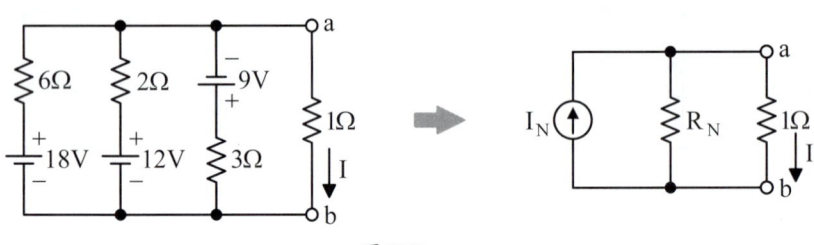

圖(28)

( )30. 試求圖(29)中的諾頓等效電阻R_N消耗多少瓦特？
(A)24W (B)36W (C)49W (D)81W

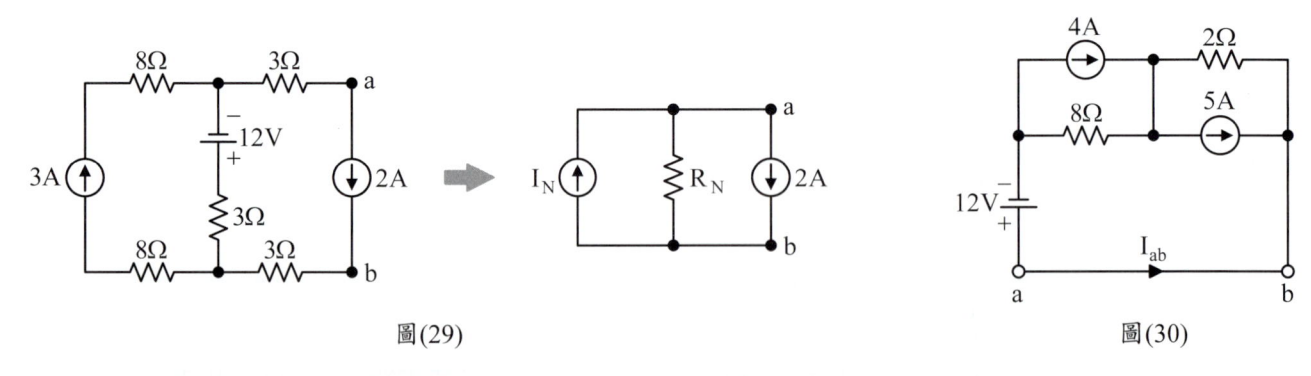

圖(29)　　　　圖(30)

( )31. 試求圖(30)中短路電流$I_{ab} = $？ (A)3A (B)-3A (C)4A (D)-4A

( )32. 圖(31)中的電流I為多少安培？ (A)1.5A (B)1.75A (C)2.25A (D)2.5A

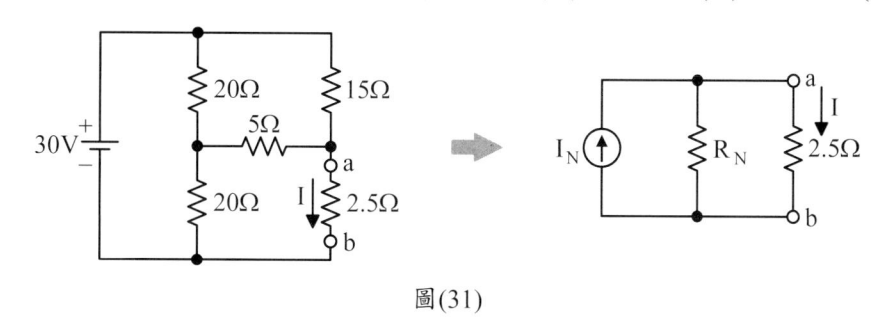

圖(31)

( )33. 有一內含理想直流電源（且電源均為有限值）及純電阻之兩端點電路，其諾頓等效電路在什麼情況下一定不存在：
(A)兩端點短路之短路電流為∞A，而兩端點開路之開路電壓為5V
(B)兩端點短路之短路電流為4A，而兩端點開路之開路電壓為∞V
(C)兩端點短路之短路電流為4A，而兩端點開路之開路電壓為5V
(D)兩端點短路之短路電流為0A，而兩端點開路之開路電壓為0V
[電機統測]

( )34. 如圖(32)所示之電路，當開關S打開時$V_{ab}=36V$，S接通時I=6A，則當a、c間短路時電路I為何？
(A)36A
(B)18A
(C)7.2A
(D)6A
[統測]

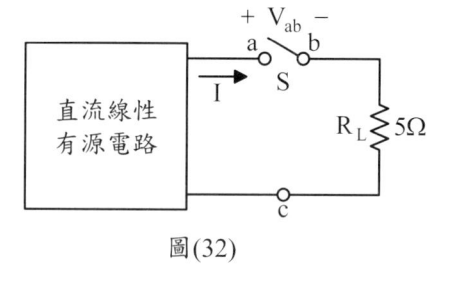

圖(32)

( )35. 下列有關等效電路分析方法之敘述，何者錯誤？
(A)求戴維寧等效電阻時應將原電路之電壓源與電流源短路
(B)戴維寧等效定理只能應用於線性網路
(C)諾頓等效定理只能應用於線性網路
(D)若戴維寧等效電路與諾頓等效電路皆可求得，則兩者之等效電阻相同
[統測]

( )36. 如圖(33)所示之電路，a、b兩端的諾頓（Norton）等效電流I_N及等效電阻R_N各為何？
(A)$I_N=10A$，$R_N=8Ω$ (B)$I_N=10A$，$R_N=6Ω$
(C)$I_N=5A$，$R_N=8Ω$ (D)$I_N=5A$，$R_N=6Ω$
[統測]

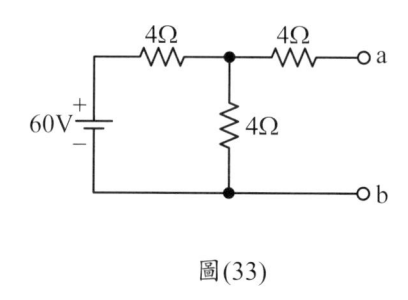

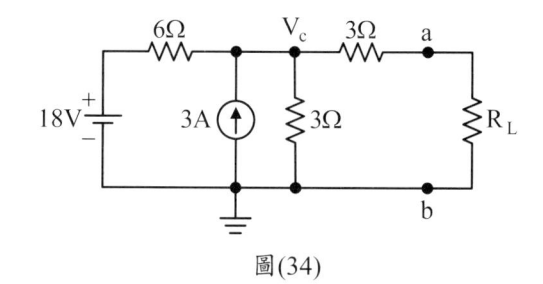

圖(33)   圖(34)

( )37. 如圖(34)所示之電路，由a、b兩端往左看入之諾頓等效電流約為多少安培
(A)0.8 (B)1.2 (C)2.4 (D)3.2
[104年統測]

( )38. 承接上題，若$V_c=9V$，則R_L約為多少歐姆？
(A)1 (B)2 (C)3 (D)4
[104年統測]

( )39. 當負載電阻R_L等於戴維寧等效電阻R_{th}或諾頓等效電阻R_N時：
(A)負載可獲得最大功率以及最高效率
(B)負載可獲得最大功率但效率最低
(C)負載可獲最大傳輸效率但所獲得功率最小
(D)負載可獲得最大功率，但效率僅有50%

( )40. 圖(35)中將可變電阻R_L調整為多少時，可獲得最大功率轉移？
(A)2Ω (B)3Ω (C)8Ω (D)10Ω

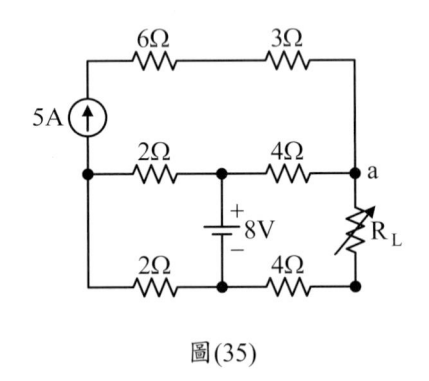

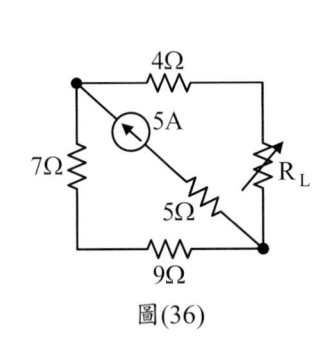

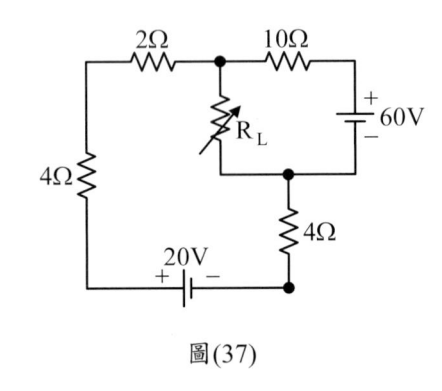

圖(35)　　圖(36)　　圖(37)

( )41. 如圖(36)所示，試求負載電阻R_L所獲得之最大功率為何？
(A)80W (B)60W (C)40W (D)20W

( )42. 如圖(37)所示，試求負載電阻R_L所獲得之最大功率為何？
(A)60W (B)80W (C)100W (D)120W

( )43. 如圖(38)所示，試求負載電阻R_L所獲得之最大功率為何？
(A)150mW (B)200mW (C)250mW (D)450mW

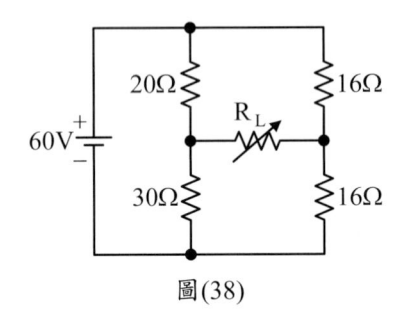

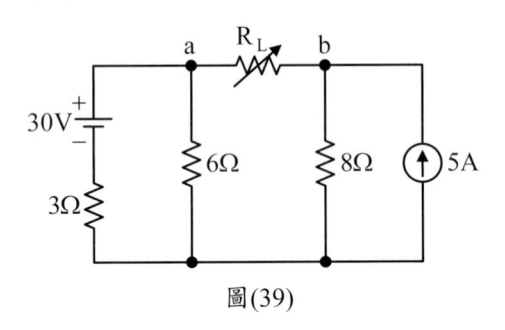

圖(38)　　圖(39)

( )44. 如圖(39)所示，試求負載電阻R_L所獲得之最大功率為何？
(A)6W (B)8W (C)10W (D)12W

( )45. 有一內含直流電源及純電阻之兩端點電路，已知兩端點 a、b 間之開路電壓$V_{ab} = 30V$；當a、b兩端點接至一20Ω之電阻，此時電壓$V_{ab} = 20V$；則此電路之a、b兩端需要接至多大之電阻方能得到最大功率輸出？　(A)10Ω (B)20Ω (C)30Ω (D)40Ω　[電機統測]

( )46. 承上題，此電路最大之功率輸出為
(A)18W (B)22.5W (C)45W (D)90W　[電機統測]

( )47. 有8個特性完全相同之直流電壓源，每一個的開路電壓均為10V，內阻均為0.5Ω，現欲將此8個電壓源全部做串、並聯之連結組合後，供電給1Ω的負載電阻，下列那一項的組合可使該負載電阻消耗到最大功率？
(A)8個串聯　(B)8個並聯
(C)每2個串聯成一組後再彼此並聯　(D)每4個串聯成一組後再彼此並聯　[電子統測]

( )48. 如圖(40)所示電路，負載電阻 R_L 為多少時，可獲得最大功率？
(A)1Ω　(B)2Ω　(C)3Ω　(D)6Ω　　　　　　　　　　　　　　　　　　　　　　　[統測]

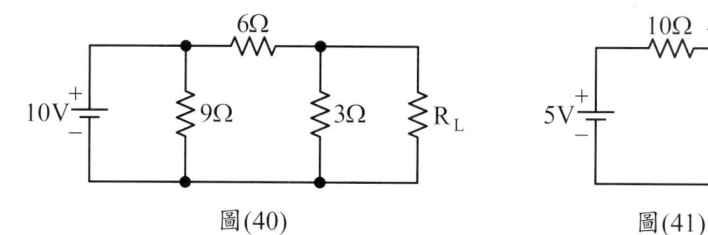

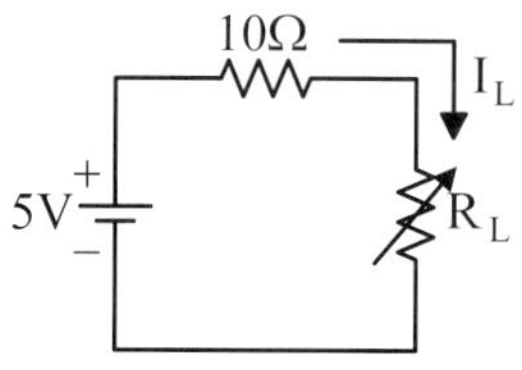

圖(40)　　　　　　　　　圖(41) 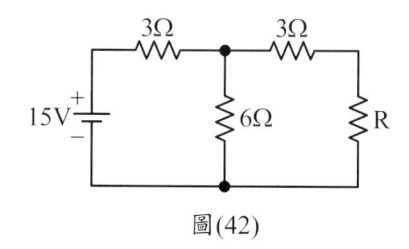　　　　　　　　　圖(42)

( )49. 如圖(41)所示電路，要讓負載有較大之消耗功率，負載電阻 R_L 可選擇為多少？
(A)2Ω　(B)10Ω　(C)20Ω　(D)30Ω　　　　　　　　　　　　　　　　　　　　　[統測]

( )50. 如圖(42)所示之電路，若 R 已達最大功率消耗，則此時 R 之消耗功率為何？
(A)2.5W　(B)5.0W　(C)10.0W　(D)11.25W　　　　　　　　　　　　　　　　　[統測]

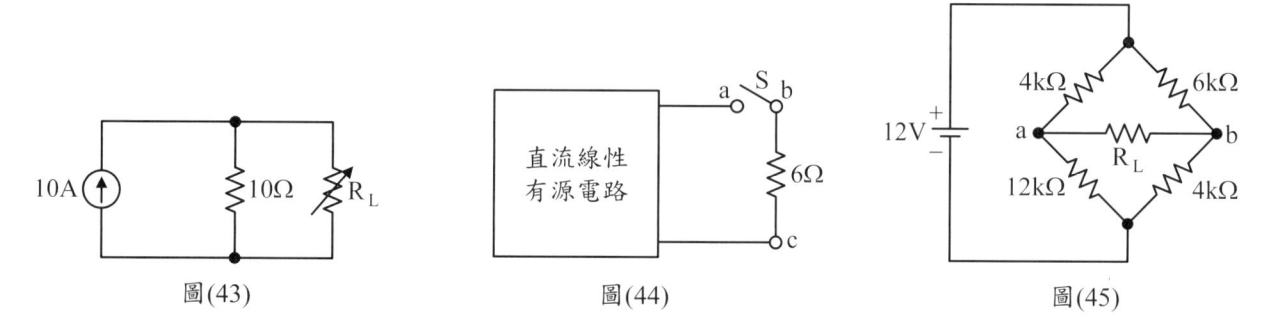

( )51. 如圖(43)所示之電路，若 R_L 消耗最大功率，則此最大功率為何？
(A)1000W　(B)500W　(C)250W　(D)125W　　　　　　　　　　　　　　　　　[統測]

圖(43)　　　　　　　　　圖(44)　　　　　　　　　圖(45)

( )52. 如圖(44)所示之電路中，當開關 S 打開（開路）時，a 點電壓較 b 點高 24V，S 閉合（短路）時，b 點電壓較 c 點高 12V。若將 S 打開並在 a、b 兩端點間串接一可變電阻器，使此直流線性有源電路有最大功率輸出，則此可變電阻器的電阻值應調整為何？
(A)12Ω　(B)6Ω　(C)1Ω　(D)0Ω　　　　　　　　　　　　　　　　　　　　　　[統測]

( )53. 如圖(45)所示電路，負載電阻 R_L 為何值時可得最大功率？
(A)3.4kΩ　(B)5.4kΩ　(C)7.4kΩ　(D)8.4kΩ　　　　　　　　　　　　　　　　　[統測]

( )54. 如圖(46)所示，若要使電阻 R 獲得最大功率，則 R 值應為何？
(A)14Ω　(B)10Ω　(C)6Ω　(D)2Ω　　　　　　　　　　　　　　　　　　　　　[102年統測]

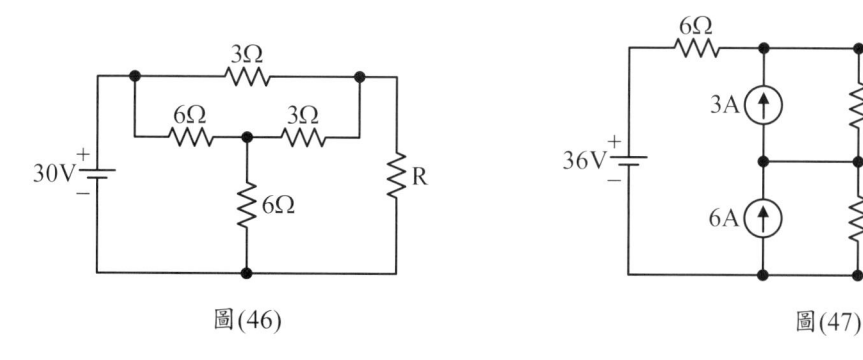

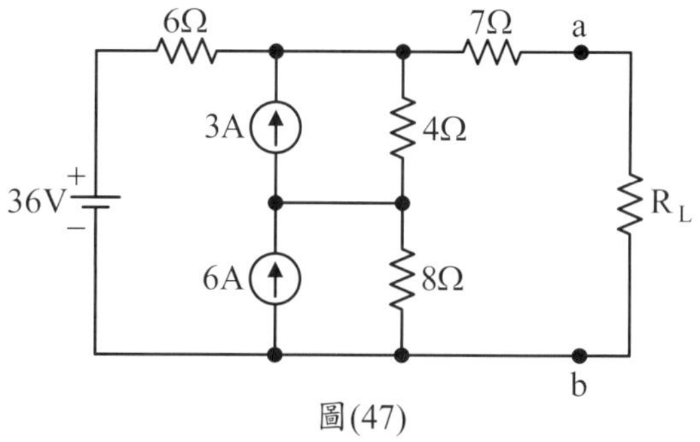

圖(46)　　　　　　　　　圖(47)

( )55. 如圖(47)所示之電路，發生最大功率轉移時，負載 R_L 所能獲得之最大功率為何？
(A)33W　(B)44W　(C)121W　(D)196W　　　　　　　　　　　　　　　　　　[105年統測]

( )56. 如圖(48)所示，R_L 可得之最大功率為何？
(A)12W (B)9W (C)6W (D)3W
[106年統測]

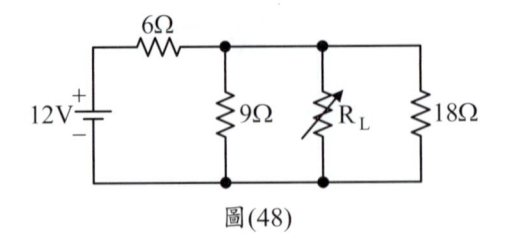

圖(48)

進階題

(▶ 表示提供影音解題)

4-1 ( )57. 如圖(49)所示之直流電路，求其中電路 $I_1 + I_2 = ?$
(A)6A (B)4A (C)−4A (D)−6A
[統測]

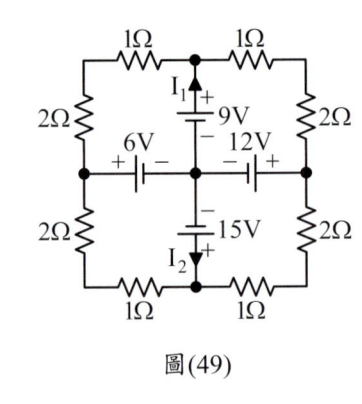

圖(49)

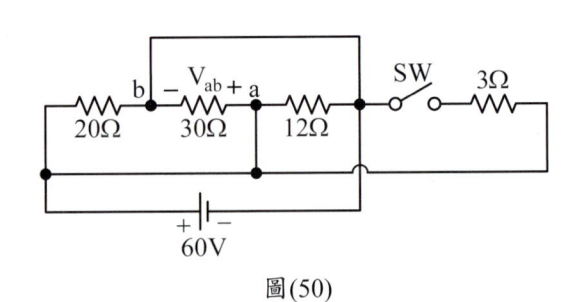

( )58. 如圖(50)所示之電路，當開關ＳＷ打開（off）時之a、b兩端電壓$V_{ab(off)}$與ＳＷ閉合（on）時之a、b兩端電壓$V_{ab(on)}$之關係為何？
(A)$V_{ab(off)} = 12V_{ab(on)}$ (B)$V_{ab(off)} = 4.5V_{ab(on)}$
(C)$V_{ab(off)} = V_{ab(on)}$ (D)$V_{ab(off)} = 0.5V_{ab(on)}$
[108年統測]

圖(50)

( )59. 某甲以節點電壓法解如圖(51)之直流電路時，列出之方程式如下：
$\frac{21}{10}V_1 - \frac{1}{10}V_2 - V_3 = I_1$、$-\frac{1}{10}V_1 + \frac{12}{10}V_2 - \frac{1}{10}V_3 = I_2$、$-V_1 - \frac{1}{10}V_2 + \frac{21}{10}V_3 = I_3$，
則下列何者正確？
(A)$I_1 = -10A$ (B)$I_2 = 1A$ (C)$I_3 = 10A$ (D)$I_1 + I_2 + I_3 = -1A$
[統測]

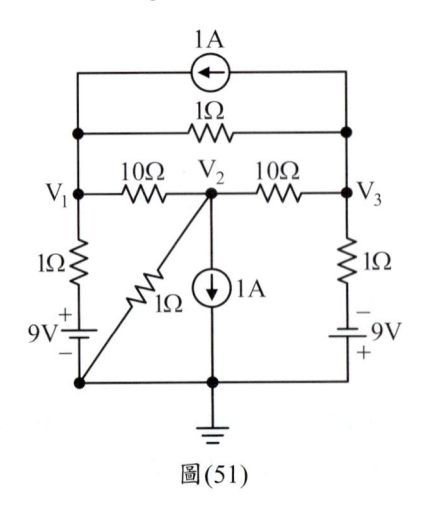

圖(51)

直流網路分析

( )60. 如圖(52)所示之電路，試求節點電壓 V_a 為何？
(A)6V (B)8V (C)10V (D)15V [105年統測]

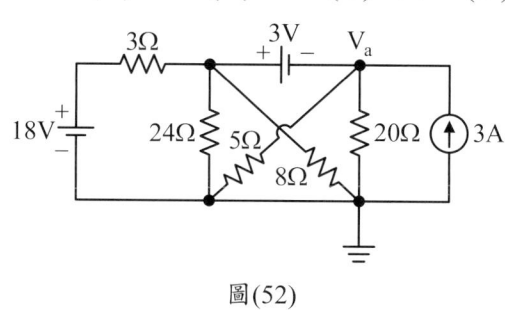

圖(52)

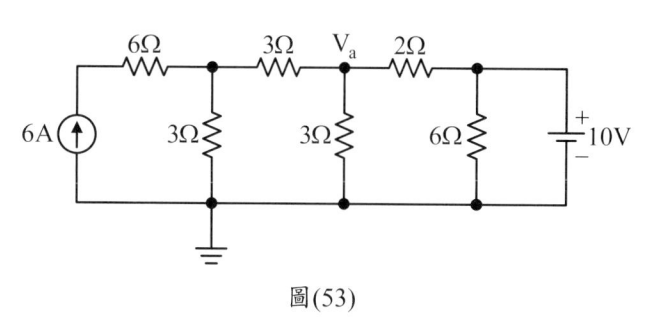

圖(53)

( )61. 如圖(53)所示，V_a 為何？ (A)8V (B)10V (C)12V (D)16V [106年統測]

( )62. 如圖(54)，試求 V_X 為多少伏特？ (A)−3V (B)−4V (C)−5V (D)−6V

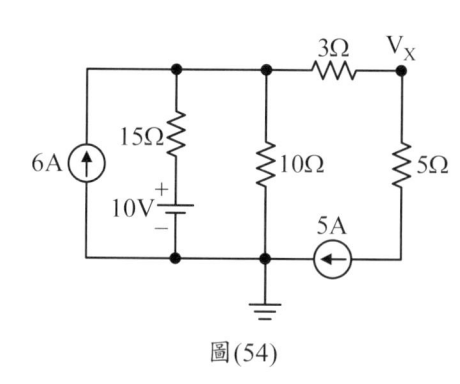

圖(54)

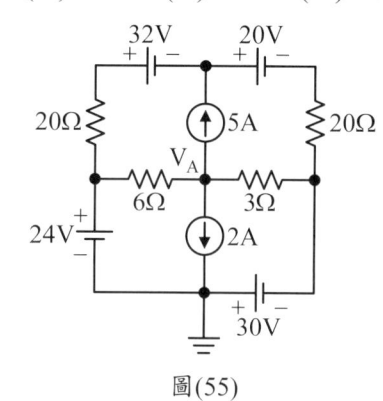

圖(55)

( )63. 如圖(55)所示電路，試求 V_A 為多少伏特？
(A)30V (B)26V (C)−30V (D)−26V

( )64. 如圖(56)所示之電路，試求電流 I_1、I_2 各為多少？
(A)$I_1 = 2\text{ A}$，$I_2 = -2\text{ A}$
(B)$I_1 = 4\text{ A}$，$I_2 = 2\text{ A}$
(C)$I_1 = 6\text{ A}$，$I_2 = 5\text{ A}$
(D)$I_1 = 8\text{ A}$，$I_2 = 8\text{ A}$ [107年統測]

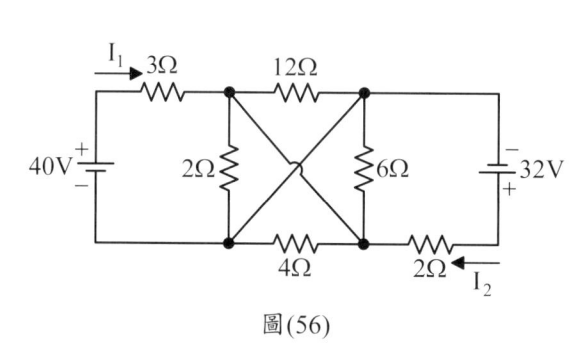

圖(56)

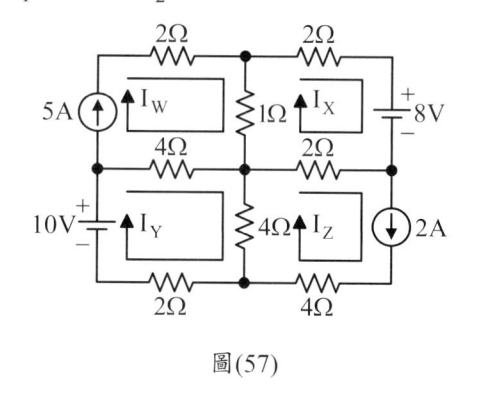

圖(57)

( )65. 圖(57)中，則下列選項何者錯誤？
(A)$I_W = 5\text{A}$ (B)$I_X = 0.2\text{A}$ (C)$I_Y = 3.6\text{A}$ (D)$I_Z = 2\text{A}$

( )66. 圖(58)中，則下列選項何者錯誤？
(A)$I_1 = 0.875\text{A}$
(B)$I_2 = 0.625\text{A}$
(C)$I_3 = 2.25\text{A}$
(D)三個迴路電流中有一個迴路電流的實際方向為逆時針方向

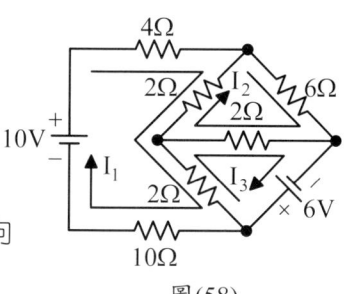

圖(58)

基本電學含實習 絕殺講義

( )67. 如圖(59)所示之電路，試求節點電壓V_1為何？
(A)10V (B)12V (C)16V (D)18V
[107年統測]

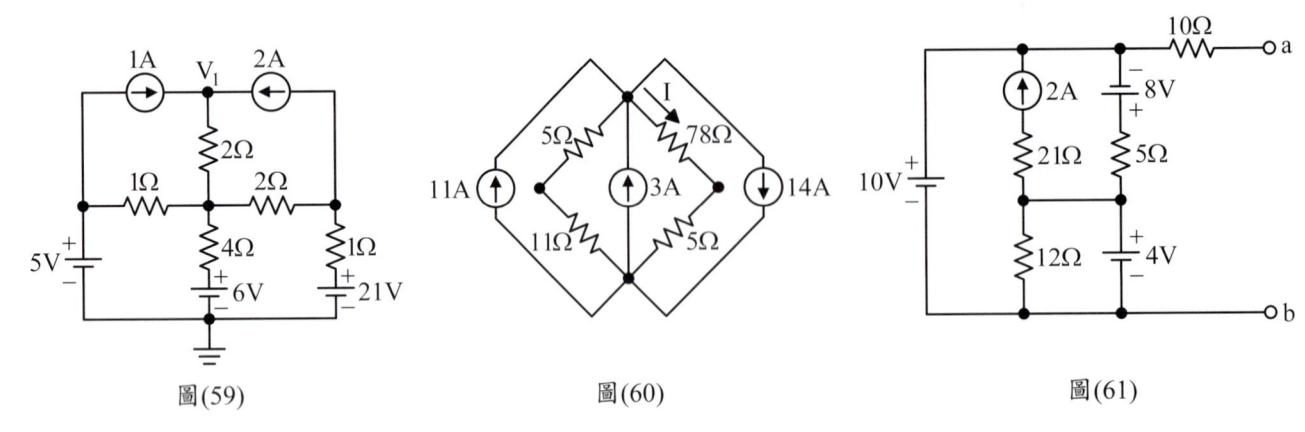

圖(59)

圖(60)

圖(61)

( )68. 圖(60)中，試求電流I？ (A)0A (B)1A (C)2A (D)3A

( )69. 試求圖(61)中的戴維寧等效電壓E_{th}以及等效電阻R_{th}分別為何？
(A)$E_{th} = 20V$；$R_{th} = 15\Omega$ (B)$E_{th} = 20V$；$R_{th} = 10\Omega$
(C)$E_{th} = 10V$；$R_{th} = 10\Omega$ (D)$E_{th} = 10V$；$R_{th} = 5\Omega$

( )70. 如圖(62)所示，試求通過電阻25Ω的電流為何？
(A)0.1A (B)0.2A (C)0.3A (D)0.4A

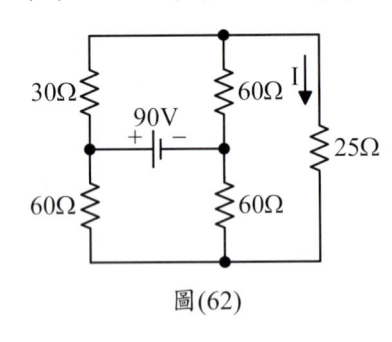

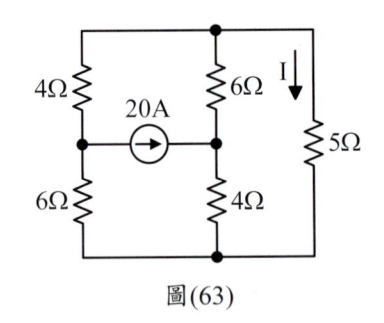

圖(62)

圖(63)

( )71. 如圖(63)所示，試求通過電阻5Ω的電流為何？
(A)−2A (B)2A (C)−4A (D)4A

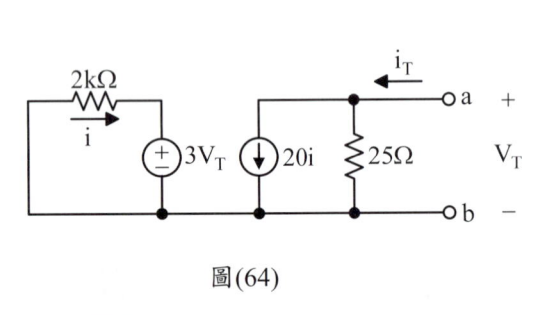

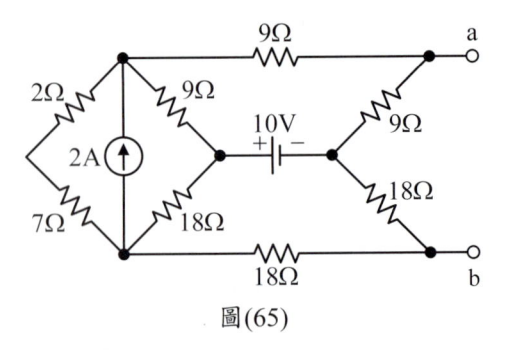

( )72. 如圖(64)電路所示，其戴維寧等效電阻R_{ab}為
(A)25Ω (B)100Ω (C)1kΩ (D)2kΩ
[統測]

圖(64)

圖(65)

( )73. 如圖(65)所示之電路，則a、b兩端之戴維寧等效電阻R_{ab}為何？
(A)15Ω (B)18Ω (C)20Ω (D)25Ω
[107年統測]

( )74. 如圖(66)所示電路,下列敘述何者正確?
(A)2.5A電流源供應5W功率
(B)12V電壓源供應10W功率
(C)$V_x = 12$ V
(D)四個電阻共消耗40W功率 [109年統測]

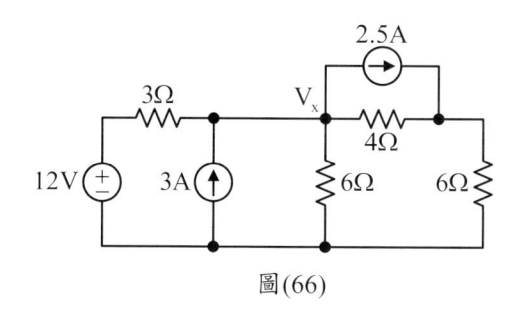

圖(66)

( )75. 圖(67)中,若諾頓等效電流$I_N = a \cdot X + b \cdot Y$,試求$8a + 8b = ?$
(A)4 (B)5 (C)6 (D)8

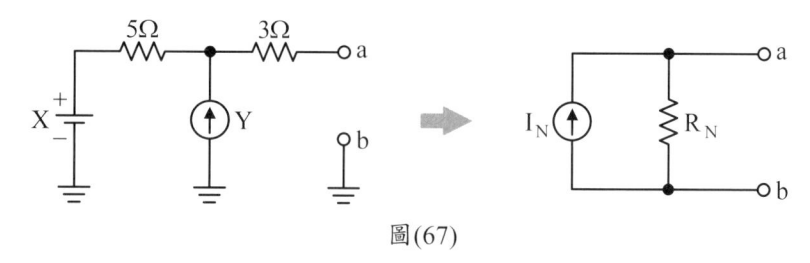

圖(67)

( )76. 如圖(68)所示,若電阻2Ω通過1.5A的電流,則電阻R為多少?
(A)5Ω (B)6Ω (C)7Ω (D)8Ω

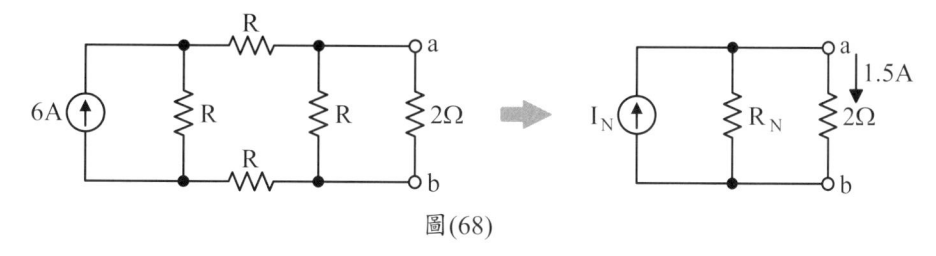

圖(68)

( )77. 如圖(69)所示之電路,R_D為限流電阻,若R_L兩端短路時,流經R_D之電流限制不得超過1mA,則下列選項中滿足前述條件之最小R_D值為何?
(A)8kΩ (B)10kΩ (C)12kΩ (D)14kΩ [統測]

圖(69)   圖(70)

( )78. 如圖(70)所示電路,$R_1 = 2$Ω、$R_2 = R_3 = R_7 = 12$Ω、$R_4 = 10$Ω、$R_5 = 4$Ω、$R_6 = 6$Ω,下列敘述何者正確?
(A)$I_1 + I_2 + I_3 = 3$ A
(B)R_3所消耗的功率為9W
(C)$V_x = 6$ V
(D)由a、b兩端所看入之諾頓(Norton)等效電流為6A [109年統測]

( )79. 如圖(71)所示之電路，欲得電阻R之最大轉移功率P，則(R，P)為何？
(A)$(\frac{30}{7}\Omega, \frac{1}{220}W)$ (B)$(\frac{40}{7}\Omega, \frac{1}{240}W)$ (C)$(\frac{30}{7}\Omega, \frac{1}{260}W)$ (D)$(\frac{40}{7}\Omega, \frac{1}{280}W)$ [統測]

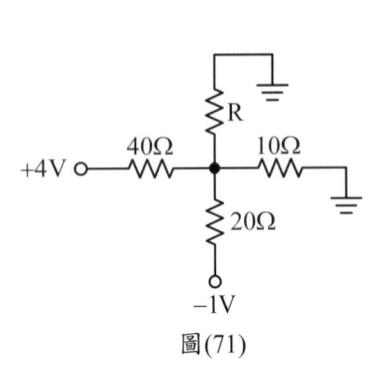

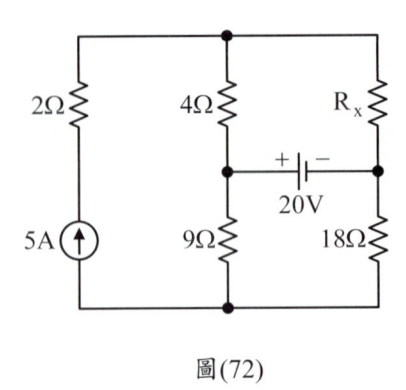

圖(71)　圖(72)

( )80. 如圖(72)所示之電路，求R_x為多少時可由電源獲得最大功率及所獲得的最大功率P_{max}為何？
(A)$R_x = 4\Omega, P_{max} = 100W$
(B)$R_x = 10\Omega, P_{max} = 100W$
(C)$R_x = 4\Omega, P_{max} = 120W$
(D)$R_x = 10\Omega, P_{max} = 120W$ [108年統測]

最近統測試題

( )81. 如圖(73)所示，則a、b二端看入之戴維寧等效電阻為何？
(A)1Ω (B)2Ω (C)4Ω (D)6Ω [4-5][110年統測]

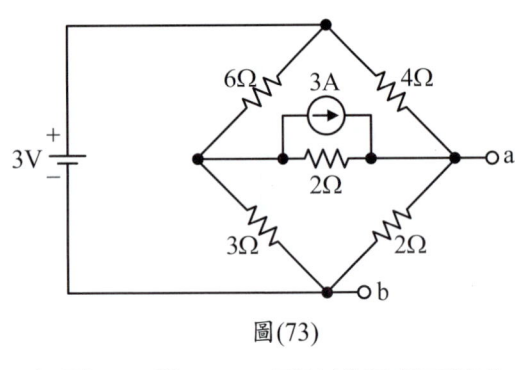

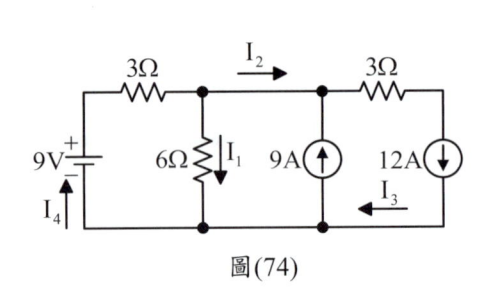

圖(73)　圖(74)

( )82. 如圖(74)所示，下列敘述何者正確？
(A)$I_1 = 12A$ (B)$I_2 = 9A$ (C)$I_3 = 6A$ (D)$I_4 = 3A$ [4-1][110年統測]

( )83. 如圖(75)所示，I_1、I_2及I_3分別為三個迴圈電路的電流，則下列敘述何者正確？
(A)$I_1 = 2A$ (B)$I_2 = 1A$ (C)$I_1 = -1A$ (D)$I_2 = -2A$ [4-3][110年統測]

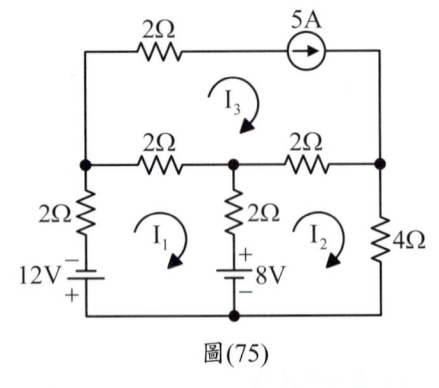

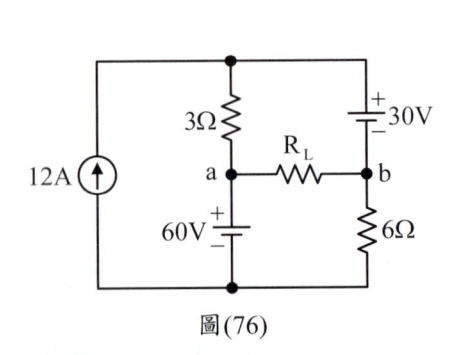

圖(75)　圖(76)

( )84. 如圖(76)所示，若R_L可獲得最大功率，則最大功率值為何？
(A)16W (B)32W (C)48W (D)64W [4-7][110年統測]

(　　)85. 如圖(77)所示電路，電流 I 為何？
(A)1mA　(B)3mA　(C)5mA　(D)6mA

[4-1][111年統測]

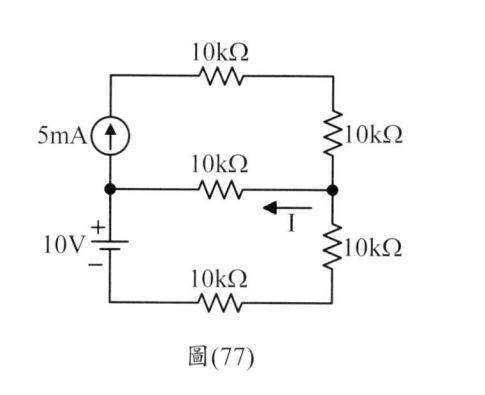

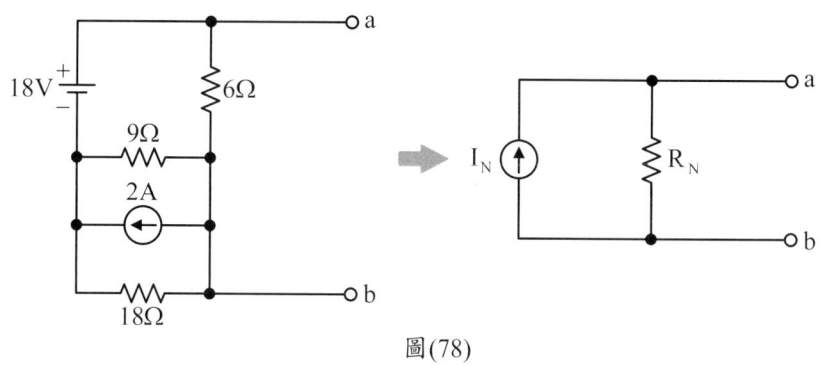

圖(77)

圖(78)

(　　)86. 如圖(78)示電路，由 a、b 兩端看入之諾頓等效電流源 I_N 及等效電阻 R_N 分別為何？
(A)$I_N = 5\,A$，$R_N = 3\,\Omega$　　　　(B)$I_N = 5\,A$，$R_N = 6\,\Omega$
(C)$I_N = 2\,A$，$R_N = 3\,\Omega$　　　　(D)$I_N = 2\,A$，$R_N = 6\,\Omega$

[4-6][111年統測]

實習專區

（ ▶ 表示提供影音解題）

( )1. 如圖(1)所示之電路，負載R_L可消耗最大功率為下列何者？
(A)4W (B)8W (C)16W (D)32W
[電子統測]

圖(1)

圖(2)

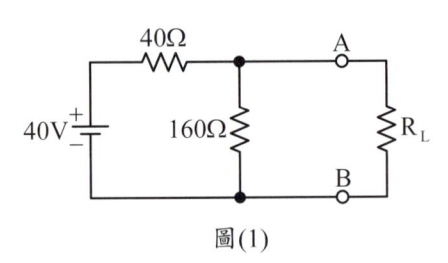

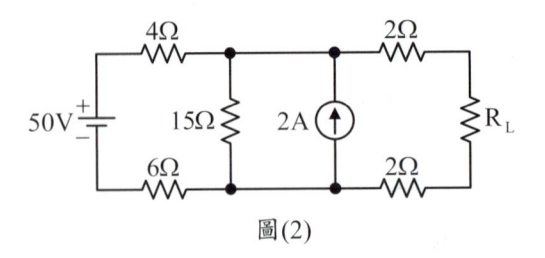

( )2. 欲使圖(2)中的R_L有最大功率轉移，則R_L電阻值為何？
(A)4Ω (B)6Ω (C)10Ω (D)14Ω
[電機統測]

▶( )3. 如圖(3)所示之電路，若$V_{s1} = 100\ V$，$V_{s2} = 20\ V$。請問流經8Ω電阻的電流I應為何？
(A)0A (B)1A (C)2A (D)2.5A
[電機統測]

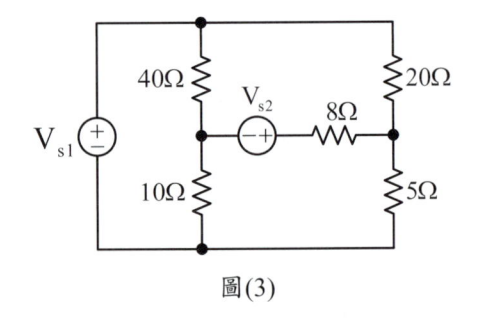

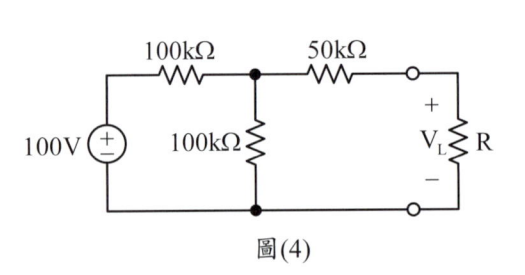

圖(3)

圖(4)

( )4. 如圖(4)所示，當負載電阻R可自電源處獲得最大功率時，則電壓V_L應為何？
(A)62.5V (B)50V (C)37.5V (D)25V
[電機統測]

( )5. 如圖(5)所示電路，電阻值R_L為何時有最大功率？
(A)12Ω (B)20Ω (C)24Ω (D)4Ω
[102年電機統測]

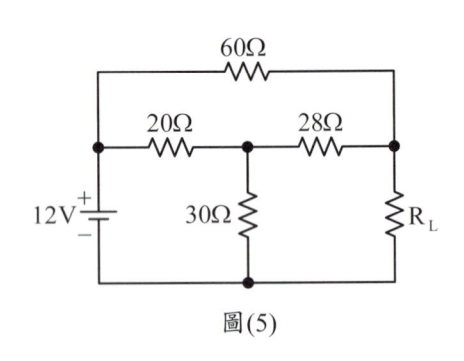

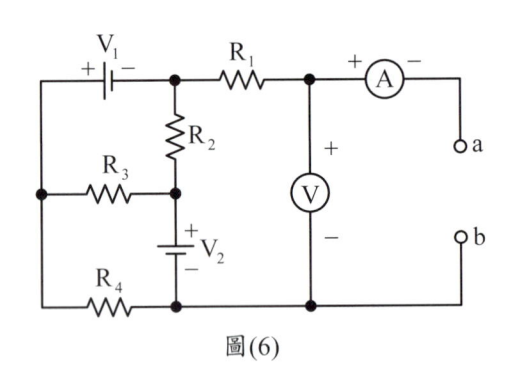

圖(5)

圖(6)

▶( )6. 如圖(6)所示之電路，其中Ⓥ為理想的直流電壓表，Ⓐ為理想的直流電流表，$R_2 = R_3 = R_4 = 10\ Ω$，Ⓥ之讀值為10V。當a、b兩端短路時Ⓐ之讀值為1A，則下列敘述何者正確？
(A)a、b兩端之戴維寧等效電阻為5Ω
(B)a、b兩端之諾頓等效電阻為10Ω
(C)R_1電阻為5Ω
(D)R_1電阻為10Ω
[103年電機統測]

( )7. 如圖(7)所示之電路，為使電阻R_L獲得最大功率，則下列敘述何者正確？
(A)電阻R_L為16Ω
(B)電阻R_L為12Ω
(C)電阻R_L為10Ω
(D)電阻R_L為8Ω
[103年電機統測]

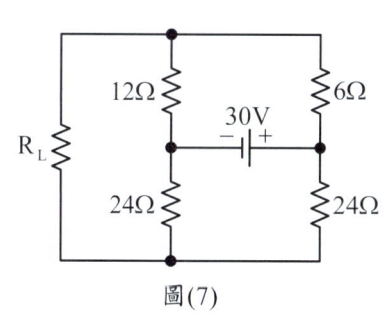

( )8. 某一直流電路有a與b兩端點，用直流電壓表量測a與b兩端點之電壓為10V，用直流電流表量測a與b兩端點之電流為1A，若在a與b兩端點並聯兩個電阻R，則R值為多少時，其消耗功率最大？ (A)10Ω (B)20Ω (C)30Ω (D)40Ω
[104年電機統測]

( )9. 如圖(8)所示電路，若a、b兩端短路時測得短路電流為5A，a、b兩端測得開路電壓為20V。當a、b兩端連接負載時，則負載可獲得之最大功率值為何？
(A)25W (B)50W (C)100W (D)150W
[105年電機統測]

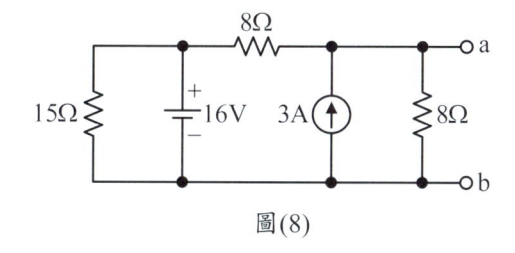

圖(8)

( )10. 如圖(9)所示之電路，當開關S閉合時電流表AM讀值為4A，當開關S打開時電壓表VM讀值為12V，若R＝2Ω，則下列敘述何者正確？
(A)開關S閉合時電壓表讀值為8V
(B)開關S閉合時電壓表讀值為12V
(C)直流電路之戴維寧等效電阻為2Ω
(D)直流電路之戴維寧等效電阻為4Ω
[106年電機統測]

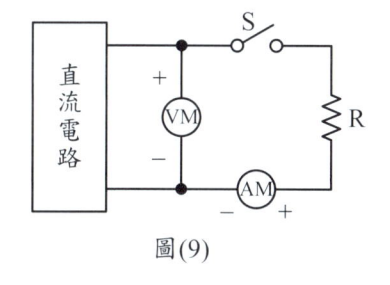

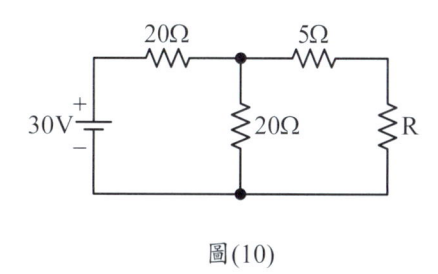

圖(9)　　圖(10)

( )11. 如圖(10)所示之電路，若電阻R可獲得最大功率，則R值為何？
(A)45Ω (B)25Ω (C)15Ω (D)10Ω
[107年電機統測]

( )12. 有三個電路如圖(11)所示，其中Ⓐ為電流表。若(a)電路的電流表指示值為1A；改接成(b)電路後，其電流表指示值為3A；再改接成(c)電路，則其電流表指示值為何？
(A)4A (B)3A (C)2A (D)1A
[108年電機統測]

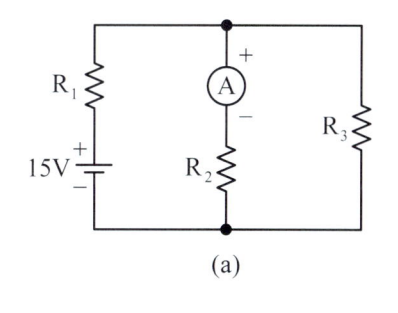

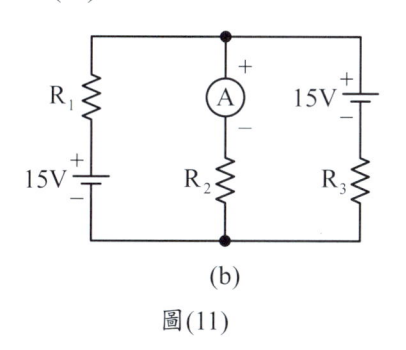

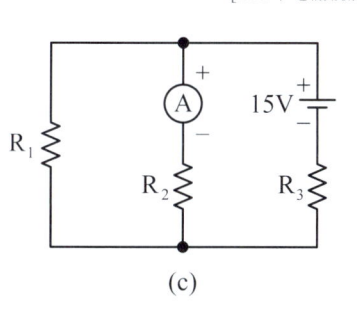

圖(11)

( )13. 如圖(12)所示，以電壓表測得a、b兩端的電壓為12V，以電流表接於a、b兩端時的指示值為3A。現若將一4Ω的電阻接於a、b兩端，則此電阻兩端電壓及消耗功率大小為何？
(A)6V、9W　　(B)6V、12W
(C)9V、9W　　(D)9V、12W　　[108年電機統測]

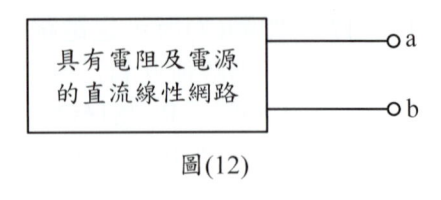

( )14. 如圖(13)所示電路，其中 $E = 30\ V$，$I_b = 2\ A$，$R_a = 2\ \Omega$，流過電阻 R_a 之電流為何？
(A)0.8A　(B)1.6A　(C)2.4A　(D)2.8A　　[109年電機統測]

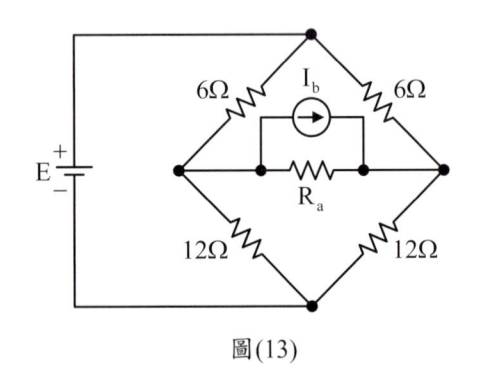

圖(13) 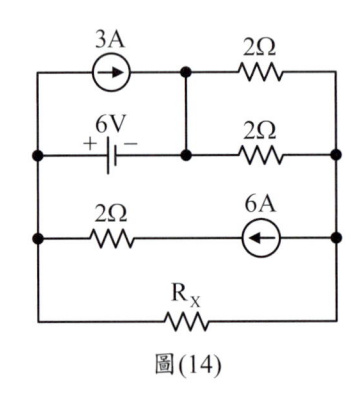　　圖(14)

( )15. 如圖(14)所示電路，若 R_X 可獲得最大功率 P_{max}，則 R_X 及 P_{max} 各為何？
(A) $R_X = 1\ \Omega$；$P_{max} = 36\ W$
(B) $R_X = 3\ \Omega$；$P_{max} = 12\ W$
(C) $R_X = 1\ \Omega$；$P_{max} = 6\ W$
(D) $R_X = 3\ \Omega$；$P_{max} = 6\ W$　　[109年電機統測]

( )16. 如圖(15)引擎起動電路，Ⓜ為引擎起動馬達，當開關S閉合起動引擎時電流表Ⓐ讀值為100A、電壓表Ⓥ讀值為10.9V，當開關S斷開時電壓表讀值為12.9V，則車用電池之戴維寧等效電壓與電阻分別為何？
(A)12.9V，0.02Ω
(B)10.9V，0.02Ω
(C)12.9V，0.2Ω
(D)10.9V，0.2Ω　　[110年電機統測]

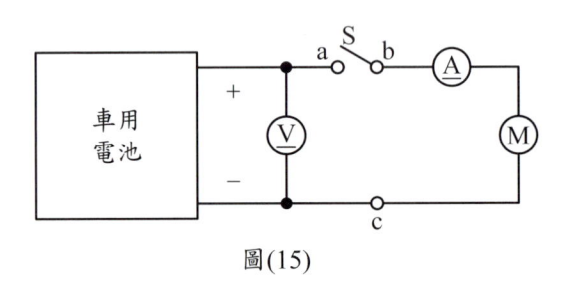

圖(15)

直流網路分析

模擬演練

（💡 思考題、♠ 創意題、✤ 特殊題）
（▶ 表示提供影音解題）

( ) 1. 如圖(1)所示電路，下列敘述何者正確？
①$V_a = 10V$ ②$V_b = 5V$ ③$I_1 = 3A$ ④$I_2 = 2A$ ⑤$I_3 = 2A$ ⑥$I_4 = 1A$
(A)①③⑤ (B)②④⑥ (C)①③⑥ (D)②④⑤

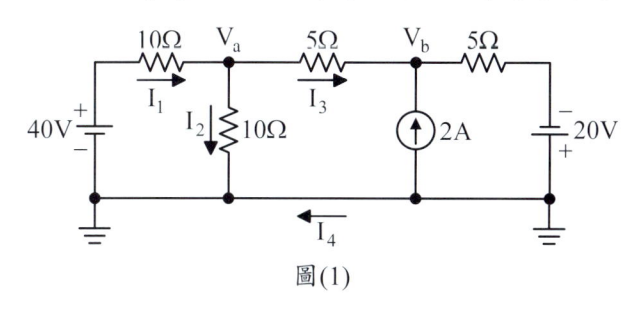

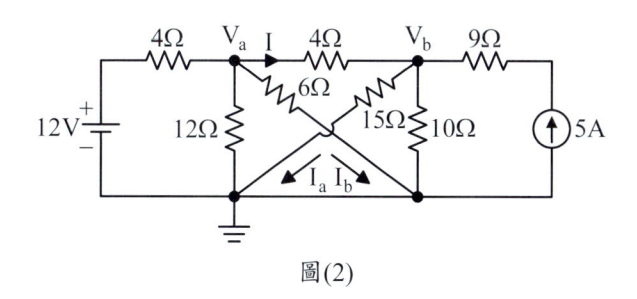

圖(1)

圖(2)

( ) 2. 如圖(2)所示電路，下列敘述何者正確？
①$V_a = 8V$ ②$V_b = 18V$ ③$I_a = 1.2A$ ④$I_b = 1.5A$
(A)①③ (B)②④ (C)②③ (D)①④

( ) 3. 電路的計算中，哪些值不可以直接使用重疊定理？
(A)電壓 (B)電流 (C)功率 (D)以上皆可

( ) 4. 如圖(3)所示為直流電路，其迴路分析之方程式如下：
$$\begin{cases} I_1 : 6I_1 - 3I_2 - I_3 = 16 \\ I_2 : -3I_1 + 12I_2 - 4I_3 = 4 \\ I_3 : -I_1 - 4I_2 + 7I_3 = -14 \end{cases}$$
試求$R_1 + R_2 + R_3 + R_4 + R_5$的電阻和係數為何？
(A)10 (B)15 (C)20 (D)25

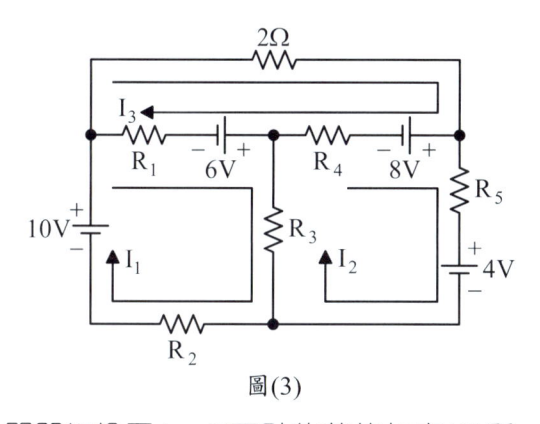

圖(3)

( ) 5. 如圖(4)所示，若電壓錶及電流錶為理想，切換開關切換至A、B兩點的數值如表(1)所示，若在直流線性電路串接一個電阻R，可以使該電阻R獲得最大功率轉移，則該電阻R的最大功率為何？
(A)16W (B)32W (C)48W (D)52W

圖(4)

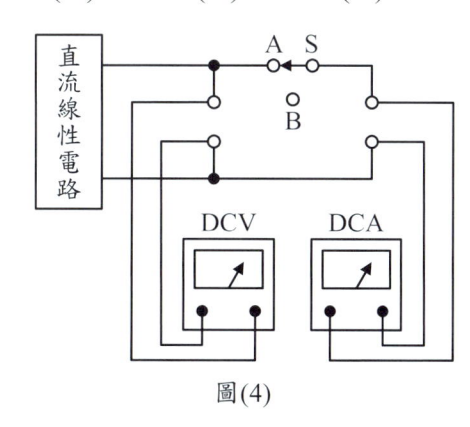

表(1)

指示值＼位置	A點	B點
DCV指示值	0V	24V
DCA指示值	8A	0A

( )6. 佐助在進行圖(5)電路實驗時，得到表(2)的數據，則下列敘述何者正確？（若電阻R_2不得開路）
①E = 90V　　②$R_1 = 9\Omega$
③負載電阻$R_L = 10\Omega$時V = 10V　　④負載電阻$R_L = 10\Omega$時I = 2A
(A)①③　(B)②④　(C)②③　(D)①④

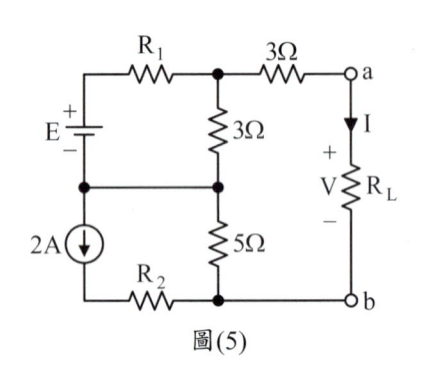

表(2)

負載電阻R_L	負載電壓V	負載電流I
0	0	2A
∞	20V	0
10Ω	?	?

圖(5)

( )7. 如圖(6)所示電路，下列敘述何者正確？
①$I_1 = 2.4A$　②$I_2 = 8.4A$　③$I_3 = 6A$　④V = 42V
(A)①②③　(B)①③④　(C)②③④　(D)①②④

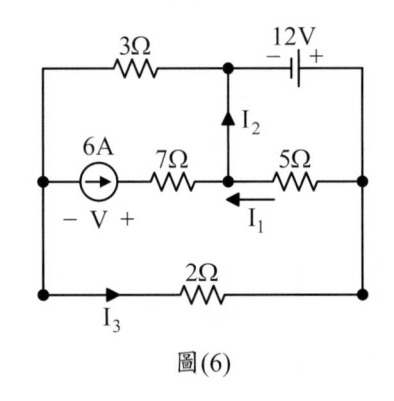

圖(6) 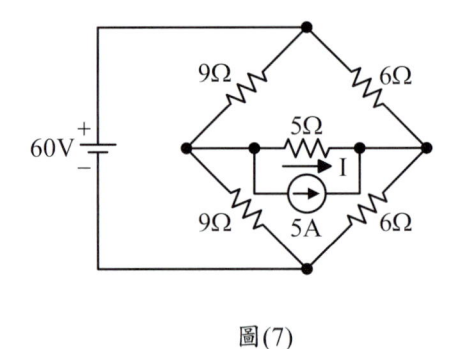　　圖(7) 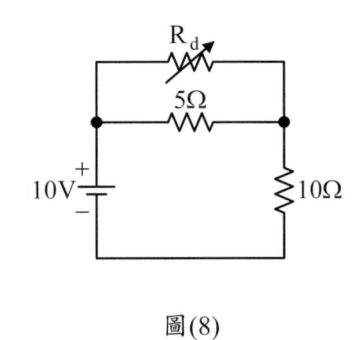　　圖(8)

( )8. 如圖(7)所示電路，試求電流I為多少安培？　(A)0A　(B)−1A　(C)−3A　(D)−5A

( )9. 如圖(8)所示，欲使電阻10Ω獲得最大功率，則可變電阻R_d宜調整為多少歐姆？
(A)10Ω　(B)5Ω　(C)3Ω　(D)0Ω

( )10. 如圖(9)所示之電路，魯夫在進行直流電路實驗時，測得a、b兩點間的開路電壓為16V，而a、b兩點間的短路電流為8A，則下列敘述何者正確？
①E = 16V　②E = 12V　③R = 3Ω　④負載R_L所獲得最大功率為32W
(A)①③　(B)②④　(C)②③④　(D)①②④

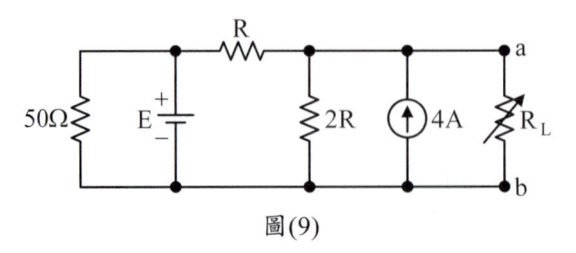

圖(9)

情境素養題

（ ▶ 表示提供影音解題）

▲ 閱讀下文，回答第1～2題

羅賓家裡有三台汽車分別是TOYOTA、Lexus及BENZ，她用12Ω排成家裡三輛汽車的品牌商標，如圖(1)所示，請問：

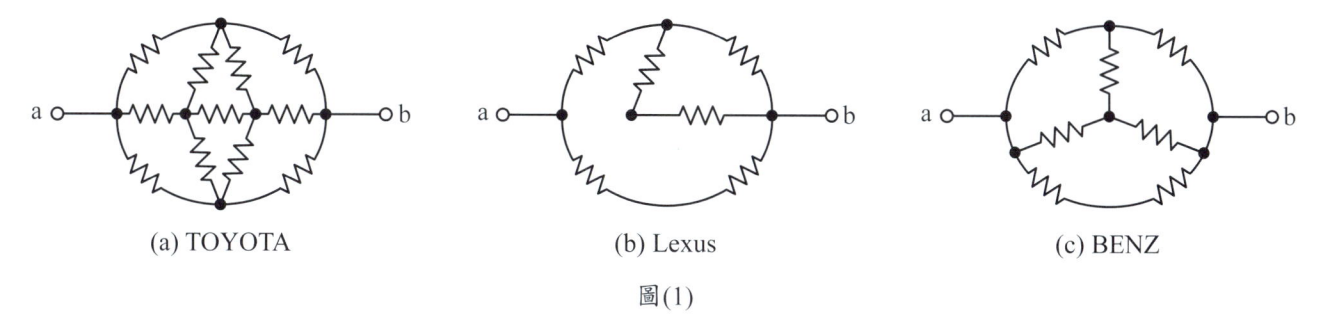

(a) TOYOTA　　(b) Lexus　　(c) BENZ

圖(1)

( )1. 哪個品牌的電阻R_{ab}最大？
(A)TOYOTA　(B)Lexus　(C)BENZ　(D)電阻皆相同

( )2. 哪個品牌的電阻R_{ab}最小？
(A)TOYOTA　(B)Lexus　(C)BENZ　(D)電阻皆相同

▲ 閱讀下文，回答第3～4題

宇智波鼬和宇智波佐助的忍者術科考試中，宇智波鼬不慎使用炎術過度，誤將隔壁漩渦鳴人的筆試測驗卷燒毀一處，如圖(2)所示，造成鳴人無法作答，試問：

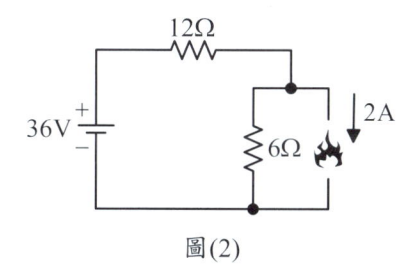

圖(2)

( )3. 若考慮燒毀處所造成之開路狀態，則電源電流為幾安培？
(A)1A　(B)2A　(C)3A　(D)4A

( )4. 試問燒毀處之元件，可能為
(甲)短路線　(乙)1A之電流源　(丙)2Ω之電阻　(丁)4V之電壓源
(A)甲、乙、丁　(B)乙、丙、丁　(C)甲、丙、丁　(D)丙、丁

4-51

解答

(＊表示附有詳解)

4-1立即練習一
1.B　2.D　3.A

4-1立即練習二
*1.B　*2.A　3.A　4.A　*5.A

4-2立即練習
*1.A　*2.A　*3.B　4.A　5.C

4-3立即練習
*1.A　*2.A　3.C　4.A

4-4立即練習
1.B　2.B　3.B

4-5立即練習
1.D　*2.D　3.B　4.B　5.C

4-6立即練習
1.A　*2.D　3.B　4.B　*5.D　*6.A

4-7立即練習
*1.A　2.A　3.C　4.C　*5.D　6.A　7.C

綜合練習
*1.D　*2.C　*3.A　*4.D　5.C　*6.B　7.A　*8.D　9.D　10.C
*11.B　*12.D　*13.A　*14.C　15.B　*16.A　*17.B　*18.A　*19.A　20.D
*21.C　22.D　23.A　24.A　25.D　*26.A　27.A　28.B　29.C　*30.C
*31.B　32.C　33.A　*34.A　35.A　36.D　37.C　*38.C　39.D　40.C
41.A　*42.B　43.D　*44.C　*45.A　46.B　*47.D　48.B　49.B　50.B
51.C　*52.D　53.B　54.D　55.B　56.D　*57.B　*58.C　*59.D　*60.C
61.A　62.C　*63.D　*64.D　*65.C　*66.D　67.C　*68.A　*69.C　*70.B
71.A　*72.B　*73.A　*74.A　75.C　*76.D　77.D　*78.D　*79.D　*80.A
*81.A　*82.D　*83.C　*84.B　*85.B　*86.A

實習專區
*1.B　*2.C　*3.B　*4.D　*5.C　*6.B　*7.A　*8.B　*9.A　*10.A
*11.C　*12.C　*13.A　*14.B　*15.A　*16.A

模擬演練
*1.A　*2.C　3.C　4.B　*5.C　*6.A　7.D　*8.C　9.D　*10.C

情境素養題
*1.B　2.C　*3.B　*4.D

CHAPTER 5 電容及靜電

本章學習重點

節名	常考重點	
5-1 電容器及電容量（含電荷守恆定律）	• 電容器的種類 • 電容量的計算 • 電荷守恆定律	★★★☆☆
5-2 電容器的串聯（含電容器的電壓平衡）	• 儲存的電荷與能量之計算 • 電容器的電壓平衡	★★★☆☆
5-3 電容器的並聯（含Y-Δ轉換及特殊電容網路）	• 儲存的電荷與能量之計算	★★★★★
5-4 電力線、電場、庫倫靜電定律	• 電力線的特性 • 庫倫靜電定律	★★★★☆
5-5 電場強度E與電通密度D	• 電場強度的計算 • 電通密度的計算	★★★★☆
5-6 電位能、電位與電位梯度（介質強度）	• 電荷作功之判斷與計算 • 電位梯度（介質強度）	★★☆☆☆

統測命題分析

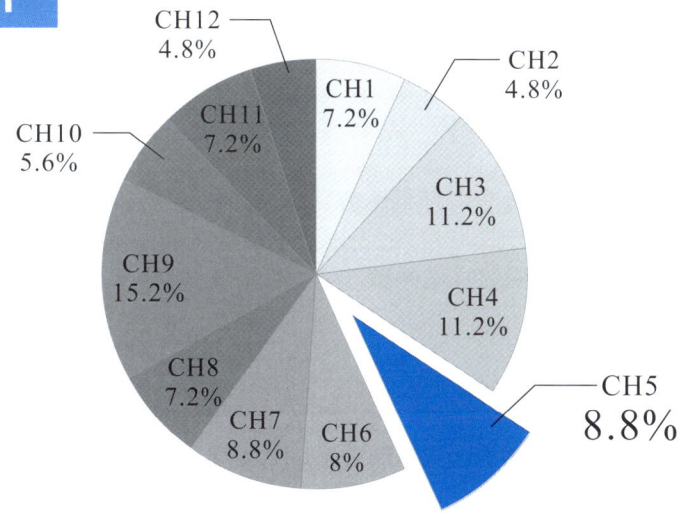

- CH1 7.2%
- CH2 4.8%
- CH3 11.2%
- CH4 11.2%
- CH5 8.8%
- CH6 8%
- CH7 8.8%
- CH8 7.2%
- CH9 15.2%
- CH10 5.6%
- CH11 7.2%
- CH12 4.8%

影音解題連結

5-1 電容器及電容量（含電荷守恆定律）

1. 電容器的符號：

   (a)固定電容器　(b)可變電容器　(c)電解質電容器　(d)半可變電容器

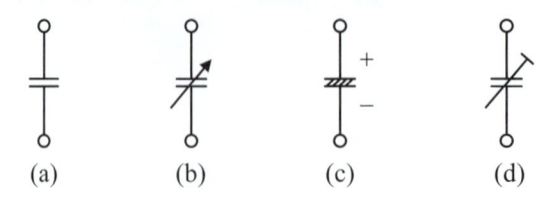

2. 電容器的單位：以法拉（F）表示。

3. 電容器的構造與介質：

   (1) 構造：電容器是以兩個平行導體極板，中間以不同介質隔開的儲能元件。

   (2) 介質種類：電解質、陶瓷、雲母、紙質、塑膠膜等。

4. 電容器表示法：

   (1) 直接表示：直接將**耐壓**、**極性**與**電容量**標示於外殼。

   (2) 數碼表示：（規則如下所示）

   $C = ab \times 10^c pF \pm d$
   - a：十位數的數值
   - b：個位數的數值
   - c：（乘冪）
   - d：誤差百分比

字母	J	K	M
誤差	5%	10%	20%

   註：可變電容器係運用轉軸的旋轉角度來改變**平行極板的有效面積**，進而改變電容量的大小。

5. 平行板電容器：

   (1) 電容器：兩金屬板填充絕緣材質，使其具有儲存電荷的能力，稱此元件為電容器。

   (2) 平行板電容器的電容量公式：

公式	名稱 單位	MKS制
$C = \varepsilon \cdot \dfrac{A}{d}$ $= \varepsilon_0 \cdot \varepsilon_r \cdot \dfrac{A}{d}$	C：電容量	法拉（F）
	ε：介電係數	$\varepsilon = \varepsilon_0 \cdot \varepsilon_r$
	ε_0：真空中介電係數	$\dfrac{1}{36\pi \times 10^9} \cong 8.85 \times 10^{-12}$（法拉／公尺）
	ε_r：相對介電係數	空氣或真空中 $\varepsilon_r = 1$
	d：極板間的距離	公尺（m）
	A：極板的截面積	平方公尺（m²）

   註：電容器端電壓 $V_C(t)$，與通過電容器電流 $I_C(t)$ 的關係：$I_C(t) = C \dfrac{\Delta V_C(t)}{\Delta t} = C \dfrac{dV_C(t)}{dt}$

   （其中 $\dfrac{\Delta V_C(t)}{\Delta t}$ 為斜率 m；$\dfrac{dV_C(t)}{dt}$ 為 $V_C(t)$ 對時間 t 的一次微分）

6. 電容量的定義與公式：

    (1) 定義：導體儲存電荷的能力。
    (2) 公式：$C = \dfrac{Q}{V}$

公式	名稱	單位 MKS制
$C = \dfrac{Q}{V}$ ($Q = C \cdot V$)	Q：電量	庫倫（C）
	C：電容量	法拉（F）
	V：電容器端電壓	伏特（V）

    註1：1庫倫（C）= 3×10^9 靜電庫倫（statC）；1伏特（V）= $\dfrac{1}{300}$ 靜電伏特（statV）。

    註2：外加電壓未移除（電容器端電壓不變）的情況，將空氣介質（$\varepsilon_r = 1$）改為其他介質（ε_r），則電容量C與電荷數Q皆變為原來的ε_r倍。

補充知識

電荷守恆定律（Law of charge conservation）

電容器當外加電源移除後，將空氣介質（$\varepsilon_r = 1$）改為其他介質（ε_r）（此時具有電荷守恆），則：

1. 電容器的**電荷量Q不變** → **電通量ψ不變** → **電通密度D不變** → **電場強度E變為$\dfrac{1}{\varepsilon_r}$倍**。
2. 電容器的電容量C變為原來的ε_r倍。
3. 電容器的端電壓V變為原來的$\dfrac{1}{\varepsilon_r}$倍。

---

7. 電容器的儲能與公式：

    (1) 儲能過程（電場方式儲能）：電容器在充電過程，因極板間的電荷逐漸累積，使得極板間的電位差逐漸增加，而**電荷量（Q）與電位差（V）之間為線性正比關係**（$Q = C \cdot V$）。

    斜率 $m = \dfrac{\Delta y}{\Delta x} = \dfrac{\Delta Q}{\Delta V} = C$

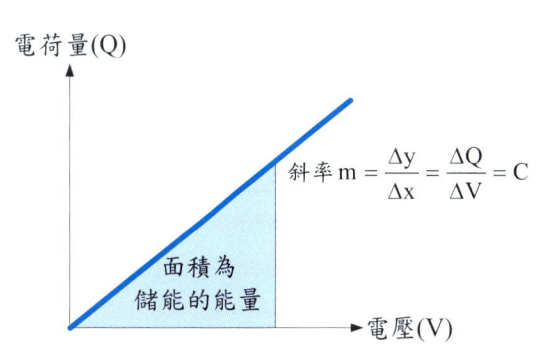

    面積為儲能的能量

    (2) 電容器的儲存能量（焦耳）及公式：（斜線下的三角形面積）

公式	名稱	單位 MKS制
$W = \dfrac{1}{2}QV$ $= \dfrac{1}{2}\dfrac{Q^2}{C} = \dfrac{1}{2}CV^2$	Q：電量	庫倫（C）
	C：電容量	法拉（F）
	V：電容器端電壓	伏特（V）
	W：電容器所儲存的能量	焦耳（J）

觀念是非辨正

1. （ ✗ ）電容器皆為交直流兩用。
2. （ ○ ）電容量（C）與極板面積（A）成正比與極板間距（d）成反比。

概念釐清

直流電解質電容器僅能用於直流電源。

老師教

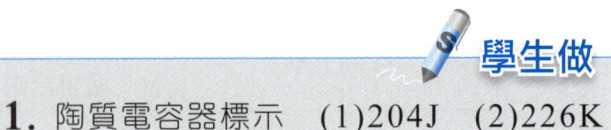

1. 陶質電容器標示 (1)104J (2)205M 時，電容器的容量分別為多少？

解 (1) $10 \times 10^4 \text{pF} \pm 5\% = 0.1\mu\text{F} \pm 5\%$

(2) $20 \times 10^5 \text{pF} \pm 20\% = 2\mu\text{F} \pm 20\%$

2. 陶質電容器的電容量為10μF±20%，其外觀標示的數值為何？

解 $10\mu\text{F} \pm 20\% = 10 \times 10^6 \text{pF} \pm 20\% \Rightarrow 106\text{M}$

3. 有一個電容器其電容量為20μF，端電壓為20V，試問該電容器儲存電荷？

解 $Q = CV = 20\mu \times 20 = 400\mu\text{C}$

4. 有一個電容器儲存電量120μC，端電壓為10V，試問該電容器的電容量？

解 $Q = CV \Rightarrow C = \dfrac{Q}{V} = \dfrac{120\mu}{10} = 12\mu\text{F}$

學生做

1. 陶質電容器標示 (1)204J (2)226K 時，電容器的容量分別為多少？

解

2. 陶質電容器的電容量為25nF±10%，其外觀標示的數值為何？

解

3. 有一個電容器其電容量為80nF，端電壓為15V，試問該電容器儲存電荷？

解

4. 有一個電容器儲存電量300nC，端電壓為12V，試問該電容器的電容量？

解

電容及靜電

5. 有一個25μF的電容器,端電壓為10V,試問該電容器所儲存的能量?

解 $W = \dfrac{1}{2}CV^2 = 0.5 \times 25\mu \times 10^2 = 1.25\text{mJ}$

5. 有一個25μF的電容器,儲存100μC的電荷量,試問該電容器所儲存的能量?

解

6. 一個100μF的平行板電容器,將極板面積減半,極板間距加倍,則此電容器的電容量變為多少?

解 $C \propto \dfrac{A}{d} \Rightarrow 100\mu F \times \dfrac{0.5}{2} = 25\mu F$

6. 一個80μF的平行板電容器,將極板面積加倍,極板間距減半,則此電容器的電容量變為多少?

解

7. 有一個平行板電容器,若相對介電係數 $\varepsilon_r = 5$,極板面積為0.2cm^2,極板間距為0.2cm,外加於12V的電壓,則 (1)電容量C (2)儲存電荷Q (3)儲存能量W 分別為何?

解
(1) $C = \varepsilon\dfrac{A}{d} = 8.85 \times 10^{-12} \times 5 \times \dfrac{0.2 \times 10^{-4}}{0.2 \times 10^{-2}}$
   $= 0.4425\text{pF}$
(2) $Q = CV = 0.4425 \times 10^{-12} \times 12 = 5.31\text{pC}$
(3) $W = \dfrac{1}{2}CV^2 = \dfrac{1}{2} \times (0.4425p) \times 12^2$
   $= 31.86\text{pJ}$

7. 有一個平行板電容器,若介電係數 $\varepsilon = 50$,極板面積為2cm^2,極板間距為1cm,外加於10V的電壓,則 (1)電容量C (2)儲存電荷Q (3)儲存能量W 分別為何?

解

8. 有一個外接10V的平行板空氣質電容器,電容量為60μF,若將介電材質改為陶瓷($\varepsilon_r = 5$),試求此時電容器的 (1)電容量C (2)電荷量Q?

解
(1) $C \propto \varepsilon_r \Rightarrow C' = 300\mu F$
(2) 電壓不變,$Q = CV = 300\mu \times 10 = 3\text{mC}$

8. 有一個外接18V的平行板陶瓷電容器($\varepsilon_r = 5$),電容量為80μF,若將介電材質改為空氣質,試求此時電容器的 (1)電容量C (2)電荷量Q?

解

9. 有一個外接65V的平行板空氣質電容器，電容量為10μF，若把電源移除後將介電材質改為雲母值（$\varepsilon_r = 6.5$），試求此時電容器的 (1)電容量C (2)電容器端電壓 (3)電荷量Q？

解 (1) $C \propto \varepsilon_r \Rightarrow C' = 10\mu F \times 6.5 = 65\mu F$

(2) 電荷守恆（Q）不變：$V' = \dfrac{65}{6.5} = 10V$

(3) $Q = CV$
$= \begin{cases} 10\mu \times 65 = 650\mu C \\ 65\mu \times 10 = 650\mu C \end{cases}$（前後守恆）

9. 有一個外接10V的平行板紙質電容器 $\varepsilon_r = 2.5$，電容量為60μF，若把電源移除後將介電材質改為空氣質，試求此時電容器的 (1)電容量C (2)電容器端電壓 (3)電荷量Q？

解

立即練習

( )1. 下列各種電容器何者在使用時需注意極性？
(A)陶質電容器 (B)紙質電容器 (C)雲母電容器 (D)電解質電容

( )2. 平行板電容器的電容量C：
(A)與極板面積A成反比，極板間距d成反比
(B)與極板面積A成正比，極板間距d成正比
(C)與極板面積A成正比，極板間距d成反比
(D)與極板面積A成反比，極板間距d成正比

( )3. 有一個100μF的平行板電容器，由50V充電至100V，則充電期間所儲存的電量為多少？ (A)1mC (B)2mC (C)3mC (D)5mC

( )4. 承上題，充電期間所儲存的能量為何？
(A)0.225J (B)0.375J (C)0.625J (D)0.875J

( )5. 一個陶質電容器上標示104J 50V，則此電容器之電容值為多少？
(A)104pF (B)10450pF (C)1.04μF (D)0.1μF
[統測]

5-2 電容器的串聯（含電容器的電壓平衡）

1. 總電容量：

    (1) **兩個電容器** $C_T = \dfrac{C_1 \times C_2}{C_1 + C_2}$

    (2) **三個以上電容器** $C_T = \dfrac{1}{\dfrac{1}{C_1} + \dfrac{1}{C_2} + \cdots + \dfrac{1}{C_n}}$（與電阻並聯同）

2. 總電壓：$V_T = V_1 + V_2 + \cdots + V_n$（克希荷夫電壓定律KVL）

3. 總電荷量：串聯電路中通過每個元件的電流 I 相同，故每個電容器所儲存的電荷量 Q 相同。$Q_T = Q_1 = Q_2 = \cdots = Q_n = C_T \times V_T = I \cdot t$

    註：本章的電荷方向皆以類似電流的方式標示以方便理解，實際上電容穩態時視為開路。

4. 電容器的**分壓定則**：

    (1) 兩個電容器的分壓：

    ① $V_1 = V_T \times \dfrac{C_2}{C_1 + C_2}$　　② $V_2 = V_T \times \dfrac{C_1}{C_1 + C_2}$　（其中 V_T：電源電壓）

    (2) 三個電容器以上的分壓：$V_n = V_T \times \dfrac{C_T}{C_n}$（其中 V_T：電源電壓；C_T：總電容量）

    （亦適用於兩個電容器的分壓）

5. 電容器的儲能：

    (1) $W_1 = \dfrac{1}{2} Q_T \cdot V_1 = \dfrac{1}{2} \dfrac{Q_T^2}{C_1} = \dfrac{1}{2} C_1 \cdot V_1^2$（焦耳）

    (2) $W_2 = \dfrac{1}{2} Q_T \cdot V_2 = \dfrac{1}{2} \dfrac{Q_T^2}{C_2} = \dfrac{1}{2} C_2 \cdot V_2^2$（焦耳）

    (3) $W_n = \dfrac{1}{2} Q_T \cdot V_n = \dfrac{1}{2} \dfrac{Q_T^2}{C_n} = \dfrac{1}{2} C_n \cdot V_n^2$（焦耳）

6. 電源電壓所提供的電能：（電源對電容所作之功）

    $W = Q_T \cdot V_T = C_T \cdot V_T^2 = \dfrac{Q_T^2}{C_T}$（焦耳）

7. n個電容器串聯運用：串聯時電荷量相同，故**總電荷量以工作規格較小者為基準**。

補充知識

具初始電壓的電容器串接後的平衡電壓

1. 極性相同（n個以上電容器分析亦同）

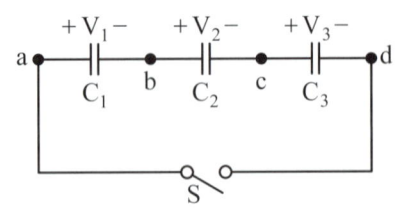

(1) 等效電路：

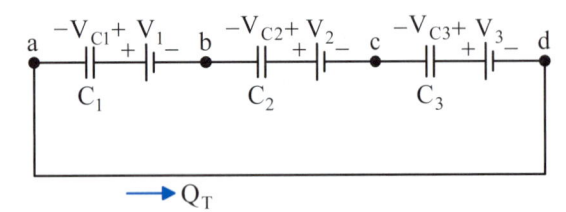

(2) $\begin{cases} V_1, V_2, V_3：開關 S 閉合前的初始電壓 \\ V_{C1}, V_{C2}, V_{C3}：開關 S 閉合後所造成的電容壓降 \end{cases}$

(3) 總電容量 $C_T = C_1 // C_2 // C_3$

(4) 總電荷量 $Q_T = C_T \times (V_1 + V_2 + V_3)$

(5) 端點電壓：（電容器平衡電壓）

$\begin{cases} V_{ab} = V_1 - V_{C1} = V_1 - \dfrac{Q_T}{C_1} \\ V_{bc} = V_2 - V_{C2} = V_2 - \dfrac{Q_T}{C_2} \\ V_{cd} = V_3 - V_{C3} = V_3 - \dfrac{Q_T}{C_3} \end{cases}$

2. 極性不同（n個以上電容器分析亦同）

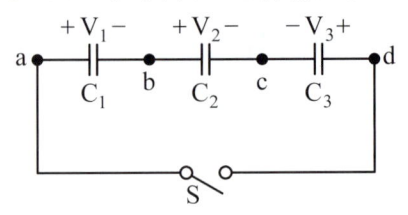

(1) 等效電路：（假設 $V_1 + V_2 > V_3$）

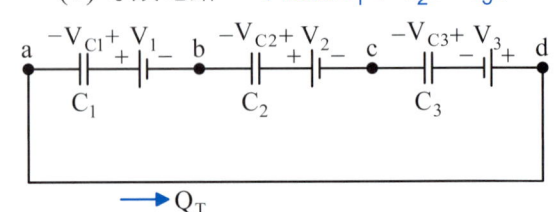

(2) $\begin{cases} V_1, V_2, V_3：開關 S 閉合前的初始電壓 \\ V_{C1}, V_{C2}, V_{C3}：開關 S 閉合後所造成的電容壓降 \end{cases}$

(3) 總電容量 $C_T = C_1 // C_2 // C_3$

(4) 總電荷量 $Q_T = C_T \times (V_1 + V_2 - V_3)$

(5) 端點電壓：（電容器平衡電壓）

$\begin{cases} V_{ab} = V_1 - V_{C1} = V_1 - \dfrac{Q_T}{C_1} \\ V_{bc} = V_2 - V_{C2} = V_2 - \dfrac{Q_T}{C_2} \\ V_{cd} = -V_3 - V_{C3} = -V_3 - \dfrac{Q_T}{C_3} \end{cases}$

觀念是非辨正

1. (○) 串聯電路中通過每個元件的電荷量皆相同。

2. (×) 串聯電路中電容量愈大，所分得的電壓愈大。

概念釐清

$Q = CV$，總電荷（Q）相同因此電容量（C）愈大所分得的電壓（V）愈小。

電容及靜電 CH 5

老師教

1. 試求下圖中 (1)總電容量C_T (2)總電荷量Q_T (3)端電壓V_1、V_2 (4)各電容器儲能W_1、W_2？

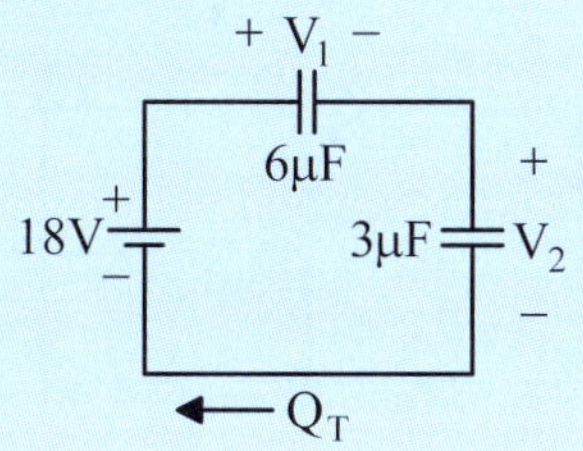

解 (1) $C_T = 6\mu F // 3\mu F = 2\mu F$

(2) $Q_T = C_T \times V = 2\mu F \times 18V = 36\mu C$

(3) $\begin{cases} V_1 = \dfrac{36\mu C}{6\mu F} = 6V \\ V_2 = \dfrac{36\mu C}{3\mu F} = 12V \end{cases}$

(4) $\begin{cases} W_1 = \dfrac{1}{2}CV^2 = \dfrac{1}{2} \times 6\mu \times 6^2 = 108\mu J \\ W_2 = \dfrac{1}{2}CV^2 = \dfrac{1}{2} \times 3\mu \times 12^2 = 216\mu J \end{cases}$

2. 開關閉合前 $C_1 = 20\mu F$、$C_2 = 30\mu F$、$V_1 = 20V$、$V_2 = 10V$，試求閉合後的V_1以及V_2？

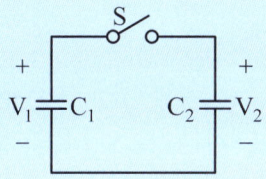

解

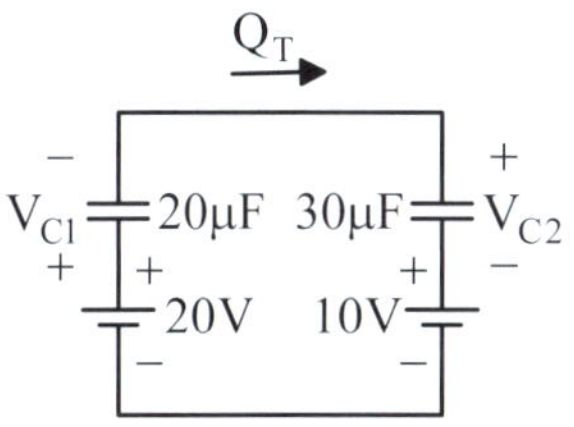

(1) $Q_T = (20V - 10V) \times (20\mu F // 30\mu F)$
$= 120\mu C$

(2) $\begin{cases} V_1 = 20 - \dfrac{120\mu C}{20\mu F} = 14V \\ V_2 = 10 + \dfrac{120\mu C}{30\mu F} = 14V \end{cases}$

學生做

1. 試求下圖中 (1)總電容量C_T (2)總電荷量Q_T (3)端電壓V_1、V_2 (4)各電容器儲能W_1、W_2？

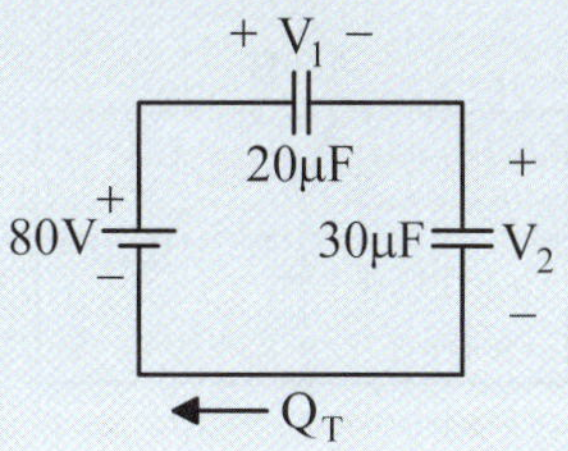

解

2. 開關閉合前 $C_1 = 6\mu F$、$C_2 = 3\mu F$、$V_1 = 25V$、$V_2 = -35V$，試求閉合後的V_1以及V_2？

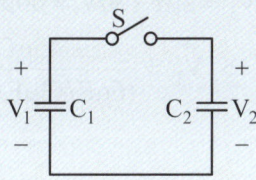

解

3. 下圖中，若電容器30μF未儲存電荷，當電容器20μF充飽電後，將開關由A切換至B後，試求電壓V為何？

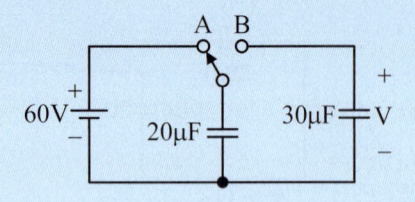

解 (1) $Q_T = 60V \times (20\mu F // 30\mu F) = 720\mu C$

(2) $V = \dfrac{720\mu C}{30\mu F} = 24V$

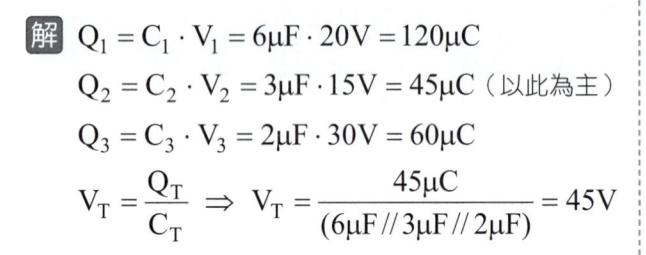

3. 下圖中，若電容器C_X未儲存電荷，當電容器6μF充飽電後，將開關由A切換至B後，電容器C_X的端電壓V降至30V，試求C_X？

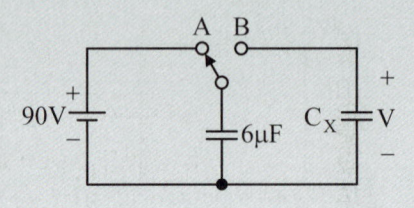

解

4. 已知$C_1 = 6\mu F$、$C_2 = 3\mu F$、$C_3 = 2\mu F$，耐壓分別為20V、15V、30V，將這三個電容器串聯後可外加的最大電壓為何？

解 $Q_1 = C_1 \cdot V_1 = 6\mu F \cdot 20V = 120\mu C$
$Q_2 = C_2 \cdot V_2 = 3\mu F \cdot 15V = 45\mu C$（以此為主）
$Q_3 = C_3 \cdot V_3 = 2\mu F \cdot 30V = 60\mu C$
$V_T = \dfrac{Q_T}{C_T} \Rightarrow V_T = \dfrac{45\mu C}{(6\mu F // 3\mu F // 2\mu F)} = 45V$

4. 已知$C_1 = 20\mu F$、$C_2 = 30\mu F$、$C_3 = 24\mu F$，耐壓分別為20V、18V、20V，將這三個電容器串聯後可外加的最大電壓為何？

解

ABCD 立即練習

( )1. $C_1 = 20\mu F$、$C_2 = 30\mu F$、$C_3 = 12\mu F$之三電容器串聯後接入100V之直流電源，則各電容器之端電壓為
(A)$V_1 = 30V$；$V_2 = 20V$；$V_3 = 50V$　(B)$V_1 = 30V$；$V_2 = 50V$；$V_3 = 20V$
(C)$V_1 = 40V$；$V_2 = 10V$；$V_3 = 50V$　(D)$V_1 = 10V$；$V_2 = 50V$；$V_3 = 40V$

( )2. 一個2法拉的電容器，儲存了10庫倫的電荷，試問該電容器儲存了多少能量？
(A)10J　(B)20J　(C)25J　(D)50J

( )3. 有一個100μF的電容器接上200V的電壓，求該電容器所儲存的能量為何？
(A)0.01J　(B)0.02J　(C)0.2J　(D)2J

( )4. 將三個電容器$C_1 = 90\mu F$、$C_2 = 180\mu F$、$C_3 = 30\mu F$串聯後，接上電源電壓60V，則下列選項，何者錯誤？
(A)總電容量為20μF
(B)電容器180μF儲存的電荷為1200μC
(C)電容器30μF的端電壓為40V
(D)電容器90μF儲存能量為8μJ

( )5. 有三個電容器容量比分別為$C_1 : C_2 : C_3 = 1 : 2 : 3$，將三個電容器串接於某直流電源，則三個電容器所儲存的能量比$W_{C1} : W_{C2} : W_{C3}$為何？
(A)1 : 2 : 3　(B)3 : 2 : 1　(C)6 : 3 : 2　(D)2 : 3 : 6

5-3　電容器的並聯（含Y-△轉換及特殊電容網路）

1. 總電容量：
$$C_T = C_1 + C_2 + C_3 + \cdots\cdots + C_n$$

2. 端電壓：所有元件端電壓皆相同，
$$V_{C1} = V_{C2} = V_{C3} = \cdots\cdots = V_{Cn} = V_T$$
（端電壓等於電源電壓）。

3. 總電荷量：$\sum Q_i = \sum Q_o \Rightarrow Q_T = Q_1 + Q_2 + Q_3 + \cdots\cdots + Q_n$，符合克希荷夫電流定律（KCL）。

註：本章的電荷方向皆以類似電流的方式標示以方便理解，實際上電容穩態時視為開路。

4. 電容器的**電荷分流定則**：

$$\begin{cases} Q_1 = C_1 \times V_T = C_1 \times \dfrac{Q_T}{C_T} = Q_T \times \dfrac{C_1}{C_1 + C_2 + C_3 + \cdots\cdots + C_n} \\ Q_2 = C_2 \times V_T = C_2 \times \dfrac{Q_T}{C_T} = Q_T \times \dfrac{C_2}{C_1 + C_2 + C_3 + \cdots\cdots + C_n} \\ Q_n = C_n \times V_T = C_n \times \dfrac{Q_T}{C_T} = Q_T \times \dfrac{C_n}{C_1 + C_2 + C_3 + \cdots\cdots + C_n} \end{cases}$$

5. 電容器的儲能：

   (1) $W_1 = \frac{1}{2}Q_1 \cdot V_T = \frac{1}{2}\frac{Q_1^2}{C_1} = \frac{1}{2}C_1 \cdot V_T^2$（焦耳）

   (2) $W_2 = \frac{1}{2}Q_2 \cdot V_T = \frac{1}{2}\frac{Q_2^2}{C_2} = \frac{1}{2}C_2 \cdot V_T^2$（焦耳）

   (3) $W_n = \frac{1}{2}Q_n \cdot V_T = \frac{1}{2}\frac{Q_n^2}{C_n} = \frac{1}{2}C_n \cdot V_T^2$（焦耳）

6. 電源電壓所提供的電能：（電源對電容器所作之功）

   $W = Q_T \cdot V_T = C_T \cdot V_T^2 = \frac{Q_T^2}{C_T}$（焦耳）

7. n個電容器並聯運用：並聯時電壓相同，故選用**電壓應以工作規格較小者為基準**。

補充知識

電容器的 Y ↔ Δ 轉換

1. 運用：$X_C = \frac{1}{\omega C} \Rightarrow X_C \propto \frac{1}{C}$

2. 公式與電阻相同：

   (1) $\Delta \to Y$：$\frac{1}{C_a} = \frac{\frac{1}{C_{ab}} \times \frac{1}{C_{ca}}}{\frac{1}{C_{ab}} + \frac{1}{C_{bc}} + \frac{1}{C_{ca}}}$

   (2) $Y \to \Delta$：$\frac{1}{C_{ca}} = \frac{\frac{1}{C_a} \times \frac{1}{C_b} + \frac{1}{C_b} \times \frac{1}{C_c} + \frac{1}{C_c} \times \frac{1}{C_a}}{\frac{1}{C_b}}$

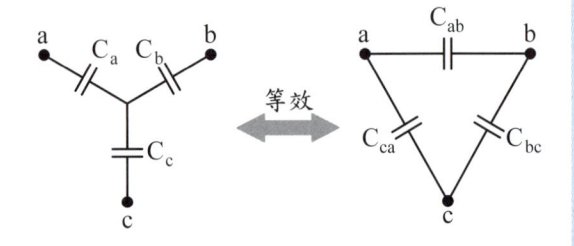

老師教

1. 下圖中若 $V_T = 50V$、$C_1 = 2\mu F$、$C_2 = 4\mu F$、$C_3 = 6\mu F$，試求 (1)總電容量C_T (2)總電荷量Q_T (3)各元件電荷量 (4)各電容器儲能W_1、W_2、W_3。

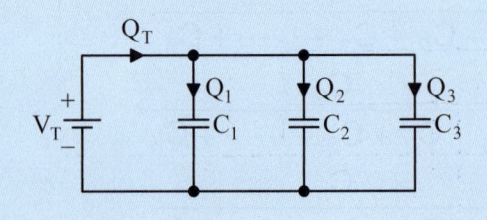

學生做

1. 下圖中若 $V_T = 20V$、$C_1 = 5\mu F$、$C_2 = 7\mu F$、$C_3 = 9\mu F$，試求 (1)總電容量C_T (2)總電荷量Q_T (3)各元件電荷量 (4)各電容器儲能W_1、W_2、W_3。

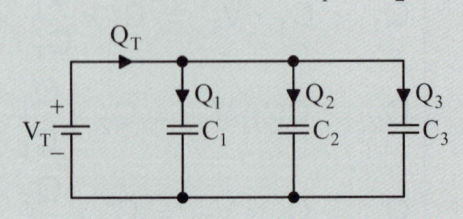

解 (1) $C_T = 2\mu F + 4\mu F + 6\mu F = 12\mu F$

(2) $Q_T = C_T \times V_T = 12\mu F \times 50V = 600\mu C$

(3) $\begin{cases} Q_1 = C_1 V_T = 2\mu F \times 50 = 100\mu C \\ Q_2 = C_2 V_T = 4\mu F \times 50 = 200\mu C \\ Q_3 = C_3 V_T = 6\mu F \times 50 = 300\mu C \end{cases}$

(4) $\begin{cases} W_1 = \dfrac{1}{2} C_1 V_T^2 = \dfrac{1}{2} \times 2\mu \times 50^2 = 2.5mJ \\ W_2 = \dfrac{1}{2} C_2 V_T^2 = \dfrac{1}{2} \times 4\mu \times 50^2 = 5mJ \\ W_3 = \dfrac{1}{2} C_3 V_T^2 = \dfrac{1}{2} \times 6\mu \times 50^2 = 7.5mJ \end{cases}$

解

---

2. 試求下圖中的總電容量 C_{ab} = ？

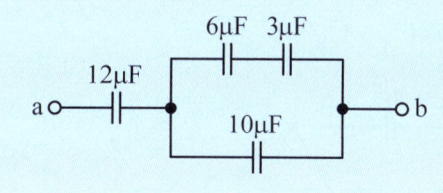

2. 試求下圖中的總電容量 C_{ab} = ？

解 $C_{ab} = [(6\mu 串 3\mu) 並 10\mu] 串 12\mu$

$C_{ab} = [(6\mu // 3\mu) + 10\mu] // 12\mu = 12\mu // 12\mu$
$= 6\mu F$

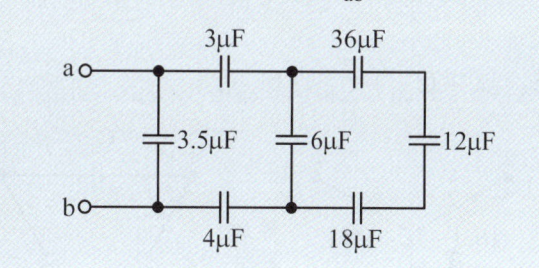

解

---

3. 兩個電容器的規格分別為 $10\mu F / 50V$ 以及 $30\mu F / 60V$，將兩個電容器並聯後的等效電容為何？

3. 兩個電容器的規格分別為 $6\mu F / 30V$ 以及 $3\mu F / 60V$，將兩個電容器並聯後的等效電容為何？

解 以額定電壓較小者為基準
等效電容器為 $40\mu F / 50V$

解

4. 如下圖所示，試求
   (1)總電容量C_T　(2)C_1的電荷量Q_1
   (3)C_3的端電壓V_{C3}？

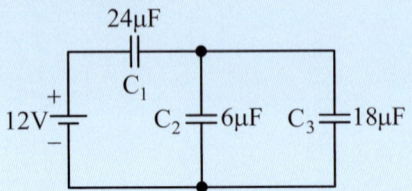

解 (1) $C_T = [6\mu + 18\mu] // 24\mu = 12\mu F$

(2) $Q_1 = C_T V_T = 12\mu \times 12 = 144\mu C$

(3) $Q_3 = 144\mu C \times \dfrac{18\mu}{6\mu + 18\mu}$（分流定則）

$= 108\mu C$

$\therefore V_{C3} = \dfrac{Q_3}{C_3} = \dfrac{108\mu}{18\mu} = 6V$

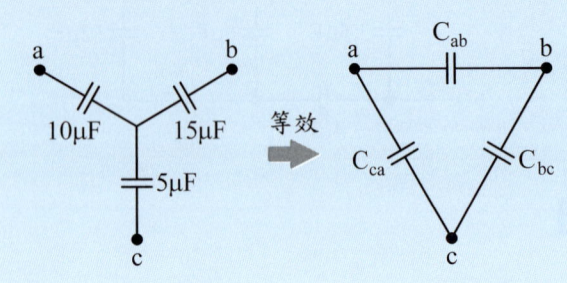

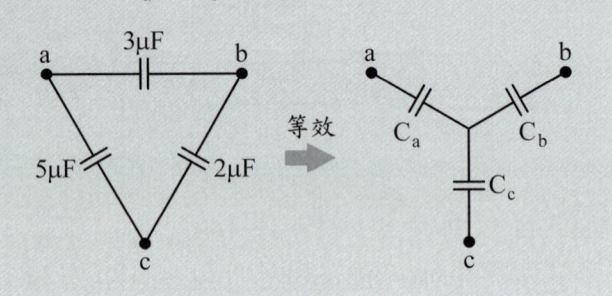

4. 如下圖所示，若總電容量$C_T = 12\mu F$、電荷量$Q_3 = 144\mu C$，試求
   (1)電容量C_1　(2)總電壓V_T？

解

5. 試求C_{ab}、C_{bc}、C_{ca}？

解 (1) $\dfrac{1}{C_{ab}} = \dfrac{\dfrac{1}{10} \times \dfrac{1}{15} + \dfrac{1}{15} \times \dfrac{1}{5} + \dfrac{1}{5} \times \dfrac{1}{10}}{\dfrac{1}{5}}$

$\Rightarrow C_{ab} = 5\mu F$

(2) $\dfrac{1}{C_{bc}} = \dfrac{\dfrac{1}{10} \times \dfrac{1}{15} + \dfrac{1}{15} \times \dfrac{1}{5} + \dfrac{1}{5} \times \dfrac{1}{10}}{\dfrac{1}{10}}$

$\Rightarrow C_{bc} = 2.5\mu F$

(3) $\dfrac{1}{C_{ca}} = \dfrac{\dfrac{1}{10} \times \dfrac{1}{15} + \dfrac{1}{15} \times \dfrac{1}{5} + \dfrac{1}{5} \times \dfrac{1}{10}}{\dfrac{1}{15}}$

$\Rightarrow C_{ca} = \dfrac{5}{3}\mu F$

5. 試求C_a、C_b、C_c？

解

CH 5 電容及靜電

ABcd 立即練習

( ) 1. 圖(1)中 C_{ab} = ？　(A)12μF　(B)14μF　(C)16μF　(D)18μF

圖(1)

圖(2)

圖(3)

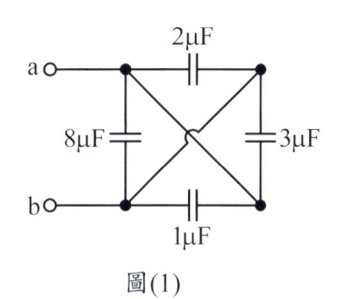

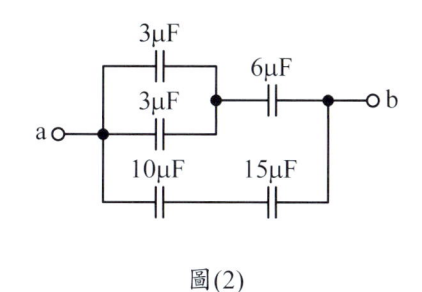

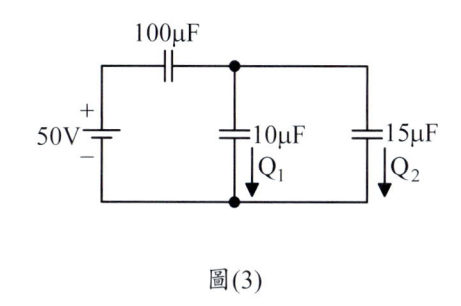

( ) 2. 如圖(2)所示，則 C_{ab} = ？　(A)3μF　(B)5μF　(C)7μF　(D)9μF

( ) 3. 圖(3)中，下列敘述何者錯誤？
(A)總電容量 C_T = 20μF
(B)總電荷量 Q_T = 1000μC
(C)Q_1 = 450μC
(D)Q_2 = 600μC

( ) 4. 圖(4)中，下列敘述何者錯誤？
(A)總電容量 C_T = 3μF
(B)Q_1 = 80μC
(C)Q_2 = 120μC
(D)電容器2μF儲存能量為4mJ

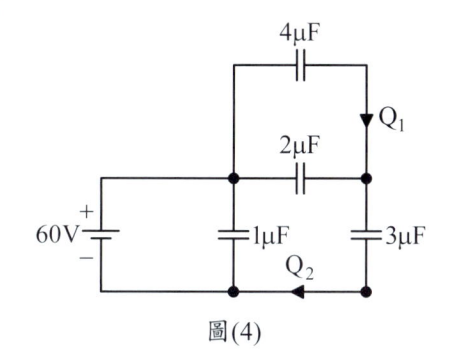

圖(4)

5-4　電力線、電場、庫倫靜電定律

1. 電場：正負電荷的作用力所及的空間，稱為電場。

2. 電力線：將一正電荷置於正電荷以及負電荷所建立的電場中，其正電荷所移動的軌跡稱之為電力線。其電力線的特性如下：

    (1) **電力線為一想像線，電力線為正電荷在電場中移動的路徑。**

    (2) 電力線為一連續曲線，**始於正電荷終止於負電荷，為開放性曲線。正電荷的電力線向外；而負電荷的電力線向內。**

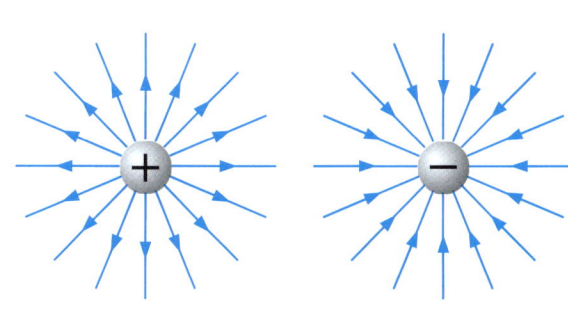

    (3) 電力線上任一點的切線方向為該點的電場方向。

    (4) 電力線彼此永不相交，彼此具有互相排斥且緊縮的作用。

    (5) **電力線愈密集處其電場強度（E）愈大。**

    (6) 電力線恆與帶電導體的表面垂直。

3. 庫倫靜電定律：

   (1) 定義：兩電荷間所受之作用力。

   (2) 兩帶電體皆帶有同性電荷，則兩物體間的作用力為排斥力；反之兩帶電體帶有異性電，則兩物體間的作用力為吸引力。而此兩種作用力統稱為靜電力。

   (3) 公式及單位制：

公式	單位 名稱	MKS制	※CGS制
$F = K \times \dfrac{Q_1 \times Q_2}{d^2}$	F：作用力	牛頓（Nt）	達因（dyne）
	K：比例常數	$\dfrac{1}{4\pi\varepsilon}$	$\dfrac{1}{\varepsilon_r}$
	Q_1及Q_2：帶電量	庫倫（C）	靜電庫倫（statC）
	d：兩電荷間距	公尺（m）	公分（cm）

註1：MKS制 $K = \dfrac{1}{4\pi\varepsilon} = \dfrac{1}{4\pi \times \varepsilon_0 \times \varepsilon_r}$（其中 $\varepsilon_0 = \dfrac{1}{36\pi \times 10^9}$（法拉／公尺）），因此 $K = \dfrac{9 \times 10^9}{\varepsilon_r}$（公尺／法拉）。

註2：1庫倫（C）＝ 3×10^9 靜電庫倫（statC）；1牛頓（Nt）＝ 10^5 達因（dyne）。

註3：向量和公式：$F_C = \sqrt{F_1^2 + F_2^2 - 2 \times F_1 \times F_2 \times \cos\theta}$（θ：為$F_1$與$F_2$兩向量頭尾相接之夾角），（特別角畫圖圖解即可，不必死背公式）。

觀念是非辨正

1. （×）電力線為庫倫所創。
2. （×）電力線偶爾會相交。

概念釐清

電力線乃是法拉第所創，用來表示電場的強弱與方向的假想力線。

電力線彼此不相交。

老師教

1. 空氣中兩帶電質點，電荷分別為0.9庫倫與0.2庫倫，當兩者相距9公尺時，兩電荷間的靜電力為何？

解 $F = \dfrac{9 \times 10^9}{1} \times \dfrac{0.9 \times 0.2}{9^2}$
　 $= 2 \times 10^7$(牛頓)（排斥力）

學生做

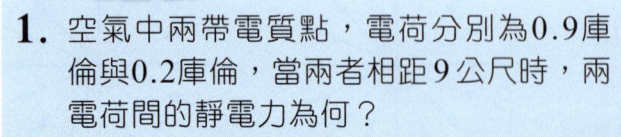

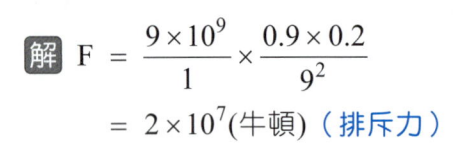

1. 空氣中兩帶電質點，電荷分別為−0.03庫倫與0.04庫倫，當兩者相距12公尺時，兩電荷間的靜電力為何？

解

電容及靜電

2. 空氣兩帶電質點，電荷分別為10靜庫與5靜庫，當兩者相距0.1公尺時，兩電荷間的靜電力為何？

解 0.1公尺＝10公分

$$F = \frac{10 \times 5}{10^2} = 0.5(達因)（排斥力）$$

2. 空氣兩帶電質點，電荷分別為－20靜庫與15靜庫，當兩者相距5公分時，兩電荷間的靜電力為何？

解

---

3. 在相對介電係數 $\varepsilon_r = 6$ 的材質中有兩個帶相同電量的電荷，當兩者相距30公分，測得質點間有0.15牛頓的排斥力，試求兩電荷的帶電量為何？

解 $F = \dfrac{9 \times 10^9}{\varepsilon_r} \times \dfrac{Q_1 \times Q_2}{d^2}$

$\Rightarrow 0.15 = \dfrac{9 \times 10^9}{6} \times \dfrac{Q^2}{0.3^2}$

$Q = \pm 3 \times 10^{-6} C = \pm 3\mu C$

（兩電荷的電性必相同）

3. 空氣中有兩個帶相同電量的電荷，當兩者相距10公尺，測得質點間有90牛頓的吸引力，試求兩電荷的帶電量為何？

解

---

4. 右圖中點電荷皆相距0.09公尺，試求A點受力為何？

（圖：三角形 A=3μC（頂）, C=3μC（左下）, B=3μC（右下））

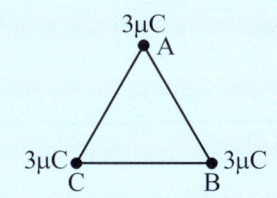

解 $F = \dfrac{9 \times 10^9}{1} \times \dfrac{3 \times 10^{-6} \times 3 \times 10^{-6}}{0.09^2} = 10\,Nt$

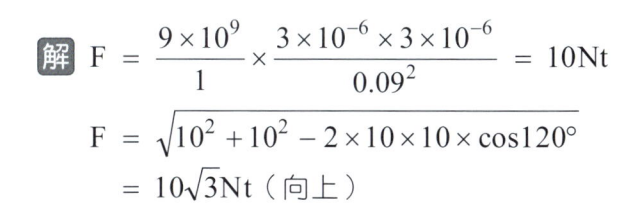

$F = \sqrt{10^2 + 10^2 - 2 \times 10 \times 10 \times \cos 120°}$

$\quad = 10\sqrt{3}\,Nt$（向上）

4. 右圖中點電荷皆相距0.09公尺，試求A點受力為何？

（圖：三角形 A=3μC（頂）, C=3μC（左下）, B=－3μC（右下））

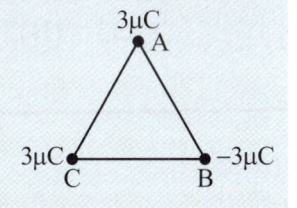

解

立即練習

( ) 1. 圖(1)中若 $\overline{AB}=2\sqrt{2}m$，$\overline{AC}=\overline{BC}=2m$，且A、B、C三點的電荷量皆為100μC，試求C點電荷所受之力為何？（若相對介電係數$\varepsilon_r=1$）
(A)$22.5\sqrt{3}Nt\angle-90°$ 　　(B)$22.5\sqrt{2}Nt\angle-135°$
(C)$22.5\sqrt{2}Nt\angle135°$ 　　(D)$22.5\sqrt{3}Nt\angle90°$

圖(1)　　　　　　　　　　圖(2)

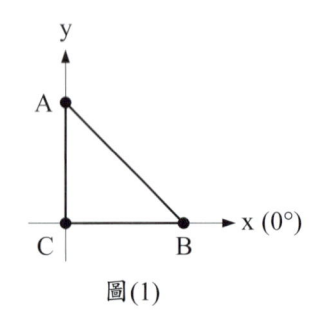

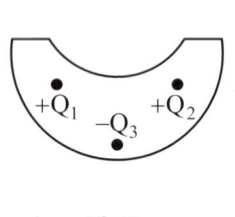

( ) 2. 圖(2)中為一封閉曲面，有三個帶電體帶電量分別為$+Q_1$庫倫，$+Q_2$庫倫及$-Q_3$庫倫，則此通過此封閉曲面的電力線總數為何？
(A)$(Q_1+Q_2+Q_3)$庫倫 　　(B)$(Q_1+Q_2-Q_3)$庫倫
(C)$4\pi\times(Q_1+Q_2-Q_3)$庫倫 　　(D)$\dfrac{(Q_1+Q_2-Q_3)}{4\pi}$庫倫

( ) 3. 關於電力線的敘述，下列何者錯誤？
(A)電力線由正電荷出發而終於負電荷
(B)電力線為封閉曲線
(C)電力線上的切線方向即為該點之電場方向
(D)電力線離開或是進入導體必垂直於導體表面

( ) 4. 帶電導體所發出的電力線總數與介質強度
(A)成正比　(B)成反比　(C)無關　(D)不一定

( ) 5. 在真空中，有兩個帶正電荷小球Q_1、Q_2相距1公尺，其相互間之排斥力為4.5牛頓；若將兩小球之距離移開至1.5公尺，則此兩小球互相排斥之作用力變為多少牛頓？
(A)3　(B)2.25　(C)2.0　(D)1.5
[統測]

5-5 電場強度E與電通密度D

1. 電場強度:符號E

    (1) 電場為一具有大小與方向之力場,其存在於帶電體的周圍。

    (2) 定義:單位正電荷所受之力。

    (3) 公式:$E = \dfrac{F}{q} = F \times \dfrac{1}{q} = K \times \dfrac{Q \times q}{d^2} \times \dfrac{1}{q} = K \times \dfrac{Q}{d^2}$

公式	單位 名稱	MKS制	※CGS制
$E = K \times \dfrac{Q}{d^2}$	E:電場強度	牛頓/庫倫(Nt/C)	達因/靜電庫倫(dyne/statC)
	K:比例常數	$\dfrac{1}{4\pi\varepsilon} = \dfrac{9 \times 10^9}{\varepsilon_r}$ 公尺/法拉(m/F)	$\dfrac{1}{\varepsilon_r}$
	Q:帶電量	庫倫(C)	靜電庫倫(statC)
	d:兩電荷間距	公尺(m)	公分(cm)

2. 金屬球與絕緣球的電場強度分布圖:

電場強度(E)	球體	金屬球	※絕緣球
電場強度分布圖		(圖)	(圖)
球心的電場強度E		E = 0	E = 0
球體內的電場強度E(d < r)		E = 0	$E = K\dfrac{Q}{r^2} \times \dfrac{d}{r}$
球體表面的電場強度E		$E = K\dfrac{Q}{r^2}$	$E = K\dfrac{Q}{r^2}$
球體外的電場強度E(R > r)		$E = K\dfrac{Q}{R^2}$	$E = K\dfrac{Q}{R^2}$

註:電荷均勻分布於導體表面,電荷分布情形與導體的表面曲度正比,**曲度較大處電荷密度大**。

3. 電通密度D:

    (1) **高斯定律**:通過空間任一封閉曲面之電力線數(ψ)等於此封閉面中所包含之淨電荷(Q)數,即 $\sum\psi = \sum Q$。

    (2) 電通量:通過封閉曲面的電力線數,以符號ψ表示。

    (3) 電通密度:單位面積所通過的電力線數,以符號D表示。

公式	單位 名稱	MKS制	※CGS制
$D = \dfrac{\psi}{A}$	D：電通密度	庫倫／平方公尺（C/m²）	線／平方公分（lines/cm²）
	ψ：電通量	庫倫（C）	線（lines）
	A：截面積	平方公尺（m²）	平方公分（cm²）

註1：球體表面積：$A = 4\pi R^2$（R：球體的半徑）；CGS制：電力線數 $\psi = 4\pi Q$（Q：靜電庫倫）。

註2：電通密度（D）與電場強度（E）成正比：$D = \varepsilon \cdot E = \varepsilon_0 \varepsilon_r E$（CGS制中 $\varepsilon_0 = 1$）。

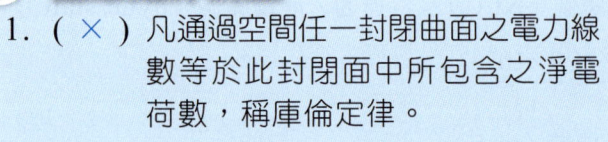

ox 觀念是非辨正

1. （×）凡通過空間任一封閉曲面之電力線數等於此封閉面中所包含之淨電荷數，稱庫倫定律。

   概念釐清：高斯定律。

2. （○）單位面積之電荷數愈多電場強度愈大。

   概念釐清：電通密度（D）與電場強度（E）成正比。

老師教

1. 空氣中某點電荷之電荷量 Q = 10nC，試求距離該電荷 3 公尺處之電場強度 E？

   解 $E = K\dfrac{Q}{R^2} = \dfrac{9 \times 10^9}{1} \times \dfrac{10 \times 10^{-9}}{3^2}$
   $= 10 \,(Nt/C)$（向外）

2. 某金屬球帶電量為 25 庫倫，則電通量 ψ 為何？

   解 $\psi = Q = 25$ 庫倫（MKS制）

3. 某金屬球的半徑為 1 公分，帶電量為 10 庫倫，試求球體表面之電通密度（D）？

   解 $D = \dfrac{\psi}{A} = \dfrac{10}{4\pi \times 0.01^2} = \dfrac{25000}{\pi}\,(C/m^2)$

學生做

1. 空氣中某點電荷之電荷量 Q = −4C，試求距離該電荷 2 公分處之電場強度 E？

   解

2. 某金屬球帶電量為 10 庫倫，則電通量 ψ 為何？

   解

3. 某金屬球的半徑為 1 公分，帶電量為 1 庫倫，試求球體表面之電通密度（D）？

   解

4. 某帶電量30μC且半徑為2公分之金屬球體，試求 (1)球內 (2)球面 (3)距離球心3公分 的電場強度？

4. 某帶電量45μC且半徑為3公分之金屬球體，試求 (1)球內 (2)球面 (3)距離球心5公分 的電場強度？

解 (1) $E = 0$

(2) $E = \dfrac{9 \times 10^9}{1} \times \dfrac{30 \times 10^{-6}}{0.02^2}$
$= 6.75 \times 10^8$(牛頓／庫倫)

(3) $E = \dfrac{9 \times 10^9}{1} \times \dfrac{30 \times 10^{-6}}{0.03^2}$
$= 3 \times 10^8$(牛頓／庫倫)

解

ABCD 立即練習

( )1. 有一個正電荷Q庫倫平均分配於半徑為R的球體表面，則自球體發出的電通量為多少庫倫？ (A)4π (B)4πQ (C)4πR² (D)Q

( )2. 有一個正電荷Q庫倫平均分配於半徑為R公尺的球體表面，則球體表面之電通密度D為多少C/m²？ (A)$\dfrac{Q}{4\pi R^2}$ (B)$\dfrac{Q}{4\pi\varepsilon R^2}$ (C)$\dfrac{Q}{R^2}$ (D)0

( )3. 電場強度的定義為何？
(A)二點電荷之電位差
(B)單位電荷所受之力
(C)單位電荷所作之功
(D)二點電荷所受之力

( )4. 將5庫倫之試驗電荷置於電場中某點的受力為40牛頓，則該點的電場強度為多少牛頓／庫倫？ (A)8 (B)12 (C)15 (D)20

( )5. 圖(1)中若$Q_1 = 1.2 \times 10^{-9}$庫倫，$Q_2 = -1 \times 10^{-9}$庫倫，其連線中點P的電場強度大小為何？
(A)0牛頓／庫倫 (B)7.2牛頓／庫倫 (C)39.2牛頓／庫倫 (D)79.2牛頓／庫倫

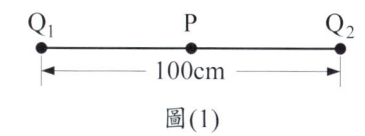

Q₁ •——————P——————• Q₂
←——— 100cm ———→

圖(1)

5-6 電位能、電位與電位梯度（介質強度）

1. 電位能（位能）與電位：

    (1) 電荷在電場中移動，電位與電位能兩者皆會產生變化。

    (2) 正電荷：
    $\begin{cases} 順電場方向移動：吸引力 \to 外力作負功（釋放能量）（位能減小）\to 電位減小 \\ 逆電場方向移動：排斥力 \to 外力作正功（吸收能量）（位能增加）\to 電位增加 \end{cases}$

    (3) 負電荷：
    $\begin{cases} 順電場方向移動：排斥力 \to 外力作正功（吸收能量）（位能增加）\to 電位減小 \\ 逆電場方向移動：吸引力 \to 外力作負功（釋放能量）（位能減少）\to 電位增加 \end{cases}$

    註：靜電力與施加外力所作的功正好相反。以正電荷為例，逆電場方向移動時，施加的外力與位移方向相同，所作的功為正功使電荷位能增加，而靜電力方向與外力相反，所以所作的功為負功。

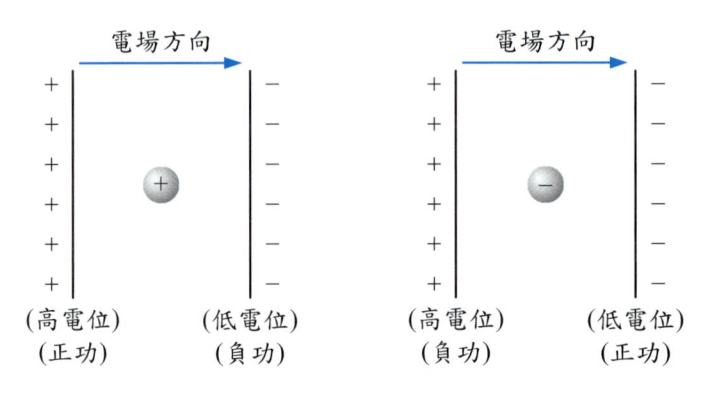

2. 電位：距離點電荷外一點的電位V，其**電位只有大小之分而無方向，為代數和之純量**。

    (1) 公式：

公式	單位＼名稱	MKS制	※CGS制
$V = K\dfrac{Q}{d}$	V：電位	伏特（V）	靜電伏特（statV）
	K：比例常數	$\dfrac{9 \times 10^9}{\varepsilon_r}$ 公尺／法拉（m/F）	1
	Q：電量	庫倫（C）	靜電庫倫（statC）
	d：距離	公尺（m）	公分（cm）

(2) 金屬球與絕緣球的電位分布圖：

電位（V） 球體	金屬球	※絕緣球
電位分布圖	（球面處電位圖）	（球面處電位圖）
球面	$V = K\dfrac{Q}{r}$（含球體內）	$V = K\dfrac{Q}{r}$（球面）
球體外（R > r）	$V = K\dfrac{Q}{R}$	$V = K\dfrac{Q}{R}$

註1：**金屬球體內（含球面）為等電位面；絕緣體球心的電位約1.5倍的球面電位。**

註2：**系統電位能 $W = K \times \dfrac{Q_1 \times Q_2}{d}$（MKS制：焦耳或CGS制：爾格）。**

3. 電位梯度g：電壓施與一介質的兩面，其單位厚度的電位差稱之為電壓梯度。

公式	名稱	單位 MKS制
$g = \dfrac{V}{d}$	g：電位梯度	伏特／公尺（V/m）
	V：介質兩端電位差	伏特（V）
	d：介質（極板）間距	公尺（m）

$$W = F \cdot d = Q \cdot E \cdot d \Rightarrow \because V = \dfrac{W}{Q} = \dfrac{F \cdot d}{Q} = \dfrac{Q \cdot E \cdot d}{Q} = E \cdot d$$

$$\Rightarrow E = \dfrac{V}{d} \text{（電位梯度的定義相當於電場強度）}$$

$$\therefore E = \dfrac{F}{Q} = \dfrac{V}{d} = \dfrac{D}{\varepsilon} = g$$

4. 介質強度：介質強度指的是介質材料承受高強度電場作用而不被電擊穿的能力，通常用**伏特／密爾（V/mil）**或**伏特／厘米（V/cm）**表示。**空氣介質強度為30kV／cm（3kV／mm或3MV／m）。**

觀念是非辨正

1. (○) 任何一個帶電的電荷在金屬球體內部移動不作功。

2. (×) 帶電絕緣球的球心，電位最大。

概念釐清

$W = Q \cdot \Delta V$，因金屬球體內部為等電位面 $\Delta V = 0$，故 $W = 0$（不作功），等電位面與電場或是電力線方向垂直。

如果是帶負電荷，球心為負電位。

老師教

1. 真空中某電荷帶0.5nC，試求距離該電荷2公尺處的電位V為多少？

   解 $V = K\dfrac{Q}{d} = \dfrac{9 \times 10^9}{1} \times \dfrac{0.5 \times 10^{-9}}{2}$

   $= 2.25V$（伏特）

2. 真空中兩帶電電荷分別為2μC、3μC相距1公分，則系統電位能W為多少？

   解 $W = K\dfrac{Q_1 Q_2}{d}$

   $= \dfrac{9 \times 10^9}{1} \times \dfrac{2 \times 10^{-6} \times 3 \times 10^{-6}}{0.01}$

   $= 5.4$焦耳

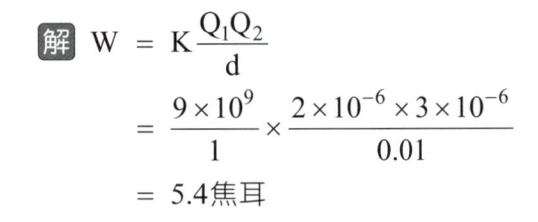

3. 空氣中某半徑5公分的金屬球其帶電量10nC，試求 (1)距離球心3公分 (2)距離球心10公分 的電位分別為何？

   解 (1) $V = K\dfrac{Q}{r} = \dfrac{9 \times 10^9}{1} \times \dfrac{10 \times 10^{-9}}{0.05}$

   $= 1800V$（伏特）

   （球內電位等於球面電位）

   (2) $V = K\dfrac{Q}{R} = \dfrac{9 \times 10^9}{1} \times \dfrac{10 \times 10^{-9}}{0.1}$

   $= 900V$（伏特）

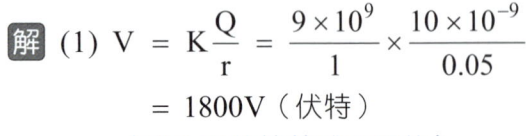

學生做

1. 真空中某電荷帶5nC，試求距離該電荷4公尺處的電位V為多少？

   解

2. 真空中兩帶電電荷分別為4μC、5μC相距25公分，則系統電位能W為多少？

   解

3. 空氣中某半徑3公分的金屬球其帶電量18nC，試求 (1)距離球心2公分 (2)距離球心4公分 的電位分別為何？

   解

4. 空氣中a、b兩點相距5公釐，且空氣之介質強度為30kV/cm，試求a，b兩點間不跳火花的最高電壓不得超過多少？

解 $g = \dfrac{V}{d}$
$\Rightarrow V = g \times d = 30kV/cm \times 0.5cm$
$= 15kV$
（1公釐 = 0.1公分）

4. 空氣中a、b兩點相距3公釐，且空氣之介質強度為3kV/mm，試求a，b兩點間不跳火花的最高電壓不得超過多少？

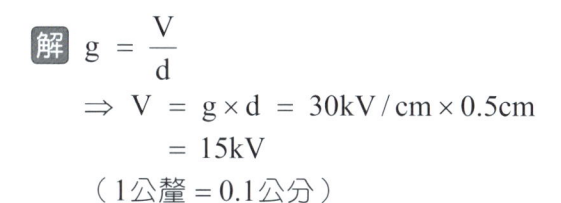

解

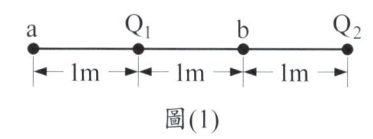

ABCD 立即練習

( ) 1. 圖(1)中若$Q_1 = 4 \times 10^{-9}$庫倫，$Q_2 = -2 \times 10^{-9}$庫倫，試求a點的電位為何？
(A)45V　(B)30V　(C)15V　(D)5V

```
a      Q₁      b      Q₂
●──1m──●──1m──●──1m──●
```
圖(1)

( ) 2. 承上題所示，試求b點的電位為何？　(A)30V　(B)24V　(C)18V　(D)12V

( ) 3. 正電荷逆電場方向移動
(A)負功、電位能減小
(B)正功、電位能增加
(C)負功、電位能增加
(D)正功、電位能減小

( ) 4. 兩電極板相距3mm，其間的介質為空氣，介質強度為30kV/cm，則兩電極板間不會導致絕緣破壞的最高電壓不得超過多少kV？
(A)12　(B)11　(C)10　(D)9

[107年統測]

綜合練習

基礎題

5-1 ( ) 1. 電解質電容器的接腳：
(A)接正電的接腳較長　(B)接負電的接腳較長
(C)兩隻接腳一樣長　(D)沒有極性之分

( ) 2. 電解質電容器採用直接標示法，無標示：
(A)耐壓值　(B)電容量　(C)極性　(D)誤差值

( ) 3. 可變電容器係改變：
(A)極板的有效長度　(B)極板的有效間距
(C)極板的有效面積　(D)極板的介電係數

( ) 4. 某平行金屬板電容器，若將極板面積及極板距離同時減半，則電容量為原來的幾倍？
(A)4　(B)3　(C)2　(D)1

( ) 5. 有一平行板電容器接一直流定電壓源，所儲存容量為16J，若電源電壓不變，將極板間距減半後，則電容器所儲存的容量為何？
(A)32J　(B)16J　(C)8J　(D)4J

( ) 6. 有一平行板電容器接一直流定電壓源，所儲存容量為16J，若將電源移除後，再將極板間距減半，則電容器所儲存的容量為何？
(A)32J　(B)16J　(C)8J　(D)4J

( ) 7. 下列各種電容器中，何者耐壓最低？
(A)紙質　(B)雲母質　(C)陶質　(D)電解質

( ) 8. 10MHz以上的高頻電路宜使用何種電容器
(A)電解質　(B)紙質　(C)塑膠薄膜　(D)陶質

( ) 9. 有一電容器接上400V的直流電壓後，儲存8焦耳的能量，求此電容器的電容量為多少？　(A)400μF　(B)300μF　(C)200μF　(D)100μF　[統測]

( ) 10. 下列哪一種電容器用於電路上，其兩個接腳不能任意反接？
(A)陶質電容器　(B)雲母電容器　(C)電解質電容器　(D)紙質電容器　[統測]

( ) 11. 電容量為100μF的電容器，其兩端電壓差穩定於100V時，該電容器所儲存的能量為何？　(A)0.5焦耳　(B)1焦耳　(C)1.125焦耳　(D)2.25焦耳　[統測]

( ) 12. 設一電容器上的標示為"330K"，請問其電容量約是多少法拉？
(A)330×10^{-6}　(B)330×10^{-12}　(C)33×10^{-6}　(D)33×10^{-12}　[統測]

( ) 13. 有一10Ω電阻串聯一個100μF電容後接上100V直流電壓，求電路穩態時，電容儲存的電量與能量分別為何？
(A)0.01C，0.5J　(B)0.01C，1J　(C)0.1C，0.5J　(D)0.1C，1J　[102年統測]

( ) 14. 有一電容器接於一直流電壓，其儲存的電荷量為3000μC，能量為150mJ，則此電容器的電容值為多少？　(A)10μF　(B)30μF　(C)40μF　(D)60μF　[106年統測]

( ) 15. 有一平行板電容器，於介質不變情況下，若極板間距離減半，要使電容量增加為8倍，則極板面積須變為原來的多少倍？　(A)2　(B)4　(C)8　(D)16　[107年統測]

電容及靜電

5-2

( )16. 有兩個電容器規格分別為 C_1/V_1、C_2/V_2，若將兩者串聯後的最大外加電壓為何？（若 $C_1 = C_2$ 且 $V_2 > V_1$）　(A)$V_2 - V_1$　(B)$V_1 - V_2$　(C)$2V_2$　(D)$2V_1$

( )17. 有三個電容器 $C_1 = 2\mu F$、$C_2 = 3\mu F$、$C_3 = 5\mu F$，在各種組合的情況下，可獲得最小的電容量若為 $\dfrac{A}{B}(\mu F)$，則 $A + B = ?$　(A)31　(B)61　(C)66　(D)72

( )18. 三個電容其電容及耐壓分別為 $30\mu F/100V$、$45\mu F/50V$、$90\mu F/25V$；試求三者串聯後等效電容及耐壓？
(A)$165\mu F/175V$　(B)$165\mu F/100V$　(C)$15\mu F/150V$　(D)$15\mu F/175V$

( )19. 有一 $10\mu F$ 電容器，若以定電流 1mA 充電至 10V 時，其所需花時間為多少秒？
(A)1秒　(B)0.1秒　(C)0.01秒　(D)0.001秒

( )20. 兩個電容器其電容值分別為 C_1、C_2，將兩者串聯後以大小相同的電流充電，所儲存的電量分別為 Q_1 及 Q_2，則 $\dfrac{Q_2}{Q_1}$ 比值為何？　(A)$(\dfrac{C_1}{C_2})^2$　(B)$(\dfrac{C_2}{C_1})^2$　(C)$\dfrac{C_1 \times C_2}{C_1 + C_2}$　(D)1

( )21. 有一個電容量為 2F 的電容器直接跨接在 25V 的直流電源，以 2.5A 的穩定電流持續充電，則該電容器充飽電需要多少時間？　(A)20秒　(B)30秒　(C)45秒　(D)1分鐘

( )22. 有三個電容器容量比分別為 $C_1 : C_2 : C_3 = 1:2:3$，將三個電容器串接於某直流電源，則三個電容器的電壓比 $V_{C1} : V_{C2} : V_{C3}$ 為何？
(A)1:2:3　(B)3:2:1　(C)6:3:2　(D)2:3:6

( )23. 有三個電容器串接於相同電壓，終值電壓 $V_{C1} : V_{C2} : V_{C3} = 1:4:5$，則電容比 $C_1 : C_2 : C_3$ 為何？　(A)20:5:4　(B)4:5:20　(C)1:5:4　(D)1:4:5

( )24. 試求圖(1)中，電容器所儲存的能量為何？　(A)$1\mu J$　(B)$0.5\mu J$　(C)$1mJ$　(D)$0.5mJ$

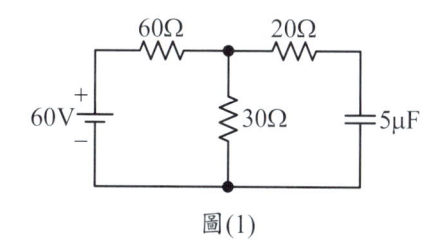

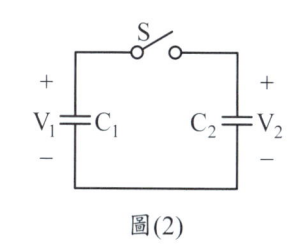

圖(1)

圖(2)

( )25. 圖(2)所示，C_1、C_2 為電容量，單位為法拉，V_1、V_2 為電容器的端電壓，單位為伏特，S 為理想開關，設 $V_1 > V_2$，則在 S 閉合後，總電壓為多少伏特？
(A)$V_1 - V_2$　(B)$\dfrac{V_1 + V_2}{C_1 + C_2}$　(C)$\dfrac{V_1 - V_2}{C_1 + C_2}$　(D)$\dfrac{C_1 \cdot V_1 + C_2 \cdot V_2}{C_1 + C_2}$

( )26. 某靜電伏特計之內部電容量為 $100\mu\mu F$，可測得全額電壓為 100V，今欲擴展至 600V 之全額電壓，則應串聯一電容器，該電容器容量為何？
(A)$500\mu\mu F$　(B)$600\mu\mu F$　(C)$20\mu\mu F$　(D)$40\mu\mu F$

( )27. 如圖(3)所示電路，若 E = 100V，R = 20kΩ，C = 50nF，且電容的初始電壓為 30V，則開關 S 閉合之瞬間，流經電阻的電流為多少？
(A)1.1mA　　　　(B)1.8mA
(C)3.5mA　　　　(D)5.2mA

[統測]

圖(3)

( )28. 兩只4.7μF/16V之電容串接後使用於20V電路中，則其等效電容量為何？
(A)2.35μF (B)4.70μF (C)5.88μF (D)9.40μF [98年統測]

( )29. 四個相同的電容器串聯，若每個電容量為20μF，則串聯的總電容量為何？
(A)5μF (B)10μF (C)20μF (D)80μF [103年統測]

( )30. 如圖(4)所示，電容器$C_1 = 9\mu F$、$C_2 = 18\mu F$，電阻$R = 60\Omega$，直流電源$E = 24V$，當電路已達穩定狀態，則下列敘述何者正確？
(A)電容器C_1的電壓為12V
(B)電容器C_2的電壓為16V
(C)儲存於電容器C_1的電量為144μC
(D)儲存於電容器C_2的電量為216μC [105年統測]

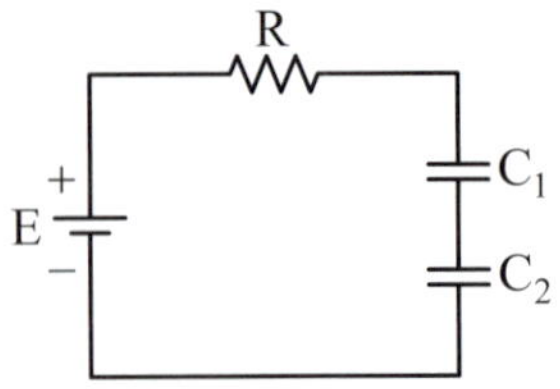

圖(4)

( )31. 電容器$C_1 = 2\mu F$耐壓300V，電容器$C_2 = 6\mu F$耐壓500V。若將C_1及C_2串聯，則其總耐壓為何？ (A)800V (B)600V (C)500V (D)400V [109年統測]

5-3

( )32. 圖(5)中$C_{ab} = ?$ (A)2μF (B)4μF (C)6μF (D)8μF

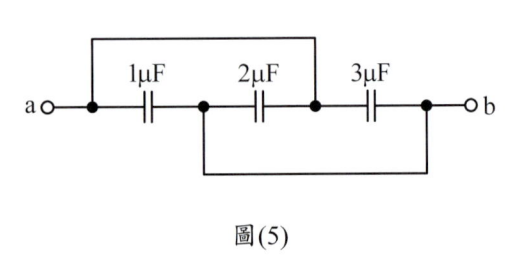

圖(5)

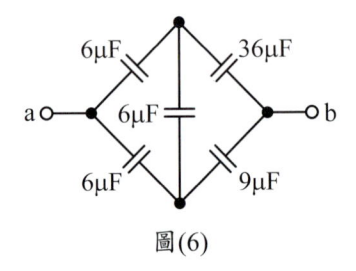

圖(6)

( )33. 如圖(6)所示，$C_{ab} = ?$ (A)3μF (B)5μF (C)7μF (D)9μF

( )34. 將三個電容量為10μF的電容器接成Δ接，則任意兩端點的電容量為何？
(A)5μF (B)9μF (C)10μF (D)15μF

( )35. 將三個電容量為10μF的電容器接成Y接，則任意兩端點的電容量為何？
(A)5μF (B)9μF (C)10μF (D)15μF

( )36. 試求圖(7)中，$C_{ab} = ?$ (A)1.2μF (B)2.4μF (C)4.8μF (D)9.6μF

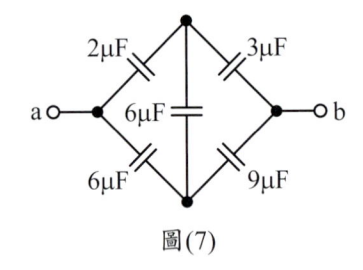

圖(7)

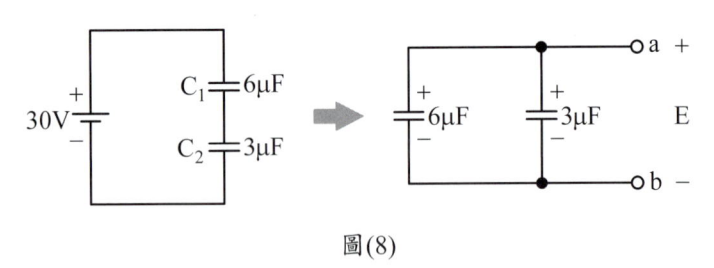

圖(8)

( )37. 圖(8)中的電容器C_1與C_2串聯，以30V的直流電源充電達穩定後改接為並聯，則穩定後的並聯電壓E為多少伏特？ (A)$\frac{10}{3}$V (B)$\frac{20}{3}$V (C)$\frac{35}{3}$V (D)$\frac{40}{3}$V

( )38. 圖(9)中陶質電容器的總電容量$C_{ab} = ?$
(A)32nF (B)16nF (C)320μF (D)161nF

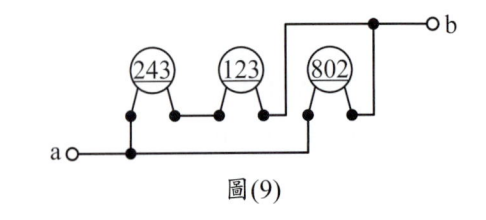

圖(9)

( )39. 兩個法拉數標示不清之電容器C_1及C_2，已知其均可耐壓600V，某甲先將它們完全放電並確定其端電壓為0V，再以1mA之定電流源分別對其充電1分鐘，結果其端電壓各為$V_1 = 100V$及$V_2 = 200V$，則下列何者正確？
(A)$C_1 = 300\mu F$ (B)$C_1 = 300F$
(C)C_1與C_2並聯之總電容量為$900\mu F$ (D)C_1與C_2串聯之總電容量為900F [統測]

( )40. 如圖(10)所示電路，有四個完全相同的電容器，其電容量皆為$2\mu F$，求ab兩端的等效電容$C_{ab} = ?$ (A)$0.5\mu F$ (B)$1.5\mu F$ (C)$2.0\mu F$ (D)$6.0\mu F$ [統測]

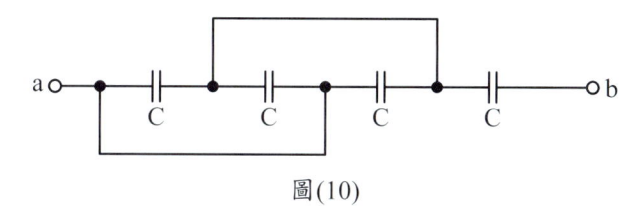

圖(10)

( )41. 兩電容器電容值與耐壓規格分別為$50\mu F/50V$、$100\mu F/150V$，將其並聯後，則此並聯電路的總電容值與總耐壓規格為何？
(A)$150\mu F/50V$ (B)$150\mu F/150V$ (C)$33.3\mu F/50V$ (D)$33.3\mu F/150V$ [統測]

( )42. 如圖(11)所示電路，則$2\mu F$電容的充電電量為何？
(A)$20\mu C$ (B)$40\mu C$ (C)$60\mu C$ (D)$80\mu C$ [統測]

圖(11)

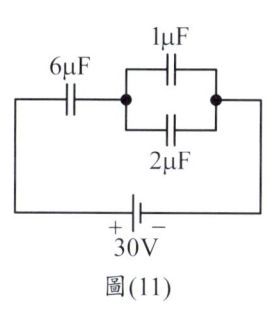

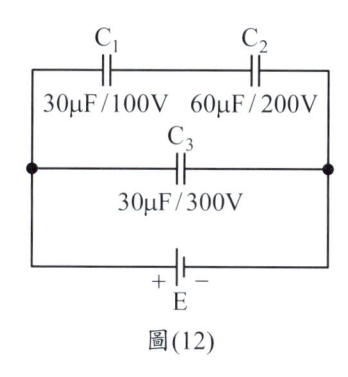

圖(12)

( )43. 如圖(12)所示之串並聯電路，其三個電容規格分別為$30\mu F/100V$、$60\mu F/200V$及$30\mu F/300V$，則電路中E可加之最大電壓為何？
(A)100V (B)150V (C)200V (D)300V [102年統測]

5-4 ( )44. 試求圖(13)中在空氣中帶電量$2\mu C$的電荷受力大小與方向為何？
(A)0.072牛頓（向左） (B)0.018牛頓（向左）
(C)0.054牛頓（向右） (D)0.036牛頓（向右）

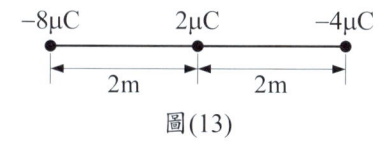

圖(13)

( )45. 圖(14)中若$\overline{AB} = \overline{BC} = \overline{CD} = \overline{DA} = 10m$，試求O點的電荷所受合力為多少？
(A)0 (B)0.081牛頓 (C)0.162牛頓 (D)$0.162\sqrt{2}$牛頓

圖(14)

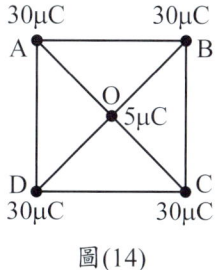

(　)46. 一平行板C如圖(15)所示，已知總電力線數為1μC，則電容量為何？　(A)1μF　(B)10μF　(C)0.1μF　(D)0

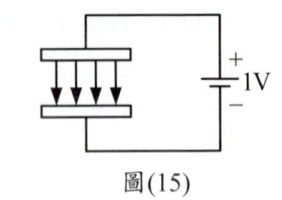

(　)47. 兩相距2公分之電荷Q_1與Q_2，彼此間之受力為3牛頓。今將兩電荷之距離移開至4公分，則此時兩電荷彼此間之受力為何？
(A)0.48牛頓　(B)0.75牛頓　(C)1.25牛頓　(D)1.50牛頓 [統測]

(　)48. 有一個正電荷Q庫倫平均分配於半徑為R公尺的球體表面，則球體表面之電場強度E為多少Nt/C？　(A)$\dfrac{Q}{4\pi R^2}$　(B)$\dfrac{Q}{4\pi\varepsilon R^2}$　(C)$\dfrac{Q}{R^2}$　(D)0

(　)49. 電場強度E與電通密度D的關係為何？
(A)$D = 4\pi\varepsilon_0\varepsilon_r E$　(B)$D = \dfrac{E}{4\pi\varepsilon_0\varepsilon_r}$　(C)$D = \varepsilon_0\varepsilon_r E$　(D)$D = \dfrac{E}{\varepsilon_0\varepsilon_r}$

(　)50. 金屬球的表面電荷加倍，則內部的電場強度為
(A)加倍　(B)減半　(C)不變　(D)4倍

(　)51. 空氣中有一個帶電金屬球，在距離球心10cm之電場強度為9×10^9牛頓/庫倫，且電場方向指向球心，試求該金屬球體的帶電量為何？
(A)-0.01庫倫　(B)0.01庫倫　(C)-0.02庫倫　(D)0.02庫倫

(　)52. 空間中兩點的電場強度相等，表示此兩點的電場強度
(A)大小與方向皆相同　　　　(B)大小一樣方向相反
(C)大小相反方向相同　　　　(D)大小與方向皆不同

(　)53. 平行板間有一均勻的靜電場，電場強度為6.25×10^{18}Nt/C，若將一個電子置於此靜電場中，試求此電子所受之靜電力為何？
(A)1牛頓　(B)2牛頓　(C)0.1牛頓　(D)0.2牛頓

(　)54. 凡通過空間任一封閉曲面之電力線數等於此封閉曲面中所包含之淨電荷數，稱為
(A)庫倫定律　(B)高斯定律　(C)法拉第定律　(D)愣次定律

(　)55. 有一個帶電量200μC的電荷，在空氣中產生0.06牛頓的作用力，試求該電荷所受之電場強度E為何？　(A)30Nt/C　(B)300Nt/C　(C)40Nt/C　(D)400Nt/C

(　)56. 帶電導體的電荷分布於
(A)均勻分布於整個導體　(B)球心　(C)均勻分布於導體表面　(D)分布於導體的內部

(　)57. 將一個正電荷與一個負電荷置於均勻電場之中，則所受靜電力之方向分別為何？
(A)正電荷受力方向與電場方向相同；負電荷受力方向與電場方向相同
(B)正電荷受力方向與電場方向相反；負電荷受力方向與電場方向相反
(C)正電荷受力方向與電場方向相同；負電荷受力方向與電場方向相反
(D)正電荷受力方向與電場方向相反；負電荷受力方向與電場方向相同

(　)58. 電荷分佈在導體表面，答案中虛線所示為電荷密度，何者錯誤？
(A)　(B)　(C)　(D)

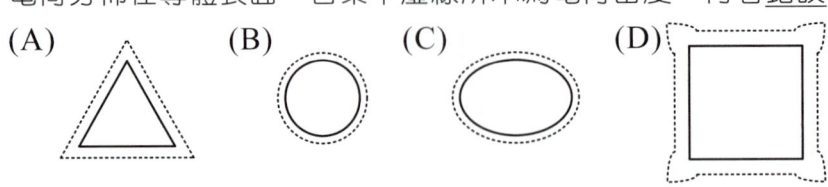

( )59. 帶電金屬球體的電場強度 E 分布圖為：
(A)　　(B)　　(C)　　(D)

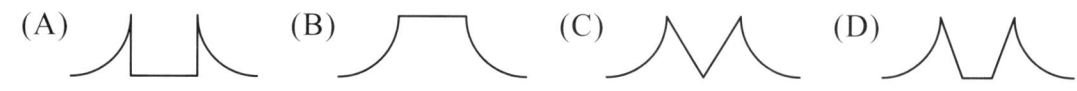

( )60. 下列敘述何者正確？
(A)在電場中的電力線與電力線會相交
(B)電容器的標示為104K表示電容值為10.4μF
(C)兩帶電體間存在之作用力大小與兩帶電體中心距離成反比
(D)單位正電荷在電場中某處所受之作用力即為該處之電場強度 [105年統測]

( )61. 有一點電荷帶電量為 -4×10^{-8} 庫倫，試求距離該電荷 2 公尺之電位為何？
(A)180V (B)160V (C)−180V (D)−160V

( )62. 圖(16)中 A 點與 B 點的電荷大小相同其極性相異之正負兩電荷，其兩點的垂直平分線的線上各點分別為 a、b、c，當逐漸由 a 點移向 c 點，則下列敘述何者正確？
(A)電位愈來愈低　　(B)電位愈來愈高
(C)各點均為同電位且高於零電位　(D)各點皆為零電位

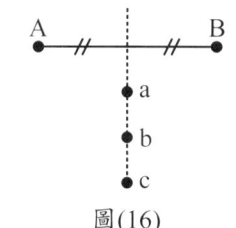

圖(16)

( )63. 關於電位的敘述，下列敘述何者錯誤？
(A)具有大小　　(B)愈靠近負電荷其電位愈低
(C)距離電場無窮遠處電位為零　(D)具有方向性

( )64. 球形導體，若導體帶有 Q 庫倫，則 Q 加大時，內部中心處的電場強度 E 與電位 V 的變化為：
(A)E加大、V加大　　(B)E加大、V不變
(C)E減小、V加大　　(D)E＝0，V恆與導體表面之電位相等

( )65. 真空中某帶電金屬球體之半徑為 a 公尺，帶電量為 Q 庫倫，則在球體內距離球心 d 公尺處（d＜a）之電場強度 E 及電位 V 各為何？
(A)$E=0$；$V=9\times10^9\times\dfrac{Q}{d}$伏特　　(B)$E=0$；$V=9\times10^9\times\dfrac{Q}{a}$伏特
(C)$E=9\times10^9\times\dfrac{Q}{d^2}$；$V=0$　　(D)$E=9\times10^9\times\dfrac{Q}{a^2}$；$V=0$

( )66. A 點與電荷 Q 相距 d 公尺，則 A 點之電位高低與
(A)d成正比 (B)d成反比 (C)d之平方成正比 (D)d之平方成反比

( )67. 帶電金屬球體的電位 V 分布圖為：
(A) 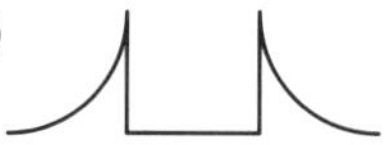　　(B) 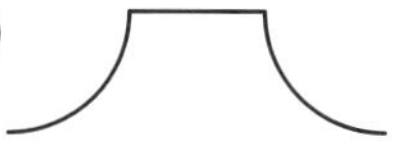　　(C) 　　(D)

( )68. 兩平行板於空氣中，且極板間距為 1cm，且上下極板分別帶有 $\pm 8.85\times10^{-9} C/m^2$ 之電荷，則此極板之電位差為多少伏特？
(A)1V (B)10V (C)100V (D)1000V

( )69. 有一正電荷附近電場之電位為 V_a，另一負電場附近電位為 V_b，無窮遠處電位為 V_c，則此三者大小關係為？
(A)$V_a>V_b>V_c$ (B)$V_b>V_a>V_c$ (C)$V_b>V_c>V_a$ (D)$V_a>V_c>V_b$

( )70. 一正電荷順電場方向移動，則下列敘述何者正確？
(A)位能增加，電位升高　　　　(B)位能增加，電位下降
(C)位能減少，電位升高　　　　(D)位能減少，電位下降　　[統測]

( )71. 空氣中有一半徑為1.5公尺的金屬球體，帶有0.04μC的電量，造成球體外某處電位為144V，則該處距離球心為多少公尺？　(A)0.9　(B)1.7　(C)2.5　(D)3.4　[106年統測]

( )72. 有一介質的厚度為2mm，其耐壓為100kV，則該介質的介質強度為何？
(A)5kV/m　(B)50kV/m　(C)5MV/m　(D)50MV/m　[109年統測]

進階題

（▶表示提供影音解題）

5-1 ( )73. 如圖(17)所示，試求t = 0.5ms以及t = 3ms的電流i(t)為何？
(A)50mA；−6.25mA　　　　(B)−6.25mA；50mA
(C)0mA；0mA　　　　　　(D)50mA；6.25mA

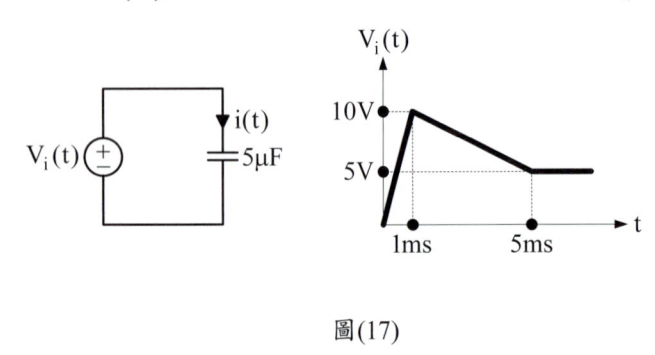

圖(17)

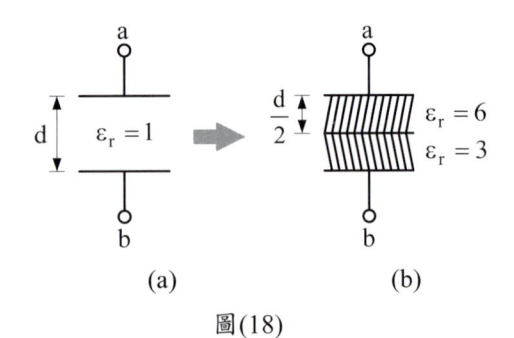

圖(18)

5-2 ( )74. 若圖(18a)的電容量C_{ab} = 10μF，將圖(18a)改為圖(18b)後，電容量C_{ab} = ？
(A)10μF　(B)20μF　(C)30μF　(D)40μF

( )75. 圖(19)中若電容器3μF的初值電壓為0V，且開關置於A很長一段時間後，將開關切換至B，試求此時電容器3μF的平衡電壓為多少伏特？
(A)10V　(B)20V　(C)30V　(D)40V

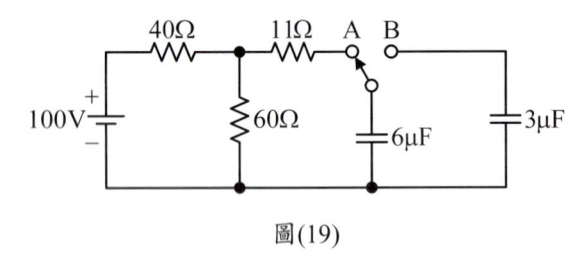

圖(19)

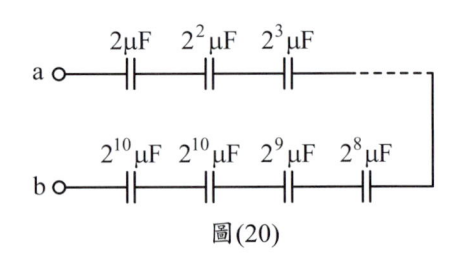

圖(20)

( )76. 圖(20)中的總電容量C_{ab} = ？　(A)2^0μF　(B)2^1μF　(C)2^2μF　(D)2^3μF

( )77. 電容器X的電容值為60μF，耐壓250V。若電容器和另一電容器Y串聯後，其總電容值為20μF，總耐壓為300V，則電容器Y的電容值和耐壓分別為何？
(A)(60μF，150V)　　　　　(B)(60μF，200V)
(C)(30μF，150V)　　　　　(D)(30μF，200V)　　[104年統測]

5-3 ( )78. 如圖(21)所示，若每個電容器的電容量為8μF，則C_{ab} = ？
(A)2μF　(B)4μF　(C)6μF　(D)7μF

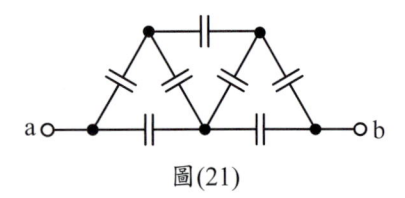

圖(21)

電容及靜電 CH 5

( )79. 試求圖(22)中，C_{ab} = ?
(A)$(-5+5\sqrt{2})\mu F$ (B)$(-5-5\sqrt{2})\mu F$ (C)$(-5+5\sqrt{3})\mu F$ (D)$(-5-5\sqrt{3})\mu F$

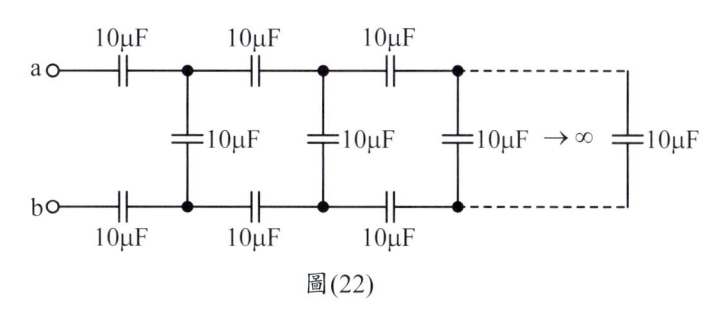

圖(22)

( )80. 圖(23)中，下列敘述何者錯誤？
(A)$Q_1=120\mu C$ (B)$Q_2=80\mu C$ (C)$Q_3=40\mu C$ (D)$Q_T=120\mu C$

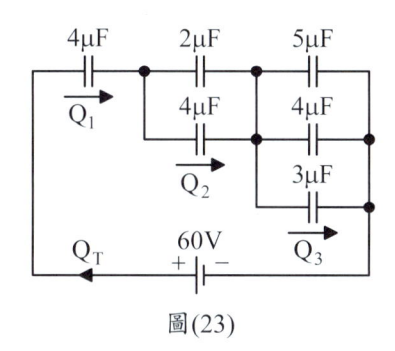

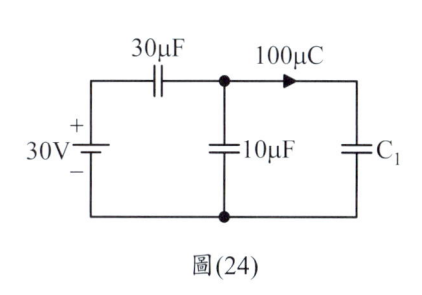

圖(23)

圖(24)

( )81. 試求圖(24)中的電容器C_1為何？ (A)$5\mu F$ (B)$10\mu F$ (C)$15\mu F$ (D)$20\mu F$

( )82. 圖(25)中的電容器C_1與C_2串聯，以30V的直流電源充電達穩定後改接為並聯，則穩定後的並聯電壓E為多少伏特？ (A)0V (B)$\frac{20}{3}$V (C)$\frac{40}{3}$V (D)$-\frac{40}{3}$V

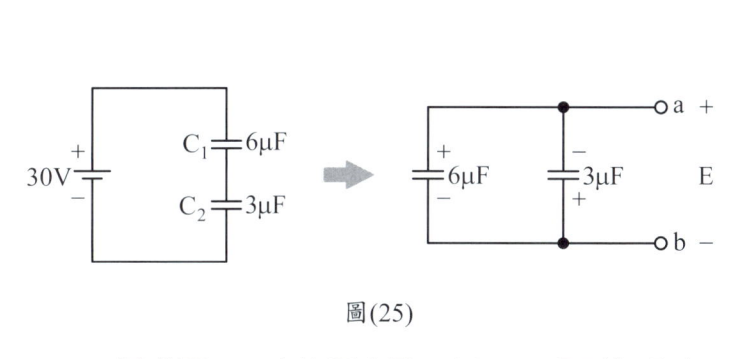

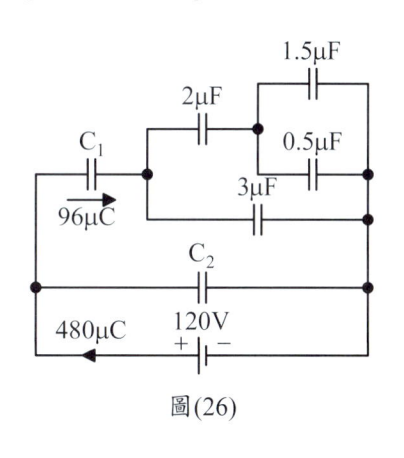

圖(25)

圖(26)

( )83. 試求圖(26)中的電容量C_1以及C_2分別為多少？
(A)$C_1=1\mu F$；$C_2=6.4\mu F$ (B)$C_1=3.2\mu F$；$C_2=6.4\mu F$
(C)$C_1=1\mu F$；$C_2=3.2\mu F$ (D)$C_1=3.2\mu F$；$C_2=1\mu F$

( )84. 兩電容C_1與C_2串聯如圖(27)所示，在A、B兩端加上一直流電後，電容器C_1的電壓V_{AC}為40V；若將一電容器C_X與C_2並聯，此時在C_1的電壓V_{AC}變為60V，則此並聯之電容C_X為何？ (A)$14\mu F$ (B)$7\mu F$ (C)$6\mu F$ (D)$2\mu F$

圖(27)

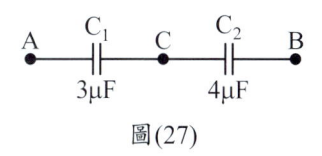

( )85. 將一只15μF帶電量為300μC的電容器與另一只10μF帶電量為400μC的電容器,將相同極性的接腳並接後,則電荷量的數量與移動方向分別為何?
(A)120μC的正電荷由15μF移動至10μF
(B)120μC的正電荷由10μF移動至15μF
(C)180μC的正電荷由15μF移動至10μF
(D)180μC的正電荷由10μF移動至15μF

( )86. 若圖(28a)的電容量$C_{ab}=10μF$,將圖(28a)改為圖(28b)後,電容量$C_{ab}=$?
(A)15μF　(B)30μF　(C)45μF　(D)60μF

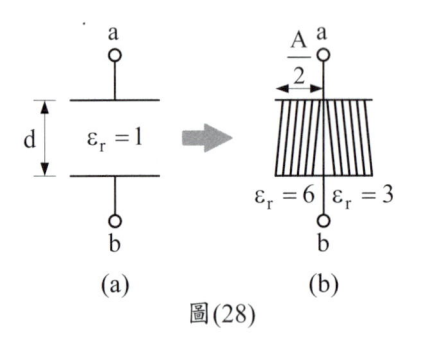

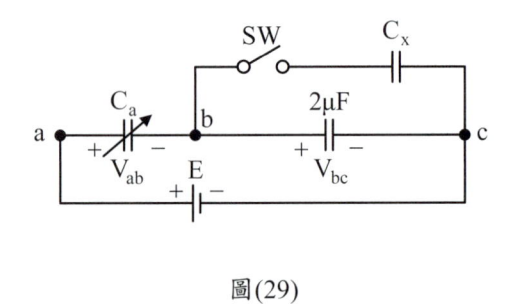

圖(28)　　　圖(29)

( )87. 如圖(29)所示之電路,若所有電容之初值電壓皆為零,開關與電容皆視為理想,C_a為0～10μF之可變電容器。若將C_a調整在4μF,開關SW打開時$V_{ab}=40V$,而開關SW閉合時,$V_{ab}=80V$。當開關SW閉合狀態下,若欲使V_{ab}與V_{bc}相同,則電容C_a之值應調整為多少μF?　(A)8　(B)4　(C)2　(D)1
[108年統測]

( )88. 如圖(30),電力線$ψ=10$庫倫且電力線與極板的夾角為30度,試求極板的電通密度D為何?　(A)$2.5\sqrt{3}(C/m^2)$　(B)$2.5(C/m^2)$　(C)$5(C/m^2)$　(D)$0(C/m^2)$

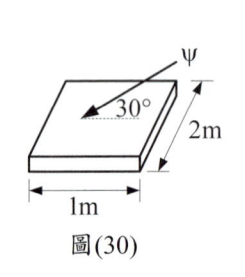

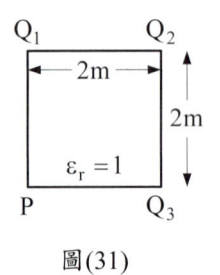

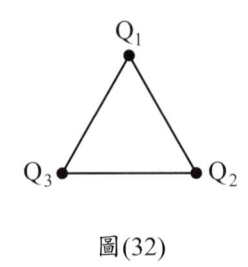

圖(30)　　　圖(31)　　　圖(32)

( )89. 圖(31)中,在一個正方形的三個頂點分別放置,Q_1、Q_2以及Q_3的電荷,若$Q_1=Q_3=-\sqrt{2}×10^{-8}$庫倫,$Q_2=+4×10^{-8}$庫倫,則P點之電場強度?
(A)45Nt　(B)$45\sqrt{2}$Nt　(C)90Nt　(D)0

( )90. 如圖(32),邊長為1公尺的正三角形,若$Q_1=Q_2=Q_3=2×10^{-9}C$,試求三角形中心點的電位為何?
(A)9V　(B)18V　(C)$54\sqrt{3}$V　(D)$60\sqrt{3}$V

( )91. 空氣中,距離某點電荷一段距離處的電位及電場強度分別為300伏特以及100牛頓/庫倫,求此點電荷的電量為多少庫倫?
(A)$\frac{1}{3}×10^{-7}C$　(B)$1×10^{-7}C$　(C)$2×10^{-7}C$　(D)$3×10^{-7}C$

( )92. 如圖(33)所示為電場強度E的關係圖，下列敘述，何者正確？
(A)A段斜率可表示電位差
(B)B段電位為零
(C)C段電位差為20伏特
(D)A、B及C的總電位差為70伏特 [統測]

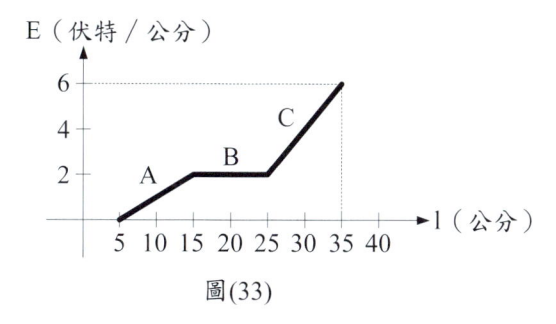

圖(33)

最近統測試題

( )93. 如圖(34)所示，若a、b兩端的總電容值為40μF，則下列敘述何者正確？
(A)$C_1 = 100\mu F$、$C_2 = 10\mu F$、$C_3 = 10\mu F$
(B)$C_1 = 80\mu F$、$C_2 = 20\mu F$、$C_3 = 20\mu F$
(C)$C_1 = 20\mu F$、$C_2 = 10\mu F$、$C_3 = 10\mu F$
(D)$C_1 = 120\mu F$、$C_2 = 30\mu F$、$C_3 = 30\mu F$ [5-3][110年統測]

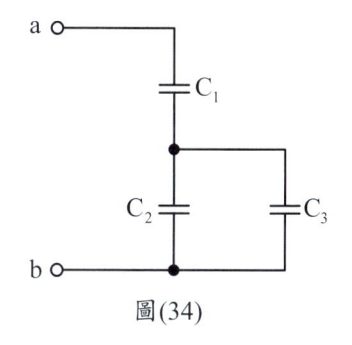

圖(34)

( )94. 若將平板電容器極板面積減少為原來的一半，並將極板間的距離改變為原來的2倍，且介電係數不變，則改變後的電容器之電容值為原來的幾倍？
(A)4倍 (B)2倍 (C)0.5倍 (D)0.25倍 [5-1][111年統測]

模擬演練

(💡 思考題、♠ 創意題、❄ 特殊題)
(▶ 表示提供影音解題)

( )1. 某平行板電容器充電至100V後將電源移除，並且將內部的介電材質由$\varepsilon_r = 1$改為$\varepsilon_r = 5$，而極板面積與極板間距保持不變，則平行板電容器內部的變化為何？
①平行板間的電容量C減少5倍　　②電通密度不變
③極板間的電位差變為500V　　　④電場強度減少5倍
(A)①③　(B)②④　(C)③④　(D)②③

( )2. 圖(1)中，若O點帶電量為-2×10^{-6}C，A點的帶電量為4×10^{-3}C的金屬球，且$\overline{AO} = 5m$、$\overline{BO} = 20m$、$\overline{AB} = 18m$，將此金屬球由A點移至B點需作功多少？
(A)作正功12J　(C)作負功12J　(C)作正功10.8J　(D)作負功10.8J

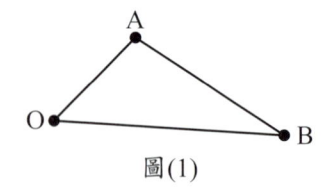

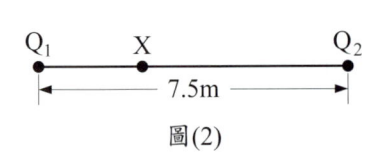

圖(1)

圖(2)

( )3. 如圖(2)所示，空氣中有兩電荷$Q_1 = 4 \times 10^{-6}$C以及$Q_2 = 1.6 \times 10^{-5}$C，兩電荷相距7.5公尺，若X點的電場強度為0，試求X點至Q_2的距離為多少公尺？
(A)6m　(B)5m　(C)4.5m　(D)2.5m

( )4. 圖(3)中若總電容量為$\dfrac{20}{9}\mu F$，則下列敘述何者正確？
①$C_X = 12\mu F$　②$V_a = 180V$　③$V_b = 140V$　④$Q_1 = -40\mu C$　⑤$Q_2 = 250\mu C$
(A)①②⑤　(B)②④⑤　(C)①③④　(D)③④⑤

圖(3)

圖(4)

圖(5)

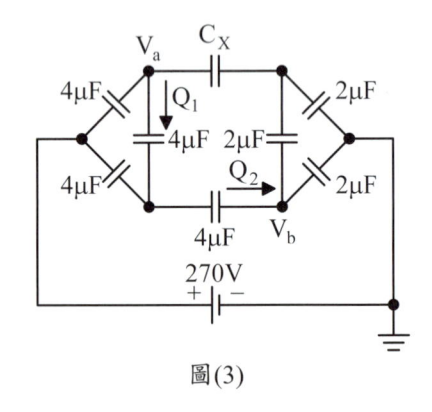

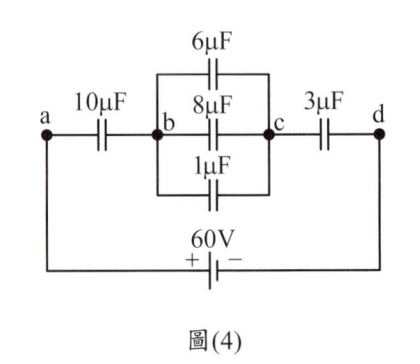

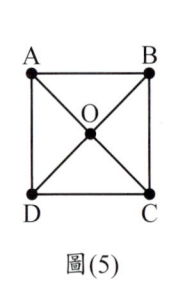

( )5. 如圖(4)所示，下列敘述何者正確？
①$V_{ab} = 10V$　②$V_{bc} = 8V$　③電容器$1\mu F$儲存$10\mu C$　④電容器$6\mu F$儲能$192\mu J$
(A)①③　(B)②④　(C)③④　(D)②③

( )6. 如圖(5)所示為邊長4公尺的正方形，若在A點以及B點置放2×10^{-9}庫倫的電荷，C點以及D點置放-4×10^{-9}庫倫的電荷，試求O點的電場強度E以及電位V分別為何？
(A)$E = 6.75\sqrt{2} Nt/C$；$V = -9\sqrt{2} V$　(B)$E = 13.5 Nt/C$；$V = 9\sqrt{2} V$
(C)$E = 6.75\sqrt{2} Nt/C$；$V = 9\sqrt{2} V$　(D)$E = 13.5 Nt/C$；$V = -9\sqrt{2} V$

( )7. 試求圖(6)中C_X為多少法拉？　(A)2μF　(B)4μF　(C)6μF　(D)8μF

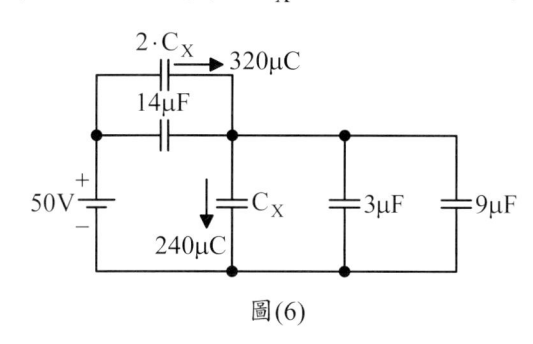

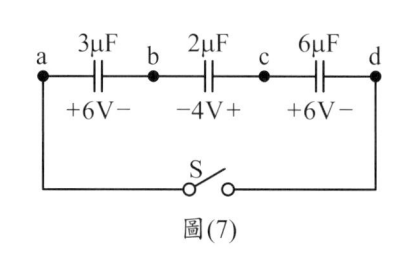

圖(6)

圖(7)

( )8. 各電容器電容量與初始電壓如圖(7)所示，將開關S閉合後的穩態電壓，下列敘述何者正確？
① $V_{ab} = \frac{10}{3}V$　② $V_{ab} = \frac{-10}{3}V$　③ $V_{bc} = 1V$　④ $V_{cd} = \frac{14}{3}V$
(A)①④　(B)②④　(C)①③　(D)②③

( )9. 圖(8)中，下列敘述何者正確？
① 總電容量 $C_T = 15μF$
② 總電荷量 $Q_T = 900μC$
③ $Q_1 = 216μC$（電容器18μF所儲存的電荷量）
④ $Q_2 = 360μC$（電容器20μF所儲存的電荷量）
(A)①③　(B)②④　(C)③④　(D)②③

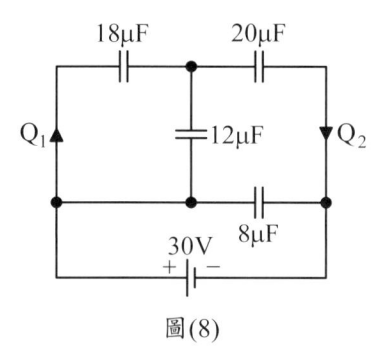

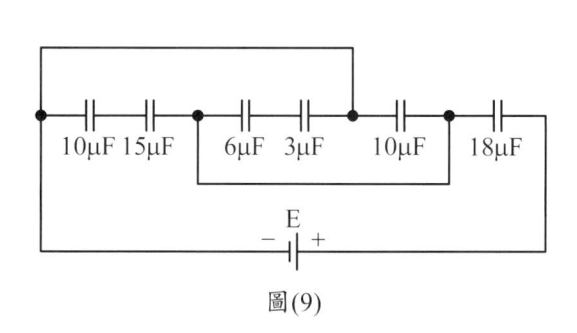

圖(8)

圖(9)

( )10. 如圖(9)所示，若電容器3μF儲存電荷300μC，試求電源電壓E為何？
(A)150V　(B)300V　(C)450V　(D)600V

情境素養題

▲ 閱讀下文，回答第1～4題

巧虎是個時常需要外出的導遊，因此選購一個續航力持久的行動電源是非常重要的，就以下三款行動電源來說，試問：

項目＼品牌	超威牌行動電源	超耐牌行動電源	超猛牌行動電源
價格	499元	499元	499元
電池容量	3.6V / 10000mAH	3.7V / 10000mAH	3.6V / 10000mAH
額定容量	5.1V / 6400mAH	5.1V / 6300mAH	5.1V / 6500mAH
電池芯	鋰電池	鋰聚合電池	鋰電池

( )1. 電池容量與額定容量的『mAH』是何者之單位？
(A)能量　(B)電量　(C)電壓　(D)電流

( )2. 哪個電池的最大可充電量較大？　(A)超威牌　(B)超耐牌　(C)超猛牌　(D)皆相同

( )3. 超威牌行動電源的最大可充電量為
(A)32.64瓦特-小時
(B)38.64瓦特-小時
(C)240.5瓦特-小時
(D)360.18瓦特-小時

( )4. 超耐牌行動電源，可讓5.1瓦特的燈泡點亮多久？
(A)6小時　(B)6.1小時　(C)6.2小時　(D)6.3小時

▲ 閱讀下文，回答第5題

馬蓋先設計一個以電容器為主體的充放電裝置，如圖(1)所示，S_1閉合時可對電容器組充電，S_1打開、S_2閉合時電容器組放電，可點亮電燈泡，試問：

圖(1)

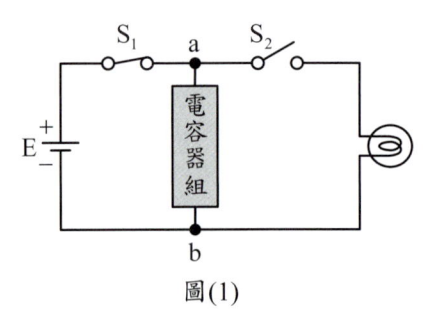

( )5. 倘若電容器組由三個容量相同之電容器組成，試問在a，b兩點間的電容器以下列何種方式連接，燈泡點亮的時間可以較久？

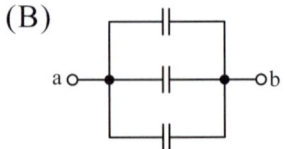

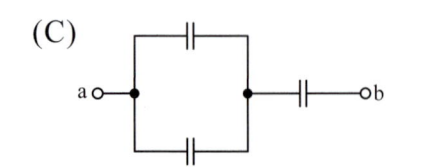

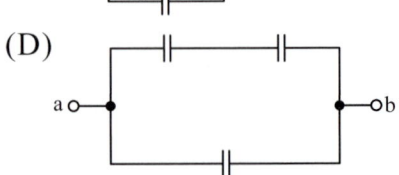

(A) a─||─||─||─b

(B) 三個並聯

(C) 兩個並聯再與一個串聯

(D) 兩個串聯再與一個並聯

電容及靜電

（＊表示附有詳解）

解　答

5-1立即練習
1.D　　2.C　　*3.D　　*4.B　　5.D

5-2立即練習
1.A　　2.C　　3.D　　*4.D　　*5.C

5-3立即練習
1.B　　*2.D　　3.C　　4.D

5-4立即練習
*1.B　　2.B　　3.B　　4.C　　5.C

5-5立即練習
1.D　　2.A　　3.B　　*4.A　　*5.D

5-6立即練習
*1.B　　*2.C　　3.B　　*4.D

綜合練習
1.A	2.D	3.C	4.D	*5.A	*6.C	7.D	8.D	*9.D	10.C
*11.A	*12.D	*13.A	*14.B	*15.B	16.D	*17.B	18.C	19.B	20.D
21.A	22.C	23.A	*24.C	25.D	*26.C	*27.C	28.A	29.A	30.C
*31.D	32.C	*33.D	34.D	35.A	*36.C	37.D	*38.B	*39.C	*40.B
41.A	42.B	43.B	*44.B	45.A	46.A	*47.B	*48.B	49.C	50.C
*51.A	52.A	*53.A	54.B	*55.B	56.C	57.C	*58.A	59.A	60.D
*61.C	62.D	63.D	64.D	65.B	66.B	67.B	*68.B	69.D	70.D
*71.C	*72.D	*73.A	*74.D	*75.D	*76.A	77.D	*78.D	*79.C	80.C
*81.A	*82.A	*83.C	*84.A	*85.B	*86.C	*87.A	*88.B	*89.D	*90.C
*91.B	*92.D	93.D	*94.D						

模擬演練
*1.B　　*2.C　　*3.B　　*4.C　　5.B　　*6.A　　*7.D　　*8.A　　*9.C　　*10.B

情境素養題
1.B　　*2.C　　*3.A　　*4.D　　*5.B

NOTE

CHAPTER 6 電感及電磁

本章學習重點

節名	常考重點	
6-1 磁場特性、庫倫磁力定律與磁場強度	• 磁場特性 • 庫倫磁力定律 • 磁場強度	★★☆☆☆
6-2 磁通量、磁通密度、磁阻與磁動勢	• 磁通量 • 磁通密度的計算 • 羅蘭定律	★★★☆☆
6-3 電磁效應	• 法拉第電磁感應定律　• 愣次定律 • 右手安培定則　　　　• 右手螺旋定則 • 佛萊銘右手定則　　　• 佛萊銘左手定則	★★★★☆
6-4 電感器、自感量及互感量	• 自感量與互感量的計算	★★★★★
6-5 電感器的串並聯電路以及電感器的儲能	• 串聯與並聯電路的計算 • 串聯與並聯電路的儲能	★★★★★

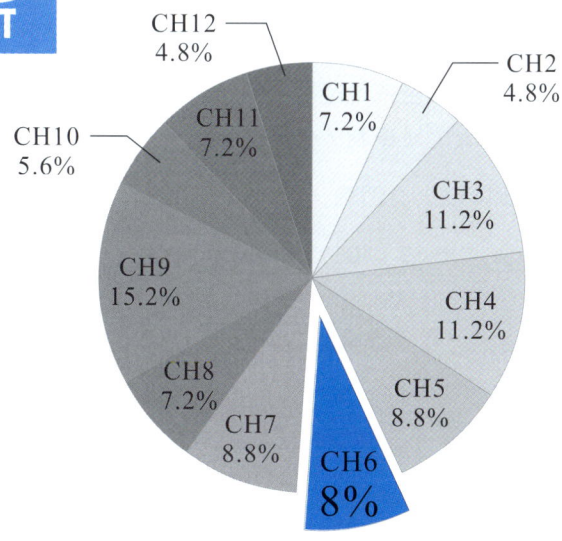

統測命題分析

- CH1 7.2%
- CH2 4.8%
- CH3 11.2%
- CH4 11.2%
- CH5 8.8%
- CH6 8%
- CH7 8.8%
- CH8 7.2%
- CH9 15.2%
- CH10 5.6%
- CH11 7.2%
- CH12 4.8%

影音解題連結

6-1 磁場特性、庫倫磁力定律與磁場強度

1. 磁場、磁力線與磁極的特性比較：

    (1) 磁力線外部由N極出發進入S極；內部由S極回到N極為封閉性曲線。而電力線為開放性曲線。

    (2) 磁力線離開或進入磁極時，必與該磁極垂直。

    (3) 磁力線彼此互相排斥不相交。

    (4) 磁力線愈密集處，其磁通密度（B）與磁場強度（H）愈高（強）。

    (5) 磁力線上任一點的切線方向，即為該點的磁力（磁場）方向。磁力線的路徑即為抵抗磁力線阻力最小的路徑。

    (6) 任何磁鐵必同時存在N、S兩極，且在兩極磁極處的磁性最強。（N、S必成雙成對存在）

    (7) 磁極具有同性（N對N或S對S）相斥、異性相吸（N對S）的特性。

    註：磁極外部稱為磁力線；磁極內部稱為磁化線。

2. 庫倫磁力定律：

    (1) 定義：兩磁極間所受之作用力。

    (2) 庫倫磁力F與磁極強度M成正比，與兩磁極間之距離d成平方反比。

    (3) 公式及單位制：

公式	單位 名稱	MKS制	※CGS制
$F = K \times \dfrac{M_1 \times M_2}{d^2}$	F：作用力	牛頓（Nt）	達因（dyne）
	K：比例常數	$\dfrac{1}{4\pi\mu} = \dfrac{1}{4\pi\mu_0\mu_r}$	$\dfrac{1}{\mu_r}$
	M_1及M_2：磁極強度	韋伯（Wb）	靜磁單位（stat-M）
	d：兩磁極間距	公尺（m）	公分（cm）

註1：μ：介質的導磁係數，μ_0：真空或是空氣中的導磁係數，μ_r：相對導磁係數。

註2：$\mu = \mu_0\mu_r$，其中$\mu_0 = 4\pi \times 10^{-7}$（亨利/公尺）。

註3：1韋伯 $= \dfrac{1}{4\pi} \times 10^8$靜磁單位 $= 10^8$線 $= 10^8$根 $= 10^8$馬克斯威（馬）。

註4：公式簡化：MKS制：$F = \dfrac{6.33 \times 10^4}{\mu_r} \times \dfrac{M_1 \times M_2}{d^2}$；CGS制：$F = \dfrac{1}{\mu_r} \times \dfrac{M_1 \times M_2}{d^2}$。

註5：相對導磁係數（μ_r）愈大，表示導磁能力愈強。

3. 磁場強度（H）：

   (1) 定義：**單位磁極在磁場中某點所受之力稱為磁場強度，又稱磁化力，符號為H。**

   (2) 公式：$H = \dfrac{F}{M} = \dfrac{K \times \dfrac{M_1 \times M}{d^2}}{M} = K \times \dfrac{M_1}{d^2}$。MKS制：$H = \dfrac{6.33 \times 10^4}{\mu_r} \times \dfrac{M_1}{d^2}$。

公式	單位 名稱	MKS制	※CGS制
$H = K \times \dfrac{M_1}{d^2}$	H：磁場強度	牛頓／韋伯（Nt/Wb）	達因／靜磁（dyne/stat-M） 奧斯特
	K：比例常數	$\dfrac{1}{4\pi\mu} = \dfrac{1}{4\pi\mu_0\mu_r}$	$\dfrac{1}{\mu_r}$
	M_1：磁極強度	韋伯（Wb）	靜磁（stat-M）
	d：距離	公尺（m）	公分（cm）

註：磁場強度另一個定義為單位長度之磁動勢，即為磁化力H，$H = NI/\ell$（安匝／公尺）。

補充知識

導線與螺線管的電生磁效應

1. 無限長導體外距離d處的磁場強度：

   $H = \dfrac{I}{2\pi d}$（安匝／公尺）

   （其中，I：導線的電流）

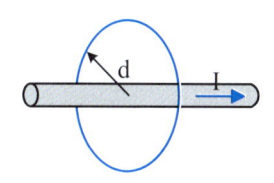

2. 圓形導線中心點的磁場強度：

   $H = \dfrac{NI}{2r}$（安匝／公尺）

   （其中，N：匝數，I：導線的電流）

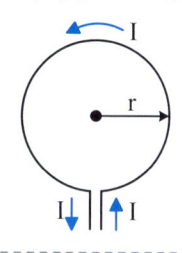

3. 螺線管的磁場強度（管長大於半徑）：

   $H = \dfrac{NI}{\ell}$（安匝／公尺）

   （其中，N：螺線管的匝數，I：導線的電流，ℓ：螺線管長度）

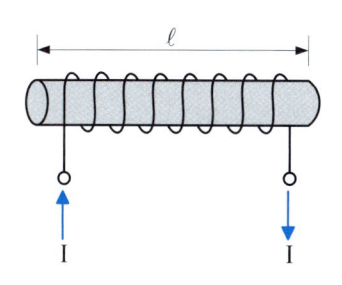

4. 環狀螺線管的環內磁場強度：

   $H = \dfrac{NI}{2\pi d}$（安匝／公尺）

   （其中，N：環狀螺旋管的匝數，I：導線的電流，d：環狀螺旋管的半徑）

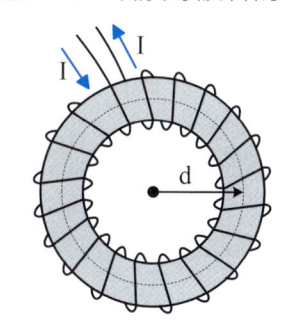

觀念是非辨正

1. （×）磁力線為韋伯所創。
2. （×）磁力線與電力線皆為開放曲線。

概念釐清

磁力線乃是法拉第所創，用來表示磁場的強弱與方向的假想力線。

磁力線為封閉曲線；電力線為開放曲線。

老師教

1. 某磁極強度為100韋伯，置於磁場中受200牛頓的作用力，試求該處的磁場強度為何？

解 $H = \dfrac{F}{M} = \dfrac{200}{100}$
  $= 2$ 牛頓／韋伯（Nt/Wb）

2. 空氣中磁極之磁極強度為 10^{-3} 韋伯，試求距離該磁極 2 公尺處之磁場強度（H）？

解 $H = K\dfrac{M}{d^2} = \dfrac{6.33 \times 10^4}{1} \times \dfrac{10^{-3}}{2^2}$
  $= 15.825$ 牛頓／韋伯

3. 空氣中兩磁極強度分別為 $M_1 = 0.04$Wb，$M_2 = 0.05$Wb，相距2公尺，試求兩磁極間之作用力為何？

解 $F = \dfrac{6.33 \times 10^4}{\mu_r} \times \dfrac{M_1 \times M_2}{d^2}$
  $= \dfrac{6.33 \times 10^4}{1} \times \dfrac{0.04 \times 0.05}{2^2}$
  $F = 31.65$ Nt（牛頓）

4. 空氣中兩磁極相距3公尺且作用力為33.76牛頓的吸引力，其中一磁極強度 $M_1 = 0.06$Wb，試求另一個磁極的強度為何？

學生做

1. 某磁極強度為60韋伯，置於磁場中受60牛頓的作用力，試求該處的磁場強度為何？

解

2. 空氣中磁極之磁極強度為 2×10^{-3} 韋伯，試求距離該磁極 4 公分處之磁場強度（H）？

解

3. 空氣中兩磁極強度分別為 $M_1 = 0.02$ Wb，$M_2 = 0.04$ Wb，相距1公尺，試求兩磁極間之作用力為何？

解

4. 空氣中兩磁極相距5公尺且作用力為6.33牛頓的吸引力，其中一磁極強度 $M_1 = 0.05$ Wb，試求另一個磁極的強度為何？

解 $F = \dfrac{6.33 \times 10^4}{\mu_r} \times \dfrac{M_1 \times M_2}{d^2}$

$33.76 = \dfrac{6.33 \times 10^4}{1} \times \dfrac{0.06 \times M_2}{3^2}$

$\Rightarrow M_2 = 0.08\text{Wb}$

解

---

5. 有一條無限長導線通以10A之電流，試求距離導線外5公尺處之磁場強度為何？

解 $H = \dfrac{I}{2\pi d} = \dfrac{10}{2 \times \pi \times 5}$

$= \dfrac{1}{\pi}$ 牛頓／韋伯（安匝／公尺）

5. 有一條無限長導線通以20A之電流，試求距離導線外2公尺處之磁場強度為何？

解

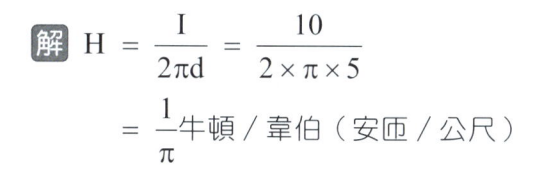

6. 有一半徑為2公尺的圓形導線通以4A之電流，試求圓心的磁場強度？

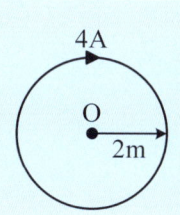

解 $H = \dfrac{I}{2r} = \dfrac{4}{2 \times 2}$

$= 1$ 牛頓／韋伯（安匝／公尺）

6. 有一半徑為10公分的圓形導線其匝數為20匝通以0.6A之電流，試求圓心的磁場強度？

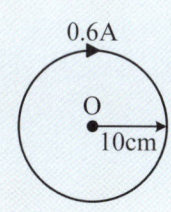

解

---

7. 有一螺線管長4公分，匝數為200匝，通以5A時，試求螺線管內之磁場強度？

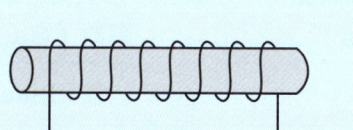

解 $H = \dfrac{NI}{\ell} = \dfrac{200 \times 5}{0.04}$

$= 25000$ 牛頓／韋伯（安匝／公尺）

7. 有一螺線管長5公分，匝數為100匝，通以2A時，試求螺線管內之磁場強度？

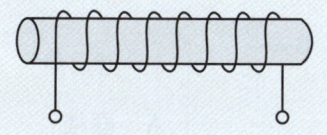

解

ABCD 立即練習

(　)1. 兩磁極間之作用力,稱為
(A)磁場強度　(B)磁力線　(C)磁動勢　(D)庫倫磁力作用力定律

(　)2. 奧斯特（Oersted）為
(A)磁通之單位　(B)磁場強度之單位　(C)磁通密度之單位　(D)磁阻之單位

(　)3. 一無限長之直導線,若通以電流31.4A時,試求距離導線1公尺處之磁場強度?
(A)5安匝／公尺　(B)50安匝／公尺　(C)$\frac{5}{\pi}$安匝／公尺　(D)$\frac{50}{\pi}$安匝／公尺

(　)4. 無限長的載流導線在導線外4公尺處產生的磁場強度為12安匝／公尺,若將導線上的電流減半,試求距離導線2公尺處的磁場強度為:
(A)增加2倍　(B)減少2倍　(C)增加4倍　(D)不變

(　)5. 圖(1)O點的磁場強度?（半徑r = 1m）
(A)5(π − 1)安匝／公尺
(B)5(π + 1)安匝／公尺
(C)5安匝／公尺
(D)5π安匝／公尺

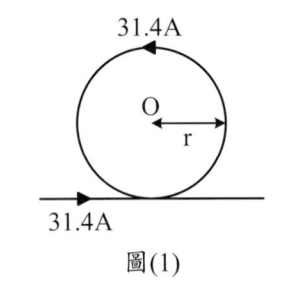

圖(1)

6-2 磁通量、磁通密度、磁阻與磁動勢

1. 磁通量：磁極發出或是進入磁極的磁力線總數稱為磁通量,以符號ϕ表示。

2. 磁通密度：**單位面積垂直通過的有效磁通量,稱為磁通密度**,以符號B表示。

公式	單位 名稱	MKS制	※CGS制
$B = \dfrac{\phi}{A}$	B：磁通密度	韋伯／平方公尺（wb/m²） 特斯拉（Tesla）	線／平方公分（Lines/cm²） 高斯（Gauss）
	ϕ：磁通量	韋伯（Wb）	線（Lines）
	A：面積	平方公尺（m²）	平方公分（cm²）

註1：1韋伯（Wb）= 10^8線（Lines）。

註2：1韋伯／平方公尺（Wb/m²）= 1特斯拉（T）= 10^4線／平方公分（Lines/cm²）
　　　= 10^4高斯（Gauss）。

註3：磁通密度（B）與磁場強度（H）成正比,兩者關係為$\mu = \dfrac{B}{H} \Rightarrow \mu_0 \times \mu_r = \dfrac{B}{H}$。

3. 磁動勢：磁路中驅動磁通ϕ通過的動力稱之為磁動勢，以符號 $\mathcal{F}$ 表示。其中在磁化的過程中，線圈匝數 N 與通過該線圈的電流 I 兩者之乘積為磁動勢的大小。

公式	單位 名稱	MKS制
$\mathcal{F}=NI$	$\mathcal{F}$：磁動勢	安匝
	N：匝數	匝數
	I：電流	安培

4. 磁阻：磁路中阻止磁通量ϕ（磁力線）通過的阻力稱為磁阻，以符號 $\mathcal{R}$ 表示。

公式	單位 名稱	MKS制	※CGS制
$\mathcal{R}=\dfrac{\ell}{\mu \times A}$	$\mathcal{R}$：磁阻	安匝／韋伯（AT/Wb）	吉柏／線（Gb/Lines）
	ℓ：磁通路徑	公尺（m）	公分（cm）
	A：面積	平方公尺（m²）	平方公分（cm²）

5. 磁路歐姆定律（羅蘭定律）：探討磁阻 $\mathcal{R}$、磁通量ϕ與磁動勢 $\mathcal{F}$ 三者的關係。其中 $\mathcal{F}=\phi\mathcal{R}$。**（其中 $\mathcal{F} = \phi\mathcal{R} = NI = H\cdot\ell$）**

單位制	磁動勢（$\mathcal{F}$）	磁通量（ϕ）	磁阻（$\mathcal{R}$）
MKS制	安匝（AT）	韋伯（Wb）	安匝／韋伯（AT/Wb）
※CGS制	吉柏（Gb）	線（Lines）	吉柏／線（Gb/Lines）

註：磁路歐姆定律類似歐姆定律，兩者關係對照為：$V = I \times R \Rightarrow \mathcal{F} = \phi \times \mathcal{R}$。

6. 電場與磁場的比較：

比較項目＼名稱	電場	磁場
電荷量Q與磁極強度M	電荷量Q為庫倫或靜庫	磁極強度M為韋伯或線
電力線ψ與磁力線ϕ	電力線ψ為開放曲線（假想線）（從正電荷出發，終止於負電荷）	磁力線ϕ為封閉曲線（假想線）（磁極外部N→S；磁極內部S→N）
庫倫作用力F	$F = K\dfrac{Q_1 \times Q_2}{d^2} = \dfrac{1}{4\pi\varepsilon}\times\dfrac{Q_1 \times Q_2}{d^2}$	$F = K\dfrac{M_1 \times M_2}{d^2} = \dfrac{1}{4\pi\mu}\times\dfrac{M_1 \times M_2}{d^2}$
電場強度E與磁場強度H	$E = K\dfrac{Q}{d^2} = \dfrac{1}{4\pi\varepsilon}\times\dfrac{Q}{d^2}$	$H = K\dfrac{M}{d^2} = \dfrac{1}{4\pi\mu}\times\dfrac{M}{d^2}$ 或 $H = \dfrac{N\times I}{\ell}$（磁化力）
電通密度D與磁通密度B	$D = \dfrac{\psi}{A}$	$B = \dfrac{\phi}{A}$
電位V與磁動勢 $\mathcal{F}$	$V = K\dfrac{Q}{d} = \dfrac{1}{4\pi\varepsilon}\times\dfrac{Q}{d}$（伏特或靜伏）	$\mathcal{F} = NI$（安匝或吉柏）
公式關係	$E = \dfrac{F}{Q} = \dfrac{V}{d} = \dfrac{D}{\varepsilon}$	$H = \dfrac{F}{M} = \dfrac{NI}{\ell} = \dfrac{B}{\mu}$

觀念是非辨正

1. （○）通過單位面積的磁通量愈多，其磁通密度愈大。
2. （○）導磁係數愈大則磁阻愈小。

概念釐清

老師教

1. 有一個20平方公分的平面，通過4韋伯的磁力線，則該平面的磁通密度為多少特斯拉（Tesla）？

   解 MKS制：$B = \dfrac{\phi}{A} = \dfrac{4}{20 \times 10^{-4}} = 2000$ 特斯拉

2. 空氣中某點之磁場強度為 $\dfrac{1}{4\pi} \times 10^6 \, Nt/Wb$，試求該點之磁通密度？

   解 $B = \mu \times H = 4\pi \times 10^{-7} \times \dfrac{1}{4\pi} \times 10^6$
   $= 0.1$ 特斯拉

3. 有一螺線管繞製20匝，通過5A的電流則磁動勢為何？

   解 $\mathcal{F} = NI = 20 \times 5 = 100$ 安匝（AT）

4. 某磁性材料的磁路長度為8π公尺，截面積為0.8平方公分，相對導磁係數 $\mu_r = 5000$，試求磁阻 $\mathcal{R}$ 為多少？

   解 $\mathcal{R} = \dfrac{\ell}{\mu \times A}$
   $= \dfrac{8\pi}{4\pi \times 10^{-7} \times 5000 \times 0.8 \times 10^{-4}}$
   $= 5 \times 10^7 \, (AT/Wb)$

學生做

1. 有一個10平方公分的平面，通過2韋伯的磁力線，則該平面的磁通密度為多少高斯（Gauss）？

   解

2. 空氣中某點之磁通密度為 $2\pi \times 10^{-6}$ 特斯拉，試求該點之磁場強度？

   解

3. 有一螺線管通過5A的電流時產生60安匝的磁動勢，則通過10A時的磁動勢為何？

   解

4. 某磁性材料的磁路長度為20π公尺，截面積為0.4平方公分，相對導磁係數 $\mu_r = 1000$，試求磁阻 $\mathcal{R}$ 為多少？

   解

立即練習

( )1. 1韋伯＝K_1線；1特斯拉（Tesla）＝K_2高斯（Gauss），其中K_1以及K_2分別為何？
(A)10^4；10^4 (B)10^8；10^8 (C)10^4；10^8 (D)10^8；10^4

( )2. 下列何者正確？
(A)磁力線由N極至S極，再由S極回N極
(B)電力線自+Q至－Q，再由－Q回+Q
(C)當N極單獨存在時就不會產生磁力線
(D)當+Q單獨存在時就不會產生電力線

( )3. 有一磁力總數為0.0628韋伯，垂直通過一個半徑為2公分的圓形平面，試求該平面的磁通密度為多少韋伯／平方公尺？
(A)25 (B)50 (C)75 (D)0

( )4. 若磁力線通過一個物體，該物體的相對導磁係數$\mu_r = \dfrac{2500}{\pi}$，其垂直於磁力線的截面積為$2 \times 10^{-3} m^2$，該磁力線通過的磁路為4公尺，則該物體的磁阻為何？
(A)2×10^5 AT／Wb (B)2×10^6 AT／Wb
(C)4×10^5 AT／Wb (D)4×10^6 AT／Wb

( )5. 如圖(1)所示在某金屬合金繞製線圈，若線圈匝數N＝50匝，並在線圈上通以4A的電流，金屬合金之平均磁路為10cm，截面積A＝$2cm^2$，相對導磁係數$\mu_r = \dfrac{2000}{\pi}$，則磁阻$\mathcal{R}$為何？
(A)6.25×10^5安匝／韋伯 (B)6.25×10^6安匝／韋伯
(C)5.25×10^5安匝／韋伯 (D)5.25×10^6安匝／韋伯

圖(1)

( )6. 承上題所示，磁動勢$\mathcal{F}$為何？
(A)200AT (B)150AT (C)100AT (D)50AT

( )7. 承上題所示，磁通量ϕ為何？
(A)0.32m(Lines) (B)3.2×10^3(Lines) (C)0.32m(Wb) (D)0.64m(Wb)

( )8. 下列對各種單位的敘述，何者錯誤？
(A)高斯／平方公分是磁通密度的單位
(B)牛頓／庫倫是電場強度的單位
(C)焦耳是能量的單位
(D)庫倫／平方公尺是電通密度的單位
[統測]

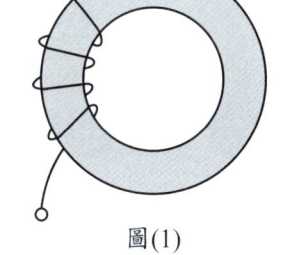

6-3 電磁效應

1. 法拉第（Faraday's）電磁感應定律：**（判斷線圈在磁場中感應電勢平均值的大小）**

公式	單位 名稱	MKS制	CGS制
$E_{av} = N \left\lvert \dfrac{\Delta \phi}{\Delta t} \right\rvert$	N：線圈匝數	匝數	匝數
	Δφ：磁通變化量	韋伯（Wb）	馬克斯威（馬）線（Lines）
	Δt：時間變化量	秒（s）	秒（s）

2. 楞次（Lenz's）定律：**（判斷線圈在磁場中感應電勢的極性）**

   法拉第所發現的電磁感應現象，僅能說明感應電勢大小而無法判斷感應電勢的極性或是感應電流的方向，直到1834年楞次才解釋了感應電勢的方向為反抗原磁通量的增減，其公式中的負號為在磁通有變化時**瞬間反抗**之意思。

   公式：$E_{av} = -N \dfrac{\Delta \phi}{\Delta t} = N \dfrac{d\phi(t)}{dt} = -N \cdot m$ **（"−" 負號為瞬間反抗的意思；m：斜率）**

補充知識

各種磁通函數所感應出的電壓波形

1. φ(t)為常數則感應電壓E_{av} ⇒ 0
2. φ(t)為直線（線性遞增或遞減）則感應電壓E_{av} ⇒ 定值（直流電）
3. φ(t)為三角波函數則感應電壓E_{av} ⇒ 方波
4. φ(t)為方波函數則感應電壓E_{av} ⇒ 脈波
5. φ(t)為正弦函數（sinθ）則感應電壓E_{av} ⇒ 餘弦函數（cosθ）
6. φ(t)為餘弦函數（cosθ）則感應電壓E_{av} ⇒ 正弦函數（sinθ）

3. 右手安培定則：以右手握住有限長度或是無限長度的導線，其中大拇指為電流方向，而其餘四指為磁場方向。其中**流入紙面以符號⊗表示，流出紙面以符號⊙表示。**

   (1) 拇指：電流方向 ⇒ 傳統電流方向（電洞流方向）。

   (2) 其餘四指：磁場方向。

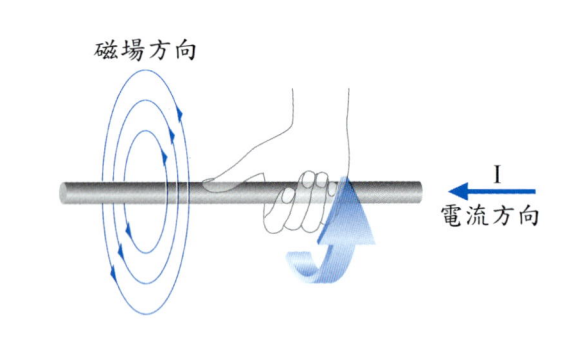

4. 右手螺旋定則：以右手握住螺旋線圈，其中其餘四指為在螺旋線圈流動的電流方向，而大拇指即為磁場方向。

   (1) 拇指：磁場方向（電磁鐵的N極所在）。

   (2) 其餘四指：電流方向 ⇒ 傳統電流方向（電洞流方向）。

5. 佛萊銘右手定則：又稱為**發電機定則**。

   (1) 拇指：導體的移動方向（F）
   ⇒ **已知條件**

   (2) 食指：磁場方向（B）
   ⇒ N極的位置 ⇒ **已知條件**

   (3) 中指：**感應出的電流方向（I）**
   ⇒ **傳統電流方向（電洞流方向）**
   ⇒ **未知結果**

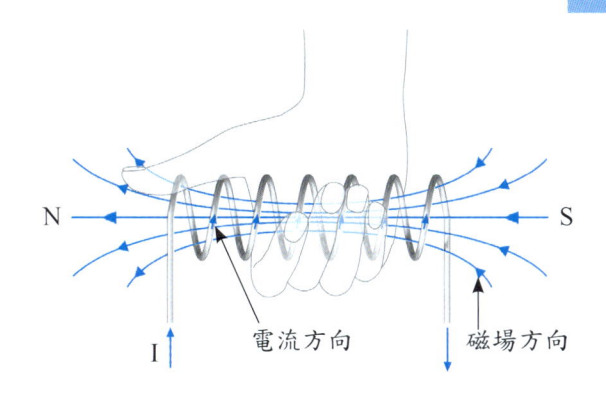

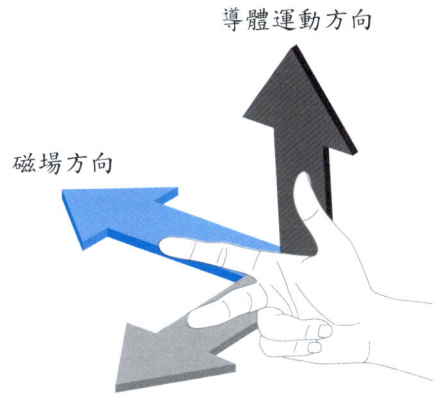

公式	單位＼名稱	MKS制	※CGS制
$E_{av} = B \times \ell \times v \times \sin\theta$	B：磁通密度	韋伯／平方公尺（Wb/m²）	線／平方公分（Lines/cm²）
	ℓ：導線長度	公尺（m）	公分（cm）
	v：導線移動速率	公尺／秒（m/s）	公分／秒（cm/s）
	E_{av}：感應電勢	伏特（V）	靜電伏特（statV）

6. 佛萊銘左手定則：又稱為**電動機定則**。

   (1) 拇指：**導體的受力方向（F）**
   ⇒ **未知結果**

   (2) 食指：磁場方向（B）
   ⇒ N極的位置 ⇒ **已知條件**

   (3) 中指：電流方向（I）
   ⇒ 傳統電流方向（電洞流方向）
   ⇒ **已知條件**

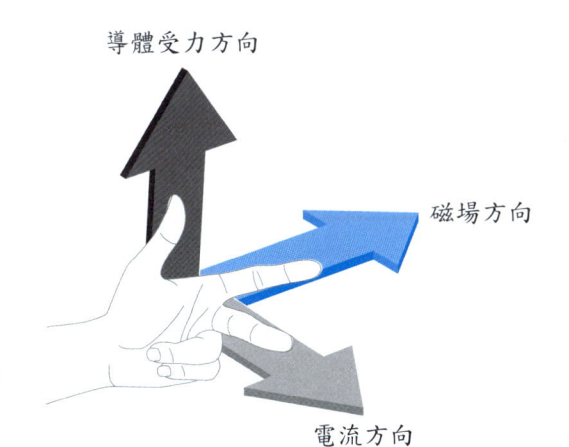

公式	單位＼名稱	MKS制	※CGS制
$F = B \times \ell \times I \times \sin\theta$	B：磁通密度	韋伯／平方公尺（Wb/m²）	線／平方公分（Lines/cm²）
	ℓ：導線長度	公尺（m）	公分（cm）
	I：載流之電流	安培（A）	電磁安培（abA）
	F：導體受力	牛頓（Nt）	達因（dyne）

7. 帶電量之電荷在磁場中移動所受之力：

公式	名稱 \ 單位	MKS制	※CGS制
$F = q \times v \times B \times \sin\theta$	q：電量	庫倫（C）	靜電庫倫（statC）
	v：電荷移動速率	公尺／秒（m/s）	公分／秒（cm/s）
	B：磁通密度	韋伯／平方公尺（Wb/m²）	線／平方公分（Lines/cm²）
	F：電荷受力	牛頓（Nt）	達因（dyne）

8. 兩平行導線間之作用力：

公式	名稱 \ 單位	MKS制	※CGS制
$F = \dfrac{\mu \times \ell \times I_1 \times I_2}{2\pi d}$	F：兩導線間之作用力	牛頓（Nt）	達因（dyne）
	ℓ：導線長度	公尺（m）	公分（cm）
	I_1、I_2：導線的電流	安培（A）	電磁安培（abA）
	d：兩導線之間距	公尺（m）	公分（cm）

註1：兩平行導線間之作用力可以簡化為：$F = \dfrac{2 \times 10^{-7} \times \mu_r \times \ell \times I_1 \times I_2}{d}$。

註2：兩平行導線通以相同方向之電流，其導線間之作用力為吸引力；反之通以相反方向之電流，其導線間之作用力為排斥力。

觀念是非辨正

1. （○）若線圈感應的電壓為方波，則通過線圈的磁通量波形為三角波。

2. （×）佛萊銘右手定則的拇指方向為電流與磁場的交互影響下，所感應出的運動方向。

概念釐清

$E_{av} = N \left| \dfrac{\Delta\phi}{\Delta t} \right|$，當 φ 為三角波時，$E_{av}$ 感應波形為方波。

電流與磁場的交互影響下，所感應出的運動方向，為佛萊銘左手定則（電動機定則）。

老師教

1. 有一個10匝的線圈，在2秒內通過的磁通量由10韋伯增加到15韋伯，試求該線圈的感應電勢為何？

解 $E_{av} = N \left| \dfrac{\Delta\phi}{\Delta t} \right| = 10 \times \left| \dfrac{15-10}{2} \right| = 25V$

學生做

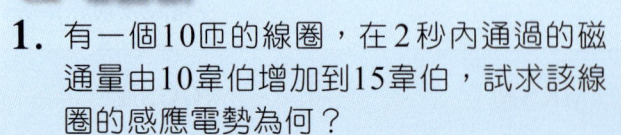

1. 有一個15匝的線圈，在3秒內通過的磁通量由 2×10^8 線增加到 10×10^8 線，試求該線圈的感應電勢為何？

解

CH 6 電感及電磁

2. 某線圈在10秒內的磁通變化量為5韋伯，感應20V的電壓，則線圈匝數為何？

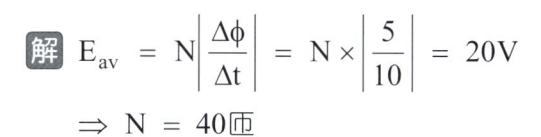

解 $E_{av} = N\left|\dfrac{\Delta\phi}{\Delta t}\right| = N \times \left|\dfrac{5}{10}\right| = 20V$

$\Rightarrow N = 40匝$

2. 某線圈在8秒內的磁通變化量為4×10^8線，感應16V的電壓，則線圈匝數為何？

解

3. 磁鐵逐漸向左邊移動，則左邊的線圈a、b兩點的電壓大小關係為何？

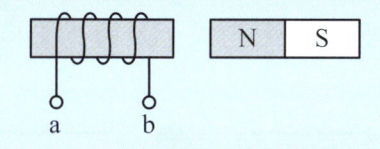

解 磁鐵逐漸向左邊移動，則向左的磁通量逐漸增強，根據楞次定律，左邊的線圈會產生一個向右的反抗磁通，以右手螺旋定則可以判斷，$V_{ab} > 0$

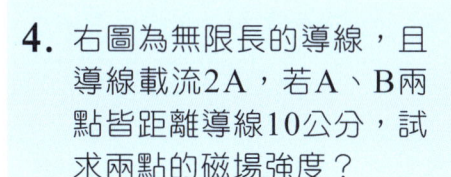

3. 當可變電阻R逐漸減少，則左邊的線圈a、b兩點的電流方向為何？

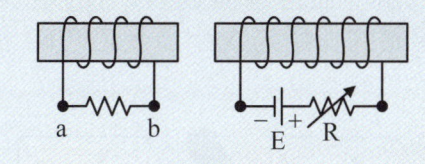

解

4. 右圖為無限長的導線，且導線載流2A，若A、B兩點皆距離導線10公分，試求兩點的磁場強度？

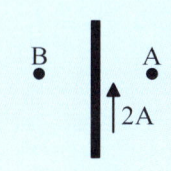

解 根據右手安培定則，可判斷A點的磁場方向為流入紙面；B點的磁場方向為流出紙面。兩者磁場強度的大小皆相同：

$\left|H_A\right| = \left|H_B\right| = \dfrac{I}{2\pi d} = \dfrac{2}{2\pi \times 0.1}$

$= \dfrac{10}{\pi}(Nt/Wb)$

4. 右圖為無限長的導線，且導線載流10A，若A、B兩點皆距離導線5公分，試求兩點的磁場強度？

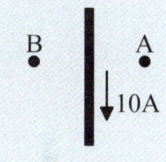

解

5. 下圖所示，一導體長$\ell = 20cm$，以4m/s的速度在磁通密度$B = 10Wb/m^2$中，向右移動，試求感應電勢及電流方向為何？

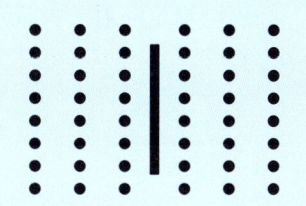

5. 下圖所示，一導體長$\ell = 10cm$，以2m/s的速度在磁通密度$B = 5Wb/m^2$中，向左移動，試求感應電勢及電流方向為何？

解 (1) 根據佛萊銘右手定則，感應電流向下

(2) 感應電勢 E = B × ℓ × v × sin θ

$$E = 10 \times \frac{20}{100} \times 4 \times \sin 90° = 8\text{伏特(V)}$$

---

6. 如下圖所示，兩極之間為一均勻之磁場，磁通密度為10特斯拉，導體長度為5cm，並且導體通以2A的電流，求該導體的作用力大小及受力方向分別為何？

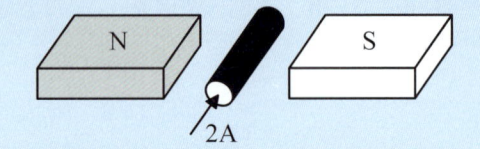

6. 如下圖所示，兩極之間為一均勻之磁場，磁通密度為8000高斯，導體長度為50cm，並且導體通以4A的電流，求該導體的作用力大小及受力方向分別為何？

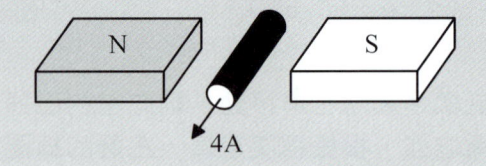

解 (1) 根據佛萊銘左手定則，導體運動向下

(2) 受力大小 F = B × ℓ × I × sin θ

$$F = B \times \ell \times I \times \sin\theta$$
$$= 10 \times \frac{5}{100} \times 2 \times \sin 90° = 1\text{牛頓}$$

解

---

7. 如下圖所示，有一個帶電量2mC的正電荷以20m/s速率通過磁通密度為4Wb/m²的均勻磁場，則該電荷受力為何？

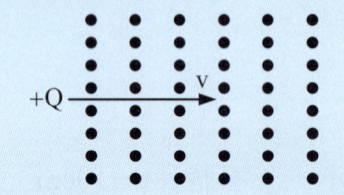

7. 如下圖所示，有一個帶電量10mC的負電荷以10m/s速率通過磁通密度為5Wb/m²的均勻磁場，則該電荷受力為何？

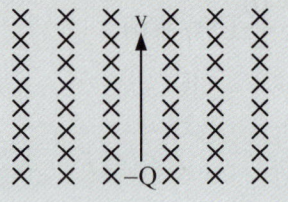

解 F = q × v × B × sin θ

F = 2m × 20 × 4 × sin 90°

= 0.16牛頓（向下偏轉）

解

8. 試求下圖中兩平行無限長導線間的作用力大小為何？（若兩導線置於空氣中）

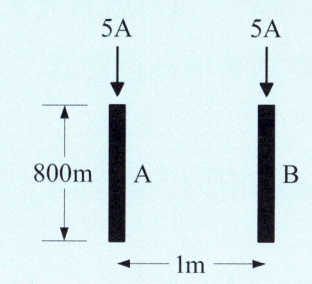

```
     5A      5A
     ↓       ↓
   ┌─┐     ┌─┐
800m│A│     │B│
   └─┘     └─┘
     ←─ 1m ─→
```

解 $F = \dfrac{2 \times 10^{-7} \times \mu_r \times \ell \times I_1 \times I_2}{d}$

$F = \dfrac{2 \times 10^{-7} \times 1 \times 800 \times 5 \times 5}{1}$

$= 4 \times 10^{-3}$ 牛頓（吸引力）

8. 試求下圖中兩平行無限長導線間的作用力大小為何？（若兩導線置於 $\mu_r = 10$ 的介質中）

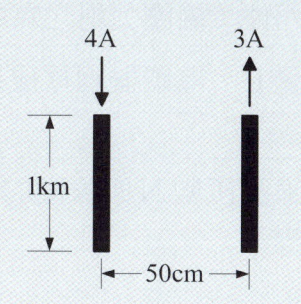

```
     4A      3A
     ↓       ↑
   ┌─┐     ┌─┐
1km │ │     │ │
   └─┘     └─┘
     ←─50cm─→
```

解

ABCD 立即練習

( ) 1. 一線圈在磁場中，若感應一定值的正電壓或負電壓，則此線圈中磁通量變化為何？
(A)不變　(B)正弦變化　(C)斜率不為零的直線變化　(D)斜率可能為零的直線變化

( ) 2. 如圖(1)所示，磁通 ϕ 若在0.2秒內由0.7韋伯增加至0.82韋伯（磁通方向不變），且線圈匝數為40匝，則線圈上所感應之電勢 E_{ab} 為何？
(A)–24V　(B)24V　(C)–32V　(D)32V

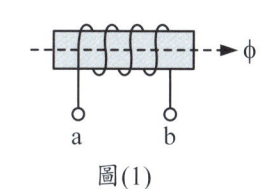

( ) 3. 右手螺旋定則的其餘四指所代表的意義為何？
(A)電流方向　(B)磁場方向　(C)運動方向　(D)電場方向

( ) 4. 如圖(2)中，假設磁極間為一均勻磁場，磁通密度為 10^4 高斯，導線長度為20cm，並在導線通以5A之電流，試求導線的作用力大小及受力方向為何？
(A)2牛頓，受力向下　　　　(B)2牛頓，受力向上
(C)1牛頓，受力向下　　　　(D)1牛頓，受力向上

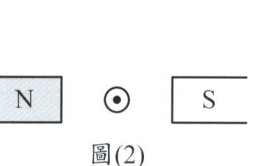

( ) 5. 電流作用而產生磁場之效應為何人所發現？
(A)佛萊銘　(B)安培　(C)法拉第　(D)奧斯特

( ) 6. 有兩條通以相同方向電流之載流導線，導線電流分別為10A以及5A，兩導線在空氣中相距20公分，則單位長度所受之作用力為何？
(A) 2×10^{-5} 牛頓　(B) 3×10^{-5} 牛頓　(C) 5×10^{-5} 牛頓　(D) 8×10^{-5} 牛頓

6-4 電感器、自感量及互感量

1. 電感器：當電流通過線圈時會產生磁場，可將電能轉換為磁能儲存在線圈，此儲能元件（線圈）稱之為電感器。電感器的單位為亨利，以符號 H 表示。

2. 自感量 L：電感器因電磁感應產生在本身線圈的電感量稱為自感量，以符號 L 表示。

    (1) 線圈匝數 N 與線圈的磁力線數 ϕ 的乘積，稱為該線圈的磁通鏈，以符號 λ 表示。

    (2) 電感量：單位電流產生的磁通鏈。其中 $L = \dfrac{\lambda}{I} = \dfrac{N \times \phi}{I} = N \times \dfrac{\Delta\phi}{\Delta I}$。

    (3) $L = \dfrac{\lambda}{I} = \dfrac{N \times \phi}{I}$ 且 $\phi = \dfrac{\mathcal{F}}{\mathcal{R}}$，$L = \dfrac{\lambda}{I} = \dfrac{N \times \dfrac{\mathcal{F}}{\mathcal{R}}}{I} = \dfrac{N \times \dfrac{NI}{\mathcal{R}}}{I} = \dfrac{N^2}{\mathcal{R}} \Rightarrow L = \dfrac{N^2}{\mathcal{R}}$。
    （在磁阻固定的情況下，電感量 L 與匝數 N 的平方成正比）

    (4) $L = \dfrac{N^2}{\mathcal{R}}$（且 $\mathcal{R} = \dfrac{\ell}{\mu A}$），因此公式改寫如下：$L = \dfrac{\mu \times A \times N^2}{\ell}$。
    （自感量 L 與導磁係數 μ、線圈截面積 A、匝數 N 平方成正比，與磁路長度 ℓ 成反比）

3. 互感量：電感器因電磁感應產生在別的線圈的電感量稱為互感量，以符號 M 表示。

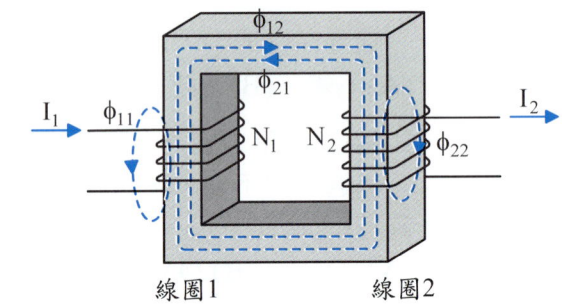

    (1) 線圈 1 通過電流 I_1，產生磁通量 ϕ_1，則線圈 1 的自感量為 $L_1 = \dfrac{N_1 \times \phi_1}{I_1}$。
    （其中 ϕ_{11}：漏磁通、ϕ_{12}：交鏈至線圈 2 的互感量；$\phi_1 = \phi_{11} + \phi_{12}$）

    (2) 線圈 2 通過電流 I_2，產生磁通量 ϕ_2，則線圈 2 的自感量為 $L_2 = \dfrac{N_2 \times \phi_2}{I_2}$。
    （其中 ϕ_{22}：漏磁通、ϕ_{21}：交鏈至線圈 1 的互感量；$\phi_2 = \phi_{22} + \phi_{21}$）

    (3) 耦合係數 K：$K = \dfrac{\phi_{12}}{\phi_1}$ 或 $K = \dfrac{\phi_{21}}{\phi_2}$（其中 $0 < K < 1$）。（耦合係數 K 無單位）

    (4) 互感量 $M_{12} = \dfrac{N_2 \times \phi_{12}}{I_1}$ 或 $M_{21} = \dfrac{N_1 \times \phi_{21}}{I_2}$。

    (5) 耦合係數 K、互感量 M 與自感量 L_1、L_2 的關係式：$M = K \times \sqrt{L_1 \times L_2}$。

    註1：電感器的感應電勢 $E_{av} = L\dfrac{\Delta i(t)}{\Delta t} = L\dfrac{di(t)}{dt}$。

    註2：電感器的自感應電勢為 $L_1 \dfrac{\Delta I_1}{\Delta t}$；互感應電勢為 $M \dfrac{\Delta I_2}{\Delta t}$。（兩者之和為總應電勢）

觀念是非辨正

1. （○）線圈耦合的互感量小於線圈本身產生的自感量。
2. （○）單位電流（I）產生的磁通鏈（λ）為電感量（L）。

概念釐清

自感磁通量等於漏磁通量與互感磁通量兩者之和。

老師教

1. 有a、b兩線圈其自感量分別為$L_a = 3mH$、$L_b = 12mH$，耦合係數$K = 0.8$，則互感量M為多少？

解 $M = K \times \sqrt{L_1 \times L_2} = 0.8 \times \sqrt{3m \times 12m}$
　　$= 4.8mH$

2. 兩個鄰近線圈，線圈1通過5A的電流產生磁通量5m(Wb)，其中有2m(Wb)交鏈至線圈2，且$N_1 = 250$匝，$N_2 = 200$匝，則 (1)L_1 (2)M (3)耦合係數K (4)L_2？

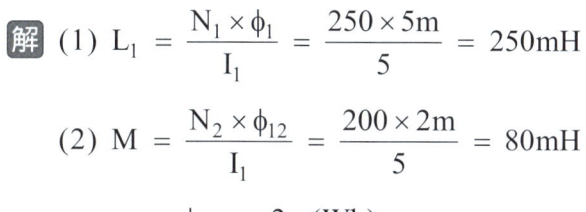

解 (1) $L_1 = \dfrac{N_1 \times \phi_1}{I_1} = \dfrac{250 \times 5m}{5} = 250mH$

(2) $M = \dfrac{N_2 \times \phi_{12}}{I_1} = \dfrac{200 \times 2m}{5} = 80mH$

(3) $K = \dfrac{\phi_{12}}{\phi_1} = \dfrac{2m(Wb)}{5m(Wb)} = 0.4$

(4) $M = K \times \sqrt{L_1 \times L_2}$
　　$\Rightarrow 80m = 0.4 \times \sqrt{250m \times L_2}$
　　$L_2 = 160mH$

3. 有一個80匝之線圈繞置於鐵心，若磁路的磁阻為2×10^4安匝／韋伯，試求該線圈的自感量為多少？

解 $L = \dfrac{N^2}{\mathcal{R}} = \dfrac{80^2}{2 \times 10^4} = 0.32$亨利（H）

學生做

1. 有a、b兩線圈其自感量分別為$L_a = 30mH$、$L_b = 30mH$，耦合係數$K = 0.6$，則互感量M為多少？

解

2. 兩個鄰近線圈，線圈1通過8A的電流產生磁通量10m(wb)，其中有6m(Wb)交鏈至線圈2，且$N_1 = 500$匝，$N_2 = 400$匝，則 (1)L_1 (2)M (3)耦合係數K (4)L_2？

解

3. 有一個50匝之線圈繞置於鐵心，若磁路的磁阻為10^4安匝／韋伯，試求該線圈的自感量為多少？

解

4. 有一個線圈其匝數為80匝，電感量為4H，若磁阻保持不變且欲將電感量減少至1H，應該將匝數改變為多少匝？

【解】 $L = \dfrac{N^2}{\mathcal{R}} \Rightarrow L \propto N^2 \Rightarrow 4:1 = 80^2 : N^2$
$\Rightarrow N = 40$ 匝

4. 有一個線圈其匝數為60匝，電感量為36H，若磁阻保持不變且欲將電感量減少至16H，應該將匝數減去幾匝？

【解】

ABCD 立即練習

( ) 1. 兩線圈之自感量分別為L_a以及L_b，互感量為M，則耦合係數K為何？
(A)$M\sqrt{L_a \times L_b}$ (B)$\dfrac{M}{\sqrt{L_a \times L_b}}$ (C)$\dfrac{\sqrt{L_a \times L_b}}{M}$ (D)$M\sqrt{\dfrac{L_a + L_b}{L_a \times L_b}}$

( ) 2. 有兩個線圈其匝數為$N_1 = 50$匝、$N_2 = 20$匝，其自感量為$L_1 = 100mH$、$L_2 = 400mH$，若兩線圈之耦合係數為0.8，則互感量為多少？
(A)120mH (B)150mH (C)160mH (D)200mH

( ) 3. 有兩組完全相同的線圈，若互感量為0.54H，耦合係數為0.9，則線圈的自感量為多少？ (A)0.8 (B)0.6 (C)0.4 (D)0.2

( ) 4. 有一個線圈在0.5秒內電流由2A增加至8A，造成該線圈感應6V的電壓，則該線圈之自感量L為何？ (A)0.1H (B)0.3H (C)0.5H (D)0.8H

( ) 5. 匝數各為N_1以及N_2之兩線圈，各通以電流I_1以及I_2，N_1所產生的磁通中有ϕ_{12}與線圈N_2交鏈；而N_2所產生的磁通中有ϕ_{21}與線圈N_1交鏈，則此兩線圈之互感量M為多少？
(A)$\dfrac{N_1 \times \phi_{12}}{I_1}$ (B)$\dfrac{N_1 \times \phi_{21}}{I_1}$ (C)$\dfrac{N_2 \times \phi_{21}}{I_1}$ (D)$\dfrac{N_2 \times \phi_{12}}{I_1}$

( ) 6. 某一線圈其匝數為800匝，電感量40mH，若將線圈匝數減少為200匝，則電感量變為何？ (A)12mH (B)10mH (C)2.5mH (D)1mH

( ) 7. 某電感器的線圈匝數為50匝，其電感值為5mH，電感器的磁路結構及材質為固定，且不考慮磁飽和現象，若線圈的匝數更新為100匝，則更新後的電感值為何？
(A)20mH (B)10mH (C)2.5mH (D)1.25mH

[110年統測]

6-5　電感器的串並聯電路以及電感器的儲能

1. 電感器的串聯：

    (1) 串聯互助：**串聯時產生相同磁通方向者，稱為『互助』**，其中黑點 • 為 N 極所在。

    總電感量 $L_T = L_{ab} = (L_1 + M) + (L_2 + M) = L_1 + L_2 + 2M$
    （• 在同一側為互助）

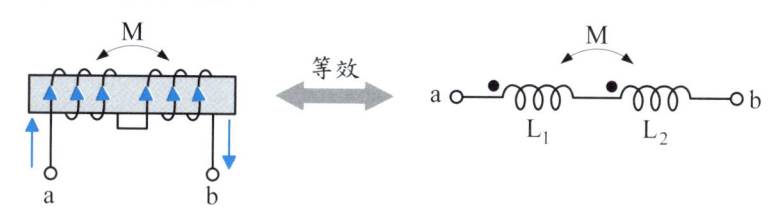

    (2) 串聯互消：**串聯時產生相反磁通方向者，稱為『互消』**，其中黑點 • 為 N 極所在。

    總電感量 $L_T = L_{ab} = (L_1 - M) + (L_2 - M) = L_1 + L_2 - 2M$
    （• 在不同側為互消）

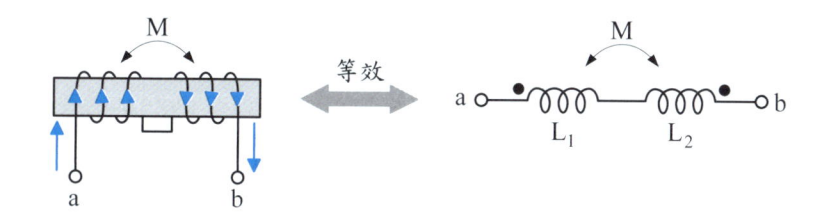

2. 電感器的並聯：

    (1) 並聯互助：

    公式解：總電感量 $L_T = L_{ab} = \dfrac{L_1 \times L_2 - M^2}{L_1 + L_2 - 2M}$（僅限於兩個電感器的公式）

    理解（運用去耦法圖解）：$L_T = L_{ab} = M + [(L_1 - M) // (L_2 - M)]$
    （公式不必死背）

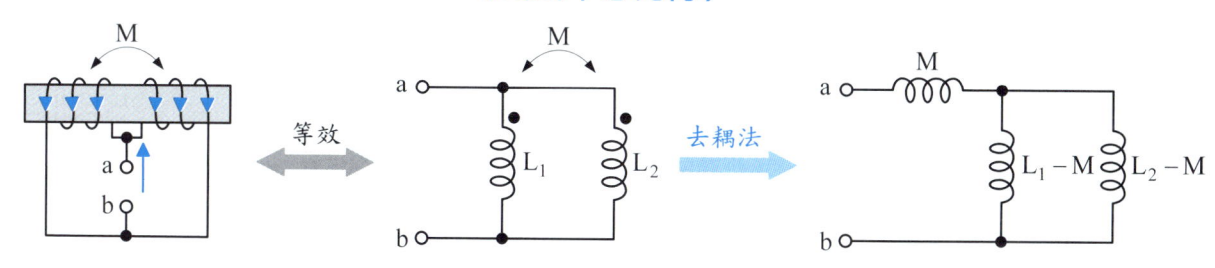

(2) 並聯互消：

公式解：總電感量$L_T = L_{ab} = \dfrac{L_1 \times L_2 - M^2}{L_1 + L_2 + 2M}$（僅限於兩個電感器的公式）

理解（運用去耦法圖解）：$L_T = L_{ab} = -M + [(L_1 + M) // (L_2 + M)]$
（公式不必死背）

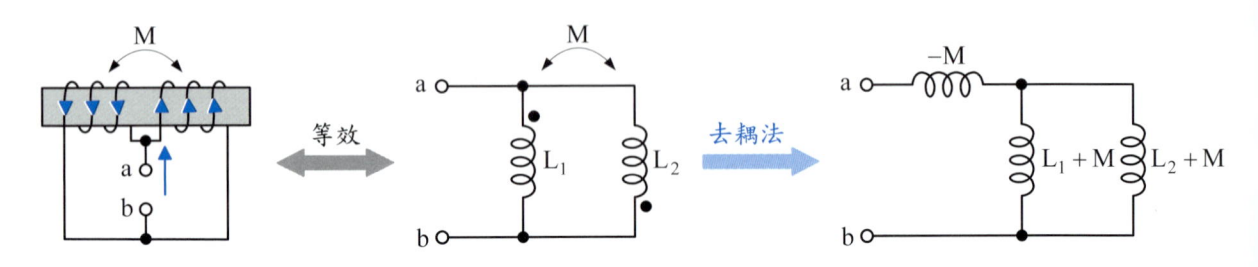

註：去耦法為電路學中運用微分方程式化簡後的方法，又稱去耦規則，本書僅簡略介紹。

(3) 三個以上電感器的並聯：（近似解）

$L_T = \dfrac{1}{\dfrac{1}{L_{1T}} + \dfrac{1}{L_{2T}} + \cdots + \dfrac{1}{L_{nT}}}$ （其中每個電感器需將相互影響的互感量考慮進來）

註1：此公式僅適用於三個電感器以上的並聯計算，不適用於兩個電感器。
註2：若忽略互感量，則電感器的串並聯算法與電阻串並聯相同。

4. 電感器的儲能：

(1) 單一電感的儲能：

$W = \dfrac{1}{2} \times L \times I^2 = \dfrac{1}{2} \times N \times \phi \times I = \dfrac{1}{2} \times \mathcal{F} \times \phi$ （焦耳）

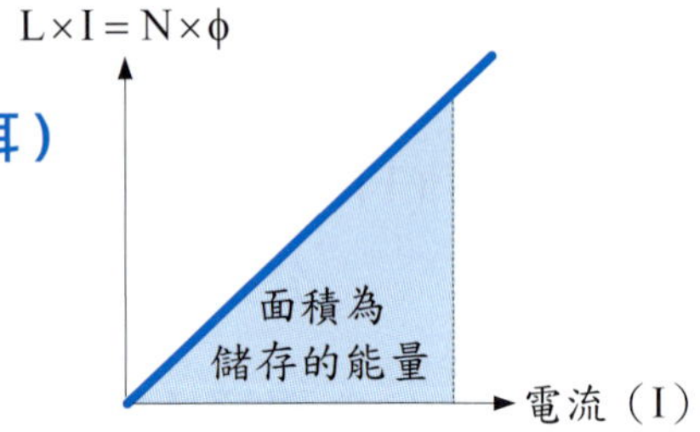

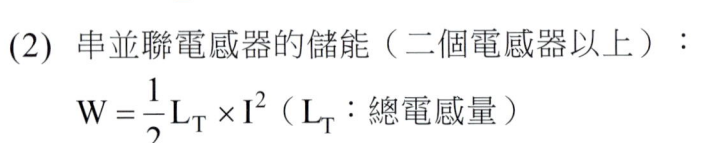

(2) 串並聯電感器的儲能（二個電感器以上）：

$W = \dfrac{1}{2} L_T \times I^2$（$L_T$：總電感量）

(3) 串並聯電感器的儲能（當電流不同時的情況）：

$W = \dfrac{1}{2} L_1 \times I_1^2 + \dfrac{1}{2} L_2 \times I_2^2 \pm M \times I_1 \times I_2 \begin{cases} + : 互助 \\ - : 互消 \end{cases}$

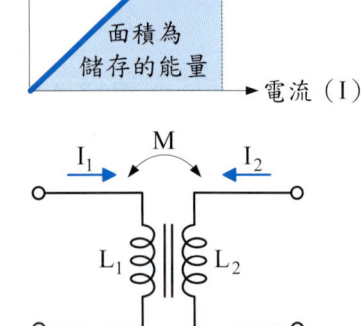

註：第(3)點的公式亦適用於兩個電感器串聯（互助或互消）與並聯（互助或互消）的電路組態。

觀念是非辨正

1. （○）串聯電路，若電路為互助型態時，整體的總電感量增加。
2. （×）電感器為將磁能轉為電能的儲能元件。

概念釐清

電感器為將電能轉為磁能的儲能元件。

老師教

1. 兩個電感器分別為 $L_1 = 8H$、$L_2 = 4H$，若忽略互感量，將兩個電感器串聯後的總電感量為何？

解 $L_T = L_1 + L_2 = 8H + 4H = 12H$

學生做

1. 兩個電感器分別為 $L_1 = 3H$、$L_2 = 2H$，若忽略互感量，將兩個電感器串聯後的總電感量為何？

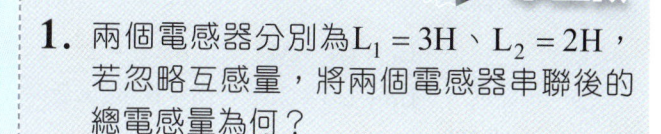

解

2. 下圖 $L_1 = 8H$、$L_2 = 10H$、$M = 2H$，試求總電感量 $L_{ab} = ?$

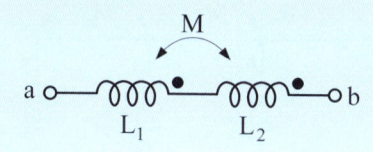

解 （串聯互助型態）

$L_{1T} = 8 + 2 = 10H$；$L_{2T} = 10 + 2 = 12H$

總電感量 $L_T = L_{1T} + L_{2T}$
$= 10H + 12H = 22H$

2. 下圖 $L_1 = 6H$、$L_2 = 7H$、$M = 1H$，試求總電感量 $L_{ab} = ?$

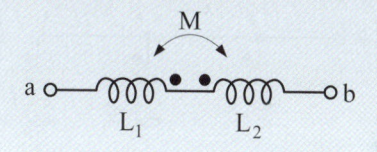

解

3. 兩個電感器分別為 $L_1 = 12H$、$L_2 = 6H$，若忽略互感量，將兩個電感器並聯後的總電感量為何？

解 $L_T = L_1 // L_2 = 12H // 6H = 4H$

3. 兩個電感器分別為 $L_1 = 3H$、$L_2 = 6H$，若忽略互感量，將兩個電感器並聯後的總電感量為何？

解

4. 下圖 $L_1 = 8H$、$L_2 = 6H$、$M = 2H$，試求總電感量 $L_{ab} = ?$

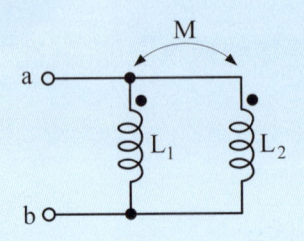

解 （並聯互助）

$$L_T = L_{ab} = \frac{L_1 \times L_2 - M^2}{L_1 + L_2 - 2M} = \frac{8 \times 6 - 2^2}{8 + 6 - 2 \times 2}$$

$= 4.4H$

4. 下圖 $L_1 = 5H$、$L_2 = 3H$、$M = 1H$，試求總電感量 $L_{ab} = ?$

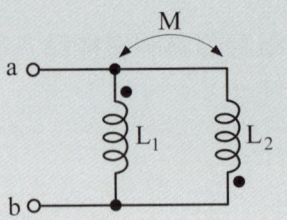

解

5. 下圖 $L_1 = 8H$、$L_2 = 5H$、$L_3 = 5H$、$M_{12} = 2H$、$M_{23} = 1H$、$M_{13} = 2H$，試求總電感量 $L_{ab} = ?$

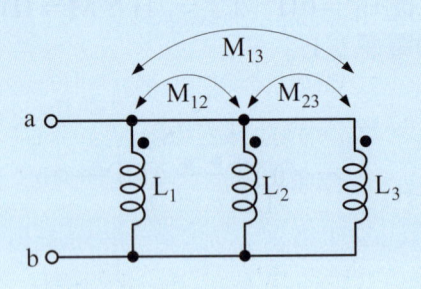

解
$L_{1T} = L_1 + M_{12} + M_{13} = 8 + 2 + 2 = 12H$
$L_{2T} = L_2 + M_{12} + M_{23} = 5 + 2 + 1 = 8H$
$L_{3T} = L_3 + M_{23} + M_{13} = 5 + 1 + 2 = 8H$
$L_{ab} = L_{1T} // L_{2T} // L_{3T} = 12 // 8 // 8 = 3H$
（近似解）

5. 下圖 $L_1 = 7H$、$L_2 = 10H$、$L_3 = 5H$、$M_{12} = 3H$、$M_{23} = 1H$、$M_{13} = 2H$，試求總電感量 $L_{ab} = ?$

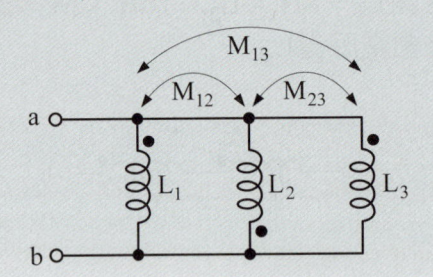

解

6. 某電感器的總容量 $L_T = 5H$，電感電流為4A，試求該電感器的儲能？

解 $W = \frac{1}{2} \times L \times I^2 = \frac{1}{2} \times 5 \times 4^2$

$= 40$ 焦耳（J）

6. 某電感器的總容量 $L_T = 4H$，電感電流為3A，試求該電感器的儲能？

解

7. 某線圈匝數為2000匝，通以10A的電流後每一匝線圈產生5×10^{-3}Wb，試求此線圈儲能？

解 $W = \frac{1}{2} \times N \times \phi \times I$
$= \frac{1}{2} \times 2000 \times 5 \times 10^{-3} \times 10$
$= 50$焦耳（J）

7. 某線圈匝數為500匝，通以6A的電流後每一匝線圈產生10^{-3}Wb，試求此線圈儲能？

解

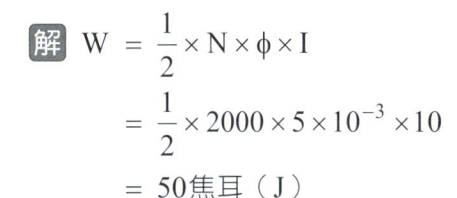

ABCD 立即練習

( )1. 如圖(1)所示，若電感器間彼此沒有互感量，試求總電感$L_{ab}=$？
(A)6H (B)12H (C)15H (D)18H

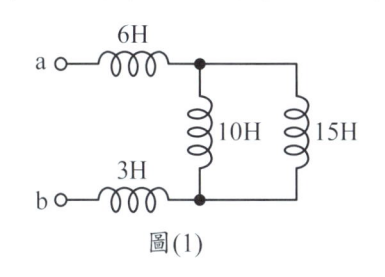

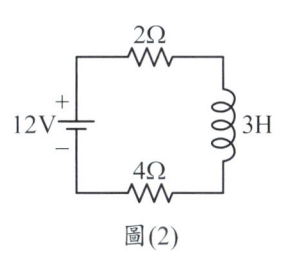

圖(1)

圖(2)

( )2. 試求圖(2)中，當電路達穩態時電感器儲存多少能量？
(A)4焦耳 (B)6焦耳 (C)8焦耳 (D)10焦耳

( )3. 如圖(3)所示，試求總電感量$L_{ab}=$？
(A)18H (B)20H (C)22H (D)24H

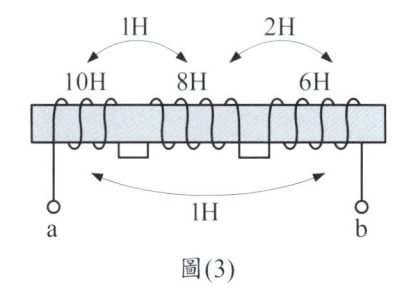

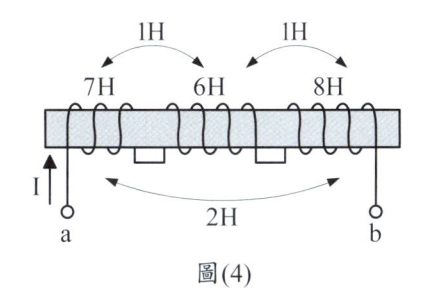

圖(3)

圖(4)

( )4. 如圖(4)所示，若電流$I=2A$，試求電路a、b間所有電感共儲存多少能量？
(A)23焦耳（J） (B)28焦耳（J） (C)30焦耳（J） (D)34焦耳（J）

( )5. 有一電感器通以3A的電流，儲存40.5焦耳的能量，則此電感器之電感量為何？
(A)9H (B)6H (C)4H (D)3H

綜合練習

基礎題

6-1 ( ) 1. 單位磁極在磁場中某點所受之力，稱為該點之
(A)磁場強度 (B)磁力線 (C)磁動勢 (D)庫倫磁力作用力定律

( ) 2. 有一個半徑為10公分之圓形線圈，並在線圈上通以5A的電流，試求圓心處之磁場強度？
(A)25安匝／公尺 (B)50安匝／公尺 (C)75安匝／公尺 (D)100安匝／公尺

( ) 3. 圖(1)中，兩磁極強度皆為450靜磁單位，試求O點之磁場強度？
(A)2.5達因／靜磁（向右） (B)5達因／靜磁（向右）
(C)2.5達因／靜磁（向左） (D)5達因／靜磁（向左）

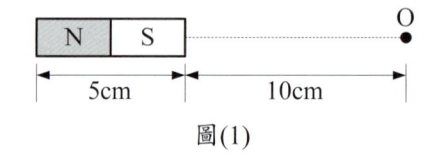

圖(1)

( ) 4. 有一條無限長的導線，通以直流電I安培之電流，其導線的半徑為a公尺，試求距導線中心 $\frac{a}{2}$ 公尺處之磁場強度為多少安匝／公尺（AT/m）？
(A)$\frac{I}{4\pi a}$ (B)$\frac{I}{2\pi a}$ (C)$\frac{4I}{\pi a}$ (D)0

( ) 5. 關於磁力線的敘述，何者錯誤？
(A)磁力線內部係由N極至S極 (B)磁力線為封閉曲線
(C)磁力線恆不相交 (D)磁鐵內部的磁力線又稱為磁化線

( ) 6. 有兩個磁極強度相同之磁極距離5公分，其相互排斥作用力為25達因，則磁極強度為多少靜磁單位？ (A)5 (B)10 (C)15 (D)25

6-2 ( ) 7. 下列敘述中，哪一個答案完全正確？
(A)磁場強度愈大，磁通密度愈小
(B)MKS制中，$\mu_0 = 4\pi \times 10^{-7}$法拉／公尺；$\varepsilon_0 = (36\pi \times 10^9)^{-1}$韋伯／安培-公尺
(C)帶正電荷的導體球，所有電荷均位於球之表面
(D)以上皆非

( ) 8. 有關電場與磁場之敘述，下列何者不正確？
(A)電場與磁場皆屬於超距力
(B)單位電荷所受之靜電力稱為磁場強度
(C)電力線由正電荷出發，進入負電荷
(D)磁力線愈密集則表示該處磁場強度愈強

( ) 9. 下列何者不是磁通密度的單位？
(A)特斯拉 (B)高斯 (C)奧斯特 (D)韋伯／平方公尺

( ) 10. 有一磁力總數為100馬克斯威，平行通過一個半徑為2公分的圓形平面，試求該平面的磁通密度為多少馬／平方公分？ (A)$\frac{25}{\pi}$ (B)$\frac{50}{\pi}$ (C)$\frac{75}{\pi}$ (D)0

( )11. 某磁路的磁場強度為0.02牛頓／韋伯，磁通密度為50特斯拉，試求該磁路的導磁係數μ為多少？　(A)1000　(B)2500　(C)3000　(D)3500

( )12. 50匝之線圈，通以2A的電流，所產生之磁動勢為何？
(A)100安匝　(B)100特斯拉　(C)100奧斯特　(D)100吉柏

( )13. 有一塊質地均勻之鐵心其導磁係數$\mu = 2 \times 10^{-3}$，截面積$A = 0.05m^2$，磁路的長度為10公分，繞有200匝線圈在此鐵心上，則需在線圈上通以多少安培的電流才可以產生0.6Wb的磁通量？　(A)2A　(B)2.5A　(C)3A　(D)3.5A

( )14. 當磁鐵材料溫度升高至一臨界溫度時，將失去磁性，此溫度稱為
(A)絕對溫度　(B)絕對零度　(C)居禮溫度　(D)臨界溫度

( )15. 1吉柏相當於　(A)0.4π安匝　(B)$\frac{1}{0.4\pi}$安匝　(C)4π安匝　(D)$\frac{1}{4\pi}$安匝

( )16. 導磁係數μ，磁通密度B與磁場強度H間之關係為
(A)$\mu = \frac{1}{BH}$　(B)$\mu = \frac{H}{B}$　(C)$\mu = \frac{B}{H}$　(D)$\mu = HB$

( )17. 磁路中有一個氣隙，長度為0.05厘米，截面積$\frac{25}{\pi}$平方厘米，試求氣隙之磁阻為多少安匝／韋伯？　(A)5×10^4　(B)5×10^5　(C)5×10^6　(D)5×10^7

( )18. 如圖(2)，若鐵心中的$B = 0.5Wb/m^2$，假設鐵心與氣隙之截面積相同並忽略邊緣效應，求在氣隙中之磁場強度為何？
(A)$1.78 \times 10^5 AT/m$　(B)$3.98 \times 10^5 AT/m$
(C)$5.64 \times 10^5 AT/m$　(D)$7.13 \times 10^5 AT/m$ 　[統測]

圖(2)

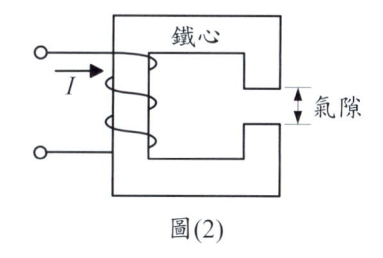

( )19. 磁通密度的單位換算，何者正確？
(A)$1 Wb/m^2 = 1 Gauss$　(B)$1 Tesla = 10^3 Gauss$
(C)$1 Wb/m^2 = 10^4 Tesla$　(D)$1 Tesla = 10^4 Gauss$ 　[統測]

( )20. 有一磁路之導磁係數$\mu = 5 \times 10^{-3} H/m$，磁路的截面積為$0.08m^2$，磁路的長度為1m，請問此磁路之磁阻為何？
(A)12500安匝／韋伯　(B)2500安匝／韋伯
(C)1250安匝／韋伯　(D)250安匝／韋伯 　[102年統測]

( )21. 由線圈及鐵心構成的電感器，若μ為鐵心的導磁係數（H/m），A_c為鐵心截面積（m^2），I_c為鐵心的平均長度（m），N為線圈的匝數；忽略鐵心磁飽和，則其電感量（單位為H）為何？　(A)$\frac{\mu A_c N}{I_c}$　(B)$\frac{\mu A_c N^2}{I_c}$　(C)$\frac{\mu I_c N^2}{A_c}$　(D)$\frac{\mu I_c N}{A_c}$ 　[103年統測]

( )22. 用來判斷線圈在磁通變化時所感應的電壓極性是依據何種定理？
(A)法拉第電磁感應定律　(B)楞次定律
(C)右手安培定則　(D)佛萊銘右手定則

( )23. 根據法拉第電磁感應定律，若通過一線圈之磁通變化為定值時，則線圈兩端所感應的應電勢為
(A)呈線性增加　(B)呈線性遞減　(C)不為零的定值　(D)零

( )24. 有一個長方形線圈的匝數為1000匝，面積為100cm²，有一均勻磁場垂直通過線圈平面，且其密度在2秒內由0.05Wb/m²增加至0.25Wb/m²，若此線圈電阻為5Ω，則該線圈所感應的電流為多少安培？ (A)0.1A (B)0.15A (C)0.2A (D)0.25A

( )25. 將一導線置於均勻磁場中，下列哪一個物理量不會影響感應電勢的大小？
(A)導線長度 (B)導線速度 (C)導線電阻 (D)磁場強度

( )26. 如圖(3)所示，a、b兩導體的電阻忽略不計，長度皆為5m，相距10cm，則下方導線的受力大小與方向為何？
(A)10^{-3}牛頓（向上）
(B)10^{-3}牛頓（向下）
(C)10^{-4}牛頓（向上）
(D)10^{-4}牛頓（向下）
[電機保甄]
圖(3)

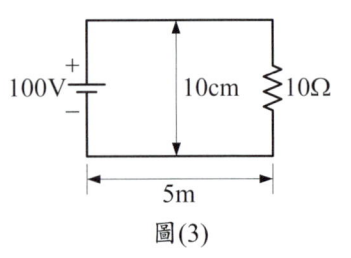

( )27. 楞次定律$e = -N \times \frac{\Delta\phi}{\Delta t}$，其中負號的正確意義是
(A)感應電勢的方向在阻止磁通變化
(B)電壓值與匝數成反比
(C)感應電勢的方向與磁通變化相反
(D)電壓值與時間變化成反比
[電機保甄]

( )28. 如圖(4)所示，磁場之磁通密度B＝0.25韋伯／平方公尺，運動導體之長度為ℓ＝10公分，其速度為v＝10公尺／秒，所有導體之電阻假設集中為R＝10Ω，則電阻R消耗功率為 (A)2.56mW (B)6.25mW (C)25.6mW (D)62.5mW

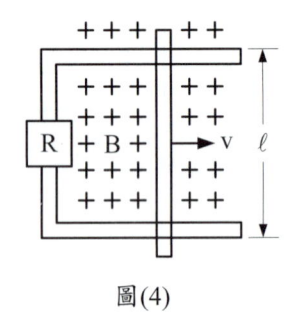

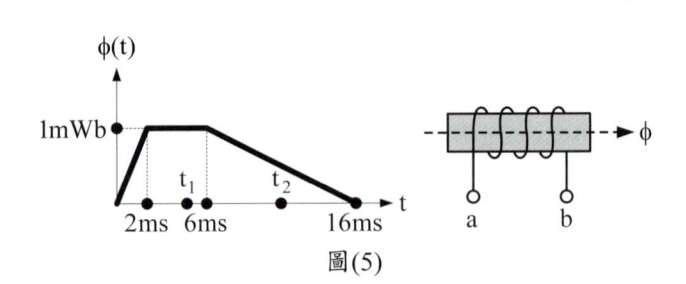

圖(4)

圖(5)

( )29. 如圖(5)所示，有一線圈其匝數為100匝，有一磁通量φ(t)通過此線圈，根據法拉第電磁感應定律和楞次（Lenz）定律，在時間點t_1和t_2時，線圈的感應電勢E_{ab}大小分別為何？ (A)0V、−10V (B)0V、10V (C)10V、10V (D)−10V、10V

( )30. 電磁感應所生感應電勢的方向，為反抗原磁交鏈的變化，稱之為
(A)安培定則 (B)佛萊明（Fleming）右手定則
(C)楞次（Lenz）定律 (D)佛萊明（Fleming）左手定則
[四技二專]

( )31. 下列有關電場與磁場的敘述，何者正確？
(A)磁通量隨時間變化會產生電場
(B)導線周圍一定有磁場
(C)馬蹄形電磁鐵兩極間一定有電場
(D)將磁鐵鋸成很多小段，可使其中一小段只帶北極
[統測]

( )32. 有一導體長50公分，通以2安培之電流，置於5韋伯／公尺²的均勻磁場中，若此導體與磁場夾角為30度，則導體受力為多少？
(A)1.25牛頓 (B)2.5牛頓 (C)4.33牛頓 (D)10牛頓
[統測]

( )33. 根據楞次定律，當線圈之磁通增加時，對於線圈感應電流變化之敘述，下列何者正確？
(A)產生同方向之磁場以阻止磁通之減少
(B)產生同方向之磁場以反抗磁通之增加
(C)產生反方向之磁場以阻止磁通之減少
(D)產生反方向之磁場以反抗磁通之增加 [統測]

( )34. 如圖(6)所示，磁通φ若在0.2秒內由0.8韋伯降至0.4韋伯（方向不變），且線圈匝數為100匝，則線圈上所感應之電勢e為何？
(A)−200V (B)−50V (C)50V (D)200V [統測]

( )35. 數條平行導線通過同方向之電流，則下列敘述何者正確？
(A)導線間不會產生作用力
(B)有些導線產生吸引力，有些導線產生排斥力
(C)導線間將產生互相排斥之作用力
(D)導線間將產生互相吸引之作用力 [統測]

圖(6)

( )36. 下列有關法拉第定律（Faraday's law）之感應電勢（電壓）敘述，何者正確？
(A)感應電勢與線圈匝數平方成正比
(B)感應電勢與通過線圈之磁通量成正比
(C)感應電勢與線圈匝數成反比
(D)感應電勢與單位時間內通過線圈之磁通變化量成正比 [統測]

( )37. 在磁通密度為0.1韋伯／平方公尺的磁場中，一長度為50公分之長直導線以10公尺／秒的速度垂直於磁場方向移動以切割磁場，此移動方向也與導線的軸向垂直，則此導線兩端的感應電勢為何？ (A)50mV (B)0.5V (C)5V (D)50V [100年統測]

( )38. 在空氣中之兩平行且直的導線，線長皆為8公尺，兩導線相距2公分，導線各通以電流I_1及I_2，使得兩導線間的作用力為0.016牛頓，若I_1為I_2的2倍，則I_1及I_2分別為多少安培？ (A)40，20 (B)30，15 (C)24，12 (D)20，10 [107年統測]

( )39. 一線圈之感應電動勢等於零，則該線圈之磁通量如何變化？
(A)隨時間線性增加 (B)隨時間線性遞減
(C)與時間平方成正比 (D)不隨時間變化 [109年統測]

6-4
( )40. 理想的耦合係數K為何？ (A)∞ (B)1 (C)0 (D)2

( )41. 假設有A、B兩組線圈，當A線圈在0.4秒內電流由6A增加至10A，造成B線圈感應8V的電壓，則兩線圈間之互感量M為何？
(A)0.2H (B)0.4H (C)0.6H (D)0.8H

( )42. 匝數為50匝的線圈通以2A的電流產生0.04韋伯（Wb）的磁通量，試求該線圈的電感量為何？ (A)1H (B)3H (C)5H (D)7H

( )43. 匝數為1000匝的線圈，欲使電感量減半，需拆掉幾匝？
(A)293匝 (B)500匝 (C)707匝 (D)800匝

( )44. 以2.0mm線徑之漆包線，繞成長度20cm之螺線管；若改用4.0mm線徑之漆包線，繞成相同管徑及長度之螺線管，其電感變為原來的幾倍？

(A)4倍 (B)2倍 (C)$\frac{1}{4}$倍 (D)$\frac{1}{2}$倍

( )45. 兩線圈的自感量分別為L_a、L_b，互感量為M，若考慮漏磁通，則：
(A)$M = \sqrt{L_a \times L_b}$ (B)$M < \sqrt{L_a \times L_b}$ (C)$M > \sqrt{L_a \times L_b}$ (D)$M = \dfrac{1}{L_a \times L_b}$

( )46. 有一個50mH之電感器，若通過該電感器的電流在0.5毫秒內由10mA增加至50mA時，試求電感兩端的感應電勢為多少？ (A)2V (B)4V (C)5V (D)7V　[四技二專]

( )47. 某空氣芯線圈匝數為22匝，經測量得知電感量為120μH。若欲繞製480μH之空氣芯電感器，則此線圈之匝數應為何？ (A)120匝 (B)88匝 (C)44匝 (D)11匝　[統測]

( )48. 有耦合的兩線圈，線圈1與線圈2之匝數分別是100匝及200匝，線圈1加入5安培電流產生5毫韋伯磁通，其中有4毫韋伯磁通與線圈2交鏈，請問此兩線圈的耦合係數及線圈2的自感量分別為何？
(A)0.4，0.8H (B)0.8，0.4H (C)0.6，0.5H (D)0.5，0.6H　[102年統測]

( )49. 匝數分別為500匝和1000匝的X線圈與Y線圈，若X線圈通過5A電流時，產生4×10^{-4}Wb磁通量，其中90%交鏈至Y線圈，則X線圈自感L及兩線圈互感M分別為何？
(A)L = 72mH，M = 40mH　　　　(B)L = 70mH，M = 40mH
(C)L = 40mH，M = 70mH　　　　(D)L = 40mH，M = 72mH　[104年統測]

( )50. 如圖(7)所示，a、b兩端的電壓為$v_{ab}(t)$，則下列敘述何者正確？
(A)$v_{ab}(2) = 2.5$mV (B)$v_{ab}(6) = 0$mV (C)$v_{ab}(7) = 5$mV (D)$v_{ab}(9) = 2.5$mV　[105年統測]

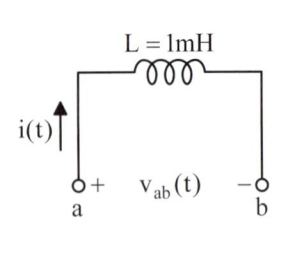

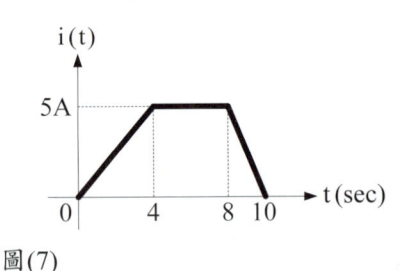

圖(7)

( )51. A、B兩個線圈緊鄰放置，A線圈有200匝，B線圈有300匝，若線圈A在1秒內電流增加5A，使得交鏈至線圈B的磁通由0.2Wb增加至0.3Wb，則線圈A、B之間的互感為多少？ (A)6H (B)5H (C)4H (D)2H　[106年統測]

( )52. 有一100匝的線圈通以10安培電流，於未飽和情況下，產生的磁力線數為2×10^6線，則此線圈的電感量為多少亨利？ (A)20 (B)2 (C)0.2 (D)0.02　[107年統測]

6-5 ( )53. 如圖(8)所示，試求總電感L_{ab} = ？ (A)12.2H (B)13.2H (C)13.8H (D)14.6H

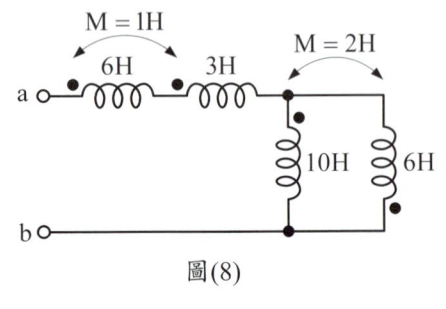

圖(8) 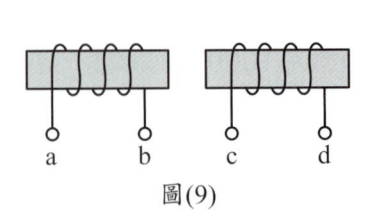　　圖(9)

( )54. 如圖(9)所示$L_1 = 3L_2$，若將b、c端子連接，量得a、d間之電感為60H；若將b、d端子連接，量得a、c間之電感為12H，試求L_2的自感量為何？
(A)9H (B)12H (C)15H (D)20H

( )55. 如圖(10)所示，試求 L_{ab} = ？ (A)3.5H (B)4.5H (C)5.5H (D)6.5H

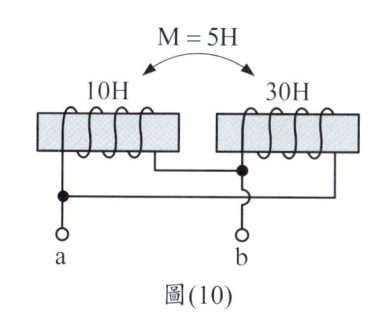

圖(10)

( )56. 兩電感器以不同串聯的接法，得到電感量為9H以及4H，試求互感量M為多少？
(A)1.25H (B)2.25H (C)2.5H (D)2.8H

( )57. 兩個未蔽極之電感器，電感量分別為6H以及8H，將兩個串聯之後的總電感量為何？
(A)4H (B)10H (C)14H (D)不定值

( )58. R-L串聯電路中，當電感器L充電完成後，L儲滿何種能量？
(A)熱能 (B)磁能 (C)電場 (D)位能 [統測]

( )59. 如圖(11)所示之電路，若 L_1 = 10mH， L_2 = 8mH，M = 4mH，則a、b兩端的總電感量為何？
(A)26mH
(B)10mH
(C)6.4mH
(D)2.46mH [統測]

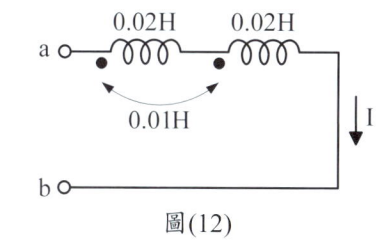

圖(11)

( )60. 一電感量為2亨利的電感器，若匝數增加為原來的2倍，當通過2安培電流時，其儲存的能量為何？ (A)4焦耳 (B)8焦耳 (C)16焦耳 (D)32焦耳 [統測]

( )61. 電感值為0.1H的電感器儲存3.2焦耳能量，則此電感器通過多少安培電流？
(A)8A (B)5A (C)3A (D)1A [統測]

( )62. 如圖(12)所示之兩電感串聯電路，其中自感皆為0.02H，互感為0.01H，若直流電流I為10A，則此電路的總儲能為何？
(A)5焦耳 (B)3焦耳
(C)0.3焦耳 (D)0.2焦耳 [103年統測]

圖(12)

( )63. 某電感值為0.5H的線圈，若通過4A電流可產生0.01韋柏（Wb）磁通，則該線圈的匝數與儲存磁能分別為何？
(A)200匝，4焦耳 (B)200匝，2焦耳 (C)100匝，4焦耳 (D)100匝，2焦耳 [104年統測]

( )64. 如圖(13)所示，各電感之間無互感存在，則a、b兩端之總電感值為多少？
(A)15mH (B)11mH (C)8mH (D)4.5mH [106年統測]

圖(13)

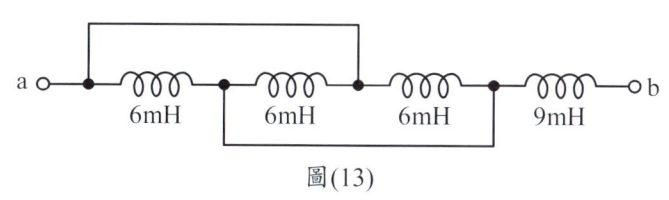

( )65. 兩電感 L_1、 L_2為並聯互消連接，若將耦合係數K提高，則其總電感量變化為何？
(A)不變 (B)減少 (C)線性增加 (D)平方增加 [109年統測]

進階題

(▶表示提供影音解題)

6-1 ( )66. 圖(14) O 點的磁場強度為多少？（半徑 r = 50cm）
(A)5安匝／公尺　(B)3安匝／公尺　(C)2安匝／公尺　(D)1安匝／公尺

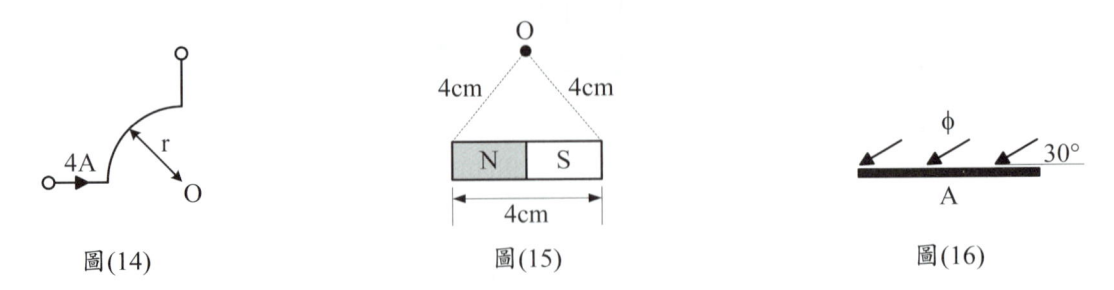

圖(14)

圖(15)

圖(16)

( )67. 圖(15)中，兩磁極強度皆為160靜磁單位，試求 O 點之磁場強度？
(A)10達因／靜磁　(B)15達因／靜磁　(C)20達因／靜磁　(D)25達因／靜磁

6-2 ( )68. 如圖(16)所示，若磁力線總數 $\phi = 10^{10}$ 線通過截面積 A = 10cm^2 的平面，試求該平面的磁通密度為何？
(A)5×10^4高斯　(B)5×10^8特斯拉　(C)5×10^4特斯拉　(D)5×10^7高斯

( )69. 有一根置於空氣中無限長的導線，當通過導線之電流為4π安培時，產生於距離該導線1公分處之磁通密度為何？
(A)0.8π(Tesla)　(B)0.8π(Gauss)　(C)8π(Tesla)　(D)8π(Gauss)

6-3 ( )70. 某一線圈有200匝其磁通量 $\phi(t) = 5t^2 - 2$(Wb)，試求在2ms時的感應電勢為多少伏特？　(A)2V　(B)4V　(C)6V　(D)8V

( )71. 如圖(17)所示，若磁通密度 B 為 4 韋伯／平方公尺，導線長度為10公分，v_1 以及 v_2 的移動速度皆為4公尺／秒，求 v_1 及 v_2 產生之電壓分別為何？
(A)0.8V、0.8V
(B)$0.8\sqrt{3}$V、$0.8\sqrt{3}$V
(C)0.8V、$0.8\sqrt{3}$V
(D)$0.8\sqrt{3}$V、0.8V

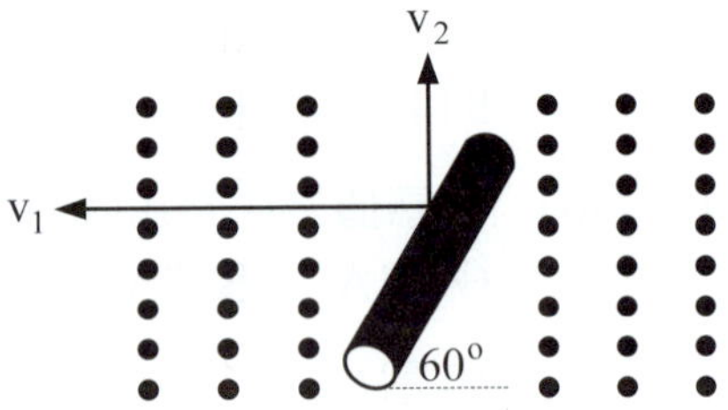

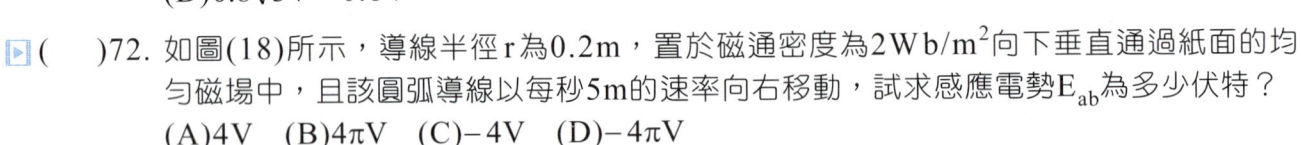

圖(17)

( )72. 如圖(18)所示，導線半徑 r 為0.2m，置於磁通密度為2Wb/m^{2}向下垂直通過紙面的均勻磁場中，且該圓弧導線以每秒5m的速率向右移動，試求感應電勢 E_{ab} 為多少伏特？
(A)4V　(B)4πV　(C)−4V　(D)−4πV

圖(18)

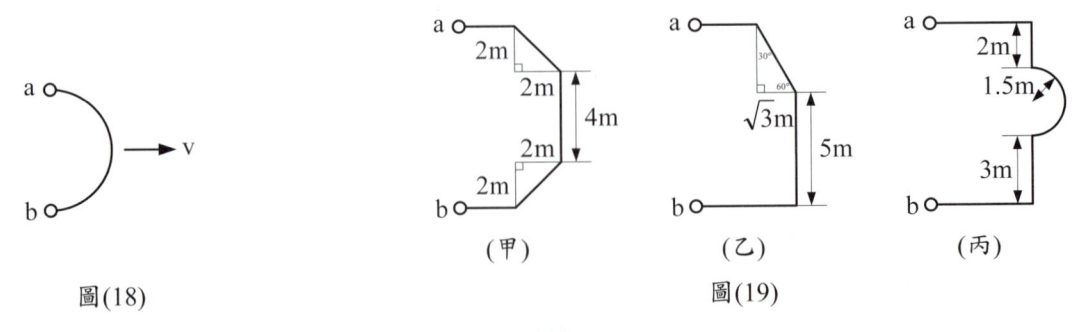

圖(19)

( )73. 如圖(19)所示，有三個彎曲的導線皆置於磁通密度為2Wb/m^{2}向下垂直通過紙面的均勻磁場中，且該導線皆以每秒2m的速率向左移動，則感應電壓 E_{ab} 的大小關係如何？
(A)甲＞乙＞丙　(B)乙＞甲＞丙　(C)丙＞乙＞甲　(D)甲＝乙＝丙

( )74. 某直流電機之電樞線圈每邊長20公分，共有40匝，若以1200rpm旋轉於磁通密度為500高斯的均勻磁場內，則此線圈旋轉1/3圈所產生之平均感應電勢為何？
(A)4.2V　(B)4.8V　(C)5.4V　(D)6.0V
[四技二專]

( )75. 如圖(20)所示，空氣中有一個單位正電荷以v = 100m/s的速率，穿越磁場強度為$H = \dfrac{10^4}{\pi}$牛頓／韋伯（Nt/Wb）的磁場，試求該正電荷受力為多少？
(A)0.4牛頓　　　　　　(B)4000達因
(C)4牛頓　　　　　　　(D)400達因

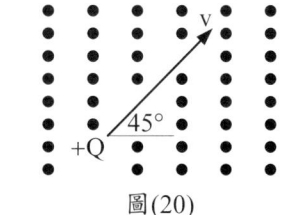

圖(20)

( )76. 兩修長而平行之導線其電流方向相反，垂直於紙面均勻磁場$B = 2 \times 10^{-7}$韋伯／平方公尺中，若電流I = 1A，導線之距離為何時，各導線無淨力作用？（若兩導線皆1公尺）
(A)0.5公尺　(B)1公尺　(C)0.1公尺　(D)0.01公尺

( )77. 如圖(21)所示，有三條互相平行的長直導線，導線間距離為d米。若三條導線上均通以大小相等，方向相同的電流I安培，則每一條導線中單位長度所受的合磁力大小為多少牛頓？
（$K = \dfrac{\mu_0}{2\pi} = 2 \times 10^{-7}$牛頓／安培²）
(A)$K(\dfrac{I^2}{d})$　(B)$\sqrt{2}K(\dfrac{I^2}{d})$　(C)$2K(\dfrac{I^2}{d})$　(D)$\sqrt{3}K(\dfrac{I^2}{d})$
[統測]

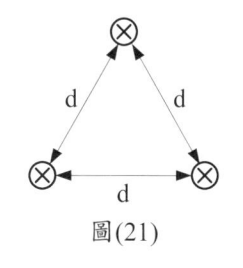

圖(21)

( )78. 若流經一理想電感器的電流為一脈動直流電流，則下列敘述何者正確？
(A)電感器沒有儲存能量
(B)電感器兩端之感應電壓恆為零
(C)電感器兩端之感應電壓恆為正
(D)電感器兩端之感應電壓可能為正或負
[108年統測]

( )79. 電感器的電感量為0.2H，若通過電感器的電流$i(t) = 4t^2 - 5t + 3$，則在t = 10秒時，電感器兩端之電壓多少伏特？　(A)4V　(B)6V　(C)10V　(D)15V

( )80. 如圖(22)所示，電流I在0.5秒內由5A減少至3A，試求一次側與二次側的感應電壓e_{ab}以及e_{cd}分別為多少伏特？
(A)−24V、16V　(B)−24V、−16V　(C)−24V、−40V　(D)−24V、40V

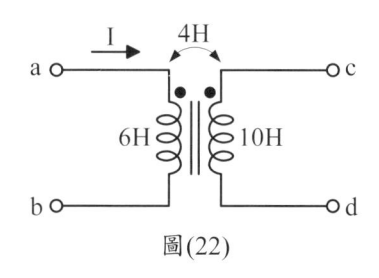

圖(22) 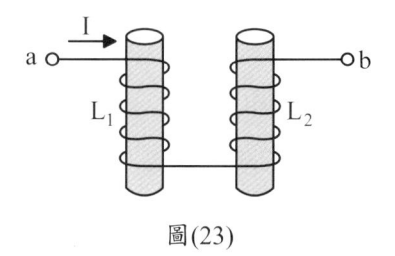　　　　圖(23)

( )81. 試求圖(23)中，若$L_1 = 10H$，$L_2 = 15H$，互感量M為2H，試求總電感量$L_{ab} = $？
(A)10H　(B)15H　(C)21H　(D)29H

( )82. 承上題，若I = 2A，試求儲存的總能量為多少？
(A)39焦耳　(B)42焦耳　(C)48焦耳　(D)52焦耳

( )83. 如圖(24)所示，若 $L_1 = 8H$，$L_2 = 5H$，互感量 M 為 2H，試求總電感量 L_{ab} = ？
(A)2.11H　(B)4H　(C)6H　(D)7.2H

( )84. 承上題，若 I = 3A，試求儲存的總能量為多少？
(A)18焦耳　(B)42焦耳　(C)48焦耳　(D)52焦耳

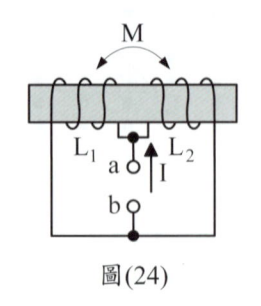

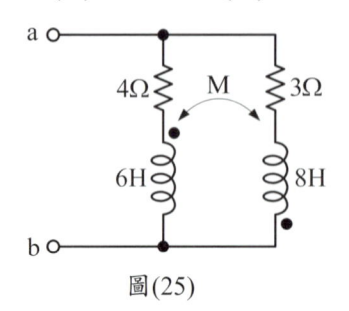

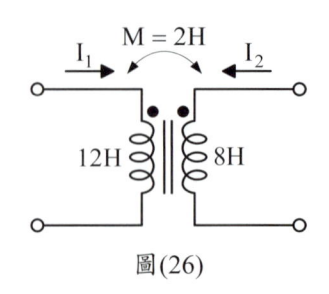

圖(24)　　　圖(25)　　　圖(26)

( )85. 圖(25)中，當 V_{ab} = 12V 且 M = 2H，互感量電路達穩態時電感器儲存多少能量？
(A)52焦耳　(B)67焦耳　(C)82焦耳　(D)88焦耳

( )86. 圖(26)中，當電流 I_1 = 2A，I_2 = 4A 時，電感器儲存多少能量？
(A)96焦耳　(B)100焦耳　(C)104焦耳　(D)110焦耳

( )87. 有兩電感器 L_1 = 16mH 及 L_2 = 9mH，且考慮兩電感間的互感，則下列敘述何者可能正確？
(A)互感 M_{12} = 15mH
(B)串聯後等效電感為 L_{eq} = 60mH
(C)並聯後等效電感為 L_{eq} = 9mH
(D)並聯後等效電感為 L_{eq} = 16mH
[105年統測]

最近統測試題

( )88. 如圖(27)所示，E_1 = 100V、R_1 = 5Ω、R_2 = 5Ω、L_1 = 100mH，電路在穩態時，電感電流 I_L 及電感的儲存能量 W_L 各為何？
(A)I_L = 20A、W_L = 20J
(B)I_L = 10A、W_L = 5J
(C)I_L = 20A、W_L = 20mJ
(D)I_L = 10A、W_L = 10mJ
[6-5][110年統測]

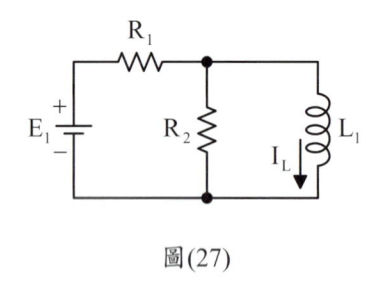

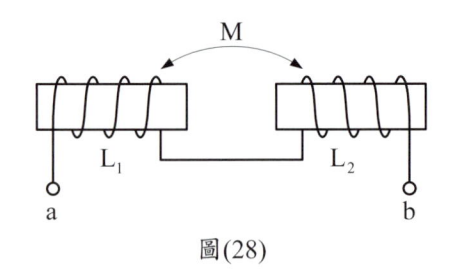

圖(27)　　　圖(28)

( )89. 圖(28)為電感器示意圖，互感量為 M，若以等效電路表示，則下列何者正確？ [6-5][111年統測]

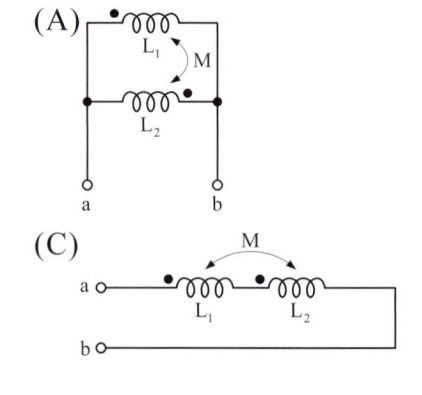

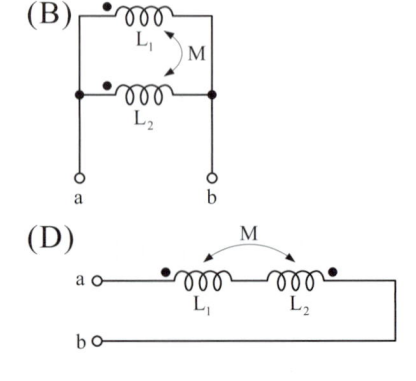

模擬演練

(💡 思考題、🔷 創意題、✼ 特殊題)
(▶ 表示提供影音解題)

( )1. 如圖(1)所示空氣中有三條無限長的導線A、B、C，三條導線皆與O點距離1公尺，且$I_A = 2A$、$I_B = 4A$、$I_C = 2A$，則下列敘述何者正確？
①磁場強度$H_O = \frac{2\sqrt{2}}{\pi} \angle -45°$牛頓／韋伯
②磁場強度$H_O = \frac{\sqrt{2}}{\pi} \angle -45°$牛頓／韋伯
③磁通密度$B_O = 8\sqrt{2} \times 10^{-7}$特斯拉
④磁通密度$B_O = 4\sqrt{2} \times 10^{-7}$特斯拉
(A)①③　(B)②④　(C)①④　(D)②③

( )2. 下列哪些選項敘述是正確的？
①電感的端電壓與單位時間內的電流變化量成正比
②兩鄰近平行導線同時通以相反電流方向時，則兩導線會互相吸引
③磁鐵內部的磁力線由N極至S極
④線圈感應電勢的極性可由楞次定律決定
(A)①④　(B)②④　(C)③④　(D)②③

( )3. 下列哪些選項敘述是正確的？
①磁路中磁動勢與磁通量成正比
②磁阻與磁路長度成正比，而與磁路截面積與導磁係數兩者的乘積成反比
③單位面積所通過的磁通量稱為磁場強度
④奧斯特為CGS制磁通密度的單位
(A)①④　(B)①②　(C)③④　(D)②③

( )4. 如圖(2)所示，為楞次定律之極性測試，下列敘述何者正確？
①磁鐵向右移動時，線圈產生向右之感應磁通，感應電流由a流向b
②磁鐵向右移動時，線圈產生向左之感應磁通，感應電流由b流向a
③磁鐵向左移動時，線圈產生向右之感應磁通，感應電流由a流向b
④磁鐵向左移動時，線圈產生向左之感應磁通，感應電流由b流向a
(A)①④　(B)②④　(C)③④　(D)②③

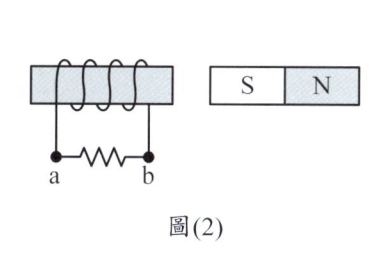

圖(2)

圖(3)

( )5. 如圖(3)所示，若忽略互感量，則$L_{ab} = ?$
(A)10H　(B)15H　(C)20H　(D)25H

( )6. 下列敘述何者錯誤？
(A)判斷載流的螺旋線圈在磁場所感應的運動方向稱為右手螺旋定則
(B)通過線圈的磁通量隨時間變化，而產生的感應電勢稱為法拉第定律
(C)運用左手大拇指、食指、中指互相垂直，判斷載流導體在磁場中的受力方向稱為佛萊銘左手定則
(D)運用右手大拇指、食指、中指互相垂直，可判斷中指為導體在磁場中運動所感應的電流方向稱為佛萊銘右手定則

( )7. 如圖(4)所示，L_{ab} = ？ (A)3H (B)4H (C)6H (D)8H

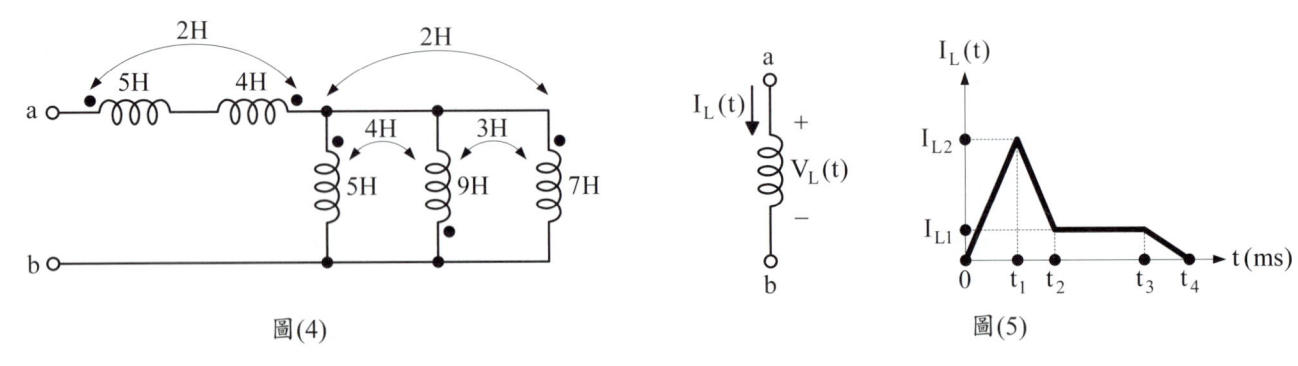

圖(4)

圖(5)

( )8. 如圖(5)所示，下列敘述何者錯誤？
(A)$0 \rightarrow t_1$電感器所感應的電壓極性，與$t_3 \rightarrow t_4$所感應的電壓極性相反
(B)$t_2 \rightarrow t_3$電感器感應的電壓$V_L(t)$為不為零的定值電壓
(C)$t_3 \rightarrow t_4$電感器感應的電壓$V_L(t)$，與$t_1 \rightarrow t_2$所感應的電壓極性相同
(D)曲線的斜率愈大，則電感器所感應的電壓$|V_L(t)|$愈大

( )9. 如圖(6)所示，有一磁通$\phi(t)$通過匝數為20匝的線圈，則線圈兩端感應的電壓波形為何？

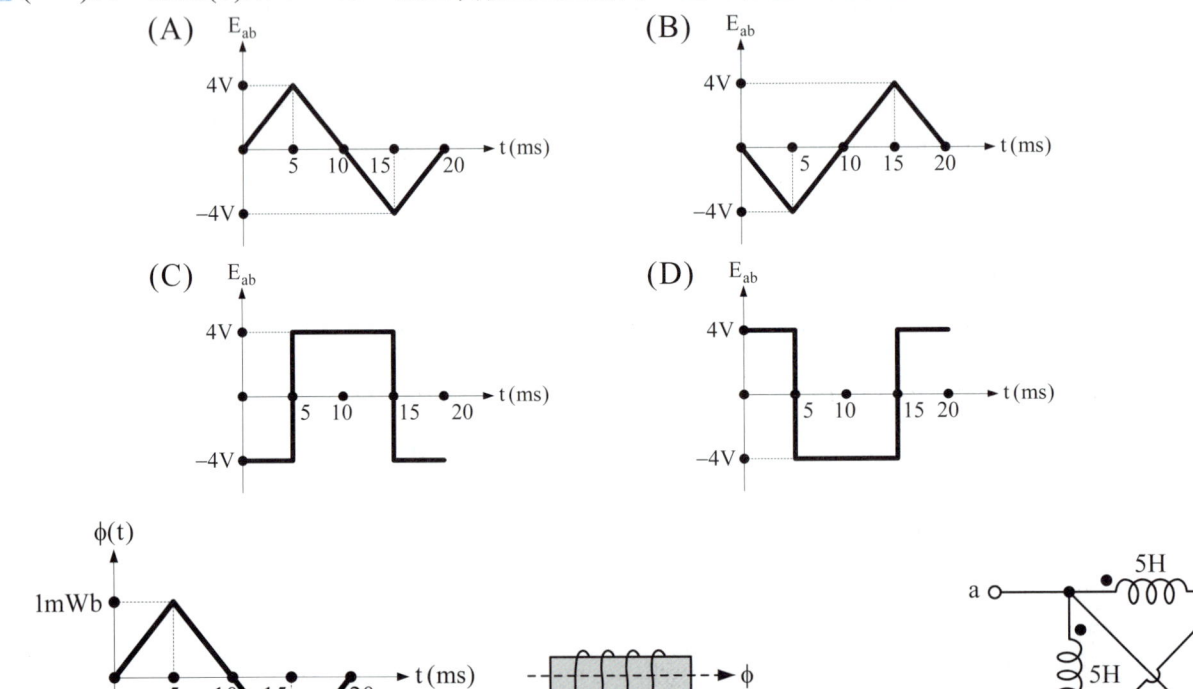

(A) E_{ab}
(B) E_{ab}
(C) E_{ab}
(D) E_{ab}

圖(6)

圖(7)

( )10. 圖(7)中，若每個電感器間的互感量皆為1H，則L_{ab} = ？
(A)1H (B)2H (C)3H (D)4H

情境素養題

（ ▶ 表示提供影音解題）

▲ 閱讀下文，回答第1題

學校的基本電學實驗場發生爆炸事件，名偵探毛利小五郎推論最有可能造成事故的嫌疑犯，是電學觀念錯誤的同學，試問：

( )1. 下列哪一位同學的觀念敘述錯誤？
(A)佐助：「判斷在磁場中載流導體之運動方向，是運用佛萊明左手定則」
(B)風見隼人：「一個脈動直流電，維持同一方向通過線圈，線圈感應的電壓是交流電」
(C)希洛唯：「判斷線圈因磁場變化，線圈所感應的電壓極性，是運用楞次定律」
(D)魯夫：「判斷運動的導體在磁場中切割的感應電勢大小，是運用佛萊明右手定則」

▲ 閱讀下文，回答第2～3題

妙麗與淇淇上完巧虎老師的電磁感應課程後，回家後想要設計一台簡易的發電機，其中圖(1a)(1b)分別是妙麗與淇淇所設計的雛形，試問：

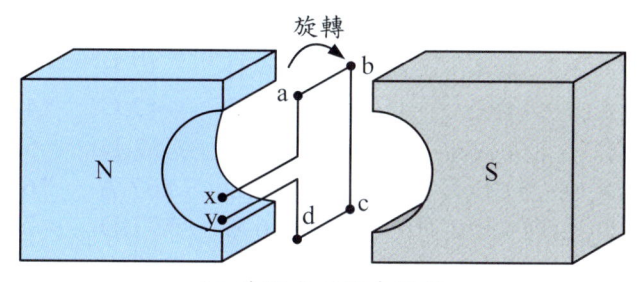

(a) 線圈在磁場中旋轉

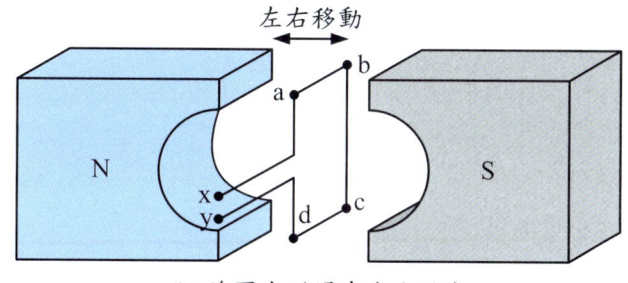

(b) 線圈在磁場中左右移動

圖(1)

( )2. 妙麗所設計的發電機，感應的電壓 E_{xy} 是
(A)脈動直流 (B)穩定直流 (C)交流電 (D)不感應電壓

( )3. 淇淇所設計的發電機，感應的電壓 E_{xy} 是
(A)脈動直流 (B)穩定直流 (C)交流電 (D)不感應電壓

解 答

(*表示附有詳解)

6-1立即練習
1.D　　2.B　　*3.A　　*4.D　　*5.B

6-2立即練習
1.D　　2.A　　3.B　　4.B　　*5.A　　*6.A　　*7.C　　8.A

6-3立即練習
1.C　　*2.A　　3.A　　4.D　　5.D　　*6.C

6-4立即練習
1.B　　*2.C　　*3.B　　4.C　　*5.D　　*6.C　　*7.A

6-5立即練習
1.C　　*2.B　　*3.B　　4.D　　5.A

綜合練習
1.A　　*2.A　　*3.C　　4.A　　5.A　　*6.D　　*7.C　　8.B　　9.C　　*10.D
11.B　　*12.A　　*13.C　　14.C　　15.B　　16.C　　*17.B　　*18.B　　19.D　　20.B
21.B　　22.B　　23.D　　*24.C　　25.C　　*26.B　　27.A　　28.B　　*29.B　　30.C
31.A　　32.B　　33.D　　34.A　　35.D　　36.B　　37.B　　*38.D　　*39.D　　*40.B
*41.D　　*42.A　　*43.A　　*44.C　　45.B　　46.B　　47.C　　*48.B　　*49.D　　*50.B
*51.A　　*52.C　　*53.C　　*54.A　　*55.C　　*56.A　　57.D　　58.B　　59.C　　*60.C
61.A　　*62.B　　63.A　　64.B　　65.B　　*66.D　　*67.A　　*68.C　　*69.B　　*70.B
*71.D　　*72.A　　*73.D　　*74.B　　*75.A　　*76.B　　*77.D　　78.D　　*79.D　　*80.B
*81.C　　*82.B　　*83.B　　*84.A　　*85.B　　*86.C　　*87.C　　*88.A　　*89.D

模擬演練
*1.A　　2.A　　3.B　　*4.A　　*5.C　　6.A　　*7.C　　*8.B　　9.C　　*10.B

情境素養題
*1.D　　2.C　　3.D

CHAPTER 7 直流暫態

本章學習重點

節名	常考重點	
7-1 電容器與電感器的充電瞬間與穩態 （含實習）	• 電容器與電感器的充電瞬間與穩態	★★★★★
7-2 電容器與電感器的暫態 （含實習）	• 暫態的電壓與電流之計算	★★★★★

統測命題分析

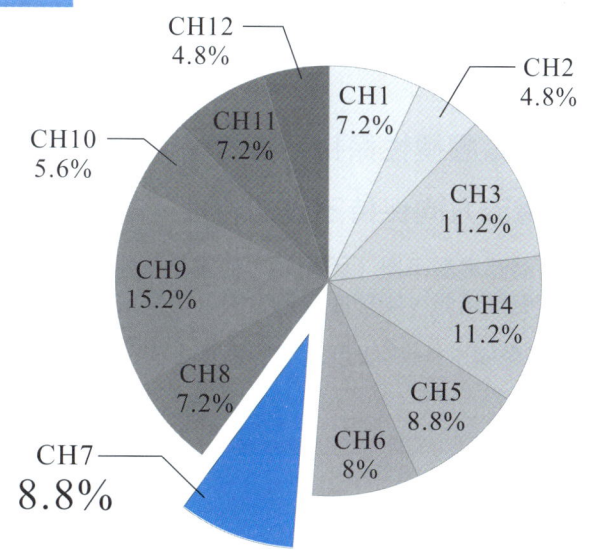

- CH1 7.2%
- CH2 4.8%
- CH3 11.2%
- CH4 11.2%
- CH5 8.8%
- CH6 8%
- CH7 8.8%
- CH8 7.2%
- CH9 15.2%
- CH10 5.6%
- CH11 7.2%
- CH12 4.8%

影音解題連結

7-1　電容器與電感器的充電瞬間與穩態

➲ 本節包含實習主題「電阻電容暫態電路」及「電阻電感暫態電路」相關重點

1. **電容器充電瞬間（t＝0）視為短路，充飽電（穩態或 t≥5τ）視為開路**；τ：時間常數，τ＝RC。

    (1) 充電瞬間（開關S閉合瞬間）：t＝0，電容器視為短路

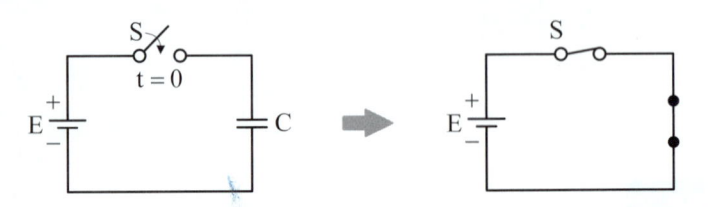

    (2) 充飽電（穩態）：t≥5τ，電容器視為開路

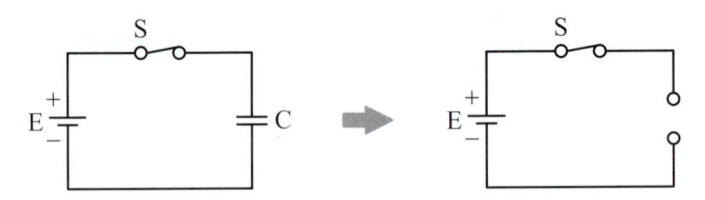

2. **電感器充電瞬間（t＝0）視為開路，充飽電（穩態或 t≥5τ）視為短路**；τ：時間常數，$\tau = \dfrac{L}{R}$。

    (1) 充電瞬間（開關S閉合瞬間）：t＝0，電感器視為開路

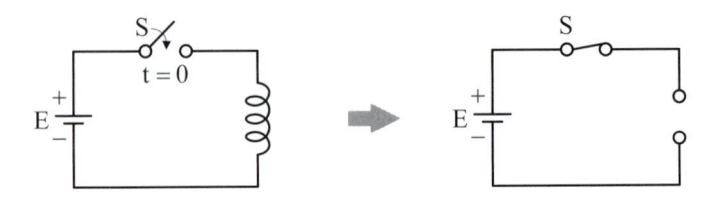

    (2) 充飽電（穩態）：t≥5τ，電感器視為短路

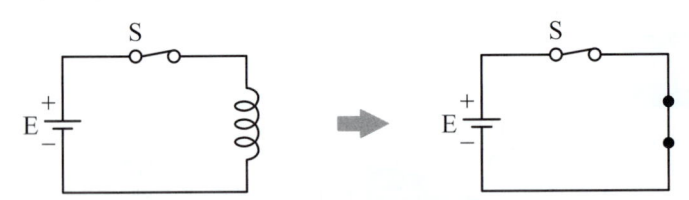

3. **電容器有充放電瞬間端電壓極性保持不變的特性，故充放電的電流方向相反。**

4. **電感器有充放電瞬間電流方向保持不變的特性，故充放電的電壓極性相反。**

註1：電容器充放電瞬間，電容器端電壓不變（因極板上的電荷極性固定）；電感器充放電瞬間，通過電感器的電流方向不變（當磁場減弱，維持原電流方向，愣次定律）。

註2：t＝0⁻表示為開關動作前的瞬間；t＝0⁺表示為開關動作後的瞬間。

觀念是非辨正

1. (×) 電感器充電瞬間可視為開路是由於法拉第電磁感應定律。
2. (○) 電容器充電瞬間可視為短路是由於儲存的電荷尚未建立。

概念釐清

楞次定律，反抗磁通量增加所造成的瞬間反電勢。

$Q = C \times V \Rightarrow V_C = \dfrac{Q}{C}$（$\because Q = 0$）
$\Rightarrow V_C = 0$

老師教

1. 試求下圖中 (1)充電瞬間 (2)充電完畢 的電容器端電壓V_C以及電流I各為何？

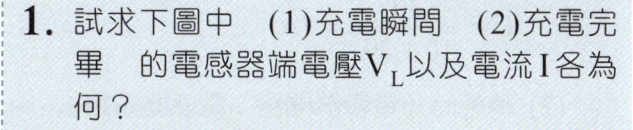

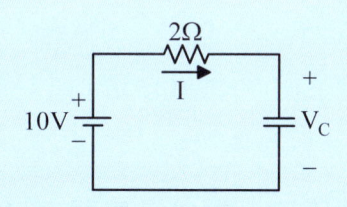

解 (1) 充電瞬間（電容器視為短路）
$V_C = 0V$；$I = \dfrac{10}{2} = 5A$

(2) 充電完畢（電容器視為開路）
$V_C = 10V$；$I = 0A$

2. 試求下圖中，充電瞬間的電流I以及充飽電的電容器端電壓V_C各為何？

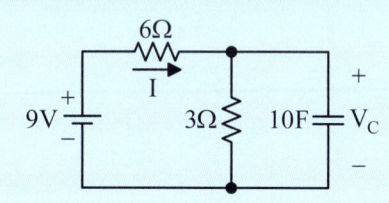

解 (1) 充電瞬間，電容器視為短路：
$I = \dfrac{9}{6} = 1.5A$（電阻3Ω被短路）

(2) 充飽電，電容器視為開路：
$V_C = 9 \times \dfrac{3}{3+6}$（分壓定則）$= 3V$

學生做

1. 試求下圖中 (1)充電瞬間 (2)充電完畢 的電感器端電壓V_L以及電流I各為何？

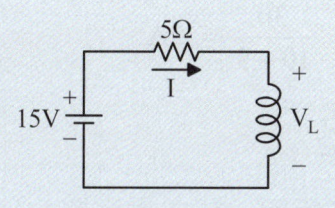

解

2. 試求下圖中，充電瞬間的電感器端電壓V_L以及充飽電的電流I各為何

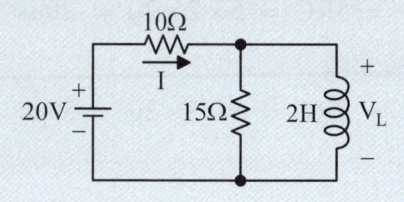

解

3. 試求下圖中，(1)充電瞬間的電流 I (2)穩態時的電流 I 分別為多少安培？

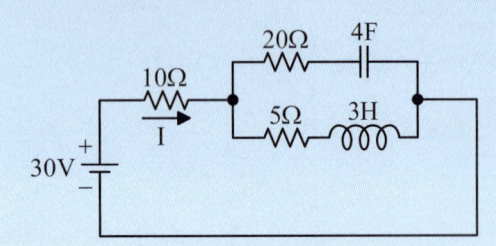

解 (1) 充電瞬間（電容器短路；電感器開路）

$$I = \frac{30}{10 + 20} = 1A$$

(2) 穩態時（電容器開路；電感器短路）

$$I = \frac{30}{10 + 5} = 2A$$

---

3. 試求下圖中，(1)充電瞬間的電流 I (2)穩態時的電流 I 分別為多少安培？

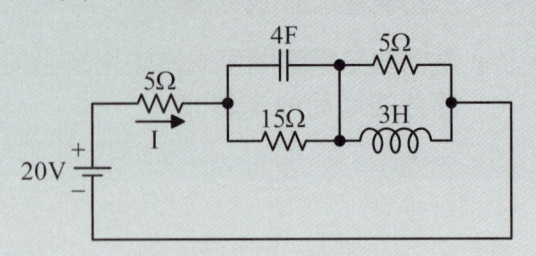

解

---

4. 如下圖所示，試求電容器 (1)充飽電所需時間 (2)開關切至 2 時，放電完畢所需時間？

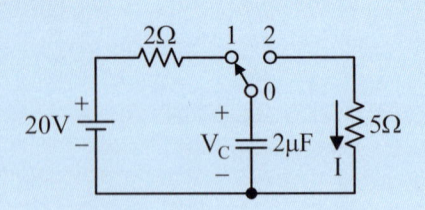

解 （充放電時間常數不同）

(1) 充飽電：
t = 5RC = 5 × 2 × 2μ = 20μs

(2) 放完電：
t = 5RC = 5 × 5 × 2μ = 50μs

---

4. 如下圖所示，試求電感器 (1)充飽電所需時間 (2)開關切至 2 時，放電完畢所需時間？

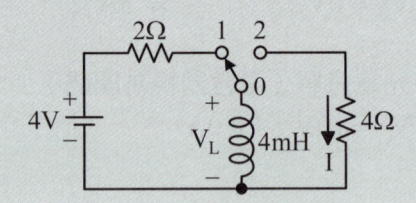

解

---

5. 如下圖所示，若開關置於 1 很久的時間之後，將開關切換至 2，試求此時瞬間的 (1)放電電壓 V_C (2)放電電流 I 各為何？

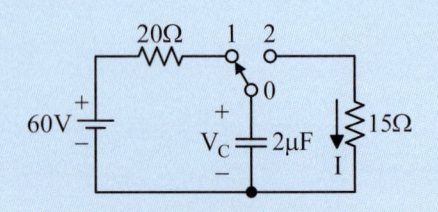

---

5. 如下圖所示，若開關置於 1 很久的時間之後，將開關切換至 2，試求此時瞬間的 (1)放電電流 I (2)放電電壓 V_L 各為何？

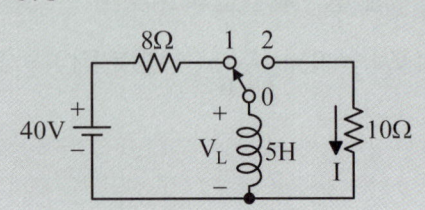

解 電容器以充飽多少『電壓』為基準

(1) 放電瞬間電壓 $V_C = 60V$（電壓極性不變）

(2) 放電瞬間的電流 $I = \dfrac{60}{15} = 4A$

解

ABCD 立即練習

( ) 1. 電容器充電瞬間視為： (A)開路 (B)短路 (C)先短路後開路 (D)先開路後短路

( ) 2. 電感器充電瞬間視為： (A)開路 (B)短路 (C)先短路後開路 (D)先開路後短路

( ) 3. 如圖(1)所示，試求當電路達穩態時 I_1 以及 I_2 分別為多少安培？
(A)4A、2A (B)−4A、−2A (C)4A、0A (D)0A、2A

圖(1)

圖(2)

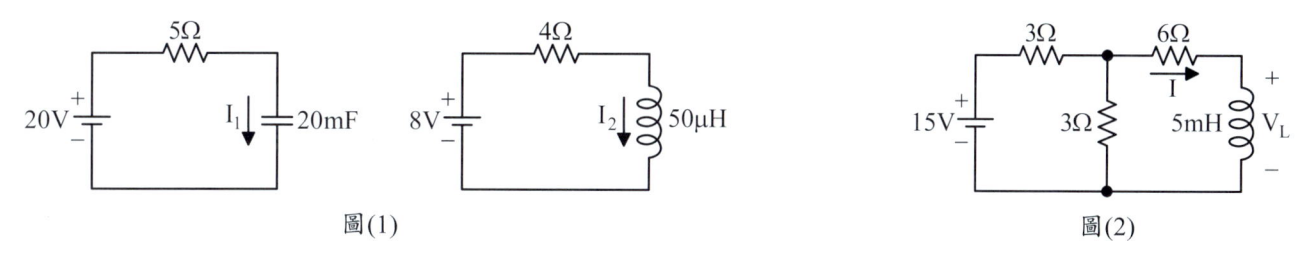

( ) 4. 如圖(2)所示，試求充電瞬間的電感器端電壓 V_L 及穩態時的電流 I，各為
(A)7.5V、1A (B)7.5V、0A (C)0V、1A (D)−7.5V、1A

( ) 5. 電感器與電容器充飽電或放電完畢，所需要的時間常數皆為
(A)1τ (B)2τ (C)3τ (D)5τ

( ) 6. 如圖(3)所示，試求開關 S 閉合很久的一段時間後，電容器端電壓 V_C 為何？
(A)20V (B)−20V (C)30V (D)−30V

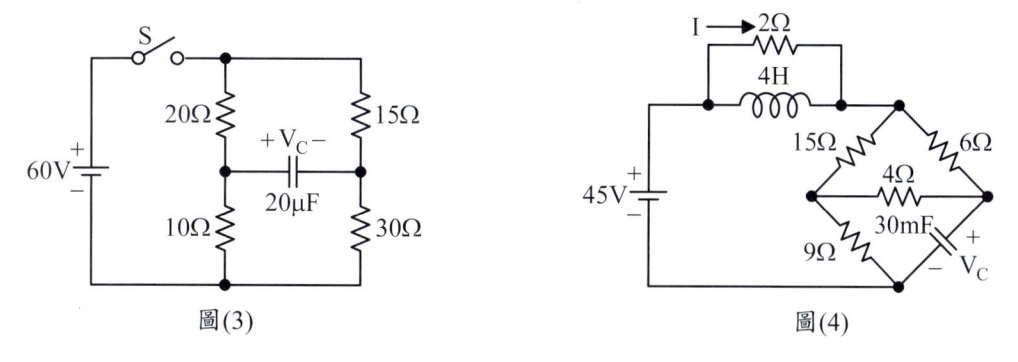

圖(3)

圖(4)

( ) 7. 如圖(4)所示，試求穩態時的電流 I 以及電壓 V_C 分別為何？
(A)0A、34.2V (B)3A、34.2V (C)4A、36.5V (D)0A、35.2V

(　　)8. 下列敘述何者**錯誤**？
　　　　(A)電容器充電瞬間可視為短路、充電完畢視為開路
　　　　(B)電容器充電瞬間與放電瞬間，電容器端電壓的極性不同
　　　　(C)RL串聯電路的時間常數$\tau = L/R$
　　　　(D)電感器充電瞬間與放電瞬間，通過電感器的電流方向相同

(　　)9. 如圖(5)所示，下列敘述何者正確？
　　　　(A)開關S閉合瞬間，$I_L = 2A$　　　　(B)開關S閉合瞬間，$V = 0V$
　　　　(C)開關S閉合一段時間後，$I_L = 3A$　　(D)開關S閉合一段時間後，$V = 4V$

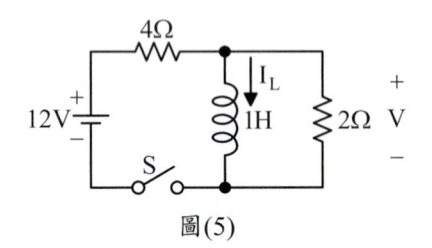

圖(5)

(　　)10. 電阻R_1與電容C_1串聯電路，此電路時間常數為$50 ms$，電容C_1為$20\mu F$，則電阻R_1為何？　(A)$20k\Omega$　(B)$2.5k\Omega$　(C)50Ω　(D)2.5Ω
[110年統測]

7-2　電容器與電感器的暫態

◯ 本節包含實習主題「電阻電容暫態電路」及「電阻電感暫態電路」相關重點

1. 指數函數的特性：

    (1) $(1 - e^{-\frac{t}{\tau}})$為遞增的指數函數

    (2) $e^{-\frac{t}{\tau}}$為遞減的指數函數

2. 電容器充電瞬間 → 充飽電（電容器由短路 → 開路），因此：

    (1) V_C：min → max

    (2) I_C：max → min

3. 電感器充電瞬間 → 充飽電（電感器由開路 → 短路），因此：

    (1) V_L：max → min

    (2) I_L：min → max

4. 電容器或是電感器的**放電過程，所有數值皆由max → min**。

5. 技巧：

   (1) **由最小值（min）變化到最大值（max）**，運算式中必有遞增的指數函數 $(1-e^{-\frac{t}{\tau}})$。

   (2) **由最大值（max）變化到最小值（min）**，運算式中必有遞減的指數函數 $e^{-\frac{t}{\tau}}$。

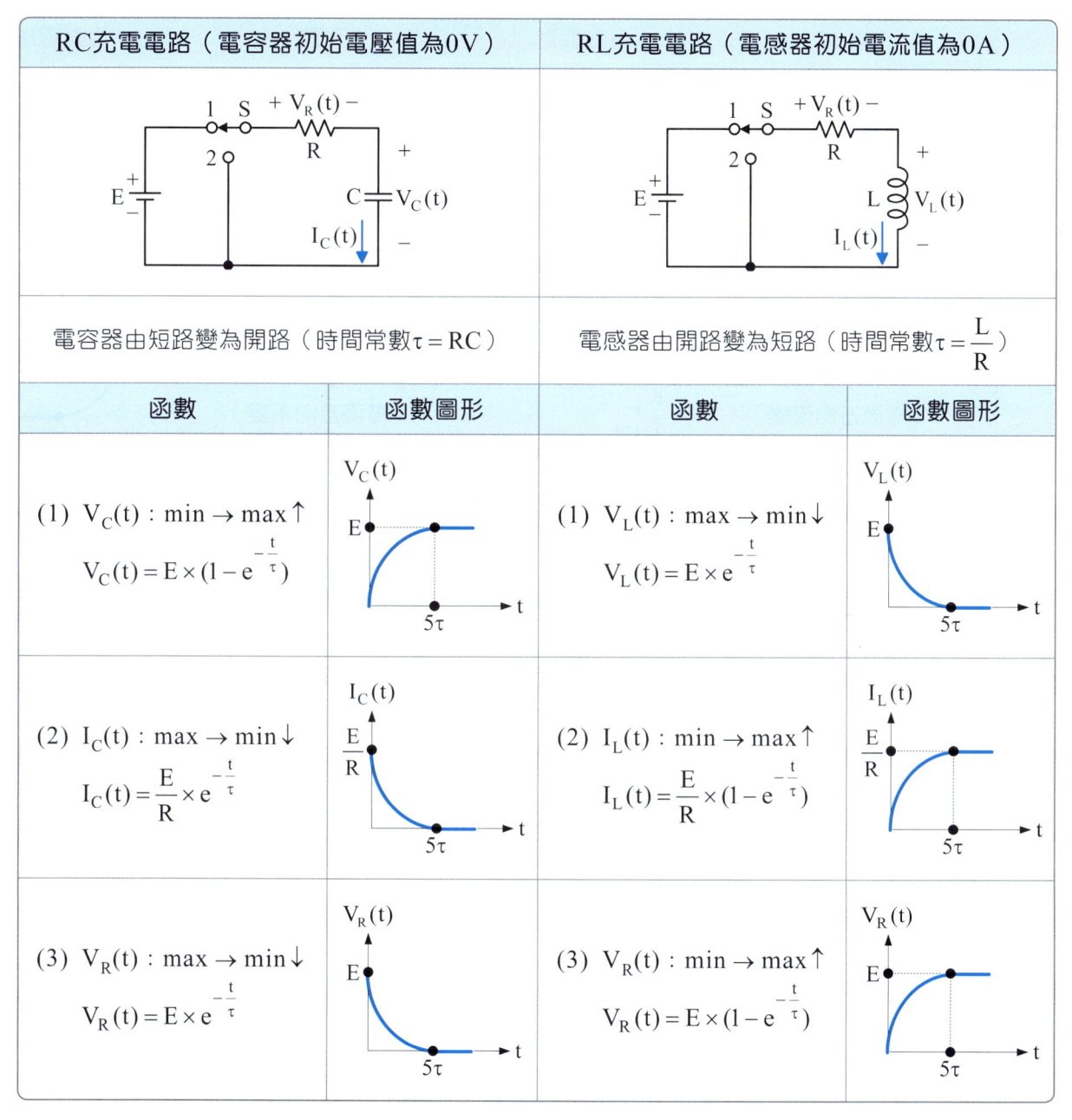

RC充電電路（電容器初始電壓值為0V）		RL充電電路（電感器初始電流值為0A）	
電容器由短路變為開路（時間常數 $\tau = RC$）		電感器由開路變為短路（時間常數 $\tau = \dfrac{L}{R}$）	
函數	函數圖形	函數	函數圖形
(1) $V_C(t)$：min → max↑ $V_C(t) = E \times (1-e^{-\frac{t}{\tau}})$		(1) $V_L(t)$：max → min↓ $V_L(t) = E \times e^{-\frac{t}{\tau}}$	
(2) $I_C(t)$：max → min↓ $I_C(t) = \dfrac{E}{R} \times e^{-\frac{t}{\tau}}$		(2) $I_L(t)$：min → max↑ $I_L(t) = \dfrac{E}{R} \times (1-e^{-\frac{t}{\tau}})$	
(3) $V_R(t)$：max → min↓ $V_R(t) = E \times e^{-\frac{t}{\tau}}$		(3) $V_R(t)$：min → max↑ $V_R(t) = E \times (1-e^{-\frac{t}{\tau}})$	

註1：對於複雜的直流網路，需在電感器或是電容器兩端取a、b兩點後，轉為戴維寧等效電路（純串聯電路）以求『實際的時間常數及函數方程式』。

註2：電感器計算時以充多少電流為主；電容器計算時以充多少電壓為主。

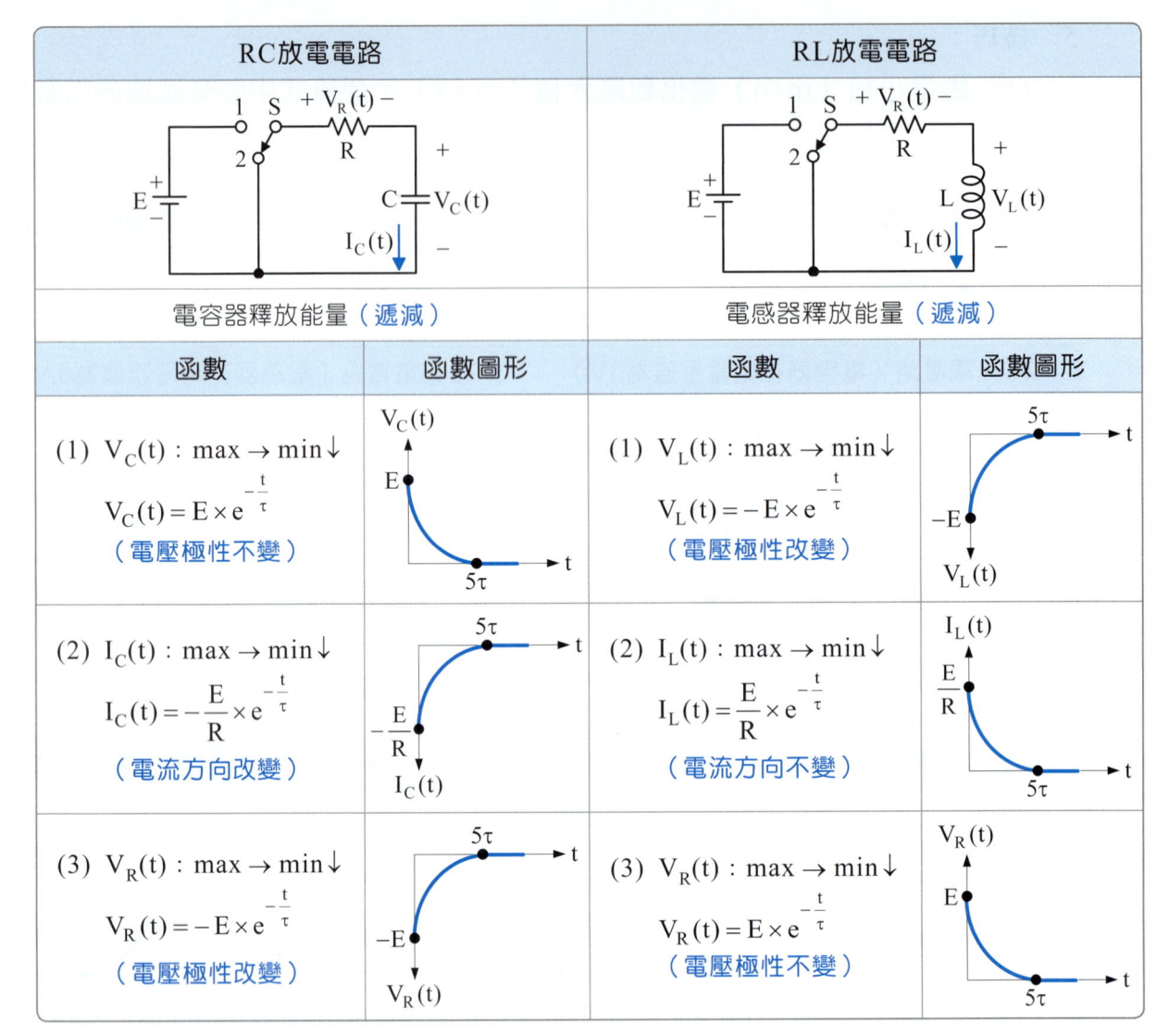

RC放電電路	RL放電電路
電容器釋放能量（遞減）	電感器釋放能量（遞減）

函數	函數圖形	函數	函數圖形
(1) $V_C(t) : max \to min \downarrow$ $V_C(t) = E \times e^{-\frac{t}{\tau}}$ （電壓極性不變）	$V_C(t)$ 曲線由 E 遞減至 0，5τ	(1) $V_L(t) : max \to min \downarrow$ $V_L(t) = -E \times e^{-\frac{t}{\tau}}$ （電壓極性改變）	$V_L(t)$ 曲線由 $-E$ 上升至 0，5τ
(2) $I_C(t) : max \to min \downarrow$ $I_C(t) = -\dfrac{E}{R} \times e^{-\frac{t}{\tau}}$ （電流方向改變）	$I_C(t)$ 曲線由 $-\dfrac{E}{R}$ 上升至 0，5τ	(2) $I_L(t) : max \to min \downarrow$ $I_L(t) = \dfrac{E}{R} \times e^{-\frac{t}{\tau}}$ （電流方向不變）	$I_L(t)$ 曲線由 $\dfrac{E}{R}$ 遞減至 0，5τ
(3) $V_R(t) : max \to min \downarrow$ $V_R(t) = -E \times e^{-\frac{t}{\tau}}$ （電壓極性改變）	$V_R(t)$ 曲線由 $-E$ 上升至 0，5τ	(3) $V_R(t) : max \to min \downarrow$ $V_R(t) = E \times e^{-\frac{t}{\tau}}$ （電壓極性不變）	$V_R(t)$ 曲線由 E 遞減至 0，5τ

註1：$e^{-1} \cong 0.368$；$e^{-2} \cong 0.135$；$e^{-3} \cong 0.05$。

註2：其中的負號原因為與實際狀態相反所致，若題目標明與實際相同，則不用加。

🧩 補充知識

具初始電壓值或初始電流值的特徵方程式（characteristic equation）

1. 電壓的特徵方程式：$V(t) = 終值電壓 + (初始值電壓 - 終值電壓) \times e^{-\frac{t}{\tau}}$

2. 電流的特徵方程式：$I(t) = 終值電流 + (初始值電流 - 終值電流) \times e^{-\frac{t}{\tau}}$

觀念是非辨正

1. （✗）電容器的充放電瞬間時間常數不變。

2. （○）電感器充放電的瞬間，電流的方向不變是依據楞次定律。

概念釐清

不一定，$\tau = RC$，需視實際的電路而定。

老師教

1. 下圖中,在t = 0的時候將開關S閉合,試求在t = 2秒的 (1)$V_C(t)$ (2)$I_C(t)$。

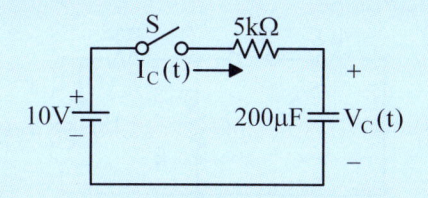

[電路圖:10V電源,5kΩ電阻,200μF電容器,開關S]

解 電容器先短路後開路

(1) 充電時間常數
$\tau = RC = 5k \times 200\mu = 1$ 秒

(2) $V_C(t)$:min → max 為遞增指數函數
$$V_C(t=2) = E \times (1 - e^{-\frac{t}{\tau}})$$
$$= 10 \times (1 - e^{-\frac{2}{1}}) = 8.65V$$

(3) $I_C(t)$:max → min 為遞減指數函數
$$I_C(t=2) = \frac{E}{R} \times e^{-\frac{t}{\tau}} = \frac{10}{5k} \times e^{-\frac{2}{1}}$$
$$= 0.27mA$$

學生做

1. 下圖中,在t = 0的時候將開關S閉合,試求在t = 4秒的 (1)$V_L(t)$ (2)$I_L(t)$。

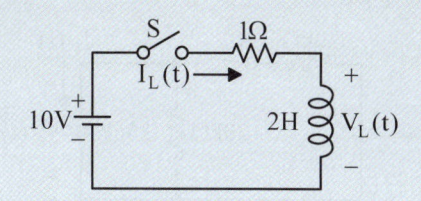

[電路圖:10V電源,1Ω電阻,2H電感,開關S]

解

---

2. 下圖中該電路已達穩態,在t = 0時將開關S切換至2的位置,試求在t = 2秒的 (1)$V_C(t)$ (2)$I_C(t)$。

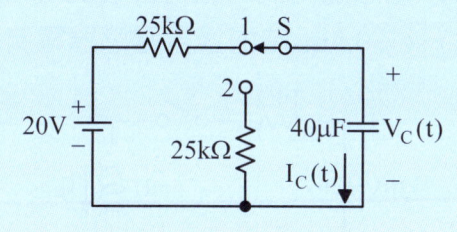

[電路圖:20V電源,25kΩ電阻,25kΩ電阻,40μF電容器,開關S]

解 (1) 放電時間常數
$\tau = RC = 25k \times 40\mu = 1$ 秒

(2) 電容器電壓極性不變(遞減函數)
$$V_C(t=2) = E \times e^{-\frac{t}{\tau}} = 20 \times e^{-\frac{2}{1}}$$
$$= 2.7V$$

(3) 電容器電流方向改變(遞減函數)
$$I_C(t=2) = -\frac{2.7V}{25k} = -108\mu A$$

2. 下圖中該電路已達穩態,在t = 0時將開關S切換至2的位置,試求在t = 4秒的 (1)$V_L(t)$ (2)$I_L(t)$。

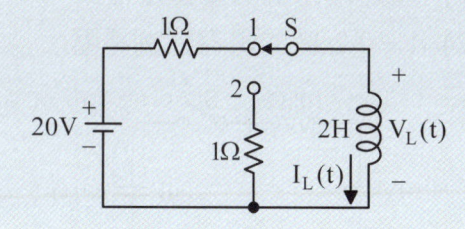

[電路圖:20V電源,1Ω電阻,1Ω電阻,2H電感,開關S]

解

3. 如下圖所示，當電路達穩態時，在 t = 0 的瞬間將開關打開，試求 t = 0.5秒時的 (1)$V_C(t)$ (2)$I_C(t)$。

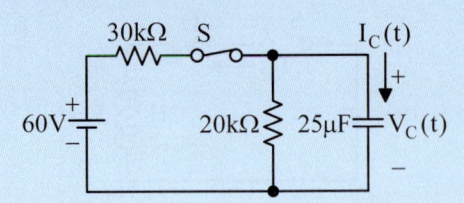

解 (1) 穩態時 $V_C = 60 \times \dfrac{20k}{30k + 20k}$（分壓定則）
$= 24V$

(2) 放電的時間常數
$\tau = RC = 20k \times 25\mu = 0.5$ 秒

(3) 電容器電壓極性不變（遞減函數）
$V_C(t) = V_C \times e^{-\frac{t}{\tau}} = 24 \times e^{-\frac{0.5}{0.5}}$
$= 8.832V$

(4) 電容器電流方向改變（遞減函數）
$I_C(t = 0.5) = -\dfrac{8.832V}{20k} = -441.6\mu A$

---

3. 如下圖所示，當電路達穩態時，在 t = 0 的瞬間將開關打開，試求 t = 2秒時的 (1)$V_L(t)$ (2)$I_L(t)$。

解

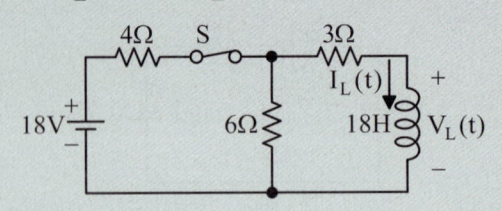

---

4. 如下圖所示，若電容器的初始電壓 $V_C = 4V$，試求開關S閉合後的
(1) 電容器兩端的電壓方程式
(2) t = 0.2s時的電容器端電壓。

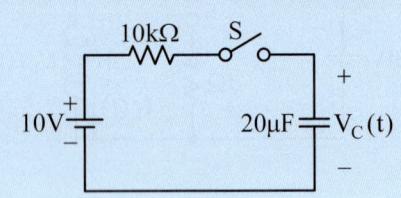

解 (1) 時間常數 $\tau = 0.2s$

(2) 運用特徵方程式列出方程式如下：
$V_C(t) = 10 + (4-10)e^{-\frac{t}{0.2}}$
$= 10 - 6e^{-5t}$（伏特）

(3) t = 0.2s代入方程式
$V_C(t = 0.2) = 10 - 6e^{-5t} = 10 - 6e^{-1}$
$\cong 7.8V$

---

4. 如下圖所示，若電感器的初始電流 $I_L = 1A$，試求開關S閉合後的
(1) 電感器兩端的電流方程式
(2) t = 0.5ms時的通過電感器電流。

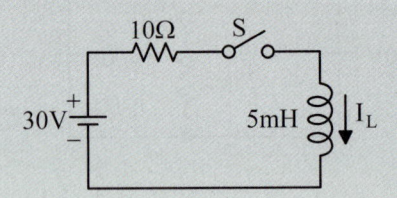

解

立即練習

( )1. 如圖(1)所示,電路達穩態後,在t＝0時將開關S打開,試求在t＝1秒時的電流I為多少安培? (A)0.88mA (B)0.732mA (C)0.318mA (D)0.368mA

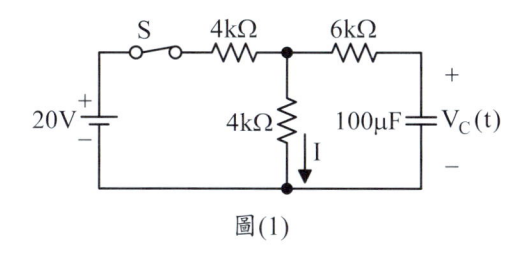

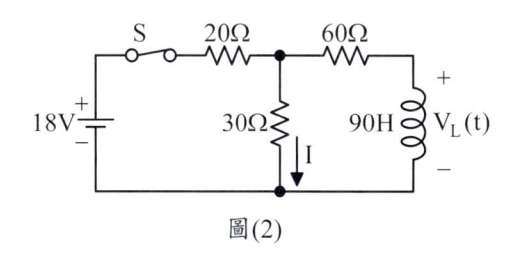

圖(1)

圖(2)

( )2. 如圖(2)所示,電路達穩態後,在t＝0時將開關S打開,試求在t＝1秒時的電壓V_L約為多少伏特? (A)－3V (B)－4V (C)－5V (D)－6V

( )3. RL串聯電路中,充電時一個時間常數即線路電流由初始狀態至穩態時之
(A)36.8% (B)63.2% (C)70.7% (D)100%

( )4. 如圖(3)所示該電路已達穩態,當t＝0時開關S切換至2,試求t＝1秒時的I_L以及V_L分別為何?
(A)$2e^{-1}$(A);$20e^{-1}$(V)　　(B)$2e^{-1}$(A);$-20e^{-1}$(V)
(C)e^{-1}(A);$10e^{-1}$(V)　　(D)e^{-1}(A);$-10e^{-1}$(V)

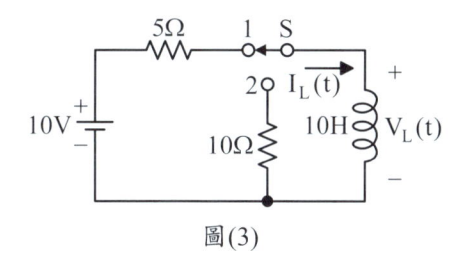

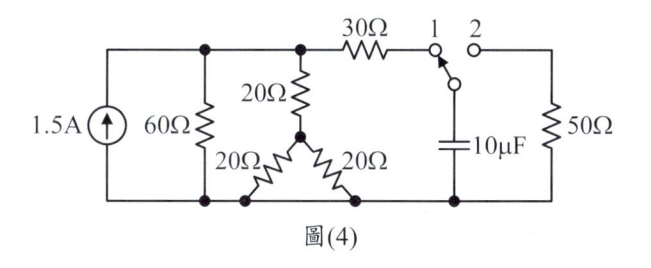

圖(3)

圖(4)

( )5. 如圖(4)所示,若開關在t＝0時轉至1,試求t＝10^{-3}秒時電容器上的電流
(A)71.2mA (B)81.2mA (C)91.2mA (D)101.2mA

( )6. 如上題所示,試求此時電容器的電壓為何?
(A)5.94V (B)11.2V (C)15.94V (D)25.94V

( )7. 如上題所示,若在t＝1.5×10^{-3}秒時,從1轉至2,試求在時間t＝2×10^{-3}秒時電容器上之電流? (A)0.51A (B)0.41A (C)0.31A (D)0.21A

( )8. 如上題所示,試求此時電容器的電壓為何?
(A)9.5V (B)10.5V (C)11.5V (D)12.5V

綜合練習

基礎題

7-1 ( )1. 電容器充飽電視為： (A)開路 (B)短路 (C)先短路後開路 (D)先開路後短路

( )2. 如圖(1)所示，試求充電瞬間的電流I及穩態時的電容器端電壓V_C，各為
(A)0A、30V (B)2A、30V (C)0A、37.5V (D)2A、37.5V

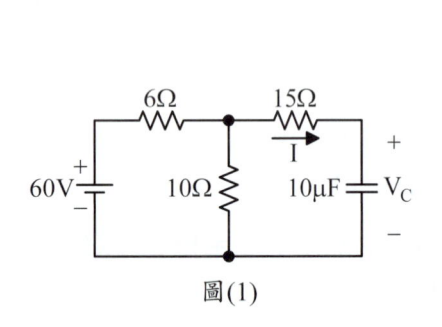

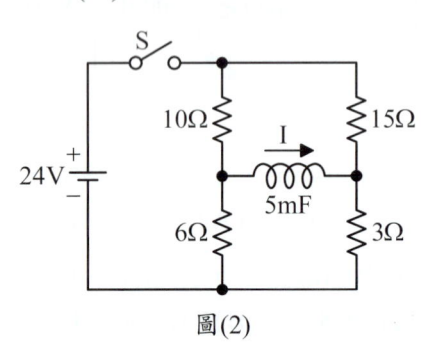

圖(1)

圖(2)

( )3. 如圖(2)所示，試求開關S閉合很久的一段時間後，電流I為何？
(A)1A (B)−1A (C)0.8A (D)−0.8A

( )4. 電感器充電瞬間，可以視為開路（斷路）狀態，主要是依據何種定理？
(A)法拉第電磁感應定理 (B)安培右手定理 (C)楞次定理 (D)庫倫作用力定理

( )5. 如圖(3)所示，當電路達穩態時，電阻8Ω的端電壓為V_{R1}，電阻4Ω的端電壓為V_{R2}，電容器2F的端電壓為V_{C1}，電容器4F的端電壓為V_{C2}，則下列敘述何者正確？
(A)$V_{R1} = 12V$ (B)$V_{R2} = 12V$ (C)$V_{C1} = 8V$ (D)$V_{C2} = 12V$

圖(3)

圖(4)

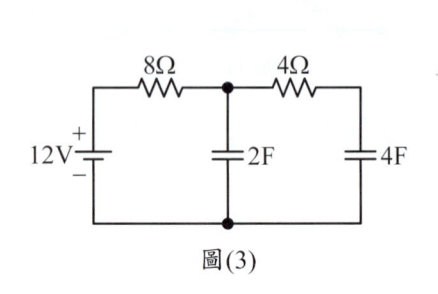

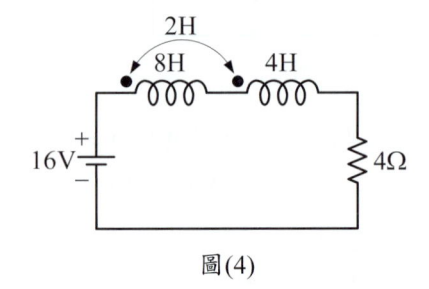

( )6. 如圖(4)所示，試求時間常數τ為何？ (A)2秒 (B)4秒 (C)6秒 (D)8秒

( )7. 如圖(5)所示，試求開關S閉合後，電路達穩態所需時間為何？
(A)1秒 (B)3秒 (C)5秒 (D)7秒

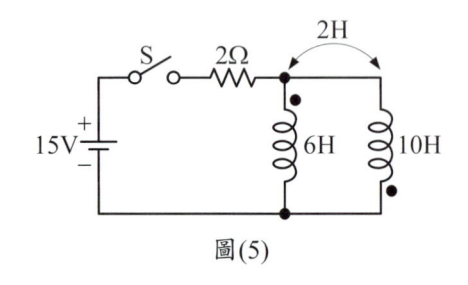

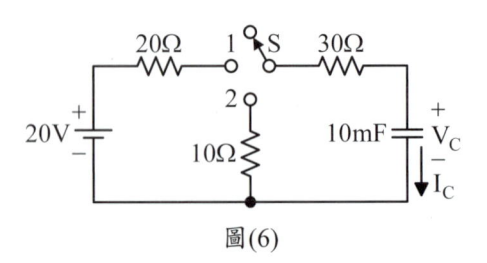

圖(5)

圖(6)

( )8. 如圖(6)所示，在t = 0時開關S由0切換至1時，試求$t = 0^+$的電流$I_C(0^+) = $？
(A)0.2A (B)0.4A (C)0.6A (D)0.8A

(　　)9. 承上題，開關S置於1的位置一段時間後，將開關S切換至2，試求此時放電瞬間的電容器端電壓V_C與電流I_C，分別為何？
(A)20V、−0.5A　(B)20V、0.5A　(C)20V、0.4A　(D)20V、−0.4A

(　　)10. 如圖(7)所示，若該電路達穩態時，在t=0時將開關S打開，試求$I_L(t=0^-)$與$I_L(t=0^+)$分別為何？　(A)4A、−4A　(B)−4A、4A　(C)4A、4A　(D)0A、4A

(　　)11. 承上題，若該電路達穩態時，在t=0時將開關S打開，試求$V_L(t=0^-)$與$V_L(t=0^+)$分別為何？　(A)36V、0V　(B)0V、−36V　(C)0V、36V　(D)0V、−24V

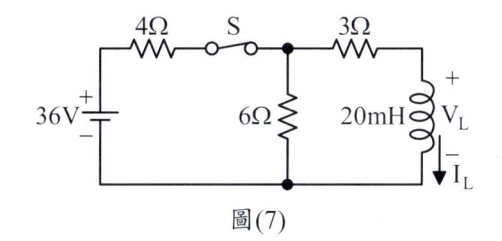

圖(7) 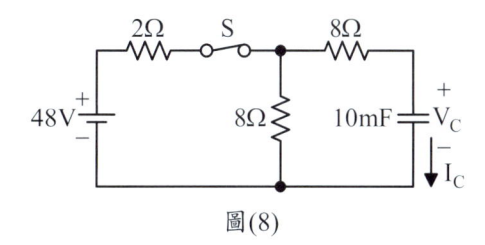　　圖(8)

(　　)12. 如圖(8)所示，若該電路達穩態時，在t=0時將開關S打開，試求$V_C(t=0^-)$與$V_C(t=0^+)$分別為何？
(A)38.4V、−38.4V　(B)38.4V、64V　(C)38.4V、−64V　(D)38.4V、38.4V

(　　)13. 承上題，若該電路達穩態時，在t=0時將開關S打開，試求$I_C(t=0^-)$與$I_C(t=0^+)$分別為何？　(A)0A、2.4A　(B)4A、2.4A　(C)0A、−2.4A　(D)4A、−2.4A

(　　)14. 如圖(9)所示，若電容器的初始電壓$V_C=2V$，當t=0時將開關S閉合，試求$I_C(t=0^+)$為何？　(A)6mA　(B)8mA　(C)9mA　(D)10mA

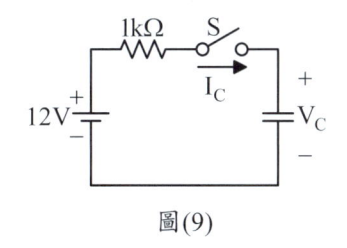

圖(9) 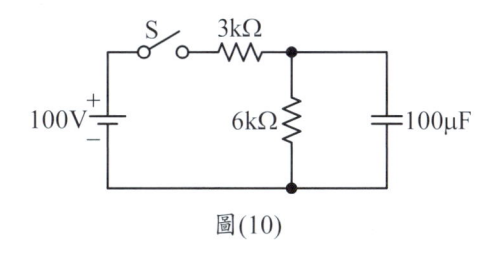　　圖(10)

(　　)15. 如圖(10)所示電路，在時間t=0，開關S閉合，求充電時間常數？
(A)0.2秒　(B)0.3秒　(C)0.6秒　(D)0.9秒　　[統測]

(　　)16. 如圖(11)所示電路，求開關S閉合後，到達穩態時之i_L及V_C值？
(A)$i_L=0A$，$V_C=0V$　　　　(B)$i_L=0A$，$V_C=10V$
(C)$i_L=1A$，$V_C=10V$　　　　(D)$i_L=1A$，$V_C=100V$　　[統測]

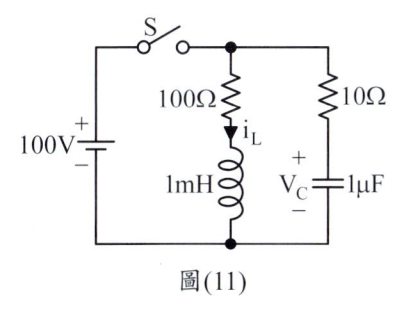

圖(11) 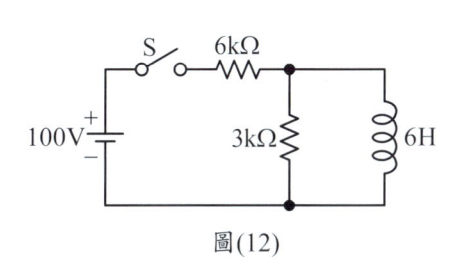　　圖(12)

(　　)17. 如圖(12)所示電路，當開關S閉合時，求充電時間常數為多少？
(A)1ms　(B)2ms　(C)3ms　(D)4ms　　[統測]

( )18. 如圖(13)所示電路，開關S閉合後，到達穩態時，電流i為多少？
(A)2A (B)3A (C)4A (D)6A [統測]

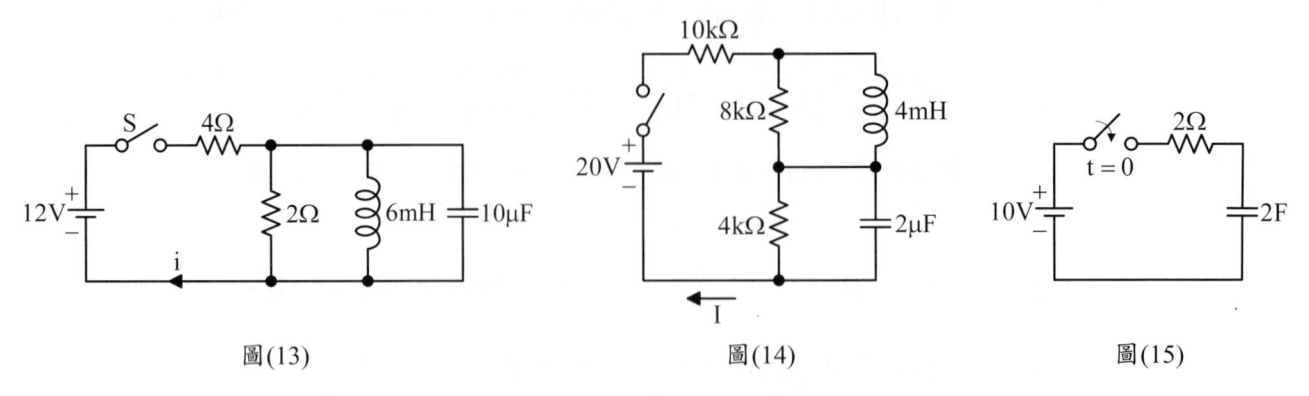

圖(13)　　圖(14)　　圖(15)

( )19. 如圖(14)所示電路，將開關閉合很長時間後，電流I約為多少？
(A)0.01mA (B)0.1mA (C)1.43mA (D)2.58mA [統測]

( )20. 如圖(15)所示之電路，開關於t＝0時關閉（close），則電容器在穩態時（t→∞）所儲存的能量為多少焦耳？ (A)25 (B)50 (C)100 (D)200 [統測]

( )21. R-C串聯電路中，若R＝400kΩ、C＝0.5μF，則時間常數τ為何？
(A)5秒 (B)0.5秒 (C)0.2秒 (D)0.02秒 [統測]

( )22. R-L串聯電路，若R＝1kΩ、L＝300mH則電路之時間常數τ為何？
(A)0.3μs (B)0.3ms (C)3.3s (D)3333.3s [統測]

( )23. 下列有關串聯電路之敘述，何者錯誤？
(A)電阻、電感串聯電路，電阻愈大，則時間常數愈大
(B)電阻、電容串聯電路，電阻愈大，則時間常數愈大
(C)電阻、電容串聯電路，電容愈大，則電路所需之穩態時間愈長
(D)電阻、電感串聯電路，電感愈大，則電路所需之穩態時間愈長 [統測]

( )24. 如圖(16)所示，若電感在開關S閉合前已無儲能，且開關S在時間t＝0時閉合，請問在t＝0⁺時電感兩端的電壓及穩態時流過電感的電流大小為何？
(A)0V，2A (B)50V，2A (C)0V，1A (D)50V，1A [102年統測]

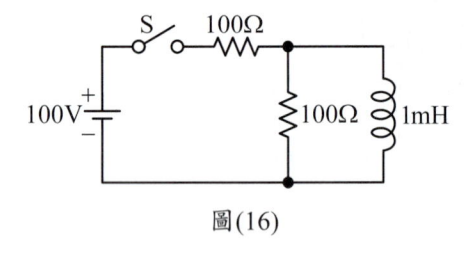

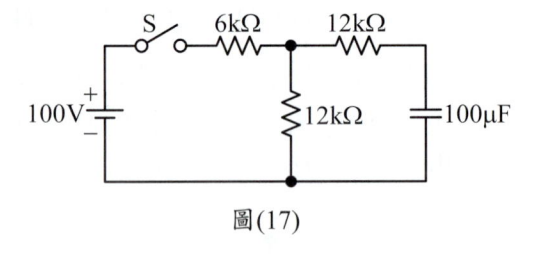

圖(16)　　圖(17)

( )25. 如圖(17)所示，若開關S閉合及開關S打開時，則電路的時間常數各為何？
(A)1.6秒，1.2秒 (B)3.0秒，1.2秒 (C)1.6秒，2.4秒 (D)3.0秒，2.4秒 [102年統測]

( )26. 如圖(18)所示之電路，開關S原先為閉合且電路已呈現穩態，在t＝0秒時將開關S切斷，則S切斷瞬間之電感電流i_L為何？
(A)－4A　　　(B)－1.6A
(C)1.6A　　　(D)4A [103年統測]

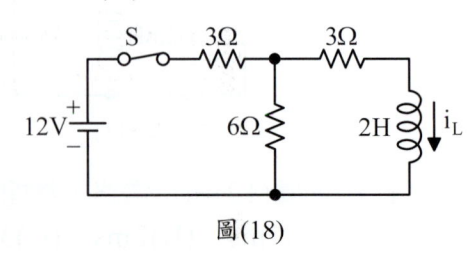

圖(18)

( )27. 如圖(19)所示,若電壓源E = 15V,$R_1 = R_2 = R_3 = 10\Omega$,$C = 10\mu F$,開關SW打開時為 t = 0,則下列敘述何者錯誤?
(A)t > 0之電路時間常數τ = 0.3ms
(B)t = 0電容器的電壓為零
(C)開關打開後電路達穩態時電容器C電壓大小為7.5V
(D)電路達穩態後,沒有電流流過電容器C
[105年統測]

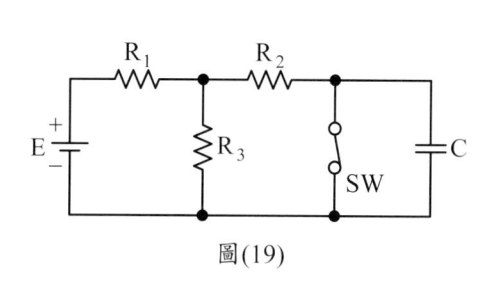

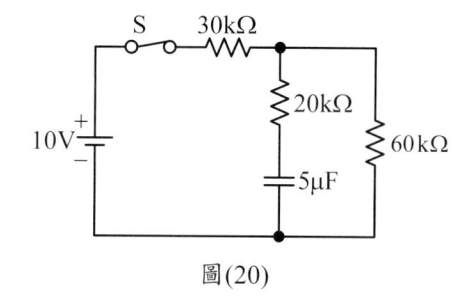

圖(19)

圖(20)

( )28. 如圖(20)所示,開關S閉合時的充電時間常數及開關S啟斷後的放電時間常數,分別為多少秒? (A)0.25及0.4 (B)0.4及0.2 (C)0.4及0.25 (D)0.2及0.4 [106年統測]

( )29. 如圖(21)所示電路,若開關S閉合前,電容器無儲存能量。S於時間t = 0時閉合,則在S閉合瞬間(t = 0)和電路穩態(t = ∞),I分別為何?
(A)0.46mA,1mA
(B)1.25mA,2mA
(C)1.25mA,0.46mA
(D)1mA,1.25mA
[109年統測]

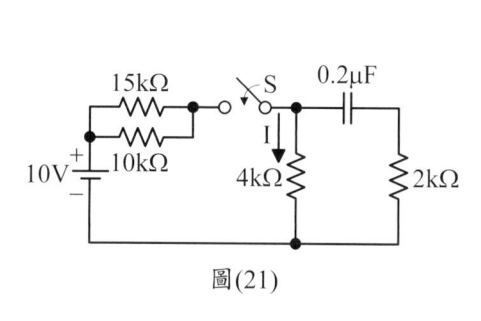

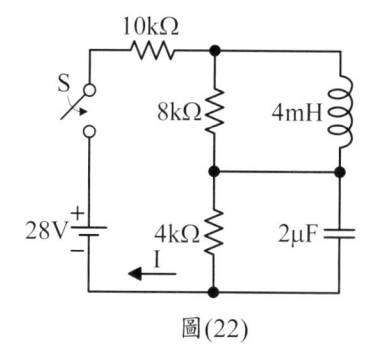

圖(21)

圖(22)

( )30. 如圖(22)所示電路,若電感器、電容器於開關S閉合前皆無儲存能量,則S閉合後之電流I的穩態值為何? (A)1.27mA (B)1.56mA (C)2mA (D)2.8mA [109年統測]

( )31. 如圖(23)所示,開關S切換至1的位置,則電容器兩端電壓$V_C(t)$的充電波形為
(A) (B) (C) (D)

圖(23)

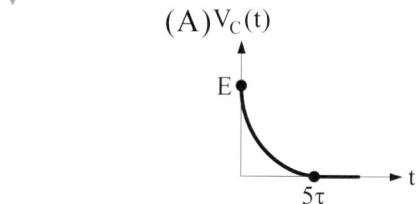

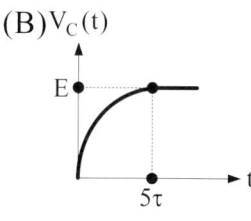

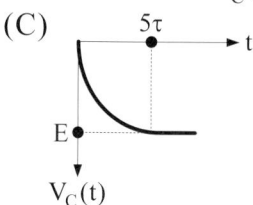

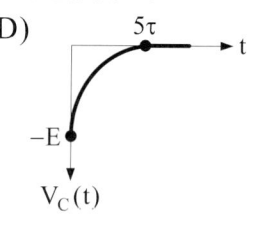

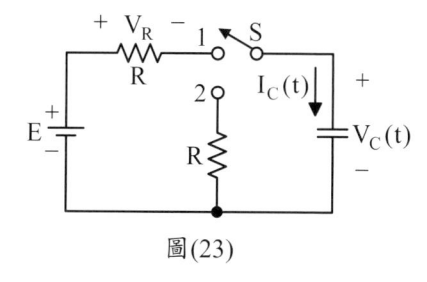

(　　)32. RC串聯電路中，充電時一個時間常數即電容器端電壓由初始狀態至穩態時之
　　　　　(A)36.8%　(B)63.2%　(C)70.7%　(D)100%

(　　)33. 如圖(24)所示，開關S在t＝0時閉合，試求t＝10秒電感器以及電阻器的端電壓分別為
　　　　　多少伏特？
　　　　　(A)37V、63V　(B)63V、37V　(C)50V、50V　(D)24V、76V

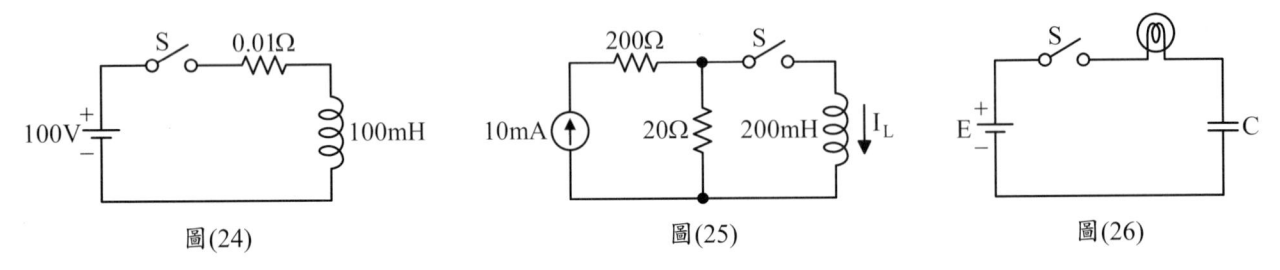

圖(24)

圖(25)

圖(26)

(　　)34. 如圖(25)所示，在t＝0時將開關S閉合，試求電感器的電流方程式$I_L(t)$為何？
　　　　　(A)$10mA \times e^{-100t}$　　　　　　(B)$10mA \times (1 - e^{-100t})$
　　　　　(C)$20mA \times e^{-100t}$　　　　　　(D)$20mA \times (1 - e^{-100t})$

(　　)35. 如圖(26)所示，開關S閉合後燈泡的變化情況為何？（若電源電壓E足以點亮燈泡）
　　　　　(A)燈泡逐漸變亮　(B)燈泡逐漸變暗　(C)維持相同亮度　(D)燈泡不會亮

(　　)36. 如圖(27)所示，在t＝0時將開關S閉合，試求在t＝2秒時的電流I為何？
　　　　　(A)3.68A　(B)6.32A　(C)7.07A　(D)10A

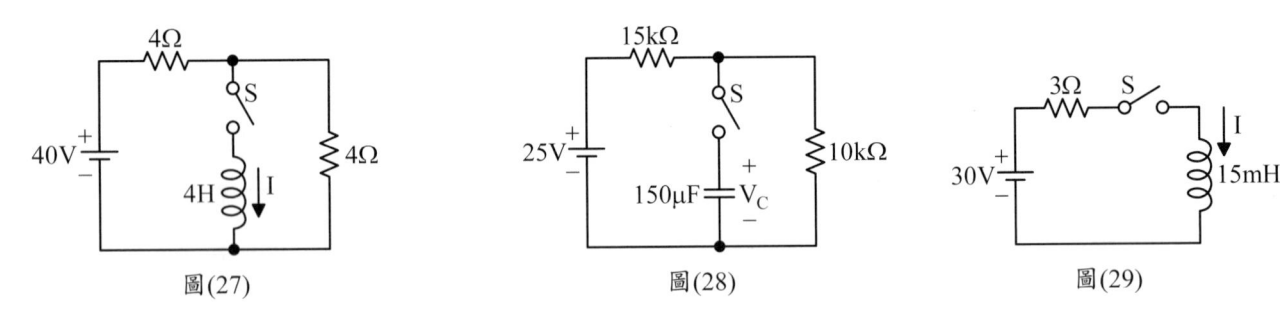

圖(27)

圖(28)

圖(29)

(　　)37. 如圖(28)所示，在t＝0時將開關S閉合，試求在t＝2.7秒時的電壓V_C為何？
　　　　　(A)0V　(B)6.32V　(C)8.65V　(D)9.5V

(　　)38. 如圖(29)所示，若電感器在開關S閉合前未儲能，當開關S閉合t秒後，電路電流
　　　　　I＝8.65A，求時間t為多少秒？　(A)5ms　(B)10ms　(C)15ms　(D)20ms

(　　)39. 某R-C串聯電路，其電容器初始電壓為零。當時間t＝0秒時加入直流電壓開始充電，
　　　　　則當t＝R×C秒時，電容器之端電壓可達到充電穩態電壓之百分比為何？
　　　　　(A)56.2%　(B)65.3%　(C)63.2%　(D)72.3%　　　　　　　　　　　　　[統測]

(　　)40. 如圖(30)所示之電路，V_{in}＝25V，開關S於t＝0秒時閉合。若L＝10mH，R＝50kΩ，
　　　　　則當t＝1微秒（μs）時，流經R之電流I約為何？
　　　　　(A)0.50mA　(B)0.42mA　(C)0.32mA　(D)0.25mA　　　　　　　　　　　[統測]

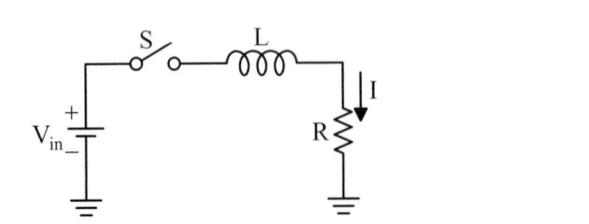

圖(30)

( )41. 如圖(31)所示電路，開關S在t＝0時閉合，假設電容在開關閉合前無任何儲能。求經過10^{-3}秒（sec）時，電容兩端之瞬時電壓$V_C(t=10^{-3}\text{sec})$值約為何？
(A)19V (B)26V (C)29V (D)30V [統測]

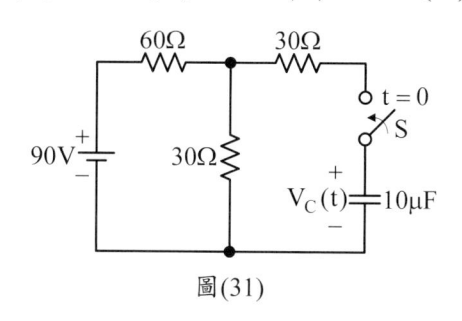

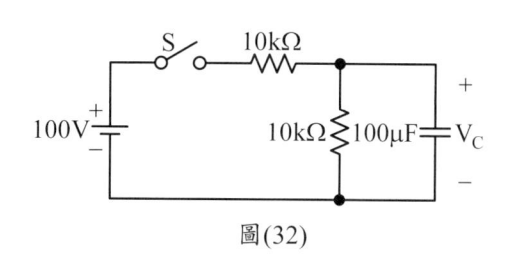

圖(31)

圖(32)

( )42. 如圖(32)所示之電路，在t＝0秒時將開關S閉合；若電容電壓的初值為零，則S閉合後電容電壓V_C為何？
(A)$V_C=100(1-e^{-0.5t})V$
(B)$V_C=50(1-e^{-2t})V$
(C)$V_C=50(1-e^{-0.5t})V$
(D)$V_C=50e^{-0.5t}V$ [103年統測]

( )43. 如圖(33)所示之電路，開關S在t＝0秒時閉合，若電感器的初始能量為零，則電路時間常數τ與t＝1秒時之電感器電流i_L分別為何？
(A)τ＝1ms，i_L＝2.4A
(B)τ＝1ms，i_L＝1.2A
(C)τ＝2ms，i_L＝2.4A
(D)τ＝2ms，i_L＝1.2A [104年統測]

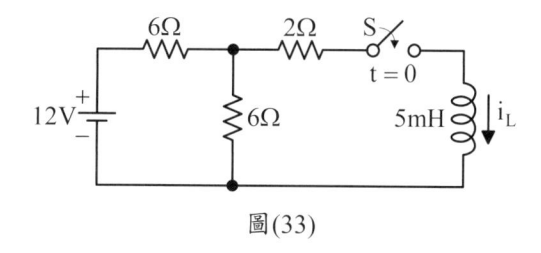

圖(33)

( )44. 如圖(34)所示，若電壓源E＝24V，R_1＝3Ω，R_2＝6Ω，L＝5mH，開關SW閉合時為t＝0，請問t＞0之$i_L(t)$為何？
(A)$16\times(1-e^{-400t})A$ (B)$8\times(1-e^{-400t})A$ (C)$16e^{-400t}A$ (D)$8e^{-400t}A$ [105年統測]

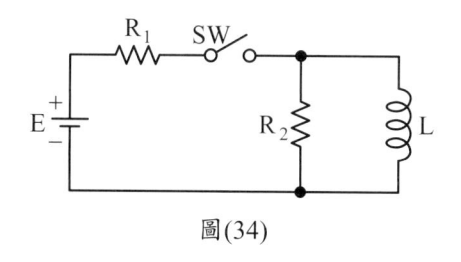

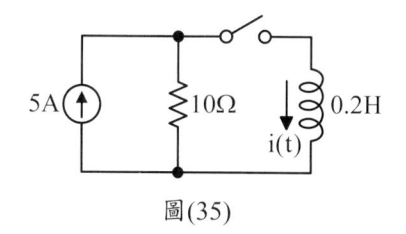

圖(34)

圖(35)

( )45. 如圖(35)所示，若開關S閉合時t＝0，則t＞0的電流i(t)為何？
(A)$50(1-e^{-50t})A$ (B)$50(1-e^{-t/50t})A$ (C)$5(1-e^{-50t})A$ (D)$5e^{-50t}A$ [106年統測]

( )46. 一電阻R與一無初始電荷的電容C串聯接於直流電源電壓E之RC充電暫態電路，若開始充電的時間是t＝0，則下列敘述何者錯誤？
(A)在時間t＝RC時，電容的端電壓約為0.368E
(B)電容兩端的電壓隨時間增加會愈來愈大，穩態時達定值E
(C)在時間t＝3RC時，電阻的端電壓約為0.05E
(D)電阻兩端的電壓隨時間增加會愈來愈小，穩態時為零 [107年統測]

進階題

（▶表示提供影音解題）

7-1 ( )47. 如圖(36)所示，當電路達穩態時電容器40mF的端電壓為V_{C1}，電容器20mF的端電壓為V_{C2}，則下列敘述何者正確？
(A)$V_{C1} = 60V$
(B)$V_{C2} = 60V$
(C)$V_{C1} = 40V$
(D)$V_{C2} = 40V$

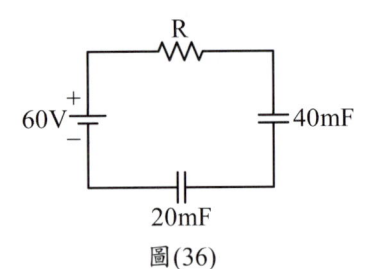

圖(36)

( )48. 如圖(37)所示，開關S在t = 0時已經打開很久，試求開關S閉合瞬間時，$V_C(0^+)$與$I_L(0^+)$之值分別為何？
(A)0V、1A (B)60V、1A (C)0V、−1A (D)60V、−1A

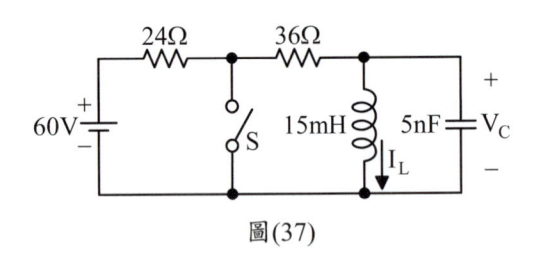

圖(37) 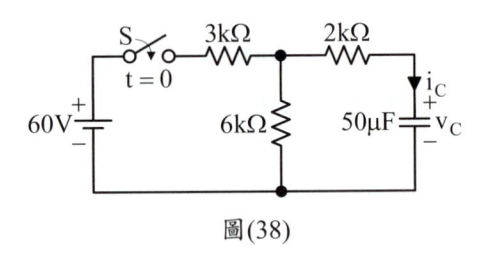　　圖(38)

( )49. 如圖(38)所示之電路，在t = 0秒時將開關S閉合，若電容器的電壓v_C初值為12V，則S閉合瞬間的電容器電流i_C與充電時間常數分別為何？
(A)7mA，0.2秒　　(B)7mA，0.25秒
(C)12mA，0.2秒　　(D)20mA，0.4秒
[104年統測]

( )50. 如圖(39)所示之電路，開關SW閉合一段時間達穩態後，在t = 0時將開關SW切離，則切離瞬間電感器兩端之電壓v_L為何？
(A)10V (B)20V (C)40V (D)50V
[108年統測]

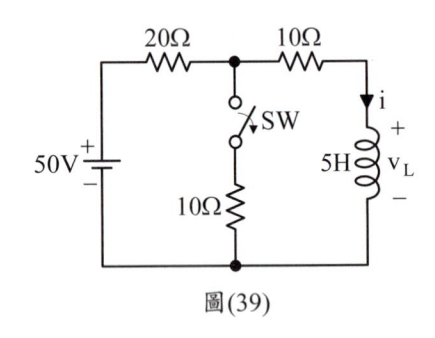

圖(39) 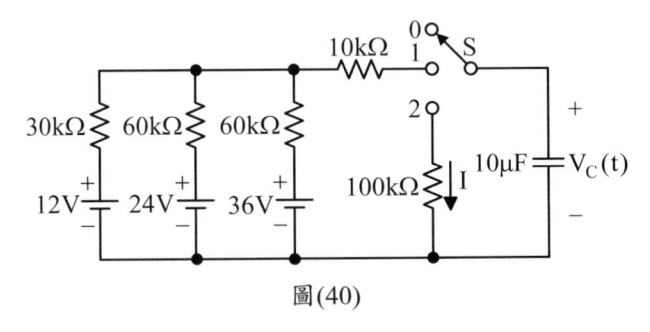　　圖(40)

7-2 ( )51. 如圖(40)所示，在t = 0時將開關S切換至1，試求t = 0.25秒時，電容器兩端電壓$V_C(t)$約為多少伏特？　(A)7.8V (B)10V (C)13.3V (D)15.6V

( )52. 承上題所示，試求在t = 1.25秒時，開關S由位置1切換至位置2，試求t = 2.25秒的電流I為多少安培？　(A)55μA (B)66μA (C)77μA (D)88μA

( )53. 如圖(41)所示，在t = 0將開關S閉合，試求電源的電流方程式I(t)為何？
(A)$10mA \times e^{-12.5t}$
(B)$10mA \times (1 - e^{-12.5t})$
(C)$10mA \times (1 - e^{-2.8t})$
(D)$10mA \times e^{-2.8t}$

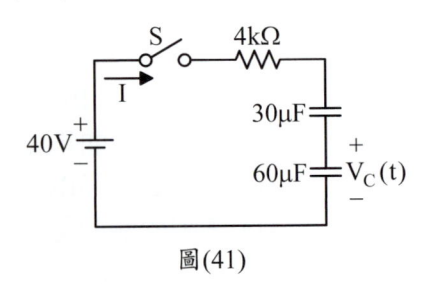

圖(41)

( )54. 承上題所示,試求電容器60μF的端電壓方程式$V_C(t)$為何?

(A)$V_C(t) = \frac{40}{3}e^{-12.5t}$ (B)$V_C(t) = \frac{80}{3}e^{-12.5t}$

(C)$V_C(t) = \frac{40}{3} \times (1 - e^{-12.5t})$ (D)$V_C(t) = \frac{80}{3} \times (1 - e^{-12.5t})$

( )55. 如圖(42)所示,在t = 0的瞬間將開關S閉合,試求t = 2秒的電容器端電壓V_C為多少伏特?   (A)−9.5V   (B)−8.65V   (C)6.32V   (D)8.65V

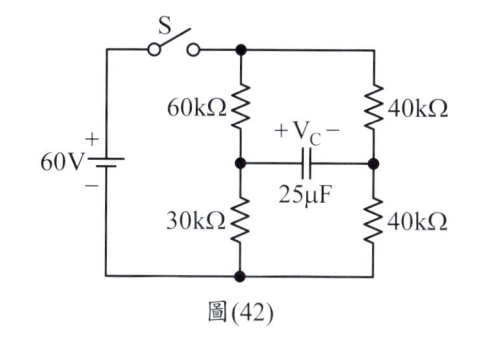

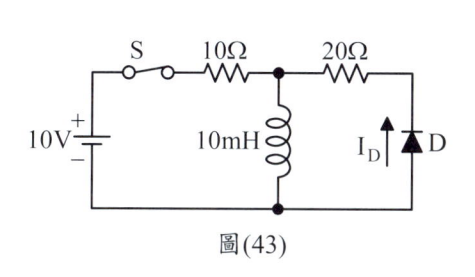

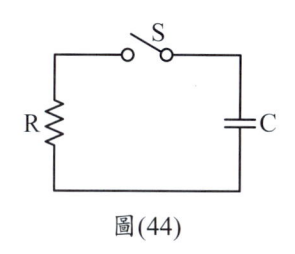

圖(42)   圖(43)   圖(44)

( )56. 圖(43)中當電路達穩態時,在t = 0將開關S打開,試求在t = 0.5ms時通過20Ω的電流I_D?(若二極體D具理想特性)   (A)e^{-3} (B)e^{-2} (C)e^{-1} (D)0A

( )57. 如圖(44)所示之電路,電容C的電容值為2000μF,其初始電壓為300V。當t = 0秒時,開關S閉合,電容C經由電阻R放電,若電容電壓欲在1秒內降至初始電壓的40%以下,且放電電流愈小愈好,則下列電阻中何者最適宜?($e^{-0.1} = 0.905$,$e^{-1} = 0.368$,$e^{-10} = 4.54 \times 10^{-5}$)   (A)5Ω   (B)50Ω   (C)500Ω   (D)5kΩ   [統測]

( )58. 如圖(45)所示,電感在開關S閉合前已無儲能,若開關S在時間t = 0時閉合,則t > 0的電壓v(t)為何?

(A)$v(t) = 20(1 - e^{-100t})$ V   (B)$v(t) = 20(1 - e^{-50t})$ V

(C)$v(t) = 20 + 10e^{-100t}$ V   (D)$v(t) = 20 + 10e^{-50t}$ V   [107年統測]

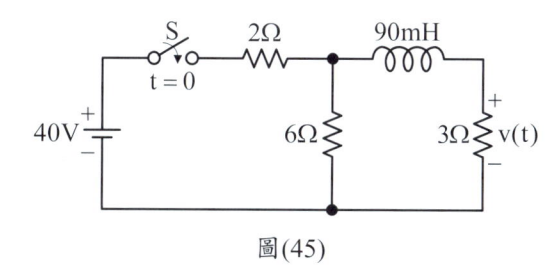

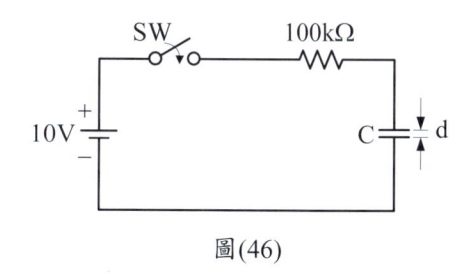

圖(45)   圖(46)

( )59. 如圖(46)所示之平行板電容器C,已知兩極板之面積為$10m^2$,間距d = 1mm,介質相對介電係數$\varepsilon_r = \frac{100}{8.85}$。若此電容器初始儲能為零,則當開關SW閉合後0.1秒時,電容器兩極板間之電場強度(V/m)約為何?(e ≃ 2.718)

(A)6320   (B)3680   (C)2880   (D)1440   [108年統測]

( )60. 如圖(47)所示之電路,電路之時間常數為τ,若電容之初值電壓為零,在t = 0時將開關SW切入位置1,並在t = 5τ時,再將開關SW切回位置2。則t = 0之後$v_R(\tau) + v_C(\tau) + v_R(6\tau) + v_C(6\tau)$之值為何?

(A)E   (B)0.5E   (C)0.368E   (D)0.144E   [108年統測]

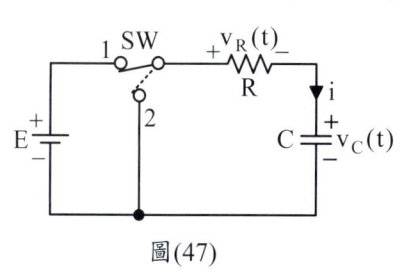

圖(47)

最近統測試題

( )61. 如圖(48)所示，在開關S_1閉合前電感無儲存能量，若S_1在時間t＝0秒時閉合，電感電流$i_L = 10(1 - e^{-20t})$A，則下列敘述何者正確？
(A)$E_1 = 10V$、$R_1 = 2Ω$、$L_1 = 100mH$
(B)$E_1 = 10V$、$R_1 = 4Ω$、$L_1 = 20mH$
(C)$E_1 = 20V$、$R_1 = 2Ω$、$L_1 = 100mH$
(D)$E_1 = 40V$、$R_1 = 4Ω$、$L_1 = 50mH$

圖(48)

[7-2][110年統測]

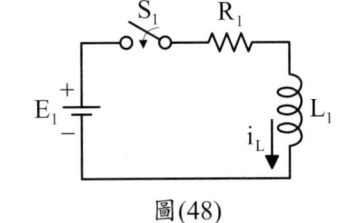

( )62. 如圖(49)所示電路，t＝0秒前電容器電壓為零，若t＝0秒時將開關S閉合，則電容器兩端電壓$v_C(t)$為何？
(A)$60(1 - e^{-0.5t})$V
(B)$20(1 - e^{-0.5t})$V
(C)$60(1 - e^{-0.05t})$V
(D)$20(1 - e^{-0.05t})$V

[7-2][111年統測]

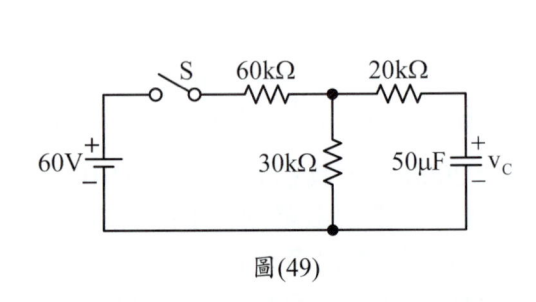

圖(49)

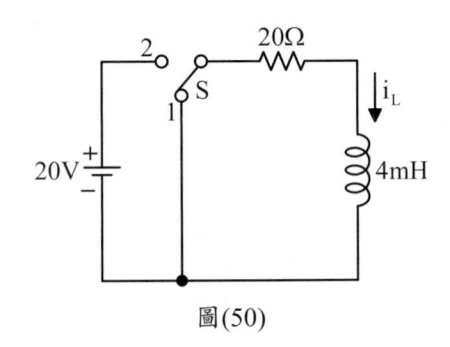

圖(50)

( )63. 如圖(50)所示電路，t＝0秒前電感器儲存能量為零，若t＝0秒時將開關S由位置1切至位置2，則下列敘述何者正確？
(A)流經電感器的初始電流值為1A且電路時間常數為80ms
(B)流經電感器的初始電流值為0A且電路時間常數為80ms
(C)流經電感器的初始電流值為1A且電路時間常數為0.2ms
(D)流經電感器的初始電流值為0A且電路時間常數為0.2ms

[7-1][111年統測]

CH 7 直流暫態

實習專區

(▶ 表示提供影音解題)

( ) 1. 如圖(1)所示之電路為R-L直流電路充電的暫態實驗，開關S在位置2已有一段很長的時間。現在將開關S撥至位置1，則下列敘述何者錯誤？
   (A)將開關S撥至位置1的瞬間，電感器的端電壓$V_L = 15\ V$，電路電流$I = 0$
   (B)充電期間，電感器的端電壓V_L逐漸減小，電路電流I則逐漸增大
   (C)穩定時，電感器的端電壓$V_L = 0\ V$，電感器視同開路
   (D)時間常數$\tau = 1\ \mu s$ [電機統測]

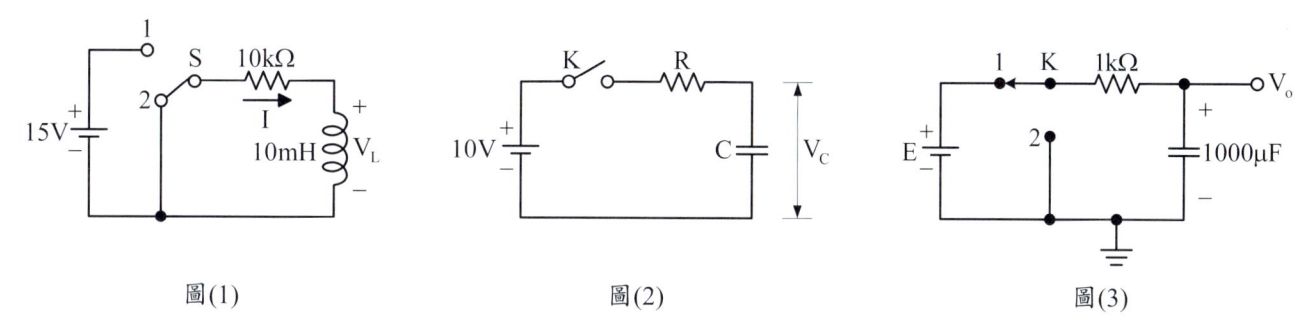

圖(1)　　　　　　　　圖(2)　　　　　　　　圖(3)

( ) 2. 如圖(2)所示的R-C充電電路，C之初始電壓為0V，開關K閉合後經過一個時間常數時，電容C之端電壓V_C約為下列何者？
   (A)6.3V　(B)7.3V　(C)8.3V　(D)9.3V [電子統測]

( ) 3. 一個RC充放電之電路如圖(3)所示，直流電壓源E等於10V，若一開始開關K接於1的位置，且電容器C之初始電壓為0V，經過20個RC時間常數後，開關切換至2的位置，再經過10秒後，電容器之端電壓V_o之值約為多少？
   (A)0V　(B)0.6V　(C)1V　(D)2V [電子統測]

( ) 4. 如圖(4)所示之電路，在開關閉合前已達穩態。若開關S在t = 0時閉合，且開關閉合的瞬間$V_C = 0\ V$。請問t = 3 ms時，電容兩端之電壓V_C應為何？
   (A)$12e^{-3}$V
   (B)$-12e^{-3}$V
   (C)$12 - 12e^{-3}$V
   (D)$12e^{-3} - 12$V [電機統測]

圖(4)

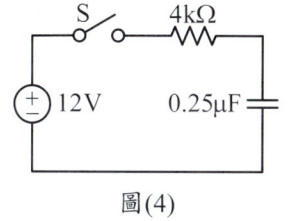

▶ ( ) 5. 如圖(5)所示之電路中，當開關S閉合經過一段長時間達到穩態後，1μF電容器上的電壓為何？　(A)0.6V　(B)0.8V　(C)1V　(D)1.2V [電子統測]

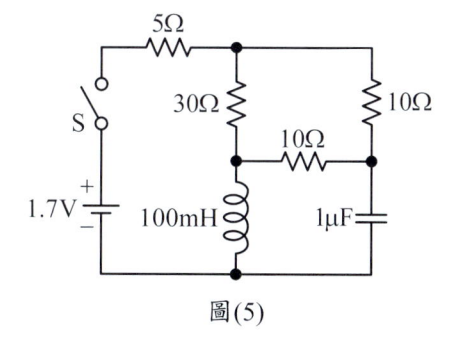

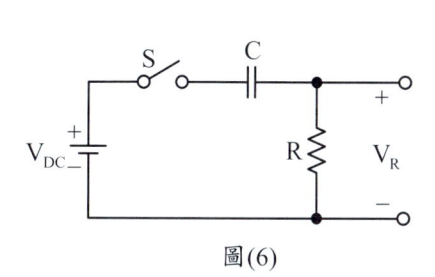

圖(5)　　　　　　　　圖(6)

( ) 6. 如圖(6)所示之電路，$V_{DC} = 12\ V$，$R = 10\ k\Omega$，$C = 10\ \mu F$，C之初值電壓為零。若開關S在t = 0秒時閉合，則t = 0.1秒時電阻兩端之電壓V_R約為何？（已知$e^{-1} = 0.368$、$e^{-2} = 0.135$、$e^{-3} = 0.05$）　(A)11.9V　(B)7.6V　(C)4.4V　(D)3.6V [103年電機統測]

7-21

( )7. 在直流RL串聯的充電暫態電路中,若要延長暫態時間,則下列敘述何者正確?
(A)等比例減小R與L值　　　　　(B)等比例增大R與L值
(C)R值保持不變,增大L值　　　(D)L值保持不變,增大R值 [104年電機統測]

( )8. 如圖(7)所示之電路,當開關S閉合經過一段長時間,電路呈現穩態後,1μF電容器上的電壓v_C約為何?
(A)0.52V
(B)1.34V
(C)2.22V
(D)3.40V [105年電機統測]

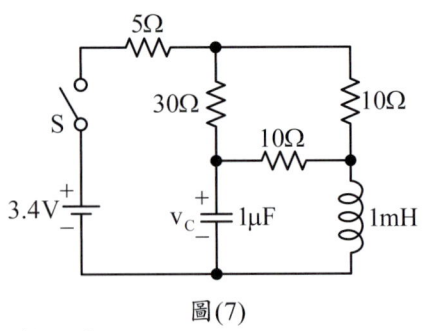

圖(7)

( )9. 在RC串聯電路中,有關時間常數(τ)之敘述,下列何者正確?
(A)$\tau = \dfrac{R}{C}$　(B)$\tau = \dfrac{C}{R}$　(C)τ與R值成正比　(D)τ與C值成反比 [106年電機統測]

( )10. RC串聯電路之初始能量為零,電阻器為10kΩ,電容器為10μF,外加直流電壓源10V,下列敘述何者正確?
(A)電源送入瞬間,電流為1mA及電容器兩端電壓為10V
(B)電源送入瞬間,電流為1mA及電阻器兩端電壓為10V
(C)電源送入10秒後,電流為1mA及電容器兩端電壓為10V
(D)電源送入10秒後,電流為1mA及電阻器兩端電壓為10V [107年電機統測]

( )11. 如圖(8)所示之電路,$V_B = 12$ V,$R_1 = R_2 = 2$ kΩ及$R_3 = 1$ kΩ,$C = 1$ μF,C之初始電壓為0,t = 0 s時開關閉合,則下列敘述何者正確?
(A)此電路之充電時間常數為1ms　　(B)t = 1 s時,電壓$v_C(t)$約為6V
(C)t = 1 s時,流過R_2電流約為1mA　(D)t = 0 s時,流過R_3電流約為1mA [108年電機統測]

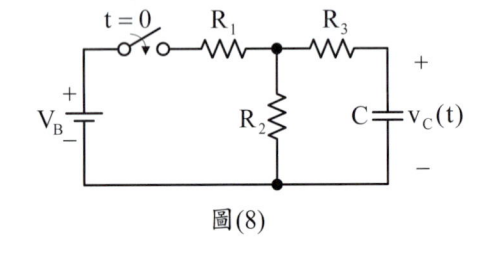

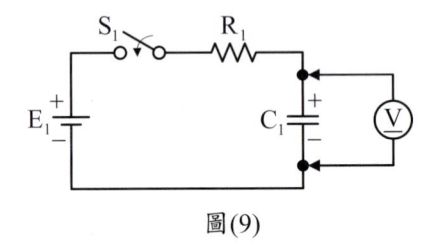

圖(8)　　　圖(9)

( )12. 如圖(9)所示電路,$R_1 = 5$ kΩ,$C_1 = 1000$ μF,$E_1 = 10$ V,開關S_1在時間為零時閉合(導通),且開關導通前電容初始電壓為零。導通5秒時,電容端直流電壓表顯示約為何?($e^{-1} = 0.368$、$e^{-2} = 0.135$、$e^{-3} = 0.05$、$e^{-4} = 0.018$、$e^{-5} = 0.007$)
(A)3.7V　(B)6.3V　(C)8.6V　(D)10V [109年電機統測]

( )13. 如圖(10)所示電路,$R_1 = 50Ω$、$R_2 = 10kΩ$、$C = 10μF$,開關S作週期性切換動作,每閉合0.5秒後打開0.5秒,若示波器之探棒接X點,黑色鱷魚夾接Y點,下列敘述何者正確?
(A)電阻器R_2之電流波形為三角波
(B)充電時間常數約為0.5毫秒
(C)電容器之電壓波形為三角波
(D)放電時間常數為0.5秒 [110年電機統測]

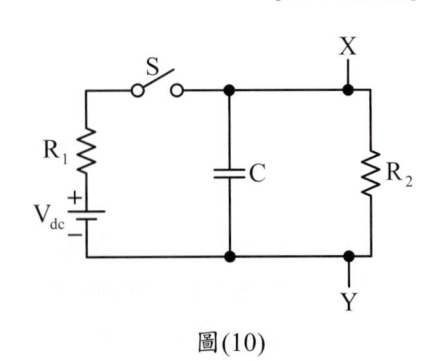

圖(10)

模擬演練

(💡思考題、♠創意題、✿特殊題)
(▶ 表示提供影音解題)

( )1. 如圖(1)所示,開關S一開始置於位置0,且電容器初始電壓$V_C = 0V$,於$t = 0$秒時S切換至位置1,經過2秒後電路達到穩態且$V_C = \frac{1}{2}E$。在$t = 3$秒時,將S切至位置2,電容器開始放電,在$t = 7$秒時電容器放電完畢,則下列敘述何者正確?
① $R_1 = 20k\Omega$ ② $R_1 = 60k\Omega$ ③ $R_2 = 30k\Omega$ ④ $C = 20\mu F$
(A)①③ (B)②④ (C)③④ (D)②③

圖(1)

圖(2)

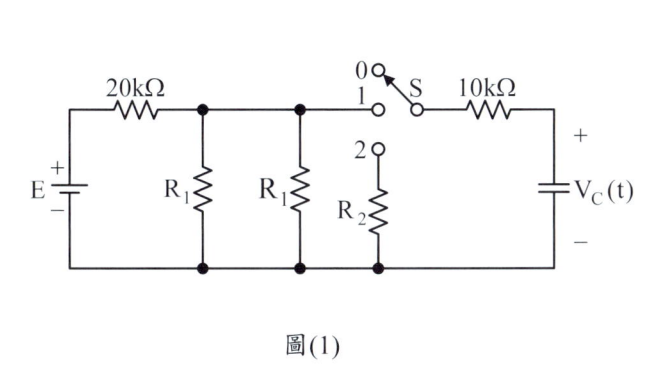

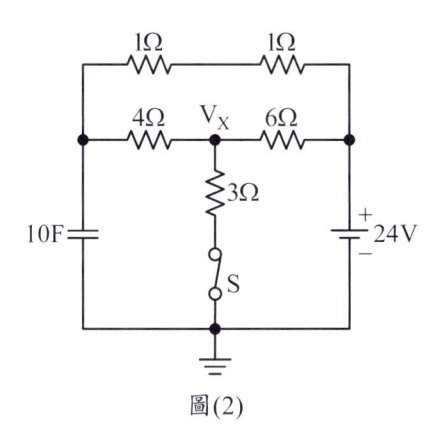

( )2. 如圖(2)所示,開關S在$t = 0$時被打開。若開關S打開前電路已達到穩態,則$V_X(t = 0^-)$,與$V_X(t = 0^+)$分別為何?
(A)20V、21.6V (B)20V、16.8V (C)12V、16.8V (D)12V、21.6V

( )3. 如圖(3)所示,電路已達穩態,則下列敘述何者正確?
① 電容器端電壓為16V ② 電容器端電壓為14V
③ 時間常數為0.1秒 ④ 時間常數為0.5秒
(A)①③ (B)②④ (C)①④ (D)②③

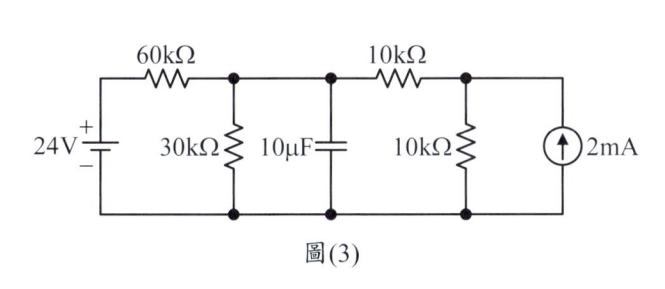

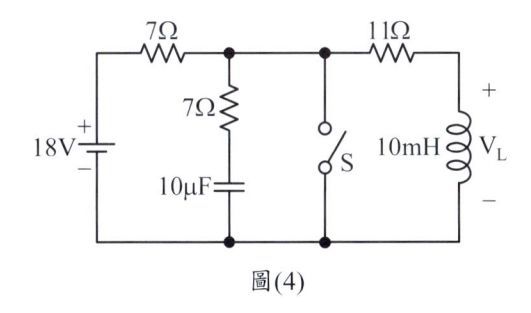

圖(3)

圖(4)

( )4. 如圖(4)所示,當電路達穩態後在$t = 0$時將開關S閉合,試求電感器端電壓$V_L(t = 0^+)$為何? (A)11V (B)−11V (C)15V (D)−15V

( )5. 如圖(5)所示,開關S在$t = 0$時被打開。若開關S打開前電路已達到穩態,則$I(t = 0^-)$,與$I(t = 0^+)$分別為何?
(A)5A、3A
(B)5A、2.5A
(C)2.5A、1A
(D)2A、5A

圖(5)

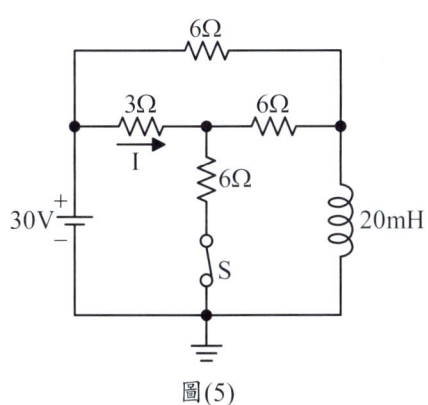

( )6. 如圖(6)所示，開關S閉合後電路狀態由暫態到穩態的電流變化如下表所示，則下列敘述何者正確？（若元件為電感器、電容器、電阻器三者進行測試）
(A)元件A為電感器　(B)元件B為電阻器　(C)元件C為電容器　(D)無法判斷

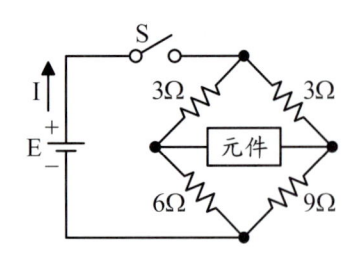

元件名稱	電源電流I的變化
元件A	保持定值
元件B	逐漸變大後保值定值
元件C	逐漸減小後保持定值

圖(6)

( )7. 如圖(7)所示，在t = 0時將開關S閉合，則下列敘述何者正確？
①電容器穩態電壓為4V
②電容器穩態時所儲存的能量為180μJ
③在t = 40ms時 $V_C = 6 \times (1 - e^{-1})$ (V)
④在t = 40ms時 $I_C = 1.5 \times e^{-1}$ (A)
(A)①③　(B)②④　(C)③④　(D)②③

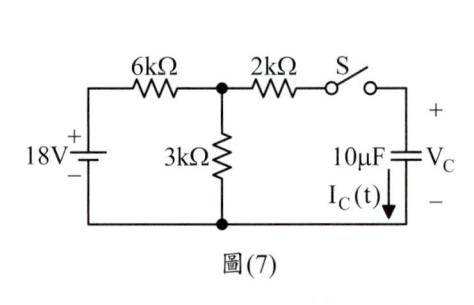

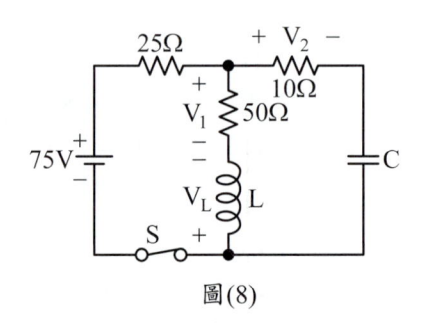

圖(7)

圖(8)

( )8. 如圖(8)所示，在t = 0時將開關S打開，則下列敘述何者正確？
(A) $V_1(t = 0^+) = 10V$
(B) $V_1(t = 0^+) = 20V$
(C) $V_2(t = 0^+) = -50V$
(D) $V_L(t = 0^+) = 10V$

( )9. 如圖(9)所示電路，若電容器及電感器的初始電壓皆為0V，開關S切至2的位置很久後，在t = 0時開關S由2切換1，試求t ≥ 0時的V(t)方程式為何？
(A) $10e^{-10t} - 8e^{-4t}$　(B) $10e^{-10t} + 8e^{-4t}$　(C) $6e^{-10t} - 8e^{-4t}$　(D) $12e^{-10t} - 10e^{-4t}$

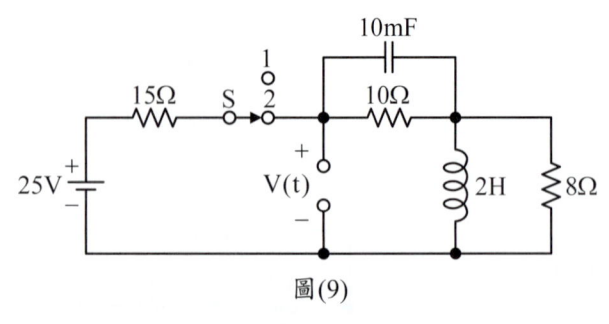

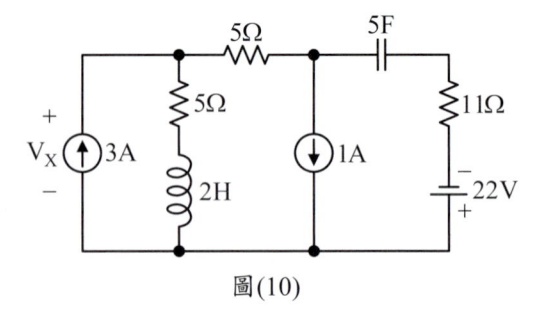

圖(9)

圖(10)

( )10. 如圖(10)所示，電路達穩態後電壓V_X為多少伏特？
(A)2V　(B)−6V　(C)10V　(D)−8V

情境素養題

▲ 閱讀下文,回答第1~5題

鋼鐵人史塔克,執行任務返家時,不慎右腳絆到玄關的障礙物而跌倒,導致住院休養一個星期,於是他想設計一進家門,玄關的燈就會點亮,且經過一段時間後,客廳的燈逐漸亮起的簡易電路,試問:(若忽略感測電路的觸發特性)

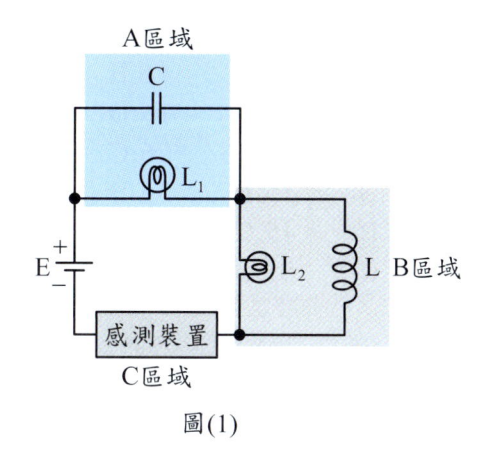

圖(1)

( )1. A區域的電路應該是放置在
(A)玄關 (B)客廳 (C)門外 (D)門內

( )2. B區域的電路應該是放置在
(A)玄關 (B)客廳 (C)門外 (D)門內

( )3. C區域的電路應該是放置在
(A)玄關 (B)客廳 (C)門外 (D)門內

( )4. 若希望斷電時在客廳的燈泡可以亮久一點,則該如何調整?(若燈泡L_1的內阻為R_1,燈泡L_2的內阻為R_2)
(A)減少R_1 (B)減少R_2 (C)增加L (D)增加C

( )5. 若希望通電時在玄關的燈泡可以亮久一點,則該如何調整?(若燈泡L_1的內阻為R_1,燈泡L_2的內阻為R_2)
(A)增加R_1 (B)增加R_2 (C)增加L (D)增加C

解 答

（*表示附有詳解）

7-1立即練習

1.B　2.A　3.D　*4.A　5.D　*6.B　*7.A　8.B　9.C　*10.B

7-2立即練習

*1.D　*2.C　3.B　*4.B　*5.B　*6.D　*7.D　8.B

綜合練習

1.A　2.D　*3.C　4.C　*5.D　*6.B　*7.D　8.B　*9.A　*10.C
*11.B　*12.D　*13.C　*14.D　15.A　16.D　17.C　18.B　19.C　*20.C
21.C　22.B　23.A　*24.D　25.C　*26.C　27.A　*28.D　*29.A　*30.C
31.B　32.B　33.A　34.B　35.B　36.B　37.D　38.B　*39.C　40.A
41.B　42.B　43.B　44.B　45.C　*46.A　*47.D　*48.A　*49.A　*50.B
*51.C　*52.C　*53.A　*54.C　*55.B　*56.C　*57.C　*58.B　*59.A　*60.A
*61.C　*62.B　*63.D

實習專區

1.C　*2.A　*3.A　*4.C　*5.A　*6.C　7.C　*8.A　9.C　*10.B
*11.B　*12.B　*13.B

模擬演練

*1.C　*2.D　*3.D　*4.B　*5.A　*6.C　*7.D　*8.D　*9.A　*10.C

情境素養題

1.B　2.A　3.D　*4.D　*5.C

CHAPTER 8 交流電

本章學習重點

節名	常考重點	
8-1 向量運算	• 極座標的四則運算	★★★★☆
8-2 交流電	• 弦波方程式的波形值	★★★★★

統測命題分析

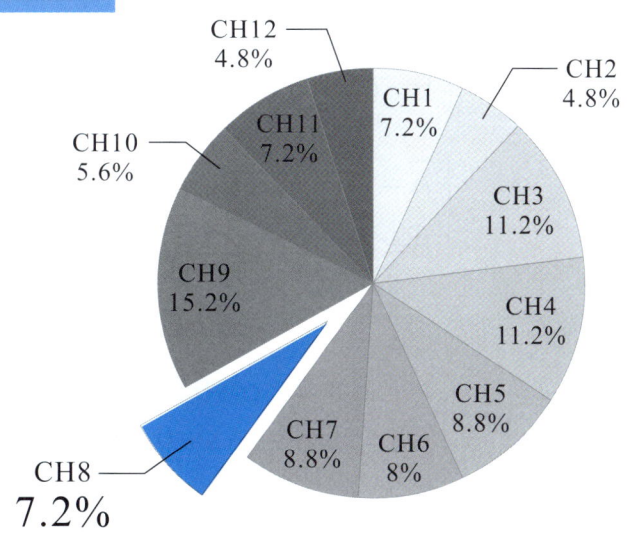

- CH1 7.2%
- CH2 4.8%
- CH3 11.2%
- CH4 11.2%
- CH5 8.8%
- CH6 8%
- CH7 8.8%
- CH8 7.2%
- CH9 15.2%
- CH10 5.6%
- CH11 7.2%
- CH12 4.8%

影音解題連結

8-1 向量運算

1. **直角座標法：（與數學複數表示法的座標軸相同）**

   (1) 複數表示法（實數 + 虛數）：$\overline{A} = a + jb$**（數學虛數以 i 表示，而電學一般以 j 表示）**

   其中 $\overline{A}$ 的共軛複數以 $\overline{A}^*$ 星號表示，若 $\overline{A} = a + jb$，則 $\overline{A}^* = a - jb$。

   (2) 直角座標軸的四則運算：**（與數學的複數四則運算完全相同）**

   $$\begin{cases} 加法：(a + jb) + (c + jd) = (a + c) + j(b + d) \\ 減法：(a + jb) - (c + jd) = (a - c) + j(b - d) \\ 乘法：(a + jb) \times (c + jd) = ac + jad + jbc - bd = (ac - bd) + j(ad + bc) \\ 除法：\dfrac{a + jb}{(c + jd)} \\ \quad \Rightarrow 同乘分母的共軛複數 \\ \quad \Rightarrow \dfrac{(a + jb)(c - jd)}{(c + jd)(c - jd)} = \dfrac{ac - jad + jbc + bd}{c^2 + d^2} = \dfrac{ac + bd}{c^2 + d^2} + j\dfrac{bc - ad}{c^2 + d^2} \end{cases}$$

2. **極座標式：（類似於數學的尤拉方程式 Euler's formula）**

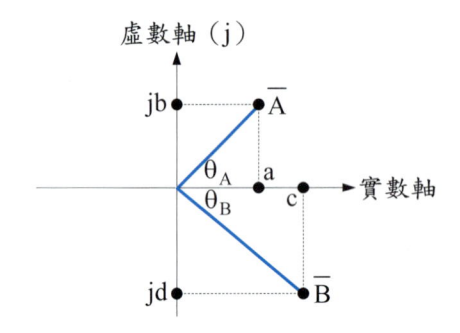

   (1) 上圖中的極座標式：

   $$\begin{cases} \overline{A} = a + ib \\ \overline{B} = c - id \end{cases} \xrightarrow{\text{尤拉方程式}} \begin{cases} \overline{A} = (\sqrt{a^2 + b^2}, \theta_A) \\ \overline{B} = (\sqrt{c^2 + d^2}, -\theta_B) \end{cases} \text{（數學上表示法）}$$

   $$\begin{cases} \overline{A} = a + jb \\ \overline{B} = c - jd \end{cases} \xrightarrow{\text{極座標式}} \begin{cases} \overline{A} = \sqrt{a^2 + b^2} \angle \theta_A \\ \overline{B} = \sqrt{c^2 + d^2} \angle -\theta_B \end{cases} \text{（電學上表示法）}$$

   (2) 極座標與直角座標的互換：

   若 $\overline{A} = A \angle \theta_A \Rightarrow \overline{A} = a + jb \Rightarrow \begin{cases} a = A \cos \theta_A \\ b = j \times A \sin \theta_A \end{cases}$；

   其中 $\theta_A = \tan^{-1}(\dfrac{b}{a})$，$\tan^{-1}$ 為反函數。

(3) 極座標式的相關運算：

◎ 加法與減法：先轉為直角座標式後再計算。

◎ 乘法：$A\angle\theta_A \times B\angle\theta_B = A \times B\angle(\theta_A + \theta_B)$

◎ 除法：$\dfrac{A\angle\theta_A}{B\angle\theta_B} = \dfrac{A}{B}\angle(\theta_A - \theta_B)$

◎ 指數：$(A\angle\theta_A)^n = A^n\angle(n \times \theta_A)$（**類似於數學的棣美弗定理De Moivre's Theorem**）

註：極座標表示式中的角度必須為正弦函數（sin）中的角度。

補充知識

常用的直角座標式與極座標式的共軛複數

1. $(a + jb)^* = a - jb$
2. $(-a + jb)^* = -a - jb$
3. $(-a - jb)^* = -a + jb$
4. $(A\angle\theta)^* = A\angle-\theta$
5. $(A\angle-\theta)^* = A\angle\theta$
6. $(-A\angle\theta)^* = -A\angle-\theta$

註：以正X軸為0度角，則逆時針旋轉的相對角度稱為正向角，反之順時針旋轉的相對角度稱為負向角。相同角度（同位角）以正向角或是負向角表示皆可且其值必相同。

觀念是非辨正

1. （×）使用極座標式來處理加法與減法的計算較快速。
2. （×）使用直角座標式來處理乘法與除法的計算較快速。

概念釐清

建議使用直角座標式來處理加法與減法的計算會較快速。

建議使用極座標式來處理乘法與除法的計算會較快速。

老師教

1. 試將下列的直角座標式轉為極座標式：
   (1) $3 + j4$　(2) $2 - j2$　(3) $-4 + j3$

解
(1) $3 + j4 = \sqrt{3^2 + 4^2}\tan^{-1}(\dfrac{4}{3}) = 5\angle 53°$

(2) $2 - j2 = \sqrt{2^2 + (-2)^2}\tan^{-1}(\dfrac{-2}{2})$
$= 2\sqrt{2}\angle -45°$

(3) $-4 + j3 = \sqrt{(-4)^2 + 3^2}\tan^{-1}(\dfrac{3}{-4})$
$= 5\angle 143°$

學生做

1. 試將下列的極座標式轉為直角座標式：
   (1) $10\angle 53°$　(2) $10\angle -37°$　(3) $\sqrt{2}\angle 135°$

解

2. 若 $\overline{A} = 2 + j2$，$\overline{B} = 3 - j5$，試計算
(1)$\overline{A} + \overline{B}$　(2)$\overline{A} - \overline{B}$　(3)$\overline{A} \times \overline{B}$　(4)$\dfrac{\overline{A}}{\overline{B}}$

解 (1) $\overline{A} + \overline{B} = 5 - j3$
(2) $\overline{A} - \overline{B} = -1 + j7$
(3) $\overline{A} \times \overline{B} = (2+j2)(3-j5) = 16 - j4$
(4) $\dfrac{\overline{A}}{\overline{B}} = \dfrac{(2+j2)(3+j5)}{(3-j5)(3+j5)} = -\dfrac{2}{17} + j\dfrac{8}{17}$

2. 若 $\overline{A} = 5\angle 37°$，$\overline{B} = 10\angle 30°$，試計算
(1)$\overline{A} + \overline{B}$　(2)$\overline{A} - \overline{B}$　(3)$\overline{A} \times \overline{B}$　(4)$\dfrac{\overline{A}}{\overline{B}}$

解

3. 試求下列各直角座標的共軛複數：
(1)$5 + j12$　(2)$4 - j8$　(3)$-6 - j10$

解 (1) $(5 + j12)^* = 5 - j12$
(2) $(4 - j8)^* = 4 + j8$
(3) $(-6 - j10)^* = -6 + j10$

3. 試求下列各極座標的共軛複數：
(1)$12\angle 37°$　(2)$5\angle -45°$　(3)$-3\angle -60°$

解

ABCD 立即練習

( )1. 若 $\overline{A} = \dfrac{1}{a + jb}$，試求共軛複數$(\overline{A})^*$為何？
(A)$\dfrac{a}{a^2 + b^2} + j\dfrac{b}{a^2 + b^2}$　　(B)$\dfrac{a}{a^2 + b^2} - j\dfrac{b}{a^2 + b^2}$
(C)$\dfrac{b^2}{a^2 + b^2} + j\dfrac{a^2}{a^2 + b^2}$　　(D)$\dfrac{b^2}{a^2 + b^2} - j\dfrac{a^2}{a^2 + b^2}$

( )2. $(10\angle 30°)^2 = ?$　(A)$20 + j20\sqrt{3}$　(B)$20\sqrt{3} + j20$　(C)$50 + j50\sqrt{3}$　(D)$50\sqrt{3} - j50$

( )3. $\dfrac{(2 - j2)^{10}}{(1 + j)^6} = ?$　(A)-2^{12}　(B)2^{12}　(C)-2^{10}　(D)2^{10}

( )4. 已知有一電流 $\overline{I} = 10\angle -45°$A 通過阻抗 $\overline{Z} = 5\angle 60°$Ω，試求該阻抗產生的壓降 $\overline{V}$ 為何？
(A)$2\angle 15°$V　(B)$2\angle -15°$V　(C)$50\angle 15°$V　(D)$50\angle -15°$V

( )5. 試求 $3 + j4$ 的共軛複數為何？　(A)$5\angle 45°$　(B)$-5\angle 53°$　(C)$5\angle 37°$　(D)$5\angle -53°$

8-2 交流電

1. 波形區分：

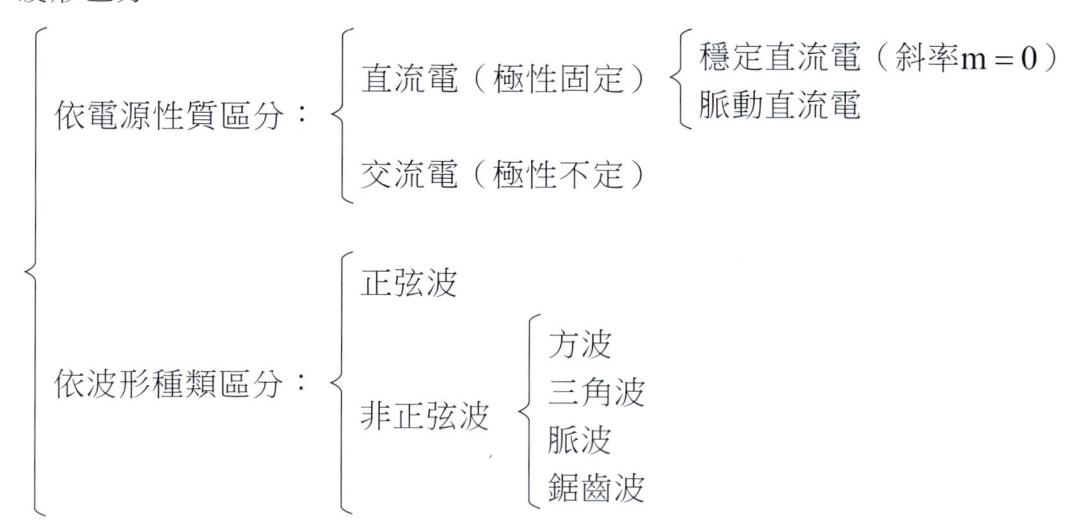

    - 依電源性質區分：
        - 直流電（極性固定）
            - 穩定直流電（斜率 m = 0）
            - 脈動直流電
        - 交流電（極性不定）
    - 依波形種類區分：
        - 正弦波
        - 非正弦波
            - 方波
            - 三角波
            - 脈波
            - 鋸齒波

    註：(1) 方波係指工作週期為50%的矩形波，若工作週期小於50%的方波稱為窄幅波，一般也稱為脈波。

    (2) 三角波的正斜波（positive ramp）與負斜波（negative ramp）是以相同之週期寬度和等幅之斜率所組成，若不同則稱為鋸齒波。

波形種類（以電壓波形為例，電流波形亦同）					
穩定直流	脈動直流（漣波直流）	正弦波	方波與脈波	三角波與鋸齒波
(1) 正電壓	(1) 正電壓	(1) sin正弦函數	(1) 方波	(1) 三角波
(2) 負電壓	(1) 負電壓	(2) cos餘弦函數	(2) 脈波	(2) 鋸齒波

2. 正弦波

    (1) **正弦波標準式**：$v(t) = V_m \cdot \sin(2\pi ft \pm \theta) = V_m \cdot \sin(\omega t \pm \theta)$；**極座標式為 $\frac{V_m}{\sqrt{2}} \angle \pm \theta$（有效值）**。

名詞	$v(t)$：瞬時值	V_m：振幅（峰值）	f：頻率	ω：角頻率 $\omega = 2\pi f$	θ：相位角
單位	伏特（V）	伏特（V）	赫茲（Hz）	弳／秒（rad/s）	度（°）

    註：$1 度 = \frac{2\pi}{360°}$ 弳；$1 弳 = \frac{360°}{2\pi}$；$N = \frac{120f}{P}$（N：每分鐘轉速（rpm）；P：極數；f：頻率）。

(2) 正弦波的種類：

波形種類 相關數值	正弦波	全波 （全波整流後之波形）	半波 （半波整流後之波形）
波形			
最大值（振幅）（V_m）	V_m	V_m	V_m
峰對峰值（V_{P-P}）	$2V_m$	V_m	V_m
有效值（V_{eff}）	$\frac{1}{\sqrt{2}}V_m$	$\frac{1}{\sqrt{2}}V_m$	$\frac{1}{2}V_m$
平均值（V_{av}）	$\frac{2}{\pi}V_m$	$\frac{2}{\pi}V_m$	$\frac{1}{\pi}V_m$
波峰因數（C.F）	1.414	1.414	2
波形因數（F.F）	1.11	1.11	1.57

註1：有效值（V_{eff}）：又稱均方根值（V_{rms}）；平均值（V_{av}）：又稱等效直流值（V_{dc}）。

註2：波峰因數（crest factor，簡稱CF）：$CF = \dfrac{最大值（V_m）}{有效值（V_{rms}）}$；

波形因數（form factor，簡稱FF）：$FF = \dfrac{有效值（V_{rms}）}{平均值（V_{av}）}$。

註3：以直流電錶測量交流電時，指示值即為平均值；以交流電錶測量正弦波交流電時，指示值即為有效值。

(3) 正弦波相位的關係：

相位	$\theta = 0°$	$+\theta$	$-\theta$
波形			
正弦波方程式	$v(t) = V_m \sin(\omega t + 0°)$	$v(t) = V_m \sin(\omega t + \theta)$	$v(t) = V_m \sin(\omega t - \theta)$

註1：若兩波形的頻率不同，則無法比較兩波形相位之關係；若兩函數（sin或cos）不同，則須先經過轉換，建議統一轉換為sin的函數波形。

註2：
- 函數不同需轉換：(1)$\cos\theta = \sin(\theta + 90°)$ (2)$\sin\theta = \cos(\theta - 90°)$
- 正負不同需轉換：(1)$-\sin\theta = \sin(\theta + 180°)$ (2)$-\cos\theta = \cos(\theta + 180°)$

註3：相同頻率的兩正弦波：(1)相加減的合成波頻率不變 (2)相乘除的合成波頻率加倍。

3. 方波與三角波的各項函數值：

波形	方波	三角波
最大值（V_m）	V_m	V_m
有效值（V_{eff}）	V_m	$\frac{1}{\sqrt{3}}V_m$
平均值（V_{av}）	V_m	$\frac{1}{2}V_m$
波峰因數（C.F）	1	1.732
波形因數（F.F）	1	1.155

補充知識

脈動直流電

1. 脈動直流的電壓方程式：$v(t) = V_{dc} + V_m \cdot \sin\omega t$
2. 平均值 $V_{av} = V_{dc}$（直流準位）
3. 有效值 $V_{eff} = \sqrt{V_{dc}^2 + (\frac{V_m}{\sqrt{2}})^2}$
4. 漣波有效值 $V_{r(rms)} = \frac{V_m}{\sqrt{2}}$

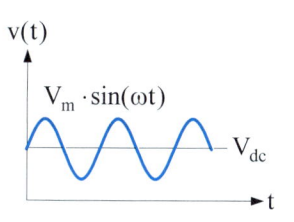

補充知識

各種波形的平均值及有效值

1. 平均值（V_{av}）：

    (1) 正弦波：$\frac{2}{\pi}V_m$　　(2) 三角波：$\frac{1}{2}V_m$　　(3) 方波：$1 \cdot V_m$

    (4) 混合波形：$\frac{\text{一個週期內各波形的面積總和}}{\text{一個週期}}$

2. 有效值（V_{rms}）：

    (1) 正弦波：$\frac{1}{\sqrt{2}}V_m$　　(2) 三角波：$\frac{1}{\sqrt{3}}V_m$　　(3) 方波：$1 \cdot V_m$

    (4) 混合波形：$\sqrt{\frac{(\text{有效值})^2 \times t_1 + (\text{有效值})^2 \times t_2 + \cdots\cdots}{\text{一個週期}}}$

註：波形的平均值以及有效值是運用繁瑣的積分算式求得，上述是以較精簡的方式取代繁瑣的積分運算。

觀念是非辨正

1. (○) 正弦波的波峰因數 CF = 1.414。
2. (○) 三角波的波形因數 FF = 1.16。

概念釐清

正弦波一般係指未經整流之波形。

老師教

1. 試將下列的角度轉為弳度：
   (1) 360°　(2) 180°　(3) 60°

   解 (1) $360° \times \dfrac{2\pi}{360°} = 2\pi$

   (2) $180° \times \dfrac{2\pi}{360°} = \pi$

   (3) $60° \times \dfrac{2\pi}{360°} = \dfrac{1}{3}\pi$

學生做

1. 試將下列的弳度轉為角度：
   (1) $\dfrac{2}{3}\pi$　(2) $\dfrac{1}{2}\pi$　(3) $\dfrac{3}{4}\pi$

   解

---

2. 正弦波標準式 $v(t) = 100\sqrt{2}\sin(377t)$ V，試求 (1)最大值 (2)平均值 (3)有效值 (4) $t = \dfrac{1}{120}$ 秒的瞬間值，分別為何？

   解 (1) 最大值 $V_m = 100\sqrt{2}$ V

   (2) 平均值 $V_{dc} = 100\sqrt{2} \times \dfrac{2}{\pi} = \dfrac{200\sqrt{2}}{\pi}$ V

   (3) 有效值 $V_{rms} = 100\sqrt{2} \times \dfrac{1}{\sqrt{2}} = 100$ V

   (4) $v(t) = 100\sqrt{2}\sin(120\pi \times \dfrac{1}{120})$ V $= 0$ V

2. 正弦波標準式 $v(t) = 100\sin(314t + 30°)$ V，試求 (1)最大值 (2)平均值 (3)有效值 (4) $t = \dfrac{1}{50}$ 秒的瞬間值，分別為何？

   解

交流電 CH 8

3. 正弦波標準式 $v(t) = 10\sin(377t + 30°)V$，試求 (1)第一個正峰值的時間 (2)第一個負峰值的時間？

解 (1) $120\pi t + \dfrac{\pi}{6} = \dfrac{\pi}{2} \Rightarrow t = \dfrac{1}{360}$ 秒

(2) $120\pi t + \dfrac{\pi}{6} = -\dfrac{\pi}{2} \Rightarrow t = -\dfrac{1}{180}$ 秒

（時間不可能為負，需加一個週期T修正）

修正為 $-\dfrac{1}{180} + \dfrac{1}{60} = \dfrac{1}{90}$ 秒

3. 正弦波標準式 $v(t) = 10\sin(314t - 60°)V$，試求 (1)第一個正峰值的時間 (2)第一個負峰值的時間？

解

---

4. 弦波方程式 $v(t) = 50\sqrt{2}\sin(377t + 30°)V$，試求相量式為何？

解 $\overline{V} = 50\angle 30°V$

（相量式以有效值表示，而相位角以正弦函數的角度表示）

4. 弦波方程式 $v(t) = 100\sqrt{2}\cos(377t - 60°)V$，試求相量式為何？

解

---

5. 若 $\begin{cases} v_1 = 10\sqrt{2}\sin(100t - 30°) \\ v_2 = 5\sin(100t + 60°) \end{cases}$，比較相位？

解 $\overline{V_1} = 10\angle -30°(V)$；$\overline{V_2} = 2.5\sqrt{2}\angle 60°(V)$，因此 $\overline{V_2}$ 超前 $\overline{V_1}$ 相位角90°

5. 若 $\begin{cases} v_1 = -8\sqrt{2}\sin(100t - 30°) \\ v_2 = 12\sqrt{2}\cos(100t + 60°) \end{cases}$，比較相位？

解

8-9

6. 試求下圖電壓的 (1)平均值 (2)有效值？

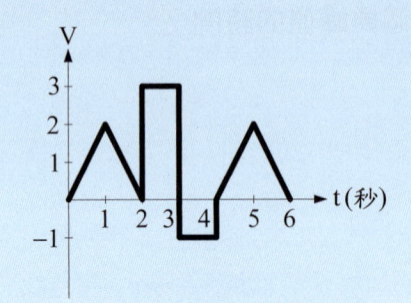

解 (1) 平均值 V_{av}

$$V_{av} = \frac{\frac{2 \times 2}{2} + 3 \times 1 - 1 \times 1}{4} = 1V$$

(2) 有效值 V_{rms}

$$V_{rms} = \sqrt{\frac{(\frac{2}{\sqrt{3}})^2 \times 2 + (3)^2 \times 1 + (-1)^2 \times 1}{4}}$$
$$\cong 1.78V$$

6. 試求下圖電壓的 (1)平均值 (2)有效值？

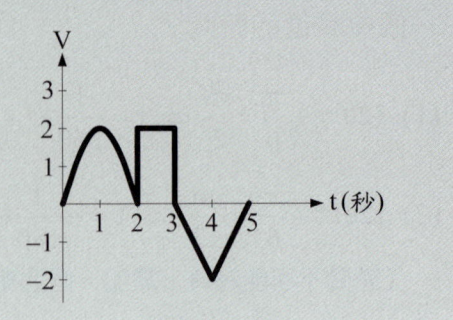

解

ABCD 立即練習

( )1. 有一交流正弦波其頻率為50Hz，試求當波形重複出現10個週期所需的時間為何？
(A)0.1秒 (B)0.2秒 (C)0.5秒 (D)1秒

( )2. 有一個電壓$v(t) = 24\sqrt{2}\sin(100\pi t - 45°)$，則在幾秒時所產生的電壓最大？
(A)$\frac{1}{200}$秒 (B)$\frac{1}{300}$秒 (C)$\frac{3}{400}$秒 (D)$\frac{7}{400}$秒

( )3. 有效值為10V的正弦波電壓，其峰對峰值為多少伏特？
(A)$10\sqrt{2}V$ (B)$20\sqrt{2}V$ (C)$20\sqrt{3}V$ (D)$40\sqrt{3}V$

( )4. 分別將正弦波、方波、三角波此三種波形分別串接於相同的燈泡，若三種波形的峰值電壓皆為50V，則
(A)正弦波所發出的亮度最亮 (B)方波所發出的亮度最亮
(C)三角波所發出的亮度最亮 (D)三者相同

( )5. 正弦波電壓信號週期函數的峰值V_m為200V、週期為10ms，此電壓有效值及頻率為何？
(A)電壓有效值為$200\sqrt{2}V$，頻率為200Hz
(B)電壓有效值為$100\sqrt{2}V$，頻率為100Hz
(C)電壓有效值為$50\sqrt{2}V$，頻率為100Hz
(D)電壓有效值為$50\sqrt{2}V$，頻率為50Hz

[110年統測]

綜合練習

基礎題

8-1

( )1. 若 $\overline{A} = 64\angle 180°$，$\overline{B} = \sqrt{2}\angle 45°$，則 $\sqrt[4]{\overline{A}} + (\overline{B})^3 = ?$
(A)$4\sqrt{2}\angle 45°$ (B)$4\sqrt{2}\angle 135°$ (C)$4\angle 90°$ (D)$4\angle -90°$ [107年統測]

( )2. $\overline{V_1} = 110\angle 120°$、$\overline{V_2} = 110\angle -120°$、$\overline{V_3} = 110\angle 360°$，試求 $\overline{V_1} + \overline{V_2} + \overline{V_3}$ 為何？
(A)$110\angle 120°$ (B)$110\sqrt{2}\angle 120°$ (C)$110\angle -120°$ (D)0

( )3. 若 $\overline{A} = 20\angle 53°$，試求 $|\overline{A}|$ 為何？ (A)0 (B)20 (C)$20\angle 90°$ (D)-20

( )4. 若 $\overline{A} = 1\angle 0°$，欲將 $\overline{A}$ 順時針旋轉 $45°$ 且大小不變，則需乘以：
(A)$\frac{1}{\sqrt{2}}(1+j)$ (B)$\frac{1}{\sqrt{2}}(1-j)$ (C)$1+j$ (D)$1-j$

( )5. 若複數 $\overline{A} = 4\sqrt{2}\angle 45°$，$\overline{B} = 2 - j2\sqrt{3}$，則 $\overline{A} \div \overline{B} = ?$
(A)$2 + j11$ (B)$\sqrt{2}\angle 105°$ (C)$6\sqrt{2}\angle -25°$ (D)$\sqrt{3}$ [統測]

( )6. 相量 $\overline{A} = 2\sqrt{3} + j2$，若 $\frac{1}{\overline{A}} = C\angle \phi$，則
(A)$C = 4$ (B)$\phi = -36.9°$ (C)$C = 0.5$ (D)$\phi = -30°$ [統測]

8-2

( )7. 波形對稱之三角波，其波峰因數（C.F）為何？
(A)1 (B)$\sqrt{2}$ (C)$\sqrt{3}$ (D)$\sqrt{5}$

( )8. 波形對稱之方波，其波形因數（F.F）為何？
(A)1 (B)$\sqrt{2}$ (C)$\sqrt{3}$ (D)$\sqrt{5}$

( )9. 關於交流電的敘述何者錯誤？
(A)極性不變 (B)瞬時值隨時間改變 (C)最大值不變 (D)為週期性之電流

( )10. $v_1(t) = 25\sin(314t + 30°)V$ 與 $v_2(t) = 12\cos(377t + 30°)V$ 兩者之關係為何？
(A)兩者同相位
(B)$v_1(t)$ 超前 $v_2(t)$ 相位達 $60°$
(C)$v_2(t)$ 超前 $v_1(t)$ 相位達 $90°$
(D)兩者無法比較

( )11. 如圖(1)所示，試求有效值為何？
(A)$\frac{10}{3}\sqrt{7}V$ (B)$\frac{5}{3}\sqrt{10}V$ (C)$\frac{7}{3}\sqrt{7}V$ (D)$\frac{11}{3}\sqrt{10}V$

圖(1)

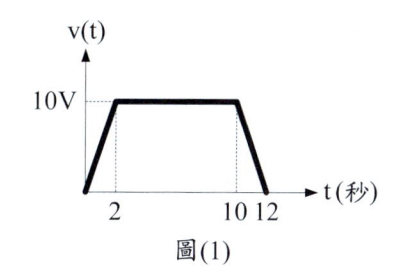

( )12. 有一個正弦波電壓,電壓的平均值為50V,頻率為50Hz,相位角為-30°,試求該電壓的弦波方程式為何?
(A)$v(t) = 25\pi \cdot \sin(314t - 30°)$　　(B)$v(t) = 50\pi \cdot \sin(314t + 30°)$
(C)$v(t) = 25\sin(314t - 30°)$　　(D)$v(t) = 25\sin(314t + 30°)$

( )13. 有一個電子元件通過的電壓以及電流波形如圖(2)所示,試求電壓有效值以及電流有效值分別為何?　(A)10V、1A　(B)7.07V、0.707A　(C)5V、0.5A　(D)0V、0A

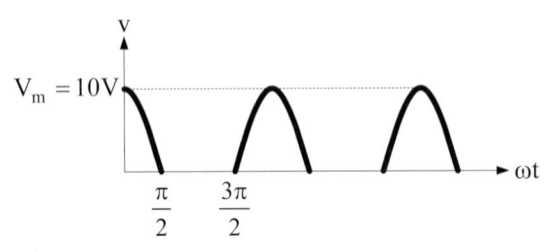

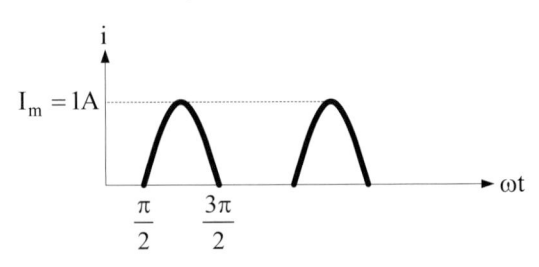

圖(2)

( )14. 承上題所示,試求該電子元件所消耗之功率為何?
(A)10W　(B)5W　(C)25W　(D)0W

( )15. 若$i_1 = 3\sin\omega t(A)$,$i_2 = -4\cos\omega t(A)$,則電流$i_1 + i_2$等於多少安培?
(A)$5\sin(\omega t + 53°)$　(B)$5\sin(\omega t - 53°)$　(C)$5\sin(\omega t + 60°)$　(D)$5\sin(\omega t - 60°)$

( )16. 若$v = v_1 + v_2 = 100\sin(377t - 60°)V + 100\cos(377t - 60°)V$,試求該電壓的有效值為何?　(A)50V　(B)63.6V　(C)70.7V　(D)100V

( )17. 有一交流電壓$v(t) = V_m \sin(\omega t + \theta)$伏特,則一個週期的平均值電壓為何?
(A)$\frac{1}{\pi}V_m$　(B)$\frac{2}{\pi}V_m$　(C)$\frac{1}{\sqrt{2}}V_m$　(D)0

( )18. 有一交流電壓$v(t) = V_m \sin(\omega t + \theta)$伏特,經過一全波整流器其平均值電壓為何?
(A)$\frac{1}{\pi}V_m$　(B)$\frac{2}{\pi}V_m$　(C)$\frac{1}{\sqrt{2}}V_m$　(D)0

( )19. 有一電壓$v(t) = 10 + 10\sqrt{2}\sin(377t + 30°)$,則平均值電壓為何?
(A)$5\sqrt{2}$V　(B)$10\sqrt{2}$V　(C)10V　(D)$12\sqrt{2}$V

( )20. 承上題所示,有效值電壓為何?　(A)$5\sqrt{2}$V　(B)$10\sqrt{2}$V　(C)10V　(D)$12\sqrt{2}$V

( )21. 電壓波形$v(t) = 50\sqrt{2}\sin(\omega t - 30°)V$,若以三用電錶的DCV檔以及ACV檔進行測量,其指示值分別為何?
(A)0V、50V　(B)50V、50V　(C)$\frac{100\sqrt{2}}{\pi}$V、50V　(D)50V、0V

( )22. 正弦波的最大值為有效值的幾倍?　(A)2　(B)$\frac{1}{\sqrt{2}}$V　(C)$\sqrt{2}$V　(D)$\frac{2}{\pi}$V

( )23. 如圖(3)所示,試求電壓V_{ab}的有效值為多少伏特?
(A)30V　(B)40V　(C)50V　(D)60V

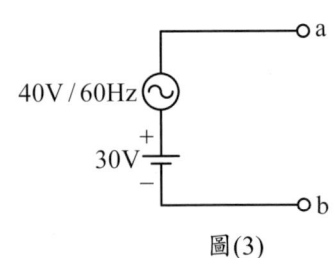

圖(3)

( )24. 試求圖(4)中方波的工作週期為何？
(A)33.33%　(B)50%　(C)66.66%　(D)80%

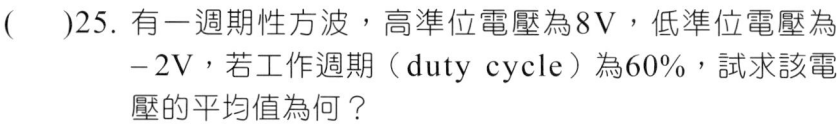

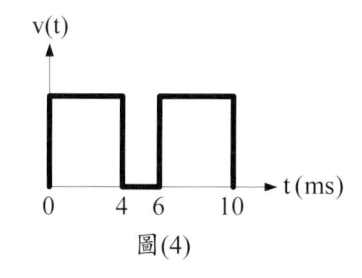

( )25. 有一週期性方波，高準位電壓為8V，低準位電壓為 −2V，若工作週期（duty cycle）為60%，試求該電壓的平均值為何？
(A)3V　(B)4V　(C)6V　(D)8V

( )26. 有一週期性方波，高準位電壓為6V，低準位電壓為−4V，若工作週期（duty cycle）為40%，試求該電壓的有效值為何？
(A)$2\sqrt{5}$V　(B)$2\sqrt{6}$V　(C)$2\sqrt{7}$V　(D)$2\sqrt{11}$V

( )27. 以日式指針式三用電錶測量插座的交流頻率，測量結果為何？
(A)50Hz　(B)60Hz　(C)80Hz　(D)無法測量

( )28. 如圖(5)所示，若$\theta_1 = 120°$且$\theta_2 = 45°$，則電壓$v_1(t)$的方程式應如何表示？
(A)$v_1(t) = 10\sin(314t + 120°)$V
(B)$v_1(t) = 10\sin(314t − 120°)$V
(C)$v_1(t) = 10\sqrt{2}\sin(314t + 120°)$V
(D)$v_1(t) = 10\sqrt{2}\sin(314t − 120°)$V

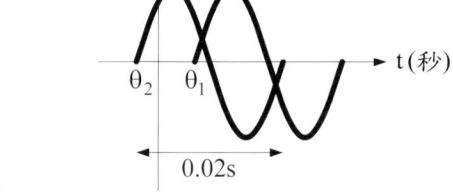

( )29. 有關波峰因數（Crest Factor）值，下列何者正確？
(A)三角波為1.154　(B)三角波為1
(C)正弦波為0.707　(D)方波為1

( )30. 有一交流電壓為$v(t) = 100\sin(377t)$V，若以伏特計量測時，其指示應為幾伏特？
(A)141.4V　(B)100V　(C)70.7V　(D)50V ［統測］

( )31. 有一負載的端電壓為$100\sin(377t + 10°)$V，流經此負載的電流為$5\sin(377t + 10°)$A，求此負載的阻抗為多少？
(A)$20\angle 0°\Omega$　(B)$20\angle 10°\Omega$　(C)$20\sqrt{2}\angle 0°\Omega$　(D)$20\sqrt{2}\angle 10°\Omega$ ［統測］

( )32. 交流電的頻率為60Hz，則其角頻率為多少？
(A)60弳度／秒　(B)220弳度／秒　(C)377弳度／秒　(D)480弳度／秒 ［統測］

( )33. 已知交流電壓$v(t) = 200\sin(\omega t + 30°)$V，週期T = 0.02秒，當t = 0.01秒時，v(t)之瞬時電壓值為何？　(A)−100V　(B)100V　(C)−200V　(D)200V ［統測］

( )34. 如圖(6)所示之週期性電壓波形v(t)，此電壓之有效值為何？
(A)5.77V　(B)6.67V　(C)7.07V　(D)11.55V ［統測］

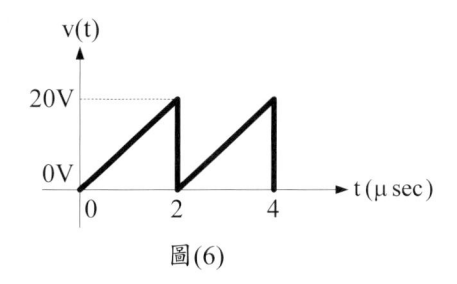

( )35. 一對稱之交流弦波電壓以示波器量測得知電壓峰對峰值V_{pp} = 440V，則此電壓之有效值V_{rms}約為何？ (A)311V (B)220V (C)156V (D)110V [統測]

( )36. 已知交流電壓v(t) = v_1(t) + v_2(t)，若v_1(t) = 10sin(377t + 30°)V，
v_2(t) = 10sin(377t − 30°)V，則v(t)為何？
(A)v(t) = 20sin(377t)V (B)v(t) = 17.3sin(377t)V
(C)v(t) = 14.4sin(377t)V (D)v(t) = 10sin(377t)V [統測]

( )37. 將110V/60Hz的市電電壓以交流電壓瞬間值方程式v(t)表示時，下列何者正確？
(A)v(t) = 110sin(60t)V (B)v(t) = 110sin(377t)V
(C)v(t) = 156sin(60t)V (D)v(t) = 156sin(377t)V [統測]

( )38. 如圖(7)所示為電壓v(t)之週期性波形，則其有效值約為多少伏特？
(A)$\sqrt{65.33}$ (B)$\sqrt{54.67}$ (C)$\sqrt{32.67}$ (D)$\sqrt{21.78}$ [107年統測]

圖(7)

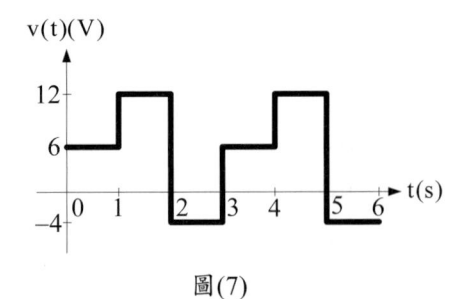

( )39. 有一交流電機，其轉速為每秒30轉，若欲產生頻率為60Hz之電源，請問此電機的極數為何？ (A)4極 (B)6極 (C)8極 (D)12極 [102年統測]

( )40. 有一交流電源v(t) = 100sin(377t − 45°)伏特，請問其最大值及一個週期的平均值為何？
(A)100V，63.6V (B)141V，63.6V (C)100V，0V (D)141V，0V [102年統測]

( )41. 兩電壓v_1(t) = $100\sqrt{2}$sin(377t + 30°)V及v_2(t) = $10\sqrt{2}$sin(377t − 60°)V，下列有關該兩電壓相位關係的敘述，何者正確？
(A)v_2的相位角與v_1同相 (B)v_2的相位角超前v_1為90°
(C)v_2的相位角落後v_1為90° (D)v_2的相位角落後v_1為60° [103年統測]

( )42. 如圖(8)所示之週期性電壓信號v，該信號的平均值電壓V_{av}及有效值電壓V_{rms}分別為何？
(A)V_{av} = 5V，V_{rms} = $10\sqrt{2}$V (B)V_{av} = 5V，V_{rms} = 5V
(C)V_{av} = $5\sqrt{2}$V，V_{rms} = 5V (D)V_{av} = 5V，V_{rms} = $5\sqrt{2}$V [103年統測]

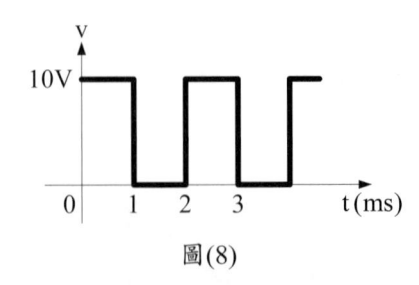

圖(8)

( )43. 若i_1(t) = 4sin(ωt)A的相量式為$2\sqrt{2}\angle 0°$A，則i(t) = 10cos(ωt − 45°)A的相量式為何？
(A)$\bar{I}$ = 10∠−45°A (B)$\bar{I}$ = 10∠45°A
(C)$\bar{I}$ = $5\sqrt{2}$∠45°A (D)$\bar{I}$ = $5\sqrt{2}$∠−45°A [104年統測]

(　)44. 有一個交流電路的輸入電壓v(t) = 156cos(377t − 30°)V，輸入電流
i(t) = 10sin(377t + 30°)A，請問兩者之相位關係為何？
(A)電壓v(t)相角超前電流i(t)相角30°
(B)電壓v(t)相角超前電流i(t)相角60°
(C)電流i(t)相角超前電壓v(t)相角30°
(D)電流i(t)相角超前電壓v(t)相角60°
[105年統測]

(　)45. 有一週期性電壓波形，其週期為20ms，每一週期中有10ms的固定直流電壓100V、5ms的固定直流電壓−40V及5ms的0V電壓，請問此電壓波形之平均值為何？
(A)100V　(B)70V　(C)50V　(D)40V
[105年統測]

(　)46. 有一交流電壓為v(t) = 220$\sqrt{2}$ sin(377t − 45°)V，試求在t = $\frac{1}{240}$秒時之瞬間電壓值約為多少伏特？　(A)220　(B)200　(C)150　(D)110
[106年統測]

(　)47. 有兩個交流電壓分別為$v_1(t) = 30\sqrt{2}\cos(377t − 45°)$V和$v_2(t) = 30\sqrt{2}\cos(377t − 135°)$V，則$v_1(t) + v_2(t)$為何？
(A)$60\sqrt{2}\cos(377t − 175°)$V
(B)$60\sqrt{2}\sin(377t + 90°)$V
(C)$60\sqrt{2}\cos(377t + 45°)$V
(D)$60\sin(377t)$V
[106年統測]

(　)48. 有一部8極的正弦波發電機，線圈轉速為750rpm，若輸出電壓的有效值為110V，則其輸出電壓波形為何？

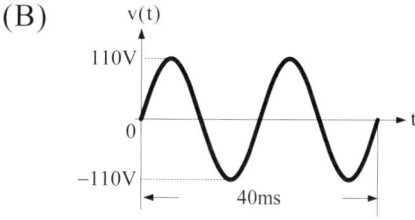

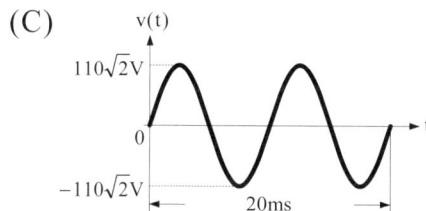

(A) 波形圖，110V，週期20ms
(B) 波形圖，110V，週期40ms
(C) 波形圖，$110\sqrt{2}$V，週期20ms
(D) 波形圖，$110\sqrt{2}$V，週期40ms
[109年統測]

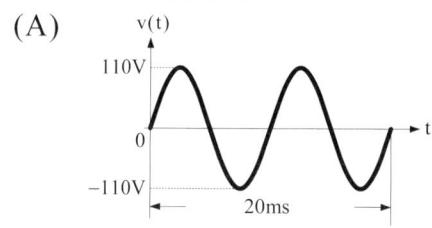

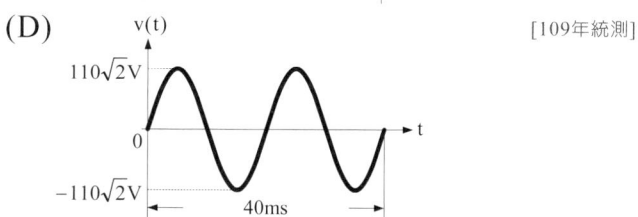

(　)49. 如圖(9)所示的電壓波形，其平均值為V_1，有效值為V_2，則V_2/V_1的比值為何？
(A)1　(B)2　(C)5　(D)10
[109年統測]

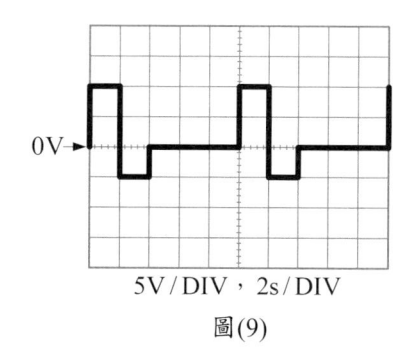

5V/DIV，2s/DIV
圖(9)

進階題

(▶ 表示提供影音解題)

( )50. 如圖(10)所示，若直流電源 E = 10V，且電阻 R 皆為 10Ω，若兩電路產生之熱功率相同，試求 V_m 為何？ (A)5V (B)$5\sqrt{2}$V (C)10V (D)$10\sqrt{2}$V

圖(10)

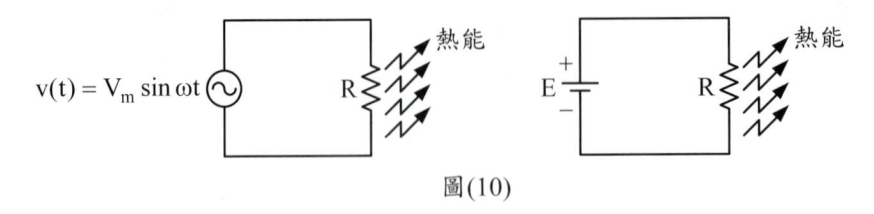

( )51. 如圖(11)所示之週期信號 $v_1(t)$，其峰值為 V_P，若 $D = T_1/(T_1 + T_2)$，當 D = 0.55 時 $v_1(t)$ 之平均值為何？ (A)$0.74V_P$ (B)$0.55V_P$ (C)$0.45V_P$ (D)$0.25V_P$ [統測]

圖(11)

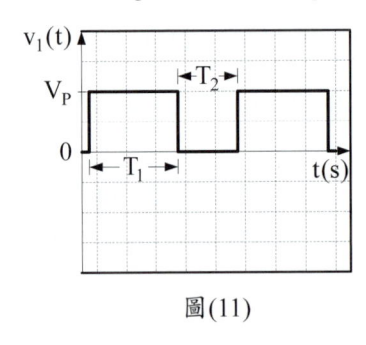

( )52. 有一60Hz之弦波電壓源，當 $t = \dfrac{100}{9}$ 毫秒時電壓達到最小值 −110V，則當 t 為下列何者時，此電壓源之瞬間電壓為零？ (A)0秒 (B)$\dfrac{1}{115}$秒 (C)$\dfrac{1}{144}$秒 (D)$\dfrac{1}{181}$秒 [108年統測]

最近統測試題

( )53. 已知電流 $i_1 = 50\sin(2000t)$A、$i_2 = 50\cos(2000t)$A，若電流 $i_T = i_1 + i_2$，則下列敘述何者正確？
(A)電流 i_T 的相位領前電流 i_1 為 90°　　(B)電流 i_T 的相位領前電流 i_2 為 90°
(C)電流 i_T 的相位領前電流 i_2 為 45°　　(D)電流 i_T 的相位領前電流 i_1 為 45° [8-2][110年統測]

( )54. 如圖(12)所示週期性電流信號 i(t)，該信號之平均值 I_{av} 及有效值 I_{rms} 分別為何？
(A)$I_{av} = 1$ A，$I_{rms} = \sqrt{7}$ A　　(B)$I_{av} = \sqrt{7}$ A，$I_{rms} = 1$ A
(C)$I_{av} = 2$ A，$I_{rms} = 2\sqrt{7}$ A　　(D)$I_{av} = 2\sqrt{7}$ A，$I_{rms} = 2$ A [8-2][111年統測]

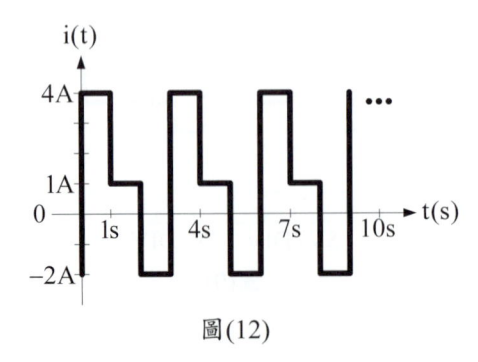

圖(12)

模擬演練

(💡思考題、🔷創意題、✦特殊題)
(▶ 表示提供影音解題)

( )1. 如圖(1)若電阻2Ω消耗功率2W，則下列敘述何者正確？
①$I_m = 3\sqrt{5}$A　②$I_{dc} = 0.6\sqrt{5}$A　③$I_m = 3\sqrt{6}$A　④$I_{dc} = 0.8\sqrt{5}$A
(A)①②　(B)①④　(C)③④　(D)②③

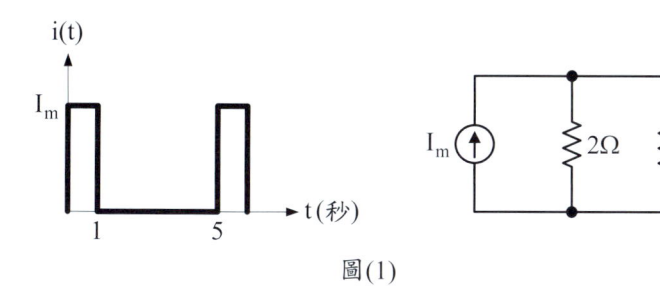

圖(1)

( )2. 如圖(2)所示，若電阻8Ω消耗功率2W，試求電壓V為何？
(A)12V　(B)11V　(C)10V　(D)8V

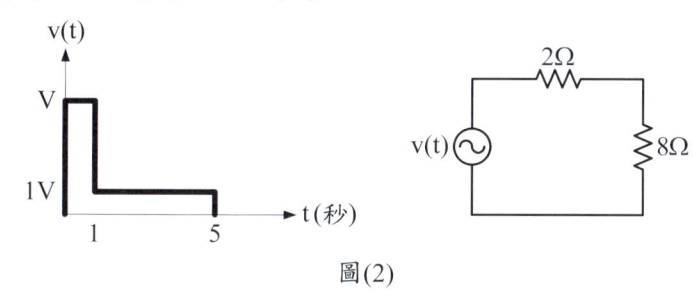

圖(2)

( )3. 如圖(3)所示，若電阻4Ω消耗平均功率4.8W，試求電源電壓v(t)的工作週期（duty cycle）為何？　(A)25%　(B)30%　(C)50%　(D)75%

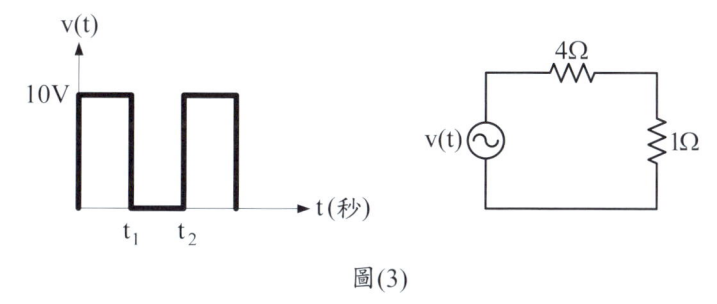

圖(3)

( )4. 有一個正弦波其電壓$v(t) = 100\sin(314t + 30°)$V，則下列敘述何者正確？
①第二個正峰值時間為$\dfrac{1}{60}$秒　　②第二個正峰值時間為$\dfrac{7}{300}$秒
③第二個負峰值時間為$\dfrac{1}{300}$秒　　④第二個負峰值時間為$\dfrac{1}{30}$秒
(A)①③　(B)①④　(C)②④　(D)②③

( )5. 如圖(4)所示，下列敘述何者正確？
①$v(t) = -5V + 2\sin(\omega t)$V
②$v(t) = -5V + 2\sin(\omega t + 180°)$V
③$V_{dc} = -7$V
④$V_{rms} = 3\sqrt{3}$V
(A)①③　(B)①④　(C)②④　(D)②③

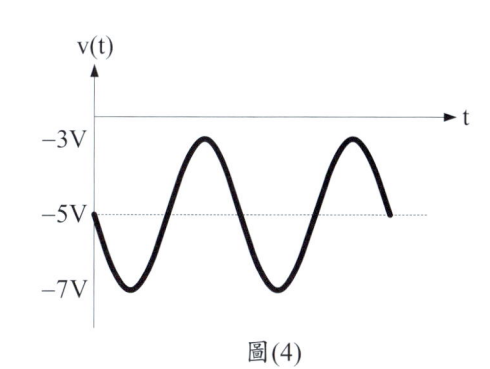

圖(4)

8-17

基本電學含實習 絕殺講義

情境素養題

▲ 閱讀下文，回答第1~11題

交流發電機（Alternating Current Generator）是發電機的一種，它可將機械能轉換成交流電。早期的成品是由麥可·法拉第與波利特·皮克西等人建立其雛型，西元1891年，尼古拉·特斯拉取得了「高頻率」（15,000赫茲）交流發電機的專利，此後的交流發電機的交流電流頻率通常設計在十六赫茲至一百赫茲間。圖(1)為交流發電機的原理分解圖，試問：

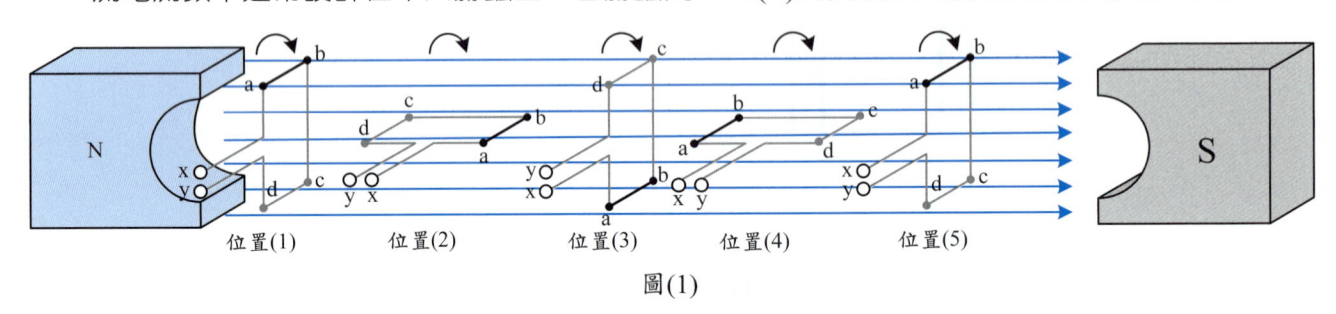

圖(1)

( ) 1. 線圈平面位於那個位置，無法感應電壓？
(A)位置(1)與位置(2)　(B)位置(2)與位置(3)
(C)位置(1)與位置(3)　(D)位置(2)與位置(4)

( ) 2. 線圈平面位於那個位置，感應電壓最大？
(A)位置(1)與位置(2)　(B)位置(2)與位置(3)
(C)位置(1)與位置(3)　(D)位置(2)與位置(4)

( ) 3. 線圈平面位於位置(2)時，在y導體感應的電流方向為？
(A)⊗　(B)⊙　(C)方向不定　(D)沒有電流

( ) 4. 線圈平面位於位置(3)時，在y導體感應的電流方向為？
(A)⊗　(B)⊙　(C)方向不定　(D)沒有電流

( ) 5. 線圈平面位於位置(3)時，磁交鏈λ為何？
(A)最小　(B)最大　(C)0　(D)無法判別

( ) 6. 線圈旋轉一圈感應的電壓波形？
(A)方波　(B)三角波　(C)正弦波　(D)直流電

( ) 7. 線圈旋轉一圈感應的幾個週期的波形？
(A)1　(B)2　(C)3　(D)4

( ) 8. 線圈在磁場中旋轉愈多圈，所感應的週期波數，愈
(A)少　(B)多　(C)不變　(D)不一定

( ) 9. 線圈在磁場中旋轉愈多圈，所感應的電壓有效值，愈
(A)小　(B)大　(C)不變　(D)不一定

( ) 10. 線圈在磁場中旋轉速度愈快，所感應的電壓有效值，愈
(A)小　(B)大　(C)不變　(D)不一定

( ) 11. 若電機旋轉的速度為3000rpm，則線圈感應的電壓頻率為何？
(A)40Hz　(B)50Hz　(C)60Hz　(D)80Hz

交流電

| 解　答 |

（*表示附有詳解）

8-1立即練習

*1.A　　*2.C　　*3.B　　*4.C　　*5.D

8-2立即練習

*1.B　　*2.C　　3.B　　*4.B　　5.B

綜合練習

*1.C　　2.D　　3.B　　4.B　　5.B　　*6.D　　7.C　　8.A　　9.A　　*10.D
*11.A　12.A　*13.C　*14.D　15.B　*16.D　*17.D　18.B　19.C　*20.B
*21.A　22.C　*23.C　*24.C　*25.B　*26.B　*27.D　*28.B　29.D　30.C
31.A　32.C　33.A　*34.D　35.C　*36.B　37.D　*38.A　*39.A　40.C
41.C　*42.D　*43.C　44.A　*45.D　*46.A　47.D　*48.D　*49.C　*50.D
*51.B　*52.C　*53.D　*54.A

模擬演練

*1.A　　*2.B　　*3.B　　*4.C　　*5.C

情境素養題

1.C　　2.D　　3.A　　4.D　　5.B　　6.C　　*7.A　　8.B　　*9.C　　*10.B
*11.B

NOTE

CHAPTER 9 基本交流電路

本章學習重點

節名	常考重點	
9-1 純電阻（R）、純電感（L）與純電容（C）交流電路 〈含實習〉	• 純電阻（R）的交流電路 • 純電感（L）的交流電路 • 純電容（L）的交流電路	★☆☆☆☆
9-2 RL交流串聯電路與RC交流串聯電路 〈含實習〉	• RL交流串聯電路的計算 • RL交流串聯電路的計算	★★★★☆
9-3 RLC交流串聯電路 〈含實習〉	• RLC交流串聯電路的計算	★★★★★
9-4 RL交流並聯電路與RC交流並聯電路 〈含實習〉	• RL交流並聯電路的計算 • RC交流並聯電路的計算	★★★☆☆
9-5 RLC交流並聯電路 〈含實習〉	• RLC交流並聯電路的計算	★★★★★

統測命題分析

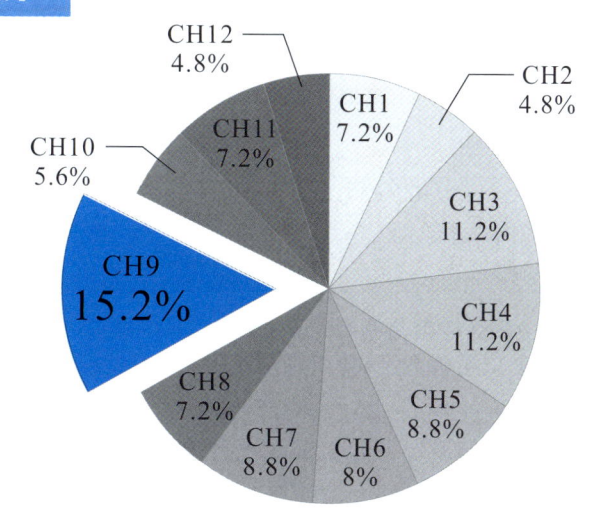

- CH1 7.2%
- CH2 4.8%
- CH3 11.2%
- CH4 11.2%
- CH5 8.8%
- CH6 8%
- CH7 8.8%
- CH8 7.2%
- CH9 15.2%
- CH10 5.6%
- CH11 7.2%
- CH12 4.8%

9-1 純電阻（R）、純電感（L）與純電容（C）交流電路

➲ 本節包含實習主題「交流電壓與電流實作」相關重點

電路名稱 特性值	純電阻（R）交流電路	純電感（L）交流電路	純電容（C）交流電路
電路圖	（R 電路圖，$\overline{V}$、$\overline{I}$、$\overline{V_R}$）	（L 電路圖，$\overline{V}$、$\overline{I}$、$\overline{V_L}$）	（C 電路圖，$\overline{V}$、$\overline{I}$、$\overline{V_C}$）
總阻抗 $\overline{Z}$	$\overline{Z} = R\,(\Omega)$ $\overline{Z} = R\angle 0°\,(\Omega)$	$\overline{Z} = jX_L = j\omega L\,(\Omega)$ $\overline{Z} = \omega L \angle 90°\,(\Omega)$	$\overline{Z} = -jX_C = \dfrac{1}{j\omega C}\,(\Omega)$ $\overline{Z} = \dfrac{1}{\omega C}\angle -90°\,(\Omega)$
負載端電壓	$\overline{V_R} = \overline{V}\,(V)$	$\overline{V_L} = \overline{V}\,(V)$	$\overline{V_C} = \overline{V}\,(V)$
電源電流 $\overline{I}$	$\overline{I} = \dfrac{\overline{V}}{R}\,(A)$	$\overline{I} = \dfrac{\overline{V}}{X_L}\,(A)$	$\overline{I} = \dfrac{\overline{V}}{X_C}\,(A)$
相量圖	（串聯以電流為基準）	（串聯以電流為基準）	（串聯以電流為基準）
波形圖	（v、i 同相波形）	（v 超前 i 波形）	（v 滯後 i 波形）
電路特性	電源電壓 $\overline{V}$ 與電源電流 $\overline{I}$ 同相位	電源電壓 $\overline{V}$ 超前電源電流 $\overline{I}$ 90°	電源電壓 $\overline{V}$ 滯後電源電流 $\overline{I}$ 90°
功率因數PF （以 $\cos\theta$ 表示）	$\cos 0° = 1$ 或 $PF = 1$	$\cos 90° = 0$ 或 $PF = 0$ （滯後功因）	$\cos 90° = 0$ 或 $PF = 0$ （超前功因）

註1：一般題目求相位差 θ（或功因角 θ）係指電源電壓 $\overline{V}$ 與電源電流 $\overline{I}$ 之間的夾角。一般電源電壓 $\overline{V}$ 超前電源電流 $\overline{I}$ 稱為電感性電路（滯後功因）；電源電流 $\overline{I}$ 超前電源電壓 $\overline{V}$ 稱為電容性電路（超前功因）。

註2：功率因數PF，係對功因角 θ 取 cos 的值，以 $\cos\theta$ 表示之。

觀念是非辨正

1. （ × ）純電感交流電路的電感量愈大，功因角 θ 愈大。
2. （ × ）電感抗 X_L 與電容抗 X_C 的大小，皆與頻率 f 成正比。

概念釐清

純電感電路的功因角 θ 恆為90°。

電感抗 X_L 的大小與頻率 f 成正比，而電容抗 X_C 的大小與頻率 f 成反比。

老師教

1. 有一交流電源頻率為10Hz，加在電感量為100mH的電感器上，則電感抗 $X_L = ?$

解 $X_L = \omega L = 2\pi f L = 2 \times 3.14 \times 10 \times 100m$
$= 6.28\Omega$（純量）

或 $\overline{X_L} = 6.28\angle 90°\Omega$（相量）

2. 交流電源 $v(t) = 10\sqrt{2}\sin(100t - 30°)V$ 加在電感量為0.2H的電感器上，則流經電感器的電流 $\overline{I_L}$ 為何？

解 $\overline{X_L} = j\omega L = j100 \times 0.2 = 20\angle 90°\Omega$

$\overline{I_L} = \dfrac{\overline{V}}{\overline{X_L}} = \dfrac{10\angle -30°}{20\angle 90°} = 0.5\angle -120°A$

3. 交流電源 $v(t) = 30\sin(100t + 45°)V$ 加在電容量為5mF的電容器上，則流經電容器的電流 $\overline{I_C}$ 為何？

解 $\overline{X_C} = \dfrac{1}{j\omega C} = \dfrac{1}{j100 \times 5m} = 2\angle -90°\Omega$

$\overline{I_C} = \dfrac{\overline{V}}{\overline{X_C}} = \dfrac{\dfrac{30}{\sqrt{2}}\angle 45°}{2\angle -90°} = 7.5\sqrt{2}\angle 135°A$

學生做

1. 有一交流電源的角速度為1000rad/s，加在電容量為20μF的電容器上，則電容抗 $X_C = ?$

解

2. 交流電源 $v(t) = 100\sqrt{2}\cos(500t - 60°)V$ 加在電感量為0.1H的電感器上，則流經電感器的電流方程式 $i_L(t)$ 為何？

解

3. 交流電源 $v(t) = 80\cos(2000t - 60°)V$ 加在電容量為500μF的電容器上，則流經電容器的電流方程式 $i_C(t)$ 為何？

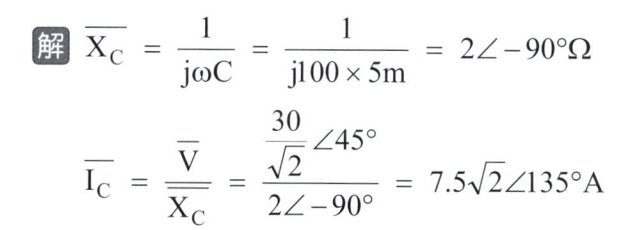

解

ABCD 立即練習

( )1. 有一交流電流 $\bar{I} = 5\sqrt{2}\angle 30°$A 通過電阻為5Ω的電阻器上，則電源電壓方程式v(t)為何？
(A)$v(t) = 25\sqrt{2}\sin(377t + 30°)$V (B)$v(t) = 50\sin(377t + 30°)$V
(C)$v(t) = 25\sqrt{2}\sin(377t - 30°)$V (D)$v(t) = 50\sin(377t - 30°)$V

( )2. 電容抗X_C隨電源頻率增加而電容抗
(A)愈大　(B)愈小　(C)不變　(D)不一定

( )3. 有一電容抗$X_C = 15.9Ω$，若電容量為100μF，試求電源頻率f為何？
(A)50Hz　(B)60Hz　(C)80Hz　(D)100Hz

( )4. 當外加電源頻率為∞Hz（極高頻）時，電感抗X_L與電容抗X_C分別為多少歐姆？
(A)0Ω；0Ω　(B)∞Ω；∞Ω　(C)0Ω；∞Ω　(D)∞Ω；0Ω

( )5. 有關純電阻電路的敘述，下列何者錯誤？
(A)電源電壓$\bar{V}$與電源電流$\bar{I}$同相位
(B)功率因數$\cos\theta = 1$
(C)電源電壓的頻率與電源電流的頻率相同
(D)電源電壓的頻率為電源電流頻率的2倍

( )6. 有一交流電壓$v(t) = 110\sqrt{2}\cos(314t + 30°)$V，直接並聯在一個電感量為L的電感器上產生的電流為i(t)，則下列敘述何者正確？
(A)i(t)與v(t)同相位　　　　　(B)i(t)超前v(t)相位90°
(C)v(t)超前i(t)時間差5ms　　(D)v(t)超前i(t)時間差10ms

( )7. 如圖(1)所示，若$v(t) = 50\sqrt{2}\sin(100t + 45°)$V，則電流方程式i(t)為何？
(A)$50\sqrt{2}\sin(100t - 30°)$A　(B)$50\sin(100t - 45°)$A
(C)$50\sqrt{2}\cos(100t - 135°)$A　(D)$50\cos(100t - 45°)$A

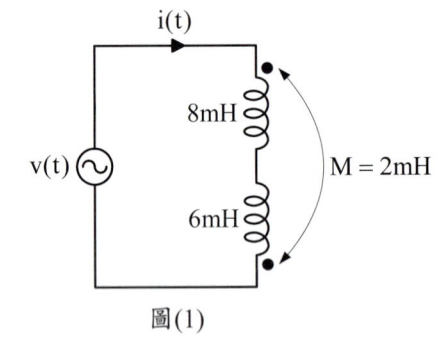

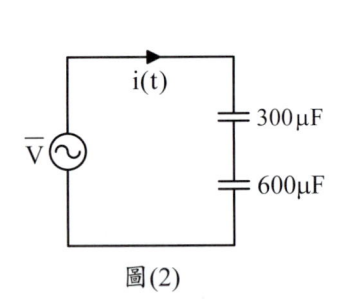

圖(1)　　圖(2)

( )8. 如圖(2)所示，若$\bar{V} = 100\angle 30°$V且電源頻率為$\frac{500}{\pi}$(Hz)，則電流方程式i(t)為何？
(A)$20\sqrt{2}\sin(1000t + 120°)$A　(B)$20\sin(1000t + 120°)$A
(C)$20\sqrt{2}\cos(1000t - 30°)$A　(D)$20\cos(1000t + 30°)$A

9-2 RL交流串聯電路與RC交流串聯電路

➲ 本節包含實習主題「交流電阻電感電容串、並聯電路實作」相關重點

特性 \ 電路	RL交流串聯電路	RC交流串聯電路
電路圖	(電路圖：V電源、R、L串聯，V_R、V_L，電流$\bar{I}$、$\bar{I}_R$、$\bar{I}_L$)	(電路圖：V電源、R、C串聯，V_R、V_C，電流$\bar{I}$、$\bar{I}_R$、$\bar{I}_C$)
總阻抗 $\bar{Z}$	$\bar{Z} = R + jX_L (\Omega)$ $\bar{Z} = \sqrt{(R)^2 + (X_L)^2} \angle +\tan^{-1}(\dfrac{X_L}{R})$	$\bar{Z} = R - jX_C (\Omega)$ $\bar{Z} = \sqrt{(R)^2 + (-X_C)^2} \angle -\tan^{-1}(\dfrac{X_C}{R})$
電源電流 $\bar{I}$	$\bar{I} = \dfrac{\bar{V}}{\bar{Z}} = \bar{I}_R = \bar{I}_L (A)$（串聯電流相同）	$\bar{I} = \dfrac{\bar{V}}{\bar{Z}} = \bar{I}_R = \bar{I}_C (A)$（串聯電流相同）
電阻電壓 $\bar{V}_R$	$\bar{V}_R = \bar{I} \times R (V)$	$\bar{V}_R = \bar{I} \times R (V)$
$\bar{V}_L$ 或 $\bar{V}_C$	$\bar{V}_L = \bar{I} \times jX_L = \bar{I} \times X_L \angle 90° (V)$	$\bar{V}_C = \bar{I} \times (-jX_C) = \bar{I} \times X_C \angle -90° (V)$
總電源電壓 $\bar{V}$（運用KVL）	$\bar{V} = \bar{I} \times \bar{Z} = \bar{I} \times R + \bar{I} \times jX_L$ （相量和）	$\bar{V} = \bar{I} \times \bar{Z} = \bar{I} \times R + \bar{I} \times (-jX_C)$ （相量和）
阻抗（$\bar{Z}$）相量圖（以電流為基準）	(相量圖：X_L、R、$\bar{Z}$，角度θ)	(相量圖：R、X_C、$\bar{Z}$，角度θ)
電壓（$\bar{V}$）相量圖（以電流為基準）	同乘電流 $\bar{I}$ (相量圖：$\bar{I} \times X_L = \bar{V}_L$、$\bar{I} \times R = \bar{V}_R$、$\bar{I} \times \bar{Z} = \bar{V}$)	同乘電流 $\bar{I}$ (相量圖：$\bar{I} \times R = \bar{V}_R$、$\bar{I} \times X_C = \bar{V}_C$、$\bar{I} \times \bar{Z} = \bar{V}$)
電路性質	電源電壓 $\bar{V}$ 超前電源電流 $\bar{I}$ 相位 θ 度 （電感性電路 ⇒ 滯後功因）	電源電流 $\bar{I}$ 超前電源電壓 $\bar{V}$ 相位 θ 度 （電容性電路 ⇒ 超前功因）
功率因數 PF（以 $\cos\theta$ 表示）	$\cos\theta = \dfrac{R}{Z} = \dfrac{V_R}{V}$	$\cos\theta = \dfrac{R}{Z} = \dfrac{V_R}{V}$

觀念是非辨正

1. (○) RL串聯交流電路,僅將電感量L增加則功因角θ變大。
2. (○) RC串聯交流電路,僅將電容量C增加,則功率因數PF增加。

概念釐清

$L\uparrow$、$X_L\uparrow$、$\theta\uparrow$、$\cos\theta(PF)\downarrow$。

$C\uparrow$、$X_C\downarrow$、$\theta\downarrow$、$\cos\theta(PF)\uparrow$。

老師教

1. 如下圖所示 $v(t)=100\sqrt{2}\sin100t\,V$,試求 (1)$\overline{Z}$ (2)$\overline{I}$ (3)$\overline{V_R}$ (4)$\overline{V_L}$ (5)$\cos\theta$

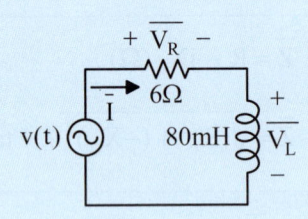

解

(1) $\overline{Z} = 6 + j(100\times 80m) = 6+j8$
    $= 10\angle 53°\,\Omega$

(2) $\overline{I} = \dfrac{\overline{V}}{\overline{Z}} = \dfrac{100\angle 0°}{10\angle 53°} = 10\angle -53°\,A$

(3) $\overline{V_R} = \overline{I}\times R = 10\angle -53°\times 6$
    $= 60\angle -53°\,V$

(4) $\overline{V_L} = \overline{I}\cdot \overline{X_L} = 10\angle -53°\times 8\angle 90°$
    $= 80\angle 37°\,V$

(5) $\overline{V}$ 超前 $\overline{I}$ 相位53°,
    $\cos53° = 0.6$(滯後)

學生做

1. 如下圖所示若 $\overline{I}=10\angle 0°\,A$,試求 (1)$\overline{Z}$ (2)$v(t)$ (3)$\overline{V_R}$ (4)$\overline{V_L}$ (5)$\cos\theta$

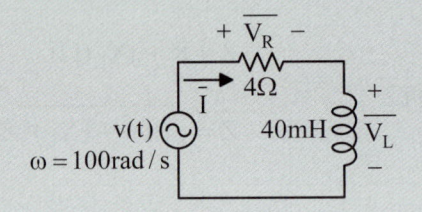

解

---

2. 如下圖所示 $v(t)=50\sin100t\,V$,試求 (1)$\overline{Z}$ (2)$\overline{I}$ (3)$\overline{V_R}$ (4)$\overline{V_C}$ (5)$\cos\theta$

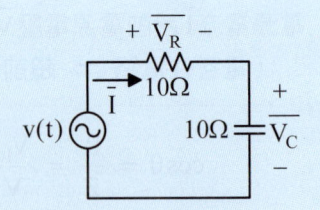

2. 如下圖所示若 $\overline{I}=2\angle 0°\,A$,試求 (1)$\overline{Z}$ (2)$v(t)$ (3)$\overline{V_R}$ (4)$\overline{V_C}$ (5)$\cos\theta$

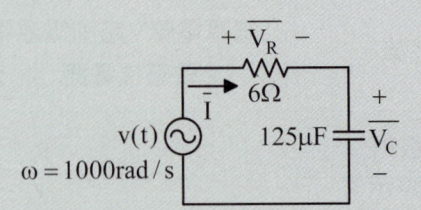

解 (1) $\overline{Z} = R - jX_C = 10 - j10$
      $= 10\sqrt{2}\angle -45°\Omega$

(2) $\overline{I} = \dfrac{\overline{V}}{\overline{Z}} = 2.5\angle 45°A$

(3) $\overline{V_R} = \overline{I} \times R = 2.5\angle 45° \times 10$
    $= 25\angle 45°V$

(4) $\overline{V_C} = 2.5\angle 45° \times 10\angle -90°$
    $= 25\angle -45°V$

(5) $\overline{I}$ 超前 $\overline{V}$ 相位 $45°$，
    $\cos 45° = 0.707$（超前）

解

---

3. 如下圖所示，試求 (1) $\overline{V_R}$ (2) $\overline{V_L}$ 各為何？

$v(t) = 50\sqrt{2}\sin(\omega t - 30°)V$，$8\Omega$，$j6\Omega$

3. 如下圖所示，試求 (1) $\overline{V_R}$ (2) $\overline{V_C}$ 各為何？

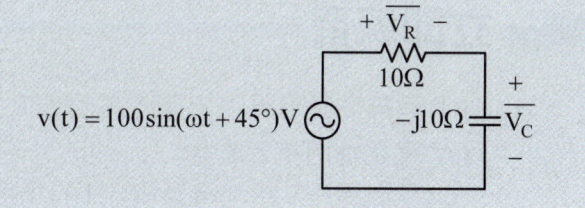

$v(t) = 100\sin(\omega t + 45°)V$，$10\Omega$，$-j10\Omega$

解 運用分壓定則

(1) $\overline{V_R} = \overline{V} \times \dfrac{R}{R + jX_L}$

$= 50\angle -30° \times \dfrac{8}{8 + j6}$

$= 50\angle -30° \times \dfrac{8\angle 0°}{10\angle 37°}$

$= 40\angle -67°V$

(2) $\overline{V_L} = \overline{V} \times \dfrac{jX_L}{R + jX_L}$

$= 50\angle -30° \times \dfrac{j6}{8 + j6}$

$= 50\angle -30° \times \dfrac{6\angle 90°}{10\angle 37°}$

$= 30\angle 23°V$

解

4. 若 $V_R = 5V$、$V_L = 12V$，則電源電壓 $V = ?$

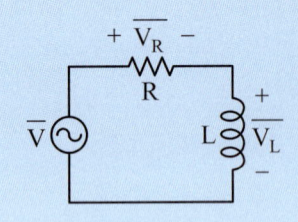

4. 若 $V_R = 30V$、$V_C = 40V$，則電源電壓 $V = ?$

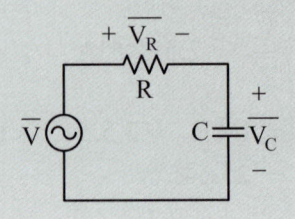

解 運用克西荷夫電壓定律（KVL）
$$V = \left|\overline{V_R} + \overline{V_L}\right| = \sqrt{5^2 + 12^2}$$
$$= 13V（相量和）$$
常犯錯誤為 $5 + 12 = 17V$（代數和）

解

立即練習

( ) 1. RL串聯交流電路中，僅將電阻值R逐漸減小，則下列敘述何者錯誤？
(A)線路總阻抗$\overline{Z}$減小　　(B)線路電流$\overline{I}$增加
(C)電源電壓$\overline{V}$超前電源電流$\overline{I}$的角度θ逐漸變大　(D)功率因數$\cos\theta$逐漸趨近於1

( ) 2. RC串聯交流電路中，僅將電容量C逐漸減小，則下列敘述何者正確？
(A)線路總阻抗$\overline{Z}$減小　　(B)線路電流$\overline{I}$減小
(C)電源電壓$\overline{V}$滯後電源電流$\overline{I}$的角度θ逐漸變小　(D)功率因數$\cos\theta$逐漸趨近於1

( ) 3. RC交流串聯電路中，若總阻抗$\overline{Z} = 3 - j8(\Omega)$，當頻率增加2倍時的總阻抗$\overline{Z}$為何？
(A)5Ω　(B)4Ω　(C)3Ω　(D)2Ω

( ) 4. 如圖(1)所示，試求電壓錶 Ⓥ 指示多少伏特？
(A)80V　(B)60V　(C)40V　(D)30V

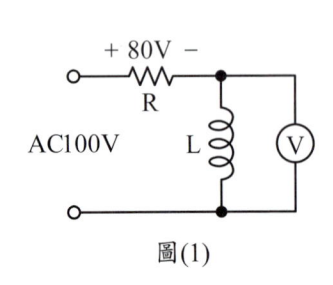

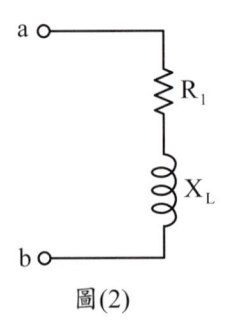

圖(1)

圖(2)

( ) 5. 如圖(2)所示之交流穩態電路，電阻R_1為40Ω，電感抗X_L為30Ω，若a、b兩端電壓的有效值為200V，則流經電感抗的電流有效值為何？
(A)2A　(B)3A　(C)4A　(D)5A

[110年統測]

9-3　RLC交流串聯電路

◯ 本節包含實習主題「交流電阻電感電容串、並聯電路實作」相關重點

電路圖	電路圖（$\bar{V}$ 電源，R、L、C 串聯，$\bar{V}_R$、$\bar{V}_L$、$\bar{V}_C$）		
條件	當 $\begin{cases} X_L = X_C \\ V_L = V_C \end{cases} \Rightarrow$ 電阻性	當 $\begin{cases} X_L > X_C \\ V_L > V_C \end{cases} \Rightarrow$ 電感性	當 $\begin{cases} X_C > X_L \\ V_C > V_L \end{cases} \Rightarrow$ 電容性
總阻抗 $\bar{Z}$	$\bar{Z} = R + j(X_L - X_C) = R$ $\bar{Z} = R\angle 0°$	$\bar{Z} = R + j(X_L - X_C)\Omega$ $\bar{Z} = \sqrt{R^2 + (X_L - X_C)^2}\angle\theta$ $\theta = +\tan^{-1}(\dfrac{X_L - X_C}{R})$	$\bar{Z} = R - j(X_C - X_L)\Omega$ $\bar{Z} = \sqrt{R^2 + (X_C - X_L)^2}\angle\theta$ $\theta = -\tan^{-1}(\dfrac{X_C - X_L}{R})$
電源電流 $\bar{I}$	$\bar{I} = \dfrac{\bar{V}}{\bar{Z}} = \dfrac{\bar{V}}{R}$ (A)	$\bar{I} = \dfrac{\bar{V}}{\bar{Z}}$ (A)	$\bar{I} = \dfrac{\bar{V}}{\bar{Z}}$ (A)
電壓 $\bar{V}_R$	$\bar{V}_R = \bar{I} \times R = \bar{V}$ (V)	$\bar{V}_R = \bar{I} \times R$ (V)	$\bar{V}_R = \bar{I} \times R$ (V)
$\bar{V}_L$ 以及 $\bar{V}_C$	$\begin{cases} \bar{V}_L = \bar{I} \times \bar{X}_L (V) \\ \bar{V}_C = \bar{I} \times \bar{X}_C (V) \end{cases}$	$\begin{cases} \bar{V}_L = \bar{I} \times \bar{X}_L (V) \\ \bar{V}_C = \bar{I} \times \bar{X}_C (V) \end{cases}$	$\begin{cases} \bar{V}_L = \bar{I} \times \bar{X}_L (V) \\ \bar{V}_C = \bar{I} \times \bar{X}_C (V) \end{cases}$
電源電壓 $\bar{V}$（KVL）	$\bar{V} = \bar{V}_R + \bar{V}_L + \bar{V}_C$ （相量和）	$\bar{V} = \bar{V}_R + \bar{V}_L + \bar{V}_C$ （相量和）	$\bar{V} = \bar{V}_R + \bar{V}_L + \bar{V}_C$ （相量和）
阻抗相量圖（$\bar{Z}$）	$R = \bar{Z}$ 沿 $\bar{I}$ 方向	$\bar{Z}$ 在第一象限，虛部 $(\bar{X}_L - \bar{X}_C)$	$\bar{Z}$ 在第四象限，虛部 $-(\bar{X}_C - \bar{X}_L)$
電壓相量圖（$\bar{V}$）	$\bar{V} = \bar{V}_R$ 沿 $\bar{I}$ 方向	$\bar{V}$ 在第一象限，虛部 $(\bar{V}_L - \bar{V}_C)$	$\bar{V}$ 在第四象限，虛部 $-(\bar{V}_C - \bar{V}_L)$
功率因數 $\cos\theta$（PF）	$\cos\theta = 1$（同相位） （電阻性電路恆為1）	$\cos\theta = \dfrac{R}{Z} = \dfrac{V_R}{V}$（滯後）	$\cos\theta = \dfrac{R}{Z} = \dfrac{V_R}{V}$（超前）

觀念是非辨正

1. (×) RLC交流串聯電路中當電感量L大於電容量C時，該電路性質為電感性電路。

2. (×) RLC交流串聯電路中，若滯後時功率因數cosθ＜0，則超前時功率因數cosθ＞0。

概念釐清

電感量L大於電容量C仍無法判別，應 $X_L > X_C$ 或 $V_L > V_C$ 才是電感性電路。

RLC交流串聯電路中，功因角不是在第一象限，就是在第四象限，因此**功率因數cosθ恆介於0～1之間（不可能小於0）**。

老師教

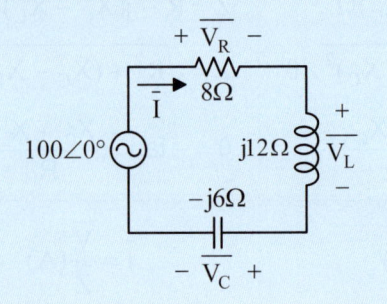

1. 試求 (1)$\overline{Z}$ (2)$\overline{I}$ (3)$\overline{V_R}$ (4)$\overline{V_L}$ (5)$\overline{V_C}$ (6)cosθ

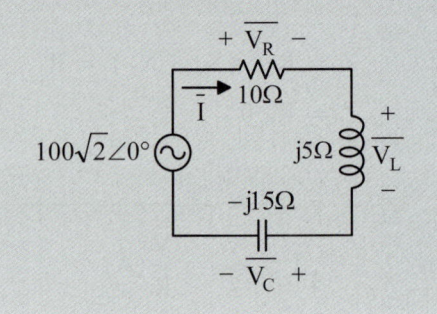

電路圖：$100\angle 0°$ 電源，8Ω、$j12\Omega$、$-j6\Omega$

解

(1) $\overline{Z} = 8 + j12 - j6 = 8 + j6 = 10\angle 37°\,\Omega$

(2) $\overline{I} = \dfrac{\overline{V}}{\overline{Z}} = \dfrac{100\angle 0°}{10\angle 37°} = 10\angle -37°\,A$

(3) $\overline{V_R} = 10\angle -37° \times 8 = 80\angle -37°\,V$

(4) $\overline{V_L} = 10\angle -37° \times 12\angle 90°$
     $= 120\angle 53°\,V$

(5) $\overline{V_C} = 10\angle -37° \times 6\angle -90°$
     $= 60\angle -127°\,V$

(6) $\cos 37° = 0.8$（滯後功因）

學生做

1. 試求 (1)$\overline{Z}$ (2)$\overline{I}$ (3)$\overline{V_R}$ (4)$\overline{V_L}$ (5)$\overline{V_C}$ (6)cosθ

電路圖：$100\sqrt{2}\angle 0°$ 電源，10Ω、$j5\Omega$、$-j15\Omega$

解

---

2. 若 $V_R = 30V$、$V_L = 80V$、$V_C = 40V$，試求電源電壓 V = ?

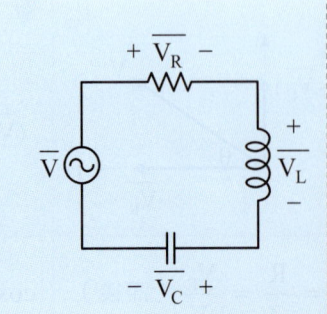

2. 若 $V_R = 80V$、$V_L = 40V$、$V_C = 100V$，試求電源電壓 V = ?

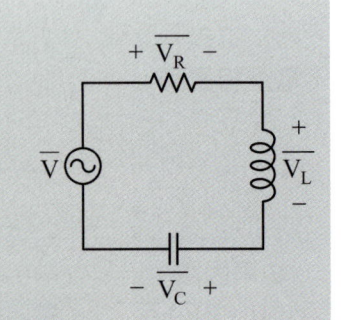

解 $V = \sqrt{30^2 + (80-40)^2} = 50V$（相量和）

常犯錯誤為 $30 + 80 + 40 = 150V$（代數和）

解

---

3. 若 $V_R = 15V$、$V_L = 30V$、$V_C = 15V$，試求功率因數PF為何？

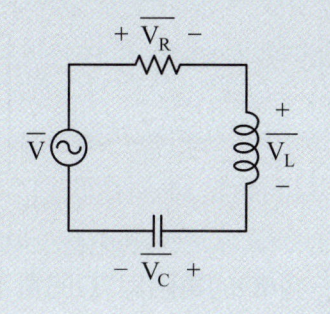

3. 若 $V_R = 80V$、$V_L = 40V$、$V_C = 100V$，試求功率因數PF為何？

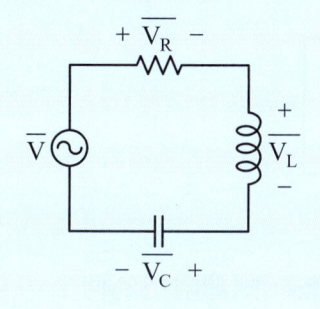

解 $PF = \dfrac{V_R}{V} = \dfrac{15}{\sqrt{15^2 + (30-15)^2}} = \dfrac{1}{\sqrt{2}}$
$= 0.707$（滯後功因）

解

---

4. 若 $R = 30\Omega$、$X_L = 50\Omega$ 且功率因數為0.6滯後，試求電容抗 $X_C = ?$

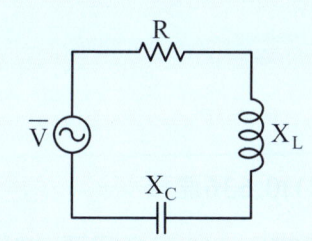

4. 若 $R = 40\Omega$、$X_L = 50\Omega$ 且功率因數為0.8超前，試求電容抗 $X_C = ?$

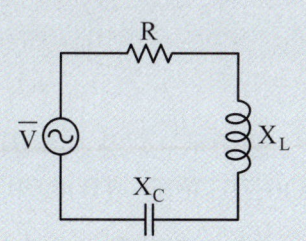

解 滯後功因時 $X_L > X_C$

$\cos\theta = \dfrac{R}{Z} = \dfrac{30}{\sqrt{30^2 + (50-X_C)^2}} = 0.6$

$X_C = 10\Omega$

解

ABCD 立即練習

( ) 1. RLC交流串聯電路中，若$X_L > X_C$，則下列敘述何者錯誤？
   (A)電源電壓V的相位超前電源電流I
   (B)電感器端電壓V_L大於電容器端電壓V_C
   (C)電源電壓V的相位超前電阻端電壓V_R
   (D)電感器端電壓V_L的相位超前電容器端電壓V_C的相位90°

( ) 2. 如圖(1)所示，電源電壓超前電源電流θ度，試求電容器端電壓V_C為何？
   (A)20V (B)30V (C)40V (D)50V

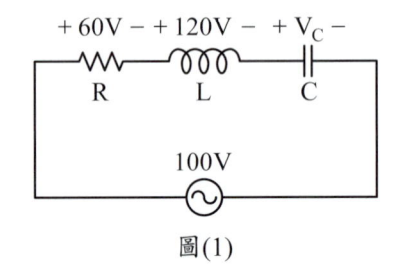

圖(1)

( ) 3. 一個6Ω的電阻與7Ω的電容抗以及15Ω的電感抗串聯，則總阻抗為何？
   (A)6Ω (B)10Ω (C)12Ω (D)28Ω

( ) 4. RLC交流串聯電路中，若電阻R = 6Ω、電感抗$X_L = 12Ω$以及電容抗$X_C = 6Ω$，線路電流$\bar{I} = 2\angle 30°$A，則電源電壓為多少伏特？
   (A)$6\sqrt{2}$V (B)$12\sqrt{2}$V (C)6V (D)12V

( ) 5. 如圖(2)所示，若電感器端電壓為100∠30°V，試求電源電壓$\overline{V_S}$為多少伏特？
   (A)$20\sqrt{2}\angle -25°$V (B)$20\angle -15°$V (C)$40\sqrt{2}\angle -15°$V (D)$40\sqrt{2}\angle -25°$V

圖(2)

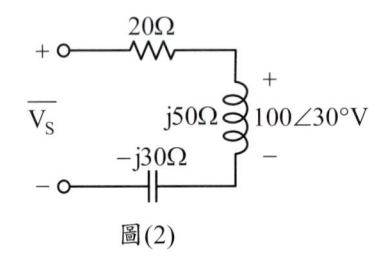

( ) 6. 承上題所示，試求功率因數為何？
   (A)0.707超前 (B)0.707滯後 (C)0.636超前 (D)0.636滯後

( ) 7. 有一RLC串聯電路，接於電壓為$v(t) = 120\sqrt{2}\cos(377t - 15°)$V之電源，經量測得知電流為$i(t) = 6\sqrt{2}\cos(377t + 30°)$A，則電阻兩端的電壓峰值為何？
   (A)$120\sqrt{2}$V (B)120V (C)$100\sqrt{2}$V (D)100V

[110年統測]

9-4 RL交流並聯電路與RC交流並聯電路

◯ 本節包含實習主題「交流電阻電感電容串、並聯電路實作」相關重點

特性	RL交流並聯電路	RC交流並聯電路
電路圖	(電路圖：$\overline{V}$ 並聯 R 與 L，電流 $\overline{I}$、$\overline{I_R}$、$\overline{I_L}$)	(電路圖：$\overline{V}$ 並聯 R 與 C，電流 $\overline{I}$、$\overline{I_R}$、$\overline{I_C}$)
總導納 $\overline{Y}$	$\overline{Y} = \dfrac{1}{R} + \dfrac{1}{jX_L} = G - jB_L$（℧或S） $\overline{Y} = \sqrt{G^2 + B_L^2} \angle -\tan^{-1}(\dfrac{B_L}{G})$（℧或S）	$\overline{Y} = \dfrac{1}{R} + \dfrac{1}{-jX_C} = G + jB_C$（℧或S） $\overline{Y} = \sqrt{G^2 + B_C^2} \angle +\tan^{-1}(\dfrac{B_C}{G})$（℧或S）
電阻電流 $\overline{I_R}$	$\overline{I_R} = \dfrac{\overline{V}}{R} = \overline{V} \times \overline{G}$ (A)	$\overline{I_R} = \dfrac{\overline{V}}{R} = \overline{V} \times \overline{G}$ (A)
$\overline{I_L}$ 或 $\overline{I_C}$	$\overline{I_L} = \dfrac{\overline{V}}{jX_L} = \overline{V} \times \overline{B_L}$ (A)	$\overline{I_C} = \dfrac{\overline{V}}{-jX_C} = \overline{V} \times \overline{B_C}$ (A)
電源電流 $\overline{I}$（運用KCL）	$\overline{I} = \overline{I_R} + \overline{I_L} = \overline{V} \times \overline{Y}$ (A) $\overline{I} = \sqrt{I_R^2 + I_L^2} \angle -\tan^{-1}(\dfrac{I_L}{I_R})$ (A)	$\overline{I} = \overline{I_R} + \overline{I_C} = \overline{V} \times \overline{Y}$ (A) $\overline{I} = \sqrt{I_R^2 + I_C^2} \angle +\tan^{-1}(\dfrac{I_C}{I_R})$ (A)
電源電壓 $\overline{V}$	並聯電壓相同 $\overline{V} = \overline{V_R} = \overline{V_L}$ (V)	並聯電壓相同 $\overline{V} = \overline{V_R} = \overline{V_C}$ (V)
導納（$\overline{Y}$）相量圖（電壓 $\overline{V}$ 為基準）	(相量圖)	(相量圖)
電流（$\overline{I}$）相量圖（電壓 $\overline{V}$ 為基準）	(相量圖)	(相量圖)
電路性質	電源電壓 $\overline{V}$ 超前電源電流 $\overline{I}$ 相位 θ 度 （電感性電路 ⇒ 滯後功因）	電源電流 $\overline{I}$ 超前電源電壓 $\overline{V}$ 相位 θ 度 （電容性電路 ⇒ 超前功因）
功率因數PF（以 cosθ 表示）	$\cos\theta = \dfrac{G}{Y} = \dfrac{I_R}{I}$	$\cos\theta = \dfrac{G}{Y} = \dfrac{I_R}{I}$

補充知識

串聯電路與並聯電路的互換

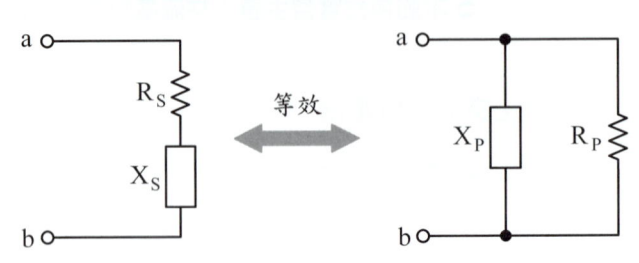

串聯電路 ⇒ 並聯電路（公式需熟記）

等效並聯電阻：$R_P = \dfrac{R_S^2 + X_S^2}{R_S}$

等效並聯電抗：$X_P = \dfrac{R_S^2 + X_S^2}{X_S}$

並聯電路 ⇒ 串聯電路

等效串聯電阻：$R_S = \dfrac{R_P^2 \mathbin{/\mkern-6mu/} X_P^2}{R_P} = \dfrac{R_P \times X_P^2}{R_P^2 + X_P^2}$

等效串聯電抗：$X_S = \dfrac{R_P^2 \mathbin{/\mkern-6mu/} X_P^2}{X_P} = \dfrac{X_P \times R_P^2}{R_P^2 + X_P^2}$

觀念是非辨正

1. (×) RL交流並聯電路中，當電感量L增加則功因角θ變大。
2. (○) RC交流並聯電路中，當電容量C增加則功因角θ變大。

概念釐清

$L\uparrow$、$X_L\uparrow$、$B_L\downarrow$，造成功因角θ↓。

$C\uparrow$、$X_C\downarrow$、$B_C\uparrow$，造成功因角θ↑。

老師教

1. 如下圖所示 $v(t) = 100\sqrt{2}\sin 100t\,V$，試求
(1) $\overline{Y}$ (2) $\overline{I_R}$ (3) $\overline{I_L}$ (4) $\overline{I}$ (5) $\cos\theta$

（電路圖：$v(t)$、10Ω、$0.1H$ 並聯）

學生做

1. 如下圖所示 $\overline{V} = 10\angle 0°V$，試求
(1) $\overline{Y}$ (2) $\overline{I_R}$ (3) $\overline{I_L}$ (4) $\overline{I}$ (5) $\cos\theta$

（電路圖：$\overline{V}$、$\dfrac{1}{3}\Omega$、$2.5mH$，$\omega = 100\,rad/s$）

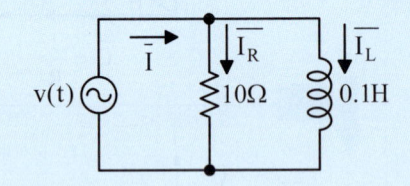

解

(1) $\overline{Y} = \dfrac{1}{R} + \dfrac{1}{jX_L} = \dfrac{1}{10} + \dfrac{1}{j \times 100 \times 0.1}$

$= 0.1 - j0.1\,\mho$

(2) $\overline{I_R} = \overline{V} \times \overline{G} = 100\angle 0° \times 0.1\angle 0°$

$= 10\angle 0°\,A$

(3) $\overline{I_L} = \overline{V} \times \overline{B_L} = 100\angle 0° \times 0.1\angle -90°$

$= 10\angle -90°\,A$

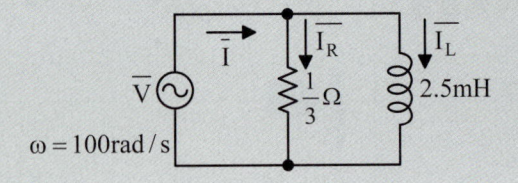

解

(4) $\bar{I} = \overline{I_R} + \overline{I_L} = 10\angle 0° + 10\angle -90°$
$= 10\sqrt{2}\angle -45°\text{A}$

(5) $\bar{V}$ 超前 $\bar{I}$ 相位 $45°$，
cos 45° = 0.707（滯後）

---

2. 如下圖所示 $v(t)=12\sqrt{2}\sin 50t\text{V}$，試求
(1)$\overline{Y}$ (2)$\overline{I_R}$ (3)$\overline{I_C}$ (4)$\bar{I}$ (5)$\cos\theta$

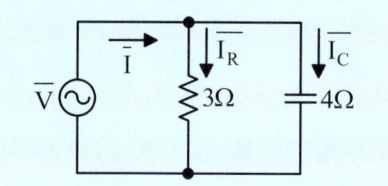

解 (1) $\overline{Y} = \dfrac{1}{R} + \dfrac{1}{-jX_C} = \dfrac{1}{3} + \dfrac{1}{-j4} = \dfrac{1}{3}+j\dfrac{1}{4}\text{℧}$

(2) $\overline{I_R} = \overline{V}\times\overline{G} = 12\angle 0°\times\dfrac{1}{3}\angle 0° = 4\angle 0°\text{A}$

(3) $\overline{I_C} = \overline{V}\times\overline{B_C} = 12\angle 0°\times\dfrac{1}{4}\angle 90°$
$= 3\angle 90°\text{A}$

(4) $\bar{I} = \overline{I_R}+\overline{I_C} = 4\angle 0°+3\angle 90° = 5\angle 37°\text{A}$

(5) $\bar{I}$ 超前 $\overline{V}$ 相位 $37°$，cos 37° = 0.8（超前）

---

2. 如下圖所示 $\overline{V}=60\angle 0°\text{V}$，試求
(1)$\overline{Y}$ (2)$\overline{I_R}$ (3)$\overline{I_C}$ (4)$\bar{I}$ (5)$\cos\theta$

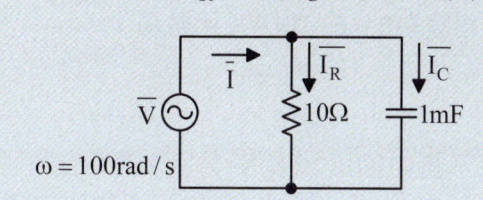

解

---

3. 試求 (1)$\overline{I_R}$ (2)$\overline{I_L}$

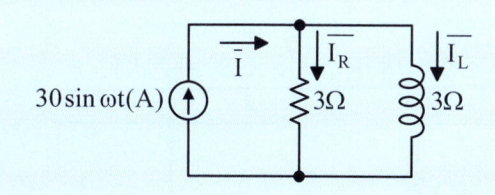

解 運用分流定則

(1) $\overline{I_R} = \bar{I}\times\dfrac{X_L}{R+X_L} = \dfrac{30}{\sqrt{2}}\angle 0°\times\dfrac{j3}{3+j3}$
$= 15\angle 45°\text{A}$

(2) $\overline{I_L} = \bar{I}\times\dfrac{R}{R+X_L} = \dfrac{30}{\sqrt{2}}\angle 0°\times\dfrac{3}{3+j3}$
$= 15\angle -45°\text{A}$

---

3. 試求 (1)$\overline{I_R}$ (2)$\overline{I_C}$

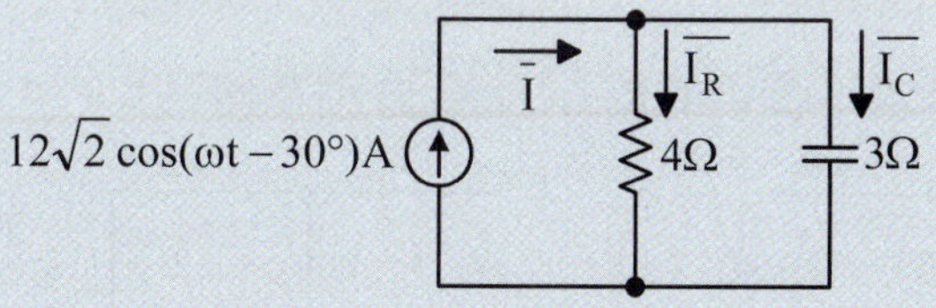

解

4. 若 $I_R = 6A$、$I_L = 8A$，則電源電流 $I = ?$

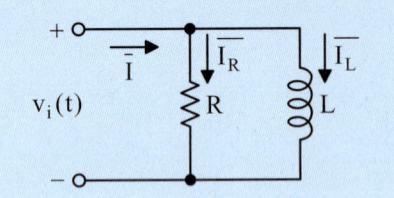

解 運用克希荷夫電流定律（KCL）

$I = \left| \overline{I_R} + \overline{I_L} \right| = \sqrt{6^2 + 8^2} = 10A$（相量和）

常犯錯誤為 $6 + 8 = 14A$（代數和）

4. 若 $I_R = 10A$、$I_C = 10A$，則電源電流 $I = ?$

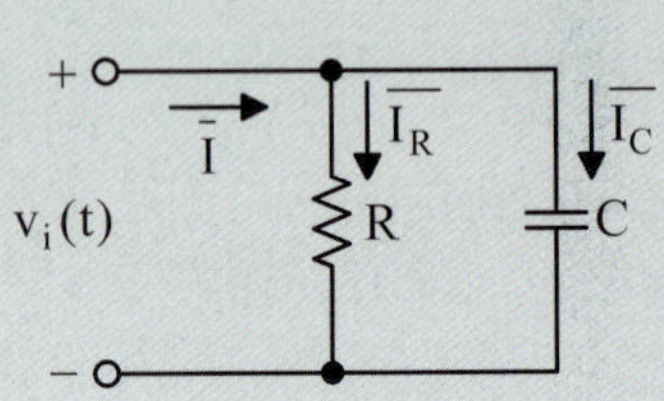

解

---

5. 試求下圖中的 R_S 以及 X_S 分別為何？

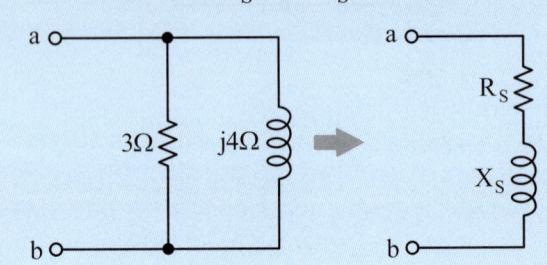

解 公式不需死背（與直流並聯公式相同）

$3 // j4 = \dfrac{3 \times j4}{3 + j4} = \dfrac{j12 \times (3 - j4)}{(3 + j4)(3 - j4)}$

$= \dfrac{48}{25} + j\dfrac{36}{25}$

$R_S = \dfrac{48}{25} = 1.92\Omega$; $X_S = j\dfrac{36}{25} = j1.44\Omega$

5. 試求下圖中的 R_S 以及 X_S 分別為何？

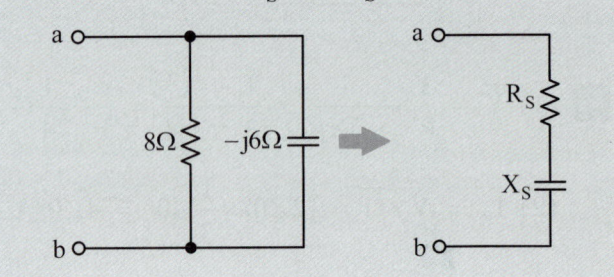

解

---

6. 試求下圖中的 R_P 以及 X_P 分別為何？

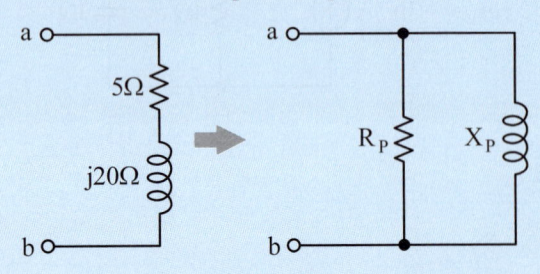

解 $R_P = \dfrac{R_S^2 + X_S^2}{R_S} = \dfrac{5^2 + 20^2}{5} = 85\Omega$

$X_P = \dfrac{R_S^2 + X_S^2}{X_S} = \dfrac{5^2 + 20^2}{20} = j21.25\Omega$

6. 試求下圖中的 R_P 以及 X_P 分別為何？

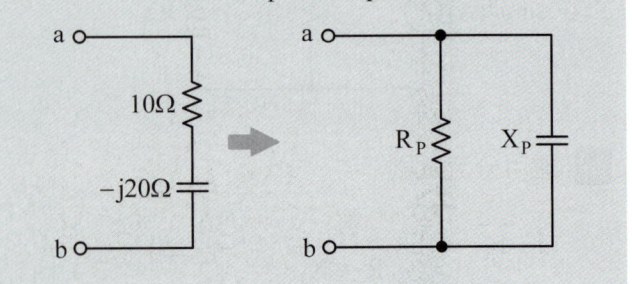

解

立即練習

( )1. RL並聯交流電路中，僅將電感量L逐漸減小，則下列敘述何者正確？
(A)線路總導納$\bar{Y}$減少
(B)線路電流$\bar{I}$減小
(C)電源電壓$\bar{V}$超前電源電流$\bar{I}$的角度θ逐漸增加
(D)功率因數cosθ逐漸趨近於1

( )2. RL並聯交流電路中，若僅將頻率f逐漸增加，則下列敘述何者正確？
(A)線路總導納$\bar{Y}$增加
(B)電阻電流$\bar{I}_R$超前電源電流$\bar{I}$的角度θ逐漸變大
(C)通過電阻值的電流$\bar{I}_R$減小
(D)電導$\bar{G}$超前總導納$\bar{Y}$的角度θ逐漸變小

( )3. RC並聯交流電路中，僅將電阻值R逐漸增加，則下列敘述何者錯誤？ (A)線路總阻抗$\bar{Z}$增加 (B)線路電流$\bar{I}$減小 (C)電源電壓$\bar{V}$滯後電源電流$\bar{I}$的角度θ逐漸減小 (D)功率因數PF逐漸趨近於0

( )4. 如圖(1)所示，總電流i(t)滯後於v(t)的相位角θ為何？
(A)$\tan^{-1}(\frac{G}{B_L})$ (B)$\tan^{-1}(\frac{\omega L}{R})$ (C)$\tan^{-1}(\frac{R}{\omega L})$ (D)$\tan^{-1}(\frac{I_R}{I_L})$

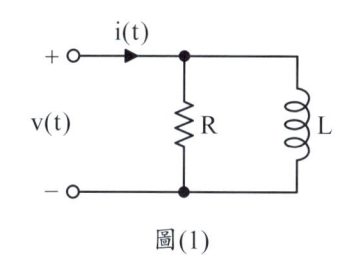

圖(1) 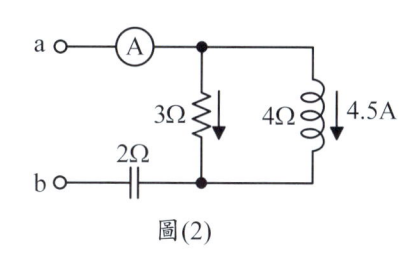   圖(2)

( )5. 如圖(2)所示，試求電流錶Ⓐ的讀值為多少安培？
(A)7.5A (B)6A (C)4.5A (D)2A

( )6. 如圖(3)所示，兩電路互為等效，試求電導G與電感納B_L各為多少？
(A)0.08S、j0.06S   (B)0.08S、−j0.06S
(C)0.06S、j0.08S   (D)0.06S、−j0.08S

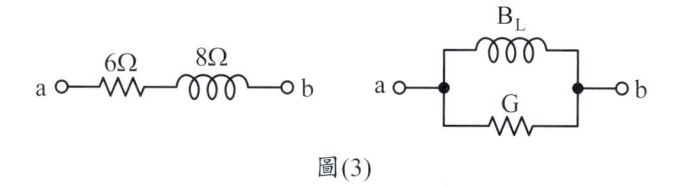

圖(3)

( )7. 如圖(4)所示之電路，假設R=16Ω，X_L=12Ω，X_C=6Ω，$\bar{E}$=240∠0°V，則$\bar{I}$為何？
(A)7.2+j9.6A   (B)9.6+j7.2A
(C)18.4+j23.6A (D)23.6+j18.4A

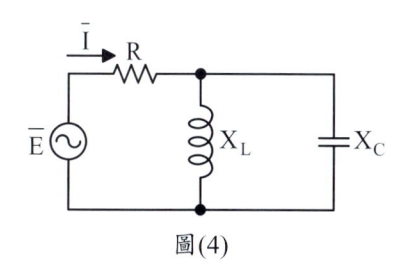

( )8. 承上題，電路之功率因數為何？
(A)0.5 (B)0.6 (C)0.7 (D)0.8   [統測]

圖(4)

9-5　RLC交流並聯電路

➲ 本節包含實習主題「交流電阻電感電容串、並聯電路實作」相關重點

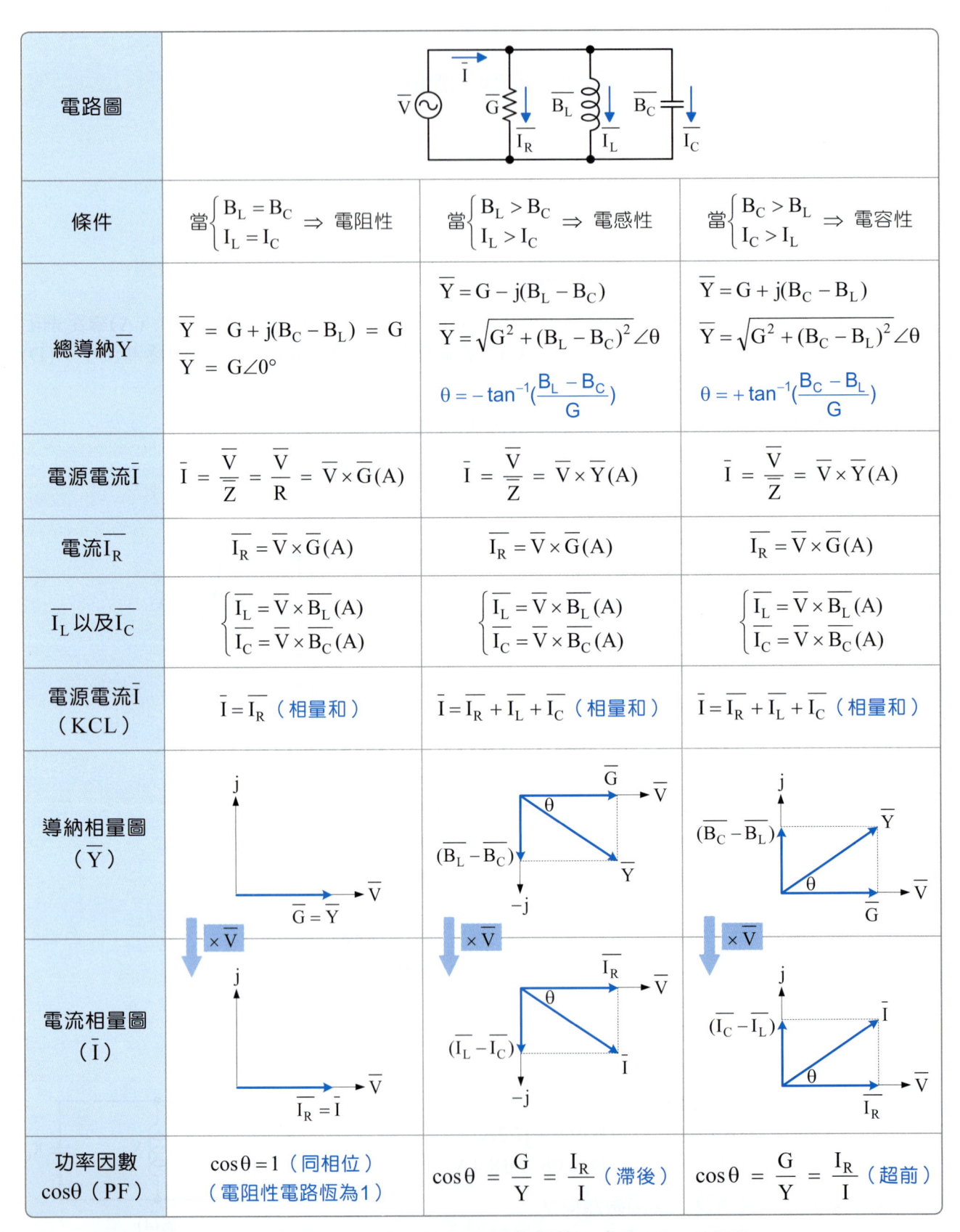

項目			
電路圖	\multicolumn{3}{c}{電路圖：$\overline{V}$ 電源，$\overline{G}$、$\overline{B_L}$、$\overline{B_C}$ 並聯，電流 $\overline{I_R}$、$\overline{I_L}$、$\overline{I_C}$}	
條件	當 $\begin{cases} B_L = B_C \\ I_L = I_C \end{cases} \Rightarrow$ 電阻性	當 $\begin{cases} B_L > B_C \\ I_L > I_C \end{cases} \Rightarrow$ 電感性	當 $\begin{cases} B_C > B_L \\ I_C > I_L \end{cases} \Rightarrow$ 電容性
總導納 $\overline{Y}$	$\overline{Y} = G + j(B_C - B_L) = G$ $\overline{Y} = G\angle 0°$	$\overline{Y} = G - j(B_L - B_C)$ $\overline{Y} = \sqrt{G^2 + (B_L - B_C)^2}\angle\theta$ $\theta = -\tan^{-1}(\dfrac{B_L - B_C}{G})$	$\overline{Y} = G + j(B_C - B_L)$ $\overline{Y} = \sqrt{G^2 + (B_C - B_L)^2}\angle\theta$ $\theta = +\tan^{-1}(\dfrac{B_C - B_L}{G})$
電源電流 $\overline{I}$	$\overline{I} = \dfrac{\overline{V}}{\overline{Z}} = \dfrac{\overline{V}}{R} = \overline{V} \times \overline{G}(A)$	$\overline{I} = \dfrac{\overline{V}}{\overline{Z}} = \overline{V} \times \overline{Y}(A)$	$\overline{I} = \dfrac{\overline{V}}{\overline{Z}} = \overline{V} \times \overline{Y}(A)$
電流 $\overline{I_R}$	$\overline{I_R} = \overline{V} \times \overline{G}(A)$	$\overline{I_R} = \overline{V} \times \overline{G}(A)$	$\overline{I_R} = \overline{V} \times \overline{G}(A)$
$\overline{I_L}$ 以及 $\overline{I_C}$	$\begin{cases} \overline{I_L} = \overline{V} \times \overline{B_L}(A) \\ \overline{I_C} = \overline{V} \times \overline{B_C}(A) \end{cases}$	$\begin{cases} \overline{I_L} = \overline{V} \times \overline{B_L}(A) \\ \overline{I_C} = \overline{V} \times \overline{B_C}(A) \end{cases}$	$\begin{cases} \overline{I_L} = \overline{V} \times \overline{B_L}(A) \\ \overline{I_C} = \overline{V} \times \overline{B_C}(A) \end{cases}$
電源電流 $\overline{I}$（KCL）	$\overline{I} = \overline{I_R}$（相量和）	$\overline{I} = \overline{I_R} + \overline{I_L} + \overline{I_C}$（相量和）	$\overline{I} = \overline{I_R} + \overline{I_L} + \overline{I_C}$（相量和）
導納相量圖（$\overline{Y}$）	$\overline{G} = \overline{Y}$ 沿 $\overline{V}$ 軸	$\overline{G}$ 沿 $\overline{V}$，$(\overline{B_L} - \overline{B_C})$ 向下 $-j$，合成 $\overline{Y}$，夾角 θ	$(\overline{B_C} - \overline{B_L})$ 向上 $+j$，$\overline{G}$ 沿 $\overline{V}$，合成 $\overline{Y}$，夾角 θ
電流相量圖（$\overline{I}$）	$\overline{I_R} = \overline{I}$ 沿 $\overline{V}$ 軸	$\overline{I_R}$ 沿 $\overline{V}$，$(\overline{I_L} - \overline{I_C})$ 向下 $-j$，合成 $\overline{I}$，夾角 θ	$(\overline{I_C} - \overline{I_L})$ 向上 $+j$，合成 $\overline{I}$，夾角 θ
功率因數 $\cos\theta$（PF）	$\cos\theta = 1$（同相位）（電阻性電路恆為1）	$\cos\theta = \dfrac{G}{Y} = \dfrac{I_R}{I}$（滯後）	$\cos\theta = \dfrac{G}{Y} = \dfrac{I_R}{I}$（超前）

註1：不論是RLC串聯、並聯或串並聯混合型電路，其功率因數cosθ恆介於0到1之間。

註2：RLC串並聯混合型交流電路分析與直流電路分析相同，僅差別在於交流為相量式。

基本交流電路

○✗ 觀念是非辨正

1. (✗) RLC交流並聯電路中若$X_L > X_C$，該電路為電感性電路。
2. (✗) RLC並聯電路中，若電源電壓與電源電流同相位，則$\overline{B_L} = \overline{B_C}$。

概念釐清

$X_L > X_C$時$I_L < I_C$，因此電路性質為電容性電路（並聯電路以分得電流較多者決定）。

$\overline{B_L}$與$\overline{B_C}$兩者為相量表示式，兩者大小雖相同但相量不同，宜以$B_L = B_C$表示之，或$|\overline{B_L}| = |\overline{B_C}|$。

老師教

1. 有一RLC交流並聯電路，若$R = 8\Omega$、$X_L = 10\Omega$、$X_C = 5\Omega$，試求
   (1)總導納$\overline{Y}$ (2)電路性質

   解 (1) $\overline{Y} = \dfrac{1}{R} - \dfrac{1}{X_L} + j\dfrac{1}{X_C} = 0.125 + j0.1\mho$

   (2) $B_C > B_L$：電容性電路

2. 試求 (1)$\overline{I_C}$ (2)$\overline{I_L}$ (3)$\overline{I_R}$ (4)$\overline{I_1}$ (5)$\overline{I}$ (6)$\cos\theta$

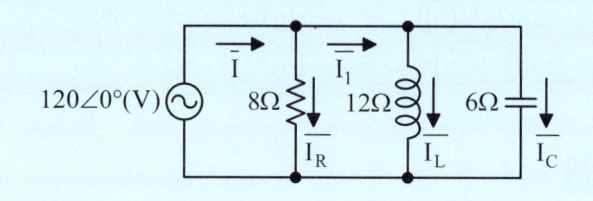

   解 (1) $\overline{I_C} = \dfrac{120\angle 0°}{6\angle -90°} = 20\angle 90°\text{A}$

   (2) $\overline{I_L} = \dfrac{120\angle 0°}{12\angle 90°} = 10\angle -90°\text{A}$

   (3) $\overline{I_R} = \dfrac{120\angle 0°}{8\angle 0°} = 15\angle 0°\text{A}$

   (4) $\overline{I_1} = \overline{I_L} + \overline{I_C} = 10\angle 90°\text{A}$

   (5) $\overline{I} = \overline{I_R} + \overline{I_1} = 15 + j10$
   $= 5\sqrt{13}\angle(\tan^{-1}\dfrac{2}{3})\text{A}$

   (6) $\cos\theta = \dfrac{I_R}{I} = \dfrac{15}{5\sqrt{13}} = \dfrac{3}{\sqrt{13}}$（超前功因）

學生做

1. 有一RLC交流並聯電路，若$R = 10\Omega$、$X_L = 4\Omega$、$X_C = 8\Omega$，試求
   (1)總導納$\overline{Y}$ (2)電路性質

   解

2. 試求 (1)$\overline{I_C}$ (2)$\overline{I_L}$ (3)$\overline{I_R}$ (4)$\overline{I_1}$ (5)$\overline{I}$ (6)$\cos\theta$

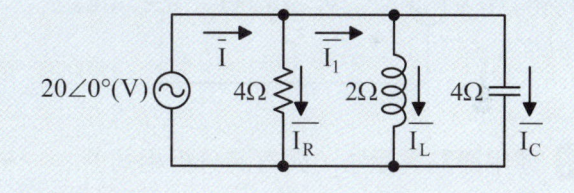

   解

3. 試求下圖中的功率因數PF為何？

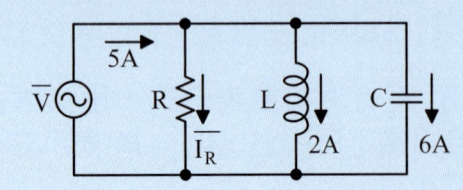

解 $PF = \cos\theta = \dfrac{I_R}{I} = \dfrac{\sqrt{5^2-(6-2)^2}}{5}$
$= 0.6$（超前）

3. 試求下圖中的功率因數PF為何？

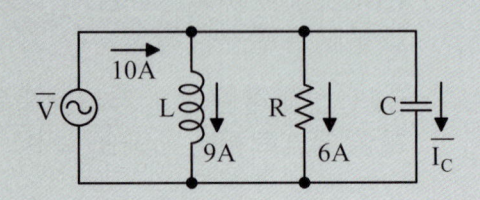

解

4. 試求　(1) $\overline{V_L}$　(2) $\overline{I}$

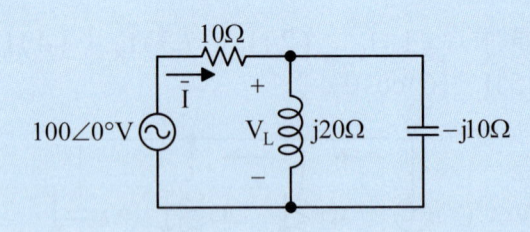

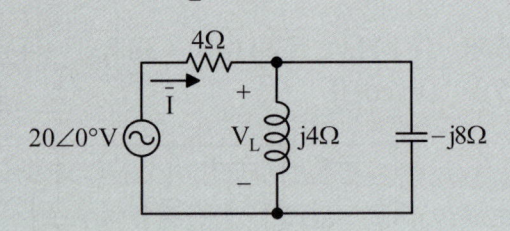

解 運用節點電壓法（與直流分析相同）

$\dfrac{\overline{V}-100}{10}+\dfrac{\overline{V}-0}{j20}+\dfrac{\overline{V}-0}{-j10}=0$

$\Rightarrow \overline{V} = 80 - j40$

(1) $\overline{V} = \overline{V_L} = 80 - j40\,V$

(2) $\overline{I} = \dfrac{100-(80-j40)}{10} = \dfrac{20+j40}{10}$
$= 2 + j4\,A$

4. 試求　(1) $\overline{V_L}$　(2) $\overline{I}$

解

立即練習

( )1. RLC交流並聯電路中,若電阻R = 10Ω、電感抗X_L = 5Ω以及電容抗X_C = 10Ω,試求總導納$\overline{Y}$為多少姆歐（℧）？
(A)$0.1\sqrt{2}\angle 45°℧$ (B)$0.1\sqrt{2}\angle -45°℧$ (C)$0.1\angle 45°℧$ (D)$0.1\angle -45°℧$

( )2. RLC交流並聯電路中,若$X_L > X_C$,則下列敘述何者錯誤？
(A)電源電壓V的相位滯後電源電流I
(B)電感器的電流I_L小於電容器的電流I_C
(C)電源電流I的相位滯後電阻的電流I_R
(D)電感器的電流I_L的相位滯後電容器的電流I_C的相位180°

( )3. 有關RLC交流並聯電路的敘述,下列何者錯誤？
(A)當$B_L > B_C$為電感性電路 (B)當$X_C < X_L$為電容性電路
(C)當$I_L = I_C$時功率因數為0 (D)當$I_L = I_C$為電阻性電路

( )4. 如圖(1)所示,導納$\overline{Y}$為何？
(A)$0.05\angle 53°(℧)$ (B)$0.05\angle 37°(℧)$ (C)$20\angle 53°(℧)$ (D)$20\angle 37°(℧)$

( )5. 承上題所示,若$\overline{V} = 2\angle -30°(V)$,則電源電流$\overline{I}$為何？
(A)$40\angle 7°A$ (B)$20\angle 7°A$ (C)$40\angle 17°A$ (D)$20\angle -7°A$

圖(1)

圖(2)

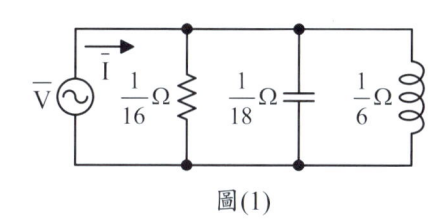

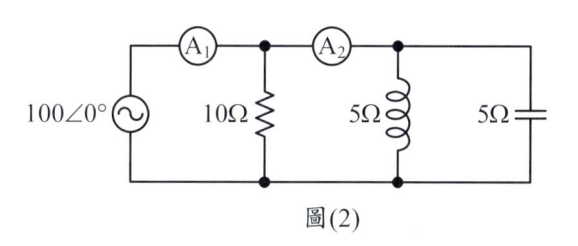

( )6. 如圖(2)所示,試求電流錶A_1以及A_2的讀值分別為多少安培？
(A)10A、40A (B)30A、40A (C)10A、0A (D)20A、0A

( )7. 如圖(3)所示,若交流電錶A的讀值為4安培時,則A、B間的電壓降為多少伏特？
(A)24V (B)$60\sqrt{2}V$
(C)$48\sqrt{2}V$ (D)38V

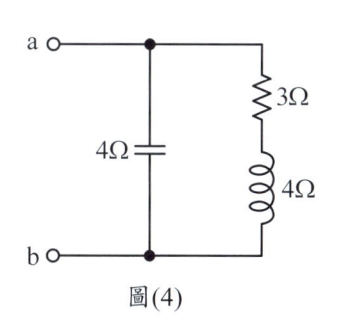

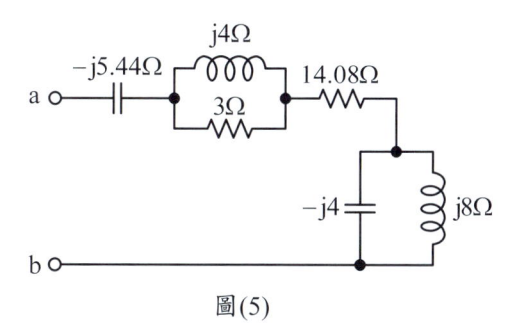

圖(3)

( )8. 如圖(4)所示,其總導納$\overline{Y}$為何？
(A)$1+j0.01S$ (B)$0.12+j0.09S$ (C)$0.16+j0.1S$ (D)$1-j1.6S$

圖(4)

圖(5)

( )9. 如圖(5)所示,Z_{ab}為何？
(A)$10\angle -53°Ω$ (B)$10\angle -37°Ω$ (C)$20\angle -53°Ω$ (D)$20\angle -37°Ω$

綜合練習

基礎題

9-1 ( )1. 交流電源 $v(t) = 10\sqrt{2}\sin 377t\,V$ 加在電阻為 10Ω 的電阻器上,則流經電阻器的電流 $\overline{I_R}$ 為何? (A)$\sqrt{2}\angle 0°A$ (B)$1\angle 0°A$ (C)$\sqrt{2}\angle -90°A$ (D)$1\angle -90°A$

( )2. 當外加電源頻率為 $0Hz$(極低頻)逐漸增加至 ∞Hz(極高頻)時,電阻器 R 的值為何? (A)逐漸增加 (B)逐漸減小 (C)先增而後減 (D)不變

( )3. 在一包含單交流電源及 RLC 之交流電路中,某元件的電壓函數 v(t) 及電流函數 i(t) 分別為 $v(t) = \sin(t)V$ 及 $i(t) = \cos(t)A$,則此元件可能為:
(A)電阻 (B)電感 (C)電容 (D)電源 [統測]

( )4. 下列有關功率因數(P.F.)的敘述,何者正確?
(A)$-1 < P.F. < 0$ (B)純電阻之 P.F. $= 1$
(C)純電容之 P.F. $= 1$ (D)純電感之 P.F. $= 1$ [統測]

( )5. 有一交流電源 $v(t) = 10\sin(10t)V$,接於 $0.02F$ 的電容器兩端,求流經此電容器的電流 $i(t) = $?
(A)$2\sin(10t)A$ (B)$2\sqrt{2}\sin(10t)A$
(C)$2\sin(10t - 90°)A$ (D)$2\sin(10t + 90°)A$ [統測]

( )6. 如圖(1)所示之純電容交流電路,已知 $v(t) = 100\sqrt{2}\sin(500t + 30°)V$,$C = 200\mu F$,則 i(t) 為何?
(A)$100\sqrt{2}\sin(500t + 30°)A$ (B)$100\sqrt{2}\sin(500t + 120°)A$
(C)$10\sqrt{2}\sin(500t + 30°)A$ (D)$10\sqrt{2}\sin(500t + 120°)A$ [統測]

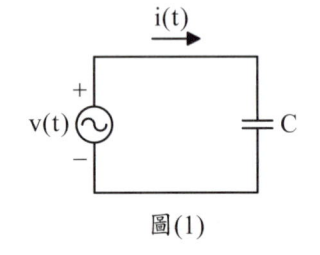

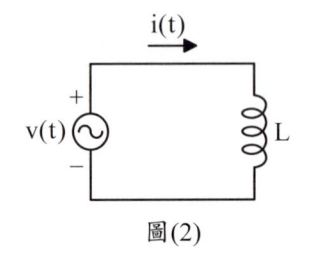

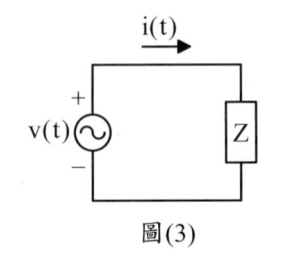

圖(1)　　　　　圖(2)　　　　　圖(3)

( )7. 如圖(2)所示電路,$v(t) = 100\sqrt{2}\sin(1000t + 30°)V$,$L = 10mH$,則 i(t) 之相量式為何?
(A)$10\angle 0°A$ (B)$10\angle 30°A$ (C)$10\angle -30°A$ (D)$10\angle -60°A$ [統測]

( )8. 如圖(3)所示電路,若 $v(t) = 121.2\cos(1000t)\,V$,$i(t) = 12.12\sin(1000t)\,A$,則下列何者正確?
(A)Z 為電阻,其值為 10Ω (B)Z 為電容,其值為 $100\mu F$
(C)Z 為電感,其值為 $10mH$ (D)Z 為電容,其值為 $10\mu F$ [109年統測]

9-2 ( )9. RC 串聯交流電路中,僅將電阻值 R 逐漸增加,則下列敘述何者錯誤?
(A)線路總阻抗 $\overline{Z}$ 增加
(B)線路電流 $\overline{I}$ 減小
(C)電源電流 $\overline{I}$ 超前電源電壓 $\overline{V}$ 的角度 θ 逐漸增加
(D)功率因數 PF 逐漸趨近於 1

( )10. RL交流串聯電路或是RC交流串聯電路，其功因角θ的範圍為何？
(A)θ > 90°　(B)θ < 0°　(C)0 < θ < 90°　(D)0° < θ < 180°

( )11. 有一LC交流串聯電路，若電感抗$X_L = 20\Omega$，電容抗$X_C = 50\Omega$，則總阻抗Z為多少歐姆？　(A)20Ω　(B)30Ω　(C)40Ω　(D)50Ω

( )12. 若電源電壓$v(t) = -50\cos(377t - 150°)$V，電源電流$i(t) = 10\cos(377t - 30°)$V，該電路性質為何？　(A)電阻性　(B)電感性　(C)電容性　(D)無法判斷

( )13. 如圖(4)所示，若$\overline{V} = 50\angle 30°$V、$\overline{I} = 5\angle -7°$A且R = 8Ω，則X為何？
(A)j8Ω　(B)–j8Ω　(C)j6Ω　(D)–j6Ω

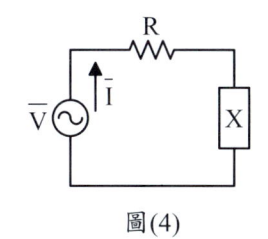

圖(4) 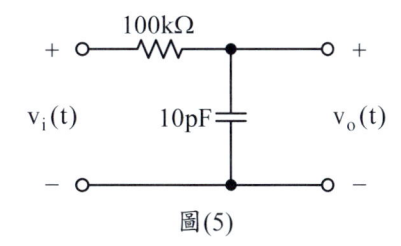　　圖(5)

( )14. 如圖(5)所示，若$v_i(t) = 60\sqrt{2}\cos(10^6 t + 30°)$V，則$v_o(t)$為何？
(A)$60\sqrt{2}\sin(10^6 t + 75°)$　　(B)$60\sqrt{2}\sin(10^6 t - 75°)$
(C)$60\sin(10^6 t + 75°)$　　(D)$60\sin(10^6 t - 75°)$

( )15. 一個6Ω的電阻與一個電感器串聯後接在60Hz的電源，此時功率因數為0.6，若改接90Hz的電源，則功率因數為何？
(A)$\frac{1}{\sqrt{2}}$　(B)$\frac{1}{\sqrt{3}}$　(C)$\frac{1}{\sqrt{5}}$　(D)$\frac{1}{\sqrt{7}}$

( )16. 在LC交流串聯電路中，若$X_L \neq X_C$，則電源電壓$\overline{V}$
(A)恆與電源電流$\overline{I}$相差90°　　(B)恆超前電源電流$\overline{I}$ 90°
(C)恆與電源電流$\overline{I}$同相位　　(D)恆滯後電源電流$\overline{I}$ 90°

( )17. 在RC串聯電路中，總阻抗Z與電阻R的相位差為θ，則θ的範圍為何？
(A)0 < θ < 90°　(B)–90° < θ < 0°　(C)0° < θ < 180°　(D)–180° < θ < 0°

( )18. 如圖(6)交流電路所示，功率因數PF為何？
(A)0.6超前　(B)0.8超前　(C)0.6滯後　(D)0.8滯後

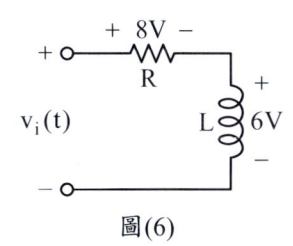

圖(6)

( )19. 一交流電路由一單頻率正弦波電源、一電阻器及一電感器串聯而成，電源頻率為60Hz、電壓均方根值為100V，電阻器電壓均方根值60V、電阻值12Ω，則下列有關電感的敘述，何者正確？
(A)電抗值為16Ω　　(B)電感量約267mH
(C)電流均方根值為4A　　(D)電感器端電壓均方根值為40V

[統測]

(　　)20. 有一線圈，等效電路如圖(7)所示，ab兩端跨接40V直流電壓，得電路電流10A，如果ab兩端改接入$40\sqrt{2}\sin(1000t)$V交流電壓，得電路電流的有效值為8A，求此線圈等效電路的R及L值？
(A)R = 4Ω，L = 5mH　　　　　　(B)R = 4Ω，L = 3mH
(C)R = 5Ω，L = 4mH　　　　　　(D)R = 5Ω，L = 3mH　　[統測]

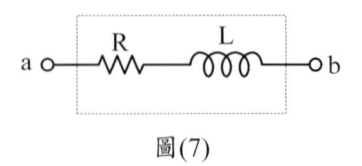

圖(7)

(　　)21. RL串聯電路，當電源頻率為f時，此串聯電路的總阻抗為10 + j20Ω，若電源頻率變為2f時，則此串聯電路的總阻抗變為多少？
(A)10 + j20Ω　(B)10 + j40Ω　(C)20 + j20Ω　(D)20 + j40Ω　　[統測]

(　　)22. 如圖(8)所示之電路，下列敘述何者正確？
(A)$\overline{V_S}$超前$\overline{I_C}$　(B)$\overline{V_S}$超前$\overline{V_R}$　(C)$\overline{V_S}$超前$\overline{V_C}$　(D)$\overline{V_C}$超前$\overline{V_R}$　　[統測]

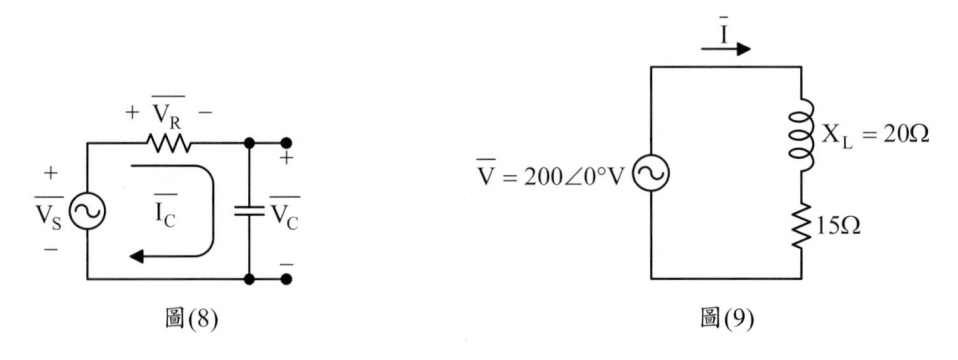

圖(8)　　　　圖(9)

(　　)23. 如圖(9)所示之交流R-L串聯電路，則電路之功率因數為何？
(A)0.6　(B)0.7　(C)0.8　(D)0.9　　[統測]

(　　)24. 將電壓100V與頻率159Hz的交流電源連至R-L交流串聯電路中，若電阻上電流的大小為4A且兩端壓降的大小為60V，則電感值L最接近下列何者？
(A)80mH　(B)60mH　(C)40mH　(D)20mH　　[統測]

(　　)25. 將一個電阻300Ω與$\dfrac{25}{2\pi}$μF電容串聯接至100∠0°V、100Hz之電源，則電路阻抗值為何？　(A)300Ω　(B)400Ω　(C)500Ω　(D)600Ω　　[統測]

(　　)26. 有一RL串聯交流電路，R = 10Ω、L = 10mH，電源電壓v(t) = 150 sin(1000t + 30°)V，請問下列敘述何者正確？
(A)電源電流$\overline{I}$ = 7.5∠15°A
(B)電阻器兩端電壓$v_R(t) = 75\sqrt{2}\sin(1000t - 15°)$V
(C)電源電流$\overline{I}$超前電源電壓$\overline{V}$之相位角45°
(D)總阻抗$\overline{Z} = 10\sqrt{2}\angle -45°$Ω　　[102年統測]

(　　)27. 某RC串聯電路的輸入電壓為$4\sin(377t)$V，若流經電阻的電流為$\sqrt{2}\sin(377t + 45°)$A，則電阻約為多少歐姆？　(A)4　(B)3　(C)$2\sqrt{2}$　(D)2　　[104年統測]

( )28. 將交流電壓源200sin(100t)V連接至RL串聯電路，若流經電阻的電流有效值為10A，而且電阻R與電感L上的電壓有效值相同，則電感L值為何？
(A)15.9mH (B)100mH (C)200mH (D)314mH [106年統測]

9-3 ( )29. RLC交流串聯電路中，若$X_C > X_L$，則下列敘述何者錯誤？
(A)電容性電路
(B)電容器端電壓V_C大於電感器端電壓V_L
(C)電源電壓V的相位滯後電阻端電壓V_R
(D)電源電壓必大於任一元件之端電壓

( )30. 有關RLC交流串聯電路的敘述，下列何者錯誤？
(A)當$X_L > X_C$為電感性電路　　(B)當$X_C > X_L$為電容性電路
(C)當$X_L = X_C$時功率因數為0　　(D)當$X_L = X_C$為電阻性電路

( )31. RLC交流串聯電路中，功率因數角θ為何？
(A)$\theta = \tan^{-1}(\frac{X_L - X_C}{R})$
(B)$\theta = \tan^{-1}(\frac{X_L - X_C}{X_L + X_C})$
(C)$\theta = \tan^{-1}(\frac{R}{X_L - X_C})$
(D)$\theta = \tan^{-1}(\frac{X_L + X_C}{X_L - X_C})$

( )32. 如圖(10)所示，若電壓錶 Ⓥ 的讀值為0V，則該電路特性為何？
(A)電阻性 (B)電感性 (C)電容性 (D)不一定

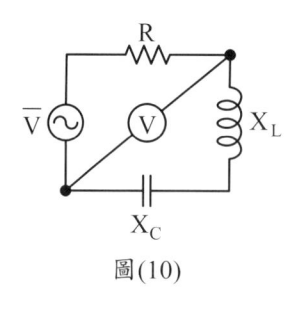

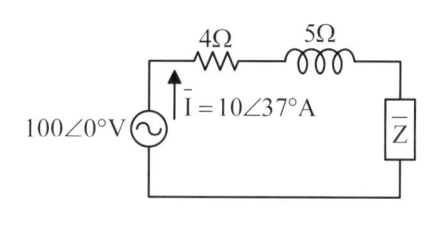

圖(10)

圖(11)

( )33. 如圖(11)所示，試求阻抗$\bar{Z}$為何？
(A)4 + j3 (B)8 − j6 (C)8 + j6 (D)4 − j11

( )34. 有一RLC交流串聯電路，若電阻為7.07Ω，電感抗為8Ω且電容抗為7Ω，則該電路為？ (A)電容性電路 (B)電阻性電路 (C)電感性電路 (D)無法判斷

( )35. 如圖(12)所示，試求電壓$\overline{V_{ab}}$ = ？
(A)$20\sqrt{2}\angle 30°$V (B)$20\angle 45°$V (C)$40\sqrt{2}\angle 45°$V (D)0V

圖(12)

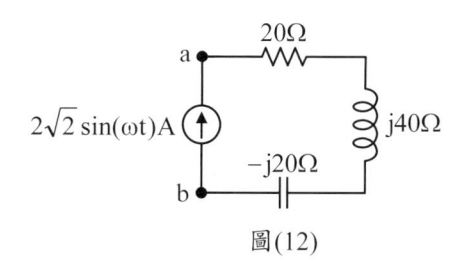

( )36. 在R-L-C串聯電路中，已知R = 8Ω，X_L = 8Ω，X_C = 2Ω，求此電路總阻抗為多少？
(A)18Ω (B)16Ω (C)10Ω (D)8Ω [統測]

( )37. 如圖(13)所示之電路，則電容C之值為何？
(A)618μF (B)746μF (C)920μF (D)1066μF [統測]

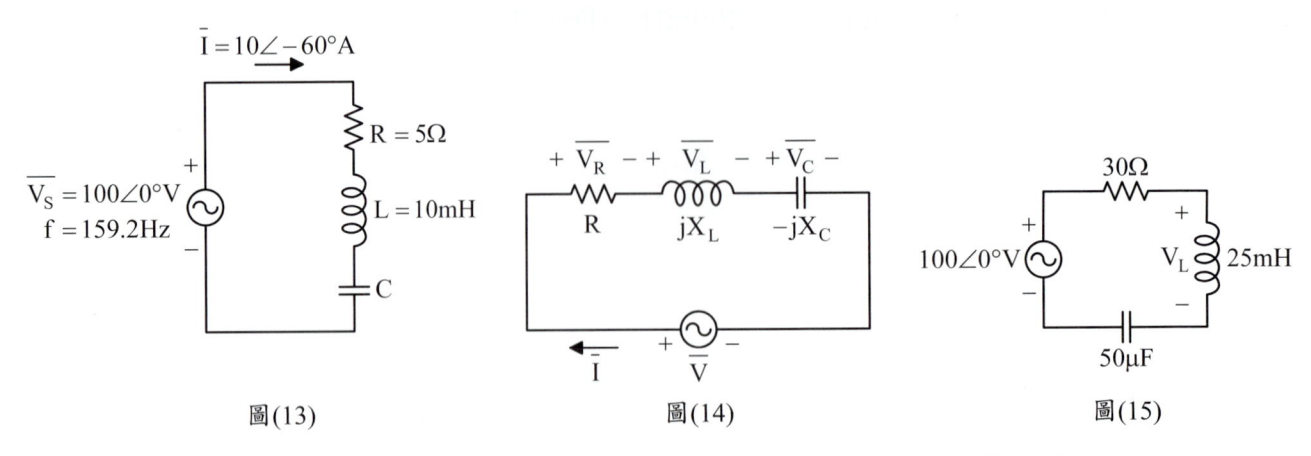

圖(13)　　　圖(14)　　　圖(15)

( )38. 如圖(14)所示之交流R-L-C串聯電路，於穩態分析時，下列敘述何者正確？
(A)若 $X_L = X_C$ 則 $\overline{V}$ 滯後 $\overline{I}$ 90°
(B)若 $X_L < X_C$ 則呈電感性電路
(C)若 $X_L > X_C$ 則 $\overline{V}$ 領先 $\overline{I}$
(D) $\overline{V_L}$ 領先 $\overline{V_C}$ 90°　　　　[統測]

( )39. 如圖(15)所示之RLC串聯交流電路，已知電源角速度ω＝400弳度／秒（rad/s），則 V_L 值為何？　(A)100V　(B)50V　(C)20V　(D)10V　　[統測]

( )40. 已知一個ＲＬＣ串聯電路，其電源電壓為 $v(t) = 200\sqrt{2}\sin(100t)V$，假設R＝20Ω、L＝150mH及C＝500μF，則該電路總串聯阻抗為何？
(A)20 – j5Ω　(B)20 – j15Ω　(C)20 + j15Ω　(D)20 + j5Ω　[103年統測]

( )41. 如圖(16)所示之交流穩態電路，則電容電壓 $\overline{V_C}$ 為何？
(A)100∠–36.9°V
(B)100∠–53.1°V
(C)140∠53.1°V
(D)140∠–53.1°V　　　　[103年統測]

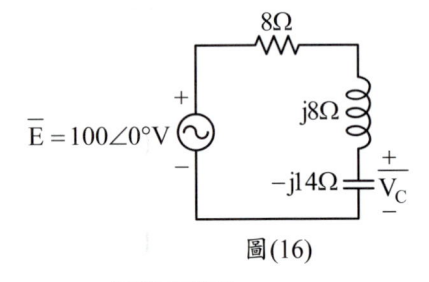

圖(16)

( )42. 有一RLC串聯交流電路，若R＝20Ω、L＝10mH、C＝100μF，電源電壓 $v(t) = 20\sin(1000t + 30°)V$，則下列敘述何者正確？
(A)電源電流相位落後電源電壓相位45°
(B)電阻器兩端電壓 $v_R(t) = 20\sin(1000t + 30°)V$
(C)總阻抗 $\overline{Z} = 20\sqrt{2}\angle 45°\Omega$
(D)電源電流 $i(t) = 1.0\sin(1000t – 15°)A$　　[105年統測]

( )43. 如圖(17)所示之串聯電路，若阻抗 $\overline{Z_1} = 5\angle 53.1°\Omega$，$\overline{Z_2} = 6 + j8\Omega$，當加上 $\overline{V_S} = 150\angle 0°V$ 之電壓時，則 $\overline{V_2}$ 為何？
(A)100∠0°V　　(B)100∠53.1°V
(C)50∠0°V　　(D)50∠53.1°V　[106年統測]

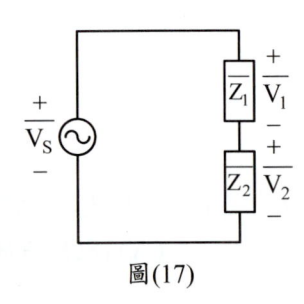

圖(17)

9-4 ( )44. 佐助在進行RL並聯的交流電路實驗中，當頻率f逐漸增加，則線路電流的變化為何？
(A)逐漸增加後保持定值　(B)逐漸減少後保持定值　(C)先增再減　(D)不一定

( )45. RL交流並聯電路中，若$\overline{I_R}=8A$，$\overline{I_L}=6A$，則電源電流$\overline{I}$為多少安培？
(A)14A　(B)8A　(C)10A　(D)2A

( )46. LC交流並聯電路中，若$\overline{I_L}=8A$，$\overline{I_C}=6A$，則電源電流$\overline{I}$為多少安培？
(A)14A　(B)8A　(C)10A　(D)2A

( )47. $R=8\Omega$、$X_L=8\Omega$兩個並聯後的導納$\overline{Y}$為多少西門子（S）？
(A)0.125 − j0.125　　　　　　(B)0.125 + j0.125
(C)0.0625 + j0.0625　　　　　(D)0.0625 − j0.0625

( )48. RC串聯電路的電阻值$R=6\Omega$，電容抗$X_C=8\Omega$，其導納$\overline{Y}$為何？
(A)0.06 + j0.08　(B)0.06 − j0.08　(C)16 + j12.5　(D)16 − j12.5

( )49. RL並聯電路中的電阻值$R=6\Omega$，電感抗$X_L=8\Omega$，其總阻抗$\overline{Z}$為何？
(A)4.8∠53°Ω　(B)4.8∠37°Ω　(C)2.4∠53°Ω　(D)2.4∠37°Ω

( )50. 如圖(18)所示，當開關S閉合後v(t)與i(t)同相位，試求電容抗X_C為多少歐姆？
(A)2.25Ω　(B)4.65Ω　(C)6.25Ω　(D)8.75Ω

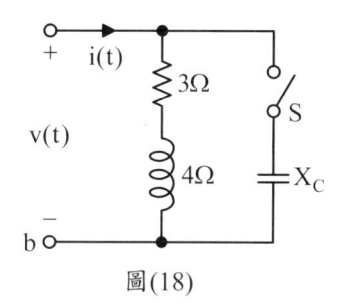

圖(18)

( )51. 一單相馬達具有起動線圈與運轉線圈兩並聯線圈迴路，若兩線圈之電流分別為10cos(377t)A及17.32sin(377t)A，則馬達之總電流為何？
(A)20cos(377t − 30°)A　　　　(B)27.32cos(377t − 30°)A
(C)20sin(377t + 30°)A　　　　(D)27.32sin(377t + 30°)A　　[統測]

( )52. 有一電阻$R=50\Omega$與一電容抗$X_C=50\Omega$之電容器組成的RC並聯交流電路。若外加電源電壓為v(t) = 100sin(100t + 30°)V，則流經電容器電流的有效值為何？
(A)1A　(B)$\sqrt{2}$A　(C)2A　(D)$2\sqrt{2}$A　　[統測]

( )53. 有一電阻R並聯一電容C之交流電路，當加入電源電壓v(t) = 150sin(1000t − 10°)V時，產生的電源電流為i(t) = $15\sqrt{2}$sin(1000t + 35°)A，試求電阻R及電容C為多少？
(A)R = 100Ω，C = 100μF　　　(B)R = 100Ω，C = 10μF
(C)R = 10Ω，C = 100μF　　　 (D)R = 10Ω，C = 10μF　　[102年統測]

( )54. 如圖(19)所示之交流穩態電路，電流$\overline{I_S}$為何？
(A)40∠0°A
(B)40∠45°A
(C)$20\sqrt{2}$∠45°A
(D)$20\sqrt{2}$∠−45°A　　[103年統測]

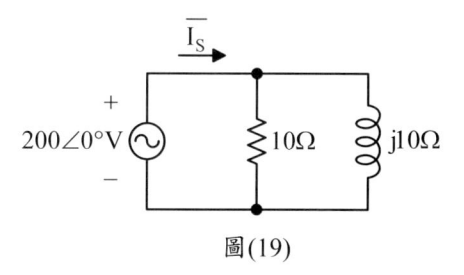

圖(19)

( )55. 某RL並聯電路的電阻R = 3Ω，電感抗$X_L = 3Ω$。若總消耗電流為$8\sin(377t)$A，則流經電阻的電流為何？
(A)$4\sqrt{2}\sin(377t + 45°)$A (B)$4\sqrt{2}\sin(377t - 45°)$A
(C)$4\sin(377t + 45°)$A (D)$4\sin(377t - 45°)$A [104年統測]

( )56. 由電阻$R_P = 10Ω$及電抗$X_P = 10Ω$並聯組成之RC電路，將其轉換成電阻R_S與電抗X_S串聯之等效電路，則其值分別為何？
(A)$R_S = 20Ω；X_S = 20Ω$ (B)$R_S = 10Ω；X_S = 10Ω$
(C)$R_S = 5Ω；X_S = 5Ω$ (D)$R_S = 0.1Ω；X_S = 0.1Ω$ [106年統測]

( )57. RLC交流並聯電路中，若$B_L > B_C$，則下列敘述何者錯誤？
(A)電感性電路
(B)電容器的電流I_C小於電感器的電流I_L
(C)電源電流I的相位超前電阻的電流I_R
(D)電源電流I可能小於其他元件所通過的電流

( )58. RLC交流並聯電路中，功率因數角θ為何？
(A)$\theta = \tan^{-1}(\frac{X_L - X_C}{R})$ (B)$\theta = \tan^{-1}(\frac{X_L - X_C}{X_L + X_C})$
(C)$\theta = \tan^{-1}(\frac{B_C - B_L}{G})$ (D)$\theta = \tan^{-1}(\frac{I_R}{I_C - I_L})$

( )59. RLC交流並聯電路中若$I_R = 8A$、$I_L = 12A$、$I_C = 6A$，則電源電流為多少安培？
(A)$10\angle 37°$ (B)$10\angle -37°$ (C)$10\angle 53°$ (D)$10\angle -53°$

( )60. RLC交流並聯電路中若$R > X_L > X_C$，該電路特性為何？
(A)電阻性 (B)電感性 (C)電容性 (D)無法判斷

( )61. LC交流並聯電路中若$X_L = j25Ω$、$X_C = -j25Ω$，則總阻抗$\overline{Z}$為多少歐姆？
(A)$25\angle -90°Ω$ (B)$25\angle 90°Ω$ (C)$0Ω$ (D)$\infty Ω$

( )62. 如圖(20)所示，試求電流錶A_1以及A_2的讀值分別為多少安培？
(A)10A、$10\sqrt{2}$A (B)$10\sqrt{2}$A、10A (C)10A、10A (D)$10\sqrt{6}$A、$10\sqrt{5}$A

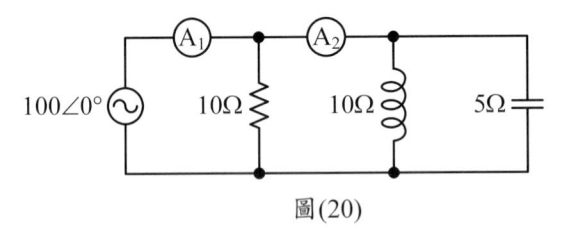

圖(20)

( )63. 有一阻抗$Z = 4 + j8Ω$，其等效並聯阻抗$Z_P = R_P // X_P$，則R_P與X_P分別為多少歐姆？
(A)20Ω、-j10Ω (B)20Ω、j10Ω (C)10Ω、j20Ω (D)10Ω、-j20Ω

( )64. 如圖(21)，若$v(t) = 3\cos 2t$V，則總等效阻抗$\overline{Z_T}$為何？
(A)$\frac{1}{2} + j\frac{1}{2}Ω$ (B)$\frac{1}{2} - jΩ$
(C)$\frac{1}{2} + jΩ$ (D)$\frac{1}{2} - j\frac{1}{2}Ω$

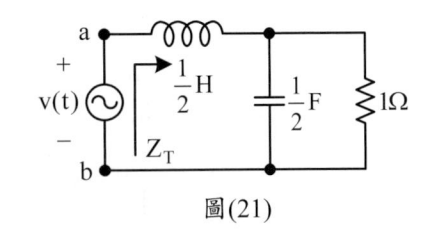

圖(21)

( )65. 如圖(22)所示，試求電流錶 Ⓐ 讀值為多少安培？
(A)10A　(B)10$\sqrt{2}$A　(C)12A　(D)12$\sqrt{2}$A

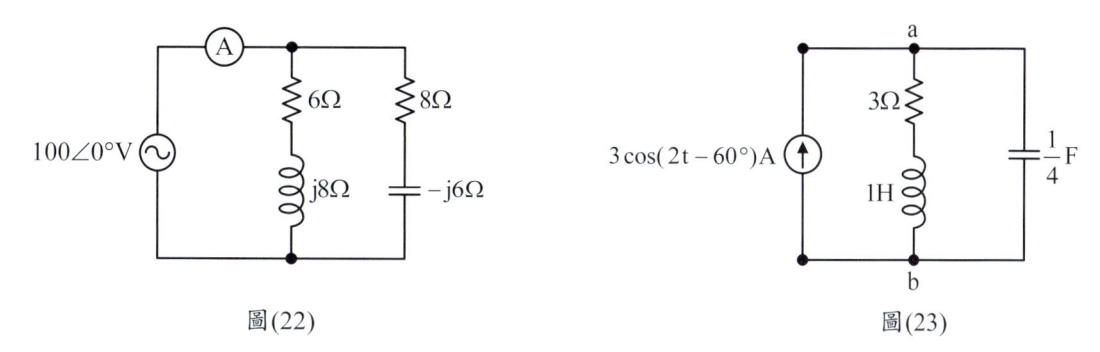

圖(22)

圖(23)

( )66. 如圖(23)所示，從電源端看出之等效電壓V_{ab}約為何？
(A)3V　(B)4V　(C)5V　(D)6V

( )67. 如圖(24)所示ＲＬＣ並聯電路，已知電源電壓$v(t) = 100\sqrt{2}\sin(1000t + 10°)$V，求此電路的總導納為多少？　(A)5 − j2S　(B)5 + j2S　(C)$\frac{1}{5} - j\frac{1}{4}$S　(D)$\frac{1}{5} + j\frac{1}{4}$S　[統測]

圖(24)

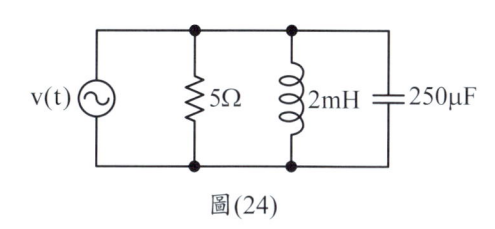

( )68. 交流R-L-C並聯電路中，流經R、L、C之電流分別為$I_R = 3A$、$I_L = 6A$、$I_C = 2A$，電源電壓為220∠0°V，則此電路之功率因數為何？
(A)0.8落後　(B)0.8超前　(C)0.6落後　(D)0.6超前　[統測]

( )69. 如圖(25)所示之電路，若電壓$\overline{V_S} = 200∠0°$V，則電流$\overline{I}$為何？
(A)80∠0°A　(B)40$\sqrt{2}$∠45°A　(C)40∠45°A　(D)20$\sqrt{2}$∠−45°A　[統測]

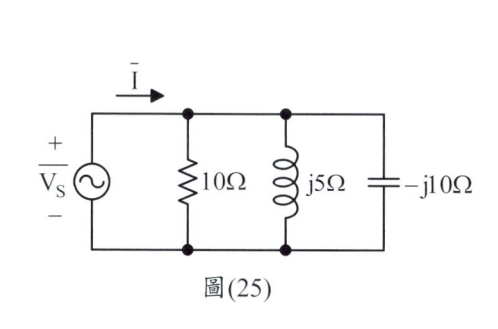

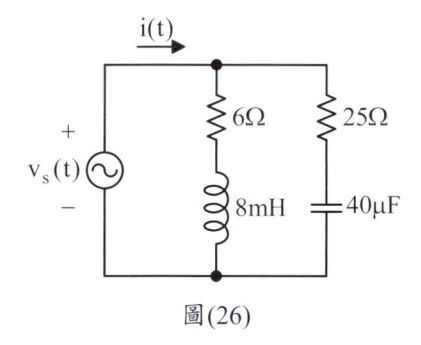

圖(25)

圖(26)

( )70. 如圖(26)所示之交流電路，已知$v_s(t) = 100\sin 1000t$V，則i(t)為何？
(A)$10\sin(1000t - 45°)$A　　(B)$10\sin(1000t - 37°)$A
(C)$7\sin(1000t - 30°)$A　　(D)$7\sin(1000t + 30°)$A　[統測]

( )71. 有一交流電源供給ＲＬＣ並聯電路，若$R = 10Ω$，$X_L = 5Ω$，$X_C = 10Ω$，則電源電流與電源電壓的相位關係為何？
(A)電流相位落後電壓相位　　(B)電流相位超前電壓相位
(C)電流與電壓同相位　　(D)無法判斷　[106年統測]

( )72. 如圖(27)所示RLC並聯交流電路，已知 $\overline{V}=100\angle 30°$ V，R = 20Ω、$X_L=10$Ω、$X_C=20$Ω，則下列敘述何者正確？
(A)$\overline{I_R}$相角超前$\overline{I_L}$相角30°
(B)$\overline{I_C}$相角超前$\overline{I_L}$相角90°
(C)$\overline{I}=5\sqrt{2}\angle -15°$ A
(D)$\overline{I_R}=5\angle 0°$ A
[107年統測]

圖(27)

圖(28)

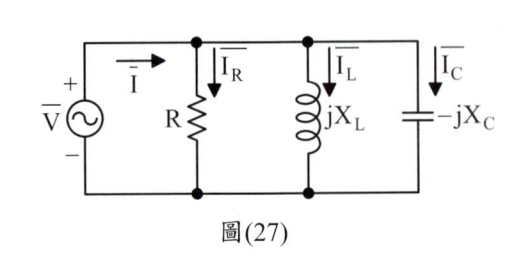

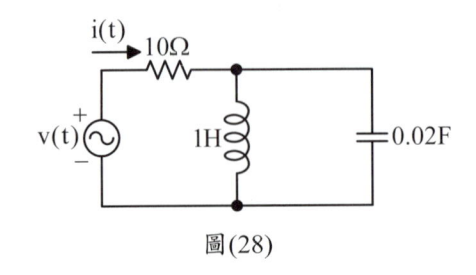

( )73. 如圖(28)所示之電路，若$v(t)=20\sqrt{2}\sin(5t)$ V，則電路總電流i(t)為何？
(A)$2\sin(5t+45°)$ A
(B)$2\sin(5t-45°)$ A
(C)$2\sqrt{2}\sin(5t-45°)$ A
(D)$2\sqrt{2}\sin(5t+45°)$ A
[108年統測]

( )74. 如圖(29)所示電路，若$\overline{V}=100\angle 0°$ V，則下列敘述何者正確？
(A)$\overline{I}=10\angle 0°$ A　(B)$\overline{Z}=10\angle 45°$ Ω　(C)電路呈電感性　(D)$\overline{I}$的相位超前$\overline{V}$
[109年統測]

圖(29)

圖(30)

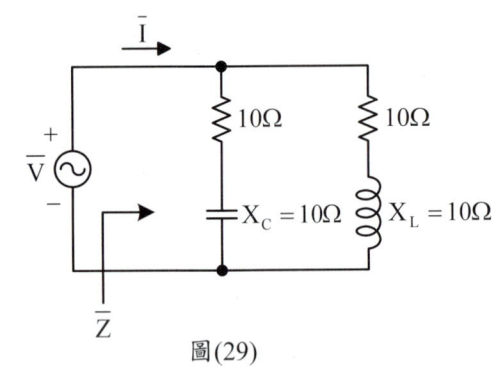

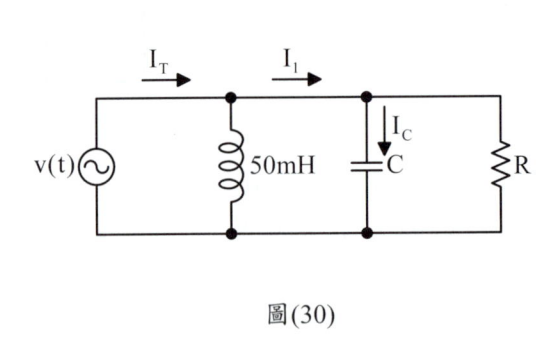

( )75. 如圖(30)所示RLC並聯電路，電源電壓$v(t)=100\sqrt{2}\sin(1000t)$ V，若I_1的電流大小為10A，I_C的電流大小為8A，則電路的功率因數為何？
(A)0.5　(B)0.707　(C)0.886　(D)1
[109年統測]

進階題

(▶ 表示提供影音解題)

9-1 ( )76. 有一交流電壓$v(t)=-20\sqrt{2}\sin(250t-120°)$V，直接並聯在一個電感量為L的電感器上，此時產生的電流$\overline{I}=4\angle\theta$(A)，則下列敘述何者正確？
(A)L = 40mH；θ = 30°
(B)L = 20mH；θ = −30°
(C)L = 40mH；θ = −60°
(D)L = 20mH；θ = 30°

9-2 ( )77. 加直流電壓10V於一線圈，測得線路電流為1.25A；若加交流電壓10V於同一線圈，測得線路電流為1A，試求線圈的電阻R與線圈電抗X_L分別為多少歐姆？
(A)R = 6Ω；X_L = 6Ω
(B)R = 6Ω；X_L = 8Ω
(C)R = 8Ω；X_L = 6Ω
(D)R = 8Ω；X_L = 10Ω

( )78. 有一RL交流串聯電路，若外加電源頻率f = 50Hz時的線路阻抗為Z，欲使阻抗變為2Z，則電源頻率f需調整為多少？（若調整前電源電壓$\overline{V}$超前電源電流$\overline{I}$相位角為30°）　(A)100Hz　(B)180Hz　(C)360Hz　(D)540Hz

( )79. 有一RL交流串聯電路，若電感器端電壓 $\overline{V_L} = 50\angle 50°V$，電阻端電壓 $\overline{V_R} = 50\sqrt{3}\angle -40°V$，試求阻抗 $\overline{Z}$ 之相角為何？ (A)5° (B)15° (C)30° (D)45°

( )80. 將RC交流串聯電路，置於電源頻率為ω時的總阻抗Z為5Ω；置於頻率為2ω時電路總阻抗Z為 $\sqrt{13}$ Ω，置於電源頻率為 $\frac{1}{3}$ ω時的總阻抗Z為何？
(A)$3\sqrt{17}$Ω (B)$4\sqrt{17}$Ω (C)$3\sqrt{23}$Ω (D)$4\sqrt{23}$Ω

( )81. 如圖(31)交流電路所示，功率因數cosθ為何？
(A)$\frac{1}{3}$超前 (B)$\frac{2}{3}$超前 (C)$\frac{1}{3}$滯後 (D)$\frac{2}{3}$滯後

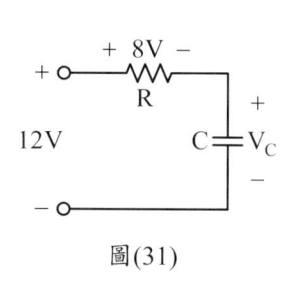

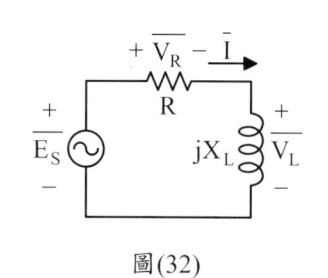

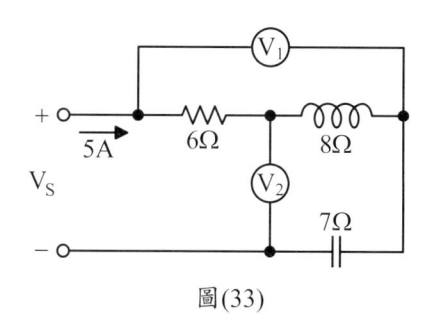

圖(31)　　　　圖(32)　　　　圖(33)

( )82. 如圖(32)所示電路，若R與X_L大小之比為1：$\sqrt{3}$，則$\overline{E_S}$對$\overline{I}$之相位為何？
(A)$\overline{E_S}$超前30° (B)$\overline{E_S}$落後30° (C)$\overline{E_S}$超前60° (D)$\overline{E_S}$落後60° [統測]

( )83. 如圖(33)所示，試求理想電壓錶的指示值Ⓥ₁以及Ⓥ₂分別為多少伏特？
(A)50V、5V (B)90V、75V (C)90V、5V (D)50V、75V

( )84. 如圖(34)所示，若在頻率為60Hz時的輸入阻抗 $\overline{Z_i} = 60 + j120$Ω，若將頻率增加至120Hz時，輸入阻抗 $\overline{Z_i}$ 為何？
(A)$60 + j240$Ω (B)$120 + j120$Ω (C)$150 + j150$Ω (D)$150 + j175$Ω

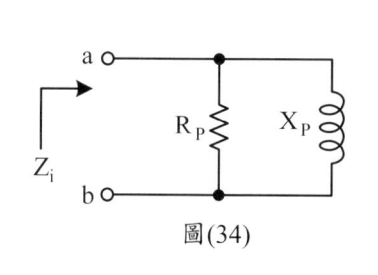

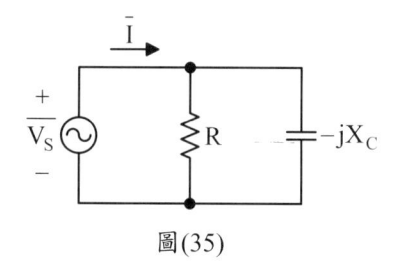

圖(34)　　　　圖(35)

( )85. 如圖(35)所示之RC交流電路，已知 $\overline{V_S} = 120\angle -15°V$，$\overline{I} = 5\angle 45°V$，則電容抗$X_C$之值為何？ (A)57.6Ω (B)47.6Ω (C)37.6Ω (D)27.6Ω [統測]

( )86. 如圖(36)所示，試求諾頓等效電流 $\overline{I_N}$ = ？
(A)$10\angle 53°$A (B)$10\angle 37°$A (C)$5\angle 53°$A (D)$5\angle 37°$A

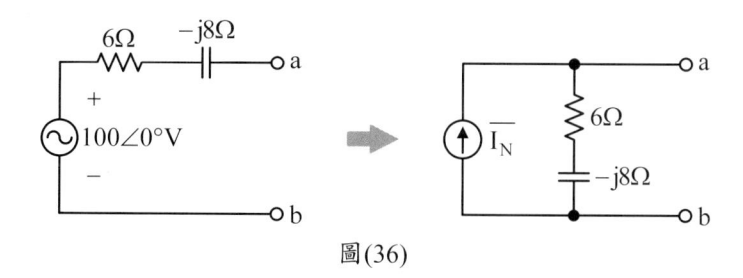

圖(36)

( )87. 如圖(37)所示，試求戴維寧等效電壓 $\overline{E_{th}}$ =？
(A)$20\angle-45°V$ (B)$20\sqrt{2}\angle-45°V$ (C)$20\angle-15°V$ (D)$20\sqrt{2}\angle-15°V$

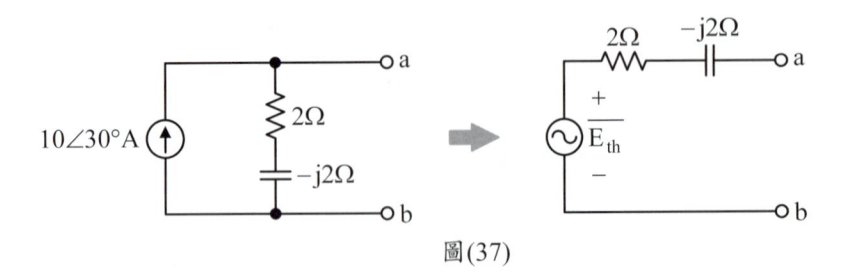

圖(37)

( )88. 如圖(38)所示，試求 V_{AB} 約為何？ (A)80V (B)50V (C)30V (D)20V

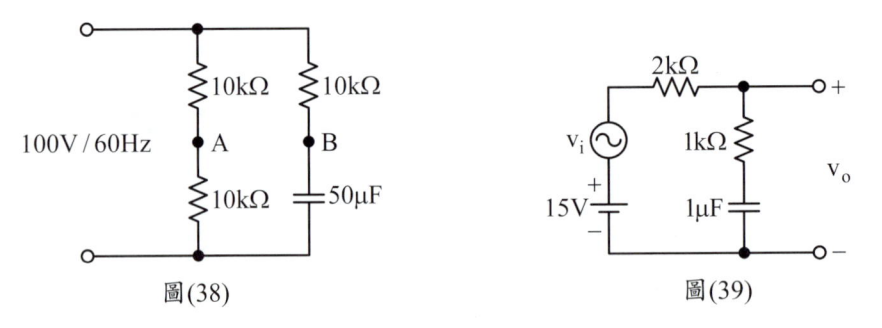

圖(38)　　　　　圖(39)

( )89. 如圖(39)所示，輸入電壓 $v_i = 0.3\sin(\omega t)V$，假設 ω 很大，使得電容抗幾乎可以忽略，則輸出電壓 v_o 約等於？
(A)$15 + 0.1\sin(\omega t)V$ (B)$15 + 0.3\sin(\omega t)V$
(C)$5 + 0.3\sin(\omega t)V$ (D)$5 + 0.1\sin(\omega t)V$

( )90. 如圖(40)所示，假設三個安培錶的內阻均可忽略不計，若安培錶讀值 A_2 = 12A、A_3 = 6A，則電阻 R 之值為多少歐姆？
(A)12Ω
(B)14Ω
(C)16Ω
(D)20Ω

圖(40)

( )91. R-L-C 並聯電路中，若電阻 R = 2Ω，電感抗 $X_L = 10Ω$，交流電源 $v(t) = 10\sin(100t)V$，且已知電路為電容性以及電路導納之相角為60°，試問電容抗 X_C 之值可能為何？
(A)1.04Ω (B)1.54Ω (C)1.73Ω (D)2.14Ω
[統測]

( )92. 如圖(41)所示之交流電路，已知 $\overline{V_S} = 10\angle-10°V$、$\overline{I} = 2\angle-55°A$、$X_L$ 與 X_C 的比為1：3，則 $\overline{I_C}$ 為何？
(A)$2.12\angle90°A$ (B)$2.12\angle80°A$ (C)$0.71\angle80°A$ (D)$0.71\angle90°A$
[統測]

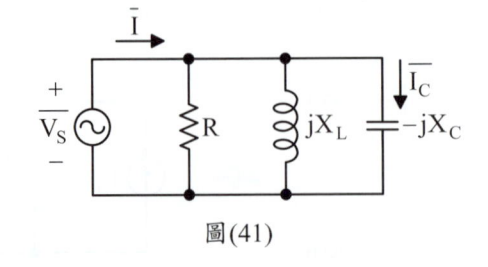

圖(41)

( ) 93. 如圖(42)所示之RLC串並聯交流電路,請問下列敘述何者正確?
(A)總阻抗$\overline{Z} = 10\angle 36.9°\Omega$
(B)電源電流$\overline{I} = 10\angle -36.9°A$
(C)ab兩端電壓$\overline{V_{ab}} = 60\angle 53.1°V$
(D)流經電容器的電流$\overline{I_C} = 20\angle 36.9°A$ [102年統測]

圖(42)　　　圖(43)

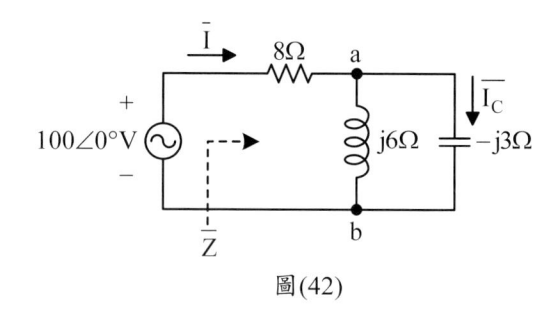

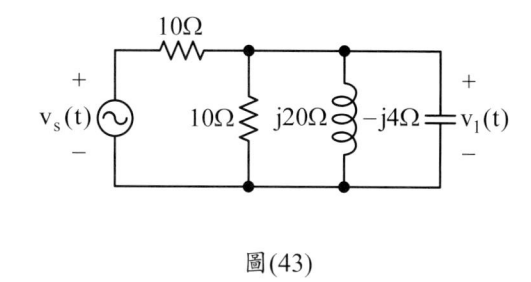

( ) 94. 如圖(43)所示之電路,若$v_s(t) = 100\sqrt{2}\sin(377t)V$,則$v_1(t)$為何?
(A)$25\sin(377t - 30°)V$
(B)$25\sin(377t - 45°)V$
(C)$50\sin(377t - 30°)V$
(D)$50\sin(377t - 45°)V$ [104年統測]

( ) 95. 有一RLC並聯交流電路,若R = 10Ω、L = 10mH、總導納$\overline{Y} = \sqrt{2}/10\angle 45°(S)$,電源電壓$v(t) = 10\sin(1000t + 30°)V$,則下列敘述何者正確?
(A)流經電感器的電流$i_L(t) = 1.0\sin(100t - 60°)A$
(B)電容C = 20μF
(C)此電路為電容性電路
(D)電源電流$i(t) = 50\sqrt{2}\sin(1000t - 15°)A$ [105年統測]

( ) 96. 如圖(44)所示之RLC串並聯交流電路,試問下列敘述何者正確?
(A)流經電感器的電流$\overline{I_L} = 2\angle -90°A$
(B)a、b兩端電壓$\overline{V_{ab}} = 7.2\angle 53.1°V$
(C)電源電流$\overline{I} = 2.4\angle -36.9°V$
(D)總阻抗$\overline{Z} = 5\angle 36.9°\Omega$ [105年統測]

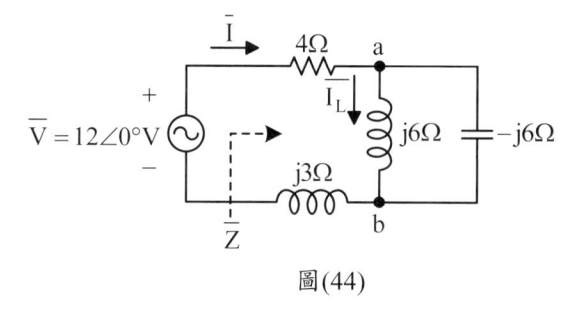

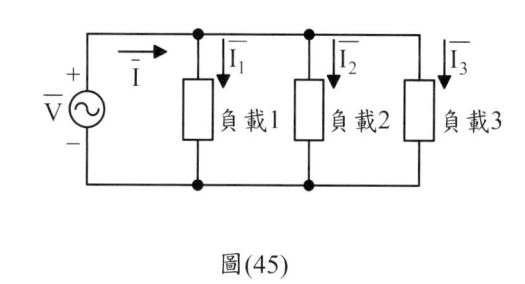

圖(44)　　　圖(45)

( ) 97. 如圖(45)所示之交流弦波電路,負載1、負載2及負載3皆為RLC組合之被動電路,若$\overline{V} = 100\sqrt{2}\angle 45° V$、$\overline{I} = 200\sqrt{2}\angle 45° A$、$\overline{I_1} = 100 A$、$\overline{I_2} = 100\angle 90° A$,則下列敘述何者正確?
(A)負載1為純電感性負載
(B)負載2為純電容性負載
(C)負載3為純電阻性負載
(D)負載1為純電阻性負載 [107年統測]

( ) 98. 如圖(46)所示之電路,若R、X_L、X_{C1}、X_{C2}之阻抗值皆為2Ω,則電路中電感抗X_L兩端之電壓大小為何?
(A)5V (B)15V
(C)20V (D)30V [108年統測]

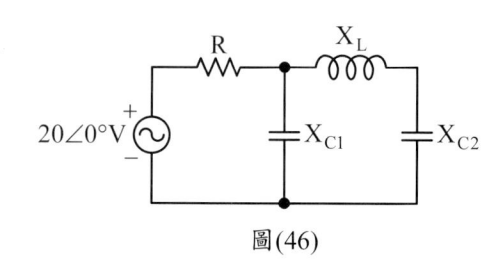

圖(46)

最近統測試題

( )99. 如圖(47)所示之交流穩態電路，已知各支路電流有效值為 $I_S = 30A$、$I_R = 24A$、$I_C = 6A$，則電感電流有效值 I_L 為何？
(A)0A (B)18A (C)24A (D)30A
[9-5][110年統測]

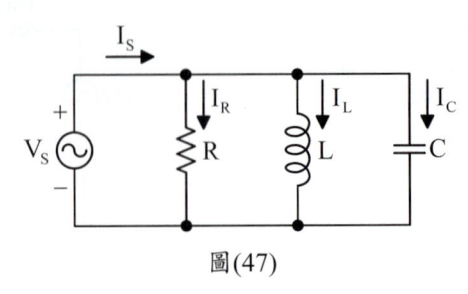

圖(47)

( )100.有一RC並聯電路接於正弦波電壓源，在電壓峰值固定及電路正常操作情形下，若將電源頻率由小變大，則下列敘述何者正確？
(A)RC並聯電路功率因數變低　　(B)電源電流變小
(C)通過電容器的電流變小　　(D)通過電阻器的電流變小
[9-4][110年統測]

( )101.如圖(48)所示RC串聯交流電路，若電源電壓 $v_s(t) = 200\sqrt{2}\sin(500t)$ V、電流 $i_s(t) = 10\sin(500t + 45°)$ A，則電阻R及電容C為何？
(A)$R = 20\,\Omega$，$C = 100\,\mu F$　　(B)$R = 20\sqrt{2}\,\Omega$，$C = 100\sqrt{2}\,\mu F$
(C)$R = 10\sqrt{2}\,\Omega$，$C = 50\sqrt{2}\,\mu F$　　(D)$R = 10\,\Omega$，$C = 50\,\mu F$
[9-2][111年統測]

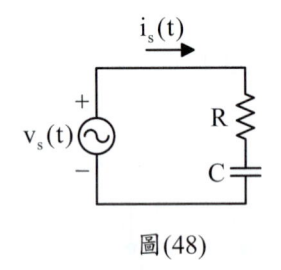

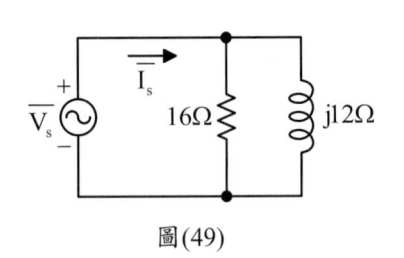

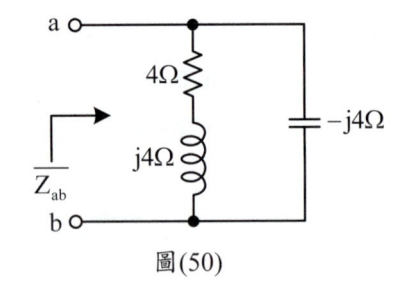

圖(48)　　圖(49)　　圖(50)

( )102.如圖(49)所示RL並聯交流電路，若電源電壓 $\overline{V_s} = 240\angle 0°$ V，則電流 $\overline{I_s}$ 為何？
(A)(15 − j20)A (B)(20 − j15)A (C)(15 + j20)A (D)(20 + j15)A
[9-4][111年統測]

( )103.如圖(50)所示交流電路，其a、b兩端阻抗 $\overline{Z_{ab}}$ 為何？
(A)4Ω (B)$(4 + j4)\Omega$ (C)$(4 − j4)\Omega$ (D)$(4 − j8)\Omega$
[9-5][111年統測]

實習專區

( ) 1. 如圖(1)所示之 RLC串聯電路，下列敘述何者錯誤？
(A)電路總阻抗Z = 5 Ω
(B)電流I = 20 A
(C)電壓落後電流53°
(D)電阻之壓降為60V [電機統測]

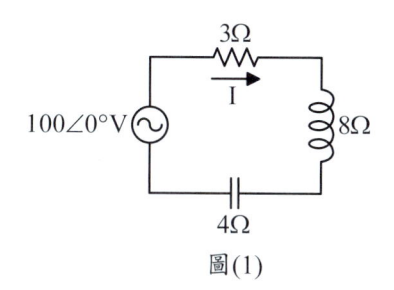

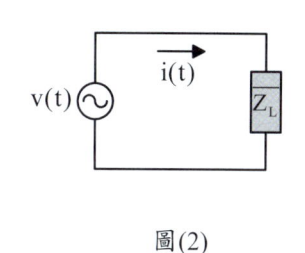

( ) 2. 如圖(2)所示的電路，交流電源電壓為
$v(t) = 150\sin(377t - 30°)$ V，電流$i(t) = 10\sin 377t$ A，則負載Z_L的特性為何？
(A)電感性
(B)電容性
(C)電阻性
(D)無法判定 [電子統測]

( ) 3. 一個RLC串聯電路，若R = 25 Ω、$X_L = 5$ Ω、$X_C = 5$ Ω，接於AC 110V/50Hz電壓源兩端，下列敘述何者正確？
(A)總阻抗為35Ω
(B)此電路呈電阻性
(C)此電路呈電感性
(D)此電路呈電容性 [電子統測]

( ) 4. 有一單相交流負載，若負載兩端的電壓$v(t) = 110\sqrt{2}\cos(377t - 15°)$ V，流經負載的電流$i(t) = 5\sqrt{2}\cos(377t + 15°)$ A，則下列敘述何者正確？
(A)此負載為電感性負載
(B)此負載的平均功率為550W
(C)此負載的阻抗為22∠30°Ω
(D)此負載的功率因數為0.866 [104年電機統測]

( ) 5. 某電阻壓降為$v(t) = 220\sqrt{2}\sin(377t - 30°)$ V，若用交流電壓表量測此電阻壓降，則下列敘述何者正確？
(A)電表與該電阻串聯，顯示$220\sqrt{2}$V
(B)電表與該電阻並聯，顯示$220\sqrt{2}$V
(C)電表與該電阻串聯，顯示220V
(D)電表與該電阻並聯，顯示220V [105年電機統測]

( ) 6. 交流RL串聯電路中，已知電阻R = 6Ω，電感L之值未知，當接上電壓為220V頻率為60Hz之交流弦波電源時，功率因數為0.8，若改接電壓為110V頻率為60Hz之交流弦波電源時，其功率因數為何？
(A)0.9 (B)0.8 (C)0.6 (D)0.5 [106年電機統測]

( ) 7. RLC並聯電路外加交流電壓源，交流電流表分別量測各分支電流，電阻器電流為10A、電感器電流為10A及電容器電流為10A，則交流電壓源之電流為何？
(A)30A (B)20A (C)$10\sqrt{2}$A (D)10A [107年電機統測]

(　)8. RL串聯電路外加交流電壓源110V，電阻為8Ω，電流為11A，則下列敘述何者正確？
(A)電感抗為6Ω及功率因數為0.8　　(B)電感抗為8Ω及功率因數為0.8
(C)電感抗為6Ω及功率因數為0.6　　(D)電感抗為8Ω及功率因數為0.6
[107年電機統測]

(　)9. 如圖(3)所示交流穩態電路，已知電源電壓E_S有效值為100V，頻率為60Hz，若電阻$R_1=15\Omega$且端電壓有效值為60V，則電容器C_1端電壓及電容抗各為何？
(A)電容器C_1端電壓有效值為60V，容抗15Ω
(B)電容器C_1端電壓有效值為60V，容抗為20Ω
(C)電容器C_1端電壓有效值為100V，容抗為75Ω
(D)電容器C_1端電壓有效值為80V，容抗為20Ω
[109年電機統測]

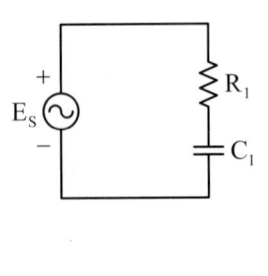

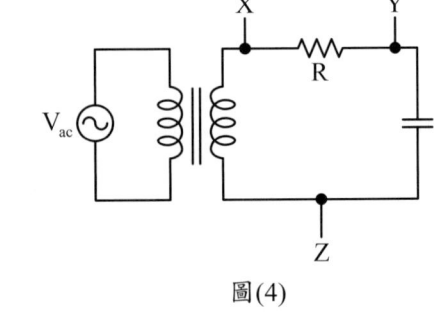

圖(3)

圖(4)

(　)10. 如圖(4)所示，使用示波器與被動探棒觀察電容器電壓與電流相位差之接線，下列敘述何者正確？
(A)CH1接X點，CH1黑色鱷魚夾接Y點；CH2接Y點，CH2黑色鱷魚夾接Z點，CH2波形反相
(B)CH1接X點，CH1黑色鱷魚夾接Y點；CH2接Z點，CH2黑色鱷魚夾接Y點，CH2波形反相
(C)CH1接Y點，CH1黑色鱷魚夾接X點；CH2接Z點，CH2黑色鱷魚夾接X點，CH1波形反相
(D)CH1接X點，CH1黑色鱷魚夾接Z點；CH2接Y點，CH2黑色鱷魚夾接Z點，CH2波形反相
[110年電機統測]

模擬演練

(　思考題、　創意題、　特殊題)
(▶ 表示提供影音解題)

( )1. 關於RC交流串聯電路的敘述，下列何者正確？
①功因角θ隨頻率 f 增加而增加
②功率因數cosθ隨頻率 f 增加而增加
③功因角θ隨電容量C增加而增加
④功率因數cosθ隨電容量C增加而增加
(A)①③　(B)②④　(C)①④　(D)②③

( )2. 關於RLC交流串聯電路的敘述，下列何者正確？
①當$X_L > X_C$時為電容性電路
②當$V_C > V_L$時為$\overline{V_R}$相位超前電源$\overline{V}$相位
③當$X_L \neq X_C$時為電阻性電路
④當$V_L > V_C$時為$\overline{I_L}$相位滯後電源$\overline{V}$相位
(A)①③　(B)②④　(C)①④　(D)②③

( )3. 關於RLC交流並聯電路的敘述，下列何者正確？
①當$B_L > B_C$時，電源電壓$\overline{V}$相位超前電源電流$\overline{I}$
②當$B_L = B_C$時，電源電流$\overline{I}$最大
③當$I_L < I_C$時，電容器電流I_C超前電感器電流I_L相位90°
④當電源頻率 f 增加，則電路性質逐漸偏向電容性
(A)①③　(B)②④　(C)①④　(D)②③

( )4. 如圖(1)所示，下列何者正確？
①$\overline{V_o} = 1 - j(V)$　②$\overline{V_o} = -1 - j(V)$　③$\overline{I} = 0.5 - j0.5(A)$　④$\overline{I} = 0.5 - j1.5(A)$
(A)①③　(B)②④　(C)①④　(D)②③

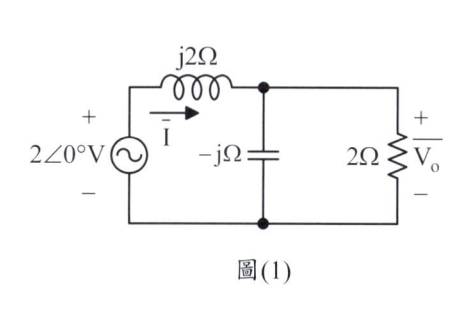

圖(1)

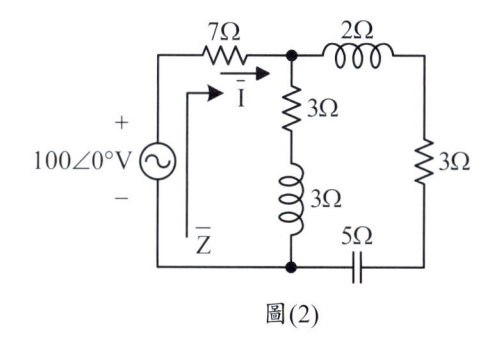

圖(2)

( )5. 如圖(2)所示，下列何者正確？
①$\overline{Z} = 10\angle 90°\Omega$　②$\overline{Z} = 10\angle 0°\Omega$　③$\overline{I} = 10\angle 0°A$　④$\overline{I} = 10\angle 90°A$
(A)①③　(B)②④　(C)①④　(D)②③

( )6. 如圖(3)所示，下列何者正確？
①總導納$\overline{Y_{ab}} = 0.12 - j0.09(\mho)$
②總導納$\overline{Y_{ab}} = 0.12 + j0.09(\mho)$
③功因角θ = 53°
④電感性電路
(A)①③　(B)②④　(C)①④　(D)②③

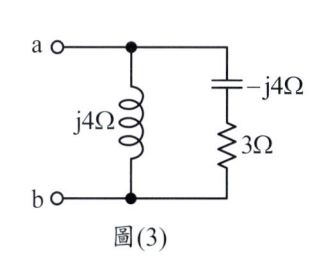

圖(3)

( )7. 如圖(4)所示,若v(t)為振幅10V頻率1kHz的正弦波,且電阻器的電壓相位$\overline{V_R}$超前電源電壓v(t)達30°,則下列何者正確?
①電容器的電壓振幅為5V ②電容器的電壓振幅為8.66V
③$X_C = 866\Omega$ ④$X_C = 577\Omega$
(A)①③ (B)②④ (C)①④ (D)②③

圖(4)

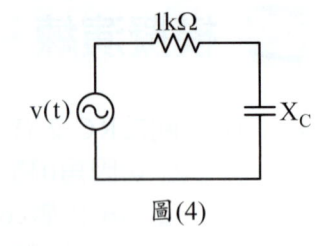

( )8. 如圖(5)所示為RL串聯電路,若開關S閉合後並聯使功率因數變為0.6超前,則並聯電容值C應為多少? (A)16μF (B)32μF (C)64μF (D)128μF

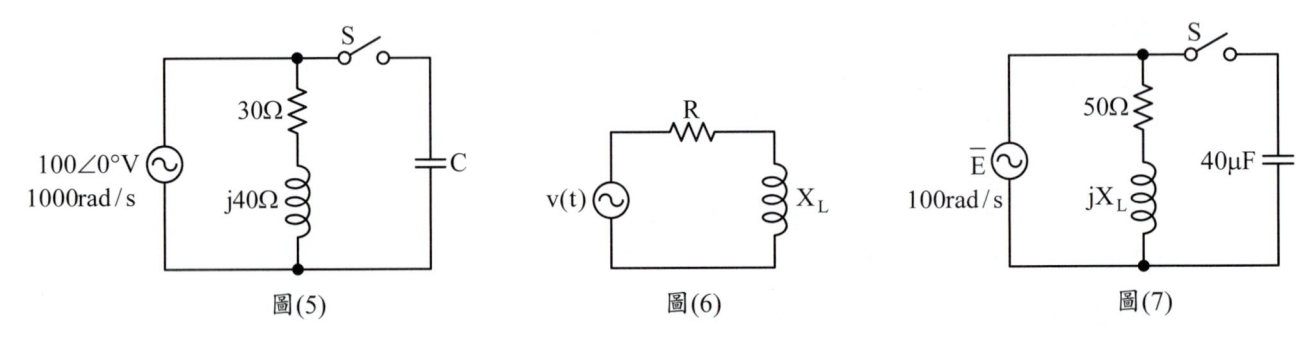

圖(5) 圖(6) 圖(7)

( )9. 如圖(6)所示,當電源頻率為30Hz時的電路功率因數cosθ = 0.8,若電源頻率可調整,當功率因數角θ增加至45°時的電源頻率f為何?
(A)30Hz (B)40Hz (C)45Hz (D)60Hz

( )10. 如圖(7)所示,當開關S閉合前的電路功率因數cosθ = 0.707滯後,則下列敘述何者正確?
①開關S閉合前$X_L = 10\Omega$
②開關S閉合前L = 0.5H
③開關S閉合後,調整電源角速度ω = 125rad/s可使功率因數PF = 1
④開關S閉合後,調整電源角速度ω = 200rad/s可使功率因數PF = 1
(A)①③ (B)②④ (C)①④ (D)②③

情境素養題

(▶ 表示提供影音解題)

▲ 閱讀下文，回答第1~6題

娜美參加『百萬小學堂』，只要通過下列所有的問題挑戰，即可獲得獎金100萬元。已知下圖中A、B、C為電感、電容與電阻等三種元件，且電容抗$X_C = 7\Omega$、電感抗$X_L = 13\Omega$，總阻抗$Z = 10\Omega$，電路與相關數據如下表所示，試問：

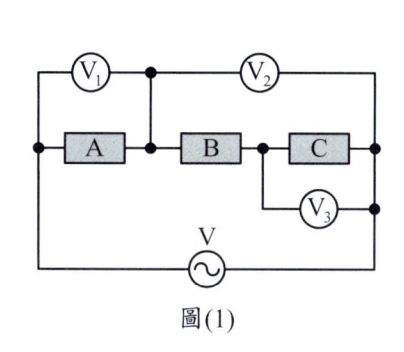

次數＼數值	電源V	V_1	V_2	V_3
第一次	100V	80V	60V	70V
第二次	⚡	120V	90V	105V
第三次	300V	240V	180V	🔥

圖(1)

( )1. 電阻為幾歐姆？ (A)3Ω (B)4Ω (C)6Ω (D)8Ω

( )2. A元件為何？ (A)電阻器 (B)電感器 (C)電容器 (D)不一定

( )3. B元件為何？ (A)電阻器 (B)電感器 (C)電容器 (D)不一定

( )4. C元件為何？ (A)電阻器 (B)電感器 (C)電容器 (D)不一定

( )5. ⚡為 (A)120V (B)150V (C)200V (D)250V

( )6. 🔥為 (A)170V (B)180V (C)210V (D)250V

▲ 閱讀下文，回答第7題

柯南在一個金融犯罪現場，發現犯人所故意留下的訊息如下：

(1) A、B、C為電阻、電感與電容不同元件所組成，且 $X_L > X_C$
(2) 電流表 Ⓐ = 10 A，Ⓐ₁ = 12 A，Ⓐ₂ = 8 A，Ⓐ₃ = 6 A
(3) 當拔除A元件，電流表 Ⓐ = 10 A
(4) 當拔除B元件，電流表 Ⓐ = 6 A
(5) 當拔除C元件，電流表 Ⓐ = $4\sqrt{13}$ A

圖(2)

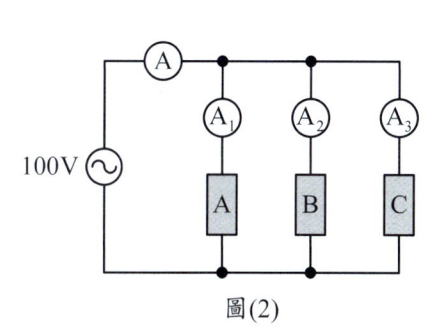

其中ABC為金庫密碼，只要破解訊息即可獲得巨大財富，試問：

( )7. 金庫密碼ABC為 (A)RLC (B)LCR (C)RCL (D)CRL

解答

（*表示附有詳解）

9-1立即練習
1.B　2.B　3.D　4.D　5.D　*6.C　*7.C　*8.A

9-2立即練習
*1.D　2.B　*3.A　4.B　*5.C

9-3立即練習
*1.D　*2.C　3.B　4.B　*5.C　*6.B　*7.B

9-4立即練習
*1.C　*2.D　*3.C　4.C　*5.A　*6.D　*7.B　8.D

9-5立即練習
*1.B　2.C　3.C　*4.D　*5.A　6.C　7.B　*8.B　*9.D

綜合練習
1.B　2.D　3.C　4.B　*5.D　*6.D　7.D　*8.C　*9.C　10.C
11.B　12.B　*13.C　*14.C　*15.C　16.A　17.B　*18.D　*19.A　*20.B
21.B　22.C　23.A　*24.D　*25.C　26.B　27.D　28.B　29.D　30.C
31.A　32.A　*33.D　34.C　35.C　36.C　*37.B　38.C　39.C　40.A
41.D　*42.B　*43.A　44.B　45.C　46.D　47.A　*48.A　*49.B　*50.C
*51.C　52.B　*53.C　54.D　55.A　56.C　57.C　58.C　*59.B　60.C
61.D　62.B　*63.B　*64.A　*65.B　*66.C　67.C　*68.C　69.D　*70.B
71.A　*72.C　*73.B　*74.A　*75.B　*76.B　*77.C　*78.B　*79.C　*80.A
*81.B　82.C　*83.A　*84.C　*85.D　*86.A　*87.D　*88.B　*89.A　*90.D
*91.A　*92.C　*93.D　*94.D　95.C　*96.A　*97.C　*98.C　*99.C　100.A
*101.A　*102.A　*103.C

實習專區
*1.C　2.B　*3.B　*4.D　5.D　*6.B　*7.D　*8.A　*9.D　*10.B

模擬演練
*1.B　2.B　3.C　*4.B　5.D　*6.C　7.C　*8.B　*9.B　*10.B

情境素養題
*1.D　*2.A　3.B　4.C　*5.B　*6.C　7.D

CHAPTER 10 交流電功率

本章學習重點

節名	常考重點	
10-1 瞬間功率	• 瞬間功率方程式 • 最大瞬間功率與最小瞬間功率之計算	★★★☆☆
10-2 視在功率（S）、平均功率（P）與虛功率（Q） 含實習	• 複數功率的計算 • 各種交流電路的功率計算	★★★★★
10-3 功率因數的改善	• 功率因數改善的優點 • 功率因數改善的計算	★★★☆☆

統測命題分析

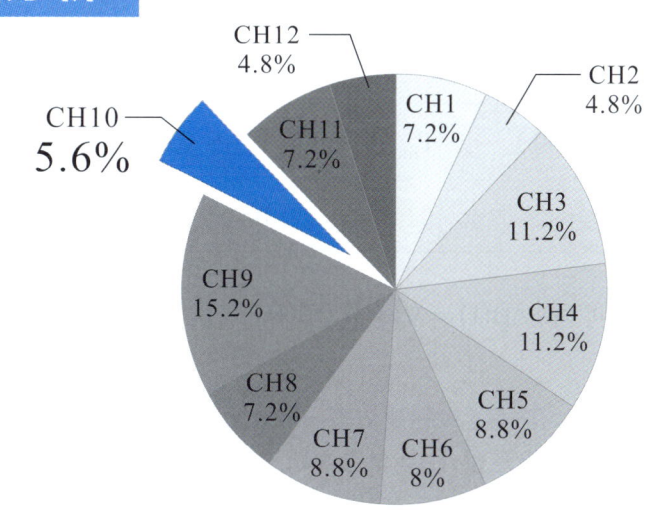

- CH12 4.8%
- CH11 7.2%
- CH10 5.6%
- CH9 15.2%
- CH8 7.2%
- CH7 8.8%
- CH6 8%
- CH5 8.8%
- CH4 11.2%
- CH3 11.2%
- CH2 4.8%
- CH1 7.2%

影音解題連結

10-1 瞬間功率

1. 瞬間功率方程式：
   若電源電壓 $v(t) = V_m \sin(\omega t + \theta_v)$，電源電流 $i(t) = I_m \sin(\omega t + \theta_i)$，如下圖所示，則瞬間功率 $p(t)$ 表示式如下：**（以有效值 V、I 表示之）**

$$\begin{aligned} p(t) &= v(t) \times i(t) = V_m \sin(\omega t + \theta_v) \times I_m \sin(\omega t + \theta_i) \\ &= \sqrt{2} V \sin(\omega t + \theta_v) \times \sqrt{2} I \sin(\omega t + \theta_i) \\ &= 2VI[\sin(\omega t + \theta_v) \times \sin(\omega t + \theta_i)] \end{aligned}$$

運用積化和差公式： $\sin\alpha \times \sin\beta = -\dfrac{1}{2}[\cos(\alpha + \beta) - \cos(\alpha - \beta)]$

$$= VI[\cos(\theta_v - \theta_i) - \cos(2\omega t + \theta_v + \theta_i)]$$

其中 $\theta_v - \theta_i$ 為功因角 θ，且 $-1 \leq \cos(2\omega t + \theta_v + \theta_i) \leq 1$

因此 $p(t) = VI[\cos\theta \pm 1]$

$$\Rightarrow \begin{cases} \cos(2\omega t + \theta_v + \theta_i) = -1 \Rightarrow P_{max} = VI[\cos\theta + 1] = VI\cos\theta + VI = P + S \\ \cos(2\omega t + \theta_v + \theta_i) = +1 \Rightarrow P_{min} = VI[\cos\theta - 1] = VI\cos\theta - VI = P - S \end{cases}$$

2. 純電阻（R）性、純電感（L）性以及純電容（C）性的瞬間功率：

	純電阻（R）性	純電感（L）性	純電容（C）性
電源電壓 $v(t)$	$v(t) = V_m \sin(\omega t + \theta_v)$	$v(t) = V_m \sin(\omega t + 90°)$	$v(t) = V_m \sin(\omega t)$
電源電流 $i(t)$	$i(t) = i_m \sin(\omega t + \theta_i)$	$i(t) = i_m \sin(\omega t)$	$i(t) = i_m \sin(\omega t + 90°)$
瞬間功率 $p(t)$ 方程式	$VI \times [1 - \cos(2\omega t + 2\theta_v)]$（其中 $\theta_v = \theta_i$ 同相位）	$-VI \times \cos(2\omega t + 90°)$ 或 $VI \times \sin 2\omega t$	$-VI \times \cos(2\omega t + 90°)$ 或 $VI \times \sin 2\omega t$
最大瞬間功率	$P_{max} = 2S = 2P$（瓦特）	$P_{max} = VI = S$（瓦特）	$P_{max} = VI = S$（瓦特）
最小瞬間功率	$P_{min} = 0$（瓦特）	$P_{min} = -VI = -S$（瓦特）	$P_{min} = -VI = -S$（瓦特）
平均功率	P	0	0

技巧：無論電路特性為何皆以 $p(t) = VI \times [\cos(\theta_v - \theta_i) - \cos(2\omega t + \theta_v + \theta_i)]$ 代入快速求解。

註1：S 為視在功率的簡稱，P 為平均功率（或稱實功率、有效功率）的簡稱（於下一節說明）。
註2：交流瞬間功率 $p(t)$ 的頻率 f 為電源電壓 $v(t)$ 或是電源電流 $i(t)$ 頻率的2倍。
註3：$p(t) = VI \times [\cos(\theta_v - \theta_i) - \cos(2\omega t + \theta_v + \theta_i)] = P - S \times \cos(2\omega t + \theta_v + \theta_i)$

交流電功率

觀念是非辨正

1. (○) 純電感（L）或純電容（C）電路不消耗任何功率。
2. (○) 交流瞬間功率的週期T為電源週期的一半。

概念釐清

純電容或純電感電路為儲存或釋放能量（虛功率），其電路不消耗功率（實功率）。

瞬間功率的頻率f為電源頻率的2倍，因此週期T為一半。

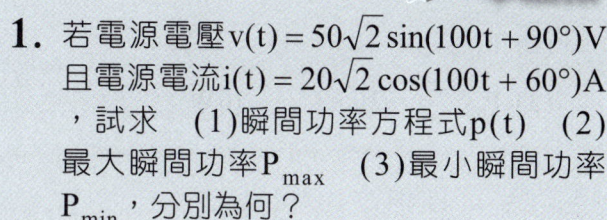

老師教

1. 若電源電壓 $v(t) = 10\sin(314t + 60°)$ V 且電源電流 $i(t) = 2\sin(314t + 30°)$ A，試求 (1)瞬間功率方程式 $p(t)$ (2)最大瞬間功率 P_{max} (3)最小瞬間功率 P_{min}，分別為何？

解 $p(t) = VI[\cos(\theta_v - \theta_i) - \cos(2\omega t + \theta_v + \theta_i)]$

$p(t) = \dfrac{10}{\sqrt{2}} \times \dfrac{2}{\sqrt{2}}[\cos(60° - 30°)$
$\quad\quad\quad - \cos(628t + 60° + 30°)]$

(1) $p(t) = 5\sqrt{3} - 10\cos(628t + 90°)]$ (瓦特)

(2) $P_{max} = 5\sqrt{3} + 10$ (瓦特)

(3) $P_{min} = 5\sqrt{3} - 10$ (瓦特)

學生做

1. 若電源電壓 $v(t) = 50\sqrt{2}\sin(100t + 90°)$ V 且電源電流 $i(t) = 20\sqrt{2}\cos(100t + 60°)$ A，試求 (1)瞬間功率方程式 $p(t)$ (2)最大瞬間功率 P_{max} (3)最小瞬間功率 P_{min}，分別為何？

解

---

2. 若電源電壓 $v(t) = 50\sin(120t + 60°)$ V 且電源電流 $i(t) = 12\sin(120t + 60°)$ A，試求 (1)瞬間功率方程式 $p(t)$ (2)最大瞬間功率 P_{max} (3)最小瞬間功率 P_{min}，分別為何？

解 純電阻電路

(1) $p(t) = VI[\cos(\theta_v - \theta_i) - \cos(2\omega t + \theta_v + \theta_i)]$
$p(t) = 300 - 300\cos(240t + 120°)$ 瓦特

(2) $P_{max} = 300 - 300 \times (-1) = 600$ W

(3) $P_{min} = 300 - 300 \times 1 = 0$ W

2. 若電源電壓 $v(t) = 30\sqrt{2}\sin(100t + 25°)$ V 且電源電流 $i(t) = 10\sin(100t + 25°)$ A，試求 (1)瞬間功率方程式 $p(t)$ (2)最大瞬間功率 P_{max} (3)最小瞬間功率 P_{min}，分別為何？

解

3. 若電源電壓 $v(t) = 10\sin(314t + 60°)$V 且電源電流 $i(t) = 2\sin(314t - 30°)$A，試求 (1)瞬間功率方程式 p(t) (2)最大瞬間功率 P_{max} (3)最小瞬間功率 P_{min}，分別為何？

解 純電感電路

(1) $p(t) = VI[\cos(\theta_v - \theta_i) - \cos(2\omega t + \theta_v + \theta_i)]$
$p(t) = -10\cos(628t + 30°)$ 瓦特

(2) $P_{max} = -10 \times (-1) = 10$W

(3) $P_{min} = -10 \times 1 = -10$W

3. 若電源電壓 $v(t) = 20\sqrt{2}\sin(100t + 45°)$V 且電源電流 $i(t) = 5\sqrt{2}\sin(100t - 45°)$A，試求 (1)瞬間功率方程式 p(t) (2)最大瞬間功率 P_{max} (3)最小瞬間功率 P_{min}，分別為何？

解

4. 若電源電壓 $v(t) = 25\sqrt{2}\sin(50t + 20°)$V 且電源電流 $i(t) = 10\sqrt{2}\sin(50t + 110°)$A，試求 (1)瞬間功率方程式 p(t) (2)最大瞬間功率 P_{max} (3)最小瞬間功率 P_{min}，分別為何？

解 純電容電路

(1) $p(t) = VI[\cos(\theta_v - \theta_i) - \cos(2\omega t + \theta_v + \theta_i)]$
$p(t) = -250\cos(100t + 130°)$ 瓦特

(2) $P_{max} = -250 \times (-1) = 250$W

(3) $P_{min} = -250 \times 1 = -250$W

4. 若電源電壓 $v(t) = 40\sin(200t - 60°)$V 且電源電流 $i(t) = 15\sin(200t + 30°)$A，試求 (1)瞬間功率方程式 p(t) (2)最大瞬間功率 P_{max} (3)最小瞬間功率 P_{min}，分別為何？

解

交流電功率

ABCD 立即練習

( ) 1. 有一電源電壓 $v(t) = 100\sqrt{2}\sin(50t + 105°)$ V 且電源電流 $i(t) = 5\sqrt{2}\cos(50t - 45°)$ A，試求瞬間功率的方程式為何？
(A) $250 - 500\cos(100t + 150°)$
(B) $250\sqrt{3} - 500\cos(100t + 60°)$
(C) $250 - 500\cos(100t + 60°)$
(D) $500 - 500\cos(100t + 150°)$

( ) 2. 有一電源電壓 $v(t) = 10\sin(314t + 60°)$ V 且電源電流 $i(t) = 2\sin(314t + 30°)$ A，試求在時間 $t = \dfrac{1}{120}$ 秒的瞬間功率為何？
(A) 0W   (B) $5(\sqrt{3}+1)$W   (C) $5(\sqrt{3}+2)$W   (D) $5(\sqrt{3}-2)$W

( ) 3. 有一電源電壓 $v(t) = V_m\sin(314t + 30°)$ V 且電源電流 $i(t) = I_m\sin(314t + 15°)$ A，試求產生最大瞬間功率 P_{max} 的時間 t 為何？
(A) 8.75ms   (B) 6.25ms   (C) 5ms   (D) 3.75ms

( ) 4. 承上題所示，試求產生最小瞬間功率 P_{min} 的時間 t 為何？
(A) 8.75ms   (B) 6.25ms   (C) 5ms   (D) 3.75ms

( ) 5. 有一個10Ω的電容器與 $v(t) = 20\sqrt{2}\sin(314t + 60°)$ V 的交流電源串聯，試求其最小瞬間功率為何？   (A) –40W   (B) 0W   (C) 40W   (D) 80W

( ) 6. 有一個5Ω的電感器與100V的交流電源串聯，試求其最大瞬間功率為何？
(A) 0W   (B) 1000W   (C) 2000W   (D) 4000W

( ) 7. 有一RC串聯電路，已知其電阻 R = 24Ω 以及電容抗 X_C = 18Ω。若將此電路接於 $v(t) = 120\cos(377t + 30°)$ V 之電源，則電源所供應之最大瞬間功率為何？
(A) 480W   (B) 432W   (C) 384W   (D) 192W

[110年統測]

10-2 視在功率（S）、平均功率（P）與虛功率（Q）

◯ 本節包含實習主題「交流電阻電感電容串、並聯電路實作」相關重點

1. 視在功率（S）：電源電壓有效值V與電源電流有效值I的乘積，稱為**視在功率，其單位為伏安（VA）**，若**視在功率以複數型態表示時稱為複數功率**。

    (1) 複數功率表示式：$S = V^*I = P \pm jQ$ $\begin{cases} +jQ：表示電容性（C） \\ -jQ：表示電感性（L） \end{cases}$

    (2) 複數功率表示式：$S = VI^* = P \pm jQ$ $\begin{cases} +jQ：表示電感性（L） \\ -jQ：表示電容性（C） \end{cases}$ ⇒ **本書採用此方法**

    註：兩者計算方法皆可，需統一定義好，方可正確判斷該電路的性質。

2. 平均功率（P）：對瞬間功率p(t)取一個週期內之平均值稱為**平均功率，又稱有效功率或是實功率。平均功率為交流電路中電阻所消耗的功率**，其單位為**瓦特（W）**，公式為$P = VI \times \cos\theta$。

    註：電阻器所消耗的平均功率$P = I^2R$或$P = \dfrac{V^2}{R}$表示（不需考慮電壓或電流的相位角）。

3. 虛功率（Q）：電感器或電容器兩者僅儲存或釋放電能，本身不消耗任何功率，因此稱為**虛功率，又稱無效功率或是電抗功率**。其單位為**乏（VAR）**，公式為$Q = VI \times \sin\theta$。

    註：$\begin{cases} 電感器的虛功率 Q_L = +jI^2X_L \text{ 或 } Q_L = +j\dfrac{V^2}{X_L} 表示 \\ 電容器的虛功率 Q_C = -jI^2X_C \text{ 或 } Q_C = -j\dfrac{V^2}{X_C} 表示 \end{cases}$ ⇒ 不需考慮電壓或電流的相位角。

4. 功率三角形：（視在功率（S）、平均功率（P）與虛功率（Q）三者之關係）

    $S = VI$（視在功率）
    $Q = VI \times \sin\theta$（虛功率）
    θ（功因角）
    $P = VI \times \cos\theta$（平均功率）

5. 串並聯（包括混合型）電路的視在功率（S）、平均功率（P）與虛功率（Q）的計算：

    (1) 總平均功率$P_T = P_1 + P_2 + \cdots\cdots + P_n$（每個電阻所消耗的平均功率（P）總和）。

    (2) 總虛功率$Q_T = Q_1 + Q_2 + \cdots\cdots + Q_n$（每個電感器以及電容器的虛功率（Q）總和，其中**電感器為+jQ，而電容器為−jQ，計算總和時需考慮到正負號**）。

    (3) 總視在功率$S_T \neq S_1 + S_2 + \cdots\cdots + S_n$，需運用$S_T = \sqrt{P_T^2 + Q_T^2}$求得總視在功率$S_T$。

    (4) 系統的功率因數$\cos\theta_T = \dfrac{P_T}{S_T}$。

交流電功率

6. RLC交流串聯電路與RLC交流並聯電路的相量圖：

RLC交流串聯電路	RLC交流並聯電路

電感性（$X_L > X_C$）	電容性（$X_C > X_L$）	電感性（$B_L > B_C$）	電容性（$B_C > B_L$）
(1) 阻抗 $\overline{Z}$ 相量圖	(1) 阻抗 $\overline{Z}$ 相量圖	(1) 導納 $\overline{Y}$ 相量圖	(1) 導納 $\overline{Y}$ 相量圖
(2) 電壓 $\overline{V}$ 相量圖	(2) 電壓 $\overline{V}$ 相量圖	(2) 電流 $\overline{I}$ 相量圖	(2) 電流 $\overline{I}$ 相量圖
(3) 功率相量圖	(3) 功率相量圖	(3) 功率相量圖	(3) 功率相量圖
(4) 功率因數 $\cos\theta$ $\cos\theta = \dfrac{R}{Z} = \dfrac{V_R}{V} = \dfrac{P}{S}$	(4) 功率因數 $\cos\theta$ $\cos\theta = \dfrac{R}{Z} = \dfrac{V_R}{V} = \dfrac{P}{S}$	(4) 功率因數 $\cos\theta$ $\cos\theta = \dfrac{G}{Y} = \dfrac{I_R}{I} = \dfrac{P}{S}$	(4) 功率因數 $\cos\theta$ $\cos\theta = \dfrac{G}{Y} = \dfrac{I_R}{I} = \dfrac{P}{S}$

註1：無論電路組態為何（包括串並聯混合型電路），其功率因數 $\cos\theta = \dfrac{P}{S} = \dfrac{P_T}{\sqrt{P_T^2 + Q_T^2}}$。

註2：串聯電路同乘基準值 $\overline{I}$，並聯電路同乘基準值 $\overline{V}$，即可快速畫出相量關係圖。

註3：交直流混合型電路，需分別進行直流分析與交流分析，最後再將功率重疊（合成）。

觀念是非辨正

1. (○) 電阻性電路所消耗的總虛功率為 0。
2. (×) 通過電阻的電流若大小不變，相位角 θ 改變則功率改變。

概念釐清

電阻性電路所消耗的虛功率（Q_L 或 Q_C）可能不為 0，但總虛功率 Q_T 的和必為 0。

角度 θ 即為時間差 t，電流的大小（振幅）不變因此實功率 P 不變。

老師教

1. 電源電壓 $\overline{V} = 20 + j30$ 伏特，電源電流 $\overline{I} = 4 - j2$ 安培，試求 (1)平均功率 P (2)虛功率 Q (3)電路性質，分別為何？

解
(1) $S = V I^* = (20 + j30)(4 - j2)^*$
　　　$= (20 + j30)(4 + j2)$
　$S = 20 + j160$ 伏安（VA）
　因此平均功率 $P = 20$ 瓦特（W）

(2) 虛功率 $Q = 160$ 乏（VAR）

(3) $+jQ$ 為電感性電路

學生做

1. 電源電壓 $\overline{V} = 10 - j20$ 伏特，電源電流 $\overline{I} = 5 + j2$ 安培，試求 (1)平均功率 P (2)虛功率 Q (3)電路性質，分別為何？

解

---

2. 電壓 $\overline{V} = 10\angle 30° V$，電源電流 $\overline{I} = 5\angle -15° A$，試求 (1)視在功率 S (2)平均功率 P (3)虛功率 Q (4)電路性質，分別為何？

解
(1) $S = V I^* = 10\angle 30° \times 5\angle 15°$
　　　$= 50\angle 45°$
　視在功率為 50 伏安（VA）

(2) $50\angle 45° = 25\sqrt{2} + j25\sqrt{2}$ 伏安（VA）
　平均功率為 $25\sqrt{2}$ 瓦特（W）

(3) 虛功率為 $25\sqrt{2}$ 乏（VAR）

(4) $+jQ$ 電感性電路

2. 電壓 $\overline{V} = 8\angle -60° V$，電源電流 $\overline{I} = 10\angle -30° A$，試求 (1)視在功率 S (2)平均功率 P (3)虛功率 Q (4)電路性質，分別為何？

解

3. 試求下圖中的 (1)平均功率P (2)虛功率Q (3)視在功率S，分別為何？

10∠30°A，30Ω，80Ω，40Ω

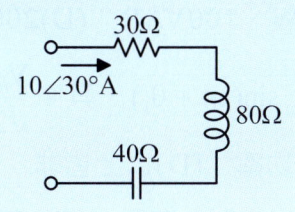

解 (1) $P = I^2 \times R = 10^2 \times 30$
　　　　$= 3000$ 瓦特（W）

(2) $Q = I^2 \times (X_L - X_C) = 10^2 \times 40$
　　　$= 4000$ 乏（VAR）（電感性）

(3) $S = \sqrt{P^2 + Q^2} = \sqrt{3000^2 + 4000^2}$
　　　$= 5000$ 伏安（VA）

3. 試求下圖中的 (1)平均功率P (2)虛功率Q (3)視在功率S，分別為何？

2∠10°A，4Ω，9Ω，13Ω

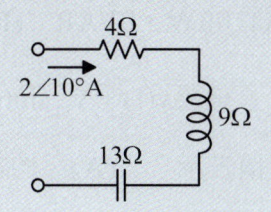

解

4. 試求下圖中的 (1)平均功率P (2)虛功率Q (3)電路性質，分別為何？

30∠30°V，2Ω，4Ω，5Ω

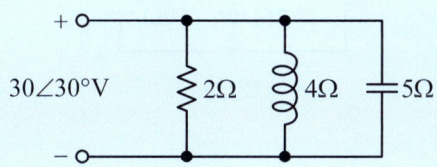

解 (1) $P = \dfrac{V^2}{R} = \dfrac{30^2}{2} = 450$ 瓦特（W）

(2) $Q = \dfrac{V^2}{X_L} - \dfrac{V^2}{X_C} = \dfrac{30^2}{4} - \dfrac{30^2}{5}$
　　　$= 45$ 乏（VAR）

(3) $B_L > B_C$ 或 $Q_L > Q_C$ 為電感性電路

4. 試求下圖中的 (1)平均功率P (2)虛功率Q (3)電路性質，分別為何？

100∠15°V，10Ω，20Ω，10Ω

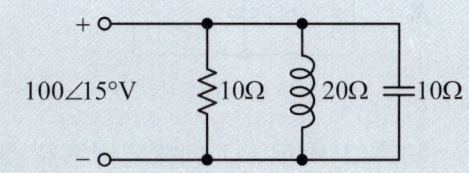

解

ABCD 立即練習

( )1. 有一個100Ω的電阻與100V的交流電源串聯，試求實功率與虛功率分別為何？
(A)100W、0VAR (B)200W、0VAR (C)100W、100VAR (D)200W、0VAR

( )2. 電源電壓$v(t) = V_m \sin(\omega t + \theta_v)$，電源電流$i(t) = I_m \sin(\omega t + \theta_i)$，其中$\frac{V_m}{\sqrt{2}}$與$\frac{I_m}{\sqrt{2}}$兩者之乘積表示？ (A)平均功率 (B)視在功率 (C)虛功率 (D)以上皆非

( )3. 阻抗為100Ω，功率因數為0.8的電感性負載接於100V之交流電，該負載所消耗之實功率P為何？ (A)80W (B)60W (C)40W (D)20W

( )4. 有一個阻抗$\overline{Z} = 8 + j6$歐姆，外接於$\overline{V} = 100\angle 60°$伏特的交流電源，試求該負載消耗之平均功率P為何？ (A)400W (B)600W (C)800W (D)1000W

( )5. 某交流電路$v(t) = 100\sqrt{2}\sin(377t + 30°)$V，$i(t) = 20\sqrt{2}\cos(377t - 30°)$A，下列何者錯誤？
(A)S = 2000VA (B)PF = 0.866（電容性） (C)f = 60Hz (D)Q = $1000\sqrt{3}$VAR

( )6. 如圖(1)所示，下列敘述何者錯誤？
(A)實功率P為800W (B)虛功率Q為400VAR
(C)視在功率S為$400\sqrt{5}$VA (D)$\cos\theta = \frac{1}{\sqrt{5}}$（滯後）

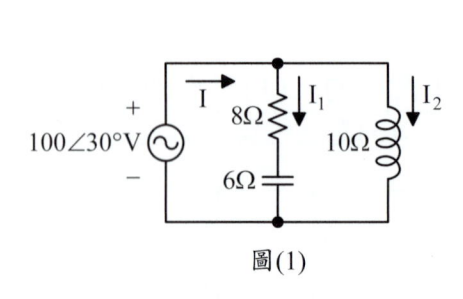

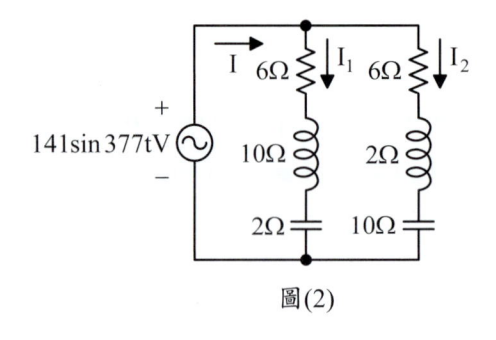

圖(1)

圖(2)

( )7. 如圖(2)所示，下列敘述何者錯誤？
(A)功率因數PF = 1 (B)視在功率S = 1200VA
(C)電源電流$\overline{I} = 12\angle 0°$A (D)無效功率Q = 1200VAR

( )8. 如圖(3)所示，試求實功率P與虛功率Q分別為何？
(A)120W、160VAR (A)160W、120VAR
(C)160W、160VAR (D)120W、120VAR

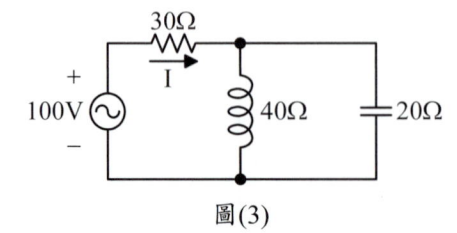

圖(3)

10-3 功率因數的改善

一 串聯與並聯電路功率因數與消耗功率之關係

若R-L串聯或R-C串聯時的功率因數為$\cos\theta_S$，所消耗的實功率為P_S，在相同外加電壓的情況下，直接將串聯電路改接為並聯電路，如下圖所示，若並聯時的功率因數為$\cos\theta_P$，所消耗的實功率為P_P，則關係如下：（$R = R'$；$X_L = X'_L$；$X_C = X'_C$）

1. $\theta_S + \theta_P = 90°$
2. $\cos^2\theta_S + \cos^2\theta_P = 1$
3. $P_S = P_P \times \cos^2\theta_S$

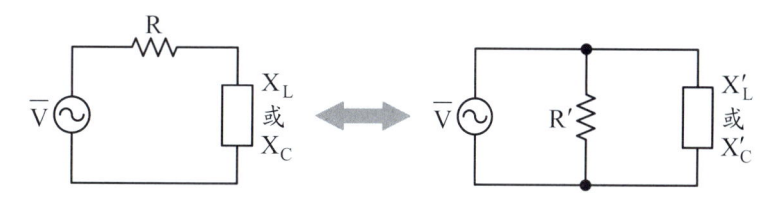

二 功率因數的改善

1. 功率因數改善的優點：**(1)減少線路電流；(2)減少線路壓降；(3)減少線路損失；(4)節省電費；(5)提高電力系統容量**。（因外加電壓V以及負載實功率P恆定，$P = VI\downarrow \cos\theta\uparrow$，故功率因數提高$\cos\theta\uparrow$，可降低線路電流$I\downarrow$）

2. 根據台灣電力公司規定，**功率因數最低不得低於80%，最高不得超過95%**。

3. 功率因數改善的方法：如圖(a)所示在電源側**並聯一電力電容器**，以改善功率因數。

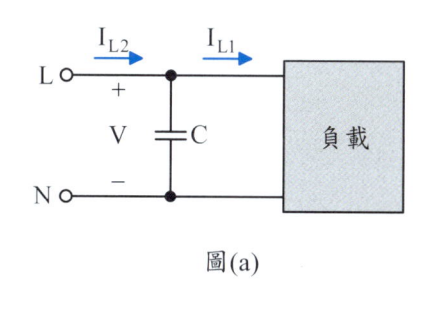

    圖(a) 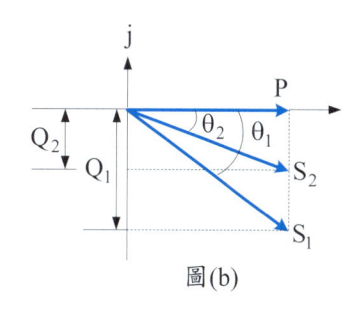　　　　　　　　圖(b)

4. 功率因數改善前後的相關計算：若改善前的功率因數為$\cos\theta_1$、線路電流為I_{L1}、線路損失為P_{loss1}、負載平均功率為P_1；加裝電容量為C的電容器後，功率因數為$\cos\theta_2$、線路電流為I_{L2}、線路損失為P_{loss2}、負載平均功率為P_2，其功率相量圖如圖(b)所示，則相關計算式為：

    (1) 功率因數改善前後的線路電流的關係式：$\cos\theta_2 \times I_{L2} = \cos\theta_1 \times I_{L1}$

    (2) 功率因數改善前後的線路損失功率的關係式：
    $P_{loss2} \times \cos^2\theta_2 = P_{loss1} \times \cos^2\theta_1$

    (3) 需加裝電力（進相）電容器的容量
    $Q_C = P_1 \times (\tan\theta_1 - \tan\theta_2) = P_2 \times (\tan\theta_1 - \tan\theta_2)(VAR)$
    （改善前後的負載實功率不變$P_1 = P_2$）

    (4) 需加裝電力（進相）電容器的容量$C = \dfrac{Q_C}{2 \times \pi \times f \times V^2}$法拉

    （f：電源頻率；V：電容器端電壓）（運用$Q_C = \dfrac{V^2}{X_C}$以及$X_C = \dfrac{1}{\omega C}$的公式）

基本電學含實習 絕殺講義

⭕❌ 觀念是非辨正

1. (✗) 功率因數改善前後，負載的視在功率保持不變。
2. (✗) 功率因數改善後可以有效減少負載的平均功率。

概念釐清

負載的實功率P保持不變，而虛功率Q以及視在功率S改變。

負載的實功率P保持不變。

老師教

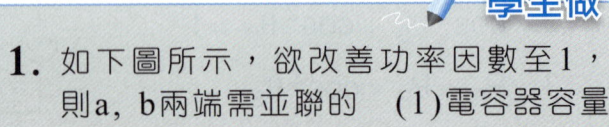

1. 如下圖所示，欲改善功率因數至1，則a, b兩端需並聯的 (1)電容器容量（VAR） (2)電容抗X_C (3)電容量C，分別為何？

電源：$100\sqrt{2}\sin 1000t\,V$，電阻 6Ω，電感 8Ω

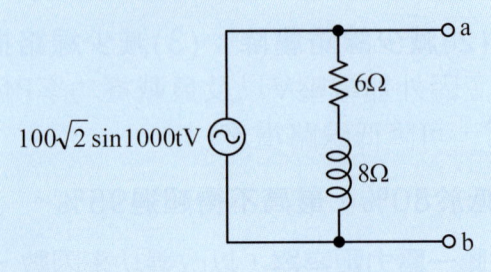

解 (1) $Q_C = (\dfrac{100}{6+j8})^2 \times 8 = 800\,\text{VAR}$

(2) $Q_C = \dfrac{V^2}{X_C} \Rightarrow 800 = \dfrac{100^2}{X_C}$
$\Rightarrow X_C = 12.5\,\Omega$

(3) $X_C = \dfrac{1}{\omega C} \Rightarrow 12.5 = \dfrac{1}{1000 \times C}$
$\Rightarrow C = 80\,\mu F$

學生做

1. 如下圖所示，欲改善功率因數至1，則a, b兩端需並聯的 (1)電容器容量（VAR） (2)電容抗X_C (3)電容量C，分別為何？

電源：$100\sin 400t\,V$，電阻 10Ω，電感 10Ω

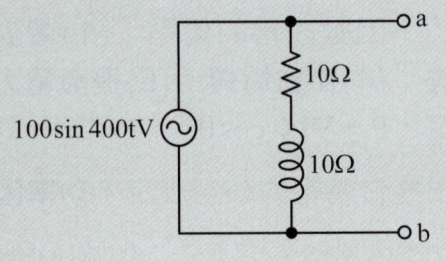

解

---

2. 某負載功率因數為0.6滯後時線路電流為20A，將功率因數改善至0.8滯後時，線路電流為多少安培？

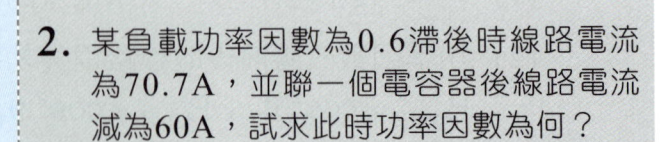

解 $\cos\theta_2 \times I_{L2} = \cos\theta_1 \times I_{L1}$
$0.8 \times I_{L2} = 0.6 \times 20 \Rightarrow I_{L2} = 15A$

2. 某負載功率因數為0.6滯後時線路電流為70.7A，並聯一個電容器後線路電流減為60A，試求此時功率因數為何？

解

交流電功率

3. 某工廠負載300kW，功率因數為0.6滯後，欲改善功率因數至0.8滯後，則需並聯電容器的虛功率為何？

解一 公式解：
$Q_C = P(\tan\theta_1 - \tan\theta_2)$
$Q_C = 300k \times (\tan 53° - \tan 37°)$
$\quad = 175\text{kVAR}$

解二 圖解：畫功率三角形

3. 某工廠負載300kVA，功率因數為0.707滯後，欲改善功率因數至0.8滯後，則需並聯電容器的虛功率為何？

解

4. 某負載功率因數為0.6滯後時線路損失為360W，將功率因數改善至0.9滯後時，線路損失為何？

解 $P_{loss2} \times \cos^2\theta_2 = P_{loss1} \times \cos^2\theta_1$
$P_{loss2} \times 0.9^2 = 360 \times 0.6^2 \Rightarrow P_{loss2} = 160\text{W}$

4. 某負載功率因數為0.6滯後時線路損失為300W，並聯一個電容器後線路損失減為168.75W，試求此時功率因數為何？

解

ABCD 立即練習

( ) 1. 有一負載接於電源頻率為60Hz時的阻抗$\overline{Z} = 16 + j6$歐姆，若將該阻抗接於頻率為120Hz的電源則功率因數變為多少？
(A)0.4　(B)0.6　(C)0.707　(D)0.8

( ) 2. 依據台灣電力公司規定功率因數最低不得低於　(A)0.4　(B)0.6　(C)0.707　(D)0.8

( ) 3. 改善功率因數之效益，下列敘述何者錯誤？
(A)減少線路電流　　　　　　(B)增加系統供應容量
(C)節省電力費用　　　　　　(D)增加線路電力損失

( ) 4. 某工廠負載400kVA，功率因數為0.6，若改善功因至0.8，需裝設多少kVAR之電容器？　(A)120　(B)140　(C)137.5　(D)132.5

( ) 5. 在電感性負載並聯電容器，則可
(A)提高功率因數，並增加線路電流
(B)提高功率因數，並使負載端電壓降低
(C)提高功率因數，並減少線路損失
(D)提高功率因數，並有效減少負載的有效功率

綜合練習

基礎題

10-1
( )1. 有一電源電壓 $v(t) = \sqrt{3}\sin(314t + \theta_v)$ 且電源電流 $i(t) = 3\sqrt{3}\cos(314t - \theta_i)$，試求瞬間功率的頻率 f 為何？ (A)50Hz (B)60Hz (C)100Hz (D)120Hz

( )2. 有一個50Ω的電阻與100V的交流電源串聯，試求其最大瞬間功率為何？
(A)0W (B)200W (C)400W (D)600W

( )3. 電源電壓 $v(t) = V_m\sin(\omega t + \alpha)$，電源電流 $i(t) = I_m\sin(\omega t + \beta)$，其中 v(t) 與 i(t) 兩者之乘積表示？ (A)平均功率 (B)視在功率 (C)虛功率 (D)瞬間功率

( )4. 交流電路中，平均功率是指一個交流週期中瞬間功率的平均值，若將100伏特，60Hz 之正弦交流電壓加於50Ω純電阻兩端，則下列敘述何者有誤？
(A)瞬間功率之頻率為60Hz (B)瞬間功率最大值為400W
(B)瞬間功率最小值為0 (D)平均功率為200W [四技二專]

( )5. 有一交流電路，當加入電源電壓 $v(t) = 150\sin(377t + 35°)$ V 時，產生的電源電流為 $i(t) = 10\sin(377t - 25°)$ A，試求該電源在此電路供給之最大瞬間功率 P_{max} 及最小瞬間功率 P_{min} 為多少？
(A)$P_{max} = 2250W$，$P_{min} = -750W$ (B)$P_{max} = 1500W$，$P_{min} = -500W$
(C)$P_{max} = 1125W$，$P_{min} = -375W$ (D)$P_{max} = 750W$，$P_{min} = -250W$ [102年統測]

( )6. 有一單相交流電路，若電源電壓 $v(t) = 120\sin(314t + 30°)$ V；電源電流 $i(t) = 2\sin(314t - 15°)$ A，則下列對此電路的敘述，何者正確？
(A)最小瞬間功率 $P_{min} = -120W$ (B)平均功率 $P = 120W$
(C)虛功率 $Q = 60VAR$ (D)瞬間功率的頻率 $f_p = 100Hz$ [105年統測]

( )7. 一個交流電壓源 $v(t) = 110\sqrt{2}\cos(120\pi t + 30°)$ V，提供電流 $i(t) = 10\cos(120\pi t - 30°)$ A，則下列敘述何者正確？
(A)瞬間功率的最大值 $P_{max} = 825$ W (B)瞬間功率的最大值 $P_{max} = 1100\sqrt{2}$ W
(C)瞬間功率的頻率 $f_p = 60$ Hz (D)瞬間功率的頻率 $f_p = 120$ Hz [107年統測]

10-2
( )8. 有一個10Ω的電容器與10V的交流電源串聯，試求實功率與虛功率分別為何？
(A)0W、0VAR (B)0W、10VAR (C)10W、0VAR (D)10W、10VAR

( )9. 電源電壓 $v(t) = V_m\sin(\omega t + \theta_v)$，電源電流 $i(t) = I_m\sin(\omega t + \theta_i)$，其中 V_m 與 I_m 兩者之乘積表示？ (A)平均功率 (B)視在功率 (C)虛功率 (D)以上皆非

( )10. 電源電壓 $v(t) = V_m\sin\omega t$，電源電流 $i(t) = I_m\sin(\omega t + 90°)$，其中 $\frac{V_m}{\sqrt{2}}$ 與 $\frac{I_m}{\sqrt{2}}$ 兩者之乘積表示？
(A)平均功率以及虛功率 (B)視在功率以及虛功率
(C)視在功率以及平均功率 (D)以上皆非

( )11. 有一RC串聯電路之電源頻率為 f，則電阻器所消耗瞬間功率的頻率為何？
(A)0 (B)f (C)2f (D)3f

( )12. 有一RL並聯電路之電源角頻率為 ω，則電阻器所消耗瞬間功率的角頻率為何？
(A)0 (B)ω (C)2ω (D)3ω

( )13. 如圖(1)所示,試求電源電流I與電路所消耗之功率分別為何?
(A)5A、0W
(B)15A、0W
(C)5A、500W
(D)15A、500W

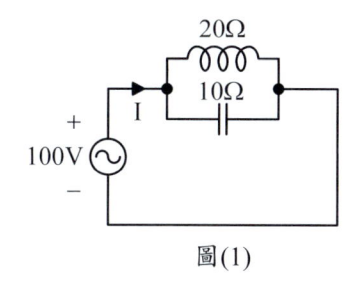

( )14. 一負載若吸取平均功率P以及電抗功率Q,則該負載功率因數cosθ為何?
(A)$\dfrac{1}{P+Q}$ (B)$P+Q$ (C)$\dfrac{P}{\sqrt{P^2+Q^2}}$ (D)$\dfrac{Q}{\sqrt{P^2+Q^2}}$

( )15. 10kVA/220V三相電動機,其功率因數為0.5,平均功率為
(A)5kW (B)8kW (C)7kW (D)10kW   [四技二專]

( )16. 如圖(2)所示,功率因數為多少?
(A)0.532
(B)0.6
(C)0.707
(D)0.868   [四技二專]

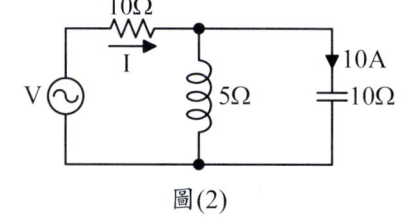

( )17. 有一個單相交流負載,負載端電壓為$v(t)=5\sin(377t+5°)$V,負載電流為$i(t)=4\sin(377t-55°)$A,則此負載之平均功率應為多少瓦特?
(A)5 (B)10 (C)20 (D)40   [統測]

( )18. 有一家庭自110V之單相交流電源,取用880W之實功率,已知其功率因數0.8滯後,則電源電流應為多少安培?
(A)10A (B)11A (C)20A (D)22A   [統測]

( )19. 一電阻器與一電容器並聯之後接到一單頻率正弦波電源,電源頻率之角速度為100rad/sec、電壓均方根值100V、供給電流均方根值20A,電阻器之電流均方根值$10\sqrt{3}$A,則下列有關電容器的敘述,何者正確?
(A)電抗值為10Ω
(B)無效功率絕對值為2000VAR
(C)電容量為0.1F
(D)電流均方根值為$(20-10\sqrt{3})$A   [統測]

( )20. 下列有關功率因數(PF)的敘述,何者正確?
(A)$-1 < PF < 0$
(B)純電阻之PF = 1
(C)純電容之PF = 1
(D)純電感之PF = 1   [統測]

( )21. 如圖(3)所示之交流電路,R的電流均方根值$I_R = 9$A且L的電流均方根值$I_L = 12$A,下列有關RL組合部分的敘述,何者錯誤?
(A)電流均方根值I = 15A
(B)功率因數P.F. = 0.6
(C)視在功率S = 540VA
(D)無效功率Q絕對值 = 324VAR   [統測]

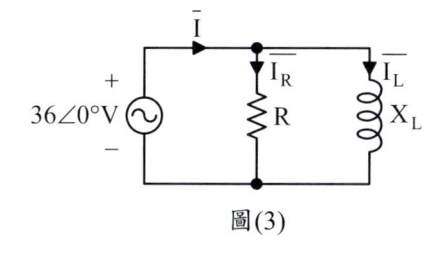

( )22. 如圖(4)所示之串聯電路，下列有關RLC組合部分的敘述，何者正確？
(A)電流均方根值I = 5A　　(B)平均功率P = 1000W
(C)功率因數P.F. = 0.5　　(D)視在功率S = 1000VA　[統測]

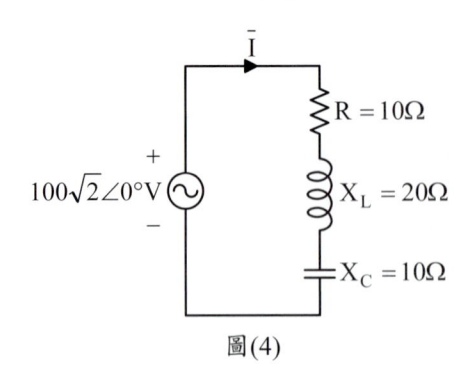

圖(4)

( )23. 有一交流電源$v(t) = 100\sqrt{2}\sin(377t + 10°)V$，接於20Ω的電阻兩端，求此電阻消耗的平均功率為多少？　(A)2000W　(B)1000W　(C)707W　(D)500W　[統測]

( )24. 如圖(5)所示電路，則電阻消耗多少虛功率？
(A)1000VAR　(B)500VAR　(C)0VAR　(D)−100VAR　[統測]

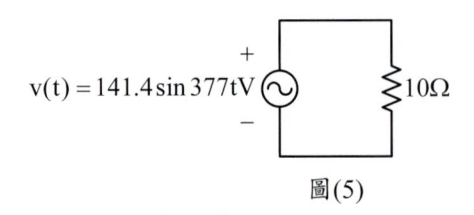

圖(5)

( )25. 如上題所示，求電源供給之平均功率為多少？
(A)0W　(B)200W　(C)500W　(D)1000W　[統測]

( )26. 某電感性負載消耗之平均功率為600W，虛功率為800VAR，則此負載之功率因數為何？　(A)0.8滯後　(B)0.6滯後　(C)0.8領前　(D)0.6領前　[統測]

( )27. 如圖(6)所示之電路，若$\overline{V_S} = 200\angle 0°V$，則9Ω電阻消耗的平均功率為
(A)1600W
(B)1000W
(C)800W
(D)600W　[統測]

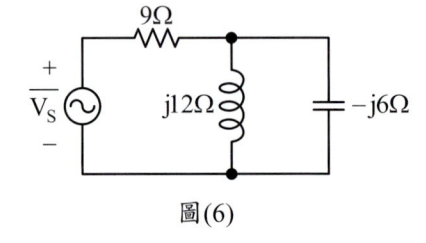

圖(6)

( )28. R-C串聯負載之交流電路，於穩態條件下，下列敘述何者正確？
(A)負載之電流相角滯後電壓相角
(B)負載功率因數小於1且為滯後
(C)負載功率因數小於1且為領前
(D)負載的視在功率等於實功率　[統測]

( )29. 如圖(7)所示之電路，單相負載的電壓與電流分別為
$v(t) = 50\sin(377t − 45°)V$ 及 $i(t) = −5\cos(377t − 15°)A$，
則該負載的功率因數（PF）為多少？
(A)1.0　(B)0.866　(C)0.5　(D)0.1　[統測]

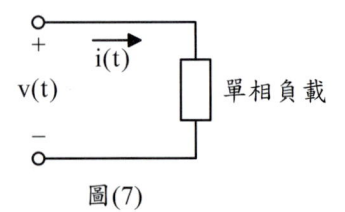

圖(7)

交流電功率

( )30. 如圖(8)所示之交流R-L-C並聯電路，若電源為 $\overline{V} = 600\angle 0°V$ 且 $R = 300\Omega$、$X_L = 720\Omega$、$X_C = 360\Omega$，求電源的視在功率為何？
(A)2000VA　(B)1500VA　(C)1300VA　(D)1250VA　[統測]

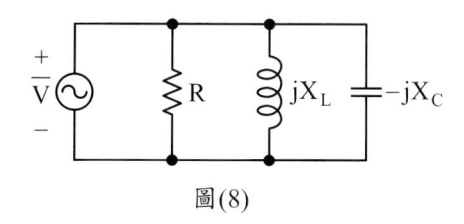

圖(8)

( )31. 在交流電路中，下列何者是由電感或電容所產生的功率？
(A)平均功率　(B)有效功率　(C)無效功率　(D)視在功率　[統測]

( )32. 已知RLC串聯交流電路的R、L、C電壓分別為 $V_R = 80V$、$V_L = 60V$、$V_C = 120V$，且流過R的電流為 $10\angle 0°A$，則此電路的視在功率為何？
(A)2600VA　(B)1400VA　(C)1000VA　(D)800VA　[統測]

( )33. 如圖(9)所示，負載兩端的電壓 $\overline{V} = 5 + j2V$，流經此負載的電流 $\overline{I} = 3 + j4A$，則此電路消耗之複數功率 $\overline{S}$ 為何？
(A)$7 - j14VA$
(B)$23 + j26VA$
(C)$7 + j26VA$
(D)$23 - j14VA$　[106年統測]

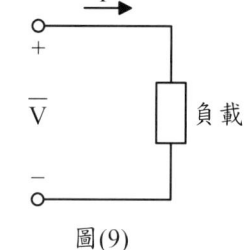

圖(9)

( )34. 下列有關交流電路中電功率之敘述，何者錯誤？
(A)視在功率為電流有效值平方與電壓有效值之乘積
(B)視在功率的單位為伏安（VA）
(C)實功率不變下，虛功率增加視在功率也會增加
(D)虛功率的單位為乏（VAR）　[106年統測]

( )35. 如圖(10)所示，弦波電壓源 $\overline{V}$ 之有效值為200V，$R = 40\Omega$、$X_L = 60\Omega$、$X_C = 30\Omega$，則下列敘述何者正確？
(A)電路的功率因數PF = 0.8
(B)電源供給的平均功率P = 1000 W
(C)電源供給的虛功率Q = 1000 VAR
(D)電源提供的視在功率S = 1000 VA　[107年統測]

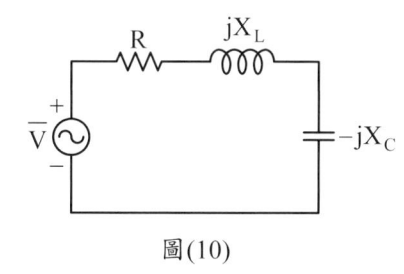

圖(10)

( )36. 有一負載接於電源頻率為60Hz時的阻抗 $\overline{Z} = R + jX$ 歐姆，其功率因數為0.6，若將該阻抗改接為並聯型態，則並聯時的功率因數為何？
(A)0.4　(B)0.6　(C)0.707　(D)0.8

( )37. 工廠之電動機並聯電容器，則其目的為何？
(A)增加電動機容量
(B)增加電動機轉速
(C)增加電動機轉矩
(D)減少線路電流

( )38. 某工廠負載為4kW接於110伏特60Hz電源,功率因數為0.8滯後,今功率因數欲提升至1時,需並聯之電容器約為何?
(A)234μF (B)412μF (C)550μF (D)658μF

( )39. 有一單相交流電路,電源電壓為v(t) = 200sin(300t + 30°)V,負載消耗的平均功率為4kW,功率因數為0.8滯後,若要將電路的功率因數提高至1.0,則需並聯多少電容量的電容器? (A)500μF (B)250μF (C)133μF (D)66.6μF
[102年統測]

進階題

(▶ 表示提供影音解題)

( )40. 有一電流i(t) = 3 + 4sin(ωt) + 5sin(3ωt) + 6sin(5ωt)安培,通過阻抗$\overline{Z} = 4 + j3(\Omega)$,試求該阻抗$\overline{Z}$消耗之有效功率P為何?
(A)190W (B)85W (C)48W (D)32W

( )41. 如圖(11)所示,試求電路的總功率因數為何?
(A)0.6滯後 (B)0.6超前 (C)0.8滯後 (D)0.8超前

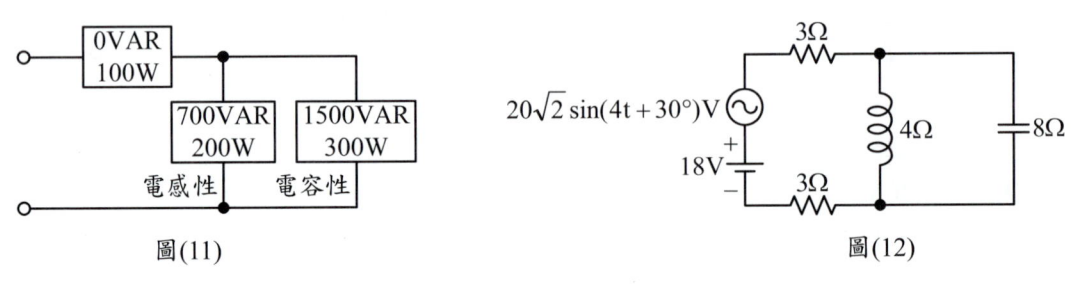

圖(11)

圖(12)

( )42. 如圖(12)所示,試求實功率P為何?
(A)24W (B)32W (C)78W (D)90W

( )43. 承上題所示,虛功率Q為何?
(A)24VAR (B)32VAR (C)78VAR (D)90VAR

( )44. 串聯電路如圖(13)所示,下列有關RL組合部分的敘述,何者正確?
(A)電流均方根值I = 2A (B)視在功率S = 10VA
(C)平均功率P = 10W   (D)功率因數P.F. = 0.5
[統測]

圖(13)

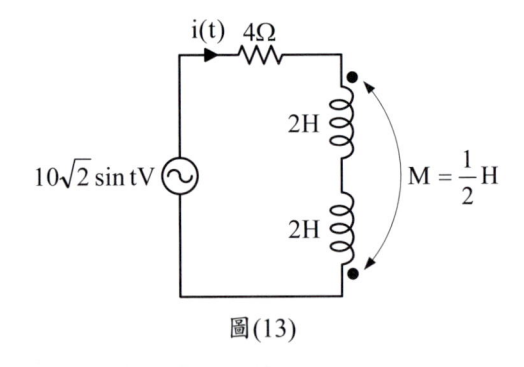

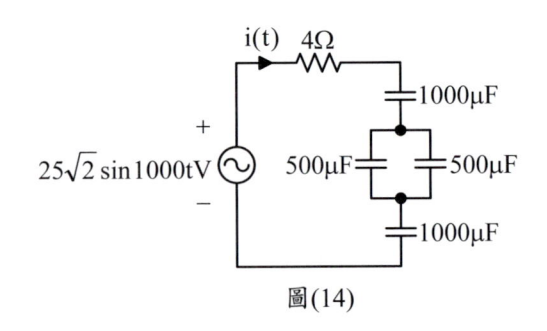

圖(14)

( )45. 串聯電路如圖(14)所示,下列有關RC組合部分的敘述,何者正確?
(A)功率因數P.F. = 0.6 (B)視在功率S = 100VA
(C)無效功率Q絕對值 = 50VAR (D)平均功率P = 100W
[統測]

( )46. 如圖(15)所示之RC交流電路，已知 $\overline{V_S} = 40\angle 0°V$，則電路功率因數為何？
(A)0.87　(B)0.80　(C)0.71　(D)0.50　[統測]

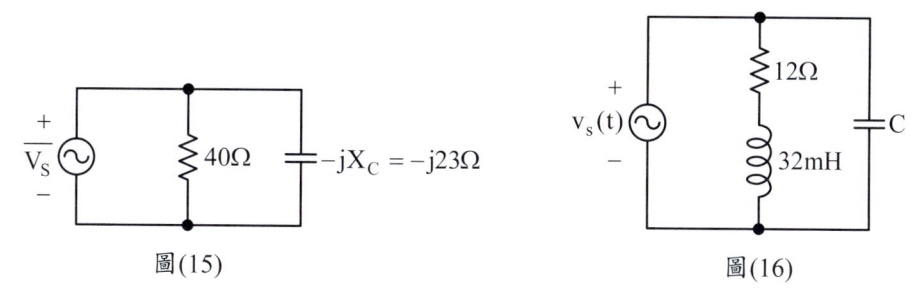

圖(15)

圖(16)

( )47. 如圖(16)所示之交流電路，已知 $v_s(t) = 100\sin 500t\,V$，電路的功率因數為0.8落後，則電容C之值為何？　(A)65μF　(B)50μF　(C)35μF　(D)20μF　[統測]

( )48. 某RL並聯電路的電阻R = 4Ω，輸入電壓 $\overline{V_S} = 40\angle 0°V$，若總視在功率大小為500VA，則電感抗約為多少歐姆？　(A)2.66　(B)5.33　(C)10.66　(D)16　[104年統測]

( )49. 有一負載接於電源頻率為60Hz時的阻抗 $\overline{Z} = R + jX$ 歐姆，其功率因數為0.8，且該負載所消耗的實功率為1200W，若將該阻抗改接為並聯型態，則並聯時所消耗的實功率為何？　(A)1200W　(B)1600W　(C)1875W　(D)2000W

( )50. 有一工廠負載，每月用電10000度，功率因數0.7，改善後0.95，設原有損失率為5%，則每月可減少電力損失多少度？　(A)74.5　(B)104.2　(C)131.6　(D)228.5

最近統測試題

( )51. 如圖(17)所示之交流穩態電路，若 $v(t) = 240\sqrt{2}\cos(377t)\,V$、$i_A(t) = 10\sqrt{2}\cos(377t - 45°)\,A$、$i_B(t) = 20\cos(377t + 90°)\,A$，則電源所供應之視在功率為何？
(A)4800VA　(B)$2400(1 + \sqrt{2})$VA　(C)$2400\sqrt{2}$VA　(D)2400VA　[10-2][110年統測]

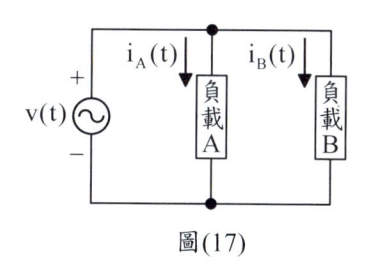

圖(17)

( )52. 某單相負載端電壓 $v_L(t) = 400\sin(377t)\,V$，負載電流 $i_L(t) = 40\sin(377t - 60°)\,A$，則下列敘述何者正確？
(A)負載的視在功率為16kVA
(B)負載的實功率（平均功率）為8kW
(C)負載的虛功率為 $8\sqrt{3}$ kVAR（電感性）
(D)負載的最大瞬間功率為12kW　[10-2][111年統測]

實習專區

( )1. 如圖(1)所示之電路，下列敘述何者錯誤？
(A)電路消耗功率為2200W　　　(B)電路消耗虛功率為1600VAR
(C)電路消耗視在功率為2200VA　(D)電路功率因數為1　　　[電機統測]

圖(1)

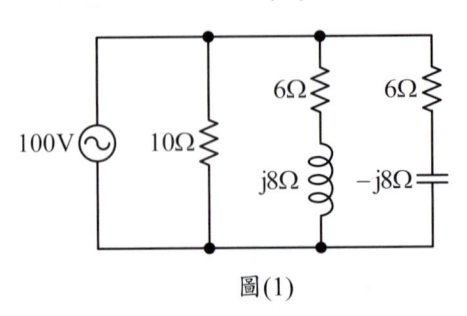

( )2. 在交流電路中，下列何者是由電感或電容所產生的功率？
(A)平均功率　(B)有效功率　(C)無效功率　(D)視在功率　　[電子統測]

( )3. 一交流電源提供之有效功率P與無效功率Q分別為500W與500VAR。若其負載為電感性，請問其功率因數為何？
(A)0.707領先　(B)0.707落後　(C)0.5領先　(D)0.5落後　　[電機統測]

( )4. 如圖(2)所示之電路，若$v_s(t) = 200\cos(5t)$ V，則電源提供的視在功率為何？
(A)10kVA　(B)$10\sqrt{2}$kVA　(C)20kVA　(D)$20\sqrt{2}$kVA　　[105年電機統測]

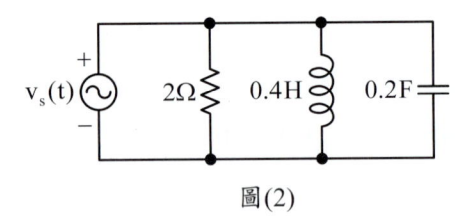

圖(2)

模擬演練

(💡 思考題、♦ 創意題、✿ 特殊題)
(▶ 表示提供影音解題)

CH 10 交流電功率

( )1. 電源電壓 $\overline{V} = 5\sqrt{3} + j5$ 伏特，電源電流 $\overline{I} = \sqrt{3} - j$ 安培，則下列敘述何者正確？
①平均功率 $P = 10\sqrt{3}W$ ②視在功率 $S = 20VA$
③最大瞬間功率 $P_{max} = 30W$ ④最小瞬間功率 $P_{min} = -20W$
(A)①③ (B)②④ (C)③④ (D)②③

( )2. 瞬間功率方程式 $p(t) = 800 - 1000\cos(628t - 60°)$，則下列敘述何者正確？
①平均功率為600W ②視在功率為1000VA
③功率因數為0.8 ④功率因數為0.6
(A)①③ (B)②④ (C)③④ (D)②③

( )3. 如圖(1)所示，下列何者正確？
①最大瞬間功率 $P_{max} = 5400W$ ②$i(t) = 30\sqrt{2}\sin(1000t - 37°)A$
③功率因數為0.6滯後 ④瞬間功率的頻率 f 為 2000Hz
(A)①③ (B)①② (C)③④ (D)②③

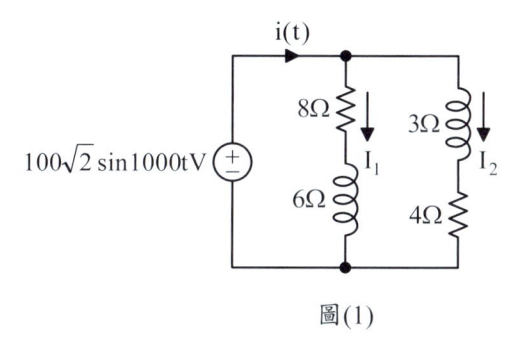

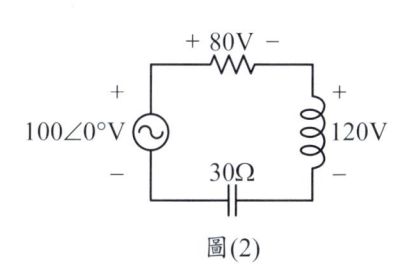

圖(1)

圖(2)

( )4. 如圖(2)所示，若電源角頻率 $\omega = 100$ rad/s，且電源電壓超前電源電流 θ 度，則下列敘述何者正確？
①電流方程式 $i(t) = 2\sqrt{2}\sin(100t - 53°)A$
②電流方程式 $i(t) = 2\sqrt{2}\sin(100t - 37°)A$
③瞬間功率方程式 $p(t) = 160 - 250\cos(200t - 37°)$
④瞬間功率方程式 $p(t) = 160 - 200\cos(200t - 37°)$
(A)①③ (B)①④ (C)②③ (D)②④

( )5. 如圖(3)所示電路，將三個負載並聯在12V的交流電源，其中 S_1 為電感性負載吸取18W、24VAR；S_2 為電容性負載吸取36W、48VAR；S_3 為電阻性負載吸收18W，則下列敘述何者正確？
①電流 $2\sqrt{10}A$ ②電流 $\sqrt{10}A$ ③$\cos\theta = \dfrac{3}{\sqrt{10}}$ ④$\cos\theta = \dfrac{5}{\sqrt{10}}$
(A)①③ (B)①④ (C)②③ (D)②④

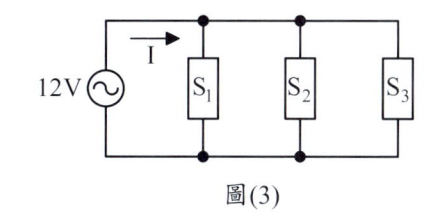

圖(3)

( )6. 某電感性負載並聯40kVAR的電容器後，功率因數提高至0.8（滯後），視在功率也降至200kVA，則下列敘述何者正確？
① 負載的實功率為120kW
② 改善前的視在功率為$160\sqrt{2}$kVA
③ 線路損失的功率可減少為原來的78%
④ 線路損失的功率可減少為原來的70.7%
(A)①③　(B)①②　(C)②④　(D)②③

( )7. 試求圖(4)中所消耗之實功率P為何？
(A)24.96W　(B)27.86W　(C)29.88W　(D)32.45W

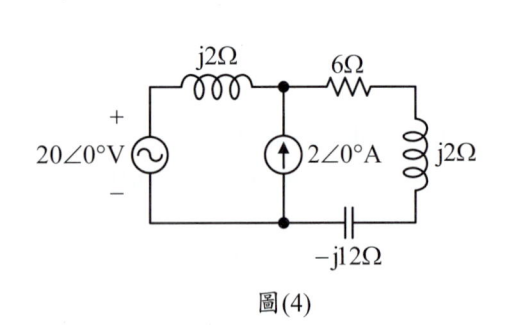

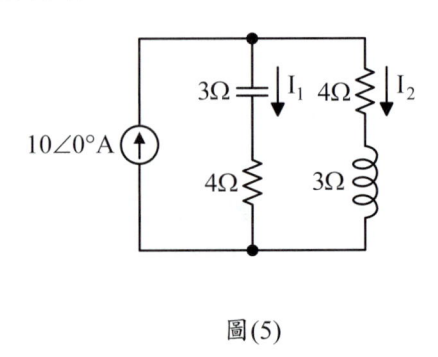

圖(4)

圖(5)

( )8. 如圖(5)所示，下列敘述何者正確？
① $\overline{I_1} = 5 - j3.75$A
② $\overline{I_2} = 6.25\angle 37°$A
③ 總實功率312.5W
④ 電流源端電壓31.25V
(A)①③　(B)①②　(C)③④　(D)②③

( )9. 如圖(6)所示，某電力系統的線路電阻$R_{line} = 6.05\Omega$，且A負載的視在功率為10kVA，功率因數為0.6滯後；B負載的視在功率為20kVA，功率因數為0.6滯後，若加裝進相電容器C後可將功率因數調整至0.9滯後，則線路損失為多少瓦特？
(A)500W　(B)1000W　(C)2000W　(D)2500W

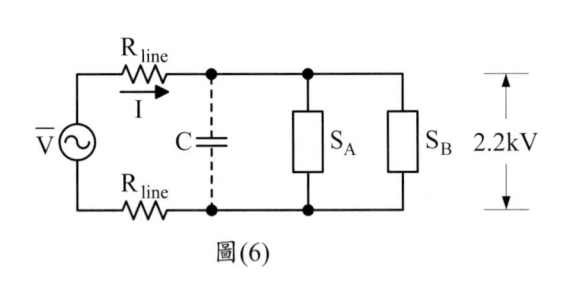

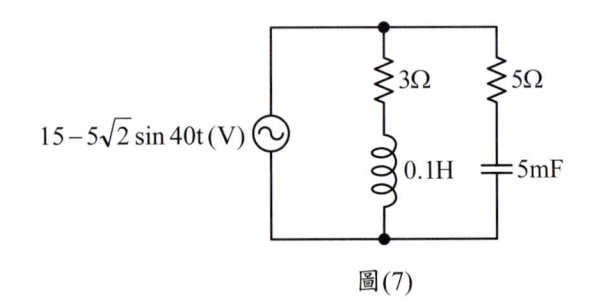

圖(6)

圖(7)

( )10. 試求圖(7)的實功率為何？
(A)36.5W　(B)75W　(C)80.5W　(D)86W

CH 10 交流電功率

情境素養題

（▶表示提供影音解題）

▲ 閱讀下文，回答第1～8題

怪盜喬克被邪惡組織殺害後，警方在命案現場發現一個電路圖與一張紙條如下所示，據可靠消息指出，紙條內容隱藏著核彈密碼，請各位同學依序解除密碼，來阻止核彈危機吧！

(1) 角頻率為100 rad/s時，平均功率為1250瓦，功率因數為0.707滯後！

(2) password = $\dfrac{RL}{C}$

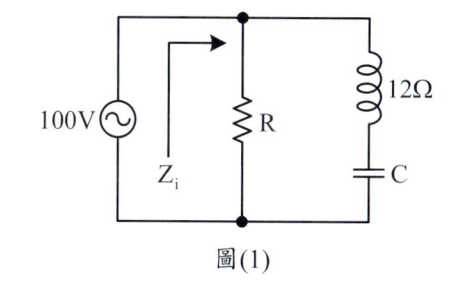

圖(1)

( ) 1. 電阻值R為何？　(A)6Ω　(B)8Ω　(C)10Ω　(D)12Ω

( ) 2. 角頻率為100 rad/s時的電容抗為何？　(A)4Ω　(B)8Ω　(C)10Ω　(D)12Ω

( ) 3. 電感量L為何？　(A)60mH　(B)120mH　(C)150mH　(D)200mH

( ) 4. 電容量C為何？　(A)1mF　(B)2mF　(C)2.5mF　(D)3mF

( ) 5. 視在功率為何？
(A)$1200\sqrt{2}$ VA　(B)$1250\sqrt{2}$ VA　(C)1500VA　(D)1800VA

( ) 6. 最大瞬間功率P_{max}為何？
(A)$1250\sqrt{2}$ W　(B)$1250\times(1-\sqrt{2})$ W　(C)$1250\times(1+\sqrt{2})$ W　(D)0W

( ) 7. 角頻率多少時會引起大電流？
(A)57.7　(B)86.6　(C)$80\sqrt{3}$　(D)$90\sqrt{3}$

( ) 8. password為何？　(A)125　(B)384　(C)520　(D)1966

解 答

（*表示附有詳解）

10-1立即練習
*1.A　*2.A　*3.D　*4.A　*5.A　*6.C　*7.B

10-2立即練習
1.A　2.B　*3.A　*4.C　*5.D　*6.D　*7.D　*8.A

10-3立即練習
*1.D　2.D　3.D　*4.B　5.C

綜合練習
1.C	*2.C	3.D	4.A	*5.C	6.D	*7.D	8.B	9.D	*10.B
11.C	12.C	13.A	14.C	15.A	16.C	*17.A	18.A	19.A	20.B
21.D	22.B	23.D	24.C	25.D	*26.B	*27.A	28.C	29.C	*30.C
31.C	*32.C	*33.D	34.A	*35.A	*36.D	37.D	*38.D	*39.A	*40.A
*41.B	*42.C	43.B	*44.A	*45.D	*46.D	*47.C	*48.B	*49.C	*50.D
*51.D	*52.D								

實習專區
*1.B　2.C　*3.B　*4.B

模擬演練
*1.D　2.D　*3.B　*4.D　*5.A　*6.D　*7.A　*8.C　*9.B　*10.C

情境素養題
*1.B　*2.A　*3.B　*4.C　*5.B　*6.C　*7.A　*8.B

CHAPTER 11 諧振電路

本章學習重點

節名	常考重點	
11-1 串聯諧振電路 含實習	• 串聯諧振的特性 • 串聯諧振的計算	★★★★☆
11-2 並聯諧振電路 含實習	• 並聯諧振的特性 • 並聯諧振的計算	★★★★☆

統測命題分析

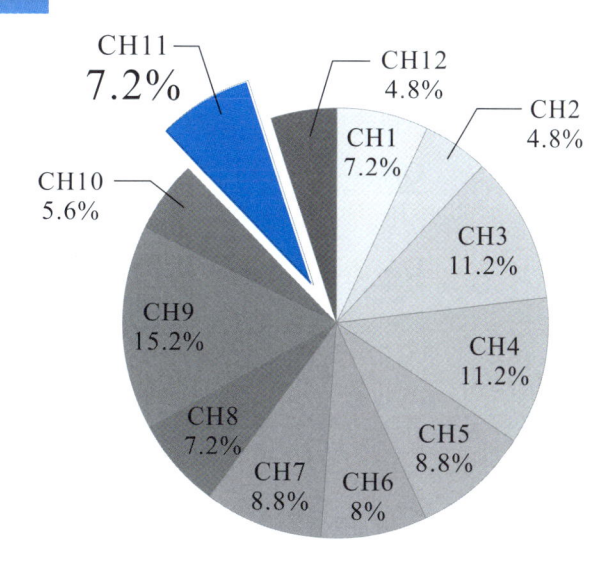

- CH11 7.2%
- CH12 4.8%
- CH1 7.2%
- CH2 4.8%
- CH3 11.2%
- CH4 11.2%
- CH5 8.8%
- CH6 8%
- CH7 8.8%
- CH8 7.2%
- CH9 15.2%
- CH10 5.6%

影音解題連結

11-1 串聯諧振電路

> ➲ 本節包含實習主題「諧振電路實習」相關重點

1. 諧振的產生：電容抗等於電感抗，表示電感器與電容器的虛功率相等 $Q_L = Q_C$（兩者大小相同但相位差180°）。相位差180°即表示當電容器吸收能量時，電感器釋放能量，而電容器釋放能量時，電感器吸收能量，因此產生振盪的現象。

2. 串聯諧振電路的相關計算：

串聯諧振電路	(電路圖：$\bar{V}$ 電源，R 產生 $\bar{V}_R$，L 產生 $\bar{V}_L$，C 產生 $\bar{V}_C$，電流 $\bar{I}$)
諧振條件	$X_{L0} = X_{C0} \Rightarrow \omega_0 \times L = \dfrac{1}{\omega_0 \times C}$（電感抗等於電容抗）
諧振角速度 ω_0	$\omega_0 \times L = \dfrac{1}{\omega_0 \times C} \Rightarrow \omega_0 = \dfrac{1}{\sqrt{LC}}$ (rad/s)
諧振頻率 f_0	$\omega_0 = \dfrac{1}{\sqrt{LC}} \Rightarrow f_0 = \dfrac{1}{2\pi\sqrt{LC}} = \dfrac{0.159}{\sqrt{LC}}$ (Hz) 或 $\dfrac{0.16}{\sqrt{LC}}$ (Hz)
電路的阻抗 $\bar{Z}$ 特性圖	(圖：Z對f曲線，最低點在f_0為電阻性R，$\sqrt{2}R$對應f_1, f_2；$f<f_0$為電容性，$f>f_0$為電感性)
電路的電流 $\bar{I}$ 特性圖	(圖：I對f曲線，最高點在f_0為I_0電阻性，$\dfrac{1}{\sqrt{2}}I_0$對應f_1, f_2；$f<f_0$為電容性，$f>f_0$為電感性)
品質因數Q（又稱抗阻比）	定義：諧振時虛功率（Q_{C0}或Q_{L0}）與平均功率（P）的比值 (1) $Q = \dfrac{Q_{L0}}{P} = \dfrac{I_0^2 \times X_{L0}}{I_0^2 \times R} = \dfrac{X_{L0}}{R} = \dfrac{V_{L0}}{V_R}$ 或 $Q = \dfrac{Q_{C0}}{P} = \dfrac{I_0^2 \times X_{C0}}{I_0^2 \times R} = \dfrac{X_{C0}}{R} = \dfrac{V_{C0}}{V_R}$ (2) $Q = \dfrac{1}{R} \times \sqrt{\dfrac{L}{C}}$（無單位）
頻帶寬度BW	(1) 上截止頻率f_2對下截止頻率f_1的差值：$BW = f_2 - f_1$ 赫茲（Hz） (2) 諧振頻率f_0與品質因數Q的比值：$BW = \dfrac{f_0}{Q} = \dfrac{R}{2\pi L}$ 赫茲（Hz）

3. 串聯諧振電路的特性：（如表格中圖示）

   (1) 諧振（$f = f_0$）時：**電阻性電路（$\cos\theta = 1$）；視在功率S等於實功率P。線路阻抗（$Z = R$）最小；線路電流I最大。**

   (2) 電源頻率大於諧振頻率（$f > f_0$）：**電感性電路（滯後功因），$X_L > X_C$；$V_L > V_C$；$Q_L > Q_C$。**

   (3) 電源頻率小於諧振頻率（$f < f_0$）：**電容性電路（超前功因），$X_C > X_L$；$V_C > V_L$；$Q_C > Q_L$。**

   (4) 頻率由 $0 \to \infty$ 或由 $\infty \to 0$：**功率因數PF的大小皆先增而後減。**

   (5) 頻率由 $0 \to \infty$ 或由 $\infty \to 0$：**阻抗Z先減而後增；電流I先增而後減。**

   (6) 諧振時各元件端電壓：

   電阻器端電壓V_{R0}：$V_{R0} = I_0 \times Z = I_0 \times R = V$ **（電阻端電壓等於電源電壓）**

   電感器端電壓V_{L0}：$V_{L0} = I_0 \times X_{L0} = \dfrac{X_{L0}}{R} \times V = Q \times V$

   （電壓放大Q倍 $\Rightarrow$ 當$Q > 1 \Rightarrow$ **$V_{L(max)}$**）

   電容器端電壓V_{C0}：$V_{C0} = I_0 \times X_{C0} = \dfrac{X_{C0}}{R} \times V = Q \times V$

   （電壓放大Q倍 $\Rightarrow$ 當$Q > 1 \Rightarrow$ **$V_{C(max)}$**）

   註1：**諧振時電感器與電容器的端電壓放大Q倍，因此RLC串聯諧振又稱電壓諧振。**

   註2：**在電源頻率f時若$X_L \neq X_C$，則諧振頻率$f_0 = f \times \sqrt{\dfrac{X_C}{X_L}}$。**

4. 頻帶寬度（Band Width）：定義為功率對頻率之響應曲線上，截止頻率的電壓為最大電壓的0.707倍（最大功率P_{max}下降0.5倍），其所對應的頻率範圍稱之為頻帶寬度，故**截止點的頻率除了稱為截止頻率外，又稱為0.707頻率、半功率頻率、–3dB頻率或旁帶頻率。**

補充知識

品質因數Q、頻帶寬度BW與選擇性的關係

1. 當電流I對頻率f的特性曲線愈尖銳，表示該電路的頻帶寬度BW愈窄，其品質因數Q愈大，選擇性愈佳。（選擇性係指諧振電路對諧振頻率的響應程度）

2. 品質因數Q與頻帶寬度BW的關係：

   (1) 當$Q \geq 10$：$BW = f_2 - f_1$ 且 $f_0 = \dfrac{f_1 + f_2}{2}$（算術平均數）；$f_2 = f_0 + \dfrac{BW}{2}$；$f_1 = f_0 - \dfrac{BW}{2}$

   (2) 當$Q < 10$：$f_0 = \sqrt{f_1 \times f_2}$（幾何平均數）

3. 如右圖所示比較大小關係：（諧振頻率f_0為定值的情況下）

   (1) 頻帶寬度BW：a > b > c　　(2) 品質因數Q：c > b > a

   (3) $\dfrac{L}{C}$的比值（$\because Q = \dfrac{1}{R}\sqrt{\dfrac{L}{C}}$）：c > b > a

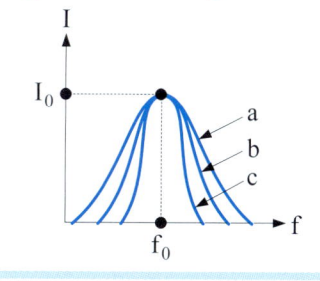

註：**串聯諧振電路**類似一個簡單的**被動型帶通濾波器（Band pass Filter）**，頻寬內僅能通過特定的頻率，而**頻寬以外的頻率被濾除。**

觀念是非辨正

1. （ × ）串聯諧振時的電源電壓放大Q倍，因此又稱電壓諧振。
2. （ × ）串聯諧振時電感器與電容器的虛功率關係為$Q_L = Q_C = 0$。

概念釐清

諧振時電源電壓不變，僅電感器與電容器的端電壓放大Q倍。

關係應為$Q_L = Q_C$，且總虛功率Q_T之和為零，$jQ_L + (-jQ_C) = 0$。

老師教

1. 有一個RLC串聯電路接於100V的交流電源，$R = 1\Omega$、$L = 0.01H$、$C = 1\mu F$，試求 (1)諧振頻率f_0 (2)品質因數Q (3)頻帶寬度BW (4)上截止頻率f_2 (5)下截止頻率f_1

解

(1) 諧振頻率 $f_0 = \dfrac{1}{2\pi\sqrt{LC}} = \dfrac{0.16}{\sqrt{0.01 \times 1\mu}} = 1600Hz$

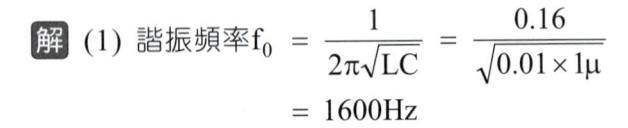

(2) 品質因數 $Q = \dfrac{1}{R}\sqrt{\dfrac{L}{C}} = \dfrac{1}{1}\sqrt{\dfrac{0.01}{1\mu}} = 100$

(3) 頻帶寬度 $BW = \dfrac{f_0}{Q} = \dfrac{1600}{100} = 16Hz$

(4) $f_2 = f_0 + \dfrac{BW}{2} = 1600 + \dfrac{16}{2} = 1608Hz$

(5) $f_1 = f_0 - \dfrac{BW}{2} = 1600 - \dfrac{16}{2} = 1592Hz$

學生做

1. 有一個RLC串聯電路接於200V的交流電源，$R = 1\Omega$、$L = 4mH$、$C = 40\mu F$，試求 (1)諧振頻率f_0 (2)品質因數Q (3)頻帶寬度BW (4)上截止頻率f_2 (5)下截止頻率f_1

解

---

2. 有一個RLC串聯電路接於100V的交流電源，若頻帶寬度BW為200Hz，諧振頻率f_0為4kHz，試求諧振時 (1)電阻端電壓V_{R0} (2)電感器端電壓V_{L0}

解 $Q = \dfrac{f_0}{BW} = \dfrac{4000}{200} = 20$

(1) 電阻端電壓（為電源電壓）$V_{R0} = 100V$

(2) 電感器端電壓 $V_{L0} = QV = 20 \times 100 = 2000V$

2. 有一個RLC串聯電路接於40V的交流電源，若頻帶寬度BW為30Hz，諧振頻率f_0為300Hz，試求諧振時 (1)電阻端電壓V_{R0} (2)電容器端電壓V_{C0}

解

3. 有一個RLC交流串聯電路，若品質因數Q為15，上截止頻率f_2為300Hz，下截止頻率f_1為200Hz，則諧振頻率f_0為何？

解 $Q \geq 10$，

$f_0 = \dfrac{f_1 + f_2}{2} = \dfrac{300 + 200}{2} = 250Hz$

3. 有一個RLC交流串聯電路，若品質因數Q為5，上截止頻率f_2為90Hz，下截止頻率f_1為40Hz，則諧振頻率f_0為何？

解

ABCD 立即練習

( )1. 下列何者為RLC串聯諧振頻率f_0的公式？
(A)$\dfrac{1}{2\pi\sqrt{LC}}$ (B)$\dfrac{1}{\sqrt{LC}}$ (C)$\dfrac{2\pi}{\sqrt{LC}}$ (D)$\dfrac{1}{R}\sqrt{\dfrac{L}{C}}$

( )2. 下列何者為RLC串聯諧振時品質因數Q的公式？
(A)$\dfrac{1}{2\pi\sqrt{LC}}$ (B)$\dfrac{1}{\sqrt{LC}}$ (C)$\dfrac{2\pi}{\sqrt{LC}}$ (D)$\dfrac{1}{R}\sqrt{\dfrac{L}{C}}$

( )3. 下列何者為品質因數Q的定義？ (A)諧振時電感器與電容器的虛功率之和與實功率的比值 (B)諧振時電感器或電容器所產生的虛功率與實功率的比值 (C)諧振時總實功率與總虛功率的比值 (D)諧振時總虛功率與總實功率的比值

( )4. RLC交流串聯電路，若將頻率由0逐漸增加至∞，則下列敘述何者錯誤？
(A)線路電流I先增而後減
(B)線路阻抗Z先減而後增
(C)功率因數PF先減而後增
(D)電路特性由電容性轉為電感性

( )5. RLC串聯諧振電路，在截止頻率的電流為諧振時電流的幾倍？
(A)0.5 (B)0.636 (C)0.707 (D)1

( )6. 下列何者為RLC串聯電路，電路頻率（f）與電流（I）的特性曲線圖？

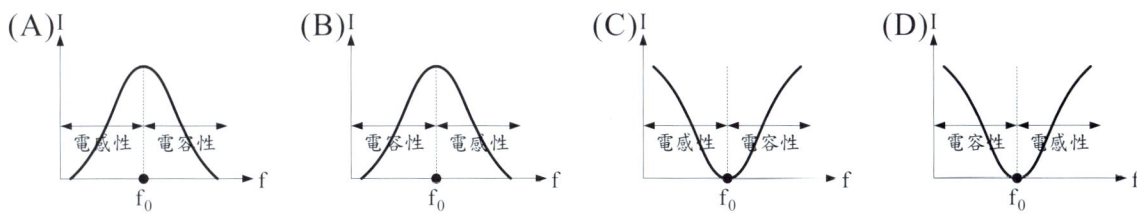

( )7. 有一RLC交流串聯電路，若R＝10Ω、L＝10mH、C＝400μF，則諧振頻率f_0為何？
(A)60Hz (B)80Hz (C)100Hz (D)120Hz

( )8. RLC交流串聯電路發生諧振時，電感抗X_{L0}＝20Ω，電阻值R＝4Ω，試求品質因數Q為何？ (A)3 (B)4 (C)5 (D)6

( )9. 如圖(1)所示，試求諧振時電感器的端電壓V_{L0}為多少伏特？
(A)600V (B)900V (C)1200V (D)1500V

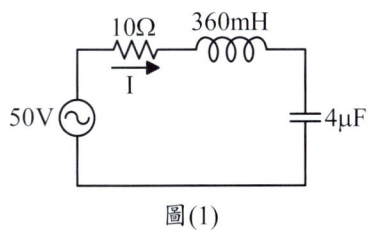

圖(1)

11-2 並聯諧振電路

➲ 本節包含實習主題「諧振電路實習」相關重點

1. 並聯諧振電路的相關計算：

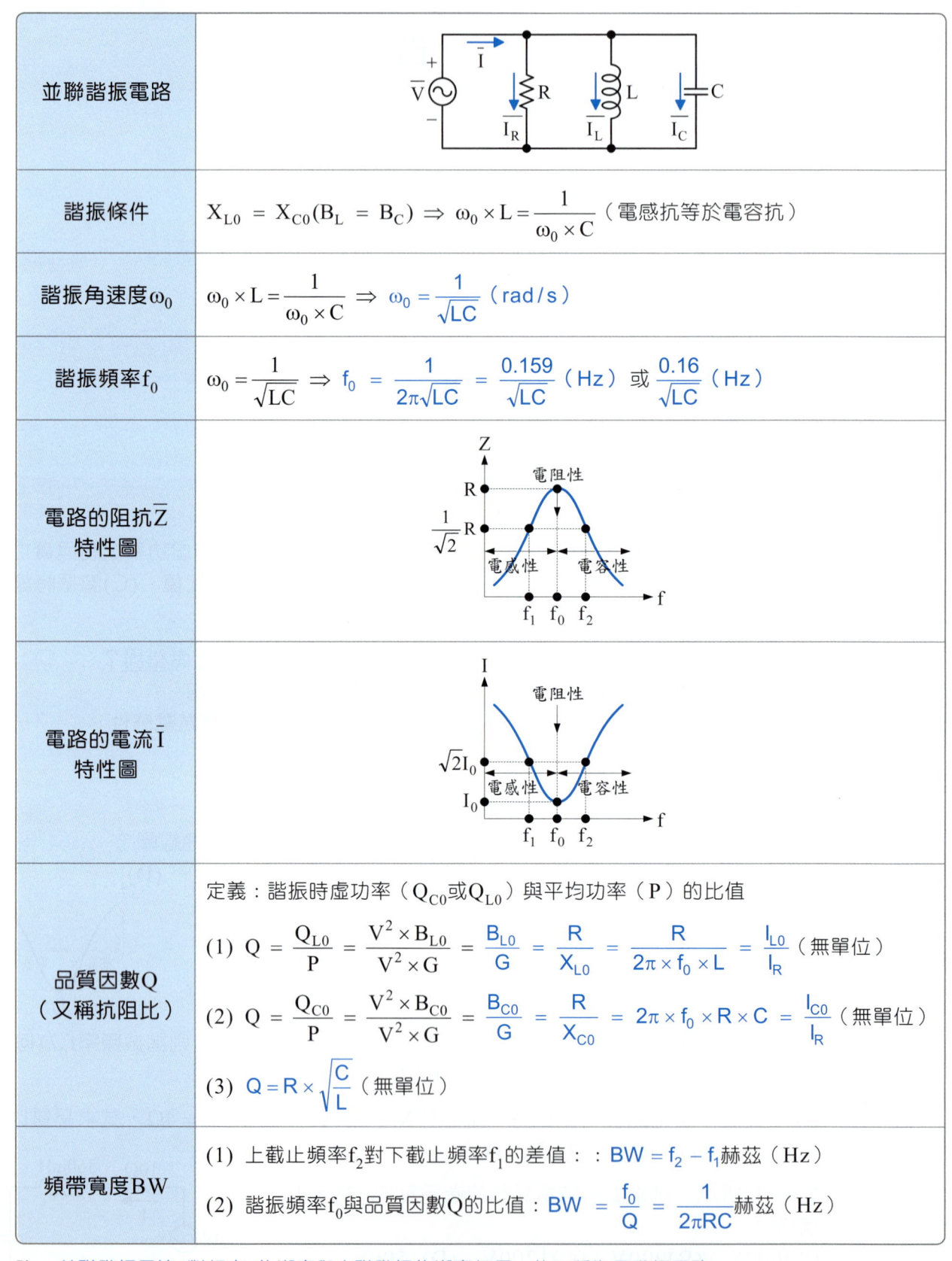

並聯諧振電路	(電路圖)
諧振條件	$X_{L0} = X_{C0}(B_L = B_C) \Rightarrow \omega_0 \times L = \dfrac{1}{\omega_0 \times C}$（電感抗等於電容抗）
諧振角速度 ω_0	$\omega_0 \times L = \dfrac{1}{\omega_0 \times C} \Rightarrow \omega_0 = \dfrac{1}{\sqrt{LC}}$（rad/s）
諧振頻率 f_0	$\omega_0 = \dfrac{1}{\sqrt{LC}} \Rightarrow f_0 = \dfrac{1}{2\pi\sqrt{LC}} = \dfrac{0.159}{\sqrt{LC}}$（Hz）或 $\dfrac{0.16}{\sqrt{LC}}$（Hz）
電路的阻抗 $\overline{Z}$ 特性圖	(特性圖)
電路的電流 $\overline{I}$ 特性圖	(特性圖)
品質因數 Q（又稱抗阻比）	定義：諧振時虛功率（Q_{C0} 或 Q_{L0}）與平均功率（P）的比值 (1) $Q = \dfrac{Q_{L0}}{P} = \dfrac{V^2 \times B_{L0}}{V^2 \times G} = \dfrac{B_{L0}}{G} = \dfrac{R}{X_{L0}} = \dfrac{R}{2\pi \times f_0 \times L} = \dfrac{I_{L0}}{I_R}$（無單位） (2) $Q = \dfrac{Q_{C0}}{P} = \dfrac{V^2 \times B_{C0}}{V^2 \times G} = \dfrac{B_{C0}}{G} = \dfrac{R}{X_{C0}} = 2\pi \times f_0 \times R \times C = \dfrac{I_{C0}}{I_R}$（無單位） (3) $Q = R \times \sqrt{\dfrac{C}{L}}$（無單位）
頻帶寬度 BW	(1) 上截止頻率 f_2 對下截止頻率 f_1 的差值：$BW = f_2 - f_1$ 赫茲（Hz） (2) 諧振頻率 f_0 與品質因數 Q 的比值：$BW = \dfrac{f_0}{Q} = \dfrac{1}{2\pi RC}$ 赫茲（Hz）

註：並聯諧振電流 I 對頻率 f 的響應與串聯諧振的響應相反，故又稱為反諧振電路。

2. 並聯諧振的電路特性：（如表格中圖示）

(1) 諧振（$f = f_0$）時：**電阻性電路（$\cos\theta = 1$）；視在功率S等於實功率P。線路阻抗（Z = R）最大；線路電流I最小。**

(2) 電源頻率大於諧振頻率（$f > f_0$）：**電容性電路（超前功因），$B_C > B_L$；$I_C > I_L$；$Q_C > Q_L$。**

(3) 電源頻率小於諧振頻率（$f < f_0$）：**電感性電路（滯後功因），$B_L > B_C$；$I_L > I_C$；$Q_L > Q_C$。**

(4) 頻率由 $0 \to \infty$ 或由 $\infty \to 0$：**功率因數PF的大小皆先增而後減。**

(5) 頻率由 $0 \to \infty$ 或由 $\infty \to 0$：**阻抗Z先增而後減；電流I先減而後增。**

(6) 諧振時各元件通過的電流值：

電阻器電流 I_{R0}：$I_{R0} = \dfrac{V}{Z} = \dfrac{V}{R} = I$（電阻電流等於電源電流）

電感器電流 I_{L0}：$I_{L0} = \dfrac{V}{X_{L0}} = \dfrac{I_0 \times R}{X_{L0}} = Q \times I_0$

（諧振時通過電感器的電流放大Q倍）

電容器電流 I_{C0}：$I_{C0} = \dfrac{V}{X_{C0}} = \dfrac{I_0 \times R}{X_{C0}} = Q \times I_0$

（諧振時通過電容器的電流放大Q倍）

註1：諧振時通過電感器與電容器的電流放大Q倍，因此RLC並聯諧振又稱電流諧振。

註2：在電源頻率f時若$X_L \ne X_C$，則諧振頻率$f_0 = f \times \sqrt{\dfrac{X_C}{X_L}} = f \times \sqrt{\dfrac{B_L}{B_C}}$。

註3：並聯諧振電路類似一個簡單的被動型帶陷濾波器（Band reject Filter）。

補充知識

串並聯混合型諧振電路

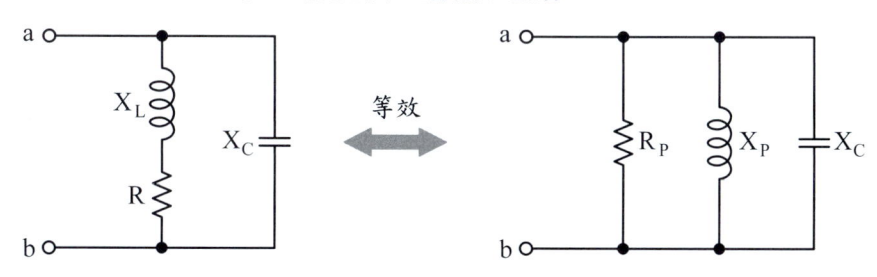

技巧：①將電路轉換為純並聯電路　②若不轉換令 $Q_L = Q_C$

1. $X_P = \dfrac{X_L^2 + R^2}{X_L}$

2. 諧振條件：

$X_P = X_C \Rightarrow \dfrac{X_L^2 + R^2}{X_L} = X_C \Rightarrow \dfrac{(\omega L)^2 + R^2}{\omega L} = \dfrac{1}{\omega C} \Rightarrow f_0 = \dfrac{1}{2\pi\sqrt{LC}} \times \sqrt{1 - \dfrac{R^2 C}{L}}$

觀念是非辨正

1. （×）並聯諧振時電源電流放大Q倍，因此又稱電流諧振。
2. （○）並聯諧振時功率因數最大。

概念釐清

諧振時電源電流不變，僅電感器與電容器所通過的電流放大Q倍。

功率因數$\cos\theta = 1$。

老師教

1. 有一RLC並聯電路接於100V的交流電源，$R = 5\Omega$、$L = 4\mu H$、$C = 0.1mF$，試求 (1)諧振頻率f_0 (2)品質因數Q (3)頻帶寬度BW (4)上截止頻率f_2 (5)下截止頻率f_1

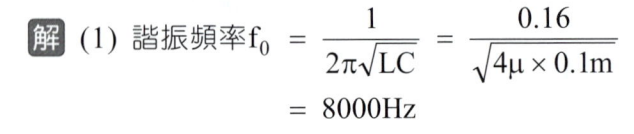

解
(1) 諧振頻率 $f_0 = \dfrac{1}{2\pi\sqrt{LC}} = \dfrac{0.16}{\sqrt{4\mu \times 0.1m}} = 8000Hz$

(2) 品質因數 $Q = R\sqrt{\dfrac{C}{L}} = 5\sqrt{\dfrac{0.1m}{4\mu}} = 25$

(3) 頻帶寬度 $BW = \dfrac{f_0}{Q} = \dfrac{8000}{25} = 320Hz$

(4) $f_2 = f_0 + \dfrac{BW}{2} = 8000 + \dfrac{320}{2} = 8160Hz$

(5) $f_1 = f_0 - \dfrac{BW}{2} = 8000 - \dfrac{320}{2} = 7840Hz$

2. 有一RLC並聯電路接於100V的交流電源，頻帶寬度BW為100Hz，諧振頻率f_0為2kHz，若諧振時電源電流$I_R = 6A$，試求諧振時通過電感器的電流I_{L0}為何？

解 $Q = \dfrac{f_0}{BW} = \dfrac{2000}{100} = 20$

電感器的電流 $I_{L0} = Q \times I = 20 \times 6 = 120A$

3. 有一RLC並聯電路發生諧振時，電容抗$X_{C0} = 500\Omega$，品質因數Q = 25，試求電阻值R為何？

解 $Q = \dfrac{R}{X_{C0}} \Rightarrow 25 = \dfrac{R}{500} \Rightarrow R = 12.5k\Omega$

學生做

1. 有一RLC並聯電路接於200V的交流電源，$R = 10\Omega$、$L = 500\mu H$、$C = 2mF$，試求 (1)諧振頻率f_0 (2)品質因數Q (3)頻帶寬度BW (4)上截止頻率f_2 (5)下截止頻率f_1

解

2. 有一RLC並聯電路接於30V的交流電源，頻帶寬度BW為50Hz，諧振頻率f_0為1.5kHz，若諧振時通過電阻的電流$I_R = 10A$，試求諧振時通過電容器的電流I_{C0}為何？

解

3. 有一RLC並聯電路發生諧振時，電感納$B_{L0} = 0.1S$，電導G = 0.05S，試求品質因數Q為何？

解

ABCD 立即練習

( )1. 下列何者為RLC並聯諧振時品質因數Q的公式？
(A)$\frac{1}{2\pi\sqrt{LC}}$ (B)$\frac{1}{R}\sqrt{\frac{L}{C}}$ (C)$R\times\sqrt{\frac{L}{C}}$ (D)$R\times\sqrt{\frac{C}{L}}$

( )2. RLC交流並聯電路將頻率由0逐漸增加至∞，則下列敘述何者錯誤？
(A)線路電流先減而後增
(B)線路阻抗先增而後減
(C)功率因數先減而後增
(D)電路特性由電感性轉為電容性

( )3. 下列何者不是RLC並聯電路在諧振時所具有的特性？
(A)線路電流最小 (B)線路阻抗最大 (C)總虛功率為0 (D)功率因數為0

( )4. 下列何者為RLC並聯電路，頻率與電流的特性曲線圖？

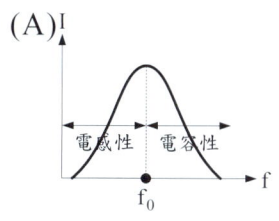

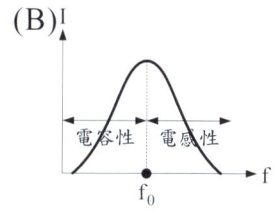

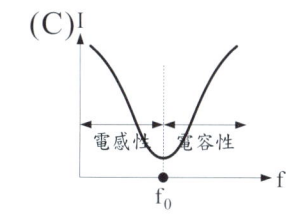

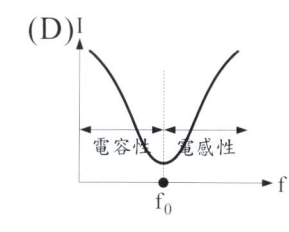

(A) (B) (C) (D)

( )5. RLC並聯諧振時，下列敘述何者錯誤？
(A)電流最小
(B)電阻的電流等於電源電流
(C)電感電流等於電容電流
(D)消耗的實功率最小

( )6. 有一RLC交流並聯電路，若R＝10Ω、L＝160mH、C＝400μF，則諧振頻率為何？
(A)20Hz (B)40Hz (C)60Hz (D)80Hz

( )7. 有一RLC並聯電路，若R＝2Ω、L＝25μH、C＝10mF，則諧振頻率f_0與頻帶寬度BW分別為何？
(A)f_0＝320Hz；BW＝8Hz
(B)f_0＝400Hz；BW＝8Hz
(C)f_0＝320Hz；BW＝12Hz
(D)f_0＝400Hz；BW＝12Hz

( )8. 有一個RLC交流並聯電路，若品質因數為5，上截止頻率為480Hz，下截止頻率為120Hz，則諧振頻率f_0為何？
(A)120Hz (B)240Hz (C)300Hz (D)400Hz

( )9. 如圖(1)所示，若電路工作在諧振頻率上，下列敘述何者有誤？
(A)諧振頻率為80Hz
(B)品質因數Q為15
(C)I_L＝0.1A
(D)上截止頻率約85Hz

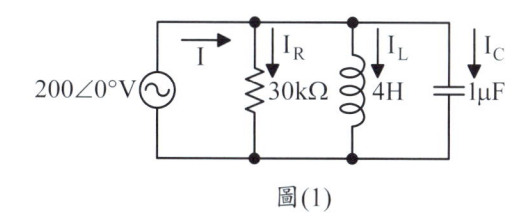

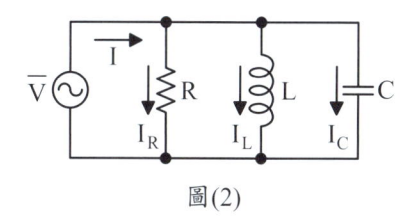

圖(1)

圖(2)

( )10. 若圖(2)電路已共振，則下列何者不是品質因數Q？
(A)$\left|\frac{I_L}{I}\right|$ (B)$\left|\frac{I_C}{I_R}\right|$ (C)$\left|\frac{I_L}{I_R}\right|$ (D)$\left|\frac{I_R}{I}\right|$

綜合練習

基礎題

11-1 ( )1. RLC交流串聯電路，若頻率大於諧振頻率時，下列敘述何者錯誤？
(A)線路阻抗Z逐漸增加
(B)線路電流I逐漸減少
(C)電源電壓相位超前電源電流相位
(D)電感器電流相位超前電容器電流相位

( )2. 下列何者不是RLC串聯電路在諧振時所具有的特性？
(A)線路電流最大 (B)線路阻抗為0 (C)總虛功率為0 (D)功率因數為1

( )3. 下列何者為品質因數Q、諧振頻率f_0與頻帶寬度三者之關係？
(A)$Q = \dfrac{BW}{f_0}$ (B)$BW = \dfrac{Q}{f_0}$ (C)$BW = \dfrac{f_0}{Q}$ (D)$BW = Q \times f_0$

( )4. RLC串聯諧振電路，在截止頻率的功率為諧振時功率的幾倍？
(A)0.5 (B)0.636 (C)0.707 (D)1

( )5. 在RLC串聯諧振時的電壓增益為0dB，在截止頻率時的電壓增益為何？
(A)−3dB (B)0dB (C)2dB (D)4dB

( )6. 在RLC串聯諧振電路中，欲提高品質因數Q應如何？
(A)增加R (B)減少L (C)減少C (D)以上皆可

( )7. 在RLC串聯諧振電路中，若品質因數Q的值愈大，則
(A)頻帶寬度BW愈大、選擇性愈差 (B)頻帶寬度BW愈大、選擇性愈佳
(C)頻帶寬度BW愈小、選擇性愈差 (D)頻帶寬度BW愈小、選擇性愈佳

( )8. RLC串聯諧振時，下列敘述何者正確？
(A)電流最小 (B)電阻的端電壓等於電源電壓
(C)電感電壓等於電源電壓 (D)消耗的實功率最小

( )9. RLC串聯電路的諧振頻率f_0與
(A)L無關 (B)C無關 (C)R無關 (D)LC無關

( )10. 如圖(1)所示，若線路電流$\bar{I} = 2\angle 30°$A，試求此時的電源頻率f為何？
(A)16Hz (B)32Hz (C)49Hz (D)56Hz

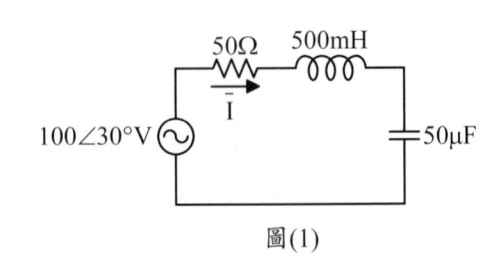

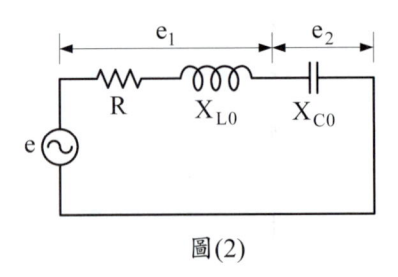

圖(1)

圖(2)

( )11. 圖(2)為諧振電路，則品質因數Q不為下列何者？
(A)$\dfrac{X_{L0}}{R}$ (B)$\dfrac{X_{C0}}{R}$ (C)$\left|\dfrac{e_1}{e}\right|$ (D)$\left|\dfrac{e_2}{e}\right|$

( )12. 諧振頻率為1000Hz之RLC串聯電路,若頻率可變,則當$X_C = 4X_L$時,頻率為多少?
(A)250Hz (B)500Hz (C)1000Hz (D)2000Hz

( )13. RLC串聯諧振電路在諧振時的電功率為200W,則在截止頻率的電功率為何?
(A)50W (B)100W (C)200W (D)250W

( )14. RLC串聯諧振電路在諧振時電流為70.7mA,則截止頻率的電流為何?
(A)25mA (B)50mA (C)75mA (D)100mA

( )15. RLC串聯諧振電路,下列敘述何者錯誤?
(A)當電源頻率小於諧振頻率時,電路呈電容性
(B)當電感抗等於電容抗時,電路產生諧振
(C)品質因數Q愈大,電路阻抗對應於頻率之曲線愈尖銳
(D)當電源頻率等於諧振頻率時,阻抗為無窮大 [推甄]

( )16. 有一RLC串聯諧振電路中,其諧振頻率$f_0 = 1000Hz$、$R = 10\Omega$、$X_L = 100\Omega$,則頻寬為何? (A)100Hz (B)10Hz (C)1000Hz (D)1Hz [推甄]

( )17. RLC串聯諧振時,其輸入阻抗為
(A)最大 (B)最小 (C)不變 (D)不一定 [推甄]

( )18. 對於RLC串聯電路之電感抗X_L及電容抗X_C關係之敘述何者正確?
(A)當$X_L > X_C$時,電路呈電容性,此時電路的電壓落後電流
(B)當$X_L < X_C$,電路呈電感性,此時電路的電壓超前電流
(C)當$X_L = X_C$時,電路的功率因數為1
(D)以上皆是 [四技二專]

( )19. 下列有關RLC串聯諧振電路的敘述,何者錯誤? [統測]
(A)在諧振時相當於純電阻
(B)在諧振時消耗之電功率最大
(C)諧振頻率與R大小有關
(D)在諧振時L的電壓與C的電壓大小相同

( )20. 在R-L-C串聯電路中,已知交流電源的有效值為100V,$R = 10\Omega$,$L = 8mH$,$C = 6\mu F$,求電路在諧振時的功率因數及平均功率分別為多少?
(A)0.8超前及1kW (B)0.8滯後及1kW (C)1及1.2kW (D)1及1kW [統測]

( )21. 有一RLC串聯電路,已知交流電源為110V、50Hz時,$R = 20\Omega$,$X_L = 100\Omega$,$X_C = 4\Omega$,求此串聯電路的諧振頻率為多少?
(A)250Hz (B)100Hz (C)10Hz (D)2Hz [統測]

( )22. 在R-L-C串聯電路中,當電源頻率$f = 2kHz$時,$R = 10\Omega$、$X_L = 4\Omega$、$X_C = 25\Omega$,則電路的諧振頻率為何?
(A)2kHz (B)2.5kHz (C)5kHz (D)10kHz [統測]

( )23. 在R-L-C串聯諧振電路中,其諧振頻率f_o為何?
(A)$f_o = 2\pi\sqrt{LC}$ Hz (B)$f_o = \dfrac{1}{2\pi\sqrt{LC}}$ Hz
(C)$f_o = \dfrac{1}{2\pi\sqrt{C/L}}$ Hz (D)$f_o = \dfrac{1}{2\pi}\sqrt{LC}$ Hz [統測]

(　　)24. 下列有關R-L-C串聯諧振電路之敘述，何者正確？
(A)諧振時，此電路為純電阻性　　(B)諧振時，電阻值與電容值相同
(C)諧振時，電感值與電容值相同　　(D)諧振時，此電路為電感性
[統測]

(　　)25. 已知RLC串聯交流電路的電源角速度ω＝9000弳度／秒（rad/s），電路的R、X_L、X_C比為2：3：1，則電路的諧振頻率為何？
(A)716Hz　(B)827Hz　(C)1013Hz　(D)1755Hz
[統測]

(　　)26. 有一RLC串聯電路，若電源電壓有效值V＝110V、R＝5Ω、L＝40mH、C＝100μF，試求電路諧振時，電容器兩端的電壓為多少？
(A)440V　(B)220V　(C)110V　(D)55V
[102年統測]

(　　)27. RLC串聯電路中，若電阻R單位為Ω、電感L單位為H、電容C單位為F，則此電路之諧振角頻率（單位為rad/s）為何？
(A)$\sqrt{\dfrac{C}{L}}$　(B)$\dfrac{1}{\sqrt{LC}}$　(C)$\sqrt{\dfrac{L}{C}}$　(D)$\sqrt{LC}$
[103年統測]

(　　)28. RLC串聯電路發生諧振時，下列敘述何者正確？
(A)阻抗最小，功率因數0.707　　(B)阻抗最小，功率因數1.0
(C)阻抗最大，功率因數0.707　　(D)阻抗最大，功率因數1.0
[104年統測]

(　　)29. 有一RLC串聯電路，若電源電壓V＝100V、R＝10Ω、L＝20mH、C＝200μF，當電路諧振時，則下列敘述何者正確？
(A)功率因數為1，諧振頻率為800Hz
(B)品質因數為1，頻帶寬度為8Hz
(C)電阻器兩端的電壓大小為100V，電容器兩端的電壓大小為100V
(D)電源電流為10A，平均功率為100W
[105年統測]

(　　)30. 在RLC串聯電路中，當接上頻率1kHz的弦波電壓源時，電路中R＝20Ω，X_L＝4Ω，X_C＝16Ω；若調整電源的頻率使得線路電流最大，則此時的電源頻率為何？
(A)250Hz　(B)500Hz　(C)2kHz　(D)4kHz
[106年統測]

(　　)31. 如圖(3)所示，可調整頻率之弦波交流電壓源$\bar{V}$＝110 V，當角頻率ω＝500 rad/sec時，R＝10 Ω、X_L＝250 Ω、X_C＝40 Ω。調整電源頻率至諧振時，則下列敘述何者正確？
(A)諧振角頻率$ω_0$＝200 rad/sec
(B)諧振角頻率$ω_0$＝300 rad/sec
(C)$\bar{I}$為20A
(D)$\bar{I}$為10A
[107年統測]

圖(3)

(　　)32. RLC串聯電路，當電路發生諧振時，下列敘述何者正確？
(A)電路之消耗功率為最小
(B)若$\dfrac{L}{C}$為定值時，當電路電阻愈大，則頻率響應愈好，選擇性愈佳
(C)若電路電阻為定值時，當$\dfrac{L}{C}$之比值愈大，則電感器元件之端電壓會愈大
(D)當電路之工作頻率大於諧振頻率時電路呈電容性
[108年統測]

( )33. 有一RLC串聯諧振電路，接於交流電源，若此電路的諧振頻率為1kHz，頻帶寬度為50Hz，當電路於截止頻率時之平均消耗功率為500W，則電路在諧振時之平均消耗功率為何？　(A)250W　(B)500W　(C)1000W　(D)2000W　[108年統測]

( )34. RLC交流並聯電路當頻率小於諧振頻率時，下列敘述何者錯誤？
(A)線路阻抗逐漸減少　　　　　　(B)線路電流逐漸增加
(C)電源電壓相位超前電源電流相位　(D)電感器端電壓的相位超前電容器端電壓的相位

( )35. 在RLC並聯電路中，欲提高品質因數Q應如何？
(A)增加R　(B)增加L　(C)減少C　(D)以上皆可

( )36. RLC並聯電路發生諧振時，電容抗$X_{C0}=10\Omega$，品質因數$Q=12$，試求電阻值R為何？
(A)1.2Ω　(B)5Ω　(C)120Ω　(D)240Ω

( )37. 有一RLC交流並聯電路，若$R=2\Omega$、$L=40\mu H$、$C=1mF$，則下截止頻率f_1與上截止頻率f_2分別為何？
(A)$f_1=760Hz$；$f_2=840Hz$　　(B)$f_1=750Hz$；$f_2=850Hz$
(C)$f_1=720Hz$；$f_2=880Hz$　　(D)$f_1=700Hz$；$f_2=900Hz$

( )38. 有一個RLC交流並聯電路，若品質因數為20，上截止頻率為563.75Hz，下截止頻率為536.25Hz，則諧振頻率f_0為何？
(A)450Hz　(B)550Hz　(C)650Hz　(D)750Hz

( )39. 有關RLC並聯諧振，若f_0為諧振頻率，下列敘述何者錯誤？
(A)諧振時，阻抗最大　　　　(B)諧振時，功率因數為1
(C)諧振時，電流最大　　　　(D)當$f>f_0$時，則電路為電容性

( )40. RLC電路發生並聯諧振時，其情形何者是錯誤的？
(A)$B_C=B_L$　(B)電路總電流為最小　(C)導納最大　(D)諧振頻率$f=\dfrac{1}{2\pi\sqrt{LC}}$

( )41. 諧振頻率為360Hz之RLC並聯電路，若頻率可變，則當$X_C=9X_L$時，頻率為多少？
(A)120Hz　(B)240Hz　(C)1080Hz　(D)1280Hz

( )42. RLC並聯電路接在頻率為90Hz之電源上，已知$R=1500\sqrt{3}\Omega$、$X_C=200\Omega$、$X_L=600\Omega$，則諧振頻率f_0與品質因數Q分別為何？
(A)$30\sqrt{3}Hz$、7.5　(B)$30\sqrt{3}Hz$、12.5　(C)$20\sqrt{3}Hz$、7.5　(D)$20\sqrt{3}Hz$、12.5

( )43. 對於LC並聯電路而言，若電感抗X_L等於電容抗X_C，下列敘述何者有誤？
(A)諧振頻率為$\dfrac{1}{2\pi\sqrt{LC}}$　　(B)電路總導納為0
(C)電源端輸入電流最大　　　　(D)當輸入頻率小於諧振頻率時，電路呈電感性
[四技二專]

( )44. 如圖(4)所示，並聯諧振電路的頻寬（BW）約為何？
(A)8Hz　(B)12Hz　(C)16Hz　(D)20Hz
[四技二專]

圖(4)

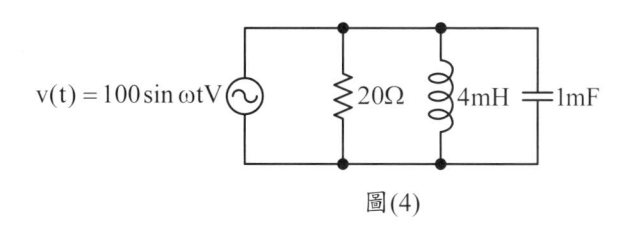

(　　)45. 設L-C並聯電路的諧振頻率為f_0，電源頻率為f，則下列敘述何者正確？
(A)電感納隨電源頻率增加而增大　(B)電容納隨電源頻率增加而減小
(C)$f < f_0$時，電路為電容性　(D)$f > f_0$時，電源供給之電流超前電壓90° [統測]

(　　)46. 如圖(5)所示之電路，$e(t) = 200\sin(2000t)$V，電感L = 1mH，則電路諧振時之電容值為何？　(A)1000μF　(B)750μF　(C)500μF　(D)250μF [統測]

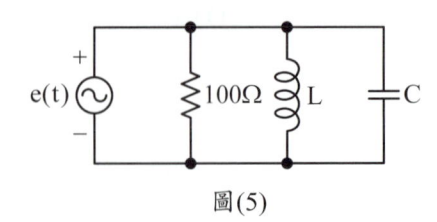

圖(5)

(　　)47. 一電阻、電感及電容並聯諧振電路中，當外加交流信號頻率f大於電路諧振頻率f_0時，電路之阻抗特性為何？
(A)電感性阻抗　(B)電阻性阻抗　(C)電容性阻抗　(D)無一定之阻抗特性 [統測]

(　　)48. 如圖(6)所示之電路，$e(t) = 100\sin(377t)$V，調整電容C使電路產生諧振，若電阻R = 10Ω，則電流i_S為何？
(A)$100\sin(377t)$A　(B)$10\sin(377t - 90°)$A
(C)$10\sin(377t)$A　(D)0A [103年統測]

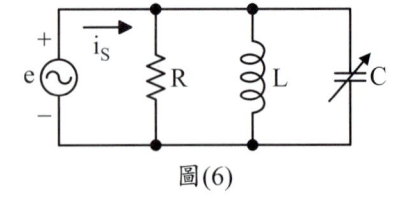

圖(6)

(　　)49. 外接電流源$\overline{I_S} = 4\angle 0°$A的RLC並聯電路中，電阻R = 10Ω，電感L = 5mH，電容C = 10μF。當發生諧振時，該電路平均消耗功率約為多少瓦特？
(A)80　(B)$\frac{160}{\sqrt{2}}$　(C)160　(D)$160\sqrt{2}$ [104年統測]

(　　)50. 有一LC並聯電路，若電源電壓V = 100V、C = 40μF，當電源角頻率為5000rad/s時電路諧振，則下列敘述何者正確？
(A)電感L = 10mH，諧振時電源電流為零
(B)電感L = 1mH，諧振時電源電流為零
(C)電感L = 10mH，諧振時電源電流為無限大
(D)電感L = 1mH，諧振時電源電流為無限大 [105年統測]

(　　)51. 有效值100V之交流弦波電源，若調整其電源頻率使流入某一RLC並聯電路的總電流為最小，其中R = 50Ω，L = 40mH，C = 100μF，則下列敘述何者正確？
(A)電源頻率為80kHz　(B)流經電感之電流為2A
(C)流經電容之電流為1A　(D)總消耗功率為200W [106年統測]

(　　)52. 有一RLC並聯電路，並接於$v(t) = 10\sin(1000t)$V之電源，已知R = 5Ω，C = 20μF，欲使電源電流得到最小電流值，則電感L應為何？
(A)5mH　(B)0.05H　(C)0.5H　(D)0.8H [108年統測]

進階題　　　　　　　　　　　　　　　　　　　　　　　　（▶表示提供影音解題）

(　　)53. RLC交流串聯電路，若在頻率f = 90Hz時R = 2Ω、X_L = 3.6kΩ、X_C = 900Ω，則串聯諧振時的頻率f_0以及品質因數Q分別為何？
(A)45Hz、900　(B)36Hz、450　(C)36Hz、900　(D)180Hz、900

( )54. RLC串聯諧振電路連接在頻率為60Hz之交流電源上，已知R = 5Ω、X_L = 1000Ω、X_C = 40Ω，則諧振頻率與抗阻比分別為何？
(A)24Hz、40　(B)12Hz、40　(C)24Hz、20　(D)12Hz、20

( )55. 如圖(7)所示之串聯諧振電路，已知電感L = 0.02mH。若電壓e(t) = 100sin(5000t)V，電流i(t) = 20sin(5000t)A，則電阻R及電容C分別為何？
(A)R = 5Ω，C = 200μF
(B)R = 5Ω，C = 2000μF
(C)R = $2.5\sqrt{2}$Ω，C = 200μF
(D)R = $2.5\sqrt{2}$Ω，C = 2000μF
　[統測]

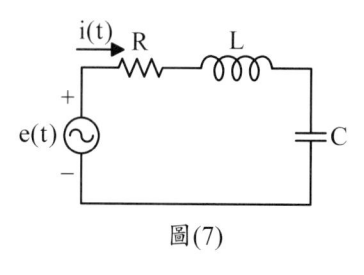

( )56. 如圖(8)所示之RLC串聯電路，若電流i(t)與電源電壓v(t)同相位，則i(4π)之電流值為何？　(A)−20A　(B)20A　(C)$-\frac{20}{\sqrt{2}}$A　(D)$\frac{20}{\sqrt{2}}$A
　[109年統測]

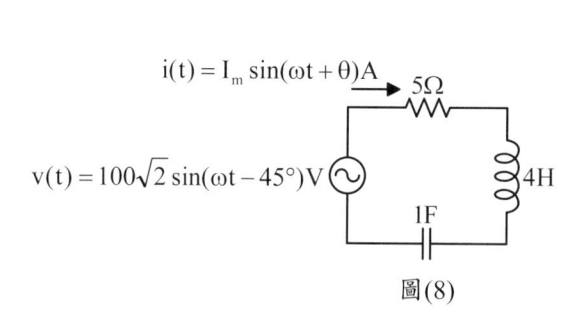

圖(8) 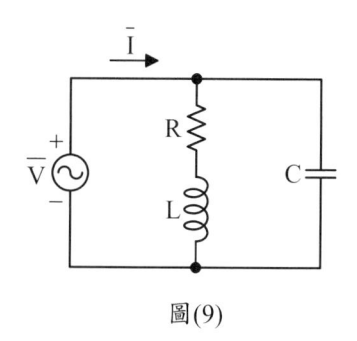　　圖(9)

( )57. 如圖(9)所示，若弦波交流電壓源$\bar{V}$ = 100 V，R = 8Ω，L = 1 mH，C = 10 μF，則諧振時之$\bar{I}$為何？　(A)6A　(B)8A　(C)10A　(D)12A
　[107年統測]

( )58. 當RLC並聯電路發生諧振時，下列敘述何者正確？
(A)品質因數Q = $\frac{R}{2\pi f_0 C}$　　(B)品質因數Q = $\frac{2\pi f_0 L}{R}$
(C)頻寬Q × f_0　　(D)頻寬愈窄，選擇性愈好

( )59. 如圖(10)所示，諧振時電容量C為何？
(A)$\frac{1}{\omega^2 L}$
(B)$\frac{1}{\omega L}$
(C)$\frac{L}{R^2 + \omega^2 L}$
(D)$\frac{L}{R^2 + \omega^2 L^2}$

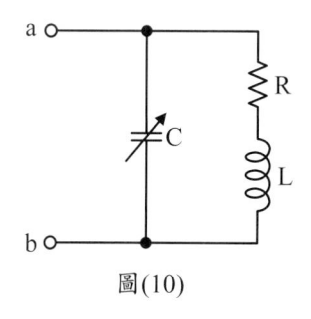

圖(10)

( )60. 有一RLC並聯電路，若電源電壓有效值V = 110V、R = 100Ω、L = 40mH、C = 1μF，當電路諧振時，請問下列敘述何者錯誤？
(A)諧振角頻率ω_0 = 5000rad/sec，功率因數PF = 1
(B)電源電流I_0 = 1.1A，平均功率P_0 = 121W
(C)流經電感器的電流I_{L0} = 0.55A，流經電容器的電流I_{C0} = 0.55A
(D)品質因數Q = 5，頻帶寬度BW = 159.2Hz
　[102年統測]

( )61. 如圖(11)所示之RLC並聯電路，若電路之功率因數為1及消耗的平均功率為25W，則電路的品質因數為何？ (A)5 (B)2 (C)1.414 (D)1 [109年統測]

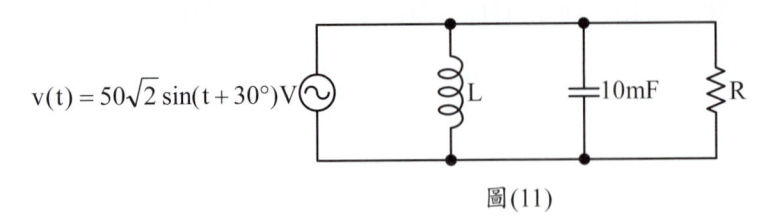

$v(t) = 50\sqrt{2}\sin(t+30°)$V，L，10mF，R

圖(11)

最近統測試題

( )62. 有一RLC串聯電路接於正弦波電壓源，已知電源頻率為60Hz、R = 5Ω、X_L = 0.4Ω、X_C = 10Ω。當此電路發生諧振時，其諧振頻率為何？
(A)100Hz (B)200Hz (C)300Hz (D)400Hz [11-1][110年統測]

( )63. 有關交流RLC並聯電路之敘述，下列何者正確？
(A)電路發生諧振時，若品質因數為Q，則流經電阻的電流將被放大Q倍
(B)當電源頻率小於諧振頻率時，電路呈現電容性
(C)當電源頻率大於諧振頻率時，電源電流隨頻率增加而減少
(D)當電路發生諧振時，電路總阻抗為最大 [11-2][110年統測]

( )64. 如圖(12)所示交流電路，電源電壓 $v_s(t) = 200\sqrt{2}\sin(377t)$ V，負載Z為電感性負載，其視在功率為5kVA、實功率（平均功率）為3kW；若電源的功率因數為1.0，則電容抗X_C為何？
(A)5Ω (B)10Ω (C)15Ω (D)20Ω [11-2][111年統測]

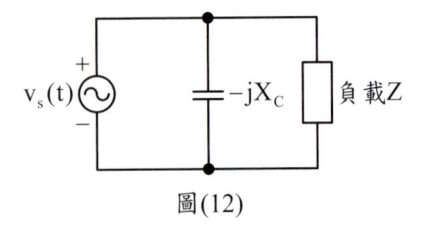

圖(12)

▲ 閱讀下文，回答第65～66題
某串聯諧振電路如圖(13)所示，已知品質因數為5，電路的諧振角頻率ω_o = 2000 rad/s，R_s = 4Ω，電源電壓 $v_s(t) = 50\sqrt{2}\sin(2000t)$ V，可依品質因數、諧振角頻率及電源電壓，設計電感值、電容值及電容的耐壓。

( )65. 圖中串聯諧振電路之電感L_s及電容C_s值，下列何者正確？
(A)L_s = 5 mH，C_s = 50 μF
(B)L_s = 10 mH，C_s = 25 μF
(C)L_s = 25 mH，C_s = 10 μF
(D)L_s = 50 mH，C_s = 5 μF [11-1][111年統測]

圖(13)

( )66. 圖中串聯諧振電路穩態時電容C_s端電壓有效值為何？
(A)50V (B)150V (C)250V (D)300V [11-1][111年統測]

實習專區

( )1. 如圖(1)所示電路,已知諧振頻率為$f_r = 455$ kHz,頻寬為BW = 10 kHz,諧振阻抗為 $Z = 600\ \Omega$,則電路的L與C值為何?
(A)L = 6.4 μH,C = 30 nF
(B)L = 10 μH,C = 30 nF
(C)L = 4.6 μH,C = 26.5 nF
(D)L = 26.5 μH,C = 4.6 nF
[102年電機統測]

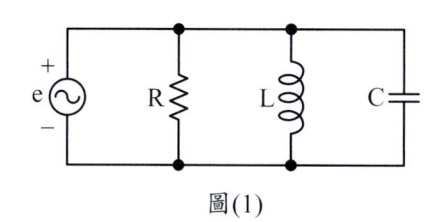

圖(1)

( )2. 有關RLC並聯諧振電路之實驗與特性分析,下列敘述何者正確?
(A)電路之諧振頻率與電阻值大小成正比
(B)電源頻率小於諧振頻率時電路呈電感性
(C)電路在發生諧振時電路阻抗最小
(D)電路在發生諧振時流經電感器之電流為零
[106年電機統測]

( )3. RLC串聯諧振電路之品質因數Q值,與下列何者有關?
(A)電路之電壓相角值及電流大小值
(B)電路之諧振頻率及頻寬
(C)電路之電壓相角值及電流相角值
(D)電路之電壓大小值及電流相角值
[106年電機統測]

( )4. RLC並聯諧振電路,f_0為諧振頻率,Q為品質因數,L及C值固定,當R值增加時,下列敘述何者正確?
(A)f_0固定且Q上升
(B)f_0固定且Q下降
(C)f_0上升且Q固定
(D)f_0下降且Q固定
[107年電機統測]

模擬演練

（ 💡思考題、♦創意題、❊特殊題）
（ ▶表示提供影音解題）

（　）1. 下列何者是LC串聯諧振電路的電流（I）-頻率（f）特性曲線？
(A) 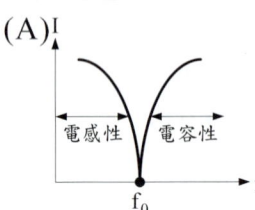 電感性｜電容性，底部 f_0
(B) 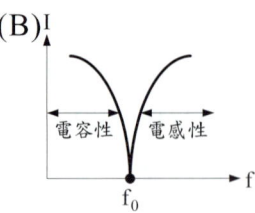 電容性｜電感性，底部 f_0
(C) 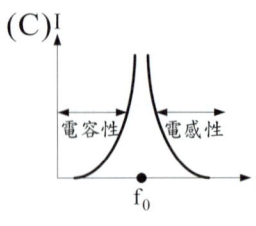 電容性｜電感性，頂部 f_0
(D) 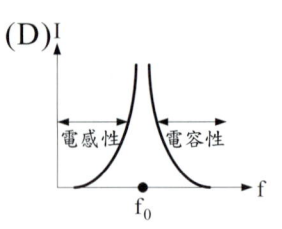 電感性｜電容性，頂部 f_0

（　）2. 下列何者是LC並聯諧振電路的電流（I）-頻率（f）特性曲線？
(A) 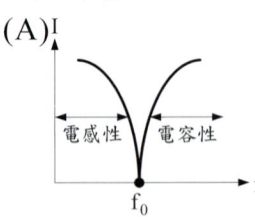 電感性｜電容性，底部 f_0
(B) 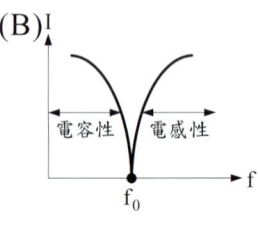 電容性｜電感性，底部 f_0
(C) 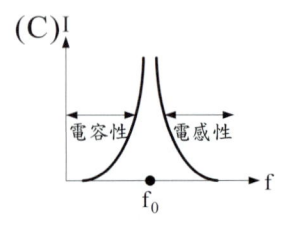 電容性｜電感性，頂部 f_0
(D) 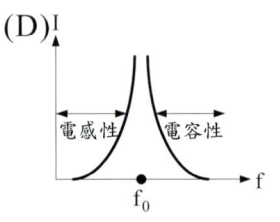 電感性｜電容性，頂部 f_0

（　）3. RLC串聯諧振的品質因數Q的表示式為何？
①$\dfrac{2\pi f_0 C}{R}$　②$\dfrac{2\pi f_0 L}{R}$　③$\dfrac{R}{2\pi f_0 L}$　④$\dfrac{1}{2\pi f_0 RC}$
(A)①④　(B)②④　(C)③④　(D)②③

▶❊（　）4. 如圖(1)所示為RLC串聯諧振電路以及阻抗（Z）-頻率（f）特性曲線，則下列敘述何者正確？
①A點的阻抗為$10\sqrt{3}\,\Omega$
②若在B點的電感抗$X_L = 15\,\Omega$，則此時電容抗$X_C = 25\,\Omega$
③若在C點的電感抗$X_L = 15\,\Omega$，則此時電容抗$X_C = 5\,\Omega$
④品質因數Q = 5
(A)①④　(B)②④　(C)③④　(D)②③

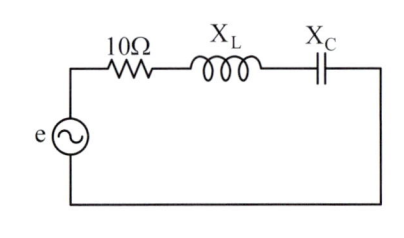

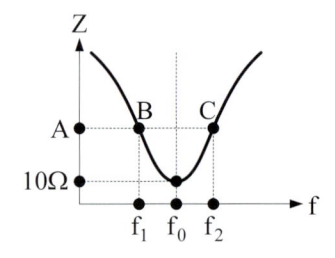

圖(1)

（　）5. 串聯諧振時具有下列何種特性？（若品質因數Q＞1）
①電路導納最小　②功率最大　③電感器或電容器端電壓最高　④$\cos\theta = 0$
(A)①④　(B)②④　(C)③④　(D)②③

▶♦（　）6. RLC串聯於40V的交流電路，$R = 2\,\Omega$、$L = 10\,mH$、$C = 1\,\mu F$，當電路達諧振時下列敘述何者正確？
①電阻器最大消耗功率1000W　　②在截止頻率時電路消耗400W
③在截止頻率時電路消耗500W　　④電感器最大端電壓$V_{L(max)} = 2000V$
(A)①④　(B)②④　(C)③④　(D)①②

諧振電路 CH 11

( )7. 如圖(2)所示，頻帶寬度BW為99.5kHz至100.5kHz，已知諧振時電壓錶的讀值為1000V，試求電感量L為何？
(A)25nH (B)20nH (C)16pH (D)10pH

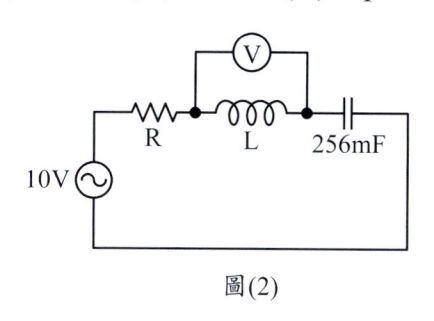

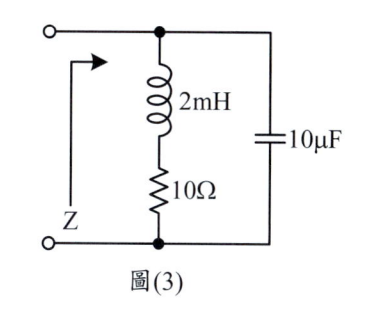

圖(2)

( )8. 如圖(3)交流電路所示，試求諧振頻率f_0以及諧振時阻抗Z分別為何？
(A)100Hz、10Ω (B)80Hz、20Ω (C)800Hz、10Ω (D)800Hz、20Ω

圖(3)

( )9. 如圖(4)所示，S為各支路的複數功率，試求下圖中的品質因數Q為何？（若電容器的虛功率以$-jQ$表示，電感器的虛功率以$+jQ$表示）
(A)10 (B)11 (C)12 (D)13

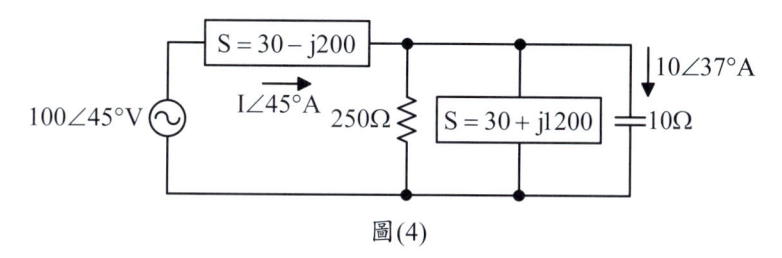

圖(4)

( )10. 如圖(5)所示，魯夫在進行諧振電路實驗時，得到相關數據如表格中所示，則該電路的諧振頻率為何？ (A)$2.5\sqrt{2}$kHz (B)5kHz (C)$5\sqrt{2}$kHz (D)6.25kHz

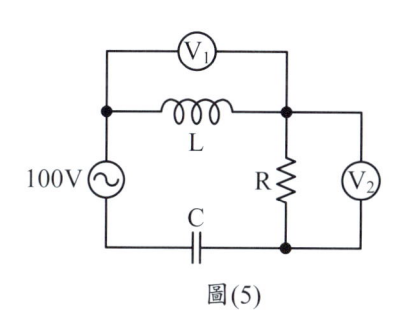

圖(5)

電壓錶讀值 電源頻率	V_1	V_2
2.5kHz或10kHz	?	70.7V
f_0	500V	100V

11-19

情境素養題

▲ 閱讀下文，回答第1～6題

小叮噹為製作「蟲洞穿越機器」，正在進行RLC串聯諧振電路的相關試驗，想要測試諧振時的頻率與相關電路特性，若手邊有以下四組元件，試問：

項目＼元件	電阻R	電容C	電感L
1	10Ω	0.001μF	0.01mH
2	100Ω	0.1μF	0.1mH
3	1kΩ	1μF	1mH
4	10kΩ	10μF	100mH

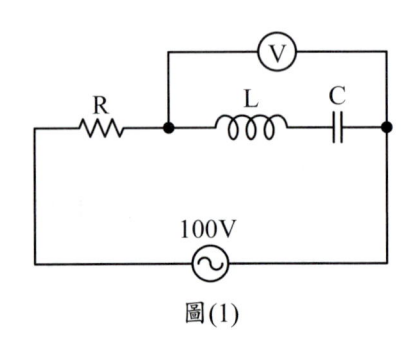

圖(1)

(　)1. 上述元件中，選擇哪幾個元件，可以產生最大的諧振角頻率？
(A)0.01μF、0.1mH　(B)1μF、1mH　(C)10μF、0.1mH　(D)0.001μF、0.01mH

(　)2. 產生最大的諧振角頻率為何？
(A)10M(rad/s)　(B)1M(rad/s)　(C)100k(rad/s)　(D)10k(rad/s)

(　)3. 上述元件中，選擇哪幾個元件，可以產生最小的諧振角頻率？
(A)0.01μF、0.1mH　(B)1μF、1mH　(C)10μF、100mH　(D)0.001μF、0.01mH

(　)4. 產生最大的諧振頻率為何？　(A)80Hz　(B)160Hz　(C)240Hz　(D)300Hz

(　)5. 若希望在諧振時消耗的平均功率最小，電阻應該選擇？
(A)10Ω　(B)100Ω　(C)1kΩ　(D)10kΩ

(　)6. 諧振時交流電壓表的讀值為？　(A)0V　(B)50V　(C)70.7V　(D)100V

▲ 閱讀下文，回答第7～8題

頂上戰爭之後，千陽號損傷嚴重，佛朗基為了修復馬達，正在進行RLC並聯諧振電路的相關試驗，想要測試諧振時的相關電路特性，試問：

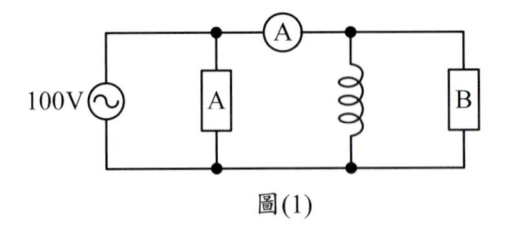

圖(1)

(　)7. 若電路已達諧振，且交流電流表為0A，試問B元件為？
(A)電阻　(B)電感　(C)電容　(D)上述元件皆有可能

(　)8. 若電路消耗的平均功率為100W，則A元件為？
(A)10Ω的電阻器　(B)100Ω的電阻器　(C)1kΩ的電阻器　(D)10kΩ的電阻器

解 答

（*表示附有詳解）

11-1立即練習

1.A　2.D　3.B　4.C　5.C　6.B　*7.B　*8.C　*9.D

11-2立即練習

1.D　2.C　3.D　4.C　*5.D　6.A　*7.A　*8.B　*9.D　10.D

綜合練習

*1.D　*2.B　3.C　4.A　5.A　6.C　7.D　8.B　9.C　*10.B
11.C　*12.B　*13.B　14.B　15.D　*16.A　17.B　18.C　19.C　*20.D
*21.C　*22.C　23.B　24.A　*25.B　*26.A　27.B　28.B　*29.C　*30.C
*31.A　*32.C　*33.C　34.D　35.A　*36.C　37.A　*38.B　39.C　40.C
41.A　*42.A　43.C　*44.A　45.D　*46.D　47.C　48.C　49.C　50.B
*51.D　*52.B　*53.A　*54.B　*55.B　*56.A　*57.B　58.D　59.D　60.D
*61.D　*62.C　63.D　*64.B　*65.B　*66.C

實習專區

*1.C　2.B　3.B　*4.A

模擬演練

1.C　2.A　*3.B　*4.D　5.D　*6.B　*7.D　*8.D　*9.C　*10.B

情境素養題

*1.D　*2.A　*3.C　*4.B　5.D　6.A　7.C　*8.B

NOTE

CHAPTER 12 交流電源

本章學習重點

節名	常考重點	
12-1 單相二線制與單相三線制	• 單相二線制與單相三線制之比較	★★★★☆
12-2 三相電源及三相電路	• Y接電源的大小與相位 • △接電源的大小與相位 • 三相功率的計算	★★★★☆
12-3 三相電功率的測量 (含實習)	• 單瓦特表法 • 二瓦特表法	★★☆☆☆
12-4 電源使用安全	• 電源使用安全	★★★☆☆

統測命題分析

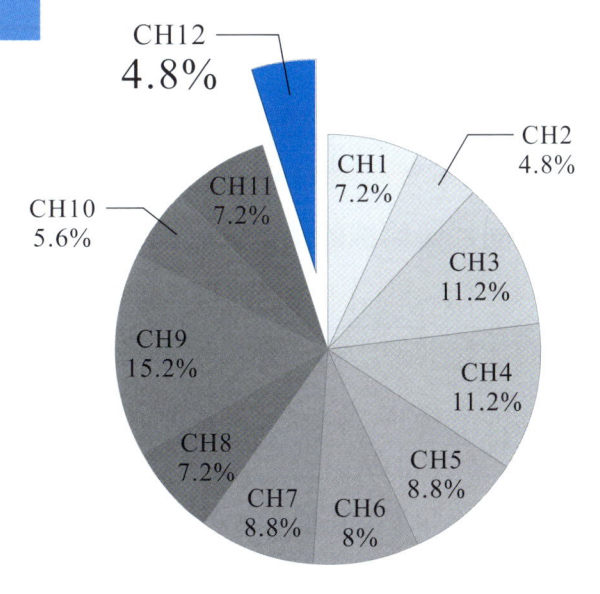

- CH12 4.8%
- CH1 7.2%
- CH2 4.8%
- CH3 11.2%
- CH4 11.2%
- CH5 8.8%
- CH6 8%
- CH7 8.8%
- CH8 7.2%
- CH9 15.2%
- CH10 5.6%
- CH11 7.2%

影音解題連結

12-1 單相二線制與單相三線制

一 單相電源的種類

1. 單相電源常見的電壓有110V與220V兩種，一般家用照明、電熱以及電器使用110V的交流電源，而冷氣機採用220V的交流電源。

2. **單相二線制**：一組相同頻率及相位的交流電源所組成，簡稱1φ2W，有**2條傳輸線**（一條火線一條地線），只能提供110V的電壓，如下圖(a)所示。

3. **單相三線制**：兩組相同頻率及相位的交流電源所組成，簡稱1φ3W，有**3條傳輸線**（兩條火線一條地線），可提供110V以及220V兩種電壓，如下圖(b)所示。

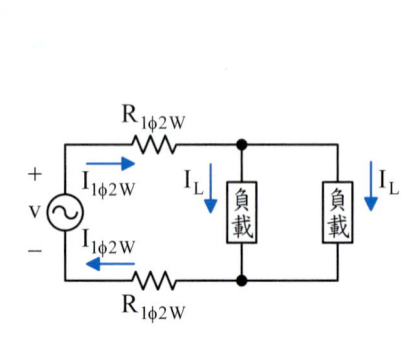

(a) 單相二線制電路圖 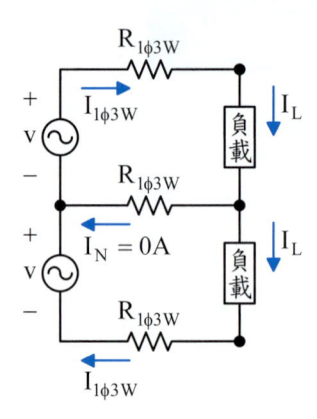 (b) 單相三線制電路圖

二 單相二線制（1φ2W）與單相三線制（1φ3W）之比較

1. 若**負載（I_L）相同**且**兩者傳輸線的距離及線徑完全相同**（假設 $\begin{cases} R_{1\phi 2W} = R_{1\phi 3W} = 1\Omega \\ I_L = 1A \end{cases}$）

    (1) 輸電線路電流比：$\dfrac{I_{1\phi 3W}}{I_{1\phi 2W}} = \dfrac{1}{2}$

    (2) 輸電線路電壓降比：$\dfrac{V_{1\phi 3W}}{V_{1\phi 2W}} = \dfrac{I_{1\phi 3W} \times R_{1\phi 3W}}{I_{1\phi 2W} \times R_{1\phi 2W}} = \dfrac{1 \times 1}{2 \times 1} = \dfrac{1}{2}$

    (3) 輸電線路損失比：$\dfrac{P_{1\phi 3W}}{P_{1\phi 2W}} = \dfrac{I_{1\phi 3W}^2 \times R_{1\phi 3W}}{I_{1\phi 2W}^2 \times R_{1\phi 2W}} = \dfrac{1^2 \times 1}{2^2 \times 1} = \dfrac{1}{4}$

2. 若**負載且傳輸距離相同**且**傳輸線的總損失相同**（假設$I_L = 1A$但$R_{1\phi 2W} \neq R_{1\phi 3W}$）

    (1) 輸電線路電流比：$\dfrac{I_{1\phi 3W}}{I_{1\phi 2W}} = \dfrac{1}{2}$　　(2) 輸電線路的截面積比：$\dfrac{A_{1\phi 3W}}{A_{1\phi 2W}} = \dfrac{1}{4}$

    (3) 傳輸線路的用銅量：$\dfrac{1\phi 3W}{1\phi 2W} = \dfrac{1}{4} \times \dfrac{3（條）}{2（條）} = \dfrac{3}{8} = 37.5\%$

    （1φ3W制較1φ2W用銅量節省62.5%）

註：單相三線制的中性線不得接保險絲，避免中性線斷路時，負載較小者有燒毀之虞。

交流電源

觀念是非辨正

1. (×) 單相二線制較適用於大型工廠的供電系統。

2. (×) 單相三線制的中性線可以單獨裝設保險絲或斷路器。

概念釐清

單相二線制所提供的功率具有脈動特性，易造成負載不必要之振動，因此採三相供電。

中性線斷路時，負載較小者有燒毀之虞，因此一般以裸銅線取代保險絲，或是連動式斷路器。

老師教

1. 如下圖單相二線制所示，若線路電阻為 1Ω，試求線路損失為何？

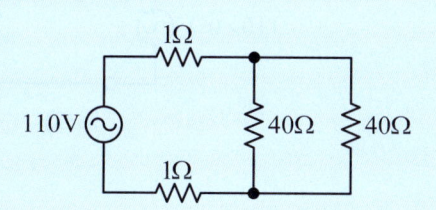

解 (1) 線路電流 $I = \dfrac{110}{(40 // 40) + 1 + 1} = 5A$

(2) 線路損失 $P_{loss} = 2 \times 5^2 \times 1 = 50W$

2. 下圖單相三線制所示，試求 (1)電流 I_1、I_2 以及 I_N (2)傳輸線路損失，分別為何？

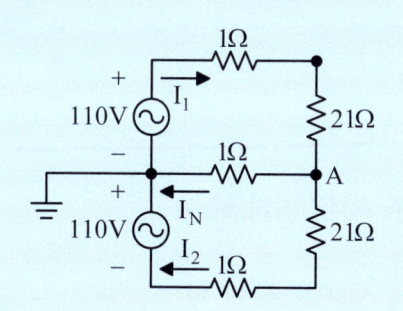

解 (1) 運用節點電壓法：

$$\dfrac{V_A - 110}{22} + \dfrac{V_A - 0}{1} + \dfrac{V_A - (-110)}{22} = 0$$

$V_A = 0V$ 因此 $I_1 = I_2 = 5A$；$I_N = 0A$

(2) 線路總損失 $P_{loss} = 2 \times 5^2 \times 1 = 50W$

學生做

1. 如下圖單相二線制所示，若線路電阻為 0.5Ω，試求線路損失為何？

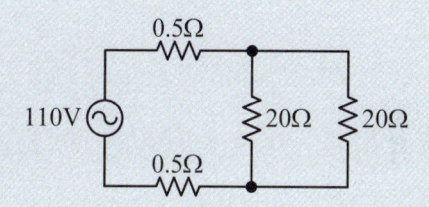

解

2. 下圖單相三線制所示，試求 (1)電流 I_1、I_2 以及 I_N (2)中性線燒毀時，造成之影響？（若傳輸線路的阻抗忽略不計）

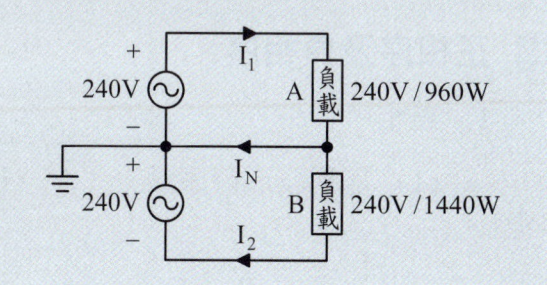

解

12-3

ABCD 立即練習

( ) 1. 在負載相同且輸配線的線徑及距離相同的情形下,單相三線制的線路損失為單相二線制線路損失的幾倍? (A)25% (B)50% (C)37.5% (D)200%

( ) 2. 低壓輸配線採用單相三線式供電,主要原因在於
(A)可獲得對地電壓220V (B)中性線可以接保險絲
(C)可以使用三相變壓器 (D)可以減少線路壓降及電力損失

( ) 3. 目前台灣電力公司配送至一般家庭供電,大多採用下列何者?
(A)單相二線制 (B)單相三線制 (C)三相三線制 (D)三相四線制

( ) 4. 如圖(1)所示之電路,若兩電阻負載的功率分別為440W及220W,則電流 $\overline{I_N}$ 為何?
(A)$1\angle 180°$A (B)$2\angle 0°$A
(C)$3\angle 180°$A (D)$6\angle 0°$A
[103年統測]

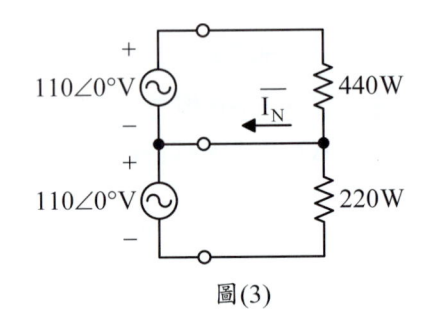

圖(3)

12-2 三相電源及三相電路

一 三相電源

三相電源係由三相交流發電機三個相同的繞組在空間相互間隔120°的空間角,各線圈以相同速度切割相同的磁場,產生三個大小相同但相位差120°的感應電勢。

二 正相序及負相序

1. 正相序:

(1) 電壓波形時序圖:(A→B→C)　　(2) 相位關係圖:

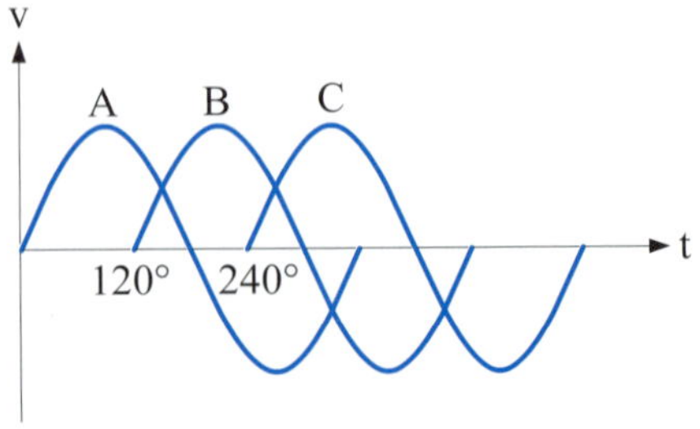

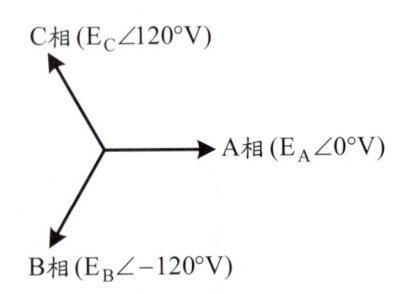

C相($E_C \angle 120°$V)

A相($E_A \angle 0°$V)

B相($E_B \angle -120°$V)

2. 負相序：

(1) 電壓波形時序圖：（A→C→B）

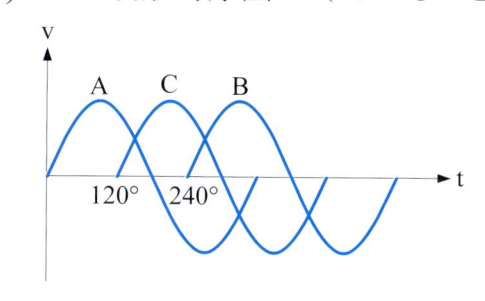

(2) 相位關係圖：

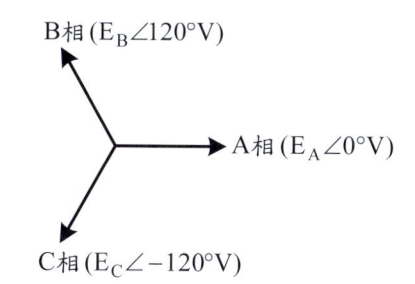

註1：正相序依序為A→B→C、B→C→A以及C→A→B等都是屬於正相序。
註2：負相序依序為A→C→B、C→B→A以及B→A→C等都是屬於負相序。

三 三相發電機的繞組接法

1. 常見的接法分為：

   (1) 正相序△接　　(2) 負相序△接　　(3) 正相序Y接　　(4) 負相序Y接

2. △連接：將三個繞組的線尾分別接到下個繞組的線頭，即『頭尾相接』的方式，形成一個封閉迴路，再從三個連接點分別接一引線，連接至負載。

   (1) △形接法：

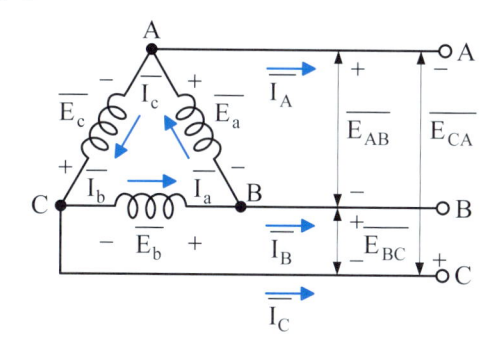

   (2) △形正相序電流相量圖：

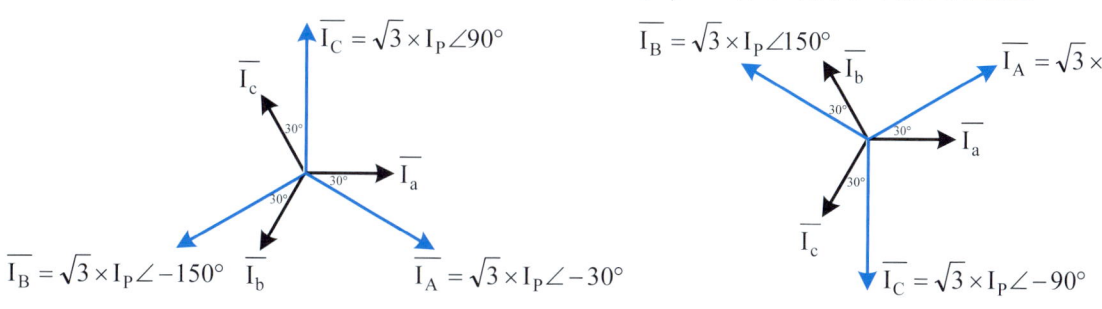

   (3) △形負相序電流相量圖：

   (4) △接的電路特性：

   ① **無論正相序或是負相序，線電壓等於相電壓（$V_L = V_P$）且兩者同相位。**

   ② **無論正相序或是負相序，線電流等於$\sqrt{3}$倍的相電流（$I_L = \sqrt{3} \times I_P$）。**

   ③ 正相序：各線電流（I_L）分別落後其對應的相電流（I_P）30°。

   ④ 負相序：各線電流（I_L）分別超前其對應的相電流（I_P）30°。

3. Y連接：將三個繞組的線尾連接在一起，稱此連接點為中性點N（一般會接地避免電壓浮動），另一端的三個線頭分別接到負載，稱此接法為Y連接。若中性點未接地適用於三相三線制供電系統，接地適用於三相四線制供電系統。

   (1) Y形接法：

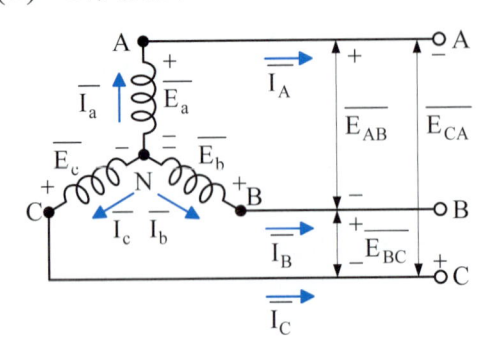

   (2) Y形正相序電壓相量圖：

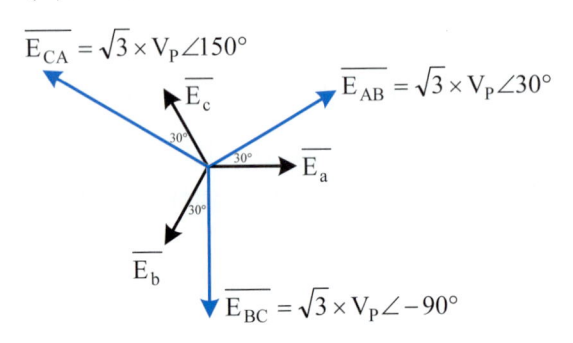

   (3) Y形負相序電壓相量圖：

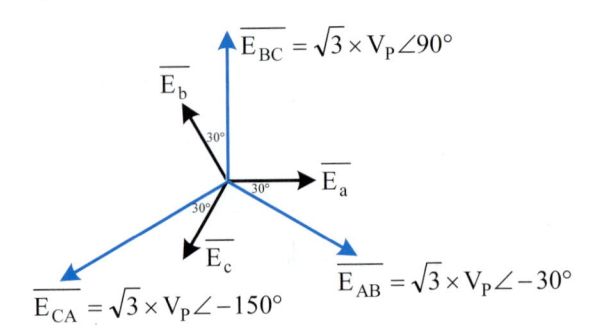

   (4) Y接的電路特性：

   ① **無論正相序或是負相序，線電流等於相電流（$I_L = I_P$）且兩者同相位。**

   ② **無論正相序或是負相序，線電壓等於$\sqrt{3}$倍的相電壓（$V_L = \sqrt{3} \times V_P$）。**

   ③ 正相序：各線電壓（V_L）分別超前其對應的相電壓（V_P）30°。

   ④ 負相序：各線電壓（V_L）分別落後其對應的相電壓（V_P）30°。

4. △接或是Y接三相電路的功率特性：

   (1) 總實功率 $P_T = 3P = 3 \times V_P \times I_P \times \cos\theta$
   $= \sqrt{3} \times V_L \times I_L \times \cos\theta$ 瓦特（W）（θ：為功因角）

   (2) 總虛功率 $Q_T = 3Q = 3 \times V_P \times I_P \times \sin\theta$
   $= \sqrt{3} \times V_L \times I_L \times \sin\theta$ 乏（VAR）（θ：為功因角）

   (3) 總視在功率 $S_T = 3S = 3 \times V_P \times I_P = \sqrt{3} \times V_L \times I_L$ 伏安（VA）

   (4) 總功率因數 $\cos\theta_T = \dfrac{P_T}{S_T} = PF$

   註：將相同阻抗的負載接成△接及Y接，則△接的消耗功率為Y接的3倍。

補充知識

較常用的交流網路分析

1. 節點電壓法 ⇒ 與直流分析的方法完全相同，差別在於交流電須考慮相位角。
2. 迴路電流法 ⇒ 與直流分析的方法完全相同，差別在於交流電須考慮相位角。
3. 戴維寧定理 ⇒ 與直流分析的方法完全相同，差別在於交流電須考慮相位角。
4. 諾頓定理 ⇒ 與直流分析的方法完全相同，差別在於交流電須考慮相位角。
5. Y-Δ轉換 ⇒ 與直流分析的方法完全相同，差別在於交流電須考慮相位角。
6. 最大功率轉移：
   (1) 直流電路：$R_L = R_{th} = R_N$ 時可獲得負載電阻 R_L 可獲得最大功率。
   (2) 交流電路：$\overline{Z_L} = \overline{Z_{th}}^* = \overline{Z_N}^*$（共軛複數）負載阻抗 $\overline{Z_L}$ 可獲得最大功率。

觀念是非辨正

1. （×）三相四線制Y接的中性線可接保險絲。
2. （×）Δ接若一具電源發生故障，未過載情況下無法正常供電。

概念釐清

若保險絲燒毀形成三相三線制，造成浮動電壓，因此不可裝設保險絲。

在未過載情況下，可以採V接線供電。

老師教

1. 戴維寧等效電路中的戴維寧等效阻抗 $\overline{Z_{th}} = 3 - j4(\Omega)$，當負載阻抗 $\overline{Z_L}$ 為多少時，可獲得最大功率轉移？

解 $\overline{Z_{th}}^* = 3 + j4(\Omega) = \overline{Z_L}$

2. 負載採Δ連接，其每相阻抗 $\overline{Z} = 9 + j6(\Omega)$，則轉換為Y連接的每相等效阻抗為何？

解 $\overline{Z_Y} = \dfrac{\overline{Z_\Delta}}{3} = 3 + j2(\Omega)$

（與直流的公式相同）

學生做

1. 戴維寧等效電路中的戴維寧等效阻抗 $\overline{Z_{th}} = 8 + j6(\Omega)$，當負載阻抗 $\overline{Z_L}$ 為多少時，可獲得最大功率轉移？

解

2. 負載採Y連接，其每相阻抗 $\overline{Z} = 4 + j2(\Omega)$，則轉換為Δ連接的每相等效阻抗為何？

解

3. 如下圖所示為平衡三相電路，若線電壓 $V_L = 100V$，試求 (1)相電壓V_P (2)相電流I_P (3)線電流I_L，各為何？

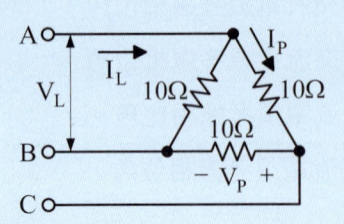

解 (1) 相電壓$V_P = V_L = 100V$

(2) 相電流$I_P = \dfrac{100}{10} = 10A$

(3) 線電流$I_L = \sqrt{3} \times I_P = 10\sqrt{3}A$

3. 如下圖所示為平衡三相電路，若線電壓 $V_L = 173V$，試求 (1)相電壓V_P (2)相電流I_P (3)線電流I_L，各為何？

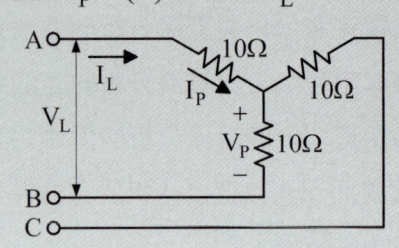

解

4. 線電壓110V之平衡三相負載，負載採用△接法，且每相阻抗$\overline{Z} = 6 + j8(\Omega)$，試求 (1)總平均功率 (2)總虛功率，分別為何？

解 (1) 相電流$I_P = \dfrac{110}{|6+j8|} = 11A$

(2) $P_T = 3 \times I_P^2 \times R = 3 \times 11^2 \times 6$
   $= 2178W$

(3) $Q_T = 3 \times I_P^2 \times X = 3 \times 11^2 \times 8$
   $= 2904VAR$

4. 線電壓110V之平衡三相負載，負載採用Y接法，且每相阻抗$\overline{Z} = 6 + j8(\Omega)$，試求 (1)總平均功率 (2)總虛功率，分別為何？

解

5. 下圖所示平衡三相電路，若電源電壓 $V_L = 173V$，且每相阻抗$\overline{Z_L} = 9 + j15(\Omega)$，試求線電流$I_L$為多少安培？

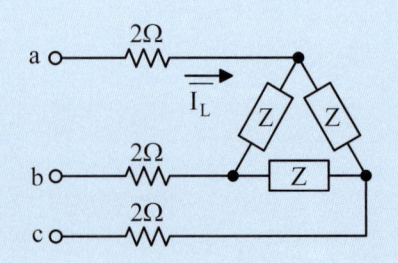

5. 下圖所示平衡三相電路，若電源電壓 $V_L = 105\sqrt{3}V$，且每相阻抗$\overline{Z_L} = 6 + j12(\Omega)$，試求相電流$I_P$為多少安培？

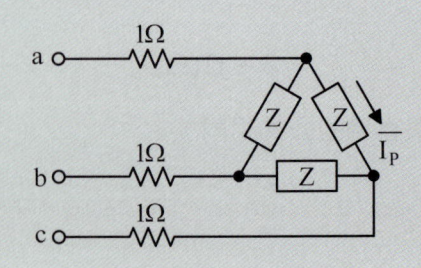

解 △接轉為Y接，$\overline{Z_Y} = \dfrac{\overline{Z_\Delta}}{3} = 3 + j5(\Omega)$

$I_L = \dfrac{173/\sqrt{3}}{|3 + j5 + 2|} = 10\sqrt{2}\,A$

6. 下圖所示電源為正相序，$\overline{Z} = 5\angle 30°\Omega$，試求 (1) $\overline{V_{ab}}$、$\overline{V_{bc}}$、$\overline{V_{ca}}$ (2) $\overline{I_{an}}$、$\overline{I_{bn}}$、$\overline{I_{cn}}$ 分別為何？

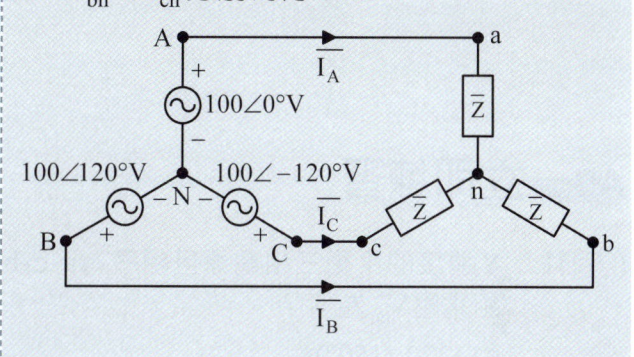

6. 下圖所示電源為負相序，若 $\overline{Z}=10\angle 30°\Omega$，試求 (1) $\overline{V_{ab}}$、$\overline{V_{bc}}$、$\overline{V_{ca}}$ (2) $\overline{I_{an}}$、$\overline{I_{bn}}$、$\overline{I_{cn}}$ 分別為何？

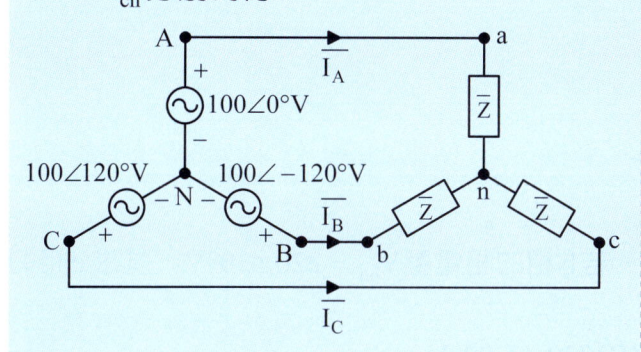

解 (1) $\overline{V_{ab}} = 100\sqrt{3}\angle 30°\,V$

$\overline{V_{bc}} = 100\sqrt{3}\angle -90°\,V$

$\overline{V_{ca}} = 100\sqrt{3}\angle 150°\,V$

(2) $\begin{cases} \overline{I_{an}} = \dfrac{\overline{V_{an}}}{\overline{Z}} = \dfrac{100\angle 0°}{5\angle 30°} \\ \qquad = 20\angle -30°\,A = \overline{I_A} \\ \overline{I_{bn}} = \dfrac{\overline{V_{bn}}}{\overline{Z}} = \dfrac{100\angle -120°}{5\angle 30°} \\ \qquad = 20\angle -150°\,A = \overline{I_B} \\ \overline{I_{cn}} = \dfrac{\overline{V_{cn}}}{\overline{Z}} = \dfrac{100\angle 120°}{5\angle 30°} \\ \qquad = 20\angle 90°\,A = \overline{I_C} \end{cases}$

解

7. 下圖所示電源為正相序，$\overline{Z} = 10\angle 30°\Omega$，試求 (1) $\overline{I_{ab}}$、$\overline{I_{ca}}$ (2) $\overline{I_A}$ 分別為何？

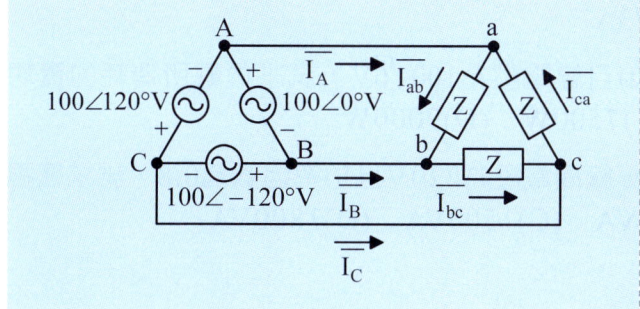

7. 下圖所示電源為負相序，若 $\overline{Z}=10\angle 30°\Omega$，試求 (1) $\overline{I_{ab}}$、$\overline{I_{ca}}$ (2) $\overline{I_A}$ 分別為何？

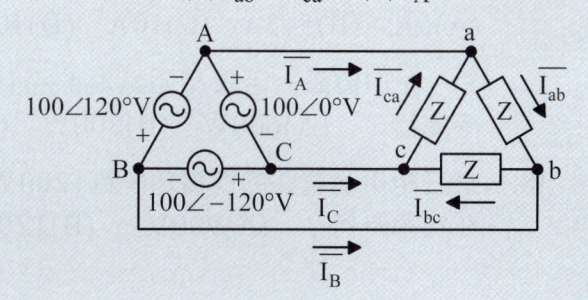

解 (1) $\overline{I_{ab}} = \dfrac{100\angle 0°}{10\angle 30°} = 10\angle -30°\text{A}$

$\overline{I_{ca}} = \dfrac{100\angle 120°}{10\angle 30°} = 10\angle 90°\text{A}$

(2) KCL：$\overline{I_A} + \overline{I_{ca}} = \overline{I_{ab}}$

$\Rightarrow \overline{I_A} = 10\angle -30° - 10\angle 90°$

$\overline{I_A} = 10\sqrt{3}\angle -60°\text{A}$（相電流超前線電流）

ABCD 立即練習

(　)1. Y連接的平衡三相電源且相序為a-c-b，若b相的相電壓$\overline{V_{bn}} = 220\angle 30°\text{V}$，試求c相的相電壓$\overline{V_{cn}}$為何？
(A)$220\angle 150°\text{V}$　　(B)$220\angle -90°\text{V}$
(C)$220\sqrt{3}\angle 150°\text{V}$　　(D)$220\sqrt{3}\angle -90°\text{V}$

(　)2. △連接的平衡三相電源且相序為a-c-b，若c相的相電壓$\overline{V_c} = 220\angle 30°\text{V}$，試求b相的相電壓$\overline{V_b}$為何？
(A)$220\angle 150°\text{V}$　　(B)$220\angle -90°\text{V}$
(C)$220\sqrt{3}\angle 150°\text{V}$　　(D)$220\sqrt{3}\angle -90°\text{V}$

(　)3. Y連接的平衡三相電源且相序為a-c-b，若c相的相電壓$\overline{V_{cn}} = 220\angle -60°\text{V}$，試求線電壓$\overline{V_{AB}}$為何？
(A)$220\sqrt{3}\angle -60°\text{V}$　　(B)$220\sqrt{3}\angle -30°\text{V}$
(C)$220\sqrt{3}\angle 60°\text{V}$　　(D)$220\sqrt{3}\angle 30°\text{V}$

(　)4. △連接的平衡三相電源且相序為a-c-b，若b相的相電流$\overline{I_{bc}} = 10\angle 90°\text{A}$，試求線電流$\overline{I_A}$為何？　(A)$10\sqrt{3}\angle -30°\text{A}$　(B)$10\sqrt{3}\angle 30°\text{A}$　(C)$10\sqrt{3}\angle 0°\text{A}$　(D)$10\sqrt{3}\angle -60°\text{A}$

(　)5. 關於正相序Y接法的三相平衡電源，下列敘述何者錯誤？
(A)線電壓超前相電壓30°　　(B)線電流與相對應的相電流同相位
(C)相電壓為線電壓的$\sqrt{3}$倍　　(D)各相電壓皆相差120°

(　)6. 有一Y形負載，若每相阻抗為$8 + j6(\Omega)$且線電壓為173V，試求線電流為多少安培？
(A)5A　(B)$5\sqrt{3}$A　(C)10A　(D)$10\sqrt{3}$A

(　)7. 有一Y形負載，若每相阻抗為$4 + j4(\Omega)$且線電壓為$100\sqrt{6}\text{V}$，試求負載所消耗的實功率為何？　(A)600W　(B)800W　(C)7500W　(D)9000W

(　)8. 某三相平衡電路的總實功率為1200W，線間電壓為220V且功率因數為0.8，試求總視在功率為何？　(A)900VA　(B)1200VA　(C)1500VA　(D)1800VA

12-3 三相電功率的測量

一 單瓦特表法

1. 測量**三相平衡負載**的實功率，$P_T = 3W$（W為瓦特表讀值）。
2. 測量**三相平衡負載**的虛功率，$Q_T = \sqrt{3}W$（W為瓦特表讀值）。

二 二瓦特表法

1. 適用於**三相三線制平衡**或**不平衡負載**、**三相四線制平衡負載**的**實功率**、**虛功率**以及**功率因數PF**。（不適用於三相四線制不平衡負載）

2. 瓦特表讀值：
$$\begin{cases} W_1 = V_L \times I_L \times \cos(\theta - 30°) \\ W_2 = V_L \times I_L \times \cos(\theta + 30°) \end{cases}$$

3. 實功率P_T、虛功率Q_T以及功率因數PF的計算：

   (1) 總實功率 $P_T = |W_1 + W_2|$ 瓦特（W）

   (2) 總虛功率 $Q_T = \sqrt{3}|W_1 - W_2|$ 乏（VAR）

   (3) 總功率因數 $\cos\theta_T = PF = \dfrac{P_T}{\sqrt{P_T^2 + Q_T^2}}$（無單位）

註：二瓦特表法中若$W_1 = W_2$，PF = 1；$W_1 = 2W_2$，PF = 0.866；$W_1 = -W_2$，PF = 0。

三 三瓦特表法

三瓦表法分別測得A、B、C三相的總實功率，$P_T = W_1 + W_2 + W_3$。

觀念是非辨正

1. （ × ）二瓦特表法可用來測量三相四線制不平衡負載。
2. （ × ）單瓦特表法乃是運用一種接法同時測得負載的實功率與虛功率。

概念釐清

三相四線制不平衡負載需使用三瓦特表法。

使用單瓦特表法來測量負載的實功率與虛功率，其接法不同。

老師教

1. 使用單瓦特表法測量三相平衡負載，若瓦特表讀值皆為100W，試求負載的 (1)有效功率 (2)無效功率，分別為何？

解 (1) $P_T = 3W = 3 \times 100 = 300W$
(2) $Q_T = \sqrt{3}W = 100\sqrt{3}VAR$

2. 使用二瓦特表法測量三相平衡負載，若瓦特表讀值為100W以及50W試求負載的 (1)有效功率 (2)無效功率 (3)功率因數，分別為何？

解 (1) 有效功率 $P_T = |W_1 + W_2| = 100 + 50 = 150W$

(2) 無效功率 $Q_T = \sqrt{3}|W_1 - W_2| = 50\sqrt{3}VAR$

(3) $\cos\theta = \dfrac{P_T}{\sqrt{P_T^2 + Q_T^2}} = \dfrac{150}{\sqrt{150^2 + (50\sqrt{3})^2}} = 0.866$

3. 使用三瓦特表法測量三相平衡負載，若瓦特表讀值為200W、50W以及150W試求負載的實功率為何？

解 實功率 $P_T = W_1 + W_2 + W_3 = 200 + 50 + 150 = 400W$

4. 如下圖所示，使用單瓦特表法測量三相功率，已知讀值指示為100W，則代表意義為何？

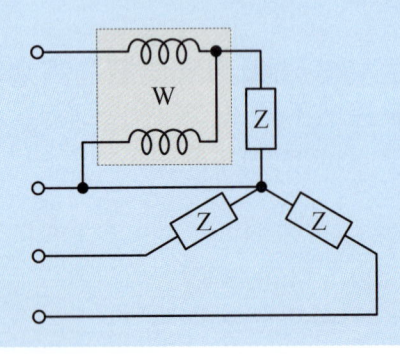

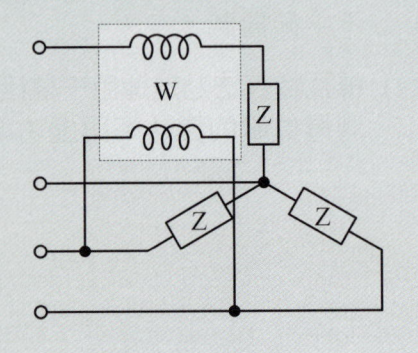

解 此為測量負載**實功率之接法，負載的總實功率為300W**。

學生做

1. 使用單瓦特表法測量三相平衡負載，若瓦特表讀值皆為80W，試求負載的 (1)有效功率 (2)無效功率，分別為何？

解

2. 使用二瓦特表法測量三相平衡負載，若瓦特表讀值為100W以及−100W試求負載的 (1)有效功率 (2)無效功率 (3)功率因數，分別為何？

解

3. 使用三瓦特表法測量三相平衡負載，若瓦特表讀值為100W、−50W以及80W試求負載的實功率為何？

解

4. 如下圖所示，使用單瓦特表法測量三相功率，已知讀值指示為100W，則代表意義為何？

解

ABCD 立即練習

( )1. 二瓦特表法測量三相功率，不適用於下列何者？
(A)平衡三相三線制　　　　　　(B)不平衡三相三線制
(C)平衡三相四線制　　　　　　(D)不平衡三相四線制

( )2. 使用二瓦特表法測量平衡三相電路之功率，若其中一瓦特表讀值為0，則此三相電路之功率因數為何？　(A)0.5　(B)0　(C)0.866　(D)1

( )3. 二瓦特表法測平衡三相功率時，則兩儀表之指示值
(A)二值恆正　　　　　　　　　(B)一值恆正，一值恆負
(C)一值恆正，另值可正可負　　(D)一值恆正，另一值恆零

( )4. 利用二瓦特表法測定三相平衡功率，若 $W_1=1000W$，$W_2=-1000W$，則此三相負載的功率因數$\cos\theta$為何？　(A)0　(B)0.5　(C)0.707　(D)1

( )5. 功率因數為0.866之三相電路，若使用兩功率計法測定功率時，其中一個瓦特計為500W，另一個功率計可能為何？
(A)500W　(B)1000W　(C)866W　(D)250W或1000W

12-4　電源使用安全

一　感電傷害

1. 交流電超過24伏特，而直流電超過60伏特對人體就會有危險性。

2. 通過人體的電流超過1mA，接觸的部位會有麻痺感；而超過100mA時，可能導致死亡。

二　造成電器事故的常見原因

1. 導線或電器負載超過額定安全電流，導線產生高熱所引起。

2. 因電路短路時的高溫所引起。

3. 導線或電器的接觸不良所引起。

4. 導電物體碰觸高壓電線，引起火花，產生加熱作用。

5. 外物碰觸導線導致絕緣不良，造成漏電電流通過接觸物，產生熱量，引起火災。

6. 使用電熱器或電燈泡等發熱電器靠近易燃物體，而引起火災。

7. 使用不合規定的鐵線、銅線替代保險絲,使線路在超過負荷下沒有安全斷電作用引起火災。

8. 忘記關掉發熱電氣器具,而引起火災。

三 感電事故的預防

1. 勿用潮濕的手碰觸電器,以免發生危險。

2. 潮濕的場所(水池)或電器(電熱水器),需裝設漏電斷路器(ELCB),以免發生感電事故。

3. 用電設備之非帶電體的金屬外殼,應予以接地。

4. 做好絕緣措施,用絕緣材料將帶電體封閉起來。

5. 進入工作場所一定要帶安全帽或穿適當的防護器具(安全帽依性質可分為A、B、C、D四類,其中B類適用於電器類工作用,具備高度絕緣特性,可以承受20kV之交流電,並防止撞擊)。

6. 通電測試時,一定要小心手或裸露身體部分,不可觸到帶電的導體或元件接腳。

7. 實習過程中應保持身體乾燥,一定要穿著有絕緣效果的鞋子;在工場中不可打赤腳或手腳潮溼時做送電操作。

8. 檢修電路或電氣設備時,務必切斷電源。

9. 發現有人感電,立即切斷電源。

10. 電線走火時,應立即切斷電源,並使用適當的滅火器。電源未切斷前,切勿用水來滅火,以避免感電事故。

11. 高壓或危險的電氣設備,應設立警告標示。

12. 裝置電器不可超過電路安全電流值。

13. 牆壁上不常使用的插座可先封閉(如使用插座保護蓋),以免發生意外。

14. 使用多口插座或延長線,應注意各項電器之額定電流或額定功率,以免超載而發生電線走火。

綜合練習

基礎題

12-1
( )1. 在負載相同且輸配線的線徑及距離相同的情形下，單相三線制的線路電流為單相二線制線路電流的幾倍？ (A)25% (B)50% (C)37.5% (D)200%

( )2. 單相三線制的中性線，一般採用下列何者保護裝置？
(A)無熔絲開關（NFB） (B)積熱電驛（TH-RY）
(C)保險絲（Fuse） (D)裸銅線

( )3. 在相同負載且相同傳輸距離以及線路損失的情形下，單相三線制的線路電流為單相二線制線路電流的幾倍？ (A)25% (B)50% (C)37.5% (D)200%

( )4. 在相同負載且相同傳輸距離以及線路損失的情形下，單相三線制的傳輸線用銅量為單相二線制傳輸線用銅量的幾倍？
(A)25% (B)50% (C)37.5% (D)200%

( )5. 如圖(1)所示，若輸電線的線路電阻 $R_{line} = 1\Omega$，試求線路總損失為多少？
(A)24W (B)32W (C)48W (D)52W

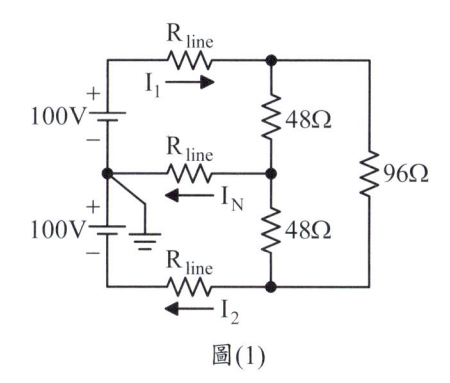

圖(1)

( )6. 單相二線制（1Φ2W）交流供電系統，供應交流110V負載。若改為單相三線制（1Φ3W）供電，在負載不變且負載分配平衡，以及相同傳送距離與相同線路損失之條件下，1Φ3W之每條電源傳輸導線截面積為1Φ2W每條電源傳輸導線截面積的多少倍？ (A)2倍 (B)0.625倍 (C)0.375倍 (D)0.25倍 [統測]

( )7. 在相同負載功率與距離條件下，下列有關交流電源之敘述，何者錯誤？
(A)提高輸電電壓可提高輸電效率
(B)將1Φ2W電源配線改為1Φ3W電源配線將增加線路損失
(C)將1Φ2W電源配線改為1Φ3W電源配線可減少線路壓降比
(D)改善負載端之功率因數可降低輸電損失 [統測]

12-2
( )8. Y連接的平衡三相電源且相序為a-b-c，若a相的相電壓 $\overline{V_{an}} = 220\angle 30°V$，試求b相的相電壓 $\overline{V_{bn}}$ 為何？
(A)$220\angle 150°V$ (B)$220\angle -90°V$ (C)$220\sqrt{3}\angle 150°V$ (D)$220\sqrt{3}\angle -90°V$

( )9. Y連接的平衡三相電源且相序為a-b-c，若a相的相電壓 $\overline{V_{an}} = 220\angle 30°V$，試求線電壓 $\overline{V_{BC}}$ 為何？
(A)$220\sqrt{3}\angle 150°V$ (B)$220\sqrt{3}\angle -90°V$ (C)$220\sqrt{3}\angle -60°V$ (D)$220\sqrt{3}\angle -30°V$

( )10. 平衡三相電路，各相之間的相角差為多少？
(A)30° (B)60° (C)90° (D)120°

( )11. 有一Δ形負載，若每相阻抗為3 + j4(Ω)且相電壓為50V，試求線電流為多少安培？
(A)5A (B)5√3A (C)10A (D)10√3A

( )12. 有一負載採用Y接法，則消耗的總功率為6kW，若將此負載改為Δ接，則負載消耗的總功率為何？
(A)2kW (B)6kW (C)12kW (D)18kW

( )13. 三相平衡電路中，電源側為Δ接且線電壓為100√3V，而負載側採用Y接且每相阻抗為8 + j6(Ω)，試求線電流為多少安培？
(A)5A (B)10A (C)5√3A (D)10√3A

( )14. 在負載功率線路上之功率消耗、距離及最大電壓均相等之條件下，最經濟之輸電法當為 (A)單相制輸電 (B)三相制輸電 (C)四相制輸電 (D)不一定

( )15. 如圖(2)所示，試求A、B兩端點間之等效阻抗為何？
(A)2 + j1Ω (B)1 + j1Ω (C)2 + j2Ω (D)1 + j2Ω [統測]

圖(2)

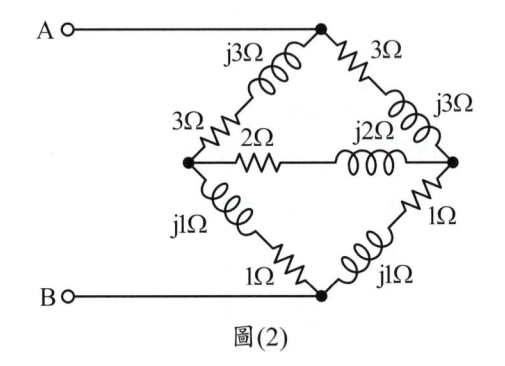

( )16. 有一台三相Y連接發電機，相序為abc，已知a相電壓 $\overline{V_{ao}} = 100\angle 0°V$，求線電壓 $\overline{V_{bc}} = ?$
(A)100√3∠30°V   (B)100√3∠90°V
(C)100√3∠150°V   (D)100√3∠270°V [統測]

( )17. 有一三相Δ型連接平衡負載，接於三相平衡電源，已知每相負載阻抗為11∠60°Ω，電源線電壓有效值為220V，求此負載消耗的總有效功率為多少？
(A)6600W (B)4400W (C)3810W (D)2200W [統測]

( )18. 單相三線式電源系統，當A（電流$\overline{I_A}$）、B（電流$\overline{I_B}$）兩側負載平衡時，則中性線電流 $\overline{I_N} = ?$　(A)0　(B)$\overline{I_A}$　(C)$\overline{I_B}$　(D)$|\overline{I_A}| + |\overline{I_B}|$ [統測]

( )19. 接於三相平衡電源之Δ接三相平衡負載，每相阻抗為(6 + j8)Ω，負載端線電壓有效值為200V，則此負載總消耗平均功率為何？
(A)7200W (B)4800W (C)3600W (D)2400W [統測]

( )20. 某三相平衡負載之線電壓有效值為200V，線電流有效值為10A，負載之功率因數為0.8落後，則其負載的總視在功率S與總實功率P各為何？
(A)S = 6kVA，P = 2.07kW   (B)S = 6kVA，P = 4.8kW
(C)S = 3.46kVA，P = 1.6kW   (D)S = 3.46kVA，P = 2.77kW [統測]

交流電源 CH 12

( )21. 某Y接正相序的平衡三相發電機接於平衡三相負載，則下列有關此三相發電機的敘述，何者正確？
(A)線電流為相電流的$\sqrt{3}$倍
(B)線電壓為相電壓的$\sqrt{3}$倍
(C)三相電壓總合為1
(D)三相電流總合為1 [統測]

( )22. 某Y接正相序的平衡三相發電機接於平衡三相Δ接負載，且其線電壓為220V，若該Δ接負載為三個30Ω的純電阻所構成，求此負載所消耗的平均功率為何？
(A)2.42kW (B)4.84kW (C)7.26kW (D)9.68kW [統測]

( )23. 已知三相Y型連接發電機之兩相電壓分別為$e_{bn}(t) = 110\sin(377t - 120°)V$及$e_{cn}(t) = 110\sin(377t + 120°)V$，則線電壓$e_{bc}(t) = e_{bn}(t) - e_{cn}(t)$為何？
(A)$191\sin 377t$ V
(B)$110\sin 377t$ V
(C)$191\sin(377t - 90°)$V
(D)$110\sin(377t - 90°)$V [統測]

( )24. 如圖(3)所示之三相平衡電路，若電源線對線電壓有效值為$200\sqrt{3}$V，負載阻抗$\overline{Z_L} = 8 + j6\Omega$，則三相負載的總平均功率為何？
(A)3.2kW (B)6.4kW (C)9.6kW (D)12.8kW [103年統測]

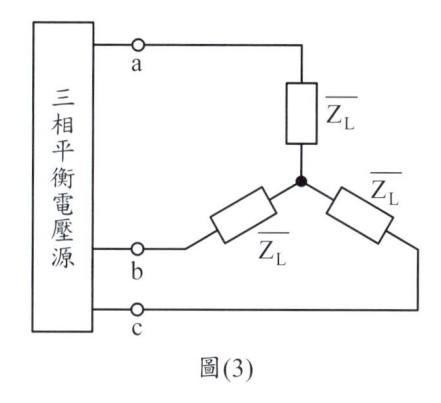

圖(3)

( )25. 如圖(4)所示之1ϕ2W與1ϕ3W供電系統，其中每一配電線路的等效電阻為r，單一負載皆為1kW。若1ϕ2W系統供電之配電線路損失為P_{2W}，1ϕ3W系統供電之配電線路損失為P_{3W}，則下列敘述何者正確？
(A)$P_{3W} = 4P_{2W}$ (B)$P_{3W} = 3P_{2W}$ (C)$P_{3W} = 0.5P_{2W}$ (D)$P_{3W} = 0.25P_{2W}$ [104年統測]

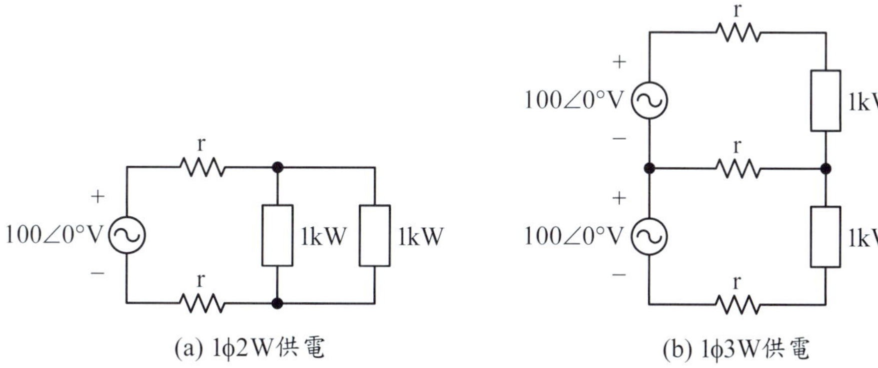

(a) 1ϕ2W供電　　(b) 1ϕ3W供電
圖(4)

( )26. 有一三相發電機供應220V的電源電壓給一Δ接之三相平衡負載，已知每相負載阻抗為$5 + j8.66\Omega$，試求此三相負載消耗的總平均功率為何？
(A)2420W (B)4192W (C)5134W (D)7260W [105年統測]

( )27. 如圖(5)所示之三相電路，求線電流 $\overline{I_A}$ 之值為何？
(A)$20\sqrt{3}\angle-90°$A (B)$20\sqrt{3}\angle90°$A (C)$20\angle-90°$A (D)$20\angle90°$A
[109年統測]

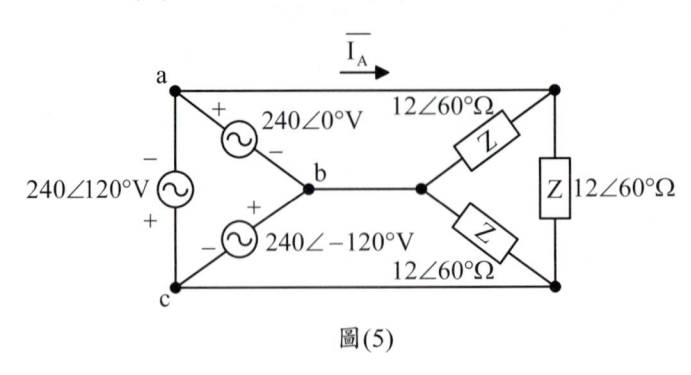

圖(5)

( )28. 不平衡三相四線制，宜採用下列何種測量方式？
(A)單瓦特表法 (B)二瓦表法 (C)三瓦特表法 (D)以上皆非

( )29. 運用兩瓦特表法測量平衡三相負載之功率，已知一瓦特計讀值為300W，另一瓦特計讀值為-100W，試求三相電路之有效功率以及視在功率分別為何？
(A)200W、$200\sqrt{13}$VA (B)300W、$400\sqrt{13}$VA
(C)400W、$600\sqrt{3}$VA (D)200W、$200\sqrt{3}$VA

( )30. 以二瓦特表法量測平衡三相負載之功率，其中一瓦特表讀值為另一瓦特表讀值的兩倍，則負載之功率因數為多少？ (A)0 (B)0.5 (C)0.866 (D)1 [統測]

進階題

( )31. 如圖(6)所示，試求負載端電壓V_{ab}以及V_{bc}分別為何？
(A)98.6V、99.6V (B)98.6V、99.8V (C)96.5V、99.6V (D)99.8V、96.5V

( )32. 承上題所示，試求A、B兩個負載為何？
(A)9860W、5988W (B)9760W、5600W
(C)9860W、5600W (D)9760W、5540W

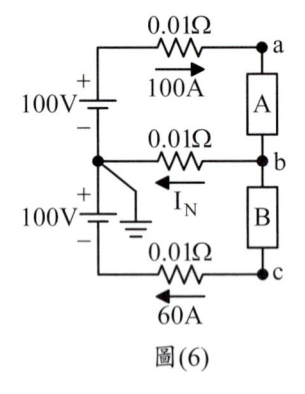

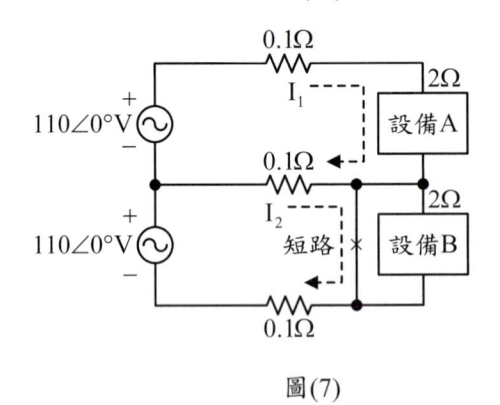

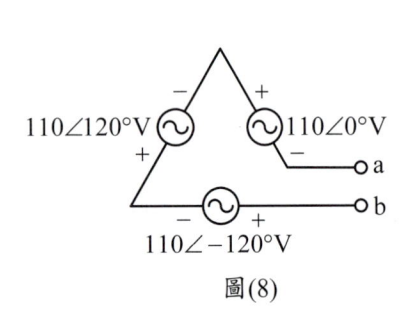

圖(6)　　　　　圖(7)　　　　　圖(8)

( )33. 如圖(7)所示單相三線電路，設備A及B為純電阻性負載，電阻值皆為2Ω，於負載B端發生短路故障，短路電流I_2之值約為何？
(A)660.3A (B)588.4A (C)384.7A (D)76.7A
[109年統測]

( )34. 如圖(8)所示，試求V_{ab}為何？ (A)0V (B)110V (C)220V (D)$110\sqrt{3}$V

( )35. 如圖(9)所示,試求V_{ab}為何? (A)0V (B)110V (C)220V (D)$110\sqrt{3}$V

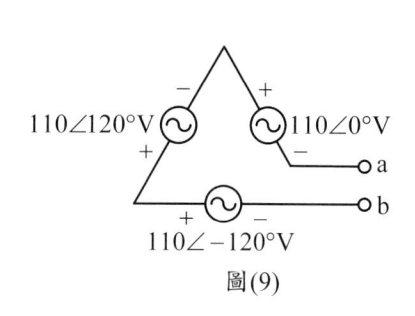

圖(9)

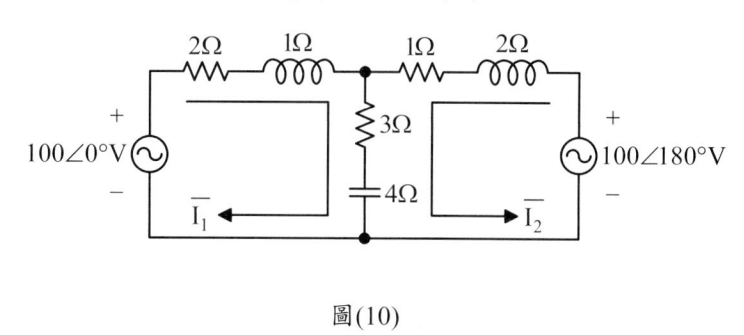

圖(10)

( )36. 列出圖(10)的迴路電流方程式:$\begin{cases}\overline{Z_{11}}\times\overline{I_1}+\overline{Z_{12}}\times\overline{I_2}=100\\\overline{Z_{21}}\times\overline{I_1}+\overline{Z_{22}}\times\overline{I_2}=100\end{cases}$,則$\overline{Z_{11}}+\overline{Z_{22}}=$?
(A)$9-j5$ (B)$9+j5$ (C)$1+j1$ (D)$1-j1$

( )37. 如圖(11)所示,當負載電阻$\overline{Z_L}$為多少時可獲得最大功率P_{max}?最大功率為多少?
(A)$\overline{Z_L}=12+j6\Omega$;$P_{max}=3W$ (B)$\overline{Z_L}=12+j6\Omega$;$P_{max}=12W$
(C)$\overline{Z_L}=12-j6\Omega$;$P_{max}=12W$ (D)$\overline{Z_L}=12-j6\Omega$;$P_{max}=3W$

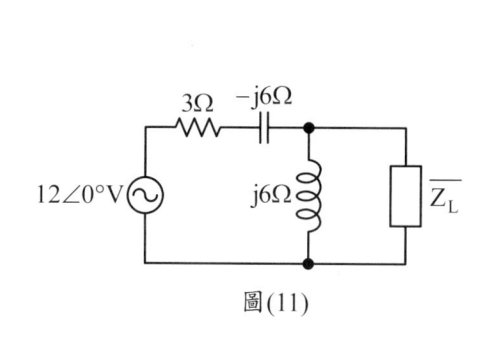

圖(11)

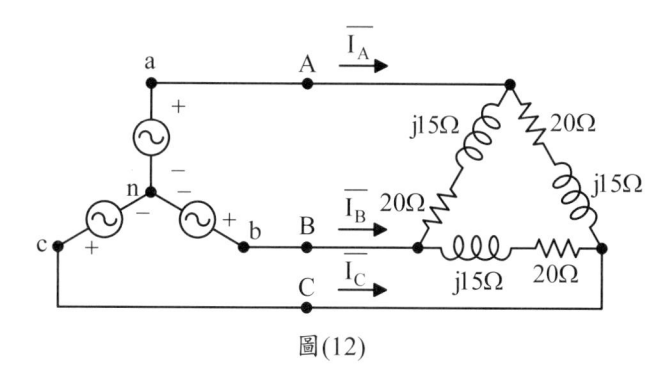

圖(12)

( )38. 如圖(12)所示之三相電路,若三相發電機以正相序供電給負載,已知電壓有效值$\overline{V_{an}}=100\angle0°V$,請問下列敘述何者錯誤?
(A)線電壓$\overline{V_{AB}}=100\sqrt{3}\angle30°V$ (B)線電流$\overline{I_A}=4\sqrt{3}\angle-6.9°A$
(C)總平均功率$P_T=2.88kW$ (D)功率因數滯後PF = 0.8 [102年統測]

( )39. 三相平衡Y接電源系統,n為中性點,若線電壓分別為$\overline{V_{ab}}=220\sqrt{3}\angle0°V$、$\overline{V_{bc}}=220\sqrt{3}\angle120°V$及$\overline{V_{ca}}=220\sqrt{3}\angle-120°V$,下列有關相電壓$\overline{V_{bn}}$之敘述,何者正確?
(A)$\overline{V_{bn}}=220\angle150°V$ (B)$\overline{V_{bn}}=220\sqrt{3}\angle150°V$
(C)$\overline{V_{bn}}=220\angle90°V$ (D)$\overline{V_{bn}}=220\sqrt{3}\angle90°V$ [104年統測]

( )40. 有一三相平衡電源供應Y接三相平衡負載,電源相序為ABC,若電源側線電壓$\overline{V_{AB}}=220\angle30°V$,線電流$\overline{I_A}=5\angle-30°A$,則此電路的功率因數角為何?
(A)0° (B)30° (C)60° (D)90° [106年統測]

( )41. 有一三相平衡電源,當接至平衡三相Y接負載時,負載總消耗功率為1600W,若外接電壓與負載每相阻抗不變之下,將負載改為Δ連接,且負載仍然能正常工作,則負載總消耗功率為何? (A)1600W (B)2400W (C)3200W (D)4800W [108年統測]

12-19

( )42. 圖(13)所示為兩瓦特表法測量平衡三相負載功率，設所接平衡三相電源為正相序且 $\overline{V_{AB}} = 100\angle 0°V$，三相負載 $\overline{Z_1} = \overline{Z_2} = \overline{Z_3} = 10\angle 60°\Omega$，則兩瓦特表 W_A 及 W_B 之讀值各為多少瓦特？
(A)0W、1500W
(B)1000W、0W
(C)750W、750W
(D)500W、1000W　　　　　　　[保甄]

圖(13)

最近統測試題

( )43. 有一功率因數為0.866落後之三相平衡負載，將其連接於線電壓有效值為220V之三相平衡電源，已知線電流有效值為10A，則負載每相所消耗之平均功率約為何？
(A)1100W　(B)$1100\sqrt{3}$W　(C)2200W　(D)$2200\sqrt{3}$W
[12-2][110年統測]

( )44. 如圖(14)所示三相平衡電路，若線電壓有效值為400V、三相負載的總實功率（總平均功率）為4.8kW、功率因數為0.6落後，則阻抗 $\overline{Z_L}$ 為何？（備註：$\cos 53.1° = 0.6$）
(A)$(12 + j12\sqrt{3})\Omega$　(B)$(12\sqrt{3} + j12)\Omega$　(C)$(16 + j12)\Omega$　(D)$(12 + j16)\Omega$
[12-2][111年統測]

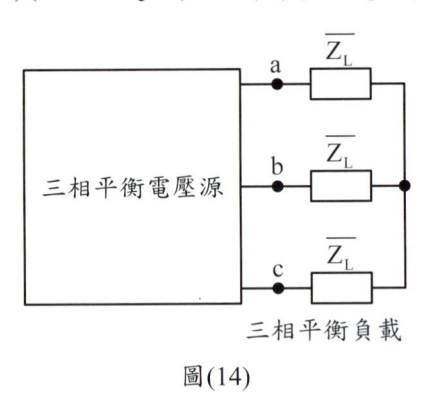

圖(14)

實習專區

( )1. 使用二瓦特表以量度三相平衡負載。若其讀數分別為2kW及1kW，請問此負載的總視在功率為何？　(A)$\sqrt{3}$kVA　(B)3kVA　(C)$2\sqrt{3}$kVA　(D)4kVA
[電機統測]

( )2. 利用二只單相瓦特表量測一交流220V三相三線負載，若接線無誤，二只瓦特表讀值均為508W，則下列敘述何者正確？
(A)該負載之有效功率為508W　　(B)該負載之功率因數為0.866
(C)該負載之無效功率為0VAR　　(D)該負載之有效功率為1524W
[108年電機統測]

( )3. 採用兩個單相瓦特表量測三相三線式負載功率的方法，若兩個瓦特表的顯示皆為正值，分別為800W及600W，則三相負載的總實功率為何？
(A)1400W　(B)800W　(C)400W　(D)$200\sqrt{3}$W
[109年電機統測]

模擬演練

(💡思考題、♦創意題、✻特殊題)
(▶表示提供影音解題)

( )1. 如圖(1)所示，下列敘述何者正確？
① $R_1 = 0.84\Omega$ ② $R_2 = 2.8\Omega$
③X開路時 $V_{ab} \cong 56V$ ④X開路時 $V_{bc} \cong 142V$
(A)①③ (B)②④ (C)①④ (D)②③

( )2. Y接發電機，相序為abc，已知a相電壓 $\overline{V_{ao}} = 100\angle 0°V$，則下列敘述何者正確？
① $\overline{V_{co}} = 100\angle -120°V$ ② $\overline{V_{bo}} = 100\sqrt{3}\angle -120°V$
③ $\overline{V_{ab}} = 100\sqrt{3}\angle 30°V$ ④ $\overline{V_{ca}} = 100\sqrt{3}\angle 150°V$
(A)①③ (B)②④ (C)③④ (D)②③

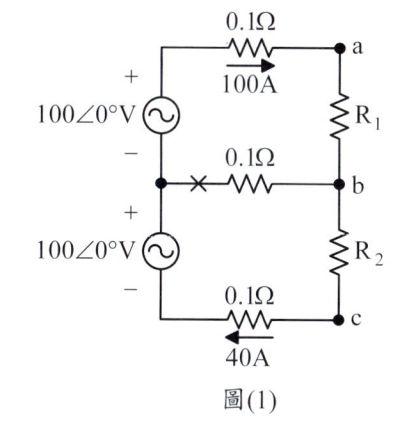

( )3. Y接發電機，相序為acb，已知c相電壓 $\overline{V_{co}} = 100\angle 45°V$，則下列敘述何者正確？
① $\overline{V_{ao}} = 100\angle 165°V$ ② $\overline{V_{bo}} = 100\angle 165°V$
③ $\overline{V_{ab}} = 100\sqrt{3}\angle 135°V$ ④ $\overline{V_{ca}} = 100\sqrt{3}\angle 25°V$
(A)①③ (B)②④ (C)③④ (D)②③

( )4. 如圖(2)所示，以單瓦特表量測電路，求瓦特計的讀值為何？
(A)1000W (B)800W (C)600W (D)400W

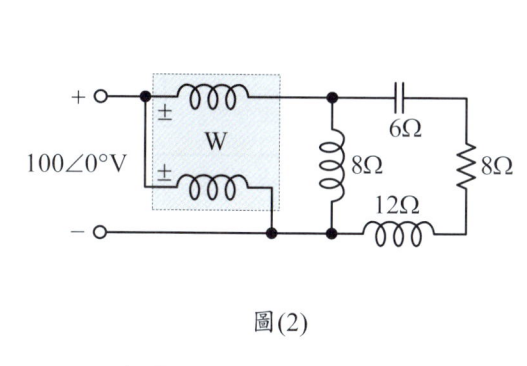

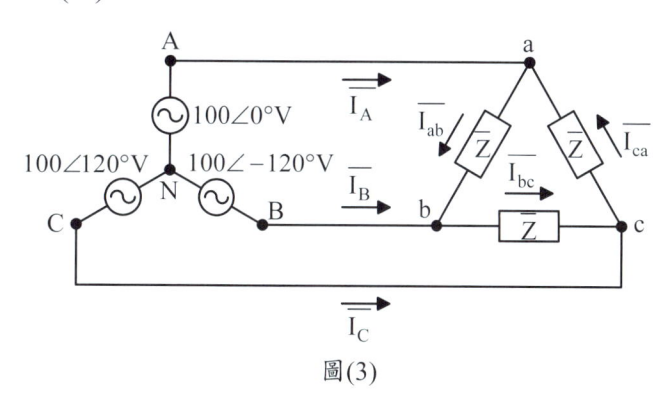

圖(1)

圖(2)   圖(3)

( )5. 如圖(3)所示，若相序為abc且每相阻抗 $\overline{Z} = 10\angle 45°\Omega$，則下列敘述何者正確？
① $\overline{V_{ab}} = 100\sqrt{3}\angle 30°V$ ② $\overline{V_{ca}} = 100\sqrt{3}\angle -90°V$
③ $\overline{I_A} = 30\angle -45°A$ ④ $\overline{I_{bc}} = 10\sqrt{3}\angle 135°A$
(A)①③ (B)②④ (C)②③ (D)①④

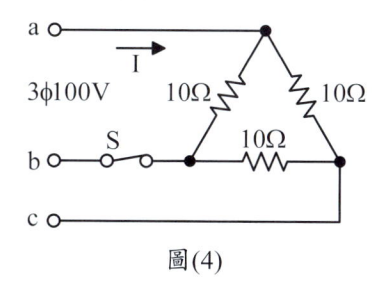

( )6. 如圖(4)所示，下列敘述何者正確？
①開關S閉合時 $I = 10A$ ②開關S閉合時 $I = 10\sqrt{3}A$
③開關S打開後 $I = 20A$ ④開關S打開後 $I = 15A$
(A)①③ (B)②④ (C)②③ (D)①④

圖(4)

( )7. 如圖(5)所示，下列敘述何者正確？（若每相阻抗$\overline{Z} = 8 + j6\Omega$）
　①開關S閉合時I = 10A　　②開關S閉合時I = $10\sqrt{3}$A
　③開關S打開後I = 20A　　④開關S打開後I = 15A
　(A)①③　(B)②④　(C)②③　(D)①④

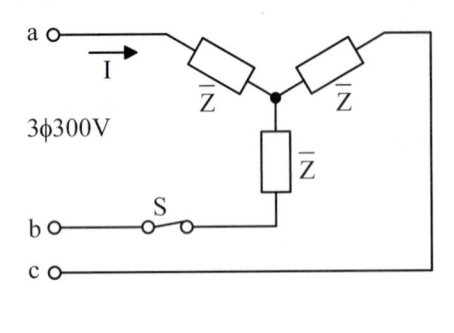

圖(5)

圖(6)

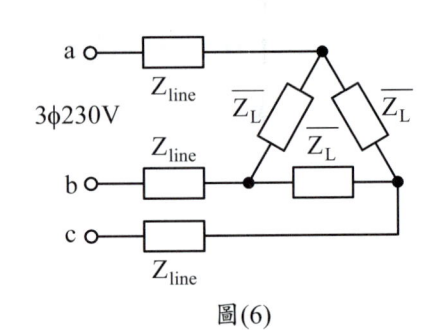

( )8. 如圖(6)所示，若線路阻抗$\overline{Z_{line}} = 1 + j2\Omega$，每相負載阻抗$\overline{Z_L} = 3 + j2\Omega$，試求線路損失為多少？　(A)1587W　(B)2245W　(C)4761W　(D)5500W

( )9. 如圖(7)所示，試求電源電壓$\overline{V_{ab}}$為多少伏特？
　(A)173V　(B)200V　(C)$200\sqrt{3}$V　(D)450V

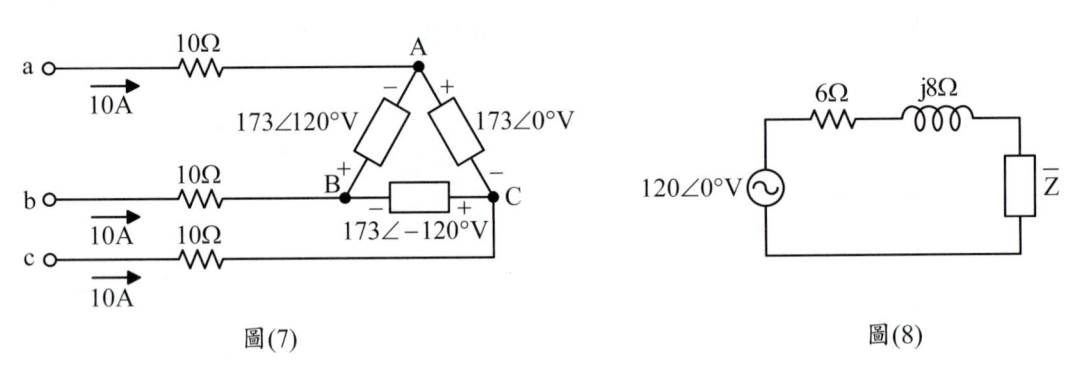

圖(7)

圖(8)

( )10. 如圖(8)所示，試求阻抗$\overline{Z}$可獲得最大功率為何？
　(A)200W　(B)400W　(C)500W　(D)600W

情境素養題

▲ 閱讀下文，回答第1～10題

魯夫與索隆一行人根據指針來到了金銀島，看到街道的公告欄有百萬大挑戰，於是慫恿羅賓參加比賽，目前只剩下最後一關，只要答對下列10題，就是冠軍了，而冠軍可以獲得偉大的航路『大秘寶』，於是羅賓選了最擅長的交流電源，試問：

( )1. 交流電簡稱　(A)AC　(B)DC　(C)DAC　(D)ADC

( )2. 現今台灣的電力系統，頻率為
(A)50Hz　(B)60Hz　(C)100Hz　(D)120Hz

( )3. 三相平衡交流電，彼此相差
(A)100°　(B)120°　(C)150°　(D)180°

( )4. Y接線的線電壓是相電壓的
(A)$\sqrt{2}$倍　(B)$\sqrt{3}$倍　(C)$\sqrt{5}$倍　(D)1倍

( )5. △接線的線電壓是相電壓的
(A)$\sqrt{2}$倍　(B)$\sqrt{3}$倍　(C)$\sqrt{5}$倍　(D)1倍

( )6. 冷氣機專用插座的電壓為
(A)110V　(B)220V　(C)250V　(D)380V

( )7. 單相三線制的中性線
(A)可接保險絲　　　　　　(B)不可接保險絲
(C)可接小容量的保險絲　　(C)可接大容量的保險絲

( )8. 測量家中的插座電壓，三用電錶應將檔位切換至
(A)DCV 250V　(B)DCV 50V　(C)ACV 250V　(D)ACV 50V

( )9. 家中的電器產品，所使用的電壓大部分為
(A)110V　(B)220V　(C)250V　(D)380V

( )10. 中性線一般以何者為主？　(A)黑色　(B)綠色　(C)白色　(D)紅色

基本電學含實習　絕殺講義

解　答

（*表示附有詳解）

12-1 立即練習
1.A　2.D　3.B　*4.B

12-2 立即練習
1.A　2.B　*3.D　*4.C　5.C　6.C　*7.C　*8.C

12-3 立即練習
1.D　2.A　3.C　4.A　*5.D

綜合練習
1.B　2.D　3.B　4.C　*5.B　6.D　7.B　8.B　9.C　10.D
11.D　12.D　*13.B　14.B　*15.C　*16.D　*17.A　18.A　*19.A　*20.D
21.B　*22.B　23.C　*24.C　25.D　*26.D　*27.A　28.C　*29.A　30.C
*31.B　*32.A　*33.B　*34.A　*35.C　*36.D　*37.C　*38.B　*39.A　*40.B
*41.D　*42.A　*43.A　*44.D

實習專區
*1.C　*2.C　*3.A

模擬演練
*1.C　2.C　3.A　*4.B　5.A　*6.B　*7.B　*8.C　*9.C　*10.D

情境素養題
1.A　2.B　3.B　4.B　5.D　6.B　7.B　8.C　9.A　10.C

CHAPTER 13 工業安全衛生及電源使用安全

本章學習重點

節名	常考重點	
13-1　工業安全及衛生	• 感電事故的預防 • 急救處理	★★★★★
13-2　消防安全的認識	• 火災的種類 • 滅火器的種類與使用	★★★★★
13-3　電源與電線過載實作	• 過載保護裝置	★★★★☆

統測命題分析

本章每年必考一題，考試重點為各種急救處理與步驟，而火災的種類與處理更是每年幾乎必考的重中之重，同學不可輕忽！

13-1 工業安全及衛生

一 感電事故

1. 感電災害的類型區分為：**電擊感電災害**、**電弧灼傷**、**電氣火災**、**靜電危害**與**雷擊災害**等五種。

2. 電擊感電災害為人體某一部位碰觸電源或帶電部分，形成電氣回路所造成的災害，區分為：**直接觸電**、**間接觸電**。

3. 直接以手指碰觸110V或220V的交流電源，所造成的事故稱為**直接觸電**；人體碰觸非帶電金屬的部份，因電器故障，所造成的事故稱為**間接觸電**。

4. 人體觸電的方式，區分為**單相（線）觸電**、**兩相（線）觸電**、**跨步電壓觸電**。

5. 電壓只要超過**35V**對人體即有危害，人體只要通過**30mA**極可能造成昏迷，而通過**0.1A**的電流，即有可能造成死亡。

6. **低頻的交流電（40Hz～60Hz）**對人體的傷害最大，若頻率增加則對人體所造成的危險程度會降低。

7. 發現有人發生感電事故，首要處理的第一個動作是**立即切斷電源**。

二 感電事故的預防

1. 浴室或潮濕場所應裝設**漏電斷路器（ELCB）**，內部元件為零相比流器根據克希荷夫電流定律，以檢測**接地故障**，避免人員發生感電事故。

2. 安全帽依性質可分為 A、B、C、D四類，其中**B類**適用於電器類工作用，具備高度絕緣特性，可以承受**20kV**之交流電。

3. 避免雷擊事故，應該於高樓頂端或電視機等戶外入口處加裝**避雷針**。

三 急救處理

1. 外傷出血急救分為：直接壓迫傷口止血法、止血點止血法與止血帶止血法，其中以**止血帶止血法**需標示使用的**日期**與**時間**，並且每隔**15～20分鐘**，緩慢鬆開15秒左右。

2. 呼吸停止急救又稱為**口對口人工呼吸法**，成人以每分鐘**12**次之方式，而小孩每分鐘**20**次，實施口對口人工呼吸急救，直至患者恢復呼吸

3. 心肺復甦術其步驟為**叫叫CABD**，步驟如下：

    (1) 叫：**檢查意識**，拍打病患之肩部，以確定傷患有無意識，檢查呼吸。

    (2) 叫：**求救**：快找人幫忙，打119

    (3) C（Compression）：每分鐘**100次～120次**胸部按壓，下壓深度至少**5公分**。

(4) A（Airway）：**暢通呼吸道**，壓額抬下巴。

(5) B（Breathing）：**檢查呼吸**，若沒有呼吸，一律吹2口氣，每一口氣時間為1秒。胸部按壓與人工呼吸的比率為**30:2**，即30次胸部按壓後，施行2次人工呼吸。

(6) D（Defibrillation）：D是指體外去顫，也就是俗稱**電擊**，每一次電擊之後緊接著實施心肺復甦術。

4. 若傷患呼吸停止但尚有脈搏，則應立即施予**人工呼吸**；若呼吸與脈搏皆已停止，則應施予**心肺復甦術**。

5. 體外去顫器（AED）之貼片應置於沒有呼吸或脈搏患者之**右胸**以及**左腹**處。

6. 體外去顫器（AED）會**自動偵測**患者是否有心跳，若無心跳才會實施電擊。

7. 灼傷與燒燙傷急救，一般灼傷與燒燙傷可分為四等級：其中第二度灼傷會造成皮膚出現紅腫，有水泡產生又稱為**水泡性灼傷**，又以第四度灼傷最嚴重，又稱為**炭化性灼傷**。

8. 灼傷與燒燙傷的急救步驟為：**沖、脫、泡、蓋、送**。

9. 灼傷或燒燙傷應泡在水中約**10～30**分鐘。

10. 患者意識清楚，而異物梗塞在氣管時，需施以**哈姆立克急救法**。

ABCD 立即練習

( ) 1. 人體對電流的效應中，引起昏迷的電流為
(A)1mA (B)10mA (C)30mA (D)0.3mA

( ) 2. 校園中飲水機等設備的外殼，會連接一條綠色線至接地點。目的為何？
(A)預防設備發生短路事故
(B)預防設備發生過載事故
(C)預防設備漏電時，發生人員感電事故
(D)預防設備發生過熱事故

( ) 3. 安全帽依性質可分為A、B、C、D四類，其中哪一類之安全帽用於電器類施工時佩帶？ (A)A類 (B)B類 (C)C類 (D)D類

( ) 4. 下列哪一種急救法需標註施作之日期與時間？
(A)止血點止血法 (B)止血帶止血法 (C)直接壓止血法 (D)以上皆是

( ) 5. 對於AED的敘述，下列何者錯誤？
(A)為自動體外心臟電擊去顫器
(B)具有自動判讀患者心臟搏動之情況
(C)只能給具有專業知能之醫護人員操作，一般民眾禁止使用
(D)行政院公告納為公共場所之必要緊急救護用

13-2　消防安全的認識

1. 形成燃燒的四要素：**可燃物**、**熱力（熱能）**、**助燃物**與**連鎖反應**。

2. 滅火的原理與方法：

    (1) 隔離法：將可燃物從火場中移除或斷絕其供應來源，常見的方法為**開闢防火巷**。

    (2) 窒息法：氧氣是燃燒時的助燃物，如果隔離氧氣的供應，即可使燃燒停止。

    (3) 冷卻法：將燃燒物冷卻，使其溫度降低至燃燒點以下，即可達到滅火的目的，常見的方法為**水冷卻法**。

    (4) 抑制連鎖反應法：破壞燃燒中的游離子，使其連鎖反應失敗，例如**乾粉滅火器**。

3. 火災的種類與滅火器的種類：

火災類型	火災種類	燃燒物質	滅火方法	滅火器
甲類（A類）火災	普通火災	由**可燃性的固體**所引起的火災	冷卻法	消防水 泡沫滅火器 ABC類乾粉滅火器
乙類（B類）火災	油類火災	由**可燃性液體**、**可燃性氣體**或**可燃性油脂**所引起的火災	窒息法	泡沫滅火器 二氧化碳滅火器 ABC類乾粉滅火器
丙類（C類）火災	電氣火災	由**電氣設備**或配電失火所引起的火災	**抑制連鎖反應法**	二氧化碳滅火器 ABC類乾粉滅火器
丁類（D類）火災	金屬火災	由**可燃性金屬**或**禁水性物質**所引起的火災	抑制連鎖反應法	D類乾粉滅火器

4. **海龍（鹵化烷）滅火器**：適用於ABC類火災，滅火效果最佳，但缺點是會破壞臭氧層，已禁止生產。

5. **潔淨滅火器**是海龍滅火器之替代品，適用於ABC類火災，這類滅火器是最新的產品，符合NFPA 2001零污染滅火藥劑系統規範。

6. **泡沫滅火器**適用AB類火災，這種滅火器已經很少見，使用前必須先將滅火器倒過來。

工業安全衛生及電源使用安全

CH 13

7. 滅火器的使用口訣：

    (1) 拉：將安全插梢「旋轉並拉開」。

    (2) 瞄：握住皮管噴嘴後，瞄準火源**底部**。

    (3) 壓：用力握下手壓柄（壓到底），朝向火源根部上方2～3公分處噴射。

    (4) 掃：左右移動掃射後，持續監控並確定火源熄滅，滅火器有效距離是**10至15公尺**，因此在滅火時，使用者所站的位置最好是距火源處1至3公尺遠，並位在**上風處**。

8. 安全衛生顏色：

    (1) 代表救護及安全的顏色為**綠色**。

    (2) 代表危險且具有警戒意義為**橙色**。

    (3) 代表注意為**黃色**。

    (4) 指示具有放射性危險的設備，汙染物或其他稀貴物料等的顏色為**紫色**。

9. 安全衛生標示的圖形：

    (1) 尖端向上之正三角形代表**警告**。

    (2) 尖端向下之正三角形代表**注意**。

    (3) 圓形表示**禁止**。

    (4) **正方形或矩形**用於一般說明或提示性質。

ABCD 立即練習

(　)1. 水可用來撲滅
(A)A類火災　(B)B類火災　(C)C類火災　(D)A、B、C類火災

(　)2. 一般工業用途以
(A)綠色　(B)黃色　(C)橙色　(D)紅色　　標示安全及急救藥品存放位置

(　)3. 何種滅火器是海龍滅火器之替代品，適用於ABC類火災
(A)潔淨滅火器　(B)二氧化碳滅火器　(C)泡沫滅火器　(D)鹵化烷滅火器

(　)4. 使用前必須先將滅火器倒過來等待裡面液體產生化學作用者為
(A)潔淨滅火器　(B)二氧化碳滅火器　(C)泡沫滅火器　(D)鹵化烷滅火器

(　)5. 只能撲滅氣體、電線引起的火災之滅火器為
(A)清水泡沫滅火器　(B)水滅火器　(C)乾粉滅火器　(D)二氧化碳滅火器

13-3 電源與電線過載實作

1. 根據內政部消防署統計，**家用電器**是造成住宅火災的第一名，其中以**電線走火**為主因。
2. 電氣製品類應具有：商品名稱及型號、**額定電壓**、**額定功率**、**總額定消耗電功率**、**額定輸入電流**、製造日期、製造號碼、生產國別或地區、規格、**注意事項**或敬語、製造或委託廠商等標示。
3. 交流電流的測量可以使用**夾式電錶**，其原理主要是運用感應電流所產生的**磁場**，將磁場轉換為**電流**以及**電壓**。
4. 一個品質優良的電氣製品通常會有**安全標章**。
5. 夾式（勾式）電錶可以測量**直流電壓**、**交流電壓**、**直流電流**、**交流電流**與**電阻**，夾式電錶每次測量只能勾住**1條**導線，且對於未知電壓或電流之測量，檔位虛置於**最高檔位**。

ABCD 立即練習

( )1. 下列何者不是電器類製品所應標示之內容？
(A)額定電壓　(B)製造年份及製造號碼　(C)產品適用範圍　(D)總消耗功率

( )2. 交流電流的測量，一般使用
(A)指針式三用電表　(B)勾式電表　(C)瓦特表　(D)伏特表

( )3. 一個安全的電器類產品具備有
(A)安全標章　(B)微笑標章　(C)節能標章　(D)健康標章

( )4. 延長線必須裝設
(A)漏電斷路器　(B)過載保護裝置　(C)電磁開關　(D)積熱電驛

( )5. 延長線的最大使用功率1650W，所代表的意義為
(A)插入延長線的單一電器不得超過1650W
(B)插入延長線的電器總功率不得超過1650W
(C)插入延長線的單一電器不得超過1650W的1.5倍
(D)插入延長線的電器總功率不得超過1650W的1.5倍

歷屆試題

( ) 1. 假如不幸在實驗室受到大火灼傷，較佳的緊急處理程序為何？
(A)沖、脫、泡、蓋、送　　(B)沖、脫、蓋、泡、送
(C)沖、泡、脫、蓋、送　　(D)送、泡、沖、脫、蓋　　[統測]

( ) 2. 電氣火災是屬於哪一類火災？
(A)甲類（A類）　　(B)乙類（B類）
(C)丙類（C類）　　(D)丁類（D類）　　[統測]

( ) 3. 使用於浴室中的電熱水器，為了防止因漏電而造成災害，電熱水器之電源應使用何種自動斷電裝置？
(A)無熔絲開關（NFB）　　(B)漏電斷路器
(C)閘刀開關　　(D)單刀開關　　[電子統測]

( ) 4. 若變壓器發生短路故障，而保護設備失效時，所引起的火災，是屬於哪一類的火災？
(A)甲類（A類）火災　　(B)乙類（B類）火災
(C)丙類（C類）火災　　(D)丁類（D類）火災　　[統測]

( ) 5. 鋰、鈉、鉀或鎂等金屬所引起的火災是屬於哪一類火災？
(A)甲類（A類）　　(B)乙類（B類）
(C)丙類（C類）　　(D)丁類（D類）　　[統測]

( ) 6. 發生一般俗稱「電線走火」的火災時，需使用下列何者滅火？
(A)乾粉　(B)泡沫　(C)水　(D)潤滑劑　　[電機統測]

( ) 7. 就火災種類之敘述，下列何項不正確？
(A)A類火災是由一般可燃性固體所引起的火災
(B)B類火災是由可燃性液體、氣體或固體油脂類物質所引起的火災
(C)C類火災是由通電中之電力設施或電氣設備所引起的火災
(D)D類火災是由可燃性非金屬所引起的火災　　[統測]

( ) 8. 由一般可燃性物質如紙張、木材、紡織品等所引起的火災，可使用大量的水來撲滅，是屬於下列何種火災？
(A)A（甲）類火災　　(B)B（乙）類火災
(C)C（丙）類火災　　(D)D（丁）類火災　　[102年資電統測]

( ) 9. 當火災發生時，關於滅火的敘述，以下何者有誤？
(A)化學藥品及油類所引起的火災，可使用二氧化碳、乾粉等滅火器或水予以撲救較為有效
(B)滅火時應優先將火場內的電源先予截斷
(C)滅火最重要時刻是剛起火的數分鐘內
(D)一般物質的初期火災，可以考慮用沙、土或水等加以覆蓋撲滅　　[102年電機統測]

( ) 10. 下列有關使用心肺復甦術（CPR）急救基本步驟的敘述，何者錯誤？
(A)Analysis（分析現場狀況）
(B)Breathing（實施人工呼吸）
(C)Circulation（按壓心臟維持循環）
(D)Defibrillation（利用心臟電擊器進行體外去顫）　　[103年統測]

(　　)11. 下列何種情形，最容易發生人體觸電事故？
(A)赤腳著地且人體碰觸到火線
(B)立於塑膠椅子上且人體碰觸到用電設備之金屬外殼
(C)立於塑膠椅子上且人體碰觸到接地線
(D)赤腳著地且人體碰觸到用電設備之金屬外殼，且該用電設備之漏電斷路器功能正常
[104年電機統測]

(　　)12. 下列何種方式，可防止人員感電事故？
(A)電氣設備非帶電的金屬外殼接地
(B)電氣設備接保險絲
(C)電氣設備接電磁開關
(D)電氣設備接電容器
[105年電機統測]

(　　)13. "叫叫CABD" 為心肺復甦術（CPR）的急救步驟，下列何者代表字母A的意義？
(A)使用體外去顫器AED電擊　　　(B)胸部按壓
(C)進行人工呼吸　　　　　　　　(D)暢通呼吸道
[106年統測]

(　　)14. 使用中的馬達起火燃燒，屬於下列何種火災類別？
(A)A（甲）類火災　　　　　　　(B)B（乙）類火災
(C)C（丙）類火災　　　　　　　(D)D（丁）類火災
[107年統測]

(　　)15. 電源線路、電動機具或變壓器等電器設備因過載、短路或漏電所引起之火災，在電源未切斷時，不適合使用下列何種裝置滅火？
(A)泡沫滅火器　　　　　　　　　(B)ABC乾粉滅火器
(C)BC乾粉滅火器　　　　　　　(D)二氧化碳滅火器
[108年統測]

(　　)16. 火災分類依據燃燒物性質可分四類，對於火災分類的說明，下列何者錯誤？
(A)A類火災又稱普通火災，它是由可燃性紙張、油脂塗料等引起的火災
(B)金屬火災用特種乾粉式滅火器撲滅
(C)D類火災又稱金屬火災
(D)由可燃性液體如酒精所致的火災為B類火災
[108年統測]

(　　)17. 在實驗室若受到火焰灼傷時，較適當的急救程序為何？
(A)送、泡、脫、蓋、沖　　　　　(B)沖、蓋、送、泡、脫
(C)沖、脫、泡、蓋、送　　　　　(D)送、沖、蓋、泡、脫
[109年電機統測]

(　　)18. 導線的安全電流較不受下列哪一因素影響？
(A)導線之散熱條件　　　　　　　(B)導線周遭環境溫度
(C)導線絕緣材料之最高工作溫度　(D)導線長度
[110年電機統測]

模擬演練

(💡 思考題、🔷 創意題、✱ 特殊題)

💡(　)1. CPR急救步驟，其施作口訣為「叫叫CABD」，若顧慮患者可能具有傳染病，施作時可以免除下列哪一步驟？ (A)C (B)A (C)B (D)D

(　)2. 魯夫在更換日光燈時不甚發生感電事故而倒地不起，在未能確定魯夫是否為感電狀態時，下列何者為最優先應處理的項目？
(A)立即通知臺灣電力公司進行救援
(B)盡速切斷電源
(C)將魯夫拉離感電區域
(D)立即進行心肺復甦術

(　)3. 接地的主要目的是：
(A)防止感電事故 (B)提高效率 (C)節能減碳 (D)減少線路電流損失

(　)4. 人體通過多少電流，可能導致死亡？
(A)0.1mA (B)1mA (C)10mA (D)100mA

💡(　)5. 電氣火災如果確定已經將電源切除，可以視同
(A)A類 (B)B類 (C)A、B類 (D)D類　的處理方式

(　)6. 下列何者不是夾式電錶的特點？
(A)可以測量直流與交流電壓及電流
(B)無需將電線剪斷即可測量到交流電流
(C)對於未知電壓的測量，需將檔位置於最高檔位
(D)測量交流電流時，需同時夾住兩條導線

(　)7. 浴室或潮濕場所應裝設何種保護裝置，避免人員發生感電事故？
(A)漏電斷路器 (B)電磁接觸器 (C)積熱電驛 (D)保險絲

(　)8. 發生異物哽塞情況，需立即施以何種急救方法？
(A)哈姆立克急救法　　　　　(B)心肺復甦術
(C)體外去顫器（AED）急救法　(D)口對口人工呼吸

(　)9. 佐助在使用電烙鐵焊接電路時，不慎燙到手指而產生水泡，在燒燙傷的分類中屬於
(A)第一度 (B)第二度 (C)第三度 (D)第四度

(　)10. B類火災不得使用下列何種方式滅火？
(A)水 (B)二氧化碳滅火器 (C)乾粉滅火器 (D)消防沙

解答 (*表示附有詳解)

13-1 立即練習
1.C 2.C 3.B 4.B 5.C

13-2 立即練習
1.A 2.A 3.A 4.C 5.D

13-3 立即練習
1.C 2.B 3.A 4.B 5.B

歷屆試題
1.A 2.C 3.B 4.C 5.D 6.A 7.D 8.A 9.A 10.A
11.A 12.A 13.D 14.C 15.A 16.A 17.C 18.D

模擬演練
1.C 2.B 3.A 4.D 5.C 6.D 7.A 8.A 9.B 10.A

CHAPTER 14 常用家電量測

本章學習重點

節名	常考重點	
14-1 低功率電烙鐵、量測電表、電源供應器之使用	• 銲接工具的使用 • 三用電錶的使用 • 直流電源供應器的使用	★★★★★
14-2 電阻之識別及量測	• 電阻的識別與測量	★★★★★
14-3 交直流電壓及直流電流之量測	• 交直流電壓及直流電流之量測	★★★★★

統測命題分析

本章考試的重點在於三用電錶各種檔位的使用、『零位調整』與『零歐姆調整』的步驟，以及電源供應器的使用。

14-1 低功率電烙鐵、量測電表、電源供應器之使用

一 銲接工具的介紹及使用

1. 電烙鐵具備的條件：**接觸電阻小、接腳不可氧化、機械強度不可降低**。

2. 電子元件的銲接一般使用**低功率**之電烙鐵，工作溫度約**230度～250度**，銲接IC或是SMD元件通常使用**20W**的電烙鐵。

3. 電烙鐵的長度可以用十字起子調整，長度愈長，電烙鐵的溫度**愈低**。

4. 吸錫器是運用**真空原理**，可將銲點上熔解的銲錫吸出。

5. 銲錫：由**錫**和**鉛**組成之合金材料，常用為63%表示**錫63%**、**鉛37%**；而**60%**表示錫60%、鉛40%，一般銲錫中心皆會含有**松香助銲劑**，助銲劑的主要目為**去除被銲金屬表面之氧化物**。

6. 無鉛銲錫的成分為**錫**、**銀**、**銅**，熔點溫度**較高**，所以銲接難度高，並且符合**歐盟RoHS**之環保規範。

7. **裸銅線**一般用於電路板的**銲接面**，做為電路之**導線**；而**單心線**則用於電路板的**零件面**，做為**跳線**之用途。

8. 裸銅線的彎曲角度以**90度**以及**135度**為原則，不得小於**90度**，並且在轉彎處加銲錫；若為直線則兩銲點間之空點不得超過**4個（最多4點）**。

9. 跳線需裝置於電路板之**元件面**，不得用於**銲接面**，可以**水平**或**垂直**放置，絕不可歪斜或轉折。

10. 銲接時以**尖嘴鉗**或**鑷子**夾取元件的接腳，其目的為**幫助散熱**以保護電子元件。

11. 電子元件銲接應注意事項：

    (1) 元件的銲接需由**低元件**銲接至**高元件**。

    (2) 電阻安置於印刷電路板，色碼之讀法需**由左至右**或**由上而下**。

    (3) IC必需使用IC座，先銲接**IC腳座**後插IC。

    (4) 電阻、電容器之接腳應**先銲接後剪接腳**（接腳餘長不得超過0.5mm）；IC腳座、繼電器不得剪去接腳。

    (5) 高功率電阻器與電路板之間需有**3mm～5mm**的間隙。

12. 銲接步驟：
    加熱（電烙鐵先接觸銅箔加熱）→ **加入銲錫** → **移除銲錫** → **移除烙鐵**。

13. 銲接點呈現霧狀表示銲接溫度**太低**；而銲接點呈現焦黑色表示銲接溫度**太高**。

二 三用電錶

1. 外觀：

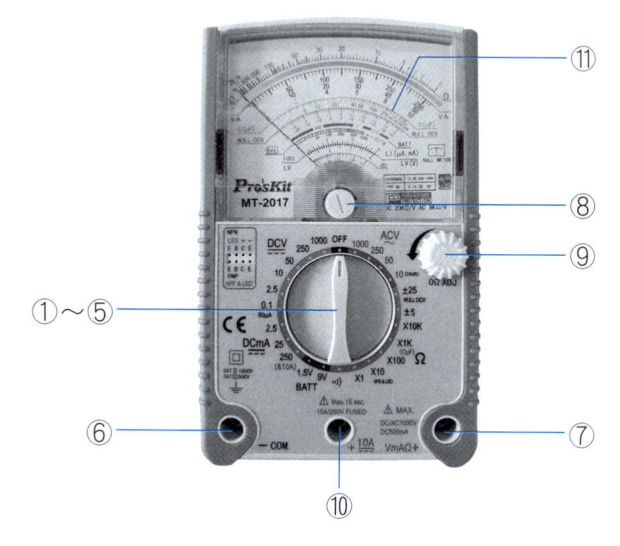

2. 面板開關及旋鈕說明：

編號	面板開關及旋鈕名稱	刻度名稱或內容	功能
①	範圍選擇開關	OFF	電表未使用時將選擇開關置於此檔位
②		ACV	一般的檔位有2.5V、10V、50V、250V、1000V，對於未知電壓的測量，應先置於最高檔位，逐一往下調整。此檔位可測量分貝（dB）值
③		DCV	一般的檔位有2.5V、10V、50V、250V、1000V，對於未知電壓的測量，應先置於最高檔位，逐一往下調整
④		Ω	1. 電阻測試：檔位由×1～×10k，則待測電阻的測量值為檔位乘以指針的指示值 2. 短路測試：將檔位切置Buzz檔，當被測線路小於200Ω，電錶內的蜂鳴器會鳴叫，用來判斷測試線路是否連接。 ※ 使用此檔位，必須將電源切離，即靜態測試。
⑤		DCmA	用來測量直流電流的大小，對於未知電流的測量，應先置於最高檔位，逐一往下調整
⑥	−(COM)	負測試棒插孔	將黑色測試棒插入此孔
⑦	＋	正測試棒插孔	將紅色測試棒插入此孔
⑧	Zero corrector	機械零點調整	機械零點調整，又稱零位調整，在使用任何檔位前，應確定指針是否指示於最左邊的0位置，若不是則用一字起子調整
⑨	0Ω ADJ	電阻零點調整	電阻零點調整，又稱零歐姆調整，或歸零調整，歐姆檔只要切換不同檔位，即需將紅棒與黑棒短接，使指針偏轉指示0Ω，若沒有指示0Ω，則需藉由零歐姆調整旋鈕調整
⑩	10A/250V FUSED	DC10A測試棒插孔	紅色測試棒插在DC10A插孔，黑色測試棒接到COM插孔，可擴大測量範圍
⑪	Scale Dial	表頭面板刻度	主要有ACV、DCV、Ω與DCmA等顯示刻度，其中以Ω檔為非線性刻度，因此需讓指針停留在0～50之間，較容易判讀

三、直流電源供應器

1. 外觀：

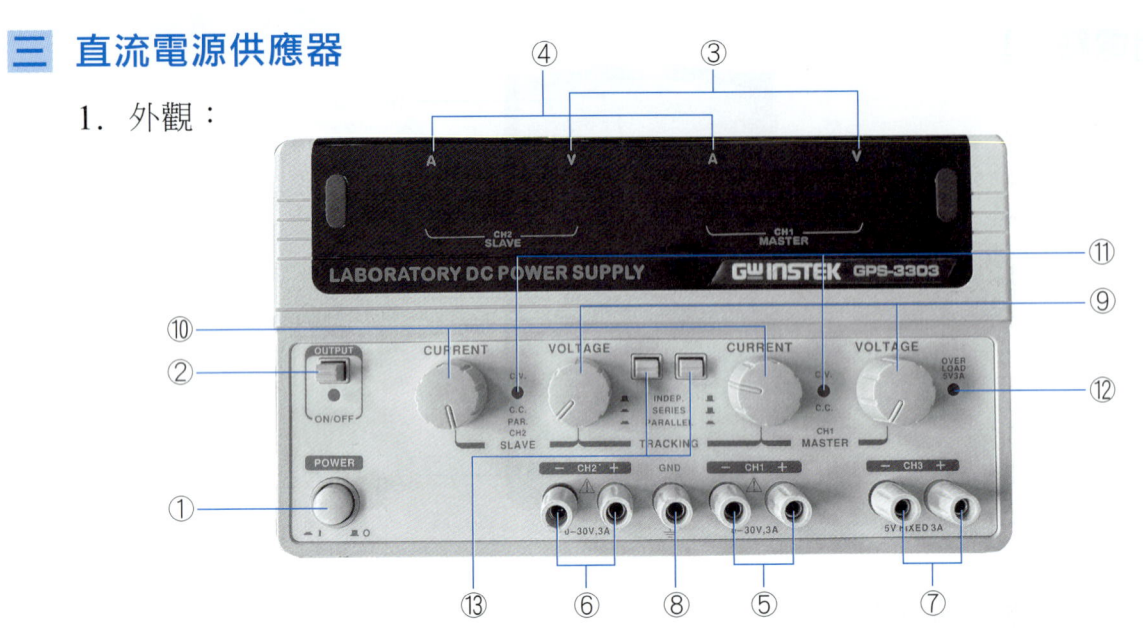

2. 面板開關及旋鈕說明：

編號	面板開關及旋鈕名稱	中文名稱	功能
①	POWER	電源開關	電源開關
②	OUTPUT	輸出開關	電源輸出開關
③	V	電壓指示欄位	指示主電源（MASTER）與輔（從）電源（SLAVE）的輸出電壓
④	A	電流指示欄位	指示主電源（MASTER）與輔（從）電源（SLAVE）的輸出電流
⑤	CH1	主電源輸出端	可輸出的電壓範圍0～30V 可輸出的電流範圍0～3A
⑥	CH2	輔（從）電源輸出端	可輸出的電壓範圍0～30V 可輸出的電流範圍0～3A
⑦	CH3	固定電壓輸出端	輸出電壓固定為5V 最大輸出電流為3A
⑧	GND	GND端子	機座與大地連接之端子
⑨	VOLTAGE	電壓調整旋鈕	調整輸出電壓之大小
⑩	CURRENT	電流調整旋鈕	調整輸出電流之大小
⑪	C.V. & C.C.	電壓與電流指示燈	亮綠燈表示電壓正常輸出；亮紅燈表示表示輸出電流超過額定值，或輸出被短路、限流在3A
⑫	OVER LOAD	CH3過載指示燈	當負載超過3A，燈號亮起
⑬	獨立模式INDEP	獨立控制模式	主電源（MASTER）與從電源（SLAVE），各自調整
⑬	追蹤模式TRACKING	追蹤模式	從電源（SLAVE）被主電源（MASTER）控制
⑬	追蹤模式TRACKING	串聯追蹤模式（SERIES）	主電源（MASTER）與從電源（SLAVE）串聯，最大電壓可達60V
⑬	追蹤模式TRACKING	並聯追蹤模式（PARALLEL）	主電源（MASTER）與從電源（SLAVE）並聯，最大電流可達6A

立即練習

( ) 1. 61%銲錫，其正確成分為
(A)鉛61%、錫39%　(B)銅61%、錫39%
(C)錫61%、銅39%　(D)錫61%、鉛39%

( ) 2. 目前常用的SAC無鉛銲錫是由哪幾種金屬組成？
(A)錫、鋁、銅　(B)錫、鐵、銅　(C)錫、銀、鐵　(D)錫、銀、銅

( ) 3. 銲接時，若助銲劑變黑或銲接表面有氧化膜產生，表示銲接時發生何種狀況？
(A)溫度太低　(B)助銲劑不良　(C)表面不潔　(D)溫度過高

( ) 4. 銲錫中的助銲劑主要功能為何？
(A)去除銲接表面之氧化物　(B)加速銲接點凝固
(C)幫助銲接溫度升高　(D)降低熔點溫度

( ) 5. 一般吸錫器能去除銲錫是採用何種原理？
(A)虹吸管　(B)靜電吸力　(C)高壓吹力　(D)真空吸力

( ) 6. 依歐盟規定，銲錫材料不可含有下列何種物質？
(A)鉛　(B)銅　(C)鋅　(D)鎳

( ) 7. 兩個銲接點，中間最多不得超過幾個空點？
(A)2　(B)3　(C)4　(D)5

( ) 8. 下列何者不是指針式三用電表的功能？
(A)測量電阻　(B)測量交流電壓　(C)測量直流電壓　(D)測量交流電流

( ) 9. 三用電表用來測試dB值時，開關應置於
(A)歐姆檔範圍　(B)DCV檔範圍　(C)ACV檔範圍　(D)DC-mA檔範圍

( ) 10. 使用數位多功能電表時，字幕顯示「1.」，表示
(A)電路損壞　(B)電源電壓太高　(C)電源電壓不足　(D)檔位選擇太小

( ) 11. 當電源供應器的「C.C.」指示燈亮表示何種意義？
(A)可控制電流輸出
(B)在定電壓狀態工作
(C)輸入電壓被短路狀態
(D)輸出電流超過設定值或輸出電壓被短路狀態

( ) 12. 將電源供應器設定為『TRACKING』模式，且主電源（MASTER）調整為10V，則從電源（SLAVE）為　(A)0V　(B)5V　(C)10V　(D)15V

( ) 13. 將電源供應器設定為串聯追蹤模式『SERIES TRACKING』模式，且主電源（MASTER）調整為10V、1A，則輸出電壓最大可達
(A)10V、1A　(B)10V、2A　(C)20V、1A　(D)20V、2A

( ) 14. 將電源供應器設定為並聯追蹤模式『PARALLEL TRACKING』模式，且主電源（MASTER）調整為6V、1A，則輸出電壓最大可達
(A)6V、1A　(B)6V、2A　(C)12V、1A　(D)12V、2A

14-2　電阻之識別及量測

1. 指針式三用電錶內部有**3**顆電池，**2**顆為**1.5V**的三號電池，**1**顆**9V**的電池，且只有使用到**歐姆檔**才會用到內部的電池，黑色測試棒為內部電池的**正極**，紅色測試棒為內部電池的**負極**。

2. 零歐姆調整，或歸零調整，歐姆檔只要切換不同檔位，即需將紅棒與黑棒**短接**（手指不可觸碰到測試棒），使指針偏轉指示0之位置。

3. 使用歐姆檔的×1～×1k檔位，則需使用到**2**顆**1.5V**之電池，即三用電錶輸出**3V**。

4. 使用歐姆檔的×10k檔位，則需使用到**2**顆**1.5V**及**1**顆**9V**之電池，即三用電錶輸出**12V**。

5. 若歐姆檔的**×1～×1k**無法歸零調整，表示內部的**1.5V**老化需更換；若歐姆檔的**×10k**無法歸零調整，表示內部的**9V**老化需更換。

6. 歐姆檔在檔位R×1時內部電阻為20Ω、R×10內部電阻為200Ω、R×100內部電阻為2kΩ，檔位越大輸出的電流**越小**。

7. 歐姆檔為非線性刻度檔，最左邊的刻度為∞。

8. 指針式三用電錶，若未裝設電池，則**歐姆檔**以及**短路測試檔**無法測量；而數位式三用電錶則是**全部檔位**都無法使用。

9. 三用電錶的測試範圍約**1Ω～1MΩ**，若待測電阻超過此範圍將造成極大之誤差。

10. 避免測量所造成之誤差，則高電阻（小負載）與低電阻（大負載）的測量方法如下：

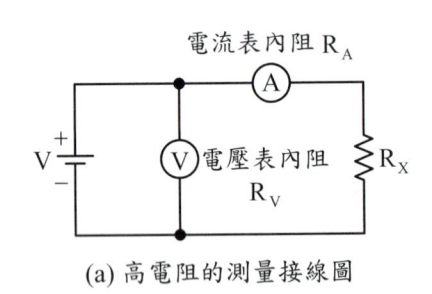

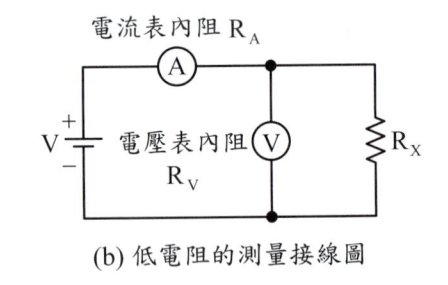

    (a) 高電阻的測量接線圖　　(b) 低電阻的測量接線圖

    (1) 測量值 $R_T = \dfrac{V}{A}$。

    (2) 當待測電阻的測量值 $R_T \geq \sqrt{R_V \times R_A}$，需使用高電阻的測量方法。

    (3) 當待測電阻的測量值 $R_T \leq \sqrt{R_V \times R_A}$，需使用低電阻的測量方法。

11. 表面黏著元件的SMD電阻如右圖所示，電阻值為 $ab \times 10^c\,\Omega$；其中R代表單位為歐姆的電阻小數點，用m代表單位為毫歐姆的電阻小數點。

立即練習

( )1. 指針型三用電表置於R×10k檔位時，其內部電壓為多少？
(A)3V　(B)6V　(C)9V　(D)12V

( )2. 指針型三用電表置於R×100檔位時，其內部電壓為多少？
(A)3V　(B)6V　(C)9V　(D)12V

( )3. 一般常用的日式指針式三用電表未裝9V乾電池時，其歐姆檔的哪些檔位無法使用？
(A)所有歐姆檔的檔位均無法使用　(B)僅×1Ω檔無法使用
(C)僅×10kΩ檔無法使用　(D)×1Ω、×10Ω、×1kΩ檔皆無法使用

( )4. 指針型三用電表在Ω檔量測範圍時，其黑色測試棒的內部電性為何？
(A)正電　(B)負電　(C)不帶電　(D)以上均可

( )5. 指針式三用電表，若歐姆檔 "R×1k" 無法歸零時，其原因可能為
(A)1.5V的電池電力不足　(B)9V的電池電力不足
(C)12V電池電力不足　(D)紅黑棒反接

( )6. 如圖(1)以三用電表歐姆檔 "R×1k"，測量ab兩端，指針指示在25之位置，則電阻R值為？
(A)15kΩ　(B)25kΩ
(C)30kΩ　(D)40kΩ

圖(1)

( )7. 欲以指針型三用電表測2.5kΩ的電阻，其歐姆檔宜選用下列何檔，可得較佳之準確度？　(A)R×1　(B)R×10　(C)R×100　(D)R×1k

( )8. 三用電表，測量何項所用刻度為非均勻刻度？
(A)DCV　(B)ACV　(C)DCmA　(D)Ω

( )9. 指針式三用電表的電池拆掉，不能測量下列哪一項？
(A)DCV　(B)Ω　(C)ACV　(D)DCmA

( )10. $3\frac{1}{2}$數位式電壓表，其最大顯示值為多少？
(A) 9999　(B)19999　(C)99999　(D)1999

( )11. 使用電壓表與電流表測量1.5MΩ之電阻，宜使用下列何種接法？

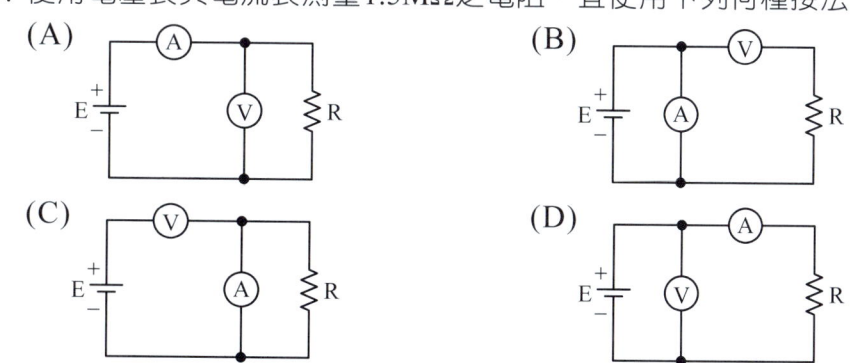

( )12. 電路在通電狀態，不可以使用那個檔位？　(A)ACV　(B)DCV　(C)DCmA　(D)Ω檔

( )13. SMD電阻標示為223，則電阻為　(A)223Ω　(B)22kΩ　(C)23kΩ　(D)223kΩ

( )14. SMD電阻標示為5R1，則電阻為何？　(A)51kΩ　(B)50Ω　(C)5.1Ω　(D)0.51Ω

14-3 交直流電壓及直流電流之量測

1. 電表使用完畢或不使用時，應將檔位切置OFF、**直流電壓檔**或**交流電壓檔**最高檔位。

2. 測量直流電流時需將待測支路**開路**，讓電流從紅色探測棒**流入**，從黑色探測棒**流出**，使電流錶與待測電路為**串聯**關係。

3. 測量直流電壓時需將電壓表與待測元件為**並聯**關係，紅色探測棒碰觸在待測物之**正端**，而黑色探測棒碰觸在待測物之**負端**。

4. 絕對誤差值ε為 |**測量值－實際值**|，

   相對誤差百分比ε% = $\frac{|測量值－實際值|}{實際值} \times 100\%$

5. 變換檔位時，必須先將測試棒離開待測電源，避免切換檔位的瞬間，瞬間電流太大而燒燬電表。

6. 理想電壓表內阻為**∞**；理想電流表內阻為**0**。

7. 電壓表檔位的內阻為**檔位 × 靈敏度**。

註：測量交流電流需使用勾式電表，日式指針式電表無法測量。

ABCD 立即練習

( )1. 量測電路之直流電流，電流表與待測電路應如何接線？
   (A)串聯，電流從紅棒流入而從黑棒流出
   (B)串聯，電流從黑棒流入而從紅棒流出
   (C)並聯，電流從紅棒流入而從黑棒流出
   (D)並聯，電流從黑棒流入而從紅棒流出

( )2. 量測家用插座的交流電壓，應選擇三用電表ACV的哪一個檔位較合適？
   (A)1000V (B)250V (C)50V (D)10V

( )3. 量測交流電路的電壓值，應使用三用電表哪一個檔位？
   (A)DCmA檔 (B)ACV檔 (C)DCV檔 (D)Ω檔

( )4. 以三用電表的直流電壓檔（DCV）測量2kHz，6伏特交流電壓時，指針指示在
   (A)0伏特 (B)6伏特 (C)8.5伏特 (D)10伏特

( )5. 如圖(1)所示，酷姬在進行實習課時利用指針式三用電表，量測通過電阻R_1之電流，下列敘述何者正確？
   (A)ab開路，紅棒接a，黑棒接b
   (B)ab開路，紅棒接b，黑棒接a
   (C)ab短路，紅棒接a，黑棒接b
   (D)ab短路，紅棒接b，黑棒接a

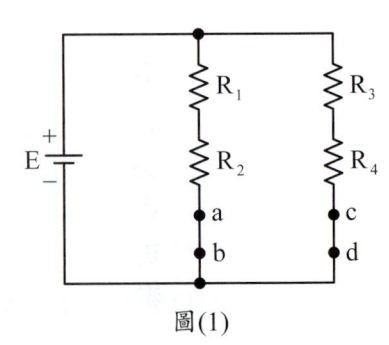

圖(1)

(　　)6. 圖(2)為指針型三用電表表頭，當以DCV300V檔位測量直流電壓時，讀取滿刻度120V的刻度線，此時指針指示在50的位置，則直流電壓測量值為何？
(A)125V　(B)150V　(C)180V　(D)240V

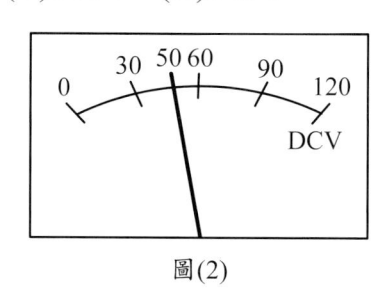

圖(2)

(　　)7. 有一交流伏特計有2.5V、50V、300V、1000V等四檔，欲測量一未知交流電壓，應先撥入何檔較正確？　(A)1000V　(B)120V　(C)30V　(D)300V

(　　)8. 有三個安培表的滿刻度分別為甲表為80mA、乙表為60mA、丙表為2mA，若指針同時指在滿刻度位置，則何者電表的靈敏度最好？
(A)甲　(B)乙　(C)丙　(D)無法比較

(　　)9. 某三用電表的DCV 250V檔位，其靈敏度為10kΩ/V，求該電壓表檔位的內阻為多少歐姆？　(A)2.5kΩ　(B)25kΩ　(C)250kΩ　(D)2500kΩ

(　　)10. 如圖(3)所示，禰豆子在進行實習課時利用指針式三用電表，量測電阻R_1之端電壓，下列敘述何者正確？
(A)ab開路，紅棒接a，黑棒接b　　(B)ab開路，紅棒接b，黑棒接a
(C)直接將紅棒接a，黑棒接b　　　(D)直接將紅棒接b，黑棒接a

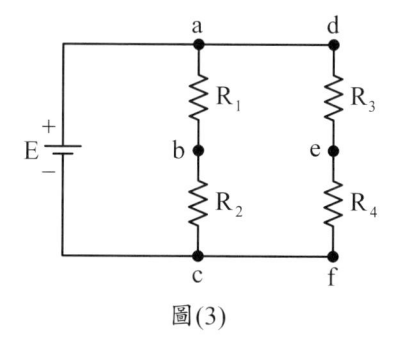

圖(3)

(　　)11. 若要測量12V直流電壓，接到色碼「棕黑紅銀」電阻通過的電流，則三用電表應選擇下列何者檔位？　(A)0.25A　(B)25mA　(C)2.5mA　(D)250μA

(　　)12. 測量直流電壓時，指針反轉表示
(A)電壓太小　(B)電壓太大　(C)極性錯誤　(D)待測電壓為交流電

(　　)13. 使用三用電表測量電壓及電流時，下列指針偏轉量，何者的準確度最高？
(A)偏轉量愈少愈好　　　　　(B)偏轉到刻度中央較佳
(C)偏轉量儘量接近滿刻度　　(D)準確度與偏轉量無關

(　　)14. 使用三用電表測量交直流複合電壓，若要測量純交流成分，探棒應插在哪兩個位置？
(A)＋、－插孔　(B)OUTPUT與－插孔　(C)＋與OUTPUT插孔　(D)10A與－插孔

(　　)15. 有一待測元件，兩端電壓的實際值為8V，測量值為10V，則誤差百分比ε%為何？
(A)10%　(B)20%　(C)25%　(D)40%

歷屆試題

( ) 1. 類比式交流電壓表所量測的交流電壓值為下列何者？
(A)平均值　(B)最大值　(C)有效值　(D)波形與頻率
[電子統測]

( ) 2. 一只額定110V，100W的白熾燈泡，首先計算其電阻值，得到121Ω。接著以三用電表的歐姆檔來量測該燈泡的靜態電阻值，則下列敘述何者正確？
(A)量測值等於計算值
(B)量測值大於計算值
(C)量測值小於計算值
(D)量測值會不斷的變動
[電機統測]

( ) 3. 下列有關電儀表之特性與應用，何者敘述有誤？
(A)電壓表與待測元件並聯
(B)不知待測元件電流大小時，須先採用較小檔位測量
(C)歐姆表與待測元件並聯
(D)理想電流表內電阻為零
[電機統測]

( ) 4. 一雙電源之電源供應器設定於追蹤模式。假設主電源區的限流為1A且電壓調整鈕設定於10V，一負載兩端分別接於主電源輸出正極與副電源的輸出負極。若定電流模式指示燈亮起，請問此負載功率可能為下列何者？
(A)10W　(B)15W　(C)18W　(D)21W
[電機統測]

( ) 5. 使用指針型三用電表在量測電阻時，下列敘述何者<u>不正確</u>？
(A)若欲量測銲在電路板上某個電阻的阻值，先將三用電表調至Ω檔位並歸零後，再將兩支探棒碰觸電阻兩端，進行量測
(B)量測未知單一電阻的阻值，電阻檔位倍率通常有×1、×10、×100、×1k、×10k測量值即等於刻度值乘檔位倍率
(C)檔位範圍選擇宜以指針指在中央附近為最佳
(D)三用電表若無OFF檔，在使用後檔位需轉至ACV或DCV處，以免消耗電池電量
[電子統測]

( ) 6. 關於60/40，0.8mm的銲錫，下列敘述何者正確？
(A)含銅量60%　(B)含銀量60%　(C)含鉛量60%　(D)含錫量60%
[102年電機統測]

( ) 7. 測量電熱器（H）所消耗功率，如圖(1)所示，則下列敘述何者正確？
(A)甲是電流表且內阻愈小愈好，乙是電壓表
(B)甲是電流表且內阻愈大愈好，乙是電壓表
(C)甲是電壓表且內阻愈小愈好，乙是電流表
(D)甲是電壓表且內阻愈大愈好，乙是電流表
[102年電機統測]

圖(1)

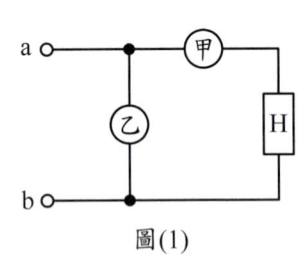

( ) 8. 下列敘述何者<u>錯誤</u>？
(A)錫鉛合金材料之銲錫已符合歐盟RoHS（有害物質限用）之規範
(B)銲接時速度宜快以免因過熱損毀電子元件
(C)銲接時銲錫無法附著於銲接物之可能原因之一為銲接溫度太高
(D)銲接時助銲劑的功用為清除銲接物上之氧化物
[103年電機統測]

(   )9. 如圖(2)所示之電路,其中Ⓐ為理想的直流電流表,若Ⓐ讀值為0.5A,則R值應為何? (A)12Ω (B)10Ω (C)8Ω (D)6Ω
[103年電機統測]

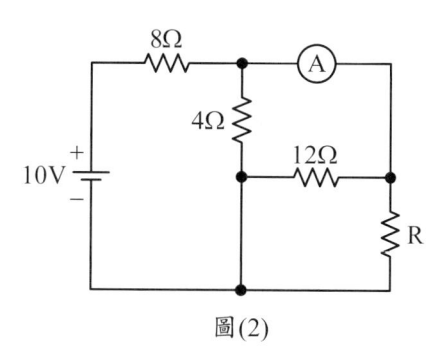

圖(2)

(   )10. 有關三用電表的使用,下列敘述何者錯誤?
(A)三用電表可以用來量測元件的電阻值以及電路的電壓與電流值
(B)三用電表的電壓計可以量測電路的交流與直流電壓,使用時必須與待測電路串接
(C)當量測電阻時,電阻檔位在10,所得讀值為330,所以此電阻值為3.3千歐姆
(D)三用電表不用時應將檔位歸回OFF檔,省電又安全
[103年資電統測]

(   )11. 有一色碼電阻其顏色為「橙橙棕金」,若用三用電錶量測其電阻值,則合理量測讀值為何?
(A)230Ω (B)320Ω (C)2.3kΩ (D)3.2kΩ
[104年電機統測]

(   )12. 若配電盤電壓固定為110V,經使用三用電錶量測一家用插座,電壓讀值為110V,該插座至配電盤之配線長度為50公尺,電線電阻為5.65Ω/km。當該插座接上一110V/440W之電熱器後,此時以三用電錶量測該插座之合理讀值為何?
(A)109.8V (B)108.9V (C)107.8V (D)105.5V
[104年電機統測]

(   )13. 下列有關一般指針型三用電表的敘述,何者正確?
(A)可測得交流電壓的頻率
(B)可測得兩交流電壓波形的相位差
(C)可測得交流電壓的有效值
(D)可測得交流電流的波形
[104年資電統測]

(   )14. 指針型三用電表不能直接用來測量下列哪一項目?
(A)交流電流 (B)交流電壓 (C)直流電壓 (D)直流電流
[105年電機統測]

(   )15. 某一車用頭燈其規格標示為12V、55W,當頭燈點亮時用三用電錶量測其兩端直流電壓為11.8V,則量測該頭燈之電流合理值約為何?
(A)1.3A (B)2.6A (C)3.3A (D)4.5A
[106年電機統測]

(   )16. 下列何者無法使用一般三用電錶直接量測讀取數值?
(A)量測碳膜電阻之電阻值
(B)量測電線是否斷路
(C)量測家用插座電壓
(D)量測LED之消耗功率
[106年電機統測]

(   )17. 有一規格為250W、10Ω的電阻器,則此電阻器額定電流及額定電壓分別為何?
(A)5A、50V   (B)50A、500V
(C)0.5A、5V   (D)1A、10V
[107年電機統測]

( )18. 實驗時,將一個10kΩ可變電阻的三支接腳分別編號為a、b、c,若用三用電表量得a、b兩腳間的電阻值為4kΩ,則下列敘述何者錯誤?
    (A)若a、c兩腳間的電阻值為6kΩ,則b、c兩腳間的電阻值為10kΩ
    (B)若轉動可變電阻的旋鈕時,a、b兩腳間的電阻值增加,則b、c兩腳間的電阻值也會增加
    (C)若b、c兩腳間的電阻值為6kΩ,則a、c兩腳間的電阻值為10kΩ
    (D)若轉動可變電阻的旋鈕時,b、c兩腳間的電阻值增加,則a、c兩腳間的電阻值不變
    [107年資電統測]

( )19. 關於直流電流的量測,下列敘述何者錯誤?
    (A)電流表使用時必須與待測負載串聯
    (B)應選用直流電流表,不須考慮其極性
    (C)電流表的選用,其內阻愈小愈佳
    (D)測量時電流表的滿刻度值必須大於待測值
    [108年電機統測]

( )20. 有關電路銲接之敘述,下列何者正確?
    (A)助銲劑可增加銲錫的表面張力
    (B)銲錫RH63所含銅量為37%
    (C)一般銲接電子元件時之電烙鐵以20～30W為最適當
    (D)銲接過程中可以使用細砂紙降溫
    [109年電機統測]

( )21. 有一個電阻色碼為「棕橙紅棕銀」,使用三用電表量測其電阻值為1.22kΩ,則電阻量測誤差百分率為何? (A)3.6% (B)5.6% (C)7.6% (D)8.6%
    [109年電機統測]

( )22. 單相電壓有效值為110V的電鍋,若電鍋的煮飯電熱線消耗功率為1kW,以三用電表歐姆檔量測此電熱線兩端的電阻約為何?
    (A)5Ω (B)12Ω (C)120Ω (D)240Ω
    [109年電機統測]

( )23. 一般電源供應器之使用,下列敘述何者正確?
    (A)輸出電壓設定為5V,接上負載後電壓下降為3V,此現象有可能是輸出電流設定值不足
    (B)CV是固定電流模式
    (C)CC是固定電壓模式
    (D)TRACKING功能係指兩組輸出電壓可以各別設定輸出值
    [110年電機統測]

模擬演練

( )1. 使用指針型三用電表的電流表檔位時，若指針未指示在最左邊0的位置時，此時應
(A)將兩支測試棒接觸後，進行歸零調整，指針指示0Ω位置
(B)將電表左右搖晃後，使指針移動後自動歸零
(C)利用一字起子轉動機械零位調整鈕，使指針指示在最左邊0的位置
(D)內部的電池電力不足，需更換電池後才可使用

( )2. 使用三用電表ACV 100V之檔位，測量未知電壓，若指針指示在155，如圖(1)所示，則測量的電壓？ (A)68V (B)66V (C)64V (D)62V

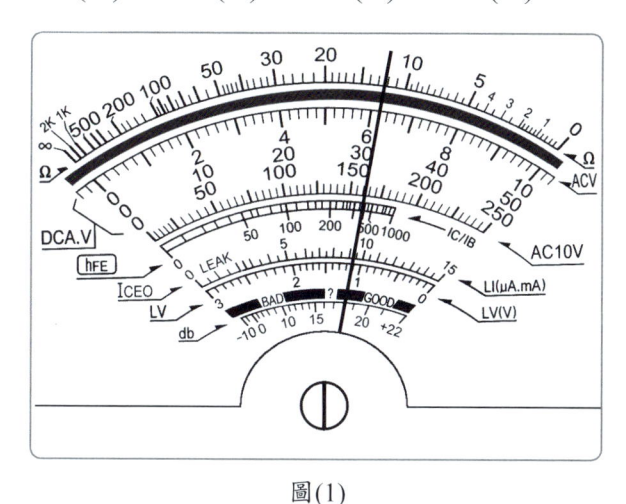

圖(1)

( )3. 下列何者無法使用日式指針式三用電錶直接量測讀值？
(A)量測冷器專用插座的電壓　(B)量測冰箱內壓縮馬達之運轉電流
(C)量測電線是否斷線　(D)量測水泥電阻的電阻值

( )4. 相同顏色的色碼電阻其體積大小與下列何者成正比？
(A)精密度 (B)功率 (C)穩定度 (D)電阻

( )5. 在量測未知的交流電壓時，我們常常會使用三用電表進行量測，則正確的測量順序為何？
①做0Ω調整
②做零位調整
③選擇適當的檔位
④將紅棒與黑棒並聯待測元件，同時需注意極性
⑤將紅棒與黑棒並聯待測元件，不需注意極性
(A)③②⑤ (B)③②④ (C)②③⑤ (D)①②③⑤

( )6. 在量測未知的電阻時，我們常常會使用三用電表進行量測，則正確的測量順序為何？
①做0Ω調整
②做零位調整
③選擇適當的檔位
④將紅棒與黑棒並聯待測元件，同時需注意極性
⑤將紅棒與黑棒並聯待測元件，不需注意極性
(A)③②① (B)②③① (C)②③①④ (D)②③①⑤

( )7. 有一交流伏特計，靈敏度為20kΩ/V，下列敘述何者正確？
(A)滿刻度50V，其內阻為10MΩ　　(B)滿刻度30V，其內阻為60kΩ
(C)伏特計滿刻度電流值為0.5mA　　(D)此伏特計滿刻度電流值為0.05mA

( )8. 詹姆士以指針式三用電錶的歐姆檔，對下列表(1)中之色碼電阻進行量測，下列哪些電阻會造成較大之誤差？　(A)R_1、R_3　(B)R_2、R_5　(C)R_3、R_5　(D)R_1、R_5

表(1)

編號	色碼
R_1	紅黑金金
R_2	紅黑藍金
R_3	綠紫橙金
R_4	藍綠紅銀
R_5	棕黑銀金

( )9. 如圖(2)所示之接線，伏特計內阻為200kΩ，安培計內阻為20Ω，若伏特計指示為10V，同時安培計指示為1mA，下列何者錯誤？
(A)電阻R之測量值R_M = 10 kΩ
(B)電阻R之實際值R_T = 9.98 kΩ
(C)誤差百分率ε% ≈ 0.2%
(D)宜將接線改為低電阻之測量方法，可減少測量誤差

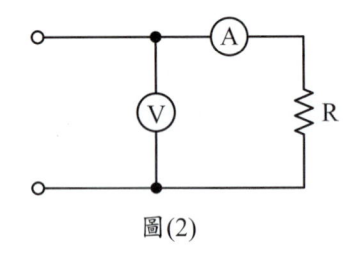

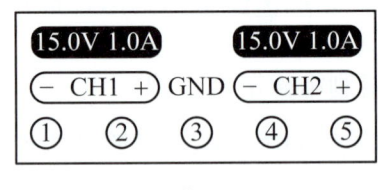

圖(2)

圖(3)

( )10. 如圖(3)所示為直流電源供應器，CH1為主電源（MASTER），CH2為從電源（SLAVE），欲調整輸出電壓為±15V，電流限制1A，下列何者為正確之接法？（若電源供應器無內部自動短接功能）
(A)將電源供應器設定為『TRACKING』模式；①為輸出−15V，⑤為輸出+15V
(B)將電源供應器設定為『TRACKING』模式；②為輸出+15V，①③⑤連接，④為輸出−15V
(C)將電源供應器設定為『INDEP』模式；①為輸出−15V，⑤為輸出+15V
(D)將電源供應器設定為『INDEP』模式；②為輸出+15V，②③連接，①為輸出−15V

常用家電量測

─┤ 解　答 ├─

（*表示附有詳解）

14-1立即練習

1.D　　2.D　　3.D　　4.A　　5.D　　6.A　　7.C　　8.D　　9.C　　10.D
11.D　　12.C　　13.C　　14.B

14-2立即練習

1.D　　2.A　　3.C　　4.A　　5.A　　*6.C　　*7.C　　8.D　　9.B　　10.D
11.D　　12.D　　*13.B　　*14.C

14-3立即練習

1.A　　2.B　　3.B　　4.A　　5.A　　*6.A　　7.A　　*8.C　　*9.D　　10.C
*11.B　　12.C　　13.C　　14.B　　*15.C

歷屆試題

1.C　　*2.C　　*3.B　　*4.D　　5.A　　6.D　　7.A　　8.A　　*9.D　　*10.B
*11.B　　*12.C　　13.C　　14.A　　*15.D　　16.D　　*17.A　　18.B　　19.B　　20.C
*21.C　　*22.B　　*23.A

模擬演練

1.C　　*2.D　　*3.B　　4.B　　5.C　　6.D　　*7.D　　*8.B　　*9.D　　*10.B

NOTE

CHAPTER 15 電子儀表之使用

本章學習重點

節名	常考重點	
15-1 電感電容電阻表之使用	• LCR表的使用	★★★★★
15-2 電感器、電容器之識別及量測	• 電感器、電容器之識別	★★★★★
15-3 信號產生器、示波器之使用	• 信號產生器的使用 • 示波器的使用	★★★★★

統測命題分析

本章考試重點為各種儀表之基本操作與計算，其中以示波器與LCR表為最近之熱門考題，同學須特別留意。

15-1　電感電容電阻表之使用

一　LCR表之介紹

1. 外觀：

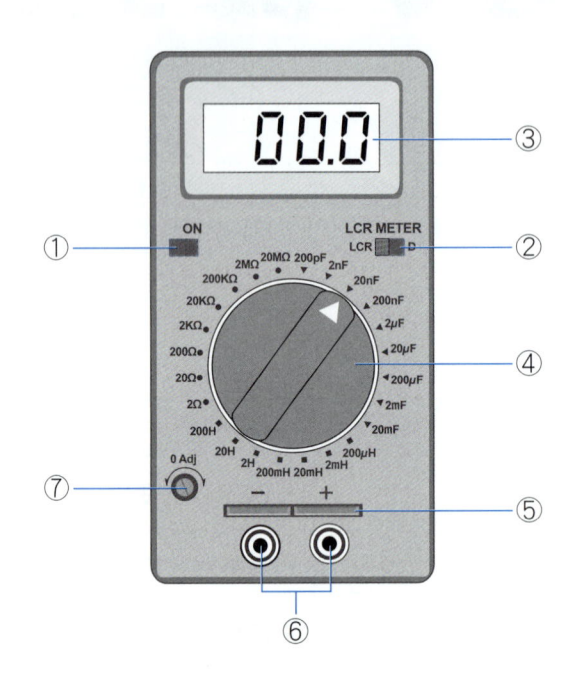

2. 面板開關及旋鈕說明：

編號	面板開關及旋鈕名稱	功能
①	電源開關	電源開關
②	測量功能切換開關	LCR模式選擇
③	LCD顯示幕	顯示電阻、電感或電容值，且能測量品質因數Q值及損耗因數D值 當螢幕顯示1.或OL表示待測元件的數值太大，只需將檔位往上調整即可
④	測試範圍選擇開關	根據元件的性質（電阻、電感或電容器），將旋鈕切換至適當的檔位
⑤	待測元件測量插座	直接將電阻、電感或電容器的兩支接腳插入或SMD元件測試夾之端子
⑥	測試線（夾）連接插孔	用來插入測試線端
⑦	歸零調整旋鈕	在進行電阻、電感或電容器的測量前，先以一字起子調整，使螢幕顯示0

ABCD 立即練習

( )1. 下列哪個儀表可用來測試電感器之電感量？
(A)瓦特表 (B)LCR表 (C)功率因數表 (D)安培表

( )2. LCR表無法測得 (A)損耗因數 (B)電感量 (C)電阻值 (D)安培值

( )3. 使用LCR表測量電容器時，螢幕顯示OL表示 (A)電容量太大 (B)LCR表的測試線短路 (C)LCR表的測試線開路 (D)檔位選擇太大

( )4. 使用LCR表測量電感器時，螢幕顯示OL，應如何處置
(A)將測試棒短路 (B)電感器再放電一次 (C)重新開機 (D)將檔位往上調整

( )5. 測量電阻、電感或電容前，先以歸零調整旋鈕使螢幕顯示0，目的為 (A)避免LCR表過載 (B)避免LCR表短路 (C)避免LCR接觸不良 (D)使測量結果精確

15-2　電感器、電容器之識別及量測

一　電感器、電容器之識別

1. 電容器在1μF以上採用**直接標示法**；1μF以下採用**數碼標示法**（請參閱第五章）。

2. 電感器的數碼標示法與電容器雷同，差別是電容器之單位為**微微法拉（pF）**，電感器之單位為**微亨利（μH）**。

3. 色碼電感器的判斷方式與色碼電阻完全相同，差別在於色碼電感器的單位是**微亨利（μH）**。

4. 常見的電感器誤差等級：J＝±5%，K＝**±10%**，L＝±15%，M＝**±20%**，V＝**±25%**，N＝**±30%**。

5. 常見電容器之比較：

電容器名稱	電容特性 優點	電容特性 缺點
鋁質電容器	1. 靜電容量最高 2. 使用溫度範圍最廣	1. 高頻特性差 2. 電容壽命有限
鉭質電容器	1. 電容量最穩定 2. 漏電損失最低 3. 溫度影響少	1. 鉭質為管制物品，數量稀少 2. 價格昂貴
陶質電容器	適用於高頻	電容量少
塑膠薄膜電容器	1. 頻率高 2. 耐壓性高	小型化困難
表面黏著電容器	適用於各種積體電路	手動焊接不容易

二 電感器、電容器與電阻器之量測

1. LCR表內部的頻率通常設定為**1kHz**。

2. 電阻器或電感器的歸零調整的步驟：

    (1) 使用**導線或測試夾**，將待測元件插槽**短路**。

    (2) 使用一字型起子慢慢轉動**O Adj旋鈕校正**，使顯示幕顯示為0。

    (3) 歸零後，移去短接線或將短接之鱷魚夾分開。

3. 電容器的歸零調整的步驟：

    (1) 將待測元件插槽**開路**。

    (2) 使用一字型起子慢慢轉動**O Adj**旋鈕校正，使顯示幕顯示為**0**。

    (3) 將待測電容兩端夾上鱷魚夾或置入測試端插槽。

4. 避免損害儀表，測試**電容器**前需先放電。

5. 測試電容器時將LCR／D模式選擇開關切至**D**，即顯示**損耗因數D**。

ABCD 立即練習

( )1. 色碼電感器，色碼標示為橙白金銀，試問電感量為多少？
(A)3.9mH ±10%　(B)3.9μH ±10%　(C)3.9nH ±10%　(D)3.9pH ±10%

( )2. 下列何種電容器用於積體電路？
(A)鋁質電容器　(B)鉭質電容器　(C)塑膠薄膜電容器　(D)表面黏著電容器

( )3. LCR表在測量哪個元件前，須先進行放電？
(A)電阻　(B)電感　(C)電容　(D)以上皆是

( )4. LCR表內部的頻率通常設定為　(A)1kHz　(B)2kHz　(C)10kHz　(D)20kHz

( )5. 下列哪個元件以LCR表進行歸零調整時，測試棒或測試端插槽<u>不可</u>短路？
(A)電感器　(B)電容器　(C)電阻器　(D)電感器與電容器

( )6. 使用LCR表時，應該如何歸零調整？
(A)先將測試棒兩端短路後，再進行歸零調整
(B)先將測試棒兩端開路後，再進行歸零調整
(C)視測量的元件種類而定
(D)視元件的阻值或容量大小而定

15-3　信號產生器、示波器之使用

一　函數波信號產生器

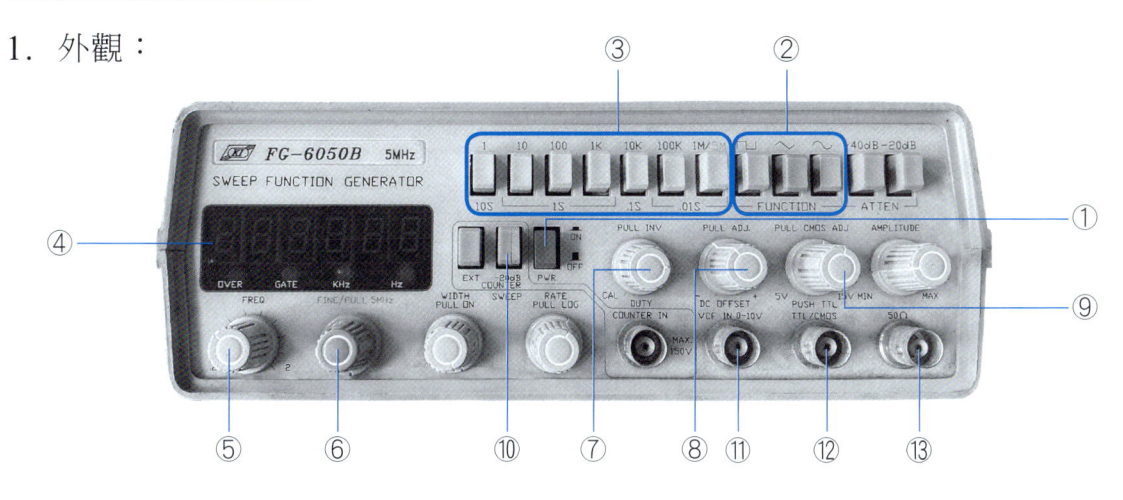

1. 外觀：

2. 面板開關及旋鈕說明：

編號	面板開關及旋鈕名稱	中文名稱	功能
①	PWR	電源開關	電源開關
②	FUNCTION	波形選擇	可選擇方波、三角波與正弦波
③	RANGE(1～1M)	頻率調整範圍按鈕	範圍從1Hz～1MHz調整
④	DISPLAY	數字顯示器	顯示輸出頻率
⑤	FREQUENCY	頻率粗調旋鈕	調整輸出頻率
⑥	FINE	頻率微調旋鈕	調整輸出頻率
⑦	DUTY / INV	工作週期調整	1. 旋鈕按下時調整輸出電壓之工作週期 2. 旋鈕拉出時使輸出信號反相 3. 置於CAL時輸出信號為對稱波形
⑧	OFFSET	直流工作點調整	1. 旋鈕按下時輸出信號的直流準位為0 2. 旋鈕拉出時可調整輸出信號的直流準位
⑨	PULL CMOS ADJ	電壓準位調整旋鈕	1. TTL的固定電壓準位（$5V_{P-P}$脈波） 2. CMOS的可調電壓準位（$5V_{P-P}$～$15V_{P-P}$）
⑩	－20dB COUNTER	振幅調整按鈕	按鈕按下時訊號衰減10倍
⑪	VCF	壓控輸入	電壓控制頻率輸入
⑫	OUTPUT TTL / CMOS	數位脈波調整	可輸出TTL與CMOS的電壓準位的脈波
⑬	OUTPUT 50Ω	信號輸出	信號輸出端子

基本電學含實習　絕殺講義

二 示波器

1. 外觀：

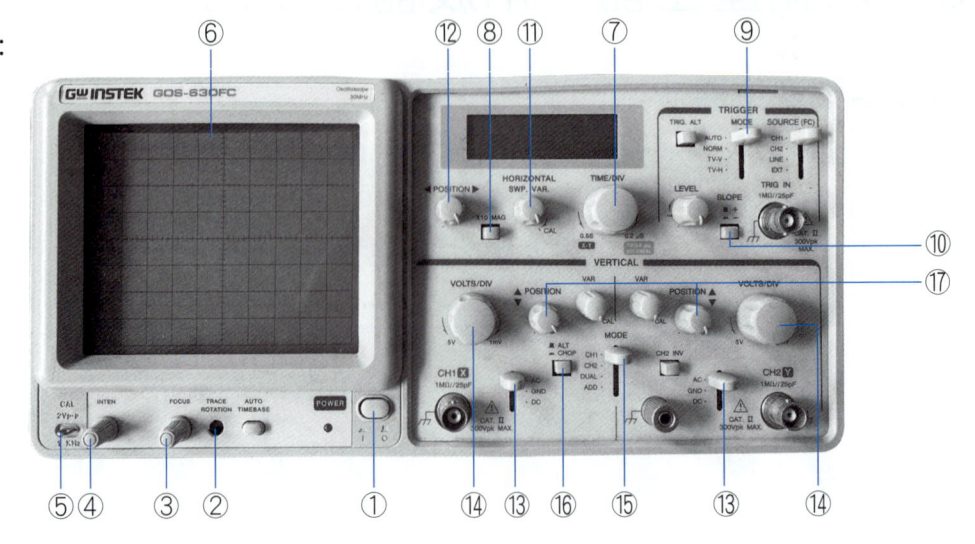

2. 面板開關及旋鈕說明：

    (1) 螢幕顯示及校正

編號	面板開關及旋鈕名稱	中文名稱	功能
①	POWER	電源開關	110V交流電開關
②	TRACE ROTATION	光跡水平旋鈕	時基線水平調整
③	FOCUS	聚焦旋鈕	信號聚焦調整
④	INTEN	亮度調整旋鈕	信號亮度調整
⑤	CAL	標準校正信號	輸出$2V_{P-P}$／1kHz的方波，可將此接至CH1及CH2，可做示波器的自我測試以及校正
⑥	DISPLAY	螢光顯示螢幕	一般橫軸為10格、縱軸為8格

    (2) 水平調整區

編號	面板開關及旋鈕名稱	中文名稱	功能
⑦	TIME／DIV	水平刻度旋鈕	待測信號的週期為：檔位 × 一個週期水平的格數
⑧	×10MAG	水平放大10倍	將輸入信號的週期放大10倍，顯示於螢幕
⑨	TRIGGER MODE	觸發模式選擇開關	AUTO：自動觸發，一般將開關至於此位置
⑩	SLOPE	觸發斜率切換開關	1. 置於"＋"：波形的起點為正斜率 2. 置於"－"：波形的起點為負斜率
⑪	SWP.VAR	水平衰減校正旋鈕	置於CAL位置，所測得之週期才正確
⑫	POSITION（H.POSITION）	水平位置旋鈕	調整波形在螢幕上水平位置

(3) 垂直調整區

編號	面板開關及旋鈕名稱	中文名稱	功能
⑬	AC-GND-DC	交流-接地-直流 選擇開關	1. AC檔位：只顯示交流信號 2. DC檔位：顯示直流準位以及交流信號 3. GND檔位：零電壓位置調整
⑭	VOLTS/DIV	垂直刻度旋鈕	1. 電壓測量範圍通常為5mV～5V 2. 待測信號的峰對峰值為：檔位 × 垂直的格數
⑮	VERTICAL MODE	信號觀測模式 選擇開關	1. CH1：單軌跡模式，只顯示CH1之輸入信號 2. CH2：單軌跡模式，只顯示CH2之輸入信號 3. DUAL：雙軌跡模式，同時顯示CH1及CH2信號 4. ADD：單軌跡模式，顯示CH1及CH2信號輸入信號之代數和
⑯	ALT/CHOP	交替／切割按鈕	1. ALT：交替掃描，用於高頻信號 2. CHOP：切割掃描，用於低頻信號
⑰	POSITION（V.POSITION）	垂直位置旋鈕	調整波形在螢幕上垂直位置

註：測量2個待測元件的波形，若未將CH1及CH2的黑色探測棒碰觸在一起，會造成部份元件被短路（示波器的黑色探測棒內部是短接在一起）。

ABCD 立即練習

( )1. 函數信號產生器的「Duty」功能為何者？
(A)控制輸出信號振幅的衰減倍數　　(B)調整輸出信號的振幅
(C)調整輸出信號波形的工作週期　　(D)調整輸出信號頻率範圍

( )2. 要將示波器螢幕上的對稱三角波調整為鋸齒波，則應該調整
(A)函數波信號產生器的Duty旋鈕
(B)函數波信號產生器的FUNCTION按鈕
(C)函數波信號產生器的FREQUENCY旋鈕
(D)示波器上的TRACE ROTATION旋鈕

( )3. 用於示波器校準電壓的波形為下列何者？
(A)正弦波　(B)三角波　(C)鋸齒波　(D)方波

( )4. 要增加示波器上波形顯示之高度，應調整哪一個旋鈕？
(A)FOCUS　(B)TRIGGER　(C)VOLT/DIV　(D)TIME/DIV

( )5. 調整示波器螢光幕光點之清晰之旋鈕為
(A)TRACE ROTATION (B)FOCUS (C)SLOPE (D)SWP.VAR

( )6. 欲使示波器的螢幕同時顯示兩個頻道的波形,必須將信號觀測模式調整為下列何者?
(A)ALT (B)Change (C)Add (D)Dual

( )7. 若示波器使用外部同步信號進行同步控制時,則「SYNC」開關應置於哪個位置?
(A)LINE (B)＋ (C)EXT (D)－

( )8. 示波器測試棒衰減率在×10位置,若螢幕顯示3V,則實際測得的電壓值為多少?
(A)300V (B)130V (C)30V (D)0.3V

( )9. 如圖(1)所示,欲將示波器的螢幕波形調整到右側的狀態,必須調整哪一個旋鈕?
(A)H. Position (B)V. Position (C)Volts／DIV (D)Time／DIV

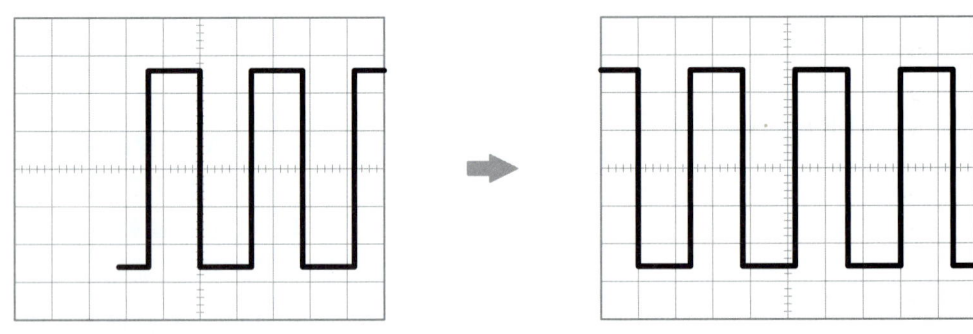

圖(1)

( )10. 如圖(2)所示,某人使用示波器顯示信號產生器的正弦波,但是波形卻被上下截除,請問應該如何調整才會呈顯完整的正弦波形?
(A)將Volts／DIV檔位調小　　　　　(B)將Volts／DIV檔位調大
(C)將Time／DIV檔位調大　　　　　(D)將強度(Intensity)調大

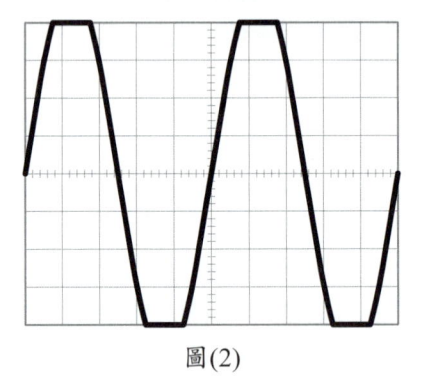

圖(2)

歷屆試題

( ) 1. 使用示波器測量正弦波電壓信號時，測試棒調於衰減10倍的位置，VOLTS/DIV的旋鈕置於0.5V位置，若此信號的峰對峰值在示波器螢光幕上顯示為4格，則此信號的峰對峰值為多少？　(A)0.2V　(B)2.0V　(C)10V　(D)20V　[電機統測]

( ) 2. 圖(1)所示為示波器量測之結果，若示波器之水平掃描時間刻度為1μs（1μs/DIV）；垂直刻度為5V（5V/DIV）；測試探棒衰減係數等於1，則示波器顯示之波形為下列何者？
(A)頻率為250kHz；電壓值（峰對峰值）為20V之交流信號
(B)頻率為250kHz；電壓值（均方根值）為20V之交流信號
(C)頻率為1MHz；電壓值（峰對峰值）為20V之交流信號
(D)頻率為1MHz；電壓值（均方根值）為20V之交流信號　[電子統測]

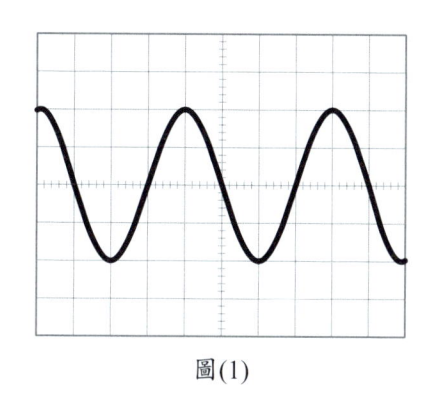

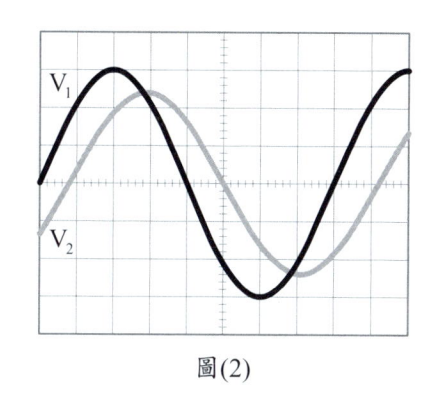

圖(1)　　圖(2)

( ) 3. 類比式交流電壓表所量測的交流電壓值為下列何者？
(A)平均值　(B)最大值　(C)有效值　(D)波形與頻率　[電子統測]

( ) 4. 下列何者是示波器之垂直控制部份的主要功能之一？
(A)亮度控制　　　　　　　　　(B)水平感度調整（Time/DIV）
(C)待測信號感度調整（Volts/DIV）　(D)觸發模式選擇　[電子統測]

( ) 5. 示波器量測交流電壓V_1與V_2的波形如圖(2)所示，下列V_1與V_2的相位關係之敘述何者正確？
(A)V_1電壓相位落後V_2電壓相位約20°　(B)V_1電壓相位領前V_2電壓相位約45°
(C)V_1電壓相位領前V_2電壓相位約20°　(D)V_1電壓相位落後V_2電壓相位約45°　[電子統測]

( ) 6. 若示波器之測試棒衰減比為10：1，VOLT/DIV鈕置於2V/DIV，TIME/DIV鈕置於2ms/DIV。當測量某週期信號時，顯示波形在水平軸每2格重覆一次，垂直軸高度6格，則此信號之頻率f與峰對峰電壓V_{P-P}分別為何？
(A)f = 100 Hz，V_{P-P} = 100 V　(B)f = 125 Hz，V_{P-P} = 60 V
(C)f = 250 Hz，V_{P-P} = 120 V　(D)f = 500 Hz，V_{P-P} = 120 V　[電子統測]

( ) 7. 如圖(3)所示為一直流漣波電壓波形，其直流平均值為V_o，電壓漣波為ΔV_o，欲使用示波器量測電壓漣波ΔV_o時，選擇開關應置於哪位置？
(A)AC　(B)DC
(C)GND　(D)ATT　[電機統測]

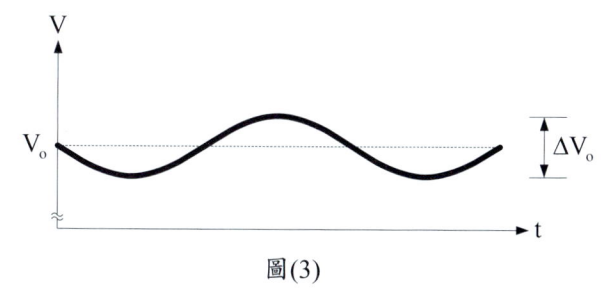

圖(3)

(　　)8. 函數波信號產生器（Function Generator）面板上的ATT或ATTENUATOR的功能為何？
(A)輸入相位調整　　　　　　　　(B)輸出信號偏移調整
(C)輸入信號偏移調整　　　　　　(D)輸出信號振幅衰減調整　　　　[電子統測]

(　　)9. 示波器上的CAL校正端子，其輸出波形為
(A)正弦波　(B)方波　(C)三角波　(D)鋸齒波　　　　　　　　　　[電子統測]

(　　)10. 如圖(4)為一數位儲存式示波器在直流檔位下的測量畫面，請問下列敘述何者有誤？
(A)觸發信號源為Ch1
(B)信號V_{o1}與V_{o2}的頻率約為10kHz
(C)Ch2信號的平均值$V_{o2(ave)}$約為5V
(D)Ch1信號V_{o1}的峰對峰振幅約為20V　　　　　　　　　　　　[電機統測]

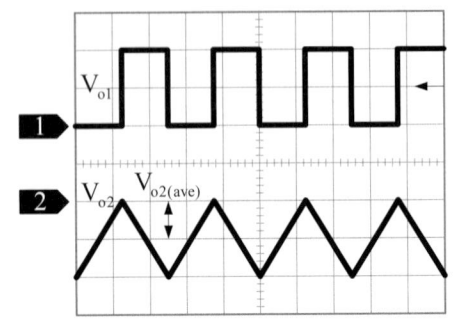

Ch1：10.0V　Ch2：5.0V　M：40.0μs　A　Ch1／400mV
圖(4)

(　　)11. 某示波器的水平刻度調整鈕切換在5μs檔位，垂直刻度調整鈕切換在10mV檔位。假設所顯示的波形最高與最低垂直間距為3.6格，且該波形一個週期佔用4格，則此波形之V_{P-P}與頻率各分別為多少？
(A)12mV、60kHz　　　　　　　　(B)24mV、50kHz
(C)24mV、60kHz　　　　　　　　(D)36mV、50kHz　　　　　　　　[電子統測]

(　　)12. 在測量放大器的輸入信號電壓或輸出電壓時，示波器的選擇開關通常應放置在何位置？　(A)Series　(B)GND　(C)AC　(D)Trigger　　　　　　　　　　[102年電機統測]

(　　)13. 使用LCR表測量電阻器、電感器及電容器，下列敘述何者正確？
(A)測量電容器時，先將測試棒兩端短路，再做歸零調整
(B)測量電感器時，先將測試棒兩端開路，再做歸零調整
(C)測量電阻器時，先將測試棒兩端短路，再做歸零調整
(D)不需做歸零調整　　　　　　　　　　　　　　　　　　　　　　[102年電機統測]

(　　)14. 關於示波器輸入信號選擇按鈕AC、DC之操作功能，下列敘述何者正確？
(A)AC除可正確量測交流信號外，亦可正確量測直流信號
(B)DC僅可正確量測直流信號，不可正確量測交流信號
(C)DC可作為完整信號之量測
(D)AC可作為校正及完整信號之量測　　　　　　　　　　　　　　[103年電機統測]

(　　)15. 有關電子學實習中所用的示波器，下列敘述何者正確？
(A)如果同時使用CH1與CH2量測電路信號，應將CH1與CH2共同接地才能量到正確結果
(B)示波器螢幕上的垂直方向刻度表示週期
(C)可以使用示波器的EXT 輸入端子來量測電路待測點的電流信號
(D)如將示波器輸入耦合選擇開關置於DC位置，只能觀測待測點的直流信號
　　　　　　　　　　　　　　　　　　　　　　　　　　　　　　　　[103年資電統測]

(　　)16. 小林上電子學實習課時，為了能準確量測其實驗電路，首先需校正他使用的雙軌跡示波適示波器面板上有一個標示為CAL的小孔，則其輸出信號最有可能是哪一種波形？
(A)1kHz方波　(B)1kHz三角波　(C)0.5kHz鋸齒波　(D)0.5kHz三角波　[105年資電統測]

( )17. 當示波器垂直軸刻度旋鈕（VOLTS/DIV）順時針轉動時，螢幕上觀察到的波形會變入，則下列敘述何者正確？
(A)電壓量測值變大　　　　　　　(B)電壓量測值變小
(C)頻率量測值變大　　　　　　　(D)電壓量測值不變　　　　　　　　　　[107年統測]

( )18. 示波器面板上所提供之校準方波，一般<u>不是</u>用於下列何種功能？
(A)校正示波器水平掃描時間檔位　(B)校正示波器電壓檔位
(C)校正示波器有效頻寬　　　　　(D)檢查測試棒的衰減檔位　　　　　　[107年資電統測]

( )19. 示波器在觸發部份（TRIGGER）有一個 LEVEL旋鈕，對它功能的敘述，下列何者正確？　(A)控制輸入觸發信號的阻抗　(B)控制輸入信號垂直電壓範圍　(C)控制水平時基線與輸入信號的同步　(D)控制輸入觸發信號頻寬　　[108年資電統測]

( )20. 使用LCR表量測一標示為102J之陶瓷電容器，量測前已將電容器放電完畢，則可能的量測值為何？　(A)1020pF　(B)102pF　(C)10.2μF　(D)1.02μF　[108年電機統測]

( )21. 某電感器的標示為502K，用LCR表量測此電感值約為何？
(A)5mH　(B)5μH　(C)50mH　(D)50μH　　　　　　　　　　　　　　[109年電機統測]

( )22. 採用示波器量測純弦波信號，示波器的VOLT/DIV設定於2V/DIV，TIME/DIV 設定於0.5ms/DIV，探棒置於×10（衰減10倍）的位置，顯示信號的峰對峰值為4格刻度，每週期時間為4格刻度；若此信號無直流成分，則信號的頻率及電壓有效值各為何？
(A)頻率為200Hz，電壓有效值為$10\sqrt{2}$V
(B)頻率為200Hz，電壓有效值為40V
(C)頻率為500Hz，電壓有效值為$20\sqrt{2}$V
(B)頻率為500Hz，電壓有效值為$40\sqrt{2}$V　　　　　　　　　　　　　[109年電機統測]

( )23. 一般示波器使用具有×10與×1檔位之被動探棒，下列敘述何者正確？
(A)探棒置於×10檔位時，輸入示波器之信號被放大10倍
(B)各通道探棒之黑色鱷魚夾的連接線於示波器內部相連
(C)調整探棒上之微調電容器無法改變×10檔位之頻率響應
(D)示波器之探棒校正（CAL）端子輸出1kHz之弦波信號　　　　　　[110年電機統測]

( )24. 某生在實驗課時用LCR表量測一標示為203K之待測陶瓷電容，該生所量測的電容值可能為何？　(A)20.8nF　(B)20.8μF　(C)203nF　(D)203μF　　　　[111年統測]

( )25. 示波器操作面板上LEVEL鈕之功能為何？
(A)調整亮度　(B)調整觸發準位　(C)調整水平位置　(D)調整垂直位置　[111年統測]

模擬演練

（💡思考題、♠創意題、✿特殊題）

(　　)1. 若將示波器信號的選擇開關置於DC耦合模式，則顯示器會輸出何種信號？
(A)交流（AC）訊號
(B)直流（DC）訊號
(C)交流（AC）訊號以及直流（DC）訊號
(D)無法判斷

(　　)2. 有一函數波形產生器輸出正弦波，頻率f = 5 kHz，信號大小為V_{P-P} = 12 V，示波器的衰減測試棒切入×1，則此示波器之VOLTS／DIV及TIME／DIV，宜置於？
(A)10μs／DIV，2V／DIV　　　　(B)25μs／DIV，1V／DIV
(C)50μs／DIV，1V／DIV　　　　(D)50μs／DIV，2V／DIV

(　　)3. 實習中若示波器只要顯示一個電壓波形，結果螢幕卻顯示如圖(1)，則必須調整哪一個鈕才可使波形穩定？
(A)SWP VAR　(B)Level　(C)Trigger　(D)Time／DIV

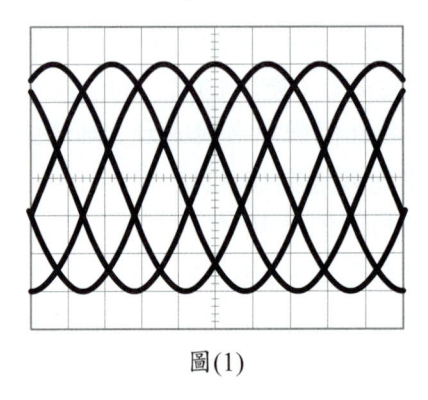

圖(1)

(　　)4. 如圖(2)所示，要將示波器顯示的三角波調整為鋸齒波，則應該調整函數波信號產生器的哪個旋鈕？
(A)FUNCTION　(B)RANGE　(C)FINE　(D)DUTY

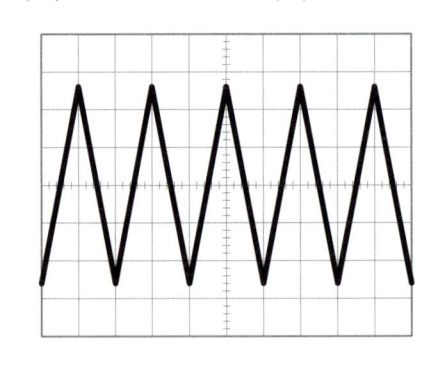

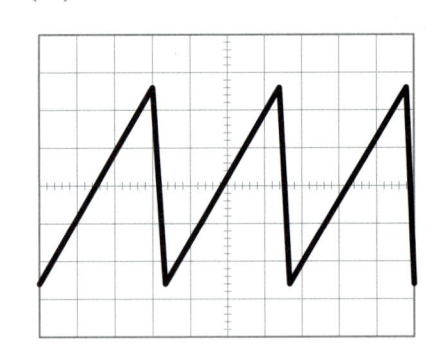

圖(2)

(　　)5. 已知示波器之VOLTS／DIV有1、2、5、10V等檔位，今用此示波器測量有效值為70.7V之交流電源，衰減測試棒為10：1，則應撥至哪一個檔位，正弦波顯示在螢幕上的波形最大且不失真？
(A)1V／DIV　(B)2V／DIV　(C)5V／DIV　(D)10V／DIV

💡(　　)6. 有一交流信號v(t) = 20sin(314t) V，若示波器的TIME／DIV置於5ms，則示波器上會顯示幾個正弦波？ (A)2　(B)2.5　(C)3　(D)4

( )7. 示波器調校歸零後,將某電路接至示波器的CH1,其波形顯示如圖(3),則示波器的檔位較有可能切至? (A)AC (B)GND (C)DC (D)DUAL

( )8. 示波器上的CAL校正端子,其輸出波形為
(A)$2V_{p-p}$,1kHZ,正弦波
(B)$2V_{p-p}$,1kHZ,方波
(C)$2V_{p-p}$,1kHZ,三角波
(D)$1V_{p-p}$,1kHZ,方波

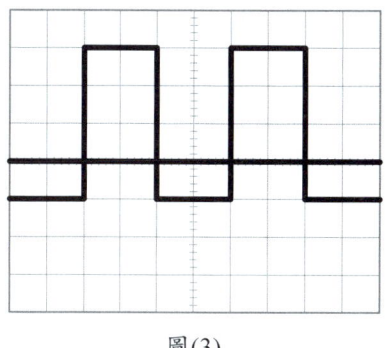

圖(3)

( )9. 小櫻以LCR表測試一個未知電容器,將測試線短接時螢幕顯示$0.2\mu F$,隨後立即以測試線測量未知電容器,螢幕顯示$10.8\mu F$,則該電容器的正確電容量為何? (A)$10\mu F$ (B)$10.6\mu F$ (C)$12\mu F$ (D)$14\mu F$

( )10. 佐助拿LCR表測試電阻、電感與電容器的數值,得到的結果如表(1),則下列實驗的結果可能造成較大之誤差?
(A)實驗1、實驗2 (B)實驗2、實驗3 (C)實驗1、實驗3 (D)實驗3

表(1)

實驗與元件 項目	實驗1	實驗2	實驗3
	電阻	電感	電容
實驗前	將測試端插槽短路	將測試端插槽開路	將測試端插槽短路
實驗數值	$1k\Omega$	$2\mu H$	$10\mu F$

( )11. 如圖(4)所示,大雄在進行RC暫態實驗,欲同時在示波器螢幕上觀測到電阻端電壓V_R以及電容端電壓V_C,則示波器CH1以及CH2的探測棒應該如何接線?
(A)CH1的黑色探測棒接至A點,紅色探測棒接至B點;CH2的黑色探測棒接至C點,紅色探測棒接至D點
(B)CH1的紅色探測棒接至A點,黑色探測棒接至B點;CH2的紅色探測棒接至C點,黑色探測棒接至D點
(C)CH1的紅色探測棒接至A點,黑色探測棒接至B點;CH2的黑色探測棒接至C點,紅色探測棒接至D點
(D)CH1的黑色探測棒接至A點,紅色探測棒接至B點;CH2的紅色探測棒接至C點,黑色探測棒接至D點

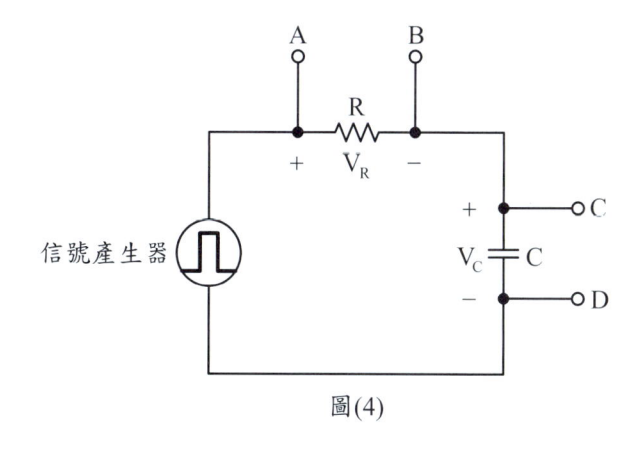

圖(4)

(　　)12. 圖(4)中，若接線正確且方波之週期 $T \geq 10RC$，則 V_R 以及 V_C 之波形分別為何？

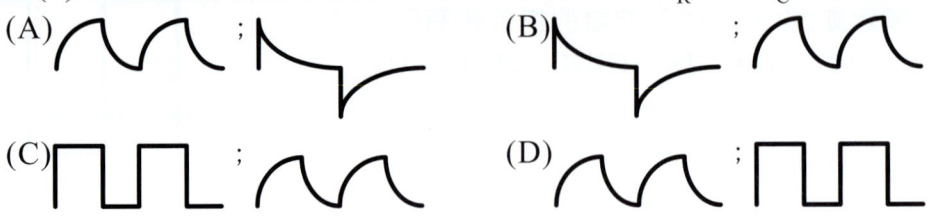

(A)　　　　；　　　　(B)　　　　；

(C)　　　　；　　　　(D)　　　　；

解　答

（＊表示附有詳解）

15-1 立即練習

　1.B　　2.D　　3.A　　4.D　　5.D

15-2 立即練習

　*1.B　　2.D　　3.C　　4.A　　5.B　　6.C

15-3 立即練習

　1.C　　2.A　　3.D　　4.C　　5.B　　6.D　　7.C　　*8.C　　*9.A　　10.B

歷屆試題

　*1.D　　*2.A　　3.C　　4.C　　*5.B　　*6.C　　7.A　　8.D　　9.B　　*10.C
　*11.D　　12.C　　*13.C　　14.C　　15.A　　16.A　　17.D　　18.C　　19.C　　*20.A
　*21.A　　*22.C　　23.B　　*24.A　　25.B

模擬演練

　1.C　　*2.D　　*3.B　　4.D　　*5.C　　*6.B　　*7.C　　8.B　　*9.B　　*10.B
　*11.C　　*12.B

CHAPTER 16 常用家用電器之檢修

本章學習重點

節名	常考重點	
16-1 照明燈具之認識、安裝及檢修	• 各種照明燈具之特性 • 啟動器及安定器之差別	★★★★★
16-2 電熱器具之認識、安裝及檢修	• 直熱式及間熱式電鍋之差別	★★★★☆
16-3 旋轉類器具之認識、安裝及檢修	• 旋轉電器類之故障排除	★★☆☆☆

統測命題分析

本章內容較偏向電機類的考生,對於資電類的同學較陌生。建議同學熟悉照明與電熱設備之基本原理,以及適用的場合即可!

16-1 照明燈具之認識、安裝及檢修

一 照明之相關法規

用戶用電設備裝置規則：

1. 第124條：放電燈管係指日光燈、水銀燈、霓虹燈等利用電能在管中放電，照明之用。
2. 第125條：屋內型日光燈其安定器建議採用**電子式安定器**。
3. 第129條：**40W**以上之管燈應使用功率因數**90%**以上之高功因安定器。

二 照明光源之比較

項目＼類別	白熾燈	放電燈	LED燈
發光原理	使燈絲的溫度上升，利用溫度放射而發光的照明燈具，能量只有10%轉為可見光，其他皆變成熱量損失掉，但與其他燈具相較之下，不受頻率影響	玻璃管內封入水銀蒸氣或氬氣、氖氣等氣體，放電時高速之電子撞擊管內之氣體分子，使分子游離放射光線，統稱為『放電燈管』	利用半導體材料製成的固體發光元件，具冷光性
種類	鎢絲燈（傳統燈泡）	日光燈、霓虹燈、水銀燈、HID燈、省電燈泡	手電筒、廣告燈、紅綠燈、車燈
演色性指數（看物體顏色之正確度）	100%	60%～80%	90%
發光效率	最差	稍差	佳
價錢	便宜	普通	貴
壽命	1000小時（最短）（逐漸被取代）	12000小時	40000小時（最長）

註：白熾燈因能源效率不佳，於2010年開始，已被許多國家禁止生產、銷售。

三 日光燈

1. 傳統日光燈的接線圖：如圖16-1所示。

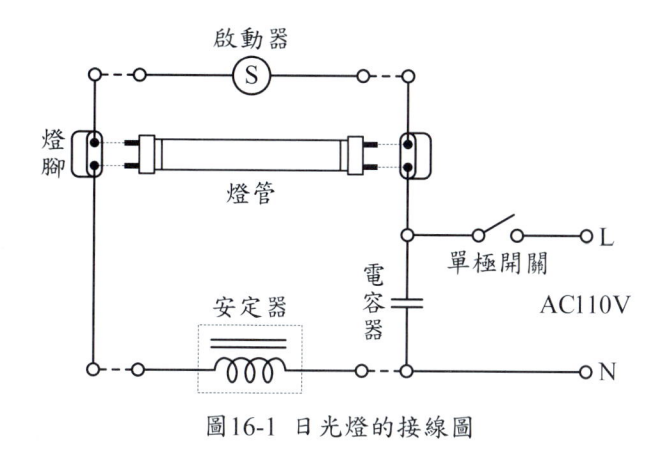

圖16-1 日光燈的接線圖

2. 日光燈的燈管有T9（燈管直徑9/8英吋）、T8（8/8英吋）、T5（5/8英吋）三種，其中以**T5**燈管最省電，為台灣照明市場之主流。

四 安定器

1. 家庭用常見之傳統式安定器有AC 110V/20W低功率因數與AC 110V/40W高功率因數（內部多了**電容器**與**電阻器**）。

2. 傳統式安定器內部加裝電容器的目的：**改善功率因數**。

3. 110V/20W以下之傳統式安定器為**鐵心抗流圈**；
   110V/40W之傳統式安定器為高漏磁電抗**自耦變壓器型**。

4. 安定器之功能：

   (1) 啟動時，抑制燈絲的預熱電流於正常範圍。

   (2) 啟動中產生瞬間**高壓衝擊電壓（500V～800V）**於日光燈兩端，迫使燈管放電而發光。

   (3) 燈管發光後，抑制燈管內電流變化之功用，使日光燈管內的電流穩定。

5. 繞線式（傳統式）安定器和電子式安定器之差異性：

項目＼種類	繞線式（傳統式）	電子式
適用頻率	低頻啟動	高頻啟動
耗電量	耗電量大	耗電量低
啟動時間	長	短
功率因數	最高可達0.9	至少可達0.95以上（比繞線式省電30%）

6. 日光燈沒有裝設安定器就直接加電源，會立即燒毀燈絲。

7. T8日光燈為傳統式日光燈，採用**繞線式**安定器，而為T5日光燈或LED燈具是採用**電子式**安定器。

8. 傳統式電感式安定器燈組與電子式安定器燈組的差異性，在於傳統式需要使用**啟動器**。

五 傳統式日光燈的啟動器

1. 啟動器內部的玻璃管密封氖氣及一組雙金屬片溫度開關。

2. 電極並聯一個0.006μF電容器作用為：

    (1) 抑制開關造成的火花與雜訊。

    (2) 延長啟動器兩極離開時，所產生之衝擊高壓時間，以利點燈啟動。

3. 啟動器的型式與適用範圍：啟動器分為1P與4P，要配合燈管使用，錯誤將無法點燈。

啟動器型式	適用日光燈型式	
	直管型燈管	環型燈管
1P	10W、20W	10W、30W
4P	30W、40W	

4. 啟動器在

    (1) 啟動前：視為開路，此時啟動器兩端電壓為電源電壓。

    (2) 啟動中：視為短路，此時兩端電壓0V。

    (3) 啟動後：視為開路，此時兩端電壓約55V。

5. 日光燈在**10W（瓦特）**以下，可以用按鈕開關取代啟動器。

6. **20W（瓦特）**以上之日光燈不能以按鈕開關取代啟動器，否則燈管無法點亮。

7. 燈絲氧化物的損耗程度與啟動次數成正比，所以**開關頻繁**之場所，不宜裝設日光燈。

8. 電子安定器是將安定器與啟動器兩元件的功能，利用電子電路整合成一個元件，具有

    優點為：①**功率因數高**　②點燈時間短　③改善閃爍現象　④重量輕　⑤**省電**

    缺點為：①**壽命短**　②**價格貴**

    目前T5燈具已經全面使用電子安定器。

9. 1P啟動器：放電開始電壓為92V以下；放電停止電壓為65V以上。

10. 4P啟動器：放電開始電壓為180V以下；放電停止電壓為135V以上。

11. 日光燈的故障檢修：

現象	故障原因
日光燈完全不亮	1. 沒有電源或斷線 2. 啟動器不良或規格不符 3. 安定器不良，導致二次電壓不足以點亮燈管 4. 燈管的燈絲燒燬
啟動器亮而燈管不亮	1. 啟動器完成啟動後仍短路（啟動器的兩極未脫離） 2. 電源電壓太低 3. 燈管老化
燈管兩端亮而中間不亮	1. 啟動器完成啟動後仍短路（啟動器的兩極未脫離） 2. 電壓過高
燈管閃爍不停	1. 電壓過低 2. 燈管老化或是接觸不良
燈管兩端發黑	1. 電源電壓太高或太低 2. 燈管衰退 3. 啟動器或是安定器品質不良
燈具嗡嗡作響	1. 電源電壓太高 2. 安定器的鐵心發生振動

12. 將1P啟動器使用在40W日光燈，會因為電壓太高而重複點燈，造成日光燈管兩端亮，中間不亮。

13. 將4P啟動器使用在20W日光燈上，會因為電壓不足，而無法點亮日光燈。

六 檯燈

1. 普通檯燈是由燈泡、燈頭、燈罩等組成。

2. 如圖16-2(a)所示，110V／10W之單管檯燈不需要啟動器，開燈時按住S_2，經2～3秒後鬆開即亮，關燈直接按一下S_1，立即熄滅。

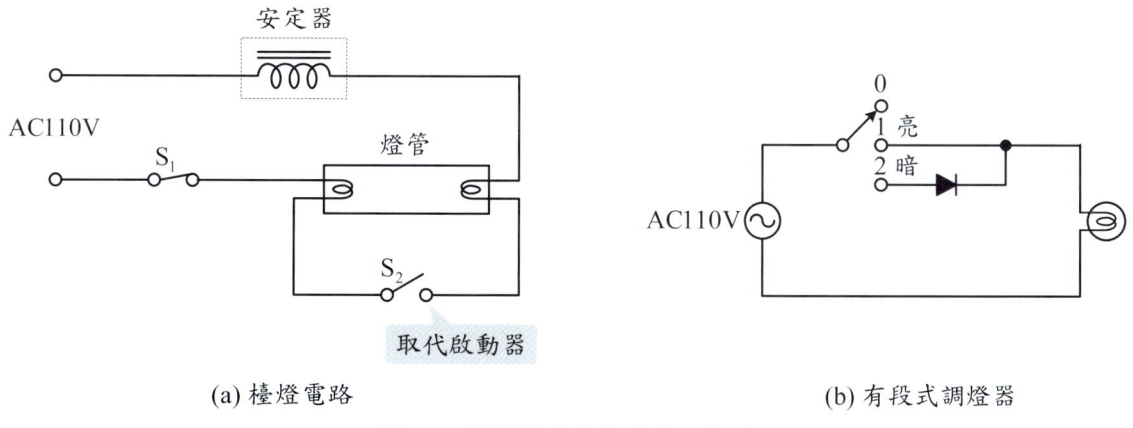

(a) 檯燈電路　　　(b) 有段式調燈器

圖16-2 檯燈電路與有段式調燈器

3. 有段式的調光檯燈，如圖16-2(b)所示，將開關切至1為全亮，開關切至2，經半波整流後為半亮，切至0為OFF。

4. 無段式調光檯燈，主要是利用電力電子元件DIAC與TRIAC，當DIAC的觸發角θ愈大，燈泡較暗。

七 水銀燈

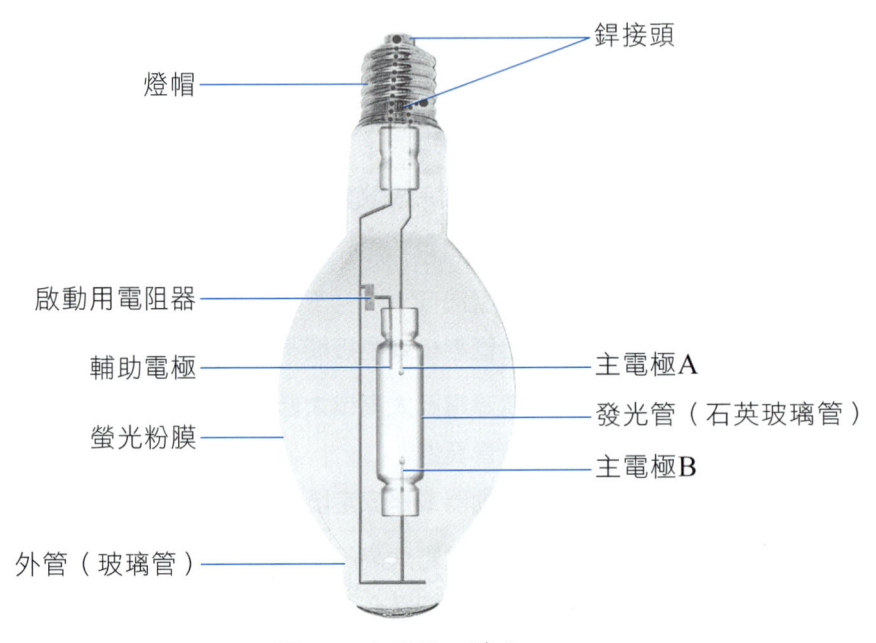

圖16-3 水銀燈之構造

1. 水銀燈主要是由**水銀燈泡**與**水銀安定器**所組成，如圖16-3所示。

2. 燈泡結構：燈泡有分內層與外層，內層燈泡封入**水銀**及**氬氣**，以幫助啟動；外層燈泡封入**氮氣**，以減少發光管熱量之散失。

3. 電極：主電極以**鎢絲**製成，表面塗以氧化物，增加**放射電子**之能力；輔助電極又稱**啟動電極**，串聯**電阻**後主電極相連接，電極主要功能是產生電弧，使水銀燈內的氣體游離放電。

4. 水銀燈的顏色偏藍綠色，一般會在外管的內壁塗上螢光粉膜，使光線為白色或米黃色。

5. 水銀燈之安定器有分電源側與負載側，若裝設相反，將導致燈泡損壞。

6. 發光原理：由於底部之主電極A與輔助電極距離較近，首先產生弧光放電，之後轉為兩主電極A、B弧光放電，完成發光。

7. 水銀燈熄滅後不可立即啟動，主要是因為水銀燈內的水銀蒸氣**壓力太高**，無法產生弧光放電，所以必需等管內之蒸氣壓力降低後，約**5～8分鐘**才能重新點燈。

8. 用於：廠房、體育場、棒球場、公園之大型照明用途。

9. 熱控式自動點滅器之原理，白天時光敏電阻CdS變小，發熱器的發熱量增加，使得雙金屬片彎曲，切斷銀接點，使水銀燈不亮；等到晚上時，光敏電阻CdS變大，發熱器的發熱量減少，使得雙金屬片收縮，銀接點閉合，水銀燈點亮，如圖16-4所示。

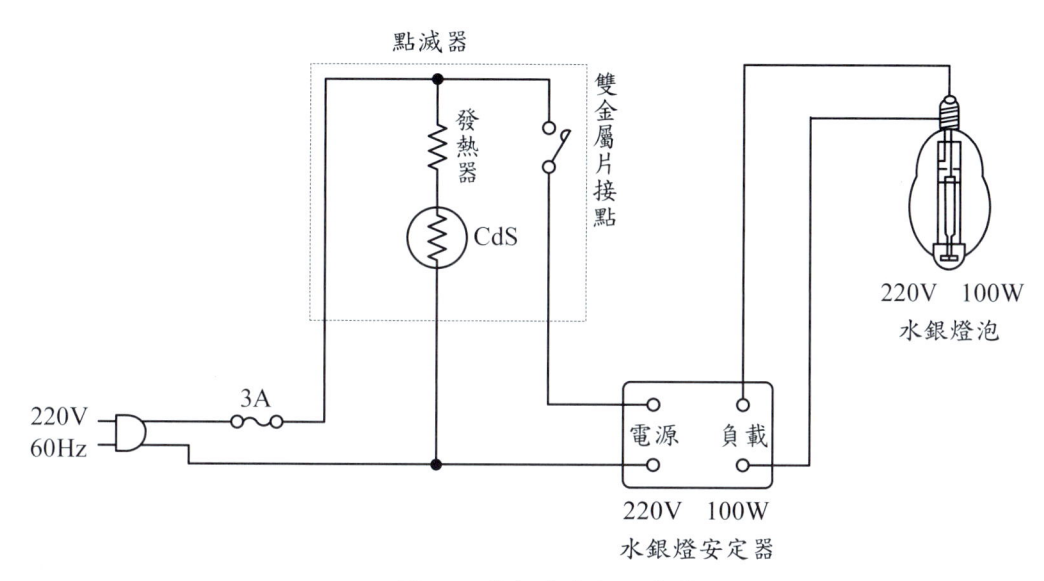

圖16-4 熱控式自動點滅器

10. 優點：①**效率高**，約為白熾燈之3倍　②**壽命長**　③光譜接近單波長。

11. 缺點：①**點燈時間長**，約5～8分鐘（天氣愈冷，時間愈長）　②功率因數低
    ③**價錢昂貴**　④不適合**開關頻繁**之場所

八 省電燈泡

1. 省電燈泡：將**日光燈管**及**安定器**置於燈泡內，採用**電子式安定器**，功率因數可達**0.98**，功率因數比一般日光燈高。

2. 優點：①**高頻（20kHz以上）啟動**　②**不閃爍**　③**無噪音**　④發熱量低
    ⑤比日光燈省電約30%。

3. 缺點：①開關次數越多省電燈泡的壽命越短。
    ②故障時需整個燈泡換掉，不可單獨換安定器，因為內建在燈泡內。

九 LED燈泡

優點	1. 耗電量小，耐用持久：耗電量是傳統日光燈的三分之一以下，壽命也是傳統日光燈的10倍 2. 綠色照明，保護環境：傳統的燈中含有大量的水銀蒸汽，而LED燈沒有 3. 不會閃爍：傳統的燈使用的是交流電，所以每秒鐘會產生100～120次的頻閃，LED燈具是把交流電直接轉換為直流電，不會產生閃爍現象 4. 沒有噪音 5. 無紫外線：所以不會吸引昆蟲聚集 6. 高效轉換：傳統燈具會產生大量的熱能，而LED燈具則是把電能全都轉換為光能，不會造成能源的浪費 7. 堅固牢靠：LED燈體本身使用的是環氧樹脂而並非傳統的玻璃，更堅固牢靠
缺點	1. 單個LED功率低，為了獲得大功率，需要多個並聯使用 2. 照射角度有限制，一般只能照射120°

十 各種燈具之發光效率與發熱量

1. 發光效率為水銀燈＞省電燈泡＞日光燈＞白熾燈。
2. 發熱量為白熾燈＞水銀燈＞省電燈泡＞日光燈。

十一 各種燈具之故障檢測

1. 白熾燈（使用歐姆檔R×1）：使用歐姆檔R×1，燈絲電阻在10Ω以下表示正常；電阻∞表示燈絲燒毀。

2. 日光燈（使用歐姆檔R×1）：
   (1) 正常時：燈管同側（R＝0），安定器（R＝10Ω以下），啟動器（R＝∞）。
   (2) 故障時：燈管同側（R＝∞），安定器（R＝∞），啟動器（R＝0Ω）。

3. 水銀燈：不可以使用三用電表的歐姆檔，必須使用**高阻計**。

ABcd 立即練習

( )1. 4P啟動器是供何者使用？
(A)10W日光燈 (B)15W日光燈 (C)20W日光燈 (D)40W日光燈

( )2. 依據國家標準，日光燈啟動器放電開始電壓180V以下，放電停止電壓135V以上之規格是 (A)1P (B)2P (C)3P (D)4P

( )3. FL-40W/NL 之日光燈管，其中 "W" 表示
(A)燈管的型式 (B)燈管的大小 (C)燈管的消耗功率 (D)光源的顏色

( )4. 日光燈經點燈全亮後，將啟動器移開，則日光燈的變化為
(A)燒毀 (B)照常發亮 (C)發生閃爍 (D)熄滅

( )5. 日光燈之燈管內注入少許氬氣，其目的為
(A)增強燈絲放射能力 (B)產生振盪作用
(C)使燈管啟動容易 (D)使燈管發出可見光線

( )6. 多少瓦特的日光燈檯燈，可用按鈕開關代替啟動器？
(A)10W (B)20W (C)30W (D)40W

( )7. 對日光燈的敘述，下列何者不正確？
(A)壽命長 (B)光束穩定 (C)效率高 (D)無閃爍現象

( )8. 日光燈啟動器兩端並聯電容器，其目的為
(A)改善功率因數 (B)限制啟動器電流
(C)抵制螢光燈所發出的雜訊 (D)增加亮度

( )9. 白熾燈泡內通常會灌入何種氣體，以減少燈絲的損耗？
(A)氮氣 (B)氫氣 (C)氧氣 (D)甲烷

( )10. 白熾燈的燈絲材質為何？ (A)鎢絲 (B)鋼絲 (C)銅絲 (D)銀絲

( )11. 下列何者不是放電燈管？
(A)白熾燈 (B)日光燈 (C)省電燈泡 (D)水銀燈

( )12. 下列哪種燈具不受頻率影響？
(A)白熾燈 (B)日光燈 (C)省電燈泡 (D)霓虹燈

( )13. 啟動器在傳統日光燈的功能為
(A)穩壓 (B)恆流 (C)升壓 (D)產生電弧放電，點亮日光燈

( )14. 下列何者不是安定器之功能？
(A)產生啟動時所需之高壓衝擊電壓 (B)抑制燈管內電流之變化
(C)提供燈絲正常範圍之預熱電流 (D)限制燈管兩端電壓壓化

( )15. 日光燈剛啟動時，安定器之功能？
(A)產生啟動時所需之高壓衝擊電壓 (B)抑制燈管內電流之變化
(C)燈絲正常範圍之預熱電流 (D)限制燈管兩端電壓壓化

( )16. 日光燈啟動中，安定器之功能？
(A)產生啟動時所需之高壓衝擊電壓 (B)抑制燈管內電流之變化
(C)提供燈絲正常範圍之預熱電流 (D)限制燈管兩端電壓壓化

( )17. 日光燈完成啟動後，安定器之功能？
(A)產生啟動時所需之高壓衝擊電壓　　(B)抑制燈管內電流之變化
(C)提供燈絲正常範圍之預熱電流　　(D)限制燈管兩端電壓變化

( )18. 日光燈的規格『T5』，數字5表示日光燈的
(A)管徑的英吋數　(B)日光燈的長度　(C)流明數　(D)日光燈的顏色

( )19. 螺紋燈泡或是LED燈泡，標示E12、E14、E27的數字，數字所表示的是
(A)燈泡的最大直徑　(B)燈泡演色係數　(C)光的流明度　(D)螺旋燈頭的直徑

( )20. 螺紋燈泡或是LED燈泡，標示E12，數字的單位是
(A)公厘（mm）　(B)流明（lm）　(C)光效（lm/w）　(D)英吋（in）

( )21. 雙金屬片主要是利用金屬的何種特性的不同，而讓銀接點導通或斷路？
(A)電阻係數　(B)導電係數　(C)膨脹係數　(D)熔點溫度

( )22. 下列何種燈泡演色指數為100？
(A)白熾燈　(B)日光燈　(C)LED燈泡　(D)水銀燈

( )23. 下列何種燈泡為冷性發光？
(A)白熾燈　(B)日光燈　(C)LED燈泡　(D)水銀燈

( )24. 水銀燈泡係
(A)內泡封入水銀，外泡封入氮氣
(B)內泡封入水銀，外泡封入氬氣
(C)內泡封入水銀及氬氣，外泡封入氮氣
(D)內泡封入水銀及氮氣，外泡封入氬氣

( )25. 水銀燈熄滅後不可立即啟動，主要是因為
(A)水銀燈內的水銀蒸氣壓力太高　　(B)水銀燈內的水銀蒸氣壓力不足
(C)水銀燈內溫度太高　　(D)水銀燈內溫度不足

( )26. 雙金屬片受熱向哪一側彎曲？
(A)膨脹係數較小側
(B)膨脹係數較大側
(C)先向膨脹係數小側，再向膨脹係數大側
(D)先向膨脹係數大側，再向膨脹係數較小側

( )27. 有一40W日光燈，在點燈之前，以三用電表ACV檔測啟動器之兩端，則其電壓為
(A)0V　(B)110V　(C)220V　(D)60V

( )28. 日光燈使用之啟動器，其功能為
(A)提高功率因數　(B)降低燈管閃爍　(C)限制燈管內之電流　(D)幫助燈管點亮

( )29. 白熾燈的發光原理為何？
(A)冷放電發光　(B)感應放電發光　(C)溫度輻射發光　(D)電弧放電發光

( )30. 白熾燈內加入惰性氣體的作用為何？
(A)改變發光顏色　(B)降低鎢絲電阻　(C)避免鎢絲燒毀　(D)降低消耗功率

( )31. 40W的日光燈，應使用何種規格的啟動器較適合？
(A)不需啟動器　(B)1P啟動器　(C)3P啟動器　(D)4P啟動器

( )32. 若把1P的啟動器拿到40W日光燈使用，則
　　(A)兩端會亮，而中間不亮　(B)照常點燈　(C)不能點燈　(D)中間亮而兩端不亮

( )33. 水銀燈是屬於　(A)輝光放電　(B)湯山放電　(C)自續放電　(D)弧光放電

( )34. 水銀燈熄燈後再點燈，要再等待
　　(A)1～2小時　(B)5～8分鐘　(C)1～2分鐘　(D)即時點燈

( )35. 110V/40W日光燈，在燈管點亮後，啟動器兩端的電壓為
　　(A)0V　(B)約55V　(C)約110V　(D)約220V

( )36. 日光燈安定器的功用是？
　　(A)穩定電流　(B)穩壓作用　(C)防止干擾　(D)改善功因

( )37. 220V水銀燈之安定器是屬於
　　(A)低漏磁抗流圈型　　　　　　(B)低漏磁自變壓型
　　(C)高漏磁抗流圈型　　　　　　(D)高漏磁自耦變壓型

( )38. 判斷白熾燈泡是否良好，需使用三用電表的哪一檔位做測試？
　　(A)歐姆檔R×1　(B)DCV×50V　(C)DCmA×50　(D)以上皆可

( )39. 傳統日光燈包含日光燈管、啟動器及安定器等元件，當日光燈點亮後就失去功用？
　　(A)交流電源　(B)啟動器　(C)安定器　(D)啟動器及安定器

( )40. 日光燈具的啟動器，若電容器短路，則日光燈管會如何？
　　(A)時亮時滅　(B)僅兩端亮，中間不亮　(C)僅一端亮　(D)燈管不亮

( )41. 以發光效率而言，下列何種燈具最高？
　　(A)日光燈　(B)省電燈泡　(C)水銀燈　(D)白熾燈

( )42. 下列何種燈具適用於開關次數多，而不影響燈具的使用壽命？
　　(A)日光燈　(B)白熾燈　(C)水銀燈　(D)省電燈泡

( )43. 若日光燈管閃爍不定表示下列何種原因？
　　(A)安定器故障　(B)啟動器故障　(C)燈管老化　(D)以上皆是

( )44. 下列何者非省電燈泡的優點？
　　(A)不閃爍　(B)瞬間點亮　(C)功率因數高　(D)發熱量高

( )45. 日光燈發光原理是利用
　　(A)管內氣體放電撞擊管壁螢光物　(B)燈絲通電產生高溫，刺激管壁螢光物
　　(C)管內螢光物通以電流所引起　　(D)燈絲加熱產生高溫而白熾發光

( )46. LED日光燈具，不需要下列哪些元件？
　　(A)安定器　(B)啟動器　(C)啟動器專用座　(D)以上皆是

( )47. 下列何者不是日光燈之優點？
　　(A)發光效率高　(B)壽命長　(C)輝度高　(D)電力消耗少

( )48. 40W日光燈若使用1P之啟動器，則
　　(A)正常啟動　(B)燈管燒毀　(C)完全不動作　(D)閃爍

16-2 電熱器具之認識、安裝及檢修

一 電熱原理與材料特性

1. 一般電熱產生的方法有：**電阻發熱**、**電弧發熱**、**感應發熱**與**誘電發熱**等四種。

2. 電熱材料一般為電熱絲，一般使用鎳鉻合金線或是鐵鉻合金線，需具備：
   (1) **電阻係數高**
   (2) 耐高溫
   (3) 不易腐蝕
   (4) **溫度係數小**
   (5) 能承受溫度之變化
   (6) 價廉

3. 溫度控制：家用電熱類電器的溫度控制，通常採用**雙金屬片**來控制溫度之高低、恆溫控制以及自動切斷電源等功能。

4. 雙金屬片係由兩種不同**熱膨脹係數**之金屬片連接而成，當雙金屬片受熱時，膨脹係數較大者的金屬片延伸較多；膨脹係數較小者的金屬片延伸較少，所以**膨脹係數較大者**會往**膨脹係數較小者**彎曲。

5. 絕緣材料：一般使用石棉或是玻璃纖維，能阻隔**熱傳導**、**熱對流**與**熱輻射**，且**比熱小**、**電的絕緣體**。

二 電鍋

1. 直熱式：內鍋緊貼發熱板，熱量直接傳導到內鍋煮飯，所以熱傳導效率高，溫度開關採用陶鐵磁體式（磁性體），**效率高**，加熱時間較短，一般的**電子鍋**即是直熱式。

2. 間熱式：構造有內鍋跟外鍋，煮飯時需在內鍋與外鍋中間放水，利用**水蒸氣**間接加熱食物，效率低，加熱時間較長，而溫度開關採用雙金屬片或是陶體磁體式（磁性體），比如家中的**大同電鍋**即是間熱式。

3. 保溫電鍋設計的保溫溫度在65°C～75°C之間，其發熱體有兩種，一種為直接利用煮飯電熱絲加上一個溫度開關，另一種為額外再加上一組專用保溫電熱絲（常見於間熱式電鍋）。

4. 傳統電鍋，快速加熱階段使用**低電阻高功率**的環型加熱片；保溫階段使用**高電阻低功率**的保溫片

5. 電鍋故障之檢修，較常見之原因如下：
   (1) 電源燈不亮，無法過電：溫度保險絲燒壞。
   (2) 電鍋不熱：①電熱絲斷線 ②開關銀接點接觸不良 ③插頭或插座接觸不良。
   (3) 飯未煮熟而開關跳脫：①溫度動作開關設定太低 ②電源電壓太高。
   (4) 飯煮太焦：①溫度動作開關設定太高 ②電源電壓太低 ③自動開關被卡住。

6. 磁性體自動開關，主要材料為鐵氧體（ferrite，或稱肥粒鐵），該材質在某溫度範圍內為順磁性，當超過某個溫度，導磁係數下降為1，失去磁性而成為逆磁性物質，**順磁性**轉為**逆磁性**之溫度稱為**居禮溫度**。

7. 磁性體自動開關之居禮溫度通常為120°C。

三 烤箱

1. 烤箱主要有三種用途：(1)烤麵包機 (2)一般烤箱 (3)旋風烤箱。

2. 一般烤箱為上下各一組**電熱石英管**，串聯溫度保險絲、定時器與溫度控制開關。

3. **旋風烤箱**為一般烤箱再增加一個轉盤跟風扇，使烤箱內食物可以加熱均勻，用於較大型且形狀不規則之食物。

四 電暖器

1. 電暖器是利用電的熱效應來取暖的電器，常見的有：**反射式電暖器、陶瓷電暖器**與**葉片式電暖器**。

2. 反射式電暖器：利用電熱石英管發熱並裝設於石英盤前，在利用風扇將熱量送出，並在電暖器下方裝設**傾倒開關**，萬一電暖器傾倒會立即切斷電源，目的是**避免發生火災**，缺點是石英管加熱時會耗氧。

3. 陶瓷電暖器：利用PTC發熱體，在利用電風扇將熱器吹出，溫度在75°C以下，沒有過燙之危險，安全性高，且不耗氧。

4. 葉片式電暖器：利用電熱管產生熱量，加熱於不易燃、傳導性佳的熱油上，在藉由熱油傳導到電暖器之散熱片，優點：不耗氧、舒適度高。缺點：加熱慢、價格較貴。

五 吹風機

1. 主要構造：切換開關、溫度保護開關、電熱器與直流馬達。

2. 切換開關通常為四段式：關、冷風、微熱風與熱風，其中開關切至冷風時，**電熱絲**被切離；而微熱風時電源經而二極體的**半波整流**電路，以降低馬達轉速以及電熱絲的發熱量。

3. 溫度保護開關：當吹風機過熱時，溫度保護開關動作，切離電熱絲與馬達，以免過熱而燒毀。

4. 故障原因：

    (1) 吹風機沒有熱風：電熱絲斷掉或電熱絲接觸不良。

    (2) 吹風機無法送風：馬達線路脫落或是馬達損壞。

六 電磁爐

1. 工作原理：利用交流電源頻率轉換為25kHz～40kHz之高頻，加熱於加熱線圈，鍋底由於電磁感應，在鍋底產生渦流來將食物煮熟，由於鍋子為發熱體，所以熱效率高，可達80%以上（電熱絲的熱效率約53%）。

2. 電磁爐用**電磁力**加熱的方法，稱為**感應加熱**。

3. 電磁爐的加熱鍋具，是採用琺瑯鍋、不鏽鋼鍋、平底鐵鍋等**鐵質性**容器。

4. 電磁爐使用時的注意事項：

    (1) 必須距離牆壁或其他物體5cm以上。

    (2) 不可空煮鍋子。

    (3) 插座需使用**15安培**以上之規格，並單獨使用。

    (4) 鍋底厚度超過**1mm**之厚鐵鍋將無法使用。

七 微波爐

1. 動作原理：由磁控管產生超高頻約2.45GHz之電磁波，經導波管進入加熱室，使食物中的水分子受電磁波影響，產生高速震動，利用摩擦產生熱能將食物加熱，因此微波爐屬於**誘導加熱**，俗稱**高頻感電加熱**

2. 使用鍋具為：陶器、瓷器、耐熱玻璃容器、耐熱聚丙烯容器、耐熱紙類，不可使用**金屬容器**。

3. 微波爐使用時的注意事項：

    (1) 必須使用15A以上之電源插座，不可使用延長線避免發生危險。

    (2) 維修時應先將高壓電容器放電後再進行檢修，避免觸電。

    (3) 不可加熱密閉容器，加熱時需把密閉容器打開。

    (4) 不得加熱金屬性容器，以免發生爆炸危險。

立即練習

(　　)1. 電熱線通電前，量其電阻為R_1，通電後以三用電表量其電阻R_2，則
　　　　(A)$R_1 > R_2$　(B)$R_1 = R_2$　(C)$R_1 < R_2$　(D)不一定

(　　)2. 自動電鍋飯煮太焦，可能原因
　　　　(A)水放太多　(B)開關跳太快　(C)開關跳太慢　(D)內鍋壓力太高

(　　)3. 電熱器產品若溫度保險絲熔斷，應如何處置？
　　　　(A)等溫度降低即可重新使用　　(B)由專業人員檢測後，再更換
　　　　(C)直接將熔斷處以短路銅線取代　(D)繼續使用

(　　)4. 電熱類產品的溫度保險絲規格為120°C，其意義表示
　　　　(A)工作環境的溫度　　　　　　(B)電熱類產品開始加熱的溫度
　　　　(C)電熱類產品的最低工作溫度　(D)熔斷或跳開的溫度

(　　)5. 自動切斷電源式電鍋是調整雙金屬片之跳脫溫度，約為
　　　　(A)100°C　(B)120°C　(C)150°C　(D)180°C

(　　)6. 電磁爐所用之鍋子以何種材質較佳？
　　　　(A)銅鍋　(B)鋁鍋　(C)鐵鍋（不銹鋼鍋）　(D)玻璃鍋

(　　)7. 電磁爐之鍋子加熱的地方為　(A)鍋身　(B)鍋頂　(C)鍋底　(D)整個鍋子

(　　)8. 微波爐煮熟食物之原理係利用
　　　　(A)電阻發熱　(B)電弧發熱　(C)感應發熱　(D)誘電發熱

(　　)9. 電磁爐煮熟食物之原理係利用
　　　　(A)電阻發熱　(B)電弧發熱　(C)感應發熱　(D)誘電發熱

(　　)10. 電鍋煮熟食物之原理係利用
　　　　(A)電阻發熱　(B)電弧發熱　(C)感應發熱　(D)誘電發熱

(　　)11. 電暖器通常會加裝何種裝置，避免發生火災？
　　　　(A)雙金屬片開關　(B)漏電斷路器　(C)傾倒裝置　(D)飛輪裝置

(　　)12. 下列哪種爐具不能使用金屬鍋具？
　　　　(A)電磁爐　(B)微波爐　(C)瓦斯爐　(D)烤箱

(　　)13. 微波爐磁控管所發射出來的微波頻率為
　　　　(A)60Hz　(B)40kHz　(C)2450MHz　(D)2450kHz

(　　)14. 使食物的水分子快速摩擦加熱的是哪種電熱器？
　　　　(A)電磁爐　(B)微波爐　(C)瓦斯爐　(D)烤箱

(　　)15. 吹風機使用太久，而造成吹風機斷電，等一陣子之後又可以使用，最有可能的原因為何？　(A)保險絲熔斷　(B)內部零件接觸不良　(C)溫度開關動作　(D)安定器損害

(　　)16. 吹風機加熱之原理是運用
　　　　(A)電阻發熱　(B)電弧發熱　(C)感應發熱　(D)誘電發熱

(　　)17. 電熱類的電熱絲常採用何種材質？
　　　　(A)鐵線　(B)鋼鎳合金　(C)鎳鉻合金　(D)銅鉻合金

(　　)18. 吹風機有風但無法吹熱風，其原因可能為何？
　　　　(A)電源線斷　(B)扇葉斷裂　(C)馬達燒壞　(D)電熱線斷路

(　　)19. 吹風機有熱但無法將風送出，其原因可能為何？
　　　　(A)電源線斷　(B)扇葉斷裂　(C)馬達燒壞　(D)電熱線斷路

(　　)20. 直熱式電鍋使用的溫控開關為
　　　　(A)熱耦式　(B)磁性式　(C)雙金屬片式　(D)電阻式

(　　)21. 間熱式電鍋使用的溫控開關為
　　　　(A)熱耦式　(B)磁性式　(C)雙金屬片式　(D)電阻式

(　　)22. 下列哪一個容器不適用於微波爐？
　　　　(A)陶器　(B)耐熱玻璃容器　(C)耐熱性聚丙烯容器　(D)金屬容器

(　　)23. 微波爐內加熱食物，加熱不均勻，可能故障原因為
　　　　(A)沒有微波　(B)轉盤不轉　(C)電容器短路　(D)保險絲燒斷

(　　)24. 下列哪一種電暖器使用時會消耗氧氣，對人體造成不適感
　　　　(A)反射式電暖器　(B)陶瓷電暖器　(C)葉片式電暖器　(D)以上皆是

(　　)25. 順磁性轉為逆磁性之溫度稱為
　　　　(A)居禮溫度　(B)絕對溫度　(C)愷氏溫度　(D)熔點溫度

(　　)26. 磁性體自動開關之居禮溫度通常為
　　　　(A)100℃　(B)120℃　(C)150℃　(D)180℃

(　　)27. 微波爐之微波碰到何種物質會反射？　(A)金屬　(B)玻璃　(C)紙　(D)塑膠

(　　)28. 電吹風機故障時，進行靜態測試檢查應使用
　　　　(A)高阻計　(B)三用電表　(C)夾式電流表　(D)電壓表

16-3　旋轉類器具之認識、安裝及檢修

1. 家庭用常見的電動機,俗稱馬達有:**直流電動機**、**交流電動機**與**無刷直流電動機**等三種。

2. 家庭用交流電動機通常是採用單相感應電動機,由於單繞組之單相感應電動機無法自行起動,所以需要裝設**輔助繞組**或是其他的**起動裝置**。

3. 較常見的單相感應電動機種類有:**電容起動式**、**永久電容式**、**雙值電容式**、**分相式**與**蔽極式**等五種。

4. **直流無刷電動機**,用於DC變頻電扇、DC變頻冷氣、DC變頻冰箱與DC變頻洗衣機等變頻家電,藉由改變頻率來調整轉速。

5. 變頻器是將**AC轉為DC再轉為AC**之特殊裝置。

6. 單相感應電動機的轉速控制方法:**改變電源電壓控速法**、**變頻法**與**變極法**等三種。

7. 電風扇的調速方法大多採用**抗流線圈調速法**或**線圈調速法**。

8. 無葉電風扇又稱氣流倍增器,主要是利用**白努利原理**,從橢圓的洞吹出風。

9. 有葉電風扇故障與檢修

    (1) 電風扇完全無法轉動:運轉(行駛)繞組斷線,需重新繞製運轉繞組。

    (2) 電風扇無法轉動,但用手撥可以開始旋轉:起動(輔助)繞組斷線,或**起動電容器老化或損壞**,重新繞製或換相同規格之電容器即可。

    (3) 電風扇低速檔無法轉動,但高速檔正常運轉:**起動電容器老化**,換相同規格之電容器即可。

10. 家用電器中需要高轉速之電動機通常使用**交流串激式電動機**,用於**果汁機**、**吸塵器**等。

11. 蔽極式通常使用在起動轉矩較小之小型電動機,比如吊扇、吹風機等。

12. **分相式**、**電容起動式**與**雙值電容式**有裝設離心開關,當轉速達**75%**同步轉速時,離心開關會打開,切離起動繞組。

13. 單相馬達運轉時若沒有將離心開關動作,造成起動繞組滯留於電路,速度較慢且有很大之噪音產生。

ABCD 立即練習

(　)1. 家庭用電器不可能使用下列哪種電動機？
(A)單相感應電動機　　　　　　(B)三相感應電動機
(C)直流無刷電動機　　　　　　(D)交流串激式電動機

(　)2. 直流變頻冷氣機使用下列哪種電動機？
(A)單相感應電動機　　　　　　(B)三相感應電動機
(C)直流無刷電動機　　　　　　(D)交流串激式電動機

(　)3. 吸塵器是使用下列哪種電動機？
(A)單相感應電動機　　　　　　(B)三相感應電動機
(C)直流無刷電動機　　　　　　(D)交流串激式電動機

(　)4. 電風扇送電後發現無法旋轉，只聽到嗡嗡的聲音，以手撥動葉片始可運轉，原因為何？
(A)電源電壓太高
(B)運轉繞組脫落或損壞
(C)起動繞組或起動電容器脫落或損壞
(D)電源電壓太低

(　)5. 有葉電風扇的轉速控制通常是採用？
(A)變頻控速法　(B)變極控速法　(C)調速線圈控速法　(D)改變轉子電阻控速法

(　)6. 無葉電風扇所運用的原理或效應是？
(A)阿基米得原理　(B)西貝克效應　(C)白努利原理　(D)光電效應

(　)7. 下列哪個不是單相感應電動機之起動方法？
(A)電阻分相式　(B)電容起動式　(C)蔽極式　(D)變頻式

(　)8. 單相感應電動機運轉時，發現轉速變慢且有很大之噪音，主因為何？
(A)起動繞組開路　(B)運轉繞組開路　(C)離心開關短路　(D)沒有電源

(　)9. 電風扇低速檔無法轉動，但高速檔正常運轉，主因為何？
(A)起動繞組開路　(B)運轉繞組開路　(C)起動電容器老化　(D)離心開關損壞

(　)10. 下列何者不是無葉電風扇之優點？
(A)氣流穩定　(B)方便清潔　(C)噪音低　(D)安全

歷屆試題

( )1. 下列敘述，何者**不是**日光燈安定器之功能？
(A)產生日光燈啟動時所需之高壓電
(B)發光後抑制電流變化，保護燈管
(C)在電極間並聯一電容，以抑制輝光放電之高諧波
(D)發光後使啟動器中的電壓降低，不會再啟動　　　　　　　　　　　　　[電機統測]

( )2. 電磁爐產生25kHz的電磁場，以使得鍋子感應產生渦電流加熱，因此放置在電磁爐上的鍋子必須選用下列何種材質？
(A)純玻璃　(B)純陶瓷　(C)鋁鍋　(D)鐵鍋　　　　　　　　　　　　　[電子統測]

( )3. 某住宅地面面積為140平方公尺，若其照明負載以每平方公尺20伏安計算，則需要多少個110V 15A的照明用電分路？　(A)1個　(B)2個　(C)3個　(D)4個　　[電機統測]

( )4. 一只額定110V，100W的白熾燈泡，首先計算其電阻值，得到121Ω。接著以三用電表的歐姆檔來量測該燈泡的靜態電阻值，則下列敘述何者正確？
(A)量測值等於計算值　　　　　(B)量測值大於計算值
(C)量測值小於計算值　　　　　(D)量測值會不斷的變動　　　　　　　　[電機統測]

( )5. 如圖(1)所示之10W日光燈接線圖，其中A、B分別為何種元件？
(A)A為電容器，B為啟動器
(B)A為啟動器，B為電容器
(C)A為啟動器，B為安定器
(D)A為安定器，B為啟動器　　　　　　　　　　　　[電機統測]

( )6. 以下有關螢光燈的發光原理，何者敘述**有誤**？
(A)安定器的主要功能為限制燈管電流
(B)弧光放電期間燈管電流會越來越高
(C)啟動器短路後，恢復開路的瞬間燈管開始點亮
(D)點亮後燈管呈現高阻抗　　　　　　　　　　　　[電機統測]

圖(1)

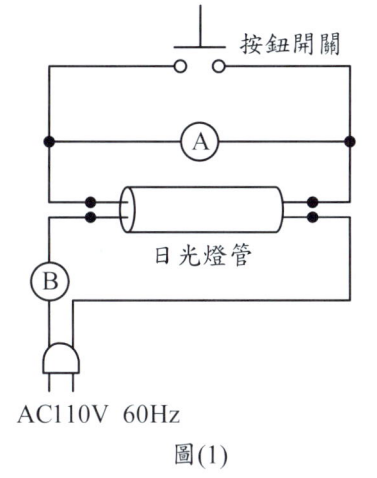

( )7. 對於傳統式電子式安定器的差異性敘述，下列何者**不正確**？
(A)電子式安定器為低頻（60Hz）瞬時啟動
(B)使用電子式安定器之日光燈較傳統式可省電約20%以上
(C)電子式安定器的功率因數最高可達95%
(D)電子式安定器耗能低，發熱量少，可減少空調負載及耗電　　　　　　[電子統測]

( )8. 若把1P的啟動器拿到40W日光燈使用，則會觀察到何種現象？
(A)兩端會亮而中間不亮，呈白霧狀
(B)中間亮而兩端不亮
(C)燈完全不亮
(D)可正常點燈　　　　　　　　　　　　　　　　　　　　　　　　　　[102年電機統測]

( )9. 吹風機因使用時間過長而自動停止，經過一段時間後又可以再使用，則其主要原因為何？
(A)電熱絲斷掉　(B)溫度開關動作　(C)馬達線圈燒毀　(D)變壓器不良　[102年電機統測]

(　　)10. 關於電器操作原理之敘述，下列何者正確？
(A)一般電磁爐之工作頻率為25kHz，使用銅材料鍋具亦能加熱
(B)電磁爐是利用電磁波產生之摩擦加熱原理，加熱食物
(C)微波爐產生24.5MHz之高頻電磁場，經磁控管產生渦流加熱
(D)正確使用微波爐時，不可用金屬器皿或鋁箔裝置食物放入加熱　　　　[103年電機統測]

(　　)11. 有關一般家用電熱器具之相關知識，下列敘述何者正確？
(A)電磁爐的加熱方式是利用電弧發熱原理
(B)微波爐所使用的電磁波頻率為2450GHz
(C)以鎳鉻合金的電熱線作加熱元件，其特性為低電阻係數、高溫度係數
(D)當雙金屬片受熱時，膨脹係數大的金屬會向膨脹係數小的金屬彎曲　　[104年電機統測]

(　　)12. 下列有關日光燈的啟動器之敘述，何者錯誤？
(A)常用之規格有1P及4P之分　　　(B)1P之啟動器適用於10W之燈管
(C)啟動器內裝有一電容器　　　　(D)啟動器內裝有一穩流電感器　　　[106年電機統測]

(　　)13. 某500W電鍋，每次煮飯時間30分鐘，則煮飯6次消耗總電能為何？
(A)3.5度電　(B)3度電　(C)1.5度電　(D)1度電　　　　　　　　　　[107年電機統測]

(　　)14. 額定值分別為110V、0.5kW及110V、1.0kW之兩電熱線，串聯連接後，接至220V電源，則下列敘述何者正確？
(A)兩電熱線功率皆維持額定值　　(B)0.5kW電熱線功率高於額定值
(C)1.0kW電熱線功率高於額定值　(D)兩電熱線功率皆低於額定值　　　[107年統測電機]

(　　)15. 下列對於間接加熱式電鍋之敘述，何者錯誤？
(A)煮飯電熱線由溫度自動開關控制
(B)其溫度自動開關可用雙金屬材料製成
(C)煮飯電熱線產生電功率會大於保溫電熱線產生之電功率
(D)煮飯電熱線之電阻會大於保溫電熱線之電阻　　　　　　　　　　　　[108年電機統測]

(　　)16. 間接加熱型煮飯用電鍋，其單相電源電壓有效值為110V，煮飯用電熱線的功率為800W，保溫用電熱線的功率為40W，下列敘述何者正確？
(A)煮飯用電熱線的電阻值大於保溫用電熱線的電阻值
(B)煮飯用電熱線的電阻值等於保溫用電熱線的電阻值
(C)煮飯時量測電源電流有效值約為3.6A
(D)保溫時量測電源電流有效值約為0.36A　　　　　　　　　　　　　　[111年統測]

模擬演練

(　)1. 有關照明之燈具，下列敘述何者正確？
(A)台灣地區的日光燈每秒閃爍60次
(B)被LED的光線照射會感覺到溫暖
(C)水銀燈不是放電燈管
(D)T5日光燈的燈管管徑是5／8吋

(　)2. 下列哪個燈具的壽命最長？　(A)LED燈　(B)白熾燈　(C)日光燈　(D)水銀燈

(　)3. 有關電熱類家電，下列敘述何者正確？
(A)熱水器的電熱線採用鈦合金材質
(B)電磁爐的鍋具使用鋁質最佳
(C)使用微波爐時，不可太靠近
(D)傳統電鍋的溫度控制是使用光敏電阻

(　)4. 關於電熱類家電，下列敘述何者正確？
(A)電暖器若有傾倒裝置，就可以在床墊上使用
(B)微波爐內可能產生超過1000V的電壓
(C)電子鍋的溫度開關是使用雙金屬片
(D)烤箱的加熱裝置通常為電熱絲

(　)5. 安定器主要的功能是　(A)穩定電壓　(B)穩定電流　(C)改善功因　(D)省電

(　)6. 有關電熱類家電的敘述，下列何者正確？
(A)規格為110V／1000W之電熱絲，在未通電時以三用電錶測量，電阻值會小於12.1Ω
(B)直熱式的電鍋通常有內鍋與外鍋
(C)葉片式電暖器的加熱速度較反射式電暖器快
(D)微波爐的發熱原理是感應發熱

(　)7. 有關旋轉類家電的敘述，下列敘述何者錯誤？
(A)電風扇維修後反轉，可能是把起動繞組反接
(B)吸塵器通常是使用二極交流串激式電動機
(C)具節能標章的冷氣機通常是採用變頻控制
(D)完成起動的電風扇，將起動繞組拔除，電風扇立即停止

(　)8. 有關旋轉類家電的敘述，下列敘述何者錯誤？
(A)電風扇在起動繞組串聯電容器，目的是改善功率因數
(B)吹風機不熱，可能是內部馬達損壞
(C)電風扇主要是改變運轉繞組的電壓，來改變轉速的快慢
(D)吹風機主要是利用整流二極體，來改變轉速的快慢

(　)9. 有關照明之燈具或裝置，下列敘述何者錯誤？
(A)白熾燈的演色性指數最好　　(B)省電燈泡無法啟動，更換啟動器即可
(C)LED燈泡的壽命較省電燈泡長　(D)T8日光燈採用繞線式安定器

(　)10. 下列哪個燈具斷電後，不可立即啟動？
(A)LED燈　(B)白熾燈　(C)日光燈　(D)水銀燈

基本電學含實習 絕殺講義

解 答
(＊表示附有詳解)

16-1立即練習

1.D	2.D	3.D	4.B	5.C	6.A	7.D	8.A	9.A	10.A
11.A	12.A	13.D	14.D	15.C	16.A	17.B	18.A	19.D	20.A
21.C	22.A	23.C	24.C	25.A	26.A	27.C	28.D	29.C	30.C
31.D	32.A	33.D	34.B	35.B	36.A	37.D	38.A	39.B	40.B
41.C	42.B	43.C	44.D	45.A	46.D	47.C	48.C		

16-2立即練習

*1.C	2.C	3.B	4.D	5.C	6.C	7.C	8.D	9.C	10.A
11.C	12.B	13.C	14.B	15.C	16.A	17.C	18.D	19.C	20.B
21.C	22.D	23.B	24.A	25.A	26.B	27.A	28.B		

16-3立即練習

| 1.B | 2.C | 3.D | 4.C | 5.C | 6.C | 7.D | 8.C | 9.C | 10.C |

歷屆試題

| *1.C | 2.D | *3.B | *4.C | 5.C | *6.D | *7.A | 8.A | 9.B | 10.D |
| 11.D | 12.D | *13.C | *14.B | *15.D | *16.D | | | | |

模擬演練

| 1.D | 2.A | 3.C | *4.B | 5.B | *6.A | *7.D | 8.A | *9.B | 10.D |

素養導向題示例

資料來源：技專校院入學測試中心

「電機與電子群」專業科目（一）

( )1. 如圖(1)所示電路，6Ω電阻兩端電壓$V_{6\Omega}$與流經12Ω電阻之電流$I_{12\Omega}$，下列何者正確？

(A)$V_{6\Omega} = 0$ V，$I_{12\Omega} = 2$ A (B)$V_{6\Omega} = 4$ V，$I_{12\Omega} = 2\frac{1}{3}$ A

(C)$V_{6\Omega} = 8$ V，$I_{12\Omega} = 2\frac{2}{3}$ A (D)$V_{6\Omega} = 24$ V，$I_{12\Omega} = 4$ A [基本電學]

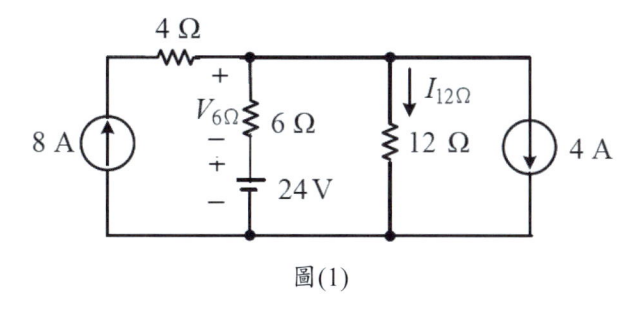

圖(1)

( )2. 如圖(2)所示RC串聯電路，電容器上初始電壓為零，加入如圖(3)所示的正極性脈波電壓信號$v_s(t)$，其工作週期為50%、頻率為100Hz及電壓峰值為5V，利用示波器測量到的電容器兩端電壓波形，下列何者正確？ [基本電學／基本電學實習]

(A) 0.2V/DIV，2ms/DIV，測棒 10：1

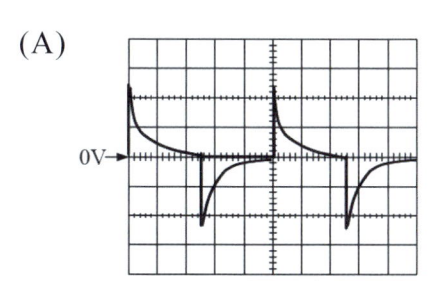

(B) 0.2V/DIV，2ms/DIV，測棒 10：1

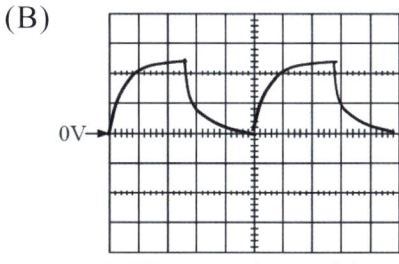

(C) 0.2V/DIV，2ms/DIV，測棒 10：1

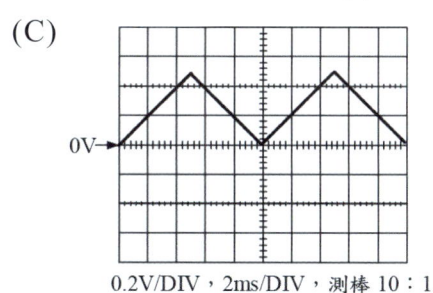

(D) 0.2V/DIV，2ms/DIV，測棒 10：1

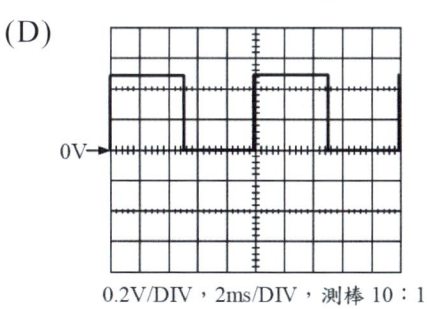

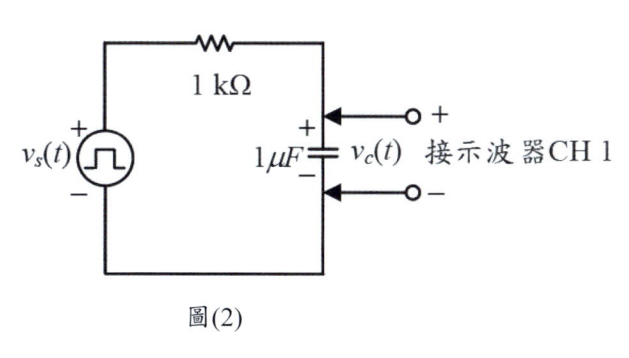

圖(2)

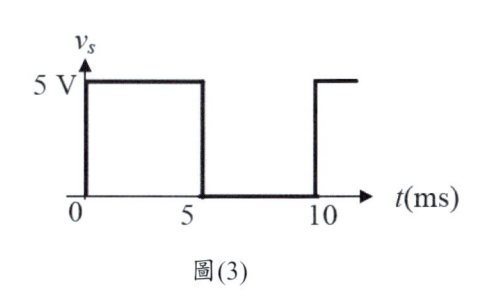

圖(3)

▲ 閱讀下文，回答第3～5題　　　　　　　　　　　　　　　　　　　　　[基本電學／電子學]

鉑金屬溫度感測器Pt100，其電阻值在0°C時為100歐姆，其電阻溫度係數$\alpha_0 = 0.003851/°C$，常用於溫度檢測與控制，其檢測及信號處理電路系統如圖(4)所示。

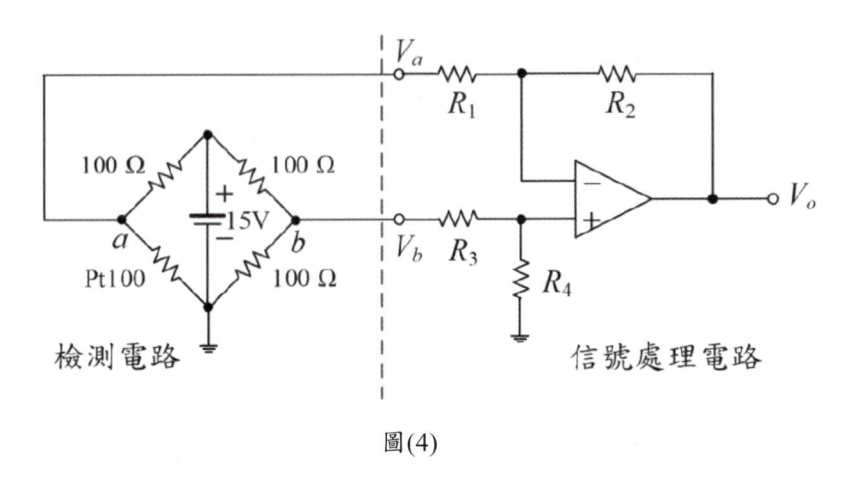

圖(4)

(　)3. Pt100在溫度100°C時，其電阻值為多少歐姆？
　　　(A)38.51　(B)61.49　(C)100　(D)138.51

(　)4. 圖(4)所示電路，若Pt100之電阻增加為150Ω，則檢測電路中a、b端間之電位差$(V_a - V_b)$為何？　(A)0.75V　(B)1.5V　(C)7.5V　(D)15V

(　)5. 圖(4)所示電路，其信號處理電路輸出電壓V_o表示式，下列何者正確？
　　　(A)$V_o = V_a(-\dfrac{R_2}{R_1}) + V_b(\dfrac{R_4}{R_3 + R_4})$
　　　(B)$V_o = V_a(\dfrac{R_2}{R_1}) + V_b(1 + \dfrac{R_2}{R_1})$
　　　(C)$V_o = V_a(-\dfrac{R_2}{R_1}) + V_b(\dfrac{R_4}{R_3 + R_4})(1 + \dfrac{R_2}{R_1})$
　　　(D)$V_o = V_a(\dfrac{R_2}{R_1}) + V_b(\dfrac{R_4}{R_3 + R_4})(1 + \dfrac{R_2}{R_1})$

[電子學]

▲ 閱讀下文，回答第6～8題　　　　　　　　　　　　　　　　　　　　　　　　[基本電學]

交流（AC）電源電壓有效值為110V，頻率為60Hz，考慮電感器與電容器所建構的串、並聯諧振電路的特性，作為濾波器濾掉電源的某次諧波及應用於落後功率因數負載改善功率因數的場域。

(　)6. 若電感器與電容器皆為理想元件，在串、並聯諧振時，其電路總阻抗值的敘述，下列何者正確？
　　　(A)串聯諧振其總阻抗值為零，並聯諧振其總阻抗值為無窮大
　　　(B)串聯諧振其總阻抗值為零，並聯諧振其總阻抗值為零
　　　(C)串聯諧振其總阻抗值為無窮大，並聯諧振其總阻抗值為無窮大
　　　(D)串聯諧振其總阻抗值為無窮大，並聯諧振其總阻抗值為零

(　　)7. 圖(5)所示交流電源及LC濾波器系統方塊圖，交流電源含有頻率為300Hz（第5次諧波）、頻率為420Hz（第7次諧波）及其他高次諧波成分，若應用LC濾波器要濾掉300Hz諧波成分，則下列敘述何者正確？
(A)應用LC串聯濾波器，L = 14.05 mH、C = 500 μF
(B)應用LC串聯濾波器，L = 2.81 mH、C = 100 μF
(C)應用LC並聯濾波器，L = 14.05 mH、C = 500 μF
(D)應用LC並聯濾波器，L = 2.81 mH、C = 100 μF

圖(5)

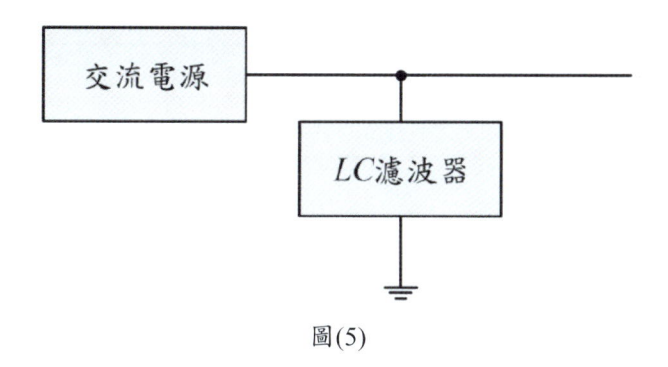

(　　)8. 圖(6)所示電路，S開路時電路為電感性負載，其功率因數PF約為何？又S閉合時利用並聯電容器來改善功率因數至1（100%），其並聯電容量C約為何？下列敘述何者正確？
(A)PF = 0.589、C = 150 μF
(B)PF = 0.589、C = 250 μF
(C)PF = 0.727、C = 250 μF
(D)PF = 0.727、C = 150 μF

圖(6)

解　答

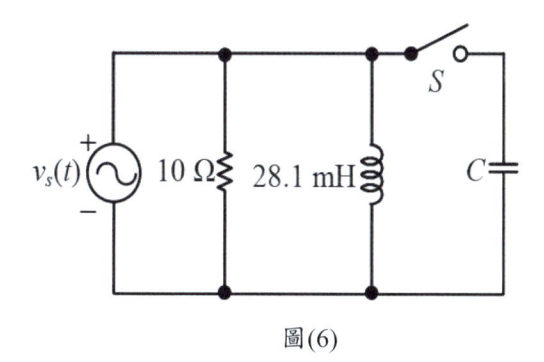

1.C　　2.B　　3.D　　4.B　　5.C　　6.A　　7.B　　8.C

NOTE

基本電學含實習

絕殺講義(全)解答本

目錄

CHAPTER 1 電學基本概念 1

CHAPTER 2 電阻 6

CHAPTER 3 串並聯電路 11

CHAPTER 4 直流網路分析 22

CHAPTER 5 電容及靜電 36

CHAPTER 6 電感及電磁 44

CHAPTER 7 直流暫態 50

CHAPTER 8 交流電 57

CHAPTER 9 基本交流電路 60

CHAPTER 10 交流電功率 69

CHAPTER 11 諧振電路 75

CHAPTER 12 交流電源 79

CHAPTER 14 常用家電量測 83

CHAPTER 15 電子儀表之使用 85

CHAPTER 16 常用家用電器之檢修 86

Chapter 1 電學基本概念

1-1 學生做

1. 電子。
2. 按照$2n^2$排列，M層為第3層，因此最大電子數為$2 \times 3^2 = 18$個電子，因此總帶電量為$18 \times -1.6 \times 10^{-19} = -2.88 \times 10^{-18}$庫倫。
3. $4 \times 3 - 2 = 10$個。

1-1 立即練習

2. 主層排列依序為K = 2，L = 8，M = 4（價電子數為4）為半導體。
4. 總電子數為$2 + 8 + 18 + 2 = 30$個；而中性元素的原子序 = 質子數 = 電子數。

1-2 學生做

1. 公分。
2. $0.00000001 = X \cdot 10^{-6} \Rightarrow X = 0.01$（係數）因此為$0.01\mu F$。
3. 燭光。
4. $30000000V = X \cdot M(V) \Rightarrow X = 30$（係數）因此為$30MV$。
   $30000000V = X \cdot G(V) \Rightarrow X = 0.03$（係數）因此為$0.03GV$。

1-2 立即練習

3. $\dfrac{10G}{m} = 10^{13}$
4. 170公分等於1.7公尺，
   1.7公尺 $= X \cdot$奈米 $\Rightarrow X = \dfrac{1.7}{10^{-9}} = 1.7G$

1-3 學生做

1. 1電子伏特（eV）$= 1.6 \times 10^{-19}$焦耳（J）因此1焦耳（J）$= 6.25 \times 10^{18}$電子伏特（eV）
2. 瓦特為電功率的單位。
3. $W = Q \cdot V \Rightarrow 10 = Q \times 2 \Rightarrow Q = 5$庫倫（C）
4. 1公斤等於9.8牛頓
   $W = F \cdot d = 5 \times 9.8 \times 2 = 98$焦耳（J）

1-3 立即練習

3. $16\mu \times 6.25 \times 10^{18} = 10^{14} eV$
4. $6.25T \times 1.6 \times 10^{-19} = 1\mu J$
5. $0.24 \times 1.6 \times 10^{-19} = 3.84 \times 10^{-20}$焦耳
   $V = \dfrac{W}{Q} = \dfrac{3.84 \times 10^{-20}}{3.2 \times 10^{-21}} = 12V$

1-4 學生做

1. $I = n \cdot e \cdot v \cdot A$
   $= 2 \times 10^{25} \times 1.6 \times 10^{-19} \times \dfrac{2}{10^2} \times \dfrac{0.5}{10^4}$
   $= 3.2A$
2. 1小時有3600秒
   $Q = I \cdot t = 200\mu \times 3600 = 0.72C$
3. $\dfrac{1.8 \times 10^{10}}{3 \times 10^9} = 6$庫倫；且2分鐘等於120秒
   $I = \dfrac{Q}{t} = \dfrac{6}{120} = 0.05A = 50mA$
4. $Q = I \cdot t = 0.001 \times 60 = 0.06C$
   $= 3.75 \times 10^{17}$個

1-4 立即練習

1. $Q = I \cdot t \Rightarrow$ 電流 × 時間
2. $Q = I \cdot t \Rightarrow 20mA \cdot 60 = 1200mC$，
   $1200mC = 7.5 \times 10^{18}$個電子
3. $Q = 10^8 \times 1.6 \times 10^{-19} = 1.6 \times 10^{-11}$庫倫；
   $I = \dfrac{Q}{t} = \dfrac{1.6 \times 10^{-11}}{25 \times 10^{-6}} = 0.64\mu A$
4. $Q = I \cdot t = 5\mu A \cdot 1 = 5\mu C$，
   $5\mu \times 6.25 \times 10^{18} = 3.125 \times 10^{13}$個電子
5. $Q = I \cdot t = 2 \times 2 \times 60(分) \times 60(秒)$
   $= 14.4 \times 10^3$庫倫
6. $I = nevA$
   $16mA = 10^{29} \times 1.6 \times 10^{-19} \times v \times 0.1 \times 10^{-4}$
   $v = 10^{-7} m/s$

1-5 學生做

1. $V_{DC} = V_D - V_C = 10V - 20V = -10V$
2. $W_{DC} = Q \times V_{DC} \Rightarrow 60 = 3 \times (V_D + 50)$
   $\Rightarrow V_D = -30V$

1-5 立即練習

1. $V_{AB} = V_A - V_B = 8V \Rightarrow V_A = -2V$，
   $V_{CA} = 20V = V_C - (-2V) \Rightarrow V_C = 18V$

2. $W = Q \cdot V \Rightarrow 10 = 10^{-2} \times V$
   $\Rightarrow V = 1000$ 伏特（V）

1-6 學生做

1. 每個月總度數 $= \dfrac{80}{1000} \times \dfrac{30}{60} \times 30 = 1.2$ 度

2. 每日度數 $= \dfrac{300}{1000} \times 2 + \dfrac{450}{1000} \times \dfrac{40}{60} + \dfrac{80 \times 8}{1000} \times 8$
   $= 6.02$ 度
   總度數 $= 6.02 \times 30 = 180.6$ 度
   1 個月電費為 $180.6 \times 2.5 = 451.5$ 元

3. $\dfrac{640}{2} = 320$ 度電 / 月
   $100 \times 2 \times 2 + 100 \times 2.5 \times 2 + 100 \times 3 \times 2 + 20 \times 3.5 \times 2 = 1640$ 元

1-6 立即練習

1. $W = P \cdot t \Rightarrow 6000 = P \cdot 10$
   $\Rightarrow P = 600$ 瓦特（W）

2. $W = P \cdot t = 500 \times 20(分) \times 60(秒)$
   $= 0.6 \times 10^6$ 焦耳

3. $W = P \cdot t = V \cdot I \cdot t$
   $\Rightarrow 32 = 4 \times I \times 2 \Rightarrow I = 4A$

5. (A) $P = \dfrac{V^2}{R} \Rightarrow 2200 = \dfrac{220^2}{R} \Rightarrow R = 22\Omega$
   (B) $P = V \cdot I \Rightarrow 2200 = 220 \times I \Rightarrow I = 10A$
   (C) $\dfrac{2200}{1000} \times 5 = 11$ 度電
   (D) 瓦特數增加，電度增加

7. $W = P \cdot t \Rightarrow 2000 = P \times 5$
   $\Rightarrow P = 400$ 瓦特（W）
   $\dfrac{400}{1000} \times 10 = 4$ 度

1-7 學生做

1. 電動機規格 250V/10A 係指輸入功率
   輸入功率 $P_i = 250 \times 10 = 2500W$
   $\eta\% = \dfrac{P_i - P_{loss}}{P_i} \times 100\%$
   $= \dfrac{2500 - 500}{2500} \times 100\% = 80\%$

2. $\eta\% = \dfrac{P_i - P_{loss}}{P_i} \times 100\%$
   $\Rightarrow 80\% = \dfrac{100 \times 10 - P_{loss}}{100 \times 10} \times 100\%$
   電動機：$P_{loss} = 200W$
   （損失即為浪費）
   $\eta\% = \dfrac{P_o}{P_o + P_{loss}} \times 100\%$
   $\Rightarrow 85\% = \dfrac{850}{850 + P_{loss}} \times 100\%$
   發電機：$P_{loss} = 150W$
   （損失即為浪費）
   浪費 $\left(\dfrac{200}{1000} \times 5 + \dfrac{150}{1000} \times 8\right) \times 3 = 6.6$ 元

3. 總效率 $\eta_T = 50\% \times 60\% \times 80\% = 24\%$
   $\eta_T = \dfrac{W_o}{W_i} \times 100\% \Rightarrow 24\% = \dfrac{W_o}{300} \times 100\%$
   $\Rightarrow W_o = 72J$

1-7 立即練習

4. $P = V \cdot I \Rightarrow 12 = 12 \times I \Rightarrow I = 1A$；
   $\dfrac{80 \text{安培} \cdot \text{小時}}{1 \text{安培}} = 80$ 小時

5. $\eta\% = \dfrac{P_i - P_{loss}}{P_i} \times 100\%$
   $\Rightarrow 80\% = \dfrac{500 - P_{loss}}{500} \times 100\%$
   $\Rightarrow P_{loss} = 100$ 瓦特（W）

6. $W = P \cdot t = 12 \times 50 \times 60(分) \times 60(秒)$
   $= 2.16 \times 10^6$（焦耳）

7. $\eta\% = \dfrac{W_o}{W_i} \times 100\% \Rightarrow \dfrac{20kW \cdot 10hr}{W_i} = 0.8$
   $\Rightarrow W_i = 250kWH$

綜合練習 P.1-20

2. 1個電子的帶電量為1.6×10^{-19}庫倫（負電），因此1庫倫有6.25×10^{18}個電子。

3. $\dfrac{3m - 600\mu}{10G} = \dfrac{3 \times 10^{-3} - 600 \times 10^{-6}}{10 \times 10^{9}}$

   $= \dfrac{2.4 \times 10^{-3}}{10 \times 10^{9}} = 0.24 \times 10^{-12}$

   $= 0.24p$

4. $1ns = 1000ps = 10^{-6}ms = 10^{-3}\mu s$

7. $W = Q \cdot V \Rightarrow 3 = 3 \times V \Rightarrow V = 1$伏特（V）

8. $W = QV$
   $\Rightarrow 2 \times 1.6 \times 10^{-19} = 1.6 \times 10^{-19} \times \Delta V$
   $\Rightarrow \Delta V = 2 V$
   $\therefore V_B = 4.5 V$

9. $Q = I \cdot t \Rightarrow (800 - 200) = I \times 5 \times 60$
   $\Rightarrow I = 2A$

12. $\dfrac{4000}{1000} \times \dfrac{30}{60} \times 2.3 \times 30 \times \dfrac{1}{4} = 34.5$元

13. $(\dfrac{100 \times 12}{1000} \times 8 + \dfrac{500 \times 6}{1000} \times 8 + \dfrac{3000 \times 1}{1000} \times 4) \times 30 \times 5$
    $= 6840$元

14. $(\dfrac{800000}{1000} \times 8 + \dfrac{400000}{1000} \times 4) \times 24 \times 5$
    $= 960000$元

17. $\dfrac{900mAH \times 3.6V}{0.036W} = 90H$（小時）

18. $\eta\% = \dfrac{P_o}{P_i} \times 100\% = \dfrac{1 \times 746}{110 \times 9} \times 100\% \cong 75\%$

19. (A)電子軌道上的電子皆統稱為束縛電子。
    (D)所有的電子皆帶負電性。

20. (1) 原子序為32，主層K-L-M-N依序分佈為 2-8-18-4（該元素為鍺半導體）
    (2) L層的電子數有8個，總帶電量為
       $-1.6 \times 10^{-19} \times 8 = -1.28 \times 10^{-18}$庫倫
    (3) 原子核帶正電，且原子為電中性，所以原子核的總帶電量為
       $32 \times 1.6 \times 10^{-19} = 5.12 \times 10^{-18}$庫倫

21. 1伏特$= \dfrac{1}{300}$靜電伏特，

    $W = Q \cdot V = 900 \times 30 \times \dfrac{1}{300} = 90$爾格

22. $W = Q \times V = 6.4\mu\mu \times 2m = 1.28 \times 10^{-14} J$
    $1.28 \times 10^{-14} \times 6.25 \times 10^{18} = 80k(eV)$

23. $W = Q \cdot V = F \cdot d$
    $\Rightarrow 2 \times V = 10 \times 9.8 \times 1$
    $\Rightarrow V = 49$伏特（V）

24. (1) $W = QV$
    $\Rightarrow 3.2 \times 1.6 \times 10^{-19} = 1.6 \times 10^{-19} \times V_B$
    $\Rightarrow V_B = 3.2 V$
    (2) B點移到A點需作功3.2×10^{-19}焦耳，即 $V_A > V_B$
    (3) $W = QV$
    $\Rightarrow 3.2 \times 10^{-19} = 1.6 \times 10^{-19} \times (V_A - V_B)$
    $\Rightarrow V_A = 5.2 V$
    (4) $V_{AB} = V_A - V_B = 5.2V - 3.2V = 2 V$；相對的$V_{BA} = -2 V$

25. $I = \dfrac{Q}{t}$
    $= \dfrac{(1.25 \times 10^{16} + 1.25 \times 10^{16}) \times 1.6 \times 10^{-19}}{0.001}$
    $= 4A$（電流方向即為電洞移動的方向）

26. $\dfrac{2.88 \times 10^{7}}{3.6 \times 10^{6}} = 8$度電；因此浪費$8 \times 2.5 = 20$元

27. 總度數為$\dfrac{1200}{1000} \times 10 \times 30 = 360$度，
    $88 + (360 - 40) \times 2.5 = 888$元

28. (1) 省電燈泡所需費用：
    $\dfrac{15}{1000} \times 6000 \times 2.6 + 300(元) = 534$元
    (2) 白熾燈泡所需費用：
    $\dfrac{60}{1000} \times 6000 \times 2.6 + 20(元) \times 6(個)$
    $= 1056$元
    (3) 省電燈泡較節省$1056 - 534 = 522$元

29. (1) 工作模式每小時消耗電能：
    $W = V \cdot I \cdot t$
    $= 1.5 \times 19m \times 10(分) \times 60(秒)$
    $= 17.1 J$
    (2) 待機模式每小時消耗電能：
    $W = V \cdot I \cdot t$
    $= 1.5 \times 200\mu \times 50(分) \times 60(秒)$
    $= 0.9 J$
    (3) 可使用小時數：$\dfrac{5400}{17.1 + 0.9} = 300$小時

30. (1) $W = QV = FS$
    $\Rightarrow 1.6 \times 10^{-19} \times 10 = F \times 0.05$
    $\Rightarrow F = 3.2 \times 10^{-17}$ 牛頓
    (2) $W = Pt$
    $1.6 \times 10^{-19} \times 10 = P \times 0.05$
    $\Rightarrow P = 3.2 \times 10^{-17}$ 瓦特

31. $(10mA \times T_{待機} + 200mA \times 10) = 3200 mAh$
    $\Rightarrow T_{待機} = 120$ 小時

32. (1) $\eta\% = \dfrac{P_o}{P_o + P_{loss}} \Rightarrow 80\% = \dfrac{10kW}{10kW + P_{loss}}$
    $\therefore P_{loss} = 2.5\ kW$
    (2) $\dfrac{2.5kW}{1000} \times hr \times 20 \times 4 = 1200$
    $hr = 6$ 小時

33. $\eta\% = \dfrac{W_o}{W_i} \times 100\%$
    $\Rightarrow 80\% = \dfrac{2500}{200 \times I \times 5} \times 100\%$
    $\Rightarrow I = 3.125A$

34. 接地點的位置改變，僅各點電位改變，但是電位差不變
    $V_{ae} = -4V$

模擬演練 P.1-23

1. 馬力為電功率的單位。

2. (C)20公尺相當於20k毫米。

3. 甲燈泡：
   $(\dfrac{25}{1000} \times 10000) \times 2.5 + 400 \times 2 = 1425$元
   乙燈泡：
   $(\dfrac{60}{1000} \times 10000) \times 2.5 + 50 \times 5 = 1750$元
   丙燈泡：
   $(\dfrac{35}{1000} \times 10000) \times 2.5 + 500 = 1375$元

4. (1) 甲和丙串接：
   $\eta_甲 \times \eta_丙 = \dfrac{315}{500} \Rightarrow \eta_甲 \times 0.9 = 0.63$
   $\Rightarrow \eta_甲 = 0.7 = X$
   (2) 乙和丙串接：
   $\eta_乙 \times \eta_丙 = \dfrac{432}{600} \Rightarrow \eta_乙 \times 0.9 = 0.72$
   $\Rightarrow \eta_乙 = 0.8 = Y$

   (3) 甲和乙串接：
   $\eta_甲 \times \eta_乙 = \dfrac{P_o}{P_i} \Rightarrow 0.7 \times 0.8 = \dfrac{448}{P_i}$
   $\Rightarrow P_i = 800W$

5. $I = n \cdot e \cdot v \cdot A$
   $\Rightarrow V = \dfrac{I}{n \cdot e \cdot A}$
   $\Rightarrow V_A : V_B = \dfrac{I}{n \cdot e \cdot 3^2 \cdot \pi} : \dfrac{I}{n \cdot e \cdot 2^2 \cdot \pi}$
   $= \dfrac{1}{9} : \dfrac{1}{4} = 4 : 9$

6. 電流由正端流入因此元件一為電壓降元件（消耗功率），$P = V \times I = 5 \times 4 = 20W$

7. 電流方向標示『－』，表示電流與原方向相反，所以電流由正端流出2A，因此元件一為電壓升元件，提供功率
   $P = V \times I = 4 \times 2 = 8W$

8.
   (A) $4 - V_1 = -15V \Rightarrow V_1 = 19V$
   (B) $30 - V_2 = 0V \Rightarrow V_2 = 30V$
   (C) $V_{ea} = V_e - V_a = 30 - (-15) = 45V$
   (D) $|V_2| - |V_1| = 30 - 19 = 11V$

9. ①電壓降元件有電阻2Ω、8Ω以及電壓源2V 共三個
   ②電流 $I = \dfrac{12 - 2}{2 + 8} = 1A$（順時針）
   ③每分鐘通過a點的電荷數為
   $Q = I \cdot t = 1 \times 60(秒) = 60(庫倫)$
   $= 3.75 \times 10^{20}$ 個電子（逆時針）
   ④電壓源2V消耗的功率
   $P = V \times I = 2 \times 1 = 2W$（瓦特），
   共 $\dfrac{2}{1000} \times 1 = 0.002$度電

10.

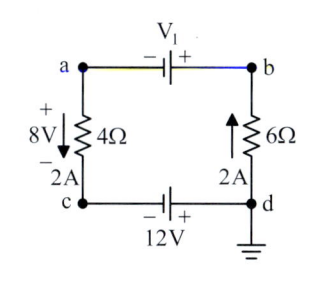

①電位d點為0V，因此電流由高電位d流向低電位b，$I = \dfrac{12}{6} = 2A$（逆時針）

②$V_c = -12V$，$V_a = -12V + 8V = -4V$

③$V_{ab} = V_a - V_b = -4V - (-12V) = 8V$

④電壓源$V_1 = -V_{ab} = -8V$

情境素養題　P.1-25

1. LED燈泡較白熾燈泡每1000小時，所節省的電費為 $\dfrac{50-20}{1000} \times 1000 \times 3 = 90$元

2. LED燈泡較白熾燈泡每1000小時的購置成本考慮下粗估回本的時間約略 $\dfrac{300-40}{90} \cong 2.88$ 千小時，因此假設燈泡使用t小時，且2000小時 $\leq t \leq 3000$ 小時，因此列方程式如下（含購置成本）：

   $(\dfrac{20}{1000} \times t \times 3 + 300 \times 1) \leq (\dfrac{50}{1000} \times t \times 3 + 40 \times 3)$

   $t \geq 2000$ 小時，因此在第2001小時起LED燈泡較白熾燈泡省錢（此時白熾燈總費用為420.15元，LED燈泡總費用為420.06元）

3. 在第2001小時起LED燈泡較白熾燈泡省錢，此時白熾燈泡已經用到第3顆燈泡。

4. $\dfrac{264 \times 3}{12} = 66$元

Chapter 2 電阻

2-1 學生做　P.2-3

1. 8×10^{-6} 平方公尺 $= 8 \times 10^{-2}$ 平方公分
   $R = \rho \dfrac{\ell}{A} = 0.025 \times \dfrac{60}{8 \times 10^{-2}} = 18.75\Omega$

2. $90 \times N^2 = 270 \Rightarrow N = \sqrt{3}$ 倍

3. $\rho \dfrac{500}{3 \times 3 \times \pi} : \rho \dfrac{300}{2 \times 2 \times \pi} = 60 : R \Rightarrow R = 81\Omega$

4. $G = \dfrac{1}{R} = \dfrac{1}{0.25} = 4S$

5. $G = \sigma \dfrac{A}{\ell} = 5 \times 10^2 \times \dfrac{0.4}{0.2 \times 10^2} = 10\mho$

6. $\dfrac{6.301 \times 10^7}{5.96 \times 10^7} \times 100\% \cong 105\%$

2-1 立即練習　P.2-4

1. $150 : R_B = \rho \dfrac{3}{1 \times 1 \times \pi} : \rho \dfrac{1}{2 \times 2 \times \pi}$
   $\Rightarrow 150 : R_B = 3 : \dfrac{1}{4} \Rightarrow R_B = 12.5\Omega$

2. $R_A : R_B = \rho \dfrac{300}{2} : \rho \dfrac{500}{5}$
   $\Rightarrow R_A : R_B = 3 : 2$

3. 電阻增加4倍，則導線需拉長2倍，因此需拉長至40cm。

4. 密度 $= \dfrac{\text{質量}}{\text{體積}} \Rightarrow$ 等重量且同材質表示體積相同；$\rho \dfrac{2L}{\frac{1}{2}A} : \rho \dfrac{3L}{\frac{1}{3}A} = 4 : 9$

5. $G = 10\mho$，$R = \dfrac{1}{G} = \dfrac{1}{10} = 0.1\Omega$，
   均勻拉長 $\sqrt{5}$ 倍
   電阻變為 $0.1 \times (\sqrt{5})^2 = 0.5\Omega$

6. $100\Omega \times (\dfrac{25}{10})^2 = 625\Omega$

2-2 學生做　P.2-5

1. 0.004 吋 $= 4$ 密爾
   $A = D^2 = 4^2 = 16$ 圓密爾

2. $\sqrt{900} = 30$ 密爾（mil）
   $30 \times \dfrac{1}{1000} = 0.03$ 吋（in）

2-2 立即練習　P.2-6

2. $40 \times \dfrac{\pi}{4} = 10\pi$（平方密爾）

3. $R = \rho \dfrac{\ell}{A} = 0.02 \times \dfrac{5}{0.1} = 1\Omega$

2-3 學生做　P.2-8

1. 絕緣體為負電阻溫度係數。

2. 運用直線兩點式（斜率相同）
   $m = \dfrac{8-12}{20-10} = \dfrac{R-8}{30-20} \Rightarrow R = 4\Omega$

3. $\alpha_{40} = -\dfrac{1}{T_0 - 40} = -\dfrac{1}{80-40} = -\dfrac{1}{40}$

4. $\dfrac{12}{10} = \dfrac{80-T}{80-70} \Rightarrow T = 68°C$

2-3 立即練習　P.2-9

2. $\alpha_{25°C} = 0.005 = \dfrac{1}{|T_0| + 25}$
   $\Rightarrow |T_0| = 175°C \Rightarrow T_0 = -175°C$

3. $\alpha_{25°C} = \dfrac{\Delta R}{\Delta T} \times \dfrac{1}{R_1} = \dfrac{0.45 - 0.4}{75 - 25} \times \dfrac{1}{0.4}$
   $= 0.0025$

4. $\dfrac{98}{90} = \dfrac{234.5 + T}{234.5 + 35.5} \Rightarrow T = 59.5°C$
   $\Rightarrow 59.5 - 35.5 = 24$

5. $\alpha_{20} = \dfrac{\Delta R}{\Delta T} \cdot \dfrac{1}{R_1} = \dfrac{12-15}{50-20} \times \dfrac{1}{15} = -\dfrac{1}{150}$

2-4 學生做　P.2-11

1. $10 \times 10^{-1} \pm 10\% = 1\Omega \pm 10\%$

2. $31 \times 10^0 \pm 5\% = 31\Omega \pm 5\%$
   $R_{min} = 31 \times (1 - 5\%) = 29.45\Omega$

3. $R = \dfrac{V}{I} = \dfrac{36 \pm 4.5\%}{4 \pm 1.5\%} \cong 9\Omega \pm 6\%$

4. $P = \dfrac{V^2}{R} = \dfrac{(10 \pm 2\%)^2}{1 \pm 5\%} \cong 100W \pm 9\%$

2-4 立即練習　P.2-12

1. $R = 20 \times 10^{-1} \pm 20\% = 2\Omega \pm 20\%$；
   $1.6\Omega \leq R \leq 2.4\Omega$；
   $\dfrac{3}{2.4} \leq I \leq \dfrac{3}{1.6} \Rightarrow 1.25A \leq I \leq 1.875A$

2. $R = 30 \times 10^{-1} \pm 20\% = 3\Omega \pm 20\%$；
   $R_{min} = 3 \times (1 - 20\%) = 2.4\Omega$；
   $P_{max} = \dfrac{V^2}{R_{min}} = \dfrac{1.2^2}{2.4} = 0.6W$

3. $P = \dfrac{V^2}{R} \Rightarrow 100 = \dfrac{110^2}{R} \Rightarrow R = 121\Omega$

4. $P = I^2 R$
   $\Rightarrow I = \sqrt{\dfrac{0.2}{1000}} = \dfrac{\sqrt{2}}{100} = 14.14mA$

5. $P = \dfrac{V^2}{R} \Rightarrow R = \dfrac{220^2}{4000} = 12.1\Omega$，
   減去 $\dfrac{1}{5}$ 電阻為 9.68Ω，
   $P = \dfrac{V^2}{R} = \dfrac{110^2}{9.68} = 1250W$

2-5 學生做　P.2-13

1. $H = m \cdot s \cdot \Delta T$
   $= 1000 \times 1 \times (60 - 25) = 35000$ 卡

2. $H = 0.24 \cdot \dfrac{V^2}{R} \cdot t$
   $= 0.24 \times \dfrac{10^2}{8} \times 2 \times 60 = 360$ 卡

3. $H = 0.24P \cdot t = m \cdot s \cdot \Delta T$
   $0.24 \times 2000 \times 0.8 \times t = 960 \times 1 \times (60 - 25)$
   $t = 87.5$ 秒

2-5 立即練習　P.2-14

1. $H = 0.24P \cdot t = m \cdot s \cdot \Delta T$
   $\Rightarrow 0.24 \cdot \dfrac{200^2}{R} \cdot 20(\text{分}) \cdot 60(\text{秒})$
   $= 2400(\text{公克}) \times 1 \times (70 - 20)$
   $\Rightarrow R = 96\Omega$

2. $0.24 \cdot P \cdot 30(\text{分}) \cdot 60(\text{秒}) \times 0.85$
   $= 54000(\text{公克}) \times 1 \times (49 - 15)$
   $\Rightarrow P = 5000W$

4. **解一** 1度電等於 3.6×10^6 焦耳（J）；
   且 1BTU 等於 1055 焦耳，
   因此 $\dfrac{3.6 \times 10^6}{1055} \cong 3412$ BTU。

   解二 1度電 $= 3.6 \times 10^6$ 焦耳
   $= 0.24 \times 3.6 \times 10^6$ 卡
   $= 0.24 \times 3.6 \times 10^6 \times \dfrac{1}{252}$ BTU
   $\cong 3429$ BTU

綜合練習　P.2-15

1. $R = \rho \dfrac{\ell}{A}$
   $= 1.68 \times 10^{-7} \Omega \cdot m \times \dfrac{10000m}{6 \times 10^{-6} m^2}$
   $= 280\Omega$

6. $R = 2.5 \times 1.2^2 = 3.6\Omega$

7. $R_a : R_b = \rho \dfrac{\ell}{A} : \rho \dfrac{\ell}{A}$
   $\Rightarrow R_a : R_b = \rho \dfrac{4}{2} : \rho \dfrac{1}{1} = 2 : 1$

8. 原電阻為 $\dfrac{100}{16} = 6.25\Omega$，
   拉長兩倍後電阻變為 $6.25 \times 2^2 = 25\Omega$，
   $I = \dfrac{100}{25} = 4A$

9. $9 = 1 \times n^2 \Rightarrow n = 3$
   因此長度需拉長至 300 公尺

10. $T_0 = -\dfrac{1}{0.002} = -500°C$；
    斜率 $m = \dfrac{20}{500} = \dfrac{R}{500 + 80} \Rightarrow R = 23.2\Omega$

14. $40 \times 10^{-1} \pm 20\% = 4\Omega \pm 20\%$

15. $P = \dfrac{V^2}{R} \Rightarrow 0.5 = \dfrac{2^2}{R} \Rightarrow R = 8\Omega$（灰黑金金）

16. $m = \dfrac{\Delta y}{\Delta x} = \dfrac{\Delta I}{\Delta V} = \dfrac{1}{R} = G$（電導）

17. $P = \dfrac{V^2}{R} \Rightarrow 1200 = \dfrac{200^2}{R} \Rightarrow R = \dfrac{100}{3}\Omega$

    $R = \rho\dfrac{\ell}{A} \Rightarrow$ 減去2/5後電阻變為20Ω（$R \propto \ell$）

    $P = \dfrac{V^2}{R} = \dfrac{80^2}{20} = 320W$

18. $P = V \times I \Rightarrow 60 = 110 \times I \Rightarrow I \cong 545mA$

20. $60k\Omega // 30k\Omega = 20k\Omega$，
    相當於色碼為紅黑橙金。

21. $R = \dfrac{V}{I} = \dfrac{1.5}{0.15} = 10\Omega$，
    因此電阻的色環可能為棕黑黑銀。

22. $H = 0.24P \cdot t = m \cdot s \cdot \Delta T$
    $\Rightarrow 0.24 \cdot 2.5^2 \cdot 100 \cdot 10(分) \cdot 60(秒)$
    $= m \times 1 \times (85 - 35)$
    $\Rightarrow m = 1800(公克)$

23. $H = m \cdot s \cdot \Delta T = 0.24 \cdot P \cdot t$
    $\Rightarrow 10 \times 1000(克) \times 1 \times \Delta T$
    $= 0.24 \times 1000(瓦) \times 10(分) \times 60(秒)$
    $\Rightarrow \Delta T = 14.4°C$

24. (1) $m \times s \times \Delta T = 0.24Pt$
    $\Rightarrow 10000 \times 1 \times \Delta T = 0.24 \times 100 \times 10 \times 60 \times 60$
    $\Rightarrow \Delta T = 86.4°C$
    水溫變為96.4°C

    (2) $\dfrac{100 \times 10}{1000} \times 1 = 1\ kWH$（1度電）

25. 線徑縮短為$\dfrac{1}{N}$，則電阻變為N^4倍，
    因此$N^4 = 4 \Rightarrow N = \sqrt{2}$倍，所以為$\sqrt{2}$cm。

26. (1) 拉長2倍電阻變為4R，切成等長兩段，
    並予以並聯$(2R // 2R) = R$。

    (2) 因此$R : Q = 1 : 1$。

27. $\sigma = 43.1\% = \dfrac{1.724 \times 10^{-8}}{\rho}$
    $\Rightarrow \rho = 4 \times 10^{-8}\Omega \cdot m$
    $R = \rho\dfrac{\ell}{A} = 4 \times 10^{-8} \times \dfrac{10}{10^{-3} \times 10^{-3}} = 0.4\Omega$
    $P = I^2R = 5^2 \times 0.4 = 10W$

28. 如下圖所示，6Ω的線路壓降佔總電源6%，
    將線徑由1.6mm替換成2.0mm

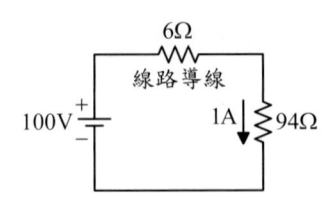

    $R = \rho\dfrac{\ell}{A}$
    $\Rightarrow 6 : R = \rho\dfrac{\ell}{0.8 \times 0.8 \times \pi} : \rho\dfrac{\ell}{1 \times 1 \times \pi}$
    $\Rightarrow R = 3.84\Omega$

    線路壓降$V = \dfrac{100}{3.84 + 94} \times 3.84 \cong 3.92V$；

    因此線路壓降百分比 $= \dfrac{3.92}{100} \times 100\% = 3.92\%$

29. 斜率相同$m = \alpha_{35°C}R_{35°C} = \alpha_{65°C}R_{65°C}$
    $\Rightarrow -0.025 \times 10 = -0.1 \times R_{65°C}$
    $\Rightarrow R_{65°C} = 2.5\Omega$

    或 $R_2 = R_1 \cdot [1 + \alpha_1 \cdot (T_2 - T_1)]$
    $= 10 \times [1 - 0.025 \times (65 - 35)] = 2.5\Omega$

30. (A) $R = \rho\dfrac{\ell}{A} = \rho \times \dfrac{\ell}{(\dfrac{D}{2})^2 \times \pi \times 10^{-6}}$
    $= \dfrac{4\rho\ell}{\pi D^2} M\Omega$

    (B) 減去四分之一，電阻剩下四分之三，
    所以$\dfrac{3}{4}R = \dfrac{3\rho\ell}{\pi D^2} M\Omega$

    (C) 若導線被均勻拉長為原來N倍，
    電阻為原來的N^2倍，即$\dfrac{N^2 \times 4\rho\ell}{\pi D^2} M\Omega$

    (D) 溫度由t_1增加到t_2，
    則$\dfrac{4\rho\ell}{\pi D^2} : R' = (234.5 + t_1) : (234.5 + t_2)$
    $\Rightarrow R' = \dfrac{4\rho\ell}{\pi D^2} \times \dfrac{(234.5 + t_2)}{(234.5 + t_1)}$
    $= \dfrac{4\rho\ell}{\pi D^2} \times \dfrac{(1 + \dfrac{t_2}{234.5})}{(1 + \dfrac{t_1}{234.5})} M\Omega$

31. $P = \dfrac{V^2}{R} \Rightarrow R = \dfrac{V^2}{P} = \dfrac{200^2}{2000} = 20\Omega$；

$P = \dfrac{V^2}{R} = \dfrac{50^2}{\dfrac{20}{3} // \dfrac{20}{3} // \dfrac{20}{3}} = \dfrac{50^2}{\dfrac{20}{9}} = 1125W$

32. 吸熱＝散熱（熱平衡）；
$2000 \times 1 \times \Delta T = 5000 \times 0.1 \times (65 - 25)$
$\Rightarrow \Delta T = 10°C$

33. $0.24 \times \dfrac{220^2}{110} \times t - 0.6t = 200 \times 1 \times (100 - 47.5)$
$\Rightarrow t = 100$秒

34. $\alpha_{30°C} = m \times \dfrac{1}{R_{30°C}}$
$= \dfrac{6\Omega - 3\Omega}{150°C - 30°C} \times \dfrac{1}{3\Omega} = (\dfrac{1}{120})°C^{-1}$

35. (1) $P = \dfrac{V^2}{R} \Rightarrow R = \dfrac{120^2}{600} = 24\Omega$

    (2) 剩下$\dfrac{2}{3}$的電阻為$24 \times \dfrac{2}{3} = 16\Omega$

    (3) 電阻$P = \dfrac{V^2}{R} = \dfrac{48^2}{16} = 144W$

36. (1) 色碼電阻為$110 \times 10^3 \pm 0.5\% \approx 110k\Omega$

    (2) 安培計Ⓐ的讀值約為
    $I_C = \dfrac{110V}{110k\Omega} = 1mA$

模擬演練 P.2-19

1. 因為$a > b > c$，所以假設$a = 3$，$b = 2$，$c = 1$；
$R_A = \rho\dfrac{\ell}{A} = \rho\dfrac{b}{a \times c} = \rho\dfrac{2}{3 \times 1} = \dfrac{2}{3}\rho$；
$R_B = \rho\dfrac{\ell}{A} = \rho\dfrac{a}{b \times c} = \rho\dfrac{3}{2 \times 1} = \dfrac{3}{2}\rho$
可知$R_B > R_A \Rightarrow$ 相同電壓下$I_B < I_A$

2. $R_甲 : R_乙 = \rho\dfrac{\ell_甲}{A_甲} : \rho\dfrac{\ell_乙}{A_乙}$
$= \rho\dfrac{750}{2 \times 2 \times \pi} : \rho\dfrac{450}{1 \times 1 \times \pi} = 5 : 12$
導線為正電阻溫度係數，溫度愈高電阻愈大，$R_乙 > R_甲$。

3. $Q = I \cdot t$
$\Rightarrow 6.25 \times 10^{18} \times 1.6 \times 10^{-19} = I \times 2 \times 60$
$\Rightarrow I = \dfrac{1}{120}A$
兩導體電流相同。

4. $R_A = \dfrac{100^2}{100} = 100\Omega$；
$R_B = \dfrac{200^2}{250} = 160\Omega$；
$\because R \propto \ell \Rightarrow 100 : 160 = 2 : \ell \Rightarrow \ell = 3.2cm$

5. $P = I_A^2 R_A \Rightarrow 0.6 = 15^2 R_A \Rightarrow R_A = \dfrac{1}{375}\Omega$
$P = I_B^2 R_B \Rightarrow 0.6 = 9^2 R_B \Rightarrow R_B = \dfrac{1}{135}\Omega$
$\dfrac{1}{375} : \dfrac{1}{135} = \rho\dfrac{\ell}{1 \times 1 \times \pi} : \rho\dfrac{\ell}{r \times r \times \pi}$
$\Rightarrow r(半徑) = 0.6mm \Rightarrow D(線徑) = 1.2mm$

7. ① $\dfrac{2.2}{2} = \dfrac{40 + |T_0|}{20 + |T_0|} \Rightarrow T_0 = -180°C = 93K$

   ② 直線的斜率恆定
   $\dfrac{\Delta y}{\Delta x} = \dfrac{2.2 - 2}{40 - 20} = \dfrac{R_{0°C}}{180} \Rightarrow R_{0°C} = 1.8\Omega$

   ③ 直線的斜截式方程式
   $y = m \cdot X + b = R = \dfrac{2.2 - 2}{40 - 20} \times T + 1.8$
   $\Rightarrow R = 0.01T + 1.8$

   ④ 華氏溫度$176°F = 80°C$；
   $\alpha_{80°C} = \dfrac{1}{|T_0| + 80} = \dfrac{1}{180 + 80}$
   $= \dfrac{1}{260}$（1/°C）

8. ① $\dfrac{5.4}{4.8} = \dfrac{T_0 - 30}{T_0 - 80} \Rightarrow T_0 = 480°C$

   ② 直線的斜率恆定
   $\dfrac{\Delta y}{\Delta x} = \dfrac{4.8 - 5.4}{80 - 30} = \dfrac{0 - R_{0°C}}{480}$
   $\Rightarrow R_{0°C} = 5.76\Omega$

   ③ 直線的斜截式方程式
   $y = m \cdot X + b = R = \dfrac{4.8 - 5.4}{80 - 30} \times T + 5.76$
   $\Rightarrow R = -0.012T + 5.76$

④ $\alpha_{10°C} = -\dfrac{1}{T_0 - 10} = -\dfrac{1}{480 - 10}$

$= -\dfrac{1}{470}$（1/°C）

9. $P = \dfrac{V^2}{R} \Rightarrow 200 = \dfrac{200^2}{R} \Rightarrow R = 200\Omega$

$R_2 = R_1 \cdot [1 + \alpha_1 \cdot (T_2 - T_1)]$

$\Rightarrow 200 = 12.5 \times [1 + 6 \times 10^{-3} \times (T_2 - 0)]$

$\Rightarrow T_2 = 2500°C$

10. $R = 10 \pm 20\% = 8\Omega \sim 12\Omega$，

$I_{min} = \dfrac{2.4}{12} = 200mA$

$I_{max} = \dfrac{2.4}{8} = 300mA$

情境素養題 P.1-21

1. 電阻係數愈小，電阻愈小，則燈泡愈亮。

2. 電阻係數愈大，電阻愈大，則燈泡愈暗。

3. $Q = It$，串聯電路的電流皆相同，所以電荷量相同。

Chapter 3 串並聯電路

3-1 學生做 P.3-3

1. (1) 總電阻 $R_T = 2 + 4 + 3 = 9\Omega$

    (2) 總電流 $I_T = \dfrac{E}{R_T} = \dfrac{18}{9} = 2A$

    (3) $\begin{cases} V_1 = -2 \times 4 = -8V（和原極性標示相反）\\ V_2 = 2 \times 3 = 6V \end{cases}$

    (4) 電阻 2Ω 消耗 $P_{2\Omega} = I_T^2 R = 2^2 \times 2 = 8W$

2.

    (1) 總電流 $I_T = -\dfrac{8}{4} = -2A$（與標示相反）

    (2) 總電阻 $R_T = \dfrac{V_T}{I_T} = \dfrac{30}{2} = 15\Omega$

    (3) 電阻 $R = 15 - 1 - 7 - 4 = 3\Omega$

    (4) $\begin{cases} 電位 V_b = -16V \\ 電位差 V_{ad} = V_a - V_d = -2 - 8 = -10V \end{cases}$

3. A 燈泡的內阻 $R = \dfrac{V^2}{P} = \dfrac{110^2}{100} = 121\Omega$

    B 燈泡的內阻 $R = \dfrac{V^2}{P} = \dfrac{110^2}{40} = 302.5\Omega$

    $I = \dfrac{220}{121 + 302.5} \cong 0.52A$

    $P_B = I^2 R = 0.52^2 \times 302.5 = 81.8W$（燒毀）

    P_A（不亮，電路開路）

4. $I = \dfrac{50}{200k\Omega} = 0.25mA$

    $I = \dfrac{90}{450k\Omega} = 0.2mA$

    以最小額定電流的伏特計為基準，因此

    $V = 0.2mA \times (200k\Omega + 450k\Omega) = 130V$

5. $P = I^2 R \Rightarrow I^2 = \dfrac{9}{75k} = 0.12m$

    $P = I^2 R \Rightarrow I^2 = \dfrac{2}{25k} = 0.08m$（以此為主）

    $P = I^2 R \Rightarrow P = 0.08m(A)^2 \times 100k\Omega = 8W$

    規格為 100kΩ / 8W

6. 電壓錶內阻為 $20k\Omega / V \times 10V = 200k\Omega$

    電流 $I = \dfrac{120}{400k + (200k // 200k)} = 0.24mA$

    電壓錶讀值 $V = 0.24m \times (200k // 200k) = 24V$

7. $R = \left(\dfrac{V}{V_F} - 1\right) \times r = \left(\dfrac{1000}{250} - 1\right) \times 25k\Omega$

    $= 75k\Omega$

8. $V = \left(\dfrac{R}{r} + 1\right) \times V_F = \left(\dfrac{75k\Omega}{15k\Omega} + 1\right) \times 60V$

    $= 360V$

3-1 立即練習 P.3-6

1. (1) $I = \dfrac{18}{9} = 2A$

    (2) $E = I \cdot R = 2 \times (1 + 3 + 4 + 9) = 34V$

2. 串聯電流相同

    (1) $P = I^2 R \Rightarrow 27 = I^2 \times 3 \Rightarrow I = 3A$

    (2) $E = I \cdot R = 3 \times (1 + 4 + 2 + 3 + 5) = 45V$

3. $I = \dfrac{11}{1+2+3+5} = 1A$，

    $V_A = \begin{cases} (1) 逆時針：0V - 3V - 2V + 11V = 6V \\ (2) 順時針：5V + 1V = 6V \end{cases}$

5. $P = I^2 R$

    $\Rightarrow I^2 = \dfrac{P}{R} \begin{cases} (1)\ 2\Omega / 5W \Rightarrow I^2 = 2.5 \\ (2)\ 2\Omega / 3W \Rightarrow I^2 = 1.5 \\ (3)\ 2\Omega / 6W \Rightarrow I^2 = 3.0 \end{cases}$

    $\Rightarrow V = I \cdot R = \sqrt{1.5} \times (2+2+2) = 3\sqrt{6}V$

6. 串聯電路根據分壓定則，可得知電阻比相當於電壓比，因此 $4 : 7 = 10 : V_{R_2} \Rightarrow V_{R_2} = 17.5V$

7. 串聯電路中的電阻比相當於分壓比，

    $R_1 : R_2 = V_{R_1} : V_{R_2}$

    $\Rightarrow 1 : 4 = 10 : V_{R_2} \Rightarrow V_{R_2} = 40V$

    $P = \dfrac{V^2}{R} \Rightarrow 25 = \dfrac{40^2}{R_2} \Rightarrow R_2 = 64\Omega$

8. 串聯電路中的電阻比相當於分壓比，

    $R_1 : R_2 = V_{R_1} : V_{R_2}$

    $\Rightarrow 3 : 2 = 15 : V_{R_2} \Rightarrow V_{R_2} = 10V$

    $P = V \cdot I \Rightarrow 30 = 10 \times I \Rightarrow I = 3A$

    $R_1 = \dfrac{V_{R_1}}{I} = \dfrac{15}{3} = 5\Omega$

9. 電位差與參考電位無關,而右邊迴路的電流為2A,因此 $E_{ab} = 2 \times (4+5) = 18V$。

10. $P = I^2 R \Rightarrow 200 = I^2 \times 8 \Rightarrow I = 5A$,

    因 $R_1 : R_2 : R_3 : R_4 = 1 : 2 : 3 : 4$,

    且最大電阻為8Ω,

    因此總電阻 $R_T = (2+4+6+8) = 20Ω$,

    故電源電壓 $V_S = 5 \times 20 = 100V$

3-2 學生做

1.

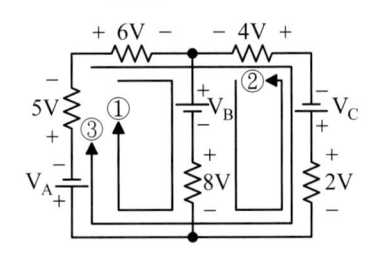

    (1) 迴路①:∑電壓升 = ∑電壓降

    $0 = 6 + V_B + 8 + V_A + 5$

    $\Rightarrow V_A + V_B = -19V$

    (2) 迴路②:∑電壓升 = ∑電壓降

    $2 = V_C + 4 + V_B + 8$

    $\Rightarrow V_B + V_C = -10V$

    (3) 迴路③:∑電壓升 = ∑電壓降

    $4 + V_C = 2 + V_A + 5 + 6$

    $\Rightarrow V_A - V_C = -9V$

    可得:$V_A = -11V$;$V_B = -8V$;$V_C = -2V$

2.

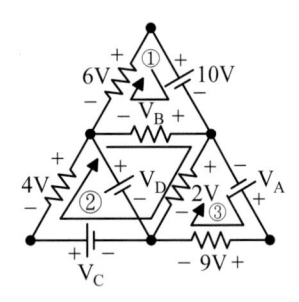

    (1) 迴路①:∑電壓升 = ∑電壓降

    $6 = 10 + V_B \Rightarrow V_B = -4V$

    (2) 迴路②:∑電壓升 = ∑電壓降

    $V_C + 4 = 4 + 2 \Rightarrow V_C = 2V$

    (3) 迴路③:∑電壓升 = ∑電壓降

    $V_A + 2 = 9 \Rightarrow V_A = 7V$

    (4) $V_D = 4 + V_C = 4 + 2 = 6V$

3-2 立即練習

1. ∑電壓升 = ∑電壓降,順時針假設

   $3 \times (I-1) + 1 \times (4-I) = 2 \times (2-I)$

   $\Rightarrow I = 0.75A$

2. (1) 右邊迴路假設電流為順時針方向:

      ∑電壓升 = ∑電壓降

      $V_A + 4 = 3 + 6 + 1 \Rightarrow V_A = 6V$

   (2) 左邊迴路假設電流為順時針方向:

      ∑電壓升 = ∑電壓降

      $20 + 1 = 5 + 6 (V_A) + V_B \Rightarrow V_B = 10V$

3-3 學生做

1. $R_T = 24 // 8 = \dfrac{24 \times 8}{24 + 8} = 6Ω$

2. **解一** $R_T = \dfrac{1}{\dfrac{1}{72} + \dfrac{1}{54} + \dfrac{1}{27} + \dfrac{1}{24}} = 9Ω$

   解二 最小公倍數$[72, 54, 27, 24] = 216$

   $R_T = \dfrac{216}{\dfrac{216}{72} + \dfrac{216}{54} + \dfrac{216}{27} + \dfrac{216}{24}} = 9Ω$

3. 運用分流定則

   電流 $\begin{cases} I_1 = 21 \times \dfrac{30 // 10}{15 + 30 // 10} = 7A \\ I_2 = 21 \times \dfrac{15 // 10}{30 + 15 // 10} = 3.5A \\ I_3 = 21 \times \dfrac{15 // 30}{10 + 15 // 30} = 10.5A \end{cases}$

4. (1) 總電阻 $R_T = \dfrac{54}{1+6+2} = 6Ω$

   (2) 總電流 $I_T = \dfrac{E}{R_T} = \dfrac{54}{6} = 9A$

   (3) 電流 $\begin{cases} I_1 = \dfrac{E}{R_1} = \dfrac{54}{54} = 1A \\ I_2 = \dfrac{E}{R_2} = \dfrac{54}{9} = 6A \Rightarrow 和為9A \\ I_3 = \dfrac{E}{R_3} = \dfrac{54}{27} = 2A \end{cases}$

   (4) 電源提供功率 $P = E \cdot I_T = 54 \times 9 = 486W$

   (5) 總消耗功率 $P_{loss} = 9^2 \times 6 = 486W$

5. $P = \dfrac{V^2}{R} \Rightarrow 30 = \dfrac{V^2}{15} \Rightarrow V^2 = 450$（以此為主）

   $P = \dfrac{V^2}{R} \Rightarrow 40 = \dfrac{V^2}{30} \Rightarrow V^2 = 1200$

   $P_T = \dfrac{V^2}{R_T} = \dfrac{450}{15 // 30} = 45W$

   相當於規格$10\Omega / 45W$

6. $I = I_F \times (1 + \dfrac{r}{R}) = 50mA \times (1 + \dfrac{20}{0.5})$
   $= 2050mA$

7. $R = (\dfrac{I_F}{I - I_F}) \times r = (\dfrac{40mA}{160mA - 40mA}) \times 0.9$
   $= 0.3\Omega$

8. 先計算兩電錶之額定電壓值
   $V_1 = I_1 \times R_1 = 3 \times 50 = 150V$（以此為主）
   $V_2 = I_2 \times R_2 = 4 \times 40 = 160V$
   $\therefore I = \dfrac{V}{R} = \dfrac{V}{R_1 // R_2} = \dfrac{150}{50 // 40} = 6.75A$

3-3立即練習 P.3-13

3. $R_T = 54 // 54 // 27 = 13.5\Omega$

9. 該電路為並聯結構：
   $R_{ab} = 6 // 6 // 12 // 12 = 2\Omega$

3-4學生做 P.3-15

1. $\sum$流入 = $\sum$流出（同一節點）
   $4 + 2 + I = 3 \Rightarrow I = -3A$（與標示相反）

2. $\sum$流入 = $\sum$流出（同一網目）
   $I + 4 = 2 + 3 \Rightarrow I = 1A$

3. $\sum$流入 = $\sum$流出
   $\dfrac{10}{2} + \dfrac{8}{8} + \dfrac{6}{6} = \dfrac{6}{2} + I \Rightarrow I = 4A$

4. 無中生有法（電流錶為電壓降元件）

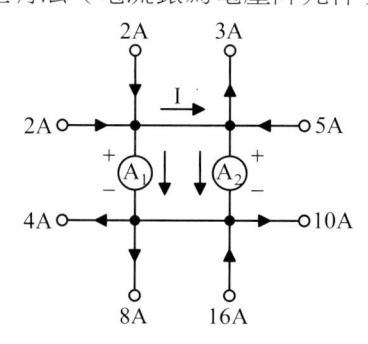

(1) 假設電流向右I，則電流錶$A_1 = 4 - I$
    電流錶$A_2 = I + 2$

(2) $A_1 + A_2 = (4 - I) + (I + 2) = 6A$

3-5學生做 P.3-17

1. (1) 總電阻$R_T = \begin{cases} (6 // 18) + (2 // 6) = 6\Omega \\ (6 + 2) // (18 + 6) = 6\Omega \end{cases}$

   (2) 總電流$I_T = \dfrac{E}{R_T} = \dfrac{18}{6} = 3A$

   (3) 電流$I = 3 \times \dfrac{6}{6 + 18} = 0.75A$（分流定則）

2. 電路重整如下

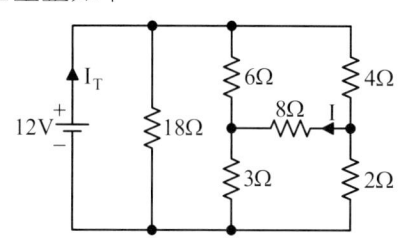

   (1) 總電阻$R_T = \begin{cases} 18 // [(6 // 4) + (3 // 2)] = 3\Omega \\ 18 // [(6 + 3) // (4 + 2)] = 3\Omega \end{cases}$

   (2) 總電流$I_T = \dfrac{E}{R_T} = \dfrac{12}{3} = 4A$

   (3) 電流$I = 0A$

3. $3k\Omega \times R_X = 6k\Omega \times 4k\Omega$
   $R_X = 8k\Omega$

3-5立即練習 P.3-19

2. 此電路為惠斯登電橋$4 \times 4 = 2 \times 8$
   $\Rightarrow$ 電阻3Ω可移除
   $I = \dfrac{18}{(2 + 4) // (4 + 8) + 2} \times \dfrac{6}{6 + 12} = 1A$

3-6學生做 P.3-21

1. $\begin{cases} R_1 = \dfrac{24 \times 18 + 18 \times 6 + 6 \times 24}{6} = 114\Omega \\ R_2 = \dfrac{24 \times 18 + 18 \times 6 + 6 \times 24}{18} = 38\Omega \\ R_3 = \dfrac{24 \times 18 + 18 \times 6 + 6 \times 24}{24} = 28.5\Omega \end{cases}$

2. $\begin{cases} R_1 = \dfrac{20 \times 50}{20 + 50 + 30} = 10\Omega \\ R_2 = \dfrac{50 \times 30}{20 + 50 + 30} = 15\Omega \\ R_3 = \dfrac{20 \times 30}{20 + 50 + 30} = 6\Omega \end{cases}$

3.

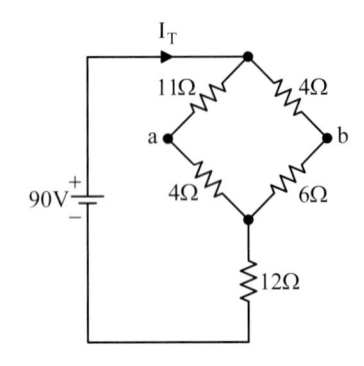

(1) 總電阻 $R_T = (11+4)//(4+6) + 12 = 18\Omega$

(2) 總電流 $I_T = \dfrac{V_T}{R_T} = \dfrac{90}{18} = 5A$

(3) $V_a = V - I_{11\Omega} \times 11\Omega = 90 - 2 \times 11 = 68V$
$V_b = V - I_{4\Omega} \times 4\Omega = 90 - 3 \times 4 = 78V$
$I_1 = \dfrac{V_T - V_b}{4\Omega} = \dfrac{90 - 78}{4} = 3A$
$I_2 = \dfrac{V_a - V_b}{12\Omega} = \dfrac{68 - 78}{12} = -\dfrac{5}{6}A$
$I_3 = \dfrac{V_a}{24\Omega} = \dfrac{68}{24} = \dfrac{17}{6}A$

3-6 立即練習 P.3-23

2. $R_T = [(36//18) + (9//18)]//(18//18) = 6\Omega$
$I_T = \dfrac{12}{6} = 2A$

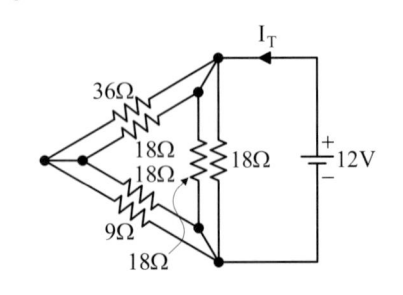

3-7 學生做 P.3-25

1. 將電路簡化如下

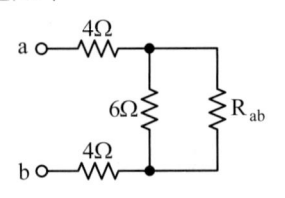

$R_{ab} = 8 + (6 // R_{ab})$
$R_{ab}^2 - 8R_{ab} - 48 = 0 \Rightarrow (R_{ab} + 4)(R_{ab} - 12) = 0$
$R_{ab} = -4\Omega$（不合）或 12Ω；因此 $R_{ab} = 12\Omega$

2. $R_{ab} = \dfrac{1}{\dfrac{1}{5} + \dfrac{1}{25} + \dfrac{1}{125} + \cdots + \dfrac{1}{5^n}} = \dfrac{1}{\dfrac{1}{4}} = 4\Omega$

（分母的和運用無窮等比級數和的公式）

3. 中垂線上的接點沿著線上分離（開路）

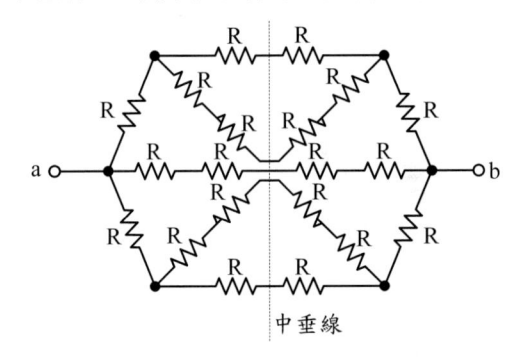

$R_{ab} = [(34//68 + 34)/2]//68 = 20\Omega$

4. 水平線

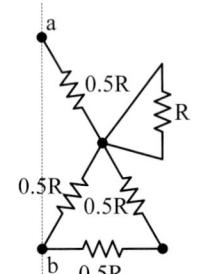

$R_{ab} = (6//3) + 3 = 5\Omega$

綜合練習 P.3-28

3. $P = \dfrac{V^2}{R} \Rightarrow P \propto V^2$；
因內阻相同所以分壓後電壓減半，
$P = 200 \times (\dfrac{1}{2})^2 = 50W$

4. (1) 負載開路時的端電壓為電源電壓，因此電源電壓為24V。

(2) $24 - \dfrac{21.6}{18} \cdot r = 21.6$，$r = 2\Omega$

6.

(1) 總電流 $I = \dfrac{40+25-15}{2+7+4+5+3+4} = 2A$

(2) 電阻5Ω消耗 $P = I^2R = 2^2 \times 5 = 20W$

(3) $V_{ae} = V_a - V_e = 7 - 0 = 7V$
（任意假設接地點結果相同）

(4) $V_{db} = V_d - V_b = 18 - (-21) = 39V$
（任意假設接地點結果相同）

7. $100V \pm (150V \times 1\%) = 100V \pm 1.5V$

8. $I = \dfrac{V}{R}$

$\Rightarrow I = \dfrac{1.3+3.3+2.9+2.5}{0.3+0.2+0.35+0.15+3} = \dfrac{10}{4} = 2.5A$

10. $R = \dfrac{V}{I} \Rightarrow R = \dfrac{40}{20} = 2\Omega$

$\because R_1 : R_2 = 3 : 1 \Rightarrow R_1 = 1.5\Omega$

11. $\because R_1 : R_2 = 3 : 1 \Rightarrow R_2 = 0.5\Omega$

12. $P = V \cdot I \Rightarrow (50+250) = 300 \times I \Rightarrow I = 1A$

$\begin{cases} P_{R_1} = I^2R \Rightarrow 50 = 1^2 \times R_1 \Rightarrow R_1 = 50\Omega \\ P_{R_2} = I^2R \Rightarrow 250 = 1^2 \times R_2 \Rightarrow R_2 = 250\Omega \end{cases}$

14. 串聯電路電流相同，

因此 $\dfrac{P_{10\sqrt{3}\Omega}}{P_{5\sqrt{6}\Omega}} = \dfrac{I_T^2 \times 10\sqrt{3}}{I_T^2 \times 5\sqrt{6}} = \dfrac{2}{\sqrt{2}} = \sqrt{2}$

17. $\begin{cases} 100\Omega/100W \Rightarrow I = 1A \\ 100\Omega/400W \Rightarrow I = 2A \end{cases} \Rightarrow$ 選用 $I = 1A$

$\therefore V = 1 \times (100+100) = 200V$

19. $P = I^2R \Rightarrow \begin{cases} 1\Omega/1W \Rightarrow I = 1A \\ 2\Omega/4W \Rightarrow I = \sqrt{2}A \end{cases}$

$\Rightarrow$ 選用1A的電流

$\therefore P = I^2 \times R = 1^2 \times 3 = 3W$

20. 兩耐壓相同的燈泡接於兩倍額定電壓的電源，則較小功率的燈泡會燒毀。

21. 100V/40W的內阻 $R = 250\Omega$；
100V/80W的內阻 $R = 125\Omega$；

總功率 $P = \dfrac{120^2}{250+125} = 38.4W$

22. $I = \dfrac{40-10}{20+30} = 0.6A$；

$V_1 = 0.6 \times 20 = 12V$；

$V_2 = 0.6 \times 30 = 18V$

24. $\begin{cases} 12V/4W \Rightarrow R = 36\Omega \\ 12V/6W \Rightarrow R = 24\Omega \end{cases}$

$\Rightarrow$ 總電流 $I = \dfrac{12}{36+24} = 0.2A$

其中12V/4W內阻大故較亮

25. (1) 總電流 $I = \dfrac{6}{12} = 0.5A$

(2) 電阻4Ω所消耗的功率
$P = I^2R = 0.5^2 \times 4 = 1W$

26. $\because R_1 = 4R_2 \Rightarrow E = \dfrac{40}{4} \times 5 = 50V$

28. 相同額定電壓的電熱器，額定功率較小的電熱器其內阻較大，消耗功率亦較大。

29. $P = I^2 \times R = 2^2 \times (1//1) = 2W$

30. $R_{ab} = (6//3) + 6 + (10//15) + 9 = 23\Omega$

31. $R_{ab} = \{[(30//10) + 22.5]//20 + 18\}//30 + 5 + 5$
$= 25\Omega$

32. $E_{ab} = 10 \times (5+5) + 5 \times 30 = 250V$

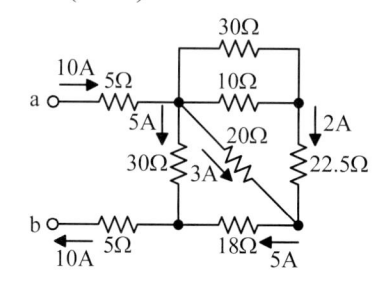

35. (1) $R_1 = \left(\dfrac{I_F}{I - I_F}\right) \times r = \left(\dfrac{10mA}{50mA - 10mA}\right) \times 90$
$= 22.5\Omega$

(2) $R_2 = \left(\dfrac{I_F}{I - I_F}\right) \times r = \left(\dfrac{10mA}{100mA - 10mA}\right) \times 90$
$= 10\Omega$

36. $R_{ab} = [(2R + 0.5R)//R] \times 2 = \dfrac{10}{7}R$

37. 電路開路沒有電流流動，故不產生電壓降，因此電壓為120V。

43. 因為電壓$V_1 = 4V$，

所以電壓$V = \frac{4}{2} \times (8+2) = 20V$，

電阻$R = \frac{20}{7-2} = 4\Omega$

44. 並聯電路的電壓皆相同，皆為48V，因此電流$I = \frac{12 \times 4}{4} = 12A$。

46. 並聯電路的電壓皆相同，

$V = I_{R2} \times R_2 = \frac{5}{3} \times 30 = 50V$

$I_{R1} = \frac{50}{10} = 5A$

$I_{R3} = 10 - 5 - \frac{5}{3} = \frac{10}{3}A$

$R_3 = \frac{V}{I_{R3}} = \frac{50}{10/3} = 15\Omega$

48. (1) $I_1 = 24 \times \frac{4//4}{6 + 4//4} = 6A$

(2) $I_2 = 24 \times \frac{6//4}{4 + 6//4} = 9A$

49. $R_{ab} = [(3//6) + 7 + (4//12)]//12 = 6\Omega$

50. $I_1 : I_2 : I_3 = \frac{V}{1} : \frac{V}{2} : \frac{V}{3} = 6 : 3 : 2$

54. (1) 此電路為惠斯登電橋$20 \times 90 = 30 \times 60$
⇒ 中間電阻20Ω可移除

(2) $P = I^2 R = (\frac{240}{30+90})^2 \times 30 = 120W$

55. (1) 因$I_2 = 0A$，$9 \times 4 = 6 \times R \Rightarrow R = 6\Omega$

(2) $I_1 = \frac{30}{(4+6)//(6+9) + 4} = 3A$

56. (1) 開關S開啟：$I = \frac{120}{18 + (6//3)} = 6A$

(2) 開關S閉合：$I = \frac{120}{(18+6)//(6+2)} = 20A$

59. 內阻為$\frac{60k\Omega}{V} \times 150V = 9000k\Omega$；

最大耐流$\frac{150}{9000k} = \frac{1}{60}mA$

內阻為$\frac{80k\Omega}{V} \times 200V = 16000k\Omega$；

最大耐流$\frac{200}{16000k} = \frac{1}{80}mA$

最大耐壓為$\frac{1}{80}mA \times (9000k + 16000k) = 312.5V$

60. (1) 切至V_1時：$\frac{50V}{R_1 + 1k\Omega} = 1mA$

⇒ $R_1 = 49k\Omega$

(2) 切至V_2時：$\frac{100V}{R_1 + R_2 + 1k\Omega} = 1mA$

⇒ ∵ $R_1 = 49k\Omega$ ∴ $R_2 = 50k\Omega$

61. (1) 串聯電路的電流相同，所以

$\frac{0.25V_s}{10k\Omega} = \frac{0.75V_s}{8k\Omega + R + 12k\Omega} \Rightarrow R = 10 k\Omega$

(2) 電源提供功率等於電阻的總消耗功率，

所以$40mW = \frac{V_s^2}{40k\Omega} \Rightarrow V_s = 40V$

(3) 電源電流$I = \frac{40V}{40k\Omega} = 1 mA$

(4) 電阻$R = 10 k\Omega$；所以消耗
$P = I^2 R = (1mA)^2 \times 10k\Omega = 10 mW$

62. 假設迴路為順時針：
$(2 - 2I) \times 2 = (I + 3) \times 1 + (2I - 4) \times 4 + (1 + I) \times 2$
⇒ $15I = 15 \Rightarrow I = 1A$

63. 將電流$I = 1A$代入$2I - 4 = -2A$，
因此$V_1 = 2 \times 4 = 8V$

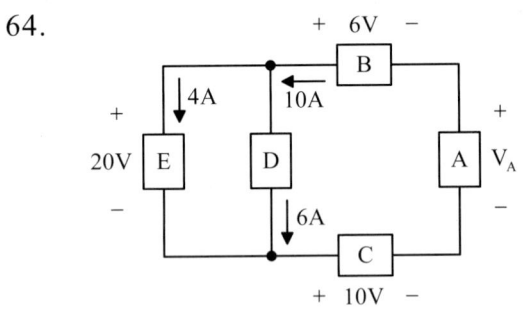

64.

(1) 假設A元件之極性，且根據KVL可得最外圍之迴路（逆時針）：

$V_A + 6 = 20 + 10 \Rightarrow V_A = 24 V$

(2) 元件A提供240W；元件B提供60W，
元件C消耗100W；元件D消耗120W；
元件E消耗80W

(3) 所以總提供300W，總消耗亦為300W

65. $R_{ab} = 2 // 2^2 // 2^3 // 2^4 // 2^5 // 2^6 // 2^7 // 2^8 // 2^9 // 2^{10} // 2^{10} = 2 // 2 = 1\Omega$

66. $R_{ab} = \dfrac{1}{\dfrac{1}{3} + \dfrac{1}{3^2} + \dfrac{1}{3^3} + \cdots + \dfrac{1}{3^n}} = \dfrac{1}{\dfrac{\frac{1}{3}}{(1-\frac{1}{3})}} = \dfrac{1}{\frac{1}{2}} = 2\Omega$

（運用無窮等比級數和的公式 $S_n = \dfrac{a_1}{1-r}$）

67. 12V/24W的電阻為6Ω，當通過2A時符合該條件，因此S_1、S_2以及S_4必須閉合。
（總電阻為12Ω且電流2A）

68. (1) $\dfrac{24}{1.8} = R + 6 \Rightarrow R = \dfrac{22}{3}\Omega$

(2) 當S_1、S_3、S_4閉合時符合$\dfrac{22}{3}\Omega$

69. $\begin{cases} 20m \times (R_1 + R_2 + R_3) = 5m \times 40 \cdots\cdots (1) \\ 45m \times (R_2 + R_3) = 5m \times (R_1 + 40) \cdots\cdots (2) \\ 245m \times R_3 = 5m \times (R_1 + R_2 + 40) \cdots\cdots (3) \end{cases}$

$\Rightarrow$ 解聯立可得 $R_1 = 5\Omega$，$R_2 = 4\Omega$，$R_3 = 1\Omega$

70. 將電路重繪如下
$R_{ab} = 5\Omega$

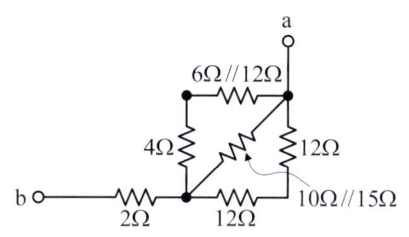

71. 將電路重繪如下
$R_{ab} = [(6//6) + 6]//18 + 6 + 6 = 18\Omega$

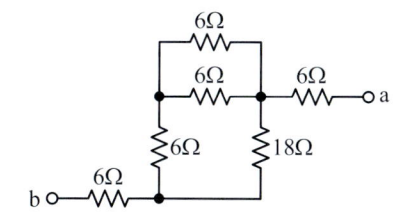

72. (1) 總電阻$R_T = 2 + \{[(3//6) + 2]//(5+7)\} + 1 = 6\Omega$

(2) 總電流$I_T = \dfrac{12}{6} = 2A$

(3) 分流定則 $2 \times \dfrac{12}{4+12}$（第一次分流）$\times \dfrac{3}{3+6}$（第二次分流）$= 0.5A$。

(4) $P = 0.5^2 \times 6 = 1.5W$

74. 該電路為純並聯電路，因此$E = 36V$、$I = 36A$。

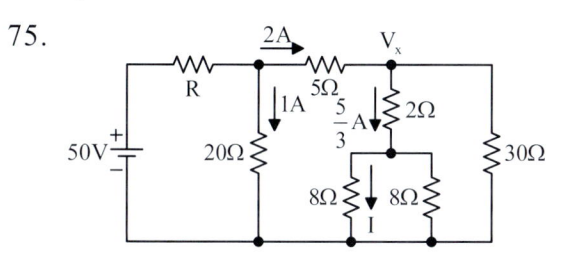

75.
(1) 20Ω消耗20W，則通過電流向下1A，且端電壓為20V

(2) 根據並聯電壓相同，可以得知通過電阻5Ω的電流為向右2A

(3) 電流$I = \dfrac{5}{3} \times \dfrac{8}{8+8}$（分流定則）$= \dfrac{5}{6}A$

(4) 電阻5Ω消耗功率
$P = I^2R = 2^2 \times 5 = 20W$

(5) 總電阻為
$\dfrac{50}{3} = R + (10//20) \Rightarrow \dfrac{50}{3} = R + \dfrac{20}{3} \Rightarrow R = 10\Omega$

(6) 電路沒有接地點位置，所以電位V_x無從判斷。

76.
(1) 運用KCL將每一支路以電流I_1表示。

(2) 運用KVL假設迴路電流方向為逆時針。

(3) Σ電壓升 $= \Sigma$電壓降
$\Rightarrow 0 = 2 \times I_1 + 1 \times (I_1 - 21) + 4 \times (I_1 - 14)$
$\Rightarrow I_1 = 11A$

(4) $I_2 = I_1 - 14 = 11 - 14 = -3A$

(5) $V_a = -10V$

(6) $V_b = 3 \times (3+1) = 12V$

77. 假設通過9Ω電阻的電流向下I安培,則通過18Ω的電流向右(I+1)安培,此時運用KVL,
$60 = 18 \times (I+1) + 9 \times I \Rightarrow I = \dfrac{14}{9}A$;
並聯電壓相同 $9 \times \dfrac{14}{9} = 1 \times R \Rightarrow R = 14Ω$

78. (1) $V_1 = 10V \Rightarrow 4+2 = I_1 + 5 \Rightarrow I_1 = 1A$
(2) $1+7+I+3 = 1+5+6+4 \Rightarrow I = 5A$

80. (1) 此電路為惠斯登電橋
$(1+1) \times (3+3) = 4 \times 3$
$\Rightarrow$ 因此最右邊的2Ω可移除
(2) 總電阻
$R_T = 3 + (4+1+1) // (3+3+3) + 1.4$
$= 8Ω$
總電流 $I_T = 3A$
(3) $I_1 = 3 \times \dfrac{9}{6+9} = 1.8A$;
$I_2 = 3 \times \dfrac{6}{6+9} = 1.2A$

81. $(2+3) \times (10+5) = 10 \times R \Rightarrow R = 7.5Ω$

84. 中間的電阻6Ω開路,因此
$E = 3 \times [2 + (8//16//16)] = 18 V$

85. (1) 運用中垂線法或是惠斯頓電橋,將中間的電阻4Ω開路。
(2) $I_1 = \dfrac{80}{12}A$,$I_2 = \dfrac{80}{72}A$,因此 $I_1 = 6I_2$

86. 先運用拓樸法將複雜電路簡化如下:

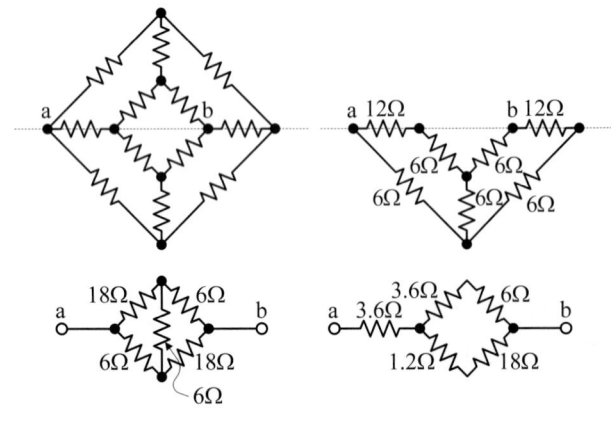

將電路運用水平線法 → 電路重整 → Δ → Y
可得到 $R_{ab} = (3.6+6)//(1.2+18)+3.6 = 10Ω$

87. 先運用拓樸法將複雜電路簡化如下:

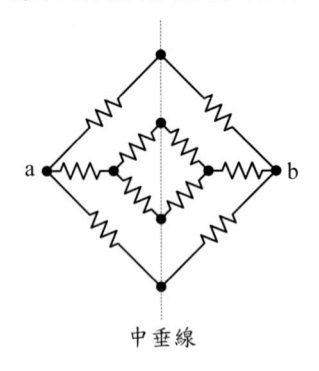

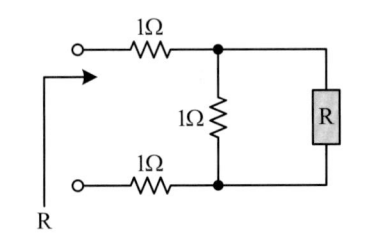

$R_{ab} = (12+12)//(12+12)//(12+24//24+12)$
$= 24//24//36 = 9Ω$

88.
(1) 為方便計算,假設R = 1Ω,最後的等效電阻R_{eq}再乘以R即可。
(2) $R = 2 + (1//R)$
$\Rightarrow R = 2 + \dfrac{R}{1+R}$
$\Rightarrow R^2 - 2R - 2 = 0$
$\Rightarrow R = 1 \pm \sqrt{3}$
所以 $R_{eq} = (1+\sqrt{3})R$

89. (1) 將內部的Y型轉為Δ型後,如下

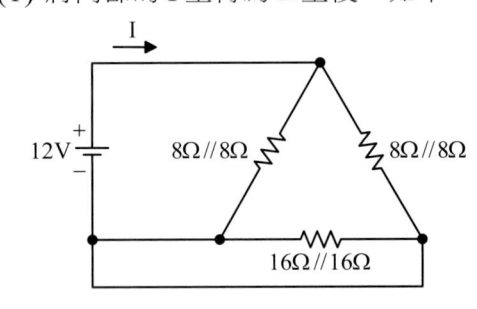

(2) 16Ω//16Ω被短路,因此,
$I = \dfrac{12V}{8Ω//8Ω} + \dfrac{12V}{8Ω//8Ω} = 6A$

90. $V_a = -3V$,$V_b = 0V$、$V_c = -6V$

91.

(1) $I_1 = I_2 = \sqrt{\dfrac{180}{20}} = 3A$,

$I_3 = \sqrt{\dfrac{60}{60}} = 1A$、

電阻R_4的端電壓$\sqrt{60 \times 60} = 60V$

(2) 電阻R_4的電流為

$I_1 - I_3 = 3A - 1A = 2A$

(3) 電阻$R_4 = \dfrac{60V}{2A} = 30\Omega$

(4) 電阻$R_2 = \dfrac{360W}{3^2} = 40\Omega$

(5) 運用**克希荷夫電壓定律（KVL）**：

$E = 3 \times (20 + 40) + 60 = 240V$

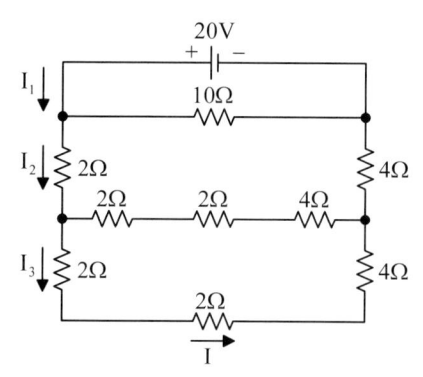

92.

(1) 將左右兩邊的 $\Delta \rightarrow Y$：

總電阻$R_T = 10 // 10 = 5\Omega$

(2) 電源電流$I_1 = \dfrac{20V}{5\Omega} = 4A$,

$I_2 = 4A \times \dfrac{10\Omega}{10\Omega + 10\Omega} = 2A$

(3) 電流$I_3 = I = 2A \times \dfrac{8\Omega}{8\Omega + 8\Omega} = 1A$

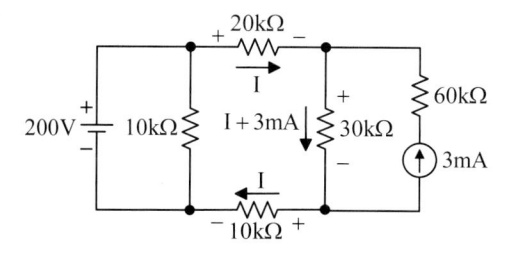

93.

運用**克希荷夫電壓定律（KVL）**及**克希荷夫電流定律（KCL）**：

$200 = I \times 20k + (I + 3m) \times 30k + I \times 10k$

可得$I \approx 1.83mA$

實習專區 P.3-39

1. (1) 開關S打開時電壓表指示3V，此電壓為電源電壓3V

(2) 開關S閉合時電壓表指示2V，

$\dfrac{3}{R + 10} = \dfrac{2}{10} \Rightarrow R = 5\Omega$

2. $R_X \times R_B = R_Y \times R_A$

$\Rightarrow R_X \times 100k\Omega = 80k\Omega \times 20k\Omega$

$\Rightarrow R_X = 16 k\Omega$

3. 通過電阻$6k\Omega$的電流被短路，所以$I = 0$ mA

4. 運用分壓定則，

$V_{AB} = 12 \times \dfrac{(150 // 300)}{100 + (150 // 300)} = 6$ V

5. 此電路為惠斯登電橋，

電流$I = \dfrac{14}{6k + 8k} + \dfrac{14}{3k + 4k} = 3$ mA

6.

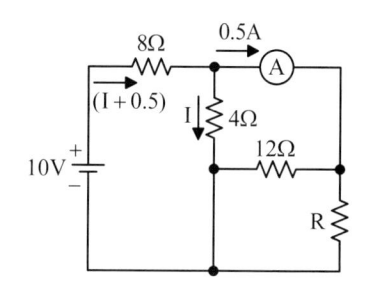

(1) 假設電流I，運用KVL可得

$10 = (I + 0.5) \times 8 + 4I \Rightarrow I = 0.5$ A

(2) 電阻4Ω、12Ω與R皆為並聯關係，電壓皆為$4 \times I = 4 \times 0.5 = 2$ V

(3) 通過12Ω的電流為$\dfrac{2}{12} = \dfrac{1}{6}$ A，

所以通過電阻R的電流為$0.5 - \dfrac{1}{6} = \dfrac{1}{3}$ A

(4) 電阻$R = \dfrac{2}{\dfrac{1}{3}} = 6 \Omega$

7. 若$R_x = 20 \Omega$時，檢流計的電流讀值為0.375A

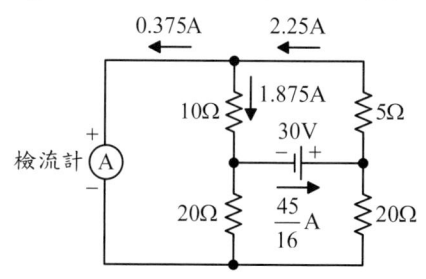

8. 串聯電路的電流相同，
   $E = \dfrac{12}{8} \times (4+6+8) = 27\text{ V}$

9. (1) $R = 8\,\Omega$，
   $\text{VM} = 20\text{V} \times \dfrac{(8//8//4)}{(8//8//4)+8} = 4\text{ V}$

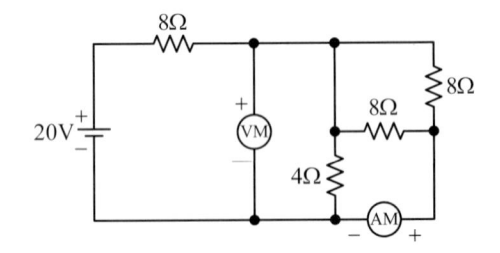

   (2) $R = 4\,\Omega$，
   $\text{VM} = 20\text{V} \times \dfrac{(8//4//4)}{(8//4//4)+8} = \dfrac{10}{3}\text{ V}$

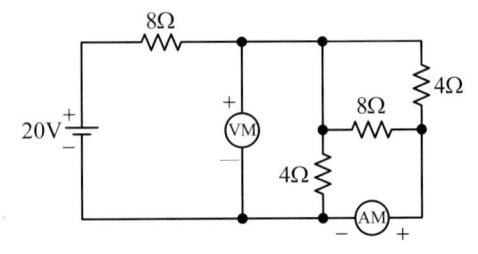

10. $R = 5 \times 3^2 = 45\,\Omega$

11. $2\text{k}\Omega \times R = 5\text{k}\Omega \times 7\text{k}\Omega \Rightarrow R = 17.5\text{ k}\Omega$

13. (1) 棕黑紅金的電阻為$1\text{k}\Omega \pm 5\%$

    (2) 3個並聯成電阻A，其電阻為$\dfrac{1\text{k}\Omega}{3}$

    (3) 2個並聯成電阻B，其電阻為$0.5\text{k}\Omega$

    (4) 1個為電阻C，其電阻為$1\text{k}\Omega$

    (5) A、B、C 串聯之電阻值約$1830\,\Omega$

14. 只要符合條件$R_1 \times R_4 = R_3 \times R_2$
    $\Rightarrow$ 檢流計的讀值為0

模擬演練　P.3-41

1. $R_{ab} = 2R//2R + R + R = 18\,\Omega \Rightarrow R = 6\,\Omega$

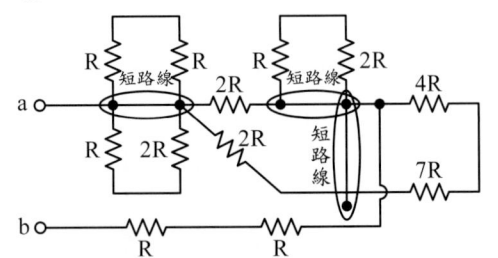

3. $(R + 0.5R)//R = 9\text{k}\Omega$
   $\Rightarrow 0.6R = 9\text{k}\Omega \Rightarrow R = 15\text{k}\Omega$（棕綠橙金）

4. 電壓表為9.6V，因此可將每一支路的電流求出，如下圖所示通過電壓表的電流為0.06mA，因此電壓表的內阻為$\dfrac{9.6\text{V}}{0.06\text{mA}} = 160\text{k}\Omega$，其靈敏度為$\dfrac{160\text{k}\Omega}{10\text{V}} = 16\text{k}\Omega/\text{V}$。

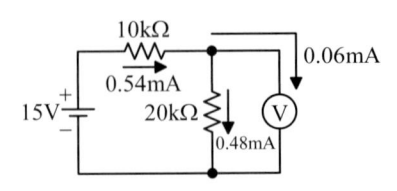

5. $\text{A}_1 = 0\text{A}$（惠斯登平衡電橋）；
   $\text{A}_2 = \dfrac{20}{10} = 2\text{A}$

6. 設立參考點0V後可得：$I_1 = 1\text{A}$；$I_2 = -3\text{A}$；
   $I_3 = -4\text{A}$；$I_4 = 4\text{A}$；$R = \dfrac{72}{3} = 24\,\Omega$

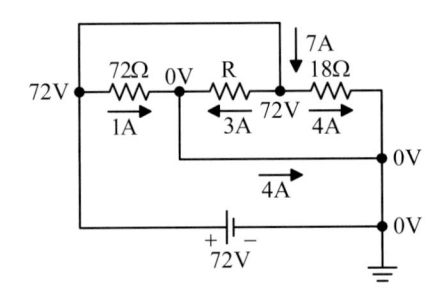

7. (1) $\sum$流入 $= \sum$流出，可列出方程式如下：
   $3 + 4 + 1 + I_1 = 2 + 2 + 4 + I_2$，
   可得$I_1 = I_2$

   (2) 假設電流I，可知$\text{A}_1 = I_1 + 3 - I$，
   $\text{A}_2 = 2 + I$，$\text{A}_1 + \text{A}_2 = 5 + I_1 = 8$，
   $I_1 = 3\text{A}$

   (3) $I_1 + I_2 = 6\text{A}$

9. 將$\Delta \to Y$畫出等效電路如下所示：

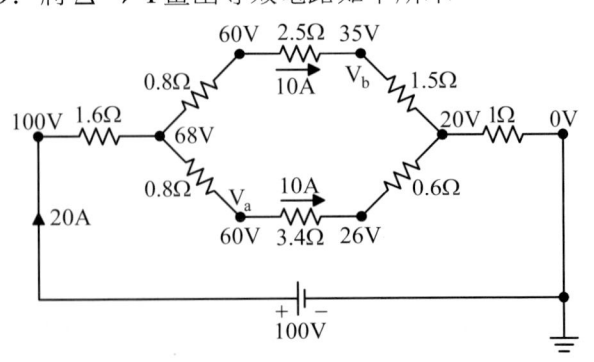

   (1) $V_a = 60\text{V}$

   (2) $V_b = 35\text{V}$

   (3) $I_1 = \dfrac{60 - 60}{2} = 0\text{A}$

(4) $I_2 = \dfrac{35-0}{5} = 7A$

情境素養題 P.3-43

1. 電阻R_3拔除造成電路斷路,所以電流為0,燈泡熄滅。

2. 將電阻R_1拔除造成總電阻增加,所以電流減小,燈泡變暗。

3. 圖(a)為$\dfrac{R}{3}$,圖(b)為1.5R
   圖(c)為3R,圖(d)為0

Chapter 4 直流網路分析

4-1 學生做 P.4-2

1.

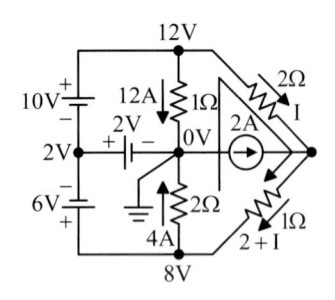

∑電壓升 = ∑電壓降
$\Rightarrow 12 \times 1 = 2 \times I + (2+I) \times 1 + 4 \times 2$
$\Rightarrow I = \dfrac{2}{3} A$

2. 7V流出3A，因此提供21W

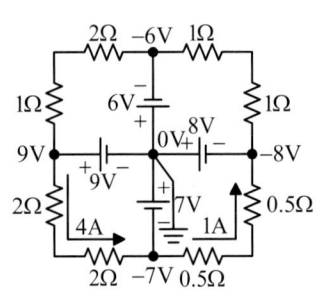

4-1 學生做 P.4-5

1. $\dfrac{V-11}{3} + \dfrac{V-0}{2} + \dfrac{V-(-4)}{3} = 0 \Rightarrow V = 2V$

   $I_1 = \dfrac{11-2}{3} = 3A$；$I_2 = -\dfrac{2+4}{3} = -2A$；
   $I_3 = 1A$

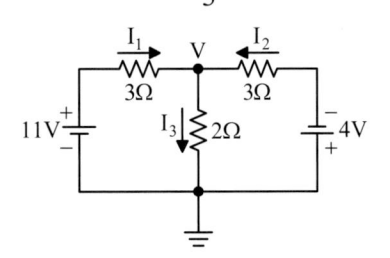

2. $\dfrac{V-18}{4} + \dfrac{V-0}{2} + 3 = 0 \Rightarrow V = 2$伏特(V)

   $I_1 = \dfrac{18-2}{4} = 4A$；$I_2 = -3A$；
   $I_3 = \dfrac{2-0}{2} = 1A$

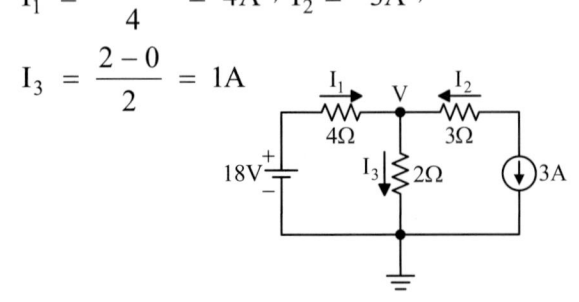

3. $3 + \dfrac{V-(-8)}{2} + \dfrac{V-10}{4} = 0 \Rightarrow V = -6$伏特(V)

   $I_1 = \dfrac{-8+6}{2} = -1A$；$I_2 = \dfrac{10-(-6)}{4} = 4A$

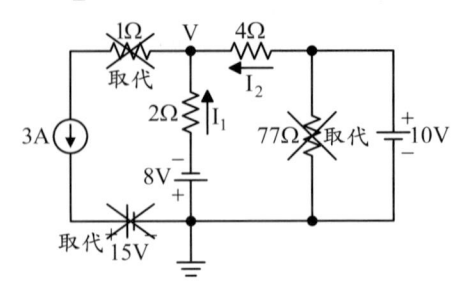

4. 超節點題型

   $1 + \dfrac{V+4-8}{2} + \dfrac{V-(-12)}{2} = 2$；
   $V = -3$伏特(V)

   $\begin{cases} I_1 = \dfrac{8-1}{2} = 3.5A \\ I_2 = \dfrac{-3-(-12)}{2} = 4.5A \end{cases}$

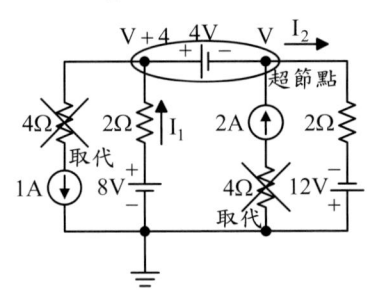

4-1 立即練習二 P.4-7

1. $\dfrac{V-8}{2} + \dfrac{V-0}{6} + \dfrac{V-12}{3} = 0 \Rightarrow V = 8$伏特(V)

   $\therefore I_{6\Omega} = \dfrac{8-0}{6} = \dfrac{4}{3} A$

2. $\begin{cases} \dfrac{V_A - 5}{3} + \dfrac{V_A - V_B}{2} = 3 \\ \dfrac{V_B - V_A}{2} + \dfrac{V_B - (-10)}{2} + 2 = 0 \end{cases} \Rightarrow \begin{cases} V_A = 2V \\ V_B = -6V \end{cases}$

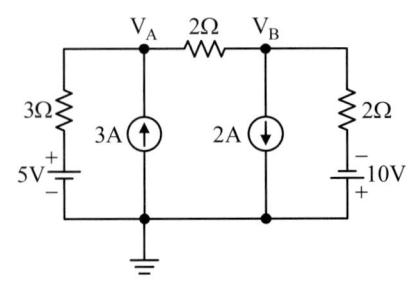

5. 節點電壓法：

$$\begin{cases} \dfrac{V_1-60}{4}+\dfrac{V_1-0}{5}+\dfrac{V_1-V_2}{4}=0 \\ \dfrac{V_2-60}{5}+\dfrac{V_2-V_1}{4}+\dfrac{V_2-10}{2}=0 \end{cases}$$

$$\Rightarrow \begin{cases} 0.7V_1-0.25V_2=15 \\ -0.25V_1+0.95V_2=17 \end{cases}$$

4-2 學生做   P.4-10

1. $E_{ab}=\dfrac{\dfrac{60}{5}+\dfrac{-80}{20}+\dfrac{30}{20}+\dfrac{-40}{10}}{\dfrac{1}{5}+\dfrac{1}{20}+\dfrac{1}{20}+\dfrac{1}{10}}=13.75V$

   $R_{ab}=5//20//20//10=2.5\Omega$

2. $E_{ab}=\dfrac{\dfrac{18}{6}+(-1)+(2)+\dfrac{-15}{6}}{\dfrac{1}{6}+\dfrac{1}{6}}=4.5V$

   $R_{ab}=6//6=3\Omega$

3. 依據 Bus Bar 公共排法可以列出

   $E_{ab}=\dfrac{5-10-20-18+3}{5}=\dfrac{-40}{5}$

   $=-8V$（支路數為5）

4-2 立即練習   P.4-11

1. **方法一**

   運用密爾門定理：

   $V_X=\dfrac{\dfrac{16}{12}+\dfrac{10}{6}-2}{\dfrac{1}{12}+\dfrac{1}{6}+\dfrac{1}{4}}=2V$

   方法二

   節點電壓法：

   $\dfrac{V_X-16}{12}+\dfrac{V_X-10}{6}+\dfrac{V_X-0}{4}+2=0$

   $\Rightarrow V_X=2V$

2. $V_o=\dfrac{3-1+4-5}{\dfrac{1}{6}+\dfrac{1}{6}+\dfrac{1}{6}+\dfrac{1}{6}+\dfrac{1}{6}}=1.2V$

3. (1) $V_X=\dfrac{\dfrac{60}{30}+\dfrac{-40}{20}+5}{\dfrac{1}{30}+\dfrac{1}{20}}=60V$

   (2) $I_1=\dfrac{60-60}{30}=0A$

   (3) $I_2=\dfrac{60-(-40)}{20}=5A$

4-3 學生做   P.4-13

1. $\begin{cases} I_1:(2+1+8+5)I_1-8I_2=-4+12 \\ I_2:-8I_1+(8+9+6+7)I_2=-12-6 \end{cases}$

   $\Rightarrow \begin{cases} 16I_1-8I_2=8 \\ -8I_1+30I_2=-18 \end{cases}$

2. $\begin{cases} I_1:(1+3+3+2)I_1+3I_2=-6-4 \\ I_2:3I_1+(3+8+5+9)I_2=2-4 \end{cases}$

   $\Rightarrow \begin{cases} 9I_1+3I_2=-10 \\ 3I_1+25I_2=-2 \end{cases}$

3. $\begin{cases} I_1:(3+3+3)I_1+3I_2+3I_3=10 \\ I_2:3I_1+(3+4+5)I_2-5I_3=-4 \\ I_3:3I_1-5I_2+(3+5+1+4)I_3=-2 \end{cases}$

   $\begin{cases} I_1:9I_1+3I_2+3I_3=10 \\ I_2:3I_1+12I_2-5I_3=-4 \\ I_3:3I_1-5I_2+13I_3=-2 \end{cases}$

4. **超網目題型**

   $\begin{cases} I_1+I_2=-5 \Rightarrow I_1=-5-I_2 \cdots(1)\text{直接帶入}(2) \\ 35+I_1\times 2=I_2\times 3+15 \cdots\cdots(2) \end{cases}$

   $\Rightarrow \begin{cases} I_1=-7A \\ I_2=2A \end{cases}$

4-3 立即練習   P.4-15

1. $\begin{cases} I_1:I_1=3A\cdots\cdots(1)\text{代入}(2) \\ I_2:-3I_1+8I_2=-1\cdots\cdots(2) \end{cases} \Rightarrow I_2=1A$

2. $\begin{cases} I_1:13I_1+2I_2+5I_3=-2 \\ I_2:2I_1+3I_2-I_3=-6 \\ I_3:5I_1-I_2+6I_3=-8 \end{cases}$

   $\Rightarrow$ 修正係數（陷阱題）：

   $\begin{cases} I_1:-13I_1-2I_2-5I_3=2 \\ I_2:-2I_1-3I_2+I_3=6 \\ I_3:5I_1-I_2+6I_3=-8 \end{cases}$

   $a_{11}+a_{22}+a_{33}=-13-3+6=-10$

4-4 學生做 P.4-16

1. (1) 考慮電壓源：（電流源開路）

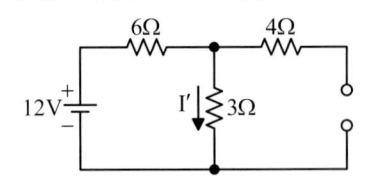

$$I' = \frac{12}{(6+3)} = \frac{4}{3} A \text{（向下）}$$

(2) 考慮電流源：（電壓源短路）

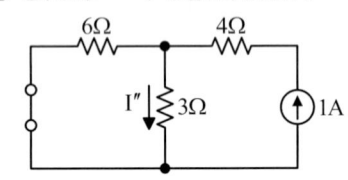

$$I'' = 1 \times \frac{6}{6+3} \text{（分流定則）} = \frac{2}{3} A \text{（向下）}$$

(3) 重疊：$I = I' + I'' = \frac{4}{3} + \frac{2}{3} = 2A \text{（向下）}$

2. (1) 考慮電壓源：（電流源開路）

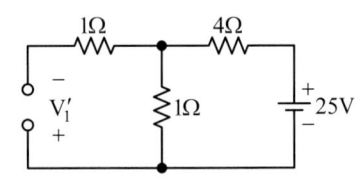

$$V_1' = 25 \times \frac{-1}{4+1} \text{（分壓定則）} = -5V$$

(2) 考慮電流源：（電壓源短路）

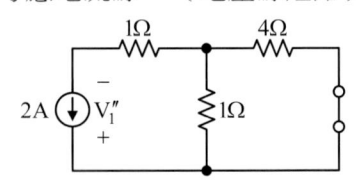

$$V_1'' = 2 \times (1 + 1 // 4) = 3.6V$$

(3) 重疊：$V_1 = V_1' + V_1'' = -5 + 3.6 = -1.4V$

3. (1) 考慮電壓源：（電流源開路）

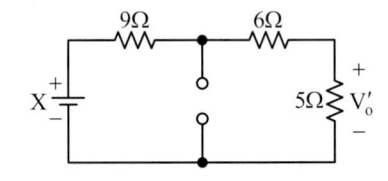

$$V_o' = X \times \frac{5}{9+6+5} \text{（分壓定則）} = \frac{1}{4}X$$

(2) 考慮電流源：（電壓源短路）

$$V_o'' = Y \times \frac{9}{(6+5)+9} \text{（分流定則）} \times 5$$
$$= \frac{9}{4}Y$$

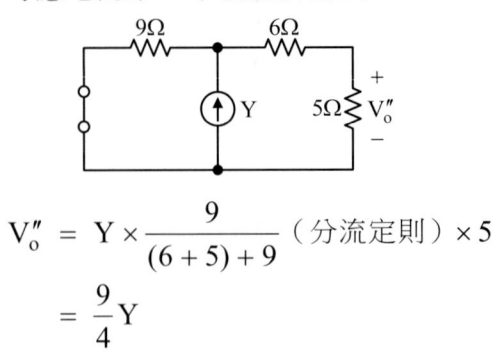

(3) 重疊：$V_o = V_o' + V_o'' = \frac{1}{4}X + \frac{9}{4}Y$

4-5 學生做 P.4-20

1. (1) 求戴維寧等效電阻R_{th}：（電壓源短路）

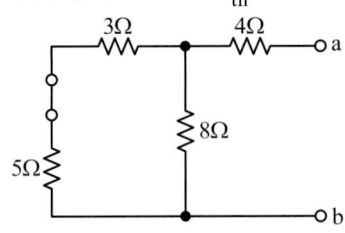

$$R_{th} = 4 + [(3+5) // 8] = 8\Omega$$

(2) 求戴維寧等效電壓E_{th}：（求開路電壓）

$$E_{ab} = -16 \times \frac{8}{3+5+8} \text{（分壓定則）}$$
$$= -8V$$

(3) 戴維寧等效電路如下：

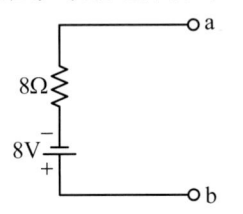

2. (1) 求戴維寧等效電阻R_{th}：$\begin{cases} 電壓源短路 \\ 電流源開路 \end{cases}$

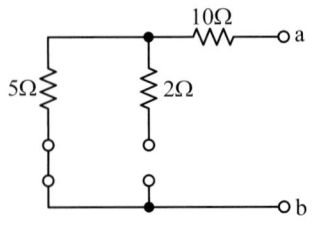

$$R_{th} = 10 + 5 = 15\Omega$$

(2) 求戴維寧等效電壓E_{th}：（求開路電壓）
運用**密爾門定理**：

$$E_{ab} = \frac{-5 + \frac{15}{5}}{\frac{1}{5}} = -10V$$

(3) 戴維寧等效電路如下：

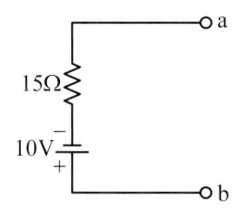

3. **對待測元件取a, b兩點**

(1) 求戴維寧等效電阻R_{th}：（電壓源短路）

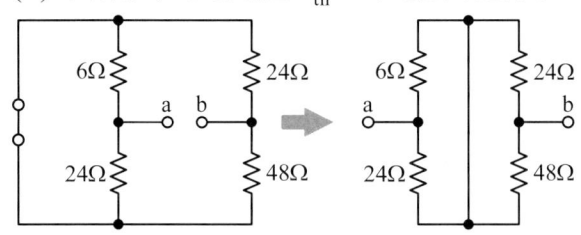

$$R_{th} = (6 // 24) + (24 // 48) = 20.8Ω$$

(2) 求戴維寧等效電壓E_{th}：（求開路電壓）

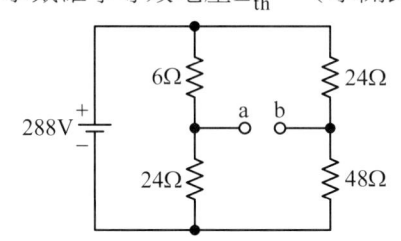

$$E_{ab} = 288 \times \frac{24}{6+24}（分壓）$$
$$-288 \times \frac{48}{24+48}（分壓）$$
$$= 38.4V$$

(3) 戴維寧等效電路如下：

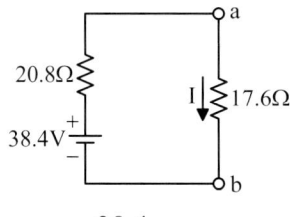

$$I = \frac{38.4}{20.8 + 17.6} = 1A$$

4-5 立即練習　P.4-23

2. 運用**取代法**：（被電壓源5V取代）

(1) 戴維寧等效電壓$E_{th} = 5V$

(2) 戴維寧等效電阻$R_{th} = 6Ω$

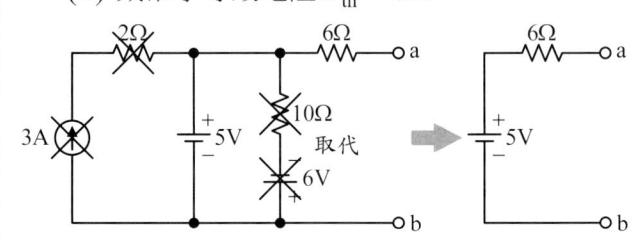

4-6 學生做　P.4-25

1. (1) 諾頓等效電阻R_N：（電壓源短路）

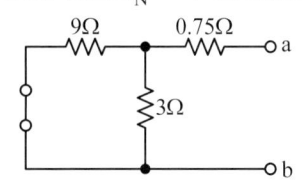

$$R_N = 9 // 3 + 0.75 = 3Ω$$

(2) 諾頓等效電流I_N：

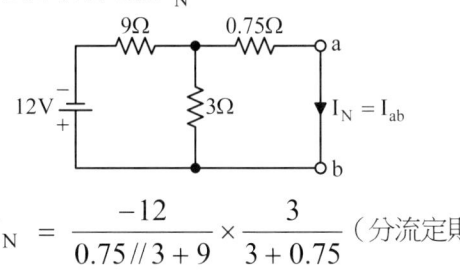

$$I_N = \frac{-12}{0.75 // 3 + 9} \times \frac{3}{3 + 0.75}（分流定則）$$
$$= -1A$$

(3) 諾頓等效電路：

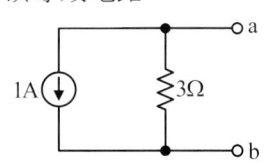

2. (1) 諾頓等效電阻R_N：$\begin{cases}電壓源短路\\電流源開路\end{cases}$

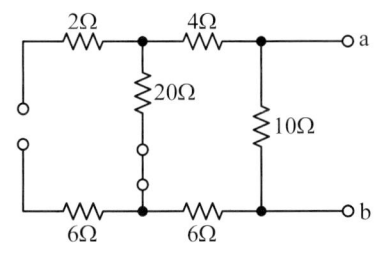

$$R_N = 10 // (4 + 20 + 6) = 7.5Ω$$

(2) 諾頓等效電流 I_N：（運用密爾門定理）

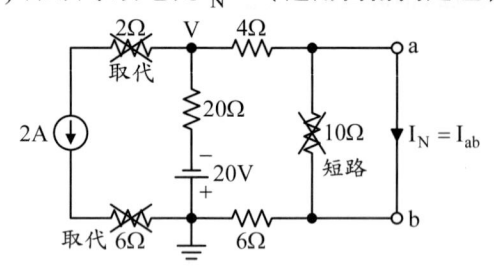

$$V = \frac{-2 + \frac{-20}{20}}{\frac{1}{20} + \frac{1}{10}} = -20V$$

$$I_N = I_{ab} = \frac{-20}{10} = -2A$$

(3) 諾頓等效電路：（電流源電路）

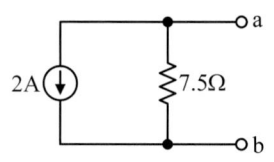

3. (1) $R_N = R_{th} = 5\Omega$

   (2) $I_N = \dfrac{E_{th}}{R_{th}} = \dfrac{15}{5} = 3A$

   （與標示電流同方向）

4. (1) $R_{th} = R_N = 7\Omega$

   (2) $E_{th} = I_N \times R_N = 4 \times 7 = 28V$

   （與標示電壓同極性）

4-6 立即練習 P.4-27

2. 運用取代法以及將電流源轉電壓源後可得

$$I_N = \frac{10 + 20}{4 + 2} = 5A$$

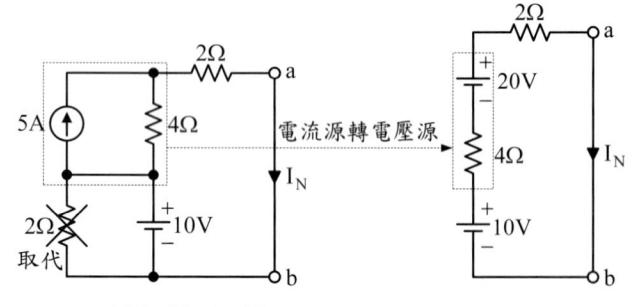

5. (1) 諾頓等效電阻：

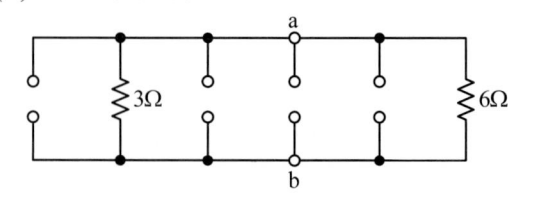

$$R_N = 3 // 6 = 2\Omega$$

(2) 諾頓等效電流：（運用重疊定理）

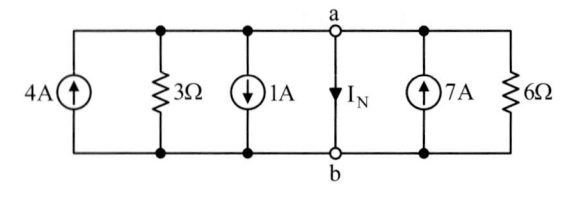

$$I_N = 7 + 4 - 1 = 10A$$

(3) 諾頓等效電路：

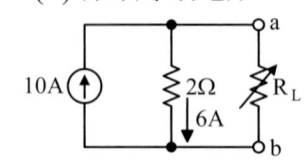

$$6 \times 2 = 4 \times R_L \Rightarrow R_L = 3\Omega$$

6. (1) 重整電路如下

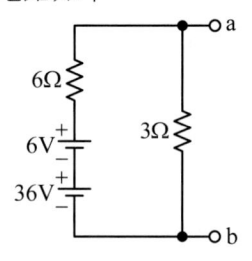

   (2) 諾頓電流 $I_N = \dfrac{36 + 6}{6} = 7A$；

   諾頓等效電阻 $R_N = 2\Omega$

4-7 學生做 P.4-30

1. (1) $R_L = 4\Omega$

   (2) $P_{L(max)} = (6 \times \dfrac{4}{4+4})^2 \times 4 = 36W$

2. (1) 化簡為戴維寧等效電路

   (2) $R_L = 5\Omega$

   (3) $P_{L(max)} = (\dfrac{9}{5+5})^2 \times 5$

   $= 4.05W$

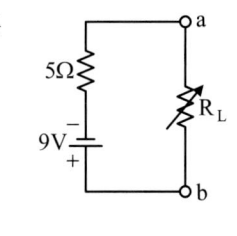

3. (1) 化簡為諾頓等效電路

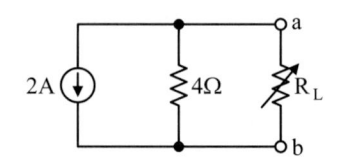

   (2) $R_L = 4\Omega$

   (3) $P_{L(max)} = (2 \times \dfrac{4}{4+4})^2 \times 4 = 4W$

4-7立即練習

1. $R_{th} = 6//6//6 = 2\Omega = R_L$時可獲得最大功率轉移。

5. (1) 戴維寧等效電阻$R_{th} = 10\Omega$
   (2) 戴維寧等效電壓$E_{th} = -30V$
   (3) $P_{L(max)} = \dfrac{E_{th}^2}{4R_L} = \dfrac{(-30)^2}{4 \times 10} = 22.5W$

綜合練習

1. 運用節點電壓法：
   $\dfrac{V-12}{6} + \dfrac{V}{3} = 1 \Rightarrow V = 6伏特(V)$
   $\therefore V = 6 + 4 \times 1 = 10伏特(V)$

2. 節點電壓為40V，因此
   $\dfrac{40-30}{5} + 2 + \dfrac{40-E}{3} = 0 \Rightarrow E = 52V$

3. $\dfrac{V}{10k} + \dfrac{V-54}{3k} + \dfrac{V}{15k} = 0$
   $\Rightarrow$ 節點電壓$V = 36V$
   $\Rightarrow V_o = 36 \times \dfrac{4k}{4k+6k} = 14.4V$（分壓定則）

4. $\begin{cases} \dfrac{V_1-6}{3} + \dfrac{V_1}{6} + \dfrac{V_1-V_2}{2} = 0 \\ \dfrac{V_2-V_1}{2} + \dfrac{V_2-32}{8} + \dfrac{V_2}{8} = 0 \end{cases}$
   $\Rightarrow \begin{cases} V_1 = 7V \\ V_2 = 10V \end{cases}$

6. (1) 將電流源2A以及電阻2Ω轉為電壓源4V以及電阻2Ω。
   (2) 列出節點電壓方程式：
   $\dfrac{V_a-(4-3)}{3} + \dfrac{V_a}{3} = 1 \Rightarrow V_a = 2V$

8. (1) 密爾門定理$V_X = \dfrac{\dfrac{36}{6}+2}{\dfrac{1}{6}+\dfrac{1}{6}} = 24V$
   (2) $I_1 = \dfrac{36-20}{2} = 8A$
   (3) $I_2 = \dfrac{36-24}{6} = 2A$
   (4) $I_3 = \dfrac{0-24}{6} = -4A$

11. $\begin{cases} I_a : 5I_a - 4I_b = 10 \\ I_b : -4I_a + 11I_b - 5I_c = 0 \\ I_c : -5I_b + 8I_c = -4 \end{cases}$

12. $\begin{cases} 6I_a + 2I_b = 2 \\ 2I_a + 3I_b = -4 \end{cases} \Rightarrow I_b = -2A$

13. $V_o = \dfrac{\dfrac{V_1}{60}+\dfrac{V_2}{60}}{\dfrac{1}{60}+\dfrac{1}{30}+\dfrac{1}{60}} = \dfrac{1}{4}V_1 + \dfrac{1}{4}V_2$
    $\therefore 4a + 4b = 2$

14. 連續取兩次密爾門

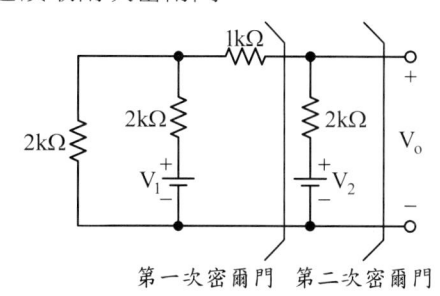

    (1) 第一次密爾門：$\dfrac{1}{2}V_1$串聯$2k\Omega$
    (2) 第二次密爾門：
    $V_o = \dfrac{\dfrac{0.5V_1}{2k}+\dfrac{V_2}{2k}}{\dfrac{1}{2k}+\dfrac{1}{2k}} = \dfrac{1}{4}V_1 + \dfrac{1}{2}V_2$
    $\Rightarrow \begin{cases} a = \dfrac{1}{4} \\ b = \dfrac{1}{2} \end{cases} \Rightarrow a + b = \dfrac{3}{4}$

16. (1) 運用**接地法**以及**取代法**求等效電壓
    $E_{th} = E_{ab} = 20V$

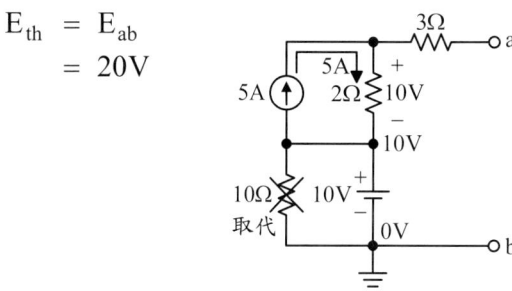

    (2) 求等效電阻
    $R_{th} = R_{ab} = 3 + 2 = 5\Omega$

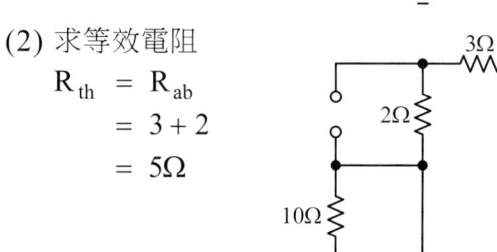

17. (1) 戴維寧等效電壓 E_{th}（運用KVL）

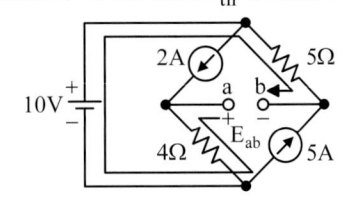

   $\sum 電壓升 = \sum 電壓降$
   $\Rightarrow E_{ab} + 10 + 5 \times 5 = 2 \times 4$
   $\Rightarrow E_{ab} = -27 \text{ V}$

   (2) 戴維寧等效電阻 R_{th}

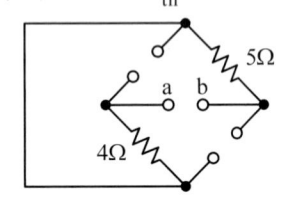

   $R_{th} = 5 + 4 = 9\Omega$

18. 運用**密爾門定理**一次求解：

   (1) $R = 6 // 3 = 2\Omega$

   (2) $E = \dfrac{-1}{\dfrac{1}{3} + \dfrac{1}{6}} = -2\text{V}$

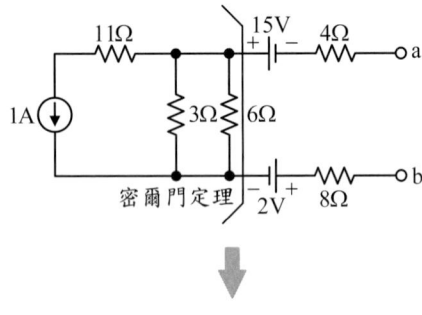

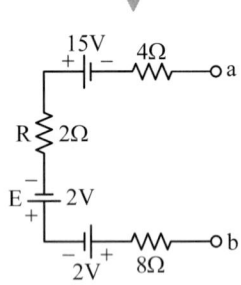

   (3) 將電路簡化後可得戴維寧等效電壓
   $E_{th} = -15 - 2 - 2 = -19\text{V}$；等效電阻
   $R_{th} = 4 + 2 + 8 = 14\Omega$

19. (1) 取**雙戴維寧等效電路**

   (2) $I = \dfrac{30 - 6}{6 + 2 + 2} = 2.4\text{A}$

   (3) 端點等效電壓
   $\begin{cases} V_a' = V_a = 30 - 6 \times 2.4 = 15.6\text{V} \\ V_b' = V_b = 6 + 2 \times 2.4 = 10.8\text{V} \end{cases}$

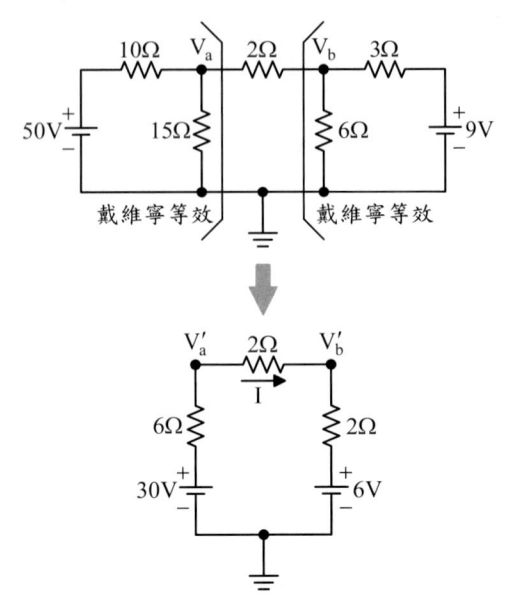

21. (1) 將電阻7Ω移除並設立a, b兩點

   (2) 求戴維寧等效電壓：

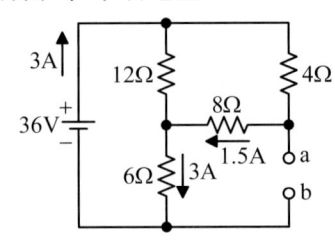

   $E_{th} = 8 \times 1.5 + 3 \times 6 = 30\text{V}$

   (3) 求戴維寧電阻：

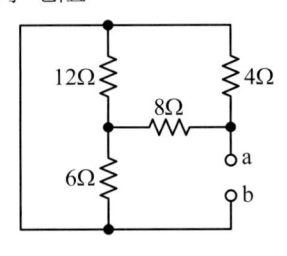

   $R_{th} = (12 // 6 + 8) // 4 = 3\Omega$

   (4) 繪製戴維寧等效電路圖：

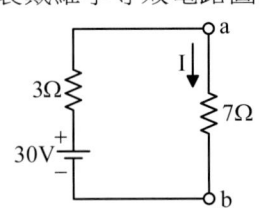

   $I = \dfrac{30}{3 + 7} = 3\text{A}$

26. (1) $E_{th} = 18V \times \dfrac{6\Omega}{6\Omega + 12\Omega} - 4 \times 6$
    　　　$= -18$ V
   (2) $R_{th} = 12 // 6 + 6 = 10\ \Omega$

30. (1) 諾頓等效電阻：

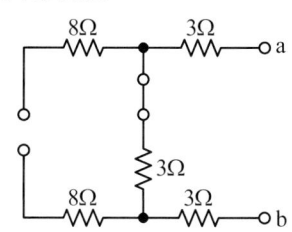

   $R_N = 9\Omega$

   (2) 諾頓等效電流：（**重疊定理**）

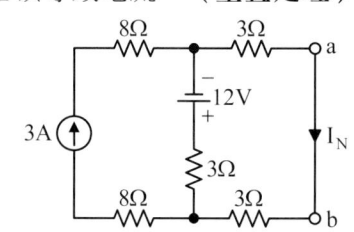

   $I_N = 3 \times \dfrac{3}{3+6} - \dfrac{12}{9} = -\dfrac{1}{3}$ A

   (3) 諾頓等效電路：

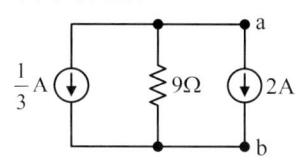

   $P_{9\Omega} = (\dfrac{1}{3} + 2)^2 \times 9 = 49W$

31. 將**電流源轉電壓源**：

   $I_{ab} = \dfrac{12 - 4 \times 8 - 5 \times 2}{8 + 2} = -3A$

   （與標示電流方向相反）

34. (1) $\dfrac{36}{r+5} = 6 \Rightarrow r = 1\Omega$（電源內阻）

   (2) a, c 短路時 $I = \dfrac{36}{1} = 36A$

38. 運用**節點電壓法**：

   $\dfrac{9-18}{6} + \dfrac{9-0}{3} + \dfrac{9-0}{3+R_L} = 3 \Rightarrow R_L = 3\Omega$

42. (1) 戴維寧等效電阻 $R_{th} = 5\Omega$
   (2) 戴維寧等效電壓 $E_{th} = 40V$
   (3) $P_{L(max)} = \dfrac{E_{th}^2}{4R_L} = \dfrac{40^2}{4 \times 5} = 80W$

44. (1) 戴維寧等效電阻 $R_{th} = 10\Omega$
   (2) 戴維寧等效電壓 $E_{th} = -20V$
   (3) $P_{L(max)} = \dfrac{E_{th}^2}{4R_L} = \dfrac{(-20)^2}{4 \times 10} = 10W$

45. (1) $V_{ab} = 30V$ 表示為電壓源電壓
   (2) $30 - 1 \times r = 20 \Rightarrow r = 10\Omega$（電源內阻）

47. 每 4 個串聯成一組後再彼此並聯後的總電阻恰等於負載電阻 1Ω，$R_{th} = R_L$，可獲得 P_{max}。

52. 由題意可知：
   (1) 內部電壓源為 24V
   (2) $V_{bc} = \dfrac{24}{r+6} \times 6 = 12$
   　　$\Rightarrow r = 6\Omega$（電源內阻）
   (3) $R_{th} = R_L$，所以外加電阻為 0Ω

57. (1) 在中心點接地，可得其它點之電位
   (2) $I_1 = 0$，$I_2 = 4$ 　　$\therefore I_1 + I_2 = 4$

58. 運用接地法，在電源的負端接地，可得 V_{ab} 恆為 60V。

59. (1) 節點電壓法：（以 V_1 為節點）

   $\dfrac{V_1 - V_3}{1} + \dfrac{V_1 - V_2}{10} + \dfrac{V_1 - 9}{1} = 1$

   $\Rightarrow \dfrac{21}{10}V_1 - \dfrac{1}{10}V_2 - V_3 = 10$

   $\Rightarrow I_1 = 10$

   (2) 節點電壓法：（以 V_2 為節點）

   $\dfrac{V_2 - V_1}{10} + \dfrac{V_2}{1} + \dfrac{V_2 - V_3}{10} + 1 = 0$

   $\Rightarrow -\dfrac{1}{10}V_1 + \dfrac{12}{10}V_2 - \dfrac{1}{10}V_3 = -1$

   $\Rightarrow I_2 = -1$

   (3) 節點電壓法：（以 V_3 為節點）

   $\dfrac{V_3 - V_2}{10} + \dfrac{V_3 - V_1}{1} + \dfrac{V_3 + 9}{1} + 1 = 0$

   $\Rightarrow -V_1 - \dfrac{1}{10}V_2 + \dfrac{21}{10}V_3 = -10$

   $\Rightarrow I_3 = -10$

基本電學含實習 絕殺講義解答

60. 此題為超節點，列出方程式如下：

$$\frac{V_a + 3 - 18}{3} + \frac{V_a + 3}{24} + \frac{V_a + 3}{8} + \frac{V_a}{5} + \frac{V_a}{20} = 3$$

$$\Rightarrow V_a = 10V$$

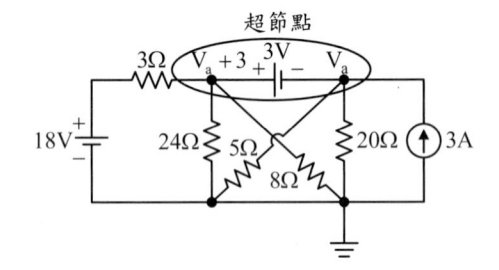

63. 運用密爾門定理列出方程式如下：

$$V_A = \frac{\frac{24}{6} - 5 - 2 + \frac{-30}{3}}{\frac{1}{6} + \frac{1}{3}} = -26V$$

64. (1) 中間的四個電阻 2Ω、4Ω、6Ω 以及 12Ω 並聯後，將電路化簡如下：

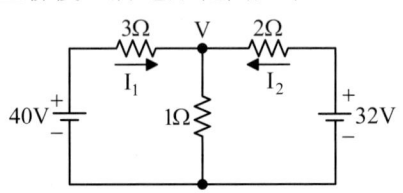

(2) 運用節點電壓法，可得上圖中的電壓 $V = 16$ 伏特

(3) $I_1 = \dfrac{40V - 16V}{3} = 8A$

(4) $I_2 = \dfrac{32V - 16V}{2} = 8A$

65. $\begin{cases} I_W : I_W = 5A \\ I_X : -I_W + 5I_X - 2I_Z = -8 \\ I_Y : -4I_W + 10I_Y - 4I_Z = 10 \\ I_Z : I_Z = 2A \end{cases}$

$\Rightarrow \begin{cases} I_W = 5A \\ I_X = 0.2A \\ I_Y = 3.8A \\ I_Z = 2A \end{cases}$

66. $\begin{cases} I_1 : 18I_1 - 2I_2 - 2I_3 = 10 \\ I_2 : -2I_1 + 10I_2 - 2I_3 = 0 \\ I_3 : -2I_1 - 2I_2 + 4I_3 = 6 \end{cases}$

$\Rightarrow \begin{cases} I_1 = 0.875A \\ I_2 = 0.625A \\ I_3 = 2.25A \end{cases}$

68. 三個電流源接於相同節點，因此先將三電流源合併（重疊）為單一電流源 $11 + 3 - 14 = 0A$，因此電流 $I = 0A$。

69. 運用**取代法**直接求等效電壓 $E_{th} = 10V$ 以及等效電阻 $R_{th} = 10\Omega$

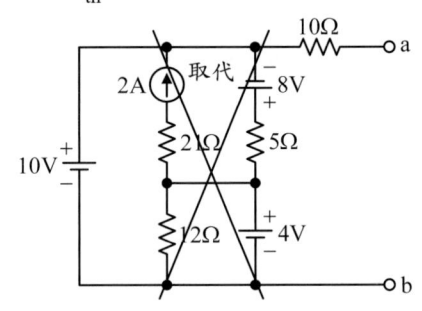

70. (1) 求戴維寧等效電壓 E_{ab}：

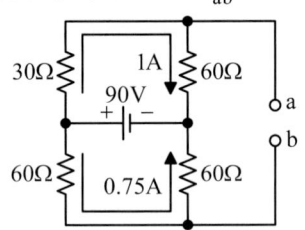

$E_{ab} = 1 \times 60 - 60 \times 0.75 = 15V$

(2) 求戴維寧電阻：

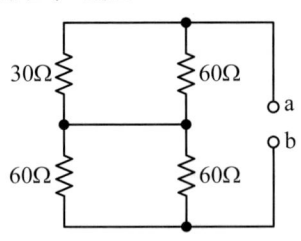

$R_{ab} = (30 // 60) + (60 // 60) = 50\Omega$

(3) 繪製戴維寧等效電路圖：

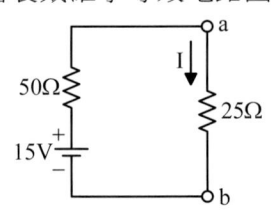

$I = \dfrac{15}{50 + 25} = 0.2A$

72. (1) $\dfrac{3V_T}{2k} = -i$，代入(2)的算式

(2) $i_T = 20i + \dfrac{V_T}{25}$

$\Rightarrow i_T = \dfrac{-3V_T}{2k} \cdot 20 + \dfrac{V_T}{25}$

$\Rightarrow \dfrac{V_T}{i_T} = R_{ab} = 100\Omega$

73. (1) 將電壓源短路且電流源開路。
    (2) 將 Δ → Y

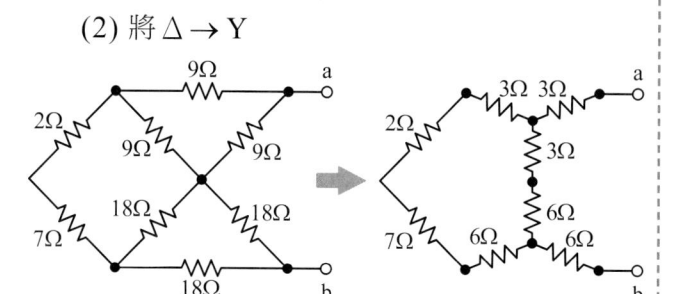

    (3) $R_{ab} = (3Ω + 2Ω + 7Ω + 6Ω)//(3Ω + 6Ω) + 3Ω + 6Ω$
       $= 15 Ω$

74. (1) 將左邊的電路取戴維寧等效電路，且電流源轉為電壓源後，將電路化簡如下：

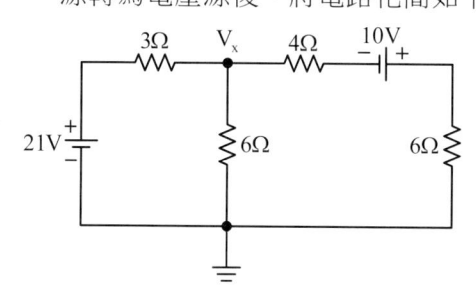

    (2) 運用密爾門定理可得
    $$V_x = \frac{\frac{21}{3} - \frac{10}{10}}{\frac{1}{3} + \frac{1}{6} + \frac{1}{10}} = 10 \text{ V}$$

    (3) 電壓源輸出電流為 $\frac{12-10}{3} = \frac{2}{3}$ A，所以 12V電壓源提供 $P = VI = 12 \times \frac{2}{3} = 8$ W

    (4) 原電路中，通過4Ω的電流為向左0.5A，所以電阻4Ω兩端的極性為右正左負2V，所以電流源提供5W

76. (1) 諾頓等效電阻：

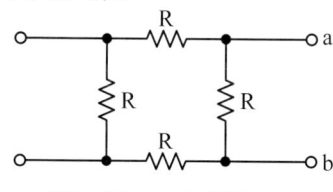

    $R_N = 3R//R = 0.75R$

    (2) 諾頓等效電流：

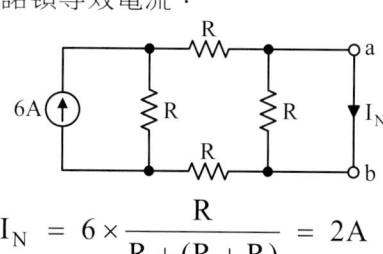

    $I_N = 6 \times \frac{R}{R + (R + R)} = 2A$

    (3) 諾頓等效電路：

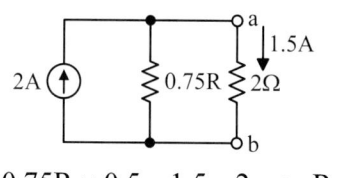

    $0.75R \times 0.5 = 1.5 \times 2 \Rightarrow R = 8Ω$

78. (1) 將電路重新整理如下：

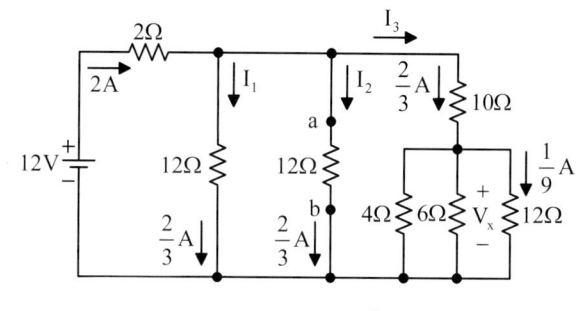

    可得 $I_1 = I_2 = I_3 = \frac{2}{3}$ A，
    所以 $I_1 + I_2 + I_3 = 2$ A

    (2) 電阻R_3消耗之功率為
    $P = I^2R = (\frac{2}{3})^2 \times 12 = \frac{16}{3}$ W

    (3) $V_x = \frac{1}{9} \times 12 = \frac{4}{3}$ V

    (4) a、b兩端點短路電路為 $\frac{12}{2} = 6$ A

79. (1) $R_{th} = 40//10//20 = \frac{40}{7} Ω$

    (2) 運用密爾門 $E_{th} = \dfrac{\dfrac{4}{40} + \dfrac{-1}{20}}{\dfrac{1}{40} + \dfrac{1}{20} + \dfrac{1}{10}} = \dfrac{2}{7}$ V

    (3) $P_{L(max)} = \dfrac{(\frac{2}{7})^2}{4 \cdot (\frac{40}{7})} = \dfrac{1}{280}$ (W)

80. (1) $R_{th} = 4 Ω$

    (2) 運用接地法，可得 $E_{th} = 5 \times 4 + 20 = 40$ V

    (3) $P_{max} = (\dfrac{40}{4+4})^2 \times 4 = 100$ W

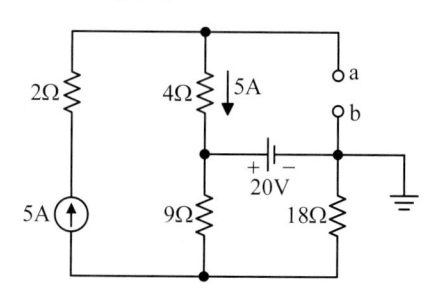

81. (1) 電流源開路且電壓源開路後，電路重整如下

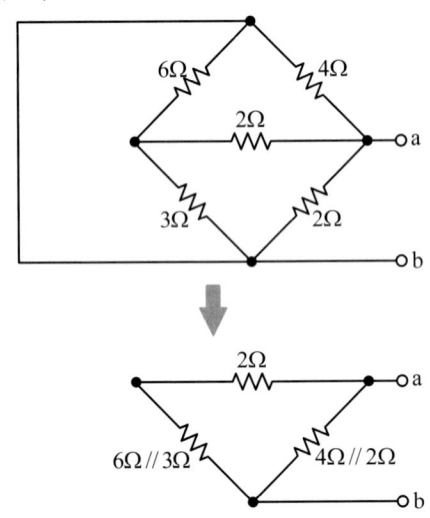

(2) $R_{ab} = (2\Omega + (6\Omega // 3\Omega)) // (4\Omega // 2\Omega)$
$= 4\Omega // \dfrac{4}{3}\Omega = 1\Omega$

82. (1) 電路的最下方接地，3Ω及6Ω的連接處假設為V

(2) 列出節點電壓法
$\dfrac{V - 9}{3} + \dfrac{V - 0}{6} + 3 = 0 \Rightarrow V = 0$伏特

(3) 因此，$I_1 = 0A$，$I_2 = 3A$，$I_3 = 12A$，$I_4 = 3A$

83. $\begin{cases} I_1 : 6I_1 - 2I_2 - 2I_3 = -20 \\ I_2 : -2I_1 + 8I_2 - 2I_3 = 8 \\ I_3 : I_3 = 5 \end{cases}$

$\Rightarrow$ 將$I_3 = 5$代入上兩式 $\begin{cases} 6I_1 - 2I_2 = -10 \\ -2I_1 + 8I_2 = 18 \end{cases}$

可得$I_1 = -1A$，$I_2 = 2A$

84. (1) 運用無中生有法，假設通過電阻3Ω的電流為I

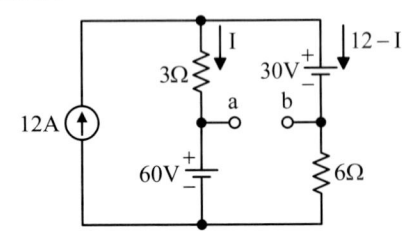

(2) 運用並聯電壓相同，列出關係式
$3 \times I + 60 = 30 + (12 - I) \times 6 \Rightarrow I = \dfrac{14}{3}A$

(3) 電路圖的最下方假設為接地點，
$E_a = 60V$，$E_b = (12 - \dfrac{14}{3}) \times 6 = 44V$

(4) 可得戴維寧等效電壓
$E_{ab} = E_a - E_b = 60V - 44V = 16V$

(5) 戴維寧等效電阻為2Ω

(6) $P_{max} = (\dfrac{16V}{4\Omega})^2 \times 2\Omega = 32W$

85.

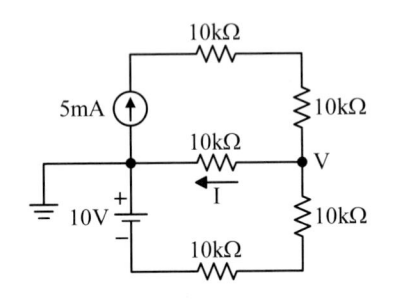

(1) 運用**節點電壓法**：
$\dfrac{V - 0}{10k\Omega} + \dfrac{V - (-10)}{20k\Omega} = 5mA$
$\Rightarrow V = 30$伏特

(2) $I = \dfrac{30V}{10k\Omega} = 3mA$

86. (1) 化簡後的電路

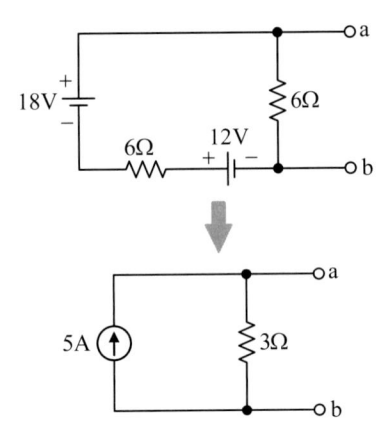

(2) 諾頓等效電流$I_N = \dfrac{18V + 12V}{6\Omega} = 5A$

(3) 諾頓等效電阻$R_N = 6\Omega // 6\Omega = 3\Omega$

實習專區 P.4-46

1. 化為戴維寧等效電路如下：

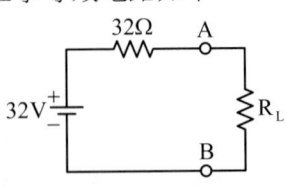

當$R_L = 32\Omega$時可得$P_{max} = 8W$

2. 將電壓源短路，電流源開路，可得
   $R_{th} = [(4+6)//15] + 2 + 2 = 10\ \Omega$

3. (1) 在電路取a, b兩點

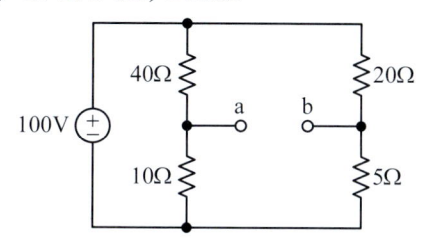

   (2) 在a, b兩點取戴維寧等效電路

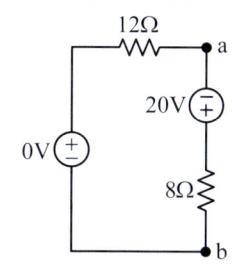

   (3) $I = \dfrac{20}{20} = 1\ A$

4. 將電路化為戴維寧等效電路如下：

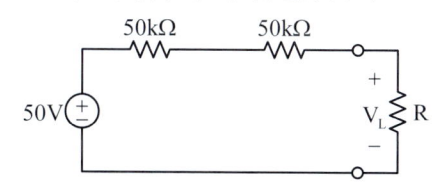

   當 $R = 100\ k\Omega$ 時負載電阻R可自電源獲得最大功率，電壓 $V_L = 25\ V$

5. 當電壓源短路，可得
   $R_L = [(20//30) + 28]//60 = 24\ \Omega$

6. 戴維寧等效電阻等於諾頓等效電阻，
   $R_{th} = R_N = \dfrac{E_{th}}{I_N} = \dfrac{10}{1} = 10\ \Omega$
   （Ⓥ讀值為 E_{Th}，Ⓐ讀值為 I_N）

7. 當電阻 $R_L = (12//6) + (24//24) = 16\ \Omega$

8. (1) 戴維寧等效電阻等於諾頓等效電阻，
   $R_{th} = R_N = \dfrac{E_{th}}{I_N} = \dfrac{10}{1} = 10\ \Omega$

   (2) 因此兩個電阻需為20Ω（並聯）

9. (1) 戴維寧等效電阻等於諾頓等效電阻，
   $R_{th} = R_N = \dfrac{E_{th}}{I_N} = \dfrac{20}{5} = 4\ \Omega$

   (2) $P_{max} = \dfrac{E_{th}^2}{4R_L} = \dfrac{20^2}{4 \times 4} = 25\ W$

10. (1) 當開關S打開時，根據題意得知直流電路的戴維寧等效電壓為12V

    (2) 當開關S閉合時，若直流電路的內阻為r：
    $\dfrac{12}{r+R} = 4A \Rightarrow \dfrac{12}{r+2} = 4 \Rightarrow r = 1\ \Omega$

    (3) 開關S閉合時電壓表讀值為
    $12 \times \dfrac{R}{r+R}$（分壓定則）
    $= 12 \times \dfrac{2}{1+2} = 8\ V$

11. 將電壓源短路後，可得
    $R = (20//20) + 5 = 15\ \Omega$

12. 此題運用重疊定理，(a)圖與(c)圖的電流重疊的結果為(b)圖，所以(c)圖為2A

13. (1) 直流線性網路的電壓為12V，內阻為4Ω

    (2) 將一4Ω的電阻接於a、b兩端，則此電阻兩端電壓為6V，
    消耗功率為 $\dfrac{6^2}{4} = 9\ W$

14. (1) 只考慮電壓30V，而電流源2A開路，電路為惠斯登電橋，所以流過電阻 R_a 之電流為0A

    (2) 只考慮電流2A，而電壓源30V短路，流過電阻 R_a 之電流為
    $2 \times \dfrac{[(6//12) + (6//12)]}{[(6//12) + (6//12)] + 2} = 1.6\ A$

    (3) 將情況(1)與(2)重疊，可得流過電阻 R_a 之電流為1.6A

15. 將電路化簡如下：

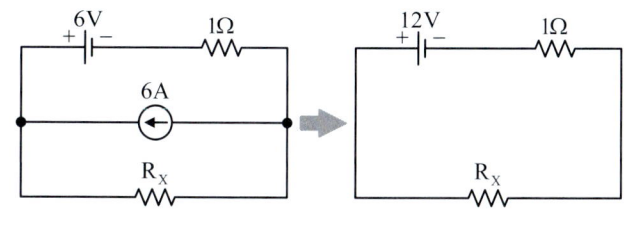

    可得 $R_X = 1\ \Omega$，$P_{max} = 36\ W$

16. (1) 當開關S斷開時電壓表讀值為12.9V，此為戴維寧等效電壓

    (2) 戴維寧等效電阻為 $\frac{12.9-10.9}{100} = 0.02\Omega$

模擬演練 P.4-49

1. (1) 取**雙戴維寧等效電路**：（如下圖所示）

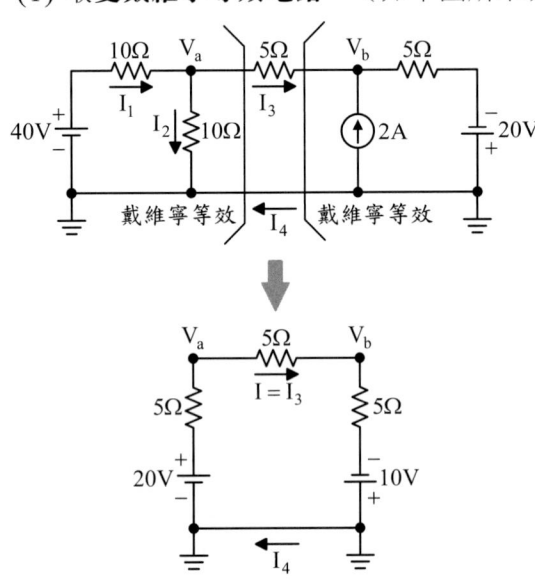

    (2) $I = I_3 = \frac{20+10}{5+5+5} = 2A$

    (3) $\begin{cases} V_a = 20 - 2\times 5 = 10V \\ V_b = 2\times 5 - 10 = 0V \end{cases}$

    (4) $I_1 = \frac{40-10}{10} = 3A$；$I_2 = \frac{10}{10} = 1A$；
    $I_4 = 2A$

2. (1) 取**雙戴維寧等效電路**：（如下圖所示）

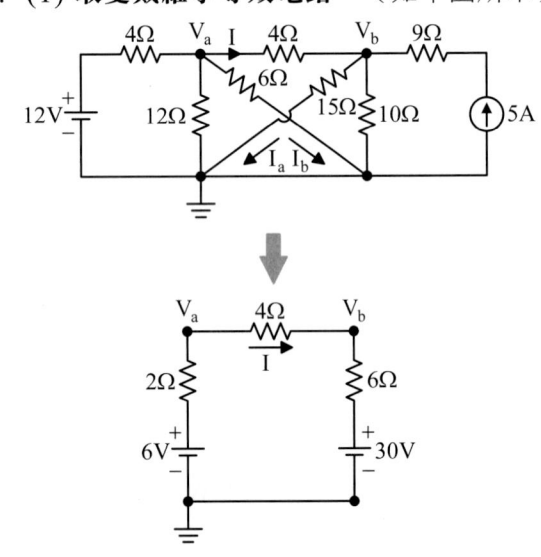

    (2) $I = \frac{6-30}{2+4+6} = -2A$

    (3) $\begin{cases} V_a = 6 + 2\times 2 = 10V \\ V_b = 30 - 2\times 6 = 18V \end{cases}$

    (4) $I_a = \frac{V_b}{15} = \frac{18}{15} = 1.2A$

    $I_b = \frac{V_a}{6} = \frac{10}{6} = \frac{5}{3}A$

5. (1) DCV指示值為開路電壓（戴維寧等效電壓）$E_{th} = 24V$；
    DCA指示值為短路電流（諾頓等效電流）$I_N = 8A$；
    因此電源內阻 $r = \frac{24}{8} = 3\Omega$

    (2) $P_{L(max)} = \frac{E_{th}^2}{4R_{th}} = \frac{24^2}{4\times 3} = 48W$

6. (1) 開路電壓（戴維寧等效電壓）= 20V
    短路電流（諾頓等效電流）= 2A

    (2) 由此可知等效電阻為 $\frac{20}{2} = 10\Omega$；
    $3 + (R_1 // 3) + 5 = 10\Omega \Rightarrow R_1 = 6\Omega$

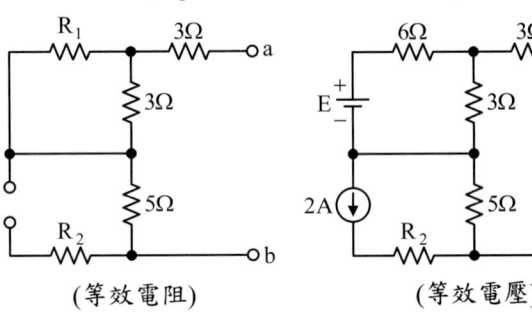

    (等效電阻)　　　(等效電壓)

    (3) $E_{th} = 20V = E\times\frac{3}{6+3} - 5\times 2$
    $\Rightarrow E = 90V$

    (4) 當負載電阻$R_L = 10\Omega$ $\begin{cases} V = 10V \\ I = 1A \end{cases}$

8. 運用**重疊定理**

    (1) 電流源開路，考慮60V電壓源時，該電路為**惠斯登電橋**，因此I = 0A

    (2) 電壓源短路，考慮5A的電流源時，電路如下：

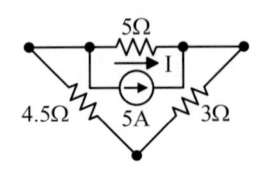

$$I = -5 \times \frac{(4.5+3)}{(4.5+3)+5}（分流定則）$$
$$= -3A$$

10. (1) 戴維寧等效電阻
$$R_{th} = \frac{16}{8} = 2\Omega = R // 2R$$
$$\Rightarrow 2 = \frac{2}{3}R \Rightarrow R = 3\Omega$$

(2) 戴維寧等效電壓 $E_{th} = 16V = \dfrac{\dfrac{E}{3}+4}{\dfrac{1}{3}+\dfrac{1}{6}}$

$\Rightarrow E = 12V$（密爾門定理）

(3) 負載所獲得之最大功率
$$P_{L(max)} = \frac{E_{th}^2}{4R_{th}} = \frac{16^2}{4 \times 2} = 32W$$

情境素養題 P.4-51

1. (1) TOYOTA，運用中垂線，可得
$$R_{ab} = 24 // 30 // 24 = \frac{60}{7}\Omega \approx 8.57\,\Omega$$

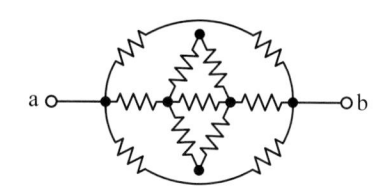

(2) Lexus，$R_{ab} = \dfrac{120}{11}\Omega \approx 11\,\Omega$

(3) BENZ，運用惠斯登電橋平衡，
$$R_{ab} = 24 // 24 // 24 = 8\,\Omega$$

3. 電源電流為 $\dfrac{36}{18} = 2\,A$

4. 將燒毀處取戴維寧等效電路，電路化簡如下，因此丙、丁最有可能

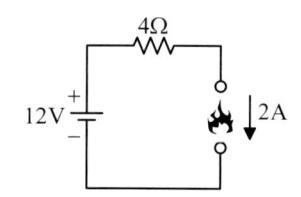

Chapter 5 電容及靜電

5-1 學生做

1. (1) $20 \times 10^4 \text{pF} \pm 5\% = 200\text{nF} \pm 5\%$
   (2) $22 \times 10^6 \text{pF} \pm 10\% = 22\mu\text{F} \pm 10\%$

2. $25\text{nF} \pm 10\% = 25 \times 10^3 \text{pF} \pm 10\% \Rightarrow 253\text{K}$

3. $Q = CV = 80\text{n} \times 15 = 1200\text{nC} = 1.2\mu\text{C}$

4. $Q = CV \Rightarrow C = \dfrac{Q}{V} = \dfrac{300\text{n}}{12} = 25\text{nF}$

5. $W = \dfrac{1}{2}\dfrac{Q^2}{C} = \dfrac{1}{2} \times \dfrac{(100\mu)^2}{25\mu} = 0.2\text{mJ}$

6. $C \propto \dfrac{A}{d} \Rightarrow 80\mu\text{F} \times \dfrac{2}{0.5} = 320\mu\text{F}$

7. (1) $C = \varepsilon \dfrac{A}{d} = 50 \times \dfrac{2 \times 10^{-4}}{1 \times 10^{-2}} = 1\text{F}$
   (2) $Q = CV = 1 \times 10 = 10\text{C}$
   (3) $W = \dfrac{1}{2}CV^2 = \dfrac{1}{2} \times 1 \times 10^2 = 50\text{J}$

8. (1) $C \propto \varepsilon_r \Rightarrow C' = 16\mu\text{F}$
   (2) 電壓不變，
   $Q = CV = 16\mu \times 18 = 288\mu\text{C}$

9. (1) $C \propto \varepsilon_r \Rightarrow C' = \dfrac{60\mu\text{F}}{2.5} = 24\mu\text{F}$
   (2) 電荷守恆（Q）不變：
   $V' = 10 \times 2.5 = 25\text{V}$
   (3) $Q = CV$
   $= \begin{cases} 60\mu \times 10 = 600\mu\text{C} \\ 24\mu \times 25 = 600\mu\text{C} \end{cases}$（前後守恆）

5-1 立即練習

3. $Q = CV = 100 \times 10^{-6} \times (100 - 50) = 5\text{mC}$

4. $W = \dfrac{1}{2}CV^2 = \dfrac{1}{2} \times 100 \times 10^{-6} \times (100^2 - 50^2)$
   $= 0.375\text{J}$

5-2 學生做

1. (1) $C_T = 20\mu\text{F} // 30\mu\text{F} = 12\mu\text{F}$
   (2) $Q_T = C_T \times V = 12\mu\text{F} \times 80\text{V} = 960\mu\text{C}$
   (3) $\begin{cases} V_1 = \dfrac{960\mu\text{C}}{20\mu\text{F}} = 48\text{V} \\ V_2 = \dfrac{960\mu\text{C}}{30\mu\text{F}} = 32\text{V} \end{cases}$
   (4) $\begin{cases} W_1 = \dfrac{1}{2}CV^2 = \dfrac{1}{2} \times 20\mu \times 48^2 = 23.04\text{mJ} \\ W_2 = \dfrac{1}{2}CV^2 = \dfrac{1}{2} \times 30\mu \times 32^2 = 15.36\text{mJ} \end{cases}$

2.
   (1) $Q_T = (25\text{V} + 35\text{V}) \times (6\mu\text{F} // 3\mu\text{F}) = 120\mu\text{C}$
   (2) $\begin{cases} V_1 = 25 - \dfrac{120\mu\text{C}}{6\mu\text{F}} = 5\text{V} \\ V_2 = -35 + \dfrac{120\mu\text{C}}{3\mu\text{F}} = 5\text{V} \end{cases}$

3. (1) $Q_T = 90\text{V} \times (6\mu\text{F} // C_X)$
   (2) $V = 30\text{V} = \dfrac{90 \times (6\mu\text{F} // C_X)}{C_X}$
   $\Rightarrow C_X = 12\mu\text{F}$

4. $Q_1 = C_1 \cdot V_1 = 20\mu\text{F} \cdot 20\text{V} = 400\mu\text{C}$（以此為主）
   $Q_2 = C_2 \cdot V_2 = 30\mu\text{F} \cdot 18\text{V} = 540\mu\text{C}$
   $Q_3 = C_3 \cdot V_3 = 24\mu\text{F} \cdot 20\text{V} = 480\mu\text{C}$
   $V_T = \dfrac{Q_T}{C_T}$
   $\Rightarrow V_T = \dfrac{400\mu\text{C}}{(20\mu\text{F} // 30\mu\text{F} // 24\mu\text{F})} = 50\text{V}$

5-2 立即練習

4. (1) 總電容量
   $C_T = 90\mu\text{F} // 180\mu\text{F} // 30\mu\text{F} = 20\mu\text{F}$
   (2) 總電荷量
   $Q_T = C_T V_T = 20\mu \times 60 = 1200\mu\text{C}$
   (3) $V_{C3} = \dfrac{1200\mu\text{C}}{30\mu\text{F}} = 40\text{V}$
   (4) $W_{C1} = \dfrac{1}{2}\dfrac{Q^2}{C_1} = \dfrac{1}{2} \dfrac{(1200\mu)^2}{90\mu} = 8\text{mJ}$

5. 串聯電路電荷量Q為定值：$W = \frac{1}{2}\frac{Q^2}{C}$。

$W_{C1} : W_{C2} : W_{C3} = \frac{1}{C_1} : \frac{1}{C_2} : \frac{1}{C_3} = \frac{1}{1} : \frac{1}{2} : \frac{1}{3}$

$= 6 : 3 : 2$

5-3學生做 P.5-12

1. (1) $C_T = 5\mu F + 7\mu F + 9\mu F = 21\mu F$

   (2) $Q_T = C_T \times V_T = 21\mu F \times 20V = 420\mu C$

   (3) $\begin{cases} Q_1 = C_1 V_T = 5\mu F \times 20 = 100\mu C \\ Q_2 = C_2 V_T = 7\mu F \times 20 = 140\mu C \\ Q_3 = C_3 V_T = 9\mu F \times 20 = 180\mu C \end{cases}$

   (4) $\begin{cases} W_1 = \frac{1}{2}C_1 V_T^2 = \frac{1}{2} \times 5\mu \times 20^2 = 1mJ \\ W_2 = \frac{1}{2}C_2 V_T^2 = \frac{1}{2} \times 7\mu \times 20^2 = 1.4mJ \\ W_3 = \frac{1}{2}C_3 V_T^2 = \frac{1}{2} \times 9\mu \times 20^2 = 1.8mJ \end{cases}$

2. $C_{ab} = \{[(36\mu 串 12\mu 串 18\mu)並6\mu]串3\mu 串4\mu\}$
   並3.5μ

   $C_{ab} = \{[(36\mu // 12\mu // 18\mu) + 6\mu] // 3\mu // 4\mu\}$
   $+ 3.5\mu$
   $= 5\mu F$

3. 以額定電壓較小者為基準
   等效電容器為$9\mu F / 30V$

4. (1) $C_T = 12\mu F = (12\mu + 8\mu) // C_1$
   $\Rightarrow C_1 = 30\mu F$

   (2) C_2與C_3端電壓相同：
   $\frac{144\mu}{8\mu} = \frac{Q_2}{12\mu} \Rightarrow Q_2 = 216\mu C$
   KCL：$Q_1 = Q_2 + Q_3 = Q_T$
   $= 144\mu C + 216\mu C = 360\mu C$
   $\therefore V_T = \frac{Q_T}{C_T} = \frac{360\mu}{12\mu} = 30V$

5. (1) $\frac{1}{C_a} = \frac{\frac{1}{5} \times \frac{1}{3}}{\frac{1}{3}+\frac{1}{2}+\frac{1}{5}} \Rightarrow C_a = 15.5\mu F$

   (2) $\frac{1}{C_b} = \frac{\frac{1}{3} \times \frac{1}{2}}{\frac{1}{3}+\frac{1}{2}+\frac{1}{5}} \Rightarrow C_b = 6.2\mu F$

   (3) $\frac{1}{C_c} = \frac{\frac{1}{2} \times \frac{1}{5}}{\frac{1}{3}+\frac{1}{2}+\frac{1}{5}} \Rightarrow C_c = \frac{31}{3}\mu F$

5-3立即練習 P.5-15

2. $C_{ab} = [(3+3)//6] + (10//15) = 3 + 6$
   $= 9\mu F$

5-4學生做 P.5-16

1. $F = \frac{9 \times 10^9}{1} \times \frac{0.03 \times 0.04}{12^2}$
   $= 7.5 \times 10^4$(牛頓)（吸引力）

2. $F = \frac{20 \times 15}{5^2} = 12$(達因)（吸引力）

3. $F = \frac{9 \times 10^9}{\varepsilon_r} \times \frac{Q_1 \times Q_2}{d^2} \Rightarrow 90 = \frac{9 \times 10^9}{1} \times \frac{Q^2}{10^2}$
   $Q = \pm 10^{-3} C$（兩電荷的電性必相反）

4. $F = \frac{9 \times 10^9}{1} \times \frac{3 \times 10^{-6} \times 3 \times 10^{-6}}{0.09^2} = 10Nt$

   $F = \sqrt{10^2 + 10^2 - 2 \times 10 \times 10 \times \cos 60°}$
   $= 10Nt$（向右）

5-4立即練習 P.5-18

1. (1) A點對C點以及B點對C點的作用力皆相同：

   $F = \frac{9 \times 10^9}{1} \times \frac{100 \times 10^{-6} \times 100 \times 10^{-6}}{2^2}$
   $= 22.5Nt$

   (2) 兩者的合力
   $F = \sqrt{22.5^2 + 22.5^2 - 2 \times 22.5 \times 22.5 \times \cos 90°}$
   $= 22.5\sqrt{2}Nt \angle -135°$

5-5學生做 P.5-20

1. $E = K\frac{Q}{R^2} = \frac{9 \times 10^9}{1} \times \frac{4}{0.02^2}$
   $= 9 \times 10^{13}$ (Nt/C)（向內）

2. $\psi = Q = 10$庫倫

3. $D = \frac{\psi}{A} = \frac{1}{4\pi \times 0.01^2} = \frac{2500}{\pi}$ (C/m²)

4. (1) $E = 0$

(2) $E = \dfrac{9 \times 10^9}{1} \times \dfrac{45 \times 10^{-6}}{0.03^2}$
    $= 4.5 \times 10^8$（牛頓／庫倫）

(3) $E = \dfrac{9 \times 10^9}{1} \times \dfrac{45 \times 10^{-6}}{0.05^2}$
    $= 1.62 \times 10^8$（牛頓／庫倫）

5-5立即練習 P.5-21

4. $E = \dfrac{F}{Q} = \dfrac{40}{5} = 8 \text{Nt/C}$

5. (1) Q_1對P點：
    $E = \dfrac{9 \times 10^9}{1} \times \dfrac{1.2 \times 10^{-9}}{0.5^2}$
    $= 43.2 (\text{Nt/C})$（向右）

(2) Q_2對P點：（向右）
    $E = \dfrac{9 \times 10^9}{1} \times \dfrac{1 \times 10^{-9}}{0.5^2}$
    $= 36 (\text{Nt/C})$（向右）

(3) 合成的電場為
    $43.2 + 36 = 79.2 (\text{Nt/C})$（向右）

5-6學生做 P.5-24

1. $V = K\dfrac{Q}{d} = \dfrac{9 \times 10^9}{1} \times \dfrac{5 \times 10^{-9}}{4}$
    $= 11.25\text{V}$（伏特）

2. $W = K\dfrac{Q_1 Q_2}{d}$
    $= \dfrac{9 \times 10^9}{1} \times \dfrac{4 \times 10^{-6} \times 5 \times 10^{-6}}{0.25}$
    $= 0.72$ 焦耳

3. (1) $V = K\dfrac{Q}{r} = \dfrac{9 \times 10^9}{1} \times \dfrac{18 \times 10^{-9}}{0.03}$
    $= 5400\text{V}$（伏特）
    （球內電位等於球面電位）

(2) $V = K\dfrac{Q}{R} = \dfrac{9 \times 10^9}{1} \times \dfrac{18 \times 10^{-9}}{0.04}$
    $= 4050\text{V}$（伏特）

4. $g = \dfrac{V}{d}$
    $\Rightarrow V = g \times d = 30\text{kV/cm} \times 0.3\text{cm} = 9\text{kV}$

5-6立即練習 P.5-25

1. $V_a = K\dfrac{Q}{R}$
    $\Rightarrow 9 \times 10^9 \times \dfrac{4 \times 10^{-9}}{1} - 9 \times 10^9 \times \dfrac{2 \times 10^{-9}}{3}$
    $= 30\text{V}$

2. $V_b = K\dfrac{Q}{R}$
    $\Rightarrow 9 \times 10^9 \times \dfrac{4 \times 10^{-9}}{1} - 9 \times 10^9 \times \dfrac{2 \times 10^{-9}}{1}$
    $= 18\text{V}$

4. $\dfrac{30\text{kV}}{\text{cm}} = \dfrac{X}{3\text{mm}} \Rightarrow \dfrac{30\text{kV}}{\text{cm}} = \dfrac{X}{3 \times 10^{-3} \times 10^2 \text{cm}}$
    $\Rightarrow X = 9 \text{ kV}$

綜合練習 P.5-26

5. $C = \varepsilon\dfrac{A}{d}$，極板間距減半，則電容量變為原來的2倍，且電源電壓不變，因此：
    $W = \dfrac{1}{2}CV^2$
    $\Rightarrow 16 : W = \dfrac{1}{2}CV^2 : \dfrac{1}{2} \cdot 2C \cdot V^2$
    $\Rightarrow 16 : W = \dfrac{1}{2} : 1$
    $\Rightarrow W = 32\text{J}$（焦耳）

6. $C = \varepsilon\dfrac{A}{d}$，極板間距減半，則電容量變為原來的2倍，且將電源移除後電荷守恆，因此：
    $W = \dfrac{1}{2}\dfrac{Q^2}{C} \Rightarrow 16 : W = \dfrac{1}{2}\dfrac{Q^2}{C} : \dfrac{1}{2} \cdot \dfrac{Q^2}{2C}$
    $\Rightarrow 16 : W = \dfrac{1}{2} : \dfrac{1}{4}$
    $\Rightarrow W = 8\text{J}$（焦耳）

9. $W = \dfrac{1}{2}CV^2 \Rightarrow 8 = \dfrac{1}{2} \times C \times 400^2$
    $\Rightarrow C = 100\mu\text{F}$

11. $W = \dfrac{1}{2}CV^2 = \dfrac{1}{2} \times 100\mu \times 100^2 = 0.5\text{J}$

12. $C = 33 \times 10^0 \text{pF} = 33 \times 10^{-12} \text{F}$

13. (1) $Q = CV = 100\mu \times 100 = 0.01\text{C}$

(2) $W = \dfrac{1}{2}CV^2 = \dfrac{1}{2} \times 100\mu \times 100^2 = 0.5\text{J}$

14. $W = \dfrac{1}{2}\dfrac{Q^2}{C} \Rightarrow 150m = \dfrac{1}{2} \times \dfrac{(3000\mu)^2}{C}$
   $\Rightarrow C = 30\mu F$

15. $C = \varepsilon\dfrac{A}{d} \Rightarrow$ 極板距離d減半,且電容量要增加為8倍,因此截面積需增為原來的4倍

17. $C_T = C_1 // C_2 // C_3 = 2\mu // 3\mu // 5\mu = \dfrac{30}{31}\mu F$
   $\Rightarrow A + B = 30 + 31 = 61$

24. (1) 在電容器兩端取a, b兩點,可得戴維寧等效電路如下。

   (2) $W = \dfrac{1}{2}CV^2 = \dfrac{1}{2} \times 5\mu \times 20^2 = 1mJ$

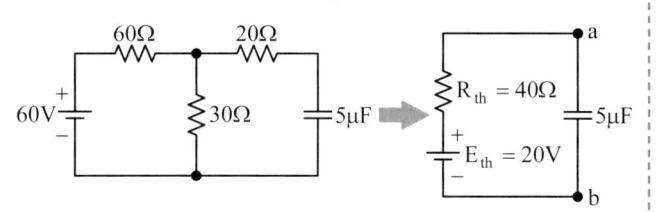

26. $Q = CV \Rightarrow 100\mu\mu \times 100 = C_T \times 600$
   $\Rightarrow C_T = \dfrac{50}{3}\mu\mu F$
   $\therefore (100 // C) = \dfrac{50}{3} \Rightarrow C = 20(\mu\mu F)$

27. $I = \dfrac{100 - 30}{20k} = 3.5\ mA$

31. (1) $Q_1 = C_1 \times V_1 = 2\mu F \times 300V = 600\ \mu C$
   (2) $Q_2 = C_2 \times V_2 = 6\mu F \times 500V = 3000\ \mu C$
   (3) 以電荷量最小的Q_1為主
   (4) 總耐壓$V = \dfrac{Q_1}{C_T} = \dfrac{600\mu C}{(2\mu F // 6\mu F)} = 400\ V$

33. (1) 將 $\Delta \to Y$ 化簡如下:

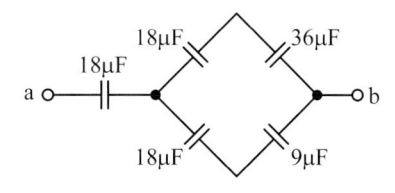

   (2) $C_{ab} = [(18//36) + (18//9)]//18 = 9\mu F$

36. (1) 惠斯登電橋平衡($\dfrac{1}{2} \times \dfrac{1}{9} = \dfrac{1}{3} \times \dfrac{1}{6}$)
   (2) $C_{ab} = (2//3) + (6//9) = 4.8\mu F$

38. (1) $243 = 24 \times 10^3 pF = 24 nF$
   (2) $123 = 12 \times 10^3 pF = 12 nF$
   (3) $802 = 80 \times 10^2 pF = 8 nF$

   (4) $C_{ab} = (24//12) + 8 = 16nF$(先串再並)

39. (1) $Q = It = CV$
   $\Rightarrow 1m \times 60 = C_1 \times 100$
   $\Rightarrow C_1 = 600\mu F$
   (2) $Q = It = C_2 V$
   $\Rightarrow 1m \times 60 = C_2 \times 200$
   $\Rightarrow C_2 = 300\mu F$

40. $C_{ab} = 6\mu F / 2\mu F = 1.5\mu F$

44. (1) $-8\mu C$對$2\mu C$的作用力
   $F_1 = \dfrac{9 \times 10^9}{1} \times \dfrac{8 \times 10^{-6} \times 2 \times 10^{-6}}{2^2}$
   $= 0.036 Nt$(向左)

   (2) $-4\mu C$對$2\mu C$的作用力
   $F_1 = \dfrac{9 \times 10^9}{1} \times \dfrac{2 \times 10^{-6} \times 4 \times 10^{-6}}{2^2}$
   $= 0.018 Nt$(向右)

   (3) 整體受力(合力)
   $F = 0.036 - 0.018 = 0.018 Nt$(向左)

47. $F = K\dfrac{Q_1 \times Q_2}{d^2} \Rightarrow F \propto \dfrac{1}{d^2}$
   $\Rightarrow 3 : F = \dfrac{1}{2^2} : \dfrac{1}{4^2}$
   $\Rightarrow F = 0.75 Nt$

48. (1) 帶電球體表面電通密度$D = \dfrac{Q}{4\pi R^2}$
   (2) $E = \dfrac{D}{\varepsilon} = \dfrac{Q}{4\pi\varepsilon R^2}$

51. $E = K\dfrac{Q}{R^2} \Rightarrow 9 \times 10^9 = \dfrac{9 \times 10^9}{1} \times \dfrac{Q}{0.1^2}$
   $\Rightarrow Q = 0.01$ 庫倫
   因電場方向指向球心故該球體帶負電。

53. $E = \dfrac{F}{Q}$(電子帶電量為1.6×10^{-9}庫倫)
   $\Rightarrow F = E \times Q = 6.25 \times 10^{18} \times 1.6 \times 10^{-19}$
   $= 1 Nt$

55. $E = \dfrac{F}{Q} = \dfrac{0.06}{200 \times 10^{-6}} = 300 Nt/C$

58. 在三角形的頂點處曲率較大,因此電荷分佈較多。

61. $V = K\dfrac{Q}{R} = \dfrac{9 \times 10^9}{1} \times \dfrac{-4 \times 10^{-8}}{2} = -180V$

68. $E = g = \dfrac{V}{d} = \dfrac{D}{\varepsilon}$

$\Rightarrow \dfrac{V}{0.01} = \dfrac{8.85 \times 10^{-9}}{8.85 \times 10^{-12}} \Rightarrow V = 10V$

71. $V = K\dfrac{Q}{R} \Rightarrow 144 = 9 \times 10^9 \times \dfrac{0.04 \times 10^{-6}}{R}$

$\Rightarrow R = 2.5$（公尺）

72. 介質強度 $= \dfrac{V}{d} = \dfrac{100kV}{2mm} = 50 \, MV/m$

73. (1) $i_C(t) = C\dfrac{\Delta V_C(t)}{\Delta t} = C \cdot m$

$= 5\mu \times \dfrac{10-0}{1m-0} = 50mA$

(2) $i_C(t) = C\dfrac{\Delta V_C(t)}{\Delta t} = C \cdot m$

$= 5\mu \times \dfrac{5-10}{5m-1m} = -6.25mA$

74. (1) 極板間距減半故上下電容各為20μF。

(2) 上層電容$C = 20\mu F \times 6 = 120\mu F$

下層電容$C = 20\mu F \times 3 = 60\mu F$

(3) 改裝後的總電容量$C_{ab} = 120\mu F$串聯$60\mu F$

$= \dfrac{120\mu \times 60\mu}{120\mu + 60\mu} = 40\mu F$

75. (1) 先將電容器6μF取a, b兩點化簡為戴維寧等效電路。

(2) 戴維寧等效電壓$E_{th} = 60V$

(3) 總電荷量

$Q_T = (6\mu F // 3\mu F) \times 60 = 120\mu C$

(4) 平衡電壓為 $\begin{cases} ① \ 60 - \dfrac{120\mu C}{6\mu F} = 40V \\ ② \ \dfrac{120\mu C}{3\mu F} = 40V \end{cases}$

（兩種算法皆可）

76. $C_{ab} = 2^{10} // 2^{10} // 2^9 // 2^8 // \cdots // 2^3 // 2^2 // 2$

$= 1(\mu F)$

78. 運用中垂線法，可得

$C_{ab} = [(8//8) + 8]//8 // + (8//8) = 3 + 4$

$= 7\mu F$

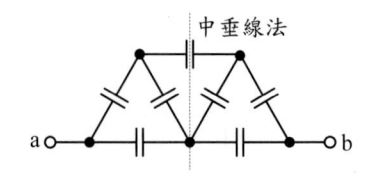

中垂線法

79. $C_{ab} = (10//10)//(10+C_{ab})$

$\Rightarrow C_{ab} = \dfrac{5 \times (10+C_{ab})}{5+(10+C_{ab})}$

$\Rightarrow 15C_{ab} + C_{ab}^2 = 50 + 5C_{ab}$

$\Rightarrow C_{ab}^2 + 10C_{ab} - 50 = 0$

$C_{ab} = \dfrac{-10 \pm \sqrt{10^2 + 4 \times 50}}{2 \times 1} = \dfrac{-10 \pm 10\sqrt{3}}{2}$

$= -5 \pm 5\sqrt{3} (\mu F)$（其中$-5 - 5\sqrt{3}$不合）

81. (1) **無中生有法**假設通過10μC為Q：

$30 = \dfrac{100\mu + Q}{30\mu} + \dfrac{Q}{10\mu}$（KVL）

$\Rightarrow 900\mu = 100\mu + Q + 3Q \Rightarrow Q = 200\mu C$

(2) 並聯端電壓相同：

$\dfrac{200}{10} = \dfrac{100}{C_1} \Rightarrow C_1 = 5\mu F$

82. (1) 化簡等效電路如下：

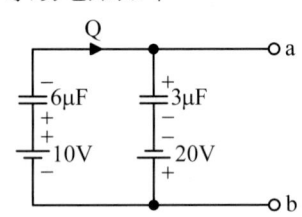

(2) $Q = C_T V_T = (6//3) \times (20+10) = 60\mu C$

(3) $V_{ab} = 10 - \dfrac{60\mu C}{6\mu F} = 0V$

或$V_{ab} = -20 + \dfrac{60\mu C}{3\mu F} = 0V$

83. (1) $C_2 = \dfrac{480\mu - 96\mu}{120} = 3.2\mu F$

(2) $C_1 = \dfrac{96\mu}{120-24} = 1\mu F$

84. (1) 電源電壓不變為

$V = \dfrac{Q_T}{C_T} = \dfrac{40 \times 3\mu}{3\mu / 4\mu} = 70V$

(2) 並聯電容C_X後：

總電荷$Q_T = C_1 V_1 = 3\mu \times 60 = 180\mu C$

(3) $(180\mu - 10 \times 4\mu) = C_X \cdot 10 \Rightarrow C_X = 14\mu F$

85. (1) $V = \dfrac{Q}{C}$，因此

$V_{15\mu F} = \dfrac{300\mu C}{15\mu F} = 20V$；

$V_{10\mu F} = \dfrac{400\mu C}{10\mu F} = 40V$

(2) $Q_T = C_T \cdot \Delta V = (15\mu // 10\mu) \times (40 - 20)$
$= 120\mu C$

（由$10\mu F \to 15\mu F$）（高電位往低電位）

86. (1) 極板面積減半，故左右電容各為$5\mu F$。

(2) 左層電容$C = 5\mu F \times 6 = 30\mu F$；
右層電容$C = 5\mu F \times 3 = 15\mu F$

(3) 改裝後的總電容量
$C_{ab} = 30\mu F$並聯$15\mu F = 45\mu F$

87. (1) $Q = CV = 4\mu F \times 40V = 160\mu C$

(2) 電源電壓為定值，因此
$E = \dfrac{160\mu C}{4\mu F // 2\mu F} = 120\ V$

(3) $80V \times 4\mu F = (120V - 80V) \times (2\mu F + C_x)$
$\Rightarrow C_x = 6\ \mu F$

(4) 當$C_a = 8\ \mu F$時，$V_{ab} = V_{bc} = 60\ V$

88. $D = \dfrac{\psi}{A}$（電力線與極板垂直的有效電力線為$\psi \times \sin 30°$）；

$D = \dfrac{\psi}{A}\sin 30° = \dfrac{10}{1 \times 2} \times \sin 30° = 2.5 C/m^2$

89. (1) 電荷Q_1以及Q_3對P點之電場強度

$E = \dfrac{9 \times 10^9}{1} \times \dfrac{\sqrt{2} \times 10^{-8}}{2^2} = 22.5\sqrt{2}Nt/C$

(2) 電荷Q_1以及Q_3兩者對P點之合成電場強度為$22.5\sqrt{2} \times \sqrt{2} = 45\angle 45°(Nt/C)$

(3) 電荷Q_2對P點之電場強度

$E = \dfrac{9 \times 10^9}{1} \times \dfrac{4 \times 10^{-8}}{(2\sqrt{2})^2}$
$= 45\angle -135°(Nt/C)$

(4) 三個電荷對P點之合成電場強度
$E = 45\angle -135° + 45\angle 45° = 0$

90. (1) 每個頂點距離中心點皆為$\dfrac{1}{\sqrt{3}}$

(2) $V = 3(三個電荷) \times \dfrac{9 \times 10^9}{1} \times \dfrac{2 \times 10^{-9}}{\dfrac{1}{\sqrt{3}}}$
$= 54\sqrt{3}V$

91. $\begin{cases} V = K\dfrac{Q}{R} = 300 \cdots\cdots(1) \\ E = K\dfrac{Q}{R^2} = 100 \cdots\cdots(2) \end{cases}$

$\Rightarrow \dfrac{(1)}{(2)} \Rightarrow \begin{cases} R = 3\text{ 公尺} \\ Q = 1 \times 10^{-7}C \end{cases}$

92. A、B、C三個線段對X軸的面積
$\dfrac{1}{2} \times 2 \times 10 + 10 \times 2 + \dfrac{(2+6) \times 10}{2} = 70V$

94. $C = \varepsilon\dfrac{A}{d} \Rightarrow C \propto \dfrac{A}{d} \Rightarrow \dfrac{0.5}{2} = 0.25$

模擬演練　P.5-36

1. (1) $C = \varepsilon\dfrac{A}{d} \Rightarrow C \propto \varepsilon_r$電容量增加5倍

(2) 電荷守恆因此電量不變，故電通密度不變。

(3) $Q(定值) = CV \Rightarrow C$增加5倍
$\Rightarrow V$減少5倍 $\Rightarrow 20V$

(4) $E = \dfrac{D}{\varepsilon} = \dfrac{\dfrac{\psi}{A}(不變)}{\varepsilon}$

∴ 電場強度減少5倍

2. (1) O點電荷對A產生的電位
$V = K\dfrac{Q}{R} = \dfrac{9 \times 10^9}{1} \times \dfrac{-2 \times 10^{-6}}{5}$
$= -3600V$

(2) O點電荷對B產生的電位
$V = K\dfrac{Q}{R} = \dfrac{9 \times 10^9}{1} \times \dfrac{-2 \times 10^{-6}}{20}$
$= -900V$

(3) $W = Q \times V = Q \times \Delta V$
$= 4 \times 10^{-3} \times (-900 + 3600) = 10.8J$

（正電荷由低電位往高電位作正功）

3. 假設X到Q_2的距離為d：
   列方程式：
   $$\frac{9 \times 10^9}{1} \times \frac{4 \times 10^{-6}}{(7.5-d)^2} = \frac{9 \times 10^9}{1} \times \frac{1.6 \times 10^{-5}}{d^2}$$
   $$\Rightarrow 3d^2 - 60d + 225 = 0$$
   $$\Rightarrow d = \begin{cases} 15m（不合） \\ 5m \end{cases}$$

4. (1) $\Delta \to Y$（若C_a為$12\mu // C_X // 6\mu$）
   (2) $\frac{20}{9}\mu = 12 // 6 // (C_a + 2)$
   $\Rightarrow C_a = 3\mu = 12\mu // C_X // 6\mu$
   $\Rightarrow C_X = 12\mu F$
   (3) $Q_T = C_T V_T = \frac{20}{9}\mu \times 270 = 600\mu C$
   (4) 運用端點電壓等效將結果列出如下：

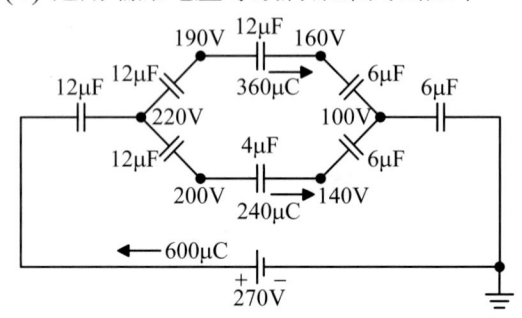

   (5) $V_a = 190V$；$V_b = 140V$；
   $Q_1 = CV = 4\mu \times (190 - 200) = -40\mu C$；
   $Q_2 = 240\mu C$

6. (1) $\overline{AO} = \overline{BO} = \overline{CO} = \overline{DO} = 2\sqrt{2}m$
   (2) $\overrightarrow{E_{AO}} = \overrightarrow{E_{BO}} = K\frac{Q}{R^2}$
   $= \frac{9 \times 10^9}{1} \times \frac{2 \times 10^{-9}}{(2\sqrt{2})^2} = 2.25 Nt/C$
   (3) $\overrightarrow{E_{CO}} = \overrightarrow{E_{DO}} = K\frac{Q}{R^2}$
   $= \frac{9 \times 10^9}{1} \times \frac{4 \times 10^{-9}}{(2\sqrt{2})^2} = 4.5 Nt/C$
   (4) 總電場強度$\overrightarrow{E} = (2.25 + 4.5) \times \sqrt{2}$
   $= 6.75\sqrt{2} Nt/C$（向下）
   (5) $V_{AO} = V_{BO} = K\frac{Q}{R}$
   $= \frac{9 \times 10^9}{1} \times \frac{2 \times 10^{-9}}{2\sqrt{2}} = 4.5\sqrt{2}V$

(6) $V_{CO} = V_{DO} = K\frac{Q}{R}$
   $= \frac{9 \times 10^9}{1} \times \frac{-4 \times 10^{-9}}{2\sqrt{2}} = -9\sqrt{2}V$
(7) 總電位$V = 4.5\sqrt{2} \times 2 - 9\sqrt{2} \times 2$
   $= -9\sqrt{2}V$

7. (1) **無中生有法**：

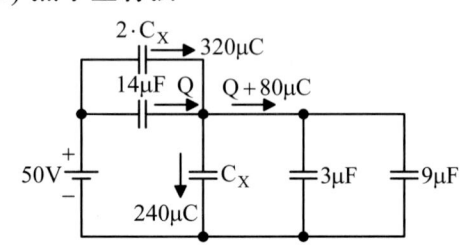

   (2) 運用KVL：
   $Q = CV \Rightarrow V = \frac{Q}{C}$
   $\Rightarrow 50 = \frac{Q}{14} + \frac{Q+80}{(3+9)}$
   $\Rightarrow Q = 280\mu C$
   (3) 並聯電壓相同：
   $\frac{280\mu C}{14\mu F} = \frac{320\mu C}{2C_X} \Rightarrow C_X = 8\mu F$

8. (1) $Q_T = C_T \times V_T$
   $= (6 + 6 - 4) \times (3\mu // 2\mu // 6\mu)$
   $= 8\mu C$（逆時針）
   (2) $V_{ab} = 6V - \frac{8\mu C}{3\mu F} = \frac{10}{3}V$
   (3) $V_{bc} = -4V - \frac{8\mu C}{2\mu F} = -8V$
   (4) $V_{cd} = 6V - \frac{8\mu C}{6\mu F} = \frac{14}{3}V$

9. (1) 總電容量
   $C_T = [(18\mu + 12\mu) // 20\mu] + 8\mu = 20\mu F$
   (2) 總電荷量
   $Q_T = C_T \times V_T = 20\mu \times 30 = 600\mu C$
   (3) $Q_1 = (600\mu C - 30V \times 8\mu F) \times \frac{18\mu F}{18\mu F + 12\mu F}$
   $= 216\mu C$
   (4) $Q_2 = 600\mu C - 240\mu C = 360\mu C$

10. (1) 電路化簡如下：

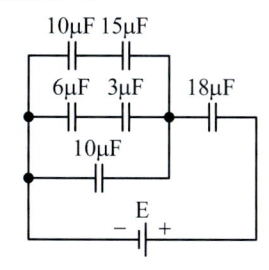

可知三個並聯支路的端電壓為

$$\frac{300\mu C}{6\mu F // 3\mu F} = 150V$$

(2) 並聯支路的總電容
$$C_T = (10\mu F // 15\mu F) + (6\mu F // 3\mu F) + 10\mu F$$
$$= 18\mu F$$

(3) 總電荷 $Q_T = 18\mu \times 150 = 2700\mu C$

(4) 總電壓 $E = 150 + \dfrac{2700\mu C}{18\mu F} = 300V$

情境素養題　P.5-38

2. 真正判別行動電源可充電的電量必須參考額定容量，並非電池容量，三個電池的電壓皆為5.1V，又以超猛牌行動電源為6500mAH，所以超猛牌行動電源的最大可充電量較大。

3. $W = Pt = VIt$
   $= 5.1(V) \times 6400(mA) \times 1(hr)$
   $= 32.64$ 瓦特-小時

4. $W = Pt = VIt$
   $= 5.1(V) \times 6300(mA) \times 1(hr)$
   $= 32.13$ 瓦特-小時
   因此可以讓5.1瓦特的燈泡點亮6.3小時。

5. 電容器並聯時的總電容量C最大，所以放電時燈泡亮的時間較久。

Chapter 6 電感及電磁

6-1 學生做

1. $H = \dfrac{F}{M} = \dfrac{60}{60}$
   $= 1$ 牛頓／韋伯（Nt/Wb）

2. $H = K\dfrac{M}{d^2} = \dfrac{6.33 \times 10^4}{1} \times \dfrac{2 \times 10^{-3}}{0.04^2}$
   $= 79125$ 牛頓／韋伯

3. $F = \dfrac{6.33 \times 10^4}{\mu_r} \times \dfrac{M_1 \times M_2}{d^2}$
   $= \dfrac{6.33 \times 10^4}{1} \times \dfrac{0.02 \times 0.04}{1^2}$
   $F = 50.64$ Nt（牛頓）

4. $F = \dfrac{6.33 \times 10^4}{\mu_r} \times \dfrac{M_1 \times M_2}{d^2}$
   $6.33 = \dfrac{6.33 \times 10^4}{1} \times \dfrac{0.05 \times M_2}{5^2}$
   $\Rightarrow M_2 = 0.05$ Wb

5. $H = \dfrac{I}{2\pi d} = \dfrac{20}{2 \times \pi \times 2}$
   $= \dfrac{5}{\pi}$ 牛頓／韋伯（安匝／公尺）

6. $H = \dfrac{N \times I}{2r} = \dfrac{20 \times 0.6}{2 \times 0.1}$
   $= 60$ 牛頓／韋伯（安匝／公尺）

7. $H = \dfrac{NI}{\ell} = \dfrac{100 \times 2}{0.05}$
   $= 4000$ 牛頓／韋伯（安匝／公尺）

6-1 立即練習

3. $H = \dfrac{I}{2\pi d} = \dfrac{31.4}{2 \times \pi \times 1}$
   $= 5$ 安匝／公尺（AT/m）

4. $H = \dfrac{I}{2\pi d}$
   $\Rightarrow 12 : H = \dfrac{I}{2\pi \times 4} : \dfrac{0.5I}{2\pi \times 2}$
   $\Rightarrow H = 12$ 安匝／公尺

5. $H = \dfrac{I}{2\pi d}$（直線）$+ \dfrac{I}{2r}$（圓形）
   $= \dfrac{31.4}{2\pi \times 1} + \dfrac{31.4}{2 \times 1}$
   $= 5 + 5\pi = 5(1+\pi)$ 安匝／公尺

6-2 學生做

1. CGS制：$B = \dfrac{\phi}{A} = \dfrac{2 \times 10^8}{10} = 2 \times 10^7$ 高斯

2. $H = \dfrac{B}{\mu} = \dfrac{2\pi \times 10^{-6}}{4\pi \times 10^{-7}} = 5$ 牛頓／韋伯

3. $\mathcal{F} = NI \Rightarrow 60 = N \times 5 \;;\; N = 12$ 匝
   通過10A時的磁動勢
   $\mathcal{F} = NI = 12 \times 10 = 120$ 安匝（AT）

4. $\mathcal{R} = \dfrac{\ell}{\mu \times A}$
   $= \dfrac{20\pi}{4\pi \times 10^{-7} \times 1000 \times 0.4 \times 10^{-4}}$
   $= 1.25 \times 10^9$ (AT/Wb)

6-2 立即練習

5. $\mathcal{R} = \dfrac{\ell}{\mu \times A} = \dfrac{\ell}{\mu_0 \times \mu_r \times A}$
   $= \dfrac{0.1}{4\pi \times 10^{-7} \times \dfrac{2000}{\pi} \times 2 \times 10^{-4}}$
   $= 6.25 \times 10^5$ 安匝／韋伯（AT/Wb）

6. $\mathcal{F} = NI = 50 \times 4 = 200$ AT

7. $\mathcal{F} = \phi\mathcal{R} \Rightarrow \phi = \dfrac{200}{6.25 \times 10^5} = 0.32$ m(Wb)
   $= 3.2 \times 10^4$ (Lines)

6-3 學生做

1. $E_{av} = N\left|\dfrac{\Delta\phi}{\Delta t}\right|$
   $= 15 \times \left|\dfrac{(10 \times 10^8 - 2 \times 10^8) \times 10^{-8}}{3}\right|$
   $= 40$V

2. $E_{av} = N\left|\dfrac{\Delta\phi}{\Delta t}\right| = N \times \left|\dfrac{4 \times 10^8 \times 10^{-8}}{8}\right| = 16$V
   $\Rightarrow N = 32$ 匝

3. 當可變電阻 R 逐漸減少，則向右的磁通量逐漸增加，**根據楞次定律**，左邊的線圈會產生一個向左的反抗磁通避免磁通增強，以**右手螺旋定則**可以判斷，$V_{ab} < 0$，電流由 b → a。

4. 根據**右手安培定則**，可判斷 A 點的磁場方向為流出紙面；B 點的磁場方向為流入紙面。兩者磁場強度的大小皆相同：

$|H_A| = |H_B| = \dfrac{I}{2\pi d} = \dfrac{10}{2\pi \times 0.05}$

$= \dfrac{100}{\pi}(Nt/Wb)$

5. (1) 根據**佛萊銘右手定則**，感應電流向下。

   (2) 感應電勢 $E = B \times \ell \times v \times \sin\theta$

   $E = 5 \times \dfrac{10}{100} \times 2 \times \sin 90° = 1$ 伏特（V）

6. (1) 根據**佛萊銘左手定則**，導體運動向上。

   (2) 受力大小 $F = B \times \ell \times I \times \sin\theta$

   $F = B \times \ell \times I \times \sin\theta$

   $= \dfrac{8000}{10^4} \times \dfrac{50}{100} \times 4 \times \sin 90°$

   $= 1.6$ 牛頓

7. $F = q \times v \times B \times \sin\theta$

   $F = 10m \times 10 \times 5 \times \sin 90°$

   $= 0.5$ 牛頓（向右偏轉）

   （負電荷向下，相當於正電荷向上）

8. $F = \dfrac{2 \times 10^{-7} \times \mu_r \times \ell \times I_1 \times I_2}{d}$

   $F = \dfrac{2 \times 10^{-7} \times 10 \times 1000 \times 4 \times 3}{0.5}$

   $= 0.048$ 牛頓（排斥力）

6-3 立即練習   P.6-15

2. (1) 根據楞次定律，當磁通增強，線圈會反抗磁通增強，根據右手螺旋定則，則磁通向左。

   (2) $E_{ab} = N\dfrac{\Delta\phi}{\Delta t} = 40 \times \dfrac{0.7 - 0.82}{0.2} = -24V$

6. $F = \dfrac{2 \times 10^{-7} \times \mu_r \times \ell \times I_1 \times I_2}{d}$

   $= \dfrac{2 \times 10^{-7} \times 1 \times 1 \times 10 \times 5}{0.2}$

   $= 5 \times 10^{-5}$ 牛頓（Nt）

6-4 學生做   P.6-17

1. $M = K \times \sqrt{L_1 \times L_2} = 0.6 \times \sqrt{30m \times 30m}$

   $= 18mH$

2. (1) $L_1 = \dfrac{N_1 \times \phi_1}{I_1} = \dfrac{500 \times 10m}{8} = 625mH$

   (2) $M = \dfrac{N_2 \times \phi_{12}}{I_1} = \dfrac{400 \times 6m}{8} = 300mH$

   (3) $K = \dfrac{\phi_{12}}{\phi_1} = \dfrac{6m(Wb)}{10m(Wb)} = 0.6$

   (4) $M = K \times \sqrt{L_1 \times L_2}$

   $\Rightarrow 300m = 0.6 \times \sqrt{625m \times L_2}$

   $L_2 = 400mH$

3. $L = \dfrac{N^2}{\mathcal{R}} = \dfrac{50^2}{10^4} = 0.25$ 亨利（H）

4. $L = \dfrac{N^2}{\mathcal{R}} \Rightarrow L \propto N^2 \Rightarrow 36 : 16 = 60^2 : N^2$

   $\Rightarrow N = 40$ 匝

   60匝 − 40匝 = 20匝（減去20匝）

6-4 立即練習   P.6-18

2. $M = K \times \sqrt{L_1 \times L_2}$

   $\Rightarrow M = 0.8 \times \sqrt{100m \times 400m} = 160mH$

3. $M = K \times \sqrt{L \times L}$

   $\Rightarrow 0.54 = 0.9 \times L \Rightarrow L = 0.6H$

5. $M_{12} = M_{21} = \dfrac{N_2 \times \phi_{12}}{I_1} = \dfrac{N_1 \times \phi_{21}}{I_2}$

6. $L = \dfrac{N^2}{\mathcal{R}} \Rightarrow L \propto N^2$

   $\Rightarrow 40mH : L = 800^2 : 200^2$

   $\Rightarrow L = 2.5mH$

7. $L \propto N^2 \Rightarrow 5mH : L = 50^2 : 100^2$

   $\Rightarrow L = 20mH$

6-5 學生做   P.6-21

1. $L_T = L_1 + L_2 = 3H + 2H = 5H$

2. （串聯互消型態）

   $L_{1T} = 6 - 1 = 5H$；$L_{2T} = 7 - 1 = 6H$

   總電感量 $L_T = L_{1T} + L_{2T} = 5H + 6H = 11H$

3. $L_T = L_1 // L_2 = 3H // 6H = 2H$

4. （並聯互消）

$L_T = L_{ab} = \dfrac{L_1 \times L_2 - M^2}{L_1 + L_2 + 2M} = \dfrac{5 \times 3 - 1^2}{5 + 3 + 2 \times 1}$

$= 1.4H$

5. $L_{1T} = L_1 - M_{12} + M_{13} = 7 - 3 + 2 = 6H$
   $L_{2T} = L_2 - M_{12} - M_{23} = 10 - 3 - 1 = 6H$
   $L_{3T} = L_3 - M_{23} + M_{13} = 5 - 1 + 2 = 6H$
   $L_{ab} = L_{1T} // L_{2T} // L_{3T} = 6 // 6 // 6 = 2H$

6. $W = \dfrac{1}{2} \times L \times I^2 = \dfrac{1}{2} \times 4 \times 3^2 = 18$ 焦耳（J）

7. $W = \dfrac{1}{2} \times N \times \phi \times I = \dfrac{1}{2} \times 500 \times 10^{-3} \times 6$
   $= 1.5$ 焦耳（J）

6-5 立即練習　P.6-23

2. $W = \dfrac{1}{2} \times L_T \times I^2 = \dfrac{1}{2} \times 3 \times 2^2 = 6$ 焦耳（J）

3. (1) 任意假設電流方向，判斷互助以及互消。

   (2) $L_{ab} = (10 - 1 + 1) + (8 - 1 - 2) + (6 - 2 + 1)$
      $= 20H$

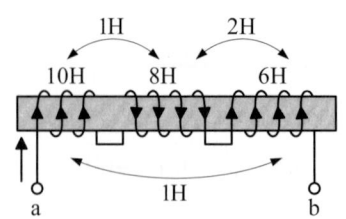

綜合練習　P.6-24

2. $H = \dfrac{I}{2r} = \dfrac{5}{2 \times 0.1} = 25$ 安匝／公尺

3. (1) N極對O點之磁場強度

   $H_N = K\dfrac{M_1}{d^2} = 1 \times \dfrac{450}{15^2}$

   $= 2$ 達因／靜磁（向右）

   (2) S極對O點之磁場強度

   $H_S = K\dfrac{M_1}{d^2} = 1 \times \dfrac{450}{10^2}$

   $= 4.5$ 達因／靜磁（向左）

   (3) 合成的磁場強度

   $\vec{H} = \vec{H_N} + \vec{H_S} = 4.5 - 2$

   $= 2.5$ 達因／靜磁（向左）

6. $F = K\dfrac{M_1 \times M_2}{d^2}$

   $\Rightarrow 25 = 1 \times \dfrac{M^2}{5^2}$

   $\Rightarrow M = \sqrt{25 \times 5^2} = 25$ 靜磁單位

7. $\mu_0 = 4\pi \times 10^{-7}$ 亨利／公尺；
   $\varepsilon_0 = (36\pi \times 10^9)^{-1}$ 法拉／安培-公尺

10. 磁力線平行通過其有效磁通量為0。

12. $\mathcal{F} = NI = 50 \times 2 = 100$ 安匝（AT）
    $= 40\pi$ 吉柏（GB）

13. $\mathcal{F} = NI = \phi \mathcal{R}$

    $\Rightarrow \mathcal{F} = 200 \times I = 0.6 \times \dfrac{0.1}{2 \times 10^{-3} \times 0.05}$

    $\Rightarrow I = 3 A$

17. $\mathcal{R} = \dfrac{\ell}{\mu \times A} = \dfrac{0.05 \times 10^{-2}}{4\pi \times 10^{-7} \times \dfrac{25}{\pi} \times 10^{-4}}$

    $= 5 \times 10^5$ 安匝／韋伯（AT/Wb）

18. $\mu = \dfrac{B}{H}$

    $\Rightarrow H = \dfrac{B}{\mu} = \dfrac{0.5}{4\pi \times 10^{-7}}$

    $\cong 3.98 \times 10^5 (AT/m)$

24. (1) $E = N\dfrac{\Delta\phi}{\Delta t}$

    $= 1000 \times \dfrac{(0.25 - 0.05) \times 100 \times 10^{-4}}{2}$

    $= 1$ 伏特

    (2) $I = \dfrac{E}{R} = \dfrac{1}{5} = 0.2 A$

26. (1) 電流為10A

    (2) $F = \dfrac{2 \times 10^{-7} \times \mu_r \times \ell \times I_1 \times I_2}{d}$

    $= \dfrac{2 \times 10^{-7} \times 1 \times 5 \times 10 \times 10}{0.1}$

    $= 10^{-3}$ 牛頓（Nt）（向下的排斥力）

29. (1) t_1時：$\phi(t)$的變化量為0，因此感應電壓 $E_{ab} = 0V$。

    (2) t_2時：$E_{ab} = 100 \times \dfrac{1 \times 10^{-3}}{(16m - 6m)} = 10V$

    （根據楞次定律，磁通維持原方向，因此$E_{ab} > 0$）。

38. $F = 2 \times 10^{-7} \times \dfrac{\ell \times I_1 \times I_2}{d}$

　　$\Rightarrow 0.016 = 2 \times 10^{-7} \times \dfrac{8 \times 2I_2 \times I_2}{0.02}$

　　$\Rightarrow I_2^2 = 100 \Rightarrow I_2 = 10\ \text{A}$，$I_1 = 20\ \text{A}$

39. $E = N\left|\dfrac{\Delta\phi}{\Delta t}\right|$，當 $\Delta\phi$ 沒有變化時，線圈之感應電動勢等於零。

40. 當耦合係數 $K = 1$ 時，表示無漏磁磁通量。

41. $E = M\dfrac{\Delta I_2}{\Delta t} \Rightarrow 8 = M \times \dfrac{10-6}{0.4} \Rightarrow M = 0.8\ \text{H}$

42. $L = \dfrac{\lambda}{I} = \dfrac{N \times \phi}{I} = \dfrac{50 \times 0.04}{2} = 1\ \text{亨利（H）}$

43. $L = \dfrac{N^2}{\mathcal{R}} \Rightarrow L \propto N^2 \Rightarrow L : 0.5L = 1000^2 : N^2$

　　$\Rightarrow N \cong 707\ \text{匝}$

因此需拆掉 293 匝。

44. 因繞製長度相同，故匝數減半，因此電感變為原來的 1/4 倍。

48. (1) $K = \dfrac{\phi_{12}}{\phi_1} = \dfrac{4m}{5m} = 0.8$

　(2) $L_1 = \dfrac{N_1 \times \phi_1}{I_1} = \dfrac{100 \times 5m}{5} = 0.1\ \text{H}$

　(3) $M = \dfrac{N_2 \times \phi_{12}}{I_1} = \dfrac{200 \times 4m}{5} = 0.16\ \text{H}$

　(4) $M = K \times \sqrt{L_1 \times L_2} = 0.16$
　　　$= 0.8\sqrt{0.1 \times L_2}$
　　$\Rightarrow L_2 = 0.4\ \text{H}$

49. (1) $L = \dfrac{N_1 \times \phi_1}{I_1} = \dfrac{500 \times 4 \times 10^{-4}}{5} = 0.04\ \text{H}$
　　　$= 40\ \text{mH}$

　(2) $M = \dfrac{N_2 \times \phi_{12}}{I_1} = \dfrac{1000 \times 4 \times 10^{-4} \times 0.9}{5}$
　　　$= 0.072\ \text{H} = 72\ \text{mH}$

50. $v_{ab}(t) = L\dfrac{\Delta i}{\Delta t}$，4-8 秒的區間，斜率為 0（電流變化量為 0），因此感應電勢為 0 V。

51. $M = \dfrac{N_2 \times \phi_{12}}{I_1} = \dfrac{300 \times (0.3-0.2)}{5} = 6\ \text{H}$

52. $L = \dfrac{N \times \phi}{I} = \dfrac{100 \times 2 \times 10^6 \times 10^{-8}}{10} = 0.2\ \text{H}$

53. (1) 串聯互助：
　　$L_{ab} = L_1 + L_2 + 2M$
　　　　$= 6 + 3 + 2 \times 1 = 11\ \text{H}$

　(2) 並聯互消：
　　$L_T = L_{ab} = \dfrac{L_1 \times L_2 - M^2}{L_1 + L_2 + 2M}$
　　　　$= \dfrac{10 \times 6 - 2^2}{10 + 6 + 2 \times 2} = 2.8\ \text{亨利（H）}$

　(3) $L_{ab} = 11 + 2.8 = 13.8\ \text{H}$

54. $\begin{cases} 串聯互助：3L_2 + L_2 + 2 \times M = 60 \cdots\cdots(1) \\ 串聯互消：3L_2 + L_2 - 2 \times M = 12 \cdots\cdots(2) \end{cases}$

　$\Rightarrow (1)-(2)$
　$\Rightarrow 4M = (60-12)$
　$\Rightarrow M = 12\ \text{H}\qquad \therefore L_2 = 9\ \text{H}$

55. 並聯互消：
　$L_{ab} = \dfrac{L_1 \times L_2 - M^2}{L_1 + L_2 + 2M} = \dfrac{10 \times 30 - 5^2}{10 + 30 + 2 \times 5}$
　　　$= 5.5\ \text{H}$

56. 互助時電感量為 9 H，互消時電感量為 4 H。
因此互感量 $M = \dfrac{9-4}{4} = 1.25\ \text{H}$。

60. (1) $L \propto N^2 \qquad \therefore$ 電感量變為 8 亨利

　(2) $W = \dfrac{1}{2}LI^2 = \dfrac{1}{2} \times 8 \times 2^2 = 16\ \text{焦耳（J）}$

62. (1) $L_T = L_1 + L_2 + 2M$（串聯互助）
　　　　$= 0.02 + 0.02 + 2 \times 0.01 = 0.06\ \text{H}$

　(2) $W = \dfrac{1}{2} \times L \times I^2 = \dfrac{1}{2} \times 0.06 \times 10^2$
　　　$= 3\ \text{焦耳（J）}$

66. $H = \dfrac{I}{2r} \times \dfrac{1}{4}\ (\dfrac{1}{4}\text{圓}) = \dfrac{4}{2 \times 0.5} \times \dfrac{1}{4}$
　　$= 1\ \text{安匝／公尺}$

67. N 以及 S 極對 O 點之磁場強度大小相同但方向不同，$H = K\dfrac{M_1}{d^2} = 1 \times \dfrac{160}{4^2} = 10\ \text{達因／靜磁}$，兩向量夾角 60°，因此總合成向量為 10 達因／靜磁（向右）。

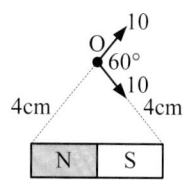

68. (1) 磁力線以30度的夾角通過該平面,其有效磁通量為 $10^{10} \times 10^{-8} \times \sin 30° = 50$ (Wb)

(2) $B = \dfrac{\phi}{A} = \dfrac{50}{10 \times 10^{-4}} = 5 \times 10^4$(特斯拉)
$= 5 \times 10^8$(高斯)

69. (1) 磁場強度:
$H = \dfrac{I}{2\pi d} = \dfrac{4\pi}{2\pi \times 0.01} = 200$ Nt/Wb

(2) 磁通密度:
$B = \mu \times H = 4\pi \times 10^{-7} \times 200$
$= 8\pi \times 10^{-5}$ (Tesla) $= 0.8\pi$ (Gauss)

70. $E_{av} = N \dfrac{\Delta\phi}{\Delta t} = N \dfrac{d\phi(t)}{dt}$
$= 200 \times \left.\dfrac{d(5t^2 - 2)}{dt}\right|_{t=2ms}$
$= 200 \times (10t)|_{t=2ms}$
$= 4V$（對$\phi(t)$微分）

71. (1) v_1方向:
$E = B \times \ell \times v \times \sin\theta$
$= 4 \times \dfrac{10}{100} \times 4 \times \sin 60° = 0.8\sqrt{3}$V

(2) v_2方向:
$E = B \times \ell \times v \times \sin\theta$
$= 4 \times \dfrac{10}{100} \times 4 \times \cos 60° = 0.8$V

72. (1) 以佛萊銘右手定則$E_{ab} > 0$

(2) $E = B \times \ell \times v \times \sin\theta$
$= 2 \times (0.2 \times 2) \times 5 \times \sin 90° = 4$V
（與磁場垂直切割的有效長度為0.4公尺）

73. 與磁場垂直切割的有效長度皆8公尺。

74. 1200rpm（每分鐘轉速）= 20rps（每秒鐘轉速），相當於轉一圈需$\dfrac{1}{20}$秒。

$E_{av} = N \dfrac{\Delta\phi}{\Delta t} = N \dfrac{B \times A}{t}$
$= 40 \times \dfrac{500 \times 10^{-4} \times 0.2 \times 0.2}{\dfrac{1}{20} \times \dfrac{1}{3}} = 4.8$V

75. (1) $\mu = \dfrac{B}{H}$
$\Rightarrow B = \mu \times H = 4\pi \times 10^{-7} \times \dfrac{10^4}{\pi}$
$= 4 \times 10^{-3}$ Wb/m²

(2) $F = q \times v \times B \times \sin\theta = 1 \times 100 \times 4 \times 10^{-3}$
$= 0.4$牛頓（Nt）
$= 40000$達因（dyne）

76. $F = B \times \ell \times I \times \sin\theta$
$= \dfrac{2 \times 10^{-7} \times \mu_r \times \ell \times I_1 \times I_2}{d}$
$\Rightarrow d = \dfrac{2 \times 10^{-7} \times 1 \times 1 \times 1}{2 \times 10^{-7} \times 1} = 1$m

77. (1) 每單位長度之受力
$F = \dfrac{\mu \times \ell \times I_1 \times I_2}{2\pi d} = K \times \dfrac{\ell \times I_1 \times I_2}{d}$
$= K \times \dfrac{1 \times I^2}{d} = K \times \dfrac{I^2}{d}$

(2) 總合力$F = \sqrt{3} \times K \times \dfrac{I^2}{d}$

79. $E_{av} = L \times \dfrac{di(t)}{dt} = 0.2 \times \left.\dfrac{d(4t^2 - 5t + 3)}{dt}\right|_{t=10}$
$\Rightarrow E_{av} = 0.2 \times (8t - 5)|_{t=10} \Rightarrow E_{av} = 15$V

80. (1) $e_{ab} = L \dfrac{\Delta i}{\Delta t} = 6 \times \dfrac{3-5}{0.5} = -24$V

(2) $e_{cd} = M \dfrac{\Delta i}{\Delta t} = 4 \times \dfrac{3-5}{0.5} = -16$V

81. 串聯互消:
$L_{ab} = L_1 + L_2 - 2M = 10 + 15 - 2 \times 2 = 21$H

82. **解一**
$W = \dfrac{1}{2} \times L_T \times I^2 = \dfrac{1}{2} \times 21 \times 2^2$
$= 42$焦耳（J）

解二
$W = \dfrac{1}{2}L_1 \times I_1^2 + \dfrac{1}{2}L_2 \times I_2^2 \pm M \times I_1 \times I_2$
$= \dfrac{1}{2} \times 10 \times 2^2 + \dfrac{1}{2} \times 15 \times 2^2 - 2 \times 2 \times 2$
$= 42$焦耳（J）

83. 並聯互助:
$L_T = L_{ab} = \dfrac{L_1 \times L_2 - M^2}{L_1 + L_2 - 2M} = \dfrac{8 \times 5 - 2^2}{8 + 5 - 2 \times 2}$
$= 4$亨利（H）

84. $W = \dfrac{1}{2} \times L_T \times I^2 = \dfrac{1}{2} \times 4 \times 3^2$
$= 18$焦耳（J）

85. 並聯互消：
$$W = \frac{1}{2}L_1 \times I_1^2 + \frac{1}{2}L_2 \times I_2^2 - M \times I_1 \times I_2$$
$$= \frac{1}{2} \times 6 \times 3^2 + \frac{1}{2} \times 8 \times 4^2 - 2 \times 3 \times 4$$
$$= 67 \text{焦耳（J）}$$

86. 並聯互助：
$$W = \frac{1}{2}L_1 \times I_1^2 + \frac{1}{2}L_2 \times I_2^2 + M \times I_1 \times I_2$$
$$= \frac{1}{2} \times 12 \times 2^2 + \frac{1}{2} \times 8 \times 4^2 + 2 \times 2 \times 4$$
$$= 104 \text{焦耳（J）}$$

87. (1) 理想耦合係數 $K = 1$
    (2) 理想之互感量 $M = K \times \sqrt{L_1 \times L_2}$
    $M = 1 \times \sqrt{16m \times 9m} = 12 \text{ mH}$
    (3) 串聯互助 $L_T = 49 \text{ mH}$
    串聯互消 $L_T = 1 \text{ mH}$
    由上述可得知(A)(B)皆錯
    (4) 兩個電感並聯，等效電感不會大於最大值，因此選(C)

88. (1) 通過電感器的電流
    $$I_L = \frac{100}{5} = 20A$$
    (2) 電感器的儲能
    $$W_L = \frac{1}{2}LI^2 = \frac{1}{2} \times 100mH \times 20^2 = 20J$$

89. 為串聯互消電路。

模擬演練　P.6-33

1. (1) $H_A = \frac{I}{2\pi d} = \frac{2}{2 \times \pi \times 1}$
    $= \frac{1}{\pi}$ 牛頓／韋伯（正X軸方向）

    (2) $H_B = \frac{I}{2\pi d} = \frac{4}{2 \times \pi \times 1}$
    $= \frac{2}{\pi}$ 牛頓／韋伯（負Y軸方向）

    (3) $H_C = \frac{I}{2\pi d} = \frac{2}{2 \times \pi \times 1}$
    $= \frac{1}{\pi}$ 牛頓／韋伯（正X軸方向）

    (4) $\overrightarrow{H_A} + \overrightarrow{H_B} + \overrightarrow{H_C} = \frac{2\sqrt{2}}{\pi} \angle -45°$ 牛頓／韋伯

    (5) $\mu = \frac{B}{H}$
    $\Rightarrow B = \mu \times H = 4\pi \times 10^{-7} \times \frac{2\sqrt{2}}{\pi}$
    $= 8\sqrt{2} \times 10^{-7}$ 特斯拉

4. (1) 磁鐵向右移動時，線圈產生向右之感應磁通，感應電流由a流向b。
    (2) 磁鐵向左移動時，線圈產生向左之感應磁通，感應電流由b流向a。

5. $L_{ab} = \{\{[((6//12) + 16)//20] + 10//30\} + 12\}$
    $//36 + 5.6$
    $= 20H$

7. (1) 串聯電路：$L = 5 + 4 - 2 \times 2 = 5H$
    (2) 並聯部分：
    $L' = (5 - 4 + 2)//(9 - 4 - 3)//(7 + 2 - 3)$
    $= 3//2//6 = 1H$
    (3) 總電感量 $L_{ab} = 5 + 1 = 6H$

8. $V_L(t) = L \frac{\Delta I_L(t)}{\Delta t}$，
    因此在時間 $t_2 \to t_3$ 電感器感應的電壓 $V_L(t)$ 為零。

10. 此電路為並聯互助：
    $L_{ab} = (5+1+1+1)//(5+1+1+1)$
    $//(5+1+1+1)//(5+1+1+1)$
    $= 2H$

情境素養題　P.6-35

1. 判斷運動的導體在磁場中切割的感應電勢大小，乃是運用法拉第電磁感應定律。

Chapter 7 直流暫態

7-1 學生做   P.7-3

1. (1) 充電瞬間（電感器視為開路）
   $V_L = 15V$；$I = 0A$
   (2) 充電完畢（電感器視為短路）
   $V_L = 0V$；$I = \dfrac{15}{5} = 3A$

2. (1) 充電瞬間，電感器視為開路：
   $V_L = 20 \times \dfrac{15}{10+15}$（分壓定則）$= 12V$
   (2) 充飽電，電感器視為短路：
   $I = \dfrac{20}{10} = 2A$（電阻15Ω被短路）

3. (1) 充電瞬間（電容器短路；電感器開路）
   $I = \dfrac{20}{5+5} = 2A$
   (2) 穩態時（電容器開路；電感器短路）
   $I = \dfrac{20}{5+15} = 1A$

4. （充放電時間常數不同）
   (1) 充飽電：
   $t = 5(L/R) = 5 \times (4m/2) = 10ms$
   (2) 放完電：
   $t = 5(L/R) = 5 \times (4m/4) = 5ms$

5. 電感器以充飽多少『電流』為基準
   (1) 放電瞬間電流 $I = -\dfrac{40}{8} = -5A$
   （電流方向不變）
   (2) 放電瞬間電壓 $V_L = -5 \times 10 = -50V$

7-1 立即練習   P.7-5

4. (1) 充電瞬間電感器視為開路：
   $V_L = 15 \times \dfrac{3}{3+3}$（分壓定則）
   $= 7.5V$
   (2) 穩態時電感器視為短路：
   $I_L = \dfrac{15}{3+(3//6)} \times \dfrac{3}{3+6}$（分流定則）
   $= 1A$

6. $V_C = 60 \times \dfrac{10}{10+20} - 60 \times \dfrac{30}{30+15} = -20V$

7. (1) 穩態時電感器短路，電容器開路。
   (2) 總電流 $I_T = \dfrac{45}{[(6+4)//15]+9} = 3A$
   (3) $I = 0A$（電感器將電阻2Ω短路）
   (4) $V_C = 3 \times \dfrac{15}{(6+4)+15}$（分流定則）$\times 4$
   $+ 3 \times 9$
   $= 34.2V$

10. $\tau = R_1 C_1 \Rightarrow 50ms = R_1 \times 20\mu F$
    $\Rightarrow R_1 = 2.5k\Omega$

7-2 學生做   P.7-9

1. 電感器先開路後短路
   (1) 充電時間常數 $\tau = \dfrac{L}{R} = \dfrac{2}{1} = 2$秒
   (2) $V_L(t)$：max → min 為遞減指數函數
   $V_L(t=4) = E \times e^{-\frac{t}{\tau}} = 10 \times e^{-\frac{4}{2}} = 1.35V$
   (3) $I_L(t)$：min → max 為遞增指數函數
   $I_L(t=4) = \dfrac{E}{R} \times (1 - e^{-\frac{t}{\tau}})$
   $= \dfrac{10}{1} \times (1 - e^{-\frac{4}{2}}) = 8.65A$

2. (1) 放電時間常數 $\tau = \dfrac{L}{R} = \dfrac{2}{1} = 2$秒
   (2) **電感器電流方向不變（遞減函數）**
   $I_L(t=4) = \dfrac{E}{R} \times e^{-\frac{t}{\tau}} = \dfrac{20}{1} \times e^{-\frac{4}{2}} = 2.7A$
   (3) **電感器電壓方向改變（遞減函數）**
   $V_L(t=4) = -2.7 \times 1 = -2.7V$

3. (1) 穩態時
   $I_L = \dfrac{18}{4+(6//3)} \times \dfrac{6}{6+3}$（分流定則）$= 2A$
   (2) 放電的時間常數 $\tau = \dfrac{L}{R} = \dfrac{18}{(3+6)} = 2$秒
   (3) **電感器電流方向不變（遞減函數）**
   $I_L(t) = I_L \times e^{-\frac{t}{\tau}} = 2 \times e^{-\frac{2}{2}} = 0.736A$
   (4) **電感器電壓極性改變（遞減函數）**
   $V_L(t=2) = -0.736 \times (3+6) = -6.624V$

4. (1) 時間常數

$$\tau = \frac{L}{R} = \frac{5m}{10} = 5 \times 10^{-4}s = 0.5ms$$

(2) 運用特徵方程式列出方程式如下：

$$I_L(t) = 3 + (1-3)e^{-\frac{t}{5 \times 10^{-4}}}$$
$$= 3 - 2e^{-2000t}(安培)$$

(3) t = 0.5ms代入方程式

$$I_L(t=0.5m) = 3 - 2e^{-2000t} = 3 - 2e^{-1}$$
$$\cong 2.3A$$

7-2立即練習 P.7-11

1. (1) 電容器充放電瞬間電壓極性不變，

$$V_C = 20 \times \frac{4k}{4k + 4k}（分壓定則）= 10V$$

(2) $V_C(t=1) = 10 \times e^{-\frac{1}{(6k+4k) \times 100\mu}}$
$$= 10 \times e^{-1} = 3.68V$$

(3) $I = \frac{3.68}{(4k + 6k)} = 0.368mA$

2. (1) 電感器充放電瞬間電流方向不變，

$$I_L = \frac{18}{20 + (30//60)} \times \frac{30}{30 + 60} = 0.15A$$
$$= 150mA$$

(2) $I_L(t=1) = 150mA \times e^{-\frac{1}{1}} = 150mA \times e^{-1}$
$$= 55.2mA$$

(3) $V_L = -55.2mA \times (60 + 30) = -4.968V$
$$\cong -5V$$

4. (1) 穩態時電感器充電至2A的電流。

(2) 開關切換至2的放電時間常數

$$\tau = \frac{L}{R} = \frac{10}{10} = 1秒$$

(3) $I_L(t=2) = 2e^{-\frac{1}{1}} = 2e^{-1}A$

(4) $V_L(t=2) = -10 \times 2e^{-\frac{1}{1}} = -20e^{-1}V$

5. (1) 將電路化簡如下：

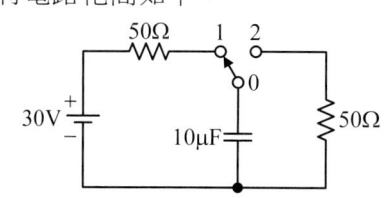

(2) 充電的時間常數

$$\tau = RC = 50 \times 10\mu = 5 \times 10^{-4}秒$$

(3) $I_C(t=2) = \frac{30}{50} \times e^{-\frac{10^{-3}}{5 \times 10^{-4}}} = 0.6e^{-2}$
$$= 81.2mA$$

6. $V_C(t=2) = 30 \times (1 - e^{-\frac{10^{-3}}{5 \times 10^{-4}}})$
$$= 30 \times (1 - e^{-2}) \cong 25.94V$$

7. (1) 在$t = 1.5 \times 10^{-3}$秒時，電容器的端電壓

$$V_C(t=2) = 30 \times (1 - e^{-\frac{1.5 \times 10^{-3}}{5 \times 10^{-4}}})$$
$$= 30 \times (1 - e^{-3}) \cong 28.5V$$

(2) 在$t = 2 \times 10^{-3}$秒時，電容器的端電壓

$$V_C(t=2) = 28.5 \times e^{-\frac{2 \times 10^{-3} - 1.5 \times 10^{-3}}{5 \times 10^{-4}}}$$
$$= 28.5 \times e^{-1} = 10.5V$$

(3) $I = \frac{10.5}{50} = 0.21A$

綜合練習 P.7-12

3. (1) 電感器充飽電視為短路

(2) 總電流 $\frac{24}{(10//15) + (6//3)} = 3A$

(3) $I = 3 \times \frac{15}{10 + 15} - 3 \times \frac{3}{6 + 3} = 0.8A$

5. 穩態時電容器開路：
$V_{R1} = V_{R2} = 0V$；$V_{C1} = V_{C2} = 12V$

6. (1) 串聯互助

(2) $\tau = \frac{L_T}{R} = \frac{L_1 + L_2 + 2M}{R}$
$$= \frac{8 + 4 + 2 \times 2}{4} = 4s$$

7. (1) 並聯互消 $L_T = \frac{L_1 \times L_2 - M^2}{L_1 + L_2 + 2M}$
$$= \frac{6 \times 10 - 2^2}{6 + 10 + 2 \times 2} = 2.8$$

(2) $5\tau = 5\frac{L_T}{R} = 5 \times \frac{2.8}{2} = 7(秒)$

9. (1) 充飽電時電容器視為開路，$V_C = 20V$
（電容器以充飽的電壓值為基準，且放電時電壓極性不變）。

(2) $I_C = -\dfrac{20}{30+10} = -0.5A$

10. (1) 電感器以充飽的電流值為基準，且放電時電流方向不變。

(2) $I_L(t=0^-) = I_L(t=0^+)$
$= \dfrac{36}{4+(3//6)} \times \dfrac{6}{6+3} = 4A$

11. (1) $t=0^-$表示開關動作前，即為充飽電的狀態（電感器）視為短路，$V_L(t=0^-) = 0V$

(2) $t=0^+$表示開關動作後的瞬間（放電瞬間），$V_L(t=0^+) = -4 \times (6+3) = -36V$

12. (1) 電容器以充飽的電壓值為基準，且放電時電壓極性不變。

(2) $V_C(t=0^-) = V_C(t=0^+)$
$= 48 \times \dfrac{8}{2+8}$（分壓定則）
$= 38.4V$

13. (1) $t=0^-$表示開關動作前，即為充飽電的狀態（電容器）視為開路，$I_C(t=0^-) = 0A$

(2) $t=0^+$表示開關動作後的瞬間（放電瞬間），$I_C(t=0^+) = -\dfrac{38.4}{8+8} = -2.4A$
（電壓極性不變，所以電流與標示相反）

14. $I_C(t=0^+) = \dfrac{12-2}{1k} = 10mA$

20. $W = \dfrac{1}{2}CV^2 = \dfrac{1}{2} \times 2 \times 10^2 = 100J$

24. (1) 充電瞬間電感器視為開路：
$V_L = 100 \times \dfrac{100}{100+100}$（分壓定則）
$= 50V$

(2) 充飽電時電感器視為短路：
$I_L = \dfrac{100}{100} = 1A$

26. $i_L = \dfrac{12}{3+(3//6)} \times \dfrac{6}{6+3}$（分流定則）$= 1.6A$

28. (1) 充電的時間常數
$\tau = [(30k//60k) + 20k] \times 5\mu = 0.2秒$

(2) 放電的時間常數
$\tau = (20k + 60k) \times 5\mu = 0.4秒$

29. (1) 開關S閉合瞬間（$t=0$）：電容器視為短路
$I = \dfrac{10}{(15k//10k)+(4k//2k)} \times \dfrac{2k}{4k+2k}$
$\approx 0.46\ mA$

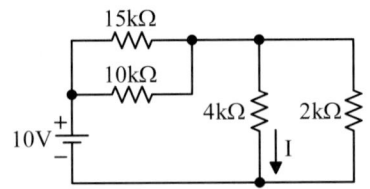

(2) 電路穩態（$t=\infty$）：電容器視為開路
$I = \dfrac{10}{(15k//10k)+4k} = 1\ mA$

30. (1) 電路達穩態時的電感器視為短路，電容器視為開路。

(2) 電流的穩態值 $I = \dfrac{28}{10k+4k} = 2\ mA$

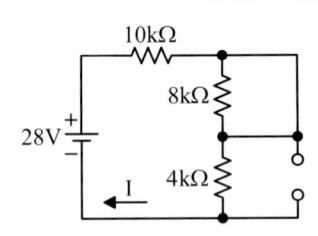

39. $V_C(t=RC) = E \times (1-e^{-\frac{RC}{RC}}) = E \times (1-e^{-1})$
$= 63.2\% \times E$

46. $V_C = E \times (1-e^{-\frac{t}{\tau}})$
$= E \times (1-e^{-\frac{RC}{RC}})$
$= E \times (1-e^{-1})$
$= 0.632E$

47. $Q = CV = (40m//20m) = \dfrac{40}{3}m \times 60$
$= 800mC$
$V_{C1} = \dfrac{800m}{40m} = 20V$，$V_{C2} = \dfrac{800m}{20m} = 40V$

48. 充飽時電感器短路，電容器開路，開關閉合瞬間$V_C(0^+) = 0V$；$I_L(0^+) = \dfrac{60}{24+36} = 1A$

49. (1) 運用密爾門，節點電壓

$$V = \frac{\frac{60}{3k} + \frac{12}{2k}}{\frac{1}{3k} + \frac{1}{2k} + \frac{1}{6k}} = 26V$$

$$i_C = \frac{26 - 12}{2k} = 7mA$$

(2) $\tau = RC = (3k // 6k + 2k) \times 50\mu = 0.2s$

50. $V_L = 50 - 1 \times (20 + 10) = 20$ V

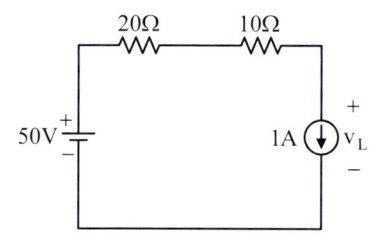

51. (1) 運用密爾門定理，化簡電路如下：

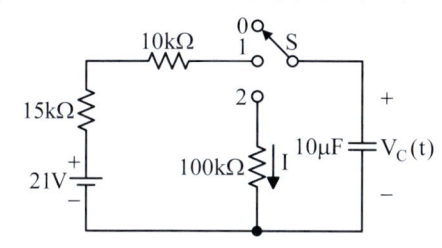

時間常數
$\tau = RC = (15k + 10k) \times 10\mu = 0.25s$

(2) $V_C(t = 0.25) = E \times (1 - e^{-\frac{t}{\tau}})$
$= 21 \times (1 - e^{-\frac{0.25}{0.25}})$
$= 21 \times (1 - e^{-1})$
$= 13.272V \cong 13.3V$

52. (1) 充電的時間常數為0.25秒，在t = 1.25秒時電容器已經充飽電壓。

(2) 電容器充放電極性保持不變，
$V_C(t) = V_C \times e^{-\frac{t}{\tau}} = 21 \times e^{-\frac{(2.25 - 1.25)}{1}}$
$\cong 7.7V$

$I = \frac{7.7}{100k} = 77\mu A$

53. (1) 時間常數 $\tau = 4k \times (30\mu // 60\mu) = 0.08$

(2) 電流為遞減函數：
$I(t) = \frac{40}{4k} \times e^{-\frac{t}{0.08}} = 10mA \times e^{-12.5t}$

54. (1) 兩個電容器串聯後的端電壓為
$40 \times (1 - e^{12.5t})$

(2) 由 Q = CV 可知 C 與 V 成反比

(3) 因此 $V_C(t) = \frac{40}{3} \times (1 - e^{-12.5t})$

55. (1) 將電路化為戴維寧等效電路如下：

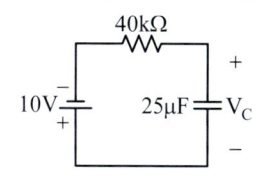

(2) $V_C(t = 2) = -10 \times (1 - e^{-2}) = -8.65V$

56. (1) 電感器穩態電流為1A

(2) 放電時間常數 $\tau = \frac{L}{R} = \frac{10m}{20} = 0.5ms$

(3) $I_D = 1 \times e^{-\frac{0.5ms}{0.5ms}} = e^{-1}$

57. $V_C = 300 \times e^{-\frac{1}{2000\mu \times R}} \leq 300 \times 40\%$

$\Rightarrow \frac{1}{2000\mu \times R} = 1 \Rightarrow R = 500\Omega$

58. (1) 將電路化為戴維寧等效電路

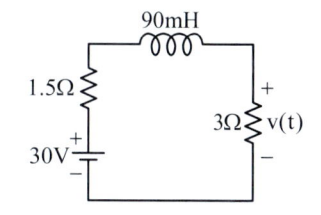

(2) $i_L(t) = \frac{30}{4.5} \times (1 - e^{-50t})A$
$= \frac{20}{3} \times (1 - e^{-50t})$ A

(3) $v(t) = i_L(t) \times R = \frac{20}{3} \times (1 - e^{-50t}) \times 3$
$= 20 \times (1 - e^{-50t})$ V

59. (1) $C = \varepsilon \frac{A}{d} = \varepsilon_0 \times \varepsilon_r \times \frac{A}{d}$
$= 8.85 \times 10^{-12} \times \frac{100}{8.85} \times \frac{10}{1 \times 10^{-3}}$
$= 1\mu F$

(2) $\tau = RC = 100k\Omega \times 1\mu F = 0.1$秒

(3) $V_C(t) = E \times (1 - e^{-\frac{t}{\tau}})$
$= 10 \times (1 - e^{-1}) = 6.32$ V

(4) $E = \frac{V}{d} = \frac{6.32}{0.001} = 6320$ V/m

60. (1) $V_R(\tau) = E \times e^{-1}$
   (2) $V_C(\tau) = E \times (1 - e^{-1})$
   (3) $V_R(6\tau) = -E \times e^{-1}$
   (4) $V_C(6\tau) = E \times e^{-1}$
   (5) $E \times e^{-1} + E - E \times e^{-1} - E \times e^{-1} + E \times e^{-1}$
       $= E$

61. $10 = \dfrac{E_1}{R_1}$，$20 = \dfrac{R_1}{L_1}$，
    可得 $E_1 = 20V$，$R_1 = 2\Omega$，$L_1 = 100mH$

62.
$$v_C(t) = 20 \times (1 - e^{-\frac{t}{40k \times 50\mu}})V$$
$$= 20 \times (1 - e^{-0.5t})V$$

63. (1) 電感器充電瞬間視為開路，所以電流為0
    (2) 電路時間常數 $\tau = \dfrac{L}{R} = \dfrac{4mH}{20\Omega} = 0.2ms$

實習專區 P.7-21

2. 電容兩端的電壓為遞升函數，
$$V_C(t) = E \times (1 - e^{-\frac{t}{\tau}})$$
$$= 10 \times (1 - e^{-1}) \approx 6.32 \text{ V}$$

3. (1) 經過20個RC時間常數，表示電容器已經充飽電 $V_C = 10$ V
   (2) 放電的時間常數
       $\tau = RC = 1k \times 1000\mu = 1$ 秒，
       再經過10秒後，$V_o = 0$ V

4. (1) $\tau = RC = 4k \times 0.25\mu = 1$ ms
   (2) $V_C(t) = E \times (1 - e^{-\frac{t}{\tau}}) = 12 \times (1 - e^{-\frac{3ms}{1ms}})$
       $= 12 \times (1 - e^{-3})$ V

5. (1) 穩態後，電容器開路，電感器短路，電路化簡如下，可求得通過10Ω的電流為0.06A

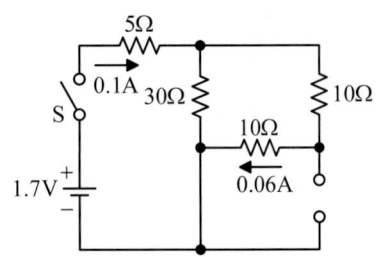

   (2) 1μF電容器上的電壓為 $0.06 \times 10 = 0.6$ V

6. (1) $\tau = RC = 10k \times 10\mu = 0.1$ 秒
   (2) 開關S閉合後，電阻兩端之電壓V_R為遞減函數
       $V_R = V_{DC} \times e^{-\frac{t}{\tau}}$
       $= 12 \times e^{-\frac{0.1}{0.1}} = 12e^{-1} \approx 4.4$ V

8. (1) 穩態後，電容器開路，電感器短路，電路化簡如下，可求得通過30Ω的電流為 $\dfrac{17}{325}$ A

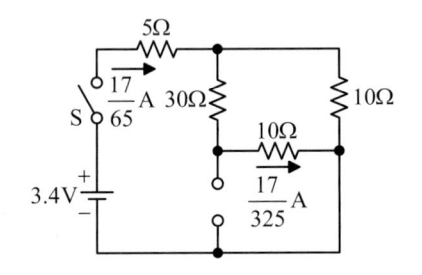

   (2) 1μF電容器上的電壓為 $\dfrac{17}{325} \times 10 \approx 0.52$ V

10. (1) 電容器充電瞬間，C視為短路，電流為1mA，電容器兩端電壓為0V，電阻兩端為10V
    (2) $\tau = RC = 10k \times 10\mu = 0.1$ 秒，所以10秒後已經達穩態，電容器視為開路，電容器兩端電壓為10V，電阻兩端為0V

11. 電容器兩端取戴維寧等效電路，在t = 1s時，電容器已達穩態，所以 $v_C(t)$ 為6V

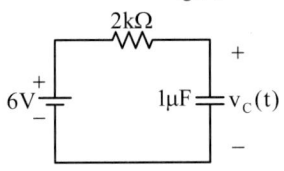

12. (1) $\tau = R_1 \times C_1 = 5k \times 1000\mu = 5$ 秒
    (2) 導通5秒時，電容端直流電壓表顯示為：
        $V_C = E_1 \times (1 - e^{-\frac{t}{\tau}}) = 10 \times (1 - e^{-\frac{5}{5}})$
        $= 10 \times (1 - e^{-1}) = 10 \times (1 - 0.368)$
        $= 6.32V$

13. 充電時間常數為
    $(R_1 // R_2) \times C = (50\Omega // 10k\Omega) \times 10\mu F$
    $\approx 0.5ms$

模擬演練 P.7-23

1. (1) 充電電路：

   $E \times \dfrac{R_1 // R_1}{20k + R_1 // R_1} = \dfrac{1}{2}E \Rightarrow R_1 = 40k\Omega$

   充電常數 $\tau = 5RC$
   $= 5 \times [(20k // 20k) + 10k] \times C$
   $= 2$

   $\Rightarrow C = 20\mu F$

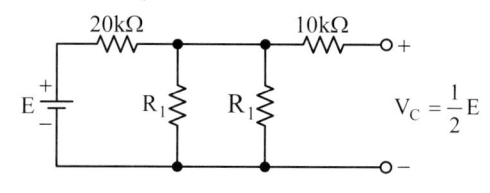

   (2) 放電電路：

   放電週期（4秒）為充電週期的2倍
   $R_2 = 30k\Omega$

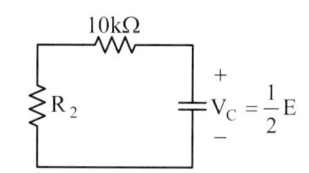

2. (1) $t = 0^-$；$V_X(t = 0^-) = 4 \times 3 = 12V$

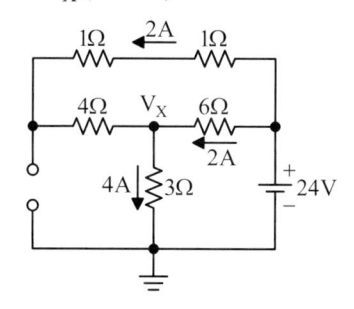

   （電容端電壓為20V）

   (2) $t = 0^+$；

   $V_X(t = 0^+) = 24 - (24 - 20) \times \dfrac{6}{4 + 6}$

   $= 21.6V$

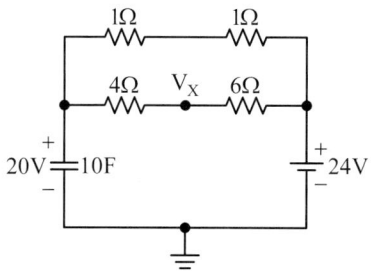

3. (1) 將電路化簡如下：

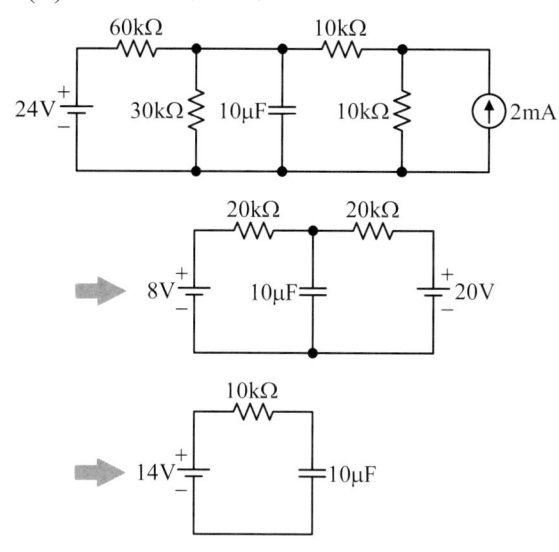

   (2) 時間常數 $\tau = RC = 10k \times 10\mu = 0.1$秒

4. (1) 穩態時的電路

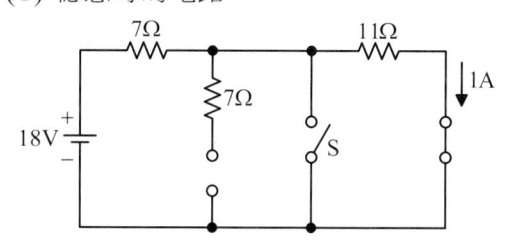

   (2) 開關S閉合

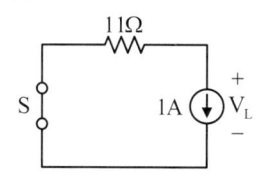

   $V_L = -1 \times 11 = -11$ V

5. (1) 充飽電電感器短路 $I(t = 0^-) = 5A$

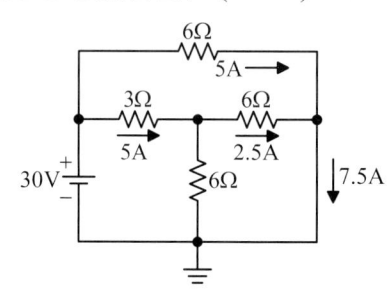

   (2) 運用無中生有法：（並聯電壓相同）
   $(7.5 - I) \times 6 = 9 \times I \Rightarrow I(t = 0^+) = 3A$

6. (1) 元件短路時電阻為5.1Ω。
   (2) 元件開路時電阻約為5.14Ω。
   (3) 元件A為電阻器。
   (4) 元件B為電感器。
   (5) 元件C為電容器。

7. (1) 將電路化為戴維寧等效電路
   $\tau = RC = 4k \times 10\mu = 0.04s$
   (2) 電容器穩態電壓為6V
   (3) 電容器穩態時所儲存的能量為
   $W = \frac{1}{2}CV^2 = \frac{1}{2} \times 10\mu \times 6^2 = 180\mu J$
   (4) 在t = 40ms時：
   $V_C = 6 \times (1 - e^{-1})(V)$，$I_C = 1.5 \times e^{-1}(mA)$

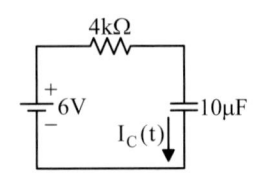

8. (1) $V_2 = -10V$，$V_1 = 50V$
   (2) KVL：$V_L + 50 = 10 + 50 \Rightarrow V_L = 10V$

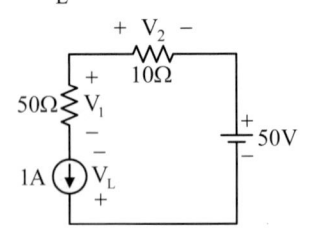

9. (1) 電容器充電電壓為10V，電感器充電電流為1A。
   (2) 因此放電時$V(t) = 10e^{-10t} - 8e^{-4t}$
   (3) 等效電路

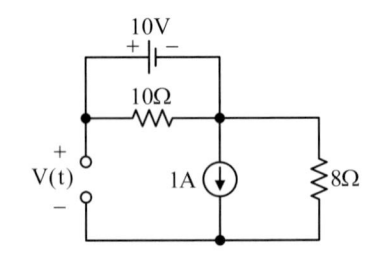

10. (1) 穩態時電容器開路，電感器短路。
    (2) 運用**密爾門定理**：$V_X = \dfrac{3-1}{\dfrac{1}{5}} = 10V$

情境素養題　P.7-25

4. 斷電時，A區域的時間常數為$R_1 \times C$，所以增加R_1或C皆可以延長放電時間。

5. 通電時，B區域的時間常數為$\dfrac{L}{R_2}$，所以減少R_2或增加L皆可以延長燈泡L_2亮的時間。

Chapter 8 交流電

8-1 學生做　P.8-3

1. (1) $10\angle 53° = 10(\cos 53° + j\cdot\sin 53°)$
　　　　$= 6 + j8$
　(2) $10\angle -37° = 10(\cos -37° + j\cdot\sin -37°)$
　　　　$= 8 - j6$
　(3) $\sqrt{2}\angle 135° = \sqrt{2}(\cos 135° + j\cdot\sin 135°)$
　　　　$= -1 + j$

2. (1) $\overline{A} + \overline{B} = (4+j3) + (5\sqrt{3}+j5)$
　　　　$= (4+5\sqrt{3}) + j8$
　(2) $\overline{A} - \overline{B} = (4+j3) - (5\sqrt{3}+j5)$
　　　　$= (4-5\sqrt{3}) - j2$
　(3) $\overline{A} \times \overline{B} = 5\angle 37° \times 10\angle 30° = 50\angle 67°$
　(4) $\dfrac{\overline{A}}{\overline{B}} = \dfrac{5\angle 37°}{10\angle 30°} = 0.5\angle 7°$

3. (1) $(12\angle 37°)^* = 12\angle -37°$
　(2) $(5\angle -45°)^* = 5\angle 45°$
　(3) $(-3\angle -60°)^* = -3\angle 60°$

8-1 立即練習　P.8-4

1. $\dfrac{(a-jb)}{(a+jb)(a-jb)} = \dfrac{a}{a^2+b^2} - j\dfrac{b}{a^2+b^2}$，
　因此取共軛複數後為$\dfrac{a}{a^2+b^2} + j\dfrac{b}{a^2+b^2}$
　或$\overline{A}^* = \dfrac{1}{a-jb}$

2. $(10\angle 30°)^2 = 10^2\angle 60° = 100\angle 60°$
　　　　$= 50 + j50\sqrt{3}$

3. $\dfrac{(2-j2)^{10}}{(1+j)^6} = \dfrac{(2\sqrt{2}\angle -45°)^{10}}{(\sqrt{2}\angle 45°)^6}$
　　$= \dfrac{2^{15}\angle -450°}{2^3\angle 270°}$
　　$= 2^{12}\angle -720 = 2^{12}\angle 0° = 2^{12}$

4. $\overline{V} = \overline{I} \times \overline{Z} = 10\angle -45° \times 5\angle 60°$
　　$= 50\angle 15°(V)$

5. $3+j4 = 5\angle 53°$，因此$(5\angle 53°)^* = 5\angle -53°$

8-2 學生做　P.8-8

1. (1) $\dfrac{2}{3}\pi = \dfrac{2}{3}\pi \times \dfrac{360°}{2\pi} = 120°$
　　或$\dfrac{2}{3}\pi = \dfrac{2}{3} \times 180° = 120°$
　(2) $\dfrac{1}{2}\pi = \dfrac{1}{2}\pi \times \dfrac{360°}{2\pi} = 90°$
　　或$\dfrac{1}{2}\pi = \dfrac{1}{2} \times 180° = 90°$
　(3) $\dfrac{3}{4}\pi = \dfrac{3}{4}\pi \times \dfrac{360°}{2\pi} = 135°$
　　或$\dfrac{3}{4}\pi = \dfrac{3}{4} \times 180° = 135°$

2. (1) 最大值$V_m = 100V$
　(2) 平均值$V_{dc} = 100 \times \dfrac{2}{\pi} = \dfrac{200}{\pi}V$
　(3) 有效值$V_{rms} = 100 \times \dfrac{1}{\sqrt{2}} = 50\sqrt{2}V$
　(4) $v(t) = 100\sin(100\pi \times \dfrac{1}{50} + 30°)V$
　　　　$= 50V$

3. (1) $100\pi t - \dfrac{\pi}{3} = \dfrac{\pi}{2} \Rightarrow t = \dfrac{1}{120}$秒
　(2) $100\pi t - \dfrac{\pi}{3} = -\dfrac{\pi}{2} \Rightarrow t = -\dfrac{1}{600}$秒
　　（時間不可能為負，需加一個週期T修正）
　　修正為$-\dfrac{1}{600} + \dfrac{1}{50} = \dfrac{11}{600}$秒

4. 方程式改為$v(t) = 100\sqrt{2}\sin(377t + 30°)V$
　$\overline{V} = 100\angle 30°V$（相量式需統一為$\sin$函數）

5. $\overline{V_1} = 8\angle 150°(V)$；$\overline{V_2} = 12\angle 150°(V)$，
　因此$\overline{V_1}$與$\overline{V_2}$兩者同相位。

6. (1) 平均值V_{av}
　　$V_{av} = \dfrac{2 \times \dfrac{2}{\pi} \times 2 + 2 \times 1 - 2 \times \dfrac{1}{2} \times 2}{5}$
　　$\cong 0.51V$
　(2) 有效值V_{rms}
　　$V_{rms} = \sqrt{\dfrac{(\dfrac{2}{\sqrt{2}})^2 \times 2 + (2\times 1)^2 \times 1 + (\dfrac{-2}{\sqrt{3}})^2 \times 2}{5}}$
　　$\cong 1.46V$

8-2 立即練習 P.8-10

1. (1) $T = \dfrac{1}{f} = \dfrac{1}{50} = 20\text{ms}$

   (2) $20\text{ms} \times 10 = 0.2\text{s}$

2. 當 $100\pi t - 45° = 90°$ 時感應電壓最大，
   $100\pi t - \dfrac{\pi}{4} = \dfrac{\pi}{2} \Rightarrow t = \dfrac{3}{400}$ 秒

4. (1) 正弦波 $V_{rms} = \dfrac{50}{\sqrt{2}} V$

   (2) 三角波 $V_{rms} = \dfrac{50}{\sqrt{3}} V$

   (3) 方波 $V_{rms} = 50V$
   因此方波最亮。

綜合練習 P.8-11

1. $(64\angle 180°)^{\frac{1}{4}} + (\sqrt{2}\angle 45°)^3$
   $= 64^{\frac{1}{4}}\angle(180°\times\dfrac{1}{4}) + (\sqrt{2})^3\angle(45°\times 3)$
   $= 2\sqrt{2}\angle 45° + 2\sqrt{2}\angle 135° = 4\angle 90°$

6. (1) $\overline{A} = 2\sqrt{3} + j2 = 4\angle 30°$

   (2) $\dfrac{1}{\overline{A}} = \dfrac{1}{4\angle 30°} = 0.25\angle -30°$

10. 兩者的頻率不同，因此無法比較。

11. $V_{rms} = \sqrt{\dfrac{(10\times\dfrac{1}{\sqrt{3}})^2\times 2 + (10^2\times 8) + (10\times\dfrac{1}{\sqrt{3}})^2\times 2}{12}}$
    $= \dfrac{10}{3}\sqrt{7} V$

13. (1) $V_{rms} = \dfrac{V_m}{2} = \dfrac{10}{2} = 5V$

    (2) $I_{rms} = \dfrac{I_m}{2} = \dfrac{1}{2} = 0.5A$

14. 兩波形相乘，其值為0。

16. $v = v_1 + v_2$
    $= 100\sin(377t-60°)V + 100\cos(377t-60°)V$
    $= 100\sqrt{2}\sin(377t-15°)V$

    $V_{rms} = \dfrac{100\sqrt{2}}{\sqrt{2}} = 100V$

17. 一個週期的面積正負相加後為0。

20. $V_{rms} = \sqrt{10^2 + (\dfrac{10\sqrt{2}}{\sqrt{2}})^2} = 10\sqrt{2}V$

21. 若使用直流電錶，$V_{dc} = \dfrac{100\sqrt{2}}{\pi} V$

23. $\sqrt{30^2 + 40^2} = 50V$

24. $\dfrac{4}{6}\times 100\% \cong 66.66\%$

25. $V_{dc} = 8\times 0.6 - 2\times 0.4 = 4V$

26. $V_{rms} = \sqrt{6^2\times 0.4 + (-4)^2\times 0.6} = 2\sqrt{6}V$

27. 日式指針式三用電錶無法測量頻率。

28. (1) 週期 $T = 0.02$ 秒，因此頻率為 $50Hz$

    (2) $v_1(t) = 10\sin(314t - 120°)V$

34. $\sqrt{\dfrac{(20\times\dfrac{1}{\sqrt{3}})^2\times 2}{2}} \cong 11.55V$

36. $\overline{V_{rms}} = \dfrac{10}{\sqrt{2}}\angle 30° + \dfrac{10}{\sqrt{2}}\angle -30°$
    $= (\dfrac{5\sqrt{6}}{2} + j\dfrac{5\sqrt{2}}{2}) + (\dfrac{5\sqrt{6}}{2} - j\dfrac{5\sqrt{2}}{2})$
    $= 5\sqrt{6}$

    $V_m = 10\sqrt{3} = 17.32V$

38. $V_{rms} = \sqrt{\dfrac{[(6\times 1)^2\times 1 + (12\times 1)^2\times 1 + (-4\times 1)^2\times 1]}{3}}$
    $\cong \sqrt{65.33} V$

39. $N = \dfrac{120f}{P} = 30\times 60 = \dfrac{120\times 60}{P} \Rightarrow P = 4$

42. (1) $V_{dc} = \dfrac{10\times 1}{2} = 5V$

    (2) $V_{rms} = \sqrt{\dfrac{10^2\times 1}{2}} = 5\sqrt{2}V$

43. $\overline{i_1} = \dfrac{10}{\sqrt{2}}\angle 45° = 5\sqrt{2}\angle 45°$

45. $V_{dc} = \dfrac{100\times 10m - 40\times 5m}{20m} = 40V$

46. $v(t) = 220\sqrt{2}\sin(120\pi\times\dfrac{1}{240} - 45°)V$
    $= 220\sqrt{2}\sin(90° - 45°) = 220V$

48. (1) $N_s = \dfrac{120f}{P} \Rightarrow 750 = \dfrac{120 \times f}{8} \Rightarrow f = 50\text{Hz}$

所以週期 $T = \dfrac{1}{f} = \dfrac{1}{50} = 20$ ms，

兩個週期等於40ms。

(2) 有效值為110V，則最大值為 $110\sqrt{2}$ V。

49. (1) 週期為10秒

(2) $V_{av} = \dfrac{10 \times 2 - 5 \times 2}{10} = 1$ V

$V_{rms} = \sqrt{\dfrac{(10 \times 1)^2 \times 2 + (-5 \times 1)^2 \times 2}{10}}$
$= 5$ V

(3) $\dfrac{V_2}{V_1} = \dfrac{V_{rms}}{V_{av}} = \dfrac{5V}{1V} = 5$

50. 交流電源的有效值電壓為10V，因此交流電源的最大值為 $10\sqrt{2}$ V。

51. $V_{dc} = D\% \times V_P = 0.55 V_p$

52. 將時間加上 $\pm\dfrac{1}{4}$ 個週期，即為瞬間電壓為零的時間點，$\dfrac{100}{9}$ ms $\pm \dfrac{1}{4} \times \dfrac{1}{60}$ s $= \dfrac{11}{720}$ 秒或 $\dfrac{1}{144}$ 秒

53. (1) $i_2 = 50\sin(2000t + 90°)$ A

(2) $i_1 + i_2$
$= 50\sin(2000t)$ A $+ 50\sin(2000t + 90°)$ A
$= 50\sqrt{2}\sin(2000t + 45°)$ A

54. (1) 平均值

$I_{av} = \dfrac{4A \times 1 + 1A \times 1 - 2A \times 1}{3} = 1A$

(2) 有效值

$I_{rms} = \sqrt{\dfrac{4^2 \times 1 + 1^2 \times 1 + (-2)^2 \times 1}{3}} = \sqrt{7}$ A

模擬演練 P.8-17

1. (1) $2 = I_{2\Omega}^2 \times 2 \Rightarrow I_{2\Omega} = 1$A，

$I_{1\Omega} = \dfrac{1 \times 2}{1} = 2$A，$I_{rms} = 1 + 2 = 3$A

(2) $\sqrt{\dfrac{(I_m \times 1)^2}{5}} = 3 \Rightarrow I_m = 3\sqrt{5}$ A

(3) $I_{av} = \dfrac{3\sqrt{5} \times 1}{5} = 0.6\sqrt{5}$ A

2. (1) $P = \dfrac{V^2}{R} \Rightarrow 2 = \dfrac{V^2}{8} \Rightarrow V = 4$V，

因此電源電壓v(t)的有效值為5V

(2) $\sqrt{\dfrac{(v)^2 \times 1 + 1^2 \times 4}{5}} = 5$，因此 $V = 11$V

3. (1) $P = \dfrac{V^2}{R} \Rightarrow 4.8 = \dfrac{V^2}{4} \Rightarrow V = \dfrac{4}{5}\sqrt{30}$V，

電源電壓有效值為 $\dfrac{4}{5}\sqrt{30} \times \dfrac{5}{4} = \sqrt{30}$V

(2) $\sqrt{\dfrac{10^2 \times t_1}{t_2}} = \sqrt{30} \Rightarrow \dfrac{10^2 \times t_1}{t_2} = 30$

$\Rightarrow \dfrac{t_1}{t_2} = 0.3 = 30\%$（工作週期）

4. (1) 第一個正峰值時間：

$100\pi t + \dfrac{1}{6}\pi = \dfrac{\pi}{2} \Rightarrow t = \dfrac{1}{300}$ 秒；

故第二個正峰值時間（再加上一個週期）：$\dfrac{1}{300} + \dfrac{1}{50} = \dfrac{7}{300}$ 秒

(2) 第一個負峰值時間：

$100\pi t + \dfrac{1}{6}\pi = -\dfrac{\pi}{2}$

$\Rightarrow t = -\dfrac{1}{150}$ 秒，$-\dfrac{1}{150} + \dfrac{1}{50} = \dfrac{1}{75}$ 秒；

故第二個負峰值時間（再加上一個週期）：$\dfrac{1}{75} + \dfrac{1}{50} = \dfrac{1}{30}$ 秒

5. (1) 波形反相，因此弦波方程式

$v(t) = -5V - 2\sin(\omega t)V$
$= -5V + 2\sin(\omega t + 180°)V$

(2) $V_{dc} = -5$V

(3) $V_{rms} = \sqrt{(-5)^2 + (\dfrac{-2}{\sqrt{2}})^2} = 3\sqrt{3}$ V

情境素養題 P.8-18

7. 電樞在二極電機旋轉一圈，感應1個正弦波

9. 線圈在磁場中旋轉愈多圈，所感應的週期波數愈多，但每個週期的電壓振幅沒有改變，因此平均值與有效值電壓不變。

10. $E = B\ell V\sin\theta$，速度愈快，感應的電壓愈大

11. $N_s = \dfrac{120f}{P} \Rightarrow 3000 = \dfrac{120f}{2} \Rightarrow f = 50$ Hz

Chapter 9 基本交流電路

9-1 學生做

1. $X_C = \dfrac{1}{\omega C} = \dfrac{1}{1000 \times 20\mu} = 50\Omega$（純量）

   或 $\overline{X_C} = 50\angle -90°\Omega$（相量）

2. $\overline{X_L} = j\omega L = j500 \times 0.1 = 50\angle 90°\Omega$

   $\overline{I_L} = \dfrac{\overline{V}}{\overline{X_L}} = \dfrac{100\angle 30°}{50\angle 90°} = 2\angle -60°A$

   $i_L(t) = 2\sqrt{2}\sin(500t - 60°)A$

3. $\overline{X_C} = \dfrac{1}{j\omega C} = \dfrac{1}{j2000 \times 500\mu} = 1\angle -90°\Omega$

   $\overline{I_C} = \dfrac{\overline{V}}{\overline{X_C}} = \dfrac{\dfrac{80}{\sqrt{2}}\angle 30°}{1\angle -90°} = 40\sqrt{2}\angle 120°A$

   $i_C(t) = 80\sin(2000t + 120°)A$

9-1 立即練習

6. (1) $f = 50Hz \Rightarrow T = 20ms$

   (2) $360° : 90° = 20ms : t \Rightarrow t = 5ms$

7. (1) 串聯互消

   $L_T = L_1 + L_2 - 2M$
   $= 8mH + 6mH - 2 \times 2mH = 10mH$

   (2) $\overline{X_L} = j\omega L = 1\angle 90°\Omega$

   (3) $i(t) = 50\sqrt{2}\sin(100t - 45°)A$
   $= 50\sqrt{2}\cos(100t - 135°)A$

8. (1) $\overline{X_C} = \dfrac{1}{\omega C}\angle -90°$

   $= \dfrac{1\angle -90°}{2\pi \times \dfrac{500}{\pi} \times (300\mu // 600\mu)}$

   $= 5\angle -90°$

   (2) $\overline{I} = \dfrac{100\angle 30°}{5\angle -90°} = 20\angle 120°$

   (3) $i(t) = 20\sqrt{2}\sin(1000t + 120°)A$
   $= 20\sqrt{2}\cos(1000t + 30°)A$

9-2 學生做

1. (1) $\overline{Z} = 4 + j(100 \times 40m) = 4 + j4$
   $= 4\sqrt{2}\angle 45°\Omega$

   (2) $\overline{V} = \overline{I} \times \overline{Z} = 10\angle 0° \times 4\sqrt{2}\angle 45°$
   $= 40\sqrt{2}\angle 45°V$

   $\therefore v(t) = 80\sin(100t + 45°)V$

   (3) $\overline{V_R} = \overline{I} \times R = 10\angle 0° \times 4 = 40\angle 0°V$

   (4) $\overline{V_L} = \overline{I} \cdot \overline{X_L} = 10\angle 0° \times 4\angle 90°$
   $= 40\angle 90°V$

   (5) $\overline{V}$ 超前 $\overline{I}$ 相位 $45°$，$\cos 45° = \mathbf{0.707}$（滯後）

2. (1) $\overline{Z} = 6 - j(\dfrac{1}{125\mu \times 1000}) = 6 - j8$
   $= 10\angle -53°\Omega$

   (2) $\overline{V} = \overline{I} \times \overline{Z} = 2\angle 0° \times 10\angle -53°$
   $= 20\angle -53°V$

   $\therefore v(t) = 20\sqrt{2}\sin(1000t - 53°)V$

   (3) $\overline{V_R} = \overline{I} \times R = 2\angle 0° \times 6 = 12\angle 0°V$

   (4) $\overline{V_C} = \overline{I} \cdot \overline{X_C} = 2\angle 0° \times 8\angle -90°$
   $= 16\angle -90°V$

   (5) $\overline{I}$ 超前 $\overline{V}$ 相位 $53°$，$\cos 53° = \mathbf{0.6}$（超前）

3. 運用分壓定則

   (1) $\overline{V_R} = \overline{V} \times \dfrac{R}{R + jX_C}$

   $= \dfrac{100}{\sqrt{2}}\angle 45° \times \dfrac{10}{10 - j10}$

   $= \dfrac{100}{\sqrt{2}}\angle 45° \times \dfrac{10\angle 0°}{10\sqrt{2}\angle -45°}$

   $= 50\angle 90°V$

   (2) $\overline{V_C} = \overline{V} \times \dfrac{-jX_C}{R - jX_C}$

   $= \dfrac{100}{\sqrt{2}}\angle 45° \times \dfrac{-j10}{10 - j10}$

   $= \dfrac{100}{\sqrt{2}}\angle 45° \times \dfrac{10\angle -90°}{10\sqrt{2}\angle -45°}$

   $= 50\angle 0°V$

4. 運用克西荷夫電壓定律（KVL）

   $V = |\overline{V_R} + \overline{V_C}| = \sqrt{30^2 + 40^2}$
   $= 50V$（相量和）

   常犯錯誤為 $30 + 40 = 70V$（代數和）

9-2 立即練習　P.9-8

1. $R \downarrow$、$Z \downarrow$、電源電流 $\bar{I}$ 增加、$\theta \uparrow$，因此 $\cos\theta$ 趨近於 0。

3. 頻率增加2倍則電容抗減少2倍，
   $Z = 3 - j4(\Omega) \Rightarrow |Z| = \sqrt{3^2 + 4^2} = 5\Omega$

5. $I_L = \dfrac{200}{40 + j30} = 4\angle -37°A$，有效值為4A

9-3 學生做　P.9-10

1. (1) $\bar{Z} = 10 + j5 - j15 = 10 - j10$
      $= 10\sqrt{2}\angle -45°\Omega$
   (2) $\bar{I} = \dfrac{\bar{V}}{\bar{Z}} = \dfrac{100\sqrt{2}\angle 0°}{10\sqrt{2}\angle -45°} = 10\angle 45°A$
   (3) $\overline{V_R} = 10\angle 45° \times 10 = 100\angle 45°V$
   (4) $\overline{V_L} = 10\angle 45° \times 5\angle 90° = 50\angle 135°V$
   (5) $\overline{V_C} = 10\angle 45° \times 15\angle -90°$
      $= 150\angle -45°V$
   (6) $\cos -45° = 0.707$（超前功因）

2. $V = \sqrt{80^2 + (100-40)^2} = 100V$（相量和）
   常犯錯誤為 $80 + 40 + 100 = 220V$（代數和）

3. $PF = \dfrac{V_R}{V} = \dfrac{80}{\sqrt{80^2 + (100-40)^2}} = \dfrac{8}{10}$
   $= 0.8$（超前功因）

4. **超前功因時 $X_C > X_L$**
   $\cos\theta = \dfrac{R}{Z} = \dfrac{40}{\sqrt{40^2 + (X_C - 50)^2}} = 0.8$
   $X_C = 80\Omega$

9-3 立即練習　P.9-12

1. $\overline{V_L}$ 恆超前 $\overline{V_C}$ 相位 180°。
2. (1) 電源電壓超前電源電流 θ 度，因此 $V_L > V_C$
   (2) $100 = \sqrt{60^2 + (120-V_C)^2} \Rightarrow V_C = 40V$
5. (1) $\bar{I} = \dfrac{100\angle 30°}{50\angle 90°} = 2\angle -60°A$
   (2) $\overline{V_S} = 2\angle -60° \times (20 + j50 - j30)$
      $= 40\sqrt{2}\angle -15°V$

6. $\overline{V_S}$ 超前 $\bar{I}$ 相位角 45°，
   因此功率因數為 $\cos 45° = 0.707$（滯後）

7. (1) $\bar{Z} = \dfrac{120\angle 75°V}{6\angle 120°A} = 20\angle -45°\Omega$
      $= 10\sqrt{2} - j10\sqrt{2}\Omega$
   (2) $V_{rms} = 6 \times 10\sqrt{2} = 60\sqrt{2}V$
   (3) $V_m = \sqrt{2} \times V_{rms} = \sqrt{2} \times 60\sqrt{2} = 120V$

9-4 學生做　P.9-14

1. (1) $\bar{Y} = \dfrac{1}{R} + \dfrac{1}{jX_L} = \dfrac{1}{\dfrac{1}{3}} + \dfrac{1}{j \times 100 \times 2.5m}$
      $= 3 - j4\mho$
   (2) $\overline{I_R} = \bar{V} \times \bar{G} = 10\angle 0° \times 3\angle 0° = 30\angle 0°A$
   (3) $\overline{I_L} = \bar{V} \times \overline{B_L} = 10\angle 0° \times 4\angle -90°$
      $= 40\angle -90°A$
   (4) $\bar{I} = \overline{I_R} + \overline{I_L} = 30\angle 0° + 40\angle -90°$
      $= 50\angle -53°A$
   (5) $\bar{V}$ 超前 $\bar{I}$ 相位 53°，$\cos 53° = 0.6$（滯後）

2. (1) $\bar{Y} = \dfrac{1}{R} + \dfrac{1}{jX_C} = \dfrac{1}{10} + \dfrac{1}{-j10}$
      $= 0.1 + j0.1\mho$
   (2) $\overline{I_R} = \bar{V} \times \bar{G} = 60\angle 0° \times 0.1\angle 0°$
      $= 6\angle 0°A$
   (3) $\overline{I_C} = \bar{V} \times \overline{B_C} = 60\angle 0° \times 0.1\angle 90°$
      $= 6\angle 90°A$
   (4) $\bar{I} = \overline{I_R} + \overline{I_C} = 6\angle 0° + 6\angle 90°$
      $= 6\sqrt{2}\angle 45°A$
   (5) $\bar{I}$ 超前 $\bar{V}$ 相位 45°，$\cos 45° = 0.707$（超前）

3. 運用分流定則
   (1) $\overline{I_R} = \bar{I} \times \dfrac{X_C}{R + X_C} = 12\angle 60° \times \dfrac{-j3}{4 - j3}$
      $= 7.2\angle 7°A$
   (2) $\overline{I_C} = \bar{I} \times \dfrac{R}{R + X_C} = 12\angle 60° \times \dfrac{4}{4 - j3}$
      $= 9.6\angle 97°A$

4. 運用克希荷夫電流定律（KCL）
   $I = |\overline{I_R} + \overline{I_C}| = \sqrt{10^2 + 10^2} = 10\sqrt{2}A$（相量和）
   常犯錯誤為 $10 + 10 = 20A$（代數和）

5. 公式不需死背（與直流並聯公式相同）

$$8 // (-j6) = \frac{8 \times (-j6)}{8 - j6} = \frac{-j48 \times (8 + j6)}{(8 - j6)(8 + j6)}$$

$$= \frac{288}{100} - j\frac{384}{100}$$

$$R_S = \frac{288}{100} = 2.88\Omega$$

$$X_S = -j\frac{384}{100} = -j3.84\Omega$$

6. $R_P = \dfrac{R_S^2 + X_S^2}{R_S} = \dfrac{10^2 + 20^2}{10} = 50\Omega$

$X_P = \dfrac{R_S^2 + X_S^2}{X_S} = \dfrac{10^2 + 20^2}{20} = -j25\Omega$

9-4 立即練習　P.9-17

1. (1) $\because \overline{Y} = \overline{G} - j\overline{B_L}$，$L \downarrow X_L \downarrow B_L \uparrow Y \uparrow$
   (2) $\because I = V \times Y$，$Y \uparrow I \uparrow$
   (3) $\theta \uparrow \cos\theta$ 趨於 0

2. (1) $\because \overline{Y} = \overline{G} - j\overline{B_L}$，$f \uparrow X_L \uparrow B_L \downarrow Y \downarrow$
   (2) $\because I = V \times Y$，$Y \downarrow I \downarrow$
   (3) $\theta \downarrow \cos\theta$ 趨於 1

3. (1) $\because \overline{Y} = \overline{G} + j\overline{B_C}$，$R \uparrow G \downarrow Y \downarrow Z \uparrow$
   (2) $\because I = V \times Y$，$Y \downarrow I \downarrow$
   (3) $\theta \uparrow \cos\theta$ 趨於 0

5. (1) 通過電阻的電流為6A
   (2) 電流錶 Ⓐ 讀值為 $\sqrt{6^2 + 4.5^2} = 7.5A$

6. (1) 等效並聯的電阻 $R = \dfrac{6^2 + 8^2}{6} = \dfrac{50}{3}\Omega$

   等效電感抗 $X_L = \dfrac{6^2 + 8^2}{8} = \dfrac{25}{2}\Omega$

   (2) $G = \dfrac{1}{R} = \dfrac{3}{50} = 0.06S$

   $B_L = \dfrac{1}{X_L} = \dfrac{2}{25} = -j0.08S$

7. (1) $j12 // -j6 = \dfrac{72}{j6} = -j12\Omega$
   (2) $\overline{Z} = 16 - j12\Omega$
   (3) $\overline{I} = \dfrac{240\angle 0°}{16 - j12} = 12\angle 37° = 9.6 + j7.2A$

9-5 學生做　P.9-19

1. (1) $\overline{Y} = \dfrac{1}{R} - j\dfrac{1}{X_L} + j\dfrac{1}{X_C} = 0.1 - j0.125\mho$
   (2) $B_L > B_C$：電感性電路

2. (1) $\overline{I_C} = \dfrac{20\angle 0°}{4\angle -90°} = 5\angle 90°A$
   (2) $\overline{I_L} = \dfrac{20\angle 0°}{2\angle 90°} = 10\angle -90°A$
   (3) $\overline{I_R} = \dfrac{20\angle 0°}{4\angle 0°} = 5\angle 0°A$
   (4) $\overline{I_1} = \overline{I_L} + \overline{I_C} = 5\angle -90°A$
   (5) $\overline{I} = \overline{I_R} + \overline{I_1} = 5 - j5 = 5\sqrt{2}\angle -45°A$
   (6) $\cos\theta = \dfrac{I_R}{I} = \dfrac{5}{5\sqrt{2}} = 0.707$（滯後功因）

3. (1) 若 $I_C = 1A$，
   $\cos\theta = \dfrac{I_R}{I} = \dfrac{6}{10} = 0.6$（滯後）
   (2) 若 $I_C = 17A$，
   $\cos\theta = \dfrac{I_R}{I} = \dfrac{6}{10} = 0.6$（超前）

4. 運用節點電壓法（與直流分析相同）

   $\dfrac{\overline{V} - 20}{4} + \dfrac{\overline{V} - 0}{j4} + \dfrac{\overline{V} - 0}{-j8} = 0 \Rightarrow \overline{V} = 16 + j8$

   (1) $\overline{V} = \overline{V_L} = 16 + j8V$
   (2) $\overline{I} = \dfrac{20 - (16 + j8)}{4} = \dfrac{4 - j8}{4} = 1 - j2A$

9-5 立即練習　P.9-21

1. $\overline{Y} = \dfrac{1}{R} - j\dfrac{1}{X_L} + j\dfrac{1}{X_C} = \dfrac{1}{10} - j\dfrac{1}{5} + j\dfrac{1}{10}$
   $= 0.1 - j02 + j0.1 = 0.1 - j01$
   $= 0.1\sqrt{2}\angle -45°\mho$

4. $\overline{Y} = 16 + j(18 - 6) = 16 + j12 = 20\angle 37°\mho$

5. $\overline{I} = \overline{V} \times \overline{Y} = 2\angle -30° \times 20\angle 37° = 40\angle 7°A$

8. $\overline{Y} = \dfrac{1}{-j4} + \dfrac{1}{3 + j4} = 0.12 + j0.09S$

CH 9 基本交流電路

9. (1) $3 // j4 = \dfrac{j12(3-j4)}{(3+j4)(3-j4)} = \dfrac{48+j36}{25}$
　　　　　$= 1.92 + j1.44$

　(2) $-j4 // j8 = \dfrac{32}{j4} = -j8$

　(3) $Z_{ab} = -j5.44 + 1.92 + j1.44 + 14.08 - j8$
　　　　　$= 16 - j12(\Omega) = 20\angle -37°(\Omega)$

綜合練習　P.9-22

5. $i(t) = \dfrac{v(t)}{X_C} = \dfrac{10\sin(10t)V}{5\angle -90°}$
　　　$= 2\sin(10t+90°)$ A

6. (1) $X_C = \dfrac{1}{500 \times 200\mu} = 10\Omega$

　(2) $i(t) = \dfrac{100\sqrt{2}\sin(500t+30°)}{10\angle -90°}$
　　　　　$= 10\sqrt{2}\sin(500t+120°)$A

8. (1) $v(t) = 121.2\cos(1000t)V$
　　　　　$= 121.2\sin(1000t+90°)$ V
　　　電源電壓超前電源電流90°為純電感

　(2) $X_L = \dfrac{v(t)}{i(t)} = 10\Omega$，且
　　　$X_L = \omega L$
　　　$\Rightarrow L = \dfrac{X_L}{\omega} = \dfrac{10}{1000} = 10$ mH

9. R↑、Z↑、電源電流$\bar{I}$減小、電流超前電壓的角度θ↓（電容性），因此cosθ趨近於1。

13. $X = \dfrac{50\angle 30°}{5\angle -7°} = 10\angle 37° = 8+j6$

14. (1) $X_C = \dfrac{1}{\omega C} = \dfrac{1}{10 \times 10^6 \times 10^{-12}} = 100k\Omega$

　(2) 分壓定則：
　　　$v_o(t) = 60\sqrt{2}\sin(10^6+120°) \times \dfrac{100\angle -90°k\Omega}{100\sqrt{2}\angle -45°k\Omega}$
　　　　　　$= 60\sin(10^6+75°)V$

15. (1) $\cos\theta = \dfrac{R}{Z} = \dfrac{6}{\sqrt{6^2+X_L^2}} \Rightarrow X_L = 8\Omega$

　(2) 頻率增加至90Hz時電感抗X_L為12Ω。

　(3) $\cos\theta = \dfrac{R}{\sqrt{R^2+X_L^2}} = \dfrac{6}{\sqrt{6^2+12^2}}$
　　　　　　$= \dfrac{6}{6\sqrt{5}} = \dfrac{1}{\sqrt{5}}$

18. $PF = \dfrac{V_R}{V} = \dfrac{8}{\sqrt{8^2+6^2}} = 0.8$（滯後）

19. (1) $100 = \sqrt{60^2+V_L^2} \Rightarrow V_L = 80V$

　(2) $I = \dfrac{60}{12} = 5A$；
　　　$X_L = \dfrac{80}{5} = 16\Omega \Rightarrow L \approx 42.44mH$

20. (1) 直流分析（電感器短路）：
　　　$R = \dfrac{40}{10} = 4\Omega$

　(2) 交流分析：
　　　$\dfrac{40}{8} = \sqrt{4^2+X_L} \Rightarrow X_L = 3\Omega$
　　　　　　　　　　　$\Rightarrow L = 3mH$

24. (1) $X_L = \dfrac{\sqrt{100^2-60^2}}{4} = 20\Omega$

　(2) $X_L = 20 = 2 \times 3.14 \times 159 \times L$
　　　$\Rightarrow L = 20mH$

25. (1) $X_C = \dfrac{1}{\omega C} = -j400\,\Omega$

　(2) $Z = 300 - j400 = 500\,\Omega$

33. $\bar{Z} = \dfrac{\bar{V}}{\bar{I}} = \dfrac{100\angle 0°}{10\angle 37°} = 10\angle -37° = 8-j6$；
　　$8-j6 = 4+j5+\bar{Z} \Rightarrow \bar{Z} = 4-j11(\Omega)$

37. (1) $\bar{Z} = \dfrac{100\angle 0°}{10\angle -60°} = 10\angle 60° = 5+j5\sqrt{3}\Omega$

　(2) 電感性：
　　　$5\sqrt{3} = (2\pi \times 159.2 \times 10m - \dfrac{1}{2\pi \times 159.2 \times C})$
　　　$\Rightarrow C \cong 746\mu F$

42. (1) $R = 20\Omega$；$X_L = j10\Omega$；$X_C = -j10\Omega$；
　　　$\bar{Z} = 20\Omega$

　(2) $v_R(t) = v(t)$

43. (1) $5\angle 53.1° = 3+j4$

　(2) $\bar{Z} = (3+j4) + (6+j8) = 9+j12(\Omega)$

　(3) $\bar{V_2} = 150\angle 0° \times \dfrac{6+j8}{9+j12} = 100\angle 0°V$

48. $\bar{Y} = \dfrac{1}{6-j8} = \dfrac{6+j8}{(6-j8)(6+j8)}$
　　　$= 0.06+j0.08S$

49. $Z = 6 // j8 = \dfrac{6 \times j8}{6+j8} = \dfrac{j48(6-j8)}{(6+j8)(6-j8)}$
    $= 3.84 + j2.88 = 4.8\angle 37°\Omega$

50. 將RL串聯電路轉為並聯電路：
    $X_P = \dfrac{R^2 + X_L^2}{X_L} = \dfrac{3^2 + 4^2}{4} = 6.25\Omega$
    $X_L = X_C = 6.25\Omega$

51. (1) $10\cos(377t)A = 10\sin(377t + 90°)A$
    (2) $10\sin(377t + 90°) + 17.32\sin(377t)$
    $= 20\sin(377t + 30°)A$

53. (1) $\overline{Y} = \dfrac{15\angle 35°}{150/\sqrt{2}\angle -10°} = \dfrac{\sqrt{2}}{10}\angle 45°S$
    $= \dfrac{1}{10} + j\dfrac{1}{10}S$
    $\Rightarrow R = 10\Omega$
    (2) $X_C = 10\Omega \rightarrow C = 100\mu F$

59. $\overline{I} = 8 - j12 + j6 = 8 - j6 = 10\angle -37°A$

63. (1) $R_P = \dfrac{4^2 + 8^2}{4} = 20\Omega$
    (2) $X_P = \dfrac{4^2 + 8^2}{8} = j10\Omega$

64. $\overline{Z_T} = j + (1 // -j) = j + \dfrac{-j}{1-j}$
    $= j + \dfrac{-j(1+j)}{(1-j)(1+j)} = j + \dfrac{1-j}{2}$
    $= \dfrac{1}{2} + j\dfrac{1}{2}\Omega$

65. $\dfrac{100}{6+j8} + \dfrac{100}{8-j6} = \dfrac{100}{10\angle 53°} + \dfrac{100}{10\angle -37°}$
    $= 10\angle -53° + 10\angle 37°$
    $= 6 - j8 + 8 + j6$
    $= 14 - j2 = 10\sqrt{2}A$

66. (1) $\overline{Z} = (3+j2)//(-j2) = \dfrac{4}{3} - j2$
    (2) $V_{ab} = \dfrac{3}{\sqrt{2}} \times (\dfrac{4}{3} - j2)$
    $= \dfrac{3}{\sqrt{2}} \times \sqrt{(\dfrac{4}{3})^2 + (-2)^2} \cong 5V$

68. $\cos\theta = \dfrac{3}{\sqrt{3^2 + (2-6)^2}} = 0.6$（滯後）

70. (1) $\overline{V_s} = \dfrac{100}{\sqrt{2}}\angle 0°$
    (2) $\overline{I} = \dfrac{100/\sqrt{2}\angle 0°}{6+j8} + \dfrac{100/\sqrt{2}\angle 0°}{25-j25}$
    $= \dfrac{10}{\sqrt{2}}\angle -53° + 2\angle 45°$
    $= 5\sqrt{2}\angle -37°A$
    (3) $i(t) = 10\sin(1000t - 37°)A$

72. (1) $\overline{I_R} = 5\angle 30°A$
    (2) $\overline{I_C} = 5\angle 120°A$
    (3) $\overline{I_L} = 10\angle -60°A$
    (4) $\overline{I} = \overline{I_R} + (\overline{I_C} - \overline{I_L})$
    $= 5\angle 30° + 5\angle -60°$
    $= 5\sqrt{2}\angle -15°A$

73. (1) $j5\Omega // -j10\Omega = \dfrac{50}{-j5\Omega} = j10\Omega$
    (2) 總阻抗 $\overline{Z} = 10 + j10\Omega = 10\sqrt{2}\angle 45°\Omega$
    (3) 總電流
    $i(t) = \dfrac{20\sqrt{2}\sin 5t}{10\sqrt{2}\angle 45°} = 2\sin(5t - 45°)A$

74. (1) $\overline{I_1} = \dfrac{100\angle 0°}{10 - j10} = \dfrac{100\angle 0°}{10\sqrt{2}\angle -45°}$
    $= 5\sqrt{2}\angle 45°A$
    (2) $\overline{I_2} = \dfrac{100\angle 0°}{10 + j10} = \dfrac{100\angle 0°}{10\sqrt{2}\angle 45°}$
    $= 5\sqrt{2}\angle -45°A$
    (3) $\overline{I} = \overline{I_1} + \overline{I_2}$
    $= 5\sqrt{2}\angle 45°A + 5\sqrt{2}\angle -45°A$
    $= 10\angle 0°A$
    (4) $\overline{Z} = \dfrac{100\angle 0°}{10\angle 0°} = 10\angle 0°\Omega$
    (5) $\overline{V}$和$\overline{I}$為同相位，電路性質為純電阻性

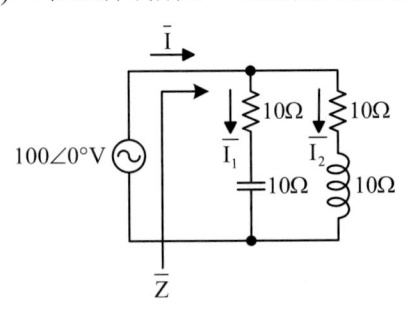

75. (1) $X_L = \omega \times L = 1000 \times 50m = 50\Omega$

(2) $I_L = \dfrac{V}{X_L} = \dfrac{100}{50} = 2A$

(3) 由圖中可以得知
$I_1 = \sqrt{I_C^2 + I_R^2} \Rightarrow 10 = \sqrt{8^2 + I_R^2}$
$\Rightarrow I_R = 6A$

(4) 功率因數
$\cos\theta = \dfrac{I_R}{I} = \dfrac{6}{\sqrt{6^2 + (8-2)^2}} = \dfrac{1}{\sqrt{2}}$
$= 0.707$（電容性）

76. (1) $\overline{V} = 20\angle 60°V$

(2) $\overline{V}$ 超前 $\overline{I}$ 相位 $90°$，因此 $\overline{I} = 4\angle -30°A$

(3) $X_L = \dfrac{20}{4} = 5\Omega = 250 \times L$
$\Rightarrow L = 20mH$

77. (1) 加直流電時，電感器視為短路，
$I = \dfrac{V}{R} \Rightarrow 1.25 = \dfrac{10}{R} \Rightarrow R = 8\Omega$

(2) 加交流電時，
$I = \dfrac{V}{\sqrt{R^2 + X_L^2}} \Rightarrow 1 = \dfrac{10}{\sqrt{8^2 + X_L^2}}$
$\Rightarrow X_L = 6\Omega$

78. (1) 電阻R不隨頻率而改變。

(2) 運用相量圖：
$\sqrt{(\sqrt{3})^2 + X_L^2} = 4 \Rightarrow X_L = \sqrt{13} \cong 3.6$

(3) 電感抗由 $1\Omega \to \sqrt{13}\Omega$，因此頻率f約增加 3.6倍，因此須調整為180Hz。

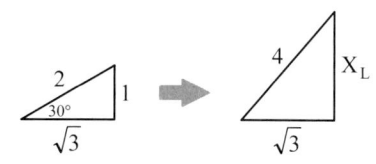

79. $\theta = +\tan^{-1}(\dfrac{V_L}{V_R}) = +\tan^{-1}(\dfrac{50}{50\sqrt{3}}) = +30°$

80. (1) $\begin{cases} \sqrt{R^2 + X_C^2} = 5 \\ \sqrt{R^2 + (0.5X_C)^2} = \sqrt{13} \end{cases}$
$\Rightarrow \begin{cases} R^2 + X_C^2 = 25 \\ R^2 + 0.25X_C^2 = 13 \end{cases}$
$\Rightarrow 0.75X_C^2 = 12 \Rightarrow X_C = 4\Omega$

(2) 置於電源頻率為 $\dfrac{1}{3}\omega$ 的總阻抗
$Z = \sqrt{R^2 + (3X_C)^2} = \sqrt{3^2 + (3 \times 4)^2}$
$= 3\sqrt{17}\Omega$

81. $\cos\theta = \dfrac{V_R}{V} = \dfrac{8}{12} = \dfrac{2}{3}$（超前功因）

83. (1) $V_1 = \sqrt{(5\times 6)^2 + (5 \times 8)^2} = 50V$

(2) $V_2 = 5 \times 8 - 5 \times 7 = 5V$

84. (1) 等效並聯電路：
$R_P = \dfrac{60^2 + 120^2}{60} = 300\Omega$
$X_P = \dfrac{60^2 + 120^2}{120} = j150\Omega$

(2) 頻率增加120Hz後 $X_P' = j300\Omega$

(3) $Z_i = 300 // j300 = 150 + j150\Omega$

85. $\overline{Y} = \dfrac{\overline{I}}{\overline{V_S}} = \dfrac{5\angle 45°}{120\angle -15°} = \dfrac{1}{24}\angle 60°S$
$= \dfrac{1}{48} + j\dfrac{\sqrt{3}}{48}S$
$X_C = \dfrac{48}{\sqrt{3}} = 16\sqrt{3} \cong 27.6\Omega$

86. 與直流分析完全相同，諾頓等效電流
$\overline{I_N} = \dfrac{100\angle 0°}{6 - j8} = \dfrac{100\angle 0°}{10\angle -53°} = 10\angle 53°A$

87. 與直流分析完全相同，戴維寧等效電壓
$\overline{E_{th}} = 10\angle 30° \times (2 - j2)$
$= 10\angle 30° \times 2\sqrt{2}\angle -45°$
$= 20\sqrt{2}\angle -15°V$

88. (1) $X_C = \dfrac{1}{377 \times 50\mu} \cong 53\Omega$

(2) $V_{AB} = V_A - V_B$
$= 100 \times (\dfrac{10k}{10k + 10k} - \dfrac{53}{53 + 10k})$
$\cong 50V$

89. 直流電時電容器開路，因此
$v_o = 15$（直流）$+ 0.3\sin(\omega t) \times \dfrac{1k}{2k + 1k}$（交流）
$= 15 + 0.1\sin(\omega t)V$

90. $12 \times (6 - j8) = 6 \times R$
$\Rightarrow 12 \times 10 = 6 \times R \Rightarrow R = 20\Omega$

91. (1) $G = \dfrac{1}{2} = 0.5S$

(2) $B_L = \dfrac{1}{j10} = -j0.1S$

(3) $1:\sqrt{3} = 0.5:(B_C - 0.1)$
$\Rightarrow B_C \cong 0.966 \Rightarrow X_C \cong 1.04\Omega$

92. (1) $\overline{Y} = \dfrac{\overline{I}}{\overline{V}} = \dfrac{2\angle -55°}{10\angle -10°} = \dfrac{1}{5}\angle -45°$
$= \dfrac{\sqrt{2}}{10} - j\dfrac{\sqrt{2}}{10}$

(2) $jX_L //(-j3X_L) = \dfrac{3X_L{}^2}{-j2X_L} = j1.5X_L$
$= j\dfrac{10}{\sqrt{2}}$

(3) $X_L = \dfrac{10\sqrt{2}}{3}\Omega$

(4) $X_C = 10\sqrt{2}\Omega$

(5) $\overline{I_C} = \dfrac{10\angle -10°}{10\sqrt{2}\angle -90°} = 0.707\angle 80°A$

93. (1) $\overline{Z} = 8+(j6//-j3) = 8-j6 = 10\angle -37°\Omega$

(2) $\overline{I} = \dfrac{100\angle 0°}{10\angle -37°} = 10\angle 37°A$

(3) $\overline{V_{ab}} = 10\angle 37° \times (-j6) = 60\angle -53°V$

(4) $\overline{I_C} = \dfrac{60\angle -53°}{-j3} = 20\angle 37°A$

94. (1) 化為戴維寧等效電路

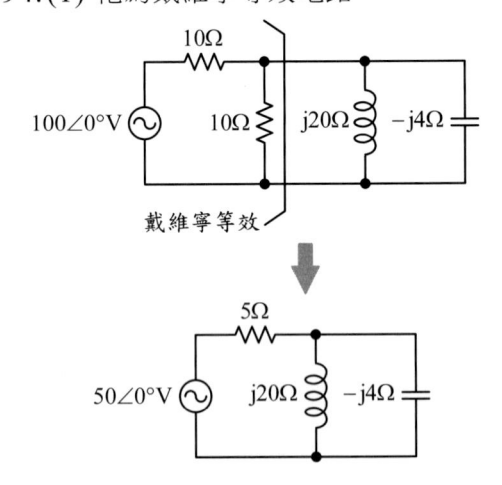

(2) 化簡如下圖：（j20Ω//−j4Ω）

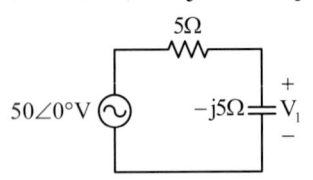

$\overline{V_1} = 50\angle 0° \times \dfrac{-j5}{5-j5} = 25\sqrt{2}\angle -45°V$

(3) $v_1(t) = 50\sin(377t - 45°)$ V

96. (1) a、b兩端點為開路，所以 $\overline{V_{ab}} = 12\angle 0°$ V

(2) $\overline{I_L} = \dfrac{12\angle 0°}{j6} = 2\angle -90°A$

97. (1) $\overline{I} = \overline{I_1} + \overline{I_2} + \overline{I_3}$
$\Rightarrow 200\sqrt{2}\angle 45°A = 100 + j100 + \overline{I_3}$
$\Rightarrow \overline{I_3} = 100\sqrt{2}\angle 45°$ A

(2) 因此負載3的阻抗為
$\dfrac{100\sqrt{2}\angle 45° (V)}{100\sqrt{2}\angle 45° (A)} = 1\angle 0°\ \Omega$

98. (1) 取戴維寧等效電路，可得
$\overline{E_{th}} = 20\angle 0° \times \dfrac{-j2}{2-j2}$
$= 20\angle 0° \times \dfrac{2\angle -90°}{2\sqrt{2}\angle -45°}$
$= 10\sqrt{2}\angle -45°$ V

$\overline{Z_{th}} = 2//-j2 = 1-j\ \Omega$

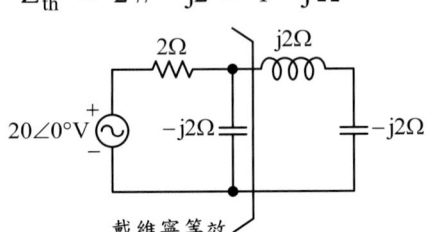

(2) 將電路化簡如下：
$\overline{V_L} = 10\sqrt{2}\angle -45°V \times \dfrac{j2}{1-j+j2-j2}$
$= \dfrac{20\sqrt{2}\angle 45°V}{\sqrt{2}\angle -45°} = 20\angle 90°$ V
$= j20$ V

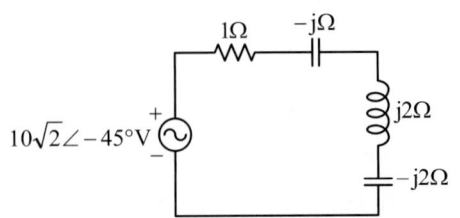

99. $30 = \sqrt{24^2 + (I_L - 6)^2}$
$\Rightarrow I_L = 24A$ 或 $-12A$（不合）

101.(1) $\overline{Z} = \dfrac{\overline{V}}{\overline{I}} = \dfrac{200\angle 0°}{5\sqrt{2}\angle 45°} = 20\sqrt{2}\angle -45°$
$= (20 - j20)\Omega$

(2) 電容抗 $X_C = \dfrac{1}{\omega C} \Rightarrow 20 = \dfrac{1}{500 \times C}$
$\Rightarrow C = 100\mu F$

102.(1) $\overline{I_R} = \dfrac{\overline{V}}{R} = \dfrac{240\angle 0°}{16\angle 0°} = 15A$

(2) $\overline{I_L} = \dfrac{\overline{V}}{X_L} = \dfrac{240\angle 0°}{12\angle 90°} = -j20A$

(3) 電流 $\overline{I_s} = (15 - j20)A$

103. $\overline{Z} = (4+j4)//(-j4) = \dfrac{(4+j4)\times(-j4)}{(4+j4)+(-j4)}$
$= \dfrac{16 - j16}{4} = (4 - j4)\Omega$

實習專區 P.9-35

1. (1) $\overline{Z} = 3 + j8 + (-j4) = 3 + j4 = 5\angle 53°\Omega$

(2) 電流 $I = \dfrac{\overline{V}}{\overline{Z}} = \dfrac{100\angle 0°}{5\angle 53°} = 20\angle -53°$ A

(3) 電路為電感性負載，電壓超前電流53°

(4) 電阻之壓降
$\overline{V_R} = \overline{I} \times R = 20\angle -53° \times 3$
$= 60\angle -53°$ V

3. $X_L = X_C$，所以電路為電阻性

4. (1) $v(t) = 110\sqrt{2}\sin(377t + 75°)$ V
$i(t) = 5\sqrt{2}\sin(377t + 105°)$ A
所以電流超前電壓30°

(2) 負載的阻抗 $\overline{Z} = \dfrac{110\angle 75°}{5\angle 105°} = 22\angle -30°\Omega$
為電容性負載

(3) 此負載的功率因數為
$\cos -30 = 0.866$（超前功因）

6. 電源頻率未改變，所以功率因數不變。

7. 交流電壓源之電流
$\overline{I} = \sqrt{I_R^2 + (I_C - I_L)^2}$
$= \sqrt{10^2 + (10 - 10)^2} = 10$ A

8. (1) $Z = \dfrac{110}{11} = 10\Omega$

(2) $Z = \sqrt{R^2 + X_L^2} \Rightarrow 10 = \sqrt{8^2 + X_L^2}$
$\Rightarrow X_L = 6\Omega$

(3) 功率因數
$\cos\theta = \dfrac{R}{Z} = \dfrac{8}{10} = 0.8$（滯後功因）

9. (1) 電容器端電壓為80V。

(2) $\dfrac{60}{15} = \dfrac{80}{X_{C1}} \Rightarrow X_{C1} = 20\Omega$

10. 各通道探棒之黑色鱷魚夾的連接線於示波器內部相連，因此黑色測試棒應該碰觸在同一個節點。

模擬演練 P.9-37

1. 電容量（C）或頻率（f）增加，則電容抗 $X_C \downarrow$ 功因角 $\theta \downarrow \cos\theta \uparrow$。

4. (1) 運用密爾門定理：（使用戴維寧亦可）
$V = \dfrac{\dfrac{2}{j2}}{\dfrac{1}{j2} + \dfrac{1}{-j} + \dfrac{1}{2}}$
$= \dfrac{-j(0.5 - 0.5j)}{(0.5 + 0.5j)(0.5 - 0.5j)}$
$= \dfrac{-0.5 - j0.5}{0.5} = -1 - j$ (V)

(2) $\overline{I} = \dfrac{2 - (-1-j)}{j2} = \dfrac{3+j}{j2}$
$= 0.5 - j1.5$ (A)

6. (1) $j4//(3-j4) = \dfrac{16}{3} + j4$（串聯）

(2) 並聯等效電路為 $\dfrac{25}{3} // j\dfrac{100}{9}$

(3) $G = \dfrac{3}{25} = 0.12$；$B_L = -j0.09$

8. (1) 將串聯電路轉為並聯電路：
$R_P = \dfrac{30^2 + 40^2}{30} = \dfrac{250}{3}\Omega$
$X_P = \dfrac{30^2 + 40^2}{40} = j62.5\Omega$

(2) $G = 0.012$ (S)，$B_L = -j0.016$ (S)

(3) $3:4 = 0.012:(B_C - 0.016)$
$\Rightarrow B_C = 0.032\,(S)$

(4) $X_C = \dfrac{1}{B_C} = 31.25\Omega = \dfrac{1}{1000 \times C}$
$\Rightarrow C = 32\mu F$

9. (1) $\cos\theta = 0.8$，
假設 $R = 8\Omega$，$X_L = 6\Omega$

(2) 將 $6\Omega \to 8\Omega$，功率因數角 $\theta = 45°$

(3) $f' = 30 \times \dfrac{8}{6} = 40 Hz$

10. (1) 開關S閉合前 $X_L = j50\Omega$；
電感量 $L = 0.5H$（電感量固定）

(2) 開關S閉合後 $X_L = X_C$
$\Rightarrow \dfrac{(0.5\omega)^2 + 50^2}{0.5\omega} = \dfrac{1}{\omega \times 40\mu}$
$\Rightarrow \omega = \pm 200\,rad/s$（負不合）

情境素養題 P.9-39

1. $\overline{Z} = R + j(X_L - X_C)$
$\Rightarrow 10 = \sqrt{R^2 + (13-7)^2}$
$\Rightarrow R = 8\,\Omega$

2. 已知總阻抗為 10Ω，
所以 $|\overline{V_R}|:|\overline{V_R}|:|\overline{V_C}| = 8:13:7$，
且 $|\overline{V_R}|:|\overline{V_L} - \overline{V_C}| = 8:6$，
只要運用比例關係即可判別各元件，A元件為 8Ω 的電阻器、B元件為 13Ω 的電感器、C元件為 7Ω 的電容器。

5. $V = \sqrt{120^2 + (195 - 105)^2} = 150\,V$

6. $V_3 = 30 \times 7 = 210\,V$

Chapter 10 交流電功率

10-1 學生做

1. $p(t) = VI[\cos(\theta_v - \theta_i) - \cos(2\omega t + \theta_v + \theta_i)]$

   $p(t) = \dfrac{50\sqrt{2}}{\sqrt{2}} \times \dfrac{20\sqrt{2}}{\sqrt{2}}[\cos(90° - 150°)$
   $\qquad - \cos(200t + 90° + 150°)]$

   (1) $p(t) = 500 - 1000\cos(200t - 120°)]$(瓦特)

   (2) $P_{max} = 500 + 1000 = 1500$(瓦特)

   (3) $P_{min} = 500 - 1000 = -500$(瓦特)

2. 純電阻電路

   (1) $p(t) = VI[\cos(\theta_v - \theta_i) - \cos(2\omega t + \theta_v + \theta_i)]$
   $p(t) = 150\sqrt{2} - 150\sqrt{2}\cos(200t + 50°)$瓦特

   (2) $P_{max} = 150\sqrt{2} - 150\sqrt{2} \times (-1) = 300\sqrt{2}$ W

   (3) $P_{min} = 150\sqrt{2} - 150\sqrt{2} \times 1 = 0$ W

3. 純電感電路

   (1) $p(t) = VI[\cos(\theta_v - \theta_i) - \cos(2\omega t + \theta_v + \theta_i)]$
   $p(t) = -100\cos 200t$ 瓦特

   (2) $P_{max} = -100 \times (-1) = 100$ W

   (3) $P_{min} = -100 \times 1 = -100$ W

4. 純電容電路

   (1) $p(t) = VI[\cos(\theta_v - \theta_i) - \cos(2\omega t + \theta_v + \theta_i)]$
   $p(t) = -300\cos(400t - 30°)]$瓦特

   (2) $P_{max} = -300 \times (-1) = 300$ W

   (3) $P_{min} = -300 \times 1 = -300$ W

10-1 立即練習

1. $VI[\cos(\theta_v - \theta_i) - \cos(2\omega t + \theta_v + \theta_i)]$
   $= 500[\cos(60°) - \cos(100t + 150°)]$
   $= 250 - 500\cos(100t + 150°)$

2. (1) $VI[\cos(\theta_v - \theta_i) - \cos(2\omega t + \theta_v + \theta_i)]$
   $= 10[\cos(30°) - \cos(628t + 90°)]$
   $= 5\sqrt{3} - 10\cos(628t + 90°)$

   (2) $t = \dfrac{1}{120}$秒帶入方程式：

   $5\sqrt{3} - 10\cos(200\pi \times \dfrac{1}{120} + 90°)$
   $= 5\sqrt{3} - 5\sqrt{3} = 0$ W

3. $VI[\cos(\theta_v - \theta_i) - \cos(2\omega t + \theta_v + \theta_i)]$
   $= VI[\cos(15°) - \cos(628t + 90°)]$
   $= VI\cos 15° - VI\cos(628t + 45°)$
   ∴ 令$\cos(628t + 45°) = \sin(628t + 135°) = -1$
   可產生P_{max}，$200\pi t + \dfrac{3}{4}\pi = -\dfrac{\pi}{2} \Rightarrow t = -\dfrac{1}{160}$秒

   $-\dfrac{1}{160} + \dfrac{1}{100} = \dfrac{3}{800} = 3.75$ms
   （加上一個週期以校正正確的時間）

4. 令$\cos(628t + 45°) = \sin(628t + 135°) = 1$
   可產生P_{min}，$200\pi t + \dfrac{3}{4}\pi = \dfrac{\pi}{2} \Rightarrow t = -\dfrac{1}{800}$秒

   $-\dfrac{1}{800} + \dfrac{1}{100} = \dfrac{7}{800} = 8.75$ms
   （加上一個週期以校正正確的時間）

5. $P_{min} = -VI = -\dfrac{V^2}{X_C} = -\dfrac{20^2}{10} = -40$W

6. $P_{max} = VI = \dfrac{V^2}{X_L} = \dfrac{100^2}{5} = 2000$W

7. (1) $\overline{V} = 60\sqrt{2}\angle 120°$ V，

   $\overline{I} = \dfrac{60\sqrt{2}\angle 120°}{24 - j18} = \dfrac{60\sqrt{2}\angle 120°}{30\angle -37°}$
   $= 2\sqrt{2}\angle 157°$ A

   (2) $\overline{S} = \overline{V} \cdot \overline{I}^* = 60\sqrt{2}\angle 120° \times (2\sqrt{2}\angle 157°)^*$
   $= 240\angle -37° = 192 - j144$ VA

   (3) 最大瞬間功率
   $P_{max} = P + S = 192 + 240 = 432$ W

10-2 學生做

1. (1) $S = VI^* = (10 - j20)(5 + j2)^*$
   $= (10 - j20)(5 - j2)$
   $S = 10 - j120$伏安（VA）
   因此平均功率$P = 10$瓦特（W）

   (2) 虛功率$Q = 120$乏（VAR）

   (3) $-jQ$為電容性電路

2. (1) $S = VI^* = 8\angle -60° \times 10\angle 30°$
   $= 80\angle -30°$
   視在功率為80伏安（VA）

   (2) $80\angle -30° = 40\sqrt{3} - j40$伏安（VA）
   平均功率為$40\sqrt{3}$瓦特（W）

(3) 虛功率為40乏（VAR）

(4) $-jQ$ 電容性電路

3. (1) $P = I^2 \times R = 2^2 \times 4 = 16$ 瓦特（W）

(2) $Q = I^2 \times (X_C - X_L) = 2^2 \times 4$
 $= 16$ 乏（VAR）（電容性）

(3) $S = \sqrt{P^2 + Q^2} = \sqrt{16^2 + 16^2}$
 $= 16\sqrt{2}$ 伏安（VA）

4. (1) $P = \dfrac{V^2}{R} = \dfrac{100^2}{10} = 1000$ 瓦特（W）

(2) $Q = \dfrac{V^2}{X_C} - \dfrac{V^2}{X_L} = \dfrac{100^2}{10} - \dfrac{100^2}{20}$
 $= 500$ 乏（VAR）

(3) $B_C > B_L$ 或 $Q_C > Q_L$ 為電容性電路

10-2 立即練習

3. (1) $\overline{I} = \dfrac{\overline{V}}{\overline{Z}} = \dfrac{100\angle 0°}{100\angle 37°} = 1\angle -37°\Omega$

(2) $S = V\overline{I}^* = 100\angle 0° \times 1\angle 37° = 100\angle 37°$
 $= 80 + j60$

4. (1) $\overline{Z} = 8 + j6 = 10\angle 37°(\Omega)$

(2) $\overline{I} = \dfrac{100\angle 60°}{10\angle 37°} = 10\angle 23°(A)$

(3) $S = V\overline{I}^* = 100\angle 60° \times 10\angle -23°$
 $= 1000\angle 37° = 800 + j600$ 伏安（VA）

5. (1) $\overline{V} = 100\angle 30°$；$\overline{I} = 20\angle 60°$

(2) $S = V\overline{I}^* = 100\angle 30° \times 20\angle -60°$
 $= 1000\sqrt{3} - j1000$ (VA)（電容性）

6. (1) $I_1 = \dfrac{100}{\sqrt{8^2+6^2}} = 10A$

(2) $I_2 = \dfrac{100}{10} = 10A$

(3) $P = I^2 R = 10^2 \times 8 = 800W$

(4) $Q_L = jI^2 X_L = j10^2 \times 10 = j1000 VAR$
 $Q_C = -jI^2 X_C$
 $= -j10^2 \times 6 = -j600 VAR$

(5) $Q = j400 VAR$（$Q_L > Q_C$，電感性）

(6) $S = \sqrt{800^2 + 400^2} = 400\sqrt{5}$ (VA)

(7) $\cos\theta = \dfrac{P}{S} = \dfrac{800}{400\sqrt{5}} = \dfrac{2}{\sqrt{5}}$（滯後）

7. (1) $\overline{I_1} = \dfrac{100}{6+j10-j2} = 10\angle -53°A$（$6-j8$）

(2) $\overline{I_2} = \dfrac{100}{6+j2-j10} = 10\angle 53°A$（$6+j8$）

(3) $\overline{I} = \overline{I_1} + \overline{I_2} = 12\angle 0°A$

(4) $S = V\overline{I}^* = 100\angle 0° \times 12\angle 0° = 1200$ (VA)

(5) $\cos\theta = 1$（電阻性）

8. (1) $j40 // (-j20) = \dfrac{800}{j20} = -j40\Omega$

(2) $\overline{I} = \dfrac{100}{30-j40} = 2\angle 53°A$

(3) $P = I^2 R = 2^2 \times 30 = 120W$

(4) $Q = I^2(X_L // X_C) = 2^2 \times 40 = 160 VAR$

10-3 學生做

1. (1) $Q_C = (\dfrac{100/\sqrt{2}}{10+j10})^2 \times 10 = 250 VAR$

(2) $Q_C = \dfrac{V^2}{X_C} \Rightarrow 250 = \dfrac{(100/\sqrt{2})^2}{X_C}$
 $\Rightarrow X_C = 20\Omega$

(3) $X_C = \dfrac{1}{\omega C} \Rightarrow 20 = \dfrac{1}{400 \times C}$
 $\Rightarrow C = 125\mu F$

2. $\cos\theta_2 \times I_{L2} = \cos\theta_1 \times I_{L1}$
 $\cos\theta_2 \times 60 = 0.6 \times 70.7$
 $\Rightarrow \cos\theta_2 = 0.707$（滯後）

3. **解一** 公式解：
 $Q_C = P(\tan\theta_1 - \tan\theta_2)$
 $P = 300k \times 0.707 = 150\sqrt{2} kW$
 $Q_C = 150\sqrt{2}k \times (\tan 45° - \tan 37°)$
 $= 37.5\sqrt{2} kVAR$

解二 圖解：畫功率三角形

4. $P_{loss2} \times \cos^2\theta_2 = P_{loss1} \times \cos^2\theta_1$
 $168.75 \times \cos^2\theta = 300 \times 0.6^2$
 $\Rightarrow \cos\theta = 0.8$（滯後）

10-3立即練習　P.10-13

1. $\bar{Z} = 16 + j12$，$\cos\theta = 0.8$

4. $Q_C = P(\tan\theta_1 - \tan\theta_2)$
   $= 400k \times 0.6 \times (\tan 53° - \tan 37°)$
   $= 140\text{kVAR}$

綜合練習　P.10-14

2. (1) $P = \dfrac{V^2}{R} = \dfrac{100^2}{50} = 200\text{W}$

   (2) $P_{max} = 2P = 2 \times 200 = 400\text{W}$

5. (1) $S = VI = \dfrac{150}{\sqrt{2}} \times \dfrac{10}{\sqrt{2}} = 750\text{VA}$

   (2) $P = VI \times \cos\theta = S \times \cos\theta$
   $= 750 \times \cos 60° = 375\text{W}$

   (3) $P_{max} = P + S = 375 + 750 = 1125\text{W}$

   (4) $P_{min} = P - S = 375 - 750 = -375\text{W}$

7. 最大瞬間功率的頻率為2倍的電源頻率。

10. 該電路為純電容電路，因此視在功率（S）等於虛功率（Q）。

17. $P = VI \times \cos\theta$
    $= \dfrac{5}{\sqrt{2}} \times \dfrac{4}{\sqrt{2}} \times \cos 60° = 5\text{W}$

26. $\cos\theta = \dfrac{P}{S} = \dfrac{P}{\sqrt{P^2+Q^2}} = \dfrac{600}{\sqrt{600^2+800^2}}$
    $= 0.6$ 滯後（電感性）

27. (1) $j12 // (-j6) = \dfrac{72}{j6} = -j12$

    (2) 電源電流為 $\dfrac{200\angle 0°}{9-j12} = \dfrac{40}{3}\angle 53°\text{A}$

    (3) 9Ω電阻消耗 $(\dfrac{40}{3})^2 \times 9 = 1600$ 瓦

30. (1) $P = \dfrac{V^2}{R} = \dfrac{600^2}{300} = 1200\text{W}$

    (2) $Q_L = \dfrac{V^2}{X_L} = \dfrac{600^2}{720}$
    $= 500\text{VAR}$（電感性）

    (3) $Q_C = \dfrac{V^2}{X_C} = \dfrac{600^2}{360}$
    $= 1000\text{VAR}$（電容性）

    (4) $S = \sqrt{P^2 + Q^2}$
    $= \sqrt{1200 + (-1000+500)^2}$
    $= 1300\text{VAR}$

32. (1) 電源電壓
    $\bar{V} = 80 + j60 - j120 = 100\angle -37°\text{V}$

    (2) $S = VI = 100 \times 10 = 1000\text{VA}$

33. $\bar{S} = V I^* = (5+j2) \times (3-j4)$
    $= 15 - j20 + j6 + 8 = 23 - j14\text{VA}$

35. (1) $\bar{Z} = R + j(X_L - X_C)$
    $= 40\Omega + j(60-30)$
    $= 40 + j30 = 50\angle 37°\ \Omega$

    (2) $\cos 37° = 0.8$（電感性）

36. $\cos\theta_S = 0.6$
    $\cos^2\theta_S + \cos^2\theta_P = 1 \Rightarrow 0.6^2 + \cos^2\theta_P = 1$
    $\Rightarrow \cos\theta_P = 0.8$

38. (1) $Q_C = \dfrac{4k}{0.8} \times 0.6 = 3\text{kVAR}$

    (2) $C = \dfrac{Q_C}{2\times\pi\times f\times V^2} = \dfrac{3000}{377 \times 110^2}$
    $\cong 658\mu\text{F}$

39. (1) $Q_C = P(\tan\theta_1 - \tan\theta_2)$
    $= 4000 \times \dfrac{0.6}{0.8} = 3\text{kVAR}$

    (2) $C = \dfrac{Q_C}{\omega \times V^2} = \dfrac{3000}{300 \times (200/\sqrt{2})^2}$
    $= 500\mu\text{F}$

40. (1) $I_{rms} = \sqrt{3^2 + (\dfrac{4}{\sqrt{2}})^2 + (\dfrac{5}{\sqrt{2}})^2 + (\dfrac{6}{\sqrt{2}})^2}$
    $= \dfrac{\sqrt{190}}{2}(\text{A})$

    (2) $P = I^2 R = (\dfrac{\sqrt{190}}{2})^2 \times 4 = 190(\text{W})$

41. (1) $P_T = 100 + 200 + 300 = 600\text{W}$

    (2) $Q_T = -j1500 + j700$
    $= -j800\text{ VAR}$（電容性）

    (3) $\cos\theta = \dfrac{P_T}{S_T} = \dfrac{600}{\sqrt{600^2 + (-800)^2}}$
    $= 0.6$（超前）

42. (1) 重疊定理：考慮直流電源

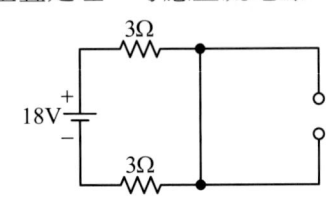

$$P = \frac{18^2}{(3+3)} = 54W$$

$$Q = 0VAR$$

(2) 重疊定理：考慮交流電源

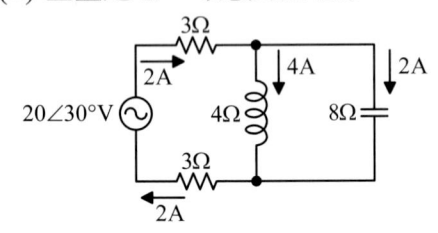

$$P = 2^2 \times 6 = 24W$$

$$Q = 4^2 \times 4 - 2^2 \times 8 = 32VAR$$

(3) 重疊後 $P_T = 54W + 24W = 78W$；

$Q_T = 0 + 32 = 32VAR$（電感性）

44. (1) 串聯互消 $L_T = 2 + 2 - 2 \times \frac{1}{2} = 3H$

(2) $X_L = \omega L = 1 \times 3 = 3\Omega$

(3) $\bar{I} = \frac{10}{4 + j3} = 2\angle -37°A$

(4) $S = VI = 10 \times 2 = 20VA$

(5) $P = VI \times \cos(-37°) = 16W$

(6) $P.F. = \cos(-37°) = 0.8$（滯後功因）

45. (1) 總電容量

$C_T = 1000\mu // (500\mu + 500\mu) // 1000\mu$

$= \frac{1000}{3}\mu F$

(2) $X_C = \frac{1}{\omega C} = 3\Omega$

(3) $\bar{Z} = 4 - j3$

(4) $\bar{I} = \frac{25}{4 - j3} = 5\angle 37°A$

(5) $S = 125VA$；$P = 100W$；$Q = 75VAR$

(6) $P.F. = 0.8$（超前功因）

46. $\cos\theta = \frac{1}{\sqrt{1^2 + (\frac{40}{23})^2}} \approx 0.5$

47. (1) $R_P = \frac{100}{3}\Omega$；$X_P = 25\Omega$

(2) $\frac{8}{10} = \frac{G}{\sqrt{G^2 + (B_L - B_C)^2}}$

$\Rightarrow \frac{8}{10} = \frac{0.03}{\sqrt{0.03^2 + (0.04 - B_C)^2}}$

(3) $B_C = 0.0175 \Rightarrow X_C = \frac{400}{7}\Omega$

$\Rightarrow C = 35\mu F$

48. (1) $P = \frac{V^2}{R} = \frac{40^2}{4} = 400W$

(2) $S = \sqrt{P^2 + Q^2} \Rightarrow 500 = \sqrt{400^2 + Q^2}$

$\Rightarrow Q = 300VAR$

(3) $Q = \frac{V^2}{X_L} \Rightarrow 300 = \frac{40^2}{X_L} \Rightarrow X_L \cong 5.33\Omega$

49. $P_S = P_P \times \cos^2\theta_S \Rightarrow 1200 = P_P \times 0.8^2$

$\Rightarrow P_P = 1875W$

50. (1) $P_{loss2} \times 0.95^2 = 10000 \times 5\% \times 0.7^2$

$\Rightarrow P_{loss2} \cong 271.5$度

(2) 因此減少 $500 - 271.5 = 228.5$度

51. (1) $\bar{I_A} = 10\angle 45°A$，$\bar{I_B} = 10\sqrt{2}\angle 180°A$

(2) $\bar{I_A} + \bar{I_B} = 10\angle 45°A + 10\sqrt{2}\angle 180°A$

$= (5\sqrt{2} + j5\sqrt{2}) - 10\sqrt{2}$

$= -5\sqrt{2} + j5\sqrt{2} = 10\angle 135°A$

(3) 視在功率 $S = VI = 240 \times 10 = 2400VA$

52. (1) $\bar{S} = \bar{V} \times \bar{I}^* = \frac{400}{\sqrt{2}}\angle 0° \times \frac{40}{\sqrt{2}}\angle 60°$

$= 8000\angle 60° = 4000 + j4000\sqrt{3}$ 伏安

(2) $P_{max} = P + S = 4000 + 8000 = 12kW$

實習專區 P.10-20

1.

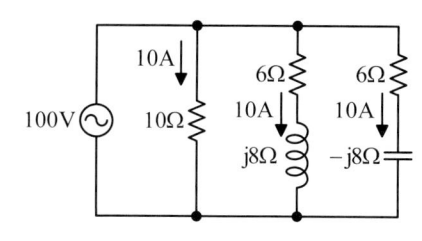

(1) 通過每個路徑的電流都是10A
(2) 電阻所消耗之實功率
$$P = 10^2 \times 10 + 10^2 \times 6 + 10^2 \times 6$$
$$= 2200 \text{ W}$$
(3) 電感器之虛功率
$$Q_L = jI^2 \times X_L$$
$$= j10^2 \times 8 = j800 \text{ VAR}$$
(4) 電容器之虛功率
$$Q_C = -jI^2 \times X_L$$
$$= -j10^2 \times 8 = -j800 \text{ VAR}$$
(5) 總虛功率 $Q = Q_L + Q_C = 0$ VAR，所以功率因數為1

3. $\cos\theta = \dfrac{P}{\sqrt{P^2+Q^2}} = \dfrac{500}{\sqrt{500^2+500^2}}$
$= 0.707$（落後）

4.

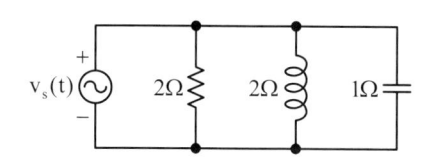

(1) $P = \dfrac{V^2}{R} = \dfrac{(\frac{200}{\sqrt{2}})^2}{2} = 10 \text{ kW}$

(2) $Q_L = j\dfrac{V^2}{X_L} = j\dfrac{(\frac{200}{\sqrt{2}})^2}{2} = j10 \text{ kVAR}$

(3) $Q_C = -j\dfrac{V^2}{X_C} = -j\dfrac{(\frac{200}{\sqrt{2}})^2}{1}$
$= -j20 \text{ kVAR}$
$Q = jQ_L + jQ_C = -j10 \text{ kVAR}$

(4) $S = \sqrt{P^2+Q^2} = \sqrt{(10k)^2+(10k)^2}$
$= 10\sqrt{2} \text{ kVA}$

模擬演練 P.10-21

1. (1) $\overline{V} = 10\angle 30° \text{ V}$，$\overline{I} = 2\angle -30° \text{ A}$
(2) $S = V \cdot I^* = 10\angle 30° \times 2\angle 30°$
$= 20\angle 60° = 10 + j10\sqrt{3}$（電感性）
(3) $P_{max} = P + S = 10 + 20 = 30 \text{ W}$
(4) $P_{min} = P - S = 10 - 20 = -10 \text{ W}$

3. (1) $I_1 = 10\text{A}$；$I_2 = 20\text{A}$
(2) $P_T = 10^2 \times 8 + 20^2 \times 4 = 2400\text{W}$
(3) $Q_T = 10^2 \times j6 + 20^2 \times j3 = j1800\text{VAR}$
(4) $S = \sqrt{P^2+Q^2} = \sqrt{2400^2+1800^2}$
$= 3000\text{VA}$
(5) $\cos\theta = \dfrac{P}{S} = 0.8$ 滯後，電流的 $\theta = -37°$
(6) $i(t) = 30\sqrt{2}\sin(1000t - 37°)\text{A}$
(7) $P_{max} = P + S = 5400\text{W}$
(8) $P_{min} = P - S = -600\text{W}$

4. (1) $V_C = 60\text{V} \Rightarrow I = \dfrac{60}{30} = 2\text{A}$
(2) $\theta = \tan^{-1}(\dfrac{120-60}{80}) = 37°$
(3) 電流 $i(t) = 2\sqrt{2}\sin(100t - 37°)\text{A}$
(4) 瞬間功率
$p(t) = 100 \times 2[\cos(0+37°)$
$- \cos(2\times 100t + 0 - 37°)]$
$= 160 - 200\cos(200t - 37°)\text{W}$

5. (1) 總實功率 $P_T = 18 + 36 + 18 = 72\text{W}$
(2) 總虛功率
$Q_T = j24 - j48$
$= -j24 \text{ VAR}$（電容性）
(3) $S = |72 - j24| = 24\sqrt{10}\text{VA}$
(4) $S = VI \Rightarrow 24\sqrt{10} = 12 \times I \Rightarrow I = 2\sqrt{10}\text{A}$
(5) $\cos\theta = \dfrac{72}{24\sqrt{10}} = \dfrac{3}{\sqrt{10}}$（超前功因）

6.

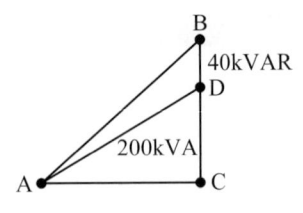

(1) $\overline{AC} = P = 200k \times 0.8 = 160kW$

(2) $\overline{DC} = Q = 200k \times 0.6 = 120kVAR$

(3) $\overline{BC} = 40 + 120 = 160kVAR$

(4) $\overline{AB} = \sqrt{\overline{AC}^2 + \overline{BC}^2} = \sqrt{160^2 + 160^2}$
   $= 160\sqrt{2}kVA$

(5) 原負載功率因數 $\cos\theta = 0.707$

(6) 損失功率可減少為原來的
   $\dfrac{0.707^2}{0.8^2} \cong 0.78 = 78\%$

7. (1) 運用重疊定理通過電阻 6Ω 的電流為
   $2\angle 53° + 0.4\angle 143°$(A)

   (2) 實功率 $2^2 \times 6 + 0.4^2 \times 6 = 24.96W$

8. (1) $\overline{I_1} = 10 \times \dfrac{4+j3}{4-j3+4+j3} = 10 \times \dfrac{5\angle 37°}{8\angle 0°}$
   $= 6.25\angle 37°$(A) $= 5 + j3.75$(A)

   (2) $\overline{I_2} = 10 \times \dfrac{4-j3}{4-j3+4+j3} = 10 \times \dfrac{5\angle -37°}{8\angle 0°}$
   $= 6.25\angle -37°$(A) $= 5 - j3.75$(A)

   (3) 總實功率 $P_T = 6.25^2 \times 4 + 6.25^2 \times 4$
   $= 312.5W$

   (4) 總虛功率 $Q_T = 0VAR$

   (5) 視在功率 $S = P_T = 312.5VA$

   (6) 電流源端電壓 $\dfrac{312.5}{10} = 31.25V$

9. (1) $\overline{S_A} = 6 + j8kVA$；$\overline{S_B} = 12 + j16kVA$；
   總視在功率
   $S_T = |18 + j24|kVA$
   $= 30\ kVA$（0.6滯後）

   (2) 線路電流 $I = \dfrac{30000}{2200} = \dfrac{150}{11}A$

   (3) $\cos\theta = 0.6 \to 0.9$，
   線路電流 $I = \dfrac{150}{11} \times \dfrac{0.6}{0.9} = \dfrac{100}{11}A$

   (4) 線路損失
   $P_{loss} = I^2 \times R = I^2 \times 2R_{line}$
   $= (\dfrac{100}{11})^2 \times 6.05 \times 2 = 1kW$

10. (1) 直流分析：電容器開路，電感器短路，
   因此實功率 $P = \dfrac{15^2}{3} = 75W$

   (2) 交流分析：$X_L = 4\Omega$；$X_C = 5\Omega$，
   實功率 $P = (\dfrac{5}{5})^2 \times 3 + (\dfrac{5}{5\sqrt{2}})^2 \times 5$
   $= 5.5W$

   (3) 總實功率 $P_T = 75 + 5.5 = 80.5W$（交直流功率合成）

情境素養題

1. $P = \dfrac{V^2}{R} \Rightarrow 1250 = \dfrac{100^2}{R} \Rightarrow R = 8\Omega$

2. 功率因數為0.707滯後，表示電路為電感性，即 $Q_L > Q_C$，且功率因數為0.707，表示 $P = (Q_L - Q_C)$，因此 $X_C = 4\Omega$

3. $X_L = \omega L \Rightarrow 12 = 100 \times L \Rightarrow L = 120\ mH$

4. $X_C = \dfrac{1}{\omega C} \Rightarrow 4 = \dfrac{1}{100 \times C} \Rightarrow C = 2.5\ mF$

5. $S = \sqrt{P^2 + Q^2} = \sqrt{1250^2 + 1250^2}$
   $= 1250\sqrt{2}$ 伏安

6. $P_{max} = P + S = 1250 \times (1 + \sqrt{2})$ 瓦特

7. 當 $\omega_o = \omega \times \sqrt{\dfrac{X_C}{X_L}} = 100 \times \sqrt{\dfrac{4}{12}} \approx 57.7\ rad/s$
   $X_L = X_C$，電路為短路狀態

8. $\dfrac{RL}{C} = \dfrac{8 \times 120m}{2.5m} = 384$

Chapter 11 諧振電路

11-1 學生做 P.11-4

1. (1) 諧振頻率

$$f_0 = \frac{1}{2\pi\sqrt{LC}} = \frac{0.16}{\sqrt{4m \times 40\mu}} = 400\text{Hz}$$

(2) 品質因數 $Q = \frac{1}{R}\sqrt{\frac{L}{C}} = \frac{1}{1}\sqrt{\frac{4m}{40\mu}} = 10$

(3) 頻帶寬度 $BW = \frac{f_0}{Q} = \frac{400}{10} = 40\text{Hz}$

(4) $f_2 = f_0 + \frac{BW}{2} = 400 + \frac{40}{2} = 420\text{Hz}$

(5) $f_1 = f_0 - \frac{BW}{2} = 400 - \frac{40}{2} = 380\text{Hz}$

2. $Q = \frac{f_0}{BW} = \frac{300}{30} = 10$

(1) 電阻端電壓（為電源電壓）$V_{R0} = 40\text{V}$

(2) 電容器端電壓 $V_{C0} = QV = 10 \times 40 = 400\text{V}$

3. $Q < 10$，$f_0 = \sqrt{f_1 \times f_2} = \sqrt{40 \times 90} = 60\text{Hz}$

11-1 立即練習 P.11-5

7. $f_0 = \frac{1}{2\pi\sqrt{LC}} = \frac{0.16}{\sqrt{10m \times 400\mu}} = 80\text{Hz}$

8. $Q = \frac{X_{L0}}{R} = \frac{20}{4} = 5$

9. (1) $Q = \frac{1}{R}\sqrt{\frac{L}{C}} = \frac{1}{10}\sqrt{\frac{360m}{4\mu}} = 30$

(2) $V_{L0} = V_{C0} = Q \times V = 30 \times 50 = 1500\text{V}$

11-2 學生做 P.11-8

1. (1) 諧振頻率

$$f_0 = \frac{1}{2\pi\sqrt{LC}} = \frac{0.16}{\sqrt{500\mu \times 2m}} = 160\text{Hz}$$

(2) 品質因數 $Q = R\sqrt{\frac{C}{L}} = 10\sqrt{\frac{2m}{500\mu}} = 20$

(3) 頻帶寬度 $BW = \frac{f_0}{Q} = \frac{160}{20} = 8\text{Hz}$

(4) $f_2 = f_0 + \frac{BW}{2} = 160 + \frac{8}{2} = 164\text{Hz}$

(5) $f_1 = f_0 - \frac{BW}{2} = 160 - \frac{8}{2} = 156\text{Hz}$

2. $Q = \frac{f_0}{BW} = \frac{1500}{50} = 30$

電容器的電流 $I_{C0} = Q \times I = 30 \times 10 = 300\text{A}$

3. $Q = \frac{B_{L0}}{G} = \frac{0.1}{0.05} = 2$

11-2 立即練習 P.11-9

5. 並聯電路消耗的實功率不變。

7. (1) $f_0 = \frac{1}{2\pi\sqrt{LC}} = \frac{0.16}{\sqrt{LC}} = \frac{0.16}{\sqrt{25\mu \times 10m}}$
   $= 320\text{Hz}$

(2) $Q = R \times \sqrt{\frac{C}{L}} = 2 \times \sqrt{\frac{10m}{25\mu}} = 40$

(3) $Q = \frac{f_0}{BW} \Rightarrow 40 = \frac{320}{BW} \Rightarrow BW = 8\text{Hz}$

8. $Q < 10$，
$f_0 = \sqrt{f_1 \times f_2} = \sqrt{120 \times 480} = 240\text{Hz}$

9. (1) $f_0 = \frac{1}{2\pi\sqrt{LC}} = \frac{0.16}{\sqrt{LC}} = \frac{0.16}{\sqrt{4 \times 1\mu}}$
   $= 80\text{Hz}$

(2) $Q = R \times \sqrt{\frac{C}{L}} = 30k \times \sqrt{\frac{1\mu}{4}} = 15$

(3) $Q = \frac{f_0}{BW} \Rightarrow 15 = \frac{80}{BW} \Rightarrow BW = \frac{16}{3}\text{Hz}$

(4) $f_2 = f_0 + \frac{BW}{2} = 80 + \frac{16/3}{2} \cong 82.7\text{Hz}$

綜合練習 P.11-10

1. 串聯電路每個元件的電流大小及相位皆相同。

2. 線路阻抗 $Z = R$

10. 電源的電壓與電流同相位（電路已達諧振），

$$f = \frac{1}{2\pi\sqrt{LC}} = \frac{0.16}{\sqrt{500m \times 50\mu}} = 32\text{Hz}$$

12. $f_0 = f \times \sqrt{\frac{X_C}{X_L}} \Rightarrow 1000 = f \times \sqrt{\frac{4X_L}{X_L}}$
   $\Rightarrow f = 500\text{Hz}$

13. 半功率點 $\Rightarrow \dfrac{200}{2} = 100$ 瓦特（W）

16. (1) $Q = \dfrac{X_{L0}}{R} = \dfrac{100}{10} = 10$

(2) $BW = \dfrac{f_0}{Q} = \dfrac{1000}{10} = 100Hz$

20. (1) $\cos\theta = 1$

(2) $P = \dfrac{V^2}{R} = \dfrac{100^2}{10} = 1kW$

21. $f_0 = f \times \sqrt{\dfrac{X_C}{X_L}} = 50 \times \sqrt{\dfrac{4}{100}} = 10Hz$

22. $f_0 = f \times \sqrt{\dfrac{X_C}{X_L}} = 2000 \times \sqrt{\dfrac{25}{4}} = 5kHz$

25. $f_0 = \dfrac{\omega}{2\pi}\sqrt{\dfrac{X_C}{X_L}} = \dfrac{9000}{2\pi} \times \sqrt{\dfrac{1}{3}} \cong 827Hz$

26. (1) $Q = \dfrac{1}{R}\sqrt{\dfrac{L}{C}} = 4$

(2) $V_{C0} = Q \times V = 4 \times 110 = 440 \, V$

29. (1) $Q = \dfrac{1}{R}\sqrt{\dfrac{L}{C}} = \dfrac{1}{10}\sqrt{\dfrac{20m}{200\mu}} = 1$

(2) $V_{C0} = Q \times V = 1 \times 100 = 100V$

30. $f_0 = f \times \sqrt{\dfrac{X_C}{X_L}} = 1000 \times \sqrt{\dfrac{16}{4}} = 2kHz$

31. $\omega_0 = \omega \times \sqrt{\dfrac{X_C}{X_L}} = 500 \times \sqrt{\dfrac{40}{250}}$
　　　$= 200 \, rad/s$

32. $Q = \dfrac{1}{R}\sqrt{\dfrac{L}{C}}$，當R為定值，則$\dfrac{L}{C}$比值愈大，
則品質因數Q值愈大
$Q = \dfrac{V_{L0}}{V_R} = \dfrac{V_{L0}}{V} \Rightarrow V_{L0} = Q \times V$ 愈大

33. 諧振時所消耗的功率為截止頻率之2倍，因此為1000W。

36. $Q = \dfrac{R}{X_{C0}} \Rightarrow \dfrac{R}{10} = 12 \Rightarrow R = 120\Omega$

38. $Q \geq 10$，
$f_0 = \dfrac{f_1 + f_2}{2} = \dfrac{536.25 + 563.75}{2} = 550Hz$

42. (1) $f_0 = f \times \sqrt{\dfrac{X_C}{X_L}} \Rightarrow f_0 = 90 \times \sqrt{\dfrac{200}{600}}$
　　　　$\Rightarrow f_0 = 30\sqrt{3} Hz$

(2) 諧振時的電感抗 $X_{L0} = 200\sqrt{3}\Omega$

(3) $Q = \dfrac{R}{X_{L0}} = \dfrac{1500\sqrt{3}}{200\sqrt{3}} = 7.5$

44. (1) $f_0 = \dfrac{0.16}{\sqrt{LC}} = 80 \, Hz$

(2) $Q = R\sqrt{\dfrac{C}{L}} = 10$

(3) $BW = 8 \, Hz$

46. $X_L = X_C \Rightarrow \omega L = \dfrac{1}{\omega C}$
　　　　$\Rightarrow 2000 \times 1m = \dfrac{1}{2000 \times C}$
　　　　$\Rightarrow C = 250\mu F$

51. $P = \dfrac{V^2}{R} = \dfrac{100^2}{50} = 200W$

52. $X_L = X_C \Rightarrow \omega L = \dfrac{1}{\omega C}$
　　　　$\Rightarrow 1000 \times L = \dfrac{1}{1000 \times 20\mu F}$
　　　　$\Rightarrow L = 0.05 \, H$

53. (1) $f_0 = f \times \sqrt{\dfrac{X_C}{X_L}} = 90 \times \sqrt{\dfrac{900}{3600}} = 45Hz$

(2) 諧振時 $X_{L0} = \dfrac{3600}{2} = 1800\Omega$

(3) $Q = \dfrac{X_{L0}}{R} = \dfrac{X_{C0}}{R} = \dfrac{1800}{2} = 900$

54. (1) $f_0 = f \times \sqrt{\dfrac{X_C}{X_L}} = 60 \times \sqrt{\dfrac{40}{1000}} = 12Hz$

(2) 諧振時 $X_{L0} = \dfrac{1000}{(60/12)} = 200\Omega$

(3) 抗阻比為品質因數
$Q = \dfrac{X_{L0}}{R} = \dfrac{X_{C0}}{R} = \dfrac{200}{5} = 40$

55. (1) $R = \dfrac{100}{20} = 5\Omega$

(2) $X_L = X_C \Rightarrow \omega L = \dfrac{1}{\omega C}$
$\Rightarrow 5000 \times 0.02m = \dfrac{1}{5000 \times C}$
$\Rightarrow C = 2000\mu F$

56. (1) 兩者同相位，表示 $X_L = X_C$
$\Rightarrow \omega_0 = \dfrac{1}{\sqrt{LC}} = \dfrac{1}{\sqrt{4 \times 1}} = 0.5$

(2) 所以電源電流
$i(t) = \dfrac{v(t)}{R} = \dfrac{100\sqrt{2}\sin(0.5t - 45°)}{5}$
$= 20\sqrt{2}\sin(0.5t - 45°)$ A

(3) $i(4\pi) = 20\sqrt{2}\sin(0.5t - 45°)$ A
$= 20\sqrt{2}\sin(360° - 45°)$
$= 20\sqrt{2}\sin(-45°) = -20$ A

57. (1) $\omega_0 = \dfrac{1}{\sqrt{LC}} \times \sqrt{1 - \dfrac{R^2 C}{L}}$
$= \dfrac{1}{\sqrt{1m \times 10\mu}} \times \sqrt{1 - \dfrac{8^2 \times 10\mu}{1m}}$
$= 6000$ rad/s

(2) $X_{L0} = \omega_0 \times L = 6000 \times 0.001 = 6\Omega$

(3) $X_{C0} = \dfrac{1}{\omega_0 \times C} = \dfrac{1}{6000 \times 10\mu} = \dfrac{50}{3}\Omega$

(4) 將串聯轉為並聯電路，則電阻
$R_P = \dfrac{8^2 + 6^2}{8} = 12.5\Omega$

(5) 電源電流 $\bar{I} = \dfrac{100}{12.5} = 8$ A

61. (1) $X_C = \dfrac{1}{\omega C} = \dfrac{1}{1 \times 10m} = 100\Omega$

(2) $Q_{C0} = \dfrac{V^2}{X_{C0}} = \dfrac{50^2}{100} = 25$乏（VAR）

(3) 品質因數Q的定義為諧振時電感或電容產生之虛功率與實功率之比值
$Q = \dfrac{Q_{C0}}{P} = \dfrac{25}{25} = 1$

62. $f_0 = f \times \sqrt{\dfrac{X_C}{X_L}} = 60 \times \sqrt{\dfrac{10}{0.4}} = 300$ Hz

64. (1) $S = \sqrt{P^2 + Q_L^2} \Rightarrow 5 = \sqrt{3^2 + Q_L^2}$
$\Rightarrow Q_L = 4$ kVAR

(2) 因為電源的功率因數為1.0，
$Q_C = Q_L = 4$ kVR
$\Rightarrow Q_C = \dfrac{V^2}{X_C} \Rightarrow 4000 = \dfrac{200^2}{X_C}$
$\Rightarrow X_C = 10\Omega$

65. (1) $Q = \dfrac{X_{L0}}{R} \Rightarrow 5 = \dfrac{2000 \times L}{4} \Rightarrow L = 10$ mH

(2) $Q = \dfrac{X_{C0}}{R} \Rightarrow 5 = \dfrac{\dfrac{1}{2000 \times C}}{4} \Rightarrow C = 25\mu F$

66. (1) 串聯諧振又稱為電壓諧振，諧振時電壓放大Q倍

(2) $V_{C0} = Q \times V = 5 \times 50 = 250$ V

實習專區　P.11-17

1. (1) $Q = \dfrac{f_r}{BW} = \dfrac{455\text{kHz}}{10\text{kHz}} = 45.5$

(2) $Q = \dfrac{R}{X_L} \Rightarrow 45.5 = \dfrac{600}{X_L} \Rightarrow X_L = \dfrac{1200}{91}\Omega$

$\therefore L = \dfrac{X_L}{\omega} = \dfrac{\dfrac{1200}{91}}{2 \times 3.14 \times 455k}$
$\approx 4.6\mu H$

(3) $Q = \dfrac{R}{X_C} \Rightarrow 45.5 = \dfrac{600}{X_C} \Rightarrow X_C = \dfrac{1200}{91}\Omega$

$\therefore C = \dfrac{1}{\omega \times X_C} = \dfrac{1}{2 \times 3.14 \times 455k \times \dfrac{1200}{91}}$
$= 26.5$ nF

4. $Q = R\sqrt{\dfrac{L}{C}} = \dfrac{f_0}{BW}$，$R\uparrow Q\uparrow$ 且LC固定，所以 f_0 固定

基本電學含實習　絕殺講義解答

模擬演練　P.11-18

3. $Q = \dfrac{X_{L0}}{R} = \dfrac{X_{C0}}{R} = \dfrac{2\pi f_0 L}{R} = \dfrac{1}{2\pi f_0 RC}$

4. (1) A點阻抗為$10\sqrt{2}\,\Omega$。

   (2) B點時電容性$10\sqrt{2} = \sqrt{10^2 + (X_C - 15)^2}$
   $\Rightarrow X_C = 25\,\Omega$

   (3) C點時電感性$10\sqrt{2} = \sqrt{10^2 + (15 - X_C)^2}$
   $\Rightarrow X_C = 5\,\Omega$

6. (1) $f_0 = \dfrac{0.16}{\sqrt{LC}} = 1600\,Hz$

   (2) $X_{L0} = \omega_0 L = 100\,\Omega = X_{C0}$

   (3) $Q = \dfrac{X_{L0}}{R} = \dfrac{100}{2} = 50$

   (4) 最大消耗功率$P_{max} = \dfrac{40^2}{2} = 800\,W$

   (5) 在截止頻率時消耗400W（半功率點）。

   (6) 電感器與電容器的最大端電壓
   $V_{C0} = V_{L0} = QV = 50 \times 40 = 2000\,V$

7. (1) $V_{L0} = QV \Rightarrow 1000 = Q \times 10 \Rightarrow Q = 100$

   (2) $Q > 100$
   $\Rightarrow f_0 = \dfrac{f_1 + f_2}{2} = \dfrac{99.5k + 100.5k}{2}$
   $= 100\,kHz$

   (3) $f_0 = \dfrac{0.16}{\sqrt{LC}} \Rightarrow 100kHz = \dfrac{0.16}{\sqrt{L \times 256m}}$
   $\Rightarrow L = 10\,pH$

8. (1) $f_0 = \dfrac{1}{2\pi\sqrt{LC}} \times \sqrt{1 - \dfrac{R^2 C}{L}} = 800\,Hz$

   (2) 阻抗$Z = \dfrac{10^2 + 10^2}{10} = 20\,\Omega$
   （純電阻性電路）

9. (1) 電源電壓與電源電流同相位，已達諧振。

   (2) 品質因數Q的定義為諧振時電感器或電容器的虛功率與實功率之比值，因此
   $Q = \dfrac{Q_{L0}}{P} = \dfrac{Q_{C0}}{P} = \dfrac{1200}{30 + 30 + \dfrac{100^2}{250}}$
   $= 12$

10. (1) 在2.5kHz或10kHz，V_2電壓錶為電源電壓的0.707倍，因此此頻率為截止頻率。

    (2) 在電壓錶V_2為電源電壓時，電感器端電壓為5倍電源電壓（品質因數Q = 5）。

    (3) 品質因數Q = 5，
    $f_0 = \sqrt{2.5k \times 10k} = 5\,kHz$

情境素養題　P.11-20

1. $\omega_0 = \dfrac{1}{\sqrt{LC}}$
   $\Rightarrow$ 當L與C兩者皆最小，諧振角頻率最大

2. $\omega_0 = \dfrac{1}{\sqrt{LC}} = \dfrac{1}{\sqrt{0.01m \times 0.001\mu}}$
   $= 10M\,(rad/s)$

3. $\omega_0 = \dfrac{1}{\sqrt{LC}} = \dfrac{1}{\sqrt{100m \times 10\mu}}$
   $= 1000\,(rad/s)$

4. $f_0 = \dfrac{0.16}{\sqrt{LC}} = \dfrac{0.16}{\sqrt{10\mu \times 100m}} = 160\,Hz$

8. $P = \dfrac{V^2}{R} \Rightarrow 100 = \dfrac{100^2}{R} \Rightarrow R = 100\,\Omega$

Chapter 12 交流電源

12-1 學生做 P.12-3

1. (1) 線路電流 $I = \dfrac{110}{(20//20) + 0.5 + 0.5} = 10A$

   (2) 線路損失 $P_{loss} = 2 \times 10^2 \times 0.5 = 100W$

2. (1) $\begin{cases} 240V / 960W \Rightarrow R_A = 60\Omega \\ 240V / 1440W \Rightarrow R_B = 40\Omega \end{cases}$

   $I_1 = \dfrac{240}{60} = 4A$; $I_2 = \dfrac{240}{40} = 6A$;

   $I_N = -2A$

   (2) 中性線燒毀時：

   A負載端電壓 $480 \times \dfrac{60}{60+40} = 288V$（燒毀）

   B負載端電壓 $0V$

12-1 立即練習 P.12-4

4. (1) 通過440W負載的電流為 $4\angle 0°A$

   (2) 通過220W負載的電流為 $2\angle 0°A$

   (3) $\overline{I_N} = 4\angle 0° - 2\angle 0° = 2\angle 0°A$

12-2 學生做 P.12-7

1. $\overline{Z_{th}}^* = 8 - j6(\Omega) = \overline{Z_L}$

2. $\overline{Z_\Delta} = \overline{Z_Y} \times 3 = 12 + j6(\Omega)$
   （與直流的公式相同）

3. (1) 相電壓 $V_P = \dfrac{V_L}{\sqrt{3}} = \dfrac{173}{\sqrt{3}} = 100V$

   (2) 相電流 $I_P = \dfrac{100}{10} = 10A$

   (3) 線電流 $I_L = I_P = 10A$

4. (1) 相電流 $I_P = \dfrac{110/\sqrt{3}}{|6+j8|} \cong 6.35A$

   (2) $P_T = 3 \times I_P^2 \times R = 3 \times 6.35^2 \times 6$
   $\cong 725.8W$

   (3) $Q_T = 3 \times I_P^2 \times X = 3 \times 6.35^2 \times 8$
   $\cong 967.7VAR$

5. Δ接轉為Y接，$\overline{Z_Y} = \dfrac{\overline{Z_\Delta}}{3} = 2 + j4(\Omega)$

   $I_L = \dfrac{105\sqrt{3}/\sqrt{3}}{|2+j4+1|} = 21A$

   $I_P = \dfrac{21}{\sqrt{3}} = 7\sqrt{3}A$

6. (1) $\overline{V_{ab}} = 100\sqrt{3}\angle -30°V$

   $\overline{V_{bc}} = 100\sqrt{3}\angle 90°V$

   $\overline{V_{ca}} = 100\sqrt{3}\angle -150°V$

   (2) $\begin{cases} \overline{I_{an}} = \dfrac{\overline{V_{an}}}{\overline{Z}} = \dfrac{100\angle 0°}{10\angle 30°} = 10\angle -30°A \\ \quad = \overline{I_A} \\ \overline{I_{bn}} = \dfrac{\overline{V_{bn}}}{\overline{Z}} = \dfrac{100\angle 120°}{10\angle 30°} = 10\angle 90°A \\ \quad = \overline{I_B} \\ \overline{I_{cn}} = \dfrac{\overline{V_{cn}}}{\overline{Z}} = \dfrac{100\angle -120°}{10\angle 30°} = 10\angle -150°A \\ \quad = \overline{I_C} \end{cases}$

7. (1) $\overline{I_{ba}} = \dfrac{100\angle 120°}{10\angle 30°} = 10\angle 90°A \Rightarrow \overline{I_{ab}} = 10\angle -90°A$

   $\overline{I_{ac}} = \dfrac{100\angle 0°}{10\angle 30°} = 10\angle -30°A \Rightarrow \overline{I_{ca}} = 10\angle 150°A$

   (2) KCL：$\overline{I_A} + \overline{I_{ca}} = \overline{I_{ab}}$

   $\Rightarrow \overline{I_A} = 10\angle -90° - 10\angle 150°$

   $\overline{I_A} = 10\sqrt{3}\angle -60°A$（線電流超前相電流）

12-2 立即練習 P.12-10

3. (1) $\overline{V_{an}} = 220\angle 60°V$

   (2) 負相序其相電壓超前線電壓30度，因此
   $\overline{V_{AB}} = 220\sqrt{3}\angle 30°V$

4. (1) a相的相電流 $\overline{I_{ab}} = 10\angle -30°A$

   (2) 線電流 $\overline{I_A} = 10\sqrt{3}\angle 0°A$

7. (1) $V_P = \dfrac{V_L}{\sqrt{3}} = 100\sqrt{2}V$

   (2) $I_P = \dfrac{100\sqrt{2}}{|4+j4|} = 25A$

   (3) $P_T = 3 \times I_P^2 \times R_P = 3 \times 25^2 \times 4$
   $= 7500W$

8. $P = S \times \cos\theta \Rightarrow 1200 = S \times 0.8$
   $\Rightarrow S = 1500\text{VA}$

12-3 學生做 P.12-12

1. (1) $P_T = 3W = 3 \times 80 = 240\text{W}$
   (2) $Q_T = \sqrt{3}W = 80\sqrt{3}\text{VAR}$

2. (1) 有效功率 $P_T = |W_1 + W_2|$
       $= 100 + (-100) = 0\text{W}$
   (2) 無效功率 $Q_T = \sqrt{3}|W_1 - W_2|$
       $= 200\sqrt{3}\text{VAR}$
   (3) $\cos\theta = \dfrac{P_T}{\sqrt{P_T^2 + Q_T^2}} = \dfrac{0}{\sqrt{0^2 + (220\sqrt{3})^2}}$
       $= 0$

3. 實功率 $P_T = W_1 + W_2 + W_3 = 100 - 50 + 80$
   $= 130\text{W}$

4. 此為測量負載**虛功率**之接法，負載的總虛功率為 $100\sqrt{3}\text{VAR}$。

12-3 立即練習 P.12-13

5. 當功率因數為 0.866，$W_1 = 2W_2$，所以另一個瓦特計為 250W 或是 1000W。

綜合練習 P.12-15

5. (1) 平衡負載因此 $I_N = 0\text{A}$
   (2) $I_1 = I_2 = \dfrac{100 + 100}{1 + 1 + (48 + 48)//96} = 4\text{A}$
   (3) 損失功率 $P = 2 \times 4^2 \times 1 = 32\text{W}$

13. (1) Y接的每相電壓 $V_P = \dfrac{100\sqrt{3}}{\sqrt{3}} = 100\text{V}$
    (2) $I_L = I_P = \dfrac{100}{8 + j6} = 10\text{A}$

15. 惠斯頓電橋平衡，
    $\overline{Z_{AB}} = (4 + j4)//(4 + j4) = 2 + j2$

16. (1) $\overline{V_{bo}} = 100\angle -120°\text{V}$
    (2) $\overline{V_{bc}} = 100\sqrt{3}\angle -90°\text{V} = 100\sqrt{3}\angle 270°\text{V}$
    （線電壓超前相對應的相電壓 30°）

17. (1) 相電流 $\overline{I_P} = \dfrac{220}{11\angle 60°} = 20\angle -60°$
    (2) $P_T = 3 \times 220 \times 20 \times \cos 60° = 6600\text{W}$

19. (1) 相電流 $\overline{I_P} = \dfrac{200}{6 + j8} = 20\angle -53°\text{A}$
    (2) $P_T = 3 \times I_P^2 \times R = 3 \times 20^2 \times 6$
        $= 7200\text{W}$

20. (1) $S = \sqrt{3} \times 200 \times 10 = 3.46\text{kVA}$
    (2) $P = \sqrt{3} \times 200 \times 10 \times 0.8 = 2.77\text{kW}$

22. $P_T = 3 \times I_P^2 \times R = 3 \times (\dfrac{220}{30})^2 \times 30$
    $= 4.84\text{kW}$

24. (1) $I_P = \dfrac{200\sqrt{3}/\sqrt{3}}{|8 + j6|} = 20\text{A}$
    (2) $P_T = 3 \times 20^2 \times 8 = 9600\text{W} = 9.6\text{kW}$

26. (1) $I_P = \dfrac{220}{10} = 22\text{A}$
    (2) $P_T = 3 \times 22^2 \times 5 = 7260\text{W} = 7.26\text{kW}$

27. (1) 相電流 $\overline{I_{ab}} = \dfrac{240\angle 0°}{12\angle 60°} = 20\angle -60°\text{A}$
    (2) 此為正相序
       所以相電流超前相對應的線電流 30°
       $\overline{I_A} = 20\sqrt{3}\angle -90°\text{A}$

29. (1) $P_T = 300 + (-100) = 200\text{W}$
    (2) $Q_T = \sqrt{3}|300 + 100| = 400\sqrt{3}\text{VAR}$
    (3) $S_T = \sqrt{P_T^2 + Q_T^2} = 200\sqrt{13}\text{VA}$

31. (1) KCL：$I_N = 40\text{A}$
    (2) KVL：$\begin{cases} 100 = 100 \times 0.01 + V_{ab} + 40 \times 0.01 \\ \Rightarrow V_{ab} = 98.6\text{V} \\ 100 + 40 \times 0.01 = V_{bc} + 60 \times 0.01 \\ \Rightarrow V_{bc} = 99.8\text{V} \end{cases}$

32. $\begin{cases} P_A = 100 \times 98.6 = 9860\text{W} \\ P_B = 60 \times 99.8 = 5988\text{W} \end{cases}$

33. 運用迴路電流法，列出 KVL 方程式如下：
    $\begin{cases} 2.2I_1 - 0.1I_2 = 110 \\ -0.1I_1 + 0.2I_2 = 110 \end{cases} \Rightarrow \begin{cases} 2.2I_1 - 0.1I_2 = 110 \\ -2.2I_1 + 4.4I_2 = 2420 \end{cases}$
    $\Rightarrow 4.3I_2 = 2530$
    $\Rightarrow I_2 \approx 588.4\text{A}$

34. $110\angle 0° + 110\angle 120° + 110\angle -120° = 0$

35. 有一相電源反接因此相量和為
 $110\angle 0° + 110\angle 120° + (-110\angle -120°)$
 $= 220\angle 60°V$

36. $\begin{cases} 100 = (5-j3) \times I_1 + (3-j4) \times I_2 \\ -100 = (3-j4) \times I_1 + (4-j2) \times I_2 \end{cases}$
 $\Rightarrow \begin{cases} 100 = (5-j3) \times I_1 + (3-j4) \times I_2 \\ 100 = (-3+j4) \times I_1 + (-4+j2) \times I_2 \end{cases}$
 $\overline{Z_{11}} + \overline{Z_{22}} = (5-j3) + (-4+j2) = 1-j$

37. (1) 負載兩端取a, b兩點化為戴維寧等效電路。
 (2) $\overline{Z_{th}} = (3-j6) // j6 = 12 + j6(\Omega)$
 (3) $\overline{E_{th}} = 12\angle 0° \times \dfrac{j6}{(3-j6)+j6} = 24\angle 90°V$
 (4) $\overline{Z_L} = \overline{Z_{th}}^* = 12 - j6(\Omega)$
 (5) $P_{max} = 12W$

38. (1) $\overline{V_{AB}} = 100\sqrt{3}\angle 30°V$
 (2) $\overline{I_A} = 12\angle -37°A$

39. 電源負相序，故相電壓超前線電壓30°。

40. (1) 相電壓 $\overline{V_A} = \dfrac{220}{\sqrt{3}}\angle 0°V$
 (2) 線電流（相電流）$\overline{I_A} = 5\angle -30°V$
 (3) 兩者相角差30°。

41. $P_\Delta = 3P_Y = 3 \times 1600 = 4800 W$

42. (1) $V_L = V_P = 100V$
 (2) 相電流 $I_P = \dfrac{100}{10} = 10A$
 (3) 線電流 $I_L = \sqrt{3} \times I_P = 10\sqrt{3}A$
 (4) $\begin{cases} W_A = V_L \times I_L \times \cos(\theta - 30°) \\ \quad = 100 \times 10\sqrt{3} \times \cos(60° - 30°) \\ \quad = 1500W \\ W_B = V_L \times I_L \times \cos(\theta + 30°) \\ \quad = 100 \times 10\sqrt{3} \times \cos(60° + 30°) \\ \quad = 0W \end{cases}$

43. (1) 總三相功率
 $P = \sqrt{3} \times V_L \times I_L \times \cos\theta$
 $= \sqrt{3} \times 220 \times 10 \times 0.866 = 3300W$
 (2) 每相功率為1100W

44. (1) $P_T = \sqrt{3} \times V_L \times I_L \times \cos\theta$
 $\Rightarrow 4.8kW = \sqrt{3} \times 400 \times I_L \times 0.6$
 $\Rightarrow I_L = \dfrac{20}{\sqrt{3}} A$
 (2) $P_T = 3 \times I_P^2 \times R_L$
 $\Rightarrow 4.8kW = 3 \times (\dfrac{20}{\sqrt{3}})^2 \times R_L$
 $\Rightarrow R_L = 12\Omega$
 (3) 功率因數為0.6落後，所以電感抗為j16Ω

實習專區

1. (1) $P = 2kW + 1kW = 3 kW$
 (2) $Q = \sqrt{3}(2k - 1k) = \sqrt{3} kVAR$
 (3) $S = \sqrt{P^2 + Q^2} = \sqrt{(3k)^2 + (\sqrt{3}k)^2}$
 $= 2\sqrt{3} kVA$

2. (1) $P = 508W + 508W = 1016 W$
 (2) $Q = \sqrt{3}(508 - 508) = 0 kVAR$
 (3) $S = \sqrt{P^2 + Q^2} = \sqrt{(1016)^2 + (0)^2}$
 $= 1016 kVA$
 所以功率因數為1

3. $P = 800W + 600W = 1400 W$

模擬演練

1. (1) KVL：
 $\begin{cases} 100 = 100 \times 0.1 + 100 \times R_1 + 60 \times 0.1 \\ 100 + 60 \times 0.1 = 40 \times R_2 + 40 \times 0.1 \end{cases}$
 $\Rightarrow \begin{cases} R_1 = 0.84\Omega \\ R_2 = 2.55\Omega \end{cases}$
 (2) X開路時：
 $V_{ab} = \dfrac{100 + 100}{0.1 + 0.84 + 2.55 + 0.1} \times 0.84$
 $\cong 47V$
 $V_{bc} = \dfrac{100 + 100}{0.1 + 0.84 + 2.55 + 0.1} \times 2.55$
 $\cong 142V$

4. (1) $I = \dfrac{100}{|-j6 + 8 + j12|} = 10A$
 (2) $P = I^2R = 10^2 \times 8 = 800W$

6. (1) 開關S閉合時，相電流為10A，此時線電流 $I = 10\sqrt{3}A$

   (2) 三相少一相為單相，線間電壓為100V
   $$I = \frac{100}{(10+10)//10} = 15A$$

7. (1) 開關S閉合時，相電壓為 $\frac{300}{\sqrt{3}}V$，此時相電流 $I_P = I_L = I = \frac{300/\sqrt{3}}{|8+j6|} = 10\sqrt{3}A$

   (2) 三相少一相為單相，線間電壓為300V
   $$I = \frac{300}{|8+j6+8+j6|} = 15A$$

8. (1) 每相電流 $I_P = \frac{230}{|(1+j2)\times 3 + 3 + j2|}$
   $$= \frac{230}{|6+j8|} = 23A$$

   （將線路阻抗放入△形內需乘以3倍）

   (2) 線路電流 $I_L = 23\sqrt{3}A$

   (3) 線路總損失 $P_{loss} = 3 \times I_L^2 \times R_{line}$
   $= 3 \times (23\sqrt{3})^2 \times 1$
   $= 4761W$

9. $V_{ab} = (10 \times 10 + \frac{173}{\sqrt{3}}) \times \sqrt{3} \cong 200\sqrt{3}V$

   （先將△接轉為Y接則每相的電壓為 $\frac{173}{\sqrt{3}}$）

10. (1) $\overline{Z} = 6 - j8\Omega$ 可獲得最大功率

    (2) $I = \frac{120}{|(6+j8)+(6-j8)|} = \frac{120}{12} = 10A$

    (3) $P_{max} = 10^2 \times 6 = 600W$

Chapter 14 常用家電量測

14-2 立即練習 P.14-7

6. $(60k\Omega // R) + 5k\Omega = 25k\Omega \Rightarrow R = 30\ k\Omega$

7. 此時刻度顯示25，指示值愈靠近中央（20刻度）愈好。

13. $R = 22 \times 10^3 \Omega = 22\ k\Omega$

14. R代表單位為歐姆的電阻小數點

14-3 立即練習 P.14-8

6. $300 \times \dfrac{50}{120} = 125\ V$

8. 電流愈小即可偏轉至滿刻度，表示靈敏度愈好。

9. 內阻為 $250V \times 10k\Omega / V = 2500\ k\Omega$

11. (1) 電阻為 $1k\Omega \pm 10\% = 1100\Omega \sim 900\Omega$
    (2) 電流則為12mA（10.9mA～13.3mA），故應選用DCA 25mA檔位

15. 誤差百分比 $\varepsilon\% = \dfrac{測量值 - 實際值}{實際值} \times 100\%$
    $= \dfrac{10-8}{8} \times 100\% = 25\%$

歷屆試題 P.14-10

2. 121Ω為燈泡工作時之電阻，而在常溫時的測量值會小於121Ω（燈泡為正電阻溫度係數）

3. 應從最大檔位開始測量。

4. 定電流模式指示燈亮起，表示超過額定負載，所以輸出大於20W。（串聯追蹤模式）

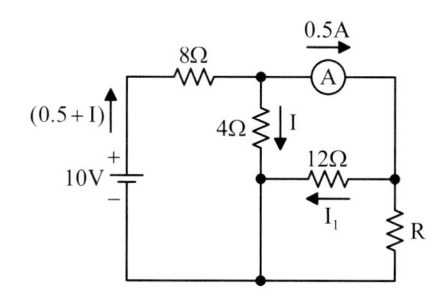

9.
   (1) 如上圖所示，假設通過4Ω的電流向下I，可以列出KVL：
   $10 = 8 \times (0.5 + I) + 4I \Rightarrow I = 0.5\ A$

   (2) 電阻4Ω、12Ω與R皆為並聯結構，可得
   $4 \times 0.5 = 12 \times I_1 \Rightarrow I_1 = \dfrac{1}{6}\ A$

   (3) 通過電阻R的電流為 $0.5 - \dfrac{1}{6} = \dfrac{1}{3}\ A$
   所以電阻 $R = \dfrac{4 \times 0.5}{\dfrac{1}{3}} = 6\ \Omega$

10. 量測電路的交流與直流電壓，使用時必須與待測電路並聯。

11. 橙橙棕金為 $330\Omega \pm 5\% = 313.5\Omega \sim 346.5\Omega$

12. (1) 電線電阻為 $5.65\Omega / km$，所以50公尺為 0.2825Ω
    (2) 插座的電壓為
    $110V \times \dfrac{27.5}{0.2825 \times 2 + 27.5}$（分壓定則）
    $\approx 107.8\ V$

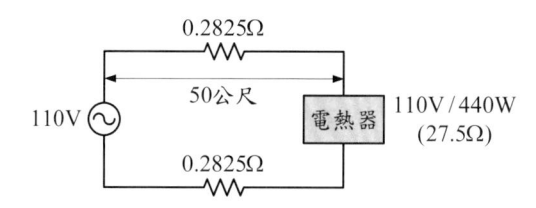

15. (1) $P = \dfrac{V^2}{R}$
    $\Rightarrow R = \dfrac{V^2}{P} = \dfrac{12^2}{55} \approx 2.62\ \Omega$
    (2) $I = \dfrac{11.8}{2.62} \approx 4.5\ A$

17. (1) $P = I^2 R \Rightarrow 250 = I^2 \times 10 \Rightarrow I = 5\ A$
    (2) $P = VI \Rightarrow 250 = V \times 5 \Rightarrow V = 50\ V$

21. 誤差百分比
    $|\varepsilon\%| = \left| \dfrac{測量值 - 實際值}{實際值} \right| \times 100\%$
    $= \left| \dfrac{1.22k\Omega - 1.32k\Omega}{1.32k\Omega} \right| \times 100\% = 7.6\%$

22. $R = \dfrac{V^2}{P} = \dfrac{110^2}{1000} = 12.1\ \Omega$

23. TRACKING功能是指副電源追隨主電源。

模擬演練 P.14-13

2. (1) 以250V之刻度來判定，則指針指向155刻度

    (2) $\dfrac{155}{250} \times 100 = 62$ V

3. 日式指針式三用電錶無法測量交流電流

7. 滿刻度電流為 $\dfrac{1}{20\text{k}\Omega} = 0.05$ mA

8. 指針式三用電錶的測試範圍為 $1\Omega \sim 1\text{M}\Omega$，超過此範圍將造成較大之誤差

編號	色碼	數值
R_1	紅黑金金	$2\Omega \pm 5\%$
R_2	紅黑藍金	$20\text{M}\Omega \pm 5\%$
R_3	綠紫橙金	$57\text{k}\Omega \pm 5\%$
R_4	藍綠紅銀	$6.5\text{k}\Omega \pm 10\%$
R_5	棕黑銀金	$0.1\Omega \pm 5\%$

9. (1) 測量值 $R_M = \dfrac{10}{1\text{mA}} = 10$ kΩ

    (2) 將電路化簡如下：

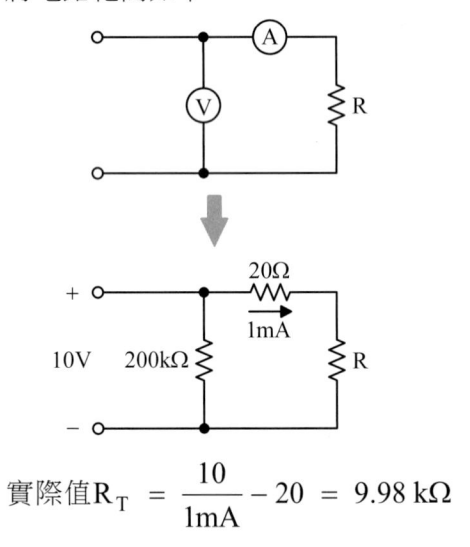

    實際值 $R_T = \dfrac{10}{1\text{mA}} - 20 = 9.98$ kΩ

    (3) 誤差百分比

    $\varepsilon\% = \dfrac{\text{測量值} - \text{實際值}}{\text{實際值}} \times 100\%$

    $= \dfrac{10 - 9.98}{9.98} \times 100\% \approx 0.2\%$

    (4) 待測電阻的測量值 $R_T \geq \sqrt{R_V \times R_A}$

    $\Rightarrow 10\text{k}\Omega \geq \sqrt{200\text{k}\Omega \times 20\Omega}$

    所以宜採用高電阻之測量方法，因此電壓表與伏特表之接線不必更換

10. 將接線接為串聯追蹤模式：

    (1) 從電源（SLAVE）輸出正端和主電源（MASTER）輸出負端要接在一起。

    (2) 最大限流是以兩者控制電流最小的一組為準。

    （一般電源供應器具有自動短接功能，而本題條件為無內部自動短接功能）

Chapter 15 電子儀表之使用

15-2立即練習 P.15-4

1. 橙白金銀 $39 \times 10^{-1} \mu H \pm 10\% = 3.9\mu H \pm 10\%$

15-3立即練習 P.15-7

8. 實際電壓需再乘以10倍，所以輸入電壓為30V。
9. 調整水平位置旋鈕（HORIZONTAL-POSITIOIN）

歷屆試題 P.15-9

1. $4 \times 0.5 \times 10 = 20$ V
2. (1) 週期有4格，所以頻率

    $f = \dfrac{1}{4 \times 1\mu s} = 250$ kHz

    (2) 峰值電壓 $V_{P-P} = 4 \times 5 = 20$ V

    (3) 有效值 $V_{rms} = \dfrac{V_{P-P}}{2\sqrt{2}} = 7.07$ V

5. 一個週期有8格，所以 V_1 電壓相位領先 V_2 電壓相位約45°
6. (1) 週期為 $2 \times 2ms = 4$ ms，所以頻率為250Hz

    (2) 峰對峰電壓 $V_{P-P} = 2 \times 6 \times 10 = 120$ V

10. Ch2為三角波，其平均值為2.5V
11. (1) $V_{P-P} = 3.6$ 格 $\times 10V/$格 $= 36$ V

    (2) 頻率 $f = \dfrac{1}{T} = \dfrac{1}{4格 \times 5\mu s/格} = 50$ kHz

13. 電阻器與電感器是將測試棒「短路」進行歸零調整，而電容器是「開路」。
20. 電容量 $C = 10 \times 10^2 pF = 1000$ pF

    所以較有可能為1020pF
21. $502K = 50 \times 10^2 \mu H \pm 10\% = 5$ mH $\pm 10\%$
22. (1) 信號的電壓的峰對峰值為

    $4DIV \times 2V/DIV \times 10 = 80$ V

    所以有效值為 $\dfrac{80}{2\sqrt{2}} = 20\sqrt{2}$ V

    (2) 週期 $4DIV \times 0.5ms/DIV = 2$ ms

    所以頻率 $f = \dfrac{1}{T} = \dfrac{1}{2ms} = 500$ Hz

24. 精確值為 $C = 20 \times 10^3 pF = 20nF$，用LCR表量測可能造成些許誤差。

模擬演練 P.15-12

2. (A) $10\mu s/DIV$ 水平軸需20格，$2V/DIV$ 垂直軸需6格（週期超過，顯示未完全）

    (B) $25\mu s/DIV$ 水平軸需8格，$1V/DIV$ 垂直軸需12格（振幅超過，顯示未完全）

    (C) $50\mu s/DIV$ 水平軸需4格，$1V/DIV$ 垂直軸需12格（振幅超過，顯示未完全）

3. (A) SWP VAR：掃描時間

    (C) Trigger：觸發掃描模式

    (D) Time/DIV：時基線水平

5. (1) 有效值為70.7V的正弦波，則峰對峰值為200V，經衰減測試棒10：1後為20V

    (2) 1V/DIV：顯示20格（已超過8格）
    2V/DIV：顯示10格（已超過8格）
    5V/DIV：顯示4格
    10 V/DIV：顯示2格

6. (1) $\omega = 314 \Rightarrow f = 50$ Hz

    所以正弦波的週期為20ms

    (2) $\dfrac{20ms}{5ms/DIV} = 4$ DIV（每個週期佔了4格）

    (3) 水平軸總共有10格，

    所以總共顯示 $\dfrac{10}{4} = 2.5$ 個正弦波

7. 波形具直流準位
9. $0.2\mu F$ 為雜散電容器，

    所以正確電容量為 $10.8\mu F - 0.2\mu F = 10.6$ μF

10. 電感器歸零調整時應將測試端插槽短路；電容器歸零調整時應將測試端插槽開路
11. CH1與CH2的黑色探測棒內部短接，接線時需碰觸在一起
12. 從電阻取出訊號，為被動型微分器，V_R 為脈波；從電容取出訊號，為被動型積分器，V_C 為三角波（此電路為RC暫態充放電電路）

Chapter 16 常用家用電器之檢修

16-2 立即練習

1. 電熱絲為正溫度電阻係數，溫度增加，電阻變大

歷屆試題

1. (C)為啟動器之功能

3. $\dfrac{140m^2 \times 20\dfrac{VA}{m^2}}{110 \times 15VA} \approx 1.69$，所以至少需要2個

4. 計算值為燈泡正常工作之電阻值，所以電阻較靜態電阻大。

6. 點亮後燈管呈現低阻抗。

7. 電子式安定器為高頻（20kHz～60kHz）瞬時啟動

13. $\dfrac{500}{1000} \times \dfrac{30}{60} \times 6 = 1.5$ 度電

14. $P = \dfrac{V^2}{R}$

    當功率愈小，則電阻愈大，所以當兩者串聯時，功率較小者所消耗的功率較大

15. 煮飯時所需功率較大，所以電阻較小。

16. (1) 煮飯用電熱線的電阻

    $P = \dfrac{V^2}{R} \Rightarrow 800 = \dfrac{110^2}{R} \Rightarrow R = 15.125\Omega$

    (2) 保溫用電熱線的電阻

    $P = \dfrac{V^2}{R} \Rightarrow 40 = \dfrac{110^2}{R} \Rightarrow R = 302.5\Omega$

    (3) 煮飯時量測電源電流有效值

    $I = \dfrac{V}{R} = \dfrac{110}{15.125} \approx 7.27A$

    (4) 保溫時量測電源電流有效值

    $I = \dfrac{V}{R} = \dfrac{110}{302.5} \approx 0.36A$

模擬演練

4. 烤箱的加熱裝置為電熱石英管。

6. 12.1Ω為加上110V後發熱的熱電阻，未通電時的電阻（冷電阻）必然小於12.1Ω

7. 完成起動後，起動繞組即失去作用

9. T8日光燈為傳統是日光燈，採用繞線式安定器，而為T5日光燈是採用電子安定器

112學年度科技校院四年制與專科學校二年制統一入學測驗試題本
電機與電子群
專業科目（一）：基本電學、基本電學實習

( )1. 將 2×10^{-3} 庫倫的正電荷由 b 點移向 a 點需作功 0.1 焦耳，若 a 點的電位為 60V，則 b 點的電位為何？ (A)20V (B)10V (C)–10V (D)–20V [1-5]

( )2. 具有相同材質之 a 及 b 兩圓柱形導線，若 a 之截面積為 b 的 4 倍，且 a 的長度為 b 的 2 倍，則 a 導線電阻值 R_a 與 b 導線電阻值 R_b 之比（$R_a : R_b$）為何？
(A)1：2 (B)1：4 (C)2：1 (D)4：1 [2-1]

( )3. 如圖(一)所示電路，下列有關各節點間電位差之敘述，何者正確？
(A)$V_{ac} > V_{ad}$ (B)$V_{dn} > V_{cn}$ (C)$V_{dn} > V_{ac}$ (D)$V_{ad} > V_{ac}$ [4-1]

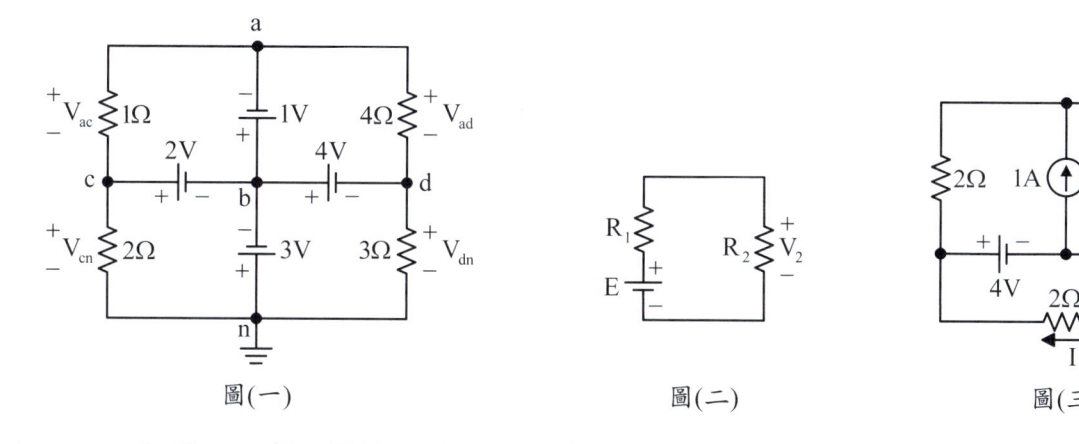

圖(一)　　圖(二)　　圖(三)

( )4. 如圖(二)所示電路，若 E 及 R_1 為固定值，且當 $R_2 = 2\,\Omega$ 時，$V_2 = 10\,V$；當 $R_2 = 8\,\Omega$ 時，$V_2 = 16\,V$。當 $R_2 = 18\,\Omega$ 時，則 V_2 為何？
(A)20V (B)19V (C)18V (D)17V [3-1]

( )5. 如圖(三)所示電路，電流 I 約為何？
(A)–2.33A (B)–1.24A (C)1.67A (D)2.33A [3-4]

( )6. 如圖(四)所示電路，電流 I_a 與 I_b 分別為何？
(A)$I_a = 1\,A$、$I_b = 2\,A$ (B)$I_a = 2\,A$、$I_b = 1\,A$
(C)$I_a = 0\,A$、$I_b = 2\,A$ (D)$I_a = 1\,A$、$I_b = 0\,A$ [4-6]

圖(四)　　圖(五)

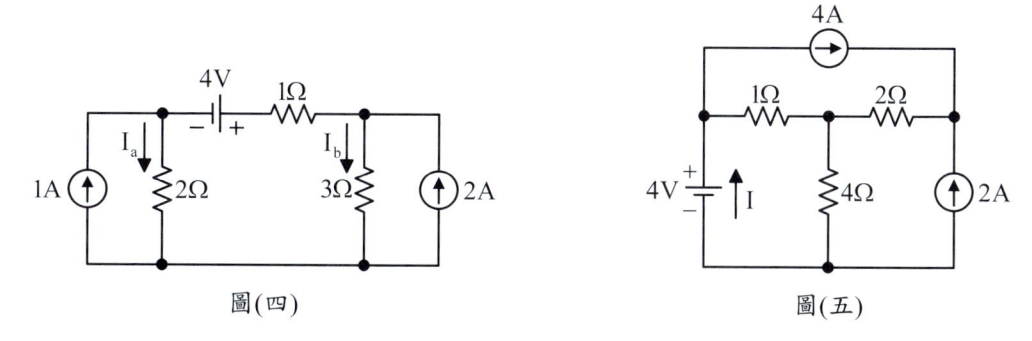

( )7. 如圖(五)所示電路，電流 I 為何？ (A)3A (B)2A (C)1A (D)0A [3-4]

( )8. 如圖(六)所示電路，若直流電壓源 $V_S = 120\text{ V}$，$C_1 = 10\text{ μF}$、$C_2 = 20\text{ μF}$、$C_3 = 30\text{ μF}$，則電壓 V_1 與 V_2 分別為何？
(A) $V_1 = 20\text{ V}$、$V_2 = 100\text{ V}$
(B) $V_1 = 60\text{ V}$、$V_2 = 60\text{ V}$
(C) $V_1 = 80\text{ V}$、$V_2 = 40\text{ V}$
(D) $V_1 = 100\text{ V}$、$V_2 = 20\text{ V}$　　[5-3]

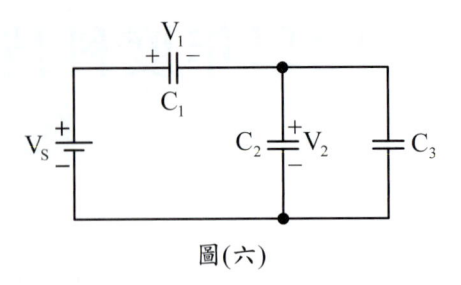

圖(六)

( )9. 兩個電感 $L_1 = 12\text{ mH}$、$L_2 = 8\text{ mH}$ 串聯，且兩個電感之間無互感效應，若流過電感的直流電流為 20A，則此兩個電感的總儲存能量為多少焦耳？
(A) 2　(B) 3　(C) 4　(D) 5　　[6-5]

( )10. 電阻與電容串聯電路，電阻為 2kΩ，電容為 25μF，此電路的時間常數為何？
(A) 12.5ms　(B) 25ms　(C) 50ms　(D) 100ms　　[7-1]

( )11. 兩個電壓時間函數 $v_1(t)$ 與 $v_2(t)$，若 $v_1(t)$ 的相位超前 $v_2(t)$ 為 60°，則下列何者正確？
(A) $v_1(t) = 20\sin(314t - 30°)\text{ V}$、$v_2(t) = 20\cos(314t - 60°)\text{ V}$
(B) $v_1(t) = 20\cos(314t - 60°)\text{ V}$、$v_2(t) = 20\sin(314t - 30°)\text{ V}$
(C) $v_1(t) = 20\sin(314t - 30°)\text{ V}$、$v_2(t) = 20\sin(314t - 60°)\text{ V}$
(D) $v_1(t) = 20\cos(314t - 30°)\text{ V}$、$v_2(t) = 20\sin(314t - 60°)\text{ V}$　　[8-2]

( )12. 如圖(七)所示之交流穩態電路，若 $v(t) = 10\sqrt{2}\cos(2t)\text{ V}$，則流經 12Ω 電阻之電流有效值為何？
(A) 0.5A　(B) 2A　(C) 4A　(D) 6A　　[9-5]

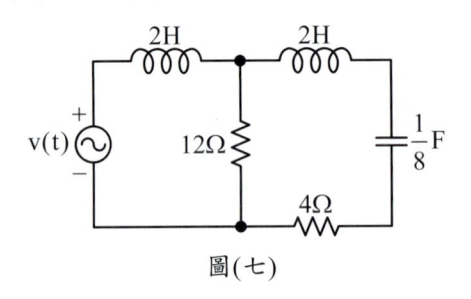

圖(七)

( )13. 有一RLC串聯電路，接於 $v(t) = 100\sqrt{2}\sin(377t)\text{ V}$ 之交流電源，已知電阻 $R = 6\text{ Ω}$、電感抗 $X_L = 20\text{ Ω}$、電容抗 $X_C = 12\text{ Ω}$，則此串聯電路最大瞬間功率為多少瓦特？
(A) 1200　(B) 1460　(C) 1600　(D) 1850　　[10-1]

( )14. 如圖(八)所示電路，若流經 8Ω 電阻之電流有效值為 10A，則電源供給之平均功率 P 與虛功率 Q 分別為何？
(A) P = 1000 W、Q = 2000 VAR
(B) P = 2000 W、Q = 1000 VAR
(C) P = 2000 W、Q = 2000 VAR
(D) P = 1000 W、Q = 1000 VAR　　[10-2]

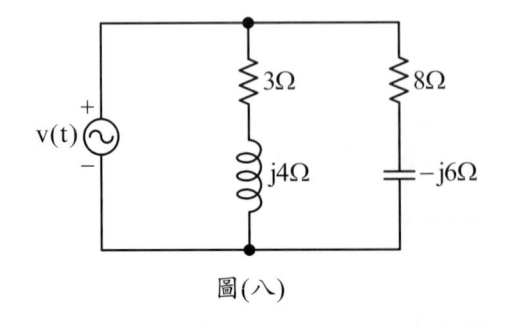

圖(八)

(　　)15. 有一RL串聯電路，R = 6Ω，L = 6 mH，接於電壓源v(t) = 120sin(1000t + 60°) V，則此電路之電流i(t)為何？
(A)$10\sqrt{2}\sin(1000t + 15°)$A　　(B)$10\sin(1000t + 15°)$A
(C)$10\sqrt{2}\sin(1000t + 60°)$A　　(D)$10\sin(1000t - 45°)$A　　[9-2]

(　　)16. 有一RLC串聯電路，接於v(t) = 300sin(2000t) V之電源，已知R = 500Ω，L = 20 mH，當電路電流有效值為最大時，則電容C應為何？
(A)6.5μF　(B)10μF　(C)12.5μF　(D)15.5μF　　[11-1]

(　　)17. 有關RLC並聯諧振電路之敘述，下列何者正確？
(A)諧振時總電流最大　　(B)諧振時品質因數愈大，頻帶寬度愈寬
(C)諧振時總導納最大　　(D)諧振時電感與電容之虛功率大小相等　　[11-2]

(　　)18. 將一個五環色碼電阻串接直流安培計，再串接於12.4V之直流電壓源，安培計讀值為20mA，此色碼電阻的色環依序（第一環至第五環）可能為何？
(A)藍紅黑棕棕　(B)藍灰黑金棕　(C)藍紅黑黑棕　(D)藍紫黑銀棕　　[2-4]

(　　)19. 如圖(九)所示電路，電流I為何？　(A)-3A　(B)-2A　(C)2A　(D)3A　　[3-4]

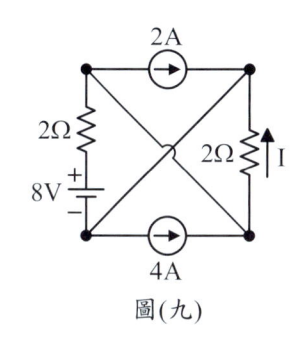

圖(九)

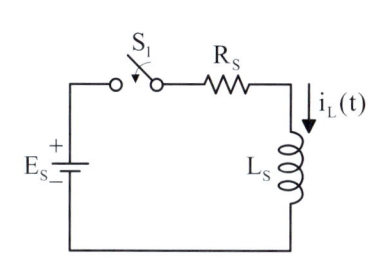

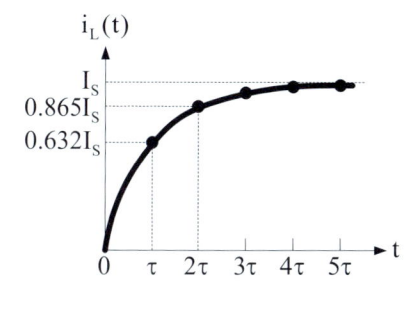

圖(十)

(　　)20. 如圖(十)所示之暫態電路及電流$i_L(t)$時間響應圖，電流$I_S = 10$ A，時間常數τ為0.02秒。已知電阻$R_S = 2$Ω，且電感在開關S_1閉合前無儲存能量，當時間為零時（t = 0秒）開關S_1閉合（導通），則此電路的直流電壓源E_S與電感L_S分別為何？
(A)$E_S = 20$ V、$L_S = 40$ mH　　(B)$E_S = 10$ V、$L_S = 30$ mH
(C)$E_S = 20$ V、$L_S = 20$ mH　　(D)$E_S = 10$ V、$L_S = 10$ mH　　[7-2]

(　　)21. 用示波器量測弦波電壓信號，其測試棒及示波器端之衰減比設定皆為1：1，電壓信號波形如圖(十一)所示，若電壓信號的峰值對峰值為20V，頻率為500Hz，則示波器設定垂直刻度（VOLTS / DIV）與水平刻度（TIME / DIV）分別為何？
(A)垂直刻度為10V / DIV、水平刻度為0.5ms / DIV
(B)垂直刻度為10V / DIV、水平刻度為5ms / DIV
(C)垂直刻度為5V / DIV、水平刻度為10ms / DIV
(D)垂直刻度為5V / DIV、水平刻度為0.5ms / DIV　　[15-3]

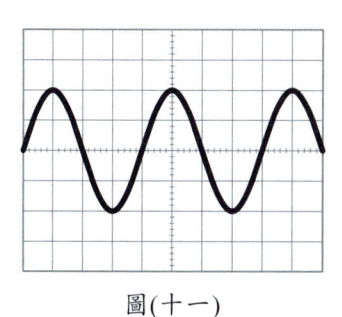

圖(十一)

▲ 閱讀下文，回答第22-23題

某生購買了一組三相平衡負載設備，已知此三相平衡負載設備為Δ接方式，且每相阻抗為 $3+j4$ 歐姆。今將其接至三相平衡電壓源，如圖(十二)所示之U、V、W三端子，且線電壓有效值為100V。

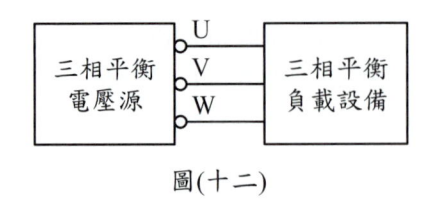

圖(十二)

( )22. 圖(十二)中負載總消耗功率為多少瓦特？
(A)600　(B)1200　(C)2400　(D)3600

( )23. 當連接至三相平衡電壓源之V點端子的導線因脫落發生斷路，則電路負載總消耗功率變為多少瓦特？　(A)1800　(B)2000　(C)2400　(D)3600

▲ 閱讀下文，回答第24-25題

如圖(十三)所示直流電路，$I_S = 60\,A$，$R_1 = 6\,\Omega$，$R_2 = 12\,\Omega$，$R_3 = 4\,\Omega$，在不同負載電阻情況，計算流經電阻的電流，並設計負載電阻 R_L 以符合下列情況。

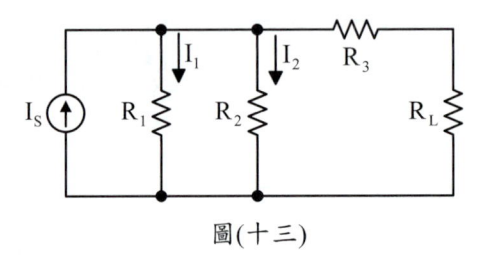

圖(十三)

( )24. 若負載電阻 R_L 為 2Ω，則電流 I_1 與 I_2 分別為何？
(A)$I_1 = 24\,A$、$I_2 = 12\,A$
(B)$I_1 = 12\,A$、$I_2 = 12\,A$
(C)$I_1 = 24\,A$、$I_2 = 24\,A$
(D)$I_1 = 12\,A$、$I_2 = 18\,A$

( )25. 若設計負載電阻 R_L 以獲得 R_L 的最大功率消耗，則負載電阻 R_L 與其最大功率 P_{max} 分別為何？
(A)$R_L = 4\,\Omega$、$P_{max} = 900\,W$
(B)$R_L = 8\,\Omega$、$P_{max} = 1800\,W$
(C)$R_L = 8\,\Omega$、$P_{max} = 2000\,W$
(D)$R_L = 4\,\Omega$、$P_{max} = 2400\,W$

解 答

答

1.B	2.A	3.D	4.C	5.C	6.A	7.D	8.D	9.C	10.C
11.B	12.A	13.C	14.B	15.A	16.C	17.D	18.C	19.D	20.A
21.D	22.D	23.A	24.A	25.B

解

1. $W = Q \times \Delta V \Rightarrow 0.1 = 2 \times 10^{-3} \times \Delta V \Rightarrow \Delta V = 50$ 伏特，所以 b 點的電位為 10V

2. $R_a : R_b = \rho \dfrac{\ell_a}{A_a} : \rho \dfrac{\ell_b}{A_b} = \rho \dfrac{2}{4} : \rho \dfrac{1}{1} = 1 : 2$

3. (1) 由接地點位置可以得知：$V_a = -4\,V$，$V_b = -3\,V$，$V_c = -1\,V$，$V_d = -7\,V$

   (2) 所以可求得：$V_{ac} = V_a - V_c = -4V - (-1V) = -3\,V$
   $V_{ad} = V_a - V_d = -4V - (-7V) = 3\,V$
   $V_{dn} = V_d - V_n = -7V - 0V = -7\,V$
   $V_{cn} = V_c - V_n = -1V - 0V = -1\,V$

4. (1) 根據題意可以列出方程式為：$\begin{cases} E - 5R_1 = 10 \\ E - 2R_1 = 16 \end{cases} \Rightarrow E = 20\,V$ 且 $R_1 = 2\,\Omega$

   (2) 當 $R_2 = 18\,\Omega$，線路電流 $I = \dfrac{20}{2+18} = 1\,A$，所以 $V_2 = I \times R_2 = 1 \times 18 = 18\,V$

5. (1) 根據克希荷夫電流定律（KCL），可以列出各路徑的電流如下：

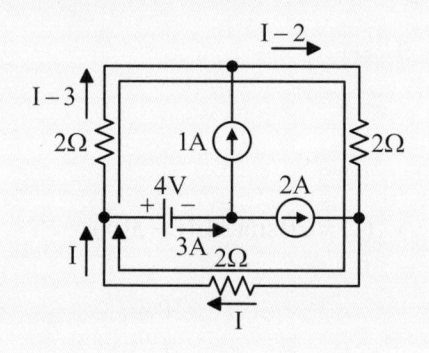

   (2) 根據克希荷夫電壓定律（KVL），可以列出方程式如下：
   $2 \times (I-3) + 2 \times (I-2) + 2I = 0 \Rightarrow 6I = 10 \Rightarrow I = \dfrac{5}{3}\,A \approx 1.67\,A$

6. (1) 將左右兩邊的電流源電路轉為電壓源電路，並假設接地點，如下圖所示：

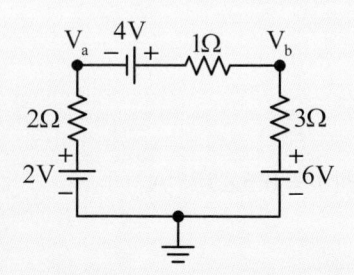

   (2) 上圖通過各元件之電流為 0A，因此 $V_a = 2\,V$，$V_b = 6\,V$

(3) $I_a = \dfrac{V_a}{2\Omega} = \dfrac{2}{2} = 1\,A$，$I_b = \dfrac{V_b}{3\Omega} = \dfrac{6}{3} = 2\,A$

7. (1) 根據克希荷夫電流定律（KCL），可以列出各路徑的電流如下：

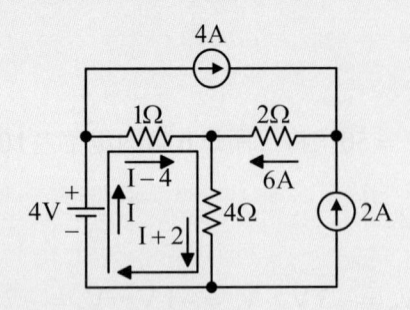

(2) 根據克希荷夫電壓定律（KVL），可以列出方程式如下：
$4 = (I-4)\times 1 + (I+2)\times 4 \Rightarrow 4 = I - 4 + 4I + 8 \Rightarrow 5I = 0 \Rightarrow I = 0\,A$

8. (1) 總電容量 $C_T = C_1$串聯$(C_2$並聯$C_3) = 10\mu F \,//\, (20\mu F + 30\mu F) = \dfrac{25}{3}\mu F$

(2) 總電荷量 $Q_T = C_T \times V_S = \dfrac{25}{3}\mu F \times 120V = 1000\mu C$

(3) 電壓 $V_1 = \dfrac{Q_T}{C_1} = \dfrac{1000\mu C}{10\mu F} = 100\,V$，

電壓 $V_2 = V_S - V_1 = 120V - 100V = 20\,V$

9. $W = \dfrac{1}{2} \times L_T \times I^2 = \dfrac{1}{2} \times (12mH + 8mH) \times 20^2 = 4$焦耳

10. $\tau = RC = 2k\Omega \times 25\mu F = 50\,ms$

11. 選項(B)：
$v_1(t) = 20\cos(314t - 60°) = 20\sin(314t + 30°)$、$v_2(t) = 20\sin(314t - 30°)$

12. (1) 電路化簡如下：

(2) 電源電流 $\bar{I} = \dfrac{10\angle 90°}{j4 + 3} = \dfrac{10\angle 90°}{5\angle 53°} = 2\angle 37°\,A$

(3) 流經12Ω電阻之電流 $2\angle 37°A \times \dfrac{4}{12+4}$ （分流定則）$= 0.5\angle 37°\,A$

解 答

13. (1) 串聯電路的總阻抗 $\overline{Z} = 6 + j20 + (-j12) = 6 + j8\,\Omega$

    (2) 線路電流 $\overline{I} = \dfrac{\overline{V}}{\overline{Z}} = \dfrac{100\angle 0°}{6 + j8} = \dfrac{100\angle 0°}{10\angle 53°} = 10\angle -53°\,A$

    (3) $\overline{S} = \overline{V} \times \overline{I}^{*} = 100\angle 0° \times (10\angle -53°)^{*} = 1000\angle 53° = 600 + j800$

    (4) $P_{max} = P + S = 600 + 1000 = 1600\,W$

14. (1) 電源電壓 $|\overline{V}| = |10 \times (8 - j6)| = 100\,V$

    (2) 通過 3Ω 的電流 $|\overline{I_{3\Omega}}| = \left|\dfrac{\overline{V}}{\overline{Z}}\right| = \dfrac{100}{|3 + j4|} = 20\,A$

    (3) 電源供給之平均功率 $P = I_{3\Omega}^{2} R_{3\Omega} + I_{8\Omega}^{2} R_{8\Omega} = 20^{2} \times 3 + 10^{2} \times 8 = 2000\,W$

    (4) 電源供給之虛功率 $Q = I_{3\Omega}^{2} \times X_{L} - I_{4\Omega}^{2} \times X_{C} = 20^{2} \times 4 - 10^{2} \times 6$
    $= 1000\,VAR$（電感性）

15. 電源電流 $i(t) = \dfrac{120\sin(1000t + 60°)}{6 + j6} = \dfrac{120\sin(1000t + 60°)}{6\sqrt{2}\angle 45°} = 10\sqrt{2}\sin(1000t + 15°)\,A$

16. 當 $X_L = X_C$ 的時候電源電流最大，
    即 $\omega L = \dfrac{1}{\omega C} \Rightarrow 2000 \times 20m = \dfrac{1}{2000 \times C} \Rightarrow C = 12.5\,\mu F$

17. 當 $X_L = X_C$ 時（諧振時），電感與電容之虛功率大小相等。

18. $R = \dfrac{V}{I} = \dfrac{12.4V}{20mA} = 620\,\Omega$，
    色碼電阻的色環依序（第一環至第五環）可能為藍紅黑黑棕。

19. (1) 根據克希荷夫電流定律（KCL），可以列出各路徑的電流如下：

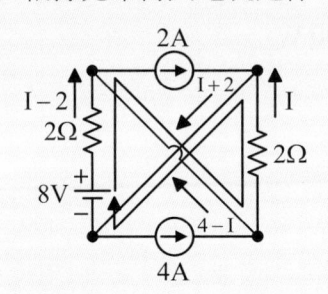

    (2) 根據克希荷夫電壓定律（KVL），可以列出方程式如下：
    $8 = (I - 2) \times 2 + I \times 2 \Rightarrow 8 = 2I - 4 + 2I \Rightarrow I = 3\,A$

20. (1) $\tau = \dfrac{L_S}{R_S} \Rightarrow 0.02 = \dfrac{L_S}{2} \Rightarrow L_S = 0.04H = 40\,mH$

    (2) RL串聯電路的穩態電流（電感器視為短路），
    $I_S = \dfrac{E_S}{R_S} \Rightarrow 10 = \dfrac{E_S}{2} \Rightarrow E_S = 20\,V$

解 答

21. (1) 垂直刻度（VOLTS / DIV）為 $\dfrac{20V}{4\text{格}} = 5V/DIV$

    (2) 水平刻度（TIME / DIV）為 $\dfrac{1/500Hz}{4\text{格}} = 0.5ms/DIV$

22. 負載的總消耗功率為 $P_T = 3 \times I_P^2 \times R = 3 \times 20^2 \times 3 = 3600\ W$

23. (1) 電路重新繪製如下，可得到各支路電流如下：

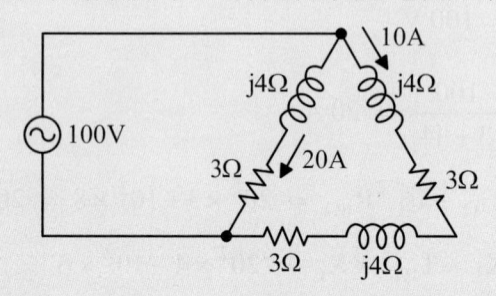

    (2) 負載總消耗功率 $P_T = 20^2 \times 3 + 10^2 \times 6 = 1800\ W$

24. (1) 根據分流定則：$I_1 = 60 \times \dfrac{(6//12)}{6+(6//12)} = 24\ A$

    (2) 根據分流定則：$I_2 = 60 \times \dfrac{(6//6)}{12+(6//6)} = 12\ A$

25. (1) 將電路化為戴維寧等效電路如下：

    (2) 當負載電阻 $R_L = 8\ \Omega$，可得到 $P_{max} = \dfrac{240^2}{4 \times 8} = 1800\ W$

113學年度科技校院四年制與專科學校二年制統一入學測驗試題本
電機與電子群
專業科目（一）：基本電學、基本電學實習

( )1. 電場中，將電量為Q庫倫的電荷由a點移到b點需作功64焦耳；而將Q庫倫的電荷由c點移到b點需作功-20焦耳，若b點電位為10V，c點電位為20V，則c點對a點之電位差V_{ca}為何？
(A)64V (B)42V (C)-20V (D)-30V

( )2. 某電阻器在溫度20°C時電阻為10Ω，而在溫度40°C時電阻為11Ω；若電阻器之電阻值與溫度為線性關係，則在溫度80°C時其電阻為何？
(A)13Ω (B)14Ω (C)15Ω (D)16Ω

( )3. 如圖(一)所示電路，電壓V_a為何？
(A)-4V (B)-2V (C)0V (D)2V

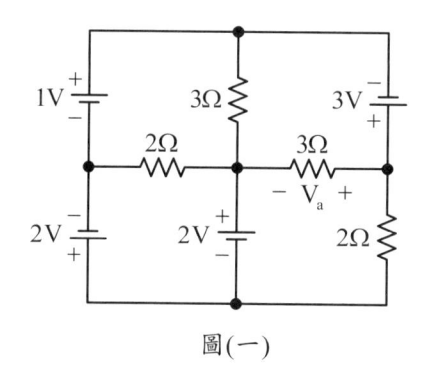

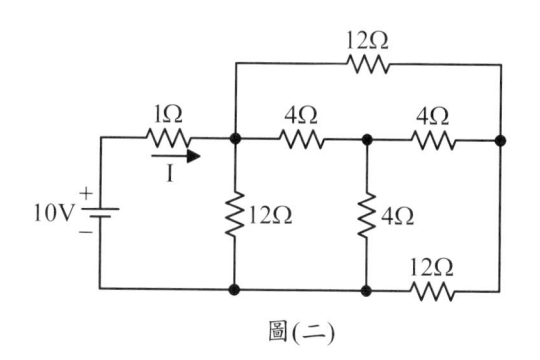

( )4. 如圖(二)所示電路，電流I為何？
(A)4A (B)3A (C)2A (D)1A

( )5. 如圖(三)所示電路，若電流$I_1:I_2:I_3 = 5:3:2$，則電阻R值為何？
(A)12Ω (B)15Ω (C)18Ω (D)20Ω

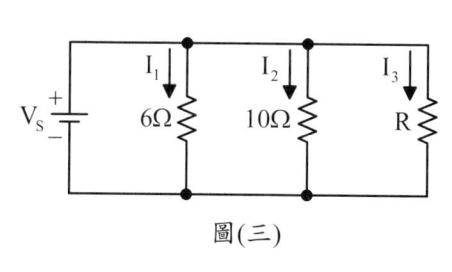

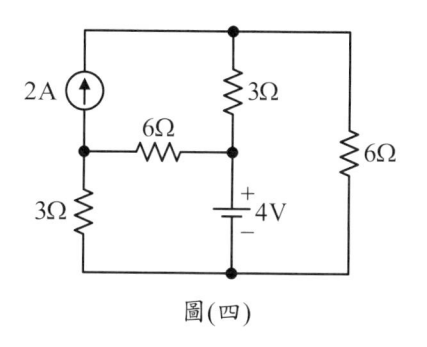

( )6. 如圖(四)所示電路，4V電壓源之功率約為何？
(A)供給3.56W (B)吸收3.56W
(C)供給0.89W (D)吸收0.89W

( )7. 如圖(五)所示電路，電流 I 為何？ (A)−1A (B)0A (C)1A (D)2A [3-4]

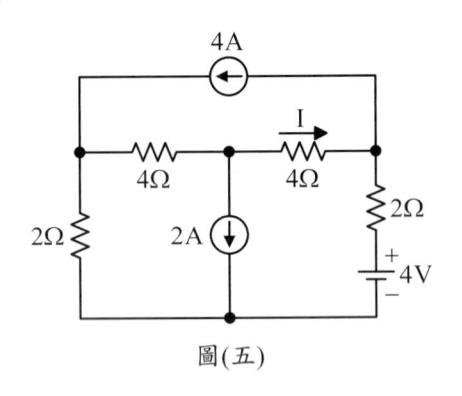

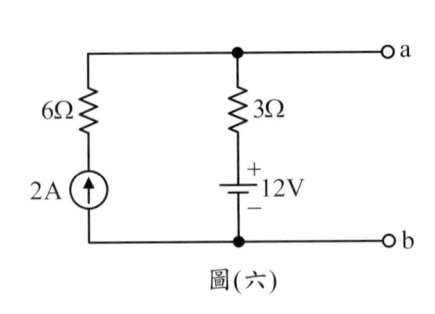

圖(五)　　　圖(六)

( )8. 如圖(六)所示電路，a、b 兩端之戴維寧等效電壓 V_{Th} 及等效電阻 R_{Th} 為何？
(A) $V_{Th} = 12\ V$、$R_{Th} = 6\ \Omega$　　(B) $V_{Th} = 18\ V$、$R_{Th} = 6\ \Omega$
(C) $V_{Th} = 18\ V$、$R_{Th} = 3\ \Omega$　　(D) $V_{Th} = 12\ V$、$R_{Th} = 3\ \Omega$ [4-5]

( )9. 如圖(七)所示電路，a、b 兩端電感所儲存之總能量為何？
(A)20J (B)30J (C)40J (D)50J [6-5]

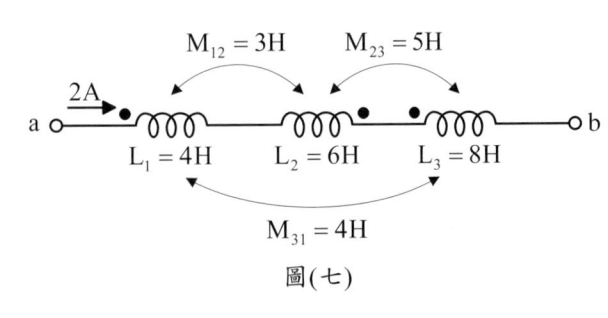

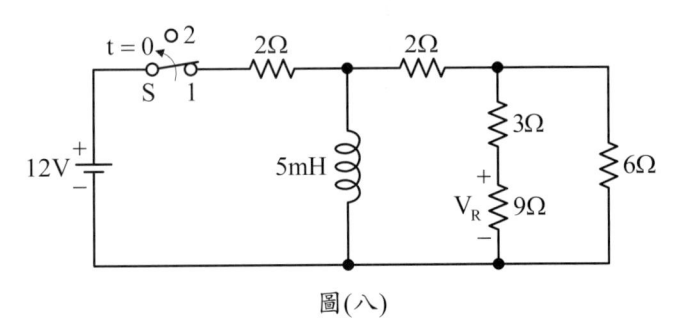

圖(七)　　　圖(八)

( )10. 如圖(八)所示電路，時間 t = 0 以前開關 S 在 "1" 的位置且電路已經達到穩態。若在 t = 0 時將開關切換至 "2" 的位置，則開關切離位置 "1" 的瞬間，9Ω 電阻之電壓 V_R 為何？ (A)−10V (B)−12V (C)−16V (D)−18V [7-1]

( )11. 已知電壓 $v(t) = 100\sin(100t - 30°)$ V、電流 $i(t) = -5\cos(100t + 30°)$ A，則電壓與電流相位關係為何？
(A)電壓相角超前電流相角60°　　(B)電壓相角超前電流相角30°
(C)電壓相角落後電流相角60°　　(D)電壓相角落後電流相角30° [8-2]

( )12. 如圖(九)所示週期性電壓 v(t) 波形，若 $T_{ON} = 3\ ms$、$T_{OFF} = 2\ ms$、$E = 15\ V$，則此電壓的平均值為何？ (A)9V (B)10V (C)11V (D)12V [8-2]

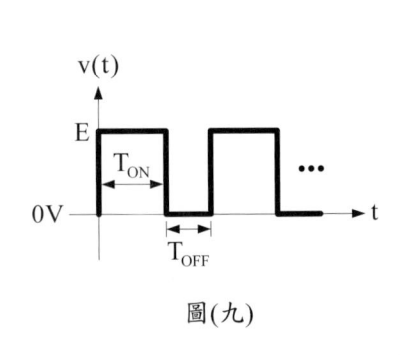

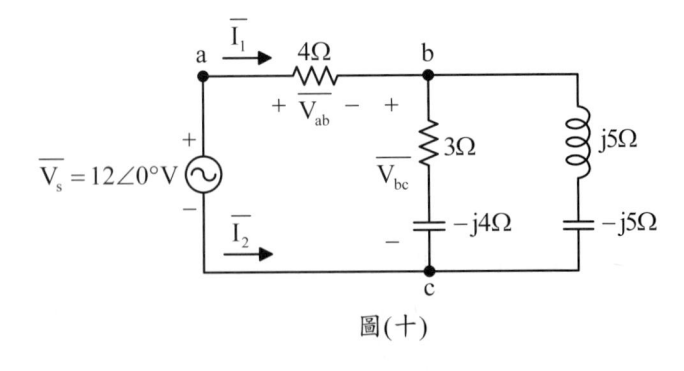

圖(九)　　　圖(十)

( )13. 如圖(十)所示電路，下列敘述何者正確？
(A) $\overline{I_1} = 1.5\angle 30°$ A、$\overline{V_{ab}} = 6\angle 30°$ V　　(B) $\overline{I_2} = 1.5\angle -30°$ A、$\overline{V_{bc}} = 7.5\angle -37°$ V
(C) $\overline{I_1} = 3\angle 90°$ A、$\overline{V_{bc}} = 15\angle 53°$ V　　(D) $\overline{I_2} = 3\angle 180°$ A、$\overline{V_{ab}} = 12\angle 0°$ V [9-5]

( )14. 如圖(十一)所示電路,若電源電壓大小固定,電源頻率為240Hz時,電感抗為 j160Ω,電容抗為 –j40Ω,則電流 $\bar{I}$ 為最大值時的電源頻率為何?
(A)480Hz
(B)240Hz
(C)120Hz
(D)60Hz

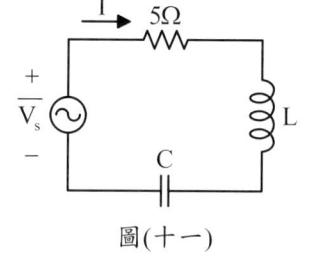

( )15. 有一RLC並聯電路,R = 200Ω、L = 1mH,諧振時若頻帶寬度(bandwidth) BW = $\frac{250}{\pi}$ Hz,則下列敘述何者正確?
(A)諧振頻率 $f_0 = \frac{500}{\pi}$ Hz
(B)品質因數 Q = 20
(C)上截止頻率 f_2 = 1592 Hz
(D)電容 C = 100 μF

( )16. 如圖(十二)所示電路,其中 Ⓐ、Ⓥ 為理想的電流表及電壓表,若電流表指示值為8.66A,則下列敘述何者正確?
(A)負載的總平均功率為225W
(B)負載的總虛功率為325VAR
(C)負載的總視在功率為395VA
(D)電壓表指示值為60V

圖(十二)

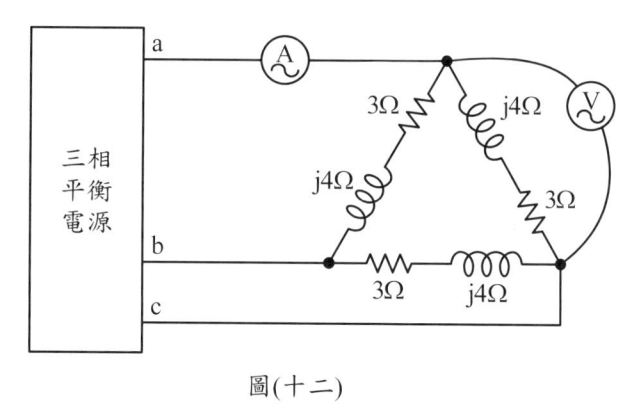

▲ 閱讀下文,回答第17-18題

如圖(十三)所示電路,其中 Ⓐ 為理想電流表。

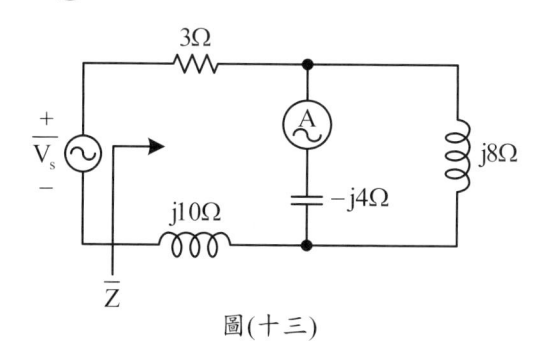

圖(十三)

( )17. 總阻抗 $\bar{Z}$ 為何?
(A)(3 – j8)Ω (B)(3 – j14)Ω (C)(3 + j2)Ω (D)(3 + j4)Ω

( )18. 若電流表指示值為4A,則下列敘述何者正確?
(A)電源供給的平均功率為108W
(B)電源供給的虛功率為8VAR
(C)電源供給的視在功率為20VA
(D)電路的功率因數為0.83超前

( )19. 將5V之直流電壓源串接於一個五環色碼電阻，若此色碼電阻的色環由第一環至第五環顏色依序為「紅綠黑黑棕」，則電阻可能消耗的最大功率約為何？
(A)0.01W (B)0.05W (C)0.1W (D)0.4W [2-4]

( )20. 如圖(十四)所示電路，若量測得電流I = 4.5 A，則電壓V_a為何？
(A)4V (B)6V (C)8V (D)10V [4-6]

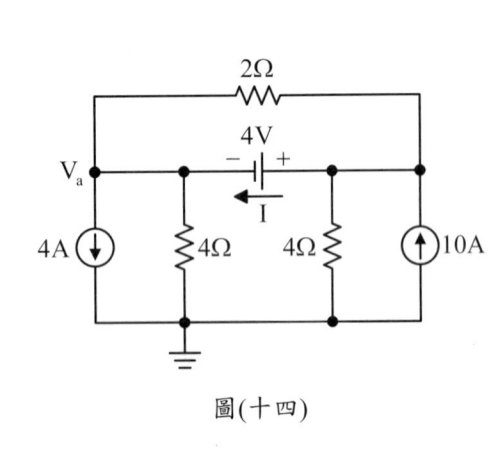

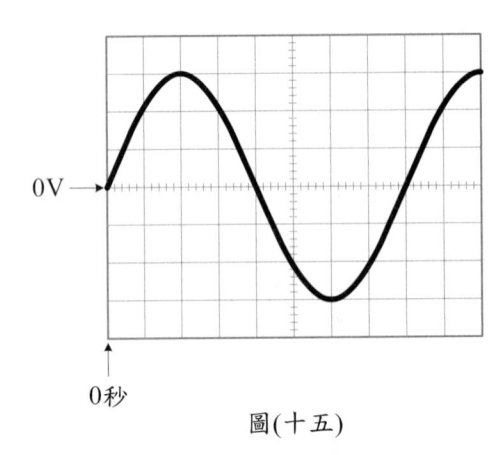

圖(十四)

圖(十五)

( )21. 使用示波器量測一弦波信號v(t) = 6sin(157t) V，若示波器之測試探棒衰減比為1：1，此弦波信號於示波器上顯示之波形如圖(十五)所示，則示波器之水平刻度（TIME／DIV）與垂直刻度（VOLTS／DIV）設定分別為何？
(A)水平刻度設定為10ms／DIV、垂直刻度設定為5V／DIV
(B)水平刻度設定為5ms／DIV、垂直刻度設定為5V／DIV
(C)水平刻度設定為10ms／DIV、垂直刻度設定為2V／DIV
(D)水平刻度設定為5ms／DIV、垂直刻度設定為2V／DIV [15-3]

▲ 閱讀下文，回答第22-23題
圖(十六)所示電容器串並聯組合電路。

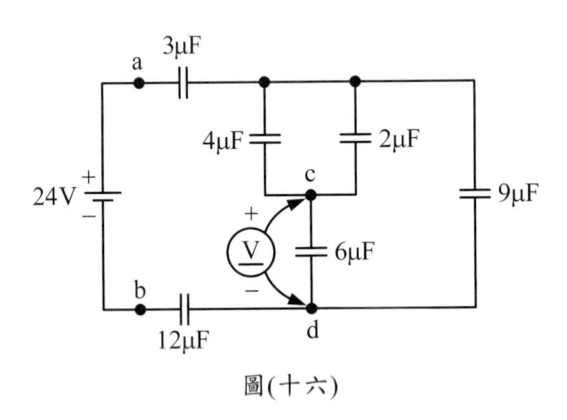

圖(十六)

( )22. 將24V電壓源移除且所有電容器皆放電完成後，若使用LCR表之電容量測檔位，則由a、b兩端所量測之等效電容量為何？
(A)1μF (B)2μF (C)3μF (D)4μF [5-3]

( )23. 將24V電壓源重新接到電路上，再使用電壓表Ⓥ量測c、d兩端之電壓，則電壓表顯示之電壓為何？
(A)2V (B)4V (C)6V (D)8V [5-3]

( )24. 如圖(十七)所示電路，若 $v_s(t) = V_m \sin(\omega t)$ V，則下列波形圖的相位關係何者正確？[9-4]

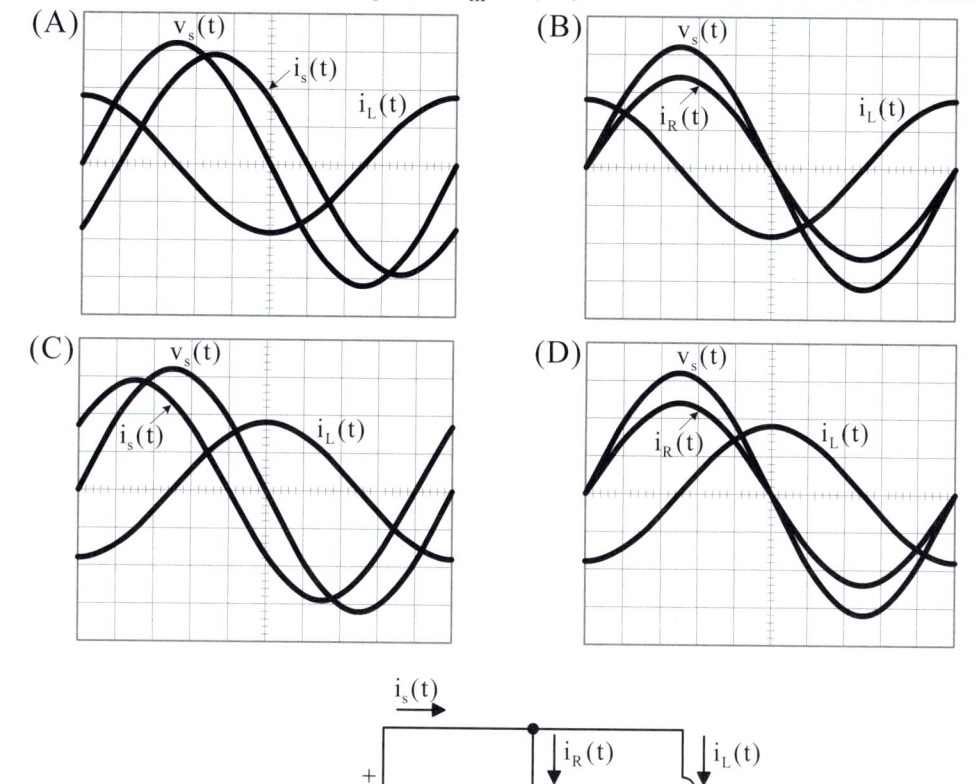

(A) $v_s(t)$, $i_s(t)$, $i_L(t)$

(B) $v_s(t)$, $i_R(t)$, $i_L(t)$

(C) $v_s(t)$, $i_s(t)$, $i_L(t)$

(D) $v_s(t)$, $i_R(t)$, $i_L(t)$

圖(十七)

( )25. 以一電鍋煮飯，若將其電源線插頭插入交流110V插座中，且煮飯開關切入，卻未見煮飯指示燈亮起，也未加熱煮飯，則下列敘述何者不是造成電鍋未加熱煮飯的原因？
(A)指示燈接線脫落
(B)煮飯開關接觸不良
(C)電源線有斷線
(D)插頭與插座間接觸不良 [16-2]

解 答

答

1.B	2.A	3.C	4.C	5.B	6.C	7.B	8.C	9.A	10.D
11.B	12.A	13.D	14.C	15.B	16.A	17.C	18.B	19.C	20.D
21.D	22.B	23.A	24.D	25.A					

解

1. (1) c點移到b點需作負功20焦耳，則
   $W = QV \Rightarrow -20 = Q \times (10V - 20V) \Rightarrow Q = 2$ 庫倫（C），Q為正電荷
   (2) a點移到b點需作功64焦耳，則 $W = QV \Rightarrow 64 = 2(10 - V_a) \Rightarrow V_a = -22$ V
   (3) $V_{ca} = V_c - V_a = 20V - (-22V) = 42$ V

解 答

2. (1) 假設零電阻溫度為 $-T_0$，可列出方程式：$\dfrac{10}{20+|T_0|} = \dfrac{11}{40+|T_0|} \Rightarrow T_0 = -180\,°C$

   (2) $\dfrac{10}{20+|-180|} = \dfrac{R_{80°C}}{80+|-180|} \Rightarrow R_{80°C} = 13\,\Omega$

3. (1) 將電路最下方接地（如右圖），可以得
   $V_x = -2V + 1V + 3V = 2\,V$；$V_y = 2\,V$

   (2) 因此 $V_a = V_x - V_y = 0\,V$

4. (1) 將裡面3個4Ω的Y型轉為△型，電路如下：

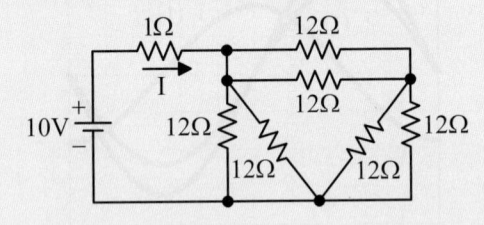

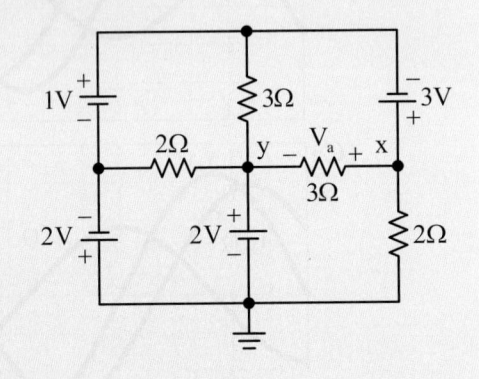

   (2) 由化簡後的電路圖，可以得知有3對12Ω並聯。

   (3) 電路的總電阻 $R_T = [(6+6)//6]+1 = 5\,\Omega$

   (4) 電流 $I = \dfrac{10V}{5\Omega} = 2\,A$

5. 並聯電路的電壓相同，可以列出：$V = IR \Rightarrow 5\times 6 = 3\times 10 = 2\times R \Rightarrow R = 15\,\Omega$

6. (1) 將電壓源4V兩端取 a、b 兩點（如下圖(a)），求戴維寧等效電壓 E_{ab}

   可得 $V_a = 0 - 3 + 6 = 3\,V$，$V_b = 0\,V$，戴維寧等效電壓 $E_{ab} = 3 - 0 = 3\,V$

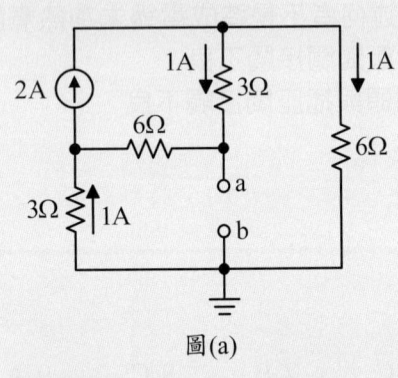

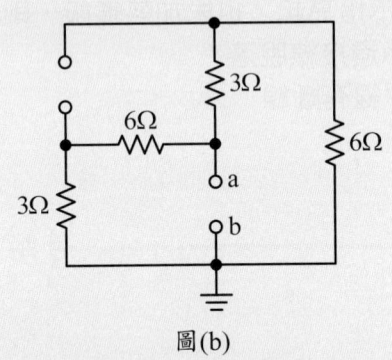

   圖(a)　　　　圖(b)

   (2) 將電流源開路（如上圖(b)），求戴維寧等效電阻 $R_{ab} = 9//9 = 4.5\,\Omega$

   (3) 繪製成戴維寧等效電路，可以得知電壓源4V提供功率 $P = VI = 4 \times \dfrac{4-3}{4.5} \approx 0.89\,W$

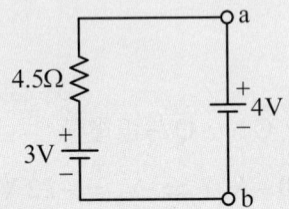

解 答

7. (1) 根據KCL，將每個路徑的電流標示如右圖。
   (2) 根據KVL，列出圖中的封閉迴路方程式：
   $(I-2) \times 2 + (2+I) \times 4 + I \times 4 + (I-4) \times 2 + 4 = 0$
   $\Rightarrow I = 0$ A

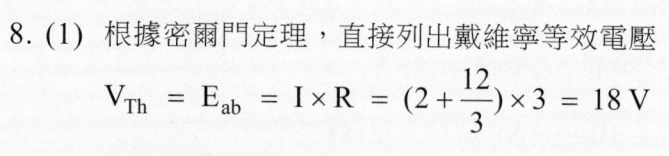

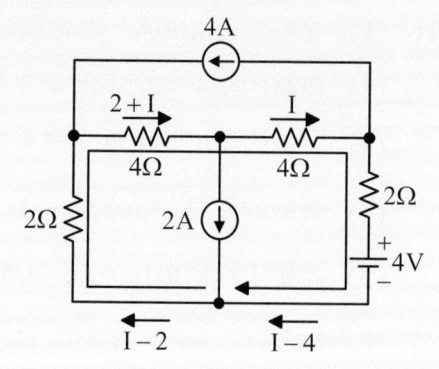

8. (1) 根據密爾門定理，直接列出戴維寧等效電壓
   $V_{Th} = E_{ab} = I \times R = (2 + \dfrac{12}{3}) \times 3 = 18$ V
   (2) 戴維寧等效電阻$R_{Th} = 3\Omega$（電流源開路）

9. (1) 總電感量$L_T = 4 + 6 + 8 - 2 \times 3 - 2 \times 5 + 2 \times 4 = 10$ H
   (2) 電感所儲存之總能量$W = \dfrac{1}{2} \times L_T I^2 = \dfrac{1}{2} \times 10 \times 2^2 = 20$ 焦耳（J）

10. (1) 電路達穩態時，電感器視為短路，儲存6A之電流。
    (2) 開關打開瞬間，電路重新繪製如右圖，可得
    $V_R = [-6 \times \dfrac{6}{(3+9)+6}]$（分流定則）$\times 9$
    $= -18$ V

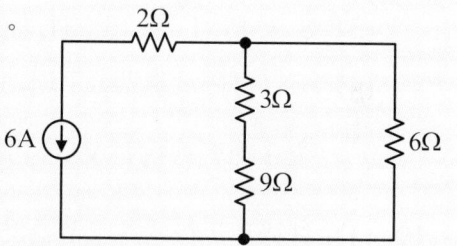

11. $i(t) = -5\cos(100t + 30°)$ A $= 5\sin(100t - 60°)$ A，因此電壓相角超前電流相角30°。

12. 電壓的平均值$V_{av} = \dfrac{15 \times 3\text{ms}}{(3\text{ms} + 2\text{ms})} = 9$ V

13. (1) j5串聯$-$j5為0歐姆，將$3-j4(\Omega)$短路
    (2) $\overline{I_1} = \dfrac{12\angle 0°\text{V}}{4\Omega} = 3\angle 0°$ A；$\overline{I_2} = -\overline{I_1} = 3\angle 180°$ A；$\overline{V_{ab}} = 3\angle 0° \times 4 = 12\angle 0°$ V

14. $f_0 = f \times \sqrt{\dfrac{X_C}{X_L}} = 240 \times \sqrt{\dfrac{40}{160}} = 120$ Hz

15. (1) 頻帶寬度$BW = \dfrac{1}{2\pi RC} \Rightarrow \dfrac{250}{\pi} = \dfrac{1}{2\pi \times 200 \times C} \Rightarrow C = 10\ \mu F$
    (2) 諧振頻率$f_0 = \dfrac{1}{2\pi\sqrt{LC}} = \dfrac{1}{2\pi\sqrt{1\text{m} \times 10\mu}} = \dfrac{5000}{\pi}$ Hz
    (3) 品質因數$Q = \dfrac{f_0}{BW} = \dfrac{\dfrac{5000}{\pi}}{\dfrac{250}{\pi}} = 20$
    (4) $Q \geq 10$，$f_0 = \dfrac{f_1 + f_2}{2}$為算術平均數，上截止頻率$f_2 = f_0 + \dfrac{BW}{2} \approx 1632$ Hz，
    而下截止頻率$f_1 = f_0 - \dfrac{BW}{2} \approx 1552$ Hz

解 答

16. (1) 線電流為8.66A,則相電流為5A。

    (2) 負載的總平均功率P = 3(三相)$\times I_P^2 \times R = 3 \times 5^2 \times 3 = 225$ W

    (3) 負載的總虛功率Q = 3(三相)$\times I_P^2 \times X_L = 3 \times 5^2 \times 4 = 300$ VAR

    (4) 負載的總視在功率S = 3(三相)$\times I_P^2 \times Z_P = 3 \times 5^2 \times \sqrt{3^2+4^2} = 375$ VA

    (5) 電壓表指示值$I_P \times Z_P = 5 \times \sqrt{3^2+4^2} = 5 \times 5 = 25$ V

17. 總阻抗$\overline{Z} = 3+j10+(j8//-j4) = 3+j10+(-j8) = (3+j2)\ \Omega$

18. (1) 假設電流表讀值為$4\angle 0°$A,可以得知通過j8Ω的電流為:
    $\dfrac{4\angle 0° \times 4\angle -90°}{8\angle 90°} = 2\angle 180°$ A,因此電源電流為$2\angle 0°$A

    (2) 電源電壓$\overline{V} = \overline{I} \times \overline{Z} = 2 \times (3+j2) = (6+j4)$ V(伏特)

    (3) $\overline{S} = \overline{V} \times \overline{I}^* = (6+j4) \times (2)^* = (12+j8)$ VA

    (4) 可以得知電源供給平均功率為12W,虛功率為8VAR(電感性),
    視在功率為$4\sqrt{13}$ VA,功率因數為$\dfrac{12}{4\sqrt{13}} \approx 0.83$(落後)

19. (1) 紅綠黑黑棕的電阻值為$250 \times 10^0 \pm 1\% = 250 \pm 1\%$ 歐姆;範圍為247.5Ω～252.5Ω

    (2) 消耗的最大功率$P_{max} = \dfrac{V^2}{R_{min}} = \dfrac{5^2}{247.5} \approx 0.1$ W

20. (1) 將兩個電流源電路,轉換如右圖。

    (2) 可以得知$V_a = -16 + 6.5 \times 4 = 10$ V

21. (1) 週期共有8格,且角頻率157(弳/秒)的頻率
    為25Hz,所以週期為$\dfrac{1}{25} = 40$ ms,
    因此,水平刻度設定為$\dfrac{40\text{ms}}{8\text{格}} = 5$ ms/DIV

    (2) 峰對峰值有6格,弦波信號的峰對峰值為12V,
    因此,垂直刻度設定為$\dfrac{12\text{V}}{6\text{格}} = 2$ V/DIV

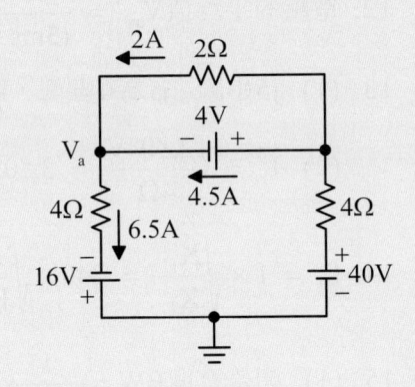

22. $C_{ab} = 3\mu$串$\{[(4\mu$並$2\mu)$串$6\mu]$並$9\mu\}$串$12\mu = 3\mu//\{[(4\mu+2\mu)//6\mu]+9\mu\}//12\mu = 2\ \mu F$

23. 電壓表的讀值即為6μF兩端之電壓,
    即$V = \dfrac{Q}{C} = \dfrac{12\mu C}{6\mu F} = 2$ V

24. 電源電壓$v_s(t)$和電阻電流$i_R(t)$同相位;
    電源電壓$v_s(t)$超前電感電流$i_L(t)$相位90°。

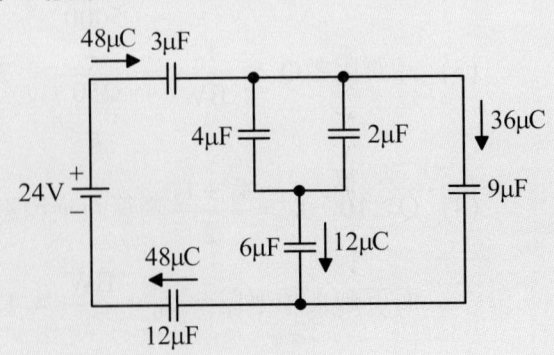

114學年度科技校院四年制與專科學校二年制統一入學測驗試題本
電機與電子群
專業科目(一)：基本電學、基本電學實習

(　)1. 有一個1200W電鍋每日使用4小時及四個100W燈泡每日使用10小時，若電費每度3元，則30日共需付電費為何？　(A)987元　(B)792元　(C)678元　(D)543元　[1-6]

(　)2. 有一電阻線，當加上120V電壓時通過的電流為12A，若將此電阻線均勻拉長使長度成為原來的2倍，則當加上120V電壓時通過的電流為何？
(A)9A　(B)6A　(C)4A　(D)3A　[2-4]

(　)3. 如圖(一)所示電路，若R_1消耗功率為36W，則電阻R_2值為何？
(A)70Ω　(B)65Ω　(C)60Ω　(D)55Ω　[3-3]

圖(一)

圖(二)

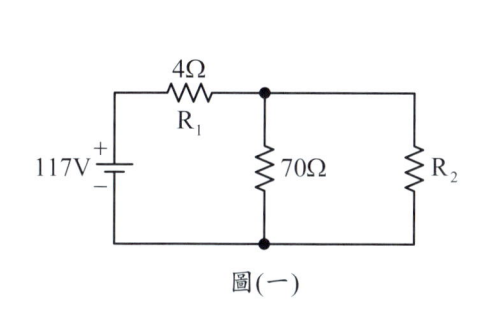

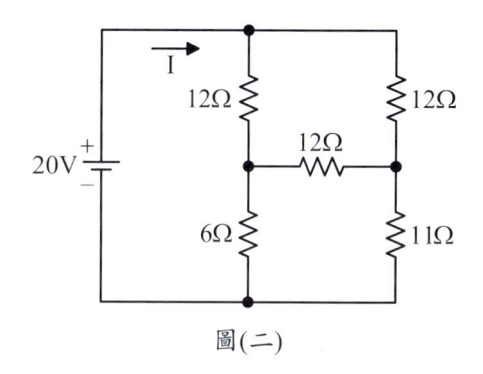

(　)4. 如圖(二)所示電路，電流I為何？　(A)4A　(B)3A　(C)2A　(D)1A　[3-6]

(　)5. 如圖(三)所示電路，電流I為何？
(A)0.75A　(B)1.55A　(C)2.25A　(D)3.75A　[4-2]

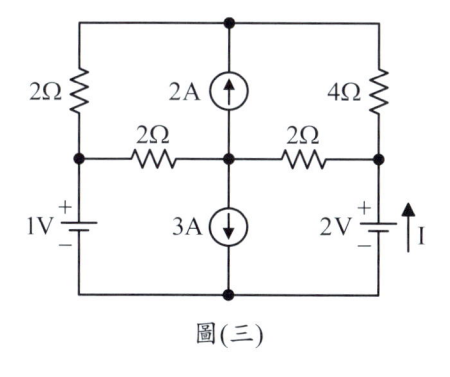

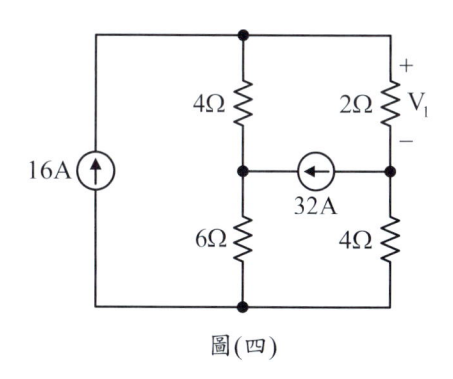

圖(三)

圖(四)

(　)6. 如圖(四)所示電路，電壓V_1為何？　(A)60V　(B)50V　(C)40V　(D)30V　[4-4]

(　)7. 如圖(五)所示電路，若轉移至負載R_L的最大功率為6mW，則電阻R值為何？
(A)12kΩ
(B)6kΩ
(C)4kΩ
(D)3kΩ　[4-7]

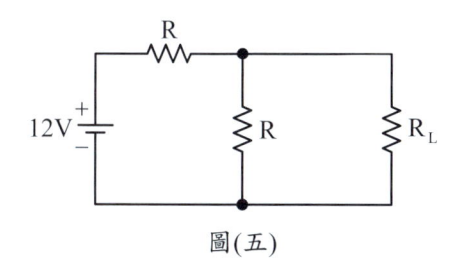

圖(五)

(　　)8. 有一只初始無儲存能量的電容器，若以定電流1mA連續充電10秒，其儲存能量為10焦耳，則此電容器的電容值為何？　(A)10μF　(B)5μF　(C)1μF　(D)0.5μF　[5-1]

(　　)9. 如圖(六)(a)所示為兩個互相耦合的電感，若電流i(t)如圖(六)(b)所示，則下列感應電勢波形何者正確？　[6-4]

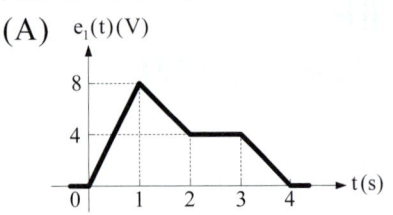

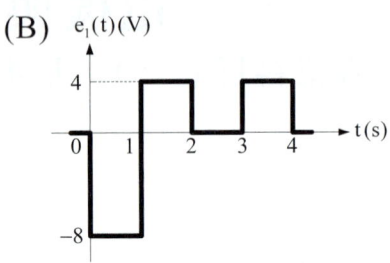

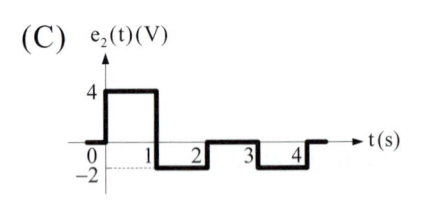

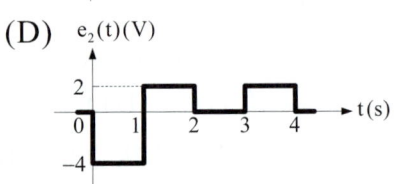

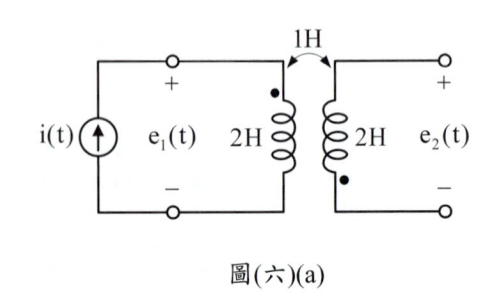

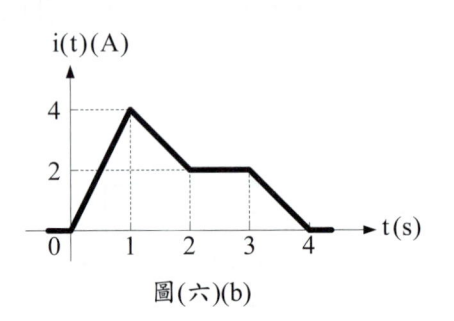

(A) $e_1(t)(V)$ 波形：0→1 上升至8，1→2 降至4，2→3 維持4，3→4 降至0

(B) $e_1(t)(V)$ 方波：0→1 為 −8，1→2 為 4，2→3 為 0，3→4 為 4

(C) $e_2(t)(V)$ 波形：0→1 為 4，1→2 為 −2，2→3 為 0，3→4 為 −2

(D) $e_2(t)(V)$ 方波：0→1 為 −4，1→2 為 2，2→3 為 0，3→4 為 2

圖(六)(a)：電流源 i(t)，$e_1(t)$ 端自感 2H，$e_2(t)$ 端自感 2H，互感 1H

圖(六)(b)：i(t)(A)，0→1 上升至4，1→2 降至2，2→3 維持2，3→4 降至0

(　　)10. 如圖(七)所示電路，開關SW為閉合狀態，當開關SW打開後，電路的放電時間常數為何？
(A)60ms
(B)30ms
(C)20ms
(D)10ms　[7-1]

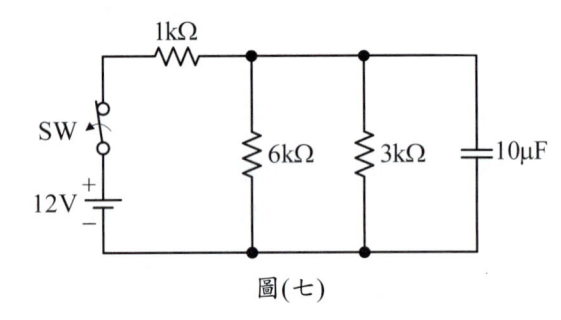

圖(七)：12V 電源經 SW 與 1kΩ，並聯 6kΩ、3kΩ、10μF

▲ 閱讀下文，回答第11-12題
　　如圖(八)所示為兩個頻率相同的交流弦波信號，週期T＝10 ms。

(　　)11. $v_1(t)$與$v_2(t)$之間的相位關係為何？
(A)$v_1(t)$落後$v_2(t)$為90°
(B)$v_1(t)$領先$v_2(t)$為90°
(C)$v_2(t)$落後$v_1(t)$為45°
(D)$v_2(t)$領先$v_1(t)$為45°　[8-2]

(　　)12. 若$v(t) = v_1(t) + v_2(t)$，則$v(t)$為下列何者？
(A)$10\sqrt{2}\sin(200\pi t)$V
(B)$10\sqrt{2}\cos(200\pi t)$V
(C)$10\sqrt{2}\cos(100\pi t)$V
(D)$10\sin(200\pi t)$V　[8-2]

圖(八)

( )13. 交流電路中，電感為20mH其端電壓為$50\sqrt{2}\sin(500t)$V，則電感電流的有效值為何？
(A)5A (B)$5\sqrt{2}$A (C)10A (D)$10\sqrt{2}$A [9-1]

( )14. 如圖(九)所示交流電路，a、b兩端的阻抗$\overline{Z_{ab}}$為何？
(A)$20 - j20\Omega$ (B)$20 + j20\Omega$ (C)$20 + j2\Omega$ (D)$20 - j2\Omega$ [9-5]

圖(九)

圖(十)

( )15. 如圖(十)所示電路，電源電壓$e_s(t) = 100\sqrt{2}\sin(377t)$V，電源提供的平均功率$P_s$、虛功率$Q_s$分別為何？
(A)$P_s = 1000$ W、$Q_s = 1000$ VAR
(B)$P_s = 1800$ W、$Q_s = 1600$ VAR
(C)$P_s = 1800$ W、$Q_s = 400$ VAR
(D)$P_s = 2000$ W、$Q_s = 1600$ VAR [10-2]

▲ 閱讀下文，回答第16-17題

如圖(十一)所示並聯諧振電路，電路諧振時$i_s(t) = 5\sin(\omega_o t)$ A、$\omega_o = 200$ rad/s，擬設計電容、電感組合及其電流值。

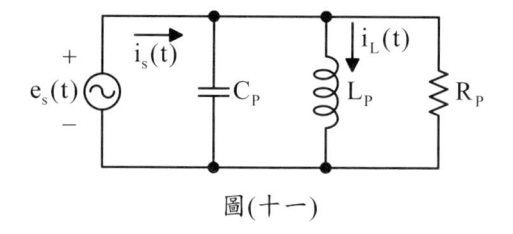

圖(十一)

( )16. 已知電感$L_p = 5$ mH，則電容C_p為何？
(A)$5\mu F$ (B)$25\mu F$ (C)$40\mu F$ (D)$50\mu F$ [11-2]

( )17. 若電阻$R_p = 40$ Ω，則電感電流$i_L(t)$的有效值為何？
(A)$10\sqrt{2}$A (B)10A (C)$5\sqrt{2}$A (D)5A [11-2]

( )18. 如圖(十二)所示之三相平衡電路，電感性負載端線電壓有效值為$200\sqrt{3}$V，三相負載的總平均功率為15kW、總虛功率為15kVAR，則負載阻抗$\overline{Z_Y}$為何？
(A)$5 + j5\Omega$ (B)$4 + j4\Omega$ (C)$2 + j2\Omega$ (D)$2 - j2\Omega$ [12-2]

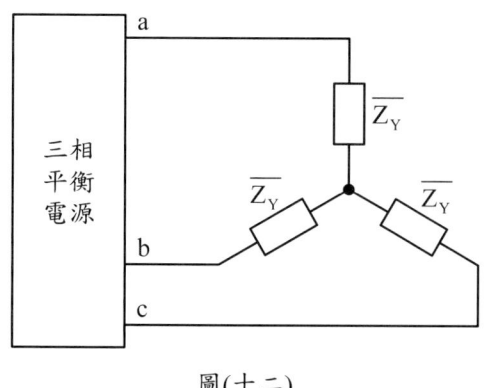

圖(十二)

( )19. 變壓器、發電機或配電盤所引起的電氣火災歸屬於下列何種火災？
(A)D類　(B)C類　(C)B類　(D)A類 [13-2]

( )20. 如圖(十三)所示，電阻器R_1與R_2串聯後，若a、b兩端總電阻為90Ω，則R_2的色環由第一環至第五環顏色依序可能為下列何者？
(A)橙橙黑紅棕　(B)綠藍黃橙紫　(C)綠棕黑金紫　(D)橙黑橙棕紅 [3-1]

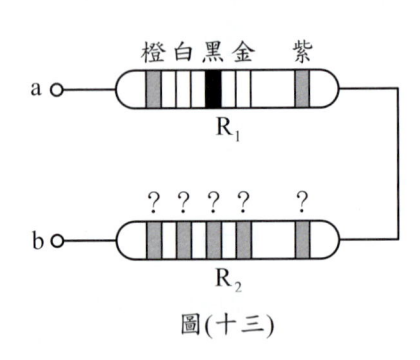

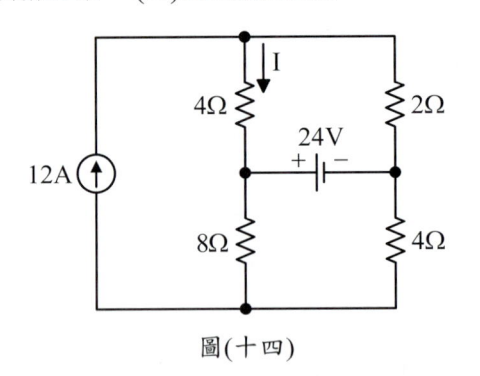

( )21. 如圖(十四)所示電路，電流I為何？
(A)0A　(B)4A　(C)8A　(D)12A [4-4]

( )22. 使用LCR表量測一只標示104K電容器的電容值，則下列何者為合理的量測值？
(A)0.95μF　(B)127nF　(C)96nF　(D)11nF [15-2]

( )23. 如圖(十五)所示RL電路，開關SW是打開狀態且電路已穩態，若開關SW在時間t＝0時閉合，充電時間常數為τ，則下列何者正確？（e為自然指數，$e^{-1} \approx 0.368$）
(A)$v_R(t=\tau) = 0.816E$　　　　(B)$v_L(t=\tau) = 0.368E$
(C)$i_1(t=\tau) = \dfrac{0.632E}{R}$　　　(D)$i_L(t=\tau) = \dfrac{0.184E}{R}$ [7-2]

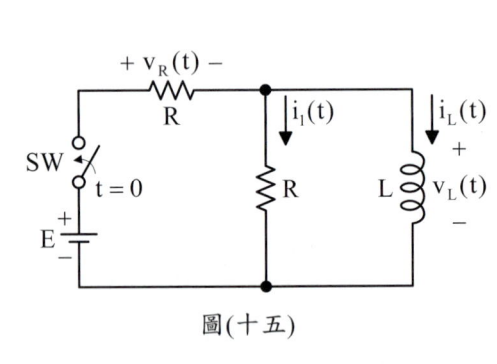

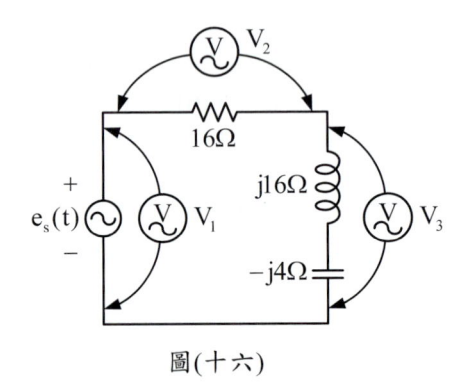

( )24. 如圖(十六)所示交流電路，採用交流電壓表量測各端電壓，若電壓表V_1讀值為200V，則下列敘述何者正確？
(A)V_2的讀值為160V，V_3的讀值為120V
(B)V_2的讀值為120V，V_3的讀值為160V
(C)V_2的讀值為120V，V_3的讀值為80V
(D)V_2的讀值為80V，V_3的讀值為120V [9-3]

( )25. 單相家用吹風機主要元件有電熱線、溫度開關及直流風扇馬達，其示意電路如圖(十七)所示，其中①、②、③表示元件編號，下列組合何者正確？
(A)①為直流風扇馬達，②為溫度開關，③為電熱線
(B)①為電熱線，②為溫度開關，③為直流風扇馬達
(C)①為溫度開關，②為直流風扇馬達，③為電熱線
(D)①為直流風扇馬達，②為電熱線，③為溫度開關

[16-2]

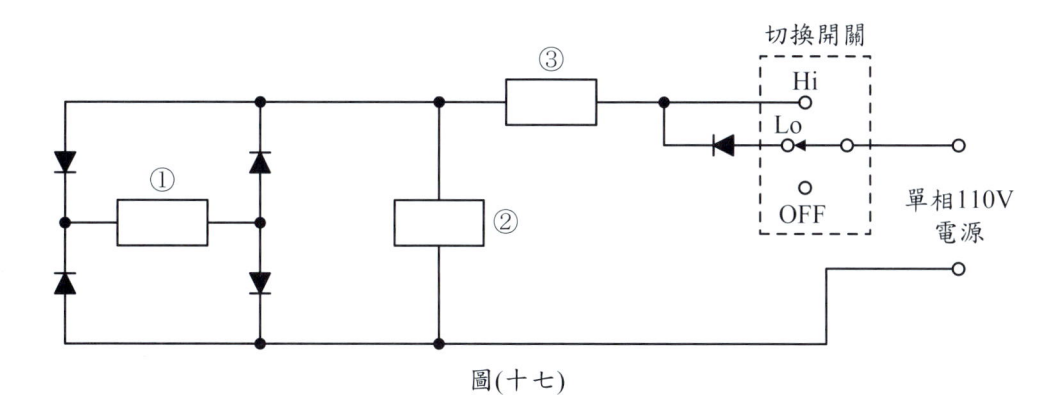

圖(十七)

解 答

答

1.B	2.D	3.A	4.C	5.C	6.A	7.D	8.B	9.D	10.C
11.B	12.A	13.A	14.B	15.C	16.D	17.A	18.B	19.B	20.C
21.A	22.C	23.A	24.A	25.D					

解

1. (1) 總消耗的電度為 $\dfrac{1200 \times 4}{1000} + \dfrac{100 \times 4 \times 10}{1000} = 8.8$ 度電／日

   (2) 30日的電費 $8.8 \times 3 \times 30 = 792$ 元

2. (1) 均勻拉長前之電阻值 $R = \dfrac{V}{I} = \dfrac{120V}{12A} = 10\,\Omega$

   (2) 均勻拉長兩倍之電阻 $R' = N^2 R = 2^2 \times 10 = 40\,\Omega$

   (3) 加上120V電壓時通過的電流 $I = \dfrac{V}{R} = \dfrac{120V}{40\Omega} = 3$ A

3. (1) 根據電阻 R_1 消耗之功率可以得知，
   R_1 之端電壓 $V = \sqrt{PR} = \sqrt{4 \times 36} = 12$ V，
   通過電流為3A。

   (2) 電阻70Ω之端電壓 $117 - 4 \times 3 = 105$ V，
   通過70Ω之電流 $\dfrac{105V}{70\Omega} = 1.5$ A

   (3) 電阻 $R_2 = \dfrac{105V}{3A - 1.5A} = 70\,\Omega$

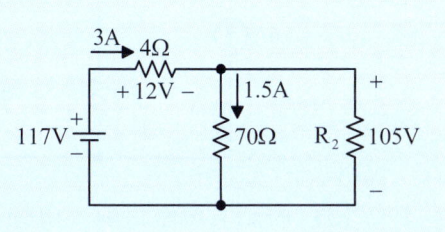

解 答

4. (1) 運用 $\Delta \to Y$，將上面的三個12Ω轉換如下圖

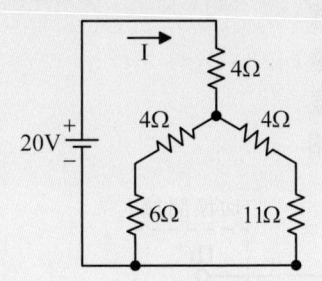

(2) $I = \dfrac{20V}{4\Omega + (10\Omega // 15\Omega)} = 2\ A$

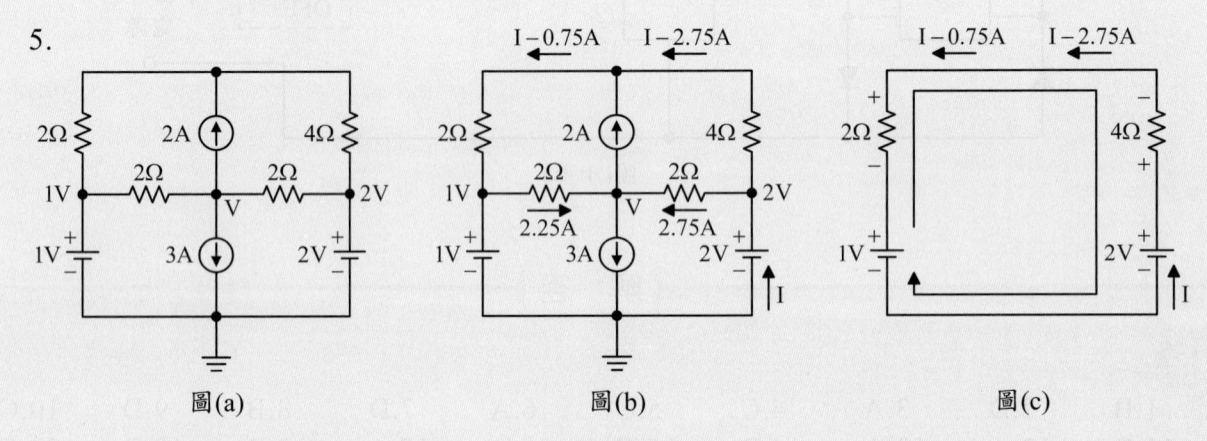

5.

圖(a)　　　　　　　　　圖(b)　　　　　　　　　圖(c)

(1) 如圖(a)，運用密爾門求解 $V = IR = \left(\dfrac{1V}{2\Omega} + \dfrac{2V}{2\Omega} - 2A - 3A\right) \times (2\Omega // 2\Omega) = -3.5\ V$

(2) 如圖(b)，將 $V = -3.5\ V$ 代入節點，可以分別求出電流2.25A以及2.75A，並且根據KCL可以列出，最外圍元件之電流表示式

(3) 如圖(c)，僅針對最外圍迴路，列出KVL（順時針）的表示式
   $\sum$壓升總和 $= \sum$壓降總和 $\Rightarrow 1 + 2 \times (I - 0.75) + 4 \times (I - 2.75) = 2 \Rightarrow I = 2.25\ A$

6. (1) 本題運用重疊定理（先考慮16A），　(2) 本題運用重疊定理（再考慮32A），
   可以得知 $V_1' = 20\ V$（分流定則）　　　　　可以得知 $V_1'' = 40\ V$（分流定則）

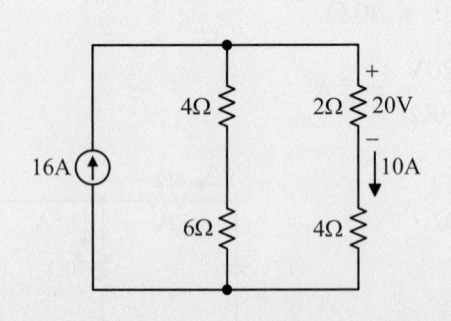

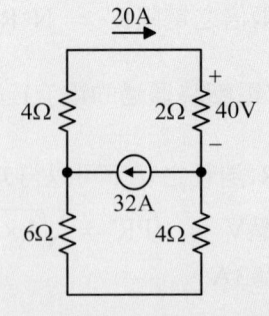

(3) 將兩者電壓合成（重疊），可以得知 $V_1 = V_1' + V_1'' = 20V + 40V = 60\ V$

解 答

7. (1) 畫戴維寧等效電路如右圖

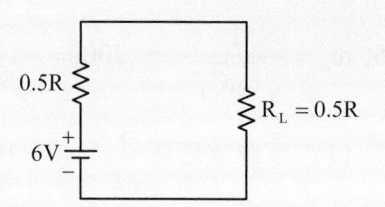

   (2) 計算負載電阻R_L之電壓

   $V_L = 6V \times \dfrac{0.5R}{0.5R + 0.5R} = 3\ V$

   (3) 計算負載電阻R_L

   $P_{L\max} = \dfrac{V_L^2}{R_L} \Rightarrow 6mW = \dfrac{3^2}{0.5R} \Rightarrow R = 3\ k\Omega$

8. (1) $Q = It = 1mA \times 10(秒) = 10\ mC$

   (2) $W = \dfrac{1}{2} \times \dfrac{Q^2}{C} \Rightarrow 10 = \dfrac{1}{2} \times \dfrac{(10m)^2}{C} \Rightarrow C = 5\ \mu F$

9. (1) 0～1秒：$e_2 = -M \times \dfrac{\Delta i}{\Delta t} = -1 \times \dfrac{4}{1} = -4\ V$

   (2) 1～2秒：$e_2 = -M \times \dfrac{\Delta i}{\Delta t} = -1 \times \dfrac{-2}{1} = 2\ V$

   (3) 2～3秒：$e_2 = -M \times \dfrac{\Delta i}{\Delta t} = -1 \times \dfrac{0}{1} = 0\ V$

   (4) 3～4秒：$e_2 = -M \times \dfrac{\Delta i}{\Delta t} = -1 \times \dfrac{-2}{1} = 2\ V$

10. 當開關SW打開後，電路的放電時間常數$\tau = RC = (6k\Omega // 3k\Omega) \times 10\mu F = 20\ ms$

11. $v_1(t) = 10\sin(200\pi t + 45°)\ V$且$v_2(t) = 10\sin(200\pi t - 45°)\ V$，故$v_1(t)$領先$v_2(t)$為90°。

12. 運用相量關係，可以得知$v(t) = 10\sqrt{2}\sin(200\pi t)\ V$

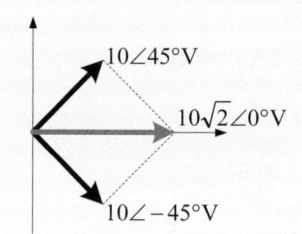

13. (1) 電感抗$X_L = \omega L = 500 \times 20mH = 10\ \Omega$

    (2) 電感電流的有效值$I_L = \dfrac{50V}{10\Omega} = 5\ A$

14. $\overline{Z_{ab}} = 20 + j8 + (j6 // -j12) = 20 + j8 + j12 = 20 + j20\ \Omega$

15. (1) 計算每個路徑電流如右圖

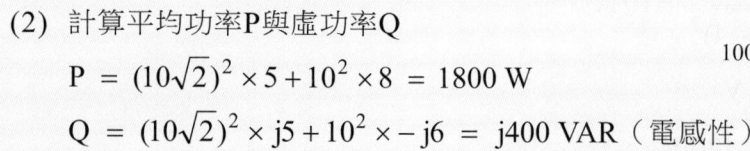

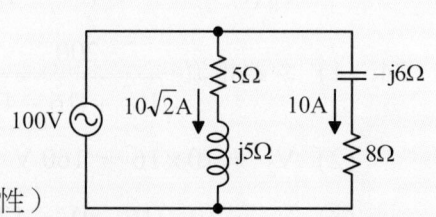

    (2) 計算平均功率P與虛功率Q

    $P = (10\sqrt{2})^2 \times 5 + 10^2 \times 8 = 1800\ W$

    $Q = (10\sqrt{2})^2 \times j5 + 10^2 \times -j6 = j400\ VAR$（電感性）

解　答

16. $\omega_o = \dfrac{1}{\sqrt{L_P C_P}} \Rightarrow 2000 = \dfrac{1}{\sqrt{5m \times C_P}} \Rightarrow C_P = 50\,\mu F$

17. (1) 電源電壓為 $\dfrac{5}{\sqrt{2}} \times 40 = 100\sqrt{2}\ V$

　　(2) 電感抗 $X_{L0} = \omega_o \times L_P = 2000 \times 5m = 10\,\Omega$

　　(3) 電感電流 $i_L(t)$ 的有效值為 $\dfrac{100\sqrt{2}}{10} = 10\sqrt{2}\ A$

18. (1) 電感性負載的相電壓為 200V

　　(2) $S = \sqrt{P^2 + Q^2} = \sqrt{(5k)^2 + (5k)^2} = 5\sqrt{2}\ kVA$（每相負載的視在功率）

　　(3) $S = \dfrac{V^2}{Z} \Rightarrow 5\sqrt{2}k = \dfrac{200^2}{Z_Y} \Rightarrow Z_Y = 4\sqrt{2}\,\Omega \Rightarrow \overline{Z_Y} = 4 + j4\,\Omega$

20. (1) 橙白黑金紫為 $390 \times 10^{-1} \pm 0.1\% = 39\,\Omega \pm 0.1\%$

　　(2) 所以電阻 R_2 約為 $51\,\Omega$，因此色碼為綠棕黑金紫

21. (1) 本題運用重疊定理（先考慮12A），　(2) 本題運用重疊定理（再考慮24V），
　　　可以得知 $I' = 4\ A$ 　　　　　　　　　　可以得知 $I'' = -4\ A$

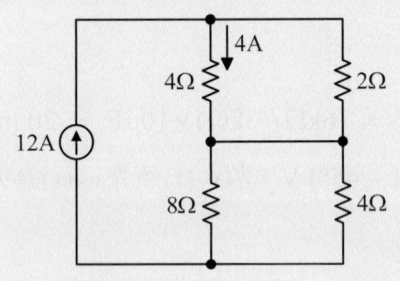

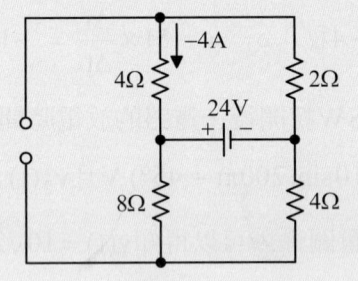

　　(3) 將兩者電壓合成（重疊），可以得知 $I = I' + I'' = 4A + (-4A) = 0\ A$

22. $104K = 10 \times 10^4\,pF \pm 10\% = 100\,nF \pm 10\% = 90\,nF \sim 110\,nF$

23. (1) 戴維寧等效電路如右圖

　　(2) $v_L(t) = 0.5E \times e^{-1} = 0.184E$

　　　$i_L(t) = \dfrac{0.5E}{0.5R} \times (1 - e^{-1}) = \dfrac{0.632E}{R}$

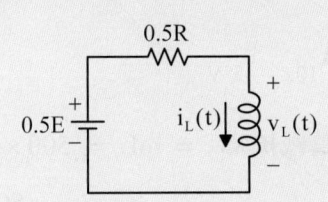

　　(3) $i_1(t) = \dfrac{v_L(t)}{R} = \dfrac{0.184E}{R}$

　　　$v_R(t) = E - v_L(t) = E - 0.184E = 0.816E$

24. (1) 線路電流 $\dfrac{200}{\sqrt{16^2 + (16-4)^2}} = 10\ A$

　　(2) $V_2 = 10 \times 16 = 160\ V$

　　(3) $V_3 = 10 \times (16 - 4) = 120\ V$